Kunstseide und Zellwolle
nach dem Viskose-Verfahren

Von

AF839165

Dr. Kurt Götze
Krefeld

Mit 349 Abbildungen

Berlin
Verlag von Julius Springer
1940

ISBN-13: 978-3-642-89768-9 e-ISBN-13: 978-3-642-91625-0
DOI: 10.1007/978-3-642-91625-0

**Alle Rechte, insbesondere das der Übersetzung
in fremde Sprachen, vorbehalten.
Copyright 1940 by Julius Springer in Berlin.**

Vorwort.

In den letzten Jahren ist auf dem Gebiete der Herstellung künstlicher Fasern eine lebhafte Entwicklung zu verzeichnen: Die gewaltige Steigerung der Produktionshöhe von Kunstseide und besonders von Zellwolle hatte eine Überprüfung der technischen Herstellungsweisen zur Folge, was zu zahllosen Neuerungen, wenn nicht gar zu grundlegenden Wandlungen im Herstellungsgang der Kunstfasern führte. Gleichzeitig setzte in wissenschaftlicher Hinsicht ein Ausbau unserer Erkenntnisse auf dem Gebiete der makromolekularen Stoffe ein, der gleichfalls befruchtend auf die Herstellungsmethoden, aber auch auf die Eigenschaften der Kunstfasern wirkte. Während früher nur spärlich ein Eindringen wissenschaftlicher Erkenntnisse in die Produktionsbetriebe zu verzeichnen war, läßt sich heute die wissenschaftliche Forschung und die Auswertung ihrer Ergebnisse aus der Kunstseiden- und Zellwollfabrik nicht mehr fortdenken. Weit mehr als bisher konnten so die Fabrikationsmethoden mit den neuen Vorstellungen über die Konstitution der Zellulose sowie den Aufbau der Faser in Einklang gebracht werden, so daß die früher vorherrschende Empirie aus den Produktionsstätten mehr und mehr verdrängt werden konnte.

Es ist nun annähernd ein Jahrzehnt verflossen, seit das Gebiet der Kunstseide zum letztenmal eine umfangreichere, zusammenfassende Darstellung erfahren hat. Lediglich ZART gab eine neuere Zusammenfassung in einem Sammelwerk. Das Gebiet der Zellwolle hat durch BODENBENDER eine Beschreibung erfahren, der sowohl die wirtschaftlichen Zusammenhänge als auch die Herstellung, Verarbeitung und Veredlung zugrunde liegen.

Der Wunsch nach einem Buch, das unter Berücksichtigung der neueren Erkenntnisse auf dem Gebiete der hochmolekularen Chemie im allgemeinen und der Zellulose im besonderen ausschließlich eine Wiedergabe des neuesten technischen Standes der Herstellung von Kunstseide und Zellwolle gibt, ist daher von vielen Seiten laut geworden; mit dem vorliegenden Buche habe ich den Versuch unternommen, diesen Wünschen nachzukommen.

Die Tatsache, daß die Viskosefasern mit über 90% an den künstlichen Spinnfasern beteiligt sind, ließ es zweckmäßig erscheinen, die wissenschaftlichen Zusammenhänge sowie die Beschreibung der Herstellungsweisen und Eigenschaften der Kunstfasern auf das Viskoseverfahren zu beschränken. Hierdurch wurde es möglich, auch technische Einzelheiten wiederzugeben, die sonst über den Rahmen einer zusammenfassenden Darstellung der Kunstseide und Zellwolle hinausgehen würden.

Auch die Zellstoffabrikation mußte einer eingehenderen Behandlung gewürdigt werden, da, besonders in Deutschland, die Zellwollfabrikation eng an die Zellstoffabrikation gekuppelt wurde und da, insbesondere durch die wissenschaftlichen Arbeiten der letzten Jahre, tiefere Zusammenhänge zwischen den Eigenschaften der Zellstoffe und denen der Kunstfasern aufgedeckt werden konnten. Dies führte u. a. zur Ausbildung zahlreicher neuer Zellstoffveredlungsverfahren, die infolgedessen in dem Buche gleichfalls berücksichtigt wurden. Hierbei war auch Gelegenheit, auf die neuen Arbeiten auf dem Gebiete der Zellstoffherstellung aus Buchen- und Kiefernholz einzugehen.

Bei der Abfassung des Manuskriptes bin ich in selbstloser Weise unterstützt worden: So habe ich Herrn Prof. Dr. Staudinger und seiner Mitarbeiterin, Frl. Dr. Husemann, Freiburg i. Br., herzlichst für die Durchsicht vornehmlich der wissenschaftlichen Teile des Buches sowie für viele wertvolle Hinweise zu danken. Der Vorstand der Phrix-Gesellschaft m. b. H., Hirschberg, stellte mir umfangreiches Material über Strohzellstoff zur Verfügung; die Direktion der I.G. Farbenindustrie Aktiengesellschaft-Filmfabrik, Wolfen, Kr. Bitterfeld, unterrichtete mich weitgehend über den Buchenholzzellstoff. Vielen Fachgenossen bin ich für Aussprachen und Hinweise auf technischem Gebiete zu Dank verpflichtet.

Besonders dankbar bin ich ferner Herrn W. Odrich, Wuppertal-Elberfeld, für die Erlaubnis, das schöne Bildmaterial aus den von der Vereinigte Glanzstoff-Fabriken A.G. herausgegebenen Schriften benutzen zu dürfen. Die technische Verwaltung dieser Firma stellte mir darüber hinaus eine Reihe charakteristischer mikrophotographischer Aufnahmen von Fasern und Faserquerschnitten zur Verfügung. Herr Prof. Dr. Schramek, Dresden, fertigte liebenswürdigerweise einige Röntgendiagramme für das Buch an. Von der Direktion der I.G. Farbenindustrie Aktiengesellschaft, Wolfen, sowie dem Vorstand der Thüringischen Zellwolle Aktiengesellschaft, Schwarza-Saale, erhielt ich eine Anzahl schöner Werksaufnahmen.

Ich habe weiter zahlreichen Maschinenfabriken und Apparatebauanstalten Dank zu sagen für die Überlassung von Abbildungen, Druckstöcken und Unterlagen über Maschinen und Apparaturen. In besonders großzügiger Weise hat mich in dieser Hinsicht die Maschinenfabrik Carl Hamel Aktiengesellschaft, Siegmar-Schönau bei Chemnitz, unterstützt.

Schließlich bin ich Herrn Dr. L. Platz sowie Frau A. Toepper von der Literatur- und Patentabteilung der Chemischen Fabrik Stockhausen & Cie., Krefeld, zu Dank verpflichtet für die Hilfe bei der Auffindung und Durchsicht des vorliegenden, umfangreichen Schrifttums sowie der Patente. Frau A. Toepper hat außerdem das Patent- und Namenverzeichnis angefertigt.

Der Verlagsbuchhandlung danke ich für das bereitwillige Eingehen auf den Plan, dieses Buch herauszugeben, sowie für seine gute Ausstattung.

Wenn ich nun die vorliegende Arbeit der Öffentlichkeit übergebe, so bin ich mir dessen bewußt, daß sie Lücken und Schwächen aufweist und nicht alle Wünsche erfüllen wird. Für Anregungen zu Verbesserungen werde ich stets dankbar sein.

Krefeld, im Juli 1940.

Dr. Kurt Götze.

Inhaltsverzeichnis.

Einleitung.

Eine eingehende Darstellung der Kunstseiden- und Zellwollspinnerei erfordert einerseits eine Schilderung der wissenschaftlichen Zusammenhänge, die die Grundlage für die Herstellung und die Eigenschaften der Kunstfasern bilden, und andererseits eine Beschreibung der technischen Einrichtungen und Hilfsmittel, deren sich dieser Industriezweig bedient. In beiden Punkten muß eine noch so eingehende Betrachtung aber unbefriedigend bleiben:

Überblickt man den gegenwärtigen Stand der Kunstseiden- und Zellwollindustrie sowie das vorliegende wissenschaftliche Tatsachenmaterial, so beobachtet man, daß die technische Entwicklung den wissenschaftlichen Erkenntnissen weit vorausgeeilt ist. In vielen Herstellungsstufen zeigt sich die Empirie noch als vorherrschend. Die wissenschaftliche Durchdringung der Materie hat erst verhältnismäßig spät eingesetzt. Dies hat zum Teil seinen Grund darin, daß die sich bei der Herstellung von Kunstseide und Zellwolle abspielenden Vorgänge in typisch kolloidalen Medien verlaufen, und daß die Wissenschaft uns erst in den letzten Jahren das Rüstzeug an die Hand gegeben hat, in den Ablauf kolloider Vorgänge tiefer einzudringen. So konnte die wissenschaftliche Erkenntnis wohl in vielen Fällen Beobachtungen der Praxis erklären, nicht aber die Grundlage für den technischen Aufbau von einzelnen Arbeitsgängen der Spinnverfahren bilden. Die Aufklärung vieler Vorgänge bei der Kunstfaserherstellung war ferner dadurch nicht möglich, daß erst in der jüngsten Zeit ein klares Bild vom Molekül der Zellulose und vom Faseraufbau gegeben werden konnte. Viele wissenschaftliche Untersuchungen gingen so von unklaren Vorstellungen oder gar von falschen Voraussetzungen aus. Es kommt noch hinzu, daß eine Reihe aufschlußreicher wissenschaftlicher Arbeiten in den Archiven der einzelnen Fabriken aufbewahrt wird, die somit der Öffentlichkeit nicht zugänglich sind. Aus diesen Gründen ist es nicht bei allen Arbeitsgängen möglich, die Zusammenhänge zwischen wissenschaftlichen Erkenntnissen und praktischen Arbeitsmethoden klar herauszuarbeiten.

Hinsichtlich der technischen Arbeitsweisen sind einer eingehenden Beschreibung gleichfalls Schranken gesetzt. Sie kann sich im wesentlichen nur auf die vorhandene Patentliteratur stützen, kann aber in vielen Fällen technische Einzelheiten nicht wiedergeben, da sie noch als Betriebsgeheimnis der Kunstfaserwerke angesprochen werden müssen. Dies gilt insbesondere für einige noch in der Entwicklung begriffene Spezialfasern, wie beispielsweise wollähnliche und hochnaßfeste Zellwollen sowie besonders feste Kunstseiden für die Autoreifen- und Treibriemenherstellung. Hierauf kann infolgedessen nur andeutungsweise eingegangen werden. Eine Schilderung der Herstellung von Kunstseide und Zellwolle kann daher immer nur ein Querschnitt durch diese Gebiete sein.

Wenn im vorliegenden Buche Kunstseide und Zellwolle eine gemeinsame Betrachtung erfahren sollen, so hat dies seinen Grund in der nahen Verwandtschaft der beiden Faserarten, denn Kunstseide und Zellwolle sind zwei eng miteinander verwandte Begriffe. Nicht nur, daß beide aus den gleichen Ausgangsmaterialien hergestellt werden, durchlaufen sie auch, wenigstens im ersten Stadium ihrer Herstellung, den gleichen Werdegang. Bis zur Fertigstellung der sog. Spinnlösung, aus der die Faserbildung erfolgt, ist die Arbeitsweise grundsätzlich die gleiche, und erst von der Spinnerei ab trennen sich die Wege.

Die Verwandtschaft zwischen Kunstseide und Zellwolle ist aber nicht nur durch den teilweise gemeinsamen Werdegang bedingt, sie findet vielmehr darüber hinaus ihren Ausdruck in der gegenseitigen Befruchtung ihrer Herstellungs- und Behandlungsmethoden: Schon vor vielen Jahren hat man künstliche Spinnfasern hergestellt. Sie konnten jedoch in keiner Weise in qualitativer Hinsicht befriedigen und wurden, als kein Bedürfnis mehr vorlag, wieder vom Markte zurückgezogen. Zu jenem Zeitpunkt setzte aber die beispiellose qualitative und fabrikationstechnische Entwicklung der Kunstseide ein, die zu einer ganz wesentlichen Verbesserung ihrer Eigenschaften führte. Auf den hierbei gewonnenen Erkenntnissen fußend, konnten die künstlichen Spinnfasern als „Zellwollen" erneut im Handel erscheinen, jetzt aber mit Eigenschaften versehen, die ihr Bestehen sicherstellen. Umgekehrt wirkt aber auch die Zellwolle befruchtend auf die Kunstseidenspinnverfahren: Die Bewältigung der bei der großen Zellwollproduktion benötigten großen Mengen Viskose machte die Neukonstruktion von Apparaturen erforderlich, ferner mußte sich zwangsläufig der Wunsch nach möglichst kontinuierlichen Arbeitsweisen einstellen, da der Preisbildung der Zellwolle durch die Preise der Naturfasern Schranken gesetzt sind. Von allen Seiten wurde und wird daher mit Nachdruck an den hiermit in Zusammenhang stehenden Problemen gearbeitet, die bei der Kunstseide trotz vielfacher Versuche nicht zufriedenstellend gelöst werden konnten. Anders liegen die Verhältnisse bei der Zellwolle. Ihre Weiterverarbeitung stellt an bestimmte Eigenschaften nicht so hohe Ansprüche, wie dies bei der Kunstseide der Fall ist. Es konnten daher kontinuierliche Arbeitsweisen bei der Zellwolle verhältnismäßig schnell Fuß fassen. Ihre Weiterbildung und Präzisierung hat dazu geführt, daß eine Reihe von auf diesem Gebiete bei der Zellwolle gesammelten Erfahrungen ohne

Gefahr für die Qualität der Faser auf die Kunstseidenherstellung übertragen werden konnte. Weitere Erfolge sind zu erwarten.

Schließlich zeigt sich die Verwandtschaft zwischen Kunstseide und Zellwolle noch darin, daß es nach allen bei der Kunstseide angewandten Verfahren möglich ist, auch Zellwolle zu spinnen. Ebenso wie man die Kunstseiden nach Viskose-, Kupfer- und Azetatkunstseide unterscheidet, kennt man auch Viskose-, Kupfer- und Azetatzellwollen. Die bei den einzelnen Arbeitsweisen erhaltenen Fasereigenschaften wirken sich bei der Kunstseide und Zellwolle in der gleichen Weise aus und sind bei beiden mitbestimmend für ihren Verwendungszweck.

Die Abweichungen im Herstellungsgang der Kunstseide und Zellwolle finden ihre Erklärung im Charakter der beiden Faserarten. Mit Kunstseide bezeichnet man aus mehreren Einzelfädchen bestehende Garne, die theoretisch in endloser Länge gesponnen werden können. Ihrer Länge sind nur durch die Aufnahmefähigkeit der Aufwickelorgane Grenzen gesetzt. Die Herstellung eines solchen endlosen Garnes erfordert daher ein Auffangen des spinnenden Fadens auf vielen einzelnen Vorrichtungen, eine Nachbehandlung in einzelnen Fadenwickeln und eine Aufmachung als Strang oder auf Spulen mit beschränktem Fassungsvermögen. Hierdurch ist in der Kunstseidenspinnerei eine große Anzahl von Spinnstellen und in den Textilbetrieben eine große Menge von Haspeln, Spindeln u. dgl. bedingt. Die Zellwolle hingegen ist ein aus Einzelfasern bestehendes, kurzstapeliges Material. An jeder Spinnstelle können viele hundert Einzelfädchen gesponnen werden, und die hierbei entstehenden, aus parallelen Einzelfädchen zusammengesetzten Faserbündel werden von sämtlichen Spinnstellen einer Maschine zu einem dicken Faserband oder Faserkabel zusammengefaßt. Das Kabel wird dann lediglich auf die erforderliche Stapellänge geschnitten. Die Textilbetriebe fehlen daher in einem Zellwollwerk ganz.

Die größte wirtschaftliche Bedeutung haben die nach dem Viskoseverfahren erzeugten Fasern, sie sind — als Kunstseide — mit 90% an der gesamten Weltproduktion beteiligt. Bei der Zellwollproduktion ist dieser Anteil noch ganz erheblich größer. Diesen Verhältnissen Rechnung tragend, sollen die wissenschaftlichen und technischen Ausführungen des vorliegenden Buches auf die Viskosefasern beschränkt bleiben.

1. Kapitel.

Geschichtlicher Rückblick und wirtschaftliche Entwicklung.

A. Geschichtlicher Rückblick.

I. Kunstseide.

Die an manchen Körpern gemachte Beobachtung, daß ihre Lösungen fadenziehende Eigenschaften haben, ließ schon früh in den Köpfen einiger Gelehrter den Gedanken aufkommen, aus diesen Substanzen Fäden zum Zwecke der technischen Verwertung herzustellen. Ausgesprochen wurde dieser Gedanke erstmalig in einer für die englische Royal Society geschriebenen Abhandlung von ROBERT HOOKE im Jahre 1655. Zu ernsthaftem Experimentieren auf diesem Gebiete kam es jedoch zu jener Zeit noch nicht. Auch der bekannte Physiker REAUMUR kam 1734 über Pläne, Fasern künstlich herzustellen, nicht hinaus. Die Vorstellungen, die man damals von der notwendigen Beschaffenheit eines geeigneten Ausgangsmaterials hatte, reichten bei weitem nicht aus, um die Versuche in eine ganz bestimmte Richtung lenken zu können, und es ist äußerst bemerkenswert, daß die Herstellung künstlicher Fäden erst in dem Augenblick greifbare Gestalt annahm, als es gelungen war, Lösungen von Zellulose herzustellen. Bis auf den heutigen Tag hat man an der Verwendung von Zellulose für die Herstellung von Kunstfasern festgehalten und erst in allerneuester Zeit hat man gelernt, auch andere Ausgangsmaterialien heranzuziehen: Bedeutsame Fortschritte sind auf dem Gebiete der Faserherstellung aus Casein („Lanital", „Tiolan") gemacht worden. Auch aus hochpolymeren synthetischen Stoffen auf der Basis von Polyvinylchlorid („Pe Ce-Faser") sowie Kondensationsprodukten von Aminosäuren („Nylon"[1]) ist die Faserherstellung gelungen.

Die für die praktische Herstellung von Kunstseide wichtigen Arbeiten auf dem Gebiete der Zellulosechemie gehen auf das Jahr 1845 zurück, in dem SCHÖNBEIN die Nitrozellulose herstellte und dabei entdeckte, daß dieser Körper in bestimmten organischen Lösungsmitteln unter Bildung einer sirupartigen Flüssigkeit löslich ist. 1857 beobachtete SCHWEIZER die Löslichkeit von Zellulose in Kupferoxydammoniak.

[1] Näheres s. Monatsh. Seide u. Kunstseide **44**, 3, 5 (1939).

Wie schnell diese Zelluloselösungen in den Kreis der Bemühungen, Fasern künstlich zu erzeugen, einbezogen wurden, geht daraus hervor, daß schon im Jahre 1855, also nur 10 Jahre nach der SCHÖNBEINschen Entdeckung, dem Franzosen AUDEMARS durch das brit. Patent 283 ein Verfahren geschützt wurde, das die Herstellung von Fäden aus Lösungen von Nitrozellulose in Äther-Alkohol zum Gegenstand hatte. In diesem brit. Patent haben wir demnach das erste Kunstseidenspinnpatent vorliegen.

Die explosiven Eigenschaften der aus Nitrozellulose hergestellten künstlichen Fasern standen der technischen Entwicklung jedoch hindernd im Wege, und so ist es verständlich, daß man zunächst darauf bedacht war, den Fasern diese unangenehme Eigenschaft zu nehmen. Es ist das Verdienst von I. W. SWAN, dieses Problem gelöst zu haben. In den Jahren 1883—1884 gelang ihm die Denitrierung durch Behandlung der Nitrozellulosefäden mit Lösungen von Schwefelammonium. Gleichzeitig mit SWAN befaßte sich in Frankreich Graf CHARDONNET mit der Herstellung künstlicher Fäden aus Nitrozellulose, wobei er unmittelbar auf das Ziel hinsteuerte, eine Textilfaser zu schaffen, während SWAN zunächst daran dachte, ein brauchbares Ausgangsmaterial für die Kohlefäden der elektrischen Glühlampen zu finden, deren Herstellung sich als recht schwierig erwiesen hatte. Die Arbeiten CHARDONNETs waren von Erfolg gekrönt, er konnte sein Spinnverfahren 1889 auf der Pariser Weltausstellung vorführen und baute in Besançon die erste Kunstseidenfabrik.

Im gleichen Jahre befaßte sich FR. LEHNER mit der Verbesserung der Eigenschaften der Nitrozellulosefäden. Sein Ziel war, den Faserquerschnitt zu verfeinern sowie die Festigkeit zu erhöhen, die durch die notwendige Denitrierung einen beträchtlichen Rückgang erlitt. LEHNER fand, daß man durch Ausziehen der noch plastischen Fäden beide Ziele gleichzeitig erreichen kann; ihm wurde durch das DRP. 55949 und DRP. 58508 das Spinnen unter Streckung geschützt. Das „Streckspinnen" ist zu einem bleibenden Begriff in der Kunstseidenindustrie geworden.

Die SCHWEIZERsche Zelluloselösung in Kupferoxydammoniak wurde erst im Jahre 1891, dem Geburtsjahr auch des Viskoseverfahrens, zur Herstellung künstlicher Fäden herangezogen: In Oberbruch bei Aachen führten FREMERY und URBAN erfolgreiche Versuche zur Herstellung von elektrischen Glühlampenfäden aus Kupferoxydammoniak-Zellulose durch, nachdem bei Arbeiten auf demselben Gebiete WESTON (1882) und DESPAISSIS (1890) nicht zum Ziele gekommen waren. FREMERY und URBAN konnten schon bald darangehen, die erhaltenen Fäden auch für textile Zwecke brauchbar zu machen. Ihr Spinnverfahren wurde im Jahre 1897 durch das auf den Decknamen PAULY lautende DRP. 98642 geschützt.

Im Jahre 1900 beschäftigte sich die Türkischrot-Färberei „I. P. Bemberg" in Barmen gleichfalls mit der Herstellung von Kunstseide nach dem Kupferverfahren. In den Versuchsanlagen dieser Firma übertrug E. THIELE 1901 das von LEHNER für Nitrokunstseide ausgearbeitete Streckspinnverfahren auf die Kupferkunstseide und legte damit im DRP. 154507 den Grundstein für die feinstfädige Kupferkunstseide. Die Jahre 1902—1905 brachten eine ganze Reihe weiterer grundlegender Patente für die Verbesserung dieser Faser. Ein Markstein für die Entwicklung der Bemberg-Kunstseide ist das Jahr 1907, das die Erfindung des Streckens durch das strömende Fällbad brachte (DRP. 220051), nach der im Prinzip heute noch gearbeitet wird. An dieser Stelle muß auch der Name ELSÄSSER genannt werden, der sich um die Weiterentwicklung des Verfahrens bleibende Verdienste erworben hat.

Wir müssen nun nochmals einen Blick zurückwerfen: Nachdem im Jahre 1844 MERCER eigenartige Effekte bei der Behandlung von Zellulosefasern mit Natronlauge erhalten hatte, fanden 1891 CROSS, BEVAN und BEADLE, daß mit Natronlauge behandelte Zellulose eine Verbindung mit Schwefelkohlenstoff eingeht, das Natriumzellulosexanthogenat, das in verdünnten Alkalilaugen löslich ist. Aus diesen Lösungen kann die Zellulose mit Säuren wieder gefällt werden. Die hohe Viskosität der Zelluloselösung führte zu der Bezeichnung „Viskose" für diese Lösung. Die aufgefundene Reaktion wurde 1893 unter der Nummer 70999 in das deutsche Patentregister eingetragen. In diesem Patent ist der Grund zu einem technischen Verfahren gelegt, das wie kaum ein anderes einen ungehemmten Siegeslauf durch alle Länder der Erde angetreten hat.

Während die genannten Forscher sich mit der wissenschaftlichen Erkenntnis dieser und anderer Zellulosereaktionen beschäftigten, gelang es 1898 STEARN, durch Einspritzen der Viskose in Lösungen von Ammonsalzen Fäden zu gewinnen (DRP. 108511). Die Folgezeit läßt erkennen, daß die Hauptschwierigkeit bei der Herstellung von Fäden aus Viskose die zweckmäßige Zusammensetzung der Fällbäder ist, und so finden wir eine Reihe von Patenten, die ausschließlich die Fällbäder zum Gegenstand hat. 1902 wird STEARN ein Fällbad aus schwachen Säuren patentiert (Brit. Pat. 2529), das jedoch noch nicht restlos befriedigen konnte. Die sichere Grundlage für ein einwandfreies Verspinnen von Viskose wurde 1905 durch MÜLLER und KOPPE gelegt, die als Fällbad verdünnte Schwefelsäure und ein Salz, insbesondere ein Sulfat vorschlugen. Mit diesem im DRP. 187947 niedergelegten Verfahren wurde die wirtschaftliche Herstellung der Viskosekunstseide ermöglicht. Das „MÜLLER-Bad I" genannte Spinnbad erfuhr 1910 durch HOTTENROTH und MELZER eine weitere Verbesserung. Besondere Verdienste auf dem Gebiete der Spinnbäder hat sich auch BRONNERT erworben.

Der Nitro-, Kupfer- und Viskosekunstseide hat sich noch eine vierte, die Azetatkunstseide, zur Seite gestellt. Ausgangsmaterial ist nicht, wie bei den drei erstgenannten, die Zellulose, sondern ihr Essigsäureester, das Zelluloseazetat. Die Herstellung des Essigsäureesters der Zellulose geht auf SCHÜTZENBERGER (1865) zurück. Zu besseren Reaktionsbedingungen kamen 1879 FRANCHIMONT und GIRARD, sowie 1894 CROSS, BEVAN und BRIGGS. Das Zelluloseazetat wurde schon bald für die Herstellung von Fasern versuchsweise herangezogen, und so finden wir schon 1901 das erste Patent auf diesem Gebiete (WAGNER, DRP. 152432). Die Eigenschaften dieser Azetatfaser konnten indessen noch nicht befriedigen. Dies trat erst ein, als schonendere Herstellungsweisen für den Ester gefunden waren, was 1902 EICHENGRÜN und BECKER in den Elberfelder Farbwerken gelang (DRP. 159524). 1904 meldeten EICHENGRÜN und die Farbenfabrik das erste Trockenspinnverfahren für Azetatkunstseide zum Patent an.

Die großtechnische Herstellung von Azetatkunstseide konnte sich aber erst entwickeln, nachdem das Spinnen aus senkrecht angeordneten Düsen in mit heißer Luft erfüllte Kammern erfunden worden war. Dieser von LOEWE (DRP. 238160) stammende Gedanke wurde 1919 von BOUFFE auf die Azetatkunstseidenfabrikation übertragen und gab der Entwicklung der Azetatkunstseide einen neuen Anstoß, der zunächst zur Gründung der „British Celanese Ltd." Anlaß gab.

II. Zellwolle.

Für die Kunstseidenfabriken ergab sich schon bald die Frage nach der Verwendungsmöglichkeit des beim Spinnen anfallenden Abfallmaterials. Beim Anspinnen sowie beim jedesmaligen Wechsel der Fadenaufnahmeorgane entsteht eine gewisse Menge Fasermaterials, das als Kunstseide nicht verwendbar ist. Der Gedanke lag nahe, diese Fasern in kurze Stücke zu zerschneiden, um so ein Textilgut zu erhalten, das in seiner äußeren Form Ähnlichkeit mit den Baumwollhaaren aufweist. Das so erhaltene Fasermaterial erwies sich in der Tat als verspinnbar. Gemäß der Bezeichnung „Stapel" für die Länge der Baumwollhaare nannte man das durch Zerschneiden von Kunstseidenabfällen gewonnene Spinngut „Stapelfaser". In Analogie zu der Bezeichnung Kunstseide für die endlosen Fäden bezeichnete man die Stapelfaser zuweilen auch mit „Kunstschappe".

Abgesehen aber von der Herstellung von Stapelfaser aus Kunstseidenabfällen steuerten einige Erfinder auf das Ziel hin, dieses Spinngut unmittelbar, also unter Umgehung des Kunstseidenspinnprozesses, herzustellen. Einige Erfolge waren PELLERIN (Franz. Pat. 410776; 1908) und GIRARD (DRP. 226140; 1912) beschieden. Zu einer industriellen Auswertung gelangten die beiden Verfahren jedoch nicht.

Die Herstellung der Stapelfaser erhielt erst wieder neuen Fluß, als während des Krieges sich für Deutschland die Notwendigkeit ergab, die vorhandenen Vorräte an natürlichen Spinnstoffen so weit wie möglich zu strecken. Es lag auf der Hand, daß die in den Kunstseidenfabriken anfallenden Abfälle mengenmäßig nicht ins Gewicht fallen konnten, und so ging 1916 die Firma „Jordan-Kommanditgesellschaft" in Sydowsaue dazu über, Kunstseide eigens zu dem Zwecke herzustellen, um sie hinterher zu Stapelfaser zu zerschneiden. Das so erhaltene Material erwies sich als brauchbar für die Beimischung zu anderen, natürlichen Spinnfasern, und so folgten auch noch in den ersten Nachkriegsjahren einige weitere Kunstseidenfabriken dem Sydowsauer Beispiel.

Die Eigenschaften der zu dieser Zeit gesponnenen Kunstseide konnten aber bei weitem nicht ausreichen, um der aus ihr gewonnenen Stapelfaser einen bleibenden Bestand zu sichern. So mußte die Stapelfaserherstellung in dem Augenblick zum Erliegen kommen, in dem wieder ausreichende Mengen natürlicher Textilrohstoffe zur Verfügung standen. Die Herstellung von Stapelfaser aus Abfällen der Kunstseidenindustrie hat sich demgegenüber bis auf den heutigen Tag gehalten. Infolge der weitgehenden Verbesserungen der physikalischen Eigenschaften der Kunstseiden stellen die über die Kunstseidenabfälle hergestellten Stapelfasern heute einen wertvollen Textilrohstoff dar, der nicht wieder vom Markte verschwinden wird.

Systematische Versuche zur direkten Herstellung einer neuen spinnfähigen Textilfaser wurden 1920 von der „Köln-Rottweil· A. G." begonnen. 1933 brachte die Vereinigte Glanzstoff-Fabriken A. G. gleichfalls eine neue Spinnfaser auf den Markt, und 1935 wurde in Deutschland der Bau mehrerer neuer Werke beschlossen. Im gleichen Jahre wurde der Name „Zellwolle" für die neue Faser amtlich eingeführt.

Während sich die Zellwolle in Artikeln, die vornehmlich bisher aus nativen Zellulosefasern hergestellt waren, bald großer Beliebtheit erfreute, ließen manche sonst aus Wolle hergestellten Artikel noch Wünsche offen. Es wurde daher angestrebt, eine Zellwolle zu schaffen, die auch in ihrer chemischen Beschaffenheit der Wolle nähersteht als die Zellulose. Derselbe Gedanke war auch bei der Kunstseide schon einmal ausgesprochen worden und hatte im Jahre 1904 Todtenhaupt zu Versuchen angeregt, das Casein als Ausgangsmaterial für Kunstseide heranzuziehen. In den deutschen Patenten 170051, 183317 und 203820 ist eine Reihe derartiger Spinnverfahren niedergelegt. Die nach den Todtenhauptschen Patenten hergestellte Kunstseide fand jedoch keinen Eingang in die Praxis, vor allem deshalb, weil ihre Festigkeit in nassem Zustand bei weitem nicht mit den anderen Kunstseidenarten in Wettbewerb treten konnte. Ferretti in Mailand ist es jedoch 1935 gelungen, auf Caseinbasis eine brauchbare Zellwolle herzustellen.

B. Wirtschaftliche Entwicklung.

In der wirtschaftlichen Entwicklung der Kunstseiden- und Zellwollindustrie[1] lassen sich deutlich drei Phasen unterscheiden, die durch äußere Umstände voneinander abgegrenzt sind. Die erste Phase fand ihren Abschluß durch das Eintreten der kriegerischen Verwicklungen im Jahre 1914. Als zweite Phase kann die Entwicklung während des Weltkrieges und kurz nach ihm bezeichnet werden, während die dritte etwa im Jahre 1919 beginnt. Diese drei Entwicklungsstufen treten nicht nur in Deutschland zutage, sondern sie lassen sich auch in den übrigen Ländern mehr oder weniger deutlich erkennen. Die Nachkriegszeit weicht in ihrem jüngsten Ablauf in Deutschland allerdings insofern von der Entwicklung in den anderen Ländern ab, als die deutsche Kunstseiden- und Zellwollindustrie in die nationale Planwirtschaft einbezogen wurde.

I. Kunstseide.

a) Die Zeit bis zum Ausbruch des Weltkrieges.

Überblickt man die Entwicklung der Kunstseidenindustrie in der Vorkriegszeit, so treten zwei Merkmale heraus. Das eine ist das unerwartet rasche Aufblühen zahlreicher Unternehmungen, das andere der überaus große Umfang der von den Fabriken geleisteten Experimentier- und Entwicklungsarbeit. Diese erwies sich aus dem Grunde als notwendig, weil man schon bald erkennen mußte, daß die Übertragung der Ergebnisse von Laboratoriumsarbeiten auf den Großbetrieb bei der Kunstseide nicht leicht ist. Wie später noch im einzelnen gezeigt wird, kommt es bei der Erzeugung eines marktfähigen Produktes auf zahllose Kleinigkeiten an, die alle einzeln mühsam erforscht und im Betriebe durchprobiert werden müssen. Es hat sich für die Kunstseidenindustrie geradezu als charakteristisch erwiesen, daß sich Unzulänglichkeiten des Endproduktes erst im laufenden Betrieb zeigen, was nicht nur ihre Beseitigung erschwert, sondern meist auch mit nicht unerheblichen Kosten verbunden ist. Hierdurch wird die ungeheure Experimentierarbeit, die die junge Industrie in ihren ersten Jahren leisten mußte, verständlich. Man darf aber keineswegs annehmen, daß die Weiterbildung von Verfahrenseinzelheiten heute zum Stillstand gelangt sei, wenn auch gesagt werden muß, daß die technischen Verfahren in ihren Grundzügen als abgeschlossen gelten können.

Daß unter solch schwierigen technischen Voraussetzungen die junge Industrie in den ersten Jahren die schnelle Aufwärtsentwicklung nehmen

---

[1] Über diesen Gegenstand liegen eingehende Untersuchungen von LOEWY (Technologie der Textilfasern, Bd. VII, Berlin 1927) sowie FLÜGGE (Kunstseidenindustrie, Leipzig 1936) vor, denen die wesentlichsten Angaben und Daten entnommen wurden.

konnte, liegt in einer Reihe von Faktoren begründet[1]. Von Anfang an hat die Kunstseide einen sehr aufnahmefreudigen Markt gefunden. Man darf nicht vergessen, daß die Anfänge der Kunstseide in eine Zeit fielen, als die sog. Besatzartikel sich großer Beliebtheit erfreuten, für die das neue, hochglänzende Textilmaterial sich als außerordentlich geeignet erwies. Die günstigen Erfahrungen, die in der Besatzartikelbranche mit der neuen Faser gemacht wurden, regten zu Versuchen an, sie auch in andere textile Gebiete einzuführen, was erfolgreich gelang. So wurde das ursprünglich als Luxusgut angesprochene Material in kurzer Zeit zu einem Gebrauchsgut. Für diese Entwicklung kam der Kunstseide noch der Umstand zustatten, daß nämlich in der Erzeugung einer künstlichen Textilfaser eine gewisse Stabilität begründet liegt: Als technisch hergestelltes Erzeugnis ist sie nicht den durch äußere Umstände bedingten Schwankungen unterworfen, denen eine gewachsene Faser mengenmäßig und qualitativ unterliegt. Gegenüber den natürlichen Faserstoffen besitzt eine Kunstfaser ferner eine wesentlich größere Anpassungsfähigkeit an die Bedürfnisse des Marktes. Änderungen der Fasereigenschaften durch Umstellungen der betrieblichen Verfahren sind bei einer künstlich hergestellten Faser in viel kürzerer Zeit durchzuführen, als dies bei einer natürlich gewachsenen Faser möglich ist. Um diese abzuwandeln sind meist lange Zeit beanspruchende Züchtungen in Kauf zu nehmen.

Die günstige Aufnahme der Kunstseide schon in ihren ersten Anfängen hat sich auf ihren industriellen Ausbau auch insofern ausgewirkt, als der jungen Industrie die Aufnahme der erforderlichen Kapitalien nicht schwer wurde. Hierdurch konnten in den weitaus meisten Fällen auch Rückschläge überwunden werden, von denen selbstverständlich auch die junge Kunstseidenindustrie nicht verschont blieb. Es kam allerdings noch hinzu, daß die für das neue Textilgut erzielten Preise eine erhebliche Gewinnspanne in sich trugen, wobei nicht ohne Interesse ist, daß sich die Preisgestaltung in den ersten Jahren weder aus den Produktionskosten noch aus dem Verhältnis Angebot-Nachfrage erklären läßt[2], sie ist vielmehr durch die führenden Produzenten ziemlich willkürlich gestaltet worden und konnte deshalb unter dem Druck der jeweiligen Marklage abgeändert werden.

Bereits die erste, von CHARDONNET in Besançon gebaute Nitrokunstseidenfabrik konnte in den Jahren 1891—1907 ihre Tagesproduktion von 50 kg auf die Höhe von 2000 kg steigern[3]. Diese Zahl ist insofern bemerkenswert, als auch heute noch Werke mit einer Tagesproduktion von etwa 3000 kg bestehen, wenn auch besonders die deutschen Fabriken mit ihrer Produktionshöhe durchschnittlich bei 8—12000 kg liegen.

[1] Vgl. hierzu insbesondere FLÜGGE, Kunstseidenindustrie, S. 11f.
[2] Textile Organon, April 1935, S. 61.
[3] DREAPER: Journ. Soc. chem. Ind. **1909**, Nr. 24.

Die Entwicklung des Werkes Besançon bestimmte CHARDONNET im Jahre 1895, eine weitere Fabrik, und zwar auf Schweizer Boden, in Spreitenbach, zu errichten, nachdem LEHNER mit dem Bau eines Werkes in Glattbrugg, ebenfalls in der Schweiz, begonnen hatte. Beide Unternehmer schlossen sich 1900 zusammen und gründeten die „Vereinigte Kunstseidenfabriken Aktiengesellschaft" in Frankfurt am Main, was zum Bau weiterer Fabriken, nämlich in Bobingen und Kelsterbach, führte. Auf dem Gebiete der Kunstseide ist also schon äußerst früh die Neigung zu gemeinsamer Auswertung der Interessen festzustellen, die in der Folgezeit größte Ausmaße annahm.

Obwohl es schon früh zu Preissenkungen kam, warfen die vereinigten Unternehmen erhebliche Gewinne ab. Diese Lage erfuhr jedoch nach einigen Jahren eine Veränderung: Die Ausbreitung der Kunstseide hatte gesteigerte Ansprüche im Gefolge, eine Entwicklung, die bei allen Gebrauchsgütern zu beobachten ist, wenn sie in steigender Menge auf dem Markt erscheinen. Dies hatte für die Kunstseidenindustrie die Auswirkung, daß die bestehenden Werke nach einiger Zeit gezwungen waren, zu mehr oder weniger weitgehenden Umbauten der Produktionsanlagen zu schreiten, was die Hereinnahme neuer Kapitalien erforderlich machte. Die Nitrokunstseidenfabriken hatten dazu in steigendem Maße mit der Konkurrenz neuer Unternehmen zu kämpfen, die nach wirtschaftlicheren Herstellungsmethoden arbeiteten. Das Jahr 1905 brachte zudem unerwarteterweise ein starkes, modisch bedingtes Nachlassen des Konsums. Hierdurch setzte bei den Nitrokunstseidenwerken eine rückläufige Entwicklung ein[1]. Daß in der jungen Kunstseidenindustrie jedoch ein äußerst gesunder Kern steckte, geht klar daraus hervor, daß diese Lage die Weiterentwicklung keineswegs zu hemmen vermochte. Es waren inzwischen schon Fabriken gegründet worden, die nach dem Kupferverfahren arbeiteten, auch war das Viskoseverfahren erfolgreich weitergebildet worden, und beide Arbeitsweisen stellten sich als erheblich wirtschaftlicher heraus als das Nitroverfahren. Die deutschen Nitrokunstseidenfabriken hielten es daher im Jahre 1911 für angezeigt, auf das Viskoseverfahren überzugehen, was der Gesellschaft allerdings nur unter Eingehen eines Abhängigkeitsverhältnisses zu der inzwischen gegründeten „Vereinigte Glanzstoff-Fabriken A. G.", Elberfeld, möglich war[2].

Es darf nicht verschwiegen werden, daß die Gründe für den Rückgang der Nitrokunstseidenfabriken der Frankfurter Gesellschaft nicht allein in den eben geschilderten Faktoren zu suchen waren, vielmehr muß auch die Finanzpolitik als wenig weitsichtig bezeichnet werden. Große Dividendenausschüttungen machten zwangsläufig die Anlage eines ausreichenden Reservefonds unmöglich. Es kam hinzu, daß die

---

[1] CHAPLET u. RUSSET: Les soies artificielles, p. 152.

[2] LOEWY, S. 319. Die Vereinigte Glanzstoff-Fabriken A. G. gelangte 1913 in den Besitz der Aktienmajorität der Frankfurter Gesellschaft.

Erzeugnisse der Werke in qualitativer Hinsicht starken Schwankungen unterworfen waren, was sich gleichfalls zeitweise ungünstig auf die Nachfrage auswirkte. In dieser Beziehung haben die im Jahre 1902 gegründete „Kunstfädengesellschaft vormals Nobel & Co.“ und die „Vereinigte Köln-Rottweiler Pulverfabriken“ erfolgreicher gearbeitet, obwohl auch hier größere Gewinne ausblieben. Mehrere im Plauener Bezirk im Jahre 1910 erfolgte Gründungen konnten sich dagegen nicht behaupten.

Die in Belgien entstandenen Nitrokunstseidenfabriken in Obourg und Tubize waren insofern günstiger gestellt, als sie infolge niedrigerer Alkoholpreise billiger produzieren konnten als dies in Deutschland möglich war. So konnten diese Fabriken noch im Jahre 1912 mit den französischen Chardonnet-Werken eine weitere Unternehmung in Basècles gründen. Außerhalb Belgiens entstanden Tochterunternehmungen in Sarvar (Ungarn) sowie in Tomaszow und Ulysskow (Russisch-Polen).

Die von Fremery und Urban durchgeführten Arbeiten auf dem Gebiete der Kupferkunstseide führten gegen Ende des neunzehnten Jahrhunderts zum Bau zweier Fabriken in Niedermorschweiler (Elsaß) und Oberbruch (Bez. Aachen). Die beiden Werke wurden 1899 in die „Vereinigte Glanzstoff-Fabriken A. G.“ mit dem Sitz in Aachen, später in Elberfeld, eingebracht, die von nun an für die Weiterentwicklung der deutschen Kunstseidenindustrie bestimmend wurde.

Wir sehen hier in der jungen Kunstseidenindustrie erneut eine Zusammenlegung von Interessen in horizontaler Richtung. Jedoch macht sich bei dieser Gesellschaft erstmalig auch eine Vertikalorientierung bemerkbar: Der elsässischen Fabrik wurde eine Anlage für die Herstellung von Ammoniak angegliedert, außerdem beteiligte sich das Unternehmen finanziell an der „Oberrheinischen Kraftwerk-Aktiengesellschaft“. Darüber hinaus wurden Beziehungen zu Kohlenbergwerken und Maschinenfabriken hergestellt[1].

Im Jahre 1903 entschlossen sich die Glanzstoff-Fabriken zur Vornahme ausländischer Gründungen. Es kam zur Bildung von Tochtergesellschaften in Frankreich („La Soie Artificielle“) und Österreich („Erste Österreichische Glanzstoff-Fabrik A.G., St. Pölten“). In England entstand 1908 die „British Glanzstoff Manufacturing Company-Ltd.“ in Liverpool.

Eine vorsichtige Finanzpolitik kam der Gesellschaft in dem kritischen Jahre 1905 zugute. Es gelang dem Unternehmen, die Betriebe und Arbeitsweisen so umzugestalten, daß eine Senkung der Verkaufspreise ohne wesentliche Gewinneinbuße möglich war. Die hierdurch bedingte wieder beginnende Aufwärtsbewegung hat bis zum Ausbruch des Weltkrieges stetig angehalten.

Zu den qualitativen Eigenschaften der Anfangsproduktion an Kupferkunstseide ist zu sagen, daß sie für die Herstellung von Posamenten,

[1] Vgl. hierzu Loewy, in Technologie der Textilfasern, Bd. VII, S. 319.

Besatzartikeln und Spitzen der Nitrokunstseide vorgezogen wurde[1]. Lediglich in der Breitweberei konnte sie nicht befriedigen, da es nach dem Kupferverfahren damals noch nicht gelang, die erforderliche Faserfeinheit zu erreichen. Neben dem Anreiz der billigeren Herstellung sprach dieser Umstand mit, daß sich die Leiter des Unternehmens für die Übernahme des Viskoseverfahrens entschlossen, das in Deutschland von HENCKEL-DONNERSMARK in Sydowsaue ausgeübt wurde. Diese Fabrik wurde mit dem Verfahren („MÜLLER-Bad II") im Jahre 1911 aus eigenen Mitteln übernommen. Es spricht für die Liquidität der Gesellschaft, daß die erforderlichen Umbauten auf das neue Verfahren und der gleichzeitige Ausbau auf größere Produktionshöhe nicht nur gleichfalls aus eigenen Mitteln bestritten werden konnten, sondern daß in diesen Jahren auch noch Dividendenausschüttungen möglich waren.

Die Erfolge der Vereinigte Glanzstoff-Fabriken A. G. regten zu mehreren Gründungen an, denen jedoch kein bleibender Erfolg beschieden war[2]. Lediglich die Firma „I. P. Bemberg A. G." in Barmen, die sich seit 1900 mit der Fabrikation von Kupferkunstseide beschäftigte, war imstande, sich zu behaupten. Bei dieser Firma haben wir in starkem Maße eine Vertikalorientierung vorliegen: Es war zunächst daran gedacht worden, für die dem Unternehmen gehörige Weberei in Augsburg Garne herzustellen. Außerdem verfügte die Firma auch über eine eigene Färberei, die schon seit dem Jahre 1792 bestand. Die starke Nachfrage nach Kunstseide veranlaßte das Unternehmen jedoch später, auch für den allgemeinen Markt Kunstseide herzustellen. Die Entwicklung der I. P. Bemberg A. G. stand in den Anfangsjahren nicht unter einem so glücklichen Stern wie die der Vereinigte Glanzstoff-Fabriken A. G.: Trotz der Herstellung eines qualitativ hochwertigen Erzeugnisses waren die ersten Jahre verlustreich und erst die Jahre 1911 und 1912 konnten ohne Verlust abgeschlossen werden.

Als weiterer Erzeuger von Kunstseide in Deutschland kam 1909 die Firma „Friedr. Küttner", Pirna, hinzu. Dieses in Familienbesitz befindliche Unternehmen, dessen Gründung auf das Jahr 1820 zurückgeht, befaßte sich mit der Herstellung von Leinenzwirnen, Klöppelspitzen und Baumwollgarnen. Es spricht für den wirtschaftlichen Weitblick der Firmeninhaber, daß man sich im Augenblick der Fertigstellung einer Anlage für täglich 300 kg Kupferkunstseide noch entschloß, einen Umbau auf das Viskoseverfahren vorzunehmen, was bis Ende des Jahres 1910 gelang. Das Erzeugnis fand auf dem Markte Anklang, so daß die Produktion Ende 1912 auf etwa 2000 kg gesteigert werden konnte. Eine beschränkte Menge Kupferkunstseide wurde weitergesponnen, und bis auf den heutigen Tag ist die Firma von dieser Zweiteilung der Produktion nicht abgegangen. Aus patentrechtlichen Gründen gewann

[1] Vgl. hierzu FLÜGGE, Kunstseidenindustrie, S. 97.
[2] LOEWY, in Technologie der Textilfasern, Band VII, S. 324.

im Jahre 1912 die Vereinigte Glanzstoff-Fabriken A. G. vorübergehend einen gewissen Einfluß.

Der Vollständigkeit halber muß noch die 1910 errichtete „Glanzfäden-Aktiengesellschaft“ in Petersdorf genannt werden, die in erster Linie Kupferkunstseide für Gasglühlichtstrümpfe herstellte. Das Unternehmen hat in den Vorkriegsjahren keine Gewinne abwerfen können, hat jedoch in den Nachkriegsjahren eine gewisse Bedeutung erlangt.

Außerhalb der Landesgrenzen nahm unabhängig von deutschen Gründungen im Jahre 1905 die Firma „Courtaulds Ltd.“, Coventry (England), die Herstellung von Viskosekunstseide auf. Die ersten Jahre mußten sich jedoch auf Versuchsarbeiten beschränken, erst 1910 konnte ein marktfähiges Produkt entwickelt werden. Bei der Firma Courtaulds Ltd. handelt es sich um ein bedeutendes Webereiunternehmen, das wie die Firma Bemberg zunächst nur an die Erzeugung von Kunstseide für den eigenen Bedarf dachte, später jedoch gleichfalls diese Beschränkung fallen ließ. 1909 gründete Courtaulds Ltd. eine Tochtergesellschaft in den Vereinigten Staaten, die „American Viscose Co.“.

In Frankreich erfolgte die Gründung der „Soie de Viscose“, Paris, ein Unternehmen, das später Tochtergesellschaften in Italien, Spanien, Rußland, der Schweiz und Belgien entstehen ließ. In Holland kam es 1911 zur Gründung der „Nederlandsche Kunstzijdefabriek N.V.“ („Enka“) in Arnhem, die ebenfalls nach dem Viskoseverfahren arbeitete.

Es war schon erwähnt worden, daß die zunächst ziemlich willkürlich gewählten Verkaufspreise oftmals einer Revision unterzogen werden mußten. Hierdurch war es zwar möglich, den Absatz einer von Rückschlägen betroffenen Fabrik wieder zu heben, jedoch brachte dies eine große Unsicherheit in das ganze Verkaufsgeschäft. Diese Unsicherheit ließ schon früh die Neigung zu Preisvereinbarungen zwischen den Produzenten aufkommen. Während es den französischen Nitrokunstseidenfabriken nicht gelang, zu einer Verständigung zu kommen, verpflichteten sich 1910 die französischen Kupfer- und Viskosekunstseideerzeuger, einen bestimmten Mindestpreis nicht zu unterschreiten. Die Auswirkungen dieser Vereinbarung erwiesen sich als so günstig, daß es 1911 zu Verhandlungen zwischen sämtlichen Kupfer- und Viskosekunstseidenfabriken der Welt kam, wobei auch ein technischer Erfahrungsaustausch ins Auge gefaßt wurde. Diese Bestrebungen führten zu einem Kartell, das 1913 in einen internationalen Kunstseidentrust umgewandelt wurde. Im Rahmen dieses Trusts fand auch eine Aufteilung des Weltmarktes statt.

Die erzeugte Menge Kunstseide betrug im Jahre 1913 schon 12,25 Millionen kg, wovon auf die europäischen Länder 11,35 und auf Amerika 0,9 Millionen kg entfielen. Im einzelnen verteilte sich die Produktion wie in Tabelle 1 wiedergegeben.

Tabelle 1. Kunstseidenerzeugung im Jahre 1913[1].

	Millionen kg		Millionen kg
Deutschland	3,5	Österreich	0,7
England	3,0	Holland	0,3
Frankreich	1,5	Italien	0,2
Belgien	1,3	Schweiz	0,15
Vereinigte Staaten . .	0,9		

Die erzeugte Kunstseide gelangte in die verschiedensten Verarbeitungszweige. Im Hinblick auf die Verschiebungen, die späterhin eingetreten sind, ist eine Gegenüberstellung lehrreich, in welchen Mengenverhältnissen die Kunstseide von den einzelnen Textilzweigen verarbeitet wurde. Die in Tabelle 2 enthaltenen Zahlen beziehen sich auf den amerikanischen Markt und sind für das Jahr 1913 errechnet[2].

Tabelle 2. Der Verbrauch an Kunstseide in den einzelnen Verarbeitungszweigen (1913).

Verarbeitungszweig	Verbrauch an Kunstseide in %	Verarbeitungszweig	Verbrauch an Kunstseide in %
Strumpfwirkerei . . .	40	Wollweberei	3
Unterwäsche	—	Tressen usw.	5
Strickwaren	5	Plüsch	15
Seidenweberei	10	Polsterwaren	5
Baumwollweberei . .	12	Verschiedene	5

b) Die Kriegsjahre.

Der Ausbruch des Krieges stellte die mächtig aufstrebende Kunstseidenindustrie vor schwerwiegende Entscheidungen. Abgesehen von der in Deutschland schwierig gewordenen Arbeiterfrage, trat ein vollkommenes Nachlassen der Nachfrage ein, was zur Stillegung der kleineren Werke sowie auch der Küttnerschen Fabrik führte. Die Vereinigte Glanzstoff-Fabriken A. G. konnte den Betrieb in Oberbruch in beschränktem Umfange fortsetzen, mußte aber auf Lager arbeiten. Die elsässische Fabrik wurde bei den Kampfhandlungen zerstört. Eine beschränkte Weiterführung der Produktion gelang auch der I. P. Bemberg A. G.; die Werke der Vereinigte Kunstseidenfabriken A. G. in Frankfurt kamen zum Erliegen. Das Bobinger Werk wurde an die „Köln-Rottweiler Pulverfabriken" verkauft, und der Kelsterbacher Betrieb wurde in eine Anlage zur Herstellung von Dörrgemüse umgewandelt. Dasselbe Schicksal erlitt jenseits der Grenzen die ungarische

[1] BIERCHER, KVB-Handbuch der „Kunstseide-Verkaufsbüro G. m. b. H.", Berlin.
[2] FLÜGGE, Kunstseidenindustrie, S. 99.

Fabrik in Sarvar. Die belgischen, französischen und russischen Fabriken lagen zum größten Teil im Operationsgebiet und mußten so für die Fabrikation ausscheiden.

Inzwischen machte sich auf dem deutschen Markt der Mangel an natürlichen textilen Rohstoffen immer stärker bemerkbar. Dies lenkte zwangsläufig die Aufmerksamkeit wieder auf die künstliche Seide. So wandten sich zuerst die Verarbeiter von Naturseide der Kunstseide zu, später mußte sie auch als Ersatzstoff für Baumwoll- und Wollwaren herangezogen werden. Hinzu kamen kriegswichtige Gebiete, wie z. B. die Herstellung von Kartuschbeutelgeweben. Hierdurch bedingt, machte sich vom Jahre 1915 ab wieder eine Belebung des Kunstseidenmarktes erkennbar. Im Ausland hielt sich, abgesehen von den Vereinigten Staaten, die Produktionshöhe annähernd stabil. Die Kunstseidenproduktion der Welt wurde 1915 auf 13,5 Millionen kg geschätzt. Die gegenüber 1913 erfolgte Steigerung um 1,25 Millionen dürfte sich mengengleich auf Deutschland und die Vereinigten Staaten verteilen.

Tuche und ähnliche Gewebe konnten jedoch nicht aus Kunstseide hergestellt werden. Andererseits war man aber vor die Notwendigkeit gestellt, die vorhandenen Baumwoll- und Wollvorräte so weit als möglich zu strecken. Es war daher ein naheliegender Gedanke, die Stapelfaserproduktion zu entwickeln und die Stapelfaser in Mischung mit Wolle und Baumwolle zu verspinnen. Die Vereinigte Glanzstoff-Fabriken A. G., die als erstes Unternehmen schon früh geschnittene Kunstseidenabfälle für Spinnzwecke geliefert hatte, beschloß im Jahre 1916, Stapelfasern in größerer Menge herzustellen. Zu diesem Zwecke wurde das Sydowsauer Werk in eine neue Gesellschaft umgewandelt, die „Stapelfaserfabrik Jordan & Co., Kom.-Ges.“. Dieses Unternehmen konnte 1917 monatlich 125000 kg Stapelfaser erzeugen. Die unter dem Zwange der Not herrschende große Nachfrage nach der neuen Spinnfaser führte 1918 zur Gründung einer weiteren Stapelfaserfabrik durch den Glanzstoff-Konzern, der „Bayerischen Glanzstoff A.G.“ in Obernburg.

Auch die I. P. Bemberg A.G. plante die Herstellung von Stapelfaser, konnte ihre Produktionsanlagen jedoch bis Kriegsende nicht fertigstellen.

Die stilliegenden Kunstseidenwerke sahen in der Herstellung von Stapelfaser die Möglichkeit, ihre Tore wieder zu öffnen, und so nahm zuerst die Firma Küttner die Stapelfaserproduktion auf. Es folgte 1916 die Glanzfäden-Aktiengesellschaft und 1918 das Werk in Kelsterbach. Im Jahre 1919 war noch eine Neugründung zu verzeichnen, die „Erste Stapelfaserfabrik für Volksbekleidung“ in Eisenach.

Die Öffnung der Grenzen und das Eintreten normaler Handelsbeziehungen nach Beendigung des Krieges hatten aber zur Folge, daß man sich wieder der Verwendung reiner, natürlicher Faserstoffe zuwandte, zumal die unter Mitverwendung der damaligen Stapelfaser hergestellten

Stoffqualitäten in keiner Weise hinsichtlich ihrer Eigenschaften den Ansprüchen gewachsen waren. So kam es dazu, daß bald das Angebot in Stapelfaser die Nachfrage überstieg und sich gegen Ende des Jahres 1919 über 500000 kg Stapelfaser in den Lägern angesammelt hatten.

c) Die Nachkriegsjahre.

Nach dem Aufhören der kriegerischen Verwicklungen machte sich in allen Ländern ein deutlicher Warenhunger bemerkbar[1], und zwar ergab sich nun die überraschende Tatsache, daß die Nachfrage nach Kunstseide in viel stärkerem Maße als die nach den natürlichen Textilfasern stieg. Es ist dies als Folge der schon erwähnten großen Anpassungsfähigkeit der Kunstseide anzusehen, sowie der vielen Freunde, die sie schon in der Vorkriegszeit unter dem kaufenden Publikum gewonnen hatte. Allenthalben setzte nun auf dem Kunstseidengebiete ein starker Ausbau der Produktionsanlagen ein, und es wurde eine Entwicklung eingeleitet, die hinsichtlich ihrer stetigen Aufwärtsbewegung bei kaum einem anderen Rohstoff zu verzeichnen ist. Wie stabil die Marktlage auf dem Kunstseidengebiet wurde, geht am deutlichsten daraus hervor, daß selbst in der Zeit der Weltwirtschaftskrise kein Sinken des Kunstseidenverbrauchs im Vergleich zu den übrigen Textilfasern erfolgte. In diesem Zusammenhange ist Tabelle 3 von Interesse, die die Verhältnisse auf dem amerikanischen Markt widerspiegelt[2]:

Tabelle 3. Verbrauch an Textilfasern in den Jahren 1930—1934.
Verbrauch in Millionen englischen Pfund und in Prozenten.

Jahr	Baumwolle		Wolle		Kunstseide		Seide	
	lb	%	lb	%	lb	%	lb	%
1930	2608,3	85,0	268,8	8,7	77,4	2,5	117,2	3,8
1931	2656,7	82,7	320,9	10,0	89,1	2,4	157,3	4,9
1932	2457,6	84,1	240,9	8,2	73,7	2,5	152,2	5,2
1933	3052,5	83,7	324,3	8,9	62,4	1,7	297,4	5,7
1934	2662,9	84,2	240,2	7,6	61,4	1,9	199,5	6,3

Die Entwicklung der Kunstseidenindustrie in den Nachkriegsjahren in den einzelnen Ländern wird eindeutig durch die in Tabelle 4 wiedergegebenen Zahlen veranschaulicht[3].

Diese Zusammenstellung ist nach zwei Richtungen hin bemerkenswert: Zunächst läßt sie den gewaltigen Anstieg der Produktionshöhe an sich erkennen. Darüber hinaus aber zeigt sie die deutliche Verlagerung der Haupterzeugungsländer im Verlauf der einzelnen Jahre.

[1] Vgl. hierzu Flügge: S. 37f.
[2] Textile Organon, Februar 1935, S. 26; ref. bei Flügge, S. 14.
[3] KVB-Handbuch.

Tabelle 4. Kunstseidenproduktion der Welt in den Jahren 1923—1937.
Kunstseidenproduktion in 1000 kg

Land	1923	1930	1931	1932	1933	1934	1935	1936	1937[1]
Deutschland . .	6500	27684	29427	28000	30000	41000	45000	45000	57000
Niederlande . .	1500	8000	8500	9000	8700	9300	9000	9500	10750
England	7713	22122	24753	32891	38139	42230	49136	51257	54294
Schweden . . .	32	211	261	293	290	466	588	740	794
Polen	400	2610	3643	3364	3667	4391	5119	5129	6224
Tschechoslowakei	406	2303	2793	2555	2701	2581	2785	3377	4242
Österreich . . .	750	787	—	384	440	878	850	850	1000
Ungarn	400	337	97	—	—	25	90	50	50
Griechenland . .	—	35	45	70	74	89	90	120	136
Italien	4583	30139	34585	32071	37154	38500	40000	39011	48331
Schweiz	1000	4500	4500	4000	4165	4620	3687	5000	5500
Spanien	82	1524	1640	2160	2295	2526	2722	700	1000
Frankreich . . .	4000	18140	20000	23000	25500	25940	23950	25000	33000
Belgien	3500	5300	4500	4332	4900	5800	6300	6125	6300
Europa	30866	123692	134744	142120	158025	178346	189317	191859	228621
Ver. Staaten . .	15646	57519	68439	61152	94589	94574	116827	125931	141630
Kanada	—	2450	2427	3220	3470	4610	6010	6153	7484
Brasilien	—	281	451	642	900	1198	1578	1600	2000
Japan	354	16629	22257	31644	44960	70433	99202	123066	151500
Rußland	—	600	600	1200	1500	5430	5600	6200	7300
Außereuropäische Länder . . .	16000	77479	94174	97858	145149	176245	229217	263850	309914
Welt	46866	201174	228918	239978	303174	354591	418534	456132	538535

Während bis zum Kriegsausbruch Deutschland mengenmäßig an erster Stelle stand, war es 1923 von England und in weitem Maße von den Vereinigten Staaten überflügelt. 1930 gesellte sich zu den Haupterzeugungsländern noch Italien hinzu, was aus dem Grunde besonderes Interesse verdient, als Italien eines der wenigen Länder ist, in denen Seidenzucht betrieben wird. Diese Entwicklung der italienischen Kunstseidenindustrie ist mit ein deutlicher Beweis dafür, daß man die Kunstseide als vollkommen selbständigen Textilrohstoff ansehen muß und nicht als einen Ersatzstoff oder Konkurrenten für die natürliche Seide. Ein noch deutlicherer Beweis hierfür ist die Entwicklung in Japan, das seine Kunstseidenindustrie in ungeahnter Weise hochgezüchtet hat, so daß es 1936 den ersten Platz unter den Kunstseide erzeugenden Ländern einnehmen konnte.

Verhältnismäßig schnell hat sich nach dem Kriege die belgische Kunstseidenindustrie erholt. Nachdem die Produktion der „Tubize" auf eine ansehnliche Höhe gebracht worden war, gründete das Unternehmen neben den schon in Ungarn und Polen bestehenden Tochter-

[1] Geschätzt.

gesellschaften ein weiteres Werk in den Vereinigten Staaten. Auch „Obourg" entwickelte sich günstig. Neben diesen beiden Hauptunternehmen entstanden in Belgien noch Gründungen in Haransart und Alost.

In England blieb die Firma Courtaulds Ltd. führend. Sie beherrscht etwa 80% der gesamten englischen Produktion und gründete Tochterunternehmungen in Kanada und Indien. Die schon vor dem Kriege von Courtaulds gegründete „American Viscose Co. Ltd." stellt heute den bedeutendsten Erzeuger in den Staaten dar. Zu hoher Blüte entwickelte sich in den Vereinigten Staaten ferner die „Du Pont Fibresilk Co.". Die „British Cellulose and Chemical Manufacturing Co.", die kurz nach dem Kriege die Herstellung von Azetatkunstseide aufnahm, gründete gleichfalls in den Staaten ein bedeutendes Unternehmen, die „American Cellulose and Chemical Manufacturing Co.". Die Nederlandsche Kunstzijdefabriek Arnhem baute in den Staaten die „American Enka-Corporation". Auch deutsche Firmen errichteten in den Vereinigten Staaten Tochtergesellschaften, so die Vereinigte Glanzstoff-Fabriken A.G. die „American Glanzstoff Corporation", deren Namen später in „North-American Rayon Corporation" umgewandelt wurde, und die I. P. Bemberg A.G. die „American Bemberg Co.".

Außerordentlich rasch hat sich die italienische Kunstseidenindustrie entwickelt. Man hat hier bewußt auf den Export hingearbeitet. Die italienische Kunstseidenproduktion übersteigt bei weitem die Bedürfnisse des italienischen Marktes. Das größte italienische Unternehmen ist die „Snia-Viscosa, Società Nazionale Industria Applicazioni Viscosa", auf die später die Firma Courtaulds Ltd. Einfluß erhielt, wodurch sich auch eine enge Beziehung zu den Glanzstoff-Fabriken ergab. Als weitere, bedeutende Unternehmen sind die „Cisa-Raion, Commerciale Italiana Società Anonima per il Raion" sowie die „Châtillon, Soc. Anon. Italiana per le Fibre Tessili Artificiali" zu nennen, ferner die Firmen „Orsi Mangelli", „Gerli" sowie eine von Bemberg gegründete Tochterfabrik in Gozzano.

Frankreich hat erst verhältnismäßig spät die Bedeutung der Kunstseide erkannt. Es wurden dort, neben den bereits bestehenden, mehrere Werke von kleinerem Umfange gegründet, die heute ihre Interessen in dem „Comptoir des Textiles artificiels" zusammengefaßt haben und die ihre Erzeugnisse über die „Alliance des Producteurs-Exportateurs de Soie-Artificielle, Apesa" auf den ausländischen Markt bringen.

Zu großer Blüte entwickelte sich die holländische Kunstseidenindustrie, und zwar vornehmlich die Nederlandsche Kunstzijde Fabriek in Arnhem, die später eine enge Bindung mit der Vereinigte Glanzstoff-Fabriken A.G. einging, unter Änderung ihres Namens in „Algemeene Kunstzijde Unie N.V." (Aku). Ihre Einflußsphäre erstreckte sich später auch auf die „Hollandsche Kunstzijde Industrie N. V." in Breda. Als selbständiges Unternehmen ist in Holland noch die „Nijma" zu nennen.

Ein besonderes Wort ist über Japan zu sagen. Ein Blick auf die Zusammenstellung auf S. 18 zeigt, daß sich hier in 10 Jahren eine Entwicklung vollzogen hat, zu der die anderen Länder 40 Jahre gebraucht haben. Von Jahr zu Jahr ist eine Steigerung der Produktion um fast 50% erfolgt. Wenn auch berücksichtigt werden muß, daß den japanischen Fabriken alle die Erfahrungen zur Verfügung standen, die die Industrie der anderen Länder sich erst mühsam zu eigen machen mußten, so steht eine derartige Entwicklung doch beispiellos da. Die durch die niedrigen Löhne ermöglichte große Exportfähigkeit der japanischen Erzeugnisse führte zu einer starken Beunruhigung der europäischen Hersteller in bezug auf die außereuropäischen Märkte; gegen eine zu breite Ausdehnung der japanischen Kunstseide auf den europäischen Märkten selbst hat man sich durch Zölle und Gebietskartelle zu schützen gewußt. Aber auch auf dem außereuropäischen Markt ist es durch Quotierung zu Einfuhrbeschränkungen gekommen, so daß einer ins Uferlose gehenden Weiterausdehnung der japanischen Kunstseidenproduktion Fesseln angelegt sind[1]. An der japanischen Erzeugung ist auch ein durch Bemberg gegründetes Unternehmen beteiligt.

In Deutschland kam es nach dem Kriege zu einer ganzen Reihe von Neugründungen, die jedoch nicht alle ihren Betrieb bis auf den heutigen Tag aufrecht erhalten konnten. Der Nobelkonzern, der vor dem Kriege schon an der Kunstseidenfabrik in Jülich beteiligt war, sah sich vor die Notwendigkeit gestellt, seine der Munitionserzeugung dienenden Werke anders zu verwerten und richtete seine Werksanlagen in Bobingen, Rottweil und Premnitz für die Herstellung von Kunstseide ein. Diese Anlagen wurden später von der „I. G. Farbenindustrie Aktiengesellschaft" übernommen, die ihrerseits durch die „Actiengesellschaft für Anilinfabrikation" (Agfa) ein Kunstseidenwerk in Wolfen errichtet hatte. Auf diese Weise wurde die I. G. Farbenindustrie A.G. zum zweitgrößten deutschen Kunstseidenerzeuger. Gemeinsam mit der Vereinigte Glanzstoff-Fabriken A.G. gründete die Agfa eine Azetatkunstseidenfabrik, die „Aceta G. m. b. H.", die allerdings nach einigen Jahren ganz in den Besitz der Agfa überging, nachdem Glanzstoff durch den Zusammenschluß mit der Aku in der „Drya" eigene Azetatinteressen erhalten hatte. Die Aku hat jedoch nur kurze Zeit eine größere Versuchsanlage für Azetatkunstseide betrieben und stieß die Azetatinteressen später wieder ab. Die Glanzstoff-Fabriken stellten das ursprünglich für Stapelfaser projektierte Werk Obernburg auf die Erzeugung von Kunstseide um und übernahmen von der Vereinigte Kunstseide-Fabriken A.G. das Werk Kelsterbach. Auch Sydowsaue wurde auf Kunstseide umgestellt. An selbständigen Neugründungen sind die „Spinnstoff-Fabrik Zehlendorf A.G.", die „Spinnfaser Aktiengesellschaft", Elsterberg und die „Herminghaus & Co. G. m. b. H.", Elberfeld zu

[1] Näheres bei FLÜGGE, S. 86.

nennen. Die letztere Firma schloß ihren großen Webereien eine eigene Kunstseidenfabrik an. Elsterberg wurde später vom Glanzstoff-Konzern übernommen, während Herminghaus vor einigen Jahren den Kunstseidenbetrieb liquidierte. Die Patente gingen ebenso wie die Verkaufsquote auf dem deutschen Markt (s. S. 23) in den Besitz des Glanzstoff-Konzerns über. In Breslau entstand durch die „Bergwerks-Gesellschaft Georg von Giesches Erben" eine Kunstseidenfabrik, die zunächst mit der holländischen Aku betrieben wurde, später jedoch zum Glanzstoff-Konzern kam. Auch die „Glanzfäden A.G." in Petersdorf wurde vom Glanzstoff-Konzern übernommen, später aber stillgelegt. Vorübergehenden Bestand hatten die „Borvisk-Kunstseiden Aktiengesellschaft" in Herzberg sowie die „Viscose A.G." in Arnstadt. Für den eigenen, bedeutenden Bedarf errichtete die Firma „Kampf & Spindler" in Hilden eine Kunstseidenfabrik. Das Jahr 1938 brachte noch eine weitere Neugründung, die „Rheinische Kunstseide Aktiengesellschaft" in Krefeld, die eine Tagesproduktion von über 20000 kg beabsichtigt und somit zum größten deutschen Kunstseidenwerk werden dürfte.

Für die Herstellung von Kupferkunstseide errichtete die I. P. Bemberg A.G. ein weiteres Werk in Oberbarmen und baute eine Fabrikanlage in Siegburg, die jedoch die Produktion nicht mehr aufnahm und 1937 an die neugegründete „Rheinische Zellwolle A.G." verkauft wurde. Auch die I. G. Farbenindustrie Aktiengesellschaft wandte sich in ihrem Werk in Dormagen der Fabrikation von Kupferkunstseide nach dem Bemberg-Verfahren zu. Die in Barmen gegründete „Hölkenseide G. m. b. H." wurde von der I. P. Bemberg A.G. übernommen, nach einigen Jahren jedoch stillgelegt. Dasselbe Schicksal erlitt das Barmer Bemberg-Werk, so daß die I. P. Bemberg A.G. zur Zeit ausschließlich in den allerdings ausgedehnten Werksanlagen in Wuppertal-Oberbarmen produziert. Eine recht günstige Entwicklung hat nach dem Kriege die Firma Fr. Küttner A.G. zu verzeichnen gehabt. Wie schon erwähnt, stellt diese Firma neben der Viskosekunstseide in beachtlichen Umfange auch Kupferkunstseide („Zellvag") her.

Auch auf dem Gebiete der Azetatkunstseide ist es zur Errichtung bedeutender Unternehmen in Deutschland gekommen. Die „Aceta G. m. b. H." wurde bereits erwähnt. Daneben entstand die „Deutsche Azetatkunstseide A.G. Rhodiaseta" in Freiburg, ein auf eine französische Gesellschaft zurückgehendes Unternehmen, sowie die „Lonzona, Aktiengesellschaft für Azetatprodukte" in Säckingen, eine Tochtergesellschaft der Schweizer Lonza-Werke.

Es ist an dieser Stelle interessant, einmal festzustellen, in welchem Maße die einzelnen Spinnverfahren an der Gesamtkunstseidenproduktion beteiligt sind. In der folgenden Tabelle sind die nach den einzelnen Verfahren hergestellten Mengen in Prozenten der Gesamtweltproduktion zusammengestellt[1]:

[1] KVB-Handbuch.

Tabelle 5. Anteil der einzelnen Spinnverfahren an der Gesamterzeugung in Prozent.

	1930	1931	1932	1933	1934	1935	1936	1937
Viskosekunstseide . . .	86,0	89,0	85,0	84,0	86,4	87,7	87,5	90,0
Kupferkunstseide . . .	3,4	2,5	3,5	4,5	4,1	3,6	3,0	2,8
Azetatkunstseide . . .	7,8	7,0	10,0	10,0	9,1	8,7	9,5	7,2
Nitrokunstseide . . .	2,3	1,5	1,5	1,5	0,4	—	—	—

Die Viskosekunstseide nimmt also unter den Kunstseiden eine weit überragende Stellung ein.

Man darf nun aber nicht annehmen, daß die Entwicklung der deutschen Kunstseidenindustrie in den Nachkriegsjahren eine stetige, gleichförmige Aufwärtsbewegung war. Sie hat vielmehr schwere Krisenzeiten zu bestehen gehabt. Vor allen Dingen fehlte der deutschen Industrie ein wirksamer Zollschutz, der ihr eine gesunde Aufbauarbeit gewährleistet hätte. Während sich die Hauptverbrauchsländer durch hohe Einfuhrzölle schützten, konnte Deutschland in zunehmendem Maße mit ausländischen Kunstseidensorten überschwemmt werden, zumal diese zu weit billigeren Preisen auf den Markt geworfen wurden. Wie gering der deutsche Einfuhrzoll gegenüber demjenigen anderer Länder war, möge aus Tabelle 6 hervorgehen.

Tabelle 6. Einfuhrzölle für Kunstseide.

	je kg
England	RM 4,82
Vereinigte Staaten . .	RM 3,78
Frankreich	RM 2,98 bzw. 3,52
Italien	RM 1,98 bzw. 3,08
Deutschland	RM 0,60

Der Verbrauch an Kunstseide betrug in Deutschland im Jahre 1932 30,2 Millionen kg, von diesen wurden 10,2 Millionen kg gleich 30,4% eingeführt, obwohl die Produktionsstätten ausgereicht hätten, den deutschen Bedarf voll und ganz zu decken. Die steigende Einfuhr soll an den Zahlen der Tabelle 7 gezeigt werden[1].

Tabelle 7. Einfuhr von Kunstseide nach Deutschland.

Jahr	Millionen kg	Jahr	Millionen kg	Jahr	Millionen kg
1913	1,6	1927	9,4	1931	11,5
1925	2,0	1928	8,6	1932	10,2
1926	4,5	1929	9,4	1933	10,3
		1930	11,7		

Hierdurch bedingt, mußte es zu einer immer weitergehenden Preissenkung kommen, wie Tabelle 8 zeigt.

[1] KVB-Handbuch.

Tabelle 8. Kunstseidenpreise für 120 den. Schuß[1].

Jahr	Preis je kg	Jahr	Preis je kg	Jahr	Preis je kg
1913	RM 12,15	1927	RM 11,29	1931	RM 5,15
1924	RM 16.—	1928	RM 11,75	1932	RM 5,08
1925	RM 15,50	1929	RM 7,90	1933	RM 5.—
1926	RM 10,83	1930	RM 6,74		

Es ist klar, daß die deutschen Kunstseidenerzeuger dieser Entwicklung nicht tatenlos gegenüberstehen konnten. Da zunächst eine Erhöhung des Einfuhrzolles nicht zu erreichen war, gelang es den Viskosekunstseidenerzeugern unter schweren Opfern, mit den hauptsächlichsten ausländischen Unternehmen zu einer Vereinbarung zu gelangen, die eine Regelung der Einfuhr herbeiführte. Äußerlich fand diese Maßnahme dadurch ihren Ausdruck, daß die gesamte Viskosekunstseide in Deutschland durch eine einheitliche Stelle, die „Kunstseide Verkaufsbüro G. m. b. H." („KVB"), Berlin, verkauft wird. Den in- und ausländischen Erzeugern sind bestimmte Kontingente zugestanden, deren Höhe aus Tabelle 9 hervorgeht, die gleichzeitig die Bedeutung der einzelnen Gesellschaften für den deutschen Markt erkennen läßt.

Tabelle 9. Anteil der Erzeuger im KVB.

Glanzstoff und Glanzstoff-Courtaulds . .	44,0%[2]
I. G. Farbenindustrie Aktiengesellschaft .	15,5%
Spinnstoff-Fabrik Zehlendorf	6,5%
Friedr. Küttner A. G.	6,0%
Algemeene Kunstzijde Unie und Breda .	9,0%
Italienische Interessengruppe „Italraion" .	17,5%
Steckborn Kunstseide A. G.	1,0%

Die in Tabelle 9 wiedergegebenen Zahlen beziehen sich auf das Jahr 1931, das Gründungsjahr der Kunstseide-Verkaufsbüro G.m.b.H. Die Zahlen sind aber heute nicht mehr ganz zutreffend: Einerseits macht die außerordentliche Nachfrage eine Quotierung der deutschen Unternehmen unmöglich und andererseits sind noch einige ausländische Gesellschaften als Mitglieder in das KVB aufgenommen worden. Diese sind

die Feldmühle A.G., Rorschach (Schweiz),

die Alliance des Producteurs - Exportateurs de Soie Actificielle „Apesa", Paris und

die Union des Fabriques Belges des Textiles Artificiels S. A. „Fabelta", Brüssel.

Die deutsche Regierung erließ darüber hinaus eine Einfuhrsperre für die nicht durch das Kunstseidenverkaufsbüro vertretenen Firmen. Durch beide Maßnahmen wurde der deutschen Kunstseidenindustrie wieder eine sichere Grundlage gegeben.

---

[1] Krefelder Notierungen, Statistisches Jahrbuch.

[2] In dieser Zahl ist die von der Firma Herminghaus innegebabte Quote von 1% enthalten, die von Glanzstoff übernommen wurde.

Neben der gewaltigen Steigerung der Menge an produzierter Kunstseide in den Nachkriegsjahren ist auch die Wandlung in der Verwendung in den verschiedenen Verarbeitungsgebieten bemerkenswert. In Tabelle 10 ist der Verbrauch auf dem amerikanischen Markt in den einzelnen Branchen zusammengestellt[1].

Tabelle 10. Kunstseidenverbrauch in den einzelnen Verarbeitungszweigen in Prozent (1913—1935).

	1913	1921	1929	1931	1933
Strumpfwirkerei	40	23	19	14	9
Unterwäsche	—	2	32	32	28
Strickwaren	5	29	4	1	2
Seidenweberei	10	12	13	17	24
Baumwollweberei	12	9	21	27	26
Wollweberei	3	1	—	—	—
Tressen, Besätze u. dgl. . .	5	10	5	1	1
Plüsch	15	1	—	—	—
Polsterwaren	5	2	—	—	—
Verschiedene	5	10	4	8	10

Man erkennt auf dem amerikanischen Markt das außerordentlich starke Ansteigen des Verbrauches auf dem Gebiete der Unterwäsche sowie der Seiden- und Baumwollweberei, während in der Strumpfindustrie der Absatz zurückgegangen ist. Dies hat mit seinen Grund in einer Wandlung der Anwendungsgebiete für die echte Seide, die im gleichen Maße, wie sie aus der Weberei verdrängt wurde, Eingang in die Strumpfwirkerei fand. Auf dem deutschen Markt sind diese Verhältnisse nicht ganz so ausgeprägt, da hier in der Strumpfindustrie überwiegend Kunstseide verarbeitet wird. Es macht sich jedoch auch in Deutschland in der Strumpfindustrie eine zunehmende Neigung für die Verarbeitung von natürlicher Seide, hauptsächlich allerdings für die Zwecke des Exports, bemerkbar.

Die obigen Zahlen sind aber nicht nur vom wirtschaftlichen Standpunkt aus interessant, sie haben vielmehr auch technische Bedeutung. Sie besagen, daß es der Kunstseidenindustrie gelungen ist, eine äußerst große Anpassungsfähigkeit an die qualitativen Bedürfnisse der einzelnen Marktgebiete zu entwickeln. Hier kommt eben der Kunstseide, wie schon an anderer Stelle erwähnt, ihre vollkommene Unabhängigkeit von natürlichen Einflüssen zugute. Man darf aber durchaus nicht annehmen, daß sie hiermit bereits alle Anwendungsgebiete erschlossen hätte. Gerade in der neuesten Zeit erobert sie schrittweise wieder ein ganz neues Anwendungsgebiet, nämlich das umfangreiche Gebiet der technischen Gewebe und anderer technischer Artikel. Als Cordzwirne für Autoreifen, Gewebe für Treibriemen und Transportbänder, für Kabelumspinnung, für

[1] Flügge: S. 99.

die Bespannung von Flugzeugflügeln und für viele andere Gebiete ist sie erfolgreich geprüft worden. Auch für die Einführung in diese Industriezweige ist eine vollkommene Umwandlung der Fasereigenschaften erforderlich. Es ist mit Sicherheit zu erwarten, daß die Kunstseide sich auch auf diesen Anwendungsgebieten einen großen und stabilen Markt erobern wird.

Erhöhte Bedeutung kommt der Kunstseide auf dem deutschen Markt zu: Einerseits besitzt Deutschland eine außerordentlich große Textilindustrie und andererseits hat die Kunstseide in Deutschland die Aufgabe zu erfüllen, in möglichst weitem Rahmen ausländische Textilfasern zu ersetzen. Welch überragende Bedeutung die Textilindustrie für Deutschland hat, geht am besten aus einem Vergleich mit der Metallindustrie hervor[1] (Tabelle 11).

Tabelle 11. Zahl der Betriebe und Beschäftigten in den einzelnen Industriezweigen.

	Zahl der Betriebe	Beschäftigte Personen
Textilindustrie einschließlich Bekleidungsindustrie .	440001	1614930
Eisen- und Stahlgewinnung.	1457	235625
Metallhütten- und Metallhalbzeuggewinnung . . .	1172	48040
Herstellung von Eisen-, Stahl- und Metallwaren .	155906	587443
Metallbearbeitung insgesamt	158535	871108

Weiter kann über die Bedeutung der Textilindustrie in Deutschland noch das Folgende gesagt werden: 21% der insgesamt in Industrie und Handwerk beschäftigten Personen sind in der Textilindustrie tätig[2]. Unter Berücksichtigung der Familienangehörigen wird man in der Annahme nicht fehl gehen, daß ungefähr 11—12% der gesamten deutschen Bevölkerung von der Textilindustrie in ihrem weiteren Sinne leben. Diese Zahlen lassen ohne weiteres die Wichtigkeit einer gesicherten Rohstoffgrundlage für die deutsche Textilindustrie erkennen.

Bei der Herstellung der Kunstseide selbst finden etwa 40000 Personen Beschäftigung, die sich auf etwa 25 Werke verteilen.

Tabelle 12 zeigt, in welchem Maße bis zum Jahre 1936 schon eine Verminderung der Einfuhr von Wolle und Baumwolle möglich war und wie an die Stelle dieser Fasern die Kunstseide und Zellwolle getreten ist[1]. Die wirtschaftliche Bedeutung dieser Entwicklung geht ohne weiteres daraus hervor, daß, wertmäßig ausgedrückt, 1933 die eingeführten Textilrohstoffe 24,5% vom Werte der Gesamteinfuhr ausmachten und nahezu 40% vom Werte der Einfuhr von Rohstoffen.

Die Verschiebung des Verbrauches an Textilrohstoffen durch die gesteigerte Kunstfaserproduktion geht noch deutlicher aus der Tabelle 13 hervor[1].

[1] KVB-Handbuch. [2] Jahr 1933.

Tabelle 12. Verarbeitete Textilfasern in den Jahren 1927—1936. in Millionen kg.

Jahr	Kunstseide	Zellwolle und Kunstseiden-abfälle	Naturseide	Baumwolle	Wolle	Flachs	Gesamt
1927	23,7	2,1	5,2	533,1	133,2	36,6	733,9
1928	24,5	2,4	5,2	415,0	107,3	22,5	576,8
1929	27,1	2,3	4,1	379,2	98,6	18,4	529,7
1930	31,5	2,4	3,1	336,1	92,8	17,1	482,8
1931	33,5	2,9	2,1	294,6	86,6	12,9	432,5
1932	30,1	3,1	1,5	348,8	92,2	15,3	490,9
1933	31,5	6,2	1,4	410,9	99,1	17,7	566,7
1934	42,9	16,2	2,8	352,1	94,1	34,7	542,7
1935	46,0	28,0	2,5	368,3	87,5	30,1	562,4
1936	48,8	49,7	3,1	324,6	70,8	38,4	535,4

Tabelle 13. Verarbeitung der Textilfasern in Prozent aller Textilien.

Jahr	Kunstseide	Zellwolle und Kunstseiden-abfälle	Naturseide	Baumwolle	Wolle	Flachs	Gesamt
1927	3,2	0,3	0,7	72,7	18,1	5,0	100
1928	4,2	0,5	0,9	71,9	18,6	3,9	100
1929	5,1	0,4	0,8	71,6	18,6	3,5	100
1930	6,5	0,5	0,6	69,7	19,2	3,5	100
1931	7,7	0,7	0,5	68,1	20,0	3,0	100
1932	6,1	0,7	0,3	71,0	18,8	3,1	100
1933	5,6	1,1	0,2	72,5	17,5	3,1	100
1934	7,9	3,0	0,5	64,9	17,3	6,4	100
1935	8,2	5,0	0,4	65,4	15,6	5,4	100
1936	9,1	9,3	0,6	60,7	13,2	7,1	100

Die Zusammenstellung zeigt aber auch wieder, daß in der Kunstseide kein Konkurrent für die echte Seide vorliegt, zu welcher Annahme der Name Kunstseide verleitet. Es muß immer wieder betont werden, daß die Kunstseide — ebenso wie die Zellwolle — ein vollkommen selbständiges Textilmaterial ist, das neben den anderen Faserarten seine Daseinsberechtigung vollauf bewiesen hat.

II. Zellwolle.

Den vor dem Kriege aufgetauchten Plänen für die Herstellung einer nach den bekannten mechanischen Spinnverfahren verspinnbaren Faser ist keine Bedeutung mehr zugekommen. Auch die im Kriege unter dem Zwange der Not von einigen Gesellschaften erzeugten Kunstspinnfasern verschwanden, wie schon erwähnt wurde, kurz nach dem Kriege wieder vom Markt. Immerhin sind die zu jener Zeit geleisteten Pionierarbeiten keineswegs nutzlos gewesen. Diese Arbeiten haben gelehrt, daß es durchaus möglich ist, auf künstlichem Wege verarbeitungsfähige

Spinnfasern herzustellen. Nur mangelten diesen ganz bestimmte Eigenschaften, deren Erreichung sich damals aber auch gar nicht ermöglichen ließ, da man an die Eigenschaften des vorliegenden Kunstseidenmaterials gebunden war. Die schrittweise Verbesserung der Kunstseiden mußte in qualitativer Hinsicht zwangsläufig auch der Kunstspinnfaser zugute kommen. Neben der Verbesserung der Eigenschaften war aber noch ein anderes ebenso wichtiges Problem zu lösen, nämlich das der Wirtschaftlichkeit der Herstellung.

Es ist das Verdienst der „Köln-Rottweil A.G.", an der Verfolgung des Spinnfasergedankens hartnäckig festgehalten zu haben[1]. Dieses Unternehmen begann im Jahre 1920 mit zielstrebigen Versuchen zur unmittelbaren Gewinnung einer neuen, spinnfähigen Textilfaser mit besonderen Eigenschaften. Die Versuche wurden nach Überführung dieser Gesellschaft in die I. G. Farbenindustrie Aktiengesellschaft 1926 auf breitere Basis gestellt. Aber schon 1 Jahr vorher ließ die Köln-Rottweil A.G. bei englischen und italienischen Spinnern beachtliche Mengen der neuen Textilfaser mit Baumwolle gemischt verspinnen. Auch die Vereinigte Glanzstoff-Fabriken A.G. erkannte vorausschauend die Bedeutung einer künstlich hergestellten Spinnfaser. Sie war mit ihren Versuchen im Jahre 1933 so weit gelangt, daß auch sie ein marktfähiges Produkt herausbringen konnte.

Tabelle 14. Mögliche Zellwollmenge in den einzelnen Textilgebieten.

Wirkerei	20%
Möbelstoffindustrie	30%
Samt- und Plüschindustrie	50%
Wollweberei	20%
Baumwollweberei	14%

In der richtigen Erkenntnis, daß diese neue Faser dazu berufen sei, dem deutschen Reiche eine fühlbare Entlastung auf dem Gebiete der Einfuhr von natürlichen Textilfasern zu bringen, wurde die Spinnfaser, die nunmehr den Namen „Zellwolle" erhielt, in das nationale Rohstoffprogramm der Regierung einbezogen. Auf Grund sorgfältiger und vorsichtiger Erhebungen, welche Mengen an Zellwolle in den einzelnen Verarbeitungszweigen untergebracht werden können (Tabelle 14), wurde die Zellwollerzeugung auf 70 Millionen kg jährlich festgelegt. Dem entspricht ein Betrag von 120 Millionen RM, um den die Handels- und Devisenbilanz entlastet werden kann.

Die immer weitergehende Einführung der Zellwolle, allein oder mit natürlichen Spinnfasern gemischt, in die verschiedensten Stoffqualitäten und Warengattungen sowie aber auch die ständig zunehmende qualitative Verbesserung der Faser ließ überraschenderweise erkennen, daß durch ihre Verarbeitung keineswegs nur eine Verringerung der Textilrohstoffeinfuhr ermöglicht wurde, sondern daß mit Hilfe dieser neuen Faser oftmals Effekte erzielt wurden, die mit den anderen Fasern nicht, oder nicht in dem Maße, zu erzielen waren. Dies führte unter anderem zur

[1] Vgl. hierzu BODENBENDER: Zellwolle. Berlin 1939.

Ausbildung ganz neuer, hochwertiger Stoffqualitäten und gestattete weiter, die in Tabelle 14 wiedergegebenen Mengen ganz erheblich zu überschreiten, so daß der Zellwollproduktion im Rahmen der deutschen Volkswirtschaft eine noch weit höhere Bedeutung zukommt, als zuerst vorauszusehen war. So wurden im Jahre 1937 schon 90 Millionen kg, im Jahre 1938 150 Millionen kg Zellwolle in Deutschland hergestellt.

Zur Erreichung dieser Produktionshöhe erweiterten zunächst die Vereinigte Glanzstoff-Fabriken A.G. sowie die I. G. Farbenindustrie Aktiengesellschaft ihre bestehenden Anlagen beträchtlich. Die erstgenannte Gesellschaft gründete ferner ein neues Unternehmen, die „Spinnfaser Aktiengesellschaft" in Kassel, das Ende 1935 in Betrieb kam. Von den bestehenden Viskose-Kunstseidenfabriken nahmen weiter die „Spinnstoff-Fabrik Zehlendorf" sowie die „Glanzstoff-Courtaulds G. m. b. H." in Köln die Fabrikation von Zellwolle auf. Das Jahr 1935 brachte die Gründung von folgenden neuen Gesellschaften, die gleichfalls ausschließlich Zellwolle nach dem Viskoseverfahren herstellen:

Süddeutsche Zellwolle Aktiengesellschaft, Kelheim,
Sächsische Zellwolle Aktiengesellschaft, Plauen,
Schlesische Zellwolle Aktiengesellschaft, Hirschberg,
Thüringische Zellwolle Aktiengesellschaft, Schwarza.

Im Jahre 1937 kam noch die Gründung der „Rheinische Zellwolle Aktiengesellschaft" in Siegburg hinzu, die die dort vorhandenen, der I. P. Bemberg A.G. gehörigen Baulichkeiten erwarb. 1938 wurde die „Schwäbische Zellwolle Aktiengesellschaft", Ebingen, sowie die „Kurmärkische Zellwolle und Zellulose Aktiengesellschaft" in Wittenberge gegründet. Auch im Spinnstoffwerk Glauchau sowie von der Fa. Kampf und Spindler wird Zellwolle hergestellt.

Wie bei der Kunstseide, so wurden auch bei der Zellwolle alle Spinnverfahren herangezogen. So errichtete die I. G. Farbenindustrie Aktiengesellschaft 1934 im Werk Dormagen eine Anlage für die Herstellung von Zellwolle nach dem Kupferverfahren.

Das gleiche Jahr wurde auch das Geburtsjahr der Azetatzellwolle, die erstmalig von der „Azeta G. m. b. H." hergestellt wurde. Auch die „Deutsche Azetat-Kunstseiden A.G., Rhodiaseta" in Freiburg nahm die Erzeugung von Azetatzellwolle auf. Diesen Firmen folgte schließlich die „Dr. Alexander Wacker G. m. b. H." in München.

Die bei der Verarbeitung der Zellwolle gemachten Beobachtungen haben dazu geführt, daß auch außerhalb der Grenzen Deutschlands ein weitgehendes Interesse für die Zellwolle wach wurde, so daß sie heute in allen Kulturstaaten hergestellt wird.

Zunächst nahm England durch die Firma Courtaulds Ltd. die Zellwollproduktion auf. Die Bedeutung, die England dieser Faser zumißt, geht daraus hervor, daß 1935 eine eigene Gesellschaft zur Förderung der Zellwolle, die „Staple Fibre Developments Ltd." gegründet wurde. Die englischen Produktionsziffern sind in Tabelle 15 wiedergegeben:

Neben Viskosezellwolle wird in kleinem Umfange von der „British Celanese" Azetatzellwolle hergestellt.

Tabelle 15.
Zellwollerzeugung in England.

Jahr	Millionen kg
1934	1,6
1935	6,5
1936	12,0

Italien wandte seine Aufmerksamkeit schon früh der Zellwolle zu. Die „Snia Viscosa" stellte 1934 schon etwa 10 Millionen kg Zellwolle her. Später folgten die „Società An. Meridionale Industria Tessili" sowie die „Châtillon" und 1936 die „S. A. Gerli Industria Raion". Die italienische Zellwollproduktion wurde 1934 auf 10 Millionen kg und 1935 auf 12,5 Millionen kg geschätzt. Im Jahre 1936 dürfte eine Produktionshöhe von etwa 40 Millionen kg erreicht worden sein. Die Jahre 1937 und 1938 haben eine weitere starke Erhöhung der italienischen Zellwollproduktionsziffern gebracht.

Wie an anderer Stelle schon kurz erwähnt, verwendet Italien in einer der „Snia Viscosa" gehörigen Anlage auch Casein als Ausgangsmaterial. Italien ist jedoch teilweise auf die Einfuhr ausländischen Caseins angewiesen.

In Frankreich haben 1934 einige Kunstseidenwerke die Zellwollproduktion aufgenommen. Die französischen Produktionsziffern sind in Tabelle 16 angegeben.

Tabelle 16.
Zellwollerzeugung in Frankreich.

Jahr	Millionen kg
1934	etwa 1,5
1935	etwa 5,0
1936	etwa 7,0

Seit 1937 ist auch Polen an der Zellwollproduktion beteiligt, die hauptsächlich von der „Tomaszower Kunstseidenfabrik A.G." bestritten wird. Man schätzte die dortige Produktion 1935 auf 500000 kg.

In starkem Ausmaße hat Japan seine Zellwollproduktion gesteigert. Sie betrug 1933 ungefähr 6 Millionen kg und dürfte 1935 auf 13 Millionen kg geschätzt werden müssen. Diese Produktion verteilt sich auf sechs Gesellschaften.

Die Vereinigten Staaten haben ebenfalls mit der Zellwollherstellung begonnen. Die Produktionshöhe ist im Vergleich zur Kunstseidenerzeugung allerdings noch bescheiden zu nennen, sie dürfte 1937 3,5 Millionen kg erreicht haben.

Über die in mehreren anderen Ländern entstandenen Zellwollanlagen kann noch wenig ausgesagt werden; die Fabriken befinden sich durchweg noch in der Anlaufzeit.

Insgesamt ist die Weltproduktion an Zellwolle in den Jahren 1930 bis 1937 von 3,3 auf 200 Millionen kg gestiegen.

2. Kapitel.

Die Zellulose und der Aufbau der Faser.

I. Die Zellulose als Molekülkolloid.

Die Zellulose stellt einen wesentlichen Bestandteil der verholzten, pflanzlichen Zellwände dar, in denen sie mit einer Reihe anderer Körper vergesellschaftet ist. Im physikalisch-chemischen Sinne gehört sie zu den Kolloiden. Der Bau ihres Moleküls konnte in den letzten Jahren weitgehend aufgeklärt werden.

Man hat bis vor wenigen Jahren die Ansicht vertreten, daß die Moleküle der Zellulose stets zu größeren Teilchen zusammengeschlossen seien, und daß eine Aufteilung bis zu Einzelmolekülen weder durch physikalische Eingriffe noch durch Lösungsmittel möglich sei. Diese Anschauung geht auf v. Nägeli[1] zurück, der die durch Zusammenschluß mehrerer Moleküle gebildeten kleinsten Teilchen „Mizelle" nannte. Für den Zusammenhalt der einzelnen Bausteine im Teilchen glaubte man Nebenvalenzkräfte verantwortlich machen zu müssen, eine Ansicht, die zuerst von Karrer[2] vertreten wurde. Eine Reihe chemischer und röntgenographischer Untersuchungen[3] konnte mit dieser Annahme gut in Einklang gebracht werden. Eine besonders starke Stütze für diese Anschauung war der Befund von R. O. Herzog[4], der den Nachweis dafür erbracht zu haben glaubte, daß die Kolloidteilchen einer Zelluloselösung dieselbe Größe haben wie ein „Mizell" in der festen Zellulosefaser. Er zog hieraus gleichfalls den Schluß, daß die Zellulosemizelle unverändert in Lösung gehen.

Nachdem aber von Staudinger gefunden war, daß es möglich ist, Stärke, Glykogen, Zellulose und ähnliche Körper in Derivate überzuführen und diese Derivate in die Ausgangsstoffe zurückzuverwandeln, ohne daß sich hierbei die Größe des Kolloidteilchens ändert, mußte die Nägelische Anschauung vom Bau der Kolloidteilchen fallen gelassen werden. Die Stabilität der Teilchen bei diesen Umwandlungsreaktionen wäre nicht möglich, wenn die Einzelbausteine nur durch Nebenvalenzen miteinander verknüpft sind; man muß daher annehmen, daß der Zusammenhalt der Einzelbausteine durch normale Hauptvalenzen bewirkt wird. Hierfür spricht ferner der Befund Staudingers, daß bei der Umwandlung dieser Körper in Derivate und bei ihrer Rückverwandlung in die Ausgangsmaterialien nicht einmal die Drehwerte der Lösungen der Stoffe verändert werden, so weisen z. B. Stärken nach Überführung

[1] Nägeli, v.: Die Stärkekörner. 1885.
[2] Karrer: Z. angew. Chem. **35**, 85 (1922).
[3] Hess u. Schultze: A. **448**, 99 (1926). — Hess u. Pichlmayr: A. **450**, 29 (1926). — Hess u. Friese: A. **450**, 40 (1926).
[4] Herzog, R. O.: B. **58**, 1254 (1925).

in die Azetate und nach Rückverwandlung zur Stärke dieselben Drehwerte auf wie die Ausgangsmaterialien, aus denen die Stärkeazetate hergestellt waren.

Man muß hieraus den wichtigen Schluß ziehen, daß die Kolloidteilchen dieser Körper die Moleküle selbst sind. Das Einzelmolekül hat also eine solche Größe, daß es in die Größenordnung der Kolloide fällt. Derartig große Moleküle bezeichnet STAUDINGER als „Makromoleküle", und das Kolloidteilchen stellt ein „Molekülkolloid" dar.

Bei den Untersuchungen an Makromolekülen hat sich weiter gezeigt, daß sie aus zahlreichen, aber vollkommen gleichgebauten kleineren Bausteinen bestehen. Im Falle der Zellulose sind es Glukosereste, aus denen das Gesamtmolekül aufgebaut ist.

Die eingehende Untersuchung makromolekularer Stoffe hat weiter als charakteristisches Kennzeichen ergeben, daß ihr Molekulargewicht niemals einheitlich ist, sondern daß diese Substanzen stets Gemische von Molekülen unterschiedlicher Größe darstellen. Da, wie später noch näher gezeigt werden wird, das Gesamtmolekül durch Polymerisation aus den einzelnen Bausteinen entstanden zu denken ist, so kann man die Molekülgröße auch als „Polymerisationsgrad" ausdrücken, worunter die Anzahl der kleinsten, gleichen Bausteine im Makromolekül zu verstehen ist. Reihen von Körpern gleicher chemischer Zusammensetzung, aber von verschiedenem Polymerisationsgrad, nennt man nach STAUDINGER „polymerhomologe Reihen". Entsprechend werden Derivate von Körpern gleichen Polymerisationsgrades „polymeranalog" genannt.

In den Tabellen 17—21 sollen einige Beispiele für die Stabilität dieser Körper bei Umwandlungsreaktionen gegeben werden, wobei bemerkt werden muß, daß diese Untersuchungen erst möglich waren, nachdem es gelungen war, die Molekulargewichte derartig hochmolekularer Stoffe zu ermitteln. Auf die Methodik der Molekulargewichtsbestimmung wird später näher eingegangen.

Tabelle 17. Überführung von polymerhomologen Stärken in polymeranaloge Produkte. (Nach STAUDINGER und HUSEMANN[1].)

Polymerisationsgrade der			
Stärken	Stärketriazetate	Stärken aus Triazetaten durch Verseifung	Methylstärken aus Triazetaten
185	190	185	200
380	390	—	—
560	540	570	590
940	960	870	—

Tabelle 18. Überführung von polymerhomologen Glykogenen in polymeranaloge Produkte. (Nach STAUDINGER und HUSEMANN[2]).

Polymerisationsgrade der		
Glykogene	Glykogentriazetate	Glykogene aus Triazetaten durch Verseifung
410	400	410
1750	1700	1730
5000	5300	5300

[1] STAUDINGER u. HUSEMANN: A. **527**, 222 (1937).
[2] STAUDINGER u. HUSEMANN: A. **530**, 1 (1937).

Tabelle 19. Überführung von polymerhomologen Zellulosen in polymeranaloge Produkte. (Nach STAUDINGER und DAUMILLER[1].)

Polymerisationsgrade der		
Zellulose	Zellulose-triazetate	Zellulose aus Triazetaten durch Verseifung
190	170	—
250	250	—
500	500	490
770	970	780
1050	790	955
1210	1180	1175
1600	1600	1650

Tabelle 20. Überführung von polymerhomologen Zellulosen in polymeranaloge Nitrate. (Nach STAUDINGER und MOHR[2]).

Polymerisationsgrade der	
Zellulose	Nitrozellulose
76	77
186	170
254	220
450	440
716	670
1540	1360
2000	1820

Tabelle 21. Drehwerte polymerhomologer Glykogene und ihrer Acetate[3].

Polymerisationsgrad	Glykogene in Formamid in Grad	Glykogentriazetate in Chloroform in Grad	Glykogene aus Triazetaten durch Verseifung in Formamid in Grad
5000	198	160	200
1700	200	156	198
400	200	150	198

Tabelle 21 gibt ein Beispiel für die Konstanz der Drehwerte bei der Überführung in polymeranaloge Produkte und deren Rückverwandlung in die Ausgangsstoffe.

In den Makromolekülen können nun die einzelnen Atome in verschiedener Weise angeordnet sein, und je nach der räumlichen Lage der Atome im Molekülkolloid weisen die Substanzen sehr unterschiedliche Eigenschaften auf. So können die Atome so angeordnet sein, daß das Molekül annähernd eine Kugelform besitzt. STAUDINGER bezeichnet dann das Molekülkolloid als „Sphärokolloid". Die Atome können aber auch in Form von geraden Ketten angeordnet sein, wie dies z. B. bei den Paraffinen und bei den Fettsäuren der Fall ist. Man spricht dann von einem „Linearkolloid"[4] und bezeichnet das Molekül als „Ketten-, Stab- oder Fadenmolekül". Eine Sonderform stellen schließlich Moleküle dar, die aus verzweigten Ketten bestehen. In welch starkem Maße sich bei gleichen Molekulargewichten die Größenverhältnisse und vor allem die Oberfläche bei einem Kugel- und Fadenmolekül unterscheiden, soll Tabelle 22 zeigen.

Die Zusammenstellung läßt ein unterschiedliches Verhalten der verschiedenartig gestalteten Moleküle in Lösung wohl ohne weiteres verstehen. Lösungen von Sphärokolloiden und Linearkolloiden unterscheiden

[1] STAUDINGER u. DAUMILLER: A. **529**, 219 (1937).
[2] STAUDINGER u. MOHR: B. **70**, 2303 (1937).
[3] STAUDINGER: Naturwiss. **25**, 674 (1937).
[4] WO. OSTWALD [Kolloid-Z. **88**, 369 (1939)] bevorzugt den Ausdruck „Korpuskulares Teilchen" für „Sphärokolloid" und „fibrilläres Teilchen" für „Linearkolloid"

Tabelle 22. Abmessungen der Moleküle. Räumliche und lineare Hauptvalenzlagerung von C-Atomen. (Nach STAUDINGER[1]).

Zahl der verknüpften C-Atome	In Diamantpackung		In Paraffinpackung		Verhältnis von Kettenlänge zu Kantenlänge
	Kantenlänge eines Würfels in Å	Oberfläche in Å²	Kettenlänge in Å	Oberfläche in Å²	
8	3,6	76	10,2	214	2,8
80	7,7	354	102	1800	13,2
800	16,5	$1{,}6 \cdot 10^3$	1020	$17{,}7 \cdot 10^3$	62
8000	35,6	$7{,}6 \cdot 10^3$	10200	$17{,}7 \cdot 10^4$	285
80000	76,7	$35 \cdot 10^3$	102000	$17{,}7 \cdot 10^5$	1325

sich in mehrfacher Hinsicht voneinander: So zeigen Lösungen von Sphärokolloiden ganz normale Strömungsverhältnisse und gehorchen dem EINSTEINschen Viskositätsgesetz, wonach im Gebiet eines normalen, laminaren Fließens und unter der Voraussetzung, daß die Teilchen in der Lösung so weit voneinander entfernt sind, daß sie sich gegenseitig nicht behindern können, eine lineare Abhängigkeit der Viskosität von der Konzentration besteht. Die Linearkolloide folgen dieser Beziehung nicht, bei ihnen steigt vielmehr die Viskosität schon in mäßig konzentrierten Lösungen schneller an als die Konzentration. Abb. 1 zeigt dieses Verhalten am Beispiel von Nitrozelluloselösungen. Weiter zeigen Lösungen von Linearkolloiden eine Abweichung vom HAGEN-POISEUILLEschen Gesetz, wonach bei normalen Flüssigkeiten und wirbelfreier Strömung Druck und Geschwindigkeit einander proportional sind.

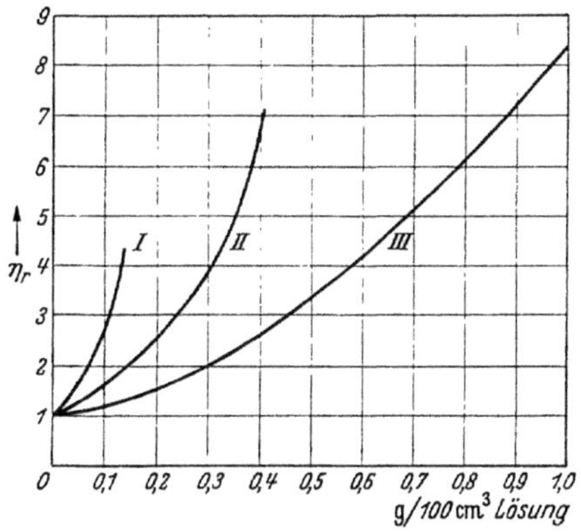

Abb. 1. Relative Viskosität von Nitrozelluloselösungen in Butylazetat in Abhängigkeit von der Konzentration. I unter schonendsten Bedingungen nitriert, II „dick“, III „mittel“. (Nach FIKENTSCHER und MARK[2].

Sphäro- und Linearkolloide unterscheiden sich aber auch schon durch ihr Aussehen in festem Zustand: Die ersteren sind amorphe, pulverige Substanzen, die letzteren sind zäh und faserig. Beim Lösen entstehen bei Sphärokolloiden niedrig viskose Flüssigkeiten und es tritt bei der Lösung keine Quellung auf. Die Linearkolloide lösen sich demgegenüber erst nach stärkerer Quellung und zwar zu viskosen Flüssigkeiten.

[1] STAUDINGER: Angew. Chem. **49**, 801 (1936).
[2] FIKENTSCHER u. MARK: Kolloid-Z. **49**, 135 (1926).

Alle für Linearkolloide geschilderten Eigenschaften kommen nun auch der Zellulose und ihren Derivaten zu, so daß bei ihr also ein langgestrecktes, stäbchenförmiges Bauprinzip des Moleküls angenommen werden muß, die Zellulose besitzt also ein Kettenmolekül. Derselbe Schluß wurde von SPONSLER und DORE[1] aus Röntgenuntersuchungen gezogen. Weitere Untersuchungen von MEYER und MARK[2] sowie von SAUTER[3] konnten die Auffassung von einem langgestreckten Bau der Zellulosemoleküle bestätigen.

Eine charakteristische Eigenschaft der Linearkolloide ist, daß die Moleküle von verschiedener Kettenlänge das gesamte physikalische Verhalten der Körper in äußerst starkem Maße beeinflussen. Das ist bei den Sphärokolloiden bei weitem nicht in dem Maße der Fall. Bei ihnen sind nur geringe Unterschiede hinsichtlich ihres physikalischen Verhaltens zu verzeichnen. Wie alle makromolekularen Stoffe, so bestehen auch die Zellulose und ihre Derivate in zahllosen Formen von unterschiedlicher Moleküllänge, und die oft großen Unterschiede, die die Eigenschaften verschiedener Zellulosepräparate zeigen, sind in diesen Unterschieden in der Kettenlänge, im „Polymerisationsgrad", begründet. STAUDINGER teilt die Linearkolloide in drei Klassen verschiedener Polymerisationsgrade ein, die deutlich andere Eigenschaften aufweisen, nämlich in

Hemikolloide von einem Polymerisationsgrad zwischen 10 und 50,
Mesokolloide von einem Polymerisationsgrad zwischen 50 und 500,
Eukolloide von einem Polymerisationsgrad über 500[4].

Da, wie schon gesagt war, in keinem Falle ein Linearkolloid in einem Präparat nur in einem einzigen, bestimmten Polymerisationsgrad vorliegt, sondern stets ein Gemisch von Molekülen unterschiedlichen Polymerisationsgrades bildet, darf man daher unter Polymerisationsgrad nur den mittleren Polymerisationsgrad einer polymerhomologen Reihe verstehen.

Die Molekülkolloide bestehen aus einer überaus großen Zahl von Atomen, die weit über die Atomzahl aller bekannten organischen Körper hinausgeht. Die bisher untersuchten organischen Körper des höchsten Molekulargewichtes besitzen eine Atomzahl von ungefähr 500. Demgegenüber müssen wir uns bei den Molekülkolloiden Atomzahlen von vielen Tausenden vorstellen.

Im Hinblick auf die große Bedeutung, die der durchschnittliche Polymerisationsgrad der Zellulose für die Fasereigenschaften hat, und worüber an anderer Stelle noch zu sprechen sein wird, ist es notwendig, zunächst einen Überblick über die Polymerisationsgrade der natürlichen Zellulosen zu geben (Tabelle 23).

[1] SPONSLER u. DORE: Colloid Symp. Mon. **1926**, 174.
[2] MEYER u. MARK: B. **61**, 593 (1928); Z. phys. Chem. B. **2**, 115 (1929).
[3] SAUTER: Z. phys. Chem. B. **35**, 83 (1937).
[4] Vgl. hierzu auch WO. OSTWALD: Kolloid-Z. **67**, 330 (1934); **82**, 226 (1938).

Für die Fabrikation der Kunstseide und Zellwolle ist die Kenntnis der Polymerisationsgrade der Zellulose in den Hölzern und den Zellstoffen wichtiger, da man bei der Herstellung der Kunstfasern normalerweise von diesen ausgeht. Über die in den Hölzern enthaltene Zellulose liegen Untersuchungen von STAUDINGER, DREHER und JURISCH[1] vor. Die Hölzer wurden in vorsichtiger Weise mit Chlordioxyd[2] aufgeschlossen, nachdem sich erwiesen hatte, daß dieses Aufschlußmittel das Molekül der Zellulose nicht in nennenswertem Maße schädigt. Tabelle 24 enthält die Ergebnisse.

Tabelle 23. Polymerisationsgrade pflanzlicher Zellulosen. (Nach STAUDINGER.)

Faserart	Polymerisationsgrad
Baumwolle roh . . .	2020
Baumwoll-Linters .	1440
Ramie	2660
Badischer Flachs . .	2420
Deutscher Hanf . .	2200

Tabelle 24. Polymerisationsgrade von Zellulose aus Hölzern. (Nach STAUDINGER, DREHER und JURISCH.)

Material	Polymerisationsgrad der Zellulose
Pappel, gelagert . .	1400
Fichte	1500—1600
Fichte, gelagert. . .	1200
Buche	1300—1400
Buche, gelagert . .	1200—1300
Kiefer	1100
Eiche	1000

Danach liegt in den Hölzern die Zellulose in einem etwas niedrigeren durchschnittlichen Polymerisationsgrad vor als in den Pflanzenfasern.

Die Zellstoff-Fabriken sind nun aber nicht in der Lage, die Hölzer auf so vorsichtige Weise aufzuschließen, wie dies im Laboratorium möglich ist, und so liefert die Untersuchung der technischen Zellstoffe ein wesentlich anderes Bild, wie von STAUDINGER und FEUERSTEIN[3] gezeigt wurde (Tabelle 25).

Tabelle 25. Polymerisationsgrade von Zellulosen im Zellstoff. (Nach STAUDINGER und FEUERSTEIN.)

Zellstoff	Polymerisationsgrad
Sulfitzellstoff Waldhof aus Fichtenholz	660
Natronzellstoff „Stora“ (Pap. Fabrik Scheufelen)	660
Sulfitzellstoff aus Buchenholz (I. G. Wolfen)	840—880
Salpetersäure-Zellstoff aus Buchenholz (I. G. Wolfen) . . .	860—920
Kodzu, japanischer Zellstoff	1260
Mitsumata, japanischer Zellstoff.	1250—1290

Wie die Tabelle zeigt, ist bei der Zellstoff-Fabrikation, mit Ausnahme bei den beiden japanischen Zellstoffen, ein ziemlich weitgehender Abbau des Zellulosemoleküls erfolgt. Im Gange der Zellstoff-Fabrikation bleibt

[1] STAUDINGER, DREHER u. JURISCH: B. **70**, 2502 (1937).
[2] SCHMIDT u. Mitarbeiter: B. **54**, 1860 (1921); B. **57**, 1834 (1924).
[3] STAUDINGER u. FEUERSTEIN: A. **526**, 72 (1936).

bei zwei Arbeitsgängen das Zellulosemolekül nicht ungeschädigt, nämlich beim Aufschluß selbst sowie beim Bleichen des Stoffes. Besonders die Bleiche ist in dieser Beziehung gefährlich. In welch starkem Maße die Bleiche des Stoffes von Einfluß auf den Polymerisationsgrad der Zellulose sein kann, zeigt Tabelle 26.

Tabelle 26. Polymerisationsgrade eines Zellstoffes der Zellulosefabrik Kehl mit verschiedenen Bleichungsgraden (Nach STAUDINGER und FEUERSTEIN.)

	Polymerisationsgrad a	Polymerisationsgrad b
Fichten-Zellstoff, zunehmende Bleichungsgrade	1130	1010
	970	950
	900	940
	890	940
	780	730
	720	680
	550	520

Wenn auch die Festigkeit einer Kunstfaser nicht ausschließlich vom Polymerisationsgrad der in ihr enthaltenen Zellulose abhängt (vgl. 24. Kapitel), so geht aus einem Vergleich der Tabelle 23 mit der Tabelle 25 doch hervor, daß man bei den gleichen üblichen Arbeitsbedingungen aus einer Baumwollzellulose eine widerstandsfähigere Kunstfaser erwarten kann als aus einem Holzzellstoff. Wie wichtig zur Erzielung einer Faser mit guten Eigenschaften ein Zellstoff von gutem, mittleren Polymerisationsgrad ist, leuchtet ein, wenn man berücksichtigt, daß im Gange der Kunstfaserherstellung mit einem weiteren Abbau des Zellulosemoleküls gerechnet werden muß. Besonders die Vorreife der Alkalizellulose ist in dieser Beziehung zu berücksichtigen, und es wird im 10. Kapitel noch gezeigt werden, daß hierdurch der Polymerisationsgrad beeinflußt wird. Es soll daher an dieser Stelle nur eine Übersicht über die Polymerisationsgrade einiger Kunstfasern gegeben werden (Tabelle 27).

Tabelle 27. Polymerisationsgrade einiger Zellwollen. (Nach STAUDINGER, SORKIN und FRANZ[1].)

Material	Polymerisationsgrad
Cuprama	560
Lanusa (Oppau)	520
Schwarza 3,8 den.	435
„ 3,6 den.	370
Flox 2,1 den.	325
Vistra XT 4,3 den.	285
„ 3,8 den.	285
Courtaulds-Faser 2,9 den.	265
Snia Viscosa 2,0 den.	265
Japanische Zellwolle	245
Vistra 3,5 den.	220
Celta-Zellwolle 4,0 den.	175

Von STAUDINGER und FEUERSTEIN untersuchte Kunstseiden wiesen Polymerisationsgrade zwischen 300 und 450 auf.

Ein Vergleich dieser Zahlen mit den Tabellen 23, 24 und 25 zeigt deutlich, daß bei der Kunstseiden- und Zellwollherstellung eine starke Schädigung des Zellulosemoleküls eintritt. Andererseits zeigt die Tabelle aber auch, daß aus Baumwoll-Linters hergestellte Kunstfasern (Cuprama,

[1] STAUDINGER, SORKIN u. FRANZ: Melliand Textilber. **1936**, Heft 9.

Lanusa-Oppau) höhere Polymerisationsgrade aufweisen als Kunstfasern aus Holzzellstoffen, was unter Berücksichtigung der Polymerisationsgrade der Ausgangsmaterialien nicht verwunderlich ist. In diesem Zusammenhang ist der noch verhältnismäßig hohe Polymerisationsgrad der Schwarza-Zellwolle bemerkenswert. Dies dürfte damit zusammenhängen, daß von der Thüringischen Zellwolle A.G., Schwarza, eine Veredlung des Holzzellstoffes vor der eigentlichen Alkalibehandlung vorgenommen wird, die darin besteht, daß die Hemikolloide aus dem Zellstoff herausgelöst werden. Es kommt also dort ein sehr reiner, eukolloider Zellstoff zur Anwendung.

Wenn auch neuere Untersuchungen von STAUDINGER[1] ergeben haben, daß bei einer Steigerung des Polymerisationsgrades über 700 hinaus keine wesentliche Erhöhung der Reißfestigkeit der Kunstfasern mehr erfolgt, so prägt sich ein hoher Polymerisationsgrad doch in einer anderen, sehr wichtigen Eigenschaft der Kunstfasern aus, nämlich in einer deutlichen Gebrauchswerterhöhung. Die Erfahrung hat u. a. gelehrt, daß die genannten Zellwollen von hohem Polymerisationsgrad geringere Festigkeitsverluste nach wiederholtem Waschen aufweisen. Die Erhaltung eines hohen Polymerisationsgrades bei der Faserherstellung ist daher auch von volkswirtschaftlichem Interesse. Genaue Zahlen hierüber sind allerdings noch nicht veröffentlicht. Für den höheren Gebrauchswert sind allerdings auch andere Faktoren mit verantwortlich zu machen, die mit dem ganzen Aufbau der Faser zusammenhängen und worüber ganz klare Vorstellungen noch nicht bestehen.

II. Die chemische Zusammensetzung.

Die qualitative Untersuchung ergibt, daß die Zellulose aus Kohlenstoff, Wasserstoff und Sauerstoff besteht. Durch Elementaranalyse wurde die folgende mengenmäßige Zusammensetzung ermittelt:

Kohlenstoff	44,44 %
Wasserstoff	6,17 %
Sauerstoff	49,39 %

Hieraus ergibt sich mit guter Annäherung die Formel

$$C_6H_{10}O_5$$

Einen tieferen Einblick in die Konstitution liefert der Abbau der Zellulose mit Säuren. Hierbei tritt Hydrolyse ein, und man erhält in fast theoretischer Ausbeute Glukose, gemäß der Gleichung

$$C_6H_{10}O_5 + H_2O = C_6H_{12}O_6$$

Demnach ist die Zellulose der großen Klasse der Kohlehydrate zuzuordnen. Das kleinste Bauelement, aus dem sich das Molekül der Zellulose aufbaut, ist also die Glukose.

[1] Näheres siehe im 24. Kapitel.

Nach EMIL FISCHER kommt der Glukose das folgende Formelbild zu:

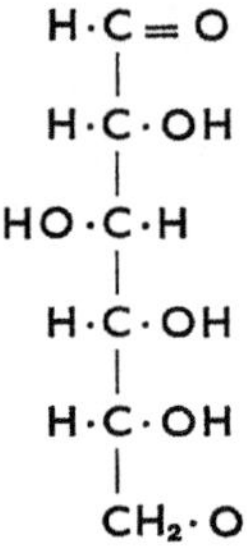

Die Glukose besitzt also sechs Kohlenstoffatome und eine Aldehydgruppe, sie ist demnach eine Aldohexose. Es zeigte sich aber beim näheren Studium der Zucker, daß diese für die Glukose angegebene Formel mit vielen experimentellen Beobachtungen nicht in Einklang zu bringen war[1]. Insbesondere blieb in vielen Fällen die Aldehydreaktion aus. Man kam dadurch zu der Annahme, daß die zweite Bindung des Kohlenstoffatoms der Aldehydgruppe durch eine inneroxydische Brücke festgelegt ist. Die Aldehydgruppe ist demnach innerhalb des Moleküls selbst halbazetalartig mit einer Hydroxylgruppe gebunden. Es liegt im Molekül also ein Ring vor. Über die Lage dieses Ringes ist man lange Zeit im Unklaren geblieben. Besonders hat man nicht gewußt, ob ein Fünfer- oder ein Sechserring in Frage kommt. Diese Frage ist von HAWORTH[2] und seinen Mitarbeitern entschieden worden. Durch sie wurde erwiesen, daß ein Sechserring vorliegt. Die von ihnen zur Aufklärung der Ringlage angewandte Methode bestand in der Festlegung der alkoholischen Hydroxylgruppen durch Methylierung. Durch Oxydation der so entstandenen Tetramethylhexose erhält man über die Tetramethylhexonsäuren kleinere Bruchstücke, die einen Rückschluß auf die Lage der Sauerstoffbrücke zulassen. Unter Berücksichtigung dieser Befunde ist der Glukose das folgende Formelbild zuzuschreiben:

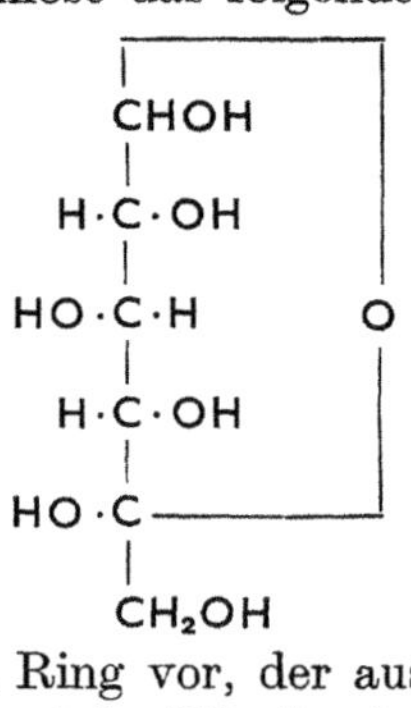

Es liegt in ihr also ein Ring vor, der aus 5 Kohlenstoffatomen und 1 Sauerstoffatom gebildet wird. Hierdurch tritt die Glukose in enge

[1] Näheres bei HAWORTH: Die Konstitution der Kohlehydrate. Dresden u. Leipzig 1932.

[2] HAWORTH, PURDIE, IRVINE u. HIRST: Helv. chim. Acta. **11**, 534.

Beziehung zum Pyran, was besonders klar wird, wenn man den Ring gemäß dem Vorschlage von HAWORTH in Form eines Sechsecks schreibt:

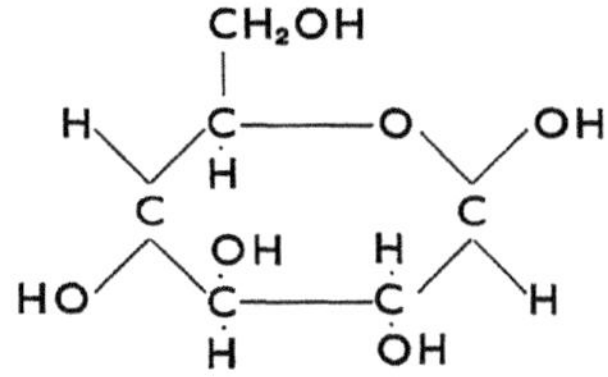

HAWORTH bezeichnet die Glukose dementsprechend als „Glukopyranose".

Hiermit ist die Konstitution der Glukose gegeben. Das Zellulosemolekül baut sich nun aus vielen einzelnen Glukoseresten auf. Der nächste Schritt zur Konstitutionsaufklärung mußte die Feststellung sein, auf welche Weise die Glukosereste zum Gesamtmolekül miteinander verknüpft sind. Auch diese Feststellung ist über die Untersuchung von Hydrolysenprodukten möglich gewesen. Nachdem FRANCHIMONT schon 1879 Abbaureaktionen mit Hilfe von Essigsäureanhydrid und Schwefelsäure durchgeführt hatte, konnten SKRAUP und KÖNIG[1] bei dieser Acetolyse einen Körper isolieren, das Biosanacetat, das später von OST[2] sowie von HESS und FRIESE[3] eingehend untersucht wurde. Das Acetolysenprodukt wurde als Disaccharid erkannt, dem der Name Zellobiose gegeben wurde. Die Verknüpfung der Glukose zur Zellobiose geht so vor sich, daß je 2 Moleküle Glukose unter Wasseraustritt 1 Molekül Zellobiose bilden, in der das 1-Kohlenstoffatom des einen Glukoserestes über eine Sauerstoffbrücke mit dem 4-Kohlenstoffatom des anderen Glukoserestes ätherartig gebunden ist. In der Schreibweise von HAWORTH kommt demnach der Zellobiose das folgende Formelbild zu:

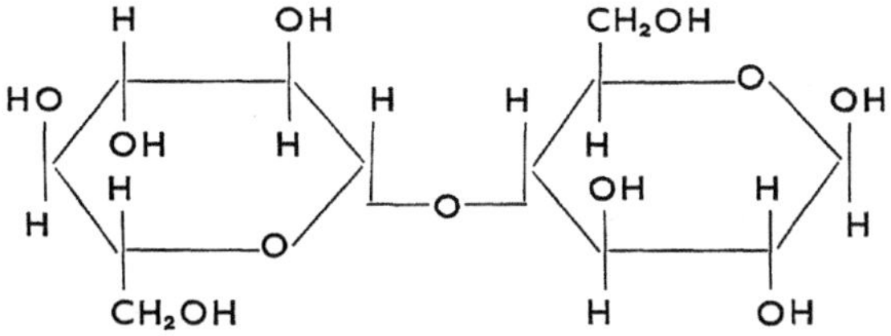

Durch eine fortlaufende 1,4-Verknüpfung von Glukoseresten entsteht so durch Polymerisation[4] das gesamte Zellulosemolekül, das demnach wie folgt gebaut ist:

[1] SKRAUP u. KÖNIG: B. **34**, 1115 (1901).

[2] OST: A. **398**, 324, 332 (1913).

[3] HESS u. FRIESE bei HESS: Die Chemie der Zellulose, S. 499. Leipzig 1928.

[4] STAUDINGER unterscheidet drei Arten von Polymerisation, nämlich „Polykondensation", „Kondensierende Polymerisation" und „Kettenpolymerisation". Nur durch die letztere Art der Polymerisation können makromolekulare Gebilde entstehen. Vgl. hierzu auch GRIMM u. WOLFF: Ang. Chem. **48**, 133 (1935).

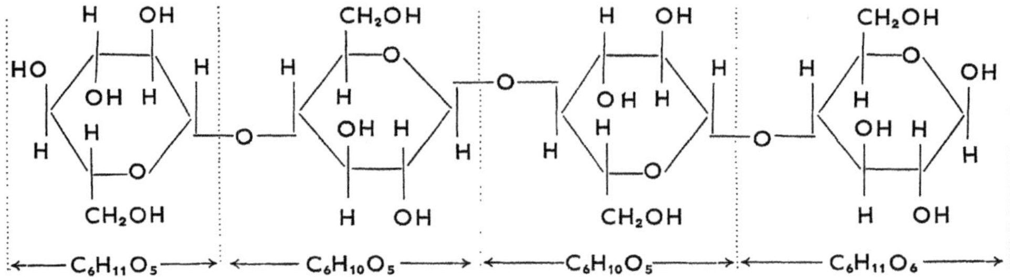

Diese Kette vom Polymerisationsgrad n enthält (n—2) Glukosereste von der Zusammensetzung $C_6H_{10}O_5$. Das eine Ende wird von einem Rest $C_6H_{11}O_6$ und das andere von einem Rest $C_6H_{11}O_5$ gebildet. Wie man sieht, entspricht die Summe der Atome nicht ganz genau einem ganzen Vielfachen von $C_6H_{10}O_5$. Man dürfte deshalb streng genommen nicht von Polymerisation sprechen. In Anbetracht der Tatsache aber, daß diese beiden Reste abweichender Zusammensetzung nur einen verschwindend kleinen Teil des ganzen Moleküls ausmachen, kann diese Abweichung unberücksichtigt bleiben.

Das Formelbild erklärt alle experimentellen Befunde: Es sind in der Zellulose drei reaktionsfähige Hydroxylgruppen enthalten, die zur Ester- und Ätherbildung befähigt sind. Bei der Hydrolyse tritt Spaltung der Sauerstoffbrücken ein, was bei der totalen Hydrolyse zur Bildung der Glukose führt. Bei weniger intensiven Abbaureaktionen werden Körper aller möglicher Abbaugrade erhalten, die zunächst in das Gebiet der Mesokolloide fallen. Über die Hemikolloide geht der Abbau schließlich weiter über die Zellotriose und Zellobiose zur Glukose. Wenn wir berücksichtigen, daß die natürlichen Zellulosen einen Polymerisationsgrad von etwa 2000 aufweisen und bei technischen Zellstoffen Polymerisationsgrade von 600—900 gefunden werden, so ist das Ausgangsmaterial der Kunstfaserfabrikation schon streng genommen als Zelluloseabbauprodukt aufzufassen.

Der Vollständigkeit halber muß noch erwähnt werden, daß in dem aus Glukopyranoseresten aufgebauten Zellulosemolekül einige wenige Gruppen vorhanden sind, die von dem oben wiedergegebenen Formelbild abweichen. So konnten Karboxylgruppen einwandfrei nachgewiesen werden. Über die Stellung dieser Gruppen am Ring kann noch nichts ausgesagt werden. Diese Fremdgruppen sind aber infolge ihrer sehr geringen Anzahl im Vergleich zu der großen Zahl von Glukopyranoseresten, die das Molekül bilden, sowohl in strukturchemischem Sinne als auch in bezug auf das Verhalten der Zellulose chemischen Reagentien gegenüber, bedeutungslos.

III. Die Abmessungen des Zellulosemoleküls.

Auf Grund von Intensitätsmessungen an Röntgenaufnahmen (vgl. S. 47) sowie anderer physikalischer Meßmethoden ist man in der Lage, Angaben über die Gestalt sowie die räumliche Ausdehnung der Moleküle zu machen. Dies setzt die Kenntnis der Abstände der Atome bzw. ihrer Kerne voneinander sowie der gegenseitigen Lage der Atome im Molekül voraus. Über dieses Gebiet liegen eingehende Untersuchungen insbesondere von STUART[1], PAULING und HUGGINS[2] sowie BRAGG[3] vor. Es hat sich hierbei ergeben, daß den einzelnen Atomen ganz bestimmte Abstände voneinander zukommen und daß ferner die Valenzen, die die einzelne Atome miteinander binden, Winkel von ganz bestimmter Größe bilden. So beträgt der Abstand der Kerne zweier durch einfache Bindung gebundener Kohlenstoffatome

$$C—C = 1{,}54\,\text{Å}.$$

Der Abstand zwischen einem Kohlenstoffatom und einem Sauerstoffatom wurde zu

$$C—O = 1{,}35\,\text{Å}.$$

berechnet. Unter Berücksichtigung der Valenzwinkelung kommt man so zu dem in Abb. 2 wiedergegebenen Bild für die Gestalt des Glukose- und Zellobiosemoleküls. In dieser Abbildung stellen die schraffierten Kreise die Kohlenstoffatome, die Ringe die Sauerstoffatome dar. Die Wasserstoffatome sind der Übersichtlichkeit halber fortgelassen. Die räumliche Ausdehnung ist in der Abbildung angegeben.

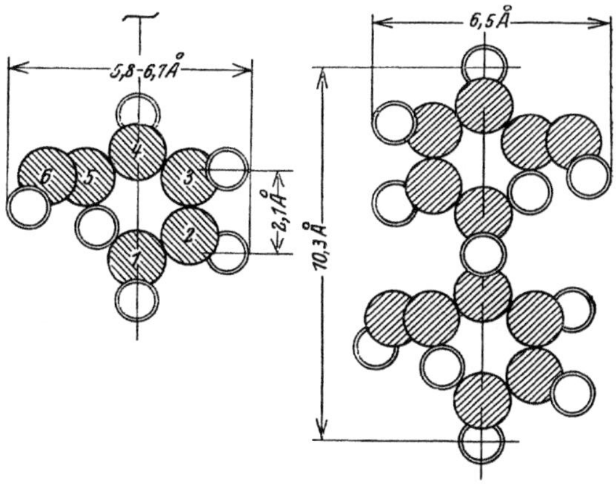

Abb. 2. Raumbild des Glukose- (links) und Zellobiosemoleküls (rechts). (Nach MEYER und MARK.)

Die genannten Forscher nehmen an, daß die beiden Glukosereste im Molekül der Zellobiose um 180° verdreht sind. Man würde auf diese Weise für das gesamte Zellulosemolekül zu einer diagonalen Schrauben symmetrie kommen. Auf Grund neuerer Messungen hält SAUTER diese Annahme allerdings für unzutreffend.

Durch Multiplikation der Länge eines Glukoserestes mit den durchschnittlichen Polymerisationsgraden für Zellulose kommt man zu einer Länge für das Kettenmolekül von 0,6—1,3 μ. Das Verhältnis des Moleküldurchmessers zu seiner Länge ist etwa 1:1000, die Zahl der Atome

[1] STUART: Molekülstruktur. Berlin 1934.

[2] PAULING u. HUGGINS; ref. bei STUART, Molekülstruktur.

[3] BRAGG: Proc. roy Soc., Lond. A **123**, 837 (1929).

im Molekül liegt zwischen 25000 und 50000. In bezug auf die Moleküllänge kommen wir bei der Zellulose bis in das Gebiet der Sichtbarkeit im Mikroskop. Wenn ein solches Molekül aber dennoch nicht sichtbar ist, so liegt das an seinem nur außerordentlich geringen Durchmesser.

IV. Die Bestimmung des Molekulargewichtes.

Für die Bestimmung des Molekulargewichtes bei hochpolymeren Körpern stehen vier Methoden zur Verfügung: Die Messung des osmotischen Druckes, das Studium des Verhaltens bei der Sedimentation, die Messung der Viskosität sowie die Ermittlung des Gehaltes an Endgruppen[1]. Die bekannten kryoskopischen und ebullioskopischen Methoden, die zur Bestimmung des Molekulargewichtes bei niedermolekularen Stoffen angewandt werden, versagen bei den hochpolymeren, da die Effekte zu klein sind. Die Endgruppenbestimmung kann nur bei solchen hochpolymeren Körpern für die Berechnung des Molekulargewichtes herangezogen werden, bei denen man die chemische Zusammensetzung der Endgruppe genau kennt. Dies ist jedoch bei der nativen Zellulose noch nicht der Fall. Die Endgruppenbestimmung ist daher vorerst nur bei Hydrolyseproduktion der Zellulose möglich[2]. Den vielen nach der ebullioskopischen und kryoskopischen Methode ermittelten Molekulargewichten kommt demnach nur noch historischer Wert zu.

Für die osmotische Molekulargewichtsbestimmung sind besonders Lösungen von Zelluloseäthern und -estern in organischen Lösungsmitteln geeignet. Da in vorsichtiger Weise vorgenommene Veresterungen und Verätherungen zu polymeranalogen Produkten führen, so kann aus dem am Ester oder Äther ermittelten Molekulargewicht ohne weiteres auf das Molekulargewicht des Ausgangsmaterials geschlossen werden. Es zeigte sich jedoch bei der Anwendung der osmotischen Methode, daß die Lösungen der Zellulosederivate nicht dem VAN T'HOFFschen Gesetz gehorchen. Der osmotische Druck erwies sich nicht als proportional der Konzentration, sondern er stieg schneller an als diese. Die Abweichungen werden um so größer, je höher das Molekulargewicht ist. Diese Erscheinung muß auf den stäbchenförmigen Bau der Moleküle zurückgeführt werden, da bei Sphärokolloiden kein abweichendes Verhalten gefunden wurde[3]. OSTWALD[4] führt dieses abweichende Verhalten, das auch andere hochpolymere Körper zeigen, auf die Bindung von Lösungsmittel an die gelösten Moleküle zurück. Die Konzentration ist

---

[1] WILLSTÄTTER u. SCHUDEL: B. **51**, 780 (1918). — BERGMANN u. MACHEMER: B. **63**, 316 (1930). — HAWORTH u. MACHEMER: Journ. chem. Soc. **1932**, 2270. — STAUDINGER u. FREUDENBERGER: B. **63**, 2331 (1930). — STAUDINGER u. HUSEMANN: A. **527**, 195 (1937). — HAWORTH u. HIRST: Journ. chem. Soc. **1935**, 1216, 1299, 1301. Vgl. hierzu auch HESS: Papierfabr. **36**, 333 (1938).

[2] Vgl. hierzu HUSEMANN: Papierfabr. **36**, 559 (1938).

[3] STAUDINGER u. SCHULZ: B. **68**, 2336 (1935).

[4] OSTWALD, WO.: Kolloid-Z. **49**, 60 (1929).

unter dieser Annahme höher als die scheinbare, da ein Teil des Lösungsmittels nicht mehr als frei betrachtet werden kann. Eine andere Erklärung gibt HALLER[1]. Nach ihm nehmen langgestreckte Moleküle in Lösung infolge der Wärmebewegung einen größeren Wirkungsbereich ein, als wenn sie zu starren Kugeln zusammengerollt wären. Auch nach dieser Annahme würde also mit steigender Konzentration der freie Anteil an Lösungsmittel geringer. Das osmotische Verhalten würde dann dem VAN T'HOFFschen Gesetz entsprechen, wenn die osmotischen Messungen in einer Konzentration durchgeführt werden, in der die freie Lösungsmittelmenge gegenüber den durch Solvatation festgelegten Anteilen unendlich groß ist. In diesem Konzentrationsbereich sind aber osmotische Messungen nicht mehr durchführbar. Eine Auswertung osmotischer Messungen für die Molekulargewichtsbestimmung an hochpolymeren Körpern ist aber möglich, wenn es durch eine Formel gelingt, den Grenzwert des osmotischen Druckes für unendliche Verdünnung zu berechnen. Eine solche Formel verdanken wir WO. OSTWALD[2]. SCHULZ[3] ist es ferner gelungen, durch osmotische Bestimmungen an Körpern aus polymerhomologen Reihen einen einfachen Zusammenhang zwischen der Größe der Abweichung vom VAN T'HOFFschen Gesetz und der Molekülgröße zu ermitteln. Durch Anwendung des so erhaltenen Korrekturfaktors besteht so gleichfalls die Möglichkeit, die Molekulargewichte der Zellulose nach der osmotischen Methode hinreichend genau festzulegen.

Die Methode der Bestimmung des Molekulargewichtes durch Ermittlung des Sedimentationsgleichgewichtes ist insbesondere von THE SVEDBERG ausgearbeitet worden. Da die spezifischen Gewichte der gelösten Teilchen sich aber vom spezifischen Gewicht des Lösungsmittels nur wenig unterscheiden, so reicht für die Untersuchung der Sedimentation die Erdschwere nicht aus. Die Messungen werden daher mit der von THE SVEDBERG konstruierten Ultrazentrifuge ausgeführt. Nach dieser Methode ist Zellulose mehrfach untersucht worden[4]. Die gefundenen Ergebnisse decken sich zum Teil recht gut mit den nach den anderen Methoden erhaltenen[5].

Bestimmungen des Molekulargewichtes der Zellulose durch Untersuchung der Viskosität sind durch Auffindung einer einfachen Beziehung zwischen Molekulargewicht und Viskosität durch STAUDINGER[6] möglich geworden. Zwischen der spezifischen Viskosität η_{sp} gleichkonzentrierter

---

[1] HALLER: Kolloid-Z. **49**, 74 (1929); **56**, 257 (1931); **61**, 26 (1932).

[2] OSTWALD, WO.: Kolloid-Z. **49**, 60 (1929).

[3] SCHULZ: Z. phys. Chem. A **176**, 317 (1936); **177**, 453 (1936).

[4] STAMM: Journ. Amer. chem. Soc. **52**, 3062 (1930). — KRAEMER u. LANSING: Journ. phys. Chem. 39, 153 (1935). — SIGNER u. GROSS: Helv. chim. Acta **17**, 335 (1934).

[5] Vgl. hierzu auch POLSON: Kolloid-Z. **83**, 172 (1938).

[6] STAUDINGER u. SCHULZ: B. **68**, 2320 (1935). — STAUDINGER: Die Zellstoff-Faser, Heft 11/12, 1936.

Lösungen und der Länge eines Fadenmoleküls, also dem Molekulargewicht M, besteht folgende Beziehung:

$$\frac{\eta_{sp}}{c_{gm}} = K_m \cdot M.$$

In dieser Gleichung ist η_{sp}/c_{gm} die Viskosität einer grundmolaren Lösung. Um diese Größe zu bestimmen, werden Viskositätsmessungen an Zellulosen oder ihren Derivaten in solchen Konzentrationsgebieten, in denen keine gegenseitige Beeinflussung der gelösten Moleküle stattfinden kann, durchgeführt. Diesen Konzentrationsbereich nennt STAUDINGER eine Sollösung, im Gegensatz zu einer Gellösung. Die Konzentration, bei der die Sollösung in die Gellösung übergeht, heißt Grenzkonzentration. Sie liegt um so niedriger, je höher das Molekulargewicht ist, wie Tabelle 28 zeigt.

Tabelle 28. Grenzkonzentrationen für Zelluloselösungen verschiedenen Polymerisationsgrades. (Nach STAUDINGER[1].)

Art der Zellulose	Polymerisationsgrad	Grenzkonzentration in %
Zellulose aus Pflanzenfasern	2000	0,085
Zellstoffe und Kunstseiden.	500	0,34
Hemikolloide Zellulose . .	100	1,7
Zellodextrin	10	17

Wie die Tabelle zeigt, muß man also in sehr verdünnten Lösungen arbeiten. Aus den sich hierbei ergebenden Viskositätswerten errechnet man die spezifische Viskosität der grundmolaren Lösung η_{sp}/c_{gm} unter der Annahme, daß die spezifische Viskosität proportional der Konzentration steigt. Da beispielsweise das Grundmolekulargewicht der Azetylzellulose 288 ist, so ist eine grundmolare Lösung der Azetylzellulose eine 28,8%ige. Die spezifische Viskosität wird also in einer verdünnten Lösung, je nach dem Polymerisationsgrad in einer 1,0—0,1%igen bestimmt. Daraus wird dann der Wert für η_{sp}/c_{gm} berechnet. K_m ist eine Konstante, die für jede polymerhomologe Reihe dadurch ermittelt wird, daß osmotische Messungen an verschiedenen Vertretern in Verbindung mit Viskositätsmessungen vorgenommen werden. Die Konstante ist für hoch- und niedermolekulare Vertreter einer polymerhomologen Reihe die gleiche. Sie hat für Zellulose in SCHWEIZERs Reagens den Wert[1] $5 \cdot 10^{-4}$.

Nach dieser Methode ist es auch möglich, die Zellulose in SCHWEIZERs Reagens direkt zu messen, was bei der osmotischen Methode zu schwierig ist. Es ist dabei nur darauf zu achten, daß bei der Messung der Luftsauerstoff vollkommen ausgeschlossen wird, da hierdurch verhältnismäßig schnell ein Abbau des Moleküls erfolgt.

Die Gültigkeit der STAUDINGERschen Viskositätsregel ist verschiedentlich angezweifelt worden[2]. Für ihre Richtigkeit spricht jedoch die

[1] STAUDINGER: Die Zellstoff-Faser, Heft 11/12, 1936.

[2] Vgl. hierzu VALKÓ: Kolloidchemische Grundlagen der Textilveredlung, S. 16, 240f. Berlin 1937.

gute Übereinstimmung mit Molekulargewichten, die nach der Ultrazentrifugenmethode, nach der osmotischen Methode sowie nach der Endgruppenmethode erhalten worden sind. Es ist auch verschiedentlich versucht worden, sie theoretisch zu erklären. Zunächst hat STAUDINGER selbst eine Möglichkeit dafür angegeben, sie mit dem EINSTEINschen Viskositätsgesetz in Übereinstimmung zu bringen. Hiernach ist

$$\eta_{sp} = K \frac{N \cdot v}{V}.$$

In dieser Gleichung bedeutet η_{sp} die spezifische Viskosität ($\eta_r - 1$), v das Eigenvolumen der Teilchen, N die Zahl der Teilchen und V das Volumen der Lösung. Das Gesetz gilt unter der Voraussetzung, daß die Teilchen Kugelform haben und soweit voneinander entfernt sind, daß sie sich gegenseitig nicht beeinflussen können. Ferner hat das Gesetz nur im Gebiet normalen, laminaren Fließens Gültigkeit. STAUDINGER nimmt nun an, daß die Kettenmoleküle in Lösung unterhalb der Grenzkonzentration einen größeren Wirkungsbereich beanspruchen als dem Molekül selbst zukommt (HALLER) und zwar soll der Wirkungsbereich dem Volumen eines flachen Zylinders entsprechen, dessen Höhe gleich der Dicke und dessen Durchmesser gleich der Länge des Moleküls ist. Unter dieser Annahme läßt sich die STAUDINGERsche Beziehung aus dem EINSTEINschen Gesetz rechnerisch ableiten und das Volumen dieses Zylinders würde tatsächlich mit dem Quadrat der Moleküllänge wachsen, so daß das von einer Gewichtseinheit beanspruchte Volumen mit der Moleküllänge proportional steigen würde.

Auch Modellversuche an Stabsuspensionen von EIRICH und MARK[1] sowie von EIRICH, MARGARETHA und BUNZL[2] haben zu Überlegungen geführt, die der STAUDINGERschen Beziehung nicht widersprechen.

Schließlich hat KUHN[3] gezeigt, daß sich die STAUDINGERsche Regel und der Zusammenhang zwischen Viskosität und Molekülgröße als Folge der Viskositätsbeeinflussung der Lösung durch zu Rotationsellipsoiden verknäuelten, biegsamen Kettenmolekülen verstehen läßt. Dies würde allerdings in Widerspruch stehen zu der Auffassung von STAUDINGER, wonach die Kettenmoleküle starre Stäbe darstellen. KRATKY und MARK[4] halten es allerdings gleichfalls für sehr wahrscheinlich, daß den Kettenmolekülen eine gewisse Biegsamkeit zukommt, da die Bindungen zwischen den Glukoseresten dem Prinzip der freien Drehbarkeit gehorchen, die nur durch die seitliche Ausdehnung des Moleküls eine gewisse Hinderung erfährt. KRATKY und MARK sind der Ansicht, daß das Kettenmolekül eine schlangenartig gewundene Form besitzt.

---

[1] EIRICH u. MARK: Erg. exakt. Naturwiss. **15**, 1 (1936).
[2] EIRICH, MARGARETHA u. BUNZL: Kolloid-Z. **75**, 20 (1936).
[3] KUHN: Z. phys. Chem. A **161**, 1, 427 (1932); **175**, 1 (1936).
[4] KRATKY u. MARK: Papierfabr. **36**, 345 (1938).

In Tabelle 29 sollen einige osmotisch und viskosimetrisch ermittelte Polymerisationsgrade gegenübergestellt werden. Aus den

Tabelle 29. Vergleich der osmotisch und viskosimetrisch gefundenen Polymerisationsgrade verschiedener Zelluloseabkömmlinge. (Nach STAUDINGER[1].)

Zellulosetriazetate		Zellulosenitrate		Zelluloseäthyläther	
osmotisch	viskosimetrisch	osmotisch	viskosimetrisch	osmotisch	viskosimetrisch
79	83	180	195	85	92
125	130	210	190	185	190
145	140	300	270	200	210
170	160	460	460	205	230
280	290	580	670	240	245
370	390	650	690	275	270
780	825	1150	1200	—	—

Polymerisationsgraden ergibt sich das Molekulargewicht durch Multiplikation mit 162, dem Molekulargewicht des Glukoserestes.

Abschließend soll noch eine Zusammenstellung von Molekulargewichten von Zellulosepräparaten gegeben werden und zwar gleichfalls osmotisch und viskosimetrisch bestimmte (Tabelle 30).

Tabelle 30. Osmotisch und viskosimetrisch ermittelte Molekulargewichte von Zellulosepräparaten (Nach STAUDINGER.)

Zellulose	Molekulargewicht	
	osmotisch	viskosimetrisch
Linters, schwach gebleicht . .	443000	450000
Linters, stärker gebleicht . . .	176000	210000
Linters, stark gebleicht . . .	82000	82000
Viskosekunstseide	50000	59000

V. Der Aufbau der Faser.

Bei der optischen Untersuchung von Zellulosepräparaten hat v. NÄGELI[2] festgestellt, daß die Präparate Doppelbrechung zeigen, die auf eine besondere Bauweise zurückgeführt werden muß. Eingehende Betrachtungen in Verbindung mit Studien der Quellungserscheinungen führten ihn zu dem Schluß, daß die Moleküle der Zellulose zu länglichen, polyedrischen Kristalliten zusammengelagert seien.

Der kristallähnliche Bau der Zellulose ist mehrfach bestritten worden, bis AMBRONN[3] durch genaue Messungen der Brechungsindizes einen Zweifel an dem Vorhandensein einer gittermäßigen Ordnung der Moleküle im Mizell ausschloß. Die Untersuchungen wurden von

[1] STAUDINGER: Holz als Roh- und Werkstoff, Bd. 1, S. 262. 1938.
[2] NÄGELI, v.: Die Micellartheorie. Ostwalds Klassiker, Bd. 227. Leipzig 1928.
[3] AMBRONN: Kolloid-Z. 18, 90, 273 (1916).

WIENER[1] vertieft. Er hat den Nachweis dafür erbracht, daß die Doppelbrechung der Zellulose in der Hauptsache sog. „Stäbchendoppelbrechung" ist. Im Mizell müssen daher parallel zueinander angeordnete stäbchenförmige Bauelemente angenommen werden, wie dies Abb. 3 veranschaulicht. In dieser Abbildung ist schematisch gezeigt, wie stäbchenförmige Bauelemente regelmäßig und parallel zueinander in einem Einbettungsmittel liegen. Voraussetzung für das Auftreten der Doppelbrechung bei einem derartig gebauten Körper ist, daß die Stäbchen einen anderen Brechungsexponenten aufweisen als das Einbettungsmittel und daß die Abstände der Stäbchen klein sind im Vergleich zur Wellenlänge des Lichtes.

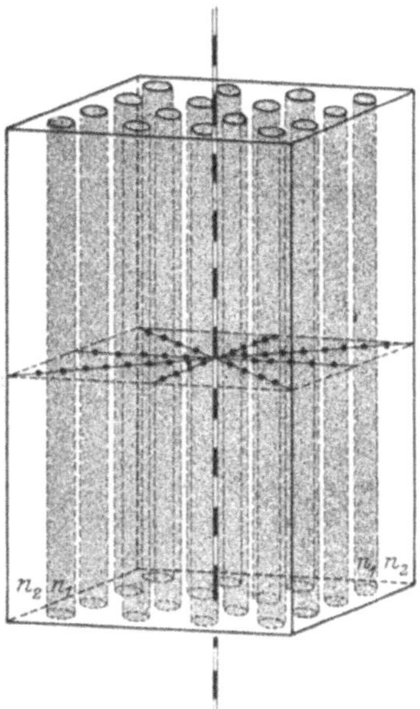

Abb. 3. Stäbchenmischkörper n_1 Brechungsindex der (isotropen) Stäbchen; n_2 Brechungsindex des Imbibitionsmittels. (Nach AMBRONN und FREY.)

Eine weitere Bestätigung der Kristallstruktur der Zellulose lieferte die Röntgenuntersuchung der Fasern: In einem Kristall liegen infolge der regelmäßigen, gitterförmigen Bauweise die Atome auf einzelnen Netzebenen. Wird ein Kristall mit parallelem Röntgenlicht bestrahlt, so tritt an den einzelnen Netzebenen eine teilweise Reflexion des Röntgenlichtes auf, da die Wellenlänge des Röntgenlichtes in der Größenordnung der Netzebenenabstände liegt (Abb. 4). Ist nun der Gangunterschied von zwei austretenden Strahlen, von denen der eine an der Netzebene I und der andere an der Netzebene II reflektiert wird, ein ganzes Vielfaches der Wellenlänge des Röntgenlichtes, so tritt eine gegenseitige Verstärkung des reflektierten Lichtes auf, die sich als Schwärzung auf einer photographischen Platte zu erkennen gibt. Derartige Kristallinterferenzen wurde bei der röntgenographischen Untersuchung von Zellulosefasern durch NISHIKAWA und ONO[2] sowie HERZOG und JANCKE[3] eindeutig gefunden, wodurch die Beweiskette für die Kristallstruktur der Zellulosefasern geschlossen wurde.

Die Reflexion an den Netzebenen eines Kristallgitters tritt aber nur dann auf, wenn die BRAGGsche Beziehung

$$2d \sin\frac{\vartheta}{2} = n\lambda$$

---

[1] WIENER, bei AMBRONN-FREY: Das Polarisationsmikroskop. Leipzig 1926.
[2] NISHIKAWA u. ONO, bei HERZOG u. JANCKE: Z. phys. Chem. A **139**, 235 (1928).
[3] HERZOG u. JANCKE: B. **53**, 2162 (1920).

erfüllt ist. In dieser Gleichung bedeutet d den Abstand zweier benachbarter Netzebenen, ϑ den Winkel zwischen dem einfallenden und dem abgebeugten Röntgenstrahl, n die Ordnung der Reflexion und λ die Wellenlänge des einfallenden Röntgenlichtes. Die Röntgenanalyse erlaubt daher auch eine Aussage über die Abstände der Atome voneinander: Da die Wellenlänge des jeweils verwendeten Röntgenlichtes bekannt ist, können die Abstände der Netzebenen und somit der Atome aus den Abständen der Interferenzen berechnet werden.

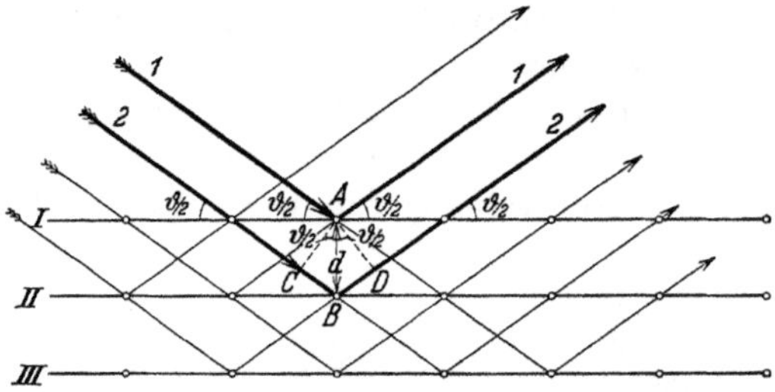

Abb. 4. Reflexion des Röntgenlichtes an einem Kristallgitter *I*, *II*, *III* Netzebenen; *d* Netzebenenabstand; 1, 2 interferierende Röntgenstrahlen; $\vartheta/_2$ Reflexions- oder Glanzwinkel (halber Ablenkungswinkel). (Nach BRAGG.)

Ein Kristall baut sich aus kleinen, regelmäßig gebauten Einheiten auf. Die kleinste, regelmäßig gebaute Einheit, aus der man durch paralleles Verschieben in den drei Richtungen des Raumes den ganzen Kristall erhält, nennt man den „Elementarkörper" des Kristalls. Er besitzt also die gleichen Symmetrieverhältnisse wie der ganze Kristall. Der Elementarkörper stellt ein Parallelepiped dar, das durch seine drei Kantenlängen, die man mit „Identitätsperioden" bezeichnet, sowie durch den Winkel, den die Kanten miteinander bilden, definiert ist. Die Kantenlängen des Elementarkörpers entsprechen den kristallographischen Achsen. Auf Grund der von POLANYI gefundenen Schichtlinienbeziehung kann die Identitätsperiode aus Röntgendiagrammen berechnet werden. Bei der genauen Betrachtung der Lage der Interferenzpunkte eines Faserröntgenogramms stellt man fest, daß alle Punktpaare auf Hyperbeln liegen[1], die symmetrisch zum Äquator des Röntgenogramms angeordnet sind (Abb. 5)[2]. Diese Hyperbeln wurden

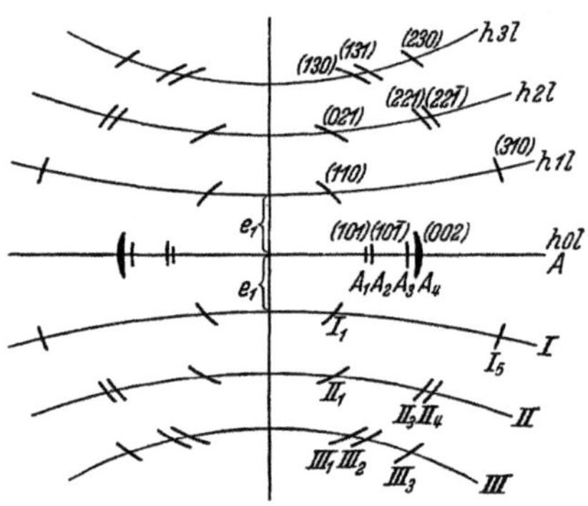

Abb. 5. Schema des Zellulosefaserdiagramms. *I*, *II*, *III* Schichtlinien ($h1l$), ($h2l$), ($h3l$); A Äquator ($h0l$); e_1 Schichtlinienabstand der 1. Schichtlinie. Die wichtigsten Interferenzpunkte sind oberhalb des Äquators mit ihren MILLERschen Indizes vermerkt, unterhalb nach der Bezeichnungsweise von R. O. HERZOG. (Nach FREY-WYSSLING.)

[1] Bei ebenem Röntgenfilm; bei zylindrisch angeordnetem Film liegen die Punkte auf Geraden.

[2] Vgl. hierzu FREY-WYSSLING: Die Stoffausscheidung der höheren Pflanzen, S. 19. Berlin 1935.

von POLANYI als Schichtlinien bezeichnet. Wenn der einfallende Röntgenstrahl mit der Faserachse einen rechten Winkel bildet, so besteht folgende Beziehung:

$$I = \frac{n\,\lambda}{\sin \mu_n}.$$

In dieser Gleichung bedeutet I die Identitätsperiode in Richtung der Faserachse, n die Ordnung der Schichtlinien, λ die Wellenlänge des Röntgenlichtes und μ_n den Öffnungswinkel der n-ten Schichtlinie.

Die Winkel des Elementarkörpers sind ebenfalls durch die Auswertung von Röntgenogrammen nach WEISSENBERG[1] zu bestimmen.

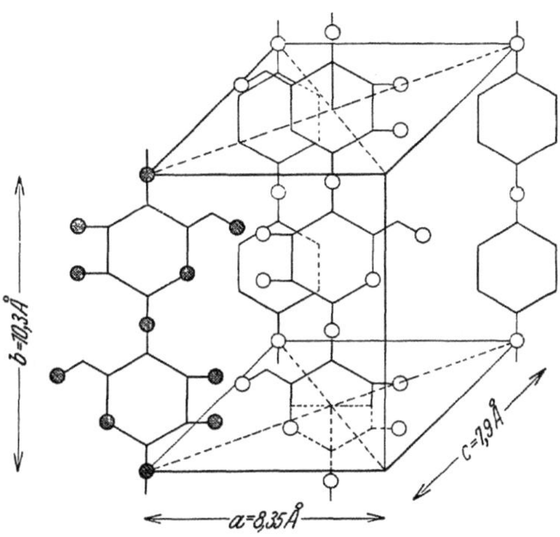

Abb. 6. Elementarkörper des Zellulosekristalls. (Nach MEYER und MARK.)

Auf Grund dieser Zusammenhänge wurde von MEYER und MARK[2] der Elementarkörper der Zellulose berechnet. Hierbei ergab sich überraschenderweise, daß die Identitätsperiode in Richtung der Faserachse genau der Länge eines Zellobioserestes entspricht. Der Elementarkörper der Zellulose hat folgende Abmessungen:

$$a = 8{,}35\ \text{Å}$$
$$b = 10{,}3\ \text{Å}$$
$$c = 7{,}9\ \text{Å}.$$

Die b-Achse entspricht der Achse des Zellobioserestes, stellt also die Faserachse dar. Die b-Kante steht senkrecht auf der Grundfläche des Parallelepipeds, der Winkel zwischen a und c ist ein wenig kleiner als 90°.

In Abb. 6 ist der Elementarkörper der Zellulose wiedergegeben. Die eine senkrechte Kante des Parallelepipeds ist mit einem Zellobioserest besetzt. Der zweite Zellobioserest befindet sich auf der Verbindungslinie der Schnittpunkte der Diagonalen der unteren und oberen Fläche des Parallelepipeds. Dieser Zellobioserest ist in seiner Höhe zum ersteren um den Betrag eines halben Glukoserestes verschoben. Abb. 7 zeigt den Elementarkörper in der Aufsicht. Der Kristallit wird nun durch Parallelverschiebung dieses Elementarkörpers nach den drei Richtungen des Raumes erhalten.

[1] WEISSENBERG: Ann. Physik **69**, 409 (1922); Z. Krist. **61**, 58 (1925).
[2] MEYER u. MARK: Z. phys. Chem. B. **2**, 115 (1929).

Es soll bemerkt werden, daß SAUTER[1] bei neueren Untersuchungen etwas andere Abmessungen des Elementarkörpers fand, nämlich

$$a = 10{,}8\ \text{Å}$$
$$b = 10{,}4\ \text{Å}$$
$$c = 11{,}8\ \text{Å}.$$

Der Winkel zwischen a und c soll nach SAUTER 85° betragen.

Diese Befunde sagen aus, daß in der Zellulose die Moleküle in einer gittermäßigen Ordnung zueinander stehen, sie sind in bestimmten Abständen parallel zueinander angeordnet.

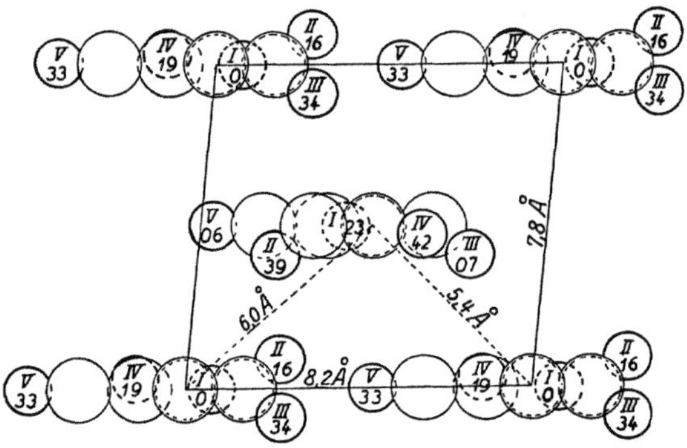

Abb. 7. Lage der Glukosereste im Gitter der nativen Zellulose. Ebene Projektion auf die a, c-Ebene (senkrecht zur Faserachse). Die römischen Ziffern bezeichnen die Sauerstoffatome. (Nach ANDRESS.)

Es soll eingeschaltet werden, daß man früher angenommen hat, die Größe des Elementarkörpers sei mit der Molekülgröße identisch. Hierauf ist es zurückzuführen, daß man eine Zeit hindurch das Molekulargewicht mit $(C_6H_{10}O_5)_4$ angegeben hat. Diese Ansicht wurde jedoch von STAUDINGER[2] widerlegt.

Die Verfeinerung der Röntgentechnik hat weiter zu der Erkenntnis geführt, daß die gittermäßige Ordnung der Moleküle nicht homogen die Faser in ihrer ganzen Länge und Breite erfüllt, sondern daß sowohl in der Längsrichtung als auch in der Breite Unterbrechungen vorhanden sind, mit anderen Worten die Bereiche mit gittermäßiger Ordnung begrenzt sind, und daß sich in der Faser gleichartige gittermäßig geordnete Bereiche über- und nebeneinanderlagern. Die geordneten Bereiche müssen den mit Mizellen oder Kristalliten bezeichneten Gebilden gleichgesetzt werden. Man hat auch den Versuch gemacht, die Abmessungen der geordneten Bereiche zu ermitteln. Die Bestimmungsmethode beruht darauf, daß die Röntgeninterferenzen sich mit abnehmender Kristallitgröße verbreitern. Die Linienbreite wird durch ihre Halbwertsbreite gemessen[3]. Hierunter versteht man die Breite einer Interferenz an der Stelle, an der ihre Intensität die Hälfte der Maximalintensität beträgt. Für die Berechnung der Kristallitgröße sind Gleichungen von SCHERRER sowie von

[1] SAUTER: Z. phys. Chem. B. **35**, 83 (1937).

[2] STAUDINGER: Helv. chim. Acta **8**, 41 (1925).

[3] Vgl. hierzu V. SUSICH: Kolloidchem. Taschenbuch. Leipzig 1935.

LAUE angegeben worden. Über die Größe der Kristallite herrscht jedoch noch keine Klarheit. Es deuten einige Meßergebnisse darauf hin, daß die Kristallitgröße etwa

$$500 \cdot 40 \cdot 40 \text{ Å}$$

beträgt. Dies besagt, daß ein geordneter Bereich ein Bündel von 40 bis 60 Makromolekülen umfaßt.

Besonders in bezug auf die Länge der Kristallite gehen die Ansichten noch sehr auseinander, wie Tabelle 31 zeigt.

Überblicken wir noch einmal die bisher geschilderten Verhältnisse, so können wir sagen, daß die Faser aus einzelnen geordneten Bereichen aufgebaut ist, die wieder aus einem Bündel parallel in bestimmten Abständen zueinander angeordneten Zellulosehauptvalenzketten bestehen.

Tabelle 31. Länge der Kristallite (zusammengestellt von VALKÓ)[1].

Material	Autor	Länge in Å
Baumwolle	FREY-WYSSLING	750
Ramie	HENGSTENBERG u. MARK	600
„	HESS, TROGUS, AKIM, SAKURADA	über 1000
„	K. H. MEYER	1500
Viskosekunstseide	HENGSTENBERG u. MARK	305
Sulfitzellstoff	CARPENTER	über 600

Unbeantwortet bleibt hiermit noch die Frage nach der Größe und Beschaffenheit der zwischen den geordneten Bereichen liegenden Räume, die man auch mit intermizellaren Räumen bezeichnet. Daß zwischen ihnen Räume vorhanden sind, gibt sich dadurch zu erkennen, daß Unterschiede zwischen dem wirklichen und dem scheinbaren spezifischen Gewicht der Faser bestehen[2]. Das wirkliche spezifische Gewicht ist gleich dem Volumen der Summe aller Begrenzungsflächen eines Faserbündels (mittlere Querschnittsfläche × Länge)[4]; das scheinbare spezifische Gewicht einer Faser kann nach dem pyknometrischen Prinzip ermittelt werden[5]. Als Imbibitionsmittel wird hierbei Helium verwendet, von dem man annehmen kann, daß es alle Poren der Fasern durchdringt. Für Baumwolle wurden die in Tabelle 32 wiedergegebenen spezifischen Gewichte gefunden.

Tabelle 32. Wirkliches und scheinbares spezifisches Gewicht von Baumwolle. (Nach BALLS[3].)

Wirkliches spezifisches Gewicht . . .	1,55
Scheinbares spezifisches Gewicht . . .	1,27

[1] VALKÓ: Kolloidchem. Grundlagen der Textilveredlung, S. 46f.
[2] Vgl. hierzu FREY-WYSSLING: Stoffausscheidung, S. 70f.
[3] BALLS: Studies in Quality of Cotton 1928, p. 71.
[4] CLEGG u. HARLAND: Journ. Text. Inst. Manchr. **14**, 489 (1923).
[5] DAVIDSON: Journ. Text. Inst. Manchr. **18**, 175 (1927). — Vgl. hierzu FREY-WYSSLING: Stoffausscheidung, S. 70.

Hieraus muß man schließen, daß die Zellwand der Baumwolle zu 20% aus gaserfüllten Räumen besteht. Man kann hierbei die Annahme machen, daß diese gaserfüllten Räume mit den intermizellaren Räumen identisch sind.

Für die Messung der Größe der intermizellaren Räume wurde die von AMBRONN[1] gemachte Entdeckung herangezogen, wonach in der Faser Metallsalzlösungen reduziert und als Metall niedergeschlagen werden können. So erhält man z. B. bei der Behandlung von Fasern mit Lösungen von Goldchlorid oder Silbernitrat charakteristische Färbungen durch das reduzierte Metall. Wie BECKMANN, BÖHM und ZOCHER[2] durch röntgenographische Untersuchungen feststellten, ergeben auf diese

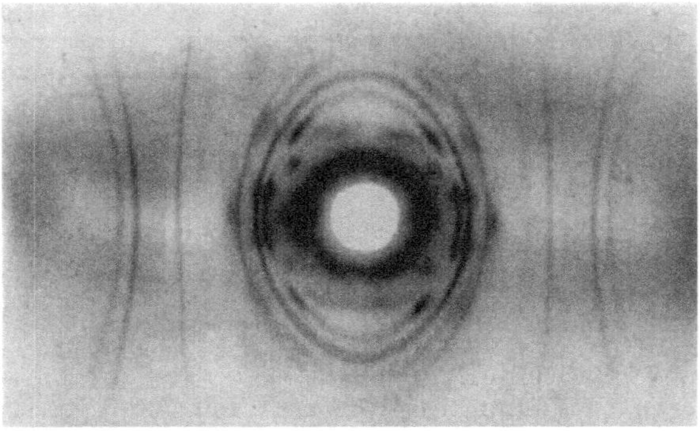

Abb. 8. Röntgendiagramm der Silberfärbung von Ramiefasern. (Nach BECKMANN, BÖHM und ZOCHER.)

Weise gefärbte Fasern ein Röntgenbild, in dem die Interferenzen der Faser unverändert wiederkehren, sie sind jedoch überlagert durch ein zweites Diagramm des kristallinen Metalls (Abb. 8). Hieraus muß gefolgert werden, daß die Metallsalzlösung nicht in die geordneten Gitterbereiche selbst vorgedrungen ist, sondern daß sich das Metall in kristalliner Form, aber ungeordnet, zwischen den geordneten Faserbereichen abgelagert hat, wie dies Abb. 9 schematisch zeigt. Die Größe der Metallkristallite, die man als mit der Größe der zwischen den geordneten Bereichen liegenden Räume gleich ansehen kann, ist nun aus den Abständen der Interferenzen des Metalldiagramms zu berechnen. Die Kantenlänge der Metallkristallite wurde von einer Größenordnung von 10^{-6} cm gefunden[3]. Bei einer Bastfaser, bei der der Durchmesser des ungestörten Bereiches zu $5 \cdot 10^{-7}$ cm berechnet wurde, sind die intermizellaren Räume demnach etwa doppelt so groß wie die geordneten Bereiche selbst.

[1] AMBRONN: Ber. Sächs. Ges. Wiss. 48, 613 (1896).
[2] BECKMANN, BÖHM u. ZOCHER: Z. phys. Chem. 124, 83 (1926).
[3] Vgl. FREY-WYSSLING: Stoffausscheidung S. 67.

Auf Grund dieser Vorstellungen ist zunächst von MEYER und MARK[1] ein Modell einer Zellulosefaser vorgeschlagen worden, das in Abb. 10 wiedergegeben ist. Hiernach hätten wir uns die Faser wie aus einzelnen Backsteinen zusammengebaut vorzustellen. Die Backsteine stellen scharf begrenzte Kristallite dar, die durch Bündel parallel zueinander gelagerter Zellulosehauptvalenzketten gleicher Länge gebildet sind. Die Richtung der Zellulosehauptvalenzketten entspricht der Richtung der länglichen Kristallite. Innerhalb der Kristallite werden die Hauptvalenzketten durch VAN DER WAALSsche Molekularkräfte zusammengehalten. Dieselben Kräfte werden für den Zusammenhalt der einzelnen Kristallite untereinander verantwortlich gemacht.

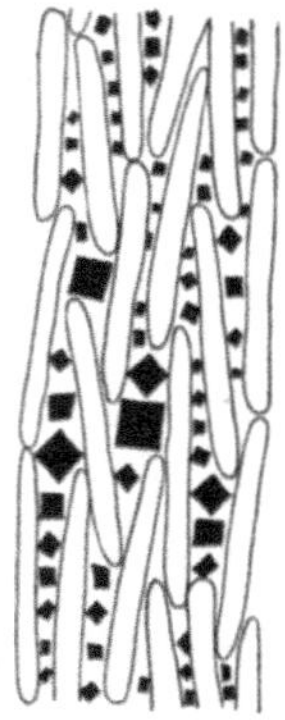

Abb. 9. Schematische Darstellung der Silbereinlagerung in eine Zellulosefaser (Nach FREY-WYSSLING).

Dieses Modell vom Bau der Faser kann jedoch einer kritischen Betrachtung nicht standhalten[2]: Zunächst ist nicht einzusehen, warum die VAN DER WAALSschen Kräfte einmal zur Ausbildung scharf begrenzter Kristallite führen und ein anderes Mal diese Kristallite zu höheren Einheiten verbinden sollen[3]. Alsdann hat sich bei der genauen Auswertung von Röntgendiagrammen gezeigt, daß die Interferenzen nicht einer bestimmten Periodizität entsprechen. Die Kristallite müssen demnach alle verschieden lang und dick sein. Ferner hat sich gezeigt, daß nach chemischen Umwandlungen der Zellulose die Kristallite willkürlich andere Größen angenommen haben. So hat z. B. CARPENTER[4] gefunden, daß die Kristallite eines Sulfitzellstoffes wesentlich schmaler sind und daß ihre Oberfläche wesentlich größer ist als bei einer aus diesem Zellstoff hergestellten Viskosekunstseide. Ein solches Verhalten ist aber bei der Ausbildung so wohldefinierter Kristallite, wie sie das Modell von MEYER und MARK zeigen, nicht zu verstehen. Die Befunde von CARPENTER machen auch weiter die v. NÄGELIsche Vorstellung unmöglich[5], wonach die Kristallite unverändert in Lösung gehen sollen. Ferner sind keine wohldefinierten Kristallite denkbar, wenn die Zelluloseketten alle ungleich lang sind, wie dies von STAUDINGER bewiesen wurde. Gegen die Ausbildung wohldefinierter Kristallite spricht

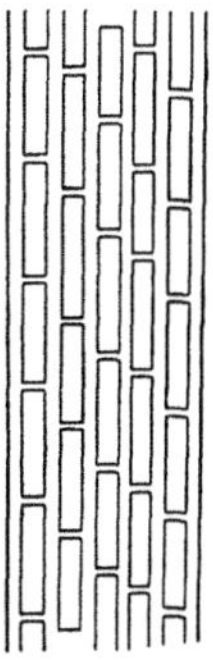

Abb. 10. Fasermodell nach MEYER und MARK.

[1] MEYER, K. H.: Kolloid-Z. **53**, 13 (1930).

[2] Vgl. hierzu H. STAUDINGER, M. STAUDINGER u. SAUTER: Melliand Textilber. **1937**, Heft 11.

[3] FREY, vgl. hierzu FREY-WYSSLING: Der Aufbau der pflanzlichen Zellwände. Protoplasma (Berl.) **25**, 261 (1936).

[4] CARPENTER: Cellulose-Chem. **16**, 65 (1934).

[5] Vgl. hierzu auch HERZOG u. KRÜGER: Z. phys. Chem. **30**, 466 (1926).

schließlich noch der Befund von STAUDINGER, wonach die Zelluloseketten wesentlich länger sind als die für die Kristallite gefundenen Größen. Von allen diesen Gründen abgesehen, wäre aber aus dem MEYER-MARKschen Modell der ganze Zusammenhang einer Faser, besonders in gequollenem Zustand, nicht zu verstehen[1]. In diesem Zusammenhange wird von FREY-WYSSLING darauf hingewiesen, daß die Festigkeit einer Faser nur noch von Stahl übertroffen wird, wie dies Tabelle 33 erkennen läßt.

Um diese Widersprüche zu überbrücken, wurde von HESS das Vorhandensein einer besonderen „Kittsubstanz" zwischen den Kristalliten angenommen.

Diesen Unstimmigkeiten Rechnung tragend, hat man eine andere Vorstellung vom Bau der Zellulosefaser entwickelt, sie ist in Abb. 11 schematisch wiedergegeben[2]. Hiernach haben wir uns die Faser aus einzelnen Zellulosehauptvalenzketten aufgebaut zu denken, die parallel zueinander liegen. Die Ketten sind aber nicht alle gleich lang und führen somit auch nicht zur Ausbildung scharf begrenzter Kristallite, es entstehen auf diese Weise in der Faser nur Bezirke mit gittermäßiger Ordnung, deren Umgrenzung in der Abbildung durch gestrichelte Linien kenntlich gemacht ist. Eine Reihe von Hauptvalenzketten greift nach dieser Vorstellung von einem geordneten Bereich in den anderen über und bewirkt so den Zusammenhalt der ganzen Faser. Für diese Anordnung der Kettenmoleküle wurde von STAUDINGER und SIGNER der Begriff „Makromolekülgitter" geprägt. Es ist dadurch gekennzeichnet, daß die das Gitter bildenden Kettenmoleküle ungleiche Länge besitzen. Die geordneten Gitterbereiche sind hiernach also keine individuellen Kristallite oder Mizelle mehr.

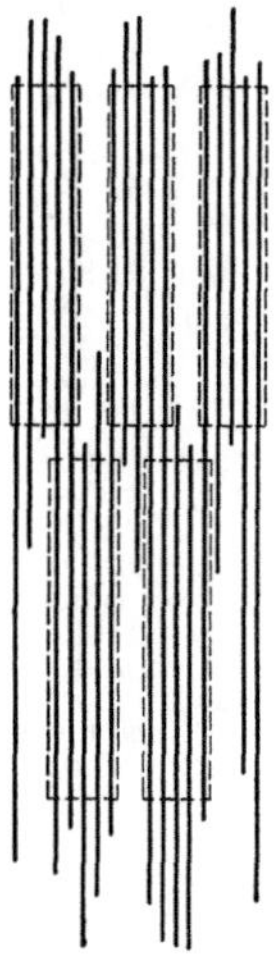

Abb. 11. Fasermodell nach FREY-WYSSLING.

Tabelle 33. Reißfestigkeit nativer Zellulosefasern, verglichen mit anderen technischen Materialien. (Aus FREY-WYSSLING, Stoffausscheidung, S. 9.)

Material	Festigkeit in kg/mm²
Federstahl, gehärtet	150—170
Flachs	bis 110
Ramie	bis 78
Kokosfasern	30
Holz (je mm² Wandsubstanz)	23—28,5
Flußeisen	20—40
Holz (je mm² Gesamtquerschnitt)	8—14

[1] So hat z. B. HERMANS gefunden, daß ein ohne jegliche Streckung gesponnener Kunstseidenfaden mit einem Quellungsgrad von 1200% noch eine außerordentlich hohe Festigkeit aufwies und bis zu 100% dehnbar war.

[2] FREY-WYSSLING: Protoplasma (Berl.) **25**, 261 (1936); **26**, 45 (1936); **27**, 372, 563 (1937). — Vgl. hierzu auch STAUDINGER u. SIGNER: Z. Krist. **70**, 193 (1929).

Dieses Bild vom Faseraufbau ist von SAUTER[1] verfeinert worden. Nach seiner Ansicht, die auch von FREY-WYSSLING und in ähnlicher Weise von ASTBURY[2] sowie KRATKY[3] (Abb. 12) vertreten wird, werden die früher als intermizellaren Räume bezeichneten Bereiche durch ultrakristalline Strukturen erfüllt. Wir haben uns hierunter eine Struktur vorzustellen, die durch mehr oder weniger regellos liegende einzelne Zelluloseketten gebildet wird, es entstehen so in der Faser Bereiche, in denen das Gitter gestört ist. Diese Vorstellung macht die Annahme einer besonderen amorphen Kittsubstanz zwischen den geordneten Bereichen überflüssig. Die Kittsubstanz ist demach lediglich als eine „Fehlstelle" der gittermäßigen

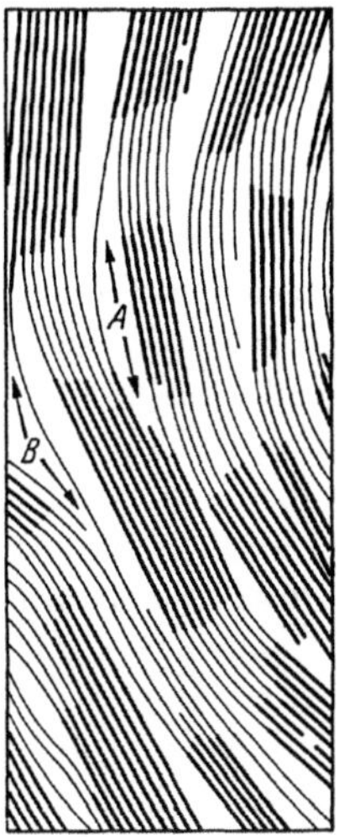

Abb. 12. Fasermodell nach KRATKY. Die stark ausgezogenen, parallel liegenden Kettenteile sind gittermäßig geordnet. Daneben sind nicht genau geordnete Ketten zu erkennen, sowie ausgebildete Hohlräume (*A*, *B*).

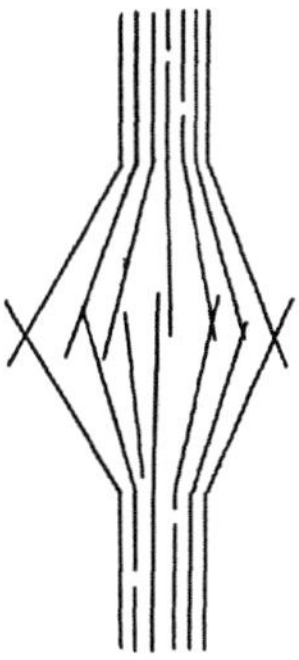

Abb. 13. Verhakung von Kettenbüscheln benachbarter geordneter Bereiche. (Nach HERMANS.)

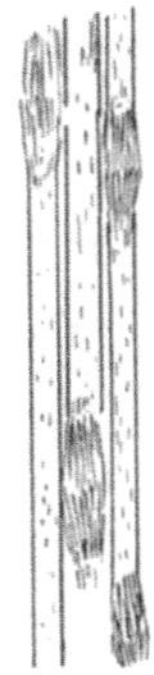

Abb. 14. Fasermodell nach HERMANS.

Ordnung aufzufassen. GERNGROSS[4] sowie auch THIESSEN[5] sind der Ansicht, daß aus den geordneten Gitterbereichen die Zellulosehauptvalenzketten büschelartig herausragen („Fransenmizelle") und daß diese mit den Büscheln benachbarter geordneter Bereiche in irgendeiner Weise verhakt sind (Abb. 13), wodurch der Zusammenhalt der Faser bewirkt wird. Dieser Ansicht schließt sich auch HERMANS[6] an, der uns insbesondere über die Art der Verhakung nähere Vorstellungen vermittelt hat. Nach ihm streben die Kettenenden der Büschel, durch dazwischen liegende kürzere Ketten verursacht, auseinander. Die Enden

[1] SAUTER: Z. phys. Chem. B. **35**, 177, 125 (1937).
[2] ASTBURY: Trans. Faraday Soc. **232** (1932).
[3] BREUER, KRATKY u. SAITO: Kolloid-Z. **80**, 144 (1937).
[4] GERNGROSS, HERRMANN u. ABITZ: Z. phys. Chem. (B) **10**, 371 (1930). — Kolloid-Z. **60**, 276 (1932).
[5] THIESSEN: Angew. Chem. **51**, 170 (1938).
[6] HERMANS: Kolloid-Z. **83**, 76 (1938).

der die Büschel bildenden Ketten sind miteinander scharnierartig verhakt. Es spricht nichts gegen die Annahme, daß auch an den Längsflächen der geordneten Bereiche Zellulosehauptvalenzketten aus den geordneten Bereichen herausragen und hierdurch den Zusammenhalt nebeneinander liegender geordneter Gitterbereiche herbeiführen. Abb. 14 zeigt das hierdurch zustande kommende Bild des Faseraufbaues schematisch. Wir kommen hierdurch für den Faseraufbau zu einer Art Netzstruktur[1]. Das Netz ist aus Ketten zusammengeknüpft, deren Glieder aus geordneten Gitterbereichen bestehen, die durch Fransenbüschel miteinander verbunden sind. Diese Verknüpfungsstellen sind beweglich, wodurch die sich bei der Deformation der Fasern abspielenden Vorgänge verständlich werden. In diesem Zusammenhange hat FREY-WYSSLING darauf hingewiesen, daß uns die Natur auch makroskopisch Beispiele für derartige Netzstrukturen gegeben hat. In Abb. 15 ist als Beispiel die Anordnung der Milchröhren im Phloëm der Hevea, einer Euphorbiaceengattung, wiedergegeben. Das Bild läßt die Netzstruktur, auch Retikularstruktur genannt, deutlich erkennen.

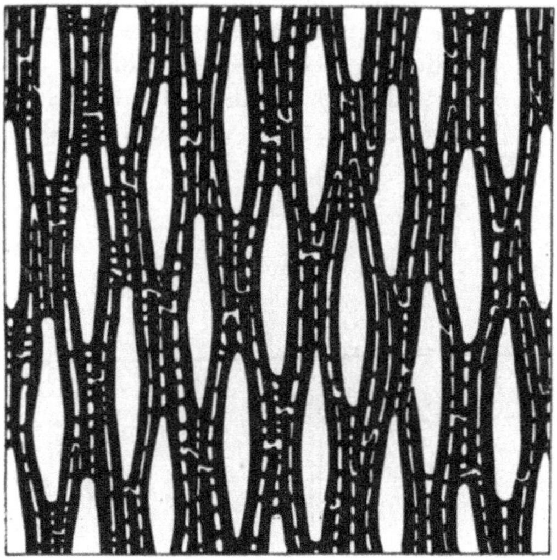

Abb. 15. Anordnung der Milchröhren im Phloëm der Hevea. (Nach FREY-WYSSLING.)

Bei der Untersuchung von Gebilden aus Zellulose können drei Arten von Röntgendiagrammen erhalten werden, die sich durch die Form der Interferenzen unterscheiden. So können die Interferenzen als Kreise, Punkte oder Sicheln in die Erscheinung treten. Diese Unterschiede sind dadurch bedingt, daß die geordneten Gitterbereiche auf verschiedene Weise in der Faser angeordnet sein können. Ein Kreisdiagramm (Abb. 16) deutet darauf hin, daß die geordneten Gitterbereiche vollkommen regellos in dem untersuchten Objekt liegen. Es soll bemerkt werden, daß ein solches Diagramm normalerweise bei Fasern nicht erhalten wird. Bei der Untersuchung von Ramie und Kunstfasern wird ein Punktdiagramm (Abb. 17) erhalten. Diese Erscheinungsform der Interferenzen ist der Beweis dafür, daß die geordneten Bereiche hauptsächlich in der Richtung der Faserachse angeordnet sind, sie durchziehen also die Faser

[1] KRATKY: Kolloid-Z. 70, 14 (1935).

in der Längsrichtung, wie dies die Abb. 14 für den Idealfall zeigt. Diese Art Diagramm ist für Fasern die charakteristischste, man bezeichnet daher ein solches Diagramm auch als Faserdiagramm. Die Untersuchung der Baumwolle liefert demgegenüber ein Sicheldiagramm (Abb. 18). Dies besagt, daß die geordneten Gitterbereiche in der Faser auf einer Schraubenlinie angeordnet sind. Die Anordnung der geordneten Gitterbereiche nennt man die Orientierung der Faser. Die Parallelorientierung der Ramie sowie die schraubenförmige Orientierung der Baumwolle sollen durch die Abb. 19 und 20 näher erläutert werden. Diese Bilder wurden von HESS und SCHULTZE[1] dadurch erhalten, daß die Fasern vorsichtig anazetyliert wurden. Im Polarisationsmikroskop treten dann die charakteristischen Strukturen auf. Man sieht bei dem Bild der Baumwolle, daß die geordneten Bereiche in gegenläufigen Schraubenlinien angeordnet sind.

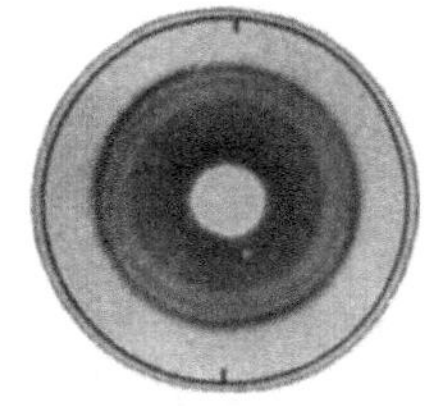
Abb. 16. Kreisdiagramm.

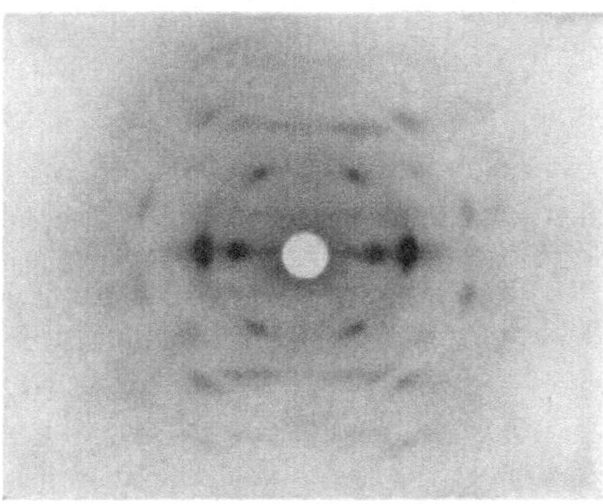
Abb. 17. Punktdiagramm.

Diese eigenartigen Strukturen sind der Grund für die auffallenden Anisotropieerscheinungen der Fasern. Hierunter ist zu verstehen, daß die physikalischen Eigenschaften der Fasern in den verschiedenen Richtungen ungleich sind. Gibt man also irgendeinen Zahlenwert für die Größe einer Eigenschaft der Faser an, so muß man gleichzeitig einen Richtungssinn hierfür angeben. Derartige Eigenschaften nennt man vektorielle Eigenschaften. Eine vektorielle Eigenschaft der Zellulose ist unter anderem ihre Quellung. Läßt man z. B. eine Flachsfaser in Wasser quellen, so beträgt beim Quellungsmaximum die Breitenzunahme 20%, während die Längenzunahme nur 0,1% beträgt[2]. Die Reißfestigkeit einer Faser beträgt in der Querrichtung nur ein Zehntel von der Reißfestigkeit in der Längsrichtung[3]. Der Brechungsindex einer Zellulosefaser beträgt in der Längsrichtung 1,596, in der Querrichtung 1,525[3].

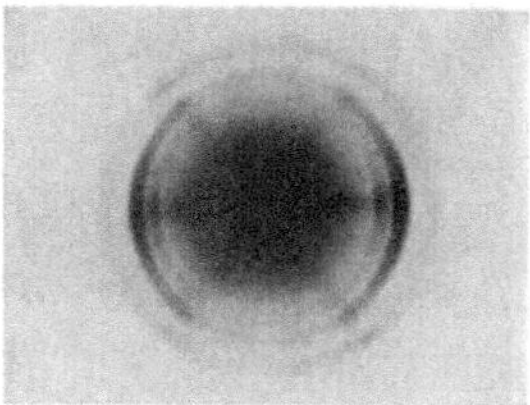
Abb. 18. Sicheldiagramm.

---

[1] HESS u. SCHULTZE, in HESS: Die Chemie der Zellulose. Leipzig 1928. S. 11, 398.
[2] HÖHNEL, V.: Die Mikroskopie der technisch verwendeten Faserstoffe, 2. Aufl., S. 21—23. 1905.
[3] FREY-WYSSLING: Stoffausscheidung, S. 9.

Auch die Lichtabsorption der Zellulosefasern ist in den beiden Richtungen verschieden. Färbt man z. B. die Faser mit Chlorzinkjod und beobachtet das Präparat in linearpolarisiertem Licht, das parallel zur Faserachse schwingt, so wird es fast gänzlich absorbiert und die Faser erscheint tiefschwarz. Senkrecht zur Faserachse dagegen läßt die Faser das Licht ungehindert hindurchtreten, wodurch die Faser farblos erscheint (Abb. 21)[1]. Man nennt diese Erscheinung der verschiedenen Lichtabsorption Dichroismus. Diese Anisotropie der Fasern ist also eine direkte Folge der verschiedenartigen Orientierung der geordneten Gitterbereiche in der Faser. Sie ist sowohl technisch als auch wissenschaftlich von Bedeutung.

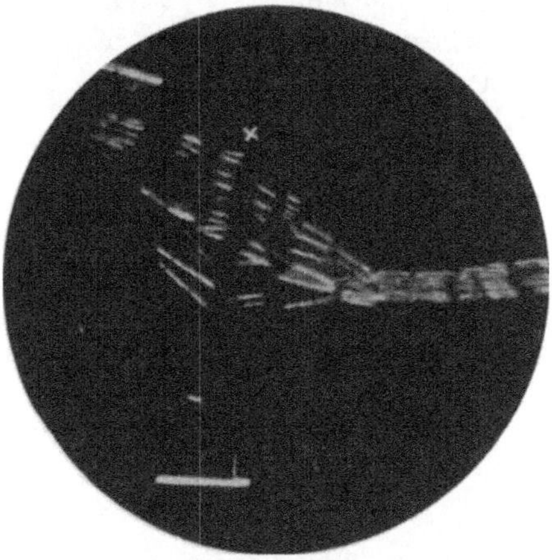

Abb. 19. Anazetylierte Ramiefaser unter dem Polarisationsmikroskop. (Nach HESS und SCHULTZE.)

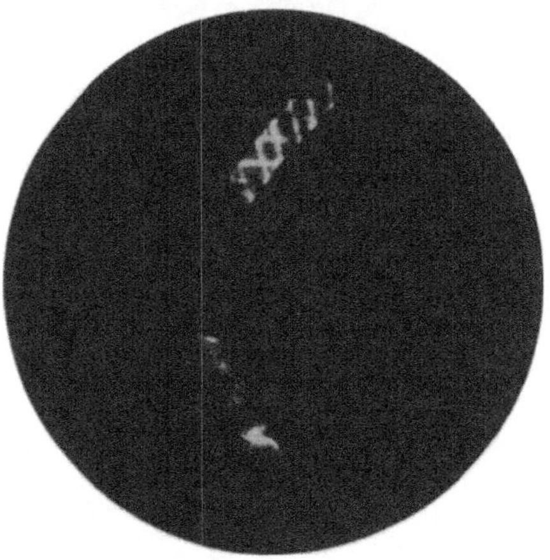

Abb. 20. Anazetylierte Baumwollfaser unter dem Polarisationsmikroskop. (Nach HESS und SCHULTZE.)

Für die weitergehende Aufklärung des Feinbaues einer Kunstfaser sind Untersuchungen an isotropen Zellulosefilmen von Bedeutung. Hierbei ist von Interesse, wie in einem solchen Film unmittelbar benachbarte geordnete Bereiche zueinander liegen, mit anderen Worten wie die Lage der Teilchen in einem „kleinen Bereich" ist, für dessen Untersuchung sowohl die Röntgenographie als auch das Studium der Doppelbrechung ausscheiden müssen, da der durchstrahlte bzw. im Gesichtsfeld befindliche Bereich viel zu groß ist. Über das Bauprinzip eines Filmes sind insbesondere von KRATKY[2] eingehende Studien gemacht worden. Man kann bei einem Film annehmen, daß in einem kleinen Bereich die geordneten Gitterstellen vollkommen regellos liegen. Zu dieser Ansicht verleiten die röntgenographischen Befunde. Man kann aber auch annehmen, daß in einem

[1] Aus FREY-WYSSLING: Stoffausscheidung, S. 41.
[2] KRATKY: Kolloid-Z. **64**, 213 (1933); **68**, 347 (1934); **70**, 14 (1935).

kleinen Bereich doch eine Ordnung vorliegt. Möglichkeiten hierfür sind nach KRATKY die folgenden:

I. Verwackelte Parallelität. Hierunter ist eine mehr oder weniger gute Parallellage benachbarter geordneter Bereiche zu verstehen. Das Fehlen der Orientierung in einem durch strahlten Teil kommt dann dadurch zustande, daß sich beim Fortschreiten von einem geordneten Bereich zum nächsten die kleinen gegenseitigen Verwerfungen addieren.

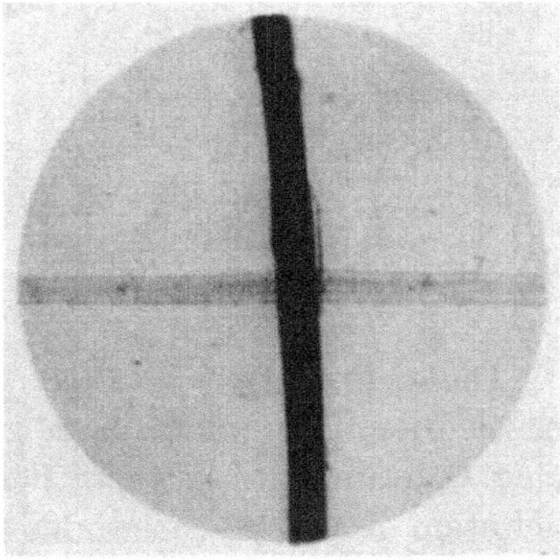

Abb. 21. Dichroismus einer mit Chlorzinkjod gefärbten Ramiefaser. ↕ Schwingungsebene des Polarisators. (Nach FREY-WYSSLING.)

II. Bündelung. Hierunter ist eine annähernde Parallellage benachbarter geordneter Bereiche zu verstehen, die zu einzelnen Bündeln zusammengefaßt sind.

Zwischen den beiden Möglichkeiten als Grundtypen gibt es nun alle möglichen Übergänge, so z. B. in sich geordnete Bündel, die wieder regellos liegen oder die wieder eine mehr oder weniger gute Ordnung in kleinen Bereichen ergeben. Die Abb. 22 und 23 veranschaulichen die Möglichkeiten für eine solche Ordnung in kleinen Bereichen. KRATKY kommt auf Grund von Beobachtungen und Untersuchungen zu dem Schluß, daß im Film tatsächlich eine Ordnung in kleinen Bereichen vorliegen muß. Hierfür spricht zunächst das Verhältnis von Stäbchen- und Eigendoppelbrechung. Da beim Dehnen eines Films erfahrungsgemäß eine Orientierung der geordneten Gitterbereiche in die Dehnungsrichtung erfolgt, muß beim Fehlen einer jeglichen Ordnung der Quotient aus Eigen- und Stäbchendoppelbrechung mit steigender Dehnung zunehmen, während bei den unter I und II aufgezeigten Möglichkeiten eine weitgehende Konstanz der Quotienten zu erwarten ist[1]. KRATKY fand bei der Untersuchung der Brechungsverhältnisse einer Nitrozellulosefolie die in Tabelle 34 wiedergegebenen Verhältnisse.

Abb. 22. Verwackelte Parallelität. (Nach KRATKY.)

Abb. 23. Bündelung. (Nach KRATKY.)

[1] Über die Messung der Eigen- und Stäbchendoppelbrechung siehe WÄCHTLER: Kolloidchem. Beih. 20, 187 (1924).

Tabelle 34. Eigen- und Stäbchendoppelbrechung für eine Nitrozellulosefolie in Wasser in Abhängigkeit vom Dehnungsgrad. (Nach KRATKY.)

Dehnungsgrad in %	Gesamtdoppelbrechung	Eigendoppelbrechung	Stäbchendoppelbrechung	Quotient aus Eigen- und Stäbchen doppelbrechung
80	37	4,1	32,9	8,0
70	35	3,8	31,2	8,0
60	31	3,4	27,6	8,1
50	24	2,6	21,4	8,2
40	16,5	1,8	14,7	8,2
30	10,5	1,2	9,3	7,8
20	6,0	0,6	5,4	9,0

Die Quotienten sind also innerhalb der Fehlergrenze als konstant zu bezeichnen. Demnach kann nur angenommen werden, daß in dem Film eine Ordnung in kleinen Bereichen besteht, die also auch in ungedehntem Zustand vorhanden sein muß.

Weiter spricht für das Vorliegen einer Ordnung in kleinen Bereichen der Vergleich der makroskopisch und röntgenographisch ermittelten Dichte einer Hydratzellulosefolie. Nach BURGENI und KRATKY[1] beträgt die röntgenographisch ermittelte Dichte eines Zellophanfilms 1,60 und die makroskopisch ermittelte Dichte bis etwa 1,35. Der Unterschied der Dichten des einzelnen geordneten Gitterbereiches und des ganzen Systems ist also nur ungefähr 15%. Das besagt, daß auch das Volumen der Räume zwischen den geordneten Gitterbereichen in dieser Folie von annähernd dieser Größenordnung ist. Betrachtet man ein völlig ungeordnetes Haufwerk starrer Stäbe, die etwa 10mal länger als dick sind, so ist leicht einzusehen, daß die zwischen den Stäben befindlichen Hohlräume mindestens gleich dem Volumen der Stäbe sind. Daß dies nicht der Fall ist, spricht nach KRATKY gleichfalls eindeutig für die Unmöglichkeit einer vollkommenen Regellosigkeit. Um aus einem solchen System nun zu einem solchen mit nur 10—15% Hohlraumvolumen zu kommen, kann man entweder annehmen, daß die Stäbe so weich sind, daß sie durch entsprechende Verbiegungen die Hohlräume nahezu ausfüllen, oder man muß annehmen, daß jeweils benachbarte Stäbchen fast parallel zueinander liegen, daß also wieder eine Ordnung in kleinen Bereichen vorliegt. Die erste Annahme erwies sich auf Grund von Röntgenuntersuchungen als wenig wahrscheinlich.

Ferner ergibt sich die Ausbildung einer Ordnung in kleinen Bereichen auch durch einen einfachen Versuch: Wird ein System von starren Stäben geschüttelt, so macht sich hierbei gleichfalls die Tendenz zur Bildung einer Ordnung in kleinen Bereichen bemerkbar. Dieselbe Tendenz kann man beim Entstehen eines Films durch Verdunstenlassen des

[1] BURGENI u. KRATKY: Z. phys. Chem. B. 4, 421 (1929).

Lösungsmittels annehmen. Hierbei rücken die stäbchenförmigen Teilchen unter beständiger BROWNscher Bewegung einander immer näher, wobei die Ausbildung einer Ordnung in kleinen Bereichen noch durch die Nebenvalenzkräfte unterstützt wird (KRATKY).

Alle diese Gründe sprechen somit bei einer röntgenographisch als unorientiert erscheinenden Zellulosefolie für das Vorliegen einer Anordnung der Teilchen gemäß einer Ordnung in kleinen Bereichen[1].

Neben einer Anordnung der ungestörten Gitterbereiche mehr oder weniger parallel zur Faserachse oder der schraubenförmigen Orientierung haben wir hierdurch ein weiteres Orientierungsprinzip kennengelernt, nämlich das der Ordnung in kleinen Bereichen. Es interessiert nun die Frage, in welcher Weise die ungestörten Gitterbereiche in einer Kunstfaser angeordnet sind. Wie schon angedeutet wurde, liefern Kunstfasern ein Punktdiagramm. Das besagt also, daß in ihr die geordneten Gitterbereiche in der Richtung der Faserachse orientiert sind. Nun ist aber gefunden worden, daß die Orientierung keineswegs immer gleich gut ist, vielmehr gibt es Kunstfasern mit mehr oder weniger guter Orientierung. Es ist weiter gefunden worden, daß der Orientierungsgrad mit zunehmender Streckung beim Spinnen zunimmt und, was bemerkenswert ist, daß man auch eine zunehmende Parallelorientierung beim Dehnen der fertigen Faser erhält. Dies deutet darauf hin, daß auch in einer nicht unter Streckung gesponnenen Kunstfaser schon irgend ein Ordnungsprinzip vorhanden sein muß. Auf diese Weise gesponnene Fasern konnten aber erst in der jüngsten Zeit hergestellt werden.

Es muß hier eingeschaltet werden, daß man bei der Kunstseidenfabrikation wohl von Spinnen ohne Streckung spricht. Man versteht hierunter diejenige Spinnmethode, bei der so viel Viskose aus der Düse gedrückt wird, daß die den Faden aufnehmende Spule auf Grund der Berechnung keinen Zug auf den Faden ausübt. Im streng wissenschaftlichen Sinne liegt hierbei aber dennoch eine Streckung vor, da der Faden bei der Koagulation und Zersetzung eine Schrumpfung in sich erfährt.

HERMANS[2] stellte derartige Fasern so her, daß er eine normale Betriebsviskose unter konstantem Druck aus einer Glaskapillare in eine Koagulationsflüssigkeit eintreten ließ, deren spezifisches Gewicht so eingestellt war, daß die durch Koagulation entstandene Faser durch ihr eigenes Gewicht keinen Zug ausüben konnte. Er erhielt so eine Zellulose-

[1] Die hier wiedergegebenen Überlegungen brauchen keineswegs auf ganze mehr oder weniger scharf begrenzte geordnete Gitterbereiche beschränkt werden, sie haben ohne weiteres auch Gültigkeit für einzelne Zellulosehauptvalenzketten, worauf ASTBURY aufmerksam gemacht hat.

[2] HERMANS: Kolloid-Z. **81**, 143, 300 (1937); **83**, 71 (1938). — HERMANS u. DE LEEUW: Kolloid-Z. **82**, 58 (1938). — Vgl. hierzu auch BUNGENBERG DE JONG: Z. phys. Chem., Cohen-Festband **1927**, 205.

xanthogenatfaser, die durch Säuren nachträglich zersetzt werden konnte. Die so hergestellte Faser erwies sich im Gegensatz zu normalen Kunstfasern als vollkommen isotrop, sie gleicht in dieser Beziehung also einem Zellulosefilm.

HERMANS fand nun, daß diese isotrope Faser mit zunehmender Dehnung in steigendem Maße anisotrop wird. Es findet also auch bei einer isotropen Faser durch die Dehnung eine Ordnung statt. Er fand ferner bei der Bestimmung des spezifischen Gewichtes der ungedehnten isotropen Faser und der gedehnten anisotropen Faser nahezu den gleichen

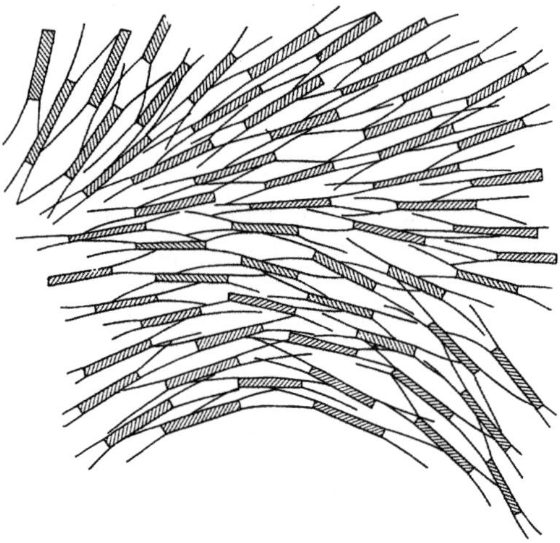

Abb. 24. Anordnung der geordneten Bereiche und Kettenbüschel in einer isotropen Faser. (Nach HERMANS.)

Wert. Aus dieser Tatsache schließt HERMANS, daß auch in diesem faserförmigen Gebilde eine Ordnung in kleinen Bereichen vorliegt, wie KRATKY dies für den Film gezeigt hat. Die geordneten Bereiche der isotropen Faser müssen also sehr nahe zusammenliegen und benachbarte Bereiche können nur eine geringfügige Abweichung von ihrer Parallelage aufweisen.

Unter Zugrundelegung des in Abb. 13 schematisch wiedergegebenen Bildes für den Zusammenschluß benachbarter geordneter Bereiche kommt HERMANS so unter Berücksichtigung der gegenseitigen Lage benachbarter geordneter Bereiche nach dem Prinzip der Ordnung in kleinen Bereichen zu dem in Abb. 24 wiedergegebenen Strukturbild für die von ihm hergestellte isotrope Faser.

Es ist nun wohl die Annahme nicht verfehlt, daß in der Praxis des Kunstfaserspinnens im ersten Augenblick eine solche isotrope Faser entsteht, da eine Ausrichtung der geordneten Gitterbereiche durch die Strömung im Düsenkanal bei Viskose im Gegensatz zu anderen Lösungen von Zellulose und ihren Derivaten nie beobachtet worden ist[1] und daß dann aus dieser isotropen Faser im Verlaufe des Ausstreckens die anisotrope, fertig ausgebildete Kunstfaser entsteht. Unter Zugrundelegung des Ordnungsprinzips in kleinen Bereichen läßt sich dann der Streckvorgang auf eine einfache Formel bringen: Bei einem derartig angeordneten System lassen sich immer Teilchen finden, die zueinander eine Parallelage aufweisen, sie können durch eine Linie miteinander verbunden werden, wie dies in Abb. 25 geschehen ist. Diese Verbindungslinie hat dann etwa die in Abb. 26 dargestellte Form. Der Streckungsvorgang wird dann dasselbe bewirken, was erreicht wird, wenn diese Linie nach beiden Seiten in der Pfeilrichtung ausgezogen wird. Es wird dabei eine Geradrichtung der Glieder dieser Kette erfolgen. Diese Geradrichtung wird je nach dem Streckungsvorgang beim Spinnen in verschieden hohem Maße erreicht. Die Kunstfaser dürfte daher wie ein dreidimensionales Netz aufgebaut sein, das durch die verschieden starke Streckung mehr oder weniger stark zusammengezogen ist. Hierdurch erklärt sich unter anderem auch die durch die Streckung erfolgende Zunahme der Festigkeit der Faser. Auch andere physikalische und chemische Eigenschaften sind mit der Annahme einer solchen Netzstruktur gut in Einklang zu bringen.

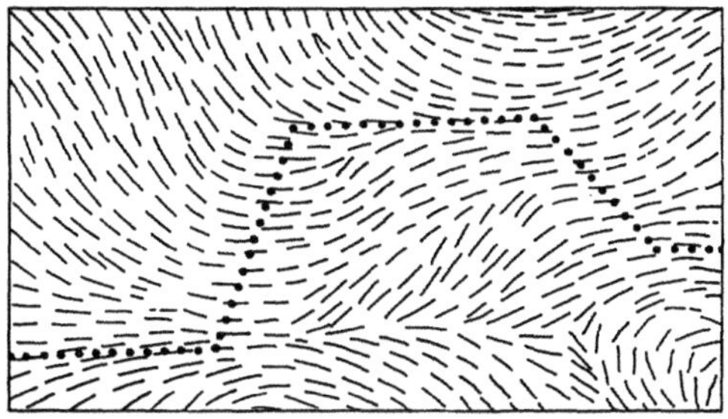
Abb. 25. Teilchenanordnung in einer isotropen Faser. (Nach HERMANS.)

Abb. 26. KRATKYsche Kette; Schema des Streckungsvorganges.

Ergänzend soll hierzu noch mitgeteilt werden, daß die Ausrichtung der geordneten Bereiche in die Dehnungsrichtung bei einer ungequollenen Faser durch eine Drehung der Teilchen in die Dehnungsrichtung erfolgt, während bei einer gequollenen Faser ein Abgleiten der Teilchen angenommen werden muß.

[1] Beim Fließen von Zelluloselösungen ist mehrfach Strömungsdoppelbrechung beobachtet worden, was für eine Ausrichtung der Teilchen spricht. Diesen Widerspruch glaubt HERMANS dadurch erklären zu können, daß er annimmt, daß in der Zellulosexanthogenatlösung durch die chemische Veränderung der Zellulose die aus den geordneten Bereichen herausragenden Kettenbüschel soweit auseinandergespreitet sind, daß das ganze Teilchen nahezu Kugelgestalt annimmt.

3. Kapitel.

Die Ausgangsmaterialien für die Zellstoff-Fabrikation.

Die für die Herstellung von Kunstseide und Zellwolle nach dem Viskoseverfahren als Ausgangsmaterial verwendete Zellulose wird den Spinnwerken stets in Form von Zellstoff angeliefert, der in den Zellstoff-Fabriken erzeugt wird. In überwiegendem Maße wird der Zellstoff aus Holz hergestellt („Holzzellstoff"). Es besteht aber auch die Möglichkeit, den Zellstoff aus Baumwolle herzustellen („Baumwollzellstoff"). Die Baumwolle kann in dreifacher Form von den Zellstoff-Fabriken verarbeitet werden, nämlich als Baumwoll-Linters (s. weiter unten), als Baumwollabfälle aus den Baumwollspinnereien sowie als Altmaterial in Form von Lumpen (Hadern). Wird der Baumwoll-Zellstoff aus Linters hergestellt, so nennt man ihn auch „Linterszellstoff". Meistens stellt der Baumwollzellstoff sog. Baumwollhalbstoff dar, worunter eine Zustandsform zu verstehen ist, wie sie in einem für die Papierfabrikation noch nicht völlig fertigen Stoff vorliegt. Da der Baumwollzellstoff den reinsten Zellstoff darstellt, ist er als der höchstwertige anzusprechen, er ist demnach auch entsprechend teuer. Schließlich kann die Zellstoff-Fabrik auch Holz- und Baumwollzellulose gemischt zu Zellstoff verarbeiten. Es soll erwähnt werden, daß man auch in der Kunstseidenfabrik vor dem Tauchen Holz- und Baumwollzellstoff miteinander mischen kann. Dies hat vor der Verarbeitung eines Mischzellstoffes den Vorteil, daß man beide in beliebigen Mengenverhältnissen anwenden kann. Es ist aber nicht möglich, alle Zellstoffarten wahllos miteinander zu mischen. Welche Zellstoffe gemischt verarbeitet werden können, muß ein praktischer Versuch entscheiden. So hat sich z. B. gezeigt, daß eine gemeinsame Verarbeitung von Fichten- und Buchenzellstoff nicht möglich ist, da sie sich in ihren Eigenschaften zu weitgehend voneinander unterscheiden.

Baumwollzellstoff kommt aus preislichen Erwägungen beim Viskoseverfahren für die Herstellung von Zellwolle nicht in Betracht, während er entweder allein oder mit Holzzellstoff gemischt für die Herstellung besonders hochwertiger Kunstseiden öfters verwendet wird.

In neuester Zeit wird in Deutschland auch das Stroh für die Zellwoll-Zellstoff-Fabrikation herangezogen („Strohzellstoff"). Ferner laufen zur Zeit Versuche, aus Kartoffelkraut einen Zellwollzellstoff herzustellen. Auch ist daran gedacht worden, das Schilf auf Zellstoff zu verarbeiten.

A. Das Holz.

Das für die Herstellung von Zellstoff in Frage kommende Holz entstammt in erster Linie der Fichte. Man bevorzugt Hölzer, die in kalten Ländern gewachsen sind. Finnland, Schweden, Norwegen und

Kanada sind daher die hauptsächlichsten Lieferanten für Holz und auch für fertigen Holzzellstoff. Das kalte Klima verursacht einen langsameren und nicht so ausgeprägt periodisch verlaufenden Wachstumsprozeß, was sich auf die Gleichmäßigkeit des Holzes in der günstigsten Weise auswirkt.

Es hat nicht an Vorschlägen gefehlt, auch andere Hölzer als das der Fichte auf Kunstseiden- und Zellwollzellstoff zu verarbeiten, und so sind in allen holzreichen Ländern eingehende Versuche in dieser Richtung unternommen worden. Zufolge ihres technischen Verhaltens sowie auf Grund wirtschaftlicher Erwägungen wird neben der Fichte in neuester Zeit auch die Kiefer und die Buche als Ausgangsmaterial herangezogen. Die erstere ist besonders für den Süden der Vereinigten Staaten von Nordamerika, die letztere für Deutschland von Interesse.

Die deutschen Kunstseiden- und Zellwollfabriken haben früher überwiegend Zellstoff verarbeitet, der aus ausländischem Fichtenholz in Deutschland hergestellt war. Teilweise wurde auch aus dem Ausland fertig bezogener Zellstoff verwandt. In einigen Betrieben hat man deutsche und ausländische Fichtenzellstoffe miteinander gemischt. Es muß betont werden, daß die in Deutschland hergestellten Zellstoffe den ausländischen heute völlig ebenbürtig sind. Die Verarbeitung ausländischer Zellstoffe war in manchen Fällen dadurch bedingt, daß diese einen höheren Weißgrad aufwiesen. Da der Rohton des Zellstoffes in der fertigen Kunstseide wieder erscheint, so lieferten diese Zellstoffe eine weißere Kunstseide. Die deutschen Zellstoff-Fabriken sind aber heute in der Lage, gleichfalls hochgebleichte, rein weiße Zellstoffqualitäten in den Handel zu bringen. Es soll hier erwähnt werden, daß die Forderung nach einer reinweißen Kunstseide von den Verarbeitern der Kunstseide aufgestellt worden ist, die bei dem Einfärben des Kunstseidenmaterials in helle, zarte Pastelltöne eine Vorbleiche umgehen wollten. Für diese Sonderzwecke liefern die Kunstseidenfabriken jedoch gebleichte Kunstseidenqualitäten, die allen gerechten Ansprüchen genügen.

Die Notwendigkeit, ausländische Zahlungsmittel so weit wie möglich einzusparen, zwang die Kunstseidenfabriken zunächst dazu, die Bezüge an ausländischen Zellstoffen einzustellen. Darüber hinaus erwächst den Zellstoff-Fabriken die Aufgabe, den Zellstoff so weit als irgend möglich aus deutschen Hölzern herzustellen. Diese Umstände lassen es geboten erscheinen, über die Deutschland zur Verfügung stehenden Holzvorräte einige nähere Ausführungen zu machen[1].

12,7 Millionen Hektar gleich etwas über 27% des deutschen Bodens[2] sind mit Wäldern bedeckt. Der Einschlag betrug im Jahre 1935 im

[1] Vgl. hierzu GEISSER: Dtsch. Textilwirtschaft **1937**, Heft 13.
[2] Altreich.

ganzen 52,3 Millionen Festmeter[1]; unter diesen befanden sich 34,1 Millionen Festmeter Nutzholz, von dem 7 Millionen Festmeter für die Herstellung von Zellstoff und Papier verwendet wurden. Es ist errechnet worden, daß durch planvolle Aufforstung des Privatbesitzes, der fast die Hälfte der gesamten Waldungen ausmacht, die Nutzholzmenge noch um 2 Millionen Festmeter erhöht werden könnte. Die Aufforstung der staatlichen Forsten sowie der Gemeindewälder erfolgt bereits nach diesen Gesichtspunkten. Nach im Jahre 1927 durchgeführten Erhebungen setzt sich der deutsche Wald aus 70% Nadelhölzern und 30% Laubhölzern zusammen. Im einzelnen verteilen sich diese Zahlen auf die verschiedenen Holzarten wie in Tabelle 35 angegeben.

Tabelle 35. Anteil der Holzarten im deutschen Wald. (Nach GEISSER.)

Kiefern	43,7%
Fichten	24,6%
Tannen	2,5%
Rotbuchen	13,2%
Eichen	5,3%
Birken und sonstige Hölzer	10,7%

Der durch das nationale Faserstoffprogramm gewaltig gesteigerte Zellstoffbedarf und die dadurch bedingte in größerem Ausmaß erfolgende Leitung des Holzes in die Zellstoff-Fabriken macht eine Einschränkung des Holzverbrauches zu Feuerungszwecken erforderlich. Es muß bedacht werden, daß noch im Jahre 1933 25 Millionen Festmeter Holz als Brennmaterial verbraucht wurden, die anderen Verwendungszwecken zugeführt werden könnten. Eine planvollere Verteilung des Holzeinschlages hat 1935 schon dazu geführt, daß nur noch 18,2 Millionen Festmeter verfeuert wurden. Durch sinnvollen Ersatz des Brennholzes durch Kohle, Briketts und Torf läßt sich hier noch eine weitgehende Ersparnis vornehmen.

Nach Lage der Dinge kommt in Deutschland für die Zellstofferzeugung am ehesten die Buche in Frage, deren Holz jährlich mit etwa 2,2 Millionen Festmeter anfällt. Hiervon kann auf Grund der qualitativen Beschaffenheit 1 Millionen Festmeter den Zellstoff-Fabriken für die Herstellung von Kunstseiden- und Zellwollzellstoff zur Verfügung gestellt werden. Dieser Betrag stellt eine wesentliche Entlastung der Lage auf dem Zellstoffholzmarkt dar. Neben der Buche kommen von den deutschen Hölzern aber auch die Fichte und die Kiefer in Betracht.

Die Verwendung der inländischen Hölzer für die Kunstseiden- und Zellwollfabrikation stellte die Zellstoff-Fabriken vor große Aufgaben, da infolge der anders gearteten anatomischen und chemischen Beschaffenheit dieser Hölzer die sonst ausschließlich angewandte Aufschlußweise über

[1] Holz wird in Festmetern oder in Raummetern gehandelt. 1 Festmeter entspricht 1 Kubikmeter (Länge des Stammes × Querschnittsfläche in der Mitte des Stammes). Das Festmeter ist die Maßeinheit für Stammholz. Für andere Holzsorten ist das Raummeter die Maßeinheit. 1 Raummeter ist die Holzmenge eines 1 m hoch und 1 m lang gestapelten Stoßes aus 1 m langen Rundlingen. — 1 Festmeter Fichtenholz entspricht 505—530 kg bei 80% trockenem oder 453 kg bei absolut trockenem Holz. 1 Raummeter Fichtenholz entspricht etwa 0,75 Festmetern.

das Sulfitverfahren teilweise verlassen und besondere Veredlungsverfahren für den Zellstoff ausgearbeitet werden mußten. Hierüber soll an anderer Stelle berichtet werden.

I. Die Anatomie des Holzes.

Das Holz besteht aus einem dichten Gefüge von Zellen und Gefäßen. Während die Zellen kleine Kammern darstellen, bilden die Gefäße feine Röhren, die an ihren Enden meist spindelförmig zugespitzt sind. Die Gefäße sind in den Laubhölzern aus mehreren Zellen durch Auflösung der sie trennenden Endwände entstanden. Man nennt diese Art von Gefäßen „Tracheen". In den Nadelhölzern finden sich nur primitive Ansätze dieser Gefäßbildung. Hier bestehen die Gefäße nur aus einer einzigen, langgestreckten Zelle. Diese Gebilde führen den Namen „Tracheiden".

Zellen und Gefäße sind von einer Wand umschlossen, die man mit „Zellwand" bezeichnet. Legt man durch einen Holzstamm einen Querschnitt, so stellt man fest, daß die die Zellen und Gefäße begrenzenden Zellwände je nach der Lage im Holz eine ganz verschiedene Dicke aufweisen. Außerdem zeigt eine weitergehende Untersuchung, daß die von dünnen und dicken Zellwänden begrenzten Zellen und Gefäße mit chemisch verschieden zusammengesetzten Flüssigkeiten angefüllt sind. Die am äußeren Umfang des Stammes liegenden Zellen bilden die Borke. Sie sind mit verdickten Zellwänden ausgestattet. Unterhalb der Borke befindet sich ein Ring von Zellen, die von einer sehr dünnen Zellwand umschlossen sind. Diese ringförmige Schicht des Stammes nennt man das „Kambium". An diese schließen sich nach innen zu wieder Gefäße mit stark entwickelten Zellwänden an. Bei einigen Holzarten, so z. B. bei der Kiefer, nimmt das Zellengewebe im Inneren des Stammes eine andere Beschaffenheit an als in den äußeren Schichten. Man bezeichnet dann die inneren Schichten mit „Kernholz" und die äußeren mit „Splintholz".

Die chemische Untersuchung ergibt, daß die im Kambialring enthaltenen, dünnwandigen Zellen mit einer aus Proteinen und Proteiden bestehenden Masse angefüllt sind. Man nennt diesen Zellinhalt das „Protoplasma". Es besteht aus dem Plasma und dem in ihm eingebetteten Zellkern sowie den Chromatophoren. Das Protoplasma stellt den eigentlichen Träger des Lebens der Pflanze dar. Es dient der Ernährung und dem Wachstum der Pflanze. Die Inhaltssubstanz der Gefäße und Zellen mit verdickten Zellwänden ist gänzlich anderer Beschaffenheit. Hierbei handelt es sich um Säfte und Nahrungsstoffe der Pflanze, die durch diese Gefäße transportiert und in ihnen gespeichert werden. Der Zellinhalt hat also je nach der Lage der Zelle im Holz ganz verschiedenartige Aufgaben zu erfüllen.

Diese Differenziertheit der Zellen und Gefäße im Pflanzenkörper hat sich im Laufe des Lebens der Pflanze erst herausgebildet. Der Keimling und die junge Pflanze enthalten nur Zellen mit sehr dünnen Zellwänden, und die Zellen sind mit Protoplasma angefüllt. Chemisch bestehen diese dünnen Zellwände im wesentlichen aus Pektinstoffen. Den Zellen kommt in der jungen Pflanze lediglich die Aufrechterhaltung des Lebens und des Wachstums zu. Die größer werdende Pflanze bedarf solcher Organe, die ihr die Widerstandsfähigkeit sowie die Festigkeit und Elastizität verleihen. Diese Aufgabe kommt nun den Zellwänden zu. Sie müssen infolgedessen in ihrer Dicke beträchtlich zunehmen. Bei den meisten Pflanzen erfolgt diese Dickenzunahme der Zellwand durch Anlagerung von Substanzen vom Protoplasma aus an die bereits vorhandene Zellwand, ein Vorgang, den man mit Apposition bezeichnet. Die nacheinander gebildeten Schichten der Zellwand sind chemisch verschieden zusammengesetzt. Die Schichten selbst wieder bestehen aus vielen einzelnen Lamellen.

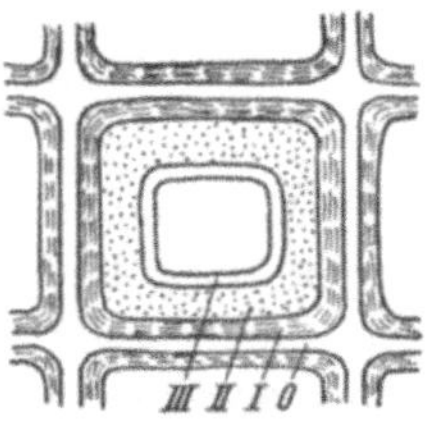

Abb. 27. Schematische Zeichnung des Querschnittes durch eine Zelle.

Im einzelnen haben wir die folgenden Schichten zu unterscheiden: Die äußere Wand der Zelle heißt Mittellamelle oder Primärmembran. Sie ist identisch mit der ursprünglich die lebende Zelle umschließenden dünnen Wand. Da sie die Zellen begrenzt, kommt sie zwei benachbarten Zellen gemeinsam zu. An die Primärmembran schließt sich nach dem Innern der Zelle zu die aus zahlreichen Lamellen bestehende Sekundärmembran an. Sie stellt chemisch einen Mischkörper aus Zellulose sowie Lignin und anderen die Zellulose im Holz begleitenden Stoffen dar. An die Sekundärmembran endlich schließt sich die wieder dünnere Tertiärmembran an. Auch diese besteht wieder aus einzelnen Lamellen und enthält Zellulose. Abb. 27 zeigt diese Schichtung der Zellwand schematisch. *O* stellt die Primärmembran dar, *I* und *II* die aus Lamellen bestehende Sekundärmembran und *III* die Tertiärmembran.

Die Bildung der zellulose- und ligninhaltigen Zellwandschichten bezeichnet man mit „Verholzung“. Das Holz entsteht also erst allmählich im Laufe des Lebens der Pflanze. Mit diesem Verholzungsvorgang findet gleichzeitig eine Einschrumpfung des lebenden Zelleninhaltes, des Protoplasmas, statt. Verholzte Zellen sind also tote Zellen. Da aber auch der ausgewachsene Baum leben muß, so verholzen nicht alle Zellen. Es wurde schon erwähnt, daß die im Kambialring enthaltenen Zellen ihre lebenswichtigen Funktionen behalten.

Die enorme Festigkeit und Stabilität der Bäume ist aber nicht allein durch die Einlagerung von Zellulose und Lignin in die Zellwand bedingt, es kommt vielmehr noch ein hochdifferenziertes Bauprinzip hinzu. Die Gefäße, die die Bäume in der Hauptsache in der Längsrichtung durchziehen, stellen infolge der laminaren Schichtung ihrer Wände ineinandergeschobene Zylinder von verschiedenem Durchmesser dar. Die Zellulose in den Lamellen der Sekundär- und Tertiärmembran ist zu Bündeln, den sog. „Fibrillen" zusammengefaßt. Diese Fibrillen sind in jeder Lamelle parallel zueinander angeordnet. Die Richtung der Fibrillen verläuft aber nicht parallel zur Achse der Faserzelle, sondern sie verläuft schraubenförmig. Der Steigungswinkel der Schraubenwindung ist in jeder Lamelle anders. Im innersten Zylinder ist der Steigungswinkel am größten, er wird von Lamelle zu Lamelle nach außen hin flacher. Der Windungssinn der Schraube kann bei zwei benachbarten Lamellen auch gegenläufig sein. Diese Anordnung der Fibrillen in den einzelnen Lamellen ist in der Abb. 28 schematisch dargestellt. Auf diese komplizierte Anordnung der Baustoffe in der Zellwand sind die ausgezeichneten mechanischen Eigenschaften des Holzgewebes zurückzuführen.

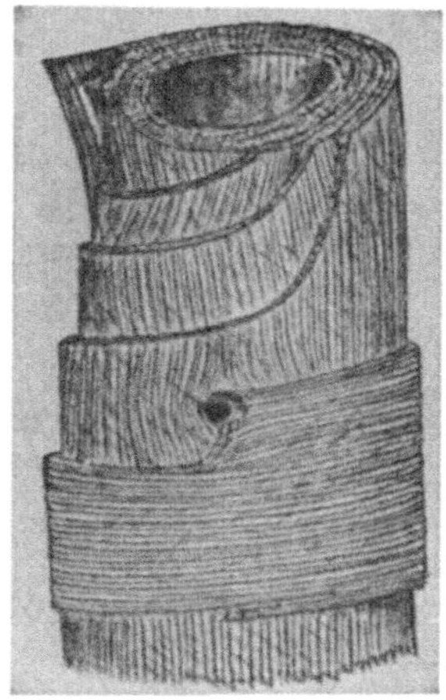

Abb. 28. Modell der Koniferenholzfaser. (Nach SCARTH, GIBBS und SPIER.)

Die im Holz enthaltenen Zellen und Gefäße müssen miteinander in Verbindung stehen, damit ein Austausch von Flüssigkeiten von Zelle zu Zelle stattfinden kann. Bei den lebenden Zellen erfolgt der Austausch der Säfte durch Diffusion durch die dünne Zellwand hindurch. Bei den verdickten Zellwänden ist dies aber nicht mehr möglich. Daher werden in die verdickten Zellwände besondere Kanäle angelegt, die die benachbarten Zellen miteinander verbinden. Diese Kanäle können einen runden oder elliptischen Querschnitt haben und werden „Tüpfel" genannt. Die Tüpfel sind wieder durch eine dünne Membran verschlossen, die man Schließhaut nennt. Diese Schließhaut läßt aber die Pflanzensäfte hindurchdiffundieren. Bei den Nadelhölzern haben diese Tüpfel eine besonders ausgeprägte Form. Man bezeichnet sie hier mit Hoftüpfeln oder behöften Tüpfeln. Ein solcher den Tüpfel umgebender Hof kommt dadurch zustande, daß sich die die Zellwand verdickende Schicht über die dünn bleibende wölbt, wodurch der Kanal eine trichterförmige Erweiterung erfährt. Bei den behöften Tüpfeln besitzt die Schließhaut in der Mitte eine Verdickung, die man Torus nennt. Diese Verdickung ist bei den nicht behöften Tüpfeln und somit bei den Laubhölzern nicht vorhanden. Der Torus kann sich fest an die Höfe anlegen und so einen dichten Verschluß des Tüpfelkanals

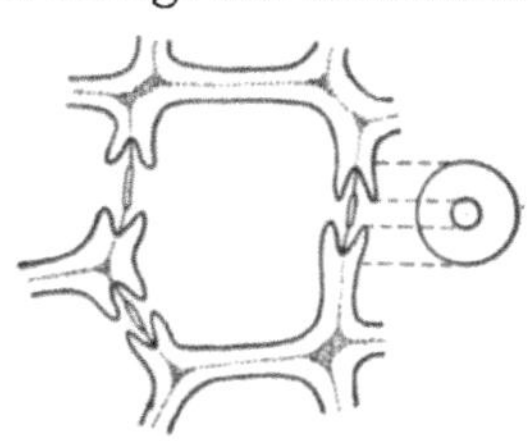

Abb. 29. Querschnitt durch eine Zelle mit Hoftüpfeln. (Nach STRASBURGER.)

herbeiführen. Diese Verhältnisse spielen bei der Zellstoff-Fabrikation eine gewisse Rolle; wir kommen deshalb später noch einmal darauf zurück. Die Abb. 29 zeigt den Querschnitt durch eine Zelle mit Tüpfeln.

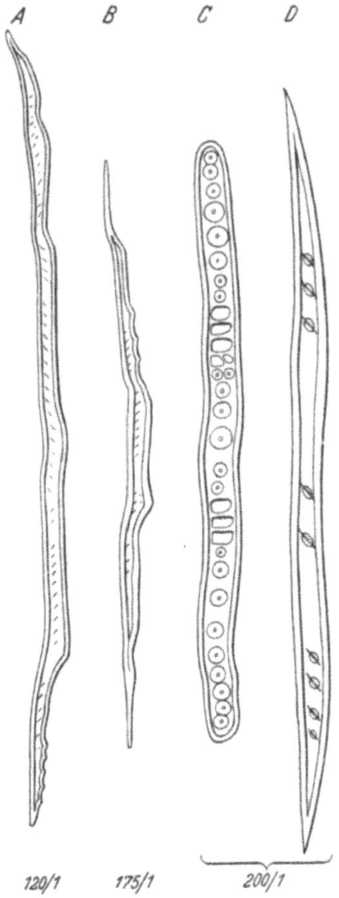

Abb. 30. Prosenchymzellen; Tracheiden. *A* Aus dem Holz der Traubeneiche, *B* aus Pockholz, *C* aus Kiefernfrühholz, *D* aus Kiefernspätholz. (*A* und *B* nach WILHELM, *C* und *D* nach DENGLER.)

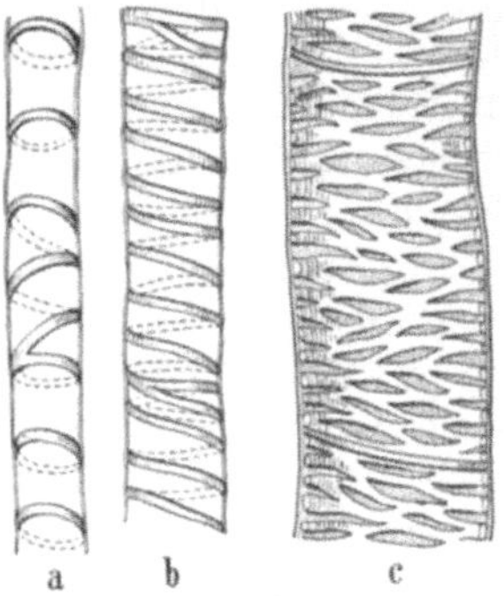

Abb. 31. Charakteristische Formen von Tracheiden; *a* Ringtracheide, *b* Schraubentracheide, *c* Netztracheide. (Nach STRASBURGER.)

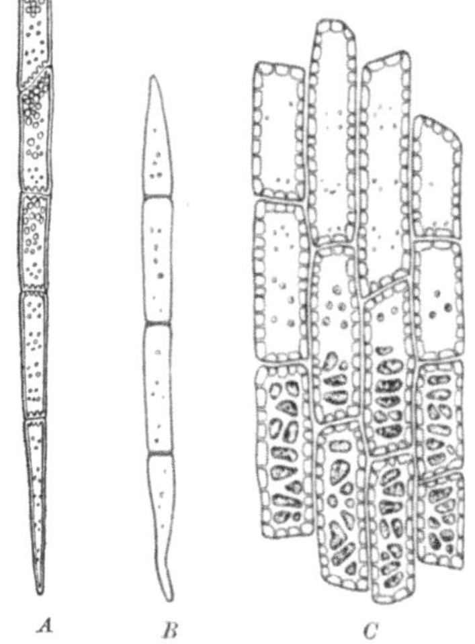

Abb. 32. Parenchymzellen *A* aus dem Holz der Rotbuche (100/1). (Nach HARTIG). *B* aus dem Holz der Linde (180/1). (Nach STRASBURGER). *C* Stück eines Markstrahls der Steineiche. (Nach HEMPEL und WILHELM.)

Die Anordnung des Tüpfels in der Zellwand sowie seine Funktion ist aus der Abbildung klar ersichtlich.

Morphologisch haben wir folgende Typen von Gefäßen in den Holzgeweben zu unterscheiden, die unterschiedliche biologische Funktionen zu erfüllen haben: die Prosenchymzellen, die Parenchymzellen und die Sklerenchymzellen.

Die Prosenchymzellen sind besonders gut in den Laubhölzern ausgeprägt und bilden dort Membranröhren. Sie sind aus mehreren Zellen durch Auflösung der sie trennenden Endwände entstanden, gehören also hier zu den Tracheen. Sie sind spindelförmig zugespitzt (Abb. 30). In den Nadelhölzern befinden sich die gleichfalls spindelförmigen, aber einzelligen Tracheiden. Sie kommen je nach der Anordnung der Fibrillen in den Lamellen in drei charakteristischen Formen vor, und man unterscheidet Ring-, Schrauben- und Netztracheiden (Abb. 31). Tracheen und Tracheiden haben stets verholzte Zellwände. Wir finden sie deshalb, von den Nichtzellulosestoffen befreit, auch im Zellstoff wieder.

Die Parenchymzellen besitzen durchweg nur eine wenig verdickte Zellwand, die hauptsächlich aus Kohlehydraten besteht. Sie besitzen flache, runde oder elliptische Tüpfel und enthalten meist noch lebendes Protoplasma. Die Parenchymzelle umschließt wichtige Lebensvorgänge der ausgewachsenen Pflanze, sie dient der Nährstoffbereitung und ihrer Speicherung. Außerdem vermittelt sie die Atmung. Auf Grund der Verschiedenartigkeit dieser biologischen Funktionen besitzt sie keinen einheitlichen Bau, wie Abb. 32 zeigt. Kurze Parenchymzellen sind im Holz meist zu längeren Fasersträngen zusammengeschlossen, es bildet sich so eine aus kurzen Zellen bestehende Kette. Diese Zellen bilden den fast ausschließlichen Bestandteil der bei vielen Hölzern anzutreffenden Markstrahlen. Chemisch sind sie wenig widerstandsfähig, weshalb man sie im Zellstoff nicht mehr antrifft.

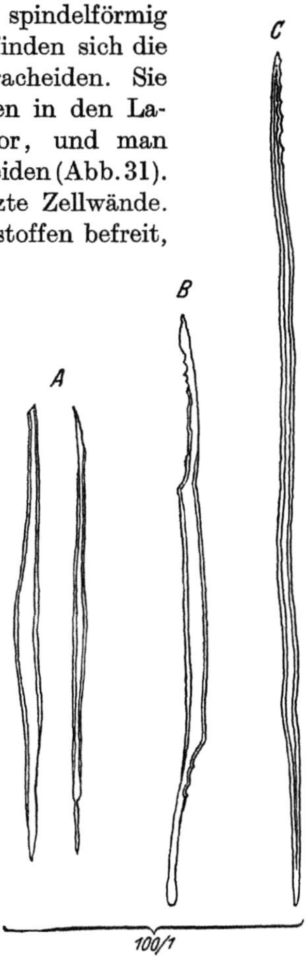

Abb. 33. Sklerenchymzellen. *A* aus dem Holz der Weißweide, *B* aus dem Holz des Nußbaumes, *C* aus dem Holz der Traubeneiche. (Nach WILHELM.)

Die Sklerenchymzellen bilden das Festigungsgewebe der Laubhölzer, worin sie zu dickeren Strängen vereinigt sind („Libriformfasern"). Es sind tote Zellen mit stark verdickten Zellwänden. Ihre Form ist langgestreckt und recht regelmäßig (Abb. 33). Sie bilden einen wesentlichen Bestandteil der Laubholzzellstoffe.

Die eben geschilderten unterschiedlichen Zellarten sind im Holz auf verschiedene Weise angeordnet. Die Tracheiden bilden regelmäßige, senkrechte Reihen, da ihr Wachstum fast ausschließlich in dieser Richtung erfolgt. Ihre Gestalt und Länge ähnelt den lebenden Kambiumzellen.

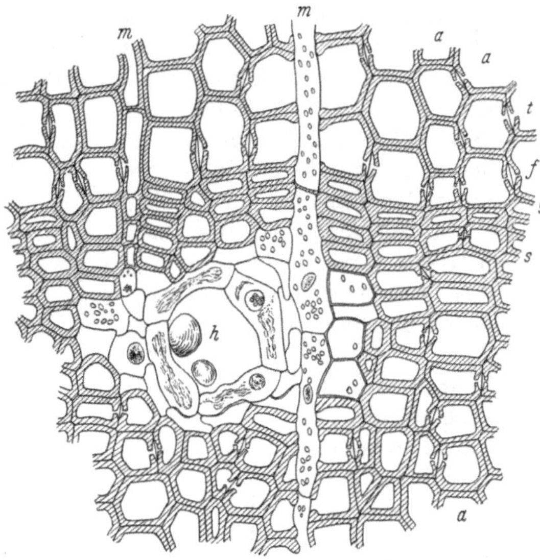

Abb. 34. Querschnitt durch einen Kiefernholzstamm an der Jahresgrenze. (Nach STRASBURGER).

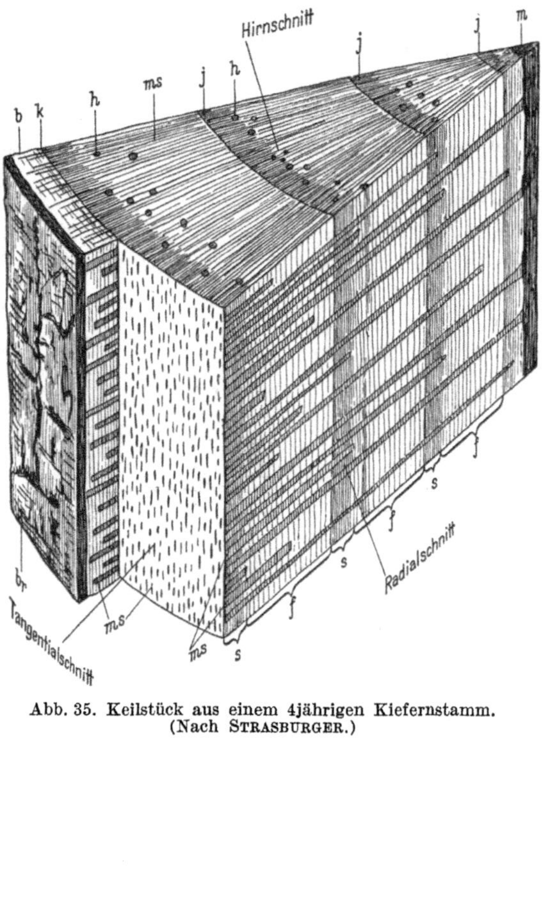

Abb. 35. Keilstück aus einem 4jährigen Kiefernstamm. (Nach STRASBURGER.)

Sie besitzen in radialer Richtung große behöfte Tüpfel. Bei der Fichte finden sich zwischen den Tracheiden eingebettet verhältnismäßig weite Kanäle, die sog. Harzkanäle. Sie sind durch Auseinanderdrängen anderer Zellen entstanden und sind mit Harz und fettartigen Stoffen angefüllt. Sie stehen in Verbindung mit den in radialer Richtung verlaufenden Zellen der Markstrahlen. Diesen Markstrahlen kommt die Aufgabe zu, die in den Blättern gebildeten Nahrungsstoffe, die durch das lebende Kambium abwärts geleitet werden, in das Innere des Stammes zu führen, wo sie gespeichert werden. Umgekehrt führen sie Wasser aus dem Inneren des Holzkernes nach außen. Die Abb. 34 zeigt einen Querschnitt durch das Holzgewebe. Die Verschiedenheit der Zellgröße ist durch das klimabedingte, periodische Wachstum des Holzes verursacht. Die engeren, schmaleren Zellen sind Spätholz (*s*), die größeren Frühholz (*f*). An dieser Grenze beginnt also ein neuer Jahresring. *t* stellt die behöften Tüpfel dar. *h* zeigt den Schnitt durch den Harzkanal und *m* sind die Markstrahlen.

Die Abb. 35 stellt die schematische Zeichnung eines vierjährigen Kiefernstammes dar, der die Anordnung der Zellen deutlich erkennen läßt. In radialer Richtung von außen nach innen fortschreitend haben wir folgende Zellen zu unterscheiden: *br* Borke, *b* Bast, *K* Kambium, *s* Spätholz im 4. Jahr, *f* Frühholz im 4. Jahr, *m* Mark, *h* sind Harzkanäle, *j* ist die Jahresgrenze und *ms* stellt die Markstrahlen dar.

Tabelle 36. Zellformen in Nadel- und Laubhölzern (Nach KOLLMANN[1].)

Faserart	Nadelholz %	Laubholz %
Tracheiden	91	—
Tracheen	—	20
Libriformzellen	—	49
Parenchymzellen . . .	1,5	13
Markzellen	6	18
Harzgänge	0,4	—

Zwischen dem Fichten-, Kiefern- und Buchenholz bestehen nun gewisse Unterschiede, die für das Verhalten beim Holzaufschluß in den Zellstoff-Fabriken von Bedeutung sind. Neben der schon erwähnten Tatsache, daß die Laubhölzer im allgemeinen strukturell differenzierter sind als die Nadelhölzer (Tabelle 36), weisen die Holzarten zunächst Unterschiede in der Länge ihrer Faserzellen auf.

Nach Angaben von SCHUBERT[2] sind die Abmessungen der Holzfasern bei der Fichte, Kiefer und Buche die in Tabelle 37 aufgeführten.

Tabelle 37. Abmessungen der Holzfasern (Tracheiden bzw. Libriformfasern). (Nach SCHUBERT.)

Holzart	Länge in mm		Breite in mm	
	min.	max.	min.	max.
Fichte . . .	2,6	3,8	0,024	0,069
Kiefer . . .	2,6	4,4	0,030	0,075
Buche . . .	0,7	1,7	0,015	0,029

Wie die Zusammenstellung zeigt, sind die Unterschiede in den Abmessungen der Faserzellen zwischen Fichte und Kiefer nur gering, die Faserzellen der Buche sind dagegen erheblich kürzer und auch schmäler. Für die Zellstoffherstellung ist dies insofern von Bedeutung, als bei dem Aufschluß des Buchenholzes besondere Vorsichtsmaßregeln getroffen werden müssen, um größere Faserverluste zu verhindern.

Auf die qualitative Beschaffenheit der Zellstoffe selbst haben diese Unterschiede keinen Einfluß, ebenso sind sie für die daraus hergestellte Kunstseide und Zellwolle bedeutungslos. Es ist zu bedenken, daß im Gange der Umwandlung der Zellulose zur Viskose ohnehin ein erheb-

[1] KOLLMANN: Technik des Holzes, S. 18. Berlin 1936.
[2] SCHUBERT: Die Zellulosefabrikation, 1897.

licher Abbau der Faserzellen stattfindet, so daß sich diese Unterschiede im fertigen Endprodukt nicht mehr auswirken.

Weitere Unterschiede zwischen den Holzarten bestehen in ihrem spezifischen Gewicht. Wie TEICHER[1] angibt, hat die Fichte ein spezifisches Gewicht von 0,43, während das spezifische Gewicht der Buche im Mittel 0,7 beträgt. Da das spezifische Gewicht der Holzsubstanz 1,56 beträgt, ergibt sich eine außerordentliche Größe des Porenvolumens, das bei der Fichte 77%, bei der Buche 55,8% ausmacht. Das Buchenholz ist also wesentlich dichter als das Fichtenholz.

Die an sich verhältnismäßig ähnlichen Hölzer der Fichte und Kiefer unterscheiden sich jedoch wesentlich in bezug auf ihre Gleichmäßigkeit. Während das Fichtenholz in seinen äußeren Lagen annähernd den gleichen Bau aufweist wie die inneren Lagen, zeigt das Splint- und Kernholz bei der Kiefer ein stark voneinander abweichendes Verhalten, das sich bei Sulfitkochungen zu erkennen gibt. Nach Untersuchungen von KOLLMANN[2] befinden sich die die Tüpfel bildenden Organe im Splint- und Kernholz der Kiefer in einer anderen Zustandsform. Im Kernholz sind die Tüpfel durch den Torus fest verschlossen, während die Tüpfel im Splintholz geöffnet sind. Es wird hierdurch verständlich, daß sich Splint- und Kernholz bei der Kiefer beim Holzaufschluß auch anders verhalten müssen.

Die Inhomogenität des Kiefernholzes gibt sich ferner noch dadurch zu erkennen, daß Splint- und Kernholz erhebliche Verschiedenheiten in ihrem Harzgehalt aufweisen, wie Tabelle 38 zeigt[3].

Tabelle 38. Harz- und Fettgehalt im Kiefernholz. (Nach SCHWALBE und BERNDT.)

Art des Holzes	Ätherextrakt in %		Vom Ätherextrakt sind	
	Probe A	Probe B	Harze %	Fette %
Splint . . .	4,1	2,1	35	65
Kern	7,9	4,7	75	25

Tabelle 39. Gehalt an Ätherlöslichem im Fichtenholz. (Nach SCHWALBE und BERNDT.)

Art des Holzes	Ätherextrakt in %	
	Probe A	Probe B
Splint . . .	0,8	0,7
Kern	1,4	1,2

Das Fichtenholz ist in dieser Beziehung viel gleichmäßiger, wie aus den gleichfalls von SCHWALBE und BERNDT angegebenen Zahlen der Tabelle 39 hervorgeht.

Nach Untersuchungen von AF EKENSTAM und SCHWALBE[4] sind die Harz- und Fettanteile im Splint- und Kernholz der Kiefer auch chemisch anders zusammengesetzt.

[1] TEICHER: Papierfabr. 35, 443 (1937).
[2] KOLLMANN: Technologie des Holzes, S. 9.
[3] SCHWALBE u. BERNDT: Wbl. Papierfabr. 57, Festheft 30 (1926).
[4] AF EKENSTAM u. SCHWALBE: Cellulose-Chem. 10, 32 (1929).

Das Buchenholz weist gegenüber dem Fichten- und Kiefernholz einen wesentlich höheren Pentosangehalt auf, während die Menge an Ligninanteilen im Buchenholz geringer ist[1].

Alle diese Unterschiede wirken sich bei der Zellstoff-Fabrikation aus, wir kommen daher später auf diese Verhältnisse noch einmal zurück.

Tropisches Holz. Neben der Fichte, Kiefer und Buche muß noch kurz auf eine weitere Holzart eingegangen werden, die für die deutsche Kunstseiden- und Zellwollwirtschaft von Bedeutung werden kann. Es handelt sich hierbei um ein tropisches Holz, das sich vornehmlich in Togo und Kamerun findet[2]. Das in Frage kommende Holz entstammt dem sog. Schirmbaum (Musanga Smithii), der sich durch einen besonders schnellen Wuchs auszeichnet und ein sehr weiches und leichtes Holz liefert. Das spezifische Gewicht des Holzes ist nur 0,295, so daß es ein äußerst großes Porenvolumen besitzt. Erleichtert diese Eigenschaft auf der einen Seite den Aufschluß, so macht sie auf der anderen Seite den Transport unwirtschaftlich. Es hat sich allerdings gezeigt, daß man das Holz auf einen verhältnismäßig kleinen Raum zusammenpressen kann. Die Ausbeute an Zellstoff beträgt je nach dem Bleichungsgrad 43—48%. Das Holz ist verhältnismäßig langfaserig, die Zellen besitzen eine durchschnittliche Länge von 2,5—3 mm bei einer Breite von 36 bis 37 μ. Infolge des schnellen Wachstums ist das Holz schon nach 8 bis 10 Jahren schlagreif. Die Bedeutung dieses Holzes liegt darin, daß es im Vergleich zur Fichte, die erst nach 60—70 Jahren geschlagen werden kann, auf die gleiche Flächeneinheit bezogen, eine sechsfache Zellulose-Ausbeute ergibt.

II. Die Chemie des Holzes.

Die Chemie des Holzes, auch Zellwandchemie genannt, ist eines der schwierigsten Gebiete der organischen Chemie[3]. Wie schon PAYEN[4] im Jahre 1838 feststellte, liegt im Holz ein Gemenge der verschiedenartigsten chemischen Körper vor, wie dies auch infolge der hochdifferenzierten Wachstumsstruktur des Holzes zu erwarten ist. Der Aufklärung der chemischen Konstitution der im Holz enthaltenen Körper steht hauptsächlich ihre Uneinheitlichkeit sowie ihre Eigenschaft, sich durch angewandte chemische Reagenzien leicht zu verändern, hindernd im Wege. Trotz überaus zahlreicher wissenschaftlicher Arbeiten auf diesem Gebiete ist die Aufklärung einiger im Holz enthaltenen Körper bis heute restlos noch nicht gelungen.

---

[1] SCHWALBE u. NEUMANN: Cellulose-Chem. **11**, 113 (1930).

[2] Näheres bei HOYER: Faserforschg. **13**, 140 (1938).

[3] Vgl. hierzu die ausführliche Darstellung von HESS in „Chemie der Zellulose". Leipzig 1928.

[4] PAYEN: C. r. Acad. Sci. Paris **7**, 1052 (1838); **8**, 51 169 (1839); **10**, 941 (1840).

Nach den Befunden von PAYEN kann man durch Anwendung verschiedener Reagenzien das Holz in zwei Hauptanteile zerlegen, in die Zellulose sowie in eine Reihe anders gearteter Körper, die sog. Begleitstoffe. Der Zellulosegehalt schwankt je nach der Holzart in ziemlich weiten Grenzen.

Es ist lange Zeit unentschieden geblieben, ob die Zellulose und ihre Begleiter im Holz als mechanisches Gemenge vorliegen oder ob eine chemische Bindung zwischen ihnen besteht. PAYEN war der Ansicht, daß das Holz lediglich ein inniges Gemenge aus Zellulose und Nichtzellulosestoffen darstelle. Er stützte seine Annahme darauf, daß nach seinen Beobachtungen Reaktionen mit der Zellulose erst dann eintreten, wenn die Begleitstoffe entfernt sind. Die Begleitstoffe umhüllen nach der Auffassung PAYENs die Zellulose, weshalb er sie auch ,,inkrustierende Substanzen" oder ,,Inkrusten" nannte. Die Ansicht, daß zwischen der Zellulose und den Begleitstoffen eine chemische Bindung vorläge, wurde insbesondere von ERDMANN[1] vertreten. Nach seiner Theorie sind Zellulose und Begleitstoffe äther- oder esterartig miteinander gebunden. Obwohl, wie wir sehen werden, diese Ansicht wenig wahrscheinlich ist, hat sich eine Reihe namhafter Zelluloseforscher ihr angeschlossen. Die von mehreren Forschern gebrauchten Namen für die Begleitstoffe, wie z. B. ,,Lignozellulose", ,,Hemizellulose" usw. sind auf diese Ansicht zurückzuführen.

Die PAYENsche Annahme fand eine starke Stütze durch die Arbeiten von SCHULZE[2], der unter dem Mikroskop die inkrustierenden Substanzen entfernte und dabei fand, daß die übrigbleibende Zellulose in ihrer Form kein anderes Bild zeigte, als sie vor der Entfernung der Inkrusten gehabt hatte. Überdies wies sie auch bei chemischen Reaktionen das gleiche Verhalten auf. Ähnliche Untersuchungen führte KÖNIG[3] durch und konnte dabei die Beobachtungen SCHULZEs bestätigen. WISLICENUS[4] nimmt eine Adsorption der Nichtzellulosestoffe an den Zellulosekörper an. Auch Arbeiten von AMBRONN[5] machten es wenig wahrscheinlich, daß eine chemische Bindung zwischen der Zellulose und den Begleitstoffen vorliegt. Schließlich sprechen auch die Ergebnisse röntgenographischer Untersuchungen[6] nicht für eine chemische Bindung.

Die ERDMANNsche Theorie wird unter anderem durch die Beobachtung gestützt, daß es durch Lösungsmittel nicht gelingt, die Zellulose restlos

---

[1] ERDMANN: A. **138**, 1 (1866); 5 Suppl., 233 (1867). — ERDMANN u. BALTZER: Justs Bot. Jahresber. **1**, 295 (1873).

[2] SCHULZE: ref. C. **1857**, 321.

[3] KÖNIG u. RUMP: Chemie und Struktur der Pflanzenmembranen, S. 41, 48, 77, 79. Berlin 1914.

[4] WISLICENUS u. KLEINSTÜCK: Tharander Forstl. Jahrb. **60**, 313 (1909); Kolloid-Z. **6**, 17, 87 (1910). — WISLICENUS: Kolloid-Z. **27**, 213 (1920).

[5] AMBRONN, b. FREY: Journ. Bot. **65**, 215 (1926).

[6] HERZOG u. JANCKE: B. **53**, 2163 (1920).

aus dem Holz herauszulösen[1]. So konnten STAUDINGER, DREHER und AF EKENSTAM[2] aus Weißtannen-Sägemehl durch 48stündiges Schütteln mit SCHWEIZERs-Reagens nur 2—3% der im Holz enthaltenen Zellulose in Lösung bringen. Diese Menge vergrößerte sich auch bei 4wöchiger Extraktionsdauer nicht mehr wesentlich. Es wurde nun aber von BERGSTRÖM und CEDERQUIST[3] sowie auch von STAUDINGER gefunden, daß diese Menge bis auf 50—70% der im Holz enthaltenen Zellulose vergrößert werden kann, wenn das Holz vor der Extraktion zermahlen wird.

Ähnliche Beobachtungen einer verschieden großen Lösbarkeit wurden von STAUDINGER und HEUER[4] an Polystyrol gemacht, wobei sich zeigte, daß durch Vermahlen eine Verkleinerung des Polymerisationsgrades des Polystyrols von über 1000 auf 150—200 erfolgt, und daß das Polystyrol dieses niedrigen Polymerisationsgrades löslich ist. Auch beim Vermahlen von Holz findet eine Verringerung des Polymerisationsgrades der Zellulose statt. Bei Weißtannenholz konnte so der Polymerisationsgrad von 800—1000 auf 200—300 verringert werden, hierdurch wird die Zellulose löslich. STAUDINGER nimmt beim unlöslichen Polystyrol an, daß seine langen Fadenmoleküle durch geringe Mengen von Divinylbenzol zu unlöslichen, dreidimensionalen Makromolekülen verknüpft sind und daß diese durch das Zermahlen in kleinere, lösliche Bruchstücke zerschlagen werden. Auch bei der Zellulose wird von STAUDINGER daher eine dreidimensionale Verknüpfung zu großen Makromolekülen im Holz angenommen, wobei als sehr wahrscheinlich hingestellt wird, daß diese Verknüpfung im Holz unter Mitwirkung von Lignin bewirkt wird.

Tabelle 40. Chemische Zusammensetzung von Fichten-, Kiefern- und Buchenholz. (Nach SCHWALBE und BECKER[5].)

	Fichte %	Kiefer %	Buche %
Rohzellulose	63,95	60,54	67,09
Reinzellulose	57,87	54,25	53,46
Lignin	28,29	26,35	22,46
Pentosan	14,30	13,25	25,88
Harze, Fette und Wachse	2,34	3,32	1,20
Asche	0,77	0,39	1,17

Die Begleitstoffe der Zellulose im Holz sind Lignin, Kohlehydrate und kohlehydratähnliche Körper, Harze, Fette sowie Proteine. Daneben finden sich geringe Mengen von Bestandteilen mineralischer Natur. Für Fichten-, Kiefern- und Buchenholz kann die in Tabelle 40 mengenmäßig wiedergegebene Zusammensetzung angenommen werden.

[1] HÄGGLUND: Holzchemie, S. 86. Leipzig 1928.

[2] STAUDINGER, DREHER u. AF EKENSTAM: B. **69**, 1099 (1936).

[3] BERGSTRÖM u. CEDERQUIST: Chem. Zbl. **1933 II**, 2212.

[4] STAUDINGER u. HEUER: B. **76**, 1159, 1164 (1934). Vgl. hierzu auch STAUDINGER u. HUSEMANN: B. **68**, 1618 (1935) u. STAUDINGER u. DREHER: B. **69**, 1091, (1936).

[5] SCHWALBE u. BECKER: Angew. Chem. **32**, 229 (1919).

Über den Hexosangehalt der Hölzer sind kaum genaue Angaben in der Literatur zu finden. Es kann hier nur erwähnt werden, daß in den Laubhölzern verhältnismäßig wenig Hexosan gefunden wird.

Die Tabelle läßt den höheren Pentosangehalt des Buchenholzes gegenüber den genannten Nadelhölzern deutlich erkennen, auch kommt der verhältnismäßig hohe Harzgehalt der Kiefer klar zum Ausdruck.

Mit Rücksicht auf die anatomischen und chemischen Unterschiede, die beim Kiefernholz innerhalb der einzelnen Teile bestehen, soll noch das Ergebnis einer Analyse von Kiefernholz wiedergegeben werden, die an den verschiedenen Anteilen des Holzes durchgeführt wurde (Tabelle 41).

Tabelle 41. Chemische Zusammensetzung der verschiedenen Anteile des Kiefernholzes. (Nach JAYME und BLISCHNOK[1].)

	Splintholz	Kernholz	Astumgebung	Astwurzel	Astholz
Methanol-Benzolauszug	3,47	5,88	12,13	19,11	29,46
Lignin	27,86	27,38	25,23	21,79	22,14
Mannan	11,62	9,15	6,74	6,71	4,97
Galaktan	0,28	0,47	0,93	1,27	1,15
Furfurol	5,68	6,14	6,00	5,76	5,57
Methoxyl	4,86	5,11	4,35	3,68	3,73
Pentosan errechnet	9,66	10,44	10,19	9,80	9,45
Zellulosehaltiger Rest	47,11	46,68	44,78	31,32	32,83

Beim Vergleich von Tabelle 40 mit Tabelle 41 fallen große Unterschiede hinsichtlich des Zellulosegehaltes beim Kiefernholz auf. Hierzu muß bemerkt werden, daß die Angaben über den Zellulosegehalt der Holzarten in der Literatur in ziemlich weiten Grenzen schwanken. Berücksichtigt man, daß der Zellulosegehalt der Hölzer mit ihrem Alter, ihrem Standort sowie der Art der Probenahme verschieden ist, so können die schlecht übereinstimmenden Zahlen nicht wundernehmen.

Tabelle 42. Zellulosegehalt der Buche nach verschiedenen Autoren. (Zusammengestellt von JAYME und SCHORNING[2]).

Autor	Zellulosegehalt in %
RUNKEL und LANGE	42,5
KLAR	42,5
SCHMIDT, TANG und JANDEBEUR	44,23
KÖNIG und BECKER	45,41
SCHWALBE	45,68
PFRETZSCHNER, GÖTZ und WAIDT	52,20
SCHWALBE und BECKER	53,46

Es ist aber notwendig, noch etwas über den Zellulosegehalt des Buchenholzes zu sagen: Stellt man die bisher vorliegenden Ergebnisse zusammen, so kommt man zu dem in Tabelle 42 wiedergegebenen Bild.

[1] JAYME u. BLISCHNOK: Holz als Roh- und Werkstoff, Bd. 1, S. 542 (1938).
[2] JAYME u. SCHORNING: Papierfabr. **36**, 239 (1938).

Nimmt man aus den Zahlen das Mittel, so ist zunächst festzustellen, daß der Zellulosegehalt der Buche geringer ist als der Zellulosegehalt der für die Kunstseiden- und Zellwollherstellung wichtigen Nadelhölzer, er liegt im Mittel bei 42,5—45,4%. Wie eingehende Versuche von JAYME und SCHORNING[1] gezeigt haben, kommt man aber beim Sulfitaufschluß über eine Ausbeute von 36% Zellulose nicht hinaus. Dies hat seinen Grund darin, daß die Zellulose des Buchenholzes große Anteile an Molekülen von sehr niedrigem Polymerisationsgrad besitzt. Diese Anteile erscheinen wohl in der Analyse als Zellulose, sind aber dem technischen Aufschluß gegenüber so wenig resistent, daß sie zu löslichen Hexosen abgebaut werden. Auch in der Tauchlauge der Zellwoll- und Kunstseidenfabriken sind bei Buchenzellstoff größere Anteile löslich als bei Fichtenzellstoff. Für die Ausbeuteberechnung an Kunstseide und Zellwolle aus dem Holz der Buche sind die in Tabelle 42 mitgeteilten Zellulosewerte daher unbrauchbar.

Das Holz enthält größere Mengen Wasser. Der Wassergehalt schwankt sehr stark je nach dem Alter des Baumes sowie bei gefällten Stämmen je nach den Bedingungen, unter denen das Holz gelagert hat. Auch spielt die Jahreszeit, in der das Holz geschlagen wurde, eine Rolle. Für lufttrockenes Fichtenholz nach zweijähriger Lagerung gibt HOTTENROTH[2] einen Wassergehalt von 10—20% an. Geflößtes Holz kann bis zu 60% Wasser enthalten.

Es sollen nunmehr die Begleitstoffe der Zellulose einer näheren Betrachtung unterzogen werden. Über die chemische Natur der Zellulose selbst wurde im 2. Kapitel schon berichtet.

a) Das Lignin.

Wie aus der Tabelle 40 ersichtlich ist, spielt dieser Körper neben der Zellulose im Holz mengenmäßig eine große Rolle. Die im nachfolgenden näher zu beschreibenden Körper lassen sich aus dem Stoffgemisch verhältnismäßig leicht herauslösen, so z. B. schon durch Wasser und verdünnte Alkalien. Dagegen ist die Trennung des Lignins von der Zellulose erheblich schwieriger. Für die Konstitutionsaufklärung[3] ist wichtig, daß die für die Abtrennung benötigten Chemikalien das Lignin beim Lösungsvorgang nicht unverändert lassen, so daß nicht mit Bestimmtheit gesagt werden kann, ob die Isolierung einwandfreier Ligninpräparate in der ursprünglichen Form, wie sie im Holz vorliegen, bis jetzt überhaupt gelungen ist. Ferner werden je nach der Holzart, die man als Ausgangsmaterial verwendet, und je nach der Aufschlußmethode verschiedene

---

[1] JAYME u. SCHORNING: Papierfabr. **36**, 239 (1938).

[2] HOTTENROTH: Die Kunstseide S. 53.

[3] Vgl. hierzu die zusammenfassende Darstellung von v. WACEK, Holz als Roh- und Werkstoff **1**, 543f (1938) sowie Österr. Chemiker-Ztg **36**, 84, 94 (1933).

Lignine erhalten. Nach den neuesten Forschungsergebnissen kann auch angenommen werden, daß die Ligninkörper in chemischer Bindung mit einigen der im Holz enthaltenen und die Zellulose begleitenden Kohlehydraten stehen. FREUDENBERG[1] hält eine glukosidische Bindung hiermit für möglich[2].

Das Lignin kann auf recht verschiedene Weise aus dem Holzgewebe isoliert werden, und zwar sowohl durch Herauslösen mit Alkalien und Säuren als auch durch Extraktion des Holzes mit organischen Lösungsmitteln. Beim Holzaufschluß nach dem Sulfitverfahren geht das Lignin in Form der Ligninsulfosäure in Lösung.

Das Lignin enthält eine Reihe charakteristischer Gruppen, von denen die Methoxylgruppe —OCH_3 sowie die Hydroxylgruppe in bezug auf die Konstitutionsaufklärung von Bedeutung sind. Das Vorliegen von Methoxylgruppen wurde eindeutig von HÄGGLUND und SUNDROOS[3] nachgewiesen. FREUDENBERG, BILTZ und NIEMANN[4] stellten fest, daß die methoxylhaltige Gruppe das Verhalten eines aromatischen Äthers aufweist, wodurch der Nachweis erbracht werden konnte, daß am Aufbau des Ligninmoleküls aromatische Reste beteiligt sind. Der Nachweis der Hydroxylgruppen wurde dadurch geführt, daß das Lignin der Verätherung sowie der Veresterung zugänglich ist. Die Hydroxylgruppe ist aber, wie FREUDENBERG feststellte, im Gegensatz zur Methoxylgruppe aliphatisch gebunden, und zwar handelt es sich offenbar um eine tertiäre Hydroxylgruppe[5]. Als gesichert kann im Lignin auch Sauerstoff angenommen werden, der teilweise als zyklischer Äther-Sauerstoff vorliegt[6]. Ob eine Dioxymethylengruppe oder eine Karbonylgruppe im Lignin vorhanden ist, ist noch fraglich[7].

Die aus den verschiedenen Hölzern isolierten Lignine unterscheiden sich besonders hinsichtlich ihres Gehaltes an Methoxyl, und zwar lassen sich bei den Hölzern Gruppen mit ungefähr 17% und ungefähr 22% Methoxyl unterscheiden[8]. Zu der ersteren Gruppe gehört die Fichte und Kiefer, zu der letzteren die Buche.

Um die chemische Konstitution des Lignins zu ermitteln, hat man wie bei der Zellulose versucht, Abbaureaktionen durchzuführen und die hierbei entstehenden Reaktionsprodukte zu identifizieren. Während aber die Zellulose z. B. bei der Hydrolyse vollkommen in Glukose übergeht,

---

[1] FREUDENBERG: Papierfabr. **36**, 36 (1938).
[2] FREUDENBERG: Papierfabr. **1937**, Adolf-Scheufelen-Festschrift S. 84.
[3] HÄGGLUND u. SUNDROOS: Biol. Z. **146**, 222 (1924).
[4] FREUDENBERG, BILTZ u. NIEMANN: B. **62**, 1554 (1929).
[5] FREUDENBERG, KNOPF u. JANSON: A. **518**, 62 (1935).
[6] FREUDENBERG, MAISTER u. FLICKINGER: B. **70**, 500 (1937).
[7] FREUDENBERG u. SOHNS: B. **66**, 262 (1933). — HIBBERT: Journ. Amer. Soc. **59**, 125 (1937).
[8] WACEK, V.: B. **63**, 2984 (1930).

ergeben sich beim Lignin definierbare Bruchstücke nur in geringer, und je nach der Behandlung wechselnder Ausbeute. Bemerkenswert ist aber, daß bestimmte, gleiche Bruchstücke in den verschiedensten Ligninpräparaten gefunden werden.

Beim Erhitzen von Sulfitlaugenrückständen mit Kalk erhielt GRAFE[1] Vanillin

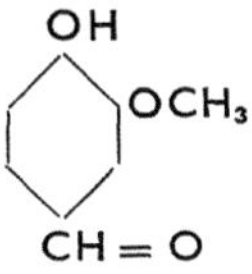

Bei der Destillation von Lignin, das durch Salzsäure-Extraktion aus dem Holz gewonnen war, fanden PICTET und GAULIS[2] Eugenol

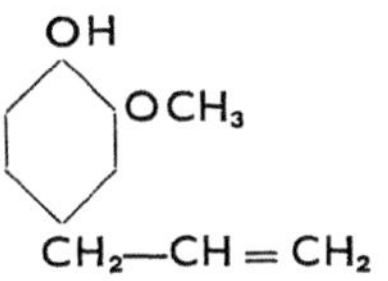

Harthölzer lieferten bei Untersuchungen von BELL, HAWKINS, WRIGHT und HIBBERT[3] einen höher methylierten phenolischen Körper, den Syringaaldehyd

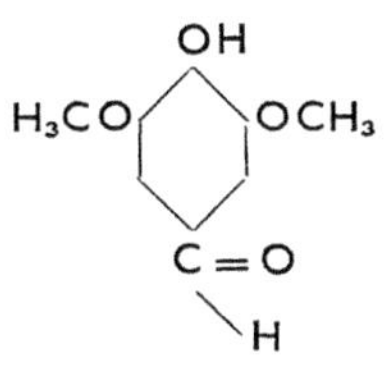

Aus diesen Befunden geht mit Sicherheit hervor, daß im Lignin aromatische Bausteine der folgenden Konstitution vorliegen:

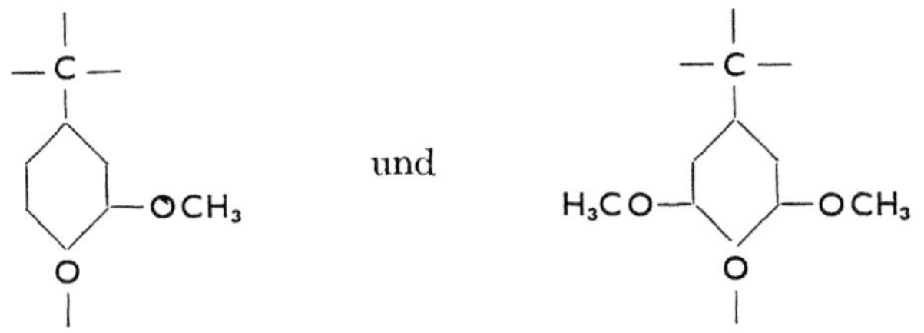

Neben diesen aromatischen Ringen müssen im Ligningrundkörper aber auch aliphatische Ketten vorhanden sein, denn bei der Zinkstaub-

[1] GRAFE: Monatsh. Chem. **25**, 1001 (1904).

[2] PICTET u. GAULIS: Helv. chim. Acta **6**, 636 (1923).

[3] BELL, HAWKINS, WRIGHT u. HIBBERT: Journ. Amer. chem. Soc. **59**, 598 (1937).

destillation von Lignin in einer Wasserstoffatmosphäre wurde von PHILLIPS und GOSS[1] *n*-Propylguajakol

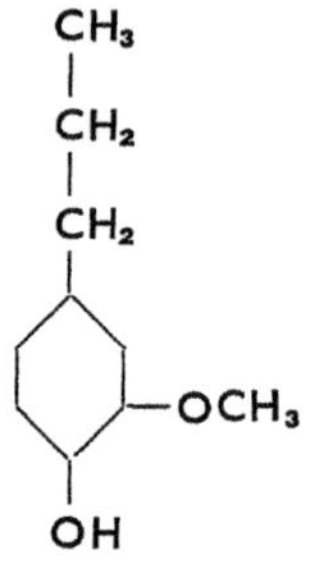

erhalten.

Auf Grund der vorliegenden Befunde hat FREUDENBERG ein Formelbild für den Ligningrundkörper entworfen. Hiernach treten mehrere Phenylpropanderivate durch Verätherung zusammen (I). Durch eine —C—C—-Kondensation bildet sich hieraus in einer zweiten Phase der mit II bezeichnete Körper.

I

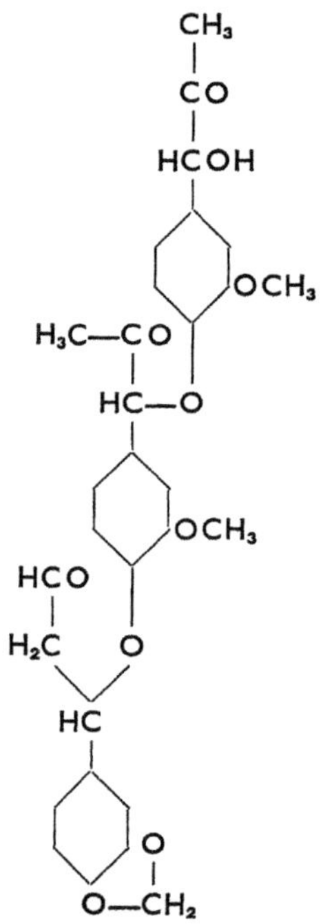

II

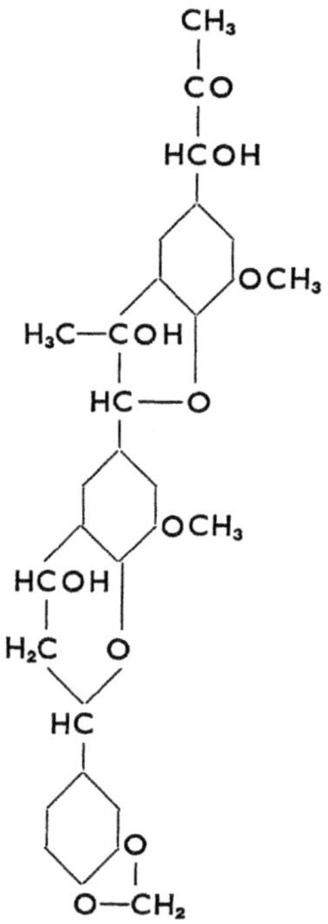

Es entstehen also Benzofuran- und Benzopyransysteme. Wie die Formelbilder zeigen, nimmt FREUDENBERG als Endgruppe eine Pipero-

[1] PHILLIPS u. GOSS: Journ. Amer. chem. Soc. **54**, 1518 (1932).

nylgruppe an, was daraus geschlossen wird, daß sich aus dem Lignin Formaldehyd abspalten läßt. HIBBERT[1] ist zwar der Ansicht, daß der Formaldehyd aus im Lignin enthaltenen Verunreinigungen stamme. Dies ist allerdings kaum wahrscheinlich, da die Formaldehydmengen verschiedener Ligninpräparate so gut übereinstimmen, daß FREUDENBERG aus ihnen den Schluß zog, daß jede fünfte aromatische Gruppe einen Piperonylrest trägt.

Die von FREUDENBERG angegebene Konfiguration ist durch eingehende Versuche an Modellkörpern (s. 4. Kap.) gesichert. FREUDENBERG nimmt an, daß die Ligningrundkörper im Holz zu dreidimensionalen Gebilden von hohem Molekulargewicht zusammengetreten seien. Über das Molekulargewicht des Lignins kann noch nichts endgültiges ausgesagt werden. An löslichen Ligninpräparaten ist verschiedentlich das Molekulargewicht ermittelt worden. WEDEKIND und KATZ[2] sowie PAULY[3] fanden Werte von 400—3000, PAULY und BAILOM[4] erhielten bei weiteren Molekulargewichtsbestimmungen Werte von 900—5000. Dem löslichen Lignin kann demnach nicht das Bauprinzip der hochpolymeren Stoffe zukommen, was auch von STAUDINGER[5] aus viskosimetrischen Untersuchungen geschlossen wurde. Hierbei wurden Molekulargewichte von etwa 1000 gefunden. Die im Holz enthaltenen unlöslichen Lignine sind der Molekulargewichtsbestimmung nicht zugänglich. Man braucht aber nicht anzunehmen, daß diese ein sehr hohes, der Zellulose entsprechendes Molekulargewicht aufweisen[6]. Wie schon an anderer Stelle erwähnt, ist es möglich, daß das Lignin im Holz die Zellulose zu makromolekularen Gebilden verknüpft, wenn auch die Verknüpfungsstellen sehr locker sein müssen, da es nach STAUDINGER z. B. gelingt, etwa 50% des gesamten Ligninanteiles schon durch Ameisensäure aus dem Holz herauszulösen.

Über die sich beim Holzaufschluß nach dem Sulfitverfahren am Ligninkörper abspielenden Reaktionen soll an anderer Stelle (4. Kap.) berichtet werden.

Es darf in diesem Zusammenhang nicht unerwähnt bleiben, daß von HILPERT[7] die Ansicht vertreten wurde, daß der als Lignin angesprochene Körper als solcher nicht in den Hölzern vorgebildet sei, sondern erst bei den Trennungsversuchen durch die Einwirkung der angewandten

[1] HUNTER, WRIGHT u. HIBBERT: B. **71**, 734 (1938).

[2] WEDEKIND u. KATZ: B. **62**, 1172 (1929).

[3] PAULY: B. **67**, 1177 (1934).

[4] PAULY u. BAILOM, in BAILOM: Zur Kenntnis der Xylogene. Diss. Würzburg 1930.

[5] STAUDINGER u. DREHER: **69**, 1729 (1936). Vgl. auch SARKAR: Journ. Indian chem. Soc. **12**, 470 (1935).

[6] STAUDINGER u. DREHER: B. **69**, 1729 (1936).

[7] HILPERT u. PETERS: B. **70**, 113, 514, 2209 (1937); **71**, 1962 (1938). — HILPERT u. PFÜTZENREUTER: B. **71**, 2220 (1938).

Reagenzien auf im Holz vorhandene Körper entstehe. Auch eine aromatische Natur des Lignins hält HILPERT[1] für unwahrscheinlich. Wenn auch FREUDENBERG der Ansicht ist, daß mit einer Veränderung des Lignins bei der Isolierung in Gestalt einer weiteren Kondensation von Ligninbausteinen gerechnet werden muß, so ist die HILPERTsche Anschauung doch nicht gesichert genug, um als richtig hingestellt zu werden, worauf insbesondere WEDEKIND[2] sowie auch SCHWALBE[3] hinweisen.

b) Die Kohlehydrate.

Die die Zellulose im Holz begleitenden Kohlenhydrate sind, wie die Zellulose selbst, Polysaccharide. Ihre Konstitutionsaufklärung erwies sich als recht schwer und ist erst in jüngster Zeit teilweise gelungen[4]. Reine Präparate konnten nur in seltenen Fällen erhalten werden. Ihre Struktur wurde auf Grund der aus ihnen bei der Hydrolyse entstehenden einfachen Zucker aufgeklärt. Es liegt im Holz ein Gemisch von Kohlehydraten vor, deren hydrolytische Spaltprodukte teils 5, teils 6 Kohlenstoffatome enthalten. Man bezeichnet die Kohlehydrate dementsprechend als Pentosane und Hexosane. Sie liefern bei der totalen Hydrolyse die Zucker Mannose, Galaktose, Xylose und Arabinose. Einem Vorschlag SCHEIBLERs[5] folgend, nennt man die aus diesen, Spaltzuckern aufgebauten Polysaccharide Mannan, Galaktan, Xylan und Araban.

Verhältnismäßig reines **Mannan** wurde von BAKER und POPE[6] sowie von PRINGSHEIM und SEIFERT[7] aus amerikanischen Steinnüssen sowie aus Salepschleim isoliert. HAWORTH, RAISTRICK und STACEY[8] gewannen ein reines Mannanpräparat aus Penicillium Charlesii. Die Steinnußmannane lassen sich durch 5%ige Natronlauge in ein lösliches Mannan A und ein unlösliches Mannan B zerlegen. Sie stellen beide weiße, pulverförmige Substanzen dar und sind nach Untersuchungen von HERZOG und GONELL[9] kristalliner Natur. Das Mannan A liefert bei der Methylierung ein Trimethylmannan, woraus bei der Hydrolyse in der Hauptsache 2, 3, 6-Trimethyl-d-Mannose entsteht[10]. Aus dem Drehwert von Mannobiose, die bei vorsichtig geleitetem Abbau erhalten werden kann, ergibt sich eine 1,4-Verknüpfung zwischen den einzelnen Mannoseresten. Man kommt so zu folgendem Formelbild für das Steinnuß-Mannan:

---

1 HILPERT u. HANSI: B. **70**, 2209 (1937).

2 WEDEKIND u. MÜLLER: B. **69**, 1517 (1936).

3 SCHWALBE: Cellulose-Chem. **17**, 117 (1936).

4 Vgl. hierzu die zusammenfassende Darstellung von MICHEEL: Angew. Chem. **52**, 6 (1939).

5 SCHEIBLER: Neue Z. Rübenzuckerind. **8**, 277 (1882).

6 BAKER u. POPE: Proc. chem. Soc. Lond. **16**, 72 (1900).

7 PRINGSHEIM u. SEIFERT: Z. phys. Chem. **123**, 205 (1922).

8 HAWORTH, RAISTRICK u. STACEY: Biochem. Journ. **29**, 612 (1935).

9 HERZOG u. GONELL: Naturwiss. **12**, 1153 (1925).

10 KLAGES u. Mitarbeiter: A. **509**, 159 (1934); **535**, 175 (1938).

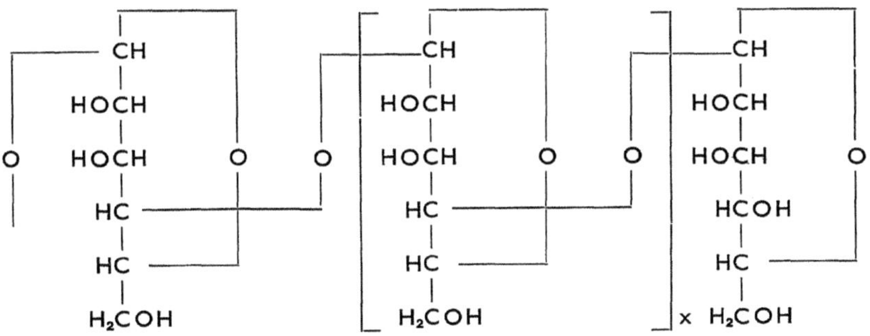

Das aus Penicillium Charlesii isolierte Mannan besitzt im Gegensatz zum Steinnußmannan eine 1,6-Verknüpfung.

Nach Untersuchungen von HUSEMANN[1] besitzen die Makromoleküle des aus Fichtenholz isolierten Mannans einen durchschnittlichen Polymerisationsgrad von 150, die Ketten sind also wesentlich kürzer als die Zelluloseketten. Das Hydrolysenprodukt, die Mannose, liefert mit Phenylhydrazin ein unlösliches Phenylhydrazon[2]. Durch Einwirkung von Säure in der Wärme bildet sich ω-Oxymethylfurfurol[3], das mit Phlorogluzin-Salzsäure ein rot gefärbtes Kondensationsprodukt ergibt. Diese Reaktion ist jedoch nicht für Mannan charakteristisch, da sie unter den gleichen Bedingungen auch aus Glukose und Galaktose erhalten wird.

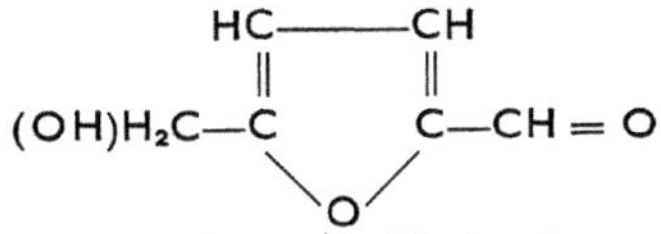

ω-Oxymethylfurfurol

Zu den Hexosanen gehört auch das **Galaktan**, von dem ein verhältnismäßig reines Präparat von v. LIPPMANN[4] aus dem Kalkschlamm der Rübenzuckerfabriken erhalten wurde. Dem Hydrolysenprodukt Galaktose kommt die folgende Formel zu:

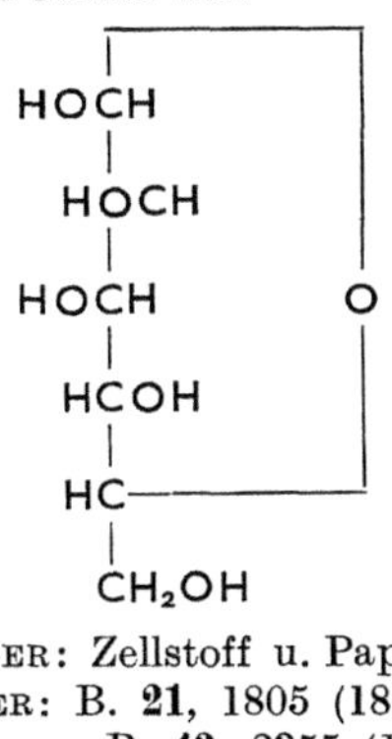

[1] HUSEMANN, b. STAUDINGER: Zellstoff u. Papier **1938**, Heft 8.
[2] FISCHER u. HIRSCHBERGER: B. **21**, 1805 (1888).
[3] AF EKENSTAM u. BLANKOMA: B. **43**, 2355 (1916).
[4] LIPPMANN, V.: B. **20**, 1001 (1887).

Nach Untersuchungen von HAWORTH schließt sie sich durch 1,5-Verknüpfung zum Galaktan zusammen. Galaktose ist von den im Holz enthaltenen Kohlehydraten besonders leicht hydrolysierbar. Polymerisationsgradbestimmungen deuten auf einen sehr niedrigen Polymerisationsgrad von 9—10 hin.

Oxydation mit Salpetersäure führt das Hydrolysenprodukt in Schleimsäure über:

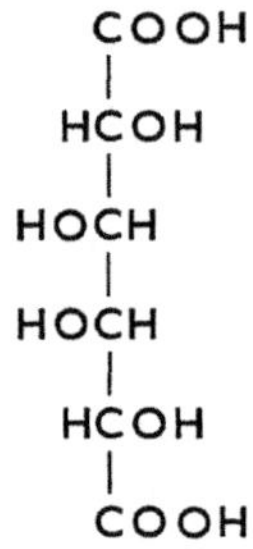

Von den Pentosanen ist das wichtigste das **Xylan.** Es läßt sich im Gemisch mit dem noch zu beschreibenden Araban aus alkalischen Holzextrakten mit FEHLINGscher Lösung als Kupferalkaliverbindung fällen[1]. Am besten untersucht ist das Xylan des Espartograses[2]. Sein Kettenmolekül ist uneinheitlich zusammengesetzt, da es nicht nur aus *d*-Xyloseresten besteht, sondern auch *l*-Arabinosereste enthält. Auf 18—20 Xylosereste soll 1 Arabinoserest entfallen. Die durch Hydrolyse entstehende Xylose hat die Formel:

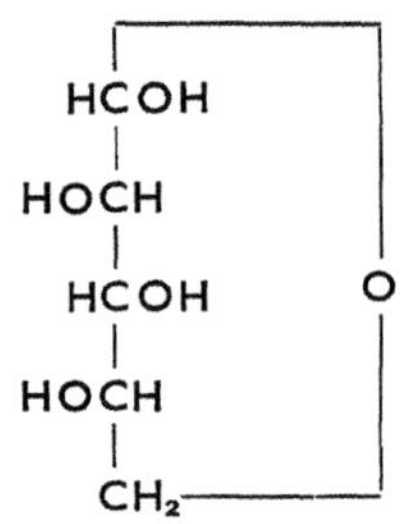

Die Xylosereste sind durch 1,4-Bindungen zum Gesamtmolekül verknüpft. Die leicht abspaltbaren Endgruppen sind *l*-Arabofuranosereste. Man nimmt beim Xylan ein verzweigtes Molekül an. Nach STONE und TOLLENS liefert das Xylan bei der Destillation mit Salzsäure Furfurol.

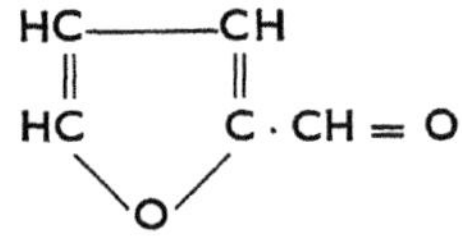

[1] SALKOWSKI: Z. phys. Chem. **34**, 162 (1902); **35**, 240 (1903).

[2] HAWORTH, HIRST u. OLIVER: Journ. chem. Soc. Lond. **1934**, 1919.

Hierauf ist die Kirschrotfärbung xylanhaltiger Holzpräparate beim Kochen mit verdünnter Salzsäure in Anwesenheit von Phlorogluzin zurückzuführen. Dieselbe Reaktion tritt auch bei Anwesenheit von Araban ein.

Das von Xylan nur schwer zu trennende **Araban** ist aus *l*-Arabinoseresten aufgebaut. Der *l*-Arabinose kommt nach HIRST und ROBERTSON[1] die folgende Formel zu:

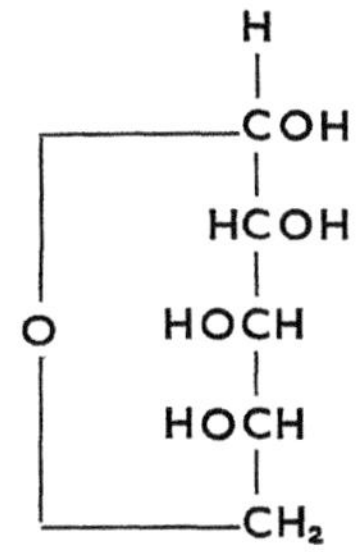

Das bei der Extraktion des Holzes zuerst erhaltene rohe Pentosangemisch wird nach TOLLENS auch mit „Holzgummi“ bezeichnet.

In der Zellwand sind in untergeordneter Menge ferner substituierte Pentosane, und zwar **Methylpentosane** enthalten. Sie können als Methylfurfurol nachgewiesen werden:

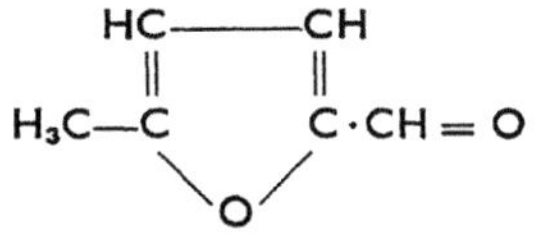

Ihre Konstitution ist noch nicht genau ermittelt. Unter den Hydrolysenprodukten wurde von HIRST und MACBETH[2] Rhamnose nachgewiesen. Die Bindungsart ist noch unsicher.

In der Zelluloseliteratur findet man häufig den Ausdruck „Hemizellulose“. Es muß hierzu gesagt werden, daß er leicht zu Mißverständnissen Anlaß gibt: Im allgemeinen versteht man unter Hemizellulose das Hexosangemisch[3], oft rechnet man zu der Hemizellulose auch die Pentosane. Schließlich kann man unter Hemizellulose auch abgebaute Zellulose, die in das Gebiet der Hemikolloide im STAUDINGERschen Sinne fällt, verstehen. Der Ausdruck Hemizellulose ist in der Kunstseiden- und Zellwollindustrie ferner als terminus technicus geläufig. Hier versteht man unter Hemizellulose jedoch ganz allgemein alle aus dem

[1] HIRST u. ROBERTSON: J. chem. Soc. Lond. **127**, 358 (1925).
[2] HIRST u. MACBETH: J. chem. Soc. Lond. **128**, 22 (1926).
[3] HOTTENROTH: S. 51.

Zellstoff in die Tauchlauge gelangenden organischen Stoffe kolloider Natur, die eine Verunreinigung der Tauchlauge ergeben.

c) Die Pektine.

Neben den Hexosanen, Pentosanen und Methylpentosanen sind in der Zellwand, und zwar nach einer Annahme RITTERs hauptsächlich in der Mittellamelle, noch Stoffe enthalten, die bei der Hydrolyse neben einfachen Spaltzuckern noch Körper mit saurem Charakter ergeben. Sie gehören zu einer Körperklasse, die man mit Polyuronsäuren bezeichnet. Das Ergebnis der totalen Hydrolyse der Pektine ist *d*-Galakturonsäure von der Formel:

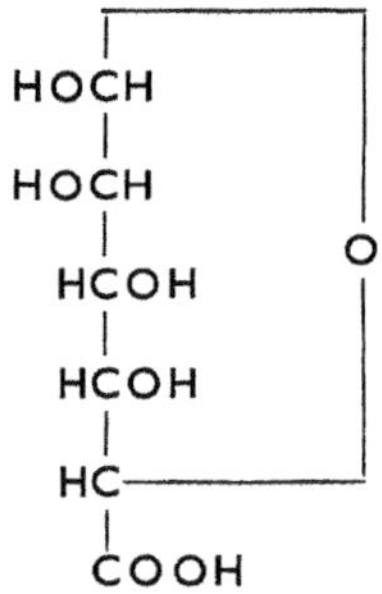

Die Galakturonsäurereste sind durch 1,4-Bindung zur Polygalakturonsäure verknüpft. Dies geht daraus hervor, daß sie durch Oxydation mit Perjodsäure *l*-Weinsäure liefert:

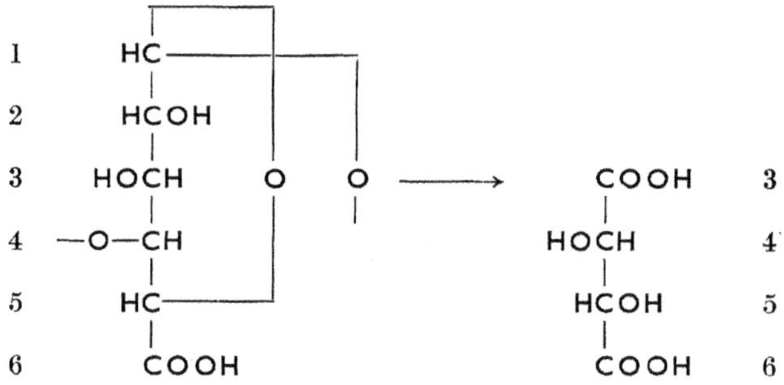

Zwei Hydroxylgruppen in der Anordnung der *l*-Weinsäure müssen also durch Ätherbrücken gegen Oxydation geschützt sein[1].

HENGLEIN[2] nimmt für die Pektine ein langgestrecktes, aus Galakturonsäureresten bestehendes Kettenmolekül an. SCHNEIDER und BOCK[3]

[1] LEVENE u. KREIDER: Journ. biol. Chem. **120**, 591 (1937).

[2] HENGLEIN u. Mitarbeiter: B. **69**, 323, 2530, 2537 (1936); **70**, 1611, 1617 1937); **71**, 1353 (1938).

[3] SCHNEIDER u. BOCK: Angew. Chem. **51**, 94 (1938).

haben den Beweis dafür erbracht, daß ein Teil der Karboxylgruppen methyliert ist, wodurch man zu folgendem Formelbild für das Pektin kommt:

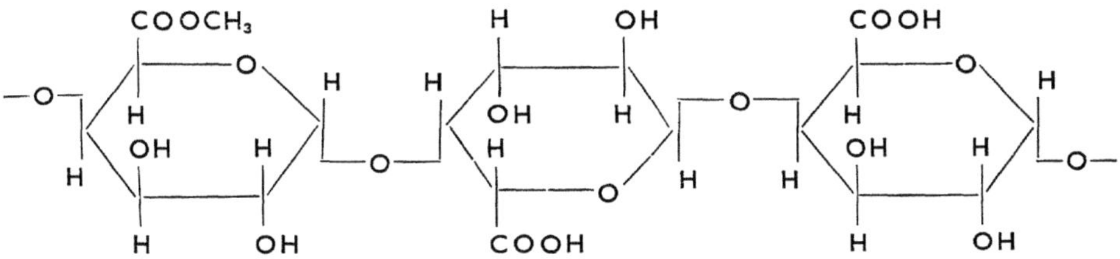

Ein Teil der Karboxylgruppen ist an Kalzium und Magnesium gebunden[1].

d) Harze, Fette und Wachse.

Auch über diese in untergeordneter Menge im Holz enthaltenen Körper muß ausgesagt werden, daß die Erforschung ihrer chemischen Zusammensetzung noch im Fluß ist, so daß über die Konstitution noch nichts endgültiges ausgesagt werden kann. Nach König[2] können diese Stoffe aus dem Zellwandmaterial durch sukzessives Herauslösen der anderen Bestandteile oder durch Extraktion mit indifferenten organischen Lösungsmitteln erhalten werden. Man bezeichnet das aus Harzen, Fetten und Wachsen bestehende Gemisch auch als Kutin. Wie König und Rump[3] nachgewiesen haben, befindet sich das Kutin hauptsächlich in den äußeren Teilen der Pflanzenmembran. Der Gehalt an diesen Stoffen ist bei den einzelnen Pflanzen sehr verschieden. Sieber gibt für die Fichte einen Harzgehalt von 0,48% und einen Fettgehalt von 0,50% an, während in der Kiefer der Harzgehalt zu 1,11% und der Fettgehalt zu 1,43% gefunden wurde. Die Harze lassen sich beim Holzaufschluß nach dem Natronverfahren in Form von Harzseifen aus der Abkochlauge abscheiden und ergeben nach dem Zerlegen mit Säure das technisch wichtige Tallöl[4].

e) Proteine.

Eine Isolierung und Darstellung der stickstoffhaltigen Proteine aus dem Holz ist bisher nicht gelungen. Bei diesen Körpern handelt es sich, wie allgemein angenommen wird, nicht um Bestandteile der Zellwand, sondern um Rückstände der Inhaltssubstanz der lebenden Zelle. Angereichert mit Proteinen sind z. B. die Bäuchlaugen von Baumwolle,

[1] Frey-Wyssling: Stoffausscheidung, S. 73.

[2] König: Chem. Zbl. **1906 II**, 1528. — Murdfield: Diss. Münster 1906.

[3] König u. Rump: Chemie und Struktur der Pflanzenmembran, S. 53. Berlin 1914.

[4] Dittmer: Angew. Chem. **39**, 262, 269 (1926).

aus denen TSCHILIKIN[1] ein Präparat isolieren konnte, das dem Keratin nahesteht. Der Stickstoffgehalt der Hölzer wird mit durchschnittlich 0,1% angegeben[2].

f) Farbstoffe.

Die im Holzgewebe in den uns hier interessierenden Hölzern nur in ganz geringen Mengen vorkommenden Farbstoffe sind ihrer chemischen Natur nach Beizenfarbstoffe[3].

g) Mineralische Bestandteile.

Bei den im Holz enthaltenen mineralischen Bestandteilen müssen wir zwei Gruppen unterscheiden[4]. Ein Teil von ihnen ist chemisch an organische Körper gebunden, während der andere Teil als Salze in den Zellsäften vorhanden ist. Bei der Besprechung der Pektinkörper hatten wir schon als der ersten Gruppe zugehörig das Kalzium und Magnesium kennengelernt. Wir müssen hier noch weiteres Magnesium erwähnen, das am Aufbau des Chlorophyllmoleküls (WILLSTÄTTER) beteiligt ist und infolgedessen in allen grünen Pflanzen vorkommt.

Der Gesamtaschengehalt der Hölzer kann zwischen 0,2 und 4% schwanken, liegt aber meist unter 1% vom Gewicht der Trockensubstanz. Vorherrschend ist das Kalzium. Bei den Laubhölzern, die besonders reich an Kalk sind, besteht die Asche zu 60—75% aus Kalziumoxyd, während sie bei der Fichte höchstens zu 30% daraus besteht. Das Kalziumoxyd der Asche setzt sich aus Kalzium der Pektinsalze zusammen und aus Kalzium, das als Kalziumkarbonat in den Parenchymzellen und Tracheiden in kristallinischer Form abgelagert ist.

Der Magnesiumgehalt der Asche liegt zwischen 5 und 10% Magnesiumoxyd.

Verhältnismäßig hoch ist auch der Kaligehalt, der in kalkarmen Hölzern den Kalziumgehalt übersteigen kann. In der Asche finden sich durchschnittlich 10—20% Kaliumoxyd, jedoch können diese Werte bis auf 45% steigen. Kalium ist ein wesentlicher Bestandteil der Pflanzensäfte, mit denen es wasserlösliche Salze bildet.

In im allgemeinen nur geringen Mengen (0,5—2% der Asche) enthält das Holz Natrium.

Von untergeordneter Bedeutung sind Aluminium, Eisen und Mangan.

In stark schwankenden Mengen enthalten die Hölzer fast immer Phosphorsäure. Auch Schwefel ist in den Hölzern enthalten. Die Hölzer weisen ferner einen stark schwankenden Gehalt an Kieselsäure auf. Besonders die Fichte ist sehr kieselsäurereich. Ihre Asche kann bis zu 37% Siliziumdioxyd enthalten.

In Spuren findet sich schließlich auch Chlor in den Hölzern.

---

[1] TSCHILIKIN: Angew. Chem. **40**, 746 (1927). [2] Vgl. HESS: S. 213.
[3] Vgl. HESS: S. 214. [4] Vgl. HOTTENROTH: S. 53f.

B. Das Stroh.

Zur Verbreiterung der Rohstoffgrundlage für die deutsche Zellwollerzeugung wird auch der Strohzellstoff herangezogen, nachdem sich die Papierindustrie schon längere Zeit des Strohzellstoffes bediente. Im Jahre 1936 wurden etwa 300000 Tonnen Stroh = 0,7% der Ernte industriellen Zwecken zugeführt. Man rechnet im allgemeinen in Deutschland mit einem jährlichen Strohertrag von 33,7 Millionen Tonnen, jedoch ist der Strohanfall je nach der Beschaffenheit der Ernte starken Schwankungen unterworfen. Aus dieser Zahl ist also ersichtlich, daß Stroh in reichlicher Menge zur Verfügung steht. Die im Jahre 1937 gegründete „Kurmärkische Zellwolle und Zellulose Aktiengesellschaft" Wittenberge, soll vorerst jährlich 20000 Tonnen Strohzellstoff erzeugen, wozu 50000 Tonnen Stroh erforderlich sind. Dies ist 0,15% einer mittleren deutschen Stroherernte. Es ist beabsichtigt, zunächst 12000 Tonnen dieses Zellstoffes auf Zellwolle zu verarbeiten, mit dem Rest von 8000 Tonnen sollen Papierfabriken beliefert werden.

Mit Stroh bezeichnet man den zum Frucht- und Samenträger gewordenen Halm der Getreidearten nach der Reife. Das Stroh stellt lange, hohle Röhren dar, deren Wandung ziemlich kompliziert zusammengesetzt ist. Die Wand des Strohhalmes läßt konzentrische Schichten erkennen, die von verschiedenen Zellformen gebildet sind. Die äußere Schicht stellen Oberhaut- und Kutikularzellen (Rindenzellen) dar, dann folgt ein ziemlich dickes Gewebe von Parenchymzellen. In dieses Parenchymgewebe eingelagert finden wir die sog. Leitbündel, worunter zu Bündeln zusammengefaßte Zellröhren zu verstehen sind, die die Wand des Halmes in der Längsrichtung durchziehen und die dem Transport von Flüssigkeiten dienen. Den Leitbündeln benachbart sind zwei Zellgewebsformen, die man mit Phloëm und Xylem bezeichnet. Die letzteren werden auch Bastzellen genannt. Sie dienen in der Hauptsache der Verfestigung des Halmes.

Die im Stroh enthaltenen Zellen sind von äußerst kleinen Abmessungen[1]: Die Parenchymzellen, die den Hauptanteil der im Stroh enthaltenen Zellen stellen, haben eine Länge von 0,06—0,85 mm bei einer Breite von 50—113 μ. Die Oberhaut- und Kutikularzellen sind 0,06—0,34 mm lang und 13—76 μ breit. Die Länge der Bastfaserzellen schwankt swischen 0,41 und 3,1 mm, die Breite zwischen 8 und 38 μ.

Der Zellulosegehalt des Strohes ist geringer als der der Hölzer. Er beträgt durchschnittlich 43—53%[2], dafür sind in reichlicher Menge Hexosane und Pentosane vorhanden. Die Kutinsubstanzen stellen Gemische aus hochpolymeren gesättigten und ungesättigten Fettsäuren

---

[1] Hoyer: Faserforschg. **13**, 128 (1938).

[2] Für diese Angabe bin ich der Schlesischen Zellwolle Aktiengesellschaft zu Dank verpflichtet.

dar. Auffallend ist der hohe Aschengehalt des Strohes (2,8—3%) und zwar besteht die Asche im wesentlichen aus Kieselsäure, die in reichlicher Menge in den Zellen abgelagert ist. Sie lagert sich in Form fester Gele an das Innere der Zellwände an, wobei das Plasma mehr und mehr verdrängt wird. Der Wassergehalt der Kieselsäuregele ist wechselnd. Sie sind mit größeren Mengen anorganischer und organischer Verunreinigungen durchsetzt. Die verkieselten Zellen sind meist besonders kurz[1]. Neben der Kieselsäure ist in der Asche viel Magnesium enthalten, das in der Hauptsache aus dem Chlorophyll stammt, dem der wachsende Halm seine grüne Farbe verdankt und das sich beim Reifen unter Bildung gelbgefärbter Körper zersetzt.

C. Das Kartoffelkraut.

Bereits vor 50 Jahren ist Kartoffelkraut zu Papierzellstoff verarbeitet worden[2]. In Deutschland sind rund 2700000 ha des Bodens mit Kartoffeln bebaut; diese Fläche liefert etwa 2000000 Tonnen lufttrockenes Kartoffelkraut. Die Zellstoffausbeute schwankt je nach dem Aufschlußverfahren zwischen 15 und 35%. Kartoffelkraut ist also verhältnismäßig arm an Zellulose.

D. Das Schilf.

Schilf kommt in Deutschland in zwei Arten vor, die verschiedenen Zellulosegehalt besitzen[3]. Praktische Bedeutung wird nur das Kolbenschilf (Typha) erlangen. Nach Schätzungen können aus dem uns zur Verfügung stehenden Material etwa 10000 Tonnen Zellstoff gewonnen werden. Hierbei ist aber zu beachten, daß Schilf auch für andere Zwecke schon nutzbar gemacht wird (Rohrgeflechte, Baumaterialien, Dichtung von Faßdauben usw.), und es für diese Zwecke wahrscheinlich von höherem Wert ist.

Die Faserzellen des Kolbenschilfes sind außerordentlich kurz, ihre Länge beträgt im Mittel etwa 0,8 mm. Viele Zellen weisen aber eine Länge von nur 0,1—0,3 mm auf.

E. Die Baumwolle.

Mit Baumwolle bezeichnet man die Haare, die die erbsengroßen Samenkörner der Baumwollpflanze umgeben. Sie sind mit ihrem einen Ende an der Außenhaut des Samenkornes festgewachsen. Diese behaarten Samenkörner befinden sich in großer Menge in der walnußgroßen braunen Fruchtkapsel, die zur Zeit der Reife in Form von drei Klappen

[1] Näheres bei Frey-Wyssling: Stoffausscheidung S. 189f.
[2] Vgl. Lüdtke: Papierfabr. **36**, 67 (1938).
[3] Näheres bei Lüdtke: Papierfabr. **36**, 67 (1938).

aufspringt. Bei der Ernte werden die behaarten Samenkörner mit der Hand von der Samenkapsel befreit. Die Trennung der Baumwollhaare von den Samenkörnern erfolgt mechanisch durch die sog. Egreniermaschine. Außer den langen Baumwollhaaren besitzen die Samenkörner jedoch noch einen Pelz von ganz kurzen Haaren, der übrigens nicht bei allen Baumwollarten vorkommt. Diese kurzen Haare bezeichnet man mit „Grundwolle" oder „Linters". Sie werden beim Egreniervorgang nicht von der Schale des Samenkorns abgerissen. Die Abtrennung muß vielmehr in einem besonderen Arbeitsgang erfolgen. Da für die Herstellung von Zellstoff die Faserlänge keine Rolle spielt, weil die Fasern im Gange der Zellstoff-Fabrikation doch zerkleinert werden müssen, so verwendet man zu diesem Zweck nicht die langen Baumwollhaare, sondern nur diese Linters. Sie sind naturgemäß auch billiger als die Langhaare. Es ist schon erwähnt worden, daß man den Baumwollzellstoff außer aus Linters auch aus Abfallmaterial der Baumwollspinnereien oder aus Hadern herstellen kann.

Die Entfernung der Linters von den Samenkörnern erfolgt durch eine besondere Maschine, den sog. Lintergin. In diesem werden die Samenkörner durch Flügelwalzen gegen die Zähne umlaufender Sägen geschleudert, wodurch die Linters abgerissen werden. Sie verlassen als dünnes Faservlies die Maschine und werden in Ballen gepreßt, in welcher Form sie dann der Zellstoff-Fabrik zugeführt werden.

I. Die Anatomie der Baumwolle.

Das Baumwollhaar und somit auch das Lintershaar stellt eine einzige, langgestreckte Zelle dar. Im Gegensatz zu den die Holzfasern bildenden Tracheen und Tracheiden hat die Baumwollfaser nur eine natürliche Spitze, am anderen Ende ist sie abgerissen. Die Spitze hat ein kegel- oder spindelförmiges Aussehen. Die Länge der Baumwollfaser, die man mit „Stapel" bezeichnet, schwankt bei dem Langhaar zwischen 12 und 50 mm, die Linters sind nur 1—5 mm lang. Die Baumwollfaser ist bandförmig und korkzieherartig gewunden, jedoch verteilen sich diese Windungen nicht immer über die ganze Faserlänge. Die Dicke der Faser ist nicht gleichmäßig, sie verjüngt sich vielmehr von einem etwas unterhalb der Mitte liegenden Punkte an allmählich nach beiden Seiten zu. Ebenso wie die Länge, so schwankt auch die Dicke der Faser je nach der Art in ziemlich weiten Grenzen. Sie liegt zwischen 20 und 40 μ. Abb. 36 zeigt ein Baumwollhaar unter dem Mikroskop. Der Querschnitt der Faser ändert sich mit zunehmendem Alter. Bei der jungen, noch mit Protoplasma erfüllten lebenden Zelle ist der Querchsnitt rundlich, er wird mit zunehmendem Alter immer flacher und bändchenförmiger (Abb. 37). Nach dem Verschwinden des Protoplasmas bildet sich in der Faser ein hohler Schlauch, das sog. Lumen, das auf den Querschnittsbildern gut zu erkennen ist. Das Lumen enthält stets Luft und Reste des Protoplasmas. Das Haar ist nicht verholzt und ist außen mit einer dünnen Haut, der sog. Kutikula umgeben. Auch die Zellwand der Baumwollfaser besteht aus mehreren Lamellen, die ihrerseits wieder Fibrillen enthalten.

Ein äußerst charakteristisches Bild nimmt die Baumwollfaser an, wenn sie in Quellungsmittel, beispielsweise in Kupferoxydammoniaklösung, eingebettet wird (Abb. 38). Sie ähnelt dann einer Perlenschnur.

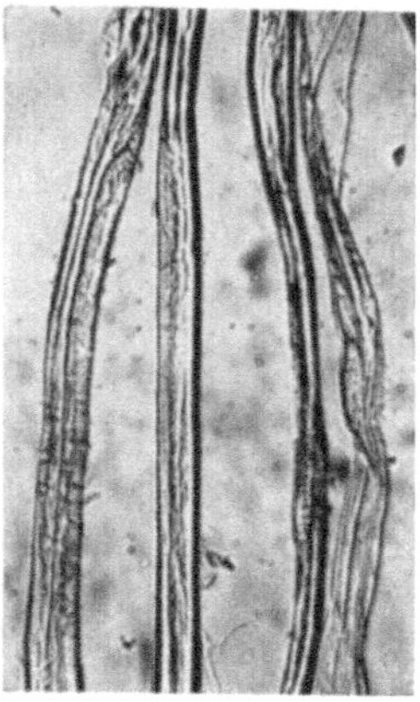

Abb. 36. Baumwollfasern unter dem Mikroskop.

Abb. 37. Querschnitte durch Baumwollfasern. *l* Lumen.

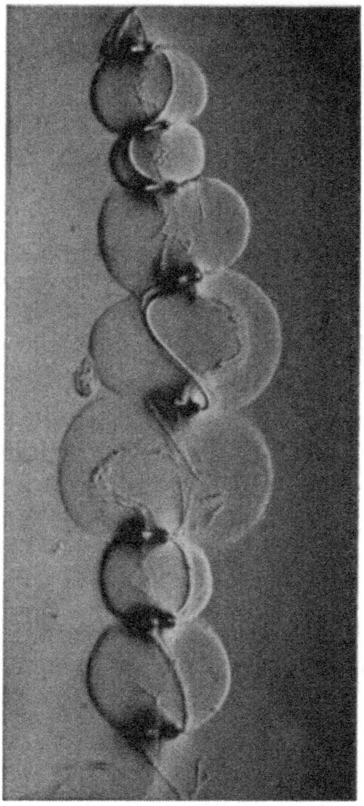

Abb. 38. Ungebleichte Baumwolle in Kupferoxydammoniak gequollen. In der Mitte Protoplasmareste. Vergr. 100mal. (Nach A. HERZOG.)

Über die Entstehung der eigenartigen Einschnürungen sind die Ansichten noch geteilt. Die allgemeine Ansicht geht dahin, daß die Kutikula nicht an allen Stellen durch die quellende Zelle gesprengt wird und daß diese an festeren Stellen ihre Ringform beibehält. Dieser Ansicht steht die Auffassung von LÜDTKE und HESS[1] gegenüber, die die Einschnürung auf die Anwesenheit von Querstrukturelementen in der Zelle zurückführen, die chemisch nicht aus Zellulose bestehen. Eine Stütze erhält diese Anschauung einerseits dadurch, daß SAKOSTSCHIKOFF und TUMARKIN[2] bei mikroskopischen Untersuchungen am Baumwollhaar Quer-

[1] LÜDTKE: Technik und Chemie der Papier- und Zellstoff-Fabrikation, Bd. 30, S. 65. 1933.

[2] SAKOSTSCHIKOFF u. TUMARKIN: Melliand Textilber. **16**, 214, 499 (1935).

strukturelemente nachgewiesen zu haben glauben und daß andererseits die Zellulosefasern bei bestimmten chemischen Angriffen in der Längsrichtung in kleine Spaltstücke zerfallen. Diesen Argumenten kann noch angeschlossen werden, daß auch die Bastfasern ein ähnliches Quellungsbild wie die Baumwolle ergeben, ohne eine Kutikularhaut zu besitzen. HALLER hat beobachtet, daß auch Kunstfasern die von SAKOSTSCHIKOFF und TUMARKIN gefundenen Strukturen zeigen, wenn man sie auf die gleiche Weise behandelt. Da die ursprüngliche Wachstumsstruktur der natürlichen Faser durch den tiefgehenden Umwandlungsprozeß zur künstlichen Seide jedoch restlos zerstört sein dürfte, so stellt HALLER das Vorhandensein von Querhäuten in Abrede.

Das Lumen verengt sich bei der Quellung zu einem dünnen Schlauch, der die Mitte der gequollenen Faser durchzieht. An einigen Stellen sind in ihm noch Reste des Protoplasmas sichtbar.

II. Die Chemie der Baumwolle.

Die Baumwollfaser stellt chemisch fast reine Zellulose dar[1]. Sie enthält etwa 7—8% Feuchtigkeit und außerdem Fettkörper sowie Eiweiß und Proteine, ferner Farbstoffe und mineralische Bestandteile. HOTTENROTH gibt die Zusammensetzung einer amerikanischen Baumwollfaser wie folgt an:

Tabelle 43. Zusammensetzung der Baumwolle.

Zellulose	83,71%
Wasser	6,74%
Wachs und Fett	0,61%
Eiweiß und Protein	1,50%
Stickstofffreie Extraktstoffe	5,29%
Asche	1,65%

Die Wachs- und Fettstoffe befinden sich zum größten Teil in der Kutikula, die Eiweiß- oder Proteinkörper an oder in der Wand des Lumens.

Eine gute Übersicht über die Eigenschaften und das Verhalten der Baumwollwachse gibt KOLLMANN[2]. Nach ihm lassen sich die Wachskörper durch Ätherextraktion aus der Baumwollfaser ausziehen, während durch Extraktion mit Benzol nicht alle Körper erfaßt werden. Man hat ferner einen petrolätherlöslichen und einen petrolätherunlöslichen Anteil zu unterscheiden. Diese beiden stehen mengenmäßig etwa in einem Verhältnis von 7 : 3 bis 8 : 2. Der schwer verseifbare petrolätherlösliche Anteil enthält als Hauptbestandteil den γ-Gossypilalkohol von der Formel $C_{30}H_{61}OH$, ferner Fettsäureester des Karnaubaalkohols, freie höhere Fettsäuren sowie Kohlenwasserstoffe. Auch der petrolätherunlösliche Anteil ist schwer und unvollständig verseifbar. Er enthält als Hauptbestandteil den β-Gossypilalkohol und den Montanilalkohol[3].

[1] Vgl. hierzu HOTTENROTH: S. 39f.

[2] KOLLMANN: Melliand Textilber. **1937**, Heft 12.

[3] Siehe auch die Untersuchungen von FARGHER und PROBERT: Journ. Text. Inst. Manchr. **1923**, 49.

Die Asche besteht aus Kaliumkarbonat, Kaliumsulfat, Kaliumchlorid, Natriumkarbonat, Kalziumkarbonat, Magnesiumkarbonat, Magnesiumphosphat, Eisen- und Aluminiumoxyd sowie Kieselsäure.

4. Kapitel.

Die Fabrikation der Zellstoffe.

A. Holzzellstoff.

Die Zellstoff-Fabrik hat die Aufgabe, aus den Faserzellen des Holzes die Zelluloseanteile freizulegen. Sie muß infolgedessen die natürlichen Begleitstoffe der Zellulose auflösen und die Reaktionsprodukte durch Waschen von den Zellulosefasern möglichst vollständig entfernen. Die Auflösung der Zellulose-Begleitstoffe kann sowohl durch saure als auch durch alkalische Flüssigkeiten erfolgen, und somit unterscheiden wir saure und alkalische Holzaufschlußverfahren.

Die Anwendung eines sauren oder alkalischen Aufschlußverfahrens ist von der Art des aufzuschließenden Holzes abhängig und wird ferner durch den Verwendungszweck des herzustellenden Zellstoffes bestimmt. Zellstoff für die Kunstseiden- und Zellwollfabrikation wurde früher ausschließlich nach einem sauren Verfahren aus Fichtenholz gewonnen. Es kam hierfür nur das Sulfitverfahren in Betracht.

Die Notwendigkeit, auch Kiefern- und Buchenholz für die Kunstseiden- und Zellwollzellstoff-Fabrikation heranzuziehen, führte dazu, daß auch die anderen Aufschlußverfahren für diesen Zweck angewandt werden mußten. Diese sind als alkalische Verfahren das Natron- und Sulfatverfahren, sowie als neuartiges saures Verfahren das Salpetersäure-Verfahren. Es ist daher erforderlich, auf alle Aufschlußweisen näher einzugehen.

I. Die Vorbereitung der Hölzer.

Für die Herstellung von Zellstoff für die Kunstseiden- und Zellwollfabrik kann nur gesundes Holz verarbeitet werden. Krankes Holz setzt nicht nur die Ausbeute an Zellstoff herab, sondern beeinträchtigt auch die Qualität des Zellstoffes und damit auch der fertigen Kunstseide und Zellwolle. Schwierigkeiten und Betriebsstörungen in der Kunstseiden- und Zellwollfabrik haben oft ihre Ursache in einer ungleichmäßigen Beschaffenheit des eingesetzten Zellstoffes.

Da gerade die Gleichmäßigkeit des Zellstoffes von großer Bedeutung ist, so müssen die Zellstoff-Fabriken sehr große Holzläger unterhalten, um möglichst große Zellstoff-Chargen aus einem einheitlichen Ausgangsmaterial herstellen zu können.

Die für die Zellstoffherstellung bestimmten Hölzer werden der Zellstoff-Fabrik in 1—2 m langen Stempeln mit einem Durchmesser von 10—35 cm angeliefert[1]. Die Hölzer sind zum größten Teil bereits im Wald nach dem Fällen entrindet worden, so daß in der Zellstoff-Fabrik lediglich ein Nachschälen erforderlich ist, um ein sauberes Ausgangsmaterial zu erhalten. Das Schälen macht bei gerade gewachsenen Hölzern keine Schwierigkeiten; krummes und knorpeliges Holz, wie es z. B. beim Astholz der Buche vorliegt, ist jedoch nicht leicht wirtschaftlich zu entrinden und zu schälen. Das Schälen kann mechanisch oder mit der Hand erfolgen. Die manuelle Bearbeitung der Hölzer mit dem

Abb. 39. Vorschälmaschine der Eisengießerei und Maschinenfabrik A. G. Bautzen.

Stoßeisen ergibt keine Holzverluste, während bei der mechanischen Bearbeitung mit den sog. Messerschälmaschinen (Abb. 39 und 40) Verluste in Kauf genommen werden müssen. Mit Ausnahme des Sulfatverfahrens benötigen die Zellstoff-Fabriken ein völlig rinden- und bastfreies Holz, das durch Nachschälen erhalten wird. Da man hierbei eine 2—3 mm dicke Holzschicht mit der Rinde ablöst, entstehen hierbei ziemliche Holzverluste. Während das Schälen von Fichten- und Kiefernholz im allgemeinen mit Maschinen vorgenommen wird, muß das Schälen des Buchenholzes zum größten Teil mit der Hand vorgenommen werden. Aber auch hierbei versagen die sonst üblichen Schälmethoden mit dem Stoßeisen sowie durch Abklopfen mit der Axt[2]. Es wurden daher von JUNACK zwei besondere Messertypen entwickelt, nämlich das 43 cm lange sog. Rindenschnitzmesser sowie das doppelseitige Bramwalder Muldenmesser. Das Holz wird auf eine drehbare, eiserne

[1] Vgl. hierzu den Abschnitt „Holzzellstoffe“ in ULLMANNS „Enzyklopädie der technischen Chemie“, sowie HOTTENROTH: S. 56f.

[2] MARSCHALLEK: Cellulose-Chem. **17**, 53 (1936).

Abb. 40. Nachschälmaschine der Eisengießerei und Maschinenfabrik A. G. Bautzen.

Gabelstütze aufgelegt und zunächst mit dem Rindenschnitzmesser in langen Zügen bearbeitet. Bei Astwinkeln und Wurzelanläufen wird das Muldenmesser genommen. Im Frühjahr geschlagenes, saftreiches Holz läßt sich am besten schälen. Auch im Winter geschlagenes Holz wird zweckmäßig erst im Frühjahr geschält, da Kälte und Frost 20—40% Zeit für das Schälen mehr in Anspruch nehmen. Holzstücke über 26 cm Durchmesser werden zuvor einmal gespalten, solche über 30 cm Durchmesser noch besser zweimal. Jeder Ast und jede tiefe Rille am Wurzelanlauf verlängert die Schälzeit um 15—40%, da häufig eine Nacharbeit mit der Axt erforderlich ist. Bei gerade gewachsenen Hölzern rechnet man beim Reinschälen mit einem Holzverlust von 8—15%. Dieser soll bei der Anwendung einer Spezialmaschine (z. B. der von Thorne) auf 3—5% zu verringern sein. Diese Verluste steigern sich naturgemäß beim Bearbeiten krummgewachsener Hölzer.

Abb. 41. Hackmaschine der Firma J. M. Voith, Heidenheim.

Wird das Rundholz von der Zellstoff-Fabrik bereits in geschältem Zustand bezogen, so ist dann nur noch eine Behandlung in der Waschmaschine erforderlich, um das Holz von den beim Lagern angenommenen Verunreinigungen zu befreien.

Das entrindete, geschälte und gewaschene Holz wird in der Zellstoff-Fabrik durch besondere Hackmaschinen (Abb. 41) zerkleinert. Die Hackmaschine besitzt eine rotierende, mit 3—4 Messern besetzte Messerscheibe, die das Holz in schräger Richtung erfaßt. Das schräge Hacken ist aus dem Grunde wichtig, da hierdurch ein Aufblättern der Hackspäne in Lamellen erfolgt, was das schnelle Eindringen der Kochflüssigkeit begünstigt. Die in der Hackmaschine erhaltenen Hackspäne haben im allgemeinen eine Größe von 2—3 cm in der Längsrichtung, von 1—2 cm in der Breite und von 0,5—1,5 cm in der Dicke. Die Hackspäne werden durch besondere Maschinen (Sortiertrommeln, Abb. 42) von Aststücken sowie von zu großen Holzstücken befreit und gelangen dann durch Transportbänder oder auf pneumatischem

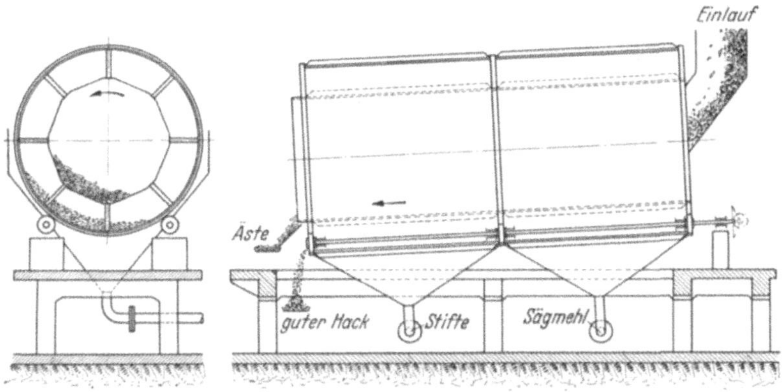

Abb. 42. Sortiertrommel der Firma J. M. VOITH, Heidenheim.

Wege durch weite Rohre in die Kocher, in denen die Auflösung der Zellulosebegleitstoffe vorgenommen wird.

II. Das Sulfitverfahren.

Beim Sulfitverfahren wird das Holz durch Behandlung mit Lösungen von saurem, schwefligsaurem Kalzium (Kalziumbisulfit), die einen Überschuß an schwefliger Säure enthalten, aufgeschlossen. Während hierbei die anderen Zellulosebegleiter zu einfachen Zuckern oder anderen, später aus dem Reaktionsprodukt leicht entfernbaren Stoffen abgebaut werden, setzt sich das Lignin zu einer wasserlöslichen Sulfosäure bzw. deren Kalziumsalz um. Nach Untersuchungen von FREUDENBERG[1] muß angenommen werden, daß hierbei die zwischen den Ligningrundkörpern bestehenden Ätherbindungen gesprengt oder hydrolysiert werden. Ferner tritt auch eine Aufspaltung der sauerstoffhaltigen Ringe ein. FREUDENBERG stützt diese Annahme auf das entsprechende Verhalten der Erdmannschen Säure (I). Wird diese mit Bisulfit und schwefliger Säure behandelt, so entsteht eine wasserlösliche Sulfosäure, der die Zusammensetzung II zugeschrieben wird. Diese liefert mit Diazomethan eine Verbindung der Zusammensetzung III. Durch Verseifung mit Alkali bildet sich dann der mit IV bezeichnete Körper.

[1] FREUDENBERG: Papierfabr. **36**, 36 (1938). — ADOLF SCHEUFELEN-Festschrift S. 84. 1937.

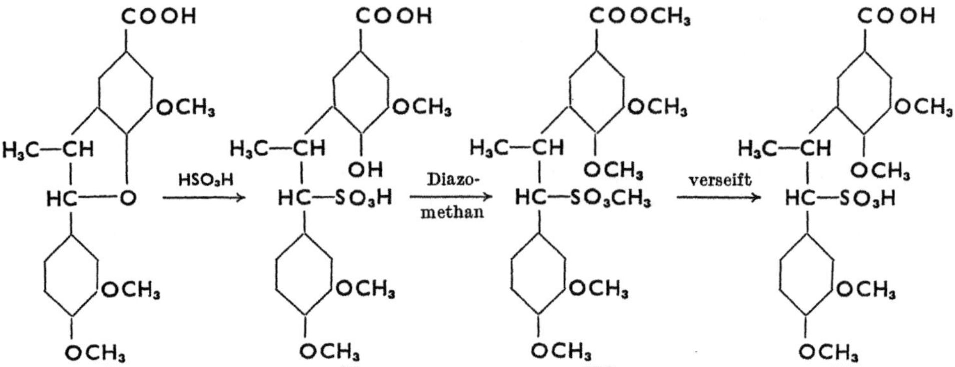

I II III IV

Bei der Oxydation ergibt diese methylierte Sulfosäure Veratrumsäure (V) und Isohemipinsäure (VI).

V VI

Dieselben Körper liefert bei der gleichen Behandlung die Ligninsulfosäure. Das Auftreten der Isohemipinsäure ist ein Zeichen dafür, daß auch die sauerstoffhaltigen Ringe gesprengt werden.

Die Aufspaltung des Lignins führt demnach zunächst durch Aufspaltung der sauerstoffhaltigen Ringe zu den Körpern VII und VIII.

VII

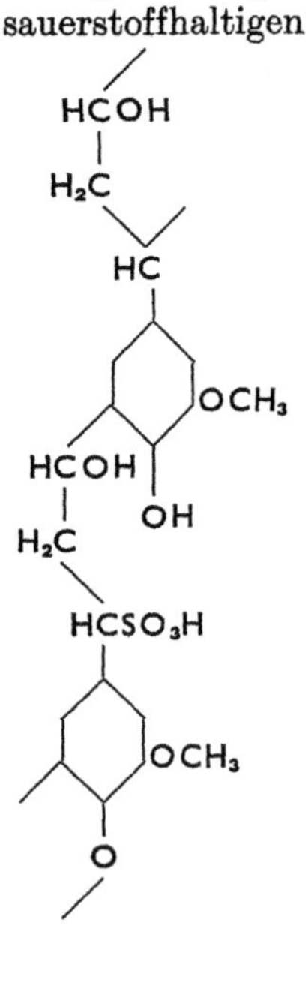

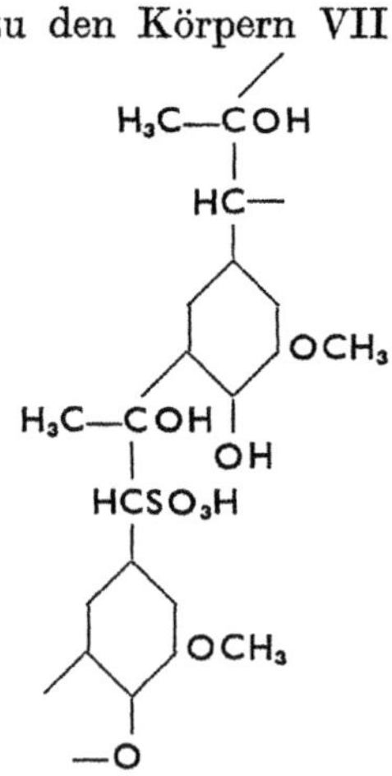

VIII

Die weitere Aufspaltung führt dann zu den mit IX und X bezeichneten Körpern.

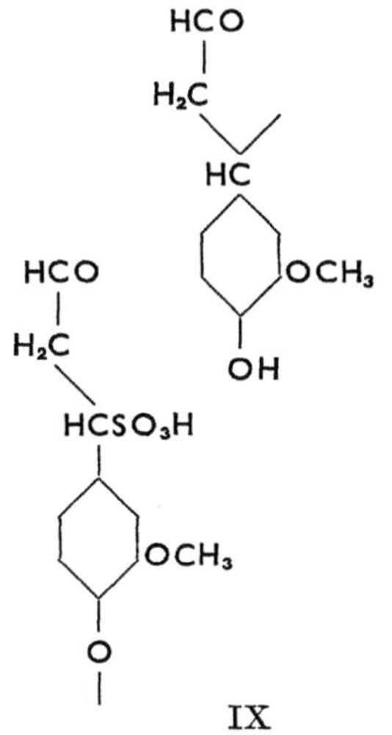

IX

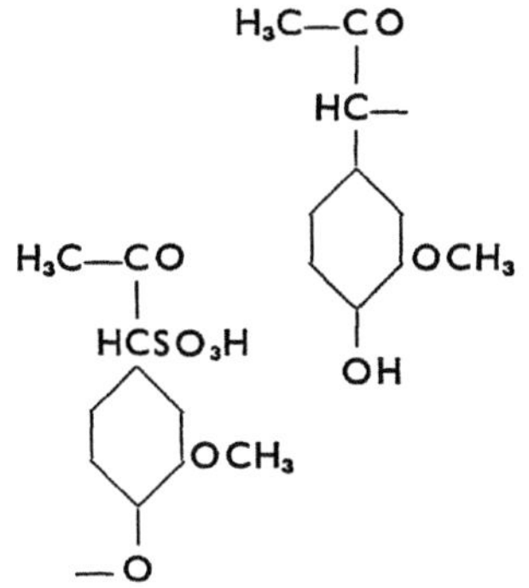

X

Wie Bror Holmberg nachgewiesen hat, sind die Sulfitierungsmöglichkeiten durch die Schemata VII—X jedoch nicht erschöpft. Man muß annehmen, daß auch die weiteren Hydroxylgruppen durch die SO_3H-Gruppe ersetzt werden können.

Die Entfernung der inkrustierenden Substanzen durch schweflige Säure geht auf Tilghman[1] zurück und wurde durch Mitscherlich[2] zu einem technischen Großverfahren entwickelt. Später erfuhr das Aufschlußverfahren durch Ritter-Kellner noch eine Abänderung. Beide Verfahrensweisen sind jedoch in Gebrauch und gehen oftmals ineinander über. Sie unterscheiden sich durch die Art der Beheizung durch indirekten (Mitscherlich) oder direkten Dampf (Ritter-Kellner), sowie durch Abwandlungen in Temperatur, Druck und Laugenkonzentration.

Die zur Kochung erforderliche Sulfitlauge wird in der Zellstoff-Fabrik selbst hergestellt. In etwa 30 m hohe Türme, die mit Kalkstein angefüllt sind, läßt man von unten Schwefeldioxyd, das durch Abrösten von Schwefelkies erhalten wird, eintreten, von oben rieselt Wasser auf den Kalkstein herunter. Während oben Kohlendioxyd aus den Türmen entweicht, fließt unten eine Lösung von Kalziumsulfit in schwefliger Säure ab. Diese „Turmlauge" ist 4—4,5° Bé stark, was einem Gehalt von 2,4—2,9% Gesamtschwefligsäure, 1,7% freier schwefliger Säure und ungefähr 1% Ätzkalk entspricht. Auf diese Konzentration werden die Mitscherlich-Laugen eingestellt, während die Ritter-Kellner-

[1] Brit. Pat. 2924 (1866). [2] DRP. 4178.

Laugen 4—5% Gesamtschwefligsäure, 2,8—3,8% freie schweflige Säure und auch etwa 1% Ätzkalk enthalten.

Die Kocher sind meist große stehende Kessel von 200—300 cbm Nutzraum. Sie bestehen aus Eisen und sind innen säurefest ausgemauert (Abb. 43). Die Hackspäne werden von oben her in die Kocher gefüllt, wobei man sich, um eine möglichst dichte Packung zu erhalten,

Abb. 43. Sulfit-Zellstoffkocher der Firma J. M. Voith, Heidenheim.

besonderer mechanischer Hilfsmittel bedient. Besonders bei MITSCHERLICH-Kochungen wird das Holz vor der Zugabe der Sulfitlauge einige Stunden gedämpft, zunächst in strömendem Dampf, dann unter Druck, um die Luft aus den Poren der Holzstücke so weit als möglich zu entfernen. Dann wird der Kocher mit Lauge gefüllt. Kalte Lauge erleichtert das Durchdringen. Während des Laugenzuflusses ist das Ventil des Kochers geöffnet, damit die Luft entweichen kann. Ist das Holz vollständig mit Lauge bedeckt, wird das Ventil geschlossen, und es wird mit dem Kochen begonnen. Das Kochen selbst erfolgt in mehreren Stufen. Zunächst wird die Lauge auf etwa 110° C gebracht, was einem Druck im Kocher von 2—3 Atm. entspricht. Nach dieser Ankochperiode wird der

Dampf einige Stunden abgestellt, und der Kocherinhalt sich selbst überlassen. Während dieser Zeit findet eine gleichmäßige Durchtränkung des Holzes mit der Lauge statt. Alsdann wird hochgekocht und nach abermaliger Pause fertig gekocht. Das MITSCHERLICH-Verfahren beansprucht eine Kochzeit von 25—40 Stunden bei 135° C und 3—4 Atm. Druck. Bei RITTER-KELLNER-Kochungen geht man mit der Temperatur auf 130° C und mit dem Druck auf 4—6 Atm. Bei diesem Verfahren kommt man mit einer 9—15stündigen Kochzeit aus. Abb. 44 zeigt die übliche Zeit- und Temperaturkurve einer Kochung[1]. Der Druck kann während des Kochens durch Abgasen reguliert werden. Die hierbei entweichende schweflige Säure wird zum Verstärken der Frischlauge verwendet.

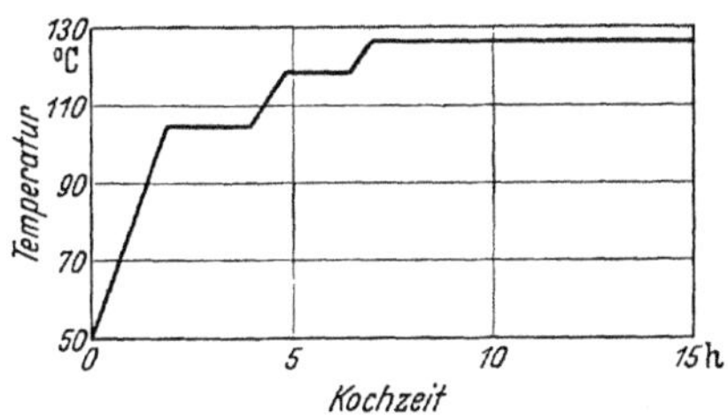

Abb. 44. Kochdiagramm für Sulfitzellstoff. (Nach SCHMIDT.)

Der Verlauf des Kochprozesses erfordert besonders gegen Ende sorgfältige Kontrolle[2]. Die Beschaffenheit der durch einen Probierhahn abzapfbaren Lauge gibt ein Bild vom Stande der Kochung. Nach beendeter Kochung gast man durch Abblasen zunächst auf einen schwachen Druck ab. Alsdann läßt man die Lauge abfließen und spritzt kaltes Wasser in den Kocher, wodurch der Druck durch Abkühlung, Kondensation und Adsorption der Dämpfe aufgehoben wird und ein schwaches Vakuum entsteht. Nach dem Öffnen des oberen Kocherdeckels wird der Kocherinhalt mehrmals mit Wasser gewaschen, dann aus der unteren Kocheröffnung herausgeschaufelt und in die sog. Stoffkästen gefüllt, wo er fertig gewaschen wird. Nach einer anderen Arbeitsweise wird der Stoff mit dem letzten Waschwasser des Kochers in den Stoffkasten gespült. Es ist auch möglich, nur bis auf einen Druck von 1—2 Atm. abzugasen und diesen Druck dazu zu benutzen, den Kocherinhalt in die Stoffkästen zu befördern. In diesem Falle müssen natürlich die Waschgänge in den Stoffkasten verlegt werden. Die Ausbeute an Zellstoff schwankt je nach der Kochung zwischen 38 und 45%.

Im Anschluß an das Waschen muß der Stoff gebleicht werden. Im allgemeinen sind die MITSCHERLICH-Stoffe fest und zäh und nur schwer bleichbar, während sich die RITTER-KELLNER-Stoffe in dieser Beziehung günstiger verhalten. RITTER-KELLNER-Kochungen werden daher für die Fabrikation von Kunstseiden- und Zellwollzellstoff bevorzugt.

Wie schon erwähnt wurde, wird nach dem Sulfitverfahren aus Fichtenholz ein einwandfreier Zellstoff für die Zwecke der Kunstseiden- und Zellwollindustrie erhalten.

[1] Nach SCHMIDT: Papierfabr. **36**, 566 (1938).

[2] Näheres bei HOTTENROTH: S. 64, 65.

Auch für den Aufschluß von Buchenholz[1] hat sich das Sulfitverfahren als brauchbar erwiesen. Es scheint hierbei darauf anzukommen, der eigentlichen Kochung eine lang andauernde Durchtränkungsperiode vorausgehen zu lassen. WURZ[2] gibt für den Aufschluß von Buchenholz nach dem Sulfitverfahren folgende Richtlinien an: „Als Kochverfahren kann ohne weiteres das RITTER-KELLNER-Verfahren gewählt werden. Die günstigste Kochsäure wird eine solche mit 4—5% Gesamt SO_2- und einem CaO-Gehalt von 0,9% sein. Es ist langsam anzukochen und bei einer Temperatur gegen 100° C ein ausreichender Durchtränkungsstillstand zu geben. Beim Weiterkochen sind höhere Temperaturen mit gleichzeitig höheren Drücken zu vermeiden; das tiefere Herunterkochen, wie dies beim Fichtenholzaufschluß zur Erzielung leicht bleichfähiger Stoffe gehandhabt wird, ist hier unnötig. Bei guter Durchtränkung wird die Dauer der Gesamtkochzeit ungefähr jener normaler Fichtenholzkochungen entsprechen, da sich einer längeren Durchtränkung ein kürzerer Hochdruckteil anschließt. Das gute Auswaschen des Stoffes ist für eine glatte Bleiche wichtig.“

Neben dieser von WURZ empfohlenen Arbeitsweise sind noch einige andere Verfahren vorgeschlagen worden, die gleichfalls ein Kochen in mehreren Stufen vorsehen. Hier sind Verfahren von WELLS und STAIDL[3], RUNKEL[4] sowie RESS[5] zu erwähnen.

Nach HÄGGLUND[6] werden gute Buchenholzzellstoffe auch durch Kochen mit Natriumbisulfit erhalten.

Von der I. G. Farbenindustrie Aktiengesellschaft werden in einer großen Anlage 100000 kg Buchensulfitzellstoff täglich hergestellt.

Der Aufschluß von Kiefernholz nach dem Sulfitverfahren hat sich als äußerst schwierig erwiesen[7] und konnte nur bei jungem, kernlosem Holz auf dem üblichen Wege durchgeführt werden[8]. Bei den normalen Stämmen erwies sich nur das Splintholz als einwandfrei aufschließbar, während das Kernholz äußerst schwer zu durchtränken ist. Die zwischen dem Splint- und Kernholz bestehenden Unterschiede sind schon auf S. 74 näher beschrieben worden. Der nächstliegende Gedanke war eine Vorbehandlung des Holzes, um die den Aufschluß störenden Harzbestandteile zu entfernen und so eine einwandfreie Durchtränkung zu

---

[1] Über den Sulfit-Aufschluß von Buchen- und Kiefernholz siehe auch die zusammenfassende Darstellung von RESS: Die Zellstoff-Faser **32**, 97f. (1935).

[2] WURZ: Papierfabr. **27**, 495 (1929).

[3] WELLS u. STAIDL: Paper Trade Journal **83**, Nr. 13, S. 50.

[4] RUNKEL: Chemie und Technik der Papier- und Zellstoff-Fabrikation, Nr. 6, S. 81. 1930.

[5] RESS: Diss. Dresden 1934.

[6] HÄGGLUND: Jahresber. Ver. Zellstoff- u. Papier-Chemiker u. Ingenieure **1928**, 73.

[7] Vgl. hierzu SCHMIDT: Papierfabr. **36**, 565 (1938).

[8] SCHMID: Papierfabr. **36**, 137 (1938).

ermöglichen. Man verwendete sowohl organische Lösungsmittel als auch Lösungen anorganischer Natur, wie z. B. Alkalilösungen oder Säuren. Während sich Benzol und Äther als unwirksam erwiesen[1], wurden nach Vorbehandlung mit Alkohol befriedigende Kochergebnisse erzielt[2]. Derartige Extraktionsverfahren dürften aber unwirtschaftlich sein. Vorbehandlung mit verdünnter Natronlauge lieferte uneinheitliche Ergebnisse[3]. Besser geeignet als Natronlauge sollen nach BERGSTRÖM[4] Lösungen der Hydrate von zweiatomigen Erdmetallen sein. Man muß hierbei jedoch besondere Maßnahmen ergreifen, um die Bildung schwerlöslicher Sulfite zu verhindern. Auch auf rein mechanischem Wege ist versucht worden, zu einem leichteren Aufschluß zu kommen. So erhält man schon bessere Ergebnisse, wenn man das Holz stärker zerkleinert[5].

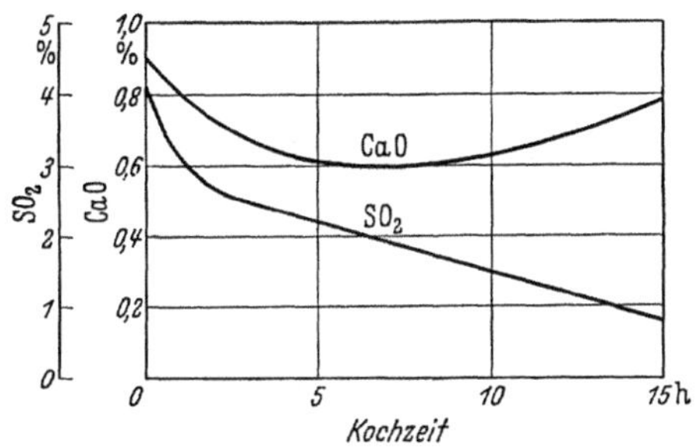

Abb. 45. Änderung der Konzentration der Kochlauge während der Kochung. (Nach SCHMIDT.)

Daß trotz der Vorbehandlung des Holzes mit Extraktionsmitteln keine wesentlich besseren Ergebnisse erzielt werden, führt WURZ[6] auf die durch den Torus verschlossenen Tüpfel im Kernholz der Kiefer zurück.

In diesem Zusammenhang sind Untersuchungen von SCHMIDT[7] bei Sulfitkochungen von Fichtenholz von grundsätzlicher Bedeutung. Entnimmt man der Kochlauge nach bestimmten Zeiten Proben und analysiert sie, so stellt man fest, daß sich ihr Gehalt an Schwefeldioxyd und Kalk ungleichmäßig ändert, und zwar nimmt der Schwefeldioxydgehalt schneller ab als der Kalkgehalt, bei dem gegen Ende der Kochung sogar wieder ein leichter Anstieg zu verzeichnen ist (Abb. 45). Diese Befunde bedeuten, daß das Schwefeldioxyd dem Kalk im Holz vorausdiffundiert. Im Innern der Hackspäne bildet sich daher schon bei der Ankochperiode eine wesentlich saurere Kochlauge, was bei zu schnellem Hochkochen zu Schwarzkochungen führen kann. Die saurere Lauge bewirkt auch eine geringere Quellung des Holzes, wodurch dem Kalk der Zutritt erschwert wird.

---

[1] HÄGGLUND: Cellulose-Chem. 8, 28 (1927). — AF EKENSTAM: Cellulose-Chem. **10**, 30 (1929).

[2] MÜLLER u. MEYER: DRP. 112449. — HÄGGLUND: Cellulose-Chem. 8, 25 (1927).

[3] AF EKENSTAM: Cellulose-Chem. **10**, 31 (1929). — HÄGGLUND: Cellulose-Chem. **9**, 40 (1928). — HÖNIG: Festschrift, 1923, S. 15. — BERGSTRÖM: Papierfabr. **30**, 241 (1932).

[4] BERGSTRÖM: Papierfabr. **30**, 24 (1932).

[5] SCHWALBE u. BERNDT: Cellulose-Chem. 8, 67 (1927).

[6] WURZ: Papierfabr. **35**, 482 (1937).

[7] SCHMIDT: Papierfabr. **36**, 565 (1938).

Berücksichtigt man, daß das Kernholz der Kiefer auf Grund der chemischen und anatomischen Befunde besonders schwer durchtränkbar ist, so ergibt sich aus diesen Untersuchungen, daß beim Sulfitaufschluß der Kiefer nicht nur für eine ausreichende Durchtränkungsperiode zu sorgen ist, sondern daß man zweckmäßig auch mit einer Lauge von ausreichend hohem Kalkgehalt arbeitet. Versuche der Zellstoff-Fabrik Waldhof, Werk Kelheim, lieferten unter folgenden Bedingungen befriedigende Ergebnisse:

Ausgangslauge	5,3% SO_2 und 1,0% CaO
Ankochzeit bis 105° C	4 Stunden
2 Stillstände bei 105 und 120° C	je 3 Stunden
Höchsttemperatur	130° C
Gesamtkochzeit	18—19 Stunden.

Beim Kochprozeß hat man noch weitere Änderungen versucht: HÄGGLUND[1] kochte das Gut bei 105° C mit verdünnter Natronlauge vor, erhielt aber keinen wesentlich besseren Aufschluß. Zusätze von Magnesiumbisulfit zur Kalziumbisulfitlösung hatten nur einen teilweisen Erfolg[2]. Ein gutes Aufschlußergebnis wurde mit Natriumbisulfitlösungen erzielt[3], jedoch besitzt der auf diese Weise erkochte Stoff einen äußerst hohen Gehalt an Harzen, die wieder durch Nachbehandlung entfernt werden müssen. ALFTHAN und SERLACHIUS[4] verwendeten Mischungen von Kalzium- und Natriumbisulfit und sollen hierbei gute Zellstoffe erhalten haben. ROUTALA und SEVON[5] empfehlen, der Kalziumbisulfitlösung Natriumazetat zuzusetzen.

Zur Verringerung des Harzgehaltes der erkochten Kiefernstoffe sind Nachbehandlungsmethoden mit verdünnter Natronlauge in Vorschlag gebracht worden. Man soll durch Zusatz von 0,5—1% an Ätznatron vom Stoffgewicht in einem Waschholländer den Harzgehalt um 80% verringern können[6].

Soweit sich bis jetzt übersehen läßt, wird für die Zwecke der Kunstseiden- und Zellwollindustrie Kiefernholz nicht nach dem Sulfitverfahren aufgeschlossen.

III. Das Salpetersäure-Verfahren.

Der Gedanke, die Befreiung der Zellulose von den Inkrusten durch Salpetersäure vorzunehmen, ist an sich recht alt. PAYEN[7] hat schon im Jahre 1838 Zellulose-Präparate für wissenschaftliche Zwecke durch Salpetersäure aus dem Holzgewebe isoliert. Die sich beim Holzaufschluß mit Salpetersäure abspielenden Reaktionen sind jedoch erst viel später

---

[1] HÄGGLUND: Cellulose-Chem. **9**, 40 (1928).
[2] BERNDT: Diss. T. H. Berlin 1926, S. 24.
[3] HÄGGLUND: Cellulose-Chem. **9**, 39 (1928). [4] Amerik. Pat. 1507559.
[5] DRP. 336535. [6] ROUTALA u. SEVON: Cellulose-Chem. **10**, 108 (1929).
[7] PAYEN: C. R. Acad. Sci., Paris **7**, 1052 (1838).

näher untersucht worden. So untersuchten ROUTALA und SEVON[1] die beim Holzaufschluß aus der Salpetersäure entstehenden Umwandlungsprodukte, wobei sie zu dem Ergebnis kamen, daß 6,5% der Salpetersäure in Stickoxyd, 4% in Ammoniak, 23,5% in Stickstoff und 3% in Zyanwasserstoff überführt werden. Ein Teil des Stickstoffes ist organisch gebunden. SCHAARSCHMIDT und NOWAK[2] wiesen in den Abgasen ferner Kohlendioxyd und Stickstoffdioxyd nach. Das letztere wird nicht erhalten, wenn man unter Ausschluß von Luft arbeitet. Wie ROUTALA und SEVON fanden, werden etwa 30% der angewandten Salpetersäure umgesetzt. Die Inkrusten liefern bei der Salpetersäurebehandlung Oxalsäure und einfache Zucker. Der Zyanwasserstoff entsteht sekundär aus Vanillin. Die Hauptreaktion beruht auf einer Oxydation der Seitenketten des Ligninkomplexes sowie auf der Nitrierung seiner aromatischen Ringe.

Die Anregung, sich dieser Arbeitsweise in der Technik zu bedienen, geht auf KRAIS zurück. Im DRP. 391713 beschreibt KRAIS den Aufschluß von Stroh, Schilf usw. mit einer Salpetersäure enthaltenden Lösung von Kaliumnitrat. Bei 3—4stündiger Kochung bei gewöhnlichem Druck soll eine gute Zellulose erhalten werden. Im DRP. 395191 desselben Erfinders wird das Verfahren dahn abgeändert, daß der Aufschluß mit salpetersaurer Kaliumnitratlösung in zwei Stufen erfolgt. Der Aufschluß soll erleichtert werden, wenn man die Holzspäne zunächst mit Alkalilauge vorkocht[3]. Ein Aufschluß mit reiner Salpetersäure ist KRAIS durch das DRP. 464240 geschützt. Nach der Patentschrift werden Kiefernholzspäne mit der achtfachen Menge 7%iger Salpetersäure 6 bis 8 Stunden in einem säurebeständigen Kessel bei 95—96° C behandelt. Die Beheizung erfolgt durch indirekten Dampf. Wie KRAIS[4] ausführt, hat sich dieses Verfahren auch bei Buchen- und anderen Laubhölzern als geeignet erwiesen. Die beim Aufschluß entstehende große Menge Stickoxyd, das mit den Abgasen abgeführt wird, bildet naturgemäß eine Verlustquelle. Es wurde deshalb von KRAIS versucht, die Bildung von Stickoxyd beim Aufschluß zu verhindern bzw. es sofort beim Entstehen wieder zu oxydieren. Dies soll durch Arbeiten unter Druck und Einblasen von Luft möglich sein[5].

Eine eingehende Bearbeitung erfuhr dieses Gebiet weiter durch die I. G. Farbenindustrie Aktiengesellschaft. Es wurde gefunden, daß beim Aufschließen von Holz mit Salpetersäure nach den oben angegebenen Verfahren insbesondere durch die gebildeten Stickoxyde ein Abbau der Zellulose stattfindet, der den Endstoff für empfindliche Verwendungszwecke ungeeignet macht. Nach dem DRP. 503450 wird dieser Abbau vermieden, wenn die Hölzer ohne jede Vorbehandlung mit verdünnter,

---

[1] ROUTALA u. SEVON: Cellulose-Chem. **7**, 117 (1926).
[2] SCHAARSCHMIDT u. NOWAK: Cellulose-Chem. **13**, 143 (1932).
[3] KRAIS: DRP. 395192. [4] KRAIS: Wbl. Papierfabr. **56**, 1513 (1925).
[5] KRAIS: DRP. 468715.

kalter oder warmer Salpetersäure bei gewöhnlichem, erhöhtem oder vermindertem Druck imprägniert werden. Danach wird das Gut von der überschüssigen Säure durch Dekantieren befreit und bei gewöhnlicher oder erhöhter Temperatur, gegebenenfalls unter Anwendung von Vakuum, sich selbst überlassen. Die unerwünschte Bildung von Stickoxyden findet nicht statt, wenn man die Temperatur nicht über 60° C steigert. Im DRP. 546314 wird die Arbeitsweise dahingehend präzisiert, daß man nach dem Digerieren der Holzspäne mit der Salpetersäure die Säure ablaufen läßt und dann den Aufschluß unter Erwärmen mit Wasser oder mit schwach salpetersäurehaltigem Wasser zu Ende führt. Für die Salpetersäure wird eine Konzentration von 10% angegeben, während im DRP. 503450 von 20%iger Säure gesprochen wird. Das im DRP. 546314 beschriebene Verfahren hat den Vorzug kürzerer Behandlungszeiten und erlaubt die Wiedergewinnung der wertvollen Salpetersäure. Der Aufschluß soll in 5—6 Stunden durchgeführt werden können. Als noch wirtschaftlicher soll sich die im DRP. 647025 niedergelegte Arbeitsmethode erweisen. Hiernach wird der mit Holz gefüllte Kocher zunächst evakuiert, um eine möglichst schnelle Durchtränkung mit der Säure zu erreichen. Dann werden die Hackspäne mit Salpetersäure von mindestens 4% bei 60° C überschichtet. Alsdann wird das Gefäß geschlossen und unter dauerndem Umpumpen der Säure die Temperatur im Verlaufe mehrerer Stunden auf 70—90° C gesteigert, wobei der entstehende Überdruck auf der Höhe von mehreren Atmosphären gehalten wird. Hierauf wird die im Holz verbliebene restliche Säure so weit als möglich durch heißes Wasser verdrängt.

Die durch Salpetersäure aufgeschlossenen Stoffe müssen mit Alkali nachbehandelt werden, um einerseits die überschüssige Säure zu entfernen und andererseits die durch die Salpetersäurebehandlung entstandenen Reaktionsprodukte restlos zu lösen. Nach dem DRP. 647025 wird der mit Wasser gewaschene Stoff mit Natronlauge von 3,2 Vol.-% bei einer Temperatur von 80° C etwa 2 Stunden lang behandelt. Der Gehalt der Lauge geht hierbei auf etwa 0,6% Ätznatron zurück. Nach Ablaufenlassen dieser Lauge werden die Holzspäne laugenfrei gewaschen.

Diese von der I. G. Farbenindustrie Aktiengesellschaft entwickelten Verfahren eignen sich insbesondere für den Aufschluß von Buchenholz, aus dem ein Zellstoff von außerordentlicher Reinheit erhalten wird, so daß er in seiner qualitativen Beschaffenheit mit einem aus Baumwoll-Linters gewonnenen ohne weiteres in Wettbewerb treten kann. Zur Zeit werden von der I. G. Farbenindustrie Aktiengesellschaft 40000 kg Zellstoff täglich nach diesem Verfahren aus Buchenholz hergestellt.

Als Kocher werden Gefäße verwendet, die in ihrer äußeren Form den eisernen Sulfitkochern entsprechen. Sie sind jedoch aus Kruppschem Edelstahl hergestellt, so daß sie sowohl den sauren als auch den alkalischen Flüssigkeiten standhalten.

Es soll noch erwähnt werden, daß der Aufschluß mit Salpetersäure auch für harzreiche Hölzer empfohlen worden ist. KIPPER beschreibt im Amer. Pat. 1975161 die Behandlung harzreicher Hölzer mit rauchender Salpetersäure unter Zufügung von Sauerstoff. Der Aufschluß wird zur Entfernung der Harze bei Gegenwart von Tetrachlorkohlenstoff vorgenommen.

SUIDA und SADLER[1] empfehlen den Aufschluß mit 15—25%iger Salpetersäure bei Gegenwart von Schwefelsäure, die auch von ROUTALA und SEVON[2] als günstig bezeichnet wird.

IV. Das Natronverfahren.

Das Natronverfahren geht auf die Beobachtung zurück, daß Natronlauge bei Temperaturen von 150—180° C in der Lage ist, die Inkrusten aufzulösen. Man hat es ursprünglich nur dazu benutzt, die Zellulose aus Stroharten freizulegen, erst später wurde es auch auf Holz ausgedehnt[3]. Im allgemeinen ist beobachtet worden, daß alkalisch aufgeschlossenes Fichtenholz eine für die Kunstseidenfabrikation wenig brauchbare Zellulose ergibt. HOTTENROTH[4] hält es für möglich, daß das Ätzalkali bei höherer Temperatur die Zellulose in einer für die Auflösung unvorteilhaften Weise verändert und vermutet auf der anderen Seite beim sauren Aufschluß eine Depolymerisation der Zellulose, wodurch sie sich beim späteren Auflösen günstiger verhält. Da man aber durch den alkalischen Aufschluß bei harzreichen Hölzern reinere und leichter bleichbare Stoffe erhält, so hat man sich neuerdings bei Kiefern- und auch Buchenholz wieder mit dem Natronverfahren beschäftigt. Bei dem letzteren wird zur Zeit ein von KIENITZ entwickeltes Stufenkochverfahren in Großversuchen geprüft.

Man verwendet für das Natronverfahren Natronlaugen von 6—8%, die etwas Soda enthalten[5], und behandelt das zerkleinerte Holz in großen eisernen Behältern 3—6 Stunden bei einer Temperatur von 170—180° C und einem Druck von 7—10 Atm. Bei dieser Behandlung geht das Lignin in Ligninsäuren über, während die begleitenden Kohlehydrate Saccharinsäuren liefern. Diese sind in großer Menge in den schwarzbraun gefärbten Ablaugen enthalten.

Die Natronzellstoffkocher sind meist stehende, in der Form den Sulfitkochern ähnliche, schmiedeeiserne Behälter, die entweder zusammengenietet oder neuerdings auch zusammengeschweißt sind. Im Gegensatz zu den eisernen Sulfitkochern sind sie jedoch nicht durch Mauerwerk ausgekleidet. Zuweilen werden sie auch als sog. Sturzkocher

[1] SUIDA u. SADLER: Fanz. Pat. 636381.
[2] ROUTALA u. SEVON: Cellulose-Chem. 7, 117 (1926).
[3] MÜLLER: Pflanzenfaser, S. 134. [4] HOTTENROTH: S. 69.
[5] Vgl. hierzu ULLMANN: S. 192.

(Abb. 46) drehbar gebaut. Das Kochgut wird meist durch Einströmenlassen von direktem Dampf erhitzt und zwar bringt man es möglichst rasch auf eine Temperatur von 170° C. Zum Aufschluß des Holzes werden 16—20% vom Holzgewicht an Alkali verbraucht, es muß jedoch ein Überschuß von 30—40% an Alkali vorhanden sein, um einen einwandfrei aufgeschlossenen Stoff zu erhalten. Bei der Verkochung von Nadelhölzern läßt man kurz vor Erreichen des Höchstdruckes durch ein am oberen Ende des Kochers befindliches Ventil Dampf austreten, den man durch Kühlschlangen leitet. Hierdurch wird das wertvolle, mit dem

Abb. 46. Sturzkocher der Füllnerwerke G.m.b.H., Bad Warmbrunn (Schlesien).

Wasserdampf flüchtige Terpentinöl gewonnen. Gleichzeitig hiermit erhält man bei Nadel- und Laubhölzern Methylalkohol. Nach beendeter Kochung wird bis auf einen Druck von einigen Atmosphären abgegast und mit dem verbleibenden Restdruck der erkochte Stoff in die sog. Diffuseure übergeblasen. In diesen Apparaten wird der Stoff durch Wasser von der anhaftenden Schwarzlauge befreit. Man verwendet hierzu möglichst wenig Wasser, um konzentrierte Ablaugen zu erhalten. Dies ist aus dem Grunde erforderlich, damit aus den Ablaugen auf möglichst wirtschaftliche Weise das Alkali wiedergewonnen werden kann. Nach dem Waschen wird das Gut in die sog. Zerfaserer übergeführt. Dies sind liegende Tröge, die im Innern mit quirlförmigen Arbeitsorganen ausgestattet sind (Abb. 47). In diesen Apparaten wird das noch die Hackspanform besitzende Gut aufgeschlagen, wodurch die Fasern freigelegt werden. Die Fasern werden dann in Sandfängern, Knotenfängern und Sieben gesäubert. Alsdann wird gebleicht und der Zellstoff fertiggestellt.

Aus den Schwarzlaugen und den ersten Waschwässern wird das Ätzalkali wiedergewonnen. Hierfür sind mehrere Verfahren gebräuchlich, die bei ULLMANN[1] näher beschrieben sind. Die Ausbeute an Natronzellstoff aus der Fichte und Kiefer beträgt 30—40%.

Eingehende Studien über den alkalischen Aufschluß von Laubhölzern hat unter anderem WEDEKIND[2] durchgeführt, nachdem mehrere praktische Versuche zur Erzielung eines brauchbaren Buchenholzzellstoffes nach dem Natronverfahren fehlgeschlagen waren[3]. Beim Studium der günstigsten Laugenkonzentration ergab sich, daß eine Konzentration von über 6% die Faser schädigt und überdies eine

Abb. 47. Zellstoff-Zerfaserer mit zwei Schlägerwellen der Firma J. M. Voith, Heidenheim.

schlechte Ausbeute ergibt. Eine Konzentration von unter 4% ergibt nur einen unvollkommenen Aufschluß des Holzes. Erhöhung der Temperatur und Kochdauer ergeben keine Verbesserung. Als günstigste Kochbedingungen wurden von WEDEKIND die folgenden gefunden:

Konzentration der Lauge	4%
Dauer der Kochung	4 Stunden
Temperatur	160° C
Auf 100 g lufttrockenes Holz	40 g Natriumhydroxyd.

Neben dem Aufschluß selbst macht beim Buchenholz das Bleichen des Stoffes Schwierigkeiten, während in dieser Beziehung sich sauer erkochte Buchenstoffe gut verhalten. Nach üblichen Ein- und Zweistufenbleichverfahren werden beim alkalisch aufgeschlossenen Buchenholz keine weißen Zellstoffe erhalten. Nach WEDEKIND gelingt dies jedoch nach folgender Methode:

Der gewaschene und von Astresten usw. befreite Stoff wird 30 Minuten mit einer Bleichlauge mit 0,44% aktivem Chlor behandelt, die mit

[1] ULLMANN: S. 194. [2] WEDEKIND: Papierfabr. 35, 513 (1937).
[3] Zum Beispiel das Dioxanverfahren, DRP. 581806.

verdünnter Schwefelsäure leicht angesäuert ist. Alsdann gibt man ein zweites Bleichbad von halbstündiger Dauer mit Chlorlauge der gleichen Konzentration, jedoch ohne Ansäuern. Hierauf wird 15 Minuten mit einer Natriumbisulfitlösung 1:5 behandelt. Dann folgt als vierte Behandlungsstufe ein kochendes Bad mit 0,1% Natriumperborat von 10 Minuten Dauer, worauf ein drittes Mal mit 0,44 g aktives Chlor enthaltender Bleichlauge $^1/_2$ Stunde gebleicht wird. Zum Schluß wird nochmals ein Bad von Natriumbisulfit 1:5 gegeben, in dem der Stoff wieder 15 Minuten behandelt wird.

V. Das Sulfatverfahren.

Das Sulfatverfahren stellt eine Modifikation des Natronverfahrens dar. An Stelle reiner oder sodahaltiger Natronlauge verwendet man beim Sulfatverfahren sulfidhaltige Natronlauge. Man stellt diese in der Zellstoff-Fabrik durch Zusatz von Natriumsulfat zur Schwarzlauge her, die man beim Natronverfahren erhalten hat. Beim Einschmelzen der mit Sulfat versetzten Schwarzlauge wird das Sulfat durch die aus den organischen Verunreinigungen durch Glühen entstandene Kohle zu Sulfid reduziert. Die Kochlauge wird auf 2—3% Natriumsulfid, 7—8% Ätznatron, 3—4% Soda und 2% Natriumsulfat eingestellt[1]. Diese so beschaffene Kochlauge ist von wesentlich milderer Wirkung als die reine ätzalkalische Lauge, wodurch man eine um rund 10% höhere Zellstoffausbeute erhält. Ein unangenehmer Nachteil des Sulfatverfahrens ist das Auftreten sehr übler Gerüche, die sowohl beim Kochprozeß als auch namentlich bei der Aufarbeitung der Ablaugen entstehen und hauptsächlich auf die Bildung von Methylmerkaptan und Methylsulfid zurückzuführen sind. Auf die vielen Vorschläge, die zur Beseitigung dieses Übelstandes gemacht worden sind, kann hier nicht eingegangen werden.

Überblickt man die bei den einzelnen Hölzern mit den verschiedenen Aufschlußverfahren erhaltenen Ergebnisse, so kann man feststellen, daß die einzelnen Holzarten am zweckmäßigsten wie folgt aufgeschlossen werden:

Fichtenholz	Sulfitverfahren
Kiefernholz.	Natronverfahren oder Sulfatverfahren
Buchenholz	Salpetersäureverfahren oder Sulfitverfahren.

VI. Fertigstellung der Zellstoffe.

Nachdem die erkochten Stoffe ausreichend durch Waschen von den Resten der Kochlauge sowie von den bei der Kochung entstandenen Umwandlungsprodukten der Holzbestandteile befreit worden sind, werden sie einem Mahlprozeß unterworfen. Diese Operation wird heute

[1] Hottenroth: S. 61.

allgemein in einem sog. Mahlholländer vorgenommen; die früher häufig angewandten Stampf- oder Hammermaschinen sind verlassen worden. Der Mahlholländer ist ein Walzenholländer. Er besteht aus einem ovalen Trog, der durch eine Scheidewand in der Längsrichtung geteilt ist (Abb. 48). In einer Einschnürung („Kropf") rotiert eine an ihrem Umfang mit Messern versehene Walze, die gleichzeitig die Strömung der Flüssigkeit, in der der Stoff aufgeschwemmt ist, sowie die Zerkleinerung des Mahlgutes bewirkt. Unterhalb der Messerwalze befindet sich im

Abb. 48. Mahlholländer der Füllnerwerke G.m.b.H., Bad Warmbrunn (Schlesien).

Holländerboden das „Grundwerk", eine Platte mit eingesetzten messerartigen Erhöhungen, die das Zerkleinern des Stoffes wirksam unterstützt. Die zwischen Messerwalze und Grundwerk vor sich gehende Zerkleinerung des Stoffes ist mehr ein Zerreißen als ein Zerschneiden. Dies ist wichtig, weil Rißenden im Gegensatz zu Schnittenden das Verfilzen der Fasern auf der Entwässerungs- und Trockenmaschine (vgl. S. 117) befördern. In dem der Messerwalze gegenüber liegenden Teil des Holländers passiert die Flüssigkeit eine Waschtrommel. Als weiteres wichtiges Element des Holländers ist noch der Sandfang zu nennen, der aus einer kanalartigen Rinne besteht und der Messerwalze vorgelagert ist. In dem Sandfang setzen sich alle schweren Körper ab, die den Mahlvorgang stören und den Zellstoff verunreinigen würden.

Der erzielte Mahlungsgrad hängt ab von der Stoffdichte, das ist das Verhältnis von Stoff zu Flüssigkeit, von der Mahldauer und von der Entfernung der Messerwalze vom Grundwerk. Man unterscheidet den gemahlenen Stoff nach „rösch" und „schmierig". Dazwischen liegen alle möglichen anderen Mahlungsgrade. Ein richtiger Mahlungsgrad ist nicht nur für die Zellstoff-Fabrik selbst von Bedeutung, insofern als durch ihn die Filzbildung auf der Entwässerungs- und Trocken-

Tabelle 44. Quellungskriterien von Zellstoff mit verschie-

Mahlgrad	°SR.	14,0	20,5	26,0	31,5
Quadratmetergewicht	g/ccm	508	517	514	508
Blattdichte	g/cbm	0,68	0,80	0,86	0,86
Trockengehalt	% abs. tr.	91,16	90,98	91,12	90,91
Quellmittelaufnahme	%	661	683	662	626
Lineare Ausdehnung	%	360	415	438	409
Dickenquellvolumen	ccm/100 g	680	650	629	591
Saughöhe nach 10 Min. Seite	cm	4,0	2,9	2,7	2,7
„ „ 30 „ Seite	cm	6,3	4,1	3,8	3,7
„ „ 60 „ Seite	cm	8,4	5,6	4,8	4,6
„ „ 10 „ Mitte	cm	—	—	—	—
„ „ 30 „ Mitte	cm	—	—	—	—
„ „ 60 „ Mitte	cm	—	—	—	—

maschine beeinflußt wird, sondern in noch stärkerem Maße für die Kunstseiden- und Zellwollfabrik, da der Mahlungsgrad von ausschlaggebender Bedeutung für die kolloidchemischen Eigenschaften des Zellstoffes ist[1]. So ändert sich besonders das Quellungsvermögen des Zellstoffes mit dem Mahlgrad. Bestimmte Quellungskriterien sind aber von großer Wichtigkeit für eine gleichmäßige Alkalisierbarkeit des Zellstoffes in der Viskosefabrik. Der Quellungsgrad bestimmt ferner die Kapazität der Tauchpresse. In welch starkem Maße sich die Quellungsverhältnisse eines Zellstoffes durch verschiedene Mahlgrade ändern, geht aus Tabelle 44 sowie Abb. 49 hervor.

Diese Zahlen lassen den Einfluß des Mahlungsgrades auf das physikalische Verhalten des Zellstoffes deutlich erkennen. Die Einhaltung eines bestimmten Mahlungsgrades für die Erzeugung eines qualitativ hochwertigen Zellstoffes für die Kunstfaserherstellung ist also von großer Bedeutung. Die Zellstoff-Fabrik muß dem Mahlvorgang demnach besondere Aufmerksamkeit schenken.

Der Mahlprozeß wird im allgemeinen mehrfach wiederholt. Das gemahlene und gewaschene Gut führt den Namen „Halbstoff". Der letzte Mahlungsvorgang wird oft mit dem Bleichprozeß kombiniert, sofern man die Bleiche nicht in einem besonderen Holländer, dem sog. Bleichholländer, vornimmt. Der Bleichholländer besitzt keine Messerwalze, sondern nur eine mit Schaufeln besetzte Walze, die den Transport der Flüssigkeit bewirkt. Die rohen Sulfitstoffe haben eine gelblichgraue, die alkalisch aufgeschlossenen eine rötliche Farbe. Neben der Zerstörung dieser Farbstoffe kommt der Bleiche aber auch die Aufgabe zu, die noch im Stoff verbliebenen Anteile an Nichtzellulose so weit als möglich durch Oxydation zu verringern und so den Aufschluß der Fasern zu vervollständigen.

[1] Vgl. hierzu JAYME u. STEINMANN: Papierfabr. **36**, 337f. (1938).

denen Mahlungsgraden. (Nach JAYME und STEINMANN.)

34,0	39,5	48,0	51 5	55,0	60,5	65,0	70,0	74,0	80,5
507	511	514	513	507	505	512	515	520	534
0,88	0,90	0,90	0,93	0,94	1,12	0,99	1,01	1,02	1,07
90,95	90,70	90,85	91,69	90.81	90.83	90,90	91,05	90,58	90,83
600	558	508	477	477	377	358	333	308	282
400	382	357	346	335	316	236	224	214	210
572	539	507	477	463	373	342	320	308	291
2,7	2,9	3,0	3,2	3,2	—	3,5	4,0	4,1	—
3,7	3,8	3,8	4,0	3,8	—	4,2	4,5	5,0	5,4
4,6	4,7	4,5	4,6	4,5	—	4,4	4,7	5,0	6,2
—	—	1,4	1,0	1,1	0,8	0,5	0,5	0,5	—
—	—	3,0	2,9	2,6	1,7	0,8	0,8	0,7	0,6
—	—	4,0	4,1	3,7	3,4	1,2	1,3	1,0	0,8

Als Bleichflüssigkeit wird Chlorkalk- oder Natriumhypochloritlösung verwendet, auch gasförmiges Chlor ist in Gebrauch. Über das Bleichen

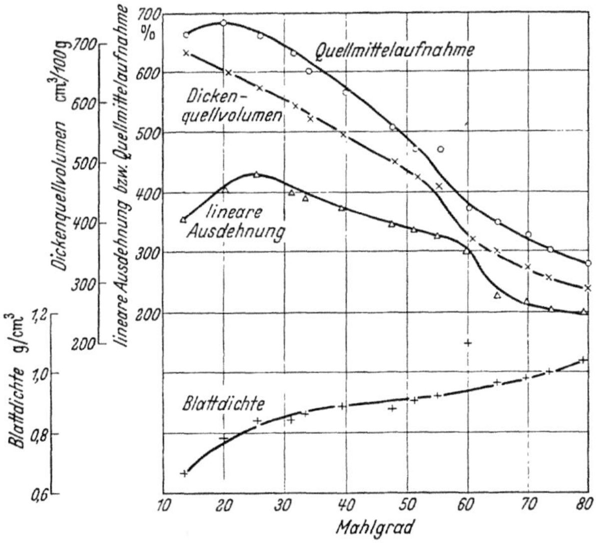

Abb. 49. Einfluß des Mahlgrades auf die Quellungskriterien von Zellstoff. (Nach JAYME und STEINMANN.).

von Natronstoffen aus der Buche war schon berichtet worden. Allgemein kann gesagt werden, daß die alkalisch aufgeschlossenen Fasern schwerer bleichbar sind als die sauer aufgeschlossenen. Das zu bleichende Gut wurde früher auf eine Stoffdichte von 6—10% eingestellt. Neuere Untersuchungen haben indes ergeben, daß man bei höheren Stoffdichten von beispielsweise 15—25% Zellstoffe mit besseren Eigenschaften erhält. Für die Behandlung derartig hoher Stoffdichten sind besondere Maschinen konstruiert worden, so z. B. von Wolf und Thorne. Temperaturen über 35° C führen meist zu einem nutzlosen Abbau des Fasermaterials und werden deshalb im allgemeinen vermieden. Die Bleichlösung wird im allgemeinen auf 0,3—0,5% aktives Chlor bzw. 1% Chlorkalk eingestellt. Wie schon beim Buchenholz erwähnt war, wird allgemein ein Bleichen in mehreren Stufen durchgeführt, zwischen denen der Stoff gespült wird. Es ist erforderlich, nach dem Bleichen sorgfältig mit Wasser zu spülen, was gleichfalls in Holländern vorgenommen wird.

Abb. 50. Zellstoff-Entwässerungs- und Trockenmaschine der Firma J. M. Voith, Heidenheim.

Sorgfältiges Spülen ist aus dem Grunde erforderlich, da etwa im Stoff verbleibende Reste von Verunreinigungen zu einem Nachgilben des fertigen Zellstoffes führen können. Mit dem Bleichen bzw. der Entfernung der restlichen Fremdstoffe ist naturgemäß ein Gewichtsverlust verbunden, der in ziemlich weiten Grenzen schwanken kann. Im Durchschnitt wird der Verlust mit 5—10% angegeben.

Ebenso wie der Mahlvorgang, so wirkt sich auch die Bleiche auf die kolloidchemischen Eigenschaften des Zellstoffes aus. Hier kommt zu der Beeinflussung der Quellungseigenschaften auch noch eine Beeinflussung der Viskosität des Zellstoffes hinzu. Es ist daher sehr schwer, den Bleichprozeß richtig zu leiten, insbesondere auch deshalb, weil noch die wirtschaftliche Seite bei der Bleiche zu berücksichtigen ist. Jayme und Steinmann[1] kommen auf Grund eingehender Untersuchungen zu

[1] Jayme u. Steinmann: Papierfabr. **36**, 337 (1938).

dem Schluß, daß bei sparsamstem Chlorverbrauch und bei dem Hinarbeiten auf besonders hohe Viskosität und hohen Weißgrad eine wesentliche Erhöhung der Dickenquellung des Zellstoffes unvermeidlich ist. Man wird daher bei der Herstellung eines Kunstseiden- und Zellwollzellstoffes nicht bis an die äußerste Grenze der möglichen Chlorersparnis gehen können.

Als günstigste Bleichmethode setzt sich die Dreistufenbleiche mehr und mehr durch. In der ersten Stufe verwendet man gasförmiges Chlor.

Abb. 51. Zwei parallel geschaltete Drehknotenfänger vor einer Zellstoff-Entwässerungs- und Trockenmaschine (Füllnerwerke G.m.b.H., Bad Warmbrunn).

Hierbei werden die Ligninreste in Ligninchlorid übergeführt, das zum Teil wasserlöslich ist und mit dem Spülwasser abgeführt wird. Der nicht wasserlösliche, chlorierte Ligninanteil ist aber alkalilöslich, und so läßt man als zweite Stufe eine milde Alkalibehandlung folgen. In der anschließenden dritten Stufe wird der Stoff dann mit wenig Hypochlorit fertig gebleicht. Das Mehrstufenbleichverfahren geht auf SCHWALBE und WENZL zurück. Das fertig gebleichte Material wird „Ganzstoff" genannt.

Es folgt nunmehr in der Zellstoff-Fabrik die Erzeugung der Pappenbahn aus dem Ganzstoff. Die Pappenherstellung besteht im Entziehen des Wassers aus dem Brei unter Bildung der Zellstoffbahn durch Verfilzung der Fasern.

Die Zellstoff-Entwässerungs- und Trockenmaschine ist ein äußerst langes Maschinenaggregat (Abb. 50). Ihre Arbeitsweise zerfällt in fünf Phasen[1].

[1] Vgl. hierzu JOHANNSEN in „Die Technik im zwanzigsten Jahrhundert", S. 241. Braunschweig 1912.

Die erste Phase besteht in der Einführung des Stoffbreies. Aus dem letzten Waschholländer kommend, gelangt der Brei in die sog. Stoffbütte, in der der Stoff durch ein Rührwerk ständig bewegt wird, damit er sich nicht absetzen kann. Durch eine mechanische Regelvorrichtung werden der Stoffbütte kontinuierlich gleiche Mengen Stoff entnommen und in einen Zufluß gehebert, der den Stoff zu den letzten Reinigungsvorrichtungen leitet. Diese bestehen in einem Sandfang und

Abb. 52. Siebpartie einer Zellstoff-Entwässerungs- und Trockenmaschine (J. M. Voith, Heidenheim).

einem Ast- oder Knotenfänger. Der Sandfang besteht in einer mit Gefälle und mehreren Kehren versehenen Rinne, in der Querstege angebracht sind, so daß sie schwere Körper wie Sand oder Metallstückchen zurückhalten. Durch einen Gabelkanal wird der Stoff dann in zwei Drehknotenfänger (Abb. 51) geführt. Der Knotenfänger fängt Astreste u. dgl. aus dem Stoff ab. Der wirksame Teil eines Knotenfängers ist eine Metalltrommel mit sehr engen Längsschlitzen (0,2—1,5 mm), durch die der Stoff hindurchlaufen muß. Zur Beschleunigung des Durchlaufes führen die Trommeln neben der drehenden eine rüttelnde Bewegung aus.

Die zweite Phase ist die Siebpartie (Abb. 52). Der dünne Stoffbrei gelangt aus den Knotenfängern zunächst in Verteilerkästen, die zur Beruhigung des Stoffes dienen. Von hier fließt er durch ein elastisches

Verbindungsstück, das Siebleder, auf das Langsieb. Dieses besteht aus einem horizontal oder schwach geneigt angeordneten feinmaschigen, endlosen Drahtsieb von 8—10 m Länge. Das Sieb führt in der Querrichtung eine Schüttelbewegung aus, wodurch der Verfilzungsvorgang der Zellulosefasern bewirkt wird. Der Stoff muß dem Sieb mit der gleichen Geschwindigkeit zugeführt werden, mit der das Sieb selbst läuft, damit der auflaufende Stoff in seinen oberen Schichten keine andere Geschwindigkeit annehmen kann. Das Sieb ist durch zahlreiche Kupferwalzen gestützt. Auf dem Sieb wird dem Stoff die größte Menge Wasser entzogen, wobei Vorkehrungen getroffen sind, daß der Wasserentzug am Anfang langsamer erfolgt als am Ende; hier wird der Wasserentzug durch die Gautschwalze oder bei einer neueren Konstruktion durch eine Saugwalze (Abb. 53), die im Gegensatz zur Gautschwalze keinen Gegendruck erfordert, beschleunigt. Es soll erwähnt werden, daß an Stelle der Langsiebe auch Zylindersiebe in Gebrauch sind.

Abb. 53. Vielkammer-Saugwalze im Langsieb einer Zellstoff-Entwässerungsmaschine. (J. M. Voith, Heidenheim).

Von der Gautsche bzw. Saugwalze aus gelangt der Stoff, der inzwischen die Form einer Bahn angenommen hat, in die dritte Phase der Maschine, die sog. Naßpartie (Abb. 54). Die Zellstoffbahn besitzt vor der Naßpartie noch etwa 75—85% Wasser, das nun durch die Zylinderpressen der Naßpartie auf etwa 50% heruntergebracht wird. Die Führung der nassen Zellstoffbahn durch die Walzenpressen hindurch geschieht durch einen Mitläuferfilz.

An die Naßpartie schließt sich als vierte Phase die Trockenpartie (Abb. 55) an. Sie besteht gleichfalls aus hintereinandergeschalteten Trommeln. Ihre Zahl schwankt zwischen 15 und 25. Während die Trommeln der Naßpartie aber als Preßtrommeln ausgebildet sind, sind die Trommeln der Trockenpartie geheizte Trockentrommeln. Die

Abb. 54. Naßpartie einer Zellstoff-Entwässerungs- und Trockenmaschine. (J. M. Voith, Heidenheim.)

Abb. 55. Trockenpartie einer Entwässerungs- und Trockenmaschine. (J. M. Voith, Heidenheim.)

Zellstoffbahn wird auch über diese Trommeln durch einen Mitläuferfilz geführt. In der Trockenpartie wird der Zellstoff vollkommen entwässert.

Die fünfte und letzte Phase endlich bewirkt ein Glätten der Zellstoffbahn durch Kalandern. Dann wird die Bahn, wenn nötig,

Abb. 56. Längs- und Querschneidemaschine für Zellstoffbahnen. (J. M. Voith, Heidenheim.)

Abb. 57. Pack- und Ballenpressen für Zellstofftafeln. (J. M. Voith, Heidenheim.)

in der Längs- und Querrichtung zerschnitten (Abb. 56). Die Zellstoffblätter werden abgetafelt oder der Zellstoff wird unzerschnitten auf Rollen gewickelt. Geschnittener Zellstoff wird in Ballen gepreßt (Abb. 57).

B. Strohzellstoff.

Wie schon an anderer Stelle erwähnt war, wird Strohzellstoff bereits seit längerer Zeit für die Papierfabrikation verwendet. Es ist nun aber nicht möglich, den normalen Strohzellstoff als Ausgangsmaterial für Kunstseide und Zellwolle heranzuziehen. Sein hoher Gehalt an Hemizellulosen, insbesondere an Pentosan, machen ihn für die Kunstseiden- und Zellwollerzeugung ungeeignet. Bei der Papier- und Pappenfabrikation stören diese Verunreinigungen nicht, da sie zu einer Verfestigung des Faserfilzes beitragen, in der Kunstseiden- und Zellwollfabrik sind sie dagegen unerwünscht.

Ein für die Herstellung von Kunstseide und Zellwolle geeigneter Strohzellstoff muß daher ganz andere Eigenschaften aufweisen als ein Strohzellstoff für die Papier- und Pappenfabrikation. Von der „Phrix-Arbeitsgemeinschaft", Hirschberg, sind in eingehenden Versuchen alle die Bedingungen studiert worden, die bei der Herstellung des Strohzellstoffes eingehalten werden müssen, wenn ein brauchbarer Strohzellstoff erhalten werden soll[1]. Es hat sich hierbei gezeigt, daß der Aufschluß und die Bleiche gegenüber den früher üblichen Verfahren grundsätzlich geändert werden mußten. Auch hat es sich als notwendig erwiesen, einen Veredlungsgang an die Stoffherstellung anzuschließen.

Als günstigste Aufschlußweise hat sich das Sulfatverfahren erwiesen. Bei diesem sind aber ganz bestimmte Alkali- und Laugenverhältnisse einzuhalten, um einen einwandfreien Aufschluß zu erreichen. Besondere Sorgfalt muß auch auf die Bleiche gelegt werden, die mit ausgiebigem Spülen kombiniert werden muß, da der Aschengehalt des Strohes sehr hoch ist. Die Bleiche wird als Mehrstufenbleiche ausgeführt, wobei besonderer Wert auf die saure Stufe gelegt wird.

Die Herstellung des Strohzellstoffes geschieht im einzelnen wie folgt: Als Ausgangsmaterial dient rein gewaschenes, möglichst unkrautfreies Winterroggenstroh. Auch Winterweizenstroh ist geeignet, liefert aber eine etwas geringere Zellstoffausbeute. Das Stroh wird den Zellstoff-Fabriken mit einem Wassergehalt von 15—18% in Ballen von etwa 50 kg Gewicht angeliefert. In der Zellstoff-Fabrik wird das Stroh zunächst durch Häckseln zerkleinert. Der Häcksel gelangt dann auf ein Schüttelsortiersieb, um gröbere Verunreinigungen zu entfernen. Gleichzeitig wird hierbei der Staub abgesaugt. Bei diesen beiden Operationen entsteht ein Gewichtsverlust von 4—5%. Der so gereinigte Häcksel wird in Silos gelagert und von dort in die Kocher gegeben. Als Kocher bedient man sich der Stürz- oder Kugelkocher. Die Kochlauge enthält beim Sulfatverfahren 11—12% Ätznatron und in entsprechender Menge Natriumsulfid. Die Kochdauer schwankt zwischen $6^1/_2$—$7^1/_2$ Stunden. Die Kochung wird normalerweise in drei Stufen durchgeführt.

---

[1] Vgl. hierzu DÖRR: Papierfabr. 37, 1 (1939).

Nach dem Kochen läßt man die Lauge abfließen und stürzt den Kocherinhalt in offene Waschkästen mit Siebboden. Man wäscht mehrmals mit Wasser von 70° C aus. Alsdann wird entwässert, wobei man sich meist einer Schneckenpresse (Abb. 58) bedient. Der entwässerte Stoff gelangt in Rührbütten und wird dann durch Sandfänge und Feinsortierer von Verunreinigungen befreit. Die Bleiche wird in Holländern vorgenommen. Die weitere Behandlung ist dem Holzzellstoff entsprechend.

Die Ausbeute an ungebleichtem Zellstoff beträgt nach Angabe von DOLGOFF[1] je nach dem Kochverfahren 45,8—46,1%.

Abb. 58. Schneckenpresse der Firma J. M. Voith, Heidenheim.

C. Zellstoffveredlungs-Verfahren.

Es ist das Bestreben der Zellstoff-Fabriken, den Kunstseiden- und Zellwollbetrieben einen möglichst reinen Zellstoff zu liefern. Man muß berücksichtigen, daß alle Bestandteile des Zellstoffes, die nicht Zellulose sind, für die Kunstseiden- und Zellwollfabrik nicht nur Verluste bedeuten, sondern auch die Qualität des fertigen Endproduktes in ungünstiger Weise beeinflussen. Man arbeitet daher in der Zellstoff-Fabrik darauf hin, einen Zellstoff mit einem möglichst hohen Gehalt an reiner Zellulose zu erhalten. Dies kann durch Modifikation der Kochprozesse erfolgen, wobei das Ziel jedoch nur unvollkommen erreicht wird. Auf diese Verfahren soll hier nicht eingegangen werden, sie sind in zahlreichen Patenten niedergelegt[2]. Das Ziel kann aber auch durch eine Nachbehandlung des erkochten Stoffes erreicht werden. Diese Nachbehandlungs- oder Veredlungsmethoden haben aus zwei Gründen große Bedeutung erlangt: Der Wunsch nach einer Steigerung der Festigkeitswerte der Kunstseiden erfordert die Verwendung eines besonders hochwertigen Zellstoffes.

---

[1] DOLGOFF, ref. in Zellstoff u. Papier **1936**, 217f.

[2] Eine diesbezügliche Patentzusammenstellung findet sich bei ROSSMANN: Paper Trade Journ. **86**, 59 (1928).

Ferner kommen heute Holzarten in die Zellstoff-Fabrik, bei denen bei der normalen Fertigstellung des Stoffes nach den üblichen Methoden kein ausreichend reiner Zellstoff erhalten werden kann.

Die Veredlung des Stoffes wird durchweg noch in der Zellstoff-Fabrik vor der endgültigen Fertigstellung des Stoffes vorgenommen. Es sind in Sonderfällen jedoch auch Nachbehandlungsverfahren des fertigen Zellstoffes in der Kunstseiden- und Zellwollfabrik in Anwendung.

Bei der Stoffveredlung kommt es darauf an, die noch im Stoff enthaltenen Reste der Inkrusten und Umwandlungsprodukte, die beim Aufschluß und bei der Bleiche entstanden sind, so weit als irgend möglich zu entfernen. Daß hierfür nur Arbeitsweisen am Platze sind, bei denen nicht gleichzeitig ein Abbau des Zellulosemoleküls erfolgt, ist selbstverständlich.

Für die Stoffveredlung ist eine große Zahl von Verfahren vorgeschlagen worden[1]. Allgemein lassen sich drei Gruppen unterscheiden:

I. Behandlung mit Alkalien,
II. Behandlung mit Säuren oder sauren Salzen,
III. Behandlung mit Chlor.

Die alkalische Behandlung nimmt unter den Zellstoff-Veredlungsverfahren den weitaus größten Raum ein.

Man kann auch eine Unterteilung in Heiß- und Kaltveredlung sowie in kombinierte Heiß-Kalt-Veredlung vornehmen.

I. Behandlung mit Alkalien.

Opfermann, Friedmann und die Aktiengesellschaft für Maschinenpapierfabrikation, Aschaffenburg, behandeln nach DRP. 219085 den Holzzellstoff mit verdünnten Lösungen von Alkalikarbonaten mit oder ohne Zusatz von Schwefelalkalien unter Druck. Da bei dieser Behandlung aber ein Teil der α-Zellulose mit gelöst wird, soll nach einem weiteren Vorschlag von Opfermann[2] der fertige Zellstoff in einem Kollergang oder einem Stampfwerk gemahlen und hierbei gleichzeitig mit den im DRP. 219085 beschriebenen Lösungen gewaschen werden. Die hohe Temperatur wird hierbei also durch mechanisches Zerkleinern ersetzt. Auf diese Weise soll kein nennenswerter Zelluloseabbau stattfinden. Schwalbe und Becker[3] empfehlen Digerieren der Zellstoffe mit Lösungen der alkalischen Erden oder von Magnesiumhydroxyd[4]. Eine weitere von Schwalbe[5] vorgeschlagene Methode besteht darin, daß der Zellstoff mit schwerlöslichen Basen und Sulfiten in Gegenwart von Kohlehydraten oder Salzen organischer Säuren, notfalls unter Druck, gekocht wird.

[1] Vgl. hierzu die kritische Betrachtung der Veredlungspatente von Jayme: Papierfabr. **35**, 2 (1937).

[2] Opfermann: DRP. 379771. [3] Schwalbe u. Becker: DRP. 369906.

[4] Becker u. Schwalbe: DRP. 371507. [5] Schwalbe: DRP. 418976.

Die I. G. Farbenindustrie Aktiengesellschaft schlägt im DRP. 539938 eine Druckkochung mit Natronlauge vor, der ein Digerieren mit schwacher Natronlauge vorausgeht. Dieses Verfahren soll sich insbesondere auch für die Veredlung von Buchenholzstoff eignen. Eine Reihe amerikanischer Patente der Brown Co. hat gleichfalls Behandlungen mit Alkalien zum Gegenstand[1]. Nach JAYME[2] ist bei Heißbehandlungen eine Laugenkonzentration von 10% NaOH noch zulässig, höhere Konzentrationen wirken zu stark abbauend auf die Zellulose. Der von SCHWALBE sowie auch von Waldhof[3] empfohlene Sulfitzusatz zu den alkalischen Lösungen soll eine wesentliche Aufhellung des Stoffes ergeben. An Stelle der Behandlung mit freien Basen sind auch Lösungen von Borax, Natriumphosphat und Wasserglas vorgeschlagen worden[4]. Man verspricht sich hierdurch eine schonendere Wirkung durch den Pufferungseffekt. Eine günstige Wirkung soll der Zusatz von Netz- und Dispergiermitteln haben[5]. Eine schonendere Behandlung bezweckt auch das Amer. Pat. 1891337 von SEAMAN, das Ammoniumsalze empfiehlt.

Nach den angeführten Patenten soll es möglich sein, bei Temperaturen von unter 100° C zu Zellstoffen mit einem α-Zellulosegehalt von 94% zu gelangen, höhere α-Zellulosegehalte verlangen Druckkochung.

Wie JAYME ausführt, ist die Art des Auswaschens der nach diesen Patenten behandelten Stoffe wichtig. Es soll günstig sein, die Reaktionen so zu leiten, daß am Ende noch ein Alkaliüberschuß vorhanden ist, so daß die Waschwässer schwach alkalisch bleiben. Heißes Waschen ist sowohl hinsichtlich des Gehaltes an α-Zellulose als auch des Farbtones günstig. Der höchste α-Zellulosegehalt, der nach diesen Verfahren zu erzielen ist, wird von JAYME mit 96% angegeben. Derartig hohe Zellulosegehalte sind jedoch teuer erkauft. Die Heraufsetzung des α-Zellulosegehaltes von 87% auf 96% soll nach JAYME mit einem Stoffverlust von 25—30% verbunden sein. Die Auswaschverluste können verringert werden, wenn man den Waschflüssigkeiten Salze, wie z. B. Natriumchlorid[6] oder Alkalikarbonat[7] zusetzt.

Man hat wegen der Stoffverluste auch versucht, auf kaltem Wege eine Veredlung der Zellstoffe durchzuführen. Wenn man eine höhere Temperatur ausschaltet, so muß man allerdings mit wesentlich konzentrierteren Behandlungsflüssigkeiten arbeiten, um den gleichen Effekt zu erhalten. Man arbeitet zweckmäßig mit Konzentrationen, die in der Nähe des Quellungsmaximums der Zellulose liegen. Da dieses bei

---

[1] Siehe die Zusammenstellung bei FAUST: Zelluloseverbindungen, Bd. I, S. 70f. Berlin 1935.

[2] JAYME: Papierfabr. **35**, 3 (1937).

[3] Zellstoff-Fabrik Waldhof, Amer. Pat. 1991786.

[4] Zum Beispiel Brown Co.: Amer. Pat. 1729629.

[5] PALAZZO: Amer. Pat. 1981323; Brown Co.: Amer. Pat. 1729629.

[6] WOLFF u. WEINGAND: DRP. 492063. [7] ORIOLI: Franz. Pat. 659021.

niedrigerer Temperatur mit Laugen geringerer Konzentration zu erreichen ist, so kann man beispielsweise bei —10° C mit einer Lauge von 6—8% arbeiten. Bei 0° C liegt die optimale Laugenkonzentration bei 8—9%, während man sie bei +20° C auf 12% steigern muß. Diese Verhältnisse sind im DRP. 567332 von FAUST, HOTTENROTH und der Zellstoff-Fabrik Waldhof geschildert. Man kann bei dieser Behandlung sowohl von ungebleichten als auch von gebleichten Stoffen ausgehen. Bei gebleichten Stoffen kann die Veredlung im allgemeinen unter milderen Bedingungen vorgenommen werden, was verständlich ist, da ein großer Teil der Verunreinigungen dem Stoff schon durch die Bleiche entzogen wird.

Es darf nicht außer acht gelassen werden, daß die mit hohen Laugenkonzentrationen arbeitenden Verfahren eine Umwandlung der Zellulose in Hydratzellulose herbeiführen, was für manche Verwendungszwecke wieder eine Aktivierung der Zellulose z. B. durch schwache Säuren[1] erforderlich macht[2]. Immerhin sollen auf diese Weise Zellstoffe mit 98% α-Zellulose erhalten werden können. Der Merzerisierungseffekt läßt sich dadurch umgehen, daß man die Veredlung in zwei Stufen durchführt, wobei man zweckmäßig bei der zweiten Behandlungsstufe in Temperaturbereichen arbeitet, in denen die Hydratisierung nicht eintritt[3]. Die Verfahren laufen also auf eine Imprägnierung mit kalter Lauge und anschließender Kochung heraus. Die Nachkochung kann auch mit Wasser allein vorgenommen werden, wobei man sich dann der Druckkochung bei 150° C bedient[4]. Auch auf diese Weise soll man zu Zellstoffen mit 97—98% α-Zellulose kommen. Nach dem Amer. Pat. 1781449 von DURCHMANN wird der Stoff zunächst mit sulfithaltiger, 2—5%iger Natronlauge gekocht und nach Zwischenbleiche mit 10- bis 14%iger Natronlauge in der Kälte nachbehandelt.

Schließlich sind noch Verfahren zu erwähnen, bei denen mit Alkalien in Gegenwart von Oxydationsmitteln gearbeitet wird. Alle diese Verfahren erstrecken sich auf eine kalte Behandlung. Als Oxydationsmittel sind Luftsauerstoff, Chlor, Natriumsuperoxyd sowie Permanganat vorgeschlagen worden[5]. Man darf bei diesen zuletzt genannten Verfahren jedoch nicht außer acht lassen, daß mit einem mehr oder weniger starken oxydativen Abbau der Zellulose zu rechnen ist, der sich insbesondere durch eine niedrigere Viskosität des Zellstoffes auswirkt.

Auch die mit starken Alkalien veredelten Zellstoffe dürften stets mehr oder weniger große Mengen teilweise abgebauter Zellulose enthalten, die zwar in der Analyse noch als α-Zellulose in die Erscheinung tritt,

[1] KRÜGER: Zelluloseazetate. Dresden u. Leipzig 1933.

[2] JAYME: Papierfabr. 35, 3 (1937).

[3] Brown Co.: Amer. Pat. 2041958 sowie mehrere Patente der I. G. Farbenindustrie Aktiengesellschaft.

[4] RICHTER u. Brown Co.: Amer. Pat. 1907201.

[5] Waldhof: DRP. 537846; Brown Co.: Can. Pat. 341091; I. G. Farbenindustrie: Amer. Pat. 1967347.

bei den nachfolgenden Bleichbehandlungen jedoch weiter zu wasserlöslichen Körpern abgebaut wird. Normale Bleichgänge führen daher bei den veredelten Zellstoffen zu Stoffverlusten, weshalb die Bleiche in diesen Fällen besonders schonend gestaltet werden muß. Die Deutsche Gold- und Silberscheideanstalt[1] empfiehlt als mildes Bleichmittel Natriumsuperoxyd in stark alkalischer Wasserglaslösung, wobei sogar der Luftsauerstoff ausgeschaltet werden soll.

II. Behandlung mit Säuren oder sauren Salzen.

In den meisten Fällen wird eine saure Behandlung mit einer alkalischen kombiniert. Dreyfus empfiehlt im Amer. Pat. 2041745 eine Vorbehandlung des Stoffes mit 5%iger Natronlauge und Nachkochung mit Alkalibisulfitlösungen. Schwalbe[2] schlägt vor, den Stoff zuerst mit Salpetersäure und anschließend mit Alkali zu behandeln.

III. Behandlung mit Chlor.

Eine Nachbehandlung mit Chlor wird besonders für alkalisch aufgeschlossene Stoffe empfohlen. Sie soll sich z. B. gut bei alkalisch aufgeschlossenem Fichtenholz bewährt haben. Aber auch Kiefernholz, das nach dem Salpetersäureverfahren aufgeschlossen wurde, soll durch Nachbehandlung mit Chlor in einen hochwertigen Zellstoff übergeführt werden können. Der Chlorbehandlung muß stets eine alkalische Nachbehandlung folgen, da durch Chlor die Inkrusten nur in eine alkalilösliche Zustandsform übergeführt werden. Die Behandlung wird in der Weise vorgenommen, daß man den Stoff bei einer ganz bestimmten Stoffdichte gasförmigem Chlor aussetzt, ihn dann spült und mit verdünnter Alkalilauge nachbehandelt[3]. Die Einwirkung des Chlors geht nach Untersuchungen von Müller und Stalder[4] so vor sich, daß das Lignin, die Harze und die Gerbstoffe direkt chloriert werden. Die sich bei dieser Umsetzung bildende Salzsäure wirkt hydrolysierend auf die begleitenden Kohlehydrate, worauf dann eine Anlagerung von Chlor an die durch Hydrolyse entstandenen Spaltzucker erfolgt. Die I. G. Farbenindustrie Aktiengesellschaft empfiehlt im DRP. 557537 nach der Chlorierung eine Behandlung mit 8%iger Natronlauge in der Kälte. Diese Vorschläge spielen in das Gebiet der erwähnten Dreistufenbleiche hinein.

D. Baumwollzellstoff.

Auch die für die Zellstoffherstellung bestimmte Baumwolle unterliegt einer Vorbehandlung. Entsprechend der Tatsache, daß die Baumwolle nur wenige Prozent Nichtzellulosestoffe enthält, handelt es sich hier

---

[1] DRP.-Anmeldung D 59231. [2] Schwalbe: DRP. 220645.

[3] Schmid: Papierfabr. **36**, 137 (1938).

[4] Müller u. Stalder: Papierfabr. **36**, 81 (1938).

mehr um einen Reinigungs- als um einen Aufschlußprozeß. Die Vorbehandlung der Baumwolle verfolgt den Zweck, die in dem Fasermaterial als Fremdkörper enthaltenen Verunreinigungen sowie die Reste der Samenschalen zu entfernen bzw. zu zerstören. Ferner müssen die Fett- und Wachsbestandteile der Kutikula sowie die Eiweißreste des Lumens beseitigt werden. Schließlich handelt es sich bei der Vorbehandlung aber auch um eine Zerstörung der Farbstoffe, die einigen Baumwollsorten ihre charakteristische, schwach gelbliche Farbe geben. Darüber hinaus soll die Vorbehandlung die Baumwolle für chemische Reagenzien, mit denen sie im Verlaufe der Viskoseherstellung in Berührung kommt, aufnahmefreudiger machen.

Die Vorbereitung der Baumwolle zerfällt in eine mechanische und eine chemische Behandlung. Die erstere wieder ist verschieden, je nachdem ob die Baumwolle in Form von Linters und Spinnereiabfällen oder als Lumpen (Hadern) in die Zellstoff-Fabrik gelangt. Als Fremdkörper enthalten die Linters Reste von Samenschalen und anderen Pflanzenteilen sowie erdige Verunreinigungen. In dieser Beziehung sind Spinnereiabfälle sauberer, diese enthalten aber wieder mehr Staub, Schmutz und Reste von Maschinen- und Schmälzölen.

Linters und Spinnereiabfälle kommen in Ballen gepreßt in die Zellstoff-Fabrik. Die Baumwolle wird zunächst einem Ballenbrecher vorgelegt. Die Wirkungsweise dieser Maschine beruht im Prinzip darauf, daß die Baumwolle zwischen Walzen hindurchgeführt wird. Hierdurch erfährt sie eine Pressung. Sie gelangt dann anschließend zwischen schnell umlaufende Walzenpaare, wodurch sie einer Streckung unterliegt. Bei diesem Arbeitsvorgang verteilt sich die dicht gepackte Baumwolle zu kleineren Flocken. Auch fallen schon gröbere Verunreinigungen heraus.

Nach dieser ersten Stufe kommt das aus Linters bestehende Baumwollmaterial in einen sog. Öffner, während Spinnereiabfälle meist keiner weiteren mechanischen Behandlung bedürfen. Als Öffner wird der sog. Vertikalöffner oder Crighton-opener (Abb. 59) bevorzugt. In diesen Maschinen wird eine mehrfache Trennung der Baumwollflocken vorgenommen. Die Arbeitsweise besteht darin, daß die Baumwolle durch mehrere horizontale Trommeln, die an ihrem Umfang mit Zähnen versehene Stahlschienen besitzen, bearbeitet wird. Diese Zähne greifen bei der Umdrehung der Trommeln zwischen feststehende Zähne, die an an den Deckeln der Trommel befindlichen Zahnleisten befestigt sind. Zwischen diesen umlaufenden und feststehenden Zähnen wird die Baumwolle hindurchgezerrt, wobei sich die Flocken vollkommen auflockern. Bei diesem Vorgang werden gleichzeitig die meisten Verunreinigungen, bis auf Reste von Samenschalen, aus der Baumwolle entfernt. Die Fremdkörper fallen durch einen unterhalb der Trommel befindlichen Rost, während der in dem Material enthaltene Staub durch einen kräftigen Exhaustor abgesaugt wird.

An Stelle des Vertikalöffners kann auch ein sog. Schlagwolf verwendet werden.

Baumwoll-Lumpen können nur in ungefärbtem Zustande für die Zellstoff-Fabriken verwendet werden. Liegen sie in gefärbtem Zustande vor, so müssen sie zunächst entfärbt werden. Dies geschieht durch die für das Abziehen von Färbungen gebräuchlichen Methoden, also entweder reduzierend durch Hydrosulfit oder oxydierend durch Chlor- oder

Abb. 59. Vertikal-Öffner der Sächsischen Textilmaschinenfabrik vorm. Rich. Hartmann, Chemnitz.

Superoxydbleiche. Die Lumpen werden zunächst maschinell zerschnitten, dann werden sie in einer besonderen Maschine der Einwirkung kräftiger Schlagarme ausgesetzt und gleichzeitig durch einen Exhaustor entstaubt.

Die so mechanisch aufgeschlossene Baumwolle wird nun einer chemischen Behandlung unterzogen. Diese besteht bei Linters und Spinnereiabfällen in der sog. Beuche, worunter eine alkalische Kochung unter Druck verstanden wird. Im Anschluß an die Beuche muß noch gebleicht werden.

Der Beuchprozeß wird in großen, stehenden Kesseln ausgeführt (Abb. 60). Als recht zweckmäßig hat sich die in der Abbildung wiedergegebene Konstruktion erwiesen. Dieser Beuchkessel besitzt einen inneren, durchlochten Mantel sowie in der Mitte ein durchlochtes Absaugerohr. Durch eine Pumpe wird die Behandlungsflüssigkeit während des Kochprozesses durch das Innenrohr abgesaugt sowie oben und seitlich wieder eingepreßt. Hierdurch wird eine sehr gute Durchdringung des Kochgutes mit der Behandlungsflüssigkeit herbeigeführt. Die Heizung erfolgt durch indirekten Dampf, um eine Verringerung der Konzentration der Behandlungsflüssigkeit zu vermeiden. Während der Zirkulation passiert die Kochlauge einen Vorwärmer, der gleichmäßige Temperatur gewährleistet. Der Deckel des Beuchkessels ist aufklappbar oder abnehmbar. Durch diese Öffnung findet die Beschickung und Entleerung des Kessels statt.

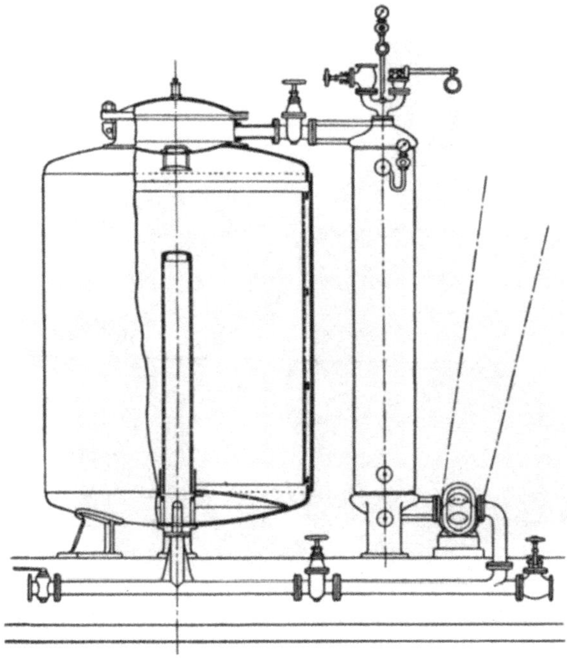

Abb. 60. Beuchkessel der Waggon- und Maschinenbau A. G., Görlitz.

Als Kochflüssigkeit verwendet man Sodalösung oder Ätznatronlösung, oft auch Gemische beider, je nach der Beschaffenheit des Ausgangsmaterials. Die Sodalösung hat meist eine Stärke von 2—3%, die Ätznatronlösung wird in einer Stärke von 1—5% angewandt. Nachdem man den Kessel mit der Baumwolle gefüllt hat, läßt man bei geöffnetem Ventil die Lauge einströmen und kocht einige Minuten durch. Dies hat den Zweck, die zwischen den Fasern befindliche Luft zu entfernen, was äußerst wichtig ist, da der Luftsauerstoff während der Druckkochung eine mehr oder weniger weitgehende Oxydation der Zellulose herbeiführen würde. Der oxydative Abbau würde zu einer zu geringen Viskosität der später aus diesem Zellstoff hergestellten Viskose und somit zu schlechten Eigenschaften der Kunstfaser führen. In demselben Sinne wirkt eine zu energische Alkalieinwirkung, weshalb man nicht über 2—3 Atm. Druck geht und die Behandlungsdauer nicht über 4 Stunden ausdehnt. Auch sind Temperaturen über 140° C zu vermeiden. Da nur ein Teil des Baumwollwachses verseifbar ist, so muß der andere Teil durch Emulgieren entfernt werden. Man setzt der Beuchlauge daher zweckmäßig ein Netz- und Dispergiermittel zu. Als solche haben sich Türkischrotöl, Monopolbrillantöl[1] sowie neuerdings Cekit[2] bewährt.

Nach erfolgter Druckkochung läßt man die Lauge, die eine gelblichgraue Farbe und einen charakteristischen Geruch angenommen hat, abfließen und das Kochgut auskühlen. Alsdann wird mit weichem Wasser bis zur neutralen Reaktion gewaschen. Das Waschen kann im Beuchkessel selbst oder in einem Waschholländer vorgenommen werden.

Es soll nicht unerwähnt bleiben, daß man bei sehr sauberem Ausgangsmaterial auch mit einer offenen Kochung auskommen kann, dies gilt insbesondere für Spinnereiabfälle.

An das Auswaschen schließt sich das Bleichen an. Dies wird fast allgemein in Bleichholländern vorgenommen. Zum Bleichen verwendet man Chlorkalklösung oder Natriumhypochlorit. Die Bäder werden je nach der Beschaffenheit des gekochten Baumwollmaterials auf einen Gehalt von 1—3 g aktivem Chlor im Liter eingestellt. Das Bleichen erfolgt in der Kälte während 2—3 Stunden. Sind die Fasern genügend aufgehellt, so läßt man die Bleichflüssigkeit abfließen und wäscht mit Wasser sorgfältig aus. Die letzten Chlorspuren zerstört man durch Absäuern mit Salz- oder Ameisensäure. Besonders kräftiges Absäuern und anschließendes Spülen ist dann erforderlich, wenn mit Chlorkalklösung gebleicht wurde, um die restlichen Kalksalze zu entfernen.

Baumwoll-Lumpen werden nicht in Beuchkesseln, sondern in Sturz- oder Kugelkochern aufgeschlossen. Man kocht das Material mit Soda, Ätznatron oder mit Gemischen beider. Auch Kochungen mit Kalkmilch oder Gemischen von Ätznatron mit Kalkmilch sind in Anwendung. Die Art des Alkalis sowie seine Menge richten sich nach der Beschaffenheit des Materials. Im Anschluß an den Kochprozeß werden die Lumpen in einem Mahlholländer gemahlen und in einem Bleichholländer gebleicht. Für die Zwecke der Kunstseidenindustrie wird die Baumwolle nur bis zum Halbstoff fertiggestellt.

Das gebleichte Material wird nunmehr entwässert und auf dieselbe Weise wie beim Holzzellstoff in die Form von Papptafeln oder -Rollen gebracht. Geht die Kunstseiden- oder Zellwollfabrik nicht von Zellstofftafeln oder -Rollen aus, so wird der entwässerte und getrocknete Baumwoll-Halbstoff in flockiger Form in Ballen gepreßt und in dieser Aufmachung der Kunstseiden bzw. Zellwollfabrik zugeleitet.

[1] Hergestellt von der Chemischen Fabrik Stockhausen & Cie., Krefeld.

[2] Hergestellt von der Chemischen Fabrik Stockhausen & Cie., Krefeld. — Vgl. hierzu die Untersuchungen von KOLLMANN: Melliand Textilber. **1937**, S. 994.

5. Kapitel.

Eigenschaften und Prüfung der Zellstoffe.

A. Eigenschaften der Zellstoffe.

Die Zellstoffe stellen einen festen Filz aus den aus den entsprechenden Ausgangsmaterialien isolierten Faserzellen bzw. ihren Trümmern dar. Entsprechend dem anatomischen Bau der einzelnen Holzarten besteht ein Nadelholzzellstoff hauptsächlich aus den Tracheiden (Abb. 61 und 62). Der Buchenholzzellstoff läßt unter dem Mikroskop drei Faserarten erkennen, nämlich die sog. Libriformfasern, die die Verfestigung des Laubholzes bedingen, die breiten Gefäße der Tracheen sowie kurze Parenchymzellen, die dem Markstrahlgewebe entstammen (Abb. 63), und die nur eine Länge von $^1/_{10}$ bis $^1/_{50}$ mm besitzen.

Neben diesen aus Zellulose bestehenden Fasern enthalten die Zellstoffe in wechselnder Menge Reste von Zellulose-Begleitstoffen sowie Abbauprodukte, die beim Zellstoffaufschluß und bei der Bleiche entstanden sind, als Verunreinigungen.

Die in den Zellstoffen enthaltene Zellulose ist ein Gemisch aus polymerhomologen Zellulosen[1]. Technisch wichtig ist nur der Gehalt an hochmolekularer Zellulose, die einen Polymerisationsgrad von über 200 hat. Sie ist in Natronlauge von 17,5 Gew.-% unlöslich und wird als α-Zellulose bezeichnet. Man hat diese Konzentration aus dem Grunde gewählt, da der Zellstoff im Gange der Zellwoll- und Kunstseidenherstellung mit Natronlauge dieser oder annähernd dieser Konzentration in Berührung kommt. Die stärker abgebauten Zellulosen haben ihre für das Endprodukt wichtigen physikalischen Eigenschaften verloren, sie sind ferner in der Tauchlauge, teilweise sogar in Wasser, löslich und werden mit der Tauchablauge abgeführt. Die unlösliche α-Zellulose stellt demnach auch die eigentliche „titerbildende“ Substanz des Zellstoffes dar. Die Kenntnis des Gehaltes eines Zellstoffes an α-Zellulose ist daher auch für die Berechnung der Ausbeute an Zellwolle und Kunstseide aus dem eingesetzten Zellstoff wichtig.

Die in der Tauchlage löslichen Zelluloseanteile werden mit β- und γ-Zellulose bezeichnet. Ihr Polymerisationsgrad liegt unter 200. Für die γ-Zellulose nimmt Staudinger Polymerisationsgrade von unter 10 an. β- und γ-Zellulose werden dadurch unterschieden, daß die erstere aus ihrer Lösung durch Ansäuern wieder ausfällbar ist. Es muß hierzu bemerkt werden, daß durch die Alkalilösung nicht nur die Zelluloseanteile von niedrigem Polymerisationsgrad gelöst werden, sondern auch die anderen im Holz enthaltenen Polysaccharide, soweit sie als Verunreinigung noch im Zellstoff anwesend sind. Sie werden daher bei der Bestimmung der γ-Zellulose miterfaßt.

[1] Vgl. hierzu Staudinger u. Feuerstein: A. **526**, 93 (1936).

Für die Beurteilung der Qualität eines Zellstoffes spielt noch eine Reihe anderer Eigenschaften eine Rolle, deren Bedeutung allerdings auf rein technischem Gebiet liegt. Eine sehr eingehende Untersuchung des

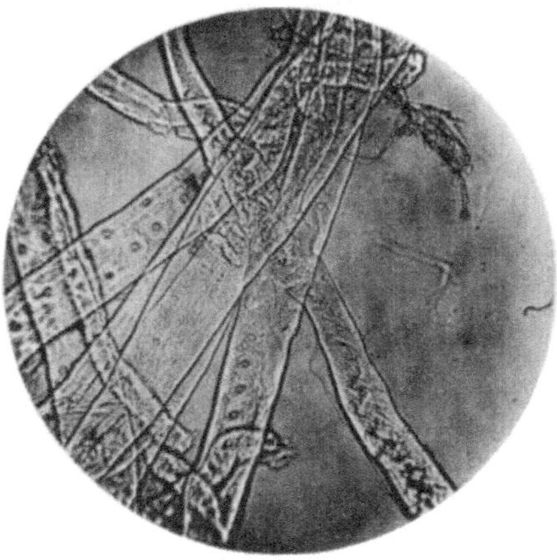

Abb. 61. Faserzellen im Fichtenholzzellstoff.

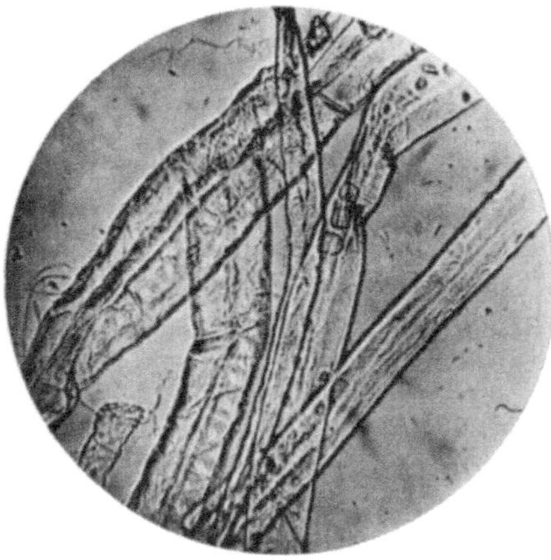

Abb. 62. Faserzellen im Kiefernholzzellstoff.

Zellstoffes ist daher für die Kunstseiden- und Zellwollfabrik erforderlich. Aber auch diese läßt noch kein abschließendes Urteil über die Brauchbarkeit eines Zellstoffes zu. Ein solches kann erst gefällt werden, nachdem der Zellstoff in einer Kunstseiden- oder Zellwoll-Versuchsspinnanlage geprüft worden ist.

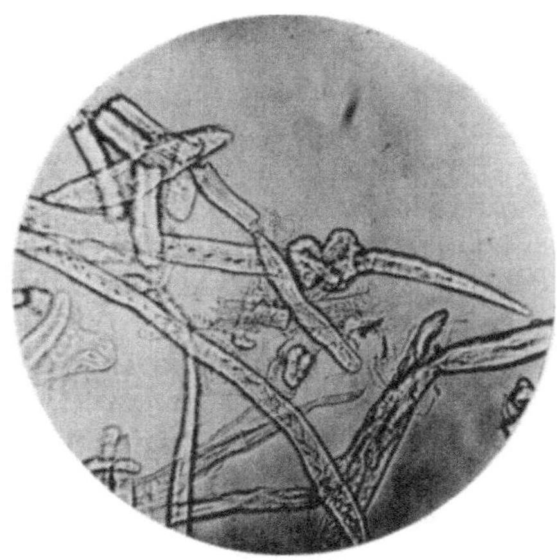

Abb. 63. Faserzellen im Buchenholzzellstoff.

Die Kenntnis des Gehaltes eines Zellstoffes an β- und γ-Zellulose ist für die Kunstseiden- und Zellwollfabrik nur von mittelbarem Wert, sie läßt einige Schlüsse auf die Vorgeschichte des Zellstoffes zu und kann nur als Unterlage für eine allgemeine Beurteilung des Zellstoffes gewertet werden.

Um den Gehalt eines Zellstoffes an α-Zellulose zu ermitteln, stellt man die Menge Zellulose fest, die in 17,5gew.-%iger Natronlauge unlöslich ist. Es ist nun aber verschiedentlich festgestellt worden, daß man in einer Kunstseidenfabrik zuweilen eine etwas höhere Ausbeute an Kunstseide erhält, als unter Zugrundelegung des α-Zellulosegehaltes des eingesetzten Zellstoffes theoretisch zu erwarten war. Diese Differenz soll nach

VIEWEG[1] bis zu 2% betragen können. VIEWEG erklärt diese Differenz aus dem Löslichkeitsverhältnis der Zellulose in Natronlauge von verschiedener Konzentration. Es ist von LOTTERMOSER und RADESTOCK[2], in eingehenden Untersuchungen auch von WELTZIEN[3] sowie ferner von NEALE[4] festgestellt worden, daß die Alkalilöslichkeit der Zellulose in hohem Grade von der Laugenkonzentration abhängig ist. Von WELTZIEN wurden z. B. für einige Zellstoffe die in Tabelle 45 enthaltenen Zahlen für die Löslichkeit in Natronlauge verschiedener Konzentration gefunden.

Tabelle 45. Löslichkeit von Zellstoffen in Natronlauge steigender Konzentration. (Nach WELTZIEN.)

Zellstoff	Löslichkeit in % in Natronlauge von Volumprozent										
	4	6	8	9	10	11	12	14	16	17,5	20
Kunstseidenzellstoff . . .	2,5	4,6	6,9	8,7	12,1	12,2	12,5	11,6	11,5	10,2	10,2
Kunstseidenzellstoff spezial	0,8	2,7	5,2	5,6	7,3	8,0	7,6	7,3	5,9	6,4	5,9
α-Fibrezellstoff	0,0	0,0	0,4	1,7	2,1	1,7	1,5	0,9	0,4	0,5	0,0
Papierzellstoff	6,5	8,7	11,9	18,8	23,5	24,5	22,4	19,5	19,0	17,9	17,0

Aus diesen Zahlen sowie aus dem Kurvenbild (Abb. 64) geht hervor, daß die Löslichkeit der Zellulose in Natronlaugen steigender Konzentration ein deutlich ausgeprägtes Maximum durchläuft, das bei einer Konzentration von 10—12% liegt[5]. Beim Auswaschen des mit 17,5%iger Natronlauge behandelten Stoffkuchens bei der α-Zellulosebestimmung wird nun durch die Verdünnung der Lauge zwangsläufig die Konzentration, bei der das Löslichkeitsmaximum liegt, durchlaufen, wodurch die Möglichkeit besteht, daß aus dem Stoffkuchen noch weitere Zellulose herausgelöst wird. VIEWEG nimmt an, daß aus diesem Grunde bei der α-Zellulosebestimmung zu niedrige Werte gefunden werden. Er empfiehlt daher bei der α-Zellulosebestimmung Auswaschen mit Salzlösungen. Die hierdurch entstehende Differenz ist von der Beschaffenheit des verwandten Zellstoffes abhängig, was aus den oben wiedergegebenen Zahlen ohne weiteres hervorgeht. In den Zahlen ist ferner noch die wesentlich andere Beschaffenheit eines für die Herstellung von Papier bestimmten Zellstoffes einerseits sowie eines hochwertigen Spezial-Zellstoffes andererseits bemerkenswert.

Die Zustandsform, in der die Zellulose im Zellstoff vorliegt, findet ihren Ausdruck in der Zähigkeit oder Viskosität einer Lösung des Zell-

[1] VIEWEG: Papierfabr. **36**, 181 (1938). Vgl. hierzu auch STEUDTE: Kunstseide **21**, 122 (1939).
[2] LOTTERMOSER u. RADESTOCK: Angew. Chem. **40**, 1506 (1927).
[3] WELTZIEN: Papierfabr. Festheft **1918**, 115.
[4] NEALE: Journ. Text. Inst., Manchr. **20**, 373 (1929).
[5] Das wahre Löslichkeitsmaximum dürfte ziemlich genau bei 10% liegen.

stoffes. In Anlehnung an den Spinnprozeß ermittelt man beim Viskoseverfahren meist die Viskosität einer Zellulosexanthogenat-Lösung, aber auch die Bestimmung der Kupferoxydammoniak-Viskosität ist in Gebrauch. Die Viskosität einer Zellstofflösung ist allerdings nicht allein von der Zustandsform der Zellulose abhängig, sie wird vielmehr auch durch im Zellstoff enthaltene Verunreinigungen beeinflußt. So kommt bei der Viskositätsmessung stets nur ein Mittelwert zustande, der sich aus der gegenseitigen Beeinflussung der Viskositäten der Zellulose und der einzelnen gelösten Zellulosebegleitstoffe ergibt. Diese wirken sich nicht nur nach der Art, sondern auch nach ihrer im Zellstoff enthaltenen Menge in der Viskosität aus.

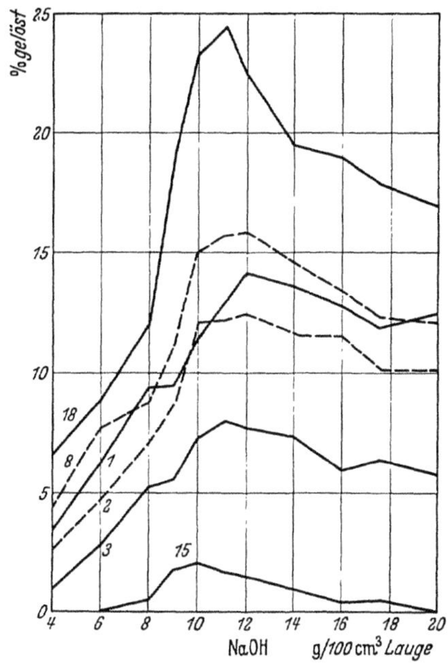

Abb. 64. Löslichkeit von Zellstoffen in Natronlaugen verschiedener Konzentration. *2* Kunstseidenzellstoff, *3* Kunstseidenzellstoff spezial, *15α*-Fibrezellstoff, *18* Papierzellstoff. (Nach WELTZIEN.)

Besonders unübersichtlich sollen diese Verhältnisse bei den veredelten Zellstoffen liegen, worauf von STEINSCHNEIDER, SCHEPP und WULTSCH[1] hingewiesen wird. Nach ihnen ist die Viskositätsmessung, selbst wenn sie im STAUDINGERschen Sinne, also in sehr verdünnter Lösung vorgenommen wird, keineswegs ausreichend, um sich ein genaues Bild von dem Zustand eines Zellstoffes zu machen. Diese Forscher fanden, daß die Viskosität durch die Verunreinigungen des Zellstoffes, und zwar vornehmlich durch diejenigen der Polysaccharidgruppe, zum Teil erheblich herabgesetzt wird. Um die Viskositätsbestimmungen daher auswerten zu können, wird eine genaue Untersuchung der chemischen Beschaffenheit und Menge der Begleitstoffe als erforderlich erachtet. Über die Eigenschaften der Begleitstoffe gibt die Hydrolyse des Zellstoffes ein Bild. Die Methodik der Hydrolyse ist von HÄGGLUND und PROFFE[2] beschrieben worden. Die Bestimmungsmethoden für die einzelnen Bestandteile des Hydrolysenproduktes wurden von HÖPNER[3] ausgearbeitet. Die Kenntnis der Art und Menge der im Zellstoff enthaltenen Verunreinigungen läßt einen sicheren Schluß auf die durch Vikositätsmessung gefundene

[1] STEINSCHNEIDER, SCHEPP u. WULTSCH: Papierfabr. **36**, 36 (1938).
[2] HÄGGLUND u. PROFFE: Wbl. Papierfabr., Sondernummer **1933**, 17.
[3] HÖPNER: Wbl. Papierfabr. **1935**, 399.

Beschaffenheit der Zellulose zu, d. h. also, in welchem Maße der Viskositätswert der Zellulose selbst zuzuschreiben oder durch andere mehr oder weniger hochpolymere Körper beeinflußt ist.

In der Praxis werden Viskositätsmessungen in Konzentrationsgebieten durchgeführt, die oberhalb der sog. Grenzkonzentration liegen. Es wird also ein Konzentrationsbereich angewandt, in dem die Zellulosemoleküle nicht frei beweglich und teilweise assoziiert sind. Die praktisch ermittelten Viskositätswerte lassen daher keinen Schluß auf den Polymerisationsgrad der Zellulose zu. Da seine Kenntnis aber für die Beurteilung des Zellstoffes und für die zu erwartenden physikalischen Eigenschaften der fertigen Fasern von einiger Bedeutung ist, hat STAUDINGER mit Nachdruck den Standpunkt vertreten, daß die Viskositätsmessungen unterhalb der Grenzkonzentration durchgeführt werden sollten. Diese Anregung hat sich jedoch in der Praxis bisher nur teilweise durchgesetzt[1].

Infolge der in dem hohen Konzentrationsbereich vorliegenden unübersichtlichen Verhältnisse wird auch die in der Praxis gemachte Beobachtung verständlich, daß Zellstoffe der gleichen Viskosität sich im Gange der Viskosefabrikation ganz verschieden verhalten können. Überhaupt muß gesagt werden, daß aus den nach den üblichen Methoden ermittelten Viskositätswerten nur der ganz allgemeine Schluß erlaubt ist, daß hohe Viskositäten auf einen hinsichtlich des α-Zellulosegehaltes hochwertigen Zellstoff hindeuten.

In jüngster Zeit ist versucht worden, dadurch ein Bild über die Beschaffenheit eines Zellstoffes zu erhalten, daß man die Zellulose in einzelne Fraktionen von Molekülen unterschiedlicher Kettenlänge zerlegt. Derartige Untersuchungen sind von RATH, ferner von DOLMETSCH und REINECKE[2] durchgeführt worden. Die bisher vorliegenden Ergebnisse deuten darauf hin, daß ein guter Zellstoff möglichst nur Zellulose von annähernd dem gleichen Polymerisationsgrad enthalten soll. Schwankt der Polymerisationsgrad stark, und sind insbesondere viele Anteile von kurzer Kettenlänge in dem Zellstoff enthalten, so treten beim Filtrieren der Viskose in anormaler Höhe schleimige Stoffe auf, die die Filtration erschweren. Auch soll die aus einem solchen Zellstoff hergestellte Faser bei alkalischen Waschgängen größere Substanzverluste aufweisen als eine Faser, die aus einem Zellstoff von nur großer Kettenlänge hergestellt ist.

Die Kunstseiden- und Zellwollfabriken verlangen aus qualitativen Gründen einen möglichst hochviskosen Zellstoff. Dies ist nicht allein für das Endprodukt, sondern auch für das Herstellungsverfahren selbst von Bedeutung. Es ist nämlich zu bedenken, daß während der

---

[1] Vgl. hierzu NOLL: Papierfabr. **1935**, 377.

[2] DOLMETSCH u. REINECKE: Zellwolle **5**, 219 (1939). — Vgl. hierzu auch SCHIEBER: Papierfabr. **1939**, H. 30.

Herstellung der Viskose schon beim Zerfasern der Alkalizellulose ungewollt ein Abbauprozeß stattfindet, der sich nicht verhindern läßt. Geht man nun von einem hochviskosen Zellstoff aus, so hat man eine gewisse Reserve und man kommt in bezug auf den Abbau der Zellulose bei dieser Operation nicht schon auf eine Zustandsform, die die Weiterverarbeitung der Viskose betrieblich erschwert. Im allgemeinen wird im Anschluß an das Zerfasern noch absichtlich durch die sog. Vorreife ein weiterer Zelluloseabbau herbeigeführt, um auf Viskositätswerte der Viskose zu kommen, die den Spinnprozeß erleichtern. Bei einem hochviskosen Zellstoff kann man irgendwelche unbeabsichtigten Schwankungen der Betriebsbedingungen in der Viskosefabrik durch geringfügige Änderung der Vorreifebedingungen leichter auffangen und korrigieren, als wenn man von einem Zellstoff ausgeht, der sich hinsichtlich der Viskosität an einer unteren, kritischen Grenze befindet.

Es muß jedoch betont werden, daß niedrig viskose Zellstoffe in der Viskosefabrik genau so gut verarbeitet werden können wie hochviskose Zellstoffe, nur ist bei der Einstellung der Vorreifebedingungen auf die besondere Eigenschaft des Zellstoffes Rücksicht zu nehmen.

Sollen Zellstoffe im Betriebe gemischt werden, so ist darauf zu achten, daß sie in ihrer Viskosität möglichst einander gleich sind, da sonst Schwierigkeiten zu erwarten sind.

Wichtig für die Beurteilung eines Zellstoffes ist ferner die Kenntnis seines Gehaltes an Nichtzellulosestoffen, also an Harz, Pentosanen, Asche usw. Sie sind durch chemische Analyse zu bestimmen. Von einem guten Zellstoff wird verlangt, daß diese Anteile bestimmte Höchstwerte nicht übersteigen. Diese Höchstwerte sind von den Kunstseiden- und Zellwollfabriken empirisch ermittelt.

Neben Eisen, Mangan und Kupfer, die auf Vorreife und Nachreife von Einfluß sind, sowie ein Zuwachsen der Düsenlöcher herbeiführen können, ist in der Asche besonders das Kalzium störend, da es zur Bildung des schwerlöslichen Doppelsalzes

$$CaCO_3 \cdot Na_2CO_3 \cdot 6\,H_2O$$

führen kann, das die Abscheidung schleimiger Substanzen auf den Filterbelägen befördert.

Die Asche eines normalen Sulfitzellstoffes aus Fichtenholz hat nach Angaben der „Feldmühle A. G.“ die in Tabelle 46 wiedergegebene Zusammensetzung.

Tabelle 46. Aschenbestandteile von Sulfitzellstoff.

CaO	0,05 —0,15%
SiO_2	0,01 —0,05%
Fe_2O_3 und Al_2O_3	0,005 —0,015%
Fe	0,0010—0,0030%

(berechnet auf trockenen Zellstoff)

Einen Schluß auf die Menge der im Zellstoff enthaltenen Verunreinigungen organischer Natur läßt das Reduktionsvermögen des Zellstoffes zu. In der Hauptsache wirken die im Holz enthaltenen

Polysaccharide reduzierend, daneben ist die reduzierende Wirkung auch auf Abbauprodukte der Zellulose selbst zurückzuführen, deren Endgruppen aldehydischen Charakter haben. Im allgemeinen drückt man das Reduktionsvermögen durch die Kupferzahl nach SCHWALBE aus. In einigen Betrieben bestimmt man das Reduktionsvermögen auch durch die Silberzahl nach GÖTZE [1].

Ein normaler Sulfitzellstoff aus Fichtenholz hat etwa die in Tabelle 47 wiedergegebene chemische Zusammensetzung.

Tabelle 47. Zusammensetzung eines Sulfitzellstoffes.

α-Zellulose[2]	87,5 —89,5%	Lignin[3]	0,05— 0,1%
γ-Zellulose[2]	3,5 — 6,0%	Pentosane[4]	1,8 — 2,5%
β-Zellulose[2]	4,5 — 7,0%	Kupferzahl[2]	1,6 — 3
Harz (benzollöslich[2])	0,4 — 0,7%	Viskosität[2]	10,0 —16,0
Asche[2]	0,1 — 0,2%		

Bei besonders sorgfältig aufgeschlossenen Spezialzellstoffen liegt der Gehalt an α-Zellulose bei 89,5—91,0%[2]. Durch Veredlung des Zellstoffes ist man in der Lage, den α-Zellulosegehalt bis auf 94—96% zu bringen.

Ein nach dem Sulfitverfahren hergestellter normaler Buchenholz-Zellstoff weist die in Tabelle 48 aufgeführte Zusammensetzung auf[5].

Tabelle 48. Zusammensetzung eines Sulfitzellstoffes aus Buchenholz.

α-Zellulose	87,5 —88,0%
Hemizellulosen	8,9 — 9,2%
Holzgummi	5,5 — 6,0%
Asche	0,19— 0,23%

Wenn man von dem höheren Pentosangehalt des Buchenholzzellstoffes, der in den für Holzgummi angegebenen Werten seinen Ausdruck findet, absieht, so findet man zwischen einem Fichten- und Buchenholzzellstoff nur geringe Unterschiede. Da die Nichtzellulosestoffe zum weitaus größten Teil in der fertigen Kunstseide und Zellwolle nicht mehr erscheinen, da sie bei der Herstellung der Viskose durch die Tauchlauge aus dem Zellstoff herausgelöst werden, so ist dieser Unterschied auch für den Kunstseidenbetrieb ohne große Bedeutung. Allerdings ist beobachtet worden, daß Buchenzellstoff im allgemeinen einen öfteren Wechsel der Filterbeläge bei der Viskosefiltration erfordert als Fichtenzellstoff. Wird Buchenzellstoff-Viskose nicht sorgfältig filtriert, so kann flusige Kunstseide entstehen. Bei der Zellwollerzeugung tritt diese Auswirkung

[1] GÖTZE: Melliand Textilber. **1927**, 624, 696.

[2] Für diese Angaben bin ich der Feldmühle, Papier- und Zellstoffwerke Aktiengesellschaft, zu Dank verpflichtet.

[3] ZART: Herstellung und Eigenschaften der Kunstseide und Stapelfaser, S. 243, 244. Leipzig 1935.

[4] HESS: S. 250.

[5] Diese Angaben verdanke ich der I. G. Farbenindustrie Aktiengesellschaft.

des Buchenzellstoffes erfahrungsgemäß kaum in die Erscheinung. Die Betriebsbedingungen der Viskosefabrik sind jeweils auf die Sonderheiten des als Ausgangsmaterial verwendeten Zellstoffes abzustimmen.

Nach dem Salpetersäureverfahren hergestellte und veredelte Buchenholzzellstoffe weisen einen α-Zellulosegehalt von 98% auf und können somit ohne weiteres hinsichtlich der Reinheit mit einem Baumwollzellstoff in Wettbewerb treten[1]: Die Peter Temming A. G. gibt für die von ihr erzeugten Baumwollzellstoffe einen α-Zellulosegehalt von 98,4 bis 98,6% an. Die Kupferzahl liegt bei einem Linterszellstoff etwa bei 0,4[2], der Aschengehalt bei 0,1%[3], die Viskosität bei 21—23[3]. Diese Beschaffenheit des Spezialzellstoffes macht ihn auch für die Herstellung von Kunstseide und Zellwolle nach dem Kupferoxydammoniakverfahren geeignet.

Strohzellstoff, nach dem Sulfatverfahren aufgeschlossen, weist nach Angaben von DÖRR[4] einen α-Zellulosegehalt von 92% auf. Dieser Gehalt ist durch Veredlung auf über 95% zu steigern.

Neben den bisher geschilderten Eigenschaften spielen für den praktischen Betrieb noch die Festigkeit des Zellstoffgefüges sowie die Farbe des Zellstoffes eine gewisse Rolle. So soll das Gefüge des Faserfilzes nicht allzu fest sein, da eine zu große Festigkeit ein gleichmäßiges und schnelles Durchtränken des Zellstoffes mit der Tauchlauge erschwert. Ein Maß für die Festigkeit bildet einerseits die Bogendichte, worunter man den Quotienten aus dem Quadratmetergewicht des Zellstoffes und seiner Dicke versteht, sowie verschiedene Quellungskriterien, wie z. B. die kapillare Steighöhe und die Menge eines aufgenommenen Quellmittels. Das Verhalten bei der Quellung wird allerdings auch durch die Zustandsform der Zellulose selbst mit beeinflußt. Für die Praxis ist wichtig, daß das Quellvolumen eines Zellstoffes in der Tauchlauge nicht zu groß ist[5]. Es ist zu berücksichtigen, daß den Zellstoffblättern in den Tauchkästen bzw. Tauchwannen (s. Kap. 9) nur ein beschränkter Raum zur Verfügung steht. Nach Einlassen der Tauchlauge quellen zunächst die Ränder der Zellstoffblätter in starkem Maße. Ist nun das Quellungsvermögen eines Zellstoffes zu groß, so kommen die Zellstoffblätter in gegenseitige Berührung. Hierdurch wird der Lauge der Weg zu den mittleren Teilen der Zellstoffblätter versperrt, so daß diese Teile erst später von der Lauge benetzt werden. Es findet hierdurch eine ungleiche Alkalisierung statt, da die Lauge durch die Reaktion mit den äußeren Teilen der Zellstoffblätter schon an Alkali verarmt ist. Dieser

---

[1] Diese Angaben verdanke ich der I. G. Farbenindustrie Aktiengesellschaft.

[2] ZART: S. 244.

[3] Nach Angaben der Peter Temming A. G.

[4] DÖRR: Papierfabr. **37**, 5 (1939).

[5] Vgl. hierzu JAYME u. STEINMANN: Papierfabr. **1937**, Adolf Scheufelen-Festschrift, S. 34f.

Erscheinung kann allerdings dadurch begegnet werden, daß man während des Tauchens ständig Tauchlauge durch den Tauchbehälter strömen läßt, wie dies neuerdings vielfach gehandhabt wird. Bei zu großem Quellvolumen eines Zellstoffes ist auch der Einschluß von Luftblasen zwischen den Zellstoffblättern unvermeidlich. Es werden dann kleine Stellen im Zellstoff verbleiben, die von der Lauge überhaupt nicht erfaßt werden. Diese Stellen geben sich nach dem Abpressen als braune Flecken zu erkennen. Sie kommen dadurch zustande, daß an diesen Stellen die Hemizellulose nicht vollständig herausgelöst wird. Ferner wird von diesen Stellen beim Abpressen die mit Hemizellulose beladene Preßlauge aufgenommen. Die betreffende Charge wird ungleichmäßig durchxanthogenieren, was zu einer Reihe von Betriebsstörungen Anlaß geben kann. Diese machen sich besonders durch Filtrationsschwierigkeiten sowie beim Spinnen bemerkbar.

Die Farbe des Zellstoffes ist insofern von Wichtigkeit, als sie auf die Farbe der fertigen Kunstfaser von Einfluß ist. Ein gebleichter Zellstoff soll reinweiß sein. Aber auch bei einem ungebleichten Zellstoff ist nur eine schwache, gelbliche oder rötliche Tönung zulässig. Der Weißgrad des Zellstoffes kann durch Messung mit dem Zeissschen Stufenphotometer gegen Barytweiß als Bezugssubstanz direkt bestimmt werden oder nach der von Jentgen angegebenen Malachitgrünmethode.

Über das Verhalten eines Baumwollzellstoffes in der Viskosekunstseidenerzeugung ist zu sagen, daß er in der Viskosefabrik etwas anders eingestellte Betriebsbedingungen erforderlich macht. So hat es sich als empfehlenswert herausgestellt, die Konzentration der Tauchlauge etwas höher einzustellen als bei einem Holzzellstoff. Das Abpressen eines getauchten Baumwollzellstoffes erfordert einen höheren Preßdruck. Auch die Zeiten für Zerfaserung, Vorreife und Lösung müssen bei Baumwollzellstoff länger sein. Bemerkenswerterweise führt Baumwollzellstoff zu einer härteren Kunstfaser als Holzzellstoff. Die Reißfestigkeit einer aus Baumwollzellstoff hergestellten Kunstfaser ist im allgemeinen höher als bei einem Holzzellstoff [1].

B. Prüfung der Zellstoffe.

Die qualitative und quantitative Untersuchung der Zellstoffe wird in den Kunstseiden- und Zellwollfabriken durchweg nicht nach genormten, allgemein festgelegten Methoden vorgenommen, vielmehr hat jeder Betrieb auf Grund seiner Werkserfahrungen Prüfungsmethoden ausgearbeitet, die nur innerhalb der betreffenden Firma angewandt werden. Da diese Bestimmungsmethoden voneinander mehr oder weniger abweichen, wodurch an verschiedenen Stellen durchgeführte Untersuchungen zu abweichenden Ergebnissen führen, sind oftmals Differenzen zwischen

[1] Vgl. hierzu Rayon 9, 75 (1937).

der Kunstseiden- bzw. Zellwollfabrik und dem Zellstofflieferanten unvermeidlich. Es ist daher verständlich, daß der Wunsch nach einer Normierung der Prüfungsmethoden laut wurde. Infolgedessen ist innerhalb des Vereins der Zellstoff- und Papier-Chemiker und -Ingenieure ein Fachausschuß für Faserstoffanalysen[1] ins Leben gerufen worden, der sich die Festlegung genormter Konventionsmethoden zur Aufgabe gestellt hat. Bisher ist eine Reihe von Merkblättern[2] mit Prüfungsmethoden herausgegeben worden, auf die zum Teil im folgenden näher eingegangen wird.

Prüfung des Bleichgrades. JENTGEN[3] gibt für die Prüfung des Bleichgrades folgende Vorschrift an, die auf KLEMM zurückgeht: Man stellt eine gesättigte wässerige Lösung von Malachitgrün her, die 2% Essigsäure enthält. Mit dieser Lösung werden Zellstoffstreifen ausgefärbt. Die gefärbten Streifen werden mit Wasser solange ausgewaschen, bis das Waschwasser keine Färbung mehr annimmt. Hierauf trocknet man den Zellstoff und beurteilt den Grad der Anfärbung. Gut gebleichte Zellstoffe geben allen Farbstoff wieder an das Waschwasser ab, halbgebleichte erscheinen himmelblau, ungebleichte sind tiefgrün angefärbt.

Diese Prüfung beruht darauf, daß nur die im Zellstoff enthaltenen Verunreinigungen durch den sauren Farbstoff angefärbt werden.

Bestimmung des Wassergehaltes (nach F.f.F. Merkblatt 7). Der Zellstoff wird für die Bestimmung des Wassergehaltes, sowie auch für die Vornahme anderer Untersuchungen, zunächst durch Raspeln vorbereitet. Hierfür dient eine von der Zellstoff-Fabrik Waldhof entwickelte Raspelvorrichtung, die die Zellstoffproben bis zur Größe von Haferkörnern zerkleinert. An den so vorbereiteten Proben wird der Wassergehalt durch Trocknen bei 100—103° C bis zur Gewichtskonstanz ermittelt. Das Wägen hat nach Erkaltenlassen in einem mit Chlorkalzium und Kaliumhydroxyd beschickten Exsikkator in verschlossenen Wägegläsern zu erfolgen. Die Gewichtskonstanz gilt als erreicht, wenn bei einer Einwaage von 5 g nach weiterer 1stündiger Erhitzung kein größerer Gewichtsverlust als 3 mg eintritt.

Es soll hierzu bemerkt werden, daß man durch diese Methode nicht den gesamten Wassergehalt erfaßt. Die Bestimmung des Wassergehaltes ist unter anderem auch für die Berechnung der Ausbeute an Kunstseide und Zellwolle aus dem eingesetzten Zellstoff wichtig, ferner auch für die Einstellung der Tauchlaugenkonzentration.

Die Bestimmung der α-Zellulose (nach F.f.F. Merkblatt 7). Für die Bestimmung der α-Zellulose werden 3,5 g lufttrockenen Zellstoffes, dessen Feuchtigkeitsgehalt wie oben beschrieben nebenher bestimmt

[1] Im folgenden mit „F.f.F.“ bezeichnet.

[2] Zu beziehen durch den Verlag Otto Elsner, Berlin S 42.

[3] JENTGEN: Laboratoriumsbuch für die Kunstseide- und Ersatzfaserstoff-Industrie, S. 44. Halle 1923.

worden ist, in einem 100 ccm fassenden Duranglasbecher mit 50 ccm mittels Pipette entnommener Ätznatronlösung von 17,5 Gew.-%, deren Temperatur genau auf 20° C eingestellt ist, übergossen und mit einem abgeflachten Glasstab während 1 Minute gleichmäßig und vorsichtig durchmischt. Übermäßig starkes Rühren und Kneten ist hierbei zu vermeiden. Das Becherglas wird dann mit einem Uhrglas bedeckt und bei 20° C in einen Thermostaten eingestellt, in dem es genau 45 Minuten belassen wird. Danach wird der Stoffbrei nach nochmaligem Durchmischen auf einen mit Porzellansiebplatte versehenen, genormten Trichter, den sog. „Alphatrichter" (Abb. 65) gebracht und die Lauge schwach abgesaugt. Das Filtrat wird zur Vermeidung von Faserverlusten nochmals auf den Trichter gegeben. Der Stoffkuchen wird mittels eines stampferartig verbreiterten Glasstabes am Rande des Trichters leicht angedrückt. Hierauf wird mit 400 ccm Natronlauge von 8,0 Gew.-%, die gleichfalls auf genau 20° C eingestellt ist, nachgewaschen. Das Absaugen wird so eingestellt, daß von seinem Beginn an die Durchlaufzeit der 8%igen Lauge genau 5 Minuten beträgt. Nach vollkommenem Durchlaufen dieser Lauge wird noch zweimal mit je 100 ccm Wasser gewaschen. Das faserfreie Filtrat („Alphafiltrat") wird in einen 500 ccm fassenden Meßkolben gebracht, wobei die Saugflasche mit 10—20 ccm Wasser nachgespült wird. Die Lösung wird bis zur Marke aufgefüllt und für die Bestimmung des Gesamtalkalilöslichen sowie der β- und γ-Zellulose verwandt.

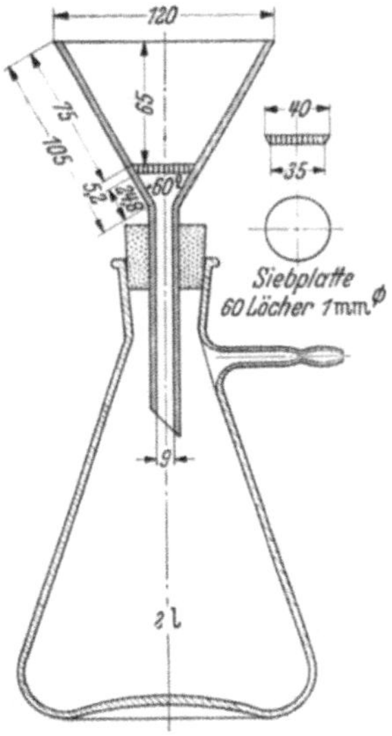

Abb. 65. Genormte Apparatur zur Bestimmung der α-Zellulose.

Auf die entleerte Saugflasche wird nun wieder der Alphatrichter mit dem Stoffkuchen aufgesetzt. Dieser wird mit $1^1/_2$ Liter destillierten Wassers ausgewaschen. Dann werden 100 ccm Essigsäure (10 Vol.-%) zu der Fasermasse gegeben, innerhalb 3 Minuten abgesaugt und mit 2 Liter destilliertem Wasser vollkommen neutral gewaschen. Bei dieser Operation ist darauf zu achten, daß der Stoffkuchen immer mit Flüssigkeit bedeckt ist. Nach dem Auswaschen wird scharf abgesaugt und der Stoffkuchen fest ausgepreßt. Darauf gibt man 25 ccm Alkohol (96 Vol.-%) auf den Preßkuchen, saugt schwach an und läßt den restlichen Alkohol 5 Minuten ohne Saugen über dem Faserfilz stehen. Dann saugt man ab und trocknet den Faserfilz in einem Wägeglas bei 100—103° C. Wägung erfolgt bis zur Gewichtskonstanz nach Einstellen in den Exsikkator. Der auf diese Weise ermittelte Befund an α-Zellulose wird auf absoluttrockenen Zellstoff berechnet.

Bestimmung des Gesamtalkalilöslichen (nach F.f.F. Merkblatt 7). Aus dem 500 ccm fassenden, mit Alphafiltrat angefüllten Meßkolben nimmt man mit der Pipette 50 ccm heraus und bringt diese Menge in einen Erlenmeyerkolben von 500 ccm Inhalt. Dazu läßt man aus einer Bürette 6 ccm einer Kaliumbichromatlösung fließen, die man durch Auflösen von 90,0 g reinster Substanz in 1 Liter Wasser hergestellt hat. Nach gutem Umschwenken werden in dieses Gemisch vorsichtig mittels einer Pipette 50 ccm Schwefelsäure (spezifisches Gewicht 1,84) gegeben. Hierbei tritt starke Erwärmung ein. Nunmehr wird das Gemisch auf einem Asbestdrahtnetz über der Bunsenflamme genau $3^1/_2$ Minuten (Stoppuhr) zu ruhigem, gleichmäßigem Sieden erhitzt. Man läßt dann $^1/_2$ Stunde erkalten, gibt den Kolbeninhalt unter Nachspülen mit 50 ccm Wasser verlustlos in eine weiße Porzellanschale und titriert in dieser das unverbrauchte Kaliumbichromat mit Ferroammonsulfatlösung zurück. Als Indikator dient die Tüpfelprobe mit Ferrizyankalium auf Filtrierpapier.

Über die Herstellung der Ferroammonsulfatlösung siehe Merkblatt 7. Die Oxydation der Zellulose durch Kaliumbichromat verläuft nach folgender Gleichung:

$$C_6H_{10}O_5 + 4\,K_2Cr_2O_7 + 16\,H_2SO_4 = 6\,CO_2 + 4\,K_2SO_4 + Cr(SO_4)_3 + 21\,H_2O$$

Demnach entsprechen 4 Mol Bichromat (4·294,5) 1 Mol Zellulose (162,1) oder 4·294,5 = 1177 Gewichtsteile Bichromat 162,1 Gewichtsteilen Zellulose; $\frac{162{,}1}{1177} = 0{,}1375$ g Zellulose entsprechen demnach also 1 g Bichromat.

Bestimmung der γ-Zellulose (nach F.f.F. Merkblatt 7). 50 ccm des Alphafiltrates werden mit konzentrierter Essigsäure zunächst neutralisiert und dann durch Zugabe eines weiteren Kubikzentimeters Essigsäure angesäuert, wozu etwa 10 ccm Essigsäure gebraucht werden. Die β-Zellulose fällt hierbei in fein verteilter Form aus. Zur besseren Koagulation des Niederschlages erwärmt man nun $^1/_2$ Stunde auf dem Wasserbad, filtriert durch ein Papierfilter und wäscht den Filterrückstand 5—6mal mit heißem Wasser in der Weise aus, daß man das Filter jeweils zur Hälfte füllt und vollständig leerlaufen läßt. Zu dem so erhaltenen Gesamtfiltrat (einschließlich Waschwasser) läßt man in einem Erlenmeyerkolben von 500 ccm Inhalt aus einer Bürette genau 4 ccm der eben beschriebenen Kaliumbichromatlösung zufließen. Nach Zusatz von 50 ccm Schwefelsäure (spezifisches Gewicht 1,84) wird genau $3^1/_2$ Minuten gekocht und wie bei der Bestimmung des Gesamtalkalilöslichen nach dem Erkalten mit Ferroammonsulfat zurücktitriert. Auch die γ-Zellulose wird auf absolut trockenen Zellstoff berechnet.

Bestimmung der β-Zellulose (nach F.f.F. Merkblatt 7). Als β-Zellulosegehalt des Zellstoffes wird die Differenz zwischen dem Gesamtalkalilöslichen und der α-Zellulose angegeben.

Bestimmung der Xanthogenatviskosität (nach F.f.F. Merkblatt 11). Unter Viskosität versteht man in der Betriebskontrolle der Kunstseiden- und Zellwollfabriken gewohnheitsmäßig die relative Viskosität. Man führt also eine einfache Relativitätsmessung durch, z. B. im Vergleich zu Wasser von 15° C als Bezugskonstante. Als Kapillarviskosimeter kann ein von UBBELOHDE[1] entwickelter Apparat verwandt werden, der auf dem Prinzip des hängenden Niveaus beruht und dem eine ausgezeichnete Genauigkeit zukommt. Für die Betriebskontrolle genügt jedoch ein einfaches Relativviskosimeter nach OST, das deshalb auch von der Faserstoff-Analysenkommission verwendet wird. Die Bestimmung wird wie folgt ausgeführt: 5 g geraspelter, lufttrockener Zellstoff werden in einem Duranglasbecher mit 25 ccm Natronlauge[2] von 17,5 Vol.-% von genau 20° C versetzt, mit einem abgeflachten Glasstab gut durchgemischt und 1 Stunde bei 20° C im Thermostaten stehen gelassen. Die Alkalizellulose wird dann auf eine auf einem graduierten Saugzylinder befestigte feingelochte Spezialnutsche gegeben und mit einem Glasstab gleichmäßig ohne Pressung verteilt. Die Lauge wird schwach abgesaugt und nochmals auf den Stoffkuchen zurückgegeben. Der Stoffkuchen wird nun leicht angedrückt und, erst nachdem der größte Teil der Lauge abgesaugt ist, mit dem flachen Boden einer Glasflasche stärker gepreßt. Das Absaugen der Lauge erfolgt während genau 10 Minuten. Die dabei anfallende Preßlauge (meist 11,5—12,5 ccm) wird gemessen. Der Preßkuchen wird sodann mit einem Nickelspatel gut zerkleinert und alsdann in eine Weithalsflasche („Sulfidierflasche") gefüllt. Diese Flasche muß einen absolut dichten Schliff besitzen, ferner ist sie mit einem Ventilstopfen versehen. In dieser Flasche bleibt die Alkalizellulose zum Zwecke der Vorreife genau 22 Stunden bei genau 30° C in einem Brutschrank stehen. Alsdann läßt man die Flasche 5 Minuten bei Zimmertemperatur stehen und setzt 3,6 ccm = 4,6 g Schwefelkohlenstoff zu. Die Mischung wird dann mit der gut verschlossenen Flasche $4^3/_4$ Stunden in ein genau auf 15° C gehaltenes Wasserbad gestellt. Während dieser Zeit wird die Flasche öfters geschüttelt. Nach Ablauf dieser Zeit wird die Sulfidierflasche an die Saugpumpe angeschlossen, und der überschüssige Schwefelkohlenstoff abgesaugt. Die sulfidierte Masse wird dann mit 17,5 Vol.-%iger Natronlauge versetzt, und zwar mit 2 ccm mehr als vorher abgepreßt wurde. Dann wird Wasser bis zu einem Gesamtvolumen von 120 ccm zugegeben, die Flasche verschlossen und 2 Stunden auf einer mit Wasserkühlung versehenen Schüttelmaschine bei 20—22° C bis zur vollkommenen Auflösung der Masse geschüttelt. Nachdem die Temperatur nochmals kontrolliert ist, spült man die gelöste Viskose quantitativ mit gekühltem Wasser in einen Meßkolben von 500 ccm Inhalt, füllt mit Wasser von 15° C bis zur

[1] UBBELOHDE: Angew. Chem **1933**, 226.
[2] Die Natronlauge muß vollkommen eisenfrei sein.

Marke auf und bestimmt sofort bei genau 15° C die Viskosität in der so erhaltenen 1%igen Lösung mit dem OSTschen Viskosimeter, indem man den Wasserwert des Instrumentes gleich 1 setzt.

Die Berechnung erfolgt nach folgender Gleichung:

$$\frac{\text{Auslaufzeit der Viskose in Sek. (15° C)}}{\text{Auslaufzeit des Wassers in Sek. (15° C)}} = \text{X-Viskosität.}$$

Es ist darauf zu achten, daß die Lösung frei von Luftblasen ist. Dies wird am besten dadurch erreicht, daß man etwa 100 ccm Viskose in einen Erlenmeyerkolben gibt, die Temperatur nochmals einstellt und die Lösung vorsichtig in das auf 15° C gekühlte Viskosimeter gießt, wobei man das Steigrohr mit dem Finger verschließt. Man überzeugt sich dann, daß sich am Ende der Kapillare keine Luftblase befindet. Sollte dies der Fall sein, so muß diese durch leichtes Schwenken des Viskosimeters beseitigt werden. Besonders ist darauf zu achten, daß das Viskosimeter stets mit der gleichen Flüssigkeitsmenge gefüllt wird.

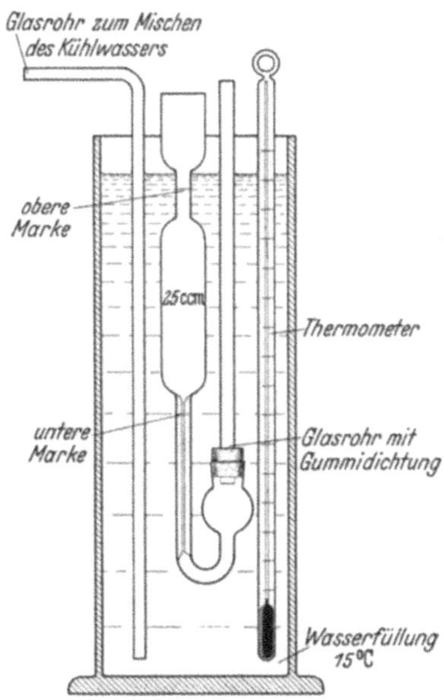

Abb. 66. Apparatur zur Bestimmung der Xanthogenatviskosität.

Die Abb. 66 zeigt die Anordnung des Viskosimeters im Thermostaten. Das Viskosimeter soll zwischen den beiden Strichmarken 25 ccm fassen, sein Wasserwert soll 27 bis höchstens 30 Sekunden betragen. Es werden stets mehrere Parallelbestimmungen ausgeführt. Die erhaltenen Einzelergebnisse werden zunächst gemittelt. Als Befund werden nur ganze Zahlen angegeben, wobei die Dezimalstellen bis zu fünf nach unten und über fünf nach oben abgerundet werden.

Es soll erwähnt werden, daß in den Kunstseiden- und Zellwollfabriken oft einfacher auszuführende Methoden in Gebrauch sind. So gibt z. B. ZART[1] folgende Vorschrift an:

Man nimmt 10 g lufttrockenen Zellstoff, zerschneidet ihn in kleine Streifen und übergießt ihn im Becherglas mit 200 ccm 18%iger Natronlauge. Während der Behandlungszeit von 1 Stunde zerkleinert man den Zellstoff mit einem Glasstab zu einem Brei. Dieser wird abgesaugt und der Kuchen in einer Hülle von Nesselstoff und Barchent in einer Kopierpresse auf 33 g abgepreßt. Man läßt dann 72 Stunden bei 24° C

[1] ZART: Die Herstellung der Kunstseide und Stapelfaser, S. 242.

liegen, füllt in eine Pulverflasche von 200 ccm, gibt 4 ccm Schwefelkohlenstoff hinzu und schüttelt die verschlossene Flasche 2 Stunden bei 25° C. Dann saugt man den überschüssigen Schwefelkohlenstoff ab und löst den Inhalt der Flasche unter Schütteln in 22 ccm Natronlauge von 11% und 53 ccm Wasser von 25° C. Nach 10 Stunden wird die Viskosität durch Kugelfall gemessen.

Bestimmung der Kupferamminviskosität (nach F.f.F. Merkblatt 12). Es soll vorausgeschickt werden, daß die Xanthogenatviskosität und die Kupferamminviskosität jede für sich Zellstoffkriterien von spezifischer Eigenart darstellen, die nicht zueinander in irgend einer Beziehung stehen. Eine Umrechnung der nach der einen Methode gefundenen Werte mit Hilfe eines Faktors auf Ergebnisse, die nach der anderen Methode erhalten würden, ist nicht möglich.

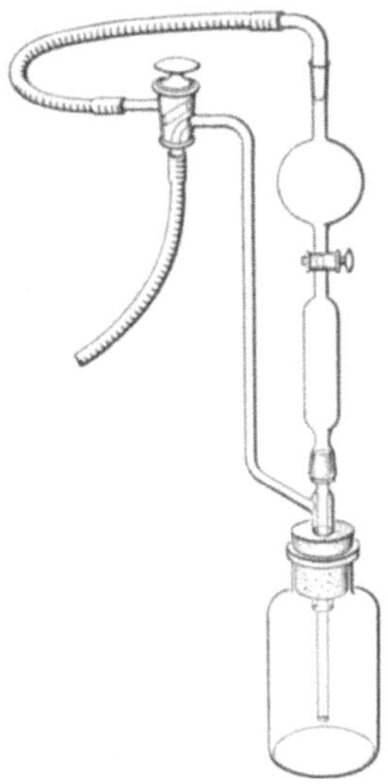

Abb. 67. Apparatur zur Bestimmung der Kupferamminviskosität.

Bezüglich der Herstellung der Kupferoxydammoniaklösung sowie der Reinigung des Stickstoffgases, das für die Bestimmung verwendet wird, sei auf Merkblatt 12 verwiesen. Es ist bei der Ausführung peinlichst zu vermeiden, daß die Zelluloselösung mit Luftsauerstoff in Berührung kommt, deshalb wird die Auflösung der Zellulose sowie die Viskositätsmessung in einer Stickstoffatmosphäre ausgeführt. Das Viskosimeter ist in Abb. 67 dargestellt. Das auf der Abbildung links sichtbare Schlauchende steht mit der Stickstoffbombe in Verbindung. Der Stickstoff wird aus der Bombe kommend zunächst durch eine Sicherheitsflasche und sodann durch drei hintereinander geschaltete, mit Antizon (s. Merkblatt 12) beschickte Waschflaschen geleitet. Vor der Bestimmung wird die ganze Apparatur durch 10 Minuten langes Durchleiten von Stickstoff gereinigt.

Der in lufttrockener Pappenform (etwa 6% H_2O) zur Untersuchung kommende Zellstoff wird in der Weise vorbereitet, daß man aus ihm zunächst mittels der Pulverraspel ein völlig knötchenfreies, wolliges Stoffpulver (Absieben durch 2 mm-Sieb) herstellt. Von diesem wägt man 0,53 g (= 0,5 g abs. tr.) ab und schüttelt das Pulver in einer passenden Stöpselflasche zunächst mit 100 ccm Wasser gleichmäßig durch. Den dünnen Faserbrei saugt man auf einer kleinen Glasfilternutsche ab, wäscht zweimal mit 50 ccm 25%igem Ammoniak aus, um den Stoff durch diese Peptisierung leichter löslich zu machen, und bringt ihn dann durch Abpressen auf 2,5 g.

Alsdann gibt man den kleinen, feuchten Zellstoffkuchen in das inzwischen mit Stickstoff ausgespülte braune Lösegefäß der Apparatur und setzt schnell den Stopfen wieder auf. Die während des kurzen Öffnens etwa eingedrungene geringe Luftmenge wird durch weiteres kurzes Einleiten von Stickstoff ($^1/_2$ Minute) wieder vollens entfernt. Hierauf wird der Absperrhahn geschlossen, der Schliff oberhalb der Kugel geöffnet und der Vierweghahn so gestellt, daß der Stickstoffstrom ins Freie tritt. Man mischt nun 2,5 ccm mittels Pipette abgemessene 10%ige Rongalitlösung mit 5 ccm 5%iger Natronlauge (mit Pipette abzumessen) und läßt das Gemisch durch die obere Kugel in das Lösegefäß fließen, indem man nach dem Schließen des Glasschliffes den Vierweghahn so stellt, daß die gesamte Apparatur nunmehr in sich abgeschlossen ist, und öffnet dann den Absperrhahn unterhalb der Füllkugel. Um eine gute Verteilung des Fasermaterials zu erreichen, wird das Lösegefäß kurz geschüttelt. Nach Schließen des Absperrhahnes öffnet man den Schliff oberhalb der Füllkugel und füllt dieselbe bis zur Marke (40 ccm) mit der Kupferlösung. Nach Wiederschließen des Schliffes läßt man die Lösung (durch Öffnen des Absperrhahnes) innerhalb einer $^1/_2$ Minute in das Lösegefäß fließen und schüttelt sofort, indem man den hierbei nur locker am Stativ befestigten Apparat mit der einen Hand oben festhält und mit der anderen die Schüttelbewegung ausführt. Der Stoff löst sich meist schon nach wenigen Schüttelbewegungen, so daß der Lösevorgang in etwa einer $^1/_2$ Minute beendet ist.

Nun wird die ganze Apparatur in eine geräumige, mit Wasser von 20° C gefüllte Glaswanne gebracht, nach etwa 8 Minuten langem Stehenlassen (zwecks Temperaturausgleiches) wieder herausgenommen und nochmals gut geschüttelt, um dann endgültig zur Viskositätsmessung ins Wasserbad gestellt zu werden. Das Viskosimeter wird soweit heruntergeschoben, daß das Kapillarrohr genügend tief in der Lösung steht, und letztere dann durch entsprechende Verstellung des Vierweghahnes in das eigentliche Viskosimeter hochgedrückt. Wenn der Flüssigkeitsspiegel den Absperrhahn erreicht hat, wird die Apparatur wieder in sich geschlossen und das Viskosimeterrohr etwa 3 cm über die Flüssigkeit im Lösegefäß hochgezogen. Die zum Durchfluß des 20 ccm fassenden Meßgefäßes benötigte Zeit wird in Sekunden angegeben. Der Wasserwert des Viskosimeters soll genau 12 Sekunden betragen. Die Berechnung der Viskosität ist folgende:

$$\frac{\text{Ausflußzeit der Zellstofflösung in Sek. (bei 20° C)}}{\text{Ausflußzeit des Wassers in Sek. (bei 20°)}} = \text{K-Viskosität.}$$

Während 10 Minuten nach dem Lösen des Zellstoffes noch nicht ganz konstante Werte erhalten werden, ist nach längstens 30 Minuten praktisch kein Absinken der Viskosität mehr festzustellen, weshalb stets die nach Ablauf dieser Zeit festgestellten Werte anzugeben sind.

Da es sich um eine Konventionsmethode handelt, sind alle Einzelheiten der Vorschrift genauestens zu beobachten, um reproduzierbare Ergebnisse zu erhalten. Die Fehlergrenze der Methode beträgt etwa

$\pm 1\%$. Die endgültige Befundangabe (Mittelwert aus mehreren Einzelbestimmungen) erfolgt in ganzen Zahlen, wobei Dezimalstellen bis zu 5 nach unten und solche über 5 nach oben auf ganze Zahlen abgerundet werden. Wird z. B. die Viskosität eines Zellstoffes bei zwei Einzelbestimmungen zu 38,8 bzw. 39,4 gefunden, so ergibt das zunächst gewonnene Mittel 39,1. Dieser Wert wird dann auf 39 abgerundet.

Bestimmung der Quellfähigkeit. Nach SCHWALBE und FISCHER[1] taucht man 8 cm lange und 4 cm breite lufttrockene Zellstoffstreifen 2 Stunden in 18%ige Natronlauge, läßt 2 Minuten abtropfen, tupft mit Fließpapier ab und wiegt. Das Ergebnis wird als „Quellzahl" angegeben. Ist das Ausgangsgewicht des lufttrockenen Zellstoffes a und das Gewicht nach der Quellung b, so ist die

$$\text{Quellzahl} = 100 \cdot \frac{a}{b}.$$

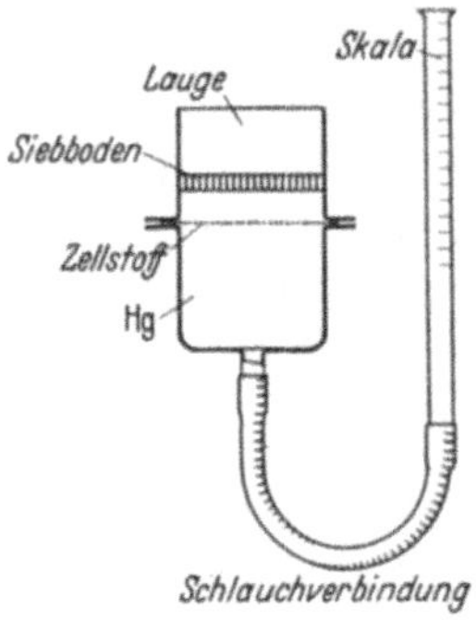

Abb. 68. Apparatur zur Bestimmung der Quellzahl.

Die Quellfähigkeit kann ferner auch durch die Verdrängung von Quecksilber durch den quellenden Zellstoff bestimmt werden, wozu man sich der in Abb. 68 dargestellten Apparatur bedient. Die Quellzahl ist dann gleich $\frac{\text{Quellvolumen}}{\text{Anfangsvolumen}}$.

Bestimmung der Saughöhe (nach F.f.F. Merkblatt 10). Aus dem lufttrockenen Zellstoff werden in Längs- und Querrichtung je 5 genau 15 mm breite und ungefähr 20 cm lange Streifen geschnitten und jeder Streifen mit einem als Nullmarke dienenden Bleistiftstrich versehen, der 5 mm von einem Ende des Streifens entfernt ist. Die Streifen werden dann senkrecht in geeigneter Weise nebeneinander so aufgehängt, daß die unteren, mit der Nullmarke versehenen Enden eine gerade waagerechte Linie bilden. Die Streifen werden dann gleichzeitig bis zur Nullmarke in Wasser von 20° C getaucht. Um Verdunstung zu vermeiden, setzt man das ganze unter eine Glasglocke. Nach genau 10 Minuten markiert man mit Bleistift auf den Streifen die Steighöhe. Dasselbe geschieht nach 60 Minuten. Während dieser Stunde ist das Wasser auf genau 20° C zu halten. Die Art der Auswertung geht aus Tabelle 49 hervor-

Bestimmung der linearen Ausdehnung (nach F.f.F. Merkblatt 10). Zu ihrer Bestimmung dient eine von NOLL[2] beschriebene Vorrichtung. Sie beruht auf der Messung der Höhenausdehnung einer Säule von aufeinandergelegten, runden Zellstoffscheiben durch die Natronlauge. Der Durchmesser der Zellstoffscheibchen beträgt 30 mm. Im Mittelpunkt ist ein Loch von 8 mm ausgestanzt. Die Scheibchen werden genau gewogen und dann über einen Stab geschoben, der mit einer Millimeter-

[1] Ref. bei ZART: Die Herstellung der Kunstseide und Stapelfaser, S. 242.
[2] NOLL: Papierfabr. **29**, 115 (1931).

teilung versehen ist. Dann wird oben eine 10 g schwere Metallscheibe auf die an dem Stab befindlichen Zellstoffscheibchen gelegt. Der ganze Stab wird nun durch Aufhängen an einer Waage nochmals gewogen. Dann belastet man die obere Metallscheibe mit einem 800 g schweren Messingzylinder und mißt die von den Zellstoffblättchen eingenommene Schichthöhe. Nunmehr wird der Stab mit den Zellstoffblättchen in einen Glaszylinder gestellt, der 50 ccm Natronlauge (17,5 Gew.-% NaOH) von 20° C enthält. Die Zeit des Eintauchens wird mit der Stoppuhr fixiert. Nach 4 Minuten wird durch Ablesen der an dem Stab angebrachten Skala die Höhenzunahme der Stoffschicht ermittelt und in Prozenten der ursprünglichen Höhe als „lineare Ausdehnung" angegeben.

Tabelle 49.
Auswertung der Saughöhenbestimmung.

Versuchsdauer in min	Saughöhe in mm		Mittlere Saughöhe
	Mittel aus je 5 Einzelmessungen		
	Längsstreifen	Querstreifen	
10	36	34	35
60	98	92	95

Bestimmung der Quellmittelaufnahme (nach F.f.F. Merkblatt 10). Nach einer weiteren Minute wird die oben beschriebene Vorrichtung aus der Lauge herausgezogen und 5 Minuten abtropfen gelassen. Die Apparatur wird durch Abtupfen mit Filtrierpapier von überschüssiger Lauge befreit und durch Anhängen an die Waage erneut gewogen. Die Gewichtszunahme wird in Prozenten vom ursprünglichen Gewicht der Zellstoffscheibchen als „Quellmittelaufnahme" angegeben.

Bestimmung der Bogendichte (nach F.f.F. Merkblatt 10). An 1 qdm lufttrockenen Zellstoffes werden 20 Dickenmessungen ausgeführt und das Mittel errechnet. Sodann wird das Gewicht dieses Quadratdezimeters festgestellt und nach Bestimmung der Feuchtigkeit, die an einer anderen Probe festgestellt wird, das Quadratmetergewicht errechnet. Durch Division des Quadratmetergewichtes des absolut trockenen Stoffes durch die Bogendicke erhält man die „Bogendichte".

Bestimmung der Kupferzahl (nach F.f.F. Merkblatt 8). Die Faserstoff-Analysenkommission hat für die Bestimmung der Kupferzahl die Methode von SCHWALBE-HÄGGLUND[1] gewählt, die sich nicht nur als recht genau, sondern auch als rasch und einfach auszuführen erwiesen hat. 40 ccm FEHLINGscher Lösung (s. unten) werden in einem 150 ccm fassenden Jenaer Becherglas von hoher Form zum Sieden erhitzt. Hierauf wird 1 g geraspelten, lufttrockenen Zellstoffes von bekanntem Feuchtigkeitsgehalt in die siedende Flüssigkeit eingetragen und genau (Stoppuhr) 3 Minuten in starkem Sieden erhalten. Das Becherglas steht dabei auf einem Stativring mit Asbestdrahtnetz. Die Temperatur, die durch ein eingehängtes Thermometer kontrolliert wird, soll dabei 100—101° C

[1] Cellulose-Chem. **11**, 1—4 (1930).

betragen. Nach Ablauf der Kochdauer wird der mit Kupferoxydul beladene Faserbrei sofort auf einer mit Filter (Nr. 597 von Schleicher und Schüll) versehenen Porzellannutsche von 8 cm Durchmesser sorgfältig vom Filtrat getrennt und mit je $^3/_4$ Liter destilliertem Wasser, zuerst heiß, dann kalt, erschöpfend gewaschen. Der gut abgesaugte Faserfilz wird mit dem Filter vorsichtig zusammengerollt, in das vorher quantitativ nachgespülte Kochgefäß zurückgegeben und mit 25 ccm einer kalten Lösung von Ferrisulfat-Schwefelsäure (50 g Ferrisulfat und 200 g = 10,8 ccm Schwefelsäure vom spezifischen Gewicht 1,84) übergossen. Die Ferrisulfatlösung ist vorher durch Zugabe einiger Tropfen n/10 Kaliumpermanganatlösung auf eventuell vorhandenes Ferrosulfat zu prüfen und so viel Kaliumpermanganatlösung zuzugeben, bis gerade der Farbumschlag nach Rosa eintritt. Erst dann ist die Ferrisulfatlösung gebrauchsfertig. Die schwefelsaure Ferrisulfatlösung läßt man bis zur vollkommenen Lösung des Kupferoxyduls auf den Faserbrei einwirken, wobei man die Probe mit einem Glasstab durchrührt, um sich davon zu überzeugen, ob auch eine vollkommene Lösung erfolgt ist.

Die Umsetzung spielt sich nach folgender Gleichung ab:

$$Cu_2O + Fe_2(SO_4)_3 + H_2SO_4 = 2\,CuSO_4 + 2\,FeSO_4 + H_2O.$$

Nach vollkommener Lösung wird der Stoffbrei wieder auf einem Filter (gleiches Filter wie oben) abgesaugt, mit weiteren 25 ccm Ferrisulfatlösung übergossen und mit etwa $^1/_2$ Liter kaltem, destilliertem Wasser erschöpfend ausgewaschen. Das hellgrün gefärbte Filtrat wird dann mit n/10 Kaliumpermanganatlösung bis zum Auftreten der Rosafärbung titriert. Die verbrauchten Kubikzentimeter n/10 Kaliumpermanganatlösung geben die Menge des von 1 g lufttrockenem Zellstoff abgeschiedenen Kupfers an, wobei 1 ccm n/10 $KMnO_4$-Lösung = 0,00636 g Cu entspricht. Die stets auf 100 g absolut trockenen Zellstoff bezogene Kupferzahl errechnet sich dann wie folgt:

$$\text{Kupferzahl} = \frac{n \cdot 100 \cdot 0{,}00636}{a} = \frac{0\,636 \cdot n}{a}.$$

In der Gleichung bedeuten n die verbrauchten Kubikzentimeter n/10 $KMnO_4$-Lösung und a die angewandte Zellstoffmenge in Gramm absolut trockenen Zellstoffes.

Herstellung der FEHLINGschen Lösung: Es werden folgende Lösungen hergestellt: 1. 60 g reinstes Kupfersulfat im Liter, 2. 200 g reinstes Seignettesalz und 100 g reinstes Natriumhydroxyd im Liter. Beide Lösungen werden zu gleichen Teilen miteinander gemischt.

Bestimmung der Silberzahl (nach GÖTZE[1]). In einer 1%igen Silbernitratlösung werden 7 g Natriumacetat gelöst. Das hierbei in geringen

[1] GÖTZE: Melliand Textilber. **1927**, 624, 696.

Mengen ausfallende Silberazetat wird durch Filtrieren entfernt (1000 ccm Wasser lösen bei 20° C 10,4 g Silberazetat). 0,5 g geraspelten Zellstoffes werden in einem 500 ccm fassenden Rundkolben mit kurzem, weitem Hals mit 20 ccm destilliertem Wasser 3 Minuten gekocht. Dann entfernt man die Flamme und gibt 50 ccm Silberreagenslösung zu. Man stellt nun den Kolben genau $^1/_2$ Stunde auf ein siedendes Wasserbad. Während dieser Zeit schüttelt man öfters um oder rührt den Kolbeninhalt mit einem Rührwerk langsam durch. Der Faserbrei wird dann abgesaugt und so lange mit heißem und kaltem destilliertem Wasser gewaschen, bis das ablaufende Filtrat keine Silberreaktion mehr gibt. Der braungefärbte Faserbrei wird dann in ein Becherglas gebracht und mit verdünnter Salpetersäure versetzt. Hierbei geht das auf dem Fasermaterial abgeschiedene Silber in Lösung. Der Inhalt des Becherglases wird, sobald die Fasern rein weiß geworden sind, wieder auf eine Nutsche gegeben, wobei man den Inhalt des Becherglases quantitativ in die Nutsche spült. Nach dem Absaugen wäscht man mit heißem und kaltem destilliertem Wasser bis zum Verschwinden der sauren Reaktion. Im Saugkolben titriert man dann nach Zugabe von 10 ccm Eisenammonalaunlösung als Indikator das Silber mit n/100 Ammonrhodanidlösung. Der gefundene Silberwert wird auf 100 g absolut trockenen Zellstoff umgerechnet.

Bestimmung des Aschegehaltes (nach F.f.F. Merkblatt 4). 5 g geraspelter Zellstoff werden in einen Porzellantiegel von etwa 57 mm Höhe und 43 mm oberem Durchmesser eingewogen, über einer nicht rußenden Bunsenflamme zunächst vorsichtig verascht (verkokt), und dann noch heiß in einem zuvor angeheizten, bereits glühenden elektrischen Tiegelofen $^1/_2$ Stunde geglüht. Der Glührückstand wird nach dem Erkalten im Exsikkator gewogen. Von der Gewichtskonstanz überzeugt man sich durch Nachwiegen nach einer weiteren 1stündigen Glühdauer.

Bestimmung des Ligningehaltes (nach F.f.F. Merkblatt 3). Bei der Bestimmung des Ligningehaltes von Zellstoffen wird nach ungebleichtem und gebleichtem Zellstoff unterschieden, da der Ligningehalt im ungebleichten Zellstoff erheblich höher ist. Man setzt zwei Parallelbestimmungen an und verwendet als Ausgangsmaterial einen zu Pulver zerraspelten Zellstoff, den man noch durch ein Sieb von 2 mm Maschenweite gegeben hat. Das Zellstoffpulver wird bei 100° C getrocknet.

Bei ungebleichtem Zellstoff wägt man zweimal je 1 g des trockenen Zellstoffpulvers in kleine Bechergläser von 100 ccm ein und drückt das Pulver mit einem stampferförmigen Glasstab etwas zusammen. Das Pulver wird dann mit je 5 ccm reinem Dimethylanilin befeuchtet und nach 3—4 Minuten mit je 25 ccm 78%iger Schwefelsäure übergossen. Es beginnt hierdurch die Verzuckerung der Zellulose, die nach mehrmaligem Umrühren mit dem Glasstab in etwa 10 Minuten beendet ist.

Nach Verlauf dieser Zeit prüft man die Vollständigkeit der Verzuckerung in dem Parallelansatz mittels der „Dextrinprobe", die nötigenfalls mehrmals im Verlaufe je einiger Minuten auszuführen ist. Sie besteht darin, daß man etwa $^1/_2$ ccm der Lösung in einem Reagensglas mit wenig Wasser verdünnt, eventuell filtriert und etwa die 20fache Menge Alkohol zugibt. Tritt nach gutem Umschütteln eine weißliche Trübung der Flüssigkeit bzw. Abscheidung heller Flocken auf, so war die Verzuckerung noch nicht vollständig. Die Schwefelsäurebehandlung ist dann so lange fortzusetzen, bis die Lösung keine Dextrinreaktion mehr gibt.

Ist dieser Zustand erreicht, so gießt man die Reaktionsmasse des Hauptansatzes in ein 500 ccm fassendes Becherglas, verdünnt mit 200 ccm heißem Wasser und kocht 3 Minuten auf, wobei sich das Lignin in braunflockiger Form abscheidet. Man läßt etwa 1 Stunde auf dem Wasserbad absitzen und filtriert dann durch ein einfaches, vorher getrocknetes und gewogenes Papierfilter. Der Niederschlag wird auf dem Filter mit heißem Wasser säurefrei gewaschen, wobei besonders auch darauf zu achten ist, daß der Filterrand säurefrei wird. Sodann wird das Filter mit dem Lignin bei 100° C getrocknet und gewogen. Infolge der Hygroskopizität des Lignins hat das Wägen sehr rasch zu erfolgen. Zur festgestellten Gewichtsdifferenz sind als Ausgleich für den erlittenen Auswaschverlust des Filters noch 0,003 g zu addieren. Dieser Befund ergibt dann Lignin plus Asche. Das getrocknete Filter wird sodann verascht und der Aschegehalt in Rechnung gesetzt. Die endgültige Befundangabe erfolgt konventionell in „Prozent Lignin".

Bei gebleichtem Zellstoff setzt man gleichfalls zwei Parallelversuche an, jedoch mit einer Einwaage von je 3 g. Das Zellstoffpulver wird nach dem Feststampfen mit je 8 ccm Dimethylanilin befeuchtet und mit 35 ccm 78%iger Schwefelsäure versetzt. Ist der Hauptteil nach einigen Minuten gelöst, so wird das Becherglas $^3/_4$ Stunden in ein Wasserbad von 50° C eingestellt. Nach dieser Zeit beginnt man mit der Vornahme der Dextrinproben. Ist kein Dextrin mehr nachweisbar, so wird mit 300 ccm Alkohol verdünnt und auf dem Wasserbad zwecks klarer Abscheidung der Ligninflocken einige Zeit erwärmt. Die Erwärmung muß bei einigen Zellstoffen bis auf 2—3 Stunden ausgedehnt werden. Man läßt dann absitzen und filtriert durch einen gewogenen Glasfiltertiegel. Während des Filtrierens ist die Flüssigkeit warm zu halten und der Tiegel nicht leerlaufen zu lassen. Der Niederschlag wird im Tiegel zunächst mit heißem Alkohol und sodann mit heißem Wasser gründlich ausgewaschen. Der Tiegel mit dem Niederschlag (Lignin plus Asche) wird bei 100° C getrocknet und ist nach etwa 3—4 Stunden gewichtskonstant. Sodann wird verascht, wobei man den Tiegel in ein Glühschälchen stellt, und nach erfolgter Rückwägung durch Subtraktion des Aschebetrages der Wert für aschefreies Lignin gefunden.

Bestimmung der Pentosane[1]. Der Zellstoff wird mit Salzsäure gekocht, wobei Furfurol entsteht. Dieser wird überdestilliert und im Destillat mit Phloroglucin und Salzsäure gefällt.

Nachweis der Harze (nach F.f.F. Merkblatt 15). Unter „Harz" faßt man bei Nadelholzzellstoffen üblicherweise ein Gemisch von Harz- und Fettbestandteilen auf. Bei Laubholzzellstoffen versteht man unter dem Begriff „Harz" ein Gemisch von Wachs- und Fettstoffen neben nur verhältnismäßig wenig Harz. Man kann diese Stoffe, die sich im wesentlichen in den Markstrahlzellen vorfinden, durch Anfärbung und mikroskopische Untersuchung feststellen. Es ist eine ganze Reihe derartiger Färbemethoden vorgeschlagen worden. Die von A. HERZOG[2] angegebene Zyaninfärbung ist bei ungebleichten Zellstoffen nicht eindeutig, da Lignin und Ligninsulfosäure für den basischen Farbstoff als Beize wirken und so eine Anfärbung der gesamten Tracheiden herbeigeführt wird. KLEMM[3] empfahl die Anfärbung mit dem roten harz- und lipoidlöslichen Farbstoff Sudan III (Amidoazobenzol-azo-Betanaphthol). Diese Methode ist ursprünglich dafür gedacht gewesen, harzarme Natronzellstoffe von den harzreicheren Sulfitzellstoffen zu unterscheiden. Sie ist heute als Unterscheidungsreaktion nicht mehr zuverlässig, da veredelte Sulfitzellstoffe auf dem Markt sind, die in ihrem Harzgehalt nicht höher sind als die Natronzellstoffe. Trotzdem verschafft diese Anfärbungsreaktion schnell ein allgemeines Bild über den Harzgehalt eines Zellstoffes. NOLL und HAHN[4] haben nun unter Heranziehung anderer Farbstoffe Untersuchungsmethoden ausgearbeitet, die einen eindeutigen Nachweis bei gebleichten und ungebleichten Zellstoffen ermöglichen.

Als Farbstoffe werden Sudanorange RR, Indophenol (ein Kondensationsprodukt aus p-Nitrosodimethylanilin und Alphanaphthol) sowie Sudanschwarz B verwendet. Die beiden letzteren eignen sich auch für Untersuchung bei künstlichem Licht. Zur Herstellung der Reagenslösungen wägt man 0,1 g Farbstoff ab und gibt diese in 50 ccm eines Gemisches aus 20 ccm 96%igem Alkohol, 20 ccm Glyzerin 31° Bé und 10 ccm Wasser. Die Farbstofflösung wird unter Umschwenken bis zum eben beginnenden Sieden gebracht. Dann wird abgekühlt und die auf Zimmertemperatur gekühlte Lösung von ungelösten Farbstoffteilchen abfiltriert. Die filtrierte Lösung wird in gut verschlossener Flasche aufbewahrt. Bei Indophenol ist zu beachten, daß der Farbstoff sehr säureempfindlich ist und durch Reduktion leicht zerstört wird. Bei der Untersuchung von Zellstoffen mit Pilz- oder Bakterienbefall ist daher bei Indophenol Vorsicht geboten.

Der zu prüfende Zellstoff wird im Reagensglas mit Wasser aufgeschlagen. Eine kleine Probe wird auf dem Objektträger mit der

---

[1] ZART: S. 243. [2] HERZOG: Melliand Textilber. **1932**, 121, 181.
[3] KLEMM: Wbl. Papierfabr. **48**, 2159 (1917).
[4] NOLL u. HAHN: Papierfabr. **1936**, 193 sowie NOLL, unveröffentlicht.

Präpariernadel fein zerteilt. Das an den Fasern haftende Wasser muß vorsichtig von der Seite her mit einem Streifen Filterpapier so weit als irgend möglich abgesaugt werden. Auf die so vorbereitete Probe wird 1 Tropfen der Farbstofflösung gegeben. Sodann wird das Deckglas aufgelegt. Die Faserzellen bleiben farblos, während die Harzpartikel je nach dem angewandten Farbstoff eine deutliche Anfärbung liefern. Bei den drei genannten Farbstoffen ist die Anfärbung wie folgt:

Sudanorange RR	rot
Indophenol	blau
Sudanschwarz B	schwarz

Bestimmung des Harz- und Fettgehaltes (nach F.f.F. Merkblatt 5). Die Harze und Fette werden aus dem Zellstoff durch Extraktion mit organischen Lösungsmitteln isoliert. Da die gefundenen Werte je nach dem angewandten Lösungsmittel schwanken, so ist bei der Mitteilung der Ergebnisse stets die Art des Lösungsmittels anzugeben. Am besten verzichtet man überhaupt auf den Begriff „Harzgehalt" oder „Fettgehalt" und spricht nur von „Alkoholextrakt" usw. Nach dem F.f.F. wird als Lösungsmittel das von JONAS[1] vorgeschlagene Dichlormethan verwendet. Das Dichlormethan muß in brauner Flasche aufbewahrt werden, es muß vollkommen farblos sein und darf beim Abdestillieren nur einen Rückstand hinterlassen, der unter 0,001% liegt. Ferner muß es gegen Lackmus neutral reagieren. Näheres über die Prüfung des Dichlormethans findet sich in Merkblatt 5. Der zur Untersuchung kommende Zellstoff wird geraspelt. Als Extraktionsapparate können nur solche verwendet werden, bei denen die Probe mit dem siedenden Lösungsmittel in Berührung kommt. Im einzelnen geht die Bestimmung des Dichlormethanextraktes wie folgt vor sich:

10 g des lufttrockenen geraspelten Zellstoffes werden im Extraktionsapparat unter Zugabe einiger Siedesteinchen 3 Stunden auf dem Wasserbad behandelt. Nach erfolgter Extraktion wird der Extrakt durch ein Filter gegossen und mit frischem Lösungsmittel nachgewaschen. Der filtrierte Extrakt nebst der Waschflüssigkeit wird bis auf einen kleinen Rest abdestilliert und das Konzentrat unter Nachspülen in ein kleines Bechergläschen von 50 ccm Inhalt übergeführt. Der Inhalt wird zunächst auf dem Wasserbad zur Trockne eingedampft und der Rückstand bei 100° C im Trockenschrank zur Konstanz getrocknet. Gewichtskonstanz ist meist nach 2—4 Stunden erreicht. Nach dem Erkalten im Exsikkator wird gewogen und das Resultat auf trockenen Zellstoff als „Prozent Dichlormethanextrakt" berechnet.

Auf die vom F.f.F. vorgeschlagenen Bestimmungsmethoden für unverseifbare Harzbestandteile, Fettsäuren und Harzsäuren (Merkblatt 6) sei hier nur verwiesen.

---

[1] JONAS: Wbl. Papierfabr. **61**, Festheft 25 A, 97 (1930).

6. Kapitel.

Allgemeine technische Grundlagen der Kunstseiden- und Zellwollspinnerei.

Unter „Spinnen“ versteht man im klassischen, technologischen Sinne die Vereinigung vieler natürlicher Fasern zu einem Garn. Der Vorgang, der nach verschiedenen Arbeitsweisen vorgenommen werden kann, beruht auf einem Gleichrichten, Verziehen und Zusammendrehen der Fasern. Demgegenüber ist das Spinnen von Kunstseide und Zellwolle ein gänzlich anders verlaufender Prozeß. Hier handelt es sich darum, die Zellulosefasern oder chemische Umwandlungsprodukte derselben in geeigneten Lösungsmitteln aufzulösen und durch Verdunstenlassen des Lösungsmittels oder durch Ausfällen aus ihrer Lösung die Zellulose bzw. die Umwandlungsprodukte in Fadenform wieder abzuscheiden. Die Herstellung dieser Fasern erfolgt also in gänzlich anderer Weise als bei der einleitend erwähnten klassischen Spinnerei. Während jedoch der Begriff „Spinnen“ bei der Kunstseide eindeutig ist und stets in der richtigen Weise verstanden wird, läßt er bei der Zellwolle Verwechslungen zu. Hier kann Spinnen sowohl die chemische Herstellung der Fasern als auch die Garnbildung aus ihnen in der mechanischen Spinnerei bedeuten.

Die Herstellung von Kunstseide und Zellwolle nach dem Viskoseverfahren gliedert sich in drei Phasen: Die erste umfaßt die Herstellung der Spinnlösung, der „Viskose“. Der Teil des Werkes, in dem dieser Prozeß vorgenommen wird, wird mit „Viskosefabrik“ bezeichnet. Die zweite Phase stellt die eigentliche „Spinnerei“ dar, in diesem Betriebsteil geht die Faden- bzw. Faserbildung aus der Viskose vor sich. Die gesponnene Faser wird durch eine chemische Nachbehandlung gereinigt und dann getrocknet. Die dritte Phase endlich umschließt die Überführung des Materials in den verkaufs- und verarbeitungsfähigen Zustand. Der Werksteil, dem diese Aufgabe zufällt, wird mit „Textilbetrieb“ bezeichnet. Er fehlt in der Zellwollfabrik, da hier die geschnittene Faserflocke höchstens noch einen Öffner passiert, bevor sie in Ballen gepackt wird.

I. Die Herstellung der Viskose.

Die Herstellung der Viskose geht im einzelnen so vor sich, daß der Zellstoff zunächst in die Alkalizellulose übergeführt wird. Dies geschieht durch Behandlung mit Natronlauge einer ganz bestimmten Konzentration. Man nennt die Natronlaugebehandlung „Tauchen“. Der getauchte Zellstoff wird von der überschüssigen Lauge abgepreßt und im Anschluß daran vermahlen oder zerfasert, wodurch eine weiße, krümelige Masse entsteht. Die zerfaserte Alkalizellulose wird mit Schwefelkohlenstoff behandelt, wodurch sich das rötlich braune Natriumzellulosexanthogenat, oder kurz Xanthogenat oder auch Xanthat genannt, bildet. Diesen Vorgang nennt man „Sulfidieren". Das Xanthogenat ist in verdünnter Natronlauge löslich. Die Lösung des Xanthogenates in Natronlauge stellt die Spinnlösung, die „Viskose" dar. Wenn die Sulfidierung unmittelbar an der frisch zerfaserten Alkalizellulose vorgenommen wird, so wird die Viskose außerordentlich zähflüssig. Um sie dann unter normalen Drucken spinnen zu können, muß man mit Spinnlösungen von geringem Zellulosegehalt arbeiten. Man setzt daher in den weitaus meisten Fällen die Zähflüssigkeit der Viskose künstlich herunter. Zu diesem Zwecke läßt man die zerfaserte Alkalizellulose längere Zeit in geeigneten Gefäßen ruhig stehen. Hierbei findet eine Alterung der Alkalizellulose statt, wodurch nach dem Lösen in Natronlauge eine dünnflüssigere Viskose erhalten wird. Diesen Vorgang bezeichnet man mit „Reife der Alkalizellulose" oder „Vorreife".

Das Auflösen des Xanthogenates in der Natronlauge nennt man „Lösen [1]". Die Spinnlösung wird dann zur Beseitigung von Fremdstoffen mehrmals durch Filterpressen filtriert, sodann entlüftet und eine bestimmte Zeit bei niedriger Temperatur aufbewahrt. Dieser Prozeß wird mit „Reife der Viskose" oder „Nachreife" bezeichnet. Durch ihn erhält die Viskose eine bessere Spinnbarkeit. Sobald die Viskose eine bestimmte Zustandsform erreicht hat, wird sie den Spinnmaschinen zugeführt.

Diese Vorgänge sind bei der Kunstseiden- und Zellwollfabrik grundsätzlich die gleichen. (Siehe untenstehendes Schema I.)

I. Arbeitsgänge in der Viskosefabrik.

(Altes Verfahren.)

Tauchen des Zellstoffes
↓
Abpressen
↓
Zerfasern
↓
(Vorreife der Alkalizellulose)
↓
Sulfidieren
↓
Lösen
↓
Nachreife der Viskose
↓
Spinnlösung

[1] In einigen Werken bezeichnet man den zum Lösen des Xanthogenates verwendeten Apparat als „Mischer". Diese Bezeichnungsweise ist irreführend, da unter „Mischen" auch das Zusammenfassen mehrerer Viskosechargen in der Nachreife (siehe 12. Kapitel) verstanden wird.

In neuer Zeit gehen Bestrebungen dahin, die Alkalisierung an bereits zerfasertem Zellstoff oder an flockenförmigem Zellstoff vorzunehmen. Der Werdegang der Viskose vollzieht sich dann wie das untenstehende Schema II zeigt. An das Abpressen des mit Natronlauge behandelten

II. Arbeitsgänge in der Viskosefabrik.
(Neues Verfahren.)

Zerfasern des Zellstoffes
↓
Alkalisieren
↓
Abpressen
↓
Mahlen
↓
(Vorreife der Alkalizellulose)
↓
Sulfidieren
↓
Lösen
↓
Nachreife der Viskose
↓
Spinnlösung

Zellstoffes muß sich in diesem Falle noch ein Mahlprozeß anschließen, um den abgepreßten Brei für die Sulfidierung vorzubereiten.

In einigen Zellwollfabriken geschieht die Herstellung der Viskose in einem kontinuierlichen Arbeitsgang. Hierbei sind zwei Verfahren möglich, die sich dadurch voneinander unterscheiden, daß in dem einen Falle die Vorreife der Alkalizellulose vor dem Zerfasern vorgenommen wird, während sie in dem anderen Falle nach dem Zerfasern erfolgt, wie dies in den Kunstseidenfabriken allgemein üblich ist.

II. Das Spinnen.

Die Spinnlösung wird durch Düsen mit verschiedener Lochzahl in das „Spinnbad", auch „Fällbad" genannt, gedrückt. In diesem entstehen die Fäden. Die nassen, noch plastischen Fäden werden dabei von verschiedenartigen Aufnahmeorganen abgezogen und gesammelt. Bei der Kunstseide geschieht dies auf Walzen, auf Spulen oder in kleinen Zentrifugen. Man unterscheidet dementsprechend

Walzenverfahren,
Spulenverfahren,
Zentrifugenverfahren.

Das letztere wird zuweilen auch Topfspinnverfahren genannt. Man spricht auch wohl von „Spinntopf" an Stelle von „Spinnzentrifuge". Bei der Zellwolle wird das frische Fadenbündel meist auf einem aus

Gummi bestehenden Transportband gesammelt, auf dem es weitergeführt wird. Man kann es auch in einer Rinne durch eine strömende Flüssigkeit fortführen.

Die frischen Fäden führen eine größere Menge des sauren Spinnbades mit sich, sie müssen daher vor der weiteren Verarbeitung zunächst entsäuert werden. Dies geschieht durch eine ausreichende Wäsche mit Wasser. Beim Walzen- und Spulenverfahren verbleibt die Kunstseide während dieser Behandlung auf den Walzen bzw. Spulen. Beim Zentrifugenverfahren wird der in der Zentrifuge entstandene Fadenwickel, den man „Spinnkuchen" nennt, vor dem Waschen aus dem Spinntopf herausgenommen und noch in saurem Zustand in den Strang übergeführt. Die Säure wird dann erst durch Waschen des Stranges entfernt. Das Entsäuern der Kunstseide und Zellwolle kann auf verschiedene Weise vorgenommen werden.

Die neutral gewaschenen Gespinste werden nunmehr in Trockenschränken oder Trockenkanälen getrocknet, wobei sie im Falle des Walzen- und Spulenverfahrens gleichfalls wieder auf diesen Aufnahmeorganen verbleiben. Werden beim Zentrifugenspinnverfahren die Stränge noch sauer gehaspelt, so nimmt man nach dem Entsäuern der Stränge keine Trocknung vor, sondern schließt die übrigen, noch notwendigen Bäder gleich an den Entsäuerungsvorgang an.

Das Fadenbündel bei der Zellwolle wird nach dem Entsäuern gleichfalls nicht getrocknet, sondern ebenfalls gleich den weiteren Behandlungsbädern zugeführt. Es kann auch in saurem Zustand schon in kleine Teile, sog. „Stapel", zerschnitten werden. In diesem Falle geschieht die Entsäuerung und weitere Nachbehandlung „in der Flocke" oder „im Vlies".

III. Die Textilbetriebe.

Die weitere Behandlung der Kunstseide weicht nun je nach dem Spinnverfahren voneinander ab. Zunächst unterscheiden sich die nach den verschiedenen Spinnverfahren erhaltenen Kunstseidenfäden insofern grundsätzlich dadurch voneinander, daß die nach dem Walzen- und Spulenverfahren erhaltene Kunstseide aus parallel zueinander liegenden, also „ungedrehten" Einzelfädchen besteht, während beim Zentrifugenverfahren der frische Faden schon beim Auffangen durch die Zentrifuge eine Drehung erhält. Da ungedrehte Kunstseide nur in Sonderfällen verwendbar ist, muß die nach dem Walzen- und Spulenverfahren erhaltene Kunstseide nachträglich gedreht werden. Dies geschieht auf den Zwirnmaschinen. Da die Walzen wegen ihrer Größe und ihres Gewichtes aber nicht auf die Spindeln der Zwirnmaschinen aufgesteckt werden können, so muß die Kunstseide beim Walzenverfahren von den Walzen erst auf kleinere Spulen oder Bobinen umgespult werden. Wir haben also beim Walzenverfahren einen zusätzlichen Umspulprozeß. Beim Spulenspinnverfahren werden die getrockneten Spinnspulen unmittelbar den Zwirnmaschinen vorgelegt.

Die gezwirnte Kunstseide wird auf den Zwirnmaschinen von den „Zwirnspulen“ aufgenommen. Diese gelangen jetzt in die Haspelei, der die Herstellung der Stränge obliegt. Von den senkrecht aufgestellten Zwirnspulen werden die Fäden nach oben „über Kopf“ von dem Haspel abgezogen.

Der Spinnkuchen wird gleichfalls über Kopf gehaspelt, und zwar wird das Haspeln, wie schon erwähnt, am sauren Kuchen ausgeführt.

Die gehaspelten Stränge werden auf dem Haspel aufliegend mit bunten Unterbändern („Fitzbändern“) versehen, die man an mehreren Stellen quer durch den Strang zieht. Man nennt diesen Arbeitsvorgang „fitzen“. Diese Unterbindung ist aus dem Grunde erforderlich, damit der Strang sich bei den nun folgenden Behandlungen sowie später bei der Weiterverarbeitung beim Verarbeiter nicht verwirrt und nach Lösen und Entfernen der Fitzbänder einwandfrei abgearbeitet werden kann. Da beim Zentrifugenverfahren das Fitzen am nassen, sauren Material geschieht, muß es mit besonderer Sorgfalt geschehen, damit die zarten Einzelfädchen nicht beschädigt werden.

Die gefitzten Stränge werden nunmehr entschwefelt und chemisch fertiggestellt. Zu diesem Zwecke werden sie der Behandlung in einer Reihe von Bädern unterworfen. Man hängt sie entweder nebeneinander auf Stäbe und berieselt sie mit den einzelnen Behandlungsflüssigkeiten, oder man zieht sie mechanisch wie beim Färbeprozeß in den Behandlungsbädern um. Walzen- und Spulenkunstseide wird zunächst mit Wasser genetzt. Dann gelangt sie in das Entschwefelungsbad. Die Zentrifugenkunstseide wird vor dem Eingehen in das Entschwefelungsbad erst durch Wasser entsäuert. An das Entschwefelungsbad schließt sich, wenn nötig, ein Bleichbad an. Zuletzt werden die Stränge in ein Avivagebad gegeben, damit ihnen der erforderliche Griff verliehen wird. Die Zahl der Bäder ist recht groß, da nach jedem Bad wieder ausreichend gespült werden muß. Im Falle der Bleiche muß so zunächst das Bleichbad abgespült werden, dann muß abgesäuert oder ein Antichlorbad gegeben werden. Schließlich muß die Säure oder das Antichlor wieder restlos ausgewaschen werden. Zwischen den einzelnen Bädern läßt man einige Zeit abtropfen.

Die avivierten Stränge werden zu Paketen zusammengefaßt, durch Ausschleudern von dem überschüssigen Avivagebad befreit, dann auf Stäbe gehängt und in Trockenkanälen getrocknet.

Nunmehr erfolgt die Sortierung. Jeder Strang wird auf Fehler durchgesehen und entsprechend klassifiziert.

Die sortierten Stränge werden nach Qualitätsklassen getrennt verpackt.

III. Arbeitsgänge in der Kunstseidenfabrik.

Spinnlösung
↓
Spinnen
↓

Walzenverfahren	Spulenverfahren	Zentrifugenverfahren
Entsäuern	Entsäuern	
↓	↓	
Trocknen	Trocknen	
↓		
Umspulen auf Bobinen		
↓	↓	
Zwirnen	Zwirnen	
↓	↓	↓
Haspeln	Haspeln	Haspeln
↓	↓	↓
Netzen	Netzen	Entsäuern
↓	↓	↓
		Spülen

↓
Entschwefeln
↓
Absäuern
↓
Spülen
↓
[Bleichen
↓
Spülen
↓
Absäuern
↓
Spülen]
↓
Avivieren
↓
Schleudern
↓
Trocknen
↓
Sortieren
↓
Verpacken

Die gleiche chemische Behandlung macht die Zellwolle durch, und zwar entweder in Form der Flocke oder in Form des noch unzerschnittenen Fadenbündels. Im letzteren Falle wird erst das avivierte, noch nasse Fadenbündel auf Stapel geschnitten. Das nasse Fasermaterial wird durch Schleudern oder Abquetschen so weit als möglich entwässert und in besonders konstruierten Trockenkanälen getrocknet. Hierbei entsteht ein ziemlich klumpiges Material, das zweckmäßig vor dem Packen mechanisch etwas geöffnet wird.

Der besseren Übersicht halber sind die einzelnen Behandlungsweisen der Kunstseide und Zellwolle gleichfalls noch einmal schematisch wiedergegeben (siehe Schema III und IV).

IV. Arbeitsgänge in der Zellwollfabrik.

Spinnlösung
↓
Spinnen

Schneiden	
↓	↓
Entsäuern	Entsäuern
↓	↓
Spülen	Spülen
↓	↓
Entschwefeln	Entschwefeln
↓	↓
Spülen	Spülen
↓	↓
Absäuern	Absäuern
↓	↓
Spülen	Spülen
↓	↓
Avivieren	Schneiden
↓	↓
	Avivieren

Trocknen
↓
(Öffnen)
↓
Verpacken

IV. Direkte oder abgekürzte Spinnverfahren.

Wie ein Blick auf das S. 160 wiedergegebene Schema für die Herstellung der Kunstseide zeigt, ist eine Vielzahl von Operationen erforderlich. Man hat sich daher schon lange mit der Frage beschäftigt, ob dieser lange Herstellungsweg nicht abzukürzen sei. Insbesondere ist die bei der Walzen- und Spulenkunstseide erforderliche zweimalige Trocknung unwirtschaftlich. Es kommt hinzu, daß die lang andauernde Behandlung der Kunstseide in Strangform mit den verschiedenen chemischen Bädern eine unvermeidliche qualitative Schädigung mit sich bringt. Ferner mußte man erkennen, daß der Strang für viele Zwecke der Weiterverarbeitung keine sehr geeignete Aufmachungsform darstellt. Fast für alle Zweige der Weiterverarbeitung ist der Strang unzweckmäßig, er muß daher von dem Verarbeiter wieder auf Spulen gebracht werden. Es ergab sich für die Kunstseidenindustrie daher als logisches Ziel, den Strang zu umgehen und die Kunstseide gleich in Form eines geeigneten Spulkörpers an die Verbraucher zu liefern. Schließlich muß in diesem Zusammenhang noch erwähnt werden, daß der Strang stets nur ein bestimmtes Höchstgewicht und somit auch nur eine beschränkte Fadenlänge aufweisen kann, da er sonst nicht mehr verarbeitungsfähig ist. Dies führt zwangsläufig dazu, daß in die Fertigwaren verhältnismäßig viele Knoten hineinkommen. Alle diese Faktoren veranlaßten die Kunstseidenfabriken dazu, nach Änderungen der alten Spinnmethoden zu suchen. Die zur Erreichung dieser Ziele eingeschlagenen Wege führten zu den sog. „abgekürzten“ oder „direkten“ Spinnverfahren.

Die Lösung der oben aufgezeigten Aufgaben erwies sich als überaus schwierig, und es ist in jahrelanger Arbeit eine ungeheure Mühe aufgewandt worden, um zu befriedigenden Lösungen zu kommen. Man hat bei der Bearbeitung dieser Probleme zu der Erkenntnis kommen müssen, daß das Ziel auf einem theoretisch abgeleiteten Weg nicht zu erreichen war, und so ist man eigentlich nur zu Teillösungen gekommen. Das eine der oben angedeuteten Ziele, die Ausschaltung von Arbeitsgängen, hat sich bisher nicht vollkommen erreichen lassen, wohl jedoch das andere, nämlich die Herstellung einer qualitativ hochwertigen Kunstseide auf Spulen von großer Fadenlänge.

Die Hauptschwierigkeit, die sich bei der Verwirklichung dieser Ziele ergab und die die Einführung eines theoretisch möglichen, direkten Spinnverfahrens vereitelt hat, beruht in den Folgen der eigenartigen Schrumpfungsverhältnisse des frischen Kunstseidenfadens. Der beispielsweise auf eine Spule aufgesponnene frische Faden erfährt zunächst beim Entsäuern eine Kontraktion. In noch stärkerem Maße tritt eine Verkürzung des Fadens beim ersten Trocknungsprozeß, also bei der ersten Entquellung, ein. Die Entsäuerung und erste Trocknung erfolgt aber beim Walzen- und Spulenverfahren auf den Fadenaufnahmeorganen, also auf einer unnachgiebigen Unterlage. Dies hat zur Folge, daß der Faden in den unteren Lagen des Gespinstes, die also auf der Spule oder Walze aufliegen, nicht schrumpfen kann. Er trocknet daher unter Spannung. Wird nunmehr der Faden in Strangform gebracht und als Strang durch die chemischen Behandlungsbäder gegeben, so wird bei dem erneuten Netzen die Spannung ausgelöst, und der Faden schrumpft nunmehr ungehindert. Hierdurch gelangt die Kunstseide in einen stabilen Zustand, an dem sich später nichts mehr ändert. Wenn in der Kunstseidenfabrik nun die Kunstseide auf den Walzen bzw. Spulen vollkommen fertiggestellt wird, so gelangt sie in nicht ausgeschrumpftem, labilem Zustand in die Hände des Verarbeiters, und es spielen sich erst im Laufe der Weiterverarbeitung die Entspannungsvorgänge ab, die sich sonst bei der Strangwäsche in der Kunstseidenfabrik schon abgespielt hätten. In solchen Fällen, in denen die Kunstseide zunächst in die Strangfärberei kommt, spielen diese Verhältnisse keine Rolle. Die Schrumpfung setzt hier sofort beim Naßmachen der Kunstseide ein, und der Färber liefert eine einwandfrei ausgeschrumpfte Kunstseide ab.

Ganz anders liegen diese Verhältnisse aber, wenn die so hergestellte Kunstseide nicht in Strangform gefärbt wird, sondern wenn sie gleich in rohem Zustand zu Wirk- und Webwaren verarbeitet wird, die dann erst im fertigen Stück gefärbt werden. Dann tritt die Schrumpfung der Kunstseide erst beim Färben der Stücke auf. Es ist nun zu bedenken, daß die Schrumpfung innerhalb des Kunstseidenfadens keineswegs gleichmäßig vor sich gehen kann, und zwar aus dem Grunde, weil nur die der unnachgiebigen Spule am nächsten liegenden Fadenlagen unter Spannung getrocknet sind, während die weiter nach außen liegenden mehr oder weniger stark schrumpfen konnten, da sie auf den in etwa nachgiebigen unteren Fadenlagen auflagen. Die Folge dieser ungleichmäßigen Schrumpfungsverhältnisse im Gewebe ist das Auftreten von Spannfäden, die einen erhöhten Glanz aufweisen. Ferner werden durch die Schrumpfung einzelner Fäden im Gewirk oder Gewebe die neben diesen Spannfäden liegenden Gewebeteile mit zusammengezogen, sie werden daher wellig, eine Erscheinung, die man in der Weberei mit „boldern" bezeichnet. Diese Fehler machen die Ware unverkäuflich. Verliefe die Schrumpfung gleichmäßig über die ganzen Fadenlängen, so würde sich die Erscheinung so auswirken, daß die Gewebe in der Länge und Breite um einen gewissen Betrag eingehen. Dies ließe sich durch entsprechend losere Einstellung der Waren ausgleichen.

Der Gedanke lag nun nahe, daß die nach dem Zentrifugenverfahren hergestellte Kunstseide diesen Fehler nicht zeigen würde, da ja hier keine feste, unnachgiebige Unterlage vorhanden ist, die die freie Schrumpfung behindern kann. In der Tat erwies sich eine in Form von Spinnkuchen getrocknete Kunstseide in dieser Beziehung als einwandfrei. Dies gilt — und darauf muß ausdrücklich hingewiesen werden — aber nur für verhältnismäßig dünne Spinnkuchen mit geringer Fadenlänge. Bei dicken Spinnkuchen mit großer Fadenlänge, wie sie heute aus wirtschaftlichen und qualitativen Gründen hergestellt werden, zeigt sich überraschenderweise dieselbe Erscheinung wie bei der Kunstseide, die auf Walzen oder Spulen getrocknet wird. Dies hat seinen Grund darin, daß die nassen Fadenlagen im Spinnkuchen so fest und kompakt sind, daß sie genau wie ein unnachgiebiges Spulenmaterial wirken. Gewirke und Gewebe aus einer auf diese Weise hergestellten Zentrifugenkunstseide werden daher genau so fehlerhaft wie solche aus direkt hergestellten Walzen- und Spulenseiden.

Die Wege, die man eingeschlagen hat, um diesen Fehler auszumerzen, sind mannigfaltig:

Zunächst hat man versucht, die Fäden schon beim Spinnprozeß so zu beeinflussen, daß sie nach der Trocknung auf der Spule in bezug auf ihre Spannungsverhältnisse gleichmäßig sind. Das Verfahren hat sich nicht in die Praxis eingeführt.

Alsdann sind Spinnspulen konstruiert worden, die — sei es durch Zusammenklappen oder auf andere Weise — der Schrumpfung des Kunstseidenfadens beim Entsäuern und Trocknen nachgeben können. Die so gesponnenen Spulen lassen sich aber nicht einwandfrei zwirnen, da die Fadenlagen zu weich und locker werden. Dies gilt wenigstens für die Etagenzwirnmaschine, bei der die Spule mit der Kunstseide auf die sich drehenden Zwirnspindeln gesetzt wird. Auf der Ringzwirnmaschine, bei der der Faden von der ruhenden Spule „tangential" abgerollt wird, müßte diese Arbeitsweise theoretisch möglich sein. Offenbar wird aber auch nach diesem Verfahren in der Praxis nicht gearbeitet.

Der dritte Weg ist der, die fertige Kunstseide auszuschrumpfen. Sofern sie in Strangform hergestellt wird, werden diese Stränge in einem Avivagebad noch einmal kurze Zeit genetzt und dann wieder getrocknet. Dieser Weg ist gangbar und wird in der Praxis angewandt, erfordert aber gleichfalls wie die alten Verfahren eine zweimalige Trocknung. Soll die Strangform in der Kunstseidenfabrik umgangen werden, so ist das nachträgliche Ausschrumpfen schwierig. Die Arbeitsweise, zu der man schließlich gekommen ist, besteht darin, daß man die auf den Spulen fertig gewaschene Kunstseide auf Etagenzwirnmaschinen zwirnt, auf diesen Zwirnmaschinen aber keine feste Zwirnspule herstellt, sondern den Faden auf eine Manschette aus Blech oder dgl. auflaufen läßt, die man nach dem Zwirnen aus den Fadenlagen herausziehen kann. Man erhält auf diese Weise einen spinnkuchenähnlichen „Zwirnwickel". Dieser wird dann — teilweise nach einer in bestimmter Weise vorgenommenen Deformation — erneut genetzt und getrocknet. Auf diese Weise kann man eine Ausschrumpfung erhalten. Es ist hierbei zu berücksichtigen, daß durch den Umspulprozeß beim Zwirnen die zuvor unten auf der Spinnspule liegenden Fadenlagen nunmehr die oberen Lagen des Zwirnwickels sind, was für die Ausschrumpfung günstig ist. Nach diesem Verfahren wird in großem Maßstabe in der Praxis gearbeitet. Das Verfahren erfordert aber auch eine zweimalige Trocknung.

Ein weiterer Weg, der von Kunstseidenfabriken beschritten wird, besteht darin, daß man die Gespinste teilt und die unteren Fadenlagen sowie die oberen getrennt aufspult und verkauft. Diese Lösung kann nur als Notbehelf angesprochen werden und ist auch insofern nicht einwandfrei, als immer noch geringe Schrumpfungsdifferenzen in den Fäden vorhanden sind. Die Arbeitsweise erschwert außerdem die Übersichtlichkeit des Betriebes und belastet die Lagerhaltung.

Gleichfalls als Notbehelf muß die Arbeitsweise angesprochen werden, die darin besteht, daß man auf die Spulen eine ziemlich dicke Schicht Kunstseide aufspinnt und dann erst auf diese den frischen Faden auflaufen läßt. Der untere Fadenfilz wirkt dann gleichsam wie eine nachgiebige Spule und die eigentlichen Gespinste gleichen dann den Außenteilen bei getrennten Gespinsten. Gegen irrtümliches Mitabzwirnen dieser Unterlage kann man sich dadurch schützen, daß man für die Herstellung der unteren Fadenschicht eine mit echten Farbstoffen angefärbte Viskose verwendet.

Bei der Zentrifugenkunstseide kommt man, wenn man die Schrumpfungsdifferenzen bei dicken Spinnkuchen ausgleichen will, zwangsläufig zu folgenden Überlegungen: Da der Fehler dadurch zustande kommt, daß die äußeren Fadenlagen auf dem unnachgiebigen Filz der Innenlagen trocknen, müßte der Trockenprozeß so geleitet werden, daß die Trocknung ganz systematisch von innen nach außen erfolgt. Nachdem also die erste Innenlage getrocknet und somit eingeschrumpft ist, könnte die nächste Lage beim Trocknen schrumpfen usw. Diese Leitung des Trockenprozesses ist technisch ganz außerordentlich schwierig, wird aber praktisch durchgeführt.

Ferner hat man empirisch festgestellt, daß man einwandfrei ausgeschrumpfte Kuchen erhalten kann, wenn man die Kuchen, notfalls unter Deformation, mehrfach netzt und trocknet. Ein vollständiges Netzen durch Eintauchen des Kuchens ist nicht immer unbedingt erforderlich. Es genügt teilweise auch, die Kuchen in Kammern nach einem bestimmten, durch Versuche festgelegten Rhythmus abwechselnd zu befeuchten und zu trocknen. Diese Methoden sind aber umständlich und führen auch nicht sicher zu einwandfreien Ergebnissen. Bei nicht allzu dicken Kuchen erhält man auch eine einwandfreie Ausschrumpfung, wenn man die Trocknung ganz langsam bei etwa 30° C durchführt.

Schließlich können auch Spinnkuchen in Innen- und Außenlagen der Gespinste getrennt zur Ablieferung gebracht werden.

Aus dieser Zusammenstellung[1] geht hervor, daß die direkten Spinnverfahren keine wesentliche Abkürzung des Arbeitsganges mit sich gebracht haben. Wenn in ihnen trotzdem ein wirtschaftlicher und technischer Fortschritt liegt, so beruht das darauf, daß es auf diesen Wegen möglich ist, viel längere Gespinste ohne Knoten herzustellen sowie eine höhere Ausbeute an einwandfreier Kunstseide zu erzielen, da die schädlichen Strangbehandlungsprozesse in Fortfall kommen.

Im vorstehenden ist gezeigt worden, worauf es bei den direkten oder abgekürzten Spinnverfahren ankommt, und es soll nunmehr auf diese selbst eingegangen werden. Das Kennzeichnende an den direkten oder abgekürzten Spinnverfahren ist, daß die bei den alten Verfahren in Strangform vorgenommenen chemischen Behandlungen, wie Entschwefelung, Bleiche und Avivage (vgl. das Schema auf S. 160) schon auf den Spinnspulen bzw. im Spinnkuchen unmittelbar im Anschluß an die Entsäuerung durchgeführt werden. Das gesponnene Material verbleibt also während dieser ganzen Behandlungsgänge unberührt auf den Walzen bzw. Spulen sowie in der Form des Spinnkuchens. Es ist einleuchtend, daß auf diese Weise eine größtmögliche Schonung des empfindlichen Fadenmaterials gewährleistet ist. Die Verlegung der Waschgänge auf die Walze oder Spule setzt allerdings einen außerordentlich präzisen Aufbau der Spulkörper voraus, da sonst leicht Ungleichmäßigkeiten bei den einzelnen Behandlungen entstehen können, die meist zu färberischen Schwierigkeiten führen.

[1] Einzelheiten über die angedeuteten Verfahren bringt das 22. Kapitel.

V. Arbeitsgänge bei einem direkten Spinnverfahren in der Kunstseidenfabrik.

Spinnlösung
↓
Spinnen

Walzenverfahren	Spulenverfahren	Zentrifugenverfahren
Entsäuern	Entsäuern	Entsäuern
↓	↓	↓
Spülen	Spülen	Spülen
↓	↓	↓
Entschwefeln	Entschwefeln	Entschwefeln
↓	↓	↓
Spülen	Spülen	Spülen
↓	↓	↓
[Bleichen ↓ Spülen ↓ Absäuern ↓ Spülen]	[Bleichen ↓ Spülen ↓ Absäuern ↓ Spülen]	[Bleichen ↓ Spülen ↓ Absäuern ↓ Spülen]
↓	↓	↓
Avivieren	Avivieren	Avivieren
		↓
		Schleudern
↓	↓	↓
Trocknen	Trocknen	Trocknen nach besonderem Verfahren, eventuell besondere Behandlungen
↓	↓	
Zwirnen zu Zwirnwickeln	Zwirnen zu Zwirnwickeln	
↓	↓	
Netzen	Netzen	
↓	↓	
Trocknen	Trocknen	

↓

Haspeln zum Strang	Spulen auf Bobinen	Spulen auf zyl. Kreuzspulen	Spulen auf kon. Kreuzspulen	
↓	↓	↓	↓	↓
Sortieren	Sortieren	Sortieren	Sortieren	Sortieren der Kuchen oder Zwirnwickel
↓	↓	↓	↓	↓
Verpacken	Verpacken	Verpacken	Verpacken	Verpacken

Das in Form des Spinnkuchens bzw. beim Walzen- und Spulenverfahren in Form des Zwirnwickels getrocknete Material kann durch Umspulprozesse in alle möglichen Aufmachungsformen übergeführt werden. Bevorzugt werden zylindrische und konische Kreuzspulen, die unmittelbar weiterverarbeitet werden können. Beim Zentrifugenverfahren hat sich teilweise auch der direkte Versand der Spinnkuchen eingeführt, die entweder von besonderen kleinen Häspeln tangential oder durch Anwendung besonderer Spulvorrichtungen über Kopf abgezogen werden können. Auf dieselbe Weise können auch Zwirnwickel verarbeitet werden.

Für manche Zwecke ist nach wie vor der Strang erforderlich. In diesem Falle werden die getrockneten, ausgeschrumpften Zwirnwickel bzw. die ausgeschrumpften Spinnkuchen zu Strängen gehaspelt.

Das nebenstehende Schema V erläutert die bei den direkten Spinnverfahren erforderlichen Arbeitsgänge in einem Beispiel.

7. Kapitel.

Die Herstellung und Regenerierung der Natronlaugen.

Für die Herstellung der Alkalizellulose sowie für die Auflösung des Xanthogenates werden in der Viskosefabrik große Mengen Natronlauge benötigt. Diese kommt in zwei verschiedenen Konzentrationen zur Anwendung. Die Alkalisierung der Zellulose wird, wenn lufttrockener Zellstoff zum Einsatz kommt, allgemein mit Natronlauge von einer Konzentration von 18% durchgeführt, das Auflösen des Xanthogenates erfolgt in einer Lauge von 4%. Bei Buchenzellstoff hat sich eine Konzentration der Tauchlauge von 18,6% als günstiger erwiesen. Die Wirtschaftlichkeit des Betriebes macht eine möglichst weitgehende Regenerierung der für die Herstellung der Alkalizellulose benutzten Lauge erforderlich. Die Herstellung der Laugen, ihre Einstellung auf die richtige Konzentration sowie die Regenerierung der Ablaugen erfolgt in einem besonderen Betriebsteil, den man mit „Laugenstation" bezeichnet.

Das für die Herstellung der Laugen erforderliche Ätznatron wird von den Kunstseiden- und Zellwollfabriken entweder in Form von festem Ätznatron in eisernen Trommeln oder in Form einer 50%igen Lauge bezogen. Die beim Bezuge der hochkonzentrierten Lauge entstehenden höheren Frachtkosten werden durch den geringeren Preis der Lauge (niedrigere Eindampfkosten) ausgeglichen. Wenn trotzdem dem Einkauf von festem Ätznatron allgemein der Vorzug gegeben wird, so liegt das an der Unmöglichkeit der Unterbringung der im Betriebe bei der Regeneration anfallenden Laugenmengen.

Das für die Viskosefabrikation geeignete Ätznatron hat etwa folgende Zusammensetzung:

$NaOH$	97,15%	$NaCl$	0,8%
Na_2CO_3	1,31%	Na_2SO_4	0,49%
Fe_2O_3	0,0005%	Na_2SiO_3	0,23%
Al_2O_3	0,012%		

Sinkt der Ätznatrongehalt stark unter den angegebenen Wert und steigt der Karbonatgehalt auf 3% an, so ist das Ätznatron für die Bereitung der Tauch- und Löselauge ungeeignet. Das Ätznatron muß daher im Betriebe untersucht werden.

Für die Analyse ist die richtige Probenahme wichtig[1]. Es ist zu bedenken, daß das Ätznatron flüssig in die Trommeln gefüllt wird und infolgedessen ungleichmäßig in ihnen erstarrt. Die Verunreinigungen reichern sich dabei in den länger flüssig bleibenden Anteilen an. Man muß daher an möglichst vielen Stellen der Trommel Proben entnehmen, wobei mit Karbonat verkrustete zu verwerfen sind.

Der Ätznatron- und Karbonatgehalt wird durch Titration mit Säure bestimmt. Nach JENTGEN wägt man in einem verschlossenen Wägeglas etwa 50 g Ätznatron ab und löst diese in 1 Liter Wasser. 50 ccm dieser Lösung, also etwa 2,5 g Einwage, titriert man mit n-Schwefelsäure möglichst kalt unter Zusatz von Phenolphthalein als Indikator. Die Farbe verschwindet, sobald alles Ätznatron neutralisiert und in Natriumbisulfat umgewandelt ist. Dann setzt man einige Tropfen Methylorange zu und titriert weiter bis zum Farbumschlag von Gelb nach Rot. Hierdurch wird auch das Bikarbonat in Bisulfat übergeführt. Auf diese Weise wird also die Gesamtalkalität gefunden. Die Anzahl der Kubikzentimeter bei der ersten Titration vermindert um die Anzahl der Kubikzentimeter, die bei der zweiten Titration zusätzlich verbraucht wurden, ergibt den Gehalt an Ätznatron. Die doppelte Anzahl der Kubikzentimeter der zweiten Titration entspricht dann dem Sodagehalt.

Zur Bestimmung des Wassergehaltes werden nach einer bei JENTGEN angegebenen Methode von BÖCKMANN etwa 5 g Ätznatron in ein Erlenmeyerkölbchen gegeben, das vorher mit einem aufgesetzten Trichter tariert war. Das Kölbchen soll bei einer Höhe von 14—15 cm etwa 250 ccm fassen. Das Ätznatron wird nun mit dem Kölbchen auf dem Sandbade bei 150° C getrocknet, wozu etwa 3—4 Stunden erforderlich sind. Hierauf läßt man erkalten und wägt zurück. Der Gewichtsverlust entspricht dem Wassergehalt.

Wird die Natronlauge als Elektrolytlauge fertig bezogen, so ist sie auf Kupfer und Chlor zu prüfen. Beide sind in elektrolytisch hergestellter Lauge öfters vorhanden. Die Anwesenheit von Kupfer ist aus dem Grunde gefährlich, weil das Kupfer katalytisch den Reifevorgang der Viskose beeinflußt und Spinnstörungen hervorrufen kann.

In der Kunstseiden- und Zellwollfabrik wird stets ein größeres Lager an Ätznatron unterhalten. Die Lagerung der Trommeln kann im Freien erfolgen, zweckmäßiger ist jedoch ein gedeckter Schuppen oder Lagerraum. Mit geeigneten Transportanlagen werden die Trommeln der Laugenstation zugeführt.

I. Die Stark- oder Frischlauge.

Die Ätznatrontrommeln werden zunächst an mehreren Stellen mit einem starken Beil aufgeschlagen. Es ist jedoch besser, den Trommelinhalt vollständig von dem Eisenmantel zu befreien, da auf diese Weise

[1] Vgl. hierzu JENTGEN: Laboratoriumsbuch S. 46.

weniger Schmutz und Rost in die Lauge gelangt. Mit Hebezeugen wird die Trommel bzw. der Ätznatronkern dann in das Lösegefäß eingelegt. Die Lösegefäße können verschiedene Formen haben. Sie werden teils mit zylindrischem, teils mit quadratischem oder rechteckigem Querschnitt gebaut. Praktischer sind die quadratischen oder rechteckigen Gefäße dann, wenn man das Ätznatron mehrerer Trommeln gleichzeitig lösen will, man kann dann die Trommeln nebeneinander in das Lösegefäß einlegen.

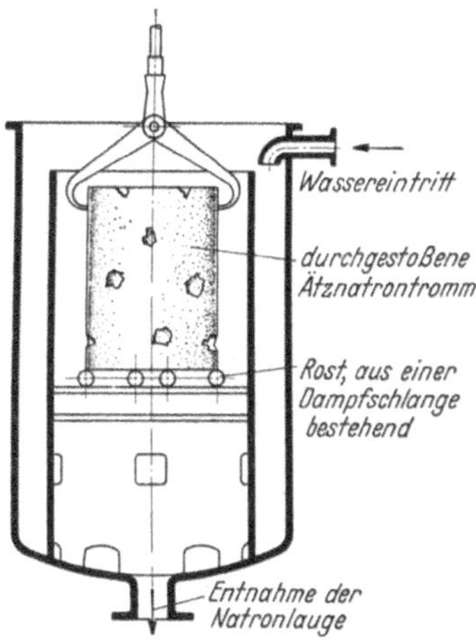

Abb. 69. Ätznatronlöseapparat. (Nach WISMER.)

Abb. 70. Ätznatron-Löseapparat der Salge-Bühler-Gesellschaft m. b. H., Berlin.

Um ein möglichst schnelles Auflösen des Ätznatrons zu erreichen, ist unterhalb des oberen Drittels des Gefäßes ein Rost oder ein mit runden Löchern versehener Zwischenboden angebracht, auf den man die Ätznatrontrommeln legt. Alsdann füllt man das Gefäß soweit mit Wasser, bis das Ätznatron vollkommen bedeckt ist. Das Gefäß wird nunmehr durch einen Deckel verschlossen, um die atmosphärische Luft abzuschließen. Auf diese Weise wird verhütet, daß zuviel Karbonat entsteht. Die Apparatur wird dann sich selbst überlassen.

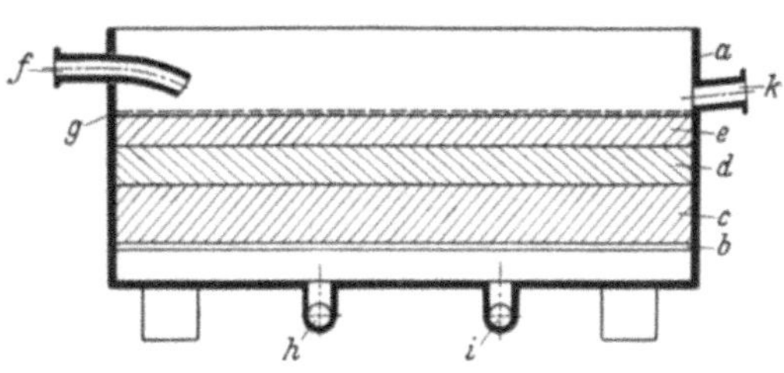

Abb. 71. Kiesfilter.

Die Ätznatronlösegefäße arbeiten alle nach dem gleichen Prinzip: Das Lösewasser reichert sich in der Nähe der Trommel zunächst mit Ätznatron an, und die entstandene Natronlauge sinkt infolge ihres höheren spezifischen Gewichtes nach unten. Das dort befindliche Wasser wird durch die Lauge nach oben gedrängt und kommt jetzt seinerseits mit dem Ätznatron in Berührung. Auf diese Weise entsteht ein Kreislauf der Flüssigkeit, die die Auflösung des Ätznatrons wesentlich beschleunigt. Unmittelbar auf den Rost bzw. Siebboden kann man eine Dampfschlange legen, um den Lösungsvorgang einzuleiten. Eine dauernde Erwärmung ist nicht erforderlich, da bei der Auflösung des Ätznatrons eine beträchtliche Wärmemenge frei wird.

Abb. 72. „Westfalia-Separator" zum Klären von Natronlauge (Ramesohl u. Schmidt, Oelde/Westf.).

In der Abb. 69 ist ein Beispiel für eine einfache Ätznatronauflöseapparatur gegeben[1]. Die Wirkungsweise geht ohne weiteres aus der Abbildung hervor.

Sehr gut bewährt haben sich auch die Ätznatronauflöser in der Form, wie sie von der „Salge-Bühler-Gesellschaft m. b. H.", Berlin W 62, gebaut werden. Sie beruhen gleichfalls auf dem oben geschilderten Prinzip, weisen aber einige konstruktive Eigenarten auf[2]. Ein solcher Apparat zur Aufnahme

[1] Die Überlassung dieser Konstruktionsskizze verdanke ich Herrn H. Wismer, Techn. Büro, Zürich, dem ich auch für viele andere technische Hinweise zu Dank verpflichtet bin.

[2] DRP. 414852; DRP. 449986.

einer Ätznatrontrommel ist in Abb. 70 dargestellt. Eine Zufuhr von Dampf kann bei dieser Konstruktion vollkommen unterbleiben.

Wie aus der Abb. 70 ersichtlich ist, besitzt das die beiden Behälter verbindende Rohr einen Mantel, der mit einem Mantel des Auflösebehälters in Verbindung steht, während das innere Rohr unmittelbar mit dem Innenraum des Lösegefäßes gekoppelt ist. Die Natronlauge, die sich zunächst im Löseraum gebildet hat, sinkt durch das innere Rohr nach unten und drückt das Wasser bzw. später die dünnere Lauge durch das äußere, vom Mantel gebildete Rohr nach oben in das Lösegefäß, wodurch der Kreislauf zustande kommt. Der zu lösende Block wird also immer wieder von neuem mit Lauge bespült. Die Umlaufgeschwindigkeit der Lauge kann durch ein Regelorgan eingestellt werden, das durch einen auf dem unteren Behälter angebrachten Hebel betätigt werden kann. Für die Auflösung einer Ätznatrontrommel von 300 kg Gewicht benötigt man bei dieser Apparatur nur eine Zeit von $1^1/_2$ bis 2 Stunden.

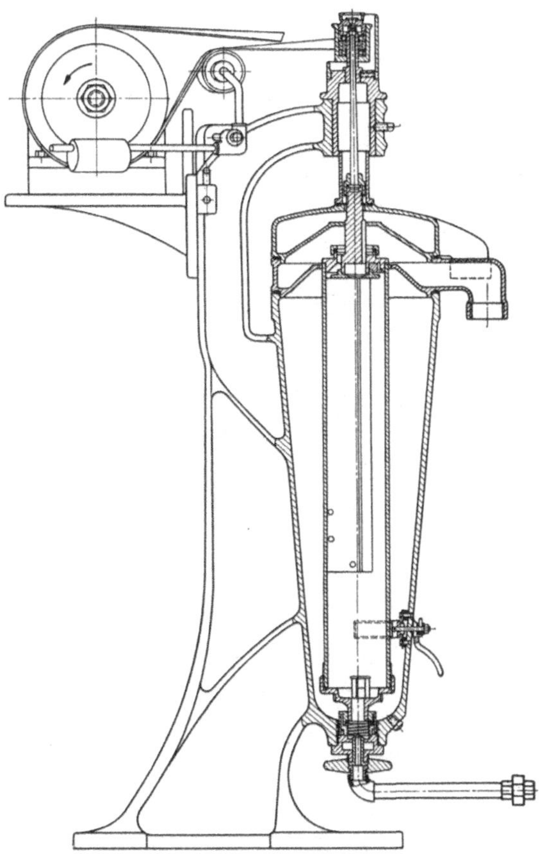

Abb. 73. „Cepa"-Schnellzentrifuge zum Klären von Natronlauge. (Carl Padberg, Düsseldorf).

Die frisch bereitete Ätznatronlösung enthält Verunreinigungen, die in der Hauptsache aus abgeschiedenen Karbonaten sowie Hydroxyden bestehen. Von diesen muß die Lauge befreit werden. Man pumpt sie zu diesem Zwecke, nachdem sie genügend abgekühlt ist, in einen Dekantierkessel und läßt sie darin längere Zeit absitzen. Das Dekantiergefäß geht zweckmäßig unten in einen konischen Teil über, in dem sich der Schlamm sammelt, der von Zeit zu Zeit abgestoßen wird. Die geklärte

Lauge kann dann durch Filtration oder durch Zentrifugieren einer weiteren Reinigung unterzogen werden.

Die Filtration erfolgt in einfachen Kiesfiltern. Ein Kiesfilter besteht aus einem großen, rechteckigen Gefäß *a* (Abb. 71) aus Eisen, das einen Siebboden *b* besitzt. Auf dem Siebboden befindet sich zunächst eine Kiesschicht *c* von etwa 30 cm Höhe. Der Kies hat zweckmäßig einen Korndurchmesser von 1—3 cm. Hierüber befindet sich eine zweite, etwa 20 cm hohe Kiesschicht *d* von einer etwas feineren Korngröße und hierüber schließlich eine Sandschicht *e* von etwa 20 cm Höhe. Die Lauge läßt man oben in breitem Strahl in das Filter eintreten (*f*), wobei dafür gesorgt sein muß, daß der Sand durch die einströmende Natronlauge nicht aufgewirbelt wird, was auf einfachste Weise durch Auflegen eines gelochten Eisenbleches *g* verhütet werden kann. Die Lauge durchfließt das Filter also von oben nach unten. Unterhalb des Siebbodens *b* fließt die filtrierte Lauge ab (*h*).

Abb. 74. Laugenbehälter in der Laugenstation eines Zellwollwerkes [1].

Die Natronlaugefilter müssen von Zeit zu Zeit gereinigt werden, damit sie ihre Wirksamkeit nicht verlieren. Man läßt sie zu diesem Zwecke zunächst leer laufen und drückt dann unterhalb des Siebbodens Wasser hinein (*i*). Das Wasser durchströmt das Filter von unten nach oben, also in der umgekehrten Richtung wie es von der Lauge durchflossen wurde und fließt oberhalb der Sandschicht durch einen Überlauf *k* ab („Rückspülung").

In neuerer Zeit bedient man sich für die Filtration auch der sog. Anschwemmfilter, über die im 15. Kapitel näheres ausgesagt wird.

Für das Zentrifugieren von Natronlauge stehen mehrere Apparaturen zur Verfügung, von denen der „Westfalia-Laugenseparator" sowie die

[1] Aus der Hauszeitschrift: „Wir vom Glanzstoff."

Laugenzentrifuge der Fa. „Carl Padberg", Düsseldorf erwähnt werden sollen. Der Westfalia-Laugenseparator ist als sog. Vielkammerschleuder ausgebildet (Abb. 72). Er fördert das geklärte Schleudergut mit einem Druck bis zu 3 Atm., dient daher gleichzeitig als Förderpumpe. Bei der Padbergschen Zentrifuge (Abb. 73) besteht der sich mit 15000—45000 Touren in der Minute drehende Körper aus einem langen zylindrischen Rohr von nur geringem Durchmesser. Neuerdings ist auch ein Separator („Alfa Laval") der Firma „Bergedorfer Eisenwerk A.G.", Hamburg-Bergedorf, auf dem Markt.

Die so gereinigte Lauge wird in große Vorratskessel (Abb. 74) gepumpt. Sie führt den Namen „Starklauge" oder „Frischlauge" und wird auf eine Konzentration von 25 oder 30% eingestellt.

Aus den Vorratskesseln wird die Starklauge für die Herstellung der Tauchlauge sowie der Löselauge entnommen.

II. Die Tauchlauge.

Zum Tauchen des Zellstoffes wird aus der Starklauge die „Tauchlauge" bereitet. Dies geschieht durch Verdünnen der Starklauge mit

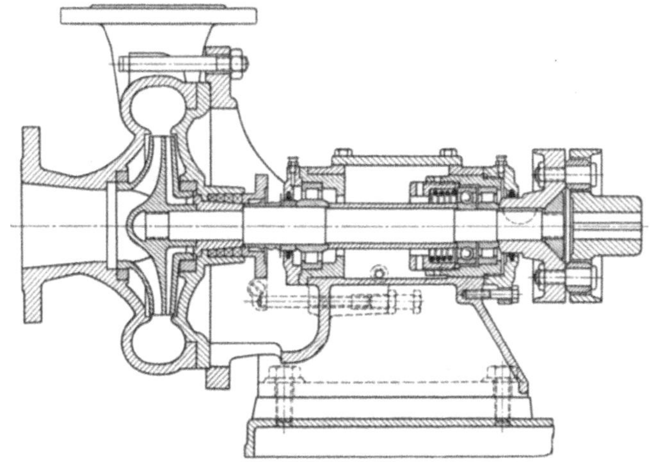

Abb. 75. Kreiselpumpe Type M.O. der Firma A. W. Mackensen G.m.b.H., Magedeburg-N.

Wasser und aus dem Betrieb zurückkommender Gelblauge (s. weiter unten) oder Regeneratlauge auf 18 bzw. 18,6% und wird in einem besonderen Behälter vorgenommen, der mit dem Starklaugenbehälter durch eine Rohrleitung verbunden ist.

Die Förderung der Laugen geschieht durch eiserne Kreiselpumpen. Die Pumpen müssen für den dauernden Betrieb in der Kunstseiden- und Zellwollfabrik bestimmten Ansprüchen genügen. Neben großer Betriebssicherheit wird vor allem verlangt, daß sie weder im Betrieb noch bei Stillstand Flüssigkeit austreten lassen. Außerdem muß Vorsorge getroffen werden, daß die Pumpe keine Luft saugt. Diese Forderungen haben zum Bau von Sonderkonstruktionen geführt (z. B. Abb. 75).

Um eine innige Durchmischung der Starklauge mit dem zur Verdünnung zugeleiteten Wasser bzw. der Gelb- oder Regeneratlauge zu erzielen, kann der Behälterinhalt am Boden des Gefäßes abgesaugt und oben wieder eingepumpt werden. Alle Pumpen sind zweckmäßig tiefer als die Behälter selbst anzuordnen, damit die Flüssigkeiten durch das eigene Gefälle in die Pumpen fließen können. Der Behälter für die Tauchlauge ist mit Rohrschlangen ausgerüstet, damit die Tauchlauge durch indirekten Dampf oder durch Durchleiten von Kältesole auf die zum Tauchen erforderliche Temperatur gebracht werden kann. Die Einstellung der richtigen Temperatur kann auch dadurch erfolgen, daß man in die zur Tauchpresse führende Leitung einen Wärmetauscher einschaltet. Es sind stets mehrere Behälter für Tauchlauge vorhanden, damit immer ein genügender Vorrat vorhanden ist und durch die Einstellung der richtigen Konzentration kein Aufenthalt im laufenden Betrieb entsteht.

III. Die Gelblauge.

Die nach dem Tauchen des Zellstoffs aus den Tauchbehältern abfließende Lauge führt den Namen „Gelblauge“. Die Änderungen, die die Tauchlauge durch die Berührung mit dem Zellstoff erleidet, bestehen einerseits in einer Abnahme der Alkalikonzentration um etwa 1—2%. Dieses Alkali wird zur Bildung der Natronzellulose der Lauge entzogen. Andererseits belädt sich die Tauchlauge während der Berührung mit dem Zellstoff mit Verunreinigungen anorganischer und organischer Natur. Die anorganischen Verunreinigungen bestehen in der Hauptsache aus Rostteilchen aus den Tauchwannen und Rohrleitungen. Als organische Verunreinigungen sind in der Tauchablauge Fasern aus dem Zellstoff enthalten, die beim Tauchprozeß mechanisch abgelöst werden, sowie ein Teil der alkalilöslichen Zelluloseanteile sowie andere alkalilösliche Körper aus dem Zellstoff, die in der Technik unter dem Namen „Hemizellulose“ zusammengefaßt werden. Diese Hemizellulose ist wegen ihres kolloiden Zustandes nicht durch Filtration zu entfernen, sie verbleibt daher in der Tauchablauge. Außer diesen genannten Verunreinigungen enthält die Tauchablauge Karbonat, da beim Tauchprozeß die Tauchlauge mit der atmosphärischen Luft in Berührung kommt.

Die Gelblauge wird in großen Behältern gesammelt und nach Absitzenlassen zum Ansetzen neuer Tauchlauge verwendet, indem man sie mit Starklauge wieder auf die erforderliche Ätznatronkonzentration einstellt. Hierbei ist zu beachten, daß durch die Wiederverwendung der Gelblauge Hemizellulose in das Tauchsystem gelangt. Der Gehalt der Tauchlauge an Hemizellulose darf aber eine bestimmte, durch Erfahrung ermittelte Größe nicht übersteigen. Ein zu großer Betrag an Hemizellulose ergibt eine Kunstfaser mit schlechten Festigkeitswerten, was sich hauptsächlich in der Naßfestigkeit sowie noch mehr nach alkalischen Kochungen zu erkennen gibt, mit deren Vornahme in der Färberei später gerechnet werden muß. Außerdem bewirkt ein hoher Gehalt an Hemizellulose im fertigen Faden ein anderes Verhalten den Farbstoffen gegenüber, was gleichfalls als unerwünscht zu bezeichnen ist. Der Gehalt an Hemizellulose soll im allgemeinen nicht höher als 0,4% sein. Man geht jedoch manchmal bis zu einem Hemizellulosegehalt von 1%. Besser ist es jedoch, bei einem niedrigeren Hemizellulosegehalt zu bleiben.

Übersteigt der Gehalt an Hemizellulose in der Lauge das zulässige Maß, so ist beim Tauchen dafür zu sorgen, daß weniger Gelblauge anfällt. Dies geschieht dadurch, daß man aus den Tauchwannen einen geringeren Teil der Ablauge zurücknimmt und einen entsprechend größeren Teil mit zur Preßlauge gehen läßt.

Die Untersuchung der Natronlauge auf ihren Ätznatron- und Karbonatgehalt wurde schon S. 168 geschildert. Für die Untersuchung der Tauchablauge kommt noch die Bestimmung des Gehaltes an gelöster Hemizellulose („Hemi-Gehalt") hinzu. Nach JENTGEN[1] kann man den Hemigehalt kolorimetrisch prüfen, da mit zunehmender Anreicherung an Hemizellulose eine zunehmende Gelbfärbung der Lauge verbunden ist. Man kann daher die gebrauchte Tauchlauge mit einem Laugenmuster vergleichen, das einer Lauge entnommen wurde, die sich gerade noch für die Tauchung eignet. Ist die zu prüfende Lauge heller oder gleich tief gefärbt wie das Vergleichsmuster, so kann sie noch verwendet werden, ist sie dunkler, so ist weniger Gelblauge in das System zurückzunehmen.

Die genaue Bestimmung des Hemigehaltes kann in Anlehnung an JENTGEN[2] wie folgt vorgenommen werden: Die Tauchlauge wird mit konzentrierter Schwefelsäure angesäuert. Sobald die hierdurch entstandenen Zelluloseabbauprodukte vollkommen gelöst sind, gibt man allmählich 2 g genau abgewogenes Kaliumbichromat hinzu und erhitzt $^1/_2$ Stunde bis zum beginnenden Sieden. Hierauf läßt man abkühlen, verdünnt mit Wasser und titriert mit Ferroammonsulfatlösung zurück. Als Indikator wird Kaliumferrizyanid verwendet, mit dem getüpfelt wird. Durch Kaliumbichromat werden die Abbauprodukte in saurer Lösung zu Kohlensäure und Wasser oxydiert. 1 Teil Zellulose entspricht 4 Teilen Kaliumbichromat.

IV. Die Preßlauge.

Die beim Abpressen des Zellstoffs anfallende Lauge führt den Namen „Preßlauge." Sie enthält große Mengen an Hemizellulose. Das Herausgelöste macht im allgemeinen insgesamt 5—6% der eingesetzten

[1] JENTGEN: Laboratoriumsbuch S. 52. [2] JENTGEN: Laboratoriumsbuch S. 42.

Zellulose aus[1]. Die Menge schwankt jedoch in ziemlich weiten Grenzen und ist von der Qualität des eingesetzten Zellstoffes abhängig. Die Preßlauge kann daher nicht mehr in das Tauchsystem zurückgenommen werden, sie wird vielmehr der Regeneration zugeführt. Dieser Anteil macht im allgemeinen pro 100 kg Alkalizellulose eine Menge von bis zu 100 kg Lauge aus. Die regenerierte Lauge wird nach der Einstellung auf die richtige Konzentration zum Ansatz der Tauchlauge, zum Lösen des Ätznatrons oder zum Lösen des Xanthogenates verwendet.

V. Die Regenerierung der Preßlauge.

Die Abscheidung der Hemizellulose aus der Preßlauge ist nicht leicht. Man hat unter anderem versucht, sie durch Fällungsreaktionen aus der Lauge abzuscheiden. Durch Kupfersalze bilden sich komplexe Kupferalkaliverbindungen, die in konzentrierten Alkalien unlöslich sind. Obwohl die Reaktion ohne Anwendung von Wärme verläuft und auch das Kupfer ziemlich mühelos regenerierbar ist[2], haben sich diese Vorschläge[3] nicht in die Praxis eingeführt. Die hiergegen sprechenden Gründe sind die, daß die Verschleppung von Kupferspuren durch die gereinigte Lauge in die Alkalizellulose sich nicht mit Sicherheit verhüten läßt. Einerseits würde dies aber, wie schon erwähnt, durch katalytische Wirkung den Ablauf der Reife auf unkontrollierbare Weise beeinflussen und andererseits würde sich in der Viskose Schwefelkupfer bilden, was zu einer Verfärbung der Kunstseide führen würde[4].

Eine andere Möglichkeit der Entfernung der Hemizellulose aus der Preßlauge ist durch die verhältnismäßig leichte Oxydierbarkeit gegeben, auf der ja auch ihre analytische Bestimmungsmethode beruht. Jedoch hat auch dieser Weg keine praktische Bedeutung erlangt.

Bemerkenswerterweise führte eine andere, auf den ersten Blick als betrieblich schwierig durchzuführen erscheinende Methode zum Erfolg: Diese besteht in der Abtrennung der Hemizellulose durch Dialyse. Ein praktisch brauchbares Verfahren wurde zuerst von der Firma Fr. Küttner A. G.[5] entwickelt. Das Verfahren beruht auf der Beobachtung, daß Elektrolyte die Eigenschaft haben, durch semipermeable Membranen hindurchzudiffundieren, während Kolloide und hochmolekulare Stoffe durch die Membran zurückgehalten werden. Die Diffusionsgeschwindigkeit der Elektrolyte durch die Membran ist abhängig von ihrer Durchlässigkeit, von dem Konzentrationsgefälle auf beiden Seiten der Membran, sowie von der Temperatur. Der schwierigste Punkt besteht demnach in der Auffindung einer geeigneten Membran, da die anderen Faktoren

[1] Zart: Herstellung und Eigenschaften der Kunstseide und Stapelfaser, S. 246. Leipzig 1935.
[2] Zart u. Mönkemeyer: DRP. 406497.
[3] DRP. 252179; Schw. Pat. 58424; Brit. Pat. 1573; Franz. Pat. 449457.
[4] Hottenroth: Die Kunstseide, S. 316. Leipzig 1926. [5] DRP. 287092.

beliebig eingestellt werden können. KÜTTNER arbeitet mit einer Membran aus Pergamentpapier[1]. Um eine möglichst hohe Diffusionsgeschwindigkeit zu erreichen, müßte also möglichst dünnes Pergamentpapier verwendet werden, jedoch sind der Auswahl des Papieres Grenzen gesetzt, die in der Lebensdauer des Papieres liegen. Infolgedessen muß man ein etwas dickeres Papier wählen und auf einen Teil der Diffusionsgeschwindigkeit verzichten. Die Grundlage des Verfahrens besteht darin, daß man die verunreinigte Lauge in Kammern bringt, deren Wände aus Pergamentpapier bestehen, die von außen durch reines Wasser umspült werden. Die apparative Seite dieses Gedankens wurde von der

Abb. 76. Teilansicht eines Dialysierapparates der Firma Maschinenfabrik Sangerhausen A.G. Sangerhausen.

Maschinenfabrik A. L. G. Dehne, Halle, sowie der Maschinenfabrik Sangerhausen A.G. (System Barneveld) gelöst. Die Apparatur ist äußerlich einer Filterpresse ähnlich (Abb. 76). Sie besteht aus etwa 40 Eisenrahmen von 20 mm Dicke und 1000×800 mm Größe (Abb. 77). Zwischen die Rahmen werden die Pergamentpapierbogen gelegt. Die Rahmen sind mit sechs Bohrungen versehen, die genau aufeinander passen; sie bilden so durch die ganze Presse sechs durchlaufende Kanäle, die zur Fortleitung des Wassers und der Lauge sowie der Entlüftung der Kammern dienen. Wie aus der Abb. 77 hervorgeht, stehen bei den ungeradzahligen Rahmen 1, 3, 5 usw. die Bohrungen *A* und *C* in Verbindung mit dem Inneren der Kammern. Durch den Kanal *A* wird die Tauchablauge zugeführt, die demnach nur in die Kammern 1, 3, 5 usw. eintreten kann. Sie steigt in diesen zwischen den Pergamentmembranen hoch und läuft durch den Kanal *C* vom Ätznatron befreit ab. Das reine Wasser tritt durch den Kanal *D* in die geradzahligen Kammern 2, 4, 6 usw. ein, um sie, mit Ätznatron beladen, durch den Kanal *B* zu verlassen. An der Stirnseite

[1] STEUDE: Melliand Textilber. 13, 318 (1932).

der Apparatur ist ein Rohr hochgeführt, das oben erweitert ist, um zur Kontrolle der Alkalikonzentration ein Aräometer aufnehmen zu können. Dieses Rohr steht mit dem Kanal B in Verbindung und dient gleichzeitig zur Abführung der Regeneratlauge. Die Kanäle E_1 und E_2 dienen zum Abführen der Luft beim Füllen des Apparates. Das zwischen die Rahmen eingelegte Papier muß sechs Löcher besitzen, die genau zu den Löchern der Rahmen passen. Zur Stützung des Papieres sind im Inneren der Kammer Drahtgeflechte angebracht. Der Einfluß der Lauge erfolgt von unten, der Einfluß des Wassers von oben, und zwar an den beiden entgegengesetzten Enden der Apparatur, so daß der Apparat also nach dem Gegenstromprinzip arbeitet. Dementsprechend befinden sich auch die Abflüsse für die Regeneratlauge und die Abwässer an den entgegengesetzten Enden.

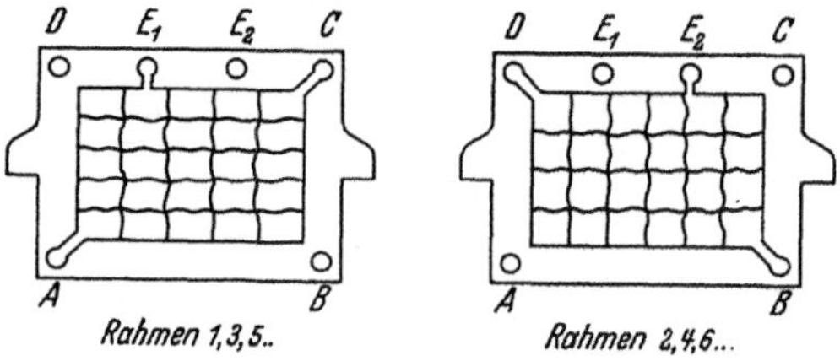

Abb. 77. Dialysier-Rahmen aus dem Apparat der Firma A. L. G. Dehne, Halle.

Der Forderung, daß eine schnelle Diffusion ein starkes Konzentrationsgefälle haben muß, kommt der Umstand entgegen, daß in der Kunstfaserfabrik eine 4%ige Lauge ohnehin zur Lösung des Xanthogenates benötigt wird. Infolgedessen kann auf die Gewinnung einer hochkonzentrierten Lauge verzichtet werden. Das Konzentrationsgefälle beträgt zwischen der 16—17%igen Preßlauge und der 4%igen Löselauge 16,5—4=12,5%, was für die Diffusion äußerst günstige Voraussetzungen sind. Die meisten Fabriken leiten allerdings die Dialyse so, daß eine etwa 8%ige Regeneratlauge anfällt. Durch Erwärmen der Flüssigkeiten auf 40—50° C lassen sich erfahrungsgemäß mit einer Apparatur täglich 200 kg Ätznatron in Form einer 4%igen Lauge zurückgewinnen. Die Maschinenfabrik Sangerhausen gibt für ihre Apparatur als günstigste Arbeitstemperatur 18—20° C an. Günstig bei dem Dialysierverfahren ist weiter noch der Umstand, daß das Ätznatron schneller diffundiert als das Karbonat, so daß die Regeneratlauge karbonatärmer ist als die Preßlauge. Die Ausbeute an Ätznatron soll bei dieser Arbeitsweise etwa 90% der zugeführten Menge betragen, der Rest geht als braunschwarze, etwa 1,5—2% Hemizellulose enthaltende „Schwarzlauge“ ab und kann zur Neutralisation der sauren Abwässer aus der Spinnerei verwendet werden. Der Anfall an Regeneratlauge übersteigt meist die für das Lösen des Xanthats benötigte Menge. In diesem Fall kann der Überschuß zum Auflösen des Ätznatrons, also zur Bereitung von Frischlauge, verwendet werden.

Die weitaus meisten Fabriken bedienen sich seit einigen Jahren der auf der gleichen Grundlage beruhenden Apparatur von Cerini. Diese

Apparatur, die von der S. I. R. S. I. (Società Italiana Regenerazione Soluzioni impure, Castellanza)[1] zuerst gebaut wurde, besteht aus einzelnen Dialysierelementen in Sackform, die nebeneinander in die zu reinigende Preßlauge tauchen. Das Innere der Säcke wird mit reinem Wasser gespeist. Sowohl der Wasserzulauf als auch der Ablauf der regenerierten Lauge werden automatisch reguliert und können in weiten Grenzen nach Belieben eingestellt werden. Eine gleichbleibende Belastung der Apparate, auch bei schwankendem Laugedruck und wechselnder Preßlaugendichte, ist von ausschlaggebender Bedeutung für die Lebensdauer der Membranen. Aus 1 cbm Preßlauge erhält man ungefähr 2 cbm Regeneratlauge mit einem Ätznatrongehalt von 7—9%. Die Ausbeute beträgt je nach der Belastung der Apparate 90—97%.

Die Membran besteht nicht, wie bei der oben beschriebenen Arbeitsweise, aus Papier, sondern aus einem besonderen Baumwollgewebe („Stöwa-Tuch"). Dieses ist durch eine chemische, in fünf Stufen verlaufende Behandlung mechanisch und chemisch sehr widerstandsfähig gemacht worden. Außerdem erhält es durch diese Behandlung die für die Dialyse erforderlichen physikalischen Eigenschaften, wie die vollständige Undurchlässigkeit für Kolloide. Die Dialyse selbst geht in vertikaler Schichtung vor sich. Die schwerere Ätznatronlösung sinkt fortwährend nach dem Unterteil der Säcke, wo sie mit höchster Konzentration gleichmäßig abfließen kann. Hierdurch ergibt sich folgende Wirkungsweise: Im unteren Teil des Apparates befindet sich im Inneren der Säcke eine verhältnismäßig konzentrierte Reinlauge und außerhalb der Säcke eine Preßlauge von höchster Dichte. Die osmotische Spannung ist daher hier recht groß. Im oberen Teil der Apparate, wo die Preßlauge außerhalb der Säcke fast erschöpft ist und wo daher ohne diese vertikale Schichtung keine Osmose stattfinden würde, ist innerhalb der Säcke reines Wasser. Dieser Umstand bringt es mit sich, daß auch im oberen Teil des Apparates eine beträchtliche osmotische Spannung herrscht. So ist also die ganze Oberfläche der Dialysierelemente gleichmäßig am Osmosevorgang beteiligt, wodurch die Leistung der Apparate sehr groß ist.

Gegenüber den Dialysierapparaten, die nach Art der Filterpressen arbeiten, hat die Arbeitsweise nach CERINI den Vorteil, daß die einzelnen Dialysierelemente einzeln und unabhängig voneinander arbeiten. Bei einer Beschädigung kann also jedes Element einzeln abgeschaltet werden, ohne daß die ganze Apparatur außer Betrieb gesetzt zu werden braucht.

Durch Ausschaltung aller bewegten Teile und infolge des Fehlens von Antriebskraft und Wärme gestaltet sich der Betrieb der CERINI-Anlagen äußerst wirtschaftlich. Die Lebensdauer der Membran ist sehr groß, sie beträgt durchschnittlich über 12 Monate.

[1] Die Apparate werden in Deutschland von der Maschinenfabrik Venuleth u. Ellenberger, Darmstadt, gebaut.

Ein Apparat mit beispielsweise 30 Dialysierelementen von insgesamt 180 qm wirksamer Oberfläche leistet in 24 Stunden 120—150 kg 100%iges Ätznatron.

Die Abb. 78 zeigt das Äußere eines CERINI-Dialysierapparates.

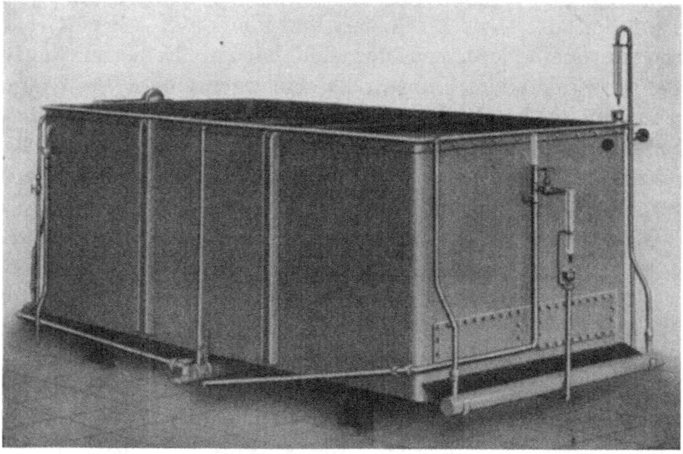

Abb. 78. CERINI-Dialysierapparat.

VI. Die Löselauge.

Die für das Auflösen des Xanthogenats benötigte „Löselauge" kann sowohl aus der Frischlauge als auch, wie schon erwähnt, aus der regenerierten Preßlauge durch Verdünnen mit Wasser bereitet werden.

8. Kapitel.

Die Quellung der Zellulose in Wasser.

Im Gange der Kunstseiden- und Zellwollherstellung kommt die Zellulose mit wässerigen Flüssigkeiten der mannigfachsten Art in Berührung. Bevor daher auf die erste in der Viskosefabrik erfolgende Naßbehandlung der Zellulose, nämlich ihre Überführung in die Alkaliverbindung, näher eingegangen wird, ist es notwendig, das Verhalten der Zellulose gegenüber Wasser und verdünnten Elektrolytlösungen zu beschreiben.

A. Das Verhalten der Zellulose gegenüber Wasser.

I. Quellung.

Im zweiten Kapitel war gezeigt worden, daß in der Zellulosefaser mit Luft angefüllte Hohlräume vorhanden sind. Die Faser ist also als porös anzusprechen. Bringt man eine Zellulosefaser in

Wasser, so dringt dies in die Poren der Faser ein. Hierbei handelt es sich aber nicht nur um eine einfache Kapillarwirkung, die Wasseraufnahme durch die Faser ist vielmehr weiter eine Folge der Betätigung molekularer Solvatationskräfte, d. h. elektrostatischer Anziehungskräfte, die von der Zellulose ausgehen. Dies kann eindeutig aus der Auswertung thermodynamischer Daten gefolgert werden[1] und geht ferner daraus hervor, daß die Faser nicht nur flüssiges Wasser aufnimmt, sondern auch dampfförmiges Wasser aus der umgebenden Luft, und zwar in stärkerem Maße als dies der möglichen Kapillarkondensation entspricht. Die Art der Wasseraufnahme durch die Faser unterscheidet sich demnach wesentlich von dem Verhalten eines normalen porösen Körpers.

Die Anziehungskräfte für das Wasser gehen in erster Linie von den polaren Hydroxylgruppen der Glukopyranosereste aus, die das Bestreben haben, sich mit einer Solvathülle zu umgeben. Dem gegenüber ist das Äther-Sauerstoffatom zwischen den Glukopyranoseresten, auch zahlenmäßig, in weit geringerem Maße für die Hydrophilie der Faser verantwortlich zu machen.

Nun stehen aber nicht alle Hydroxylgruppen der Zellulose für die Wasserbindung zur Verfügung, da ein großer Teil von ihnen mit den Hydroxylgruppen benachbarter Zelluloseketten nebenvalenzmäßig abgesättigt ist, wodurch die geordneten Gitterbereiche in der Faser entstehen. Eine Wasserbindung kann daher in der Hauptsache nur in den „amorphen", nicht gittermäßig geordneten Bereichen der Faser erfolgen und nicht in den geordneten Gitterbereichen selbst vor sich gehen. Die ungeordneten Faserbereiche stellen überhaupt den Ort dar, an dem sich Reaktionen mit der Zellulosefaser in erster Linie vollziehen.

Mit der Wasseraufnahme geht eine Volumenzunahme der Faser parallel, die man mit Quellung bezeichnet. Dies bedeutet, daß das aufgenommene Wasser nicht nur die vorgebildeten Hohlräume der Faser erfüllt, sondern darüber hinaus in der Lage ist, die Faserbausteine auseinander zu drängen. Es ist dies ein weiterer Beweis dafür, daß besondere Kräfte für die Wasseraufnahme zusätzlich verantwortlich sind. Durch die Quellung wird ein beträchtlicher Druck erzeugt, den man mit Quellungsdruck bezeichnet. Die Quellung bei der Wasseraufnahme ist, wie auch schon im 2. Kapitel gesagt wurde, ein Kennzeichen für alle Linearkolloide. Entsprechend der Vorstellung, daß die Wasserbindung nur an den freien, nicht gittermäßig gebundenen Hydroxylgruppen erfolgen kann, kann die Zellulose auch nur einen bestimmten Betrag an Wasser aufnehmen. Demnach kann auch die Volumenzunahme nur bis zu einem bestimmten Quellungsgrad gehen. Man bezeichnet daher die Wasserquellung der Zellulose auch als „begrenzte Quellung". Daß die Quellung sich in der Hauptsache in den ungeordneten

[1] Vgl. hierzu VALKÓ: Kolloidchemische Grundlagen der Textilveredelung. S. 105.

Faserbereichen abspielt, steht mit einem Befund von KATZ[1] in Einklang, wonach sich durch die Wasserquellung das Röntgendiagramm der Zellulose nicht in nennenswertem Maße ändert, was besagt, daß eine Umwandlung der geordneten Bereiche nicht erfolgt. Entsprechend dieser Vorstellung bezeichnet man die Wasserquellung auch als „intermizellare Quellung".

Über den Mechanismus der Quellung bestehen noch keine vollkommen klaren Vorstellungen. Nach dem von HERMANS[2] gegebenen Bild vom Aufbau der Faser kann man annehmen, daß durch die Anlagerung der Wassermoleküle an die Hydroxylgruppen die Kettenenden in den aus den geordneten Gitterbereichen herausragenden Büscheln auseinandergespreizt werden, wodurch das Gefüge der Faser auseinandergedrängt wird (Abb. 79).

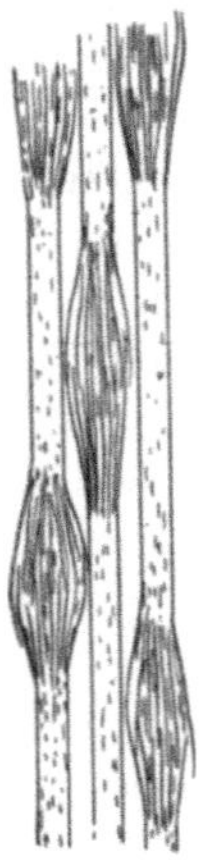

Abb. 79. Modell einer in Wasser gequollenen Faser (nach HERMANS).

Da bei jedem Zellulosepräparat die Anordnung und die Größe der geordneten Gitterbereiche eine andere ist, steht in verschiedenen Zellulosepräparaten auch eine verschieden große Anzahl an Hydroxylgruppen für die Wasserbindung zur Verfügung. Es ergibt sich hieraus, daß verschiedene Zellulosepräparate auch verschiedene Wassermengen aufnehmen, mit anderen Worten, daß das Quellungsvermögen bei verschiedenen Zellulosepräparaten ein anderes ist. Hieraus geht weiter hervor, daß die einzelnen Zellulosepräparate und -gebilde im praktischen Gebrauch dem Wasser gegenüber verschieden empfindlich und widerstandsfähig sind.

Wird der gequollenen Zellulosefaser das Wasser durch Trocknung oder durch Verdrängen mit Lösungsmitteln entzogen, so findet wieder eine Volumenabnahme statt. Führen wir uns das HERMANSsche Strukturbild für die Zellulosefaser noch einmal vor Augen, so müssen wir annehmen, daß bei der Entquellung die durch die Quellung auseinandergespreizten Kettenbüschel wieder zusammenklappen. Die Wasserquellung der Zellulose ist also ein reversibler Vorgang. Man nennt daher diesen Quellungsvorgang „reversible Quellung".

Auf Grund neuerer eingehender Untersuchungen der Quellungsvorgänge an Zellulosefasern müssen diese Befunde allerdings etwas eingeschränkt werden. SPONSLER und DORE[3] haben nämlich bei exakten Versuchen gefunden, daß durch die Wasserquellung doch eine geringfügige Gitteraufweitung hervorgerufen wird, die einen Betrag von etwa 2% ausmacht. Dieser Betrag kann nicht als innerhalb der Fehlergrenze bei der Auswertung von Röntgendiagrammen liegend aufgefaßt werden. Abgesehen davon, daß durch die Wasserquellung auch die Größe der

---

[1] KATZ in HESS: Die Chemie der Zellulose und ihrer Begleiter S. 605f.

[2] HERMANS: Kolloid-Z. 83, 74 (1938).

[3] SPONSLER u. DORE: Coll. Symp. Mon. 4, 198 (1926).

Doppelbrechung der Faser etwas geändert wird[1], haben SAKURADA und HUTINO[2] die von SPONSLER und DORE gemachte Beobachtung einwandfrei beweisen können. Diese Forscher konnten ein Zellulosepräparat darstellen, bei dem eine Einlagerung von Wasser in das Gitter durch röntgenographische Untersuchungen nachgewiesen werden konnte. Diese neue Modifikation der Zellulose wurde von ihnen als „Wasserzellulose" bezeichnet. Sie wurde allerdings auf einem Umwege erhalten, nämlich dadurch, daß aus Natronzellulose I (s. S. 200) das Alkali durch Wasser ausgewaschen wurde. Es konnte eindeutig festgestellt werden, daß nach dem Verschwinden des Alkalis wenigstens noch für eine gewisse Zeit eine bestimmte Wassermenge im Gitter verbleibt.

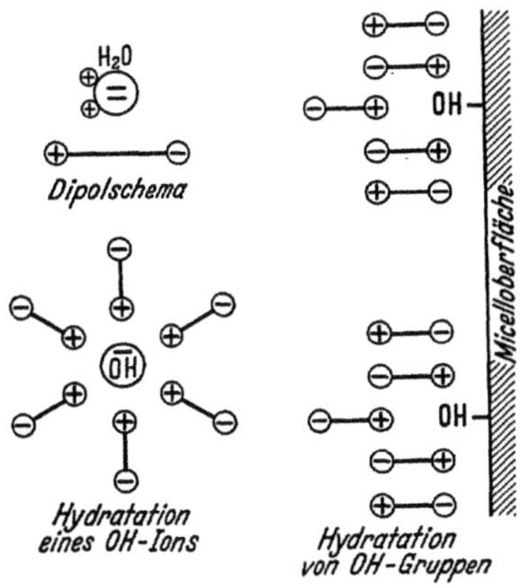

Abb. 80. Schema zur Dipoltheorie (nach FREY-WYSSLING).

Man muß somit annehmen, daß die Wasserquellung eine ganz geringfügige Verlagerung oder Verschiebung der geordneten Gitterbereiche hervorruft. Hierdurch werden auch einige in der Technik gemachte Wahrnehmungen verständlich: Setzt man gequollene Zellulosefasern einem scharfen Trocknungsprozeß aus, so stellt man fest, daß diese Fasern nach dem Trocknen einen Teil ihres Quellungsvermögens eingebüßt haben. Es müssen demnach während des Trocknens mehr Hydroxylgruppen eine gegenseitige, gittermäßige Absättigung erfahren haben, als dies vor der Quellung der Fall war. Dies ist aber nur dann möglich, wenn die Zelluloseketten durch eine Aufweitung des Gitters eine gewisse Bewegungsmöglichkeit erhalten hatten. Scharfe Trocknung führt somit zu einer „dichteren Packung" der Faser. Die nicht vollkommene Reversibilität der Wasserquellung zeigt sich bei den leichter quellbaren Hydratzellulosefasern auch darin, daß nach dem Aufbringen von Wassertropfen und nach deren Verdunstung Flecken auf der Ware zurückbleiben, die auf andere Lichtbrechung zurückzuführen sind.

Bei der Quellung der Zellulose in Wasser wird die eigenartige Beobachtung gemacht, daß das Volumen der gequollenen Faser kleiner ist als die Summe der Volumina der trockenen Faser und des aufgenommenen Wassers. Dies ist nur durch die Annahme zu erklären, daß das Volumen des Quellungswassers eine Kontraktion erleidet. Eine Erklärung dieser Erscheinung liefert die Dipoltheorie[3].

---

[1] FREY: Ber. dtsch. bot. Ges. **46**, 444 (1928).
[2] SAKURADA u. HUTINO: Kolloid-Z. **77**, 346 (1936).
[3] Vgl. hierzu FREY-WYSSLING: Stoffausscheidung S. 110.

Nach ihr besitzen Wassermoleküle einen elektropositiven und einen elektronegativen Pol. Durch die Anordnung der positiven Wasserstoffatome und der zweifach negativ geladenen Sauerstoffatome ist eine ungleichmäßige Verteilung der elektrischen Ladungen im Molekül bedingt (vgl. die schematischen Zeichnungen in Abb. 80). Gelangt nun in das Wasser ein negativ geladenes Hydroxylion, so wenden sich ihm die positiven Ladungen der dieses Hydroxylion umgebenden Wasserdipole zu und das Hydroxylion umgibt sich mit einem Schwarm elektrostatisch angezogener Wassermoleküle. Diese Verhältnisse haben wir auch bei der Zellulose vorliegen, da die Zelluloseketten mit negativ geladenen Hydroxylgruppen besetzt sind. Diese Hydroxylgruppen ziehen die positiv geladene Seite der in ihre Nähe gelangenden Wasserdipole an, die hierdurch festgelegt werden. Die festgelegten Wasserdipole wirken richtend auf weitere Wasserdipole, so daß sich auch hier ein Schwarm von gerichteten Wassermolekülen an die Hydroxylgruppen der Zellulose legt. Die Volumkontraktion des Quellungswassers erklärt sich nun daraus, daß festgelegte, gerichtete Moleküle in ihrer freien Beweglichkeit gehindert sind, sie beanspruchen daher einen kleineren Wirkungsbereich als frei bewegliche Moleküle.

Genaue Messungen über die Kontraktion bei der Wasseraufnahme durch Zellulose führte DAVIDSON[1] durch. Die von ihm an verschiedenen Zellulosen ermittelten Werte sind in der Tabelle 50 zusammengestellt:

Tabelle 50. Kontraktion bei der Wasseraufnahme durch Zellulose. (Nach DAVIDSON.)

Zellulose	Kontraktion in cm³ je g Cellulose	Wasseraufnahme in g je g Cellulose	Spezifisches Volumen des Sorptionswassers
Am. Upland-Baumwolle gebeucht . .	0,017	0,23	0,929
Am. Upland-Baumwolle merzerisiert .	0,023	0,36	0,939
Sea-Island-Baumwolle gebeucht . . .	0,019	0,23	0,921
Sea-Island-Baumwolle merzerisiert . .	0,023	0,32	0,931
Sakellardis-Baumwolle gebeucht . . .	0,018	0,23	0,926
Sakellardis-Baumwolle merzerisiert . .	0,022	0,30	0,930
Viskose-Kunstseide	0,025	0,45	0,948
Kupfer-Kunstseide	0,028	0,43	0,936
Nitro-Kunstseide	0,029	0,44	0,936

Demnach beträgt die Gesamtkontraktion bei der maximalen Wasseraufnahme der Zellulose rund 2—3 ccm je 100 g Zellulose. Die Dichte des aufgenommenen Wassers erscheint um 5—7% höher als diejenige des freien Wassers[2]. Die Volumenkontraktion des Quellungswassers ist also verhältnismäßig groß.

[1] DADIDSON: Journ. Text. Inst., Manchr. 18, 175, 275 (1927).
[2] Vgl. VALKÓ: Kolloidchemische Grundlagen der Textilveredelung. S. 95.

II. Anisotropie der Quellung.

Schon bei der Besprechung der Eigenschaften der Zellulose im 2. Kapitel war erwähnt worden, daß die Faser bei der Quellung eine ausgesprochene Anisotropie zeigt. Da diese Eigenschaft für viele Beobachtungen, die bei der Weiterverarbeitung der Kunstseide und Zellwolle gemacht werden, von großer Wichtigkeit ist, ist es erforderlich, hierauf etwas näher einzugehen und sich den Quellungsvorgang genauer klarzumachen. Wir wollen dazu wieder das Fasermodell von HERMANS zugrunde legen.

Bei der Quellung der Zellulose findet nach der Anschauung von HERMANS durch die Wasseraufnahme eine Aufspreitung der Kettenbüschel statt; hierdurch werden die Bezirke mit gittermäßiger Ordnung auseinander gedrängt. Die Abb. 79 zeigte diesen Vorgang für eine vollkommen parallel orientierte Faser schematisch. Es geht aus der Abbildung ohne weiteres hervor, daß bei einer solchen Faser bei der Quellung die Volumenzunahme sich nur in einer Verbreiterung der Faser auswirken kann, während die Faser in der Längsrichtung eine geringe Verkürzung erfahren muß. Nun ist aber die Anordnung der geordneten Gitterbereiche in jeder Zellulosefaser anders und daher muß sich auch die Volumänderung der Zellulose in allen Präparaten in einer anderen Form zeigen. Man kann daher umgekehrt auch aus den bei der Quellung auftretenden Anisotropieerscheinungen einen Schluß auf die Orientierung der Faser ziehen, über die uns sonst nur die Röntgenanalyse Auskunft gibt.

Gemäß der Tatsache, daß in fast allen Fasern die geordneten Gitterbereiche in überwiegendem Maße in der Richtung der Faserachse orientiert sind, so weisen Fasern bei der Quellung eine stärkere Vergrößerung der Faserbreite als ihrer Länge auf. Die Breitenzunahme ist aus der Abb. 79 verständlich, eine Längenzunahme kommt in solchen Fällen zustande, in denen die geordneten Gitterbereiche weniger gut orientiert in der Faser liegen. Die Aufspreitungen der Kettenbüschel von geordneten Gitterbereichen, die quer oder schräg zur Faserrichtung liegen, müssen sich addieren, was zu einer Verlängerung der Faser führt.

Die Anisotropieerscheinungen bei der Quellung der Zellulose liegen oftmals sehr verwickelt. So erleidet z. B. ein Baumwollhaar bei der Quellung eine starke Verkürzung. Diese ist auf die schraubenförmige Anordnung der geordneten Gitterbereiche in der Faser zurückzuführen. Die geordneten Bereiche liegen in diesem Falle wie um eine Zylinderfläche gewunden. Durch die Quellung tritt dann eine Vergrößerung des Durchmessers des Zylinders ein, was zwangsläufig zu einer Verkürzung des Zylinders führen muß. In der Tabelle 51 sind für die Quellungsanisotropie der Kunstfasern einige Beispiele gegeben.

Tabelle 51. Quellungsanisotropie künstlicher Fasern. (Nach A. HERZOG.)

Faserart	Längenzunahme in %	Lineare Querschnittszunahme in %	Quadratische Querschnittszunahme in %	Volumenzunahme in %
Kupferkunstseide . .	3,7	32	62	68
Nitrokunstseide . . .	0,8	10	45	46
Viskosekunstseide .	4,8	29	66	74
Azetatkunstseide . .	0,14	0,6	5,7	6,0

III. Eigenschaften des Quellungswassers.

Das durch die Hydroxylgruppen der Zellulose festgelegte Wasser hat bemerkenswerterweise andere Eigenschaften als freies Wasser, die sich hauptsächlich durch eine andersgeartete Lösefähigkeit zu erkennen geben[1]. Wenn man einen Elektrolyten in dem System Wasser—Zellulose auflöst, so stellt sich heraus, daß das Quellungswasser in der Mengeneinheit weniger von dem gelösten Stoff aufnimmt, als die übrige wässerige Lösung enthält, wobei sich zwischen der im Quellungswasser gelösten Menge Stoff und der in der übrigen Flüssigkeit befindlichen Menge ein Gleichgewichtszustand einstellt. Die Menge an Quellungswasser, die ein gequollener Körper enthält, ist in den meisten Fällen jedoch nicht genau anzugeben. Infolgedessen macht man bei der Angabe des Verteilungsgleichgewichts die Annahme, daß eine bestimmte Menge des Quellungswassers gar nicht in der Lage ist, einen Stoff aufzulösen, während der andere Teil des Quellungswassers genau so viel von dem zu lösenden Stoff aufnimmt wie das übrige nicht als Quellungswasser anzusprechende Wasser. Für die Berechnung der Menge an nichtlösendem Wasser im Quellungswasser macht man die weitere Annahme, daß keine Bindung zwischen dem quellenden Körper und dem gelösten Stoff erfolgt. Ist in dem System ein Stoff anwesend, der mit dem quellenden Körper eine Bindung eingeht, so nimmt der scheinbare Betrag an nichtlösendem Wasser mit der Konzentration des

Tabelle 52. Nichtlösendes Wasser in Zellulosefasern. (Nach CHAMPÈTIER[2].)

Zellulose	Mol nichtlösendes H_2O je Mol $C_6H_{10}O_5$
Lintersbaumwolle	0,55
,,	0,56
,,	0,45
Ramie	0,46
Linters, merzerisiert mit 15% NaOH	1,13
,, ,, ,, 15% ,,	0,96
,, ,, ,, 15% ,,	0,95
,, ,, ,, 23% ,,	0,98
,, ,, ,, 34% ,,	1,24
,, ,, ,, 40% ,,	1,12
Ramie, ,, ,, 15% ,,	1,08

[1] Vgl. VALKÓ: Kolloidchemische Grundlagen der Textilveredelung, S. 95.
[2] Aus VALKÓ: Kolloidchemische Grundlagen der Textilveredelung, S. 110.

gelösten Stoffes entsprechend dem Massenwirkungsgesetz ab. Diese Verhältnisse sind zum Verständnis der Alkalizellulosebildung von Bedeutung (vgl. S. 197). Messungen über die bei der Wasseraufnahme der Zellulose entstehende Menge an nichtlösendem Wasser sind von CHAMPETIER[1] ausgeführt worden. Die Ergebnisse sind in Tabelle 52 zusammengestellt.

Die in der Tabelle wiedergegebenen Zahlen besagen, daß die von den Fasern als nichtlösend gebundene Wassermenge verhältnismäßig groß ist. Weiter ist bemerkenswert, daß die Wasserbindung der merzerisierten Zellulose etwa doppelt so groß ist als die der nativen Fasern. Dies ist darauf zurückzuführen, daß durch die Merzerisierung eine Aufweitung des Raumgitters der Zellulose erfolgt, wodurch eine größere Menge von Molkohäsionskräften, die zwischen den Zelluloseketten eine gegenseitige Absättigung erfahren hatten, für die Wasserbindung frei wird.

IV. Wärmetönung.

Bei der Quellung der Zellulose findet eine Wärmetönung[2] statt, und zwar erfolgt die Wasseraufnahme unter Wärmeentwicklung (Quellungswärme). Sie beträgt nach ROSENBOHM[3] sowie KATZ[4] etwa 10 cal/g Zellulose. Dieser Betrag ist wesentlich kleiner als bei anderen quellbaren Körpern. Die Quellungswärme ist darauf zurückzuführen, daß die Wasserdipole bei ihrer Festlegung durch die Zellulose-Hydroxylgruppen einen Teil ihres Energieinhaltes einbüßen.

V. Sorption und Desorption.

Zellulosefasern sind hygroskopisch, d. h. sie nehmen, wie schon kurz erwähnt war, aus der sie umgebenden Luft Feuchtigkeit auf. Dieses Verhalten der Fasern ist für ihre Weiterverarbeitung von großer Bedeutung.

Die Eigenschaft der Fasern, Feuchtigkeit aufzunehmen, ist auf zwei Ursachen zurückzuführen. Einerseits findet in den feinen Poren, die die Faser durchziehen, eine Kondensation des Wasserdampfes statt und andererseits haben die hydrophilen Hydroxylgruppen auch in einer Wasserdampfatmosphäre das Bestreben, sich mit einer Solvathülle zu umgeben. Dieser letzteren Ursache kommt die weit größere Bedeutung zu[5].

Entsprechend dem Feinbau der Zellulosefasern gilt für die Wasserdampfaufnahme dasselbe wie für die Aufnahme von flüssigem Wasser, daß nämlich verschiedene Zellulosepräparate ganz verschiedene Mengen Wasserdampf aufnehmen können.

---

[1] CHAMPETIER: C. r. Acad. Sci. Paris **195**, 280 (1932).

[2] Vgl. hierzu VALKÓ: Kolloidchemische Grundlagen der Textilveredelung, S. 99f.

[3] ROSENBOHM: Kolloidchem. Beih. **6**, 177 (1914).

[4] KATZ: Kolloidchem. Beih. **9**, 64 (1914).

[5] Vgl. hierzu VALKÓ: Kolloidchemische Grundlagen der Textilveredelung, S. 105.

Das Bestreben der freien Hydroxylgruppen, sich mit Wasserhüllen zu umgeben, bringt für die technisch wichtigen Eigenschaften der Fasern Vorteile und Nachteile mit sich. Der Vorteil liegt darin, daß das in die Fasern eingelagerte Wasser der Faser eine gewisse Geschmeidigkeit verleiht, die ihre Verarbeitung erleichtert. Der Nachteil liegt darin, daß durch die Solvatation Quellungserscheinungen ausgelöst werden, die aus den Fasern hergestellte Waren in ungünstiger und unerwünschter Weise beeinflussen können. Übersteigt die Solvatation ein gewisses Maß, so nehmen auch die Quellungserscheinungen einen solchen Betrag an, daß sie für das unbewaffnete Auge sichtbar werden: Besonders deutlich prägt sich dieses Verhalten bei Fasern aus, die bei einem Arbeitsvorgang einem Streckungsprozeß unterworfen und wenn durch eine nachfolgende Trocknung die Fasern im gestreckten Zustand fixiert waren. Kommen solche Fäden enthaltende Gewebe in eine mit Feuchtigkeit angereicherte Atmosphäre, so ziehen die Hydroxylgruppen Wasser an und die Faser quillt. Infolge der Streckung, die sie vorher erfahren hat, äußert sich die Quellung hauptsächlich in einer Verkürzung der Faser. das Gewebe erleidet hierdurch eine Schrumpfung. Bei konfektionierten Waren kann diese Erscheinung z. B. beim Bügeln auftreten. Da die Anzahl der solvatationsfähigen Hydroxylgruppen bei den Kunstfasern größer ist als z. B. bei einer Baumwollfaser, so neigt eine Kunstfaser in viel stärkerem Maße zum Schrumpfen als eine native Zellulosefaser. Man ist daher bestrebt, die hygroskopische Eigenschaft der Kunstfasern so weit als möglich herabzusetzen und hat dafür eine ganze Reihe von Wegen eingeschlagen, worüber an anderer Stelle noch berichtet werden soll. Man muß allerdings sagen, daß bisher nur Ansätze zur Lösung dieses Problems, das mit dem Vordringen der Zellwolle größte Bedeutung angenommen hat, vorhanden sind.

Es ist nun bemerkenswert, daß beim Einbringen von Zellulose in eine Wasserdampfatmosphäre nur so viel Wasser von der Zellulose aufgenommen wird, bis sich ein Gleichgewichtszustand eingestellt hat, mit anderen Worten, die Zellulose nimmt stets nur einen bestimmten Betrag an Wasser aus der sie umgebenden Atmosphäre auf. Die aufgenommene Wassermenge ist vom Dampfdruck abhängig. Man bezeichnet die Wasserdampfaufnahme mit Sorption. Für die Messung der aufgenommenen Wassermenge sind zwei Methoden geeignet. Nach der einen bringt man die Zellulose in luftdicht verschlossene Räume, in die man Schalen mit Schwefelsäure verschiedener Konzentration gestellt hat. Über der Schwefelsäure stellt sich dann entsprechend ihrer Konzentration eine Atmosphäre von bestimmtem Dampfdruck ein, wie die Tabelle 53 zeigt.

In der Praxis rechnet man im allgemeinen nicht nach dem Dampfdruck, sondern nach der relativen Feuchtigkeit der Luft. Hierunter ist das Verhältnis des in der Luft wirklich vorhandenen Feuchtigkeitsgehaltes zu demjenigen zu verstehen, bei welchem die Luft mit Wasser gesättigt wäre. Es soll daher auch noch eine Tabelle gegeben werden, aus der die relativen Luftfeuchtigkeitsgehalte über Schwefelsäuren verschiedener Konzentration hervorgehen (Tabelle 54).

Tabelle 53. Dampfdrucke von Schwefelsäure-Wassergemischen[1].

Spezifisches Gewicht bei 15° C	Schwefelsäuregehalt in %	Wasserdampfdruck bei 0° C und 760 mm
1,746	81,2	0,020
1,659	73,7	0,048
1,559	65,1	0,122
1,479	57,8	0,208
1,426	52,7	0,306
1,374	47,4	0,420
1,329	42,5	0,525
1,289	38,0	0,620
1,242	32,4	0,718
1,202	27,5	0,793
1,162	22,5	0,857
1,113	16,1	0,915
1,052	7,8	0,965

Tabelle 54. Relative Luftfeuchtigkeit über Schwefelsäuren verschiedener Konzentration[2].

Schwefelsäure in %	Relative Luftfeuchtigkeit in %
0	100
10	95
50	87
30	76
40	57
50	35
60	18
70	7
80	2

Zur Messung der Wasserdampfaufnahme beläßt man die Zellulose so lange in dem betreffenden Raum, bis sich das Gleichgewicht eingestellt hat, d. h. also, bis sich ihr Gewicht nicht weiter erhöht. Die Gewichtszunahme der Zellulose nach der Einstellung des Gleichgewichtes ist das Maß für die aufgenommene Wassermenge. Bei der anderen Methode evakuiert man einen Raum, in dem sich eine abgewogene Menge Zellulose befindet und läßt eine bestimmte Menge Wasserdampf einströmen. Es findet dann eine Druckabnahme des Dampfes statt, die durch ein Manometer verfolgt werden kann. Wenn das Volumen des Raumes bekannt ist, läßt sich die Wasseraufnahme der Zellulose aus der Druckänderung bis zum Eintritt des Gleichgewichtes berechnen.

Trägt man die bei steigenden Dampfdrücken aufgenommenen Wassermengen graphisch auf, so erhält man eine charakteristische S-förmige Kurve, die „Absorptionsisotherme". Die S-Form der Absorptionsisotherme ist, worauf VALKÓ hinweist, auffallend, da andere Sorptionsisothermen durchweg eine parabolische oder hyperbolische Gestalt besitzen. Meist wird die Dampfabsorption mit zunehmendem Dampfgehalt des Sorbens immer geringer. Das hiervon abweichende Verhalten kommt aber allen Faserstoffen zu und scheint allgemein für hochpolymere Körper charakteristisch zu sein[3].

---

[1] Aus WELTZIEN: Technologie der Kunstseiden, Leipzig 1930, S. 77.
[2] REGNAULT: Ann. chem. phys. **15**, 129 (1845).
[3] Vgl. hierzu VALKÓ: Kolloidchemische Grundlagen der Textilveredelung. S. 79.

Man kann die Isotherme auf zweifache Weise aufnehmen, und zwar entweder, indem man trockene Zellulose einer Atmosphäre mit steigendem Gehalt an relativer Luftfeuchtigkeit aussetzt, oder indem man feuchter Zellulose das Wasser durch Einbringen in eine Atmosphäre von niedrigerer relativer Luftfeuchtigkeit entzieht. Auf diese Weise erhält man die „Desorptionsisotherme". Bemerkenswerterweise decken sich Absorptions- und Desorptionskurven nicht, wie Abb. 81 zeigt. Die Messungen sind von URQUHART und WILLIAMS[1] an gebeuchter

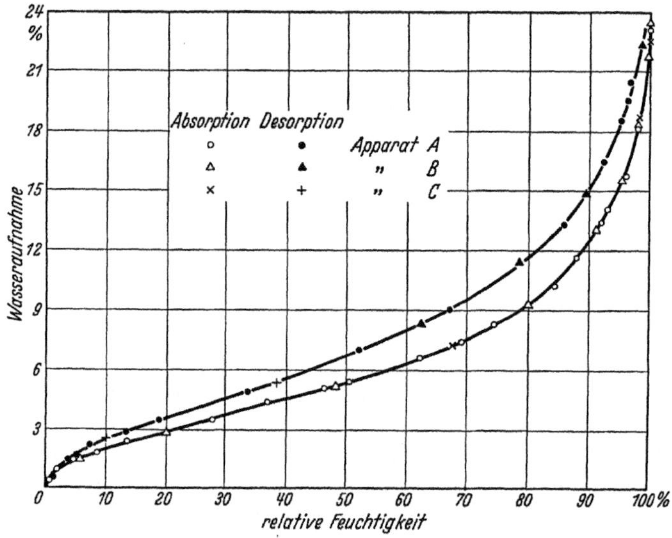

Abb. 81. Absorptions- und Desorptionsisotherme von gebeuchter Baumwolle (nach URQUHART und WILLIAMS).

Baumwolle ausgeführt worden. Absorption und Desorption führen also nicht zu demselben Gleichgewicht, und zwar ist der Wassergehalt der Zellulose bei einer bestimmten relativen Luftfeuchtigkeit bei der Desorption größer als bei der Absorption. Man nennt diese Erscheinung Sorptionshysteresis. Die Ursache für dieses eigenartige Verhalten sieht URQUHART[2] darin, daß bei der Trocknung die durch die Wasserdipole gebundenen Hydroxylgruppen der Zellulose wieder frei werden. Sie zeigen nun das Bestreben, sich durch die Nebenvalenzen der benachbarten Zellulosemoleküle untereinander abzusättigen, was ihnen jedoch infolge der Trägheit der großen Moleküle nur teilweise gelingt. Ein Teil der Hydroxylgruppen wird daher noch eine Wasserhülle behalten. Diese Annahme setzt allerdings voraus, daß bei der Sorption auch

[1] URQUHART u. WILLIAMS: Journ. Text. Inst., Manchr. **15**, 138, 433, 559 (1924); **16**, 115 (1925); **17**, 38 (1926).

[2] URQUHART: Journ. Text. Inst., Manchr. **18**, 55 (1927); **20**, 117, 125 (1929).

Hydroxylgruppen an der Wasserbindung teilgenommen haben, die im Gitter abgesättigt waren, eine Möglichkeit, die bisher jedoch nur beim Einbringen von Zellulose in flüssiges Wasser nachgewiesen wurde. Daß dagegen durch eine scharfe Trocknung die Solvatation über den Ausgangszustand hinaus geringer wird, wurde schon erwähnt. Eine andere Erklärung für die Hysteresiserscheinung geben HAMM und PATRICK[1].

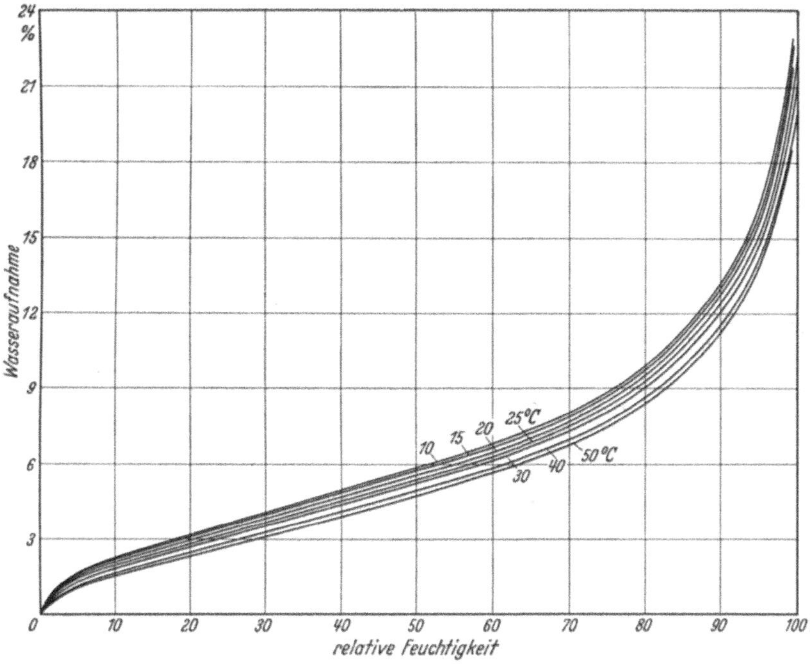

Abb. 82. Sorptionskurven für gebeuchte Baumwolle bei Temperaturen von 10—50° C (nach URQUHART und WILLIAMS).

Bei Studien der Sorptionsverhältnisse bei Baumwolle haben diese Forscher gefunden, daß die Hysteresis ausbleibt, wenn bei völliger Abwesenheit von Luft gearbeitet wird. Die Verzögerung in der Einstellung des Gleichgewichtes wird daher auf die Anwesenheit von Luft in den Poren der Faser zurückgeführt. SHEPPARD[2] hat bei früheren Untersuchungen allerdings auch beim Arbeiten im Vakuum Sorptionshysteresis festgestellt.

Von gewisser Bedeutung ist noch die Tatsache, daß die Wasserdampfaufnahme durch die Fasern auch von der Temperatur der Atmosphäre abhängig ist. Nimmt man die Absorptionskurve bei verschiedenen Temperaturen auf, so kommt man zu den in den Abb. 82 und 83

[1] HAMM u. PATRICK: Text. Res. 6, 40 (1936).

[2] SHEPPARD: Trans. Faraday Soc. 29, 77 (1933). — SHEPPARD u. NEWSONE: Journ. phys. Chem. 39, 143 (1935).

aufgetragenen Ergebnissen. Man erkennt, daß bei Temperaturen unter 50° C die Wasserdampfaufnahme mit zunehmender Temperatur geringer wird. Geht man aber mit der Temperatur über 50° C hinaus, so nimmt der Wassergehalt der Fasern von einem relativen Dampfdruck von etwa 85% an mit steigender Temperatur zu. Eine Erklärung für diese eigenartige Umkehr der Temperaturabhängigkeit kann darin gesehen

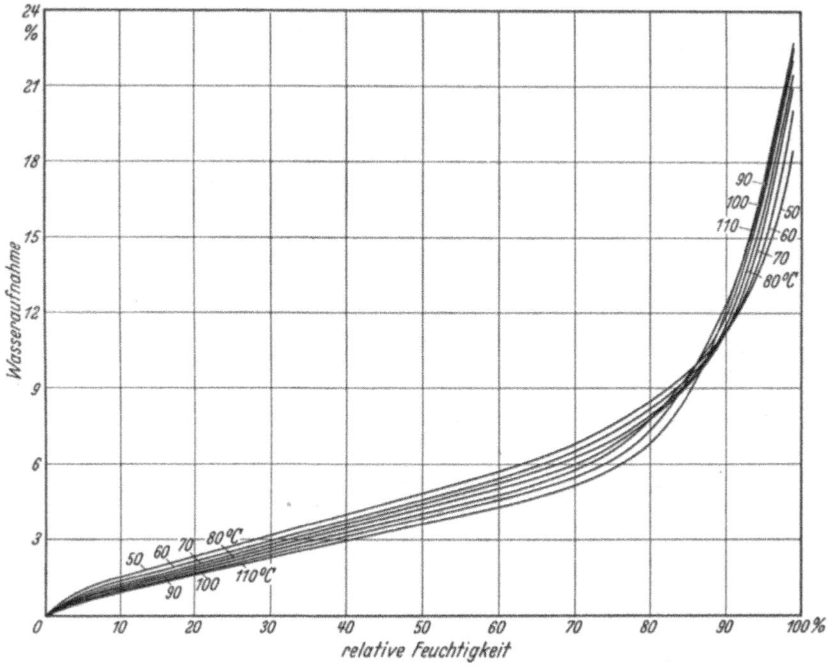

Abb. 83. Sorptionskurven für gebeuchte Baumwolle bei Temperaturen von 50—110° C (nach URQUHART und WILLIAMS).

werden, daß die erhöhte Temperatur eine Abnahme der zwischen den Zelluloseketten herrschenden Molkohäsionskräfte herbeiführt, wodurch weitere Hydroxylgruppen reaktionsfähig werden[1].

VI. Änderung der Faserfestigkeit durch die Quellung.

Die Quellung ist mit einem Rückgang der Faserfestigkeit verbunden. Dies wird ohne weiteres verständlich, wenn man berücksichtigt, daß ein Teil der zwischen den Ketten wirksamen Kohäsionskräfte durch die Wasserbindung aufgehoben wird. Recht deutlich prägt sich die Verringerung des Zusammenhaltes der Ketten bei der Quellung durch die Abnahme des Elastizitätsmoduls in Abhängigkeit vom Quellungsgrad aus, wie Tabelle 55 zeigt.

[1] Vgl. hierzu VALKÓ: Kolloidchemische Grundlagen der Textilveredelung, S. 80f.

Für die Festigkeitsverminderung bei zunehmendem Quellungsgrad hat HERZBERG bei Papier die in Tabelle 56 zusammengestellten Zahlen gefunden.

Tabelle 55. Abnahme des Elastizitätsmoduls in Abhängigkeit vom Quellungsgrad. (Nach REINKE[1].)

Wassergehalt	Elastizitätsmodul
Lufttrocken	430
40 Gew.-% Wasser mehr	24,5
90 „ „ „	9,0
140 „ „ „	3,0
230 „ „ „	1,7
350 „ „ „	1,5

Tabelle 56. Abnahme der Festigkeit in Abhängigkeit vom Quellungsgrad. (Nach HERZBERG.)

Gramm Wasser pro 1 g trockener Substanz	Kraft bei Bruch kg
0,023	6,1
0,046	5,7
0,056	5,3
0,066	4,9
0,070	4,3
0,127	2,9
0,179	2,1

Es wird hierdurch auch verständlich, daß die Reißfestigkeit einer Faser von der relativen Feuchtigkeit der Luft abhängt, in welcher die Faser gerissen wird. Untereinander vergleichbare Festigkeitswerte von Fasern werden daher nur erhalten, wenn sie bei derselben relativen Luftfeuchtigkeit gerissen werden.

B. Das Verhalten der Zellulose gegenüber verdünnten Salzlösungen.

Gegenüber verdünnten Elektrolytlösungen zeigt die Zellulose ein ähnliches Verhalten wie gegenüber Wasser. Es wurde jedoch von BRAUNER[2] die wichtige Wahrnehmung gemacht, daß der Quellungsgrad der Zellulose in Salzlösungen geringer ist als in reinem Wasser. Dies ist darauf zurückzuführen, daß von den Hydroxylgruppen der Zelluloseketten die mit dem Wasser in die Faser hineindiffundierenden Ionen zum Teil adsorbiert werden, wodurch das Wasserbindevermögen dieser Hydroxylgruppen aufgehoben wird. Da die Ionen der einzelnen Elemente von den Hydroxylgruppen der Zellulose verschieden stark adsorbiert werden, so ist demnach das Wasserbindevermögen und somit das Quellungsvermögen der Zellulose in Lösungen verschiedener Elektrolyte verschieden groß. Das unterschiedliche Adsorptionsvermögen der einzelnen Ionen ist auf das verschiedene Volumen, das diese Ionen einnehmen, zurückzuführen. Wie JENNY[3] zeigen konnte, besteht zwischen dem Ionenradius und dem Adsorptionsvermögen ein ausgesprochener Zusammenhang, und zwar werden Ionen mit größerem

[1] REINKE: Hansteins bot. Abhandl. 4, 1—137 (1879).
[2] BRAUNER: Jahrb. Bot. 73, 513 (1920).
[3] JENNY: Diss. E. T. H. Zürich 1927.

Volumen schwächer festgehalten als Ionen mit kleinerem Volumen. Nach Berechnungen von GOLDSCHMIDT [1] besitzen z. B. die Erdalkalimetalle im Kristallgitter die in Tabelle 57 wiedergegebenen Ionenradien.

Tabelle 57. Ionenradien. (Nach GOLDSCHMIDT.)

Art	Radius in Å
Li	0,78
Na	0,98
K	1,33
NH_4	1,45
Rb	1,46
Cs	1,66

Die Quellung der Zellulose in Lösungen, die diese Ionen enthalten, nimmt also in folgender Reihenfolge zu:

$$Cs < Rb < NH_4 < K < Na < Li$$

Da die Adsorptionskraft der Zellulose für die einzelnen Ionen also verschieden groß ist, so ist es auch möglich, nach obiger Reihenfolge die an die Zellulose adsorbierten Ionen zu verdrängen. Diese Erscheinung ist unter Umständen beim Auswaschen frisch gesponnener Kunstfasern von Bedeutung.

9. Kapitel.

Die Alkalizellulose.

Wie schon kurz erwähnt wurde, ist die erste Behandlung der Zellulose in der Viskosefabrik ihre Überführung in die Alkalizellulose. Dies geschieht durch Tauchen des Zellstoffes in Natronlauge.

I. Die Aufnahme von Natronlauge durch Zellulose.

Auch aus Lösungen von Ätzalkalien werden von der Zellulose Ionen aufgenommen, und zwar nimmt eine in Natronlauge getauchte Zellulosefaser mehr Ätznatron auf, als der gleichzeitig mit aufgenommenen Wassermenge entspricht.

Die Feststellung der genauen Menge aufgenommenen Ätznatrons ist schwierig, da einerseits die uns zur Verfügung stehenden Analysenmethoden Fehler in sich schließen und andererseits die sich bei der Ätznatronaufnahme abspielenden Vorgänge äußerst verwickelt sind und genaue Vorstellungen hierüber noch nicht bestehen [2].

Was zunächst die Analyse anbetrifft, so sind für die Bestimmung der von der Faser aufgenommenen Ätznatronmenge zwei Wege gangbar: Zunächst ist die Feststellung der von der Faser aufgenommenen Ätznatronmenge durch Bestimmung der Verarmung der Tauchlauge an Ätznatron möglich. Diese Methode gibt jedoch leicht ungenaue Ergebnisse, da man in Konzentrationsgebieten arbeitet, in denen die aufgenommene Ätznatronmenge nur einem kleinen Teil der Ausgangs-

[1] GOLDSCHMIDT, ref. bei FREY-WYSSLING: Stoffausscheidung S. 199.

[2] Vgl. hierzu die ausführliche Darstellung von VALKÓ: Kolloidchemische Grundlagen der Textilveredelung, S. 173f.

konzentration entspricht. Eine weitere Möglichkeit der Bestimmung der aufgenommenen Menge Ätznatron besteht in der Untersuchung einer in Alkalilösungen getauchten und von der überschüssigen Lauge befreiten

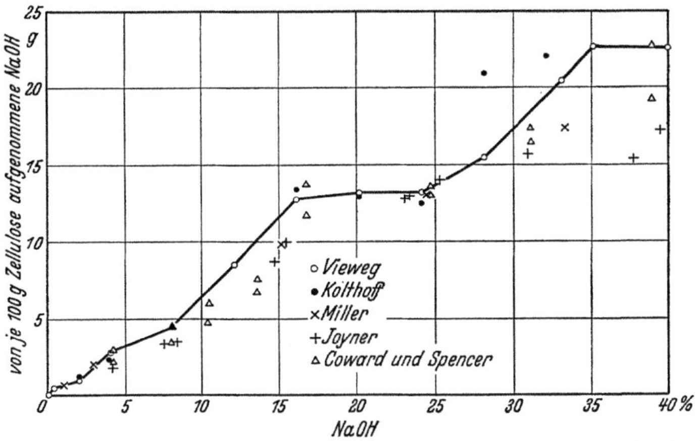

Abb. 84. NaOH-Bindung der Baumwolle bei Zimmertemperatur; nach den Ergebnissen verschiedener Forscher zusammengestellt von CLIBBENS.

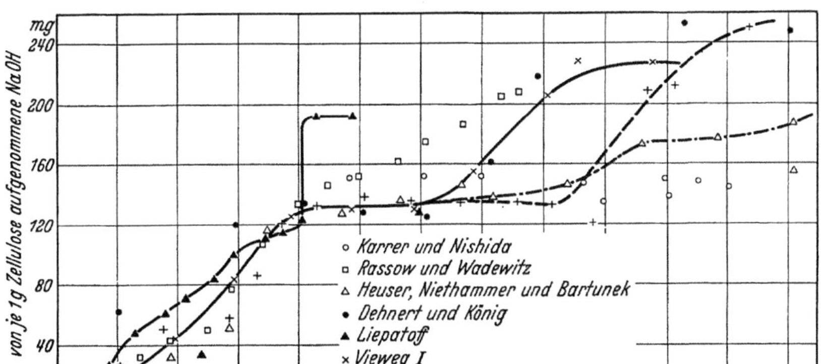

Abb. 85. NaOH-Bindung der Baumwolle bei Zimmertemperatur; nach den Ergebnissen verschiedener Forscher zusammengestellt von D'ANS u. JÄGER.

Zellulose. Die Abtrennung der überschüssigen Lauge kann durch Abpressen, durch Schleudern, sowie durch Verdrängen der Lauge durch absoluten Alkohol[1] erfolgen.

Nach allen Methoden ist die Ätznatronaufnahme durch Zellulose öfters untersucht worden. Eine Reihe von Ergebnissen soll in den Abb. 84 bis 86 wiedergegeben werden. Diesen Werten liegen Ergebnisse

[1] GLADSTONE: Ref. bei LIESER, HENRICH u. FICHTNER: A. 538, 99 (1939).

von VIEWEG[1], KARRER und NISHIDA[2], HEUSER, NIETHAMMER und BARTUNEK[3], DEHNERT und KÖNIG[4], SCHRAMEK, SCHUBERT und VELTEN[5], D'ANS und JÄGER[6] sowie anderen Forschern zugrunde.

Ein Blick auf die Kurvenbilder läßt eine starke Streuung der gefundenen Werte erkennen, die auf die schon angedeuteten Ungenauigkeiten der Analysenmethoden zurückzuführen ist, andererseits darin begründet liegt, daß einige der genannten Forscher bei verschiedenen Temperaturen gearbeitet haben (Abb. 86).

Die Kurvenbilder zeigen zunächst, daß die von der Faser aufgenommene Alkalimenge von der Konzentration der Tauchlauge abhängig ist,

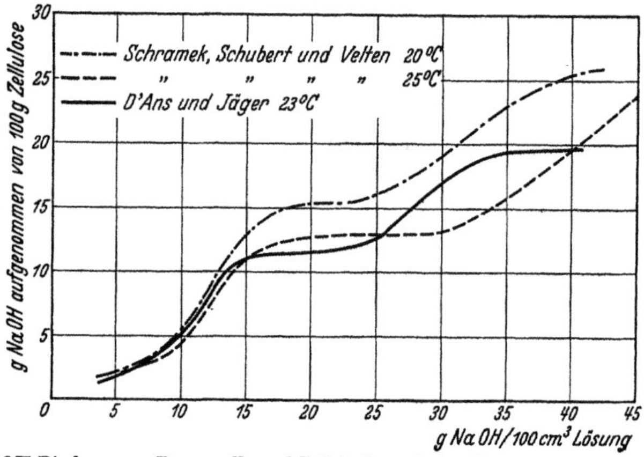

Abb. 86. NaOH-Bindung von Baumwolle und Zellstoff; nach den Ergebnissen verschiedener Forscher zusammengestellt von VALKÓ.

und zwar steigt die Ätznatronaufnahme mit der Konzentration der Tauchlauge an. Bemerkenswert ist weiter der Befund, daß die Alkaliaufnahmekurve in dem Konzentrationsgebiet von 15—24% einen nahezu horizontal verlaufenden Teil aufweist. Diese Beobachtung ist insofern wichtig, als aus ihr geschlossen werden muß, daß die Alkalibindung durch die Zellulose kein einfacher Adsorptionsvorgang sein kann. Es muß sich vielmehr bei der Alkaliaufnahme eine tiefergehende Umwandlung vollziehen. Hierfür spricht auch eine Reihe weiterer Beobachtungen, die weiter unten noch diskutiert werden sollen.

Der Vollständigkeit halber muß bemerkt werden, daß andere Forscher, wie z. B. RASSOW und WADEWITZ[7] sowie LIEPATOFF[8] hiervon

[1] VIEWEG: B. **40**, 3876 (1907).
[2] KARRER u. NISHIDA: Cellulose-Chem. **5**, 69 (1924).
[3] HEUSER, NIETHAMMER u. BARTUNEK: Z. angew. Chem. **37**, 1010 (1924); Cellulose-Chem. **6**, 13, 19 (1925).
[4] DEHNERT u. KÖNIG: Cellulose-Chem. **5**, 107 (1924); **6**, 1 (1925).
[5] SCHRAMEK, SCHUBERT u. VELTEN: Cellulose-Chem. **12**, 126 (1931).
[6] D'ANS u. JÄGER: Cellulose-Chem. **6**, 137 (1925).
[7] RASSOW u. WADEWITZ: Journ. prakt. Chem. **106**, 270 (1923).
[8] LIEPATOFF: Kolloid-Z. **36**, 148 (1925).

abweichende Ergebnisse fanden. Ferner erhält man andere Ergebnisse, wenn man bei hohen Temperaturen arbeitet. Hierauf soll jedoch nicht näher eingegangen werden.

Überlegt man sich die Vorgänge, die sich bei der Alkaliaufnahme durch Zellulose abspielen können, näher, so muß man sagen, daß die nach den oben geschilderten Analysenmethoden erhaltenen Werte nicht gestatten, über die tatsächlich von der Faser aufgenommene Alkalimenge genaue Aussagen zu machen. Die in den Abbildungen angegebenen Werte können daher nur als Werte für eine scheinbare Alkaliaufnahme angesprochen werden. Es ist nämlich zu bedenken, daß mit dem Alkali von der Faser gleichzeitig Wasser aufgenommen wird, und man steht hierdurch vor der Frage, ob dieses Wasser genau so viel Alkali enthält wie die Außenflüssigkeit oder ob es weniger Alkali enthält, mit anderen Worten, ob dieses Wasser ganz oder teilweise als nichtlösendes Wasser angesprochen werden muß. Vieweg und die meisten der anderen Forscher berechneten die Alkaliaufnahme unter der Annahme, daß das Quellungswasser dieselbe Konzentration an Ätznatron besitzt wie die Außenflüssigkeit. Bei dieser Annahme kommt man für die aufgenommene Alkalimenge in dem Konzentrationsgebiet, in dem die Sorptionskurve horizontal verläuft, zu dem Molverhältnis

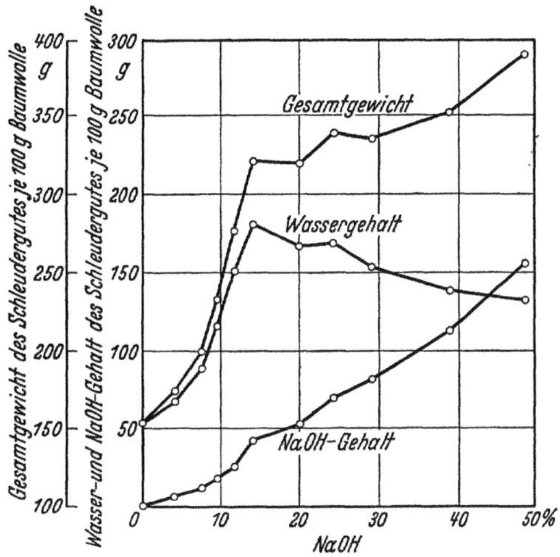

Abb. 87. Gesamtgewicht, Wassergehalt und NaOH-Gehalt der Baumwolle nach Zentrifugieren in Abhängigkeit von der Konzentration des Quellungsbades bei Zimmertemperatur. (Nach Coward und Spencer.)

$$NaOH : 2\,C_6H_{10}O_5 .$$

Diese Annahme ist aber vollkommen willkürlich. Coward und Spencer[1] analysierten in Natronlauge gequollene Zellulose nach intensivem Abschleudern hinsichtlich der Gewichtszunahme, des Wassergehaltes und des Alkaligehaltes. Die Ergebnisse sind in Abb. 87 dargestellt. Betrachtet man die Gewichtszunahme, so findet man wieder ein horizontal verlaufendes Kurvenstück, etwa bei einer Laugenkonzentration von 14% beginnend. In dieser Beziehung stimmt das Ergebnis mit dem von Vieweg und den anderen Forschern gefundenen überein. Wie die Abbildung erkennen läßt, erreicht bei dieser Konzentration die Wasseraufnahme ihren Maximalwert, der Alkaligehalt steigt demgegenüber mit

[1] Coward u. Spencer: Journ. Text. Inst., Manchr. **14**, 28, 32 (1925).

der Laugenkonzentration stetig an. COWARD und SPENCER nahmen an, daß das gesamte aufgenommene Wasser keine lösenden Eigenschaften für das Alkali hat. Unter dieser Annahme beträgt die gebundene Alkalimenge ein Vielfaches von der auf Grund der VIEWEGschen Annahme berechneten. Aber auch diese Annahme muß als willkürlich bezeichnet werden.

Aussagen über die wirkliche Alkaliaufnahme können demnach erst gemacht werden, wenn man die Menge an nichtlösendem Wasser im

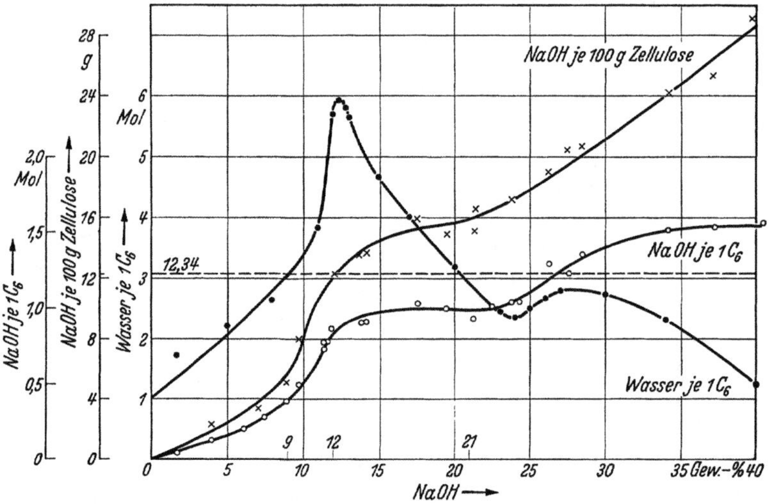

Abb. 88. Scheinbare NaOH-Bindung (NaOH je 100 g Zellulose), wahre NaOH-Bindung (NaOH je 1 C_6) und nichtlösendes Wasser (Wasser je 1 C_6) von Ramie in Abhängigkeit von der Konzentration des Quellungsbades bei 20,5° C. Gestrichelte Linie: Stelle des VIEWEGschen Horizontalstückes (scheinbare NaOH-Bindung). Nach SCHWARZKOPF.

Quellungswasser genau kennt. Hierauf ist zuerst von SCHWARZKOPF[1] hingewiesen worden. SCHWARZKOPF hat es auch unternommen, die Menge an nichtlösendem Wasser zu bestimmen[2]. Unter Berücksichtigung der vorhandenen Menge an nichtlösendem Wasser fand SCHWARZKOPF für Ramiefaser die in Abb. 88 wiedergegebenen Verhältnisse. Man erkennt beim Vergleich mit der VIEWEG-Kurve für die wahre Alkaliaufnahme durch Ramiefaser den Knickpunkt der Kurve bei 12,5%iger Natronlauge. Die wahre Alkaliaufnahme entspricht in diesem Teil der Kurve dem Molverhältnis

$$NaOH : C_6H_{10}O_5.$$

Unter Berücksichtigung des nichtlösenden Wassers kommt man somit zu einer doppelt so großen Alkalibindung als von VIEWEG und den anderen genannten Forschern angenommen wurde.

[1] SCHWARZKOPF: Z. Elektrochem. 38, 353 (1932).

[2] Die Bestimmungsmethode für das nichtlösende Wasser ist bei VALKÓ: Kolloidchemische Grundlagen der Textilveredelung, S. 178f. ausführlich referiert.

Es war weiter oben schon gesagt worden, daß es sich bei der Aufnahme von Alkali durch Zellulose nicht um die Einstellung eines Adsorptionsgleichgewichtes handelt. Spricht schon der Knickpunkt in der Sorptionskurve für eine Umwandlung der Zellulose bei der Behandlung mit Natronlauge, so brachten Untersuchungen von HESS und TROGUS[1] sowie HESS und SCHWARZKOPF[2] hierfür den Beweis. Die Forscher fanden, daß die Alkaliaufnahme durch die Zellulose kein reversibler Vorgang ist: Wäscht man aus mit Alkalilaugen behandelter Zellulose das Alkali wieder aus, so ergibt sich, daß die ausgewaschene Zellulose ein völlig anderes Verhalten zeigt als das Ausgangsmaterial. Sie

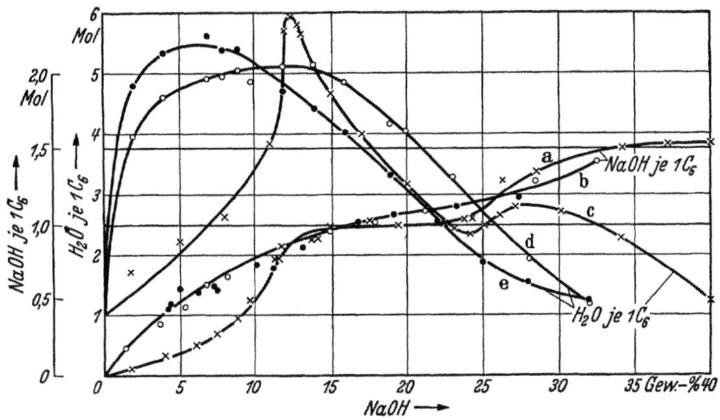

Abb. 89. Wahre NaOH-Bindung und nichtlösendes Wasser von Ramie und Kupferkunstseide in Abhängigkeit von der Konzentration des Quellungsbades. *a* Wahre NaOH-Bindung durch natürliche Ramie; *b* wahre NaOH-Bindung durch Kupferkunstseide (Kreise) und merzerisierte Ramie (Punkte); *c* nichtlösendes Wasser von natürlicher Ramie; *d* nichtlösendes Wasser von Kupferkunstseide; *e* nichtlösendes Wasser von merzerisierter Ramie (20,5° C). Nach HESS, TROGUS und SCHWARZKOPF.

verhält sich insbesondere auch anders bei erneuter Behandlung mit Natronlauge. Dieses Verhalten weicht insofern wesentlich von unbehandelter Zellulose ab, als kein Knickpunkt mehr in der Kurve für den Ätznatrongehalt in Abhängigkeit von der Laugenkonzentration vorhanden ist, wie Abb. 89 zeigt, die die Alkaliaufnahme durch merzerisierte Ramiefaser und Kupferkunstseide wiedergibt. Auch regenerierte Zellulose verhält sich demnach abweichend. Es soll ergänzend bemerkt werden, daß auch unbehandelte Zellulose sich so verhält, wenn man die Alkalibehandlung bei hoher Temperatur vornimmt.

Diese Befunde sind der eindeutige Beweis dafür, daß es sich bei der Bildung des Zellulose-Ätznatronkomplexes nicht um eine einfache Adsorption von Ätznatron an Zellulose handelt. Adsorptionsvorgänge sind reversibel; läge ein einfacher Adsorptionsvorgang vor, so müßte

[1] HESS u. TROGUS: Z. phys. Chem. B **11**, 381 (1930); **15**, 157 (1931); **21**, 349 (1933).

[2] HESS u. SCHWARZKOPF: Z. phys. Chem. A **162**, 187 (1932).

nach dem Auswaschen des Alkalis die Zellulose in der ursprünglichen Form wieder erhalten werden, was nach dem oben Gesagten nicht der Fall ist.

Zufolge der chemischen Natur der Zellulose ist es möglich, daß es sich bei der Alkalizellulose entweder um eine salzartige Verbindung oder um eine Molekülverbindung handelt. Hierüber sind die Ansichten noch geteilt.

NEALE[1] nimmt an, daß eine salzartige Verbindung vorliegt. Nach seiner Auffassung reagiert die Zellulose wie eine schwache Säure mit der Lauge, wobei sich ein völlig in Ionen dissoziiertes Salz bilden soll. Diese Annahme hat NEALE auch dazu benutzt, das Molverhältnis zwischen Zellulose und Ätznatron noch einmal zu berechnen, wobei er die weitere Annahme machte, daß die Zellulosefaser wie eine semipermeable Membran wirke und sich die Außenflüssigkeit sowie die in die Faser hineindiffundierte Flüssigkeit gemäß der DONNANschen Theorie der Membrangleichgewichte verhalte. Unter diesen Voraussetzungen findet NEALE, daß die höchst mögliche Alkalibindung 1 Mol NaOH auf 1 Mol $C_6H_{10}O_5$ beträgt[2].

Die Annahme, daß es sich bei der Alkalizellulose um eine Molekülverbindung handelt, wird insbesondere von SAKURADA und OKAMURA[3] vertreten. Diese Forscher nehmen an, daß die Molekülverbindung gleichzeitig noch Wasser enthält (vgl. S. 205).

Die Veränderungen, die die Zellulose bei der Behandlung mit Natronlaugen steigender Konzentration erleidet, sind auch röntgenographisch verfolgt worden. Die ersten Untersuchungen dieser Art führten KATZ und MARK[4] durch. Weitere Beiträge lieferten v. SUSICH und WOLFF[5], HESS und TROGUS[6] sowie in den letzten Jahren SCHRAMEK[7]. Die Auswertung der Röntgendiagramme ergab weitgehende Änderungen der Zellulose beim Einbringen in Natronlaugen verschiedener Konzentration. Von diesen Ergebnissen soll festgehalten werden, daß bei einer Ätznatronkonzentration zwischen 12 und 20% eine Modifikation der Zellulose auftritt, die nach HESS mit Natronzellulose I bezeichnet wird. In diesem Konzentrationsbereich liegt annähernd das horizontale Stück der Sorptionskurve. In Ätznatronkonzentrationen von 0—9% wurde

[1] NEALE: Journ. Text. Inst., Manchr. **20**, 373 (1929); **21**, 225 (1930); **22**. 320 (1931); **22**, 349 (1931); ausführlich referiert bei VALKÓ: Kolloidchemische Grundlagen der Textilveredelung, S. 183.

[2] Vgl. hierzu auch die neueren Arbeiten von LIESER und Mitarbeitern [A. 538, 99 (1939)]. Von ihnen wurde als maximales Verhältnis 3 NaOH: 2 $C_6H_{10}O_5$ gefunden.

[3] SAKURADA u. OKAMURA: Journ. Soc. chem. Inst. (Japan) **40**, 424 (1937).

[4] KATZ u. MARK: Z. phys. Chem. A **115**, 385 (1925).

[5] v. SUSICH u. WOLFF: Z. phys. Chem. B **8**, 221 (1930).

[6] HESS u. TROGUS: Z. phys. Chem. B **11**, 381 (1930); **15**, 157 (1931); **21**, 349 (1933); Z. Elektrochem. **42**, 696 (1936).

[7] SCHRAMEK: Kolloid-Z. **80**, 129 (1937).

das Röntgendiagramm der unveränderten Zellulose gefunden (Abb. 90). Von einer Ätznatronkonzentration von 9% an wird ein Teil der Zellulose

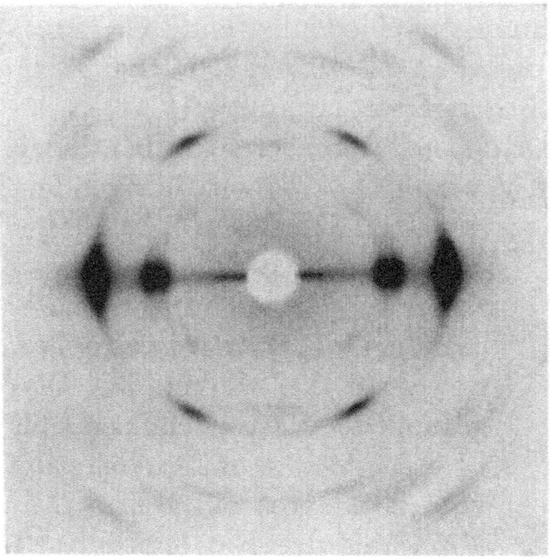

Abb. 90. Röntgendiagramm der natürlichen Ramie[1].

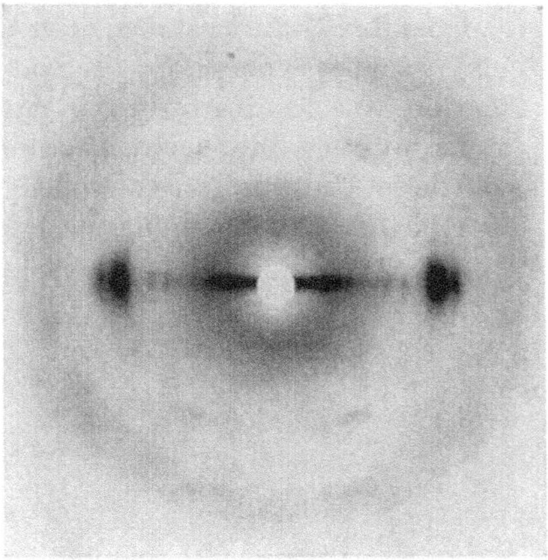

Abb. 91. Mischdiagramm aus unveränderter Ramie und Natronzellulose I.

in Natronzellulose I umgesetzt, die erhaltenen Röntgendiagramme sind Mischdiagramme von unveränderter Zellulose und Natronzellulose I (Abb. 91). Von einer Ätznatronkonzentration von 12% ab verschwindet dann das Röntgendiagramm der unveränderten Zellulose und man erhält bis zu einer Konzentration von 20% das Diagramm der Natronzellulose I rein (Abb. 92).

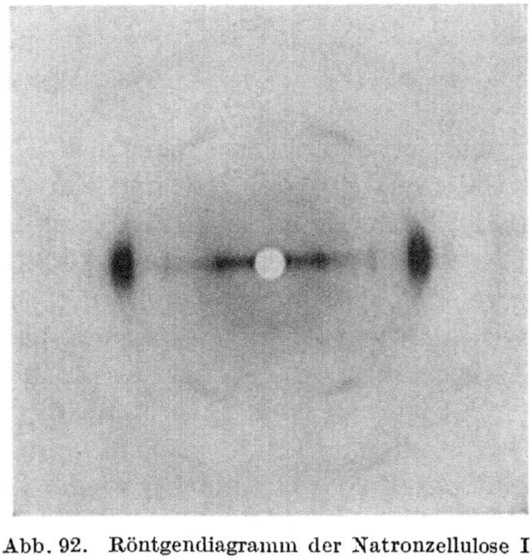

Abb. 92. Röntgendiagramm der Natronzellulose I.

Geht man mit der Ätznatronkonzentration über 20% hinaus, so erscheinen neue Interferenzen, die wieder auf eine weitere Natronzellulosemodifikation hindeuten. Ähnlich wie beim Übergang von nativer Zellulose in Natronzellulose I, so erhält man auch bei Ätznatronkonzentrationen über 20% zunächst Mischdiagramme von Natronzellulose I mit der neuen Modifikation, die man mit Natronzellulose II bezeichnet. Die

[1] Die Aufnahmen zu den Abb. 90, 91, 92, 93 und 95 wurden liebenswürdigerweise im Deutschen Forschungsinstitut für Textilindustrie, Dresden (Direktor: Prof. Dr. SCHRAMEK), angefertigt.

Mischdiagramme treten hier jedoch nur in dem engen Konzentrationsbereich zwischen 20 und 22% auf. Zwischen 22 und 45% Ätznatron erhält man das Diagramm der reinen Natronzellulose II.

Über ihre Natur bestehen noch Meinungsverschiedenheiten: SCHRAMEK[1] sieht in einer von HESS als Natronzellulose II angesprochenen Modifikation eine Hydratform der eigentlichen Natronzellulose II.

Es muß erwähnt werden, daß die Konzentrationsbereiche, bei denen sich diese Umwandlungen vollziehen, etwas anders liegen, je nachdem ob man als Untersuchungsmaterial native oder regenerierte Zellulosen verwendet. Bei regenerierten Zellulosen liegen die Konzentrationen durchweg etwas höher. So bleibt bei diesen das Diagramm der Natronzellulose I bis zu einer Ätznatronkonzentration von 26% erhalten. Die Umwandlung der Natronzellulose I in die Natronzellulose II vollzieht sich bei regenerierter Zellulose in dem Konzentrationsbereich von 26—28%.

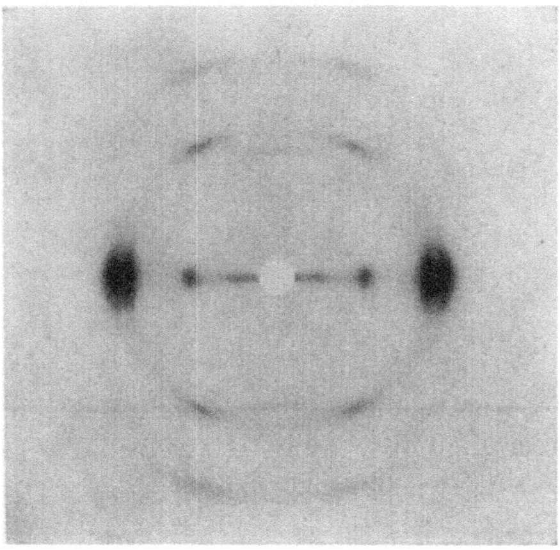

Abb. 93. Röntgendiagramm der Hydratzellulose.

Wir stellen also fest, daß man durch Einbringen von Zellulose in Natronlaugen steigender Konzentration mit allmählichen Übergängen aus nativer und regenerierter Zellulose zunächst Natronzellulose I und dann Natronzellulose II erhält. Bei der Einwirkung von Ätznatron auf Zellulose findet demnach ein allmähliches Durchreagieren statt, wobei nach LIESER die Alkaliaufnahme und die durch die Tauchlauge hervorgerufene hydrolytische Spaltung der Zellulose-Natronverbindung im Gleichgewicht zueinander stehen, das von der Laugenkonzentration, der Temperatur und der Art des Zellulosepräparates abhängig ist.

Es ist nun noch zu prüfen, ob dieselben Modifikationen auch rückwärts auftreten, d. h. also, ob man durch allmähliches Auswaschen der Natronzellulose II zunächst wieder die Natronzellulose I und dann wieder die unveränderte Zellulose erhält. Hierzu ist zunächst zu sagen, daß eine unveränderte Zellulose nicht erhalten wird. Es ist schon S. 199 erwähnt worden, daß die Zellulose, die man durch Auswaschen von mit Natronlaugen behandelten Präparaten erhält, andere Eigenschaften besitzt. Die Verfolgung dieser Reaktion durch die Röntgenanalyse bestätigte diese Beobachtungen: Die von der Lauge befreite Zellulose ergibt ein gänzlich anderes Röntgenbild als die native Zellulose (Abb. 93).

[1] SCHRAMEK: Privatmitteilung.

Man bezeichnet die auf diese Weise erhaltene Zellulose als „Hydratzellulose". Auch die Röntgenographie führt also zu dem Ergebnis, daß die Alkalisierung der Zellulose kein reversibler Vorgang ist. Demzufolge besteht auch Kunstseide und Zellwolle nicht aus Zellulose, sondern aus Hydratzellulose. Über ihre Eigenschaften, auf die im Kapitel 24 noch näher eingegangen wird, ist hier nur zu sagen, daß sie sich chemisch nicht von der nativen Zellulose unterscheidet. Wichtig für die Kenntnis der Hydratzellulose ist der Bau ihres Elementarkörpers. Auf Grund der Röntgendiagramme der Hydratzellulose ist der Elementarkörper insbesondere von ANDRESS[1] bestimmt

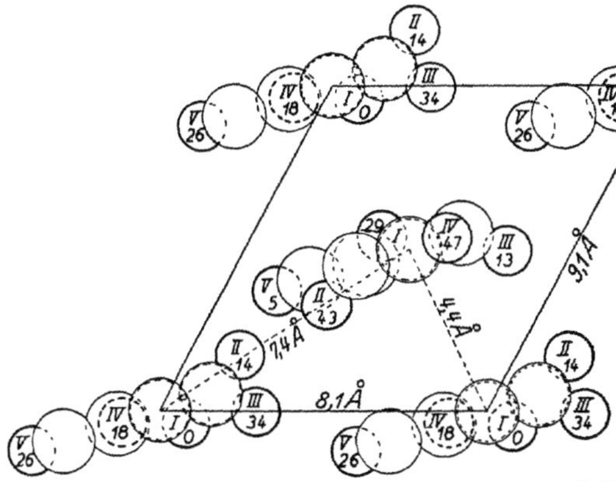

Abb. 94. Lage der Glukosereste im Gitter der merzerisierten Zellulose (nach ANDRESS).

worden. Nach seinen Messungen und Berechnungen ist der Elementarkörper der Hydratzellulose durch die folgenden Zahlen gekennzeichnet:

$$a = 8{,}1\ \text{Å} \qquad b = 10{,}3\ \text{Å} \qquad c = 9{,}1\ \text{Å} \qquad \beta = 62^\circ.$$

Der Elementarkörper der Hydratzellulose unterscheidet sich demnach vom Elementarkörper der nativen Zellulose nur wenig. Er besteht wie bei der nativen Zellulose aus zwei Zellobioseresten, die parallel zur b-Achse angeordnet sind. Auch der Abstand zweier benachbarter Ketten ist annähernd derselbe. Dagegen sind die einzelnen Ketten bei der Hydratzellulose um ihre Längsachse etwas verdreht, wie dies Abb. 94 zeigt, die den Elementarkörper der Hydratzellulose in der Aufsicht wiedergibt (vgl. hierzu den Elementarkörper der nativen Zellulose, Abb. 7, S. 50).

Nach SPONSLER und DORE[2] sowie SAUTER[3] sollen im Elementarkörper der Hydratzellulose allerdings nicht die gesamten Hauptvalenzketten etwas seitlich verdreht sein, sondern nur die primären Alkoholgruppen des Glukoserestes.

[1] ANDRESS: Z. phys. Chem. B 4, 190 (1929).
[2] SPONSLER u. DORE: Journ. Amer. chem. Soc. 50, 1940 (1928).
[3] SAUTER: Z. phys. Chem. B 37, 161—167 (1937).

Nachdem so gezeigt worden ist, daß die Alkalisierung der Zellulose nicht reversibel ist, bleibt noch die Frage zu prüfen, ob die Übergänge Zellulose—Natronzellulose I—Natronzellulose II im einzelnen reversibel sind. Auch dieses ist nicht der Fall, wie besonders HESS und TROGUS[1] sowie SCHRAMEK[2] nachgewiesen haben. Nach ihren Untersuchungen geht Natronzellulose II in Laugen unter 20% nicht unmittelbar in Natronzellulose I über, sondern die Natronzellulose II bleibt bis zu einer Konzentration bis etwa 11% stabil. Erst unterhalb dieser Konzentration tritt eine teilweise Umwandlung in Natronzellulose I ein. Schwieriger liegen die Verhältnisse noch beim Übergang von Natronzellulose I in Hydratzellulose. Nach SCHRAMEK[3] zeigen sich beim Auswaschen der Natronzellulose I zunächst nur unscharfe Interferenzen der Hydratzellulose, die das Vorhandensein einer weiteren Modifikation vermuten lassen. Bei vorsichtigem Verdünnen der Lauge von 14 auf 6% konnte in der Tat eine Zwischenphase röntgenographisch erfaßt werden, die im Konzentrationsbereich von 8—6% mit Natronzellulose I gemeinsam auftritt und im Konzentrationsbereich von 6—1% allein erfaßt wird. Diese neue Modifikation wurde mit Natronzellulose IV bezeichnet. In dieses Gebiet fällt auch die von SAKURADA und HUTINO aufgefundene Wasserzellulose.

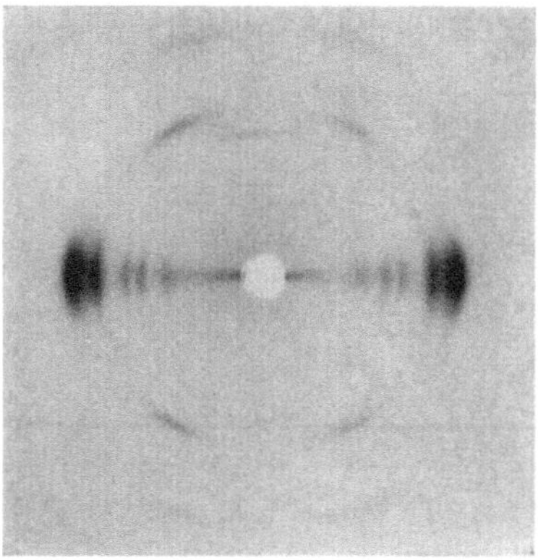

Abb. 95. Mischdiagramm von einer partiell merzerisierten Ramiezellulose, gewonnen durch Regeneration der Zellulose des Diagramms 91. Das Diagramm enthält die Interferenzen der Hydratzellulose sowie der nativen Zellulose.

In diesem Zusammenhange ist noch besonders bemerkenswert, daß man nach Auswaschen des Alkalis aus einer nur teilweise in Natronzellulose I umgewandelten Faser (Abb. 91) ein Röntgendiagramm erhält, das die Interferenzen der natürlichen Zellulose sowie der Hydratzellulose nebeneinander erkennen läßt (Abb. 95). Aus diesem Befund geht die permutoide Reaktionsweise der Zellulose mit besonderer Deutlichkeit hervor.

Auf diese Verhältnisse soll jedoch nicht näher eingegangen werden. Erwähnenswert ist aber die Tatsache, daß man das Diagramm der reinen Zellulose erhält, wenn man Fasern, die mit Natronlauge oberhalb einer Konzentration von 45% behandelt sind, unter starker Spannung auswäscht. Nach HESS soll man auch aus Hydratzellulose Zellulose erhalten, wenn man sie bei tiefen Temperaturen mit flüssigem

[1] HESS u. TROGUS: Z. Elektrochemie 42, 696 (1936).
[2] SCHRAMEK: Kolloidz. 80, 129 (1937).
[3] SCHRAMEK: Z. phys. Chem. B 20, 209 (1931).

Ammoniak behandelt. Nach Beobachtungen von KUBO[1] erhält man die Interferenzen der nativen Zellulose, wenn man Hydratzellulose oder ihre Alkaliverbindung kurze Zeit in Glycerin erhitzt. Diese bemerkenswerten Forschungsergebnisse können unter Umständen für Veredlungsverfahren bei Geweben aus Kunstseide oder Zellwolle von Bedeutung werden, da man bestrebt ist, die durch die Umwandlung der Zellulose hervorgerufenen Quellungserscheinungen durch Nachbehandlungsverfahren zu verringern.

Über die Berechnung des Elementarkörpers der Natronzellulose II soll noch ausgesagt werden, daß man bei dieser Modifikation die Länge der *b*-Achse zu 15,1 Å findet. Die *b*-Achse ist also länger als bei allen anderen Zellulosemodifikationen. Für diese eigenartige Tatsache hat man noch keine befriedigende Erklärung gefunden.

Es ist nun verschiedentlich versucht worden, auch auf Grund der röntgenographischen Befunde das Molverhältnis des Systems Zellulose-Ätznatron zu ermitteln. Unter gleichzeitiger Berücksichtigung anderer physikalischer und chemischer Befunde nehmen SAKURADA und OKAMURA[2] Molekülverbindungen der folgenden Zusammensetzung an:

Natronzellulose I	$C_6H_{10}O_5 \cdot NaOH \cdot 3\,H_2O$
Natronzellulose II	$C_6H_{10}O_5 \cdot NaOH \cdot H_2O$.

Nach ihrer Annahme würden also die Natronzellulose I und die Natronzellulose II die gleiche Menge Ätznatron enthalten und sich nur durch einen verschieden hohen Gehalt an Kristallwasser unterscheiden.

II. Die Quellung der Natronzellulose.

Für Natronzellulose sind zwei Eigenschaften charakteristisch, nämlich ihre Quellung und ihre Löslichkeit in Natronlauge. Durch Einbringen in Natronlauge erleiden die Zellulosefasern eine Vergrößerung ihres Volumens, die von der Konzentration der Lauge abhängig ist und ein Maximum durchläuft. Im Gegensatz zur Quellung in Wasser ist die Quellung in Natronlauge aber nicht reversibel, es handelt sich vielmehr um „irreversible" Quellung. Da sich bei der Alkalibehandlung die Röntgendiagramme geändert haben, muß man die Annahme machen, daß die Alkalilauge in die geordneten Gitterbereiche selbst eingedrungen ist. Man bezeichnet diese Art der Quellung daher als „intramizellare" Quellung. Die intramizellaren Quellungsvorgänge kann man in zwei Gruppen unterteilen und zwar in solche, bei denen nach der Quellung im Röntgenbild die Faserstrukturen verschwinden und das Objekt amorph erscheint, sowie in solche, bei denen das Röntgenogramm auf das Entstehen einer neuen kristallisierten Verbindung schließen läßt. Diesen

---

[1] KUBO: Kolloid-Z. 88, 62 (1939).

[2] SAKURDA u. OKAMURA: Journ. Soc. chem. Ind. (Japan) **40**, 424 (1937). Vgl. hierzu auch MEYER u. BADENHUIZEN: Nature, Lond. **140**, 281 (1937).

Sonderfall der intramizellaren Quellung bezeichnet man mit „permutoider“ Quellung. Er liegt bei der Natronlaugequellung der Zellulose vor.

Bei der Alkaliquellung ist zunächst festzustellen, daß der Quellungsgrad der Zellulose viel höher ist als bei der Wasserquellung. Nach den Vorstellungen von HERMANS[1] kommt der stark gequollenen Faser das in Abb. 96 wiedergegebene Strukturbild zu. Die stark hydratisierten Stellen der Zelluloseketten in den ungeordneten Bereichen treiben, unterstützt durch BROWNsche Bewegung, die Kettenbüschel weit auseinander. Man kann sich vorstellen, daß hierbei auch die geordneten Bereiche von den Stirnflächen her mit eingerissen werden, wodurch der Zusammenhalt des ganzen Gefüges immer lockerer wird. Daß die Natronlauge mit steigender Konzentration allmählich immer weiter in die geordneten Gitterbereiche hinein fortschreitet, geht eindeutig aus dem röntgenographischen Befund hervor, wonach sich oberhalb einer Konzentration von 9% erst Mischdiagramme ausbilden, bis die Umsetzung zu Natronzellulose I vollkommen erfolgt ist. Die Natronlauge ist jedoch unter keinen Bedingungen in der Lage, eine völlige Überwindung aller Gitterkräfte herbeizuführen, sie erreicht stets nur eine Aufweitung des Gitters. Durch diese Gitteraufweitung werden aber weitere Hydroxylgruppen mobilisiert, was für das Verständnis der Xanthogenatreaktion (s. S. 247) von Wichtigkeit ist. Verwendet man als Quellmittel an Stelle von Natronlauge dagegen eine Base von hohem Molekulargewicht[2] und hohem Hydratationsvermögen, so ist diese Base in der Lage, die zwischen den Zelluloseketten herrschenden Molkohäsionskräfte so weit aufzuheben, daß die Zellulosemoleküle vollständig hydratisieren und in Lösung gehen. Verdrängt man die Natronlauge durch Wasser, so ist es nach dem oben Gesagten verständlich, daß nach dieser weitgehenden Deformation nicht alle Ketten und Kettenenden wieder in ihre vorher eingenommene Lage zurückgelangen, der Vorgang ist demnach nicht reversibel. Immerhin wird sich bei der Entquellung wieder eine gewisse Ordnung einstellen, und zwar werden die Teilchen sich vorzugsweise so aneinander lagern, daß sich an den Berührungsstellen möglichst viele und lange Kettenabschnitte einander parallel lagern, was zugleich eine Parallelrichtung der Teilchenachsen zur Folge hat. Die Kettenbüschel haben sich aber bei der Laugenquellung so weit ineinandergeschoben, daß eine gewisse Spreitung bleibt. Die geordneten Bereiche bleiben daher auch nach der Entquellung etwas voneinander entfernt und die amorphen Bereiche sind größer als bei der Faser vor der Quellung. Dementsprechend

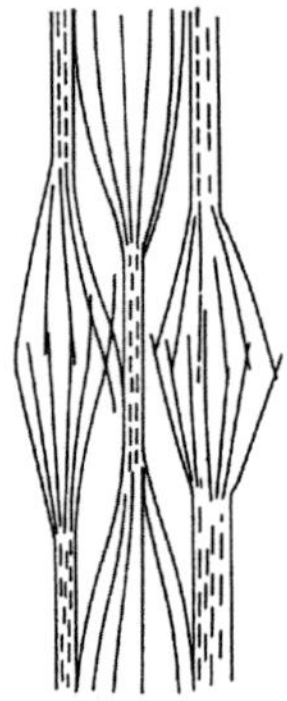

Abb. 96. Modell einer in Natronlauge gequollenen Faser (nach HERMANS).

[1] HERMANS: Kolloid-Z. **83**, 75 (1938).
[2] LIESER u. LECKZYCK: A. **522**, 56 (1936).

besitzt die gequollen gewesene Faser auch einen größeren Betrag an zur Solvatation befähigter Hydroxylgruppen.

Bei der Beschreibung der intermizellaren Quellung der Fasern durch Wasser war ausgeführt worden, daß diese durch die Betätigung von Solvatationskräften eingeleitet wird, was aus thermodynamischen Daten geschlossen wurde. Die Entscheidung, ob die gleichen Kräfte für die intramizellare Quellung in Natronlauge maßgebend sind, ist schwierig, weil die durch die Quellung entstehende Wärmetönung durch die zwischen der Zellulose und dem Natriumhydroxyd entwickelte Reaktionswärme in hohem Maße überlagert wird (s. S. 20g). Unter Berücksichtigung vieler Beobachtungen wird man aber nicht fehlgehen, wenn man auch die Natronlaugequellung auf molekulare Anziehungskräfte zurückführt.

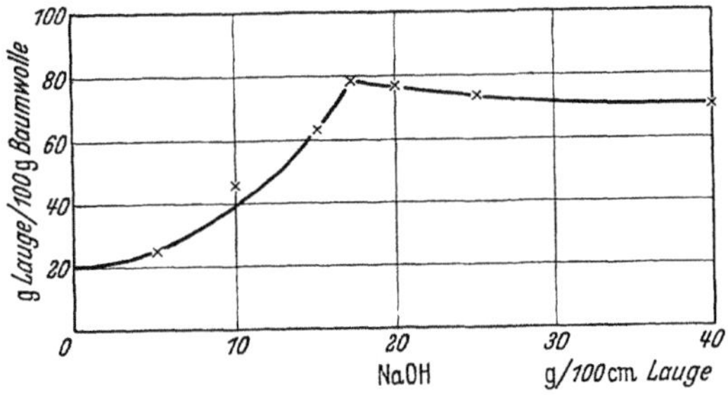

Abb. 97. Quellung von Baumwollzellulose in Natronlauge steigender Konzentration (nach HEUSER und BARTUNEK).

Eingehende Untersuchungen über die Quellung der Zellulose in Natronlauge liegen unter anderem von HEUSER und BARTUNEK[1] sowie COLLINS und WILLIAMS[2] vor. Diese Forscher ermittelten die Quellung durch Messung der Vergrößerung der Breite einer Baumwollfaser in Laugen verschiedener Konzentration. Quellungsmessungen führten ferner WELTZIEN und ZUM TOBEL[3] aus. Von diesen Autoren wurde die Quellung durch Bestimmung des Gewichtes von der Lauge abgepreßter Fasern festgestellt. Die Untersuchungen führten zu dem Ergebnis, daß mit steigender Laugenkonzentration zunächst die Quellung ansteigt, um bei einer Laugenkonzentration von etwa 15% ein deutlich ausgeprägtes Maximum zu durchlaufen. Oberhalb dieser Laugenkonzentration nimmt der Quellungsgrad dann allmählich wieder ab (Abb. 97 und 98). Dieses Ergebnis ist insofern bemerkenswert, als das Quellungsmaximum mit derjenigen Laugenkonzentration zusammenfällt, bei der

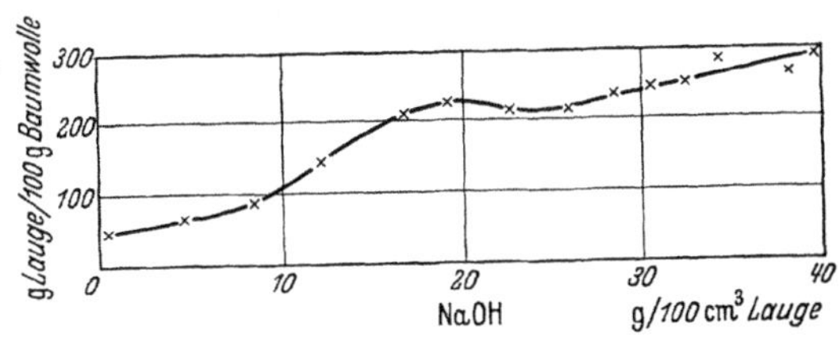

Abb. 98. Quellung von Baumwollzellulose in Natronlauge steigender Konzentration (nach WELTZIEN und ZUM TOBEL).

[1] HEUSER u. BARTUNEK: Cellulose-Chem. 6, 19 (1925).
[2] COLLINS u. WILLIAMS: Journ. Text. Inst., Manchr. 15, 149 (1924).
[3] WELTZIEN u. ZUM TOBEL, ref. in WELTZIEN: Chemische und physikalische Technologie der Kunstseide, S. 85.

die Umwandlung zur Natronzellulose I erfolgt. Die von HEUSER und BARTUNEK sowie von WELTZIEN und ZUM TOBEL ermittelten Werte weichen allerdings insofern voneinander ab, als die letzteren Forscher von einer Konzentration von etwa 25% ab wieder eine leichte Zunahme der Quellung fanden. Auch ist das Quellungsmaximum nicht so ausgeprägt.

Tabelle 58. Quellungsgrad verschiedener Zellstoffe in Abhängigkeit von der Laugenkonzentration. (Nach LOTTERMOSER und RADESTOCK.)

Laugenkonzentration in Mol	Quellzahl		
	Zellstoff		
	A	C	I
0,2	2,00	1,70	1,65
0,7	3,14	2,71	2,60
1,5	3,82	3,44	3,30
2,2	5,30	4,53	4,30
3,2	6,62	5,20	4,80
3,8	5,75	4,82	4,70
4,5	5,08	4,40	4,31
5,3	5,06	4,40	4,30
6,0	5,00	4,38	4,30
6,8	4,92	4,30	4,20
7,5	4,64	4,31	4,00
8,0	4,31	3,80	3,70
9,0	4,15	3,36	3,43
9,8	3,83	2,83	2,90
10,5	3,57	2,45	2,30
11,2	3,52	2,40	2,30
12,1	3,52	2,40	2,26
12,8	3,50	2,40	2,25

Die Bildung des Quellungsmaximums ist nach VALKÓ[1] das Ergebnis eines Wettstreites zwischen der Alkalizellulose einerseits und der überschüssigen Lauge andererseits um das Hydratwasser: Solange mit steigender Laugenkonzentration die Alkalibindung durch die Zellulose zunimmt, steigt auch die Hydratation der Zellulose. Im Gebiete höherer Konzentrationen überwiegt die enthydratisierende Wirkung der überschüssigen Lauge.

Mit der Volumenzunahme der Zellulose gehen eigenartige Längenänderungen der Faser parallel, die durch die Orientierung der geordneten Bereiche bedingt sind. Diese Verhältnisse sind äußerst verwickelt und bei der Laugenquellung ausgeprägter als bei der Wasserquellung.

Für die Viskosefabrik ist die Quellung technischer Zellstoffe in Natronlauge wichtig. Auf die allgemeine Bedeutung der Quellungsverhältnisse der Zellstoffe für die Viskoseherstellung war schon S. 139 näher eingegangen worden. LOTTERMOSER und RADESTOCK[2] untersuchten drei Zellstoffe in bezug auf ihre Quellfähigkeit, und zwar sowohl in Abhängigkeit von der Laugenkonzentration als auch von der Zeit. Die Tabelle 58 sowie die Abb. 99 berichten über die Ergebnisse. Der Quellungsgrad ist als „Quellzahl" angegeben. Hierunter ist zu verstehen, wieviel mal so groß das Quellvolumen als das Anfangsvolumen ist.

[1] Vgl hierzu VALKÓ: Kolloidchemische Grundlagen der Textilveredelung, S. 200.
[2] LOTTERMOSER u. RADESTOCK: Z. angew. Chem. 40, 1510 (1927).

Aus den aufgeführten Ergebnissen geht hervor, daß die Quellzahl der Zellstoffe nach der Berührung mit Natronlaugen verschiedener Konzentration erst stärker, dann langsamer, aber stetig zunimmt, bis bei einer Ätznatronkonzentration von etwa 3,2 Mol = 12,5% ein Maximum erreicht wird. Hiernach fällt die Quellzahl rasch bis zu einer Konzentration von etwa 4,5 Mol ab, um dann bis 6,8 Mol nahezu konstant zu bleiben. Bis zu einer Konzentration von 10,5 Mol tritt dann ein weiterer Abfall der Quellzahl auf, um darauf eine zweite Ruhelage zu durchlaufen. Die normale Tauchlaugenkonzentration von 17,5% liegt also jenseits des Quellungsmaximums.

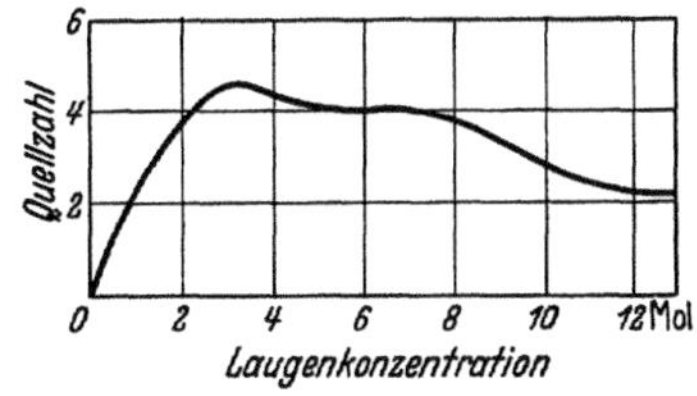

Abb. 99. Quellungsgrad des Zellstoffes I in Abhängigkeit von der Laugenkonzentration. (Nach LOTTERMOSER und RADESTOCK.)

Wie Abb. 100 zeigt, ist die Quellgeschwindigkeit der Zellstoffe in den ersten Minuten nach dem Einbringen der Zellstoffe in die Lauge sehr groß, aber schon nach wenigen Minuten hat sich ein Gleichgewichtszustand eingestellt. In der ersten Stunde ändern sich diese Verhältnisse nicht. Hierauf findet innerhalb eines Zeitraumes von 12—15 Stunden wieder ein langsamer Anstieg bis zu einem Maximum statt, das für etwa 8 Stunden gehalten wird. Nach 20 bis 24 Stunden ist der Ausgangswert wieder erreicht. Wie weiter unten noch gezeigt wird, geht diese Charakteristik des Quellungsverlaufes mit den Gewichtsverlusten parallel, den die Zellstoffe bei verschieden langen Tauchzeiten erleiden.

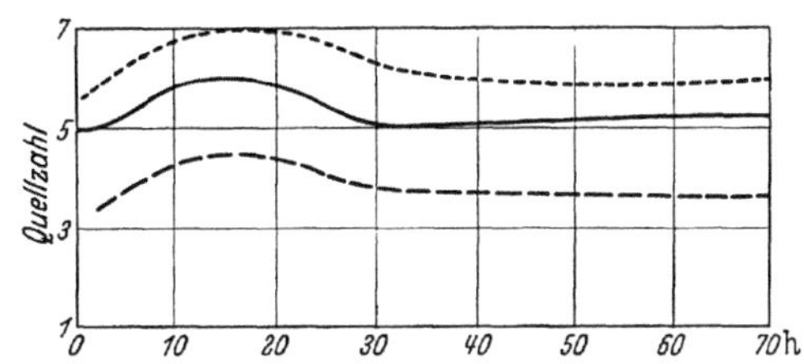

Abb. 100. Quellgeschwindigkeit technischer Zellstoffe (nach LOTTERMOSER und RADESTOCK).

III. Wärmetönung.

Bei der Alkalizellulosebildung entwickelt sich eine erhebliche Wärmemenge. Im Hinblick auf die Tatsache, daß diese bei der Kunstseiden- und Zellwollfabrikation eine gewisse Rolle spielt, soll hierauf etwas näher eingegangen werden[1]. Geht man von einer Baumwolle mit 5,1% Wassergehalt aus und bringt diese in Natronlauge steigender Konzentration, so findet man nach BARRAT und LEWIS[2] schon bei einer Laugenkonzentration von 7,4% eine Wärmeentwicklung von 6,7 cal, während bei der Wasserquellung nur 3,6 cal je Gramm Zellulose frei werden.

[1] Vgl. hierzu VALKÓ: Kolloidchemische Grundlagen der Textilveredelung, S. 207.

[2] BARRAT u. LEWIS: Journ. Text. Inst., Manchr. 13, 113 (1922).

Wie Abb. 101 zeigt, steigt die Wärmeentwicklung mit steigender Konzentration an Natronlauge erst rasch, dann langsamer an. Die Wärmetönung bei den höheren Laugenkonzentrationen dürfte auf das Auftreten von Verdünnungswärme zurückzuführen sein, da der Natronlauge Ätznatron durch die Bindung an die Zellulose entzogen wird.

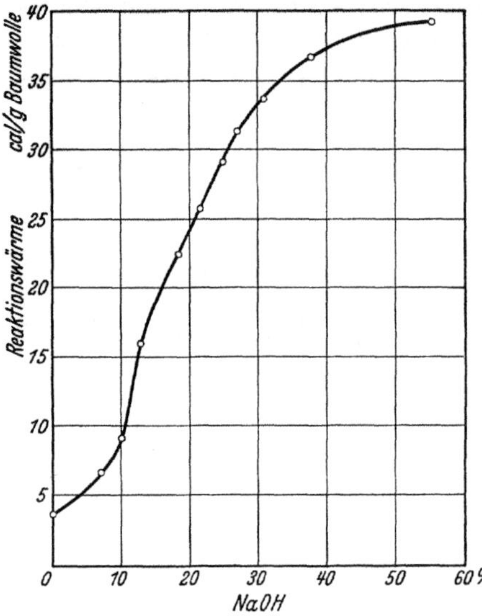

Abb. 101. Wärmeentwicklung bei der Reaktion von gebeuchter Baumwolle mit Natronlauge bei 19° C. (Nach BARRAT und LEWIS).

IV. Die Alkalilöslichkeit der Zellulose.

Von technischer Bedeutung ist die Tatsache, daß die Zellulose in Natronlauge teilweise löslich ist. Das Verhalten verschiedener Zellstoffe in dieser Beziehung wurde u. a. von WELTZIEN[1] untersucht, die Ergebnisse waren in der Abb. 64 (S. 135) schon gezeigt worden. Wie aus der Abbildung hervorging, durchläuft die Löslichkeit ein ausgesprochenes Maximum, das bei etwa 10%iger Natronlauge liegt. Das Kurvenbild zeigte, daß Zellulose in Laugen über 12% mit steigender Laugenkonzentration immer unlöslicher wird. Es war gleichfalls schon darauf hingewiesen worden, daß verschiedene Zellstoffe eine verschieden große Löslichkeit besitzen.

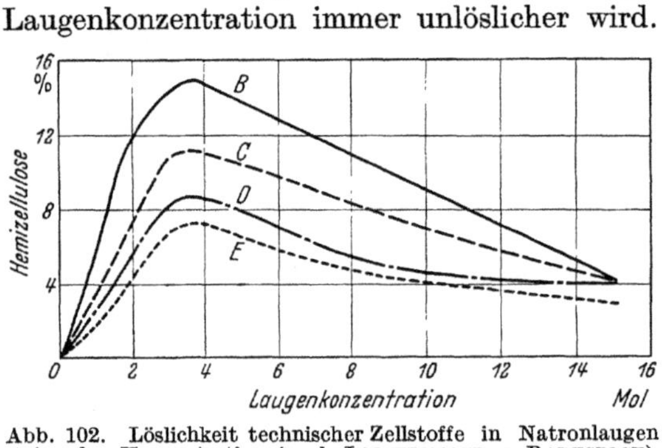

Abb. 102. Löslichkeit technischer Zellstoffe in Natronlaugen steigender Konzentration (nach LOTTERMOSER u. RADESTOCK).

Ergänzend sollen noch einige Zahlen für die Löslichkeit technischer Zellstoffe in Natronlaugen steigender Konzentration mitgeteilt werden, die von LOTTERMOSER und RADESTOCK[2] an neun verschiedenen Zellstoffen gefunden wurden. Man sieht auch an dieser Zusammenstellung (Tabelle 59 und Abb. 102), daß die Zellstoffe sich hinsichtlich ihrer Löslichkeit ganz verschieden verhalten.

[1] WELTZIEN: Papierfabr. Festheft **1928**, 115

[2] LOTTERMOSER u. RADESTOCK: Angew. Chem. **40**, 1510 (1927).

Tabelle 59. Löslichkeit technischer Zellstoffe in Natronlauge steigender Konzentration. (Nach Lottermoser und Radestock.)

Laugen-konzentration in Mol	% in Lösung gegangene Hemizellulose								
	A	B	C	D	E	F	G	H	J
0,5	2,6	3,0	2,4	1,8	1,8	2,8	2,1	5 9	2,4
1,25	5 8	7 1	5,3	3,7	3,5	6,7	4,6	10,7	4,7
2,5	11,0	13,8	10,5	8,0	6,9	14,0	9,3	21,0	8,6
3,2	11,8	14,6	11,3	8,4	7,5	14,9	10,0	22,4	9,1
3,75	11,1	14,1	10,8	8,1	7,4	14,7	9,4	21,6	9,0
5,0	10,4	12,7	10,0	7,3	6,7	13,8	9,0	19,5	8,2
6,0	9,3	11,4	9,1	6,6	6,0	12,9	8,2	18,3	7,3
8,0	8,0	10,2	7,8	5,4	5,2	11,2	7,0	17,3	6,1
10,0	6,4	8,3	6,6	4,9	4,3	9,4	6,2	15,4	5,0
12,0	4,0	6,0	4,8	3,7	3,9	7,1	5,0	13,7	4,3
15,0	3,8	3,9	3,7	2,8	3,6	4,2	3,4	8,9	4,0

Das Löslichkeitsmaximum wurde von Lottermoser und Radestock bei einer Laugenkonzentration von 3,2 Mol = 12,5% gefunden.

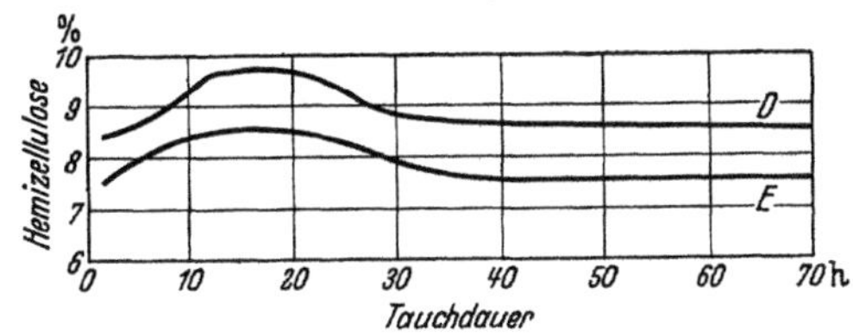

Abb. 103. Einfluß der Tauchdauer auf die Löslichkeit von Zellstof (nach Lottermoser und Radestock).

Die Alkalilöslichkeit der Zellstoffe setzt sich aus zwei Komponenten zusammen, nämlich aus der Löslichkeit der Zellulose und aus der Löslichkeit der im Zellstoff als Verunreinigung enthaltenen Polysaccharide oder Hemizellulosen. Je höher der Gehalt eines Zellstoffes an α-Zellulose ist, um so geringer ist die Löslichkeit in Natronlauge. Entsprechend sind auch die Verluste beim Tauchen geringer. Der weitaus größte Betrag an Alkalilöslichem ist bei den Zellstoffen demnach auf die Verunreinigungen zurückzuführen. Behandelt man einen Zellstoff mehrmals hintereinander mit Laugen, so ist festzustellen, daß durch Natronlauge von 17,5% bei einer normalen Tauchlaugentemperatur von 20° C keine Anteile des Zellstoffes mehr in Lösung gehen. Reine α-Zellulose erleidet demnach durch die Tauchlauge keine Gewichtsverluste. Wird also eine Zellulose, die schon einmal mit Natronlauge behandelt war, in Alkalizellulose übergeführt, so erhält man eine vollkommen hemifreie Tauchlauge. Man hat sich in der Praxis diese Beobachtung zunutze gemacht. Wir kommen deshalb später noch einmal auf diese Verhältnisse zurück.

Der Einfluß der Tauchdauer auf die Menge an Alkalilöslichem wurde gleichfalls von Lottermoser und Radestock[1] untersucht. Es wurde von ihnen gefunden, daß die Hemizellulosewerte bis zu einer Zeit von

[1] Lottermoser u. Radestock: Angew. Chem. 40, 1506 (1927).

12—16 Stunden um 1—2,5% zunehmen, sie bleiben dann bis etwa 8 Stunden konstant und nehmen nach 20—24 Stunden um denselben Betrag ab, um bei Zeiten über 30 Stunden wieder konstant zu werden (Abb. 103).

Von technischer Bedeutung ist weiter der Einfluß der Tauchlaugentemperatur auf die Löslichkeit der alkalisierten Zellstoffe. LOTTERMOSER und RADESTOCK fanden die in Tabelle 60 wiedergegebenen Werte.

Tabelle 60. Einfluß der Tauchlaugentemperatur auf die Löslichkeit der Zellstoffe. (Nach LOTTERMOSER und RADESTOCK.)

Temperatur einer Natronlauge von 3,2 Mol in ° C	% in Lösung gegangene Hemizellulose								
	Zellstoff								
	A	B	C	D	E	F	G	H	J
20	11,9	14,6	11,3	8,4	7,5	14,9	10,0	22,4	9,1
30	13,8	16,9	13,2	9,3	8,1	17,0	11,8	24,8	10,7
45	15,7	19,5	15,5	10,4	8,8	20,1	13,8	27,1	12,5
60	17,8	22,9	17,4	11,5	9,3	24,4	16,1	29,7	14,3
80	20,0	26,5	19,4	12,9	10,0	28,7	18,8	32,4	16,1
100	23,2	30,1	21,7	14,0	11,2	33,1	21,0	35,0	18,0

Die Tabelle zeigt, daß mit steigender Laugentemperatur steigende Mengen Hemizellulosen in Lösung gehen. Die Alkalilöslichkeit ist demnach keine Funktion der Quellung. Bei höherer Temperatur dürfte vielmehr in zunehmendem Maße alkalische Hydrolyse sowie ein oxydativer Abbau der Zellulose eintreten. Die Kenntnis dieser Zusammenhänge ist wichtig für die Bestrebungen, die Vorreife durch Erhöhung der Tauchlaugentemperatur zu ersetzen. Wir kommen hierauf noch zurück.

V. Sorption und Desorption der regenerierten Zellulose.

Auf Grund der durch die Gitteraufweitung berechtigten Annahme einer stärkeren Solvatationsfähigkeit der durch Natronlaugebehandlung umgewandelten Zellulose kann man bei Hydratzellulose eine größere Hygroskopizität erwarten. Wie die Abb. 104 zeigt, die die Sorptionskurven von Baumwolle und merzerisierter Baumwolle wiedergibt, nimmt die in Hydratzellulose umgewandelte Faser tatsächlich mehr Feuchtigkeit auf, und zwar ist die Feuchtigkeitsaufnahme der umgewandelten Faser rund 1,5mal so groß wie die der nativen Faser. Auch die Desorptionskurven liegen entsprechend höher. Bei den regenerierten künstlichen Zellulosefasern liegt diese Verhältniszahl noch wesentlich höher, nämlich zwischen 1,7 und 2,0[1].

[1] VALKÓ: Kolloidchemische Grundlagen der Textilveredelung. S. 217.

Es war schon an einer anderen Stelle ausgeführt worden, daß in dieser erhöhten Hygroskopizität der Kunstfasern ein Nachteil liegt.

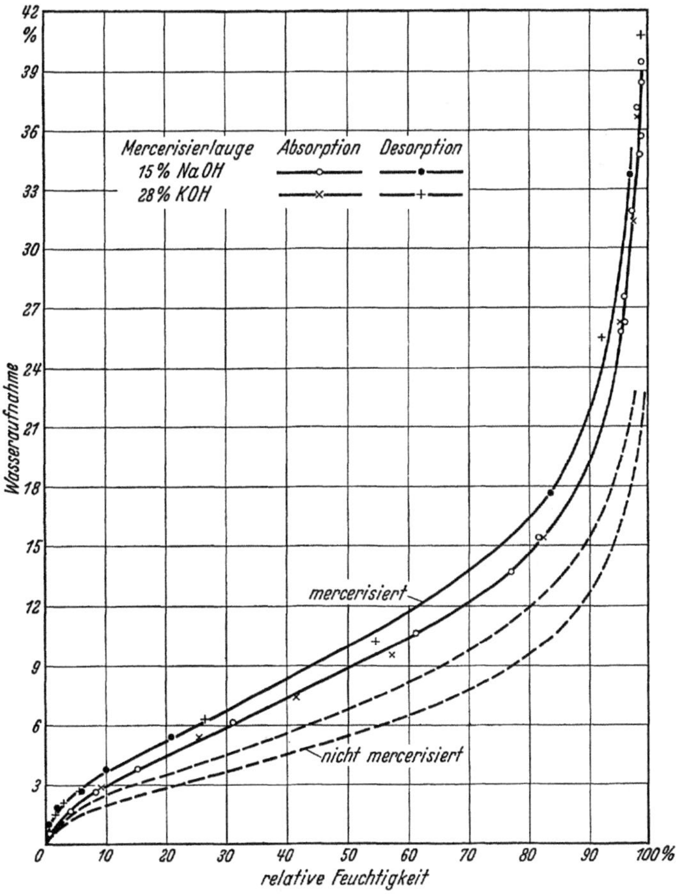

Abb. 104. Vergleich der Adsorptions- und Desorptionskurven unmerzerisierter und merzerisierter gebeuchter Baumwolle bei 25° C. (nach URQUHART und WILLIAMS).

VI. Das Verhalten der Zellulose gegenüber anderen Alkalien.

Die vorstehenden Ausführungen bezogen sich auf Ätznatron als Alkali. Analoge Untersuchungen sind auch mit anderen Alkalien durchgeführt worden. Die hierbei beobachteten Effekte hängen mit dem Hydratationsgrad der betreffenden Ionen zusammen und nehmen demzufolge nach R. O. HERZOG und BECK[1] in folgender Reihenfolge ab:

$$H > Li > Na > K > Rb > Cs > [NH_4].$$

[1] HERZOG u. BECK: Z. phys. Chem. **111**, 287 (1920).

VII. Die technische Herstellung der Alkalizellulose.

Bei der Herstellung der Alkalizellulose beginnt sich hinsichtlich der Arbeitsweisen ein Wandel zu vollziehen. Man geht meistens von Zellstoff aus, der in Form von zurechtgeschnittenen Tafeln von den Zellstoff-Fabriken angeliefert wird. Der Zellstoff wird dann in Form dieser Tafeln mit der Tauchlauge in Berührung gebracht. Die weitaus meisten Fabriken arbeiten zur Zeit noch nach dieser Arbeitsweise. Es war aber schon mehrfach Gelegenheit, darauf hinzuweisen, daß das Tauchen des Zellstoffes in Blattform gewisse Schwierigkeiten mit sich bringt, die in der

Abb. 105. Flockenzellstoff der Phrix-Gesellschaft m. b. H. Hirschberg.

Hauptsache mit den Quellungskriterien des Zellstoffes in Zusammenhang stehen und die leicht zu einer ungleichmäßigen Viskose führen können. Diese Schwierigkeiten werden behoben, wenn man die Alkalisierung des Zellstoffes nicht in Form von Blättern vornimmt, sondern in Form eines zerfaserten oder flockigen Zellstoffes. Arbeitet man diesen durch geeignete Rührwerke und Knetmaschinen mit der Natronlauge intensiv durch, so ist leicht einzusehen, daß auf diese Weise leichter eine homogene Alkalizellulose erhalten wird, als wenn man ruhende Zellstoffblätter der Einwirkung von Natronlauge aussetzt. Vorschläge so zu arbeiten, sind, wie im 14. Kap. noch näher ausgeführt wird, schon sehr früh gemacht worden, man hat jedoch erst in den letzten 2 Jahren bei einigen Betrieben hierauf zurückgegriffen. Daß man erst so spät wieder auf diese Arbeitsweise zugekommen ist, hat seinen Grund darin, daß sowohl das Zerfasern eines nicht alkalisierten Zellstoffes als auch das gleichmäßige Abpressen des Alkalizellulosebreies gewisse technische Schwierigkeiten bereitet. Erst in der jüngsten Zeit ist die Konstruktion geeigneter Maschinen gelungen. Die Alkalisierung von flockigem Zellstoff ist besonders in solchen Fällen zweckmäßig, in denen der Kunstseiden-

oder Zellwollfabrik am gleichen Ort eine Zellstoff-Fabrik zur Verfügung steht. Man kann dann so arbeiten, daß man den Zellstoff erst gar nicht vollkommen fertigstellt, sondern ihn gleich als flockigen, zum größten Teil entwässerten Stoff der Alkalisierung zuleitet. Abb. 105 zeigt einen Flockenzellstoff der Zellstoffversuchsanlage der Schlesischen Zellwolle A.G. in Hirschberg.

Ein Verlassen der althergebrachten Arbeitsweisen ist auch durch die Bestrebungen, möglichst kontinuierlich zu arbeiten, eingeleitet worden. Hiervon wird im Kapitel 14 die Rede sein. Zunächst soll die Methode des Tauchens des Zellstoffes in Blattform beschrieben werden.

a) Tauchen des Zellstoffs in Blattform.

Die Zellstoffblätter werden den Spinnwerken in Form von Ballen angeliefert. Die Ballen sind durch Zellstoffbahnen, meist der gleichen Qualität wie die Zellstoffblätter des Ballens selbst, verpackt und durch Bandeisen kreuzweise zusammengehalten. Durch große, aufgedruckte Buchstaben sind sie mit der Markenbezeichnung (z. B. „DKS/Y") sowie mit der Ballen- und Chargennummer („Bleicher-Nummer") gekennzeichnet.

In den vorhergehenden Kapiteln ist unter anderem gezeigt worden, daß die Zellulosen und noch mehr die Zellstoffe der Lauge gegenüber sich ganz unterschiedlich verhalten können. Es ist verständlich, daß diese Unterschiede sich auch bei der Fabrikation der Kunstseide und Zellwolle, und noch mehr in den Eigenschaften der fertigen Kunstfasern, auswirken werden. Aus diesem Grunde ist die Vorbedingung für die Herstellung gleichmäßiger Endprodukte die Verwendung eines einheitlichen, gleichmäßigen Zellstoffes. Von seiten der Verarbeiter wird von der Kunstseide und Zellwolle die Konstanz ihrer Eigenschaften in größeren Lieferungen, auch wenn diese zeitlich auseinander liegen, verlangt. Ebenso sind Umstellungen der Arbeitsbedingungen in der Viskosefabrik, die durch abweichende Eigenschaften des Zellstoffes bedingt sind, höchst unerwünscht. Die Kunstseidenfabrik und die Zellwollfabrik verlangen daher auch von den Zellstoff-Fabriken die Belieferung mit einem stets gleichmäßigen und einheitlichen Zellstoff. Ebenso wie sich die Zellstoff-Fabrik vor Schwankungen in der qualitativen Beschaffenheit der Hölzer durch Einlagerung großer Holzmengen sichert, so unterhält auch die Kunstseiden- und Zellwollfabrik daher normalerweise ein sehr großes Zellstofflager, das für eine längere Produktionsperiode ausreicht (Abb. 106).

Dem hygroskopischen Verhalten der Zellulose entsprechend, enthält der angelieferte Zellstoff einen bestimmten Betrag an Feuchtigkeit. Der von den Zellstoff-Fabriken versandte Zellstoff wies früher recht unterschiedliche Gehalte an Feuchtigkeit auf. Es war daher erforderlich, den Zellstoff in der Viskosefabrik vor dem Tauchen zu trocknen und zu konditionieren. In den letzten Jahren ist es den Zellstoff-Fabriken aber gelungen, den Zellstoff mit einem ausreichend gleichmäßigen Feuchtigkeitsgehalt abzuliefern. Es hat sich auch gezeigt, daß die dicken, als Packmaterial verwendeten Zellstoffbahnen den Balleninhalt während des Transportes vor Feuchtigkeitsänderungen ausreichend schützen. Hierdurch fällt in der Viskosefabrik das lästige Nachtrocknen der Zellstoffe fort. Es wird hierdurch aber andererseits erforderlich, daß das Zellstofflager stets mit einer Luft von gleichmäßigem Feuchtigkeitsgehalt erfüllt

Abb. 106. Zellstofflager eines Zellwolle-Werkes [1].

ist. Diese Bedingung ist durch die hochentwickelten, meist automatisch arbeitenden Klimaanlagen aber in hohem Maße zu erfüllen. Der Feuchtigkeitsgehalt des Zellstoffes beträgt normalerweise 8—10% und muß bei der Einstellung der Konzentration der Tauchlage berücksichtigt werden.

Eine große Lagerhaltung ist aber noch keine ausreichende Sicherung gegen qualitative Schwankungen. Es werden daher in der Viskosefabrik für einen Einsatz stets zahlreiche Ballen von verschiedenen Bleichern geöffnet und jedem Ballen eine gleich große Anzahl Blätter entnommen, die dann miteinander gemischt werden. Dann wird die für einen Einsatz erforderliche Menge abgewogen. Nunmehr werden aus den abgewogenen Blättern Pakete gemacht. Dies geschieht durch

[1] Aus der Hauszeitschrift: „Wir vom Glanzstoff.“

Abzählen der Blätter. Es werden jeweils so viele Blätter zu einem Paket zusammengefaßt, wie in einen Tauchkasten bzw. in eine Zelle einer Tauchpresse passen. Die Pakete eines Einsatzes werden schräg oder

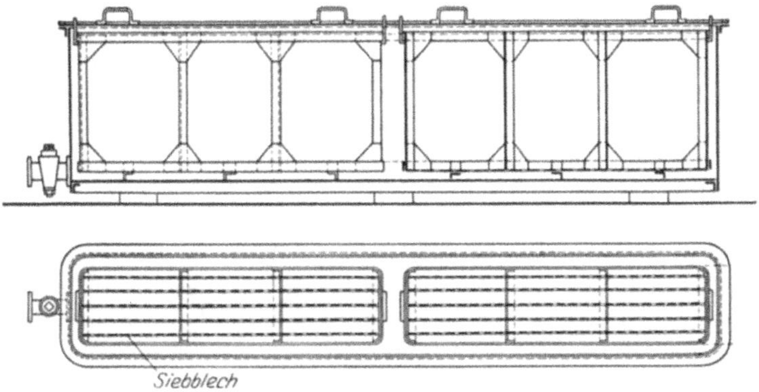

Abb. 107. Tauchwanne der Maschinenbauanstalt Pirna.

kreuzweise übereinandergelegt. Auf das oberste Blatt eines Einsatzes wird die Nummer des Einsatzes geschrieben. In einer Kunstseidenfabrik beträgt ein Einsatz pro Tauchcharge meistens etwa 100 kg, in einer Zellwollfabrik kann man bis auf 1000 kg gehen.

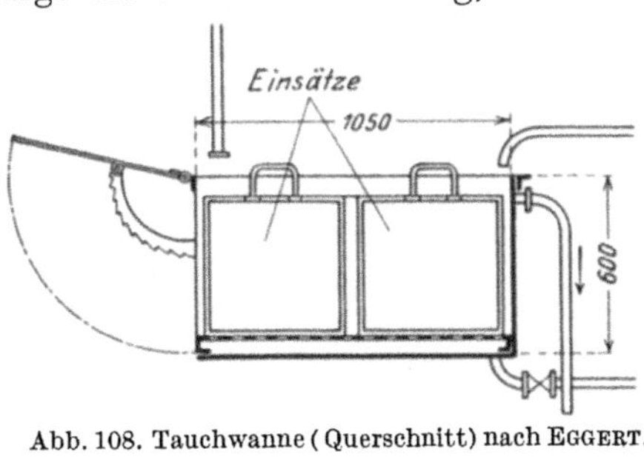

Abb. 108. Tauchwanne (Querschnitt) nach EGGERT.

Die Herstellung der Alkalizellulose verläuft in zwei Phasen. In der ersten wird der Zellstoff getaucht, in der zweiten wird er von der überschüssigen Lauge auf ein bestimmtes Preßgewicht abgepreßt. Als Tauchlauge verwendet man unter Berücksichtigung des Feuchtigkeitsgehaltes des Zellstoffes eine Natronlauge von 17—18,6%. Man benötigt für das Tauchen etwa das 10fache Raumgewicht des Zellstoffes an Natronlauge.

Sehen wir von den noch zu beschreibenden neueren Alkalisiereinrichtungen ab, so kann das Tauchen auf zweierlei Weise vorgenommen werden. Nach der einen Methode werden die Zellstoffblätter in eiserne Kästen mit perforierten Wänden gestellt, die dann in die sog. Tauchwannen eingesetzt werden. In Abb. 107 ist eine Tauchwanne dargestellt, in Abb. 108 sind auch die eingesetzten Kästen zu erkennen. Sind alle Kästen in die Tauchwanne eingesetzt, so läßt man von unten so viel Tauchlauge zufließen, bis die in den Kästen stehenden Zellstoffblätter noch um 2—4 cm von der Lauge überragt werden. Die Zellstoffblätter müssen vor dem Einsetzen in die Kästen durch Spezialmaschinen auf das richtige Format geschnitten werden. Während des Tauchens ist die Temperatur der Lauge genau zu überwachen. Abweichungen über 1,5° C sind als unzulässig zu bezeichnen.

Die Dauer des Tauchens beträgt in der Praxis durchschnittlich 60—80 Minuten. Diese verhältnismäßig lange Zeit ist erforderlich, um der Lauge die Möglichkeit zu geben, den Zellstoff vollkommen gleichmäßig zu durchdringen. Nicht oder nicht ausreichend mit Lauge benetzte Zelluloseteilchen führen, wie schon an anderer Stelle (s. S. 140) ausgeführt, zu erheblichen Betriebsschwierigkeiten. Für das langsame und ungleichmäßige Eindringen der Lauge in den Zellstoff ist zum Teil auch die Anwesenheit kleiner Luftmengen in den Zellstoffblättern verantwortlich zu machen. In dem DRP. 352182 von STULEMEYER wird daher die Alkalisierung in einem geschlossenen Apparat unter Evakuieren empfohlen. Auf diese Weise ist es möglich, die Tauchzeit auf ein Drittel zu verkürzen. Das Verfahren hat sich jedoch nicht in die Praxis eingeführt. Die Entlüftung des Zellstoffes gewinnt allerdings für die kontinuierliche Herstellung der Alkalizellulose wieder an Bedeutung.

Ein schnelles Benetzen der Zellstoffblätter mit Natronlauge und dadurch eine kürzere Tauchzeit kann ferner dadurch erreicht werden, daß man in die Zellstoffblätter vor dem Tauchen durch eine Presse Wellen einprägt, so daß die Blätter sich gegenseitig nicht berühren können[1]. Auch dieses Verfahren wird jedoch praktisch nicht angewandt.

Man kann das Durchdringen des Zellstoffes mit der Lauge auch dadurch beschleunigen, daß man der Tauchlauge kleine Mengen eines Netzmittels, wie z. B. Prästabitöl MA[2] zusetzt. Eine entsprechende Wirkung wird durch Propylnaphtalinsulfosäure[3] sowie Mischungen aus Phenolen mit anderen organischen Körpern erreicht[4].

Ist der Tauchprozeß beendet, so läßt man die Tauchlauge abfließen und nimmt die Kästen mit der nassen Alkalizellulose aus den Wannen heraus. Man setzt sie einige Zeit auf Roste und läßt sie abtropfen. Die Tropflauge wird aufgefangen und der Tauchablauge zugeleitet. Sind die alkalisierten Zellstoffblätter genügend abgetropft, so bringt man die Kästen an eine stehende hydraulische Presse (Abb. 109). Die Presse hat eine feststehende Grundplatte, der Stempel bewegt sich von oben nach unten (Oberdruckpresse). Neben der hydraulischen Presse befindet

[1] Du Pont Rayon Comp.: Brit. Pat. 272475 u. PLANCHON: Franz. Pat. 643454.

[2] Hersteller: Chemische Fabrik Stockhausen & Cie., Krefeld.

[3] I. G. Farbenindustrie Aktiengesellschaft, Franz. Pat. 642220.

[4] Chemische Werke vorm. Sandoz: Franz. Pat. 624174 und Zusatzpatente 638872, 638915, 639219. Vgl. ferner hierzu die Patente der I. G. Farbenindustrie Aktiengesellschaft: DRP. 446996, 545190, Brit. Pat. 354946, Franz. Pat. 713664; Farb- und Gerbstoffwerke C. Flesch: Franz. Pat. 699871; N.V. J.A. Carp's Garnfabrieken: Amer. Pat. 1851795; Du Pont de Nemours: Amer. Pat. 2114605. Alle diese Patente haben Textilhilfsmittel als Zusatz zu den Merzerisierlaugen zum Gegenstand.

sich ein eiserner Tisch, auf den die Kästen entleert werden. Die nunmehr waagerecht liegenden Alkalizelluloseblätter werden auf die Grundplatte der Presse geschoben, wobei darauf zu achten ist, daß die Blätter möglichst gleichmäßige Pakete darstellen. Seitlich herausstehende Blätter erhalten beim Pressen keinen genügenden Preßdruck und schleppen daher zuviel Natronlauge mit, was zu einer ungleichmäßigen Viskose führt. Sobald die Presse mit der Alkalizellulose beschickt ist, preßt man ab und fängt, wie schon erwähnt, einen Teil der Preßlauge getrennt auf. Zur Vermeidung des Verspritzens von Lauge während des Pressens kann man die Presse mit einem eisernen Mantel umgeben, den man beim Beladen und Entleeren der Presse hochziehen kann. Die Grundplatte ist mit einer Rinne versehen, die die Preßlauge beim Abpressen aufnimmt und von der aus sie abgeführt werden kann. Der Preßdruck beträgt ungefähr 85 Atm. Man preßt die Alkalizellulose auf ein bestimmtes Gewicht, das dem Verhältnis 1:2,8—1:3,3 entspricht, ab. Es wird ein möglichst niedriges Preßgewicht angestrebt, da die Reife der Alkalizellulose um so schneller und gleichmäßiger verläuft, je weiter die Zellulose von der Natronlauge befreit ist. Das Preßgewicht der Alkalizellulose ist nach jeder Pressung genau zu kontrollieren. Ist nicht genügend abgepreßt, so muß noch einmal nachgepreßt werden.

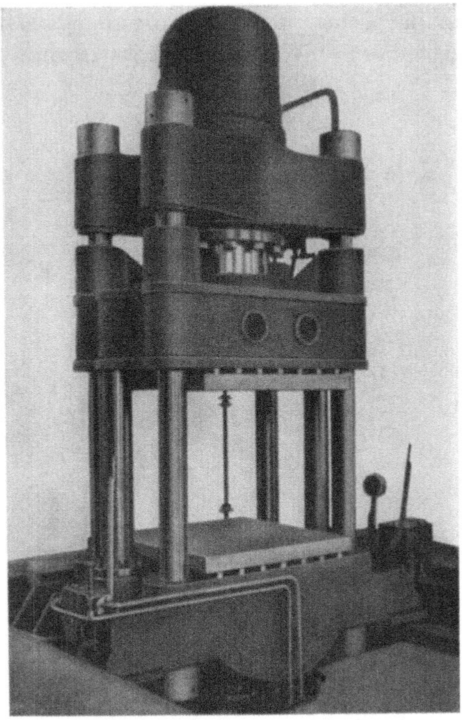
Abb. 109. Hydraulische Oberdruckpresse der Niederrheinischen Maschinenfabrik Beckers u. van Hüllen, Krefeld.

Diese Methode der Alkalizelluloseherstellung durch getrenntes Tauchen und Pressen ist unbequem und unsauber. Sie führt außerdem zu unvermeidlichen Verlusten an Lauge und Zellulose und ist daher von den meisten Fabriken verlassen worden.

Ein moderner Viskosebetrieb bedient sich zum Tauchen und Abpressen einer einheitlichen Apparatur, der sog. Tauchpresse (Abb. 110). Diese besteht aus einer rechteckigen Tauchwanne, die durch senkrecht stehende, durchlochte Eisenbleche in schmale Zellen unterteilt ist. Die

Eisenbleche stehen durch Kettenglieder, bei einer neuartigen Ausführungsform durch Scherenscharniere, damit Verklemmungen und Brüche vermieden werden, miteinander in Verbindung. An die Apparatur ist auf der einen Seite der Stempel einer horizontal liegenden hydraulischen Presse angebaut. Die auf die übliche Weise zusammengesetzten Zellstoffblätter werden in der Größe, wie sie von der Zellstoff-Fabrik kommen, senkrecht in die Zellen der Tauchpresse eingesetzt. Man geht auch bei dieser Arbeitsweise von einer Einsatzmenge von etwa 100 kg Zellstoff aus,

Abb. 110. Tauchpresse der Firma Häusser, Neustadt/Hardt.

sofern man nicht, wie dies in den Zellwollfabriken meist üblich ist, die doppelte oder eine noch weit größere Menge Zellstoff in einer entsprechend größer gebauten Tauchpresse von doppelter Arbeitsbreite unterbringt. Die Zellstoffblätter haben meist von der Verpackung herrührend eine etwas konkave Form. Sie werden zweckmäßig so in die Tauchpresse eingesetzt, daß das eine Zellstoffblatt mit seiner Einbuchtung nach rechts, das andere nach links zu stehen kommt, wie dies aus Abb. 111 ersichtlich ist. Auf diese Weise wird vermieden, daß mehrere benachbarte Blätter sich so eng zusammenlegen, daß die Benetzung der ganzen Blattfläche mit der Natronlauge ungleichmäßig erfolgt. Ist die Tauchpresse mit Zellstoff beschickt, so läßt man von unten die Tauchlauge zufließen. Es ist hierbei darauf zu achten, daß alle Blätter ganz unter der Lauge bleiben. Etwa nach oben kommende Blätter werden mit einem eisernen Haken wieder unter die Lauge gedrückt. Die Tauchtemperatur schwankt in den einzelnen Werken zwischen 17 und 21° C und ist auf etwa 1,5° C konstant zu halten. Dementsprechend ist die Luft des Tauchraumes dieser Temperatur anzupassen. Die Tauchzeit beträgt auch hier 80 Minuten bis 1 Stunde. Wie schon im 7. Kapitel erwähnt, enthält die Tauchlauge einen gewissen Betrag an Hemizellulose von früheren Tauchungen her.

Nach beendeter Tauchung öffnet man das Ventil für die Tauchablauge (Gelblauge) und läßt diese abfließen. Gleichzeitig beginnt man mit dem Pressen, wobei sich die alkalisierten Zellstoffblätter mit den eisernen Zwischenblechen zusammenschieben. Es wird zunächst auf etwa $^3/_4$ des erforderlichen Preßgewichtes abgepreßt. Dann wird das Ventil für die Gelblauge geschlossen und die Rohrleitung für die Aufnahme der Preßlauge geöffnet. Nunmehr preßt man bis zum Erreichen des erforderlichen Preßgewichtes ab. Im Verlaufe von etwa 20 Minuten wird das gewünschte Preßgewicht erreicht. Um die richtige Einstellung des Preßgewichtes zu erleichtern, kann man an der Tauchwanne Markierungen anbringen. Sobald die vom Stempel der Presse in die Wanne hineingedrückte Eisenplatte die Markierung erreicht hat, unterbricht man das Pressen.

Abb. 111. Einsetzen der Zellstoffblätter in die Tauchwanne [1].

Der abgepreßte Zellstoff befindet sich jetzt mit den eisernen Zwischenblechen auf einen engen Raum zusammengedrückt an dem Ende der Tauchwanne, das dem Stempel der Presse gegenüberliegt. Es ist nun erforderlich, die Alkalizellulose aus den Tauchwannen zwischen den Eisenblechen herauszuholen. Für diese Operation ist eine Reihe konstruktiver Lösungen gefunden worden, von denen nur die neuesten erwähnt werden sollen. Hier kommen Konstruktionen der Firmen Häußer in Neustadt sowie Wegelin und Hübner A. G. in Halle in Betracht.

[1] Aus der Hauszeitschrift: „Wir vom Glanzstoff.“

Die Entleerung geschieht bei den Häußer-Pressen durch einen aushebbaren Sammelkorb, durch eine Bodenausstoßklappe, oder die Pressen besitzen automatische Rückzugentleerung. Bei den Pressen von Wegelin und Hübner findet die Entleerung durch Entfernen der Stirnwand der Tauchpresse statt.

Bei der erstgenannten Konstruktion[1] schiebt der Preßstempel das Material samt den Zwischenblechen in einen aus der Tauchwanne herausnehmbaren Sammelkasten. Es werden dann die Kettenglieder, die die Zwischenbleche miteinander verbinden, von der Druckplatte des Preßstempels gelöst. Hierauf kann der Sammelkasten durch einen Flaschenzug aus der Tauchwanne herausgehoben werden. Er wird dann über einen Transportwagen gefahren, der die Alkalizellulose aufnehmen soll. Alsdann wird der Bodenschieber des Sammelkastens herausgezogen. Die abgepreßten Zellstoffblätter fallen dadurch heraus. Nunmehr wird der Bodenschieber wieder geschlossen, der Sammelkasten in die Tauchwanne eingesetzt und die Zugketten an die Druckplatte gehakt. Durch den Preßkolbenrückgang gelangen dann die Zwischenbleche wieder in ihre Ausgangsstellung, und die Tauchpresse ist zur erneuten Aufnahme von Zellstoff bereit (Abb. 110).

Bei den mit Bodenausstoßklappe versehenen Tauchpressen ist der Boden der Tauchwanne am letzten Ende der Tauchwanne abklappbar. Die Zwischenbleche ruhen auf seitlichen Führungsschienen. Nach erfolgtem Abpressen wird die Bodenklappe geöffnet und der Kolbenrückzug eingeschaltet. Dadurch löst sich der Stapel und die Alkalizellulose fällt nach unten aus der Tauchwanne heraus in einen untergefahrenen Transportwagen oder unmittelbar durch einen Schacht in die ein Stockwerk tiefer aufgestellten Zerfaserer.

Die Presse mit automatischer Rückzugentleerung besitzt am Boden der Tauchwanne nur einen schmalen, verschließbaren Spalt, der sich unter der ersten Zelle des abgepreßten Zellstoffes befindet. Nach erfolgter Pressung wird der Bodenspalt geöffnet und der Kolbenrückgang eingeschaltet. Hiermit beginnt sofort die selbsttätige Entleerung, da die erste Zelle sich gerade über dem Bodenspalt befindet. Beim Rückzug fällt der Inhalt jeder Zelle, sobald sie über den Spalt gelangt, nach unten heraus. Es findet bei dieser Presse also nur nach und nach die Entleerung statt. Dies ist besonders dann zweckmäßig, wenn die Alkalizellulose unmittelbar dem Zerfaserer zugeführt wird. Auf diese Weise wird ein Festlaufen des Zerfaserers vermieden.

Für Zellwollfabriken werden Häußer-Pressen bis zu 1000 kg Einsatz gebaut.

Die von der Firma Wegelin und Hübner A. G.[2] gebaute Presse arbeitet bei der Entleerung so, daß die dem Preßstempel gegenüberliegende Stirnfläche der Tauchwanne horizontal in der Richtung der Plungerachse von

---

[1] Häusser: DRP. 270618. [2] Vgl. hierzu Wurtz: Zellwolle 4, 56 (1938).

der Tauchwanne wegrollt (Abb. 112). Durch erneutes Ingangsetzen des Preßstempels werden dann die Zwischenbleche mit dem abgepreßten Zellstoff aus der Wanne herausgedrückt, wobei die Zwischenbleche durch seitliche Schienen gehalten werden. Der abgepreßte Zellstoff fällt nach unten aus den Zellen heraus, sei es in einen Transportwagen oder sei es unmittelbar in einen zum Zerfaserer führenden Schacht.

Als weitere konstruktive Eigenarten weist die Tauchpresse der Wegelin und Hübner A. G. eine automatische Steuerung auf, durch die

Abb. 112. Zum Entleeren geöffnete Seite einer Tauchpresse der Firma Wegelin u. Hübner A. G., Halle.

die Presse nach Erreichen des einmal eingestellten Preßgewichtes selbsttätig ausrückt. Um ein schnelleres Abfließen der Tauchlauge herbeizuführen, sind die Preßplatten perforiert und hohl ausgebildet.

b) Das Zerfasern der in Blattform getauchten Alkalizellulose.

Der alkalisierte Zellstoff stellt schwach gelbliche, sich trocken anfühlende Tafeln dar. Sie werden nunmehr zerkleinert. Dies geschieht in den sog. Zerfaserern. Die Zerfaserer sind so dimensioniert, daß sie jeweils den Stapel einer Tauchpresse aufnehmen. Sie sind also in den Zellwollfabriken entsprechend größer. Um Transportwege und somit Lohnkosten zu sparen, stellt man, wie schon erwähnt, die Zerfaserer zweckmäßig ein Geschoß tiefer auf als die Tauchpressen, so daß der abgepreßte Zellstoff direkt durch Schächte in die Zerfaserer fallen kann. Es haben sich mehrere Zerfaserertypen in die Praxis eingeführt, die jedoch nach dem gleichen Prinzip arbeiten. Der wirksame Teil eines

Zerfaserers besteht aus zwei Z-förmig gebogenen Schaufeln, die an ihrem äußeren Ende mit Zähnen besetzt sind. Die Schaufeln drehen sich

Abb. 113. Zerfaserer der Firma Werner u. Pfleiderer, Stuttgart-Bad Cannstatt.

gegeneinander und greifen in zwei gleichfalls mit Zähnen ausgestattete Sättel des Zerfasererertroges ein. Abb. 113 zeigt einen für einen Kunstseidenbetrieb gebauten Zerfaserer für 100 kg Eintrag. Die Zerfaserungsdauer schwankt in den einzelnen Werken zwischen $2^1/_2$ und 3 Stunden. Man ist bestrebt, die Zerfaserungsdauer abzukürzen, was durch eine besondere Konstruktion der Schaufeln („Duplex-Schaufeln") auch gelungen ist (Abb. 114). Bei dieser Sonderausführung genügt eine Zerfaserungszeit von etwa 90 Minuten.

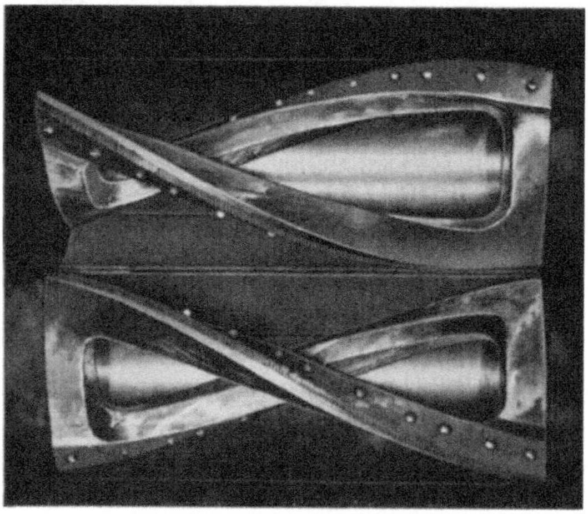

Abb. 114. „Duplex-Schaufeln" im Zerfaserer. (Werner u. Pfleiderer, Stuttgart-Bad Cannstatt.)

Für eine schnelle und gleichmäßige Durchxanthogenierung der zerfaserten Alkalizellulose ist es erforderlich, daß das Gut bei der Zerfaserung einen ganz bestimmten Zustand annimmt, und zwar muß die Alkalizellulose ein vollkommen lockeres Gefüge besitzen. Dieser Zustand wird nach einem bestimmten Zeitpunkt erreicht. Zerfasert man die Alkalizellulose über diesen Zeitpunkt hinaus, so wird sie in ungünstiger Weise verändert. Es ist daher erforderlich, für jeden Zerfaserertyp die günstigste Zeitdauer zu ermitteln.

Ein Urteil über die Zustandsform der zerfaserten Alkalizellulose gewinnt man durch die Bestimmung des „Litergewichtes", auch „Schüttgewicht" genannt. Man stellt fest, wieviel Gramm 1 Liter zerfaserte Alkalizellulose wiegen. Das Litergewicht ist also ein Volumgewicht. Je kleiner das Litergewicht ist, um so lockerer ist die zerfaserte Alkalizellulose. Das Litergewicht beträgt bei einer in günstiger Weise zerfaserten Alkalizellulose 180 bis 200 g. Es ist hierbei zu berücksichtigen, daß das Litergewicht temperaturabhängig ist. Die Prüfungen müssen daher stets bei der gleichen Temperatur vorgenommen werden. Höhere Temperatur bewirkt ein niedrigeres Litergewicht. Dies ist darauf zurückzuführen, daß die Alkalizellulose Lufteinschlüsse enthält und daß die Luft sich mit zunehmender Temperatur ausdehnt.

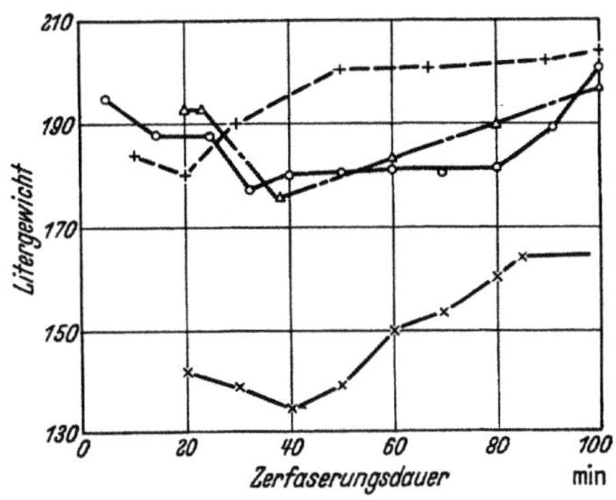

Abb. 115. Einfluß der Zerfaserungsdauer auf das Litergewicht der Alkalizellulose (nach PAKSCHWER und BUNIN).

Beim Studium des Einflusses der Zerfaserungszeit auf das Litergewicht findet man, daß das Litergewicht ein Minimum durchläuft. Abb. 115 zeigt diese Verhältnisse für vier verschiedene Zerfaserertypen.

Nach PAKSCHWER und BUNIN[1] spielen sich beim Zerfasern drei Vorgänge ab, die gleichzeitig verlaufen. Der eine Vorgang ist ein Zerkleinern. Er dauert so lange an, wie der Zerfaserer in Tätigkeit ist. In der ersten Laufzeit des Zerfaserers besteht dieses Zerkleinern in einem ausgesprochenen Zerfasern. Dieser zweite Vorgang ist der wichtigste, denn er ergibt die erforderliche Lockerheit des Alkalizellulosegefüges. Werden dann die Alkalizelluloseteilchen durch längeren Lauf des Zerfaserers kleiner, so rutschen sie durch die Zähne hindurch und werden an ihren Kanten abgeschliffen. Dieser dritte Vorgang, das Abschleifen oder Abrunden der Teilchen, führt wieder zu einer Erhöhung des Litergewichtes. Dieser Zustand ist ungünstig, da für den Endzustand nicht die Teilchengröße, sondern ihre wirksame Reaktionsfläche von Bedeutung ist.

Die Schaufeln des Zerfaserers sind in ihrer Drehungsrichtung zu ändern. Sie wird während des Zerfaserns von Zeit zu Zeit automatisch

[1] PAKSCHWER u. BUNIN: Kunstseide **15**, 74 (1933).

umgestellt. Beim Eintragen der Alkalizellulose läßt man den Zerfaserer rückwärts laufen, damit er sich nicht festläuft.

Abb. 116. Entleerung eines Zerfaserers.

Abb. 117. Zerfaserte Alkalizellulose[1].

Die Zerfaserer sind mit einem Mantel umgeben, durch den Wasser oder Kühlsole geleitet werden kann, um die beim Zerfasern auftretende Wärme abzuleiten und die Temperatur des Gutes konstant zu halten.

[1] Aus der Hauszeitschrift: „Wir vom Glanzstoff“.

Die Temperatur soll nicht über 25° C ansteigen, zweckmäßig bleibt man aber bei einer Temperatur von 19—20° C. Wie später noch ausgeführt wird, tritt durch Temperaturerhöhung ein unerwünschter Abbau der Zellulose ein.

Nachdem die richtige Korngröße der Alkalizellulose erreicht ist, setzt man den Zerfaserer still. Er wird dann in Kippstellung gebracht und entleert (Abb. 116). Die Alkalizellulose liegt nunmehr in einer reinweißen, trockenen, krümeligen Form vor (Abb. 117).

c) Tauchen des Zellstoffs in zerfaserter Form oder in Form von Flocken.

Bei dieser Arbeitsweise geht man entweder von Zellstoffrollen oder von Flockenzellstoff aus. Im ersteren Falle muß der Zellstoff vor dem Tauchen erst zerfasert werden. Das Zerfasern von trockenem Zellstoff hat sich bisher maschinell nicht einwandfrei durchführen lassen, man netzt daher den Zellstoff vorher mit Wasser oder Lauge. Bei der Einstellung der Tauchlaugenkonzentration ist bei der ersteren Arbeitsweise der Wassergehalt des Zellstoffs zu berücksichtigen. Geeignete Zerreiß- oder Zerfaserungsmaschinen für nicht alkalisierten Zellstoff sind erst in der jüngsten Zeit entwickelt worden. Sie arbeiten alle kontinuierlich. Die Maschinen sollen daher erst im 14. Kapitel beschrieben werden, das der Besprechung der kontinuierlichen Arbeitsweisen in der Viskosefabrik gewidmet ist.

Für die Herstellung der Alkalizellulose aus dem zerfaserten Zellstoff oder aus Zellstoff-Flocken werden geschlossene, zylindrische Kessel verwendet, in die wirksame Rührwerke eingebaut sind. Sie ähneln in der Konstruktion den später noch zu beschreibenden Viskosemischern. Derartige Apparaturen sind auch vorgeschlagen worden, um die Viskose in einem einheitlichen Gefäß vollkommen fertigzustellen. Es wird noch Gelegenheit sein, auf diese Apparate näher einzugehen. Hier soll nur das DRP. 413511 der Deutschen Gasglühlicht-Auer-Gesellschaft m. b. H. erwähnt werden, da die in der Patentschrift beschriebene Apparatur von den für diesen Zweck allgemein üblichen stark abweicht. Die Firma empfiehlt, den Zellstoff in einem Holländer mit der Natronlauge aufzuschlagen und ihn so lange mit der Lauge durchzuarbeiten, bis er gleichmäßig alkalisiert ist. Man hat in der Praxis von diesem Verfahren jedoch keinen Gebrauch gemacht.

Man nennt diese Verfahren, allerdings nicht ganz folgerichtig „Naß-Alkalisierverfahren.“

d) Abpressen der zerfaserten oder flockigen Alkalizellulose.

Der alkalisierte Zellstoff liegt in Breiform vor und muß nunmehr entwässert und auf das richtige Preßgewicht abgepreßt werden. Dies kann in verschiedener Weise geschehen. Auch die Pressen sind als kontinuierlich arbeitende Maschinen ausgebildet, weshalb hier nur der Arbeitsgang als solcher erwähnt werden soll. Auf die Apparate selbst wird im 14. Kapitel eingegangen.

VIII. Prüfung der Alkalizellulose.

Die Betriebskontrolle in der Kunstseiden- und Zellwollfabrik umfaßt auch eine Untersuchung der Alkalizellulose. Diese erstreckt sich auf die Feststellung des Zellulosegehaltes, des Gehaltes an Alkali, sowie des Litergewichtes. Man prüft ferner noch die Gleichmäßigkeit der Alkalizellulose.

Die Alkalizellulose soll mindestens 2,5 Mol NaOH auf 1 $C_6H_{10}O_5$ enthalten[1].

Der **Zellulosegehalt** wird wie folgt ermittelt:[2] 5 g Alkalizellulose werden in einem Wägeglas abgewogen und quantitativ in ein Becherglas gespült. Dann gibt man 200 ccm warmes destilliertes Wasser zu und läßt 15 Minuten stehen. Hierauf filtriert man durch ein feines Leinenfilter auf einem BÜCHNERschen Trichter und wäscht solange aus, bis das Waschwasser nicht mehr alkalisch reagiert. Der Filterrückstand wird bei 100° C getrocknet und die Zellulose, die sich in Fließform leicht von dem Leinenfilter abheben läßt, in einem verschossenen Wägeglas erkalten gelassen und gewogen.

Den **Alkaligehalt** bestimmt man im Waschwasser durch Titration mit Säure. Man wendet n-Schwefelsäure an und gibt zunächst als Indikator Phenolphtalein zu. Dann titriert man bis zum Verschwinden der Rotfärbung. Hierauf gibt man Methylorange zu und titriert weiter, bis die Lösung sich ganz schwach rosa anfärbt.

Die **Gleichmäßigkeit** der Alkalizellulose prüft man nach ZART wie folgt: Zu einer Aufschlämmung von 10 g Alkalizellulose in Wasser gibt man 20 ccm Phenolphtaleinlösung (1:100), rührt rasch durch und versetzt mit 50 ccm n-Schwefelsäure. Dabei werden die roten Fasern entfärbt. Schlecht zerfaserte Alkalizelluloseteilchen behalten ihre rote Farbe längere Zeit bei. Die Zahl der länger rotbleibenden Flocken sowie die Dauer ihrer Entfärbung geben einen Anhalt für den Grad der Ungleichmäßigkeit.

Die Bestimmung des **Litergewichtes** ist bereits beschrieben worden.

---

[1] ZART: Die Herstellung der Kunstseide u. Stapelfaser. S. 253.

[2] JENTGEN: Laboratoriumsbuch, S. 52—53.

10. Kapitel.

Die Alterung der Alkalizellulose (Vorreife).

Wenn eine frisch hergestellte Alkalizellulose sofort anschließend sulfidiert und in Viskose übergeführt wird, so erhält man eine Spinnlösung von einer äußerst hohen Anfangsviskosität. Um diese zu verspinnen, sind hohe Drucke erforderlich, sofern man nicht die Zellulosekonzentration der Viskose um einige Prozente herabsetzt. Es ist nun eine alte Erfahrungstatsache, daß die Anfangsviskosität der Spinnlösung wesentlich absinkt, wenn man die Alkalizellulose vor der Sulfidierung einige Zeit sich selbst überläßt. Hierbei findet ein Alterungsprozeß statt, den man mit Vorreife bezeichnet.

Es soll vorweggenommen werden, daß einige Kunstseidenqualitäten ohne oder nur mit ganz geringer Vorreife hergestellt werden. Wie schon erwähnt wurde, muß dann aber die Spinnlösung auf einen niedrigeren Zellulosegehalt eingestellt werden. Auch die Spinnbäder sind den geänderten Bedingungen anzupassen.

Die sich bei der Vorreife abspielenden Vorgänge konnten trotz zahlreicher Untersuchungen restlos noch nicht aufgeklärt werden. Man kann den Verlauf der Vorreife auf zweierlei Weise studieren, nämlich durch Untersuchung der Alkalizellulose selbst bzw. der aus ihr regenerierten Zellulose sowie durch Untersuchung der aus ihr hergestellten Viskose. Es soll hier nur auf die durch die Vorreife bedingten Eigenschaften der aus der Alkalizellulose regenerierten Zellulose eingegangen werden, auf den Einfluß der Vorreife auf den Zustand der Viskose kommen wir im 12. Kapitel zurück.

I. Der Einfluß der Vorreife auf die Viskosität von Lösungen der regenerierten Zellulose.

Der Einfluß der Vorreife der Alkalizellulose gibt sich in der Hauptsache dadurch zu erkennen, daß Zelluloselösungen, die aus der Alkalizellulose nach verschieden langen Vorreifezeiten hergestellt werden, je nach der Vorreifezeit andere Viskositätswerte liefern. Die Viskositätswerte können dadurch ermittelt werden, daß man die Vorreife nach verschieden langen Zeiten unterbricht, die Alkalizellulose durch Sulfidieren in Viskose überführt und diese viskosimetriert. Nach dieser Methode ist der Verlauf der Vorreife von Rassow und Wadewitz[1] sowie Waentig[2] verfolgt worden. Ein weiterer Weg der Untersuchung besteht darin, daß man nach verschieden langen Vorreifezeiten das Alkali auswäscht und die erhaltene Zellulose in Kupferoxydammoniak löst, worauf dann diese Lösung viskosimetrisch untersucht wird. Dieser

---

[1] Rassow u. Wadewitz: Journ. prakt. Chem. **106**, 266 (1923).
[2] Waentig: Kolloid-Z. **41**, 154 (1927).

Methode bedienten sich HEUSER und SCHUSTER[1]. Schließlich kann man die durch Auswaschen des Alkalis erhaltene Zellulose in Derivate, beispielsweise Nitrozellulose, überführen und an den Lösungen des Derivates die Viskosität ermitteln. Dieser Weg wurde von R. O. HERZOG und KRÜGER[2] eingeschlagen.

Die Untersuchungen führten übereinstimmend zu dem Ergebnis, daß mit zunehmender Vorreifedauer eine steigende Viskositätserniedrigung der Zelluloselösungen stattfindet. Diese Viskositätserniedrigung findet ihren Ausdruck in einer charakteristischen Kurve, die in Abb. 118 wiedergegeben und den Arbeiten von HEUSER und SCHUSTER entnommen ist. Wie die Abbildung zeigt, prägt sich der Viskositätsabfall in den ersten Stunden besonders stark aus, um dann allmählich geringer zu werden. Ein Stillstand bei einer bestimmten Vorreifezeit konnte nicht festgestellt werden: HEUSER und SCHUSTER setzten die Beobachtungen über 5 Monate fort und fanden schließlich eine Zähigkeitszahl von 1,53, also eine nur wenig höhere Zahl, als sie Wasser ergibt.

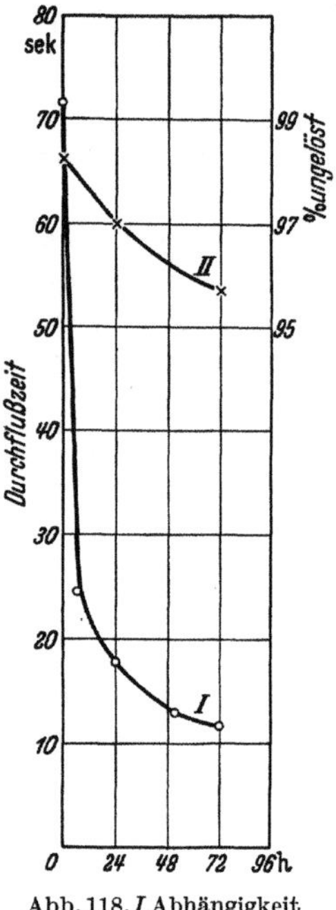

Abb. 118. *I* Abhängigkeit der Viskosität von der Dauer der Vorreife; *II* Abhängigkeit der Löslichkeit der Alkalizellulose von der Dauer der Vorreife (nach HEUSER und SCHUSTER).

NAKASHIMA[3] konnte für die Abhängigkeit der Viskosität von der Vorreifezeit eine mathematische Beziehung ableiten: Ist η die Viskosität und A die Alterungsdauer der Alkalizellulose in Tagen, so besteht zwischen $\log \eta$ und $\log A$ ein geradliniger Zusammenhang und zwar ist $\log \eta - \log A$ eine Gerade. Je nach der Dauer der Vorreife hat sie eine verschiedene Lage, sie ist aber fast gleichwertig hinsichtlich der Neigung.

Zu einer Viskositätserniedrigung kommt man jedoch nicht nur durch eine längere Vorreife, man kann vielmehr den gleichen Effekt auch durch eine erhöhte Temperatur und verhältnismäßig kurze Vorreife erzielen. Diese Erkenntnis ist für die Praxis gleichfalls von Bedeutung, und zwar insofern, als es bei der kontinuierlichen Herstellung der Alkalizellulose nicht möglich ist, Vorreifezeiten von mehreren Tagen in den kontinuierlichen Arbeitsgang einzuschalten. Hier geht man daher so vor, daß man die Vorreifezeit auf wenige Stunden, beispielsweise vier, abkürzt und dafür die Vorreife bei erhöhter Temperatur vornimmt[4].

[1] HEUSER u. SCHUSTER: Cellulose-Chem. **7**, 17 (1926).
[2] HERZOG u. KRÜGER: Naturwiss. **13**, 1140 (1925); Cellulose-Chem. 8, 1 (1927).
[3] NAKASHIMA: Journ. Soc. chem. Ind. (Japan) Suppl. **35**, 335 V (1932).
[4] Vgl. hierzu auch KOHORN: Franz. Pat. 782396.

In demselben Sinne wirkt übrigens auch eine Erhöhung der Tauchlaugentemperatur. Hierüber sind von ROGOWIN[1] eingehende Untersuchungen durchgeführt worden. ROGOWIN empfiehlt daher zur Abkürzung des Herstellungsganges der Viskose, die Tauchtemperatur auf beispielsweise 40° C zu erhöhen. Die Befunde ROGOWINs sind vor kurzem von dem Laboratorium der Maschinenfabrik „Viscosa" in Chemnitz nachgeprüft worden. Die Viscosa kommt jedoch zu dem Schluß, daß der von ROGOWIN vorgeschlagene Weg für die Praxis nicht gangbar ist. Brauchbare Ergebnisse soll man nach DÖRR[2] aber erhalten, wenn man der Tauchlauge bei erhöhter Temperatur Oxydationsmittel zusetzt. Dies soll eine in bezug auf den Polymerisationsgrad besonders gleichmäßige Zellulose ergeben.

II. Der Einfluß der Vorreife auf die Löslichkeit der Zellulose.

Vorgereifte Alkalizellulose liefert ein besser lösliches Xanthogenat. Auch dies ist mit ein Grund dafür, daß die Kunstseiden- und Zellwollfabriken im allgemeinen eine Vorreife durchführen. Die größere Löslichkeit der Alkali-Zellulose nach einer Vorreife gibt sich aber nicht nur durch die leichtere Löslichkeit des Xanthogenates zu erkennen, sondern die Alkalizellulose selbst besitzt nach einer Vorreife auch eine erhöhte Löslichkeit in Natronlauge. Diese Verhältnisse wurden von HEUSER und SCHUSTER[3] eingehend studiert. Die Ergebnisse sind in der Abb. 118 enthalten. Es wurde gefunden, daß mit zunehmender Vorreifezeit steigende Mengen an alkalilöslicher Zellulose entstehen. In den vorhergehenden Kapiteln war mehrfach ausgeführt worden, daß für die Eigenschaften einer Kunstfaser ein möglichst hoher Gehalt an α-Zellulose wichtig ist und daß man deshalb von einem Zellstoff mit möglichst hohem α-Zellulosegehalt ausgehen soll. Es war auch schon darauf hingewiesen worden, daß Verfahren in Anwendung sind, bei denen der Zellstoff vor dem Tauchen durch eine Alkalibehandlung von den alkalilöslichen Hemizellulosen befreit wird. Da durch die Vorreife wieder alkalilösliche Anteile neu entstehen, so liegt in ihrer Anwendung eigentlich ein Widersinn. Hierzu ist aber zu bemerken, daß die Praxis die Vorreife in solchen Grenzen hält, daß eine schädliche Einwirkung auf die Eigenschaften einer normalen Kunstfaser noch nicht stattfindet und daß andererseits die Vorreife gewisse technische Vorteile mit sich bringt, die in der Hauptsache darin zum Ausdruck kommen, daß man eine Viskose von verhältnismäßig hoher Zellulosekonzentration verspinnen kann, was die Verarbeitungsmaßnahmen sehr erleichtert und das Spinnen wirtschaftlicher gestaltet.

---

[1] ROGOWIN: Kunstseide **15**, 374 (1933).
[2] DÖRR: Hausmitteilungen der Phrix-Gesellschaft m. b. H. Nr. 6, 1939.
[3] HEUSER u. SCHUSTER: Cellulose-Chem. **7**, 17 (1926).

Die in der Praxis entstehenden Mengen alkalilöslicher Zellulose sind von der Beschaffenheit des Zellstoffs abhängig. Dies ist verständlich, wenn man berücksichtigt, daß der Zellstoff aus einem Gemisch von Zellulosen des verschiedensten Polymerisationsgrades besteht und daß die Anteile von hohem und niedrigem Polymerisationsgrad verschieden leicht in die alkalilösliche Form übergeführt werden können. ZART[1] gibt für zwei Zellstoffe vor und nach einer unter normalen Betriebsbedingungen durchgeführten Vorreife die in Tabelle 61 wiedergegebenen Mengen an alkalilöslicher Zellulose an.

Tabelle 61. Alkalilösliche Anteile der Alkalizellulose vor und nach der Vorreife. (Nach ZART.)

Zellstoff	Vor der Vorreife %	Nach der Vorreife %
A	11,36	15,64
H	15,77	16,5

Es ist aus der Tabelle ersichtlich, daß es Zellstoffe gibt, bei denen während der Reife nur geringe Mengen Alkalilösliches entstehen, während bei anderen sich die Menge an Alkalilöslichem beträchtlich erhöht. Bei beiden angeführten Zellstoffen handelt es sich aber nicht um besonders hochwertige Zellstoffqualitäten, da der Gehalt an Alkalilöslichem vor der Vorreife schon einen verhältnismäßig hohen Wert besitzt. Hierbei muß allerdings berücksichtigt werden, daß der Einfluß der Vorreife schon im Augenblick des Zerfaserns beginnt und während des Zerfaserungsprozesses schon voll zur Geltung kommt, so daß auch bei sorgsamstem Arbeiten bei dieser Operation ein Vorreifeeffekt nicht zu umgehen ist. Ein hoher Gehalt einer Alkalizellulose an alkalilöslichen Bestandteilen läßt daher allein keinen eindeutigen Schluß auf die Beschaffenheit des Zellstoffs zu.

III. Die Einwirkung von Sauerstoff auf die Alkalizellulose.

Die Entstehung alkalilöslicher Zellulose durch die Vorreife legt den Gedanken nahe, daß bei der Vorreife eine Depolymerisation des Zellulosemoleküls erfolgt. Hierfür muß man den Luftsauerstoff verantwortlich machen. Allerdings kann der Luftsauerstoff nicht allein den Vorreifeeffekt ergeben. Es wurde nämlich von HEUSER und SCHUSTER gefunden, daß zwischen der Viskosität einer Zelluloselösung aus verschieden lang vorgereifter Alkalizellulose und der Menge an alkalilöslichen Bestandteilen kein eindeutiger Zusammenhang besteht, auch zeigt unter vollkommenem Luftausschluß vorgereifte Alkalizellulose einen gewissen Alterungseffekt, der sich im Verlaufe der Viskositätsänderungen der Viskose bei der Nachreife zu erkennen gibt. Schließlich fanden WELTZIEN und ZUM TOBEL[2], daß auch bei einer unter Sauerstoffausschluß durchgeführten Vorreife alkalilösliche Anteile ent-

[1] ZART: Die Herstellung der Kunstseide und Stapelfaser, S. 254.
[2] WELTZIEN u. ZUM TOBEL: B. **60**, 2024 (1927).

stehen, wenn deren Menge auch geringer ist als bei einer Reife unter normalen Bedingungen. Eine vollkommene Aufklärung des Reifeverlaufes kann zur Zeit noch nicht gegeben werden, wir kommen weiter unten noch einmal näher hierauf zurück.

Daß man dem Luftsauerstoff den Vorreifeeffekt zuschreibt, geht auf die Beobachtung zurück, daß Alkalizellulose beträchtliche Mengen Sauerstoff aus der Luft aufnimmt[1]. Die Sauerstoffaufnahme durch die Alkalizellulose wurde von WELTZIEN und ZUM TOBEL eingehend quantitativ verfolgt. Als Untersuchungsobjekte dienten Baumwolle und Kupferkunstseide, die mit verschieden konzentrierten Natronlaugen behandelt und abgepreßt waren. Es konnte auf diese Weise der Einfluß der Vorreifezeit und der Einfluß der auf der Faser befindlichen Natronlaugenkonzentration gleichzeitig untersucht werden. Die für Baumwolle erhaltenen Ergebnisse sind in Abb. 119 wiedergegeben. Demnach wurde gefunden, daß mit zunehmender Vorreifedauer steigende Mengen Sauerstoff aufgenommen werden, und zwar ist die Sauerstoffaufnahme in den ersten Stunden besonders groß, um dann allmählich abzuklingen.

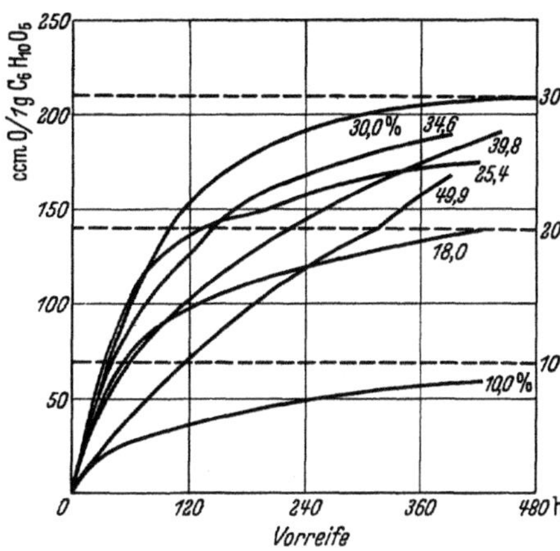

Abb. 119. Sauerstoffaufnahme von Alkalizellulose aus Baumwolle nach verschieden langen Vorreifezeiten bei verschiedenen Quellungsgraden (nach WELTZIEN und ZUM TOBEL).

Jedoch verhalten sich in dieser Beziehung die mit verschieden großen Mengen Ätznatron beladenen Fasern unterschiedlich. Bei einer Konzentration von 50% ist z. B. ein gleichmäßiger Anstieg der Sauerstoffaufnahme zu verzeichnen.

Betrachtet man die in den ersten Stunden bei den verschiedenen Natronlaugenkonzentrationen aufgenommenen Sauerstoffmengen, so ergibt sich, daß bei einer Natronlaugenkonzentration auf der Faser von 23,8% ein deutlich ausgeprägtes Maximum der Sauerstoffaufnahme vorliegt, was sich noch schärfer ausprägt, wenn man an Stelle der Baumwolle Kupferkunstseide nimmt (Abb. 120 und 121). Das unterschiedliche Verhalten der Baumwolle und Kupferkunstseide bei der Sauerstoffaufnahme dürfte auf das größere Quellvermögen der Hydratzellulose zurückzuführen sein. Es geht hieraus aber auch hervor, daß verschiedene Zellstoffe sich hinsichtlich der Sauerstoffaufnahme verschieden verhalten müssen, wie dies bezüglich der Entstehung alkalilöslicher Anteile schon

[1] Vgl. hierzu KLEIN: Kolloid-Z. 7, 41, 372 (1927).

gezeigt wurde. Das Verhalten der mit verschiedenen Laugenkonzentrationen beladenen Fasern deutet darauf hin, daß bei der Sauerstoffaufnahme auch der Preßgrad eine Rolle spielt, und somit gewinnen diese Untersuchungen auch praktisches Interesse. WELTZIEN und ZUM TOBEL haben daher auch die Sauerstoffaufnahme von Baumwolle, die mit

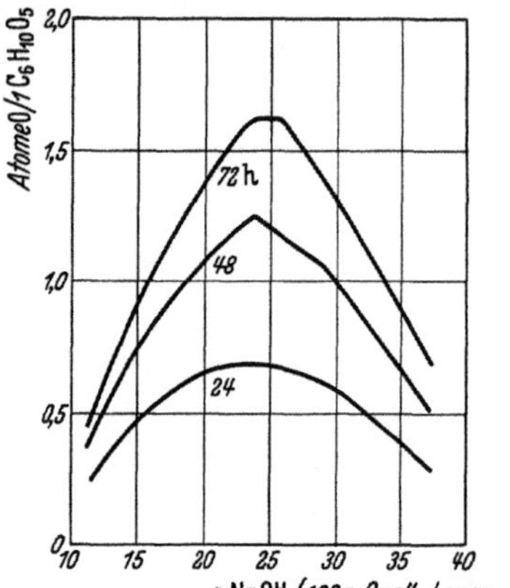

Abb. 120. Sauerstoffaufnahme durch alkalisierte Baumwolle in Abhängigkeit von der Natronlaugenkonzentration auf der Faser (nach WELTZIEN und ZUM TOBEL).

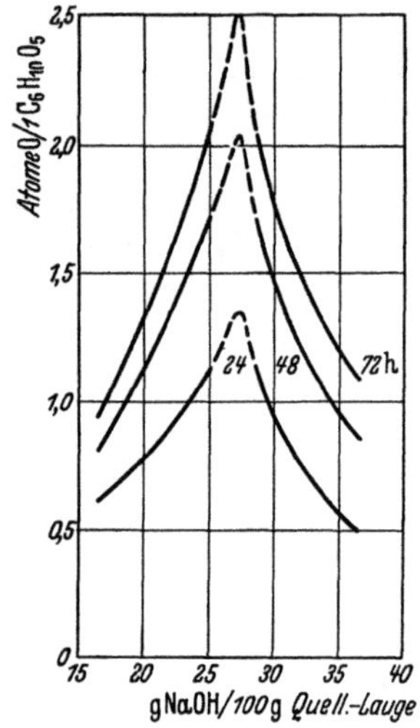

Abb. 121. Sauerstoffaufnahme durch alkalisierte Kupferkunstseide in Abhängigkeit von der Natronlaugenkonzentration auf der Faser (nach WELTZIEN und ZUM TOBEL).

der gleichen Natronlauge gequollen, aber verschieden stark abgepreßt war, untersucht. Die Ergebnisse sind in Tabelle 62 zusammengestellt.

Tabelle 62. Sauerstoffaufnahme bei einer Tauchlaugenkonzentration von 30,0 Vol.-% und verschiedenen Quellungsgraden. (Nach WELTZIEN und ZUM TOBEL.)

Quellungsgrad	200	246	270	470
Berechnete Anzahl Moleküle Quellungs-NaOH auf der Faser	1,89	2,35	2,58	4,59
Konzentration der Natronlauge auf der Faser in Gew.-%	28,8	27,7	26,3	25,7
Aufgenommene Sauerstoffmenge in Atomen auf 1 $C_6H_{10}O_5$ nach 24 Stunden	0,695	0,650	0,651	0,376
„ 48 Stunden	1,17	1,23	1,13	0,650
„ 72 Stunden	1,55	1,60	1,60	0,867
„ 360 Stunden	2,27	2,67	2,88	1,92

Aus der Tabelle geht hervor, daß bei einem hohen Quellungsgrad die Sauerstoffaufnahme bei gleichen Zeiten erheblich geringer ist als bei niedrigeren Quellungsgraden. Die Sauerstoffaufnahme nimmt also mit abnehmendem Preßgrad ab. Diese Befunde decken sich mit Beobachtungen von RASSOW und WADEWITZ[1] sowie WAENTIG[2], wonach bei nicht abgepreßter Alkalizellulose ein Reifeeffekt kaum festzustellen ist. WELTZIEN und ZUM TOBEL sehen den Grund hierfür darin, daß bei einer stark gequollenen Zellulose die Poren durch Natronlauge verstopft sind, so daß der Sauerstoff nicht in das Innere der Zellulosefaser eindringen kann. Demnach dürfte beim Tauchprozeß selbst eine Einwirkung des Luftsauerstoffes nicht stattfinden.

Da somit die dem Sauerstoff zur Verfügung stehende Oberfläche für die Einwirkung von großer Bedeutung ist, so ist es verständlich, daß auch das Litergewicht der Alkalizellulose bei dem Vorreifeeffekt eine Rolle spielt. Bei einem hohen Litergewicht ist die Sauerstoffaufnahme geringer. Auch in diesem Falle wird der Luftsauerstoff einen schwierigeren Zugang zu allen Teilen der Alkalizellulose vorfinden. Dies fanden WELTZIEN und ZUM TOBEL bestätigt: Wenn die gequollene Faser nach dem Abpressen ohne Auflockerung in das Reaktionsgefäß gegeben wurde, so erwies sich die Sauerstoffaufnahme als bedeutend geringer, als wenn die Reaktionsmasse zuvor durch Zerzupfen aufgelockert wurde.

Schließlich muß noch festgehalten werden, daß die Sauerstoffaufnahme temperaturabhängig ist, und zwar fanden WELTZIEN und ZUM TOBEL, daß die Sauerstoffaufnahme mit steigender Temperatur zunimmt. So wurden z. B. nach einem Ablauf von 3 Tagen bei gewöhnlicher Temperatur von 1 $C_6H_{10}O_5$ 0,0369 Atome Sauerstoff aufgenommen, bei 60° C dagegen 1,2 Atome.

Nachdem gezeigt worden ist, wie sich die verschiedenen Faktoren auf die Sauerstoffaufnahme der Alkalizellulose auswirken, müssen wir uns mit der Frage beschäftigen, welche Veränderungen die Alkalizellulose durch die Sauerstoffaufnahme erleidet. Hier muß zunächst festgestellt werden, daß sich am Aussehen der Alkalizellulose — wenigstens bei den in der Praxis bei der Vorreife üblichen Bedingungen — nichts ändert. Die nähere Untersuchung zeigt indessen, daß doch eine tiefergehende Veränderung der Alkalizellulose vor sich gegangen ist. Säuert man nämlich vorgereifte Alkalizellulose mit verdünnter Salzsäure an, so entwickelt sich in reichlicher Menge Kohlensäure. Ferner wird an der vorgereiften Alkalizellulose ein geringerer Alkaligehalt gefunden. Beide Beobachtungen sprechen dafür, daß bei der Vorreife saure Reaktionsprodukte entstanden sind. Es ist aber bemerkenswert, daß, wie WELTZIEN und ZUM TOBEL fanden, selbst bei den höchsten aufgenommenen Sauerstoffmengen die Analyse des Reaktionsproduktes auch noch Zellulose zutage fördert, die nicht oder nur kaum verändert ist. Es findet daher auch bei der Vorreife durchaus kein gleichmäßiges Durchreagieren statt. Dies geht auch schon daraus hervor, daß die von

[1] RASSOW u. WADEWITZ: Journ. prakt. Chem. **106** 266 (1923).
[2] WAENTIG: Kolloid-Z. **51**, 154 (1927).

WELTZIEN und ZUM TOBEL unter optimalen Bedingungen gefundene Sauerstoffaufnahme von über 3 Molekülen auf 1 $C_6H_{10}O_5$ ein Viertel derjenigen Menge darstellt, die zur vollkommenen Verbrennung der Zellulose zu Kohlensäure und Wasser erforderlich ist. Eine gleichmäßig um einen so hohen Betrag oxydierte Zellulose würde aber wesentlich andere Eigenschaften aufweisen als sie die mit Sauerstoff behandelten Präparate tatsächlich haben.

Auf welche Weise der Sauerstoff auf Zellulose einwirkt, konnte erst in den letzten Jahren näher geklärt werden, nachdem genauere Vorstellungen über den Bau des Zellulosemoleküls bestehen. Es ist von STAUDINGER und JURISCH[1] gezeigt worden, daß bei der Einwirkung von Sauerstoff auf Zellulose drei verschiedene Prozesse nebeneinander herlaufen. So werden Verunreinigungen der Zellulose oxydativ abgebaut, ferner werden die Glukosereste der Zelluloseketten durch den Sauerstoff verändert und schließlich erfolgt durch den Sauerstoff ein Aufsprengen der Ketten selbst. Am leichtesten verläuft der oxydative Abbau der Verunreinigungen, da diese eher angegriffen werden als reine Zellulose. Stets aber spielen sich die drei genannten Prozesse gleichzeitig ab, und es sind keine Reaktionsbedingungen bekannt, die zur Auslösung nur eines der drei Effekte führen.

Die Veränderungen an den Glukoseresten gehen auf die Weise vor sich, daß aus primären Alkoholgruppen Karboxylgruppen entstehen[2]. Dies geht aus dem höheren Sauerstoffgehalt oxydierter Zellulose sowie aus dem geringeren Alkaligehalt der gereiften Alkalizellulose hervor[3]. Aus sekundären Alkoholgruppen entstehen Ketongruppen. Bei diesen Veränderungen bleiben aber niemals die Hauptvalenzketten intakt, wie dies beispielsweise bei der Veresterung und Verätherung der Zellulose möglich ist. Der Sauerstoff führt vielmehr stets zu einer Sprengung der Ketten. Das Auftreten alkalilöslicher Anteile bei der vorgereiften Alkalizellulose ist ein Zeichen dafür, daß einzelne Hauptvalenzketten sogar sehr weitgehend aufgespalten werden, so daß schließlich auch sogar niedermolekulare Körper wie Glykuronsäure[4], Zuckersäure, Isosaccharinsäure, Weinsäure, Dioxybuttersäure, Oxalsäure und Kohlendioxyd entstehen[5].

Von STAUDINGER ist gezeigt worden, daß der oxydative Abbau der Hauptvalenzketten durch Sprengung der Sauerstoffbrücken zwischen den Glukoseresten erfolgt, und zwar ist es bemerkenswert, daß diese Sprengung der Sauerstoffbrücken nicht von einem Ende der Kette aus

---

[1] STAUDINGER u. JURISCH: Papierfabr. **35**, 459 (1937).

[2] Vgl. hierzu auch STAUDINGER u. SOHN: B **72**, 1709 (1939).

[3] NASTUKOFF: B. **33** 2237 (1900); B. **34**, 719, 3589 (1901). — SCHWALBE u. BECKER: B. **54**, 545 (1921). — WELTZIEN u. ZUM TOBEL: B **60**, 2024 (1927).

[4] KALB u. VON FALKENHAUSEN: B. **60**, 2515 (1927).

[5] FABER, V. u. TOLLENS: B. **32**, 2585 (1899).

verläuft, sondern daß die Ketten zunächst nahezu in der Mitte gespalten werden. Dies geht daraus hervor, daß schon geringe Mengen Sauerstoff in der Lage sind, eine ganz erhebliche Viskositätsverminderung und damit eine erhebliche Verringerung des mittleren Polymerisationsgrades der Zellulose herbeizuführen. Nach STAUDINGER benötigt 1 Molekül Zellulose vom Polymerisationsgrad 2000 nur 4 Sauerstoffatome, um in zwei Bruchstücke vom halben Polymerisationsgrad gespalten zu werden. 324 kg Zellulose würden hierfür demnach nur 64 g Sauerstoff benötigen. Verliefe die Spaltung so, daß von einem Ende der Kette aus ein Glukoserest nach dem anderen abgespalten würde, so würden für die Bildung der halben Menge Zellulose vom Polymerisationsgrad 1000 64 kg Sauerstoff erforderlich sein. Da diese Menge aber die Zellulose vollkommen in niedermolekulare Produkte verwandeln würde[1], ist nur die Annahme möglich, daß die Brücken-Sauerstoffatome, die sich nach der Mitte der Kette zu befinden, besonders empfindlich sind.

Tabelle 63. Einfluß der Dauer der Vorreife auf den Polymerisationsgrad der Zellulose. (Nach LOTTERMOSER und WULTSCH[3].)

Vorreife Zeit in Stunden	Polymerisationsgrad
0	1170
8	950
29	448
39,5	382
48	346
52	336
60	314
74	296
96	266

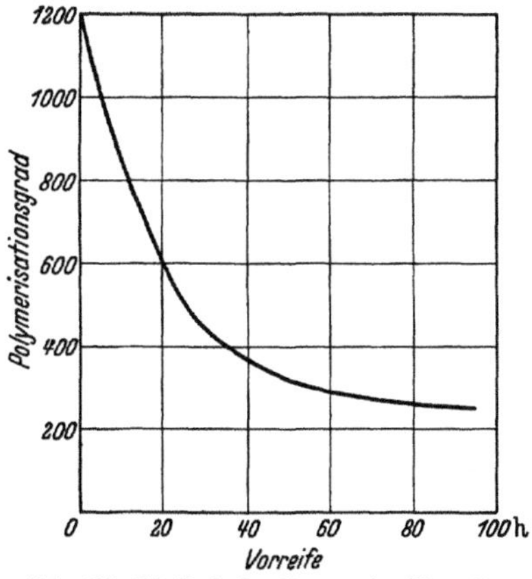

Abb. 122. Einfluß der Dauer der Vorreife auf den Polymerisationsgrad der Zellulose (nach LOTTERMOSER und WULTSCH).

In diesem Zusammenhange sind auch Messungen von LOTTERMOSER und WULTSCH[2] interessant, die den Einfluß der Vorreifezeit auf den Polymerisationsgrad der Zellulose zeigen. Die Ergebnisse sind in Tabelle 63 zusammengestellt.

Abb. 122 enthält die Ergebnisse graphisch aufgetragen.

Die Untersuchungen von LOTTERMOSER und WULTSCH bringen somit den Beweis dafür, daß bei der Vorreife eine Verkürzung der Zellulosemoleküle erfolgt, und es kann somit mit Sicherheit angenommen werden,

[1] HIBBERT u. PARSONS: Cellulose-Chem. 7, 97 (1926).
[2] LOTTERMOSER u. WULTSCH: Kolloid-Z. 83, 180 (1938).
[3] Die hier wiedergegebenen, nach der Methode von STAUDINGER gemessenen Polymerisationsgrade wurden an einem Zellstoff ermittelt, der 1,6 mg Kupfer in 100 g Zellstoff enthielt. Da ein Einfluß des Kupfers auf den Polymerisationsgrad nicht festgestellt werden konnte, so können diese Befunde ohne weiteres auf normalen Zellstoff übertragen werden.

daß es sich bei der Vorreife um einen oxydativen Abbau des Zellulosemoleküls handelt. Wenigstens muß gesagt werden, daß dieser in erster Linie am Vorreifeeffekt beteiligt ist. Wie aber schon mehrfach zum Ausdruck gebracht wurde, ist ein gewisser Vorreifeeffekt auch nachweisbar, wenn der Sauerstoff bei der Vorreife ausgeschlossen wurde. Besonders bemerkenswert ist in diesem Zusammenhang der Befund von WELTZIEN und ZUM TOBEL, wonach bei der Vorreife in Stickstoffatmosphäre gleichfalls alkalilösliche Zelluloseanteile entstehen, wenn auch in geringerer Menge und von anderer Art als bei Vorreife in Gegenwart von Sauerstoff. Die unter Stickstoff erhaltenen Mengen an alkalilöslicher Zellulose sind in Tabelle 64 zusammengestellt.

Tabelle 64. Alkalilösliche Zelluloseanteile nach Vorreife unter Stickstoff. (Nach WELTZIEN und ZUM TOBEL.)

Versuchsdauer in Tagen	Alkalilösliches in %
0	1,60
5	11,98
12	14,02
23	13,0

Bei längeren Zeiten findet keine wesentliche Steigerung des Gehaltes an alkalilöslichen Anteilen mehr statt, während bei der Vorreife in Gegenwart von Sauerstoff die Reaktion weiter fortschreitet.

IV. Zur Theorie der Vorreife.

Überblickt man die bisher geschilderten Verhältnisse, so muß man zu dem Schluß kommen, daß mindestens zwei Vorgänge bei der Vorreife gleichzeitig beteiligt sind. Bei dem einen handelt es sich um einen oxydativen Abbau der Zelluloseketten[1], während der andere, gleichfalls die Viskosität erniedrigende und die Löslichkeit erhöhende Vorgang noch ungeklärt ist. MEYER und MARK[2] sind der Ansicht, daß der zweite Vorgang durch eine Zerlegung der geordneten Gitterbereiche in kleinere Kettenbündel gekennzeichnet ist. Sie machen hierfür aber gleichfalls den Sauerstoff verantwortlich, dem nach STAUDINGER eine solche Wirkung nicht zukommt. In diesem Zusammenhange weist KLEIN[3] darauf hin, daß unter Wasserstoffatmosphäre hergestellte und gelagerte Alkalizellulose ein Benzoat liefert, dessen Lösungen gleichfalls nach Tagen eine deutliche Zähigkeitsabnahme zeigen. Auch die Löslichkeit dieses Benzoates nimmt mit der Dauer der Lagerung zu, und zwar schneller als die Zähigkeit abnimmt. KLEIN glaubt diese Effekte wie MEYER und MARK auf eine Verkleinerung der Kettenbündel zurückführen zu müssen. Der Vorgang würde also auch bei Abwesenheit von Sauerstoff verlaufen. Die gleichen Effekte wurden von WAENTIG durch Zermahlen der Alkalizellulose erhalten. In dieser Beziehung sind auch Unter-

[1] STAUDINGER: B. **63**, 2308 (1930).
[2] MEYER u. MARK: B. **61**, 593 (1928); Z. phys. Chem. B. **2**, 115 (1929).
[3] KLEIN: Kolloid-Z. **7**, 41, 372 (1927).

suchungen von ROGOWIN[1] von Interesse, der an einer im praktischen Betrieb hergestellten Alkalizellulose Viskositätsmessungen vor und nach dem Zerfasern ausführte und dabei fand, daß nach dem Zerfasern eine ganz erhebliche Viskositätsverminderung eingetreten war. Diese Viskositätsverminderung ist wesentlich größer als die durch eine normale Vorreife im Anschluß an die Zerfaserung erzielte. Diese Beobachtungen deuten darauf hin, daß auch durch mechanische Behandlung ein Vorreifeeffekt hervorgerufen wird.

Zur Aufklärung dieser recht verwickelten Verhältnisse haben LIEPATOFF und WINETZKAJA[2] noch einen Beitrag geliefert, ohne jedoch Licht in den Ablauf der Reaktion bringen zu können. Sie konnten zunächst durch Viskositätsmessungen an Lösungen von Nitrozellulose noch einmal den Beweis dafür erbringen, daß ein Alterungseffekt auch bei Abwesenheit von Sauerstoff eintritt. Aus Messungen der Abweichungen vom POISEUILLEschen Gesetz ziehen diese Forscher den Schluß, daß der Alterungseffekt nicht auf eine Verkleinerung der geordneten Gitterbereiche zurückzuführen ist. Sie glauben vielmehr für den Alterungseffekt eine Zerstörung der inneren Struktur allgemeinerer Art verantwortlich machen zu müssen, mit der eine Änderung der Solvatation Hand in Hand geht. Anscheinend kommt mit zunehmender Alterung eine steigende Desolvatation in Frage. Auch eine Desorientierung der geordneten Gitterbereiche wird von ihnen bei der Vorreife für möglich gehalten.

V. Beeinflussung der Vorreife durch praktische Maßnahmen.

Da der Viskosefabrik durch Änderung der Vorreifebedingungen die Möglichkeit gegeben ist, die Zähigkeit der Viskose auf einfache Weise zu beeinflussen, so ist es verständlich, daß eine Reihe von Vorschlägen in dieser Richtung gemacht worden ist. Die Erniedrigung der Viskosität durch Erhöhung der Tauchlaugentemperatur sowie der Temperatur beim Zerfasern und bei der Vorreife wurde schon erwähnt.

Nach Versuchen von SUCHIRO und KOBINATA[3] wird die Vorreife beschleunigt, wenn der Tauchlauge eine bestimmte Menge Natriumsulfid zugesetzt wird[4]. Bei Anwendung hoher Schwefelsäurekonzentrationen im Spinnbad (40—60%) soll hierdurch gleichzeitig die Fadenqualität gesteigert werden. Wird bei Anwesenheit von Natriumsulfid

---

[1] ROGOWIN: Kunstseide **15**, 374 (1933).

[2] LIEPATOFF u. WINETZKAJA: Melliand Textilber. **14**, 355 (1923).

[3] SUCHIRO u. KOBINATA: Chem. Zbl. **1937 II**, 894. Nach dem DRP. 526480 der I.G. Farbenindustrie Aktiengesellschaft kommt man zu dem gleichen Ergebnis, wenn man in Gegenwart von Sulfiden sulfidiert.

[4] Vgl. hierzu auch das DRP. 526480 der I. G. Farbenindustrie Aktiengesellschaft.

getauchte Zellulose jedoch in einer Wasserstoffatmosphäre vorgereift, so läßt sich keine Einwirkung des Natriumsulfids feststellen[1].

Zur Herabsetzung der Viskosität ist ferner vorgeschlagen worden, der Alkalizellulose Oxydationsmittel zuzusetzen. Als solche sind Natriumsuperoxyd oder Hypochlorit[2] genannt worden. Genaue Messungen über den Einfluß von Oxydationsmitteln liegen von HYGEN[3] für Wasserstoffsuperoxyd vor. In dieselbe Richtung zielen Vorschläge, der Alkalizellulose Reaktionsbeschleuniger zuzusetzen. Hier sind die Oxyde des Eisens, Nickels, Kobalts, Zers und Vanadiums genannt worden[4].

Die Vorreife bei Gegenwart von Oxydationsmitteln und bei erhöhter Temperatur hat neuerdings Eingang in die Praxis gefunden („Chemisch-thermische Reife"). Nach Beobachtungen von DÖRR ist hierbei allerdings die Verwendung einer vollkommen hemifreien Tauchlauge erforderlich, da die Oxydationsmittel in erster Linie die Hemizellulosen angreifen und hierdurch für die Zellulose selbst unwirksam bleiben.

Tabelle 65. Einfluß des Eisengehaltes im Zellstoff auf den Polymerisationsgrad der Zellulose. (Nach LOTTERMOSER und WULTSCH.)

Vorreife Zeit in Stunden	Polymerisationsgrad bei Zellstoff mit mg Fe/100 g Zellstoff				
	1,8	6,8	9,4	12,0	30,0
0	1190	1186	1194	1188	1188
5	1037	1020	990	964	928
10	888	851	812	748	691
26	493	436	395	351	318
48	360	321	309	284	255
76	289	272	254	241	208
100	255	244	321	216	182

Da immer mit der Möglichkeit gerechnet werden muß, daß Metallsalze von den Maschinenteilen, Armaturen und Rohrleitungen in den Zellstoff oder in die Tauchlauge gelangen, so ist der Einfluß von Eisen und Kupfer auf die Vorreife von LOTTERMOSER und WULTSCH[5] zum Gegenstand einer eingehenden Untersuchung gemacht worden. Einem Zellstoff vom Polymerisationsgrad 1190 wurden zunächst steigende Mengen Eisenhydroxyd zugegeben. Es wurde dann hieraus Alkalizellulose hergestellt. Die Reifung wurde nach verschiedenen Zeiten unterbrochen, worauf dann nach Auswaschen des Alkalis der Polymerisationsgrad der Zellulose nach STAUDINGER bestimmt wurde. Tabelle 65 und Abb. 123 enthalten die Ergebnisse.

Mit steigendem Eisengehalt im Zellstoff ist bei gleicher Vorreifezeit also ein steigender Abbau des Zellulosemoleküls festzustellen. Schon eine Erhöhung des Eisengehaltes von 0,0018 auf 0,030% führt nach einer Vorreifezeit von 25 Stunden zu einem Polymerisationsgrad, der

[1] SEKI, KOBINATA u. ISHIKAWA: Journ. Soc. chem. Ind. (Japan) **40**, 382 (1937).
[2] Zum Beispiel: DRP. 328035.
[3] HYGEN: Diss. T. H. Dresden 1936, S. 25.
[4] Courtaulds Ltd.: DRP. 323784; DRP. 323785.
[5] LOTTERMOSER u. WULTSCH: Kolloid-Z. **83**, 180 (1938).

um 63% tiefer liegt. Ein Zellstoff mit einem Eisengehalt von 0,030% liefert eine Alkalizellulose, deren Polymerisationsgrad nach einer Vorreifezeit von 22 Stunden in der gleichen Größenordnung liegt wie ein Zellstoff mit 0,0018% Eisen nach einer Vorreifezeit von 50 Stunden. Das besagt, daß diese Erhöhung des Eisengehaltes in der Lage ist, die Vorreifezeit um über 50% abzukürzen. Aus den Untersuchungen geht also hervor, daß Eisen den Abbau des Zellulosemoleküls während der Vorreife in starkem Maße beschleunigt. Um daher eine gleichmäßige Viskose zu erhalten, ist sorgfältig darauf zu achten, daß das Eisen ferngehalten wird bzw. daß keine Schwankungen im Eisengehalt vorkommen. Wir werden später noch sehen, daß auch das Verhalten der Viskose bei der Nachreife durch einen Eisengehalt beeinflußt wird. Bemerkenswerterweise konnte ein Einfluß von Kupfer von LOTTERMOSER und WULTSCH bei der Vorreife nicht beobachtet werden, wohl wirkt sich die Anwesenheit dieses Metalls bei der Nachreife aus.

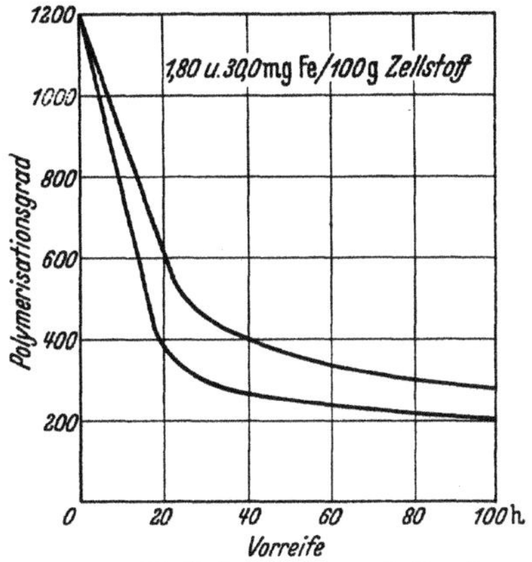

Abb. 123. Einfluß des Eisengehaltes des Zellstoffes auf den Polymerisationsgrad der Zellulose bei der Vorreife (nach LOTTERMOSER und WULTSCH).

Um die Vorreifezeit abzukürzen, ist ferner noch der Vorschlag gemacht worden, die Vorreife unter Druck durchzuführen[1]. Durch diese Maßnahme wird in erster Linie die Sauerstoffeinwirkung auf die Alkalizellulose verstärkt werden.

Die Viskosität der Viskose kann aber nicht nur durch Änderung der Vorreifebedingungen beeinflußt werden, es ist vielmehr auch möglich, die Zellulose vor der Alkalisierung vorzubehandeln. Nach Untersuchungen von SHOJINA und SAKURADA[2] deckt sich jedoch das spinntechnische Verhalten einer Viskose, deren Viskosität durch Vorbehandlung der Zellulose erniedrigt wurde, nicht ganz mit einer Viskose, deren Viskosität durch Maßnahmen bei der Vorreife auf die gleiche Höhe gebracht worden ist. Die Vorbehandlung der Zellulose soll günstiger sein. Dieser Vorschlag läuft auf die Anwendung eines niedrig-viskosen Zellstoffes hinaus. Wie aber schon ausgeführt wurde, gibt man im allgemeinen einem hochviskosen Zellstoff den Vorzug.

Die bisher besprochenen Vorschläge bezwecken eine Herabsetzung der Viskosität, wobei man sich in der Hauptsache von dem Gedanken leiten ließ, die Einwirkung des Luftsauerstoffes zu steigern. In der Erkenntnis, daß dieser aber eine Schädigung des Zellulosemoleküls herbeiführt, ist auch vorgeschlagen worden, diesen schädlichen Einfluß

[1] Vereinigte Glanzstoff-Fabriken A.G.: DRP. 604015.
[2] SHOJINA u. SAKURADA: Chem. Zbl. **1936 I**, 234.

bei der Vorreife auszuschließen. La Soie de Chatillon[1] empfiehlt daher, die Vorreife unter einem indifferenten Gas, wie z. B. Leuchtgas, Wasserstoff oder Stickstoff in geschlossenen Gefäßen vorzunehmen. DREAPER[2] schlägt vor, die Vorreife im Vakuum durchzuführen. Nach dem Brit. Pat. 240717 von Herminghaus & Co., HESSE und RATHERT kann der schädliche Einfluß des Sauerstoffes auch durch Zugabe von Reduktionsmitteln zur Alkalizellulose, wie z. B. Natriumsulfit, ausgeschlossen werden. LOTTERMOSER und SCHWARZ[3] haben gefunden, daß die Viskosität der unter Sauerstoffausschluß gereiften Alkalizellulose durch Zusatz aliphatischer Verbindungen mit mindestens zwei OH-Gruppen zur Tauchlauge erniedrigt werden kann. Auf diese Weise werden unter normalen Bedingungen spinnbare Viskosen erhalten, ohne daß das Zellulosemolekül übermäßig stark abgebaut ist.

VI. Die technische Durchführung der Vorreife.

Die Vorreife erfolgt in einem Raum, der baulich so angelegt ist, daß er gegen Temperatureinflüsse von außen möglichst weitgehend geschützt ist. Man benützt für die Anlage des Vorreiferaumes daher am besten ein Kellergeschoß. Es ist sorgfältig darauf zu achten, daß an allen Stellen des Raumes stets die gleiche Temperatur herrscht. Die genaue Einhaltung der Temperatur kann auf verschiedene Weise erfolgen. Man kann, was die einfachste — aber ungenaueste — Methode darstellt, im Reiferaum Heiz- und Kühlrohre anbringen, die jeweils von Hand reguliert werden. An Stellen, die zu kühleren Temperaturen neigen, kann man durch elektrische Kohlenfadenlampen geringe Schwankungen in der Temperatur ausgleichen. Viel zweckmäßiger und sicherer ist es jedoch, die Temperatur des Raumes durch eine vollautomatisch wirkende Klimaanlage zu regeln. Die Luft wird hierbei ständig umgewälzt, indem sie durch feine Spalte am Boden des Raumes abgesaugt und unterhalb der Decke aus ebensolchen, in die Seitenwände eingelassene Spalte, auf die richtige Temperatur eingestellt, wieder eingeblasen wird. An mehreren Stellen des Raumes werden in verschiedener Höhe Thermometer angebracht, die stündlich abgelesen werden müssen und die Bruchgrade abzulesen gestatten. Zweckmäßiger ist die Anbringung von Thermographen.

Die Temperatur des Vorreiferaumes wird auf die Endtemperatur des Zerfaserers abgestimmt. Diese Temperatur liegt je nach der Arbeitsweise zwischen 19 und 24° C.

Sofern die Vorreife nicht kontinuierlich durchgeführt wird, muß die zerfaserte Alkalizellulose in geeigneten Behältern in den Vorreiferaum gebracht werden. Der stillgesetzte und verriegelte Zerfaserer

[1] La Soie de Chatillon: Franz. Pat. 613252.
[2] DREAPER: DRP. 439844; vgl. hierzu auch Chem. Zbl. **1935 I**, 501.
[3] LOTTERMOSER u. SCHWARZ; ref. bei LOTZE: Kunstseide **1933**, 231.

wird in Kippstellung gebracht, geöffnet und entleert. Zur Aufnahme der Alkalizellulose dienen meist runde oder rechteckige Büchsen aus Eisen, die mit einem Deckel verschließbar sind. Die Grundfläche der Büchsen beträgt etwa 50 × 25 cm, ihre Höhe 50—60 cm. Die runden Büchsen haben einen Durchmesser von etwa 35—46 cm. Die leeren Büchsen werden vor den gekippten Zerfaserer gefahren. Das Füllen der Büchsen kann man durch vereinfachen, daß man jeweils mehrere gleichzeitig durch einen Trichter mit mehreren Schächten füllt. Sind die Büchsen mit Alkalizellulose angefüllt, so wird die Alkalizellulose durch ein Zellstoffblatt oder eine Gummiplatte abgedeckt, damit keine Rostteilchen des Deckels hineinfallen können, und die Büchse durch den Deckel verschlossen. Die gefüllten Büchsen werden dann in den Vorreiferaum gebracht. Dies kann durch Anhängen an eine Transportkette oder durch einen Wagen erfolgen.

Abb. 124. Reifewagen im Reiferaum [1].

Alle Büchsen sind mit Nummern versehen, damit die eingesetzten Partien durch die ganze Viskosefabrik hindurch verfolgt werden können.

Der Reiferaum ist gegen das Einströmen von Außenluft durch eine doppelte Tür (Luftschleuse) gesichert. Er ist mit eisernen oder hölzernen Regalen ausgestattet, auf die die Reifebüchsen gestellt werden.

Diese Arbeitsweise macht es erforderlich, daß die Alkalizellulose in viele einzelne Posten von verhältnismäßig geringer Menge aufgeteilt werden muß. Die verhältnismäßig kleinen Kästen sind nötig, um eine gleichmäßige Temperatur innerhalb des gesamten Gutes zu gewährleisten. Das Abfüllen in die Kästen sowie der Transport und das Stapeln der vielen kleinen Einheiten ist lästig und unwirtschaftlich.

[1] Aus der Hauszeitschrift: „Wir vom Glanzstoff.“

Man hat daher angestrebt, hier eine Vereinfachung zu finden. Als recht praktisch hat sich die folgende Arbeitsweise erwiesen:

Zur Aufnahme der zu reifenden Alkalizellulose dienen Wagen mit einem kastenförmigen Aufbau. Der Kasten ist so dimensioniert, daß er den gesamten Inhalt eines Zerfaserers aufnehmen kann. Um auch bei dieser Anordnung eine vollkommen gleichmäßige Temperatur innerhalb der ganzen Füllung sicherzustellen, sind in dem Kasten Luftkanäle angebracht, die den Kasten in mehrere Räume unterteilen. Der Boden des Kastens ist abklappbar, so daß die Entleerung von unten selbsttätig erfolgen kann (Abb. 124). Die Kastenwagen werden auf Schienen vor den Zerfaserer gefahren, der seinen Inhalt unmittelbar in den Kasten entleert. Dann wird der Deckel auf den Wagen gelegt. Der gefüllte Wagen wird nunmehr in einen Aufzug gebracht, der ihn in das Geschoß trägt, in dem der Reiferaum liegt. Der rechteckige Reiferaum enthält mehrere Geleise, die ihn in seiner Längsrichtung durchziehen und auf denen die Reifewagen die vorgesehene Zeit abgestellt werden. Nach Ablauf der Reifezeit wird der Wagen aus dem Reiferaum herausgefahren und gelangt in die Sulfidierung. Nachdem er hier entleert ist, fährt er an die Zerfaserer zurück und ist zur Aufnahme neuer Alkalizellulose bereit.

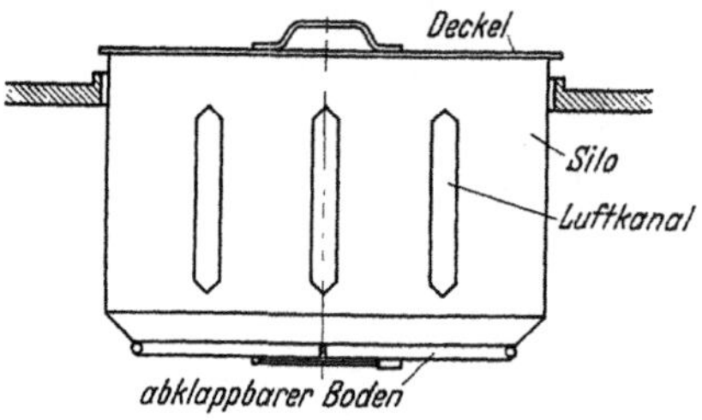

Abb. 125. Silo zum Reifen der Alkalizellulose.

Diese an sich sehr zweckmäßige Arbeitsweise erfordert aber eine verhältnismäßig große Anzahl von transportablen Reifewagen. Man kann daher auch so vorgehen, daß man die Reifung in ortsfesten Silos vornimmt. Man bringt dann etwa in einer Höhe von 2,5 m im Reiferaum eine Zwischendecke an. Damit hierdurch aber die Luftbewegung im ganzen Raum nicht behindert wird, besteht diese lediglich aus einer Eisenkonstruktion mit eisernem Gitterwerk als Laufstege. An diese Eisenkonstruktionen wird die erforderliche Anzahl Reifekästen, die dieselbe Form haben können wie die Kästen der eben beschriebenen Reifewagen, eingehängt (Abb. 125). Diese Anordnung zeichnet sich besonders durch große Übersichtlichkeit aus. Man benötigt hierbei nur zwei Transportwagen, einen zur Überführung der Alkalizellulose vom Zerfaserer in den Silo und einen zur Überführung der gereiften Alkalizellulose in die Sulfidierung. Beide Wagen sind wieder mit abklappbaren Böden versehen. Der mit Alkalizellulose gefüllte Wagen wird unmittelbar über den Silo gefahren, der zur Aufnahme der Alkalizellulose bestimmt ist, der leere Wagen nimmt nach Beendigung der Vorreife unterhalb des Silos die gereifte Alkalizellulose auf und bringt sie über einen Trichter, durch den das Gut in die Sulfidiertrommel fällt. Die mit Alkalizellulose beschickten Silos werden durch Auflegen eines hölzernen Deckels verschlossen.

Auf die kontinuierliche Durchführung der Vorreife kommen wir im 14. Kapitel zurück.

11. Kapitel.

Das Xanthogenat und die Herstellung der Viskose.

Die Alkalizellulose wird — falls sie gereift wurde, nach Beendigung der Vorreife — durch Behandlung mit Schwefelkohlenstoff in das Xanthogenat übergeführt.

I. Der Schwefelkohlenstoff.

In der Viskosefabrik werden große Mengen Schwefelkohlenstoff benötigt: Für die Erzeugung von 1000 kg fertiger Faser muß man etwa 345 kg Schwefelkohlenstoff rechnen. Er kommt im Laufe des Herstellungsganges in den verschiedensten Formen wieder zur Abscheidung.

Der Schwefelkohlenstoff, der eine leichtbewegliche, stark lichtbrechende Flüssigkeit vom spezifischen Gewicht 1,297 darstellt, wurde im Anfang von den Kunstseidenfabriken selbst hergestellt, dann aber in Kesselwagen bezogen. Die großen Mengen Schwefelkohlenstoff, die eine moderne Zellwollfabrik benötigt, haben dazu geführt, daß diese Fabriken den Schwefelkohlenstoff teilweise wieder selbst herstellen[1].

Schwefelkohlenstoff bildet sich beim Zusammentreffen von dampfförmigem Schwefel und glühender Holzkohle. Die Reaktion wird unter Luftausschluß in Retorten durchgeführt. Man läßt den Schwefel in stets gleichmäßigem Strahl in die Retorte einfließen und gibt die Holzkohle portionsweise zu. Die Kohle wird durch die Abgase des Heizofens für die Retorte vorgetrocknet. Aus der Retorte entweicht dampfförmiger Schwefelkohlenstoff, der sich in einer gekühlten Vorlage verflüssigt. Von hier aus gelangt der rohe Schwefelkohlenstoff in Lagerkessel. Er wird nunmehr durch Destillation und Waschen gereinigt.

Gase und Dämpfe, die in der Vorlage nicht zur Verdichtung gekommen sind, sowie Abgase aus den Retorten und der Destillation, werden durch Öltürme geschickt, durch die der in den Gasen noch vorhandene Schwefelkohlenstoff herausgewaschen wird. Aus den schwefelkohlenstoffhaltigen Abgasen wird der Schwefel als solcher zurückgewonnen.

Das Arbeiten mit Schwefelkohlenstoff in der Kunstseiden- und Zellwollfabrik ist in mehrfacher Hinsicht unangenehm: Schwefelkohlenstoff

---

[1] Vgl. hierzu ZAHN: Zellwolle 4, 51 (1938).

ist leicht flüchtig; seine relative **Flüchtigkeit** ist 1,8 (Äther = 1). Da seine Dämpfe giftig sind — sie wirken besonders auf das Nervensystem, —

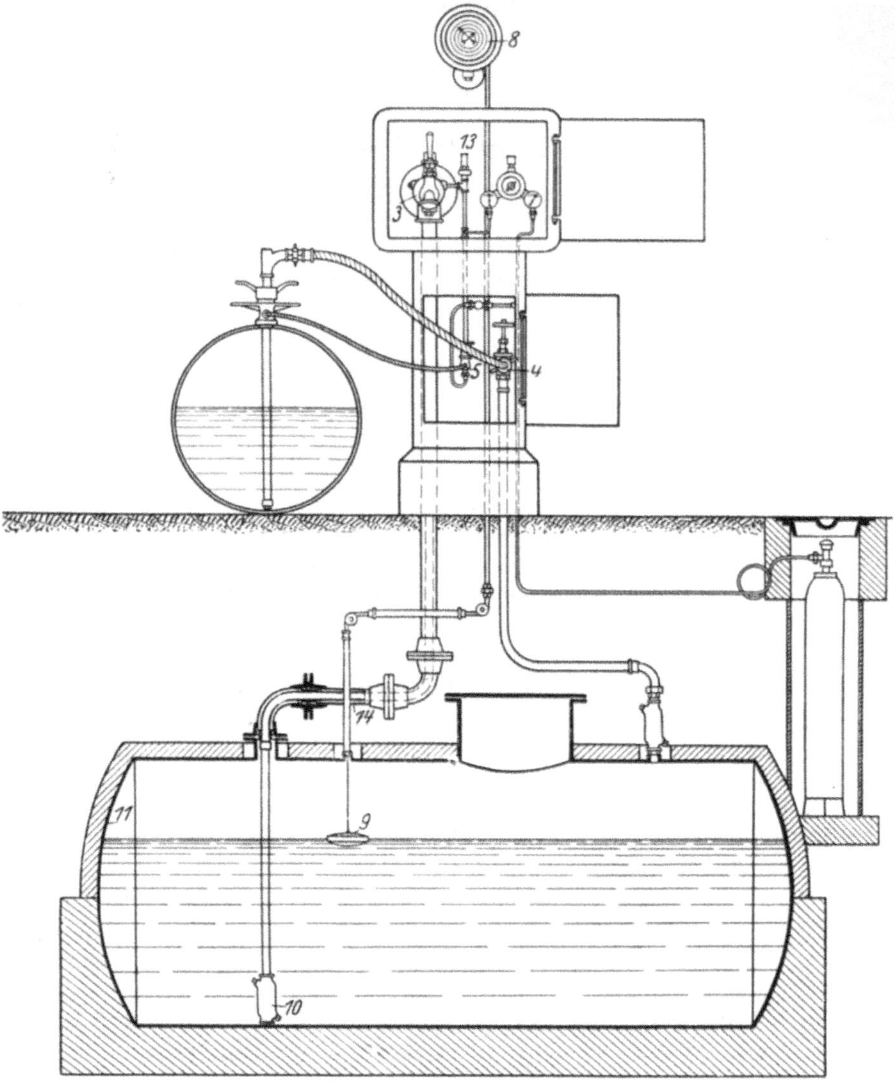

Abb. 126. Tankanlage für Schwefelkohlenstoff; gebaut von der Firma Hermann Hoffmann, Apparatebau-Ges. m. b. H., Frankfurt a. M.

so sind besondere Vorsichtsmaßregeln bei seiner Anwendung erforderlich. Es kommt hinzu, daß die Schwefelkohlenstoffdämpfe mit dem Luftsauerstoff höchst explosive Gemische bilden. Die Explosionsgrenzen bei gewöhnlicher Temperatur liegen bei 2—5 Vol.-% bzw. 81,3—200 g pro

Kubikmeter. Die Dämpfe neigen dazu, sich beim Strömen in Rohrleitungen oder beim Schwanken in Gefäßen elektrisch aufzuladen. Ein Spannungsausgleich durch Funkenbildung kann leicht zur Entzündung führen. Deshalb müssen alle Apparaturen und Leitungen, die mit Schwefelkohlenstoff gefüllt werden, ausreichend durch Erdung gesichert sein[1]. Die Lagerung des Schwefelkohlenstoffes hat in unterirdisch angelegten Tanks zu erfolgen. Abb. 126 zeigt eine Einrichtung, wie sie in den Viskosefabriken für die Lagerung und das Abfüllen des Schwefelkohlenstoffes gebräuchlich ist. *11* stellt den unterirdischen Tank dar, der durch das Ventil *4* gefüllt wird. Durch den Diffusionsverschluß *10*, der Luftzutritt in den Tank sowie Dampfaustritt aus ihm verhütet, gelangt der Schwefelkohlenstoff durch eine Rohrleitung zu dem Zapfventil *3*. In diese Leitung ist bei *14* noch eine Schutzvorrichtung eingebaut, die bei einer etwa erfolgten Explosion ein Zurückschlagen der Stichflamme in den Kessel verhütet. Der jeweilige Tankinhalt wird durch einen Inhaltsanzeiger *8* angezeigt, der durch einen Schwimmer *9* gesteuert wird. Die Rohrleitungen sind doppelwandig; das innere Rohr besteht aus Eisen, das äußere aus Blei. Der zwischen den Rohrwänden befindliche Hohlraum steht mit dem Kesselinhalt in Verbindung. Der über dem Flüssigkeitsspiegel befindliche Raum, und somit auch die Hohlräume der Rohrleitungen, sind mit einem Schutzgas, auch Sperrgas genannt, gefüllt, das eine Berührung des Schwefelkohlenstoffes mit der Luft verhütet. Dasselbe Sperrgas liefert auch den Druck zur Entnahme von Flüssigkeit aus dem Kessel. Als Sperrgas wird Kohlensäure oder Stickstoff verwendet, die in Bomben bezogen werden. Manche Fabriken verwenden als Sperrgas auch die Auspuffgase eines kleinen Explosionsmotors, die in einem Reiniger gereinigt und durch einen Kompressor auf die erforderliche Gebrauchsspannung verdichtet werden[2].

II. Die Xanthogenatreaktion.

Schwefelkohlenstoff setzt sich mit alkoholischer Alkalilauge zum Alkalisalz einer Xanthogensäure um, z. B.:

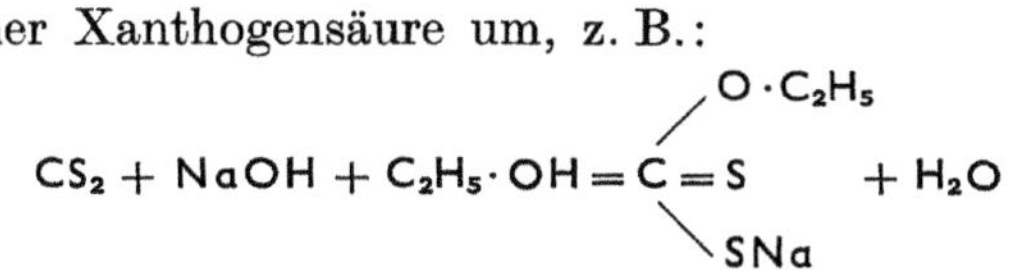

Aethylxanthogensaures Natrium
(Natriumaethylxanthogenat)

Diese Verbindung ist als Abkömmling der Sulfthiokohlensäure

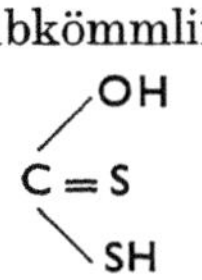

aufzufassen.

---

[1] Vgl. hierzu Wenzel: Zbl. Gewerbehyg. u. Unfallverhütung **25**, 218 (1938).
[2] Vgl. Gaebel: Technologie der Textilfasern, Bd. 7. Berlin 1927.

Sie wird zuweilen auch Dithiokohlensäure genannt[1]. Die freie Säure besteht nicht, und auch ihre Salze sind nur einigermaßen beständig.

Man nimmt allgemein an, daß auch die Alkalizellulose mit dem Schwefelkohlenstoff wie ein Alkoholat reagiert und schreibt demnach dem Natriumzellulosexanthogenat folgende Formel zu:

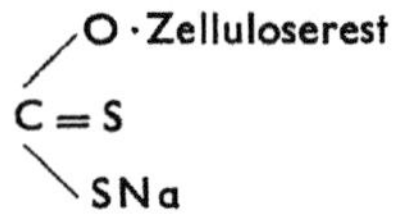

Der Xanthogenatrest lagert sich also an eine Hydroxylgruppe der Zellulose an.

Bei der Besprechung der Alkalizellulose war gezeigt worden, daß nur ein Teil der Zellulosehydroxylgruppen für die Alkalibindung zur Verfügung steht, da durch die Laugenbehandlung die Gitterkräfte nicht vollkommen überwunden werden. Die Sulfidierung kann sich daher gleichfalls nur an einem Teil der Hydroxylgruppen vollziehen. SCHRAMEK und KÜTTNER[2] haben zeigen können, daß sich im Röntgendiagramm des Zellulosexanthogenates die Interferenzen der Natronzellulose I wiederfinden. Daraus geht mit Sicherheit hervor, daß auch der Sulfidierungsvorgang ein reiner intermizellarer Vorgang ist und daß bei der Sulfidierung keine weiteren Gitterkräfte aufgehoben werden. Die Umsetzung mit Schwefelkohlenstoff findet also nur in den nicht gittermäßig geordneten „amorphen" Bereichen der Faser statt. Die Xanthogenierungsreaktion führt demnach auch nicht zu einer einheitlichen Verbindung, sondern die Xanthogenatgruppen verteilen sich „mehr oder weniger wahllos" über das Makromolekül[3]. Das Xanthogenierungsprodukt kann daher auch als ein Gemisch aus Natriumzellulosexanthogenat und unveränderter Natronzellulose aufgefaßt werden.

Infolge der Unbeständigkeit der Verbindung stellt sich bei der Xanthogenierung stets ein Gleichgewichtszustand ein, der durch folgendes Schema veranschaulicht werden kann:[4]

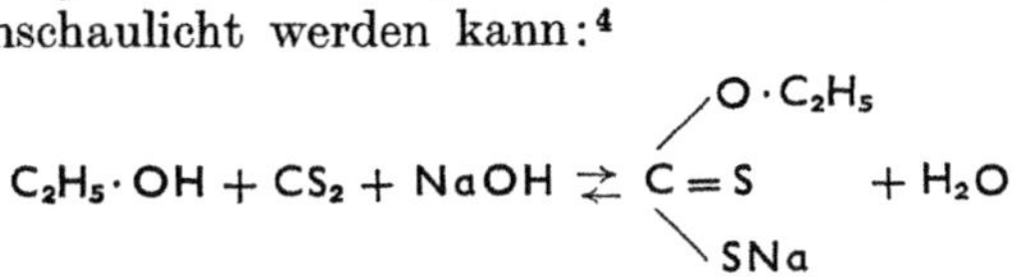

[1] Diese Bezeichnung ist unrichtig. Unter Dithiokohlensäure ist ein Körper von der Formel

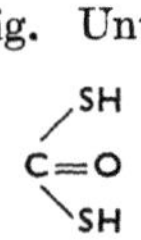

zu verstehen.

[2] SCHRAMEK u. KÜTTNER: Kolloid. Beih. **42**, 331 (1935).

[3] LIESER: Chemiker-Ztg. **60**, 387 (1936).

[4] RAGG: Chemiker-Ztg. **32**, 630, 654, 677, 730 (1908); **34**, 82 (1910); vgl. hierzu auch GEIGER: Helv. Chim. Acta **13**, 281 (1930).

Die jeweils vorliegende Xanthogenierungsstufe ist durch das Verhältnis $CS_2 : C_6H_{10}O_5$ gekennzeichnet. Zur Charakterisierung der vorliegenden Verbindung kann man entweder dieses Verhältnis direkt angeben, oder man drückt es, wie dies in der Praxis vielfach geschieht, durch die Anzahl Kohlenstoffatome der Glukosereste aus, denen 1 CS_2-Gruppe entspricht. So spricht man z. B. von einem C_6-Produkt, einem C_{12}-Produkt usw. Neuerdings drückt man das zwischen CS_2 und $C_6H_{10}O_5$ bestehende Verhältnis nach einem Vorschlag von FINK, STAHN und MATTHES[1] auch durch den „γ-Wert" aus. Unter dem γ-Wert wird die Anzahl Mol Schwefelkohlenstoff verstanden, die von 100 $C_6H_{10}O_5$-Einheiten als Sulfthiokarbonat gebunden sind.

Entsprechend dem Reaktionsverlauf ist das zwischen dem Schwefelkohlenstoff und der Zellulose bestehende Verhältnis nur ein pseudostöchiometrisches. So sagt das Verhältnis von z. B. $CS_2 : 2\,C_6H_{10}O_5$ keineswegs aus, daß jeder zweite Glukoserest in jedem Zellulosemolekül bzw. jede Zellobiosegruppe einen Xanthogenatrest trägt. Entsprechend den Vorstellungen, die im 2. Kapitel vom Bau der Zellulose entwickelt worden sind, können die Verhältniszahlen nur ganz allgemein gedeutet werden: Man muß annehmen, daß in den amorphen Faserbereichen wesentlich höher xanthogenierte Anteile enthalten sind, während die geordneten Gitterbereiche von der Sulfidierung nicht erfaßt werden. Will man unter dem Natriumzellulosexanthogenat eine wohldefinierte chemische Verbindung verstehen, eine Ansicht, die von SAKURADA und HUTINO[2] vertreten wird, so muß man die Einschränkung machen, daß eine solche nur in den ungeordneten Faserbereichen vorliegen kann.

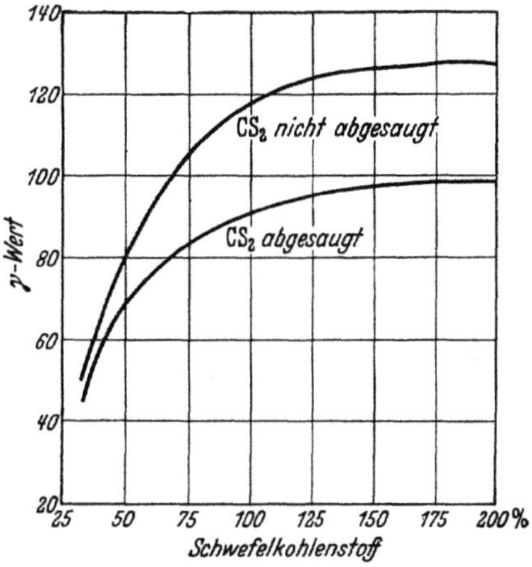

Abb. 127. Xanthogenierungsgrad in Abhängigkeit von der angewandten Schwefelkohlenstoffmenge. Der untere Kurvenzug entspricht den normalen Betriebsverhältnissen (nach SCHRAMEK und ZEHMISCH).

Mit Hilfe der Bestimmung des γ-Wertes wurde die Aufnahmefähigkeit der Alkalizellulose für Schwefelkohlenstoff von SCHRAMEK und ZEHMISCH[3] untersucht. Es ergaben sich dabei die in der Abb. 127 wiedergegebenen Werte. Danach ist festzustellen, daß mit steigender Menge zur Reaktion gebrachten Schwefelkohlenstoffes der Xanthogenierungsgrad ansteigt. Die Kurve verläuft jedoch bei höheren Schwefelkohlenstoffmengen zusehends flacher und geht bei einem γ-Wert von etwa 90 in die Horizontale

[1] FINK, STAHN u. MATTHES: Angew. Chem. **47**, 602 (1934).
[2] SAKURADA u. HUTINO: Sci. Inst. phys. chem. Res. **17**, 249 (1932).
[3] SCHRAMEK u. ZEHMISCH: Kolloid. Beih. **48**, 100 (1938).

über. Unter üblichen Reaktionsbedingungen ist eine höhere Xanthogenierung nicht möglich.

Auf andere Weise hat FAUST[1] die Schwefelkohlenstoffaufnahme gemessen. Seine Ergebnisse sind in Abb. 128 dargestellt. Auch diese Abbildung läßt das Ansteigen der in die Zellulose eingeführten Sulfthiokarbonatreste mit zunehmenden Schwefelkohlenstoffmengen deutlich erkennen.

Die Aufnahmefähigkeit der Zellulose für Schwefelkohlenstoff ist hiermit aber keineswegs erschöpft. Der Xanthogenierungsgrad richtet sich vielmehr auch danach, in welcher Form die Alkalizellulose dem Schwefelkohlenstoff dargereicht wird. Wie die Untersuchungen von FAUST (Abb. 128) erkennen lassen, kommt man schon zu anderen Xanthogenierungsgraden, wenn man Alkalizellulosen mit verschiedenem Reifegrad zur Reaktion bringt. Der Unterschied zwischen ungereifter und gereifter Alkalizellulose ist allerdings nur gering.

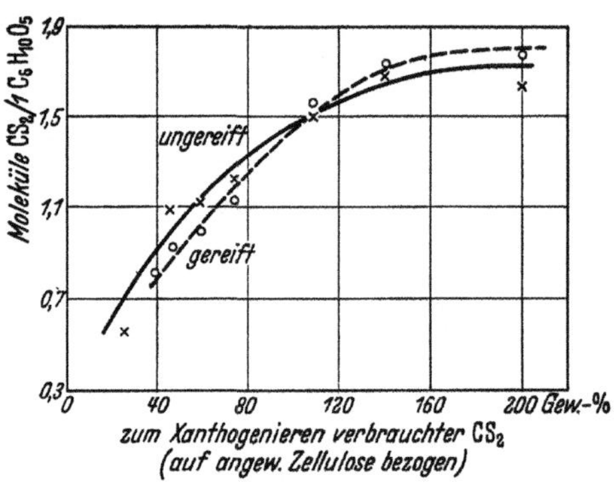

Abb. 128. Xanthogenierungsgrad in Abhängigkeit von der angewandten Schwefelkohlenstoffmenge (nach FAUST).

Bringt man aber die Alkalizellulose in einem stärker dispergierten Zustand zur Reaktion, so kommt man zu weit höheren Xanthogenierungsgraden. So kann man z. B. gelöstes Xanthogenat durch Schwefelkohlenstoff weiter sulfidieren, wodurch man schließlich zu einem Endprodukt gelangt, das einem Molverhältnis von etwas über 1 CS_2 auf 1 $C_6H_{10}O_5$ entspricht. Eine noch weitergehende Xanthogenierung ist offenbar bei der Natronzellulose nicht möglich. Die Möglichkeit des Nachsulfidierens ist für die Praxis von Wichtigkeit. In einigen Betrieben wird bei der Herstellung des Xanthogenates und der Viskose mit dem sog. Xanthatkneter gearbeitet. Wie SCHRAMEK und ZEHMISCH gezeigt haben, kommt man bei dieser Apparatur zu verschieden hohen Xanthogenierungsgraden, je nachdem ob man nach der Xanthogenierung vor dem Lösen des Xanthats den überschüssigen Schwefelkohlenstoff aus der Apparatur durch Absaugen entfernt oder ob man ihn in der Apparatur beläßt. Im letzteren Falle findet beim Lösen eine Nachxanthogenierung statt (Abb. 127).

Man kann von der Möglichkeit des Nachsulfidierens aber auch zur Verjüngung gereifter Viskose in der Praxis Gebrauch machen. Hierüber wird an anderer Stelle noch näheres ausgeführt.

[1] FAUST: B. 62, 2572 (1929).

Die aufgenommene Menge Schwefelkohlenstoff läßt sich noch weiter steigern, wenn man als Alkali nicht Natronlauge verwendet, sondern eine Base, die gleichzeitig für Zellulose ein Lösungsmittel ist. LIESER hat gefunden, daß Zellulose in hochmolekularen organischen Basen, beispielsweise in Tetraäthylammoniumhydroxyd, löslich ist. Versuche von LIESER und LECKZYCK[1] haben ergeben, daß es bei Anwendung von Tetraäthylammoniumhydroxyd als Base gelingt, die Zellulose bis zum Trixanthogenat zu sulfidieren.

Für die Praxis der Viskoseherstellung ist wichtig, daß zur Erzielung eines löslichen Xanthogenates ein ganz bestimmter Xanthogenierungsgrad erforderlich ist. Die allgemeine Ansicht geht dahin, daß ein Xanthogenat ausreichend löslich ist, wenn es der Zusammensetzung 1 CS_2 auf 2 $C_6H_{10}O_5$ entspricht[2]. Diesem Verhältnis kommt ein γ-Wert von 50 zu. LIESER[3] erklärt das pseudostöchiometrische Verhältnis 1 CS_2 : 2 $C_6H_{10}O_5$ aus dem Verhältnis der Oberfläche eines geordneten Gitterbereiches zu seinem Inhalt. Nach dieser Auffassung würde sich also die Umwandlung der Alkalizellulose zum Xanthogenat ausschließlich an der Oberfläche der geordneten Bereiche, also an der Mizelloberfläche, abspielen. Hält man an dieser Vorstellung fest, so ist nach SCHRAMEK schwer zu erklären, was sich abspielt, wenn durch Anwendung höherer Schwefelkohlenstoffmengen der γ-Wert bis auf 90 gebracht wird. Man kann dann entweder annehmen, daß der Schwefelkohlenstoff weiter in das Gefüge der Alkalizellulose eindringt und nach und nach auch die geordneten Gitterbereiche erfaßt. Die Reaktion würde dann als eine permutoide aufzufassen sein, als welche LIESER sie auch ansieht. Man kann aber auch annehmen, daß bei der weitergehenden Sulfidierung die geordneten Bereiche intakt bleiben und daß nur weitere Hydroxylgruppen der Glukosereste in den amorphen Faserbereichen umgesetzt werden. Die Tatsache, daß man bei Anwendung von Tetraäthylammoniumhydroxyd alle drei Hydroxylgruppen der Glukosereste xanthogenieren kann, verleiht der letzteren Annahme die größere Wahrscheinlichkeit. Hierfür sprechen auch die röntgenographischen Befunde.

Für die praktische Herstellung des Xanthogenates ist die Feststellung wichtig, welche Menge Schwefelkohlenstoff angewandt werden muß, um ein einwandfrei lösliches Xanthogenat zu erhalten. Bevor hierauf näher eingegangen wird, soll noch etwas über die zur Xanthogenierung erforderliche Beschaffenheit der Alkalizellulose ausgesagt werden:

ATSUKI und KUVAHARI[4] haben gefunden, daß man nur dann lösliche Xanthogenate erhält, wenn das Tauchen der Zellulose bei der Alkalizelluloseherstellung mit einer Natronlauge vorgenommen wird, deren

---

[1] LIESER u. LECKZYCK: A. **522**, 56 (1936).
[2] Vgl. hierzu auch STAUDINGER u. DAUMILLER: B. **71**, 1995 (1938).
[3] LIESER: A. **470**, 104; **483**, 132.
[4] ATSUKI u. KUVAHARI: Zell. Ind. **7**, 47 (1931).

Konzentration zwischen 12 und 35% liegt. LOTTERMOSER und RADESTOCK[1] geben einen Konzentrationsbereich von 18—25% an. SCHRAMEK und KÜTTNER haben auf Grund eingehender röntgenographischer Untersuchungen die Feststellung gemacht, daß nur dann lösliche Xanthogenate erhalten werden, wenn die zur Sulfidierung kommende Alkalizellulose hinsichtlich ihrer Struktur oder mindestens hinsichtlich ihres Alkaligehaltes der Natronzellulose I entspricht.

Bezüglich der praktisch erforderlichen Menge Schwefelkohlenstoffes haben CROSS und BEVAN die Ansicht vertreten, daß soviel Schwefelkohlenstoff zugesetzt werden muß, daß einem CS_2 ein Glukoserest entspricht. Dies sind 47% Schwefelkohlenstoff, berechnet auf Zellulose. Weitere Untersuchungen haben aber ergeben, daß mit wesentlich geringeren Mengen Schwefelkohlenstoff einwandfrei lösliche Xanthogenate erhalten werden. Es muß hier zunächst auf Untersuchungen von BOURETTE[2] verwiesen werden. Nach ihm kann man mit 16% Schwefelkohlenstoff einwandfrei sulfidieren. Auch HEUSER und SCHUSTER[3] haben gefunden, daß man mit wesentlich geringeren Mengen Schwefelkohlenstoff auskommt, als von CROSS und BEVAN angegeben wurde. In diesem Zusammenhang sind Beobachtungen aus der Praxis bemerkenswert, wonach man mit um so weniger Schwefelkohlenstoff auskommt, je kürzer die Vorreife der Alkalizellulose war. Es wird heute allgemein die Ansicht vertreten, daß eine ausreichende Sulfidierung mit 10% des Gewichtes der Alkalizellulose an Schwefelkohlenstoff möglich ist[4]. In der Praxis wendet man meist 35% Schwefelkohlenstoff, berechnet auf den Zellulosegehalt der Alkalizellulose, an. Diese größere Menge ist aus dem Grunde erforderlich, da der Schwefelkohlenstoff infolge seiner hohen Dampfspannung nur teilweise mit der Alkalizellulose in Reaktion treten kann.

Die Löslichkeit des Xanthogenates ist auch von der Sulfidierungsdauer abhängig. Wie SAKURADA[5] zeigen konnte, ergibt sich für die Löslichkeit des Xanthogenates in Abhängigkeit von der Sulfidierungsdauer eine S-förmige Kurve. Die Löslichkeit nimmt anfangs nur langsam zu, steigt dann nach einer gewissen Zeit schneller an, um schließlich wieder langsamer zuzunehmen.

Es soll der Vollständigkeit halber erwähnt werden, daß sich die Zellulose bei der Xanthogenierung anders verhält als niedermolekulare Alkohole. Bei ihnen wird die Xanthogenierung mit zunehmender Hydroxylgruppenzahl immer schwieriger. Schon Glykol ist nur unter Druck zu xanthogenieren und von Glyzerin wurde überhaupt kein Xanthogenat

[1] LOTTERMOSER u. RADESTOCK: Angew. Chem. **42**, 1152 (1929).
[2] BOURETTE: Franz. Pat. 430221.
[3] HEUSER u. SCHUSTER: Cellulose-Chem. **7**, 17 (1926).
[4] Vgl. hierzu auch SCHRAMEK u. KÜTTNER: Kolloid. Beih. **42**, 336 (1935).
[5] SAKURADA u. HUTINO: Sci. Inst. phys. chem. Res. **17**, 249 (1932).

erhalten. Wie BERL und BITTER[1] fanden, zeigen mehrwertige Alkohole ihre höchste Reaktionsfähigkeit, wenn alle Hydroxylgruppen bis auf eine durch andere Gruppen blockiert sind: Glykolmonomethyläther und Glyzerindimethyläther konnten leicht in Xanthogenate umgewandelt werden. Überträgt man diese Verhältnisse auf die Zellulose, so müßte sich also z. B. Dimethylzellulose besonders leicht xanthogenieren lassen, da sie nur noch eine freie Hydroxylgruppe besitzt. Untersuchungen von BERL und BITTER führten aber zu dem überraschenden Ergebnis, daß die Zellulose ihre höchste Reaktionsfähigkeit aufweist, wenn noch zwei Hydroxylgruppen frei sind: Monomethylzellulose war besonders leicht zu xanthogenieren. Für dieses abweichende Verhalten der Zellulose hat man noch keine befriedigende Erklärung gefunden. Man nimmt im allgemeinen an, daß die Zellulose infolge der ihr durch die Natronlauge erteilten Quellung reaktionsfähiger ist als die niedermolekularen, nicht quellbaren Alkohole[2].

Über den Reaktionsverlauf ist noch zu sagen, daß unter normalen Bedingungen nach LIESER zuerst die zweiständige Hydroxylgruppe des Zelluloserestes von der Sulfidierung erfaßt wird.

III. Nebenreaktionen.

Da chemisch-reines Zellulosexanthogenat eine nahezu weiße Farbe besitzt, so deutet schon die rötlich-gelbe Farbe des Reaktionsproduktes darauf hin, daß das Zellulosexanthogenat der Praxis kein einheitlicher Körper ist, sondern daß sich bei seiner Bildung Nebenreaktionen abspielen.

Die Nebenreaktionen lassen sich in zwei Gruppen unterteilen, nämlich in solche, die sich zwischen Schwefelkohlenstoff und Natronlauge abspielen, und solche, bei denen auch die Zellulose an der Reaktion teilnimmt. Die Zahl der Reaktionen, die zwischen Schwefelkohlenstoff und Natronlauge möglich sind, ist recht groß. Zunächst müssen hier zwei von BERZELIUS[3] aufgefundene Reaktionen genannt werden:

$$CS_2 + 4\,NaOH = Na_2CO_3 + 2\,NaHS + H_2O \tag{1}$$

$$3\,CS_2 + 6\,NaOH = 2\,Na_2CS_3 + Na_2CO_3 + 3\,H_2O \tag{2}$$

Es bildet sich unter anderem also Natriumtrithiokarbonat. Auf diesen Körper ist die charakteristische Färbung des Xanthogenates zurückzuführen. Nach CROSS und BEVAN bildet sich aus Schwefelkohlenstoff und Natronlauge jedoch auch Schwefelwasserstoff:

$$2\,CS_2 + 4\,NaOH = Na_2CO_3 + Na_2CS_3 + H_2S + H_2O \tag{3}$$

---

[1] BERL u. BITTER: Cellulose-Chem. 7, 137 (1926); vgl. hierzu auch HEUSER und SCHUSTER: Cellulose-Chem. 7, 17 (1926).

[2] Vgl. hierzu auch VIEWEG: Papierfabrikant 37, 269 (1939).

[3] BERZELIUS: Gilberts Ann. 48, 159.

LEUCHS[1] gibt noch die folgende Reaktion an:

$$5\,CS_2 + 12\,NaOH = Na_2S + Na_2CO_3 + 3\,Na_2CS_3 + 6\,H_2O \qquad (4)$$

Diese Reaktion soll aber nur dann eintreten, wenn nicht so viel Schwefelkohlenstoff anwesend ist, daß eine Reaktion nach Gleichung (2) möglich ist. Nur unter diesen Verhältnissen nimmt LEUCHS die Bildung von Schwefelnatrium an. Eine Entstehung von Schwefelnatrium halten KITA und TOMIHISA[2] bei der in der Praxis geübten Arbeitsweise nicht für möglich. Nach ihren Befunden halten sich die bei der Xanthogenierung entstehenden Mengen Schwefelkohlenstoff und Schwefelwasserstoff die Waage, so daß nach der Umsetzung nur Natriumtrithiokarbonat und Natriumkarbonat gefunden werden. BERNHARDT[3] hat bei seinen Untersuchungen gleichfalls kein Schwefelnatrium nachweisen können. Es scheint aber so, als ob sich das Schwefelnatrium bei diesen Untersuchungen der Analyse entzogen hätte, denn, wie ECKERT und HAUAN[4] durch potentiometrische Titrationen gefunden haben, ist in der frischen Xanthogenatlösung doch Schwefelnatrium anwesend. Nach der Ansicht von BERNHARDT ist auch eine direkte Umsetzung von Schwefelkohlenstoff und Natronlauge, wie sie durch die Gleichungen 1—4 zum Ausdruck kamen, nicht möglich. Bei der Reaktion soll sich vielmehr als Zwischenstufe Kohlenoxysulfid und Natriumdioxysulfokarbonat bilden, von denen das erstere durch Wasser zu Schwefelwasserstoff und Kohlendioxyd gespalten wird:

$$CS_2 + H_2O = COS + H_2S \qquad (5)$$

$$COS + 2\,NaOH = Na_2CO_2S + H_2O \qquad (6)$$

$$COS + H_2O = H_2S + CO_2 \qquad (7)$$

Der Schwefelwasserstoff soll sich nach BERNHARDT mit Schwefelkohlenstoff zu der leicht zersetzlichen Trithiokohlensäure umsetzen:

$$CS_2 + H_2S = H_2CS_3 \qquad (8)$$

die dann mit Natronlauge Trithiokarbonat liefert.

Zwischen Kohlenoxysulfid und Natronlauge ist auch noch die folgende Umsetzung möglich:

$$COS + 4\,NaOH = Na_2CO_3 + Na_2S + 2\,H_2O \qquad (9)$$

Trithiokarbonat setzt sich nach EGGERT[5] mit Natronlauge wie folgt um:

$$2\,Na_2CS_3 + 6\,NaOH = 6\,NaHS + 2\,Na_2CO_3 \qquad (10)$$

Diese Reaktionsschemen besagen, daß nur ein Teil des zur Reaktion gebrachten Schwefelkohlenstoffs für die Xanthogenatbildung verbraucht wird. Nach VIEWEG hängt der Reaktionsverlauf davon ab,

[1] LEUCHS: Kunstseide **1925**, 286.
[2] KITA u. TOMIHISA: Journ. Cell. Ind. Tokyo **2**, 26, 28, 30 (1926).
[3] BERNHARDT: Kunstseide 8, 173 (1926.)
[4] ECKERT u. HAUAN: Klepzigs Textil-Z. **41**, 205 (1938).
[5] EGGERT: Herstellung und Verarbeitung der Viskose, 2. Aufl., S. 58. 1932.

wieviel Wasser die Alkalizellulose enthält, wie weit sie gereift wurde und wieviel Schwefelkohlenstoff bereits von der Zellulose gebunden ist. Bei normalen Betriebsbedingungen enthält die Alkalizellulose 27% Zellulose, 15% Ätznatron und 58% Wasser. Bei einer solchen Alkalizellulose gehen $^3/_4$ des angewandten Schwefelkohlenstoffs in die Xanthogenatreaktion und $^1/_4$ in die Nebenreaktionen[1].

Die Reaktionen der zweiten Gruppe sind insbesondere von RAGG[2] untersucht worden. RAGG hat folgende Umsetzungen erfassen können:

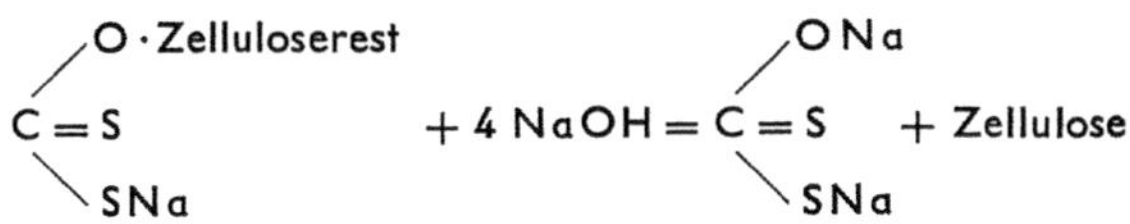
(11)

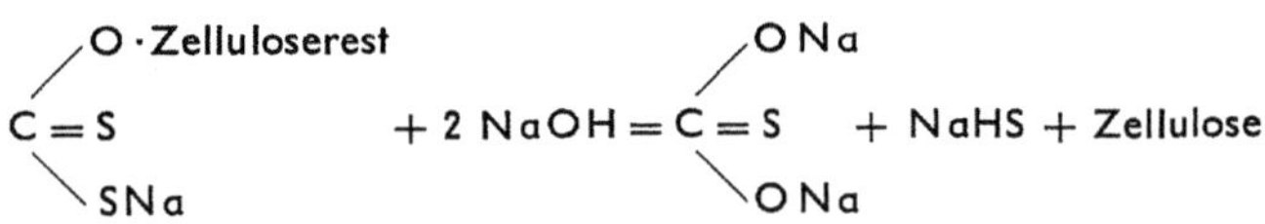
(12)

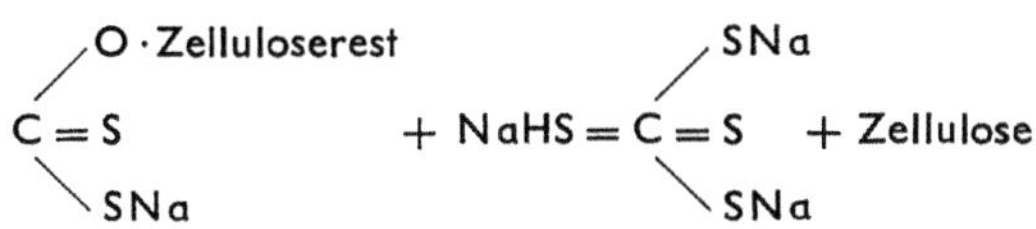
(13)

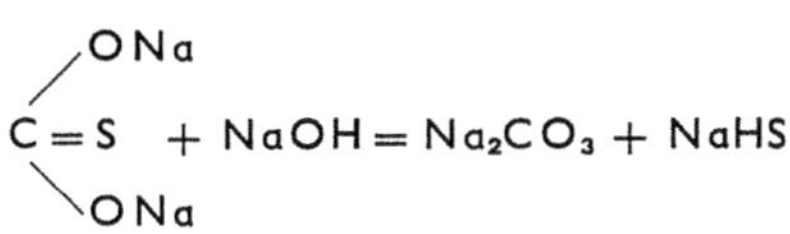
(14)

Die Reaktionen (11)—(14) sind eine Folge der Instabilität des Xanthogenates.

Wie aus dieser Zusammenstellung hervorgeht, ist die Xanthogenatreaktion äußerst verwickelt. Die geschilderten Nebenreaktionen gehören zum Teil aber schon in das Gebiet der Viskosereife, das im nächsten Kapitel näher besprochen werden soll.

IV. Die Herstellung des Xanthogenates.

Die Sulfidierung wird wegen der explosiven Eigenschaften der Schwefelkohlenstoff-Luftgemische in einem besonderen Gebäude oder Gebäudeteil vorgenommen, in dem für ausreichende Entlüftung Sorge zu tragen ist. Auch bei der elektrischen Ausrüstung des Raumes ist auf die Explosionsgefahr in der üblichen Weise Rücksicht zu nehmen.

Die Sulfidierung der Alkalizellulose wird im allgemeinen in horizontal liegenden, runden oder sechseckigen Trommeln vorgenommen. Man nennt diese Sulfidiertrommeln „Baratten" (im Betrieb auch wohl

---

[1] Vgl. hierzu auch BERNHARDT: Kunstseide **8**, 316 (1926).
[2] RAGG: Chemiker-Ztg. **32**, 630, 654, 677, 730 (1908); **34**, 82 (1910).

„Butterfässer“). Ihre Größe ist in einer Kunstseidenfabrik etwa 1 m Durchmesser bei 1,5 m Länge. In einer Zellwollfabrik sind sie entsprechend größer. An Stelle der liegenden Trommeln sind auch stehende, zylindrische Kessel in Gebrauch, die um eine Querachse drehbar sind („Taumeltrommeln“).

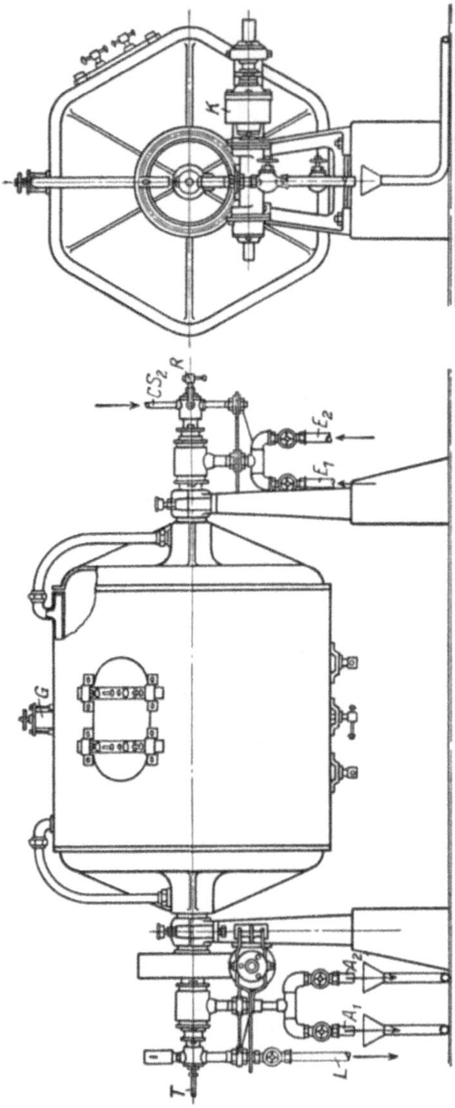

Abb. 129. Sulfidiertrommel (Baratte) der Firma Maschinenfabrik Maurer, Breslau.

Der Trommelmantel ist doppelwandig ausgebildet. In den Hohlraum kann zur genauen Temperaturregelung kaltes oder warmes Wasser geleitet werden. Die Sulfidierung ist ein exotherm verlaufender Vorgang, so daß im allgemeinen gekühlt werden muß. Man hält die Temperatur, je nach den Betriebsbedingungen, zwischen 20 und 25° C. Die Temperaturkontrolle erfolgt durch ein seitlich in die Stirnwand eingebautes Thermometer bzw. einen fernschreibenden Thermographen. Abb. 129 zeigt die konstruktiven Einzelheiten einer Baratte.

Der Zusatz des Schwefelkohlenstoffes erfolgt durch die Achse der Trommel, die sich 2—3mal in der Minute dreht. An einer Wand des Sulfidierraumes sind Meßgefäße für den Schwefelkohlenstoff angebracht, und zwar steht jede Baratte mit einem Meßgefäß in Verbindung. Der Schwefelkohlenstoff wird aus dem unterirdischen Tank durch das Sperrgas in das Meßgefäß gedrückt, das luftdicht verschlossen ist und dessen Abzugsrohr ins Freie führt.

Die Füllung der Baratten mit Alkalizellulose erfolgt durch den abgenommenen Deckel der Baratte, und zwar wird diese nach der

Entleerung der voraufgegangenen Charge soweit gedreht, daß die Einfüllöffnung oben ist. Die Reifekästen mit Alkalizellulose bzw. die Reifewagen oder andere Transportwagen werden dann über die geöffnete Baratte gefahren und entleert. Schächte oder aufgesetzte eiserne Einfülltrichter erleichtern das verlustfreie Füllen. Arbeitet man noch mit Reifekästen, so nimmt eine Baratte etwa den Inhalt von 20 Kästen auf. Nach beendeter Füllung wird der Deckel sorgfältig aufgeschraubt. Dann mißt man im Meßgefäß die zur Sulfidierung erforderliche Menge Schwefelkohlenstoff ab und läßt diesen in die Baratte fließen. Der Zufluß erfolgt durch die Achse der Baratte. Während dieses Vorganges,

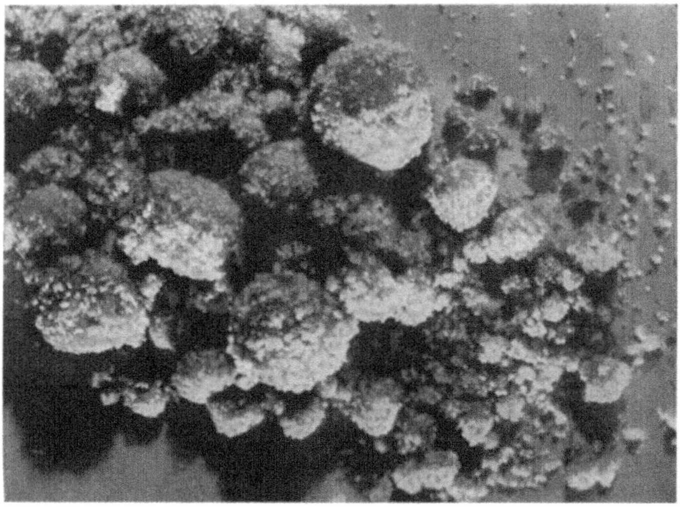

Abb. 130. Xanthogenat [1].

der 10—15 Minuten dauert, ist das an der Baratte befindliche Überdruckventil geöffnet. Die Baratten werden schon vor der Schwefelkohlenstoffzugabe in Drehung versetzt.

Die Sulfidierung ist nach etwa $1^1/_2$ Stunden beendet, ihr Verlauf kann durch ein Schauglas verfolgt werden.

Nach ausreichender Sulfidierung werden die Baratten stillgesetzt, und zwar in dem Augenblick, in dem der Deckel schräg unten angelangt ist. Alsdann wird durch eine Vakuumleitung etwa 10 Minuten lang Frischluft durch die Trommel gesaugt, damit vor dem Öffnen alle feuergefährlichen und gesundheitsschädlichen Gase entfernt sind. Darauf wird der Deckel entfernt und das Xanthogenat in eiserne Wagen übergeführt. Die Innenwände der Trommel werden mit einem großen Spachtel gesäubert. Der mit Xanthogenat gefüllte Wagen wird über Schächte gefahren, die das Xanthogenat in die Löser fallen lassen. Zu diesem Zwecke kann in dem Boden der Wagen eine Klappe geöffnet werden.

[1] Aus der Hauszeitschrift „Wir vom Glanzstoff.“

V. Das Xanthogenat.

Das fertige Xanthogenat ist also das Natriumsalz der Zellulose-Sulfthiokohlensäure. Es enthält noch unveränderte Natronzellulose sowie adsorptiv gebundenes Natriumhydroxyd. Bei der Herstellung beobachtet man eine zunehmende Gelbfärbung, die immer mehr ins Rötliche übergeht. Wie schon erwähnt, ist dieser Farbton auf die Entstehung des Trithiokarbonates zurückzuführen. Mit zunehmendem Sulfidierungsgrad verschwindet allmählich die faserige Beschaffenheit des Reaktionsgemisches und es tritt Quellung ein. Die Flocken werden klebrig und ballen sich zu Knollen zusammen, die man zerkrümeln, aber auch kneten kann[1] (Abb. 130). In der Praxis wird die Knollenbildung nicht gerne gesehen, da sie die rasche Auflösung des Xanthogenates erschwert.

Infolge der entstandenen Schwefelverbindungen hat das Xanthogenat einen charakteristischen Geruch.

VI. Die Prüfung des Xanthogenates.

Im allgemeinen wird das fertige Xanthogenat in der Viskosefabrik keiner besonderen, analytischen Untersuchung unterzogen. Man beschränkt sich in der Regel auf die Bestimmung des Farbtons und xanthogeniert so lange, bis ein bestimmter, durch Erfahrung ermittelter Farbton erreicht ist[2].

VII. Das Auflösen des Xanthogenates zur Viskose.

Die Viskose entsteht durch Auflösen des Xanthogenates in Natronlauge. Das Xanthogenat ist wasserlöslich, man könnte daher als Lösungsmittel Wasser verwenden, jedoch erhält man auf diese Weise keine spinnbare Lösung, da eine wässerige Xanthogenatlösung infolge rasch eintretender Hydrolyse zu unbeständig ist. Meist wird die Natronlauge in einer Konzentration von 4% angewandt, so daß sich in der fertigen Lösung unter Berücksichtigung des Ätznatrongehaltes des Xanthogenates eine Alkalikonzentration von etwa 7% einstellt.

Es ist die Frage zu klären, ob sich beim Auflösen des Xanthogenates eine chemische Reaktion mit dem Lösungsmittel abspielt oder ob es sich bei dem Lösungsvorgang nur um eine unbegrenzte Quellung und Dispergierung des Xanthogenates in der Natronlauge handelt. Rassow und Ähnelt[3] neigen der ersten Auffassung zu: Zunächst soll durch Betätigung von Nebenvalenzen eine Anlagerung von NaOH erfolgen:

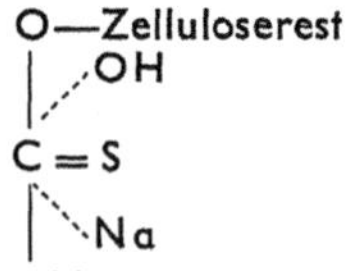

[1] Vgl. hierzu Zart: Die Herstellung der Kunstseide u. Stapelfaser, S. 256.
[2] Jentgen: Laboratoriumsbuch, S. 53.
[3] Rassow u. Ähnelt: Cellulose-Chem. 11, 169 (1929).

Danach sollen die Doppelbindungen der chromophoren CS-Gruppe gesprengt werden, wonach dann durch chemische Umsetzung der folgende Körper entsteht:

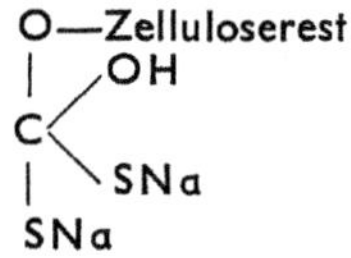

Gegen die Annahme des Entstehens einer neuen chemischen Verbindung spricht allerdings die Tatsache, daß das Xanthogenat aus der

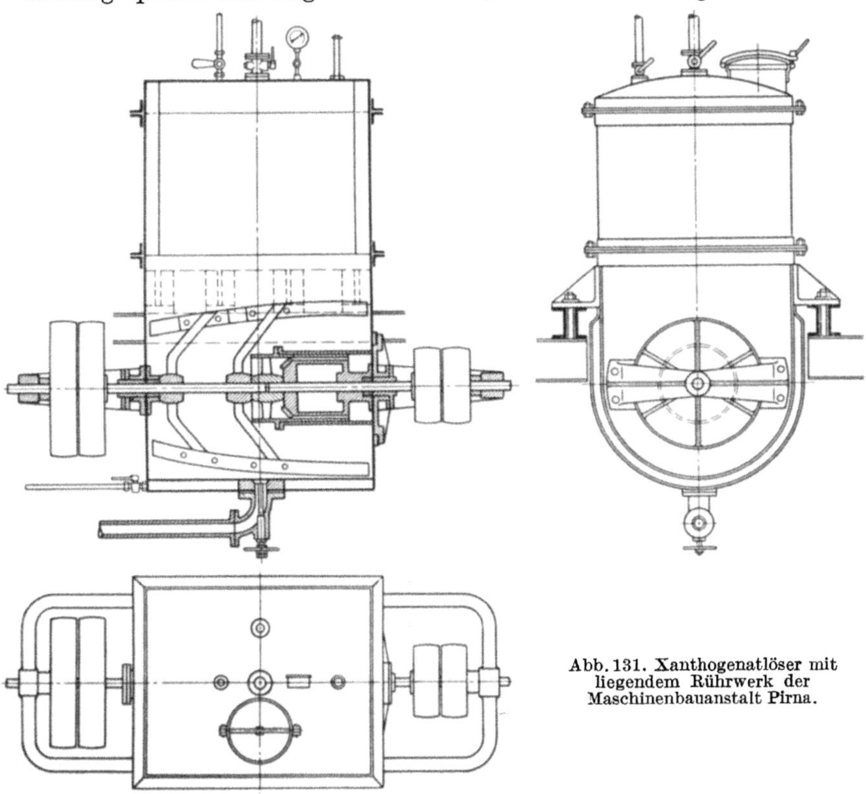

Abb. 131. Xanthogenatlöser mit liegendem Rührwerk der Maschinenbauanstalt Pirna.

Lösung durch Fällen mit Säuren in seiner ursprünglichen Zusammensetzung wieder erhalten werden kann. Will man die chemische Umsetzung als vorhanden annehmen, so müßte sich beim Fällen die Doppelbindung wieder zurückbilden, was zwar durch hydrolytische Spaltung möglich wäre, aber wenig wahrscheinlich ist.

Die Auffassung, daß der Lösungsvorgang lediglich eine unbegrenzte Quellung ist, wird von BERL und BITTER[1] vertreten. Auch MIRLAS[2] ist

[1] BERL u. BITTER: Cellulose-Chem. 7, 137 (1926).
[2] MIRLAS: Kunstseide **1935**, 348—351.

17*

der Ansicht, daß durch die Xanthogenierung ein Produkt von ausreichend hydrophilen Eigenschaften entsteht, das unverändert in Lösung gehen kann. Einleuchtender scheint die Erklärung von LIESER zu sein, wonach sich beim Lösen des Xanthogenates ein permutoider Vorgang insofern abspielt, als durch Verschieben des zwischen der Zellulose und dem Schwefelkohlenstoff bestehenden Gleichgewichtes frei werdender Schwefelkohlenstoff durch Dispergierung neu reaktionsfähig gewordene Hydroxylgruppen aus geordneten Gitterbereichen angreift, wodurch die Hydrophilie erhöht wird. Dies würde besagen, daß sich noch im Augenblicke des Lösens ein neuer Sulfidierungsvorgang vollzieht. Da die Lösung des Xanthogenates mit einem raschen Viskositätsabfall parallel geht, so hat diese Auffassung viel Wahrscheinlichkeit für sich [1].

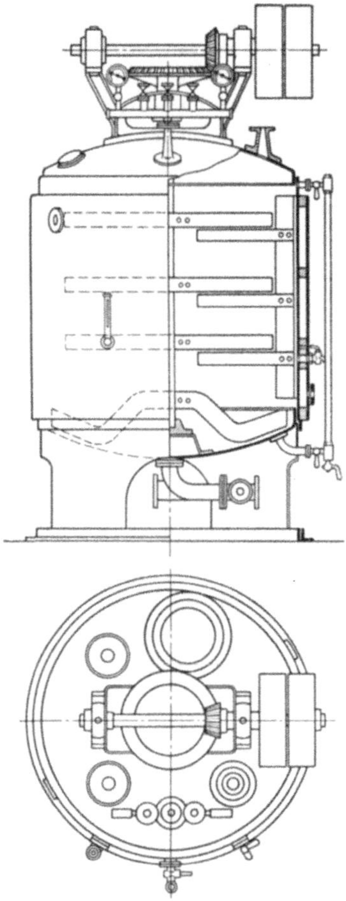

Abb. 132. Xanthogenatlöser mit stehendem Rührwerk der Maschinenbauanstalt Pirna.

Die Auflösung des Xanthogenates in der Natronlauge muß mechanisch unterstützt werden. Zu diesem Zwecke sind die Lösegefäße mit Rühr- oder Knetwerken ausgestattet. Es sind verschiedene Konstruktionen in Gebrauch. Abb. 131 gibt ein Beispiel für einen Löser mit horizontal wirkendem Rührwerk, Abb. 132 zeigt einen solchen mit vertikal arbeitendem Rührwerk. Für die Zellwollfabriken werden heute besondere „Großlöser" gebaut. Sie haben normalerweise ein Fassungsvermögen von 50—70 cbm. Es handelt sich sowohl um liegende als auch stehende Apparaturen. Bei einer Konstruktion der Firma Wegelin u. Hübner A.G. handelt es sich z. B. um stehende Kessel mit kräftigem Boden, der die Rührwerkseinrichtung trägt. Die Rührwirkung wird durch nahe übereinander liegende Armkreuze mit je 4 Armen, von denen 2 bis nahezu an die Innenwand reichen, bewirkt. Das oberste Rührkreuz liegt 50 mm unter dem Flüssigkeitsspiegel. Die Drehzahl beträgt 15—25 in der Minute. An der Behälterwand sind stillstehende Rechen angebracht, die zwischen die Armkreuze greifen und die als Knollenbrecher wirken. Der Behälter geht unten in einen konischen Teil über, der gleichfalls von dem Rührwerk erfaßt wird.

[1] Vgl. hierzu auch ECKERT u. HAUAN: Klepzigs Textil-Z. **41**, 205 (1938).

Ebenso wie die Zerfaserer und Baratten, sind auch die Löser mit einer doppelten Wandung ausgestattet, damit durch Kühlwasser die beim Auflösen entstehende Wärme abgeführt werden und die Temperatur während der ganzen Lösedauer konstant gehalten werden kann. Man arbeitet meist so, daß man die Löser mit dererforderlichenMenge Natronlauge füllt und dann das Xanthogenat unter Rühren einträgt. Vorher wird die Natronlauge auf 3—4° unter die vorgeschriebene Anfangstemperatur heruntergekühlt. Beim Eintragen des Xanthogenates stellt sich dann die richtige Temperatur ein. Bei gereifter Alkalizellulose wird so viel Alkalizellulose zugefügt, daß die Konzentration der Zellulose in der Viskose 7 oder 8% beträgt. Bei ungereifter oder nur kurz gereifter Alkalizellulose muß man zur Erzielung einer brauchbaren Spinnviskosität auf 5—4% heruntergehen.

Abb. 133. Viskoseförderpumpe Typ Mana 10 der Firma Fr. August Neidig Söhne, Mannheim.

Abb. 134. Viskoseförderpumpe der Firma Fr. August Neidig Söhne, Mannheim.

Das Auflösen des Xanthogenates hat sehr sorgfältig zu erfolgen, damit keinerlei Teilchen in die Viskose gelangen, die nur teilweise gelöst sind. Im allgemeinen ist nach einer halben Stunde die Hauptmenge des Xanthogenates gelöst. Es ist dann noch für eine gleichmäßige Mischung des Löserinhaltes Sorge zu tragen. Zu diesem Zwecke saugt man durch eine Zahnradpumpe (Abb. 133 und 134) das Gemisch am Boden des Lösers ab und pumpt es oben wieder ein. Zum Rühren kommt also noch ein Fließen der Lösung hinzu. Um den Lösungsvorgang zu beschleunigen, kann man in die Rohrleitung, die zur Zirkulation der Lösung dient, hinter der Pumpe sog. Viskose-Zerreiber einbauen. Abb. 135 zeigt einen mit einer Pumpe gekuppelten Zerreiber. Der Zerreiber der Fa. August Neidig Söhne, Mannheim, besteht im wesentlichen aus einigen mit verschieden großen Lochungen versehenen Mahlplatten, hinter denen ein unter stärkerem Federdruck stehender

Reibteller angeordnet ist. Während der Reibteller ständig umläuft, rotieren die Mahlplatten nur zeitweise. Die Federbelastung des Reibtellers läßt erst dann durch einen bei ruhender Maschine dicht geschlossenen Spalt Viskose austreten, wenn die Viskose durch die Zubringerpumpe oder durch Vordruck des Entnahmekessels mit einem Druck von $1^1/_2$ bis 3 Atm. in den Zerreiber gepreßt wird. Hierdurch lüftet sich der Teller um Bruchteile eines Millimeters.

Abb. 135. Zahnradpumpen-Zerreibergruppe Typ Mana 5/2 W der Firma Fr. August Neidig Söhne, Mannheim.

Der Ringspalt läßt also nur noch Knöllchen dieser Abmessung hindurchtreten. Die durchgetretenen Teilchen werden dann aber noch durch den sich drehenden Teller zwischen den Flächen des Ringspaltes vollständig zerrieben, so daß eine homogene Lösung entsteht.

Abb. 136. Xanthatmühle der Firma Maschinenfabrik Gustav Eirich, Hardheim.

Abb. 136 zeigt die Xanthatmühle der Fa. Maschinenfabrik Gustav Eirich, Hardheim, die denselben Zwecken dient. Auch diese Apparatur wird in die Zirkulationsleitung geschaltet.

Man kann das Sulfidieren und Lösen auch in der gleichen Apparatur vornehmen. Hierzu dient z. B. der von der Fa. Werner & Pfleiderer, Stuttgart-Bad Cannstatt, gebaute „Vakuum-Xanthat-Kneter". Wir kommen hierauf im 14. Kapitel zurück.

VIII. Die Prüfung der Xanthogenatlösung.

Bevor der Löserinhalt an die Viskosekessel abgegeben wird, wird eine Probe entnommen. Die Prüfung erstreckt sich auf die Gleichmäßigkeit der Lösung sowie auf ihre Viskosität. Die Zustandsform der

Lösung wird auf die Weise festgestellt, daß man einen Tropfen auf eine Glasplatte bringt und ihn durch eine zweite Glasplatte zerdrückt. Es entsteht so zwischen den Glasplatten eine sehr dünne Viskoseschicht, in der ungelöste, faserige Teile gut zu sehen sind. Man kann die Schicht auch unter Vergrößerung betrachten.

Die Viskosität wird mit dem Kugelfallviskosimeter ausreichend genau ermittelt. Man füllt die Viskose in einen Glaszylinder von bestimmter Höhe und läßt eine Stahlkugel von bestimmtem Gewicht durch die Viskoseschicht fallen. Die Zeit zwischen dem Fallenlassen der Kugel und ihrem Aufschlagen am Boden des Zylinders wird mit der Stoppuhr gemessen und ist ein Maß für die Viskosität der Lösung.

Wenn die Xanthogenatlösung den richtigen Zustand erreicht hat, setzt man die Löser still und fördert die Lösung in die erste Kesselgruppe, die die Viskose aufnimmt.

12. Kapitel.

Die Alterung der Viskose (Nachreife).

Frisch hergestellte Viskose ist in dem Zustand, in dem sie den Löser verläßt, unter normalen Bedingungen nicht spinnbar. Sie muß noch einen Reifeprozeß durchmachen. Die Notwendigkeit dieses Reifevorganges bildet für das Viskoseverfahren ohne Zweifel eine erhebliche Erschwerung, da sie durch betriebliche Maßnahmen ganz genau geregelt werden muß, um Abweichungen in den Eigenschaften der fertigen Faser zu verhüten[1].

Wie bei der Reife der Alkalizellulose, so verlaufen auch bei der Reife der Viskose chemische und kolloidchemische Vorgänge nebeneinander, so daß auch hier die Verhältnisse recht unübersichtlich sind. Es kommt hinzu, daß sich auch bei der Viskosereife Nebenreaktionen in großer Zahl abspielen.

I. Chemische Vorgänge bei der Reife.

Die sich bei der Viskosereife abspielenden Vorgänge sind chemisch dadurch gekennzeichnet, daß sich das Verhältnis von Zellulose und von ihr gebundenem Schwefelkohlenstoff mit zunehmender Reifezeit verschiebt, und zwar zugunsten der Zellulose. Es tritt also während der Reife eine zunehmende Verarmung des Reaktionsproduktes an Sulfthiokarbonatresten und eine Anreicherung an Zellulose ein.

Es ist mehrfach versucht worden, den Reaktionsverlauf in Abhängigkeit von der Reifezeit genauer festzulegen. Die ersten Untersuchungen über diesen Gegenstand sind von HEUSER und SCHUSTER[2]

[1] Vgl. ZART: Die Herstellung der Kunstseide und Stapelfaser. S. 259.
[2] HEUSER u. SCHUSTER: Cellulose-Chem. 7, 17 (1926).

durchgeführt worden. Die Analyse der durch Alkohol nach verschiedenen Reifezeiten aus der Viskose gefällten Produkte bestätigte eindeutig die auch schon von CROSS und BEVAN gemachte Beobachtung, wonach mit zunehmender Reifezeit immer zellulosereichere Produkte gefunden werden. So förderte die Analyse nach 7 Reifetagen ein Produkt zutage, bei dem das Verhältnis $CS_2 : C_6H_{10}O_5 = 1:2$ lag, nach 14 Reifetagen wurde ein Verhältnis 1:4 gefunden. Bemerkenswerterweise enthält aber eine schließlich koagulierte Viskose immer noch reichlich Schwefel und Alkali. Eine vollkommene Abspaltung der Sulfthiokarbonatreste findet also, wenn man die Viskose sich selbst überläßt, nicht statt.

Dem Reifeverlauf schreibt BERNHARDT[1] das folgende Schema zu:

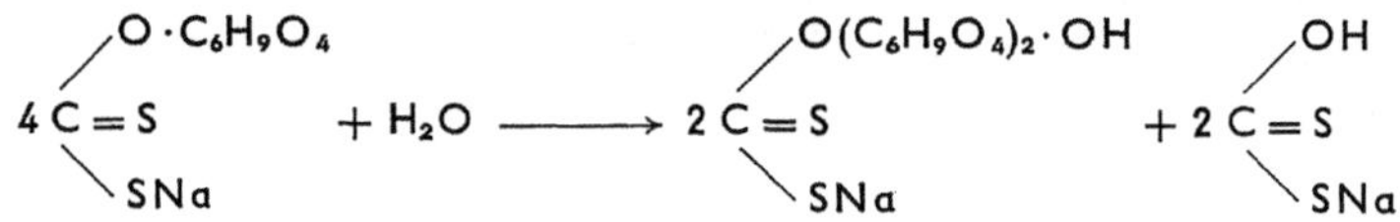

Aus beispielsweise vier „Monozellulosexanthogenat-Molekülen" sollen so zwei „Dizellulosexanthogenat-Moleküle" entstehen, die dann unter der Einwirkung von Wasser in ein „Tetrazellulosexanthogenat" übergehen sollen usw.:

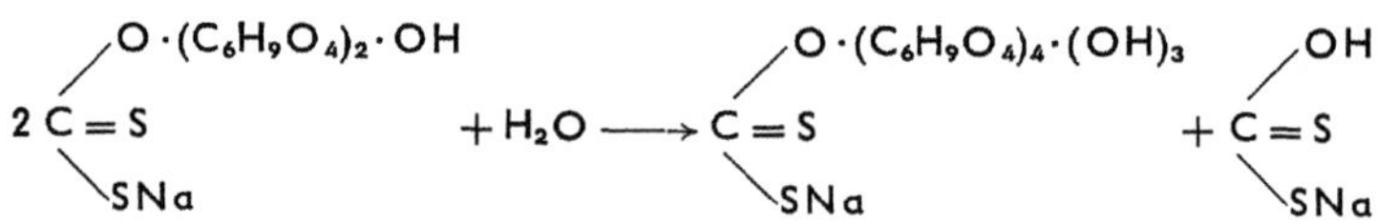

Diese Auffassung vom Reifevorgang hat zu der Ansicht verleitet, daß es sich dabei um eine Polymerisation der Zellulose handle. Die Vertreter dieser Polymerisationstheorie stützen sich in der Hauptsache auf der weiter unten noch zu besprechenden Beobachtung, daß die Viskosereife durch ein Ansteigen der Viskosität gekennzeichnet ist. Es würde sich nach dieser Ansicht in der Viskose also ein synthetischer Aufbau des Zellulosemoleküls vollziehen. Auf die Unhaltbarkeit dieser Annahme wurde zuerst von BERL und LANGE[2] hingewiesen. Diese Forscher fällten das Xanthogenat nach verschieden langen Reifezeiten aus, zersetzten es und reinigten die so erhaltene Hydratzellulose sorgfältig durch Dialyse. Die Hydratzellulose wurde dann nitriert. Alsdann wurde die Viskosität der Lösungen dieser Nitrate in Azeton gemessen. Hierbei wurde gefunden, daß die Viskositätswerte bei der Reifung konstant bleiben, sofern man von einem steilen Viskositätsabfall ganz im Anfang absieht. Es muß aus diesen Befunden geschlossen werden, daß eine Veränderung der Molekülgröße der Zellulose während der Reife nicht erfolgt. Nachdem von STAUDINGER die Beziehung zwischen Viskosität und Polymerisations-

[1] BERNHARDT: Kunstseide 8, 169 (1928).
[2] BERL u. LANGE: Cellulose-Chem. 7, 145 (1926).

grad gefunden worden war, haben LOTTERMOSER und WULTSCH[1] es unternommen, die Polymerisationsgrade der Zellulose in der Viskose nach verschieden langen Reifezeiten zu bestimmen. Die Ergebnisse sind in Tabelle 66 zusammengestellt.

Tabelle 66. Polymerisationsgrade der Zellulose in der Viskose nach verschiedenen Reifezeiten (Nach LOTTERMOSER und WULTSCH.)

Nachreife in Stunden	Polymerisationsgrad
0	328
2	332
4	325
8	325
18	336
32	337

Aus diesen Zahlen geht eindeutig hervor, daß bei der Viskosereife keinerlei Veränderung der Molekülgröße der Zellulose, also keine Polymerisation vor sich geht. Chemisch handelt es sich bei der Viskosereife vielmehr lediglich um ein allmähliches Abspalten der über das Zellulosemolekül verteilten Sulfthiokarbonatreste. Je mehr Sulfthiokarbonatreste abgespalten sind, um so schwerer löslich wird das Xanthogenat.

Die allmähliche Abspaltung der Sulfthiokarbonatreste läßt sich durch die Bestimmung der γ-Werte nach verschieden langen Reifezeiten gut verfolgen. Abb. 137 gibt Ergebnisse wieder, die von FINK, STAHN und MATTHES[2] gefunden wurden. Die Abbildung läßt die Verschiebung des Verhältnisses Schwefelkohlenstoff : Zellulose in Abhängigkeit von der Zeit bei der im Betriebe üblichen Temperatur von 18° C deutlich erkennen. Der Verlauf der Abspaltung der Sulfthiokarbonatreste aus der Zellulose ist nach diesen Befunden also recht gleichmäßig, was auch von D'ANS und JÄGER[3] auf andere Weise schon nachgewiesen werden konnte.

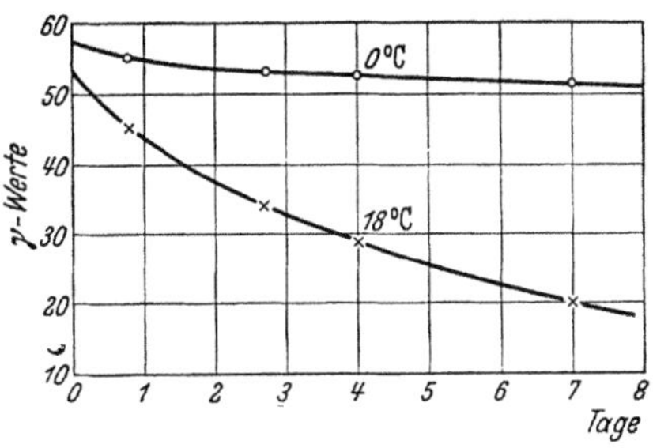

Abb. 137. Abspaltung der Sulfthiokarbonatreste, gekennzeichnet durch die γ-Werte, in Abhängigkeit von der Reifezeit bei verschiedenen Temperaturen (nach FINK, STAHN und MATTHES).

Es ist die Frage zu klären, worin chemisch die Abspaltung der Sulfthiokarbonatgruppen besteht. Hierfür sind zwei Erklärungen gegeben worden. Nach der einen erfolgt die allmähliche Veränderung des Xanthogenates durch Hydrolyse. Es läßt sich ihr folgendes Schema zugrunde legen[4]:

$$3\ \mathrm{C}\begin{cases}\diagup \mathrm{O\cdot Zelluloserest} \\ =\mathrm{S} \\ \diagdown \mathrm{SNa}\end{cases} \xrightarrow{3\ H_2O} 3\ \mathrm{C}\begin{cases}\diagup \mathrm{O\cdot Zelluloserest} \\ =\mathrm{S} \\ \diagdown \mathrm{SH}\end{cases} + 3\ \mathrm{NaOH} \quad (1)$$

[1] LOTTERMOSER u. WULTSCH: Kolloid-Z. 83, 189 (1938).
[2] FINK, STAHN u. MATTHES: Angew. Chem. 47, 62 (1934).
[3] D'ANS u. JÄGER: Kunstseide 8, 18 (1926).
[4] Vgl. hierzu KLAUDITZ: Zellwolle 5, 3 (1939).

Es entsteht auf diese Weise also zunächst die freie Zellulosexanthogensäure, die infolge ihrer Unbeständigkeit wie folgt zerfällt:

$$3\,C(=S)(O\cdot\text{Zelluloserest})(SH) \longrightarrow CS_2 + 3\,\text{Zelluloserest}\cdot OH \tag{2}$$

Der freiwerdende Schwefelkohlenstoff kann sich dann mit der Natronlauge gemäß der folgenden Gleichung umsetzen:

$$3\,CS_2 + 6\,NaOH \longrightarrow 2\,Na_2CS_3 + Na_2CO_3 + 3\,H_2O \tag{3}$$

Als schwefelhaltiges Endprodukt entsteht so Natriumtrithiokarbonat.

Eine Stütze für die Hydrolysentheorie ist die in der Praxis gemachte Beobachtung, wonach durch zusätzliches Ätznatron die Menge Xanthogensäure verringert und somit der Zerfall des Xanthogenates verlangsamt wird.

Nach der anderen Ansicht ist der Zerfall des Natriumzellulosexanthogenates eine einfache Ester-Verseifung, für die das folgende Schema angegeben werden kann:

$$3\,C(=S)(O\cdot\text{Zelluloserest})(SNa) \xrightarrow{3\,H_2O} 3\,C(=S)(OH)(SNa) + 3\,\text{Zelluloserest}\cdot OH \tag{4}$$

$$3\,C(=S)(OH)(SNa) \xrightarrow{3\,NaOH} 2\,Na_2CS_3 + Na_2CO_3 + 3\,H_2O \tag{5}$$

oder

$$C(=S)(OH)(SNa) \xrightarrow{5\,NaOH} 2\,Na_2S + Na_2CO_3 + 3\,H_2O \tag{6}$$

Bei der Verseifung würden sich als schwefelhaltige Endprodukte sowohl Natriumtrithiokarbonat als auch Natriumsulfid bilden können.

Eine Stütze für das Vorliegen einer Verseifung sieht FRENKEL[1] darin, daß durch Zusatz dispergierter Hydratzellulose zu dem System das Gleichgewicht in der Richtung des weiteren Zerfalls verschoben wird.

Zur Feststellung, ob die Abspaltung der Sulfthiokarbonatreste aus dem Xanthogenat durch Hydrolyse oder durch Verseifung erfolgt, sind von KLAUDITZ[2] eingehende Untersuchungen zunächst an einem einfachen Xanthogenat durchgeführt worden.

Das Entstehen verschiedengearteter schwefelhaltiger Endprodukte bei der Hydrolyse und bei der Verseifung gibt die Möglichkeit, diese

---

[1] FRENKEL: Cellulose-Chem. **9**, 35 (1928).
[2] KLAUDITZ: Papierfabrikant **37**, 251 (1939).

Frage zu entscheiden sowie gegebenenfalls den Anteil beider Vorgänge an der Reaktion festzulegen.

Es wurden 0,25 n-Lösungen von Kaliumäthylxanthogenat in Wasser sowie in Kaliumhydroxydlösungen von einer Konzentration von 0,5 n bis 3 n bei 24° C während 27 Tagen gereift. Bei diesen Untersuchungen ergab sich, daß die Abspaltung der Sulfthiokarbonatreste aus dem Xanthogenat bei der Reife in wässeriger Lösung ein reiner hydrolytischer Vorgang ist. Als schwefelhaltige Endprodukte bilden sich bei der Reife in wässeriger Lösung Trithiokarbonat und Schwefelkohlenstoff:

$$6\,C\begin{cases} O\cdot C_2H_5 \\ =S \\ SK \end{cases} \xrightarrow{3\,H_2O} 2\,K_2CS_3 + K_2CO_3 + 6\,C_2H_5\cdot OH + 3\,CS_2$$

Die Untersuchungen von Klauditz an den in Kaliumhydroxydlösung gereiften Proben ergaben, daß mit steigendem Gehalt der Lösung an Kaliumhydroxyd die Hydrolyse mehr und mehr zurückgedrängt wird und daß der Zerfall des Xanthogenates in steigendem Maße durch Verseifung hervorgerufen wird. Als schwefelhaltiges Endprodukt entsteht bei der Verseifung nicht, wie durch Gleichung (5) veranschaulicht, Trithiokarbonat, sondern Sulfid [gemäß Gleichung (6)].

Aus diesen Untersuchungen geht also hervor, daß bei der Reife des Kaliumäthylxanthogenates bei Gegenwart von Alkali Hydrolyse und Verseifung gleichzeitig verlaufen. Für den Anteil der Hydrolyse am Zerfall des Xanthogenates wurden die in Tabelle 67 wiedergegebenen Werte gefunden.

Tabelle 67. Zerfall von 0,25 n-Kaliumäthylxanthogenatlösungen nach 12 Tagen Reife bei 24° C. (Nach Klauditz.)

Lösung	Xanthogenat zersetzt %	Davon durch hydrolytische Spaltung zersetzt %
H_2O	25,2	100
0,5 n-KOH	23,6	45
1,0 n-KOH	27,2	35
1,5 n-KOH	32,8	22,5
2,0 n-KOH	39,2	17,5
2,5 n-KOH	45,2	12,5
3,0 n-KOH	53,6	7,5

Diese Versuchsanordnung wurde nun auf Viskose übertragen, und es wurde die Reife der Viskose mit steigendem Gehalt der Lösung an Ätznatron verfolgt. Hierbei wurde gefunden, daß die Abspaltung der Sulfthiokarbonatreste bei normal zusammengesetzten Viskosen ganz vorwiegend durch Hydrolyse erfolgt. Erst bei Viskosen von einem Ätznatrongehalt von 17—18% ab werden mehr als $1/3$ des Xanthogenates durch Verseifung zersetzt.

Die durch Abspaltung der Sulfthiokarbonatreste frei werdenden Hydroxylgruppen der Zellulose bleiben nicht als solche erhalten, sondern sie lagern Natrium aus der die Zellulose in der Viskose umgebenden Natronlauge an. Die durch die Zellulose gebundene Natriummenge muß daher mit dem Grade der Xanthogenatspaltung und somit mit der

Reifedauer ansteigen. Dementsprechend muß die in der Viskose enthaltene Menge an freiem Ätznatron ständig abnehmen[1]. Der Natriumgehalt der Zellulose steigt, wie FINK, STAHN und MATTHES[2] zeigen konnten, direkt proportional mit dem Absinken des γ-Wertes an. Wird der Ätznatrongehalt der Zellulose mit v bezeichnet, so ist der Ausdruck

$$\frac{v}{100-\gamma}$$

nahezu konstant. Abb. 138 zeigt den Natriumgehalt der Zellulose in Abhängigkeit von der Reifezeit.

In frischer Viskose wurde ein v-Wert gefunden, der $^1/_5$ Mol NaOH pro $C_6H_{10}O_5$ entspricht. Das Xanthogenat enthält also in frischem Zustand bedeutend weniger Ätznatron als von CROSS und BEVAN angenommen wurde, die auf 1 Mol NaOH pro $C_6H_{10}O_5$ geschlossen hatten.

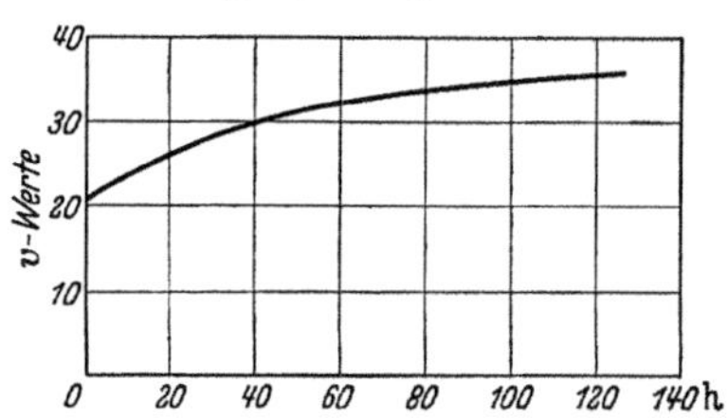

Abb. 138. Zunahme des an Zellulose gebundenen Natriums, gekennzeichnet durch den v-Wert, in Abhängigkeit von der Reifezeit (nach FINK, STAHN und MATTHES).

Die Geschwindigkeit des Zerfalls des Xanthogenates ist von einer Reihe von Faktoren abhängig, die auch technisches Interesse haben.

Zunächst ist die Temperatur von großem Einfluß. Durch zunehmende Reifetemperatur wird der Zerfall beschleunigt. Dies geht aus der Abb. 137 hervor, die die für 0° und 18° C gefundenen Werte enthält. Hierauf ist in der Viskosefabrik Rücksicht zu nehmen, weshalb nicht nur die Temperatur bei der Reife vollkommen konstant gehalten, sondern die Reife auch bei einer niedrigen Temperatur durchgeführt werden muß, um eine zu schnelle Zersetzung des Xanthogenates zu verhindern.

Einen verzögernden Einfluß auf die Reifegeschwindigkeit hat, wie schon erwähnt, die Erhöhung der freien Alkalimenge in der Viskose. Schon bei einem Gehalt von 6—8% freiem Alkali in der Viskose ist dies deutlich zu beobachten[3]. Allerdings wird die Zersetzungsgeschwindigkeit der Viskose durch Zusatz zu großer Mengen Ätznatron wieder erhöht[4], die Verseifungsreaktion tritt dann stark in den Vordergrund. HEUSER und SCHUSTER fanden ein deutlich ausgeprägtes Maximum der Haltbarkeit der Viskose bei einer Konzentration an freiem Ätznatron von 8% (Abb. 139). Die Zersetzung hemmend wirkt ferner die Anwendung eines Überschusses an Schwefelkohlenstoff bei der Sulfidierung. Da hierdurch eine höher xanthogenierte Zellulose entsteht, so ist diese Wirkung verständlich, denn es wird eine gewisse Zeit länger dauern,

[1] KITA u. TOMIHISA: Cell. Ind. Tokyo 2, 26, 28, 30 (1926).
[2] FINK, STAHN u. MATTHES: Angew. Chem. 47, 62 (1934).
[3] SCHRAMEK u. KÜTTNER: Kolloid. Beitr. 42, 331 (1935).
[4] OST, WESTHOFF u. GESSNER: A. 382, 349 (1911).

bis die größere Anzahl Sulfthiokohlensäurereste abgespalten ist. Bemerkenswert ist auch die bereits erwähnte Beobachtung, wonach man bereits gereifte Viskose durch Zusatz von Schwefelkohlenstoff „verjüngen“ kann[1]. Man kann annehmen, daß hierdurch erneut Sulfthiokohlensäurereste eingeführt werden, was dadurch erleichtert wird, daß sich die Zellulose in der Viskose in einer fein dispergierten Form befindet. Man kann von dieser Beobachtung in der Praxis Gebrauch machen, um Restviskosen aus den Spinnkesseln so weit zu regenerieren, daß sie wieder versponnen werden können. Für anspruchslose Verwendungszwecke, wie z. B. die Herstellung von Fitzgarnen u. dgl., ist eine so behandelte Viskose zu verwenden. Auf diese Weise ist der in der Viskosefabrik zwangsläufig anfallende Abfall an Viskose zu verringern. Wie im DRP. 421506 der N. V. Nederlandsche Kunstzijdefabriek, Arnheim, ausgeführt wird, kann eine Viskose von einer Chlorammonreife von 9,6 (s. S. 288) durch Zusatz von 0,5% Schwefelkohlenstoff wieder auf einen Reifegrad von 20,4 gebracht werden.

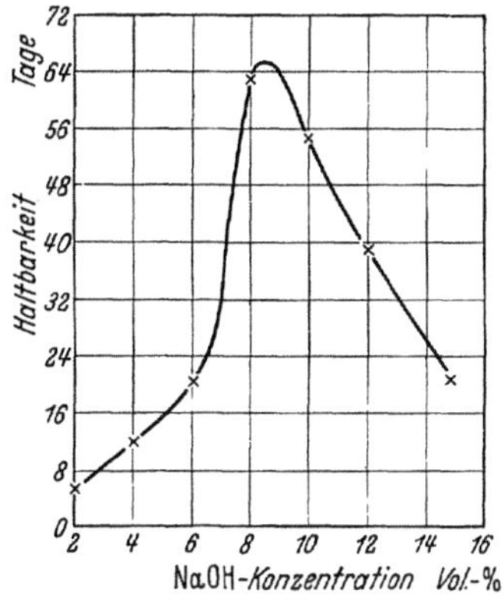

Abb. 139. Haltbarkeit der Viskose in Abhängigkeit von der Laugenkonzentration (nach HEUSER und SCHUSTER).

Abgesehen von der Variation der Alkali- und Schwefelkohlenstoffmengen ist der Reifeverlauf der Viskose aber auch durch Zuschläge fremder Stoffe zu beeinflussen. Dies soll weiter unten geschildert werden.

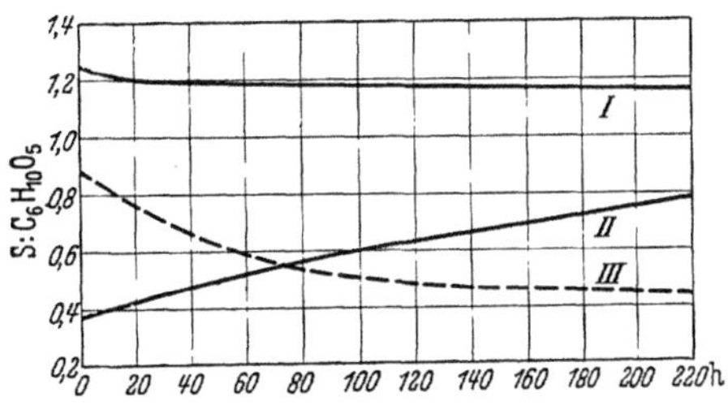

Abb. 140. *I* Gesamtschwefel, *II* Thiokarbonatschwefel, *III* Xanthogenatschwefel in der Viskose in Abhängigkeit von der Reifezeit (nach TANEMURA).

II. Nebenreaktionen.

Wie aus dem auf S. 266 gezeigten Schema hervorgeht, entsteht bei der Abspaltung der Sulfthiokarbonatreste Schwefelkohlenstoff. Es spielen sich daher bei der Viskosereife alle die zwischen Schwefelkohlenstoff und Natronlauge möglichen Reaktionen ab, die schon im vorhergehenden Kapitel besprochen worden waren. Der in der Viskose entstehende Schwefelkohlenstoff, für dessen Auftreten früher ausschließlich der Zerfall des Xanthogenates verantwortlich gemacht wurde[2], rührt zum Teil auch vom Zerfall des Natriumtrithiokarbonates

[1] VITALE: Giorn. Chim. Ind. Appl. **13**, 476 (1931).

[2] Zum Beispiel LEUCHS: Chemiker-Ztg. **47**, 801 (1923). — ZART u. MÖNKEMEYER: Chemiker-Ztg. **48**, 192 (1924). — DE WYSS: Industr. Engng. Chem. **17**, 1043 (1925).

her. Das Verhältnis des aus dem Xanthogenat und dem Trithiokarbonat entstehenden Schwefelkohlenstoffs ändert sich nach Untersuchungen von TANEMURA[1] mit der Reifezeit in der Weise, daß in der ersten Zeit der aus dem Xanthogenat stammende Schwefelkohlenstoff überwiegt (Tabelle 68). Abb. 140 zeigt den Anteil an Thiokarbonat- und Xanthogenatschwefel am Gesamtschwefel in der Viskose nach verschieden langen Reifezeiten.

Tabelle 68. Verhältnis des aus dem Xanthogenat stammenden Schwefelkohlenstoffs zum Gesamtschwefelkohlenstoff in Abhängigkeit von der Reifezeit. (Nach TANEMURA.)

Reifezeit in Tagen	Gesamt-CS_2 %	Xanthogenat-CS_2 %
0	1,85	1,33
1	1,79	1,33
3	1,91	1,26
6	1,52	0,90
9	1,57	—
10	1,61	0,70
12	1,45	0,75

III. Die Änderungen der Viskosität bei der Reife.

Die Viskositätsänderungen, die die Viskose bei der Reife erleidet, finden ihren Ausdruck in einer zuerst stark abfallenden, dann wieder langsam ansteigenden Kurve, die nach einer gewissen Reifezeit erneut einen steilen Anstieg zeigt. In diesem Bereich findet eine schnelle Erstarrung der Viskose zu einem Gel statt. Abb. 141 gibt diese Kurve wieder, die Arbeiten von HEUSER und SCHUSTER[2] entnommen ist.

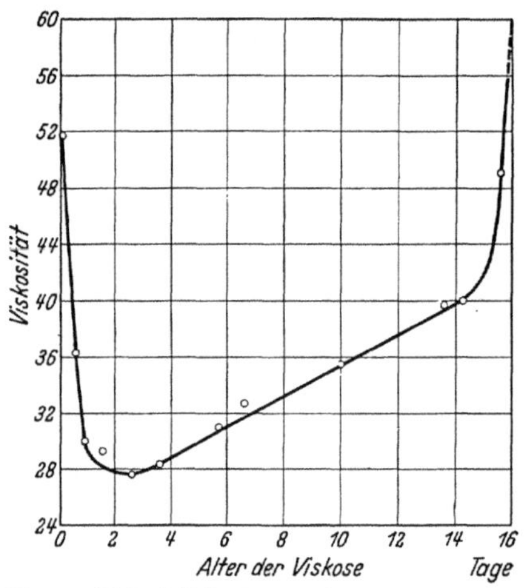

Abb. 141. Viskosität der Viskose in Abhängigkeit von der Reifezeit (nach HEUSER und SCHUSTER).

Nach den Veränderungen, die die Viskose in chemischer Hinsicht bei der Reife erleidet, ist das langsame Ansteigen im zweiten Teil der Kurve sowie der steile Anstieg im letzten Teil ohne weiteres verständlich: Die durch die allmähliche Abspaltung der Sulfthiokarbonatreste teilweise regenerierte Zellulose wird sich zu größeren Teilchen assoziieren. Die frei werdenden Molkohäsionskräfte werden weiter die Ausbildung einer gewissen Struktur bewirken. Dies geht daraus hervor, daß durch starkes Rühren ein Viskositätsabfall herbeigeführt wird, der sich in der Ruhe wieder ausgleicht (Thixotropie). Auch

[1] TANEMURA: Journ. Soc. chem. Ind. (Japan) Suppl. 33, 184 B (1930).
[2] HEUSER u. SCHUSTER: Cellulose-Chem. 7, 17 (1926).

andere Beobachtungen bilden für diese Annahme eine Stütze[1]. Der steile Anstieg der Viskositätskurve in ihrem letzten Teil ist durch die Wirkung der sich bei der Viskosereife bildenden Elektrolyte verursacht, die auf die gelöste Zellulose aussalzend wirken und von denen in der Hauptsache das durch hydrolytische Spaltung des Thiokarbonates entstehende Natriumkarbonat und Natriumsulfhydrat eine Rolle spielen.

Schwerer zu erklären ist der starke Viskositätsabfall der jungen Viskose. Die schon in einem anderen Zusammenhange erwähnten Untersuchungen von BERL und LANGE[2] an in Azeton gelösten Nitrozellulosen deuten darauf hin, daß der Viskositätsabfall durch eine Dispergierung und Homogenisierung der gelösten Teilchen hervorgerufen wird. Auch der Befund von HEUSER und SCHUSTER[3], wonach der Viskositätsabfall bei Viskose durch dauerndes Rühren stark beschleunigt wird, spricht für die Annahme einer Dispergierung.

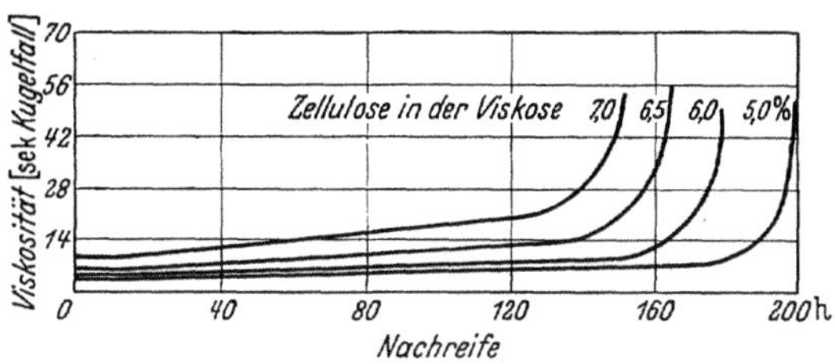

Abb. 142. Einfluß des Zellulosegehaltes der Viskose auf den Verlauf der Viskosität bei der Nachreife (nach LOTTERMOSER und WULTSCH).

Wie D'ANS und JÄGER[4] sowie LOTTERMOSER und WULTSCH[5] gefunden haben, ist der Verlauf der Viskosität bei der Viskosereife, ebenso wie die Zersetzungsgeschwindigkeit des Xanthogenates, von einer Reihe von Faktoren abhängig. Zunächst zeigt sich ein deutlicher Einfluß des Zellulosegehaltes der Viskose. Hierüber gibt Tabelle 69 Auskunft.

Abb. 142 enthält die Ergebnisse graphisch aufgetragen. Die Messungen wurden an einer Viskose durchgeführt, die unter folgenden Bedingungen hergestellt war:

Vorreifezeit	48 Stunden
Tauchlaugenkonzentration	17,5%
Vorreife-Temperatur	25° C
$CS_2 : C_6H_{10}O_5$	1 : 2
Laugenkonzentration in der Viskose . . .	7%

Die Ergebnisse besagen, daß die Viskosität mit steigender Konzentration an Zellulose in der Viskose stetig ansteigt. Entsprechend wird die Zeit bis zur vollständigen Koagulation mit zunehmender Zellulosekonzentration verkürzt. Wenn diese Ergebnisse auch naheliegend sind,

[1] Vgl. hierzu WELTZIEN: Technologie der Kunstseide, S. 216.
[2] BERL u. LANGE: Cellulose-Chem. 7, 145 (1926).
[3] HEUSER u. SCHUSTER: Cellulose-Chem. 7, 17 (1926).
[4] D'ANS u. JÄGER: Kunstseide 8, 17, 43, 57 (1926).
[5] LOTTERMOSER u. WULTSCH: Kolloid-Z. 83, 180 (1938).

Tabelle 69. **Einfluß der Zellulosekonzentration in der Viskose auf den Verlauf der Viskosität bei der Nachreife.** (Nach LOTTERMOSER und WULTSCH.)

Nachreife Stunden	Kugelfallviskosität in Sekunden				Nachreife Stunden	Kugelfallviskosität in Sekunden			
	7%	6,5%	6,0%	5,0%		7%	6,5%	6,0%	5,0%
0	9,6	6,4	4,2	3,0	135	22,5	13,6	8,4	6,6
5	9,2	5,8	3,8	2,8	155	47,6	19,8	9,0	7,0
12	9,0	5,6	3,6	2,8	164	—	33,0	11,0	7,2
20	9,6	6,6	3,4	2,8	174	—	—	18,2	7,6
34	10,8	7,0	4,6	3,4	185	—	—	50,6	7,8
48	12,0	7,6	5,0	4,0	195	—	—	—	12,4
62	13,5	8,8	5,8	4,6	206	—	—	—	27,4
96	15,2	10,6	6,8	5,4	212	—	—	—	—
118	20,2	12,4	7,6	6,2					

so ist doch der starke Einfluß schon geringer Zellulosekonzentrationsänderungen auf den Viskositätsverlauf bemerkenswert.

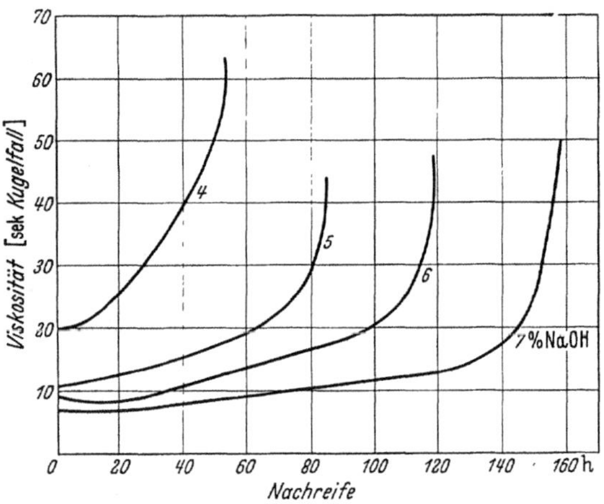

Abb. 143. Einfluß der Alkalikonzentration der Viskose auf den Verlauf der Viskosität bei der Nachreife (nach LOTTERMOSER und WULTSCH).

Von noch größerem Einfluß als die Zellulosekonzentration ist die Alkalikonzentration der Viskose auf den Viskositätsverlauf. Hierüber gibt Tabelle 70 Auskunft.

Wie aus der Tabelle 70 sowie aus der Abb. 143 hervorgeht, sinkt die Viskosität der Viskose mit steigendem Natronlaugegehalt.

Neben den geschilderten Faktoren spielt auch die Vorgeschichte des gelösten Xanthogenates eine große Rolle in bezug auf den Verlauf der Viskosität bei der Nachreife. Es soll zuerst der Einfluß der beim Sulfidieren angewandten Schwefelkohlenstoffmenge betrachtet werden. Der Einfluß der Schwefelkohlenstoffmenge ist, wie Tabelle 71 und Abb. 144 zeigen, allerdings nur gering.

Die Viskosität der Viskose sinkt demnach mit zunehmendem Schwefelkohlenstoffgehalt. Von Interesse ist die geringe Differenz im Verlauf der Viskositätskurven bei 40—60% Schwefelkohlenstoff. Man kann aus diesem Befund schließen, daß die Anwendung einer höheren Schwefelkohlenstoffmenge als 40% keine Verbesserung der spinntechnischen Eigenschaften der Viskose mit sich bringt.

Tabelle 70. Einfluß der Alkalikonzentration auf den Verlauf der Viskosität bei der Nachreife. (Nach LOTTERMOSER und WULTSCH.)

Nachreife Stunden	Kugelfallviskosität in Sekunden				Nachreife Stunden	Kugelfallviskosität in Sekunden			
	4% NaOH	5% NaOH	6% NaOH	7% NaOH		4% NaOH	5% NaOH	6% NaOH	7% NaOH
0	20,4	10,6	8,8	7,0	70	—	22,4	14,8	9,6
6	20,2	11,0	8,0	6,7	82	—	32,2	16,2	10,4
15	23,6	12,0	8,0	7,0	105	—	—	21,8	11,6
32	36,2	14,2	9,6	7,6	127	—	—	—	13,4
40	40,8	15,4	10,6	8,0	140	—	—	—	17,2
52	54,2	17,6	12,8	8,8	155	—	—	—	38,8

Tabelle 71. Einfluß der Schwefelkohlenstoffmenge auf den Verlauf der Viskosität bei der Nachreife. (Nach LOTTERMOSER und WULTSCH.)

Nachreife Stunden	Kugelfallviskosität in Sekunden				Nachreife Stunden	Kugelfallviskosität in Sekunden			
	28%	55%	40%	50%		28%	55%	40%	50%
0	16,0	14,2	12,8	12,4	110	21,2	20,4	19,6	19,2
8	14,2	12,8	11,6	11,2	125	23,0	22,0	21,6	21,4
17	13,2	11,8	10,8	10,6	140	27,2	26,4	23,4	21,8
30	13,6	12,4	12,0	11,8	156	—	58,0	40,2	33,4
52	15,0	14,4	14,4	14,0	162	—	—	—	44,8
85	18,0	17,6	17,6	17,4					

Besondere Bedeutung kommt den Arbeitsbedingungen bei der Vorreife der Alkalizellulose für den Viskositätsverlauf bei der Nachreife zu.

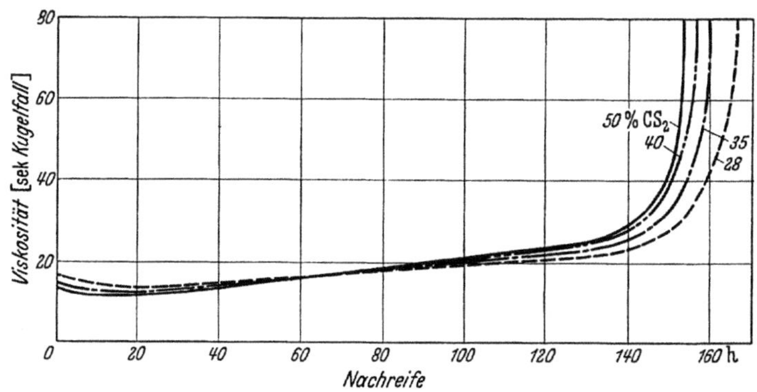

Abb. 144. Einfluß der angewandten Schwefelkohlenstoffmenge auf den Verlauf der Viskosität bei der Nachreife (nach LOTTERMOSER und WULTSCH).

Wie schon erwähnt wurde, wird durch die Vorreife die Anfangsviskosität der Viskose herabgesetzt. Da durch die Vorreife eine Verkleinerung der Moleküllänge der Zellulose erfolgt, so kann bei der Nachreife erwartet werden, daß mit zunehmender Vorreifedauer eine Verlängerung der Koagulationszeit, mithin also eine Verzögerung der Nachreife stattfindet. Wie Tabelle 72 und Abb. 145 zeigen, ist dies auch tatsächlich der Fall.

Tabelle 72. Einfluß der Vorreifezeit auf den Verlauf der Viskosität bei der Nachreife. (Nach LOTTERMOSER und WULTSCH.)

Nachreife Stunden	Kugelfallviskosität in Sekunden, Vorreife in Stunden				Nachreife Stunden	Kugelfallviskosität in Sekunden, Vorreife in Stunden			
	42	44	49	51		42	44	49	51
0	14,2	13,4	10,8	9,2	118	29,2	27,4	19,8	17,4
8	14,0	13,2	9,8	8,0	125	32,2	30,4	21,0	18,8
17	14,6	13,6	9,8	8,2	135	38,8	34,4	25,2	22,4
45	18,6	17,6	12,2	10,6	140	—	—	29,6	26,0
77	24,4	22,8	15,4	13,4	145	—	—	—	38,6

Tabelle 73. Einfluß der Vorreifetemperatur auf den Verlauf der Viskosität bei der Nachreife. (Nach LOTTERMOSER und WULTSCH.)

Nachreife Stunden	Kugelfallviskosität in Sekunden			Nachreife Stunden	Kugelfallviskosität in Sekunden		
	20° C	25° C	30° C		20° C	25° C	30° C
0	25,0	11,0	4,6	115	54,2	22,4	8,2
7	23,2	10,4	3,8	132	60,8	25,2	9,4
15	23,0	10,2	3,0	140	67,2	28,2	10,2
30	25,4	11,0	4,8	145	—	33,6	12,0
52	32,4	13,8	5,4	152	—	50,0	20,8
75	40,6	14,6	6,2				

Tabelle 74. Einfluß des Eisengehaltes eines Zellstoffs auf den Verlauf der Viskosität bei der Nachreife. (Nach LOTTERMOSER und WULTSCH.)

Nachreife Stunden	Sekunden Kugelfall bei mg Eisen in 100 g Zellstoff					
	2,5	4,0	8,0	10,0	16,0	32,0
0	33,5	33,2	26,2	23,4	20,5	16,0
5	30,8	29,8	25,4	21,8	18,6	14,2
10	30,5	29,5	25,0	20,9	18,0	13,8
20	32,0	30,6	25,8	21,4	18,0	14,8
35	36,8	35,2	28,0	24,5	20,4	16,5
62	46,0	44,2	38,5	31,6	26,0	20,0
75	50,6	48,5	43,0	34,6	28,5	22,0
100	59,8	57,0	51,8	41,5	34,5	25,0
118	74,5	65,0	58,9	47,5	39,5	29,0
126	78,2	72,6	66,5	46,4	44,0	32,0
135	100,0	85,6	80,0	62,0	55,0	37,5
146	—	—	—	—	—	53,0

Tabelle 75. Einfluß des Eisengehaltes auf den Polymerisationsgrad der Zellulose bei der Nachreife. (Nach LOTTERMOSER und WULTSCH.)

Nachreife Stunden	Hydratzellulose in Kupferoxydammoniak gelöst und Polymerisationsgrad bestimmt		Nachreife Stunden	Hydratzellulose in Kupferoxydammoniak gelöst und Polymerisationsgrad bestimmt	
	1,2 mg Fe	30,0 mg Fe		1,2 mg Fe	30,0 mg Fe
0	352	248	28	356	246
4	358	248	49	360	254
12	348	256	72	350	248

Auch die Vorreifetemperatur wirkt sich verständlicherweise auf die Viskosität bei der Nachreife aus und zwar sinkt die Viskosität mit zunehmender Vorreifetemperatur. Dies ist dadurch erklärlich, daß durch Erhöhung der Vorreifetemperatur eine stärkere Schädigung des Zellulosemoleküls in Gestalt einer Verkürzung der Kettenmoleküle erfolgt. Tabelle 73 und Abb. 146 geben über den Einfluß der Vorreifetemperatur auf die Viskosität bei der Nachreife Auskunft.

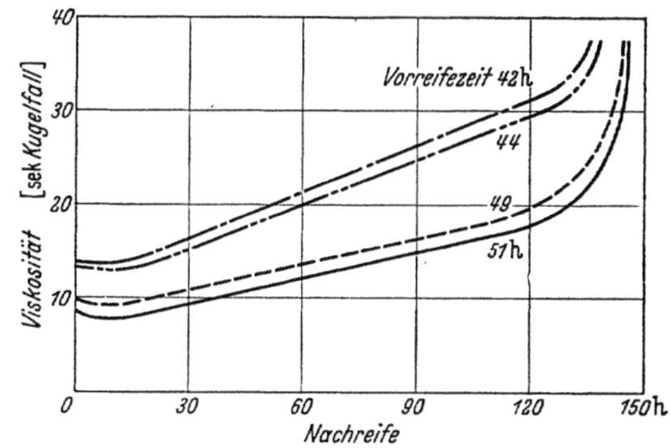

Abb. 145. Einfluß der Vorreifezeit auf den Verlauf der Viskosität bei der Nachreife (nach LOTTERMOSER und WULTSCH).

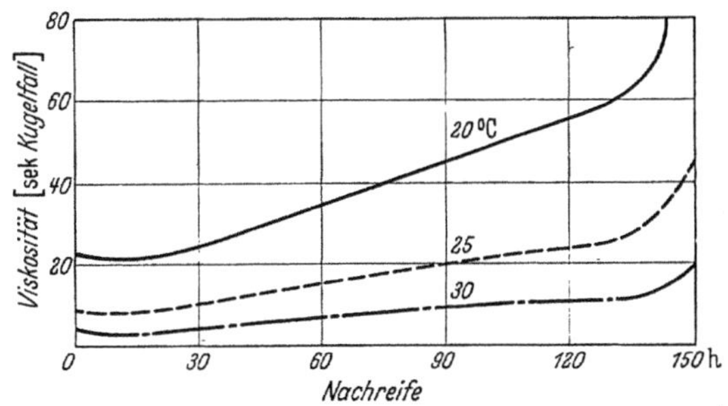

Abb. 146. Einfluß der Vorreifetemperatur auf den Verlauf der Viskosität bei der Nachreife (nach LOTTERMOSER und WULTSCH).

Bei der Besprechung der Alkalizellulose war schon gezeigt worden, daß die Anwesenheit gewisser Verunreinigungen, wie beispielsweise Eisen, zu einer Veränderung des Vorreifeverlaufs führen. Bei Kupfer konnte eine Einwirkung auf den Verlauf der Vorreife nicht festgestellt werden. Es ist nun von praktischem Interesse, den Einfluß dieser Fremdkörper auch auf die Nachreife zu studieren. Was zunächst Eisen anbetrifft, so haben LOTTERMOSER und WULTSCH gefunden, daß mit steigendem Eisengehalt ein Absinken der Viskosität bei der Nachreife stattfindet (Tabelle 74 und Abb. 147).

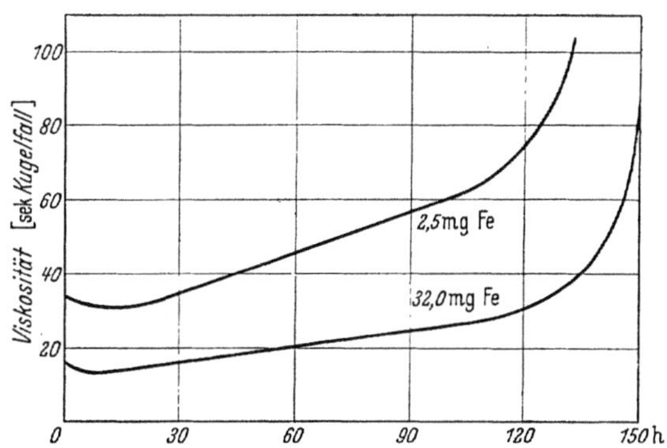

Abb. 147. Einfluß des Eisengehaltes eines Zellstoffes auf den Verlauf der Viskosität bei der Nachreife (nach LOTTERMOSER und WULTSCH).

Die durch die verschiedenen Eisengehalte des Zellstoffes verursachte Viskositätserniedrigung ist durch den Abbau verursacht, den das Zellulose-

Tabelle 76. Einfluß des Kupfergehaltes auf den Verlauf der Viskosität bei der Nachreife. (Nach LOTTERMOSER und WULTSCH.)

Nachreife Stunden	Sekunden Kugelfall bei mg Kupfer in 100 g Zellstoff				Nachreife Stunden	Sekunden Kugelfall bei mg Kupfer in 100 g Zellstoff			
	2,5	6,5	16,0	25,0		2,5	6,5	16,0	25,0
0	26,6	27,8	31,2	36,9	90	42,5	44,0	52,2	61,6
5	25,1	26,0	30,2	35,4	112	49,8	51,2	60,0	72,2
10	24,4	25,6	30,4	35,4	119	52,4	54,4	64,8	77,0
20	25,2	26,2	31,2	36,2	125	55,5	57,8	68,4	82,2
40	28,4	30,8	36,8	42,6	130	58,2	61,8	73,3	89,4
53	32,7	34,4	40,6	47,4	140	69,6	77,0	—	—
67	36,7	37,4	44,8	52,6	145	—	—	—	—
75	38,6	39,8	47,4	55,8					

molekül durch den Eisengehalt bei der Vorreife erleidet, denn, wie Tabelle 75 zeigt, wirkt sich der Eisengehalt bei der Nachreife auf das Zellulosemolekül nicht aus.

Bemerkenswerterweise verhält sich Kupfer ganz anders als Eisen. Während Kupfer die Vorreife im Gegensatz zu Eisen nicht beeinflußt, bringt seine Anwesenheit im Zellstoff bei der Nachreife eine Erhöhung der Viskosität hervor. Wie aus Tabelle 76 und Abb. 148 hervorgeht, erhöhen steigende Kupfermengen die Viskosität.

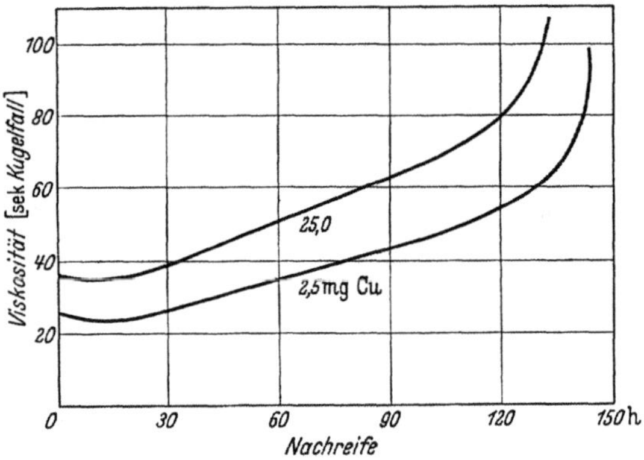

Abb. 148. Einfluß des Kupfergehaltes auf den Verlauf der Viskosität bei der Nachreife (nach LOTTERMOSER und WULTSCH).

Durch die Anwesenheit von Kupfer wird also der Verlauf der Nachreife beschleunigt. Dies kann nur damit erklärt werden, daß das Kupfer eine verstärkte Ausflockung der Zellulose aus dem gelösten Xanthogenat verursacht. Es würde dies die Beobachtung der Praxis erklären, wonach es bei Anwesenheit von Kupfer leicht zu Filtrationsschwierigkeiten bei der Viskose und Düsenverstopfungen beim Spinnen kommt.

Ebenso wie bei der Vorreife, wirkt sich auch bei der Nachreife das Kupfer nicht nachteilig auf den Polymerisationsgrad der Zellulose aus (Tabelle 77).

Schließlich soll noch gezeigt werden, ob der Luftsauerstoff eine Veränderung der Viskose bewirkt. Es war bei der Besprechung des Verlaufes der Vorreife gezeigt worden, daß unter der Einwirkung von Luftsauerstoff eine Verkürzung der Kettenmoleküle erfolgt, wodurch die

Tabelle 77. Einfluß des Kupfergehaltes auf den Polymerisationsgrad der Zellulose bei der Nachreife. (Nach LOTTERMOSER und WULTSCH.)

Nachreife Stunden	Polymerisationsgrad der Zellulose bei mg Kupfer in 100 g Zellstoff 1,6	23,0
0	340	346
5	336	354
10	344	347
22	348	343
43	337	352
67	349	346

Tabelle 78. Einfluß von Luftsauerstoff auf den Polymerisationsgrad bei der Nachreife (Nach LOTTERMOSER und WULTSCH.)

Nachreife	Polymerisationsgrad	
Stunden	Viskose ohne Luft	Viskose mit Luft
0	328	328
2	332	326
4	325	330
8	325	330
18	336	323
32	337	333

Viskosität der Lösungen der Reaktionsprodukte stetig herabgesetzt wird. LOTTERMOSER und WULTSCH haben während des Reifens Luft durch die Viskose geleitet und nach verschiedenen Zeiten die Polymerisationsgrade der Zellulose bestimmt. Die Ergebnisse sind in Tabelle 78 zusammengestellt.

Die Tabelle zeigt eindeutig, daß während der Nachreife der Luftsauerstoff wirkungslos ist, es findet also bei der Nachreife keine Molekülverkleinerung statt. Der Grund hierfür dürfte, wie bei der nicht abgepreßten Alkalizellulose, darin liegen, daß das Molekül durch das umgebende Dispersionsmittel vor dem Zutritt des Luftsauerstoffes geschützt ist.

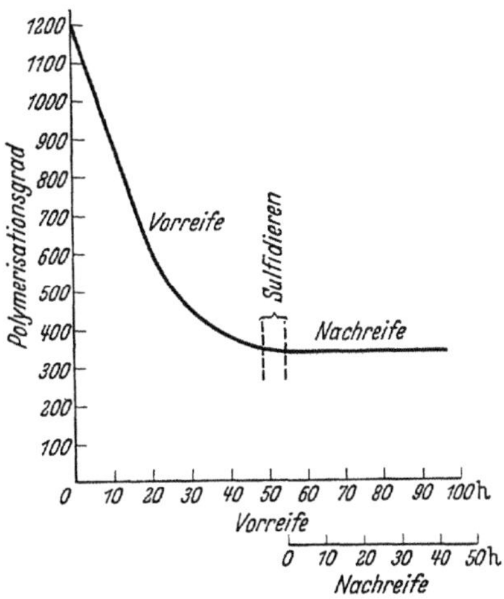

Abb. 149. Veränderung des Polymerisationsgrades der Zellulose während ihrer Umwandlung in Viskose (nach LOTTERMOSER und WULTSCH).

Es ist in diesem Zusammenhang nicht ohne Interesse, die Veränderungen des Polymerisationsgrades der Zellulose während der gesamten Zeit, die sie für die Umwandlung in spinnfähige Viskose benötigt, noch einmal zu verfolgen. Die Änderungen sind in Abb. 149 dargestellt. Der Abbau des Moleküls hört demnach im Augenblick des Sulfidierens auf.

Verfolgen wir auf die gleiche Weise die Viskosität, so ergibt sich folgendes: Wir finden einen Viskositätsabfall bei der Vorreife, einen weiteren bei der Sulfidierung, worauf dann beim Lösen des Xanthogenates nach einem kurzen, weiteren schnellen Abfall ein allmähliches Ansteigen beginnt, das kurz vor der Gelatinierung sehr steil wird.

IV. Die Spinnbarkeit der Viskose[1].

Es ist bisher über eine Eigenschaft der Viskose noch nicht gesprochen worden, nämlich ihre Spinnbarkeit. Hierunter soll nach ERBRING die Eigenschaft einer Flüssigkeit verstanden werden, beim Ausfließenlassen aus einem geneigten Gefäß oder einer Pipette einen flüssigen Faden zu bilden, der eine bestimmte Länge annimmt, um dann abzureißen und um einen Teil seiner früheren Länge zurückzuschnellen. Die gleiche Erscheinung zeigt sich bei spinnbaren Flüssigkeiten auch darin, daß ein in sie hineingetauchter Körper, wie z. B. ein Gasstab, beim Herausnehmen aus dieser Flüssigkeit einen flüssigen Faden hinter sich her zieht. Auf dieser Beobachtung fußend, hat JOCHIMS[2] eine Apparatur entwickelt, um die Spinnbarkeit messend zu verfolgen. Der Apparat beruht im Prinzip darauf, daß ein in eine Flüssigkeit eingetauchter Glasstab durch einen plötzlichen Stromimpuls mit konstanter Geschwindigkeit aus der Flüssigkeit herausgehoben wird. Die Länge, bei der der mit herausgenommene flüssige Faden abreißt, kann an einer Skala abgelesen werden und stellt ein Maß für die Spinnbarkeit dar[3]. Man bezeichnet die Spinnbarkeit auch als Spinnfähigkeit oder Fadenziehvermögen. Das Fadenziehvermögen einer Flüssigkeit ist die Voraussetzung dafür, daß aus der Flüssigkeit feste Fäden hergestellt werden können.

Man hat lange Zeit hindurch geglaubt, die Eigenschaft einer Lösung, flüssige Fäden liefern zu können, sei eine Eigenschaft bestimmter chemischer Stoffe. Untersuchungen von OSTWALD[4] haben aber zu der Erkenntnis geführt, daß es sich bei der Spinnfähigkeit nicht um eine konstitutive Eigenschaft des gelösten Stoffes handelt, sondern um einen physikalisch-chemischen Zustand, den die spinnfähigen Flüssigkeiten unter bestimmten Bedingungen annehmen können. Es war ein naheliegender Gedanke, die Spinnbarkeit mit der Viskosität einer Lösung in Zusammenhang zu bringen, und es ist mehrfach versucht worden, diesen Zusammenhang aufzufinden. In diese Richtung zielende Versuche von TAMMAN und JENKEL[5], RÖDIGER[6], AGAZOTTI[7], WEBER[8] sowie JOCHIMS[9] führten jedoch zu widersprechenden Ergebnissen und konnten

[1] Von ERBRING [Kolloid-Beih. **44**, 171—235 (1936)] sind über die Eigenschaft der Spinnbarkeit eingehende Untersuchungen durchgeführt worden, die wegen ihrer grundsätzlichen Wichtigkeit hier ausführlich referiert werden sollen.

[2] JOCHIMS: Kolloid-Z. **43**, 361 (1927).

[3] Näheres über die Apparatur bei WELTZIEN: Technologie der Kunstseiden. S. 172.

[4] OSTWALD: Kolloid-Z. **61**, 136 (1932).

[5] TAMMAN u. JENKEL: Z. anorg. allg. Chem. **191**, 122 (1930).

[6] RÖDIGER: Kolloid.-Z. **65**, 17 (1933).

[7] AGAZOTTI: Arch. fisiol. **20**, 3 (1922).

[8] WEBER: Protoplasma (Berl.) **6**, 159 (1929).

[9] JOCHIMS: Kolloid.-Z. **43**, 362 (1927).

einen eindeutigen Zusammenhang zwischen Viskosität und Spinnbarkeit nicht erweisen. Das ganze Gebiet wurde dann von ERBRING[1] einer sehr eingehenden Bearbeitung unterzogen, dem wir wertvolle Aufschlüsse über diese interessante Eigenschaft verdanken.

Es wurde von ERBRING zunächst der Beweis dafür erbracht, daß die Spinnbarkeit nicht als Funktion der Viskosität aufgefaßt werden kann (Tabelle 79).

Tabelle 79. Viskosität und Spinnbarkeit von Flüssigkeiten. (Nach ERBRING.)

Flüssigkeit	Ziehgeschwindigkeit	Viskosität	Länge des flüssigen Fadens in mm
Glyzerin-Wasser . .	9,6	27,4	5
Glyzerin	9,6	65,0	5—10
Mineralöl I	9,6	48,4	5—10
Paraffinöl	9,6	56,8	5—10
Mineralöl II	9,6	396,4	15
Baumwollgelb (0,8%)	9,6	etwa 4	65

Wie aus der Tabelle hervorgeht, lieferte eine Flüssigkeit mit einem relativen Viskositätswert von nahezu 400 noch keinen Faden, andererseits ist die Spinnbarkeit der Baumwollgelblösung mit einer Viskosität von etwa 4 ganz beträchtlich.

Neben der Viskosität hat man die Oberflächenspannung für die Spinnbarkeit verantwortlich gemacht (FAUST[2]). Aber auch in dieser Hinsicht konnte ERBRING keinen Zusammenhang feststellen, wie aus Tabelle 80 hervorgeht.

Tabelle 80. Oberflächenspannung und Spinnbarkeit. Ziehgeschwindigkeit 15 cm/Sek. (Nach ERBRING.)

System	Oberflächenspannung in dyn/cm	Spinnbare Fadenlänge in mm
2 g Leinsamen extrahiert mit 100 ccm Wasser . .	62,7	10
4 g Leinsamen extrahiert mit 100 ccm Wasser . .	56,63	27
8 g Leinsamen extrahiert mit 100 ccm Wasser . .	61,48	59

Wie die Tabelle zeigt, nimmt die Spinnbarkeit einsinnig zu, während die Oberflächenspannung ein Minimum durchläuft. Ein direkter Zusammenhang zwischen Oberflächenspannung und Spinnbarkeit kann daher nicht bestehen. Wohl kommt jedoch, wie später noch gezeigt werden wird, der Oberflächenspannung in einer anderen Beziehung eine Bedeutung zu.

Grundlegend wichtig ist zunächst der Befund von ERBRING, wonach die Größe der Spinnbarkeit einer Lösung auch von der Geschwindigkeit, mit der der flüssige Faden hergestellt wird, abhängig ist. Über diese Zusammenhänge berichtet Tabelle 81.

[1] ERBRING: Kolloid-Beih. **44**, 171—235 (1936).
[2] FAUST: Kolloid-Z. **61**, 257 (1932).

Tabelle 81. Spinnbarkeit und Spinngeschwindigkeit. (Nach ERBRING.) Leinsamenschleim verschiedener Konzentration.

Spinngeschwindigkeit in cm/s	Fadenlänge in cm	Spinngeschwindigkeit in cm/s	Fadenlänge in cm
2 g extrahiert mit 100 ccm Wasser		8 g extrahiert mit 100 ccm Wasser	
6,9	0,3	6,4	2,5
12,2	0,5	11,0	4,3
18,3	1,5	17,2	7,0
27,5	2,3	22,3	8,8
		27,5	9,5
4 g extrahiert mit 100 ccm Wasser		12 g extrahiert mit 100 ccm Wasser	
6,6	1,0	6,5	3,5
10,8	1,9	11,0	4,5
17,9	3,2	17,2	6,5
22,3	4,0	22,3	7,0
27,5	4,8	27,5	6,0

Abb. 150 enthält die Ergebnisse der Tabelle graphisch dargestellt. Die Abbildung zeigt, daß die Kurve des weniger konzentrierten Systems (8 g) durch die Kurve für das konzentriertere System (12 g) geschnitten wird und daß bei der größeren angewandten Spinngeschwindigkeit die Fadenlänge wieder abgenommen hat. Es ergibt sich also ein Maximum der Fadenlänge bei einer mittleren Spinngeschwindigkeit. Dies hängt damit zusammen, daß bei einer extrem hohen Spinngeschwindigkeit nicht genügend Substanz für die Fadenbildung nachgeliefert werden kann. Dieser Nachlieferungsvorgang wird nun von der Oberflächenspannung der strömenden Flüssigkeit beeinflußt, so daß dieser bei der Fadenbildung doch, wenn auch eine sekundäre Rolle, zukommt.

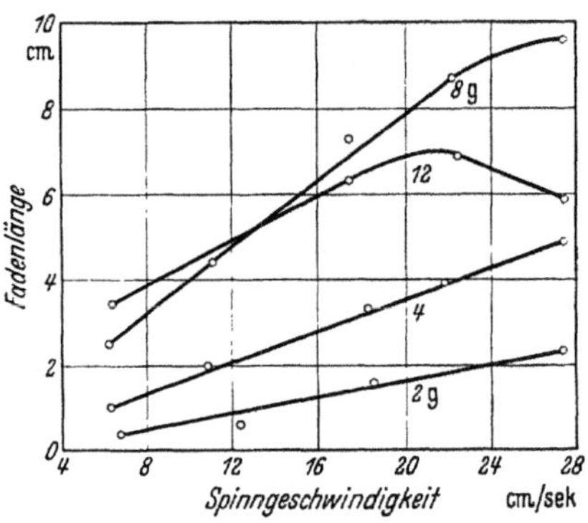

Abb. 150. Abhängigkeit der Spinnbarkeit von Leinsamenschleimlösungen verschiedener Konzentration von der Spinngeschwindigkeit (nach ERBRING).

Es war einleitend als Charakteristikum der Fäden bildenden Flüssigkeiten erwähnt, daß der gebildete Faden nach dem Abreißen wieder zurückschnellt. Diese Beobachtung weist auf starke elastische Eigenschaften der spinnbaren Flüssigkeiten hin[1], die wieder durch das Vorliegen von Strukturviskosität bei diesen Flüssigkeiten bedingt ist. ERBRING hat gefunden, daß die spinnbaren Flüssigkeiten in Konzentrationsgebieten, in denen sie spinnbar sind, ausgesprochene Strukturviskosität besitzen, die mit zunehmender Konzentration ansteigt. Daß

[1] Vgl. auch TOCCO: Arch. internat. Pharmacodyn u. Thér. 27, 363 (1923).

auch Viskose Strukturviskosität zeigt, war schon insofern erwähnt worden, als bei der Viskose ein Abnehmen der Viskosität nach starkem Rühren stattfindet und daß der alte Zustand nach einer ausreichenden Ruhezeit wieder eintritt. Das Vorliegen von Strukturviskosität erwies sich nun auch bei anderen Flüssigkeiten als Voraussetzung für das Annehmen eines spinnbaren Zustandes.

Es ist aber noch eine weitere Voraussetzung für die Eigenschaft der Spinnbarkeit einer Lösung notwendig. OSTWALD und AUERBACH[1] fanden bei der Viskosimetrie von Lösungen gewisser technischer Farbstoffe deutliche Strukturviskosität, wenn eine bestimmte Konzentration erreicht war. Für Baumwollgelb-Sole verschiedener Konzentration gibt ERBRING das in Tabelle 82 wiedergegebene Beispiel.

Tabelle 82. Thixotrope Strukturzerstörung von Baumwollgelb-Solen durch mehrmaliges Fließen im Viskosimeter. (Nach ERBRING.)

	Konzentration in %					
	0,3	0.5	0,75	1,0	1,25	1,50
Fließzeit im Viskosimeter bei hintereinander ausgeführten Messungen, in Sekunden	18,3	22,6	31,2	41,0	39,4	35,0
	17,9	22,0	30,0	39,8	39,0	34,0
	17,1	21,4	28,8	38,4	38,6	33,0
	16,7	20,9	27,8	36,8	37,0	31,6
	16,3	20,3	26,8	35,0	35,0	31,0
	16,1	19,5	25,8	33,5	—	29,2
	—	—	24,9	33,0	—	28,2
	—	—	24,3	32,4	—	28,0
	—	—	—	31,8	—	27,8

Nach OSTWALD und AUERBACH ist diese Strukturzerstörung auf einen Entmischungsvorgang zurückzuführen, der sich in der Farbstofflösung abspielt. Durch die Erhöhung der Farbstoffkonzentration werden gleichzeitig Elektrolyte in das System hereingebracht, die der Solvatation des Farbstoffes entgegenwirken. Die Solvatation durchläuft somit ein Maximum und nimmt wieder ab, wenn die Farbstoffteilchen durch zunehmende Desolvatation beginnen zu flocken. Man erkennt durch Konzentrationssteigerung der Farbstofflösung zunächst eine deutliche Trübung, dann entstehen schließlich Suspensionen, die desolvatisierte Farbstoffteilchen in hochdisperser Form enthalten. Da, wie schon erwähnt wurde, Baumwollgelb-Sole einen spinnbaren Zustand annehmen können, so lag es nahe, diese Eigenschaft mit dem Entmischungsvorgang in Verbindung zu bringen. Untersuchungen von ERBRING konnten diesen Zusammenhang bestätigen: Bei der Messung der Spinnbarkeit der Baumwollgelbsole macht sich diese schon in 0,3%igen Lösungen bemerkbar Die Fadenlänge steigt mit der Konzentration (Tabelle 83).

[1] OSTWALD u. AUERBACH: Kolloid-Z. **41**, 112 (1927).

Tabelle 83. Spinnbarkeit technischer Baumwollgelb-Sole. (Nach ERBRING.)

Konzentration %	Spinngeschwindigkeit in cm/s	Fadenlänge in cm
0,3	4,9	1,0
	9,1	1,5
	14,3	2,0
	17,0	2,5
0,5	4,9	2,0
	9,1	3,0
	14,3	4,3
	17,0	2,5

Konzentration %	Spinngeschwindigkeit in cm/s	Fadenlänge in cm
0,75	4,9	2,5
	9,1	3,5
	14,3	5,5
1,0	4,9	3,0
	9,1	5,0
	14,3	6,5
1,25	9,1	3,0
	14,3	5,5
1,5	14,3	5,5

Wie die Tabelle zeigt, durchläuft die Spinnbarkeit der Baumwollgelb-Sole bei hohen Spinngeschwindigkeiten ein Maximum. Es konnte weiter gezeigt werden, daß die Spinnbarkeit der Baumwollgelb-Sole durch Änderungen des Elektrolytgehaltes deutlich beeinflußt wird. Diese Befunde sprechen dafür, daß der Entmischungsvorgang an der Herbeiführung des spinnbaren Zustandes beteiligt ist.

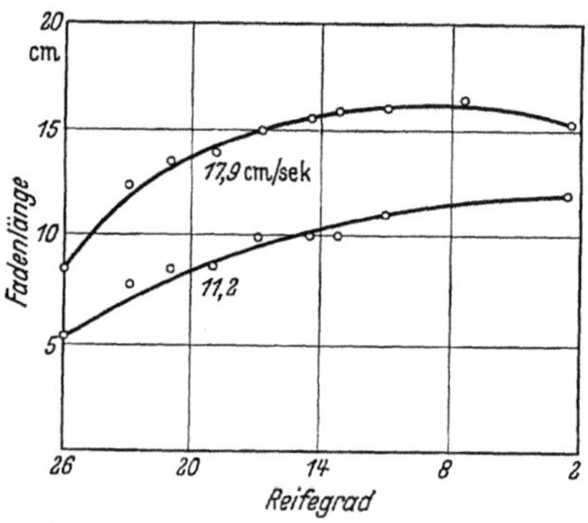

Abb. 151. Abhängigkeit der Spinnbarkeit von Viskose bei verschiedenen Ziehgeschwindigkeiten vom Reifegrad (nach ERBRING).

Auch bei der Reife der Viskose haben wir Entmischungszustände anzunehmen. Nach den bisher aufgeführten Beispielen müßte die Spinnbarkeit bei den verschiedenen Entmischungsstadien verschieden sein. Es konnte erwartet werden, daß die Spinnbarkeit mit zunehmendem Alter der Viskose ansteigt, um bei Überreife wieder abzunehmen. Es ist also bei einem mittleren Reifezustand ein Maximum der Spinnbarkeit vorauszusehen. Ein solches Verhalten der Viskose wurde von ERBRING in der Tat gefunden, wie Tabelle 84 und Abb. 151 zeigen.

Betrachtet man das Verhalten der Viskose bei einer Ziehgeschwindigkeit von 17,9 cm/s, so ist festzustellen, daß die Spinnbarkeit während der ersten Reifeperiode stark ansteigt. Wie die Viskositätswerte zeigen, war bei Beginn der Messungen der erste steile Viskositätsabfall bereits überschritten. Bei einem Reifegrad, dem in der Technik eine HOTTENROTH-Zahl von etwa 7 entspricht, wurde das Optimum der Spinnbarkeit festgestellt. Die Spinnbarkeit nimmt also oberhalb des Reifegrades, bei dem man praktisch eine Viskose als spinnreif bezeichnet, noch etwas zu, so daß man also in der Technik aus betrieblichen Gründen die Viskose

Tabelle 84. Spinnbarkeit von Viskose in Abhängigkeit vom Reifegrad[1]. (Nach ERBRING.)

Tag	Spinngeschwindigkeit in cm/s	Fadenlänge in cm
30. 11.	Viskosität: 16 Sek. Fallzeit (20 cm Fallstrecke)	Reifegrad: 26 ccm NH_4-Verbrauch (10%ige Lösung)
	5,7	2,8
	11,2	5,5
	17,9	8,5
3. 12.	Viskosität: 22 Sek.	Reifegrad: 23,1 ccm
	5,7	4,2—4,5
	11,2	7,7—8,0
	17,9	etwa 12,5
4. 12.	Viskosität: 22,1 Sek.	Reifegrad: 21 ccm
	5,7	5,0—5,3
	11,2	8,5
	17,9	13,7
5. 12.	Viskosität: 22,2 Sek.	Reifegrad: 18,9 ccm
	5,7	5,3
	11,2	8,5—9,0
	17,9	14,0
6. 12.	Viskosität: 23,2 Sek.	Reifegrad: 16,65 ccm
	5,7	5,5—6,0
	11,2	10,0
	17,9	15,0
7. 12.	Viskosität: 23,2 Sek.	Reifegrad: 14,42 ccm
	5,7	6,0
	11,2	10,0
	17,9	14,0—16,0
8. 12.	Viskosität: 23,5 Sek.	Reifegrad: 13,15 ccm
	5,7	6,0
	11,2	10,0—10,5
	17,9	16,0
10. 12.	Viskosität: 30,4 Sek.	Reifegrad: 10,9 ccm
	5,7	6,5
	11,2	11,0
	17,9	etwa 16,0
12. 12.	Viskosität: 31 Sek.	Reifegrad: 7,35 ccm
	17,9	etwa 16,5
17. 12.	Viskosität: 51 Sek.	Reifegrad: 2,45 ccm
	5,7	9,0[2]
	11,2	12,0
	17,9	etwa 15,5

etwas unterhalb des optimalen Grades für die Spinnbarkeit verspinnt. Die Abnahme der Spinnbarkeit jenseits des Maximums kann klar gezeigt werden, wenn man die Gelatinierung der Viskose durch Zusatz von Ammonchlorid beschleunigt. ERBRING fand dann die in Tabelle 85 zusammengestellten Werte.

[1] Über die Definition des Reifegrades s. S. 288.

[2] Zuweilen bereits Herausheben eines großen Gelvolumens.

Überblickt man die bisher aufgeführten Befunde und Beobachtungen, so kann folgendes zusammenfassend ausgesagt werden:

Die Spinnbarkeit ist keine konstitutive Eigenschaft eines Körpers, sondern ein Zustand, in den gewisse Systeme übergeführt werden können. Ergänzend sei bemerkt, daß dieser Zustand besonders oft bei Lösungen von lyophilen Kolloiden angetroffen wird.

Tabelle 85. Spinnbarkeit der Viskose im Verlaufe der Koagulation. Spinngeschwindigkeit: 11,2 cm/Sek. (Nach ERBRING.)

Ammonchlorid		Fadenlänge in cm
Ausgangssystem	(10%ig) zu 50 g Viskose	10,0
3 ccm	(10%ig) zu 50 g Viskose	11,5
5 ccm	(10%ig) zu 50 g Viskose	11,5
10 ccm	(10%ig) zu 50 g Viskose	6,5
12 ccm	(10%ig) zu 50 g Viskose	3,0—4,0
14,5 ccm	(10%ig) zu 50 g Viskose	—

Die Spinnbarkeit kann mit der Viskosität der Lösung parallel gehen, sie braucht es jedoch nicht, da zwischen beiden kein unmittelbarer Zusammenhang besteht.

Voraussetzung für das Eintreten eines spinnfähigen Zustandes ist das Vorhandensein von Strukturviskosität, die auf eine Entmischung des Systems unter Neu- oder Rückbildung von Strukturen zurückzuführen ist. Hierzu ist noch zu bemerken, daß Systeme mit fadenförmigen Teilchen für die Einnahme eines spinnbaren Zustandes besonders prädestiniert sind, da sie besonders leicht durch Assoziation neue Strukturen bilden können.

Eine weitere Voraussetzung für das Entstehen fester Fäden ist die Bildungsmöglichkeit flüssiger Fäden aus der betreffenden Lösung.

Die Spinnbarkeit setzt schließlich voraus, daß die Oberflächenspannung der Lösung so beschaffen ist, daß dem spinnenden Faden genügend Substanz nachgeliefert werden kann.

Die Spinnbarkeit der Viskose durchläuft ein Maximum, das kurz vor der Gelatinierung wieder abnimmt. Mit der Gelatinierung ist jedoch die Entmischung noch nicht beendet. Dies geht daraus hervor, daß die Viskose leicht die Erscheinung der Synärese zeigt, worunter der extreme Fall der Gallertentmischung zu verstehen ist. Die Spinnbarkeit ist also an bestimmte Stadien der Entmischung gebunden, sie ist am ausgeprägtesten bei einem mittleren Entmischungszustand.

V. Untersuchung und Prüfung der Viskose.

Die Prüfung der Viskose, oder besser ausgedrückt, ihres Alterungs- oder Reifezustandes, kann auf der Untersuchung des jeweils vorliegenden chemischen sowie physikalisch-chemischen Zustandes beruhen. Bei der Bestimmung des chemischen Zustandes kommt es darauf an, die Menge des an die Zellulose gebundenen Alkalis bzw. Sulfthiokarbonates zu ermitteln.

Xanthogenatalkali. Von CROSS und BEVAN ist die Möglichkeit beschrieben worden, die Menge des gebundenen Sulfthiokarbonates durch Bestimmung des Xanthogenatalkalis zu ermitteln. Die von den beiden Forschern ausgearbeitete Methode beruht darauf, daß die Natriumatome der Sulfthiokarbonatreste sich mit Jod unter Bildung von Natriumjodid umsetzen. Es wird dabei die Annahme gemacht, daß je zwei Moleküle Xanthogenat miteinander polymerisieren und so zwei Moleküle Natriumjodid bilden. Zur Durchführung der Titration muß das Xanthogenat vorher mit Säure zersetzt werden. Bei der Zersetzung mit Mineralsäure zerfallen auch die in der Viskose vorhandenen Nebenprodukte, wobei Körper entstehen, die gleichfalls Jod verbrauchen. Essigsäure soll jedoch nur die Nebenprodukte zersetzen. Bei der Titration der mit Essigsäure zersetzten Viskose entsteht allerdings ein Fehler durch den Thiosulfatgehalt der Viskose, für dessen Anwesenheit von TANEMURA[1] sowie FINK, STAHN und MATTHES[2] der Nachweis erbracht wurde. Die Methode ist daher nur als Konventionsmethode zu werten; sie hat im Laufe der Zeit mehrfache Änderungen erfahren[3]. Die besten Werte werden nach einer von GEIGER[4] empfohlenen Methode erhalten, an die sich auch JENTGEN[5] anlehnt. JENTGEN beschreibt die Ausführung der Methode wie folgt: Man verdünnt die Viskose zunächst mit Wasser auf das 10fache. Je 25 ccm dieser verdünnten Viskoselösung bringt man in zwei Flaschen von 3 Liter Fassungsvermögen und vermischt sie mit 2 Liter Wasser. Der Flasche I setzt man 25 ccm n-Schwefelsäure zu und schüttelt kräftig, damit sich die ausgefällte Zellulose zusammenballt. Zu dem Inhalt der Flasche II fügt man 25 ccm n-Essigsäure. Es darf hierbei keine Trübung entstehen, auch ist darauf zu achten, daß kein Schwefelwasserstoff entweicht. Nach Ablauf von 10—15 Minuten wird der Inhalt jeder Flasche mit n/10 Jodlösung titriert, wobei als Indikator Stärke dient.

Die Berechnung geht wie folgt vor sich: Ist x ccm der Jodverbrauch bei Flasche I und y ccm bei Flasche II, so besteht folgende Beziehung:

$$\%\ \text{NaOH in der Viskose} = (x - y) \cdot 0{,}004 \cdot 40$$

Es besteht dann weiter die Beziehung:

$$\%\ \text{NaOH in der Zellulose} = \frac{\%\ \text{NaOH in der Viskose}}{\%\ \text{Zellulose in der Viskose}}.$$

JENTGEN gibt dann noch eine weitere Analysenmethode für die Bestimmung des an das Xanthat gebundenen Ätznatrons an, die aber nur angenäherte Werte gibt: Man übergießt möglichst schnell 12 Glasplatten

---

[1] TANEMURA: Journ. Soc. chem. Ind. (Japan) **33**, 50—54 B (1930).

[2] FINK, STAHN u. MATTHES: Angew. Chem. **47**, 602 (1934).

[3] Vgl. hierzu FAUST, GRAUMANN u. FISCHER: Cellulose-Chem. **7**, 165 (1926); BERL u. DILLENIUS: Cellulose-Chem. **13**, 5 (1932).

[4] GEIGER: Helv. chim. Acta **13**, 281 (1930).

[5] JENTGEN: Laboratoriumsbuch S. 55.

(9 × 12) mit Viskose und fällt das Xanthogenat als Film durch Eintauchen der Glasplatten in konzentrierte Kochsalzlösung. Die Filme werden mit Fließpapier möglichst trocken abgepreßt. Darauf werden je etwa 5 g Film abgewogen. Die abgewogene Menge Film wird mit Wasser übergossen, dann mit einem Überschuß an Mineralsäure versetzt und auf 90° C erhitzt. Nach dem Abkühlen auf Zimmertemperatur titriert man mit n-Natronlauge zurück. Die ausgeschiedene Zellulose wird mit heißem Wasser gewaschen, getrocknet und gewogen. Man erhält so einen angenäherten Wert für das gefundene Ätznatron sowie für die Zellulose. Das prozentuale Verhältnis kann hieraus leicht berechnet werden.

γ-Wert. Sehr genaue Ergebnisse werden durch die Bestimmung des schon erwähnten γ-Wertes nach FINK, STAHN und MATTHES erhalten. Die Bestimmung beruht auf der von LILIENFELD[1] aufgefundenen Möglichkeit, das Xanthogenat zu Halogenfettsäurederivaten umzusetzen. 100 g Viskose werden mit 300—500 ccm Wasser verdünnt, unter kräftigem Rühren mit n/2-Essigsäure neutralisiert (Phenolphthalein) und mit 20—25 ccm Diäthylchlorazetamid versetzt. Nach der Ausflockung wird der Niederschlag, der keine gelatinösen Klumpen enthalten darf, noch eine Zeitlang gerührt und dann abfiltriert. Er wird dann mehrere Male mit Wasser aufgeschlämmt und gewaschen, schließlich mehrfach in Methanol bzw. Methanol-Äther aufgeschlämmt, mit Äther gewaschen und getrocknet. Der so entstandene Körper hat folgende Zusammensetzung:

$$\text{Zelluloserest}\cdot O\cdot CS_2\cdot CH_2\cdot CO\cdot N(C_2H_5)_2.$$

Hierin wird der Stickstoff nach KJELDAHL bestimmt. Der Inhalt des KJELDAHL-Kolbens wird mit n/10-Salzsäure titriert. Jedes Atom Stickstoff entspricht je einer in der Viskose vorhanden gewesenen Sulfthiokarbonatgruppe. Auf den Zellulosegehalt der Viskose umgerechnet, ergibt sich hieraus der Veresterungsgrad der Zellulose. Die Anzahl Mol Schwefelkohlenstoff, die von 100 $C_6H_{10}O_5$-Einheiten als Sulfthiokarbonat gebunden sind, wird als γ-Wert bezeichnet. Die Berechnung erfolgt nach der Gleichung:

$$\gamma = \frac{16208 \cdot c}{10\,E - 189{,}14\,c}.$$

In dieser Gleichung ist E die Einwaage und c die Anzahl verbrauchter Kubikzentimeter n/10 Salzsäure.

Zellulosegehalt (nach JENTGEN). 2—4 g Viskose werden mit Hilfe eines Glasstabes aus einer abgewogenen Menge Viskose herausgenommen. Dann wird die Viskose zurückgewogen, um die herausgenommene Menge genau festzustellen. Die am Glasstab befindliche Viskose wird dann auf einer 9 × 12 cm großen Glasplatte möglichst gleichmäßig ausge-

[1] LILIENFELD: DRP. 448984.

breitet und dann bei 60—70° C getrocknet. Alsdann bringt man die Glasplatte mit dem Film in einer flachen Schale in eine konzentrierte Kochsalzlösung und läßt sie so lange darin liegen, bis der Film frei von rostbraunen Flecken ist. Hierauf zieht man das Häutchen vorsichtig von der Glasplatte ab und bringt es sofort in eine 2%ige Salzsäurelösung. Nach etwa 5—10 Minuten ist der ursprüngliche Xanthogenatfilm in einen Hydratzellulosefilm umgewandelt worden. Er wird mehrfach mit Wasser gewaschen, bei 90—95° C getrocknet und gewogen.

Gesamtalkali (nach JENTGEN). 25 g Viskose werden in einem Wägeglas möglichst genau abgewogen und alsdann in einen 250 ccm fassenden Meßkolben gebracht, der mit destilliertem Wasser bis zur Marke aufgefüllt wird. Von dieser auf das 10fache verdünnten Viskoselösung werden 25 ccm herauspipettiert und in einem gewöhnlichen Kolben mit 500 ccm Wasser verdünnt. Dann gibt man einige Tropfen Methylorange zu. Hierauf säuert man die Lösung mit n-Schwefelsäure an, die man aus einer Bürette ausfließen läßt. Hierbei wird die Lösung trübe durch ausgeschiedene Hydratzellulose. Alsdann wird mit n-Natronlauge zurücktitriert. Aus der Differenz der verbrauchten Anzahl Kubikzentimeter bei den beiden Titrationen wird der Gehalt an Alkali in 2,5 g Viskose berechnet.

Schwefelgehalt (nach JENTGEN). Man bringt die für die Bestimmung des Zellulosegehaltes hergestellten Filme in einen 250 ccm fassenden Meßkolben und setzt 100 ccm 2—3%ige schwefelfreie Natronlauge zu. Alsdann fügt man einen Überschuß an Brom zu und erhitzt solange auf dem Wasserbad, bis das überschüssige Brom entfernt ist. Nach dem Abkühlen wird mit Salzsäure angesäuert und auf 250 ccm verdünnt. Durch ein trockenes, quantitatives Filter filtriert man 200 ccm ab und versetzt das Filtrat mit Chlorbariumlösung. Das ausgefallene Bariumsulfat wird abfiltriert, gewaschen, getrocknet, im Platintiegel geglüht und gewogen. Man berechnet dann den Schwefelgehalt aus der Menge gefundenen Bariumsulfates.

NUMA[1] gibt für die Bestimmung des Schwefelgehaltes folgende Vorschrift an: Das Xanthogenat wird mit verdünnter Essigsäure und konzentrierter Kochsalzlösung gereinigt und 1 Stunde bei 20° C mit einer Natriumhypochloritlösung behandelt, die 5% freies Chlor enthält. Danach wird mit Salzsäure vom spezifischen Gewicht 1,069 zersetzt und nach 10 Min. der Schwefel als Bariumsulfat gefällt.

Phenolphthaleinzahl (nach JENTGEN). Einen Anhalt über den Zustand der Viskose kann auch die Menge an Nebenprodukten ergeben, die durch Phenolphthalein angezeigt werden können. Die Bestimmung dieser Nebenprodukte setzt die Kenntnis des Gehaltes an Xanthogenatalkali voraus. Bringt man eine Viskose durch Zusatz von Salzsäure auf neutrale Reaktion, so sind die Verbindungen der Kohlensäure in

---

[1] NUMA: Kunstseide **9**, 597 (1927).

Natriumchlorid übergeführt und die Thiokohlensäureverbindungen in Bikarbonate und andere äquivalente Salze. Die Bestimmung wird wie folgt ausgeführt: 25 ccm einer auf das 10fache verdünnten Viskose werden mit 1000 ccm Wasser versetzt und mit n-Salzsäure unter Zusatz einiger Tropfen Phenolphthalein titriert. 25 ccm der verdünnten Viskoselösung werden dann nach Zufügen von etwas Methylorange mit überschüssiger n-Salzsäure versetzt, auf 80—90° C erhitzt und nach dem Abkühlen mit n-Natronlauge zurücktitriert. Die Differenz in den titrimetrisch erhaltenen Werten gibt Aufschluß über die Nebenprodukte.

Viskosität. Neben den geschilderten chemischen Untersuchungen kann der jeweils vorliegende Reifezustand der Viskose durch Ermittlung physikalischer Größen festgestellt werden. Es ist S. 270 gezeigt worden, daß die Viskose bei der Reife ihre Viskosität in charakteristischer Weise ändert. Es kann daher aus dem Viskositätswert auf den Reifezustand geschlossen werden. In der Viskosefabrik wird allgemein zur Bestimmung der Viskosität die Kugelfallmethode ausgeführt, die am einfachsten vorzunehmen ist. Wie auch schon S. 262 geschildert, läßt man eine Stahlkugel von bestimmtem Gewicht durch eine Viskoseschicht von bestimmter Höhe hindurchfallen und gibt als Viskositätswert die Zeit an, die zwischen dem Fallenlassen der Kugel und ihrer Berührung mit dem Boden des Gefäßes liegt. Diese Methode ist allerdings nur als Konventionsmethode zu werten, für wissenschaftliche Untersuchungen ist sie nicht genau genug. Man verwendet für solche Zwecke besser ein Auslaufviskosimeter.

Chlorammonreife (nach HOTTENROTH[1]). In der Praxis gibt man allgemein den Reifezustand der Viskose als sog. ,,Chlorammonreife" an. Die Bestimmung beruht auf der Beobachtung, daß die Koagulationsgeschwindigkeit der Viskose mit dem Reifegrad zunimmt. Setzt man nun der Viskose koagulierende Salze, wie beispielsweise Chlorammonium zu, so wird eine junge Viskose mehr Chlorammonium für die Koagulation benötigen als eine solche, die durch längere Reife dem Koagulationspunkt schon näher gerückt ist. Auf Grund dieser Tatsache wurde von HOTTENROTH eine einfach auszuführende Titrationsmethode ausgearbeitet. Diese besteht darin, daß man die Viskose aus einer Bürette mit einer 10%igen Chlorammonlösung unter ständigem Umrühren so lange versetzt, bis ihre Koagulation beginnt. Die Viskose wird vorher so verdünnt, daß 20 g Viskose mit 30 ccm destilliertem Wasser versetzt werden. Die Anzahl der bei der Titration verbrauchten Kubikzentimeter Chlorammonlösung stellen den Reifegrad dar. So einfach diese Methode ist, so hat sie doch ihre Schwierigkeiten. Der Koagulationspunkt ist nämlich nicht genau festzustellen. Wird die Methode von verschiedenen Personen ausgeführt, so kommen meist Differenzen heraus, da jeder den Koagulationspunkt anders ansieht. Vergleichbare

[1] HOTTENROTH: Chemiker-Ztg. **1915**, 119.

Werte werden daher nur erhalten, wenn die Ausführenden sich gegenseitig eingearbeitet haben. Zum Vorlegen der verdünnten Viskose benutzt man zweckmäßig einen Hartglasbecher von 250 ccm Fassungsvermögen. Während des Zufließens der Chlorammonlösung wird mit einem Glasstab gerührt. Gegen Ende der Titration nimmt man öfters das Glas unter der Bürette fort und betrachtet es in Augenhöhe, wobei man die Viskose durch Neigen des Becherglases an der Gefäßwand herunterfließen läßt. Man kann so einen bestimmten Viskositätsgrad annehmen, den man als Koagulationspunkt bezeichnen will. Um diese Ungenauigkeiten auszuschließen, hat MUKOYAMA[1] die Methode dahin

Tabelle 86. Chlorammonreife. (Nach HOTTENROTH.)

Reifezustand der Viskose	Chlorammonreife
1. Schwach reif . . .	13,1
2. „ „ . . .	12,5
3. Fast reif	11,2
4. „ „	10,1
5. „ „	9,6
6. „ „	8,2
7. Reif	7,8
8. „	6,7
9. Überreif	5,2
10. „	4,7
11. „	3,8
12. Bereits koaguliert .	—

Tabelle 87. Chlorammonreife und Salzpunkte. (Nach LOTZE.)

Chlorammonreife	Salzpunkte
272,2	8,0
22,2	7,0
19,5	6,5
10,0	4,0
8,8	3,5
8,0	3,0
7,2	2,5
6,4	2,0
2,5	0,5

abgeändert, daß man die Viskositäten jeweils sofort nach Zusatz bestimmter Mengen Chlorammonlösung unter den von HOTTENROTH angegebenen Konzentrationsverhältnissen ermittelt.

Tabelle 86 zeigt die Veränderung der Chlorammonreife mit dem Alter der Viskose.

Salzpunkt. Neben der HOTTENROTHschen Methode ist die Bestimmung des sog. „Salzpunktes" vorgeschlagen worden. Diese Methode beruht darauf, daß man Viskose in Kochsalzlösungen verschiedener Konzentration eintropfen läßt. Unter Salzpunkt versteht man dann diejenige Kochsalzkonzentration, bei der die Viskose nicht mehr koaguliert, sie darf jedoch von der Kochsalzlösung auch nicht gelöst werden. Wie die Tabelle 87 zeigt, ist die HOTTENROTHsche Methode schärfer. Die Tabelle enthält die Werte einer Viskose während ihres ganzen Reifeverlaufes, während bei Tabelle 86 schon mit einer schwach gereiften Viskose begonnen wurde.

[1] MUKOYAMA: Kolloid-Z. 43, 349 (1927).

Gerinnungsdauer. Der Vollständigkeit halber soll erwähnt werden, daß man den Reifezustand einer Viskose auch durch die Zeit angeben kann, die sie zur freiwilligen Gerinnung benötigt. Diese Methode hat nur wissenschaftliches Interesse.

VI. Reife und Reinigung der Viskose im Betrieb.

Die Behandlung der Viskose bei der Reife in den Kunstseiden- und Zellwollfabriken weicht von der Reife der Alkalizellulose insofern ab, als die Viskose bei der Reife im Gegensatz zur Alkalizellulose nicht ruhig sich selbst überlassen bleibt. Mit der Reife der Viskose werden vielmehr Reinigungsoperationen verbunden, damit später keine Spinnschwierigkeiten entstehen können.

Die aus den Lösern kommende Viskose enthält eine Reihe von Verunreinigungen, die sorgsam entfernt werden müssen. Zunächst läßt es sich nicht vermeiden, daß die Viskose noch einige nicht vollkommen gelöste Zellulosefasern enthält. Neben Fremdkörpern aus den Apparaturen und Rohrleitungen können in der Viskose auch Salze vorhanden sein, von denen das schwer lösliche Kalzium-Natriumkarbonat, das aus einem zu hohen Kalziumgehalt des Zellstoffes entstehen kann, das unangenehmste ist. Die Anwesenheit von Kalzium in der Viskose befördert das Zuwachsen der feinen Düsenlöcher. Dies wirkt sich im Entstehen flusiger Kunstseide aus.

Um die Viskose von Fremdstoffen zu befreien, ist verschiedentlich vorgeschlagen worden, das Xanthogenat aus der Lösung auszufällen und das gefällte Xanthogenat erneut zu lösen. Diese ohne Zweifel unbequeme Operation hat sich glücklicherweise nicht als notwendig erwiesen und wird nirgendwo durchgeführt. Die unter Beobachtung aller heute zur Verfügung stehenden technischen Möglichkeiten hergestellten Viskosen sind so beschaffen, daß sie hinsichtlich ihrer Reinheit vollauf genügen. Nur in seltenen Fällen werden Maßnahmen getroffen, die eine noch weitergehende Reinigung zum Ziele haben und die in der Hauptsache das Unschädlichmachen harzartiger Körper betreffen. Dieses Ziel kann durch Zusätze bestimmter Substanzen zur Viskose erreicht werden (s. S. 292). Wenn im folgenden auch kurz die übrigen Reinigungsmethoden erwähnt werden, so soll dies nur der Vollständigkeit halber geschehen.

Die Viskose Syndicate Gesellschaft in London empfiehlt im DRP. 133144, das Xanthogenat aus der Viskose mit schwachen Säuren, wie z. B. Ameisensäure, Essigsäure oder Kohlensäure auszufällen. An Stelle der reinen Säuren kann man auch Gemische mit einem Salz oder Alkohol anwenden. Die Reinigung der Viskose wird hierbei dadurch begünstigt, daß die in der Viskose enthaltenen Nebenprodukte, und zwar insbesondere die Schwefelalkaliverbindungen, in den genannten Fällungsmitteln löslich oder zersetzlich sind. Das gefällte Xanthogenat wird dann ausreichend mit dem Fällungsmittel gewaschen und erneut in Natronlauge gelöst[1]. Nach dem DRP. 187369 der Société de la Viscose wird das Xanthogenat durch Erwärmen der Viskose auf 50° C gefällt. Die Vereinigte Kunstseidefabriken A. G empfiehlt im DRP. 200023, die Fällung des Xanthogenates aus der Viskose durch Aluminium- oder Chromsalze vorzunehmen. Für den gleichen Zweck wird von der I. P. Bemberg A. G. im DRP. 197086 eine wässerige Lösung von schwefliger Säure oder Natriumbisulfit vorgeschlagen. LYNKE will nach dem DRP. 237261 das Xanthogenat mit Methyl- oder Äthylalkohol fällen.

Es ist auch vorgeschlagen worden, die Viskose durch Dialyse zu reinigen[2].

Während bei den oben genannten Verfahren das Xanthogenat aus der Spinnlösung gefällt werden sollte, sind auch einige Methoden vorgeschlagen worden, die Viskose lediglich durch Waschen zu reinigen. So empfiehlt z. B. BERNSTEIN im Amer. Pat. 1121605 die Viskose in einem geeigneten Rühr- und Knetwerk mit Wasser zu waschen, dem eine geringe Menge Essigsäure zugesetzt ist. Das Waschwasser soll hierbei eine rötliche Farbe annehmen und den größten Teil der schwefelhaltigen Nebenprodukte sowie den überschüssigen Schwefelkohlenstoff aufnehmen. Von HOTTENROTH[3] wird darauf aufmerksam gemacht, daß dieses Verfahren nur an gereifter Viskose ausgeführt werden kann, da ungereifte Viskose teilweise in verdünnter Säure löslich ist.

Nach dem DRP. 408822 der Auergesellschaft setzt man der Viskose im Löser Stoffe zu, die mit den als Verunreinigung in der Viskose enthaltenen Stoffen in stark alkalischen Flüssigkeiten unlösliche Verbindungen bilden. Diese werden dann durch Filtration der Viskose zurückgehalten. Als Zusätze sollen sich z. B. Borsäure, Phosphorsäure sowie deren lösliche Salze bewährt haben.

Die störenden Kalzium- und Magnesiumsalze der Viskose können nach dem Amer. Pat. 2086309 der American Enka Corp. dadurch entfernt werden, daß man der Viskose Natriumhexametaphosphat zusetzt, das mit den genannten Salzen lösliche Komplexe bildet, die dann beim Spinnen nicht mehr stören.

Neben Verunreinigungen anorganischer Natur enthält die Viskose aber auch organische Verunreinigungen. Als störendste müssen harzartige Bestandteile genannt werden, die noch aus dem Holz des Zellstoffes herrühren. Diese Harzbestandteile werden durch die Natronlauge teilweise hydrolysiert und dadurch in kolloider Form in der Viskose löslich. Sie werden durch die Filter nicht zurückgehalten und bewirken,

---

[1] Vgl. hierzu auch das DRP. 209161 der Continental Viscose Comp.

[2] BECKER: DRP. 234861. Über die der Dialyse entgegenstehenden Schwierigkeiten siehe HOTTENROTH: Kunstseide, S. 328.

[3] HOTTENROTH: Kunstseide, S. 328.

daß die Viskose trüb bleibt. Von der Algemeene Kunstzijde Unie N.V.[1] wurde nun gefunden, daß es durch ein Zusatzmittel zur Viskose möglich ist, diese hydrolysierten Harzkörper so zu peptisieren, daß die Viskose vollkommen klar wird. Als solches Zusatzmittel hat sich eine sulfonierte Fettsäure von einem ganz bestimmten, hohen Sulfonierungsgrad (93% nach LANDOLT) bewährt[2]. Ein Zusatz kleiner Mengen einer alkylierten, aromatischen Sulfosäure soll die Wirkung noch erhöhen.

Nach dem Brit. Pat. 449792 der Böhme Fettchemie Gesellschaft soll sich auch ein Zusatz von Fettalkoholsulfonaten (vgl. 13. Kap.) zur Viskose als günstig erweisen. Nach den Angaben der Patentschrift kommt diesem Körper aber mehr eine mechanische Wirkung zu, er soll gewissermaßen die feinen Düsenkanäle glätten und auf diese Weise ein allmähliches Zuwachsen der Düsenlöcher verhüten.

Anlaß zu Verstopfungen der Spinndüsen kann auch durch Überreife schon koagulierte Viskose sein, die sich von Armaturen und Winkeln von Rohrleitungen losgerissen hat und durch die Viskose mitgeführt wurde. Rohrleitungen für Viskose sind daher im Durchmesser möglichst weit zu halten und möglichst kurz und ohne starke Krümmungen zu verlegen, damit die Möglichkeit des Festsetzens von Viskose vermieden wird. Über eine weitere Ursache des Verstopfens von Düsenlöchern wird noch in Kapitel 16 gesprochen werden.

Als weitere Verunreinigung ist in der Viskose Luft in Form von feinen Bläschen enthalten. Auch diese ist störend und muß entfernt werden, da Luftbläschen zu einem Abreißen des Fadens an der Spinndüse führen. Die Viskose tritt in diesem Falle nach dem Abreißen des Einzelfadens aus der Düse aus, ohne abgezogen zu werden. Sie koaguliert dann im Spinnbad in Form eines dicken Gebildes, das nach einiger Zeit wieder von den übrigen Einzelfädchen mitgenommen wird und als sog. „Spinnhäkchen" im Gespinst verbleibt. Diese Erscheinung ist besonders beim Spinnen nach den direkten Spinnverfahren störend, da bei diesen nur eine oberflächliche Sortierung vorgenommen werden kann. Ist die Luftblase nicht so groß, daß sie zum Abreißen des Fädchens führt, so bleibt sie als Luftblase auch im festen Faden erhalten. Das betreffende Fädchen erhält hierdurch eine andere Lichtreflexion und tritt, besonders bei dunkel gefärbten Waren, als „Glitzerstelle" in die Erscheinung. Abb. 152 zeigt einen Querschnitt durch einen Kunstseidenfaden, der lufthaltige Einzelfädchen enthält, Abb. 153 die Längsansicht einer Faser mit eingeschlossener Luftblase. Diese Erscheinung kann auch auftreten, wenn eine Spinnpumpe durch Undichtigkeit Luft saugt.

---

[1] Brit. Pat. 363908.

[2] Das Produkt ist unter dem Namen „Praestabitöl V" im Handel (Chemische Fabrik Stockhausen & Cie., Krefeld).

Man kann die Viskose auf zweierlei Weise fördern, nämlich durch Druckluft sowie durch Zahnradpumpen. Im allgemeinen gibt man der Druckluftförderung den Vorzug und wendet die Zahnradpumpenförderung nur an, wenn die Viskose von bestimmten Maschinen, die nicht unter Druck gesetzt werden können, wie beispielsweise dem Xanthatkneter, abgesaugt werden muß. Bei Anwendung von Druckluft ist ein Druck von 2—6 Atm. erforderlich. Die Rohrleitungen für die Viskose werden in Kanälen verlegt, die bequem begehbar sein müssen. Durch die in manchen Werken vorliegende Notwendigkeit, mehrere verschiedenartige Viskosen in wechselnder Menge zu verarbeiten (vgl. 13. Kap.), ist oft das Neuverlegen von Viskoseleitungen erforderlich, und zwar muß diese Arbeit, um Betriebsstörungen zu vermeiden, in kürzester Zeit durchgeführt werden können. Dies ist nur dann möglich, wenn bei der Verlegung der Rohrleitungen die Rohrkanäle leicht und bequem zugänglich sind.

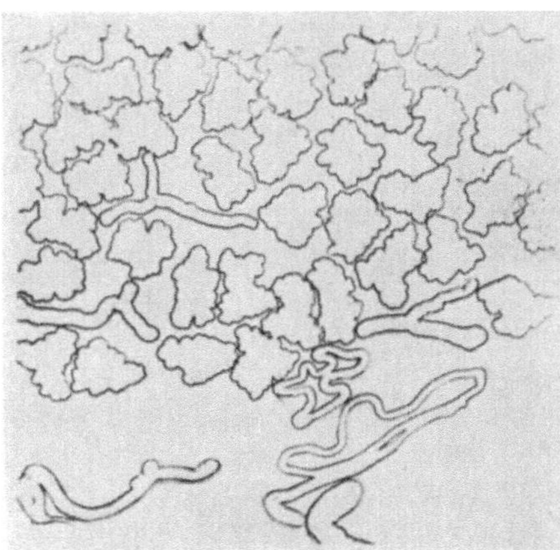

Abb. 152. Querschnitt durch einen Faden mit lufthaltigen Einzelfädchen.

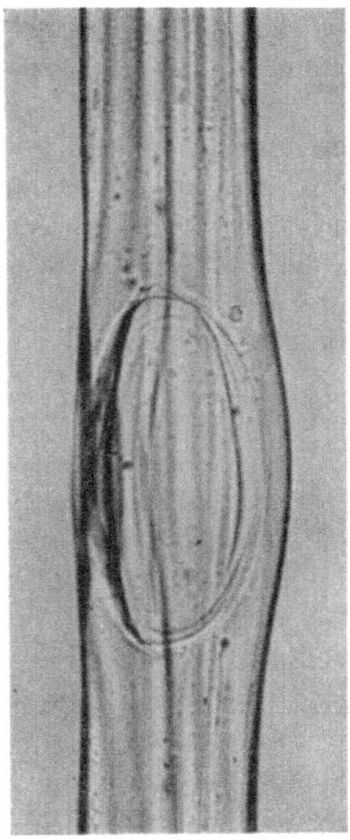

Abb. 153. In eine Kunstfaser eingeschlossene Luftblase[1].

Ebenso wie die Reife der Alkalizellulose, muß auch die Reife der Viskose bei vollkommen konstanter, tiefer Temperatur durchgeführt werden. Deshalb befinden sich auch die Anlagen für die Reinigung und Reife der Viskose meist in Kellergeschossen. Die Räume sind, wie bei der Reifestation für die Alkalizellulose, sorgfältig gegen äußere Temperatureinflüsse isoliert. Für die Einstellung der richtigen Temperatur sorgen Heiz- und Kühlaggregate. Der Zustand der Viskose wird durch

[1] Aus HERZOG-KOCH: Fehler in Textilien, Heidelberg, 1938.

Probenahme aus den Kesseln ständig überwacht und kann durch geringe Temperaturerhöhung bzw. Temperaturerniedrigung beeinflußt werden. Die richtige Behandlung der Viskose erfordert große praktische Erfahrung.

Für die Behandlung der Viskose sind im allgemeinen drei Stationen vorhanden, die man mit *A*-, *B*- und *C*-Keller bezeichnet. Bringt man die drei Stationen in verschiedenen Räumen unter, so hat man die Möglichkeit, die Viskose durch verschiedene Temperaturen in den drei Stationen zu beeinflussen. Die Unterbringung der drei Stationen in verschiedenen Räumen ist jedoch nicht notwendig, man kann sie vielmehr auch in einem gemeinsamen Viskosekeller zusammenfassen. Zur Aufnahme der Viskose dienen große eiserne, zylindrische Kessel, die dem anzuwendenden Atmosphärendruck standhalten müssen. Es sind sowohl stehende als auch liegende Kessel in Gebrauch. Die stehenden Kessel gehen an ihrem unteren Teil etwas konisch zu, damit sie gut entleert werden können. Dies ist bei liegenden Kesseln etwas schwieriger. Sie haben aber den Vorzug, daß sie wegen der größeren Oberfläche der Viskose schneller zu entlüften sind. Um sie genau so weit leer spinnen zu können wie stehende Kessel, kann man sie etwas nach vorne geneigt aufbauen. Die Neigung darf aber, besonders bei den im *C*-Keller befindlichen Kesseln, nicht zu stark sein, weil hierdurch die Entlüftung der Viskose wieder erschwert wird.

In den modernen Zellwollwerken faßt man im Viskosekeller meist 4—6 Auflösechargen in einem Viskosekessel von etwa 70000 l Fassungsvermögen zusammen. Da es bei derartig großen Kesselinhalten schwer ist, die Viskose überall genau zu temperieren, so müssen diese Kessel mit besonders wirksamen Rührwerken ausgestattet sein. Man verwendet meist liegende Kessel mit einem zweiteiligen Mischwerk. Die Mischwerke bestehen aus einer Vierkantwelle mit aufgeschraubten, versetzt angeordneten Rührarmen. Diese sind ihrerseits wieder mit Naben und Armen versehen, die aus Profileisen bestehen. Die Rührarme sind durch spiralförmig gebogene Flacheisen untereinander verbunden. Diese Konstruktion gewährleistet eine ausreichend gleichmäßige Mischung innerhalb der zur Verfügung stehenden Zeit [1]. Abb. 154 zeigt eine Batterie moderner, mit Rührwerken versehener, stehender Viskosekessel in der Viskosestation eines großen Zellwollwerkes.

Die Kessel werden in den einzelnen Kellern an beiden Längsseiten aufgestellt und durch eine Ringleitung miteinander verbunden, aus der die Viskose an die nächste Station abgegeben wird. Auf diese Weise wird ein beliebiges Zusammenschalten der Kessel ermöglicht.

Die Kessel sind mit Wasserstandsgläsern ausgerüstet, damit man jederzeit sehen kann, wieweit der Kessel mit Viskose gefüllt ist.

---

[1] Derartige Großmischer werden z. B. von der Firma Wegelin u. Hübner A.G. gebaut.

Im einzelnen geht die Behandlung der Viskose wie folgt vor sich: Die Viskose wird vom Löseraum an die Kesselgruppe des A-Kellers abgegeben, die man mit A-Kesseln bezeichnet. Aus den A-Kesseln gelangt die Viskose in Filterpressen („A-Pressen"). Die Filterpressen sind zu Gruppen parallel zusammengeschaltet. Nach dem Passieren der A-Pressen wird die Viskose in die B-Kessel des B-Kellers gefördert. Von hier aus gelangt sie durch die B-Pressen in den C-Keller, in dem die eigentliche Reife der Viskose vor sich geht. In den im C-Keller

Abb. 154. Mit Rührwerken versehene Viskosekessel.

befindlichen C-Kesseln wird sie auch entlüftet, was dadurch geschieht, daß man die C-Kessel längere Zeit unter Vakuum setzt. Dann erfolgt eine nochmalige Filtration durch die C-Pressen, worauf die Viskose an die Spinnkessel des Spinnkellers, der sich unmittelbar unter der Spinnerei befindet, abgegeben wird.

Als Filterpressen kann man Rahmenpressen und Kammerpressen benutzen (Abb. 155). Man wandte früher die Rahmenpressen bevorzugt an, weil bei ihnen die Viskoseverluste geringer sind als bei den Kammerpressen. Diesen Nachteil der Kammerpressen hat man aber dadurch beheben können, daß man bei ihnen die Hohlräume der Kammern soweit mit Eisen ausgießt, daß nur kleine Räume für die Viskose verbleiben, so daß bei ihnen gleichfalls der Viskoseverlust gering ist.

Die Filterbeläge bei den A-, B- und C-Pressen sind verschieden. Bei der A-Filtration holt man nur die gröbsten Verunreinigungen aus der Viskose heraus und filtriert sie erst in den B-Filtern klar. Die C-Filtration ist als Sicherheitsfiltration anzusprechen.

Die *A*-Filter erhalten als Filterschicht einen doppelten Flanellbelag. Bei den *B*-Filtern verpackt man die Kammer zunächst mit einem Flanelltuch, dann folgt eine dicke Schicht Filterwatte und zum Schluß ein Nesseltuch. Die *C*-Pressen werden wie die *B*-Pressen verpackt, jedoch legt man zweckmäßig unter den Flanell noch ein Nesseltuch.

Früher hat man zuweilen vor jede Spinnmaschine noch eine kleine „Spinnpresse“ aufgestellt. Hiervon ist man aber abgekommen.

Die Viskose wird mit einem Druck von 3—4 Atm. durch die Pressen gedrückt. Beim Ausfallen einer Presse durch Verstopfung wird die

Abb. 155. Filterpressen im Viskosekeller eines Zellwollwerkes.

Viskose unter entsprechend höherem Druck durch die restlichen Pressen der Pressengruppe geschickt.

Die Filterbeläge werden periodisch gewechselt. Bei einer einwandfreien Viskose sind für 1000 Liter durchfließende Viskose bei der *A*-Presse etwa 2,5—3 m² neuer Filterbelag erforderlich. Unter Verwendung von Pigmenten hergestellte Mattviskose (s. 13. Kap.) kann bis zu über 5 m² Filterbelag benötigen. Die Beläge der *B*-, *C*- und der eventuell vorhandenen Spinnpressen brauchen weniger oft erneuert zu werden. Der Verlust an Viskose bei der Filtration beträgt normalerweise 0,2—0,5% und kann bei Buchenzellstoff bis zu 0,3—1,0% betragen. Die gebrauchten Filtertücher werden durch sorgfältiges Waschen wieder verwendbar gemacht. Sie haben jedoch nur eine beschränkte Lebensdauer. Beim Waschen ist darauf zu achten, daß weiches Wasser verwendet wird oder Zusätze von Schutzkolloiden gegeben werden, da sonst durch die Einlagerung von Kalkseife die Gewebeporen verstopft und für die Viskose zu schwer durchlässig werden. Die Filtration der Viskose ist stets eine unsichere Angelegenheit, da sich nicht rechtzeitig feststellen läßt, ob alle Pressen einer Gruppe einwandfrei arbeiten. Man hat daher schon lange nach Möglichkeiten gesucht, die Filtration zu umgehen.

Es ist vor einigen Jahren der Vorschlag gemacht worden, die Viskose durch Zentrifugieren zu reinigen, und es wurde eine von SHARPLES konstruierte Spezialzentrifuge für diesen Zweck auf den Markt gebracht. Hierbei sollte die *A*- und *B*-Filtration durch Zentrifugieren ersetzt werden, während die *C*- bzw. die Spinnfiltration bestehen bleiben sollte. Soweit dem Verfasser bekannt ist, haben sich die Zentrifugen trotz jahrelanger Versuche nicht eingeführt. Ihren Vorteilen, wie Einsparung von Filtermaterial, Verringerung der Viskoseverluste und sauberes Arbeiten stehen Nachteile entgegen, die in einer geringeren Leistung sowie in der Notwendigkeit einer nach jeder Zentrifugierung erforderlichen Entlüftung der Viskose bestehen, da sie beim Zentrifugieren erhebliche Mengen Luft aufnimmt[1].

Die Entlüftung der Viskose wird, wie schon erwähnt, im C-Kessel vorgenommen, indem dieser längere Zeit an die Vakuumleitung angeschlossen wird[2]. Hierbei ist beobachtet worden, daß pigmenthaltige Viskose eine längere Zeit zur Entlüftung erfordert als normale Viskose. Offenbar wird die Luft durch die Pigmentteilchen festgehalten.

Die Dauer der Viskosereife, während welcher Zeit also auch die Filtration und Entlüftung vorgenommen wird, richtet sich nach der Arbeitsweise der betreffenden Fabrik. Sie kann zwischen 50 und 80 Stunden schwanken. Normalerweise wird eine Reife von etwa 72 Stunden durchgeführt. Im allgemeinen wird die Viskose mit einer Chlorammonreife von 7 bis 11 an die Spinnerei abgegeben.

VII. Beeinflussung der Viskosereife durch technische Maßnahmen.

Im praktischen Betrieb kann unter Umständen der Wunsch bestehen, den Reifevorgang zu verlangsamen oder auch ihn zu beschleunigen. Im allgemeinen verläuft die Reife auch gleichmäßiger, wenn sie langsamer vonstatten geht. Was zunächst die Maßnahmen zur Verlangsamung des Reifeverlaufs anbetrifft, so sei daran erinnert, daß es durch Anwendung eines Überschusses an Schwefelkohlenstoff (s. S. 268) möglich ist, die Reife zu verzögern. Im Amer. Pat 1952604 der Du Pont de Nemours wird vorgeschlagen, eine normale Viskose mit einer solchen, die unter Anwendung eines Überschusses an Schwefelkohlenstoff hergestellt ist, zu mischen. In der gleichen Richtung wirkt, wie ebenfalls schon erwähnt,

[1] Vgl. hierzu BOEGLIN: Kunstseide **19**, 238 (1937), sowie FÜRST: Franz. Pat. 542763 und GARBADINI: DRP. 553098.

[2] Vgl. hierzu DENIS: DRP. 277154. — KAEMPF: Brit. Pat. 232200; ferner DRP. 411313.

ein gewisser Überschuß an Ätznatron in der Viskose. Abgesehen hiervon ist es aber möglich, den Reifeverlauf durch Zusätze fremder Stoffe zur Viskose zu beeinflussen. So wirkt z. B. nach LINKMEYER und HOYERMANN[1] ein Zusatz organischer Stoffe verzögernd, die Amid- oder Imidgruppen enthalten. Eine auf diese Weise hergestellte Viskose soll nach Ablauf von Wochen noch einwandfrei verspinnbar sein. Eine Verzögerung des Reifeverlaufs will die chemische Fabrik von Heyden A. G. beobachtet haben, wenn der Viskose Ammoniak zugegeben wurde. Man kann auch einen Teil des Alkalis der Viskose durch Ammoniak ersetzen[2]. Im Amer. Pat. 1955239 der I. G. Farbenindustrie Aktiengesellschaft wird der Vorschlag gemacht, der Viskose aliphatische Verbindungen mit zwei oder mehr Hydroxylgruppen, wie z. B. Glukose, Glykol u. dgl. zuzusetzen. Es ist beobachtet worden, daß durch den Zusatz dieser Stoffe die Viskosität der Spinnlösung heruntergesetzt wird, wodurch die Spinnbarkeit verbessert und die Koagulation der Viskose hinausgezögert wird. Schon durch Mengen von 1—3% dieser Stoffe soll ein deutlich wahrnehmbarer Effekt erzielt werden.

Es ist schon verschiedentlich erwähnt worden, daß es betrieblich äußerst schwierig ist, eine vollkommen gleichmäßig gereifte Viskose zu erhalten. Man hat daher versucht, auch durch die Auffindung geeigneter Zusatzmittel zur Viskose die Herstellung einer vollkommen gleichmäßig gereiften Viskose zu erleichtern, mit anderen Worten die Viskose gegen die Einflüsse von Temperatur und Zeit unempfindlicher zu machen. Nach dem Amer. Pat. 1011227 der Du Pont de Nemours soll dies durch Zusatz von Körpern möglich sein, die als Anion die CN-Gruppe enthalten. ELSSNER[3] von der American Glanzstoff-Corporation empfiehlt für diesen Zweck Salze des Dithiocarbonsäurebutylesters.

Ebenso, wie man durch geeignete Zusätze den Reifeverlauf bei der Viskose verzögern kann, ist auch eine Beschleunigung der Reife durch bestimmte Zusätze möglich. Nach dem DRP. 270051 der Soie de Chardonnet werden der Viskose solche Mengen an Neutralsalzen zugesetzt, daß unmittelbar nach der Lösung des Xanthogenates bereits die Viskose den spinnreifen Zustand annimmt. Die Wirkung der Neutralsalze auf die Viskose ist ohne weiteres verständlich, es wird, wie auch bei der Titration der Viskose mit Chlorammonium nach HOTTENROTH, die Gerinnung künstlich herbeigeführt. Die Deutschen Textilwerke[4] halten es für zweckmäßiger, sich bei dem Zusatz dieser Salze in mäßigen Grenzen zu halten, und die Reifezeit nur abzukürzen, nicht aber sie ganz entfallen zu lassen. Auf der Beobachtung fußend, wonach das freie Ätznatron der Viskose den Reifeverlauf verzögert, schlägt die Soc. Soie de St. Chamond im Schweiz. Pat. 71312 vor, das Ätznatron durch Alkalikarbonat, Alkalibisulfit oder Alkaliphosphat abzustumpfen.

---

[1] DRP. 312392. [2] DRP. 337984. [3] Amer. Pat. 1937110. [4] DRP. 339050.

Die genannten Verfahren haben sich in der Praxis nicht durchgesetzt. Wohl wird häufiger eine Viskose versponnen, der Natriumsulfit zugesetzt wird[1]. Neben einer deutlichen Verzögerung des Reifeverlaufs und somit Erniedrigung der Viskosität soll hierdurch ein besonders gutes Spinnen der Viskose erreicht und ein besonders gleichmäßiger Faden von guten Festigkeitseigenschaften erhalten werden.

Nach dem DRP. 454680 der Vereinigte Glanzstoff-Fabriken A. G. ist dies darauf zurückzuführen, daß die aus dem Sulfit durch die Säure des Spinnbades entstehende schweflige Säure mit dem aus der Viskose stammenden Schwefelwasserstoff in Reaktion tritt und Schwefel abscheidet. Dieser umhüllt die feinen Einzelfäden wie ein schützender Film und verhindert ihr Zusammenkleben.

13. Kapitel.

Die Herstellung von Viskosen mit Zusätzen für besondere Zwecke.

Schon bei der Besprechung der möglichen Maßnahmen zur Beeinflussung des Reifeverlaufs der Viskose sowie zu ihrer Klärung waren Stoffe genannt worden, die der Viskose zugesetzt werden können. Durch Zusatz bestimmter Stoffe zur Viskose ist es darüber hinaus möglich, der fertigen Kunstfaser ganz bestimmte Eigenschaften zu verleihen. So können durch Zusätze zur Viskose sowohl die physikalischen als auch die chemischen Eigenschaften der Kunstfasern mehr oder weniger stark beeinflußt werden. Hinsichtlich der physikalischen Eigenschaften sind folgende Effekte zu nennen, die durch Zusätze zur Viskose ausgelöst werden können:

Verbesserung der Reißfestigkeit,
Erhöhung der Weichheit,
Erhöhung der Knitterfestigkeit,
Erhöhung der Wärmehaltung und Fülligkeit,
Herabsetzung des Glanzes,
Anfärben der Faser in der Spinnlösung (Spinnfärben),
Herabsetzung des Quellungsvermögens (Hydrophobieren).

In chemischer Beziehung ist es durch Zusätze zur Viskose möglich, der Faser ein Aufnahmevermögen für Wollfarbstoffe zu erteilen (Animalisieren).

---

[1] Canadian International Paper Corp. Amer. Pat. 1857948. — Vgl. auch das DRP. 492663 der Firma Herminghaus u. Co.

A. Änderung der physikalischen Eigenschaften.

I. Verbesserung der Reißfestigkeit.

Es ist immer angestrebt worden, die Reißfestigkeit der Kunstfasern zu erhöhen. Wie die Erfahrung gelehrt hat, ist dies auf mehrfache Weise zu erreichen: Es wurde im 2. Kapitel schon erwähnt, daß die Grundlage für die Erzielung einer festen Faser die Verwendung einer Zellulose von einem möglichst hohen durchschnittlichen Polymerisationsgrad ist. Im 17. Kapitel wird noch gezeigt werden, daß es auch durch Änderung der Spinnbedingungen (z. B. Streckspinnen) gelingt, die Trocken- und Naßreißfestigkeit der Faser zum Teil ganz wesentlich zu erhöhen. Abgesehen hiervon aber ist eine Reihe von Vorschlägen gemacht worden, diesen Effekt durch Zusätze bestimmter Stoffe zur Spinnlösung zu erreichen. Es muß jedoch vorausgeschickt werden, daß die Wirkung solcher Zusätze verhältnismäßig gering ist. Die Erhöhung der Festigkeit durch Zusätze hat daher praktisch keine Bedeutung erlangt.

Nach dem Brit. Pat. 409247 der Viscose Company soll eine größere Naß- und Trockenreißfestigkeit durch Zusatz aromatisch substituierter aliphatischer Alkohole zur Viskose erhalten werden. Der aromatische Rest darf jedoch nicht an das alkoholische Hydroxyl gebunden sein. Als Beispiel ist in der Patentschrift Anisylalkohol angegeben.

Die Deutschen Hydrierwerke geben im Franz. Pat. 816621 als Zusatzmittel Furfurol, seine Homologen sowie aromatische Hydroxylverbindungen an. Nach dem Brit. Pat. 489234 soll die Wirkung dieser Stoffe dadurch gesteigert werden können, daß man sie in sulfoniertem Naphthol oder Kresol dispergiert.

MONDEN[1] empfiehlt für den gleichen Zweck das Fettsäurekondensationsprodukt Igepon T (s. 19. Kap.).

Nach LILIENFELD[2] wirkt ein Zusatz von Zelluloseäthern zur Viskose günstig. Diese können zuvor in Alkalilauge gelöst, können aber der Viskose auch als Paste zugegeben werden. Neben einer Erhöhung der Festigkeit soll sich dieser Zusatz auch günstig auf die Dehnbarkeit der Fasern auswirken.

PASELLA schlägt im Ital. Pat. 341785 einen Zusatz von Glukose sowie von Latex vor (s. S. 302).

Nach DRP. 544098 der Glanzstoff-Courtaulds G. m. b. H. soll Türkischrotöl einen günstigen Einfluß auf Festigkeit und Dehnbarkeit haben. Das Türkischrotöl darf aber nur in einer Menge von höchstens 3% zugesetzt werden. Bei höheren Zusätzen können Verstopfungen der Düsenlöcher auftreten[3]. Praktisch arbeitet man mit Mengen von 0,3 bis 1,0%. Vielfach wird in der Praxis der Viskose Monopolbrillantöl,

---

[1] MONDEN: Ref. Chem. Zbl. **1937 I**, 469. [2] LILIENFELD: Brit. Pat. 470747.
[3] Vgl. hierzu auch das Franz. Pat. 550142.

ein Abkömmling des Türkischrotöles, zugesetzt, wobei allerdings der Grund nicht nur ist, die Festigkeit der fertigen Faser zu erhöhen, als vielmehr das gesamte spinntechnische Verhalten der Viskose günstig zu beeinflussen.

Nach dem Amer. Pat. 2085868 der Viscose Company soll die Naßreißfestigkeit einer Kunstfaser um 35% erhöht werden können, wenn man der Viskose alkylierte Phenole, wie beispielsweise Thymol, oder Alkyläther von Phenolen zusetzt.

II. Erhöhung der Weichheit.

Auch die Weichheit der Kunstfasern kann durch Zusätze zur Viskose verbessert werden. Meistens ist hiermit eine geringe Glanzerhöhung verbunden. So hat man beispielsweise gefunden, daß durch Zusatz von Prästabitöl V, das in einem anderen Zusammenhange schon erwähnt wurde (S. 292, Fußnote 2), die Weichheit der Kunstfaser erhöht werden kann. Dieser Effekt kann bei einigen Kunstfasern so stark sein, daß das Avivagebad auf eine niedrigere Konzentration eingestellt werden kann. Diese Wirkung des Prästabitöls V ist insofern überraschend, als dem Produkt selbst nur eine geringe Avivagewirkung zukommt.

Lilienfeld beschreibt in den Österr. Patenten 135318 und 135319 die Herstellung weicher und glänzender Fäden durch Zusatz von Halogenhydrinen, wie z. B. Dichlorhydrin oder Äthylenchlorhydrin, zur Viskose.

Die I. G. Farbenindustrie Aktiengesellschaft empfiehlt im DRP. 665359 den Zusatz von Umsetzungsprodukten von Äthylenoxyd mit Oxyalkylamiden höherer aliphatischer, hydroaromatischer oder gemischt aromatisch-aliphatischer Säuren. Griff und Glanz sollen durch diese Produkte in gleicher Weise günstig beeinflußt werden. Nach dem Österr. Pat. 140452 derselben Erfinderin sollen der Viskose Xanthate eines aromatischen Alkohols, wie z. B. des Borneols oder Naphthenalkohols zugesetzt werden. Im DRP. 630607 wird als Beispiel noch das Natriumxanthat des Phenyläthylalkohols angegeben. Wie in der Patentschrift ausgeführt, sollen sich diese Zusätze besonders bei wenig gereifter Viskose günstig erweisen. In diesem Falle nimmt der Faden auch einen ausreichenden Glanz an, während erfahrungsgemäß wenig gereifte Viskose unter normalen Bedingungen leicht milchig-trübe Fasern liefert.

Zur Erhöhung der Weichheit empfiehlt die Böhme Fettchemie Gesellschaft im Brit. Pat. 449792 den Zusatz von Fettalkoholsulfonaten zur Viskose.

Nach DRP. 615414 von Henkel & Co. können an Stelle eines Fettalkoholsulfonates perhydrierte Diarylmethanderivate, die nur eine Hydroxylgruppe enthalten, verwendet werden.

III. Erhöhung der Knitterfestigkeit.

Es ist ein allgemein beobachteter Mangel künstlich hergestellter Zellulosefasern, daß ihre elastischen Eigenschaften verhältnismäßig gering zu bewerten sind. Wenn im allgemeinen die geringe Elastizität in der Längsrichtung der Faser (Zugelastizität, elastischer Dehnungsanteil, s. 24. Kap.) sich auch nicht besonders nachteilig im praktischen Gebrauch auswirkt, so ist dies aber in starkem Maße bei der Biegungselastizität (s. 24. Kap.) der Fall. Quer zur Faserrichtung umgebogene Fasern zeigen das Bestreben, in der Form, in die sie durch die Biegung gebracht worden sind, zu verharren und nur langsam und dann auch nur mehr oder weniger unvollkommen ihren früheren Zustand wieder einzunehmen. Dies wirkt sich bei Geweben dadurch aus, daß Druckfalten nicht von selbst wieder aus der Ware herausgehen, sondern stets ausgebügelt werden müssen. Noch unangenehmer ist diese Erscheinung bei kunstseidenen oder zellwollenen Samten, die durch Druck auf den Flor Preßstellen erhalten. Man hat zwar inzwischen gelernt, diesen Nachteil der Waren weitgehend durch die Bindungstechnik in der Weberei sowie durch Spezialappreturen zu verringern. Es wäre jedoch ohne Zweifel ein gewaltiger Fortschritt, wenn diese unangenehme Eigenschaft schon den Kunstfasern bei der Herstellung genommen werden könnte. In dieser Richtung liegen jedoch bisher nur Ansätze vor und auch diese sind noch nicht sehr erfolgversprechend. Sie sollen im folgenden, soweit versucht worden ist, diesen Mangel durch Zusätze zur Viskose zu beheben, kurz erwähnt werden:

Dreyfus empfiehlt im Canad. Pat. 357217 der Viskose oxydierte, nichttrocknende oder halbtrocknende Öle, wie z. B. Olivenöl oder Erdnußöl, zuzugeben.

Von Katakura Seishi Boseki[1] wird ein Zusatz von Lecithin oder ähnlichen Lipoiden empfohlen. Dieser Zusatz soll gleichzeitig die Viskose beständiger machen und die Wärmehaltung der Fasern erhöhen.

Nach dem DRP. 523204 der Vereinigte Glanzstoff-Fabriken A. G. wird eine Kunstfaser von erhöhter Knitterfestigkeit erhalten, wenn man der Viskose Kautschuk oder Latexkonzentrate zusetzt, die mit Schutzkolloiden stabilisiert sind.

Die hohe Elastizität, die einigen Harzkörpern innewohnt, hat dazu geführt, daß auch derartige Stoffe als Zusatzmittel zur Viskose versucht worden sind. So empfiehlt die Deutsche Bekleidungsindustrie im Franz. Pat. 790171 allgemein den Zusatz von Harzkörpern zur Viskose. Von Harz geht auch das Amer. Pat. 2067220 der Celanese Corporation of America aus, jedoch sollen nach der Patentschrift Abkömmlinge von Harzsäuren, wie z. B. das Triäthanolaminsalz der Abietinsäure, geeigneter sein. Besonders günstige Effekte sollen erzielt werden, wenn diese

[1] Japan. Pat. Anm. 13573/35.

Produkte mit geringen Mengen von Weichmachern, wie z. B. Olivenöl, Spermöl u. dgl., gemeinsam angewandt werden.

Auch Kunstharze sind für die Erhöhung der Knitterfestigkeit empfohlen worden. So wird z. B. von v. BONIN [1] vorgeschlagen, der Viskose Anfangskondensationsprodukte von Kunstharzen zuzusetzen. Das Kunstharz wird dann durch Erhitzen der fertigen Faser erzeugt und somit in der Faser in unlöslicher Form festgehalten. Das Brit. Pat. 484901 der Tootal Broadhurst Corp. beschreibt den Zusatz von Mischungen von Dimethylolharnstoff [2] mit Laurylalkoholsulfonat und Weinsäure. Die letztere wirkt als Kondensationskatalysator. Es muß hierzu erwähnt werden, daß im allgemeinen durch den Zusatz von Harzkörpern oder Kunstharzen der Glanz der fertigen Faser mehr oder weniger stark gedrückt wird (s. S. 315).

Überblickt man die aufgeführten Verfahren, so kann man feststellen, daß zwei Wege zur Verbesserung der Knitterfestigkeit der Kunstfasern eingeschlagen worden sind. Der eine besteht im Zusatz ölartiger Körper zur Viskose, der andere im Zusatz von Stoffen, die eine hohe Eigenelastizität besitzen. Die Wirkung der ölartigen Stoffe dürfte darin zu suchen sein, daß sie in der Faser gleichsam als Gleitmittel wirken, wodurch ein leichteres Verschieben der Faserbausteine ermöglicht wird.

Die Einlagerung von Harzen und harzartigen Körpern, die auch in der letzten Zeit bei Nachbehandlungsverfahren bei fertigen Zellulosefasern Bedeutung erlangt hat, stellt nach den bisher gemachten Beobachtungen nicht gerade eine Ideallösung des aufgezeigten Problems dar. Man hat vielfach die Beobachtung gemacht, daß die Einlagerung derartiger Stoffe die allgemeine Gebrauchstüchtigkeit von Fertigwaren herabsetzt, was sich besonders durch ein mehr oder weniger starkes Absinken der Scheuerfestigkeit zu erkennen gibt.

Den Zusatz von Harzkörpern, insbesondere von Kunstharzen, kann man auch dazu benutzen, den Fasern eine ganz bestimmte Form zu geben. Man macht hiervon z. B. bei der Zellwolle Gebrauch, um der Faser eine bleibende Kräuselung zu verleihen. Wie noch an anderer Stelle ausgeführt werden wird, ist bei der Zellwolle eine gewisse, den natürlichen Fasern ähnliche Kräuselung erwünscht, um ihr im Laufe der mechanischen Verspinnung eine größere Haftfähigkeit zu verleihen sowie ein voluminöseres Garn zu erhalten. Fügt man der Spinnlösung z. B. ein vorkondensiertes Phenolformaldehydgemisch zu und unterwirft die gesponnene Kunstfaser bei Temperaturen von 80—160° C einer mechanischen Behandlung, wie beispielsweise einer Prägung, so tritt die vollständige Kondensation der zugesetzten Körper ein und die Faser behält die ihr durch die Prägung erteilte

[1] DRP.-Anm. U 12094.

[2] Von der I. G. Farbenindustrie Aktiengesellschaft unter dem Namen „Kaurit" im Handel.

Form bei. Auf diese Weise wird die „Artilana-Faser"[1] hergestellt. In der Patentschrift ist als Zusatzmittel zur Viskose ein Gemisch angegeben, das aus 50 Teilen Phenol, 50 Teilen Formaldehyd und 3 Teilen wässerigen Ammoniaks besteht. Dieses Gemisch wird soweit vorkondensiert, daß es in der Viskose noch eben löslich ist. Von dem so vorkondensierten Gemisch setzt man 1—6% der Spinnlösung zu (berechnet auf den Zellulosegehalt der Viskose). Den gesponnenen Faden läßt man durch geheizte Riffelwalzen laufen. Hierdurch wird die Faser gekräuselt. Die Heizung der Walzen bewirkt gleichzeitig die Kondensation und somit die Fixierung des gekräuselten Zustandes.

IV. Erhöhung der Wärmehaltung und Fülligkeit (Luftseiden).

Ein Kunstseidenfaden stellt gegenüber einem mechanisch aus Naturfasern gesponnenen Garn ein kompaktes, wenig voluminöses Gebilde dar. In der Erkenntnis, daß eine Reihe wertvoller Eigenschaften der gesponnenen Garne gerade in der größeren Fülligkeit dieses Textilmaterials begründet liegt, hat man schon lange nach Mitteln und Wegen gesucht, auch der Kunstseide diese Eigenschaft zu verleihen. Eine größere Fülligkeit wirkt sich in Geweben und Gewirken dahin aus, daß die Waren eine bessere und geschlossenere Decke aufweisen. Aus demselben Grunde ist man in den letzten Jahren auch dazu übergegangen, die schwach gedrehten und daher etwas voluminöseren Schußgarne als Kette in der Weberei zu verwenden. Im praktischen Gebrauch zeigt sich ein weiterer Vorteil eines fülligeren Fadens in seinem erhöhten Wärmehaltungsvermögen, das insbesondere eine solche Faser für die Herstellung von Unterwäsche angenehmer macht. Da bei einem mechanisch aus Einzelfasern gesponnenen Garn die zwischen den Einzelfasern eingeschlossene Luft für die angeführten günstigen Eigenschaften verantwortlich zu machen ist, so ist es verständlich, daß man auch versucht hat, in den Kunstseidenfaden Luft einzuschließen; man hat also angestrebt, den Kunstseidenfaden hohl und röhrenförmig zu gestalten.

Der nächstliegende Gedanke, hohle, röhrenförmige Kunstseide zu erzeugen, ist der, in der Viskose Luft oder ein anderes indifferentes Gas zu dispergieren. Dieser Vorschlag stammt von Drut und wurde durch das DRP. 346830 geschützt. Wie Brandenberger im Amer. Pat. 1394270 beschreibt, sollen sich auf diese Weise hergestellte Kunstseidenfäden leicht und warm anfühlen und das Aussehen von Wolle haben.

Die Emulgierung von Luft in der Viskose ist aber technisch außerordentlich schwierig durchzuführen. Es ist zu bedenken, daß eine ungleichmäßige Verteilung der feinen Luftbläschen in der Viskose nicht nur einen unterschiedlichen Faden ergeben kann, sondern daß auch Spinnschwierigkeiten durch Abreißen der Fäden an der Düsenöffnung

[1] Österr. Pat. 145179 der Deutschen Bekleidungsindustrie G. m. b. H.

entstehen können. Deshalb wird, wie bereits erwähnt, normalerweise die Viskose sorgfältig entlüftet. Um diese Schwierigkeiten zu umgehen, hat ROUSSET im DRP. 370471 vorgeschlagen, der Viskose nicht Luft, sondern solche Stoffe einzuverleiben, die sich mit der Säure des Spinnbades unter Gasentwicklung zersetzen. Auf diese Weise braucht also das Gas als solches nicht die feinen Düsenkanäle zu passieren, sondern entsteht erst im Verlauf der Zersetzung in einem Augenblick, wenn sich bereits eine feine, feste Außenhaut um den frischen Faden gebildet hat. Nach dem

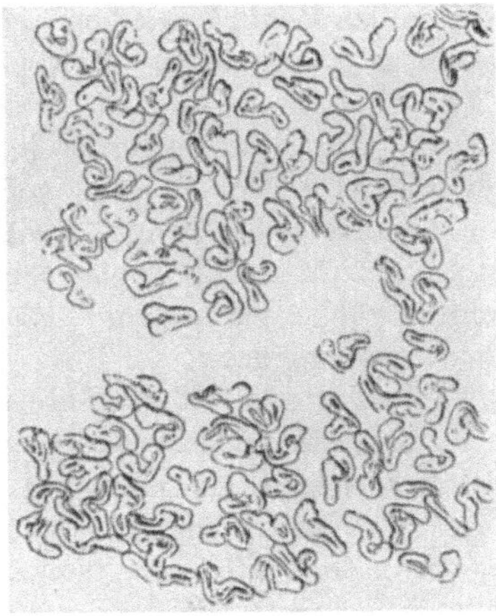

Abb. 156. Querschnitt durch einen Luftseidenfaden. Die Einzelfädchen sind schlauchförmig.

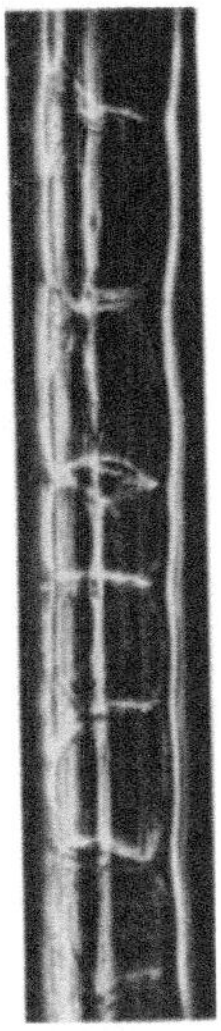

Abb. 157. Längsansicht eines Luftseidenfadens mit kammerförmigen Lufteinschlüssen (Dunkelfeld).

Amer. Pat. 1427330 desselben Erfinders eignet sich als Zusatzmittel besonders gut ein Alkalikarbonat oder Alkalibikarbonat, das sich dann mit der Säure des Spinnbades unter Entwicklung von gasförmigem Kohlendioxyd zersetzt.

Die drei Patente von BRANDENBERGER, DRUT und ROUSSET sind zur Auswertung in eine besondere Gesellschaft eingebracht worden, die „Alsa S. A.", Basel, die der auf diese Weise hergestellten Kunstseide den Namen „Celta" gab. Jedoch erwies sich die Durchführung der Verfahren betrieblich als recht schwierig. Man kann nach diesen Spinnverfahren tatsächlich Fäden, die einem schlauchförmigen Gebilde gleichkommen, erhalten, wie der in Abb. 156 dargestellte Querschnitt zeigt. In den meisten Fällen bildet die Luft im Inneren des Fadens kleine, durch Zwischenwände unterteilte Kammern (Abb. 157). Man hat jedoch die gleichmäßige Ausbildung dieser Kammern betrieblich nie einwandfrei in der Hand gehabt, und so entstanden durchweg Fäden, die keinen hohlen Schlauch darstellen; die Außenhaut des Fadens klappt vielmehr zusammen, wodurch der Faden die Gestalt eines flachen Bändchens annimmt, wie Abb. 158 im Querschnitt zeigt. Die Innenwände des Schlauches sind leicht zusammengeklebt, können aber durch quellende Mittel, wie z. B. Kupferoxydammoniak, wieder voneinander getrennt werden. Jedoch hat die Celta auch in dieser Form eine gewisse Bedeutung erlangt. Die erhöhte Deckfähigkeit der flachen Bändchen ließen die Celta als besonders hochwertiges Ausgangsmaterial für Samte und Plüsche erscheinen. Der matte Glanz der Celta führte zu ihrer Verwendung für die Herstellung feiner Damenstrümpfe. Die Celta wurde in Deutschland von der Deutschen Celta A. G., einem dem Glanzstoff-Konzern gehörigen Unternehmen, im Werk Petersdorf im Riesengebirge hergestellt. Heute wird Celta nur noch in kleinem Maßstabe erzeugt, und zwar von der Kunstseidenfabrik in Emmenbrücke und von einem französischen Werk. Auch eine beschränkte Menge Zellwolle wird von Emmenbrücke nach dem Celta-Verfahren gesponnen.

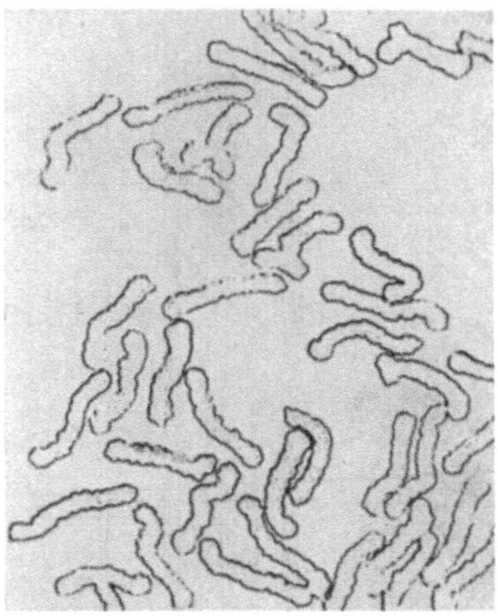

Abb. 158. Querschnitt durch eine Luftseide mit bändchenförmigen Einzelfädchen.

Die schwierige Herstellungsweise der Celta-Faser hat zu verschiedenen Variationen der Spinnbedingungen geführt. Man hat gefunden, daß durch Änderung der Reifezeit sowie der Zellulosekonzentration in der Viskose die erwähnten Schwierigkeiten zum Teil behoben werden können. Der Reifegrad wird, wie das Franz. Pat. 577369 der Alsa aussagt, zweckmäßig dem zu spinnenden Titer angepaßt: Je feiner der Titer, um so niedriger soll der Reifegrad sein. Auch wurde verschiedentlich eine Änderung in der Zusammensetzung der Spinnbäder vorgenommen. Es liegt eine Reihe von Patenten vor, die diese Änderungen zum Gegenstand hat. Nach dem Brit. Pat. 283477 der Nederl. Kunstzijde Fabrik N. V. Arnheim soll man von wenig vorgereifter Viskose ausgehen und die Viskose, um eine ausreichend niedrige Spinnviskosität zu erhalten, auf einen Zellulosegehalt von nur 5% einstellen. Das Fällbad muß so beschaffen sein, daß die Koagulation ziemlich langsam erfolgt. Die Patentschrift führt als Beispiel ein Spinnbad der folgenden Zusammensetzung an: 15% Natriumsulfat, 5% Magnesiumsulfat, 3% Zinksulfat und 12% Schwefelsäure. Im Brit. Pat. 259954 von Courtaulds, Hegan und Bayley wird als Zellulosekonzentration 6% angegeben. Dieser Gehalt deckt sich mit dem Brit. Pat. 289796 der „Alsa", die aber im Spinnbad hohe Mengen (10—35%) Zinksulfat empfiehlt, das teilweise durch Natriumsulfat und andere Salze, oder auch durch Glukose, ersetzt werden kann.

Besonders ausführliche Anleitungen für die Herstellung einer lufthaltigen Viskosekunstseide enthalten die Brit. Pat. 273506 von Courtaulds Ltd., sowie 253953 und 253954 von Courtaulds, SCRIVENER und GARDENER: Die Vorreifezeit beträgt 3 Tage. Das Spinnbad enthält 8% Schwefelsäure, 5% Zinksulfat, 14% Natriumsulfat und 9% Glukose. Die Badtemperatur soll 45° C betragen. Bei der Herstellung gröberer Titer wird die Säuremenge im Spinnbad erhöht. Das Natriumsulfat kann teilweise durch Ammonium-, Magnesium-, Eisen-, Aluminium- oder Chromsulfat ersetzt werden. Bei einer Abzugsgeschwindigkeit von 45 m pro Minute soll die Badstrecke (s. 17. Kap.) 45 cm betragen.

Überlegt man sich die Art der Entstehung der Hohlräume in der Faser, so werden die in den Patenten angegebenen Spinnbedingungen verständlich: Es ist während der Entstehung der Faser darauf Rücksicht zu nehmen, daß die im Inneren der werdenden Faser entstehenden Gase nicht nach außen entweichen können. Aus diesem Grunde muß dafür gesorgt werden, daß der Kern des frischen Fadens möglichst lange weich bleibt, damit es zur Ausbildung möglichst großer Hohlräume kommen kann. Andererseits muß an der äußeren Zone der in das Spinnbad strömenden Viskose eine feste, für das Gas undurchdringliche Haut gebildet werden, was durch Fällbäder von hoher Koagulationskraft erreicht wird. Dies kann durch Verspinnen einer Viskose aus wenig gereifter Alkalizellulose noch gefördert werden, da durch diese gleichfalls ein festeres Gebilde entsteht.

Im Brit. Pat. 253954 wird das Spinnen in zwei Bädern empfohlen.

Wie weiter oben gezeigt worden war, führen diese genannten Verfahren teils zu bändchenförmigen Fasern, teils zur Ausbildung größerer lufthaltiger Kammern in der Faser. Da der letztere Umstand sich verständlicherweise auf die Festigkeit der Faser in ungünstigem Sinne auswirkt, ist von KITA und SUDA[1] versucht worden, die Luft in Form von kleinen Bläschen emulsionsartig in der Faser zu verteilen. Bei diesen Versuchen hat sich gezeigt, daß man bei geeigneter Wahl der Spinnbedingungen mit Sicherheit „Emulsionen" von Gasbläschen in der Faser erhalten kann und zwar ganz gleichgültig, ob man Natriumkarbonat oder ein organisches Lösungsmittel als Gasentwicklungsmittel anwendet. Es kommt darauf an, mit möglichst kleinen Mengen des Gasentwicklungsmittels zu arbeiten sowie den Fällungsprozeß so zu leiten, daß die Gasbläschen in möglichst feiner Verteilung bleiben. Für eine mit Petroläther herzustellende Luftseide wird folgendes Beispiel angegeben: 2% Petroläther werden der Viskose einverleibt; die Zellulosekonzentration in der Viskose beträgt 7,6%, die Alkalikonzentration der Löselauge 6,4—6,7%, die Reife soll 10° HOTTENROTH betragen.

[1] KITA u. SUDA: J. Soc. Chem. Ind. (Japan) **41**, 421f. (1938); Papierfabr. **1938**, 276.

Bei einer Spinngeschwindigkeit von 65 m soll folgendes Spinnbad geeignet sein: 135—150 g H_2SO_4, 260—280 g Na_2SO_4 und 45—50 g $ZnSO_4$ im Liter.

Für eine mittels Natriumkarbonat herzustellende Luftseide sollen sich folgende Spinnbedingungen eignen:

Zellulosegehalt der Viskose	7,5—7,7%
Natriumkarbonatgehalt	1,3—1,8%
Konzentration der Löselauge	5,7—6%
Reifegrad nach HOTTENROTH	11^0
Spinnbad	190—195 g H_2SO_4, 260—290 g Na_2SO_4, 53—60 g $ZnSO_4$.
Spinngeschwindigkeit	über 70 m.

Besonders günstige Ergebnisse sollen erhalten werden, wenn man der Viskose noch 0,1—0,15% Igepon T, 0,4—1% Türkischrotöl oder 0,1—0,15% Leinöl zusetzt.

Einen gänzlich anderen Weg für die Erzeugung lufthaltiger Kunstseide beschreibt die Erste Böhmische Kunstseidenfabrik A. G. in Theresienthal im Brit. Pat. 252582. Hiernach werden der Viskose organische Substanzen zugesetzt, die in Wasser unlöslich sind. Diese Stoffe verbleiben während des Spinnens im Faden und werden aus dem fertigen Faden durch besondere Lösungsmittel wieder entfernt, wodurch dann die Hohlräume entstehen. Nach dem Zusatzpatent 282687 sollen solche Stoffe der Viskose zugesetzt werden, die durch Erhitzen der fertigen Fäden im Vakuum entfernt werden können.

Bemerkenswert ist noch ein Vorschlag der Deutschen Textilwerke (DRP. 467241). Hiernach wird das Gas in der Viskose unmittelbar vor dem Verspinnen durch Elektrolyse erzeugt.

Der Vollständigkeit halber soll an dieser Stelle noch erwähnt werden, daß man auch versucht hat, dem Faden ein fülliges Aussehen durch mechanisches Aufrauhen zu erteilen. Zu diesem Zwecke kann z. B. der Ring einer Ringzwirnmaschine mit feinem Schmirgel[1] oder Bimssteinpulver[2] überzogen werden. Durch die Ballonbildung (s. 21. Kap.) beim Zwirnen wird der Faden dann mit dem Schmirgel in Berührung gebracht, wodurch er an der Oberfläche Beschädigungen erleidet. Ein auf diese Weise hergestellter Faden hat bei oberflächlicher Betrachtung Ähnlichkeit mit einem Zellwollgarn. Die aufrauhende Wirkung wird erhöht, wenn man die Behandlung an dem frisch gesponnenen, noch plastischen Faden vornimmt[3]. Das Amer. Pat. 1786421 beschreibt das Aufrauhen einer noch plastischen Faser durch Behandlung mit hochgespanntem Dampf.

V. Herabsetzung des Glanzes (Mattseiden, Tiefmattseiden).

Auf normale Weise gesponnene Kunstseiden besitzen einen lebhaften Glanz, dem schließlich die Kunstseide auch zunächst ihren Namen verdankte („Glanzstoff"). Die schon seit längerer Zeit geänderte Mode-

[1] DRP. 342223. [2] Brit. Pat. 328247. [3] Amer. Pat. 2097034.

richtung ließ diesen Glanz für viele Verwendungszwecke als zu aufdringlich erscheinen, weshalb man nach Mitteln suchte, diesen Glanz etwas zu drücken. Es ist heute möglich, Kunstseide und Zellwolle jeden beliebigen Glanzgrades herzustellen, und zwar wird auch dies im allgemeinen durch Zusatz bestimmter Stoffe zur Viskose erreicht.

Bevor aber auf diese Verfahren näher eingegangen werden soll, muß erwähnt werden, daß auch eine matte Kunstfaser unbeabsichtigt im Betriebe entstehen kann. Sie hat meist ein bläulich-weißes, milchiges Aussehen, und zwar kann die Kunstfaser durchweg milchig erscheinen oder auch nur stellenweise milchig sein. Die einwandfreie Aufklärung der jeweils vorliegenden Ursache dieser Fehlererscheinung ist äußerst schwer, zumal die Milchigkeit nicht nur durch die Viskose und den Spinnprozeß, sondern auch durch den Waschprozeß sowie den Trocknungsvorgang (s. 20. Kap.) herbeigeführt werden kann.

Die Herabsetzung des Glanzes einer Kunstseiden- oder Zellwollfaser ist stets ein Zeichen dafür, daß die Faser an der matten Stelle optisch inhomogen zusammengesetzt ist. Der Glanz der Faser kommt durch Rückspieglung des die Faser treffenden Lichtes zustande, und zwar findet diese Rückspieglung nicht nur an der Oberfläche der Faser statt, sondern auch in ihrem Innern, soweit das Licht in die Faser hineindringen kann. Ist nun die Fasersubstanz nicht gleichmäßig, sondern von Stoffen eines anderen Brechungsindex durchsetzt, so findet die Rückspieglung des Lichtes in diffuser Form statt, da der einfallende Lichtstrahl an der Grenzfläche der optisch sich verschieden verhaltenden Körper diffus abgebeugt wird. Die in die Faser eingelagerten Stoffe können Gasbläschen, Flüssigkeiten, feste oder duktile Körper sowie Pigmente sein. In der Wirkung sind alle gleich. Sie unterscheiden sich jedoch durch den Grad der Glanzbeeinflussung, wobei allerdings nicht nur die Art der Einlagerung, sondern auch die Teilchengröße der eingelagerten Stoffe eine Rolle spielt. In manchen Fällen, in denen eine Milchigkeit der Kunstfaser vorliegt, sind aber Einlagerungen nicht nachzuweisen. Man kann hier nur annehmen, daß in diesen Fällen Gaseinschlüsse von submikroskopischer Feinheit vorliegen.

Da Lufteinschlüsse also den Glanz der Kunstfaser herabsetzen, so ist es verständlich, daß die eben beschriebenen Luftseiden alle ein mattes Aussehen haben.

Soweit das unbeabsichtigte Entstehen matter Viskosegebilde aufgeklärt werden konnte, sind drei Ursachen für diesen Fehler verantwortlich zu machen:

Bildung von Gas- oder Luftblasen in der Faser[1],

Niederschlag von feinst verteiltem Schwefel oder von Schwefelverbindungen in der Faser[2],

---

[1] Clark: Journ. Ind. and Engin. Chem. **22**, 481 (1930).

[2] Atsuki: Cell. Ind. Jap. **2**, 218 (1926).

Einbettung von fein verteilten kolloiden Teilchen, die aus Zellulose, Hemizellulosen sowie anderen Verunreinigungen bestehen können[1].

Der Vollständigkeit halber muß an dieser Stelle erwähnt werden, daß nicht nur Einlagerungen in die Faser, sondern auch Auflagerungen auf die Faser den Glanz vermindern können. So können sich bei nicht ausreichend sorgfältiger Wäsche Salze des Spinnbades sowie der Behandlungsbäder auf der Faser stellenweise anreichern, auch können durch die Avivage durch Bildung von Metallseifen matte Flecken auf der Faser entstehen. Die durch Auflagerung entstandenen matten Stellen sind jedoch leicht durch die Analyse aufzuklären. Was die durch Einlagerungen bewirkte Milchigkeit anbetrifft, so tritt diese besonders leicht bei schwach vorgereifter Viskose auf.

Von mehreren Forschern ist festgestellt worden, daß die beim Sulfidieren angewandte Menge Schwefelkohlenstoff einen Einfluß auf den Glanz der fertigen Kunstfaser ausübt[2], und zwar neigt eine Viskose, die mit einem Überschuß an Schwefelkohlenstoff hergestellt wurde, in starkem Maße zu Milchigkeit. So hat SPITAL'NUII[3] nachweisen können, daß ein milchiger, mit einem Überschuß an Schwefelkohlenstoff hergestellter Kunstseidenfaden nicht nur mikroskopisch kleine Hohlräume, sondern auch noch feine Schwefelkohlenstofftröpfchen enthielt. Nach Untersuchungen von SSOKOLOWA[4] beginnt die Milchigkeit, wenn 20% Schwefelkohlenstoff mehr angewandt werden als zur Sulfidierung erforderlich sind. Wie die Glanzfäden Aktiengesellschaft[5] gefunden hat, ist dieser überschüssige Schwefelkohlenstoff besonders dann schwer aus dem Faden zu entfernen, wenn eine nur kurze Zeit vorgereifte Viskose versponnen wird. Zur restlosen Entfernung des Schwefelkohlenstoffes ist dann eine wesentlich höhere Menge an freiem Alkali im Entschwefelungsbade (s. 18. Kap.) erforderlich, als sie normalerweise angewandt wird. Jedoch sind auch die Spinnbedingungen auf die Milchigkeit von Einfluß. Durch Anpassen des Spinnbades war es KITA[6] möglich, auch aus einer Viskose mit 50—150% zu viel Schwefelkohlenstoff eine normal glänzende Kunstfaser zu erhalten. Dieser Widerspruch dürfte darin seine Erklärung finden können, daß Schwefelkohlenstoff im Faden nur dann zurückbleibt, wenn durch die angewandten Spinnbedingungen die frische Faser eine besonders feste Außenhaut erhalten hat, durch die der normalerweise beim Trocknen der Faser verdampfende Schwefelkohlenstoff zurückgehalten wird.

Der Einfluß der Zusammensetzung des Spinnbades auf den Glanz der Kunstfaser wurde von TANEMURA[7] untersucht. Dieser Forscher

---

[1] ATSUKI: Cell. Ind. Jap. **2**, 218 (1926).
[2] Zum Beispiel ATSUKI: Cell. Ind. Jap. **2**, 218 (1926).
[3] SPITAL' NUII: Chem. Abstr. **1936**, 3838.
[4] SSOKOLOWA: Ind. Text. **52**, 255 (1935). [5] Brit. Pat. 187982.
[6] KITA: Cell. Ind. Jap. **6**, 8 (1930). [7] TANEMURA: Cell. Ind. Jap. **11** (1935).

fand, daß ein zu schnelles Koagulieren und Zersetzen der Viskose durch zu hohe Säure- und Salzgehalte der Spinnbäder die Milchigkeit befördern. In diesem Falle bildet sich zu schnell eine äußere, undurchlässige Haut. Durch die sich in der durch diese Haut eingeschlossenen noch flüssigen Viskose bei der Zersetzung bildenden Gase wird die Haut zerrisen und narbig, wodurch der fertige Faden ein milchig-mattes Aussehen annimmt.

Das Vorliegen von kolloidal in der Kunstfaser verteilter Zellulose in einem milchigen Kunstseidenfaden wurde von NUMA[1] nachgewiesen. Die Entstehung dieser anders brechenden Zellulose wird von NUMA darauf zurückgeführt, daß bei der Sulfidierung die der Alkalizellulose zugefügte Schwefelkohlenstoffmenge zu gering war, um sie ausreichend weit genug in Xanthogenat umzuwandeln. Es ergibt sich demnach also, daß ein Zuviel und ein Zuwenig an Schwefelkohlenstoff die Entstehung eines milchigen Fadens befördern können.

Im folgenden sollen nun die Verfahren beschrieben werden, nach denen absichtlich matte Kunstfasern erzeugt werden können.

Die Verfahren sind in fünf Klassen zu unterteilen, je nach der Art des Mattierungsmittels, das zur Herstellung der matten Faser herangezogen wird. Diese Mattierungsmittel können sein:

Flüssigkeiten,
duktile Körper,
organische Pigmente,
anorganische Pigmente,
Gemische und Körper von verschiedener Art.

a) Mattieren mit Flüssigkeiten.

Durch Flüssigkeiten kann man eine Mattierung auf verschiedene Weise erreichen. Einerseits kann man solche Flüssigkeiten der Viskose einverleiben, die infolge ihres niedrigen Siedepunktes bei der Fadenbildung entweichen und auf diese Weise Hohlräume in der Faser hinterlassen. Andererseits kann man Flüssigkeiten der Viskose zufügen, die durch die allgemein übliche oder durch eine besondere chemische Nachbehandlung wieder aus dem noch plastischen Faden herausgelöst werden. Mit diesen beiden Arten von Flüssigkeiten wird demnach dasselbe erreicht, als wenn man Luft in ganz fein verteilter Form in der Viskose emulgiert. Schließlich können solche Flüssigkeiten angewandt werden, die infolge eines hohen Siedepunktes oder infolge ihrer Unlöslichkeit im fertigen Faden in Form von feinen Tröpfchen verbleiben. Solche im Faden verbleibende Körper sind demnach als sog. „titerbildende" Substanz anzusprechen und bei der Berechnung der Ausbeute an Kunstfaser aus dem eingesetzten Zellstoff zu berücksichtigen.

[1] NUMA: Kunstseide **9**, 597 (1927).

Zu den für die Mattierung geeigneten Flüssigkeiten gehört auch, wie schon in einem anderen Zusammenhange erwähnt war, der Schwefelkohlenstoff. CROSS, BEVAN und BEADLE[1] haben als erste darauf hingewiesen, daß man durch Anwendung eines Überschusses an Schwefelkohlenstoff eine matte Kunstfaser erhält. Eine auf diese Weise hergestellte Mattkunstseide ist mehrfach Gegenstand von Patenten geworden. In der Angabe der Schwefelkohlenstoffmengen gehen die Angaben allerdings recht weit auseinander, was nach dem auf S. 310 Gesagten verständlich ist. CROSS, BEVAN und BEADLE geben 30—40% Schwefelkohlenstoff an, PELLERIN[2] hält 70% Schwefelkohlenstoff für günstig, während SORDELLI[3] schon 20% für ausreichend hält. Die großen Unterschiede in diesen Angaben sind darauf zurückzuführen, daß die Erfinder jeweils unter anderen Spinnbedingungen gearbeitet haben (vgl. hierzu auch S. 310). Neben reinem Schwefelkohlenstoff sind auch Gemische von Schwefelkohlenstoff mit Alkoholen oder Kohlenwasserstoffen[4], besonders Petroleum[5], in Vorschlag gebracht worden.

Praktische Bedeutung hat der Zusatz von halogensubstituiertem Benzol erlangt[6]. Durch Zusatz von etwa 3% Chlorbenzol zur Viskose (auf den Zellulosegehalt bezogen) erhält man einen Faden von mildem und mattem Glanz. Der Effekt wird gesteigert, wenn mehrere Halogenatome in den aromatischen Kohlenwasserstoff eingeführt sind[7]. Nach VERTIJNEN[8] liefert Tetrachlorkohlenstoff besonders gute Ergebnisse. Recht gute Matteffekte werden auch erhalten, wenn man der Viskose die flüssigen Rückstände der katalytischen Alkoholgewinnung oder Produkte ähnlicher Zusammensetzung zufügt[9]. Auch der Zusatz von Pine-Oil oder bestimmter Fraktionen des Terpentinöles hat sich für die Erzeugung einer halbmatten Kunstfaser ausgezeichnet bewährt. Der Vereinigte Glanzstoff-Fabriken A. G. ist der Zusatz von Terpenen und terpenartigen Körpern geschützt[10]. Auch durch Zusatz von Kohlenwasserstoffen zur Viskose wird eine Faser von mildem Glanz erhalten. So wird z. B. Benzol[11], aber auch Toluol und Xylol verhältnismäßig oft verwendet. Häufig angewandt wird auch Paraffinöl[12], Petroleum[13], sowie andere hochsiedende Kohlenwasserstoffe[14]. Nach dem Amer. Pat. 2070031 der Eastman Kodak soll sich eine Petroleumfraktion besonders gut eignen, die zwischen 150 und 200° C siedet. Auch hydrierte Kohlen-

[1] Brit. Pat. 8700. [2] Brit. Pat. 15752. [3] Franz. Pat. 778947.
[4] Kunstseidenfabrik Tomaszow: Poln. Pat. 24423.
[5] SORDELLI: Brit. Pat. 273647 der Borvisk Syndicate Ltd.
[6] BONWITT: Franz. Pat. 640644.
[7] Du Pont de Nemours: Amer. Pat. 2077699. [8] Brit. Pat. 333977.
[9] I. G. Farbenindustrie A.G.: Franz. Pat. 815288. [10] DRP. 529653.
[11] VERTIJNEN: Brit. Pat. 333977.
[12] Courtaulds Ltd.: DRP. 628837. [13] Courtaulds Ltd.: Brit. Pat. 273286.
[14] Du Pont de Nemours: Amer. Pat. 2107668.

wasserstoffe[1] können zum Mattieren verwendet werden. Die Du Pont de Nemours empfiehlt im Amer. Pat. 2077670 Dekachlordiphenol. Pyridin und seine Homologe sowie Schweröle aus der Teerdestillation werden im Franz. Pat. 706288 der Société Lyonaise de Soie Artificielle genannt. La Soie de Châtillon ist durch das Amer. Pat. 1923495 der Zusatz von Milch als Mattierungsmittel geschützt. Im DRP. 588698 der Kunstseidenfabrik Steckborn werden zum Mattieren einfache oder gemischte Äther, wie z. B. Chlorphenyläthyl-Äther in Vorschlag gebracht. Auch Dibenzyläther oder deren Halogenderivate[2] eignen sich zum Mattieren. Zur besseren Verteilung dieser Körper in der Viskose wird in der Patentschrift empfohlen, sie zuvor mit sulfonierten Fettalkoholen zu emulgieren.

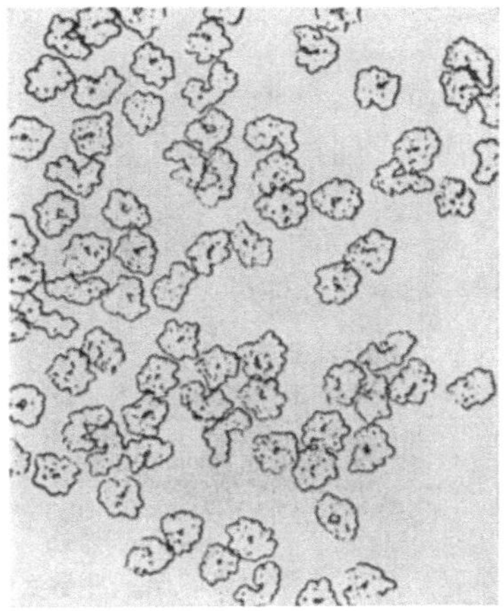

Abb. 159. Mattkunstseide, erhalten durch Zufügen von Flüssigkeit in die Viskose. Die feinen Tröpfchen füllen die ganze Querschnittsfläche gleichmäßig aus.

Das Mattieren durch nachträgliches Herauslösen von Körpern, die der Viskose einverleibt werden, beschreiben STÖCKLY und WITTE im Amer. Pat. 1867188. Hiernach werden in der Viskose Petroleum, Paraffinöl, Knochenöl oder pflanzliche Öle mit Hilfe eines Schutzkolloides emulgiert. Durch Behandlung der fertigen Faser mit geeigneten Lösungsmitteln werden diese Körper dann wieder herausgelöst, wodurch in der Faser Hohlräume entstehen. Der Vollständigkeit halber soll erwähnt werden, daß man die Hohlräume auch durch Herauslösen fester organischer Körper aus der fertigen Faser erhalten kann[3].

Betrachtet man Fasern, die durch Einverleibung von Luftbläschen oder Flüssigkeitströpfchen mattiert sind, im Querschnitt unter dem Mikroskop, so stellt man fest, daß das Mattierungsmittel auf die ganze Querschnittsfläche gleichmäßig verteilt sein kann, daß es aber auch überwiegend in der Randzone unmittelbar unter der Außenhaut des Fadens angereichert sein kann (Abb. 159—161). Diese Erscheinung dürfte mit einer unterschiedlichen Dichte des Faserkernes und Fasermantels (SCHRAMEK, s. 17. Kap.) zusammenhängen. Bei einem gleichmäßig dichten Gefüge des Faserkernes und Fasermantels ist auch eine gleichmäßige Verteilung des Mattierungsmittels zu erwarten. Ist

[1] SORDELLI: Brit. Pat. 432328.
[2] North American Rayon Corp.: Brit. Pat. 419477.
[3] Vereinigte Glanzstoff-Fabriken A. G. DRP. Anm. V 25176.

dagegen die Dichte ungleichmäßig, und zwar nach außen zu größer, so bleiben die feinen Bläschen, die das Bestreben haben, nach außen zu entweichen, in der Randzone stecken.

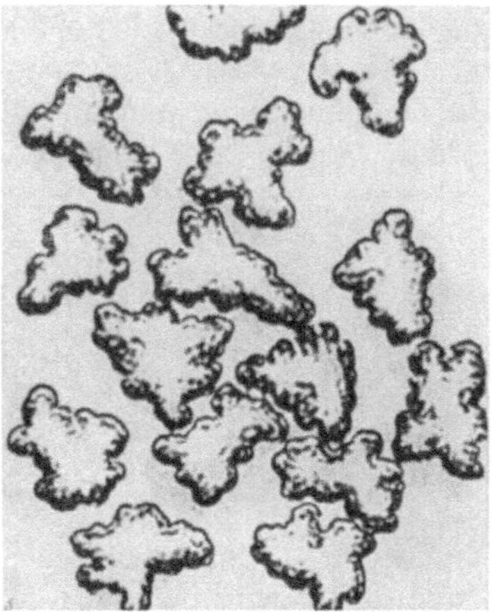

Abb. 160. Mattkunstseide, erhalten durch Zufügen eines flüssigen Mattierungsmittels zur Viskose. Die feinen Tröpfchen sind in der Randzone stecken geblieben.

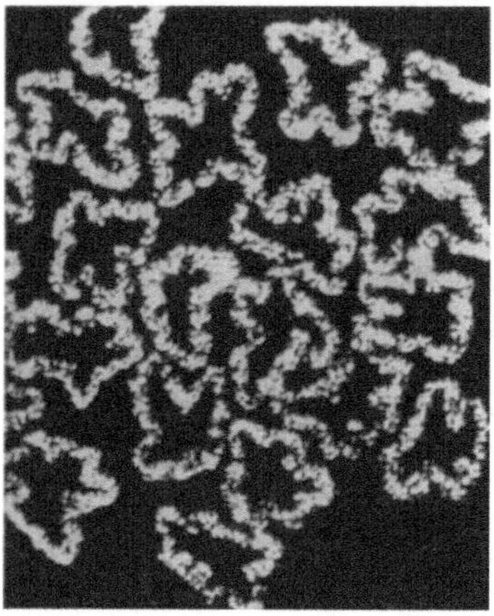

Abb. 161. Die gleiche Faser wie Abb. 160. Dunkelfeldaufnahme, die die Anhäufung des Mattierungsmittels in der Randzone besonders deutlich zeigt.

b) Mattieren mit duktilen Körpern.

Das Amer. Pat. 2042944 der Du Pont de Nemours empfiehlt folgende höhermolekulare Alkohole: Stearylalkohol, Fenchylalkohol oder Hexylalkohol neben Körpern, die allgemein mehr als vier C-Atome und eine Hydroxylgruppe besitzen. Auch das Schweiz. Pat. 164803 der Feldmühle beschreibt das Mattieren mit höheren Fettalkoholen. Sulfonierte Fettalkohole als Mattierungsmittel sind von der North American Rayon Corp. in dem schon erwähnten Brit. Pat. 419477 sowie im DRP. 617851 der Deutsche Hydrierwerke A.G. genannt.

Die American Rayon Corp. empfiehlt im Amer. Pat. 1981643 Salze aliphatischer Ester der Monothiokarbonsäuren, wie beispielsweise das Kalziumsalz des Monothiokarbon-o-isobutylesters. Nach Anden[1] sind zum Mattieren die Zitronensäure- oder Maleinsäureester niederer Alkohole geeignet. Die Ester müssen im Schmelzpunkt über 150° C liegen. Das DRP. 591427 der Kunstseidenfabrik Feldmühle empfiehlt als Mattierungsmittel Ölsäuren, die zuvor mit Schwefelchlorür behandelt wurden.

Einige Patente haben das Mattieren mit festen oder duktilen Körpern, in geeigneten Lösungsmitteln gelöst, zum Gegenstand. So empfiehlt die Erste Österr. Glanzstoff-Fabrik St. Pölten[2] Lösungen von Ozokerit oder Japanwachs in Benzol. Die Nederlandsche Kunstzijdefabriek

---

[1] Amer. Pat. 2040971. [2] Amer. Pat. 1902529.

Arnheim[1] schlägt Wollfett, in Terpentinöl, Pine-Oil, Benzol oder Tetrachlorkohlenstoff gelöst, vor. Auch hydriertes Baumwollsaatöl, in Mineralöl gelöst, ist empfohlen worden[2]. Nach Patenten der American Glanzstoff Corporation soll eine Lösung von Diphenyl[3] oder Naphthalin[4] in Pine-Oil oder Benzol zum Mattieren geeignet sein. Courtaulds Ltd. beschreibt im DRP. 628837 das Mattieren mit Weichparaffin, in Petroleum oder Paraffinöl gelöst.

c) Mattieren mit organischen Pigmenten.

Es wurde schon erwähnt, daß als Fehlererscheinung bei unbeabsichtigt milchig-matt gewordenen Viskosefasern unveränderte Zellulose in fein verteilter Form in der Faser nachgewiesen werden konnte. Auf dieser Beobachtung fußend, hat Furness[5] vorgeschlagen, matte Fasern dadurch zu erzeugen, daß man der Viskose feingemahlene Zellulose einverleibt. Auch Zellulosederivate sind für den gleichen Zweck geeignet. So wurden Dreyfus[6] Zellulosebenzoate, insbesondere die Dibenzoylzellulose, als Mattierungsmittel geschützt. Der gleiche Erfinder beschreibt in den Amer. Pat. 2039301—303 allgemein die Mattierung der Fasern durch Zusatz fein verteilter organischer Körper, wie Anthrachinon, Derivate des Diamido-diphenyls sowie feingemahlene Kunstharze. Der Kunstseidefabrik Steckborn ist durch das DRP. 610424 Beta-Naphthol als Mattierungsmittel geschützt. Mehrfach sind auch Zuckerarten und ihre Derivate als Mattierungsmittel empfohlen worden, so z. B. von Dreyfus[7] Stärke, Glykogen, Lichenin sowie andere Di- oder Polysaccharide, von der Celanese Ltd[8]. chlorbehandelte Stärke oder verzuckerte Kartoffelstärke[9], von der North American Rayon Corp.[10] das Kalzium-, Barium- oder Strontiumsalz des Dithiokarbonsäure-Stärke-Esters.

Der Zusatz von Kunstharzen zur Viskose wurde schon in einem anderen Zusammenhange erwähnt. Besondere Kunstharze sind im Russ. Pat. 49018 von Lotarew (Kondensationsprodukte aus β-Naphthol und Formaldehyd), sowie im Brit. Pat. 392621 der Celanese Ltd. genannt (Kondensationsprodukte aus Formaldehyd und Azeton). Die North American Rayon Corp. schlägt im Amer. Pat. 2025025 fein gemahlenen Hydrokautschuk und im Amer. Pat. 2060786 Chlorkautschuk mit einem Chlorgehalt von 65—66% vor. Recht gute Effekte hat die Glanzstoff-Courtaulds G.m.b.H.[11] durch Styrol oder Polystyrol erhalten, das in organischen Lösungsmitteln gelöst wird. Es ist beobachtet

---

[1] Amer. Pat. 1958949; DRP. 584876.
[2] Tubize-Chatillon: Amer. Pat. 2060016. [3] Amer. Pat. 1922903.
[4] Amer. Pat. 1922910. [5] Furness: Amer. Pat. 1822416.
[6] Dreyfus: Amer. Pat. 2039307. [7] Dreyfus: Brit. Pat. 404933.
[8] Celanese Ltd., Brit. Pat. 443060. [9] Celanese Ltd., Amer. Pat. 2116062.
[10] North American. Rayon Corp.: Amer. Pat. 2000887.
[11] Glanzstoff-Courtaulds G. m. b. H.: Brit. Pat. 435948.

worden, daß durch diesen Zusatz gleichzeitig die Festigkeit etwas verbessert wird. Auch soll die Kunstfaser durch diesen Zusatz gegen Feuchtigkeit unempfindlicher werden.

Man kann die organischen Pigmente auch in der Faser selbst aus zwei Komponenten erzeugen, indem man der Viskose die eine Komponente zugibt und die fertige Faser mit der anderen Komponente nachbehandelt. Dieser Weg ist von DREYFUS im Amer. Pat. 2039306 beschrieben worden. Auf diese Weise wird in der Faser Diazetylbenzidin oder Dibenzoylbenzidin erzeugt. Nach dem DRP. 570973 der Feldmühle gibt man der Viskose Faktis zu und vulkanisiert sie in der fertigen Faser durch Behandlung mit Schwefelchlorür. Durch das Spinnbad, dem eventuell besondere Substanzen zugesetzt werden können, können Anthrahydrochinon, Isoamylalkohol und saure Phthalsäureester in der Faser gefällt werden[1].

d) Mattieren mit anorganischen Pigmenten.

An Stelle der organischen Pigmente können auch anorganische für die Mattierung herangezogen werden. Man kann allgemein sagen, daß durch Zusatz anorganischer Pigmente zur Viskose ein besonders tiefer Matteffekt erhalten wird. Es sind zahlreiche Körper als Zusatzmittel vorgeschlagen worden, neben komplizierter zusammengesetzten Körpern handelt es sich hierbei in der Hauptsache um Oxyde und Sulfate. Die weitaus größte praktische Bedeutung hat das Titandioxyd erlangt, das in vielen Fällen sowohl für sich allein, als auch mit anderen Stoffen gemischt (s. S. 322) angewandt wird. Von den übrigen Oxyden sind zu nennen Zinkoxyd[2], Magnesiumoxyd[3], Antimonoxyd[4], Zirkonoxyd[5] und Zeroxyd[6].

Unter den vorgeschlagenen Sulfaten haben das Bariumsulfat und das Bleisulfat[7] eine gewisse Bedeutung erlangt. An Stelle von Bariumsulfat wird von der North Britain Rayon Corp. im Brit. Pat. 413087 Bariumpersulfat empfohlen. Dieses soll sich bei der Reife allmählich umsetzen, wodurch eine besonders gleichmäßige Verteilung des Pigmentes in der Viskose herbeigeführt werden soll. Nach dem Brit. Pat. 389484 der British Celanese Ltd. wird eine matte Faser durch Zusatz von Zinnsalzen, wie z. B. Zinnphosphat erhalten. DREYFUS[8] hat von den Zinnsalzen das Karbonat als besonders geeignet gefunden. Schließ-

[1] Steckborn Kunstseide AG.: DRP. 516573.

[2] SINGMASTER: Amer. Pat. 1725742, Snia Viskosa, It. Pat. 290995.

[3] SINGMASTER: Amer. Pat. 1725742.

[4] British Celanese Ltd., Brit. Pat. 377486.

[5] SINGMASTER: Amer. Pat. 2000671. [6] BUDDING: Belg. Pat. 424259.

[7] Soc. Chim. des Usines du Rhone: Brit. Pat. 294623. — SINGMASTER: Amer. Pat. 1725742.

[8] DREYFUS: Brit. Pat. 389518.

lich sollen noch das Bariumhydroxyd[1] sowie das Antimonchlorid und Antimonsulfid[2] genannt werden.

Die bisher genannten Pigmente sollen in einer unterhalb 0,8—1,0 μ liegenden Teilchengröße angewandt werden. Es sind jedoch auch pigmentförmige Stoffe in Vorschlag gebracht worden, die in ihrer Teilchengröße gröber sind. Dies hat den Vorteil, daß man mit wesentlich geringeren Mengen schon einen ausreichend tiefen Mattgrad erhält. Dem Vorteil stehen jedoch Nachteile gegenüber. Abgesehen von leicht auftretenden Filtrationsschwierigkeiten bei der Viskose ist es bei Pigmenten von gröberer Körnung viel schwieriger, eine vollkommen gleichmäßige Verteilung des Pigmentes in der Viskose zu erreichen. Ungleichmäßig verteilte Pigmente führen aber zu einer Faser unterschiedlichen Mattgrades. Ferner sinkt die Faserfestigkeit mit zunehmender Teilchengröße, da ein Teil des Faserquerschnittes von dem Pigmentteilchen beansprucht wird. Auch ist bei groben Teilchen ein schnelles Verstopfen der Düsenlöcher zu erwarten.

Tabelle 88. Brechungsindizes von weißen Pigmenten. (Nach GARDNER[5].)

Pigment	Brechungsindex
Titandioxyd . . .	2,76
Bleiweiß	1,94—2,09
Zinkweiß	2,10—2,02
Lithopone	1,84
Zinksulfid	2,37
Antimonoxyd . . .	2,09—2,29
Bariumsulfat . . .	1,64
Kalziumsulfat . . .	1,59

Von den Stoffen mit gröberer Körnung sind Astbest[3] sowie Kieselgur, Infusorienerde und Porzellanerde[4] vorgeschlagen worden.

Es hat den Anschein, als ob die Infusorienerde als Zusatzmittel an Bedeutung gewönne, und zwar bei der Zellwolle. Sie soll hier zwar nicht dazu verwendet werden, die Faser zu mattieren, sondern soll ihr vielmehr eine rauhere Oberfläche verleihen, die bei der Zellwolle zur Erzielung einer ausreichenden Haftfestigkeit der Kardenbänder, Kammzüge oder Faservliese erwünscht ist. Die aus der Außenhaut der Faser teilweise herausragenden Pigmentteilchen führen diesen Effekt in hohem Grade herbei.

Zu diesen Vorschlägen ist zu sagen, daß sie wohl nur bei groben Titern durchführbar sein werden. Beim Spinnen feiner Titer aus engen Düsenlöchern dürften praktisch zu schnell Verstopfungen eintreten.

Es soll nunmehr auf das **Mattieren mit Titandioxyd** selbst näher eingegangen werden. Titandioxyd bietet vor den anderen anorganischen Pigmenten große Vorteile: Es steht hinsichtlich seines Brechungsindex unter den weißen Pigmenten an erster Stelle, wie Tabelle 88 zeigt. Das bedeutet, daß man schon mit verhältnismäßig kleinen Mengen

[1] BORZYKOWSKI: Österr. Pat. 132548. [2] PINEL: Brit. Pat. 466550.
[3] Wolff u. Co.: DRP.-Anm. W 73077.
[4] Deutsche Bekleidungs-Ind., Österr. Pat. 146181.
[5] GARDNER: Physic. and chem. Examinations of Paints, p. 12. 1933.

Pigment einen äußerst kräftigen Matteffekt erhält. 2—3% Titandioxyd, berechnet auf den Zellulosegehalt der Viskose, lassen schon eine tiefmatte Faser entstehen. Der durch Titandioxyd erhaltene Matteffekt zeichnet sich vor dem mit ölartigen Körpern oder mit Kohlenwasserstoffen erhaltenen dadurch aus, daß die Faser nicht speckig erscheint, was bei diesen Körpern leicht eintritt, wenn man eine Faser ausreichend tief mattieren will. Um mit einem ölartigen Körper auf einen Matton zu kommen, wie man ihn mit Titandioxyd erhalten kann, sind Zusätze von 10% und mehr erforderlich. Diese große Menge wirkt sich aber ungünstig auf die Festigkeitswerte der Faser aus. In dieser Beziehung verhält sich Titandioxyd noch besonders günstig, da seine Teilchengröße äußerst fein ist, sie beträgt im Mittel 0,5—0,6 μ, bei Schwankungen zwischen 0,1—0,8 μ. Diese außerordentlich feine Korngröße hat ferner zur Folge, daß das Pigment die Poren der Viskosefilter gut passiert, so daß bei sachgemäßer Arbeitsweise Filtrationsschwierigkeiten kaum zu erwarten sind.

Um die vollkommen gleichmäßige Verteilung des Pigmentes in der Viskose zu erleichtern, ist von der I. G. Farbenindustrie Aktiengesellschaft vorgeschlagen worden, das Pigment schon in der Zellstoff-Fabrik dem Zellstoff einzuverleiben[1]. Die American Enka Corporation empfiehlt zu demselben Zweck, das Titandioxyd vor der Vorreife zuzugeben, also zweckmäßig während des Zerfaserns der Alkalizellulose[2]. Dieses letztere Verfahren wird in der Praxis vielfach angewandt. Wie aber weiter unten noch ausgeführt wird, ist auch eine durchaus genügend gleichmäßige Verteilung zu erreichen, wenn man das Pigment erst der fertigen Viskose zugibt.

Den Vorteilen des Titandioxyds stehen allerdings auch Nachteile gegenüber: Wie viele andere anorganische Stoffe, die eventuell zum Mattieren herangezogen werden können, ist Titandioxyd verhältnismäßig hart und mehr oder weniger scharfkantig. Diese Eigenschaft bringt sowohl in der Kunstfaserfabrik als auch bei der Verarbeitung gewisse Schwierigkeiten mit sich. Die Härte des Pigmentes bewirkt ein verhältnismäßig schnelles Undichtwerden der Hähne in den Rohrleitungen für die Viskose, da eine pigmentierte Viskose in den Hähnen wie eine Schleifpaste wirkt. Auch Fadenführer und Abzugsrollen an den Kunstseidenspinnmaschinen werden durch pigment-mattierte Fäden verhältnismäßig schnell eingeschnitten und müssen infolgedessen öfters durch neue ersetzt werden. Dieselbe Erscheinung zeigt sich bei der Verarbeitung pigmentmattierter Kunstseide und Zellwolle in der Wirkerei. Platinen und Nadeln der Wirkmaschinen müssen häufiger ausgewechselt werden als dies bei der Verarbeitung normaler Kunstfäden erforderlich ist.

Man hat infolgedessen versucht, das Pigment weniger scharfkantig herzustellen. Nach dem Franz. Pat. 807257 der I. G. Farbenindustrie

[1] DRP.-Anm. J 53344. [2] Amer. Pat. 1940602.

Aktiengesellschaft soll ein solches Pigment erhalten werden, wenn man eine Titanverbindung hydrolysiert und bei Temperaturen von 80—125° C trocknet. Nach dem Österr. Pat. 150994 derselben Erfinderin sollen sich farblose Titanate von Zink, Aluminium, Magnesium, Beryllium oder Zinn hinsichtlich der Beschädigung der Fadenführer u. dgl. günstiger verhalten als Titandioxyd.

Ein spezieller Nachteil des Titandioxyds liegt in seiner Aktivität begründet. Man hat die Beobachtung gemacht, daß viele substantive Farbstoffe auf der Faser in feuchtem Zustand schon in verhältnismäßig kurzer Zeit bei Anwesenheit von Titandioxyd als Mattierungsmittel mehr oder weniger stark ausgebleicht werden. Für das Anfärben von titanmattierten Kunstfasern dürfen daher nur Farbstoffe verwendet werden, die gegen Titandioxyd nicht besonders empfindlich sind. Eine Liste solcher Farbstoffe ist im folgenden wiedergegeben:

Gegen Titandioxyd wenig empfindliche Farbstoffe:

Siriuslichtgelb 5G
Siriuslichtgelb R extra
Siriuslichtgelb FRR
Siriusgelb GG
,, G
,, RK
Benzoviskosegelb 5GL
,, GGL
Brillantreingelb 6G extra
Dianilgelb 3G
Chrysophenin G
Baumwollgelb R
Toluylengelb RL
Stilbengelb 3GX, GX
Chloramingelb M
Diaminechtgelb A
Direktgelb R extra

Siriuslichtorange 7G
,, 5G
,, GG
,, 3R
Siriusorange F3G
Benzoviskoseorange RL
Diaminorange G
Benzoechtorange F3R
Pyraminorange RF
Benzoechtorange S
,, WS
Chloraminorange G

Siriuslichtscharlach B
,, GG
Diaminechtscharlach GFF

Benzoechtscharlach 4BS
Diaminbrillantscharlach S
Benzoechtscharlach 8BS

Siriuslichtrot 5B
,, 4BL
Siriusrot BB
,, 4B
Siriusbordo 5B
Benzoviskoserot BL
Thiazinrot R
Benzolichteosin BL
Erika GN
Naphthaminechtbordo BR
Chloraminrot 8BS
Benzorhodulinrot B
Diaminrosa BD
Brillantgeranin B
Benzoechtrot 9BL

Siriuslichtrubin BB
Siriusrubin R

Siriuslichtrotviolett RL
Siriusrotviolett B
Siriuslichtviolett FFR
Siriuslichtviolett BL
,, F3B
Siriusviolett BB
,, 3B
Benzoviskoseviolett BL
Heliotrop BB
Brillantbenzoviolett B

Siriuslichtblau 3R
,, F3GL
,, BRR
,, BR
,, B
,, BL
,, G
,, 6G
,, FBG
,, FF2GL

Siriuslichttürkisblau G
Siriusblau F3R
,, FG
,, GR
,, GG
Benzoviskoseblau BB
,, RL
,, 3GFL
Brillantkongoblau 5R
Diaminbrillantblau G
Brillantazurin B
Dianilblau B
Benzochromschwarzblau B
Diaminschwarz BH
Diaminschwarzblau B
Dianilblau G
Diaminreinblau FF
Diaminstahlblau L

Siriuslichtgrün BB
,, BL
,, CL
,, GT
,, 6BL
,, GGL
Siriuslichtoliv GL
Siriusgrün B
Benzoviskosegrün BL
Benzodunkelgrün B
Diamingrün B

Siriuslichtbraun G, BR
,, R
,, 3R
,, GR
,, BRL
,, T
Diaminbronzebraun PE
Pegubraun G
Benzolichtbraun GL
Toluylenechtbraun 3G
Diaminechtbraun G
,, GB
Benzolichtbraun STR
Benzochrombraun R
Diaminbraun M
Benzobraun BA
Benzotiefbraun BR
Benzolichtbraun RL
Naphthaminbraun BTL
Naphthaminbraun 4G extra
Chloraminbraun G
Thiazinbraun R
Diaminkatechin B
Benzochrombraun B

Siriuslichtgrau GG
,, VGL
,, R
Siriusgrau BM

Direktschwarz VT
,, AT
Cotonerol VS
Plutoschwarz RB
Kunstseidenschwarz A
,, G
,, MG
Direkttiefschwarz E extra
,, EW ,,
,, RW ,,
Columbiaschwarz FF extra

Die Aktivität des Titandioxyds wirkt sich auch so aus, daß feuchte Kunstfasern am Licht nachbleichen. Da das Licht stets ungleichmäßig auf die Spulen, Stränge, Spinnkuchen usw. auftrifft, so nehmen die Gespinste einen ungleichen Bleichton an. Bei der chemischen Nachbehandlung der frischen Gespinste aus titanhaltiger Viskose muß man daher Sorge tragen, daß sie in nassem und feuchtem Zustand keinem zu hellen Licht ausgesetzt sind.

Man kann die Aktivität des Titandioxyds durch besondere Maßnahmen bei seiner Herstellung verringern. Nach dem DRP. 643995 der Imperial Chemical Industries Ltd. soll die Aktivität beseitigt werden, wenn man das Titandioxyd 1 Stunde bei 85—95° C mit einer 1%igen Lösung von Kalium- oder Natriumbichromat oder -fluorid behandelt. Auch Zuschläge von fein verteiltem Chromhydroxyd oder Chromoxyd zum Titandioxyd sollen günstig sein. Dieselbe Wirkung sollen nach dem Brit. Pat. 455642 derselben Erfinderin lösliche oder unlösliche Verbindungen des Wolframs, Molybdäns oder Urans ausüben.

Die über dieses Gebiet laufenden wissenschaftlichen Arbeiten sind noch nicht zum Abschluß gelangt, insbesondere sind noch neue Titanpigmente von der Titangesellschaft m. b. H., Leverkusen, in der Entwicklung, die gleichfalls die beschriebene Aktivität nicht mehr aufweisen. In diesem Zusammenhange ist das Spezialprodukt S 1310 zu nennen, das bei weicherer Kornbeschaffenheit lichtechtere, stabilere Färbungen ermöglicht. Ferner muß in diesem Zusammenhange noch ein neues Titanpigment genannt werden, das von der I. G. Farbenindustrie unter dem Namen „Spinnmattierung W 7" in den Handel gebracht wird. Dieses Pigment, das in Pastenform hergestellt wird, zeichnet sich besonders durch seine leichte Verteilbarkeit in der Viskose aus, wodurch einwandfreie Filtration ermöglicht wird. Die überaus feine Korngröße dieses Pigmentes setzt auch seine schleifende Wirkung herab.

In Anbetracht der großen Bedeutung, die das Mattieren mit Titandioxyd erlangt hat, soll kurz etwas über die Herstellung des Pigmentes ausgesagt werden: Ausgangsmaterial für das in Deutschland von der Titangesellschaft m.b.H., Leverkusen, hergestellte Pigment ist das Mineral Ilmenit, das sich besonders in Norwegen in mächtigen Lagern findet und in der Hauptsache aus Titaneisenoxyd $FeTiO_3$ besteht. Das Erz enthält im Urzustand etwa 20% Titandioxyd. Durch Aufbereitung an Ort und Stelle wird der Gehalt auf etwa 50% erhöht. Das so konzentrierte Erz gelangt in körnigem Zustand in die Titanfabrik. Hier wird der körnige Ilmenit fein gemahlen, getrocknet und durch Schwefelsäure aufgeschlossen. Das Eisen geht hierbei in Eisensulfat, das Titandioxyd in Titansulfat über. Beim Kochen der Sulfatlösung mit Wasser bildet sich durch Hydrolyse Titandioxyd, das als unlöslicher Körper ausfällt, während das Eisensulfat weiter in Lösung bleibt.

Das ausgefallene, weiße Titandioxyd wird abfiltriert, gewaschen, in einem Drehrohrofen geglüht, gemahlen und windgesichtet.

Für die Kunstseiden- und Zellwollfabriken werden Spezialqualitäten hergestellt, die kalkfrei sein sollen und deren wässerige Aufschlämmungen einen bestimmten p_H-Wert haben. Geringe Spuren von Kalk können ein Zusammenballen der feinen Titanteilchen in der Viskose bewirken und so zu Filtrationsschwierigkeiten und ungleichmäßig mattierten Fasern führen. Der p_H-Wert soll bei 6,5 liegen. Auch dies ist für den Verteilungsgrad des Pigmentes in der Viskose wichtig.

Die American Enka Corporation hat beobachtet, daß das Titandioxyd in der Viskose weniger leicht zusammenballt, wenn man es mit geringen Mengen von fein verteiltem Bariumsulfat mischt[1]. Nach SEKLATWALLA-DUNN[2] neigt Titanphosphat weniger zum Zusammenballen als Titandioxyd. Phosphorsaure Titansalze werden auch von der American Rayon Corporation[3] empfohlen, und zwar besonders als metallorganische Verbindungen, z. B. als $(C_2H_5)_2 \cdot TiO \cdot PH_3O_4$. Auch Titanoxalat[4] und Titanphthalat[5] sind in Vorschlag gebracht worden.

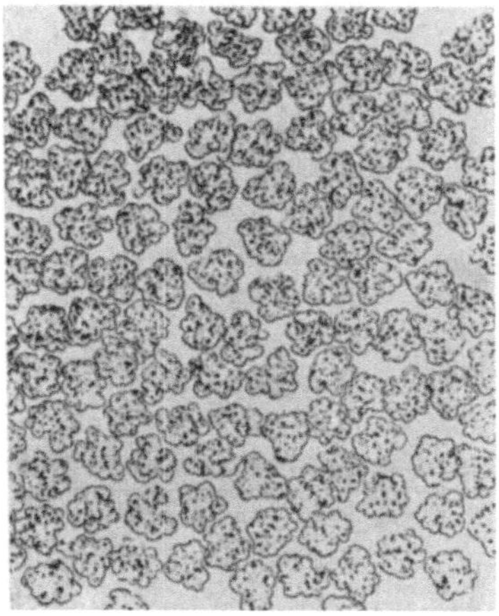

Abb. 162. Querschnitt durch eine mit Titandioxyd mattierte Kunstfaser.

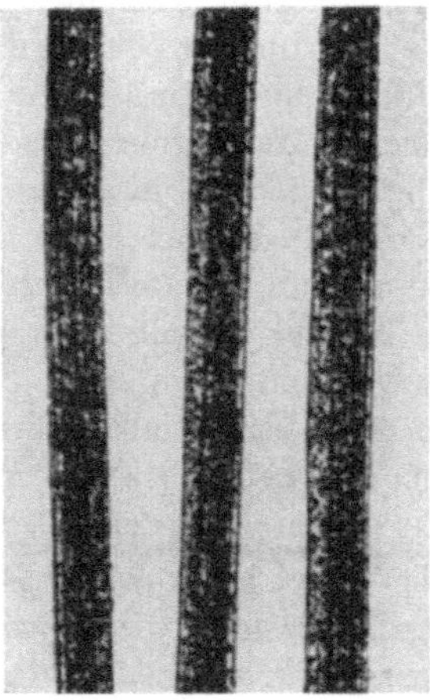

Abb. 163. Längsansicht einer mit Titandioxyd mattierten Kunstfaser.

Abb. 162 zeigt einen Querschnitt durch eine mit Titandioxyd mattierte Kunstseide. Die gleichmäßige Verteilung des Pigmentes ist deutlich zu erkennen. In Abb. 163 ist dieselbe Faser in der Längsansicht dargestellt.

In der Praxis wird Titandioxyd oft mit anderen Körpern gemeinsam angewandt. Man arbeitet besonders gern auf diese Weise, wenn es sich darum handelt, keine ausgesprochen tief matte Faser zu erzeugen, sondern eine Faser, deren Glanz nur schwach gedrückt werden soll. Geringe Zusätze von Titandioxyd zu dem anderen Mattierungskörper verhindern dann das Speckigwerden des Glanzes, das bei ausschließlicher Anwendung flüssiger Mattierungsmittel leicht eintritt. Mischungen mit Titandioxyd sind in den folgenden Patenten beschrieben:

Im Brit. Pat. 341897 der British Celanese Ltd. wird empfohlen, Titandioxyd Türkischrotölen zuzusetzen. An Stelle von Türkischrotöl verwendet die Kunstseidenfabrik Feldmühle[6] Paraffin, Petroleum oder

[1] Amer. Pat. 2044432. [2] Amer. Pat. 1953777. [3] Amer. Pat. 1987095.
[4] American Rayon Corp.: Amer. Pat. 1969689.
[5] GARDNER: Amer. Pat. 2038837.
[6] Österr. Pat. 143303; vgl. hierzu auch das Amer. Pat. 2009110 der du Pont Rayon Corp., sowie das Amer. Pat. 1875894 von SINGMASTER.

Pinen. Nach dem Amer. Pat. 2012232 der Du Pont de Nemours erhält man eine halbmatte Faser durch Mischung von Titandioxyd mit Weißöl. Durch Zusatz von Natriumpyrophosphat soll die Verteilung gleichmäßiger werden. Die American Enka Corporation empfiehlt im Amer. Pat. 1979268 Pine-Oil mit Titandioxyd. An Stelle von Titandioxyd ist in der Patentschrift auch Zinnoxyd oder Bariumsulfat angegeben. Im Brit. Pat. 409521 sind Mischungen von Diphenylchlorid mit Titandioxyd beschrieben, im DRP. 622764 der Feldmühle Lösungen von Faktis in Phenol und Terpenen mit Titandioxyd. Das Amer. Pat. 1938312 der Tubize beschreibt allgemein das Mattieren mit Mischungen von niedrig viskosen Körpern mit Titandioxyd. Noch allgemeiner ist das DRP. 542813 der Glanzstoff-Courtaulds gefaßt, das Mischungen aus unlöslichen Stoffen mit sulfonierten, fetten Ölen zum Gegenstand hat. An Stelle von Titandioxyd können auch andere Pigmente mit Flüssigkeiten gemischt werden, so z. B. andere Oxyde[1], insbesondere Zirkonoxyd[2] oder auch Zinnoxyd, Zinnphosphat oder Zinnoxychlorid[3].

Während bei den eben genannten Verfahren flüssige Körper mit Titandioxyd gemischt wurden, ist auch vorgeschlagen worden, feste Körper mit Titandioxyd zu mischen. So empfiehlt Gardner im Brit. Pat. 391632 Mischungen von Polymerisationsprodukten von Aldehyden oder anderen Kunstharzen mit Titandioxyd.

e) Mattieren mit Gemischen und Körpern verschiedener Art.

Schließlich ist noch eine Reihe von Patenten anzuführen, die das Mattieren durch Körper und Gemische verschiedener Art zum Gegenstand hat. Die American Viscose Corp. empfiehlt im Amer. Pat. 2111449 das Mattieren mit Mischungen aus Petroleum, Paraffin oder ähnlichen Körpern mit chlorierten Diphenylverbindungen. Durch das Amer. Pat. 2060210 sind der Du Pont Rayon Dispersionen organischer Stoffe, wie z. B. Äthylenglycol-di-3-naphthyläther in wässerigen Suspensionen von Monopolbrillantöl, azetylierter Stärke u. dgl. geschützt. Das Amer. Pat. 2014343 der American Enka Corp. beschreibt Gemische von Zinnoxyd mit Pine-Oil, Fenchylalkohol oder Terpenhydrat. Die North American Rayon Corporation empfiehlt aliphatische Thiocarbonsäureester oder deren Alkali- oder Erdalkalisalze[4], metallorganische Verbindungen wie Derivate des Disilans, ferner Triphenylstibin oder Triphenylbismutin[5] sowie Mischungen aus wasser- und alkaliunlöslichen Phenyl- oder Diphenylnaphthalinen mit Kohlenwasserstoffen, gegebenenfalls unter Mitverwendung von Pigmenten[6]. Nach dem DRP. 612487 der Soc. An. de Soie Artificielle de Tomaszow erhält man eine matte

[1] Heymann: Österr. Pat. 137206; DRP. 625902.
[2] Singmaster: Amer. Pat. 2000671.
[3] British Celanese Ltd.: Brit. Pat. 389484. [4] Amer. Pat. 1981643.
[5] Amer. Pat. 2030736 und 2030740. [6] Amer. Pat. 2060787.

Faser durch Naphthen- und Terpenkohlenwasserstoffe mit Zusätzen von Borsäure oder Boraten.

Wie aus dem oben Gesagten hervorgeht, ist die Zahl der als Mattierungsmittel in Vorschlag gebrachten Stoffe äußerst groß. Für die Praxis wird die Auswahl jedoch dadurch erheblich eingeschränkt, daß sich gezeigt hat, daß nur solche Stoffe sich einwandfrei verspinnen lassen, deren spezifisches Gewicht annähernd gleich dem der Viskose ist. Körper mit niedrigerem spezifischen Gewicht steigen in der Viskose hoch, was zu ungleichmäßig mattierten Fasern führt.

VI. Spinnfärben.

Wenn man der Viskose nicht weiße, sondern gefärbte Pigmente zusetzt, so erhält man gefärbte Kunstfasern. Bei Viskosefasern wird von dieser Möglichkeit bisher in der Praxis nur in Sonderfällen Gebrauch gemacht, wohl sind spinngefärbte Acetatkunstfasern und Kupferkunstfasern auf dem Markt. Es ist einleuchtend, daß auf diese Weise nur einige Standardfarben hergestellt werden können. Die Herstellung spinngefärbter Fasern ist für die Kunstfaserwerke äußerst unbequem. Man muß bedenken, daß die Notwendigkeit bestehen kann, die Farben zu wechseln, d. h. also auf den gleichen Spinnmaschinen verschiedene Farben nacheinander zu spinnen. Es kann hierbei vorkommen, daß sich Reste alter Viskose aus den Rohrleitungen losreißen. Dies hat dann zur Folge, daß die frühere Farbe in die zur Zeit spinnende hineingerät, wodurch die betreffende Charge unbrauchbar wird. Jede ungleichmäßige Verteilung des Pigmentes in der Viskose führt ferner zu einer abweichenden Nuance und somit zu einer fehlerhaften Färbung. Bei der Azetatfaser ist dieser Schaden verhältnismäßig leicht wieder zu beheben, da man die fehlerhaften Partien wieder lösen und neu verspinnen kann. Bei der Viskose- und Kupferfaser ist dieser Weg ungangbar. Man kann sagen, daß die Viskosehersteller von der Erzeugung spinngefärbter Fasern bisher im allgemeinen Abstand genommen haben, zumal die Herstellung spinngefärbter Fasern auf Kosten der Beschäftigung der Strangfärbereien geht.

Die Herstellung spinngefärbter Fasern hat allerdings einen Vorteil: Eine echte Färbung erfordert eine ziemliche Strapazierung des Kunstseidenstranges. Hierdurch wird seine Windbarkeit je nach dem Geschick des Färbers in mehr oder weniger starkem Maße ungünstig beeinflußt. Ein spinngefärbter Strang windet sich demgegenüber genau so gut wie ein roher. Aus diesem Grunde wird spinngefärbte Kunstseide von den Webern und Wirkern gern verarbeitet.

Die zum Zwecke des Spinnfärbens brauchbaren Pigmente können anorganischer sowie organischer Natur sein. Von geeigneten anorganischen Pigmenten sind zunächst Verbindungen zu nennen, die durch Glühen von Titandioxyd mit Nickel-, Kobalt-, Eisen- oder Kupfersalzen entstehen. Derartige Körper sind im Franz. Pat. 807230 der I. G. Farbenindustrie Aktiengesellschaft genannt. SINGMASTER beschreibt im Amer. Pat. 1725742 das Spinnfärben mit Eisenoxyd. Der Algemeene Kunstzijde Unie N. V. ist durch das Brit. Pat. 403349 ein blaues Pigment für das Spinnfärben geschützt, das durch Niederschlagen von Kobaltblau auf Bariumsulfat erhalten wird.

Organische, gefärbte Pigmente als Zusatzmittel zur Viskose wurden zuerst allgemein im Österr. Pat. 143626 der Ersten Österreichischen Glanzstoff-Fabrik St. Pölten genannt. Am einfachsten ist die Schwarzfärbung, die mit Ruß herbeigeführt werden kann. Es kommt jedoch nur einigen Sorten der blaustichige Ton zu, der bei Schwarzfärbungen erwünscht ist. Praktische Bedeutung haben in der letzten Zeit Küpenfarbstoffe erlangt, nachdem es gelungen war, sie in äußerst fein verteilte Form zu bringen, wie sie beispielsweise in den sog. Pulver-fein-Marken vorliegen. Die Verwendung feiner Küpenfarbstoffe wurde zuerst von LOCKHART im Amer. Pat. 1865701 beschrieben. Die gleiche Arbeitsweise ist ferner im DRP. 782232 der I. G. Farbenindustrie Aktiengesellschaft niedergelegt. In der Viskose tritt eine teilweise Reduktion des Küpenfarbstoffes zur Leukoverbindung ein. Bei der Nachbehandlung der Gespinste erscheint jedoch der ursprüngliche Farbton durch Oxydation. Es genügt für die Oxydation in den weitaus meisten Fällen der Luftsauerstoff, so daß sich eine zusätzliche Behandlung mit Oxydationsmitteln erübrigt. Wie aus dem DRP. 427134 der Courtaulds Ltd. hervorgeht, soll es bei diesem Verfahren aber leicht zu einem Auskristallisieren der verküpten Anteile in der Viskose kommen, wodurch ungleichmäßige Färbungen entstehen können. Nach der erwähnten Patentschrift kann diese Erscheinung jedoch verhütet werden, wenn man der Viskose gleichzeitig bestimmte organische Lösungsmittel einverleibt.

Unter der Bezeichnung „Spinnfarben" hat die I. G. Farbenindustrie Aktiengesellschaft ein Sortiment von Farbstoffen zusammengestellt, die unreduzierte, fein verteilte Küpenfarbstoffe in Teigform darstellen[1]. Diese Farbstoffe sind so beschaffen, daß sie ohne weiteres der Viskose zugemischt werden können. Der feine Verteilungsgrad erlaubt einwandfreies Filtrieren der Viskose, störungsloses Spinnen und gleichmäßige Anfärbung des Gespinstes. In diesem Sortiment sind auch einige Farbpigmente der Naphtholreihe enthalten. Bevor diese Farbstoffe in Teigform erhältlich waren, ist von Courtaulds Ltd. im Brit. Pat. 427134 empfohlen worden, die Farbstoffpulver mit Glykoläther anzuteigen.

Im übrigen war die Entwicklung des Spinnfärbens so, daß man die Viskose zunächst mit löslichen Farbstoffen anfärbte. Hierfür kommen naturgemäß nur solche Farbstoffe in Betracht, die gegenüber dem hohen Alkaligehalt der Viskose sowie den bei der Nachbehandlung der Gespinste angewandten Chemikalien genügend beständig sind. Hierdurch wird

[1] Amer. Pat. 2043069.

die Farbstoffauswahl erheblich eingeschränkt. Immerhin sind einige substantive Farbstoffe[1] sowie auch Schwefelfarbstoffe[2] gefunden worden, die den an sie gestellten Anforderungen genügen konnten.

Einen großen Schritt vorwärts kam man, als von der I. G. Farbenindustrie Aktiengesellschaft die Indigosole hergestellt waren, worunter lösliche Estersalze von Küpenfarbstoffen zu verstehen sind. Die Indigosole wurden von DOSNE für das Spinnfärben herangezogen, wobei sich zeigte, daß sie für diesen Zweck recht gut geeignet sind. Die Arbeiten von DOSNE haben ihren Niederschlag im DRP. 623118 sowie DRP. 624710 gefunden. Von der Soieries de Strasbourg sind große Mengen von Viskosekunstseide, die nach diesem Verfahren gefärbt war, unter dem Namen „Strascolor" auf den Markt gebracht worden[3]. Zur vollkommenen Entwicklung der Färbung sollen die fertigen Gespinste einer sauren Oxydation unterworfen werden. Es ist verständlich, daß von DOSNE[4] solche Indigosole als am besten geeignet bezeichnet werden, die sich schon im sauren Spinnbad durch Luftoxydation entwickeln. Wie aus dem DRP. 622809 der I. G. Farbenindustrie Aktiengesellschaft hervorgeht, sollen jedoch auch bei diesem Verfahren leicht störende, kristalline Abscheidungen entstehen können. Dies kann nach der genannten Patentschrift dadurch verhütet werden, daß man die Farbpigmente durch Fällen der Indigosollösungen mit Aminen, Ammonium- oder Phosphoniumbasen herstellt.

An Stelle der löslichen Estersalze von Küpenfarbstoffen hat man auch die Viskose mit den löslichen Leukoverbindungen von Küpenfarbstoffen angefärbt. Die Verküpung zur Leukoverbindung wird auf die übliche Weise mit Lauge und Hydrosulfit vorgenommen[5]. Von der Gesellschaft für chemische Industrie, Basel, ist im Brit. Pat. 487275 vorgeschlagen worden, lösliche Farbstoffe der Naphtholreihe zu verwenden, die dadurch hergestellt werden, daß man die Naphtholfarbstoffe mit bestimmten Esterifizierungsmitteln verestert.

VII. Hydrophobieren.

Es war schon mehrmals Gelegenheit, darauf hinzuweisen, daß eine künstliche, aus Hydratzellulose bestehende Faser in stärkerem Maße hydrophil ist als eine native Zellulosefaser, sie zieht infolgedessen mehr Feuchtigkeit aus der Luft an, nimmt beim Eintauchen in Wasser eine größere Menge Quellungswasser auf und zeigt somit ein erhöhtes Quellungsvermögen. Die hiermit zusammenhängenden Nachteile waren S. 188 schon erwähnt worden. Hier soll noch nachgetragen werden, daß die verstärkte Hydrophilie sich auch in einer geringeren Gebrauchstüchtigkeit

[1] Zum Beispiel Monastralechtblau BS, Franz. Pat. 817623.
[2] Franz. Pat. 818238.
[3] Vgl. hierzu LEPAGE: Melliand Textilber. 18, 647 (1937).
[4] Franz. Pat. 760350. [5] Franz. Pat. 782232.

ausdrückt. Insbesondere zeigt eine Kunstfaser nach Waschprozessen eher eine etwas aufgerauhte Oberfläche als eine native Zellulosefaser. Der Wunsch, die Kunstfaser in ihrer Hydrophilie der natürlichen Faser anzugleichen, ist daher verständlich.

Bevor auf die Methoden, die die Erreichung dieses Zieles zum Gegenstand haben, eingegangen wird, ist es erforderlich, auf den Begriff der Hydrophobierung selbst näher einzugehen, da hierüber noch manche Unklarheiten herrschen. Vielfach wird unter Hydrophobierung das Wasserabweisendmachen verstanden[1], womit gemeint ist, daß die behandelte Faser keine oder nur noch eine sehr beschränkte Netzfähigkeit gegenüber Wasser aufweist, mit anderen Worten, daß auf die Faser aufgebrachtes Wasser abperlt, ohne die Faser zu netzen. Diese Auffassung ist jedoch nicht richtig und kann höchstens mit „Pseudohydrophobierung" bezeichnet werden. Bringt man eine so behandelte Faser in eine Wasserdampfatmosphäre, so stellt man fest, daß sie trotz der Behandlung Wasserdampf aufnimmt, wenn auch unter Umständen die Dampfabsorption etwas langsamer erfolgt. Zwingt man eine „pseudohydrophobierte" Faser aber durch Untertauchen zur Wasseraufnahme, so nimmt die behandelte Faser gleichfalls Wasser auf und zeigt somit auch alle charakteristischen Quellungserscheinungen. Der Sinn der wahren Hydrophobierung ist demgegenüber der, nicht die Benetzung der Faser zu verhindern, sondern die Wasseraufnahmefähigkeit lediglich mengenmäßig zu verringern, und zwar nach Möglichkeit so weit, daß die Wasseraufnahme nur den Wert annimmt, der den nativen Zellulosefasern entspricht.

Berücksichtigt man den Umstand, daß die Hydrophilie der Zellulosefasern auf die Anwesenheit freier Hydroxylgruppen in den ungeordneten Bereichen der Faser zurückzuführen ist, so ergibt sich, daß die Hydrophobierungsverfahren darauf hinauslaufen müssen, diese Hydroxylgruppen zu inaktivieren. Dies ist theoretisch auf drei Wegen möglich:

Leitet man den Spinnprozeß so, daß sich im Augenblick des Entstehens der Faser ein größerer Betrag an Zellulosekettenmolekülen durch nebenvalenzmäßige Absättigung zu größeren und dichteren geordneten Gitterbereichen verbindet, so bleibt der Anteil an ungeordneten Bereichen in der Faser und somit an freien Hydroxylgruppen entsprechend geringer, die Faser wird dadurch weniger hydrophil. Da exakte Untersuchungen über dieses Gebiet bisher nicht vorliegen, kann über die Führung des Spinnprozesses nichts näheres ausgesagt werden. Soweit Erfahrungen vorliegen, kann die Ausbildung größerer geordneter Gitterbereiche durch Streckspinnen sowie durch hohe Schwefelsäurekonzentration im Spinnbad (LILIENFELD, vgl. 15. Kap.) herbeigeführt werden. Die erstere Maßnahme bewirkt eine Gleichrichtung der Zellulosehauptvalenzketten, wodurch mehr Moleküle in den Wirkungsbereich der von benachbarten

[1] Vgl. hierzu auch CHWALA: Melliand Textilber. **1938**, Heft 11.

Ketten ausgehenden Nebenvalenzkräfte gelangen, was zu dickeren Bündeln führt. Die zweite Maßnahme wird beim Spinnen einen Wettstreit zwischen den Zelluloseketten und der Schwefelsäure um das Hydratwasser bewirken. Ihrer Solvathülle beraubte Hydroxylgruppen der Zellulose werden sich nebenvalenzmäßig mit benachbarten Ketten abzusättigen versuchen, was gleichfalls zur Ausbildung dickerer Kettenbündel führen wird. Schließlich scheint das Verspinnen einer sehr weitgehend gereiften Viskose in der gleichen Weise günstig zu wirken. Nach einer Ansicht von SCHRAMEK dürften sich in der Viskose gewisse „Rekristallisationserscheinungen" abspielen, die in der stark gereiften Viskose schon weit fortgeschritten sind. Es ist möglich, daß die bei der Lanusafaser beobachtete geringere Quellbarkeit hiermit in Zusammenhang steht. Die Verwendung einer Zellulose von großer Kettenlänge dürfte den Effekt dagegen nicht verbessern. Man kann sich vorstellen, daß großen Molekülen die Parallelrichtung wegen des größeren Trägheitsmomentes schwerer wird.

Daß diese Überlegungen nicht abwegig sein können, geht aus der Beobachtung hervor, daß Streckspinnseiden sowie in konzentrierter Schwefelsäure gesponnene Kunstfasern in der Standardatmosphäre von 65% relativer Luftfeuchtigkeit 1—2% Wasserdampf weniger aufnehmen als normale Kunstfasern.

Diese Überlegungen führen zwangsläufig zu dem Gedanken, daß die Herstellung einer Kunstfaser mit nicht so ausgeprägt hydrophilen Eigenschaften auch dadurch möglich sein muß, daß man Viskose in ein wasserfreies Fällbad spinnt (Vgl. 15. Kap.).

Der zweite, theoretisch mögliche Weg der Hydrophobierung ist gleichfalls ein physikalischer: Man kann in die Faser Substanzen einlagern, die die feinen Poren des Fasergefüges verstopfen und so dem Quellungswasser mechanisch den Zutritt zu den hydrophilen Hydroxylgruppen verwehren. Eine entsprechende Beobachtung scheint die Glanzstoff-Courtaulds G.m.b.H. gemacht zu haben, da im Brit. Pat. 435948, das den Zusatz von Polystyrol zur Viskose zum Gegenstand hat, die verminderte Wasseraufnahme ausdrücklich erwähnt wird.

Der dritte denkbare Weg ist ein chemischer: Er muß in einer chemischen Umwandlung der hydrophilen Hydroxylgruppen in hydrophobe Gruppen bestehen. Hierfür kann nach Lage der Dinge nur eine Veresterung oder Verätherung in Frage kommen, wobei man auch überlegen könnte, die Zelluloseketten gegenseitig miteinander zu veräthern.

Da an dieser Stelle nur die Wirkung von Zusätzen zur Viskose besprochen werden soll, so hat hier nur die zweite und dritte der aufgeführten Möglichkeiten Interesse. Es muß hierzu gleich bemerkt werden, daß derartige Verfahren in der Patentliteratur, soweit sie veröffentlicht ist, kaum anzutreffen sind. Da die einzulagernden Stoffe bis in die unmittelbar die Hydroxylgruppen umgebenden Räume vordringen müssen, wenn ihnen eine Wirkung zukommen soll, so kommen nur Stoffe von einem kleinen Molekulargewicht in Frage. Diese müssen aber unlöslich in der Faser fixiert werden. Es leuchtet daher ein, daß ein Erfolg nur solchen Körpern beschieden sein kann, die auf irgendeine Weise in der Faser zu unlöslichen hochmolekularen Stoffen umgewandelt werden können. Diese Eigenschaft kommt den löslichen Vorkondensaten von Kunstharzen zu. So soll die Einlagerung eines Harnstoff- oder Phenol-Formaldehydvorkondensates gemäß dem Österr. Pat. 145179 (Artilana) die Faser weniger quellbar machen.

Tabelle 89. Kunstharz aus Harnstoff und Formaldehyd. (Nach ELÖD und ETZKORN[1].)

% Kunstharz in der Faser	Bei 75% relativer Luftfeuchtigkeit aufgenommene Wasserdampfmenge in % ($t = 25°$ C)
40,0	9,0
28,1	10,1
22,0	10,7
14,2	12,2
9,8	12,4

Tabelle 90. Kunstharz aus Thioharnstoff und Formaldehyd. (Nach ELÖD und ETZKORN.)

% Kunstharz in der Faser	Bei 75% relativer Luftfeuchtigkeit aufgenommene Wasserdampfmenge in % ($t = 25°$ C)
42,8	6,0
30,0	7,3
23,8	8,8
15,8	10,6
10,4	11,8

Daß den in der Faser fertig kondensierten Kunstharzen die Eigenschaft einer Verringerung der Quellung zukommt, wurde von ELÖD und ETZKORN[1] bewiesen. Wie Tabelle 89 und 90 zeigen, nehmen mit Kunstharz imprägnierte Fasern mit steigender Menge Kunstharz fallende Mengen Wasserdampf auf.

Tabelle 91. Feuchtigkeitsaufnahme von Viskose-, Kupfer- und Azetatkunstseide bei 75% relativer Luftfeuchtigkeit und 25° C. (Nach ELÖD und ETZKORN.)

	Aufgenommene Menge Wasserdampf		
	Viskose %	Kupfer %	Azetat %
Nach 10 Minuten .	12,4	11,4	5,6
Nach 20 Minuten .	14,4	13,7	6,9
Nach 30 Minuten .	15,2	14,4	7,4
Nach 60 Minuten .	15,8	14,7	7,9
Nach 90 Minuten .	16,0	14,7	7,9

Die mitgeteilten Ergebnisse wurden allerdings an Fasern erhalten, die nachträglich mit den Vorkondensaten imprägniert wurden, es ist aber anzunehmen, daß eine entsprechende Wirkung auch eintritt, wenn die Vorkondensate der Viskose einverleibt werden.

Die Wirkung der Kunstharze sehen ELÖD und ETZKORN allerdings nicht nur darin, daß lediglich die Poren im Gefüge der Faser verstopft werden, sondern daß die Kunstharze offenbar auch nebenvalenzmäßig mit der Zellulose selbst in Wechselwirkung treten.

[1] ELÖD u. ETZKORN: Angew. Chem. **51**, 45 (1938).

Ein Patent von LILIENFELD[1] beschreibt den Zusatz von Halogenderivaten organischer Körper, die mit der Zellulose reagieren können, wie z. B. Halogenolefine und Halogenalkylamine.

Daß auch durch Veresterung der Hydroxylgruppen eine Verringerung der Quellbarkeit hervorgerufen wird, geht gleichfalls aus Versuchen von ELÖD und ETZKORN hervor. Tabelle 91 zeigt den Vergleich in der Feuchtigkeitsaufnahme zwischen Viskose-, Kupfer- und Azetatkunstseide.

Zusammenfassend muß zu diesem Gegenstand gesagt werden, daß wir noch ganz im Anfang der Entwicklung stehen. Bedeutende Erfolge sind bei den Bemühungen der Herstellung hydrophober Fasern noch nicht zu verzeichnen. Die Beschäftigung mit dieser Materie hat erst sehr spät eingesetzt. Dies hat seinen Grund darin, daß die Bearbeitung dieses Gebietes erst durch das Vordringen der Zellwolle notwendig wurde.

B. Änderung der chemischen Eigenschaften.

I. Animalisieren.

Der Wunsch, den Hydratzellulosefasern in färberischer Beziehung das Verhalten der Wollfasern zu erteilen, wurde durch die Notwendigkeit wach, Mischgespinste aus Wolle und Zellwolle farbtongleich färben zu müssen. Das zweibadige Färben sowie das Färben mit Halbwollfarbstoffen bringt eine Verteuerung des Färbeprozesses mit sich. Hydratzellulosefasern können durch Nachbehandlung, durch Behandlung des unzersetzten, aber schon koagulierten Xanthogenates, sowie durch Zusätze zur Viskose animalisiert werden. Zu dem letzteren Punkt sind folgende Verfahren zu nennen:

Nach Thomson Houston Co.[2] werden Wollabfälle, Haare oder Hornspäne mit wässeriger oder alkoholischer Natronlauge imprägniert, nach dem Trocknen zu Pulver zerrieben und der Viskose zugesetzt. Auch Hautabfälle sind empfohlen worden[3]. Derselbe Effekt wird durch Casein erreicht[4]. Umwandlungsprodukte von Casein mit Ammoniak oder Aminen beschreibt das Brit. Pat. 466098 der I. G. Farbenindustrie Aktiengesellschaft. An Stelle von Casein kann auch Leim oder Gelatine verwendet werden. Nach der Japan. Pat.-Anm. 13363/36 von FUKAICHI soll das Casein mit sulfitierten, fetten Ölen emulgiert zur Anwendung gelangen. Im Franz. Pat. 786659 der I. G. Farbenindustrie Aktiengesellschaft werden Kondensationsprodukte aus Casein oder Albumin mit Formamid oder Acetamid empfohlen. Nach DONAGEMMA[5] sollen Casein, Leim, Gelatine oder andere Eiweißkörper tierischen oder pflanzlichen

[1] Österr. Pat. 137300. [2] Brit. Pat. 444626.
[3] GUINET: Franz. Pat. 758336.
[4] Soc. d. Soie Art. Valenciennes: Franz. Pat. 762096. [5] Ital. Pat. 345931.

Ursprungs mit Lösungen von Sulfiden oder Schwefelkohlenstoff bei Gegenwart von Alkalien behandelt werden. Die so erhaltenen Reaktionsprodukte werden dann der Viskose zugesetzt.

Der Zusatz von Proteinen und von Gerüsteiweiß ist in mehreren Patenten beschrieben worden[1]. MECHEELS[2] hat gefunden, daß als animalisierendes Zusatzmittel ein Eiweißkörper besonders geeignet ist, der den Fischen entstammt („Wiking-Eiweiß"). Der hohe Polymerisationsgrad dieses Eiweißes kommt der Faserfestigkeit zugute. Wie in dem Brit. Pat. 438199 der I. G. Farbenindustrie Aktiengesellschaft ausgeführt wird, können die Proteine in der Faser durch Behandeln mit Formaldehyd nachgehärtet werden.

Auch Zusätze von Kunstharzen von der Art der Aminoplaste führen zu der Anfärbbarkeit der Kunstfaser mit Wollfarbstoffen (Artilana). Hierzu gehört auch ein Kunstharz aus Polyvinylalkohol und Bromäthylamin[3].

Im folgenden sollen noch einige Produkte komplizierterer Zusammensetzung genannt werden:

Die I. G. Farbenindustrie Aktiengesellschaft beschreibt im DRP. 665359 Umsetzungsprodukte von Äthylenoxyd mit Oxyalkylamiden höhermolekularer aliphatischer, hydroaromatischer oder aromatisch-aliphatischer Säuren. Körper der Äthylenoxydreihe sind auch im Brit. Pat. 465105 der Aceta G. m. b. H. genannt. Die Körper sollen durch organische Basen substituiert sein. Im Franz. Pat. 789331 der I. G. Farbenindustrie Aktiengesellschaft werden Amine oder Ammoniumbasen, die mindestens einen aliphatischen Rest haben, empfohlen. Als Beispiel sind Stearylamin sowie Stearylpyridiniumverbindungen angeführt. Du Pont de Nemours sind Körper geschützt, die die CN-Gruppe im Anion enthalten.

Der Vollständigkeit halber soll hier erwähnt werden, daß die Animalisierung in der Zellwollfabrik auch durch Nachbehandlung der Xanthogenatfaser vorgenommen werden kann. So sollen z. B. nach DRP. 644925 und 657742 der I. G. Farbenindustrie Aktiengesellschaft Xanthogenatfasern, die durch Einspinnen in koagulierend wirkende Spinnbäder gewonnen sind, mit ringförmigen Iminen zu Thiazolidinabkömmlingen der Zellulose umgesetzt werden können. Als Beispiel ist in der Patentschrift Äthylenimin angegeben, das in Lösung oder gasförmig zur Einwirkung kommen kann. Es brauchen nicht alle Xanthogenatgruppen der Faser noch vorhanden sein, vielmehr genügt auch ein Teil von ihnen. Dies besagt, daß man auch mit sauren Spinnbädern arbeiten

[1] BORZYKOWSKI: Amer. Pat. 2057323; I. G. Farbenindustrie Aktiengesellschaft: Öterr. Pat. 144017; Allg. Elektrizitäts-Ges.: DRP.-Anm. A 71186.

[2] MECHEELS: Melliand Textilber. **21**, 1 (1938).

[3] I. G. Farbenindustrie Aktiengesellschaft: Franz. Pat. 792453.

kann, sofern man durch geeignete Maßnahmen, wie beispielsweise kurze Bad- und Luftstrecken oder Anwendung eines Waschbades hinter dem Spinnbad, dafür sorgt, daß eine ausreichende Anzahl umsetzungsfähiger Xanthogenatgruppen erhalten bleibt.

Auch zu dem Gebiet der Animalisierung künstlicher Zellulosefasern muß gesagt werden, daß die Entwicklung noch im Fluß ist und daß Neuerungen noch zu erwarten sind.

II. Verschiedenes.

Die Möglichkeit, Stoffe der verschiedensten Art der Viskose zusetzen zu können, hat man sich auch für einige etwas abseits liegende Spezialzwecke zunutze gemacht. So soll z. B. Titanphthalat in der Faser eine fungizide Wirkung haben[1] und kolloide Metalle in Form von Organosolen sollen bakterizid sein[2].

Ein interessanter Vorschlag ist von FATTINGOR-HAAS[3] gemacht worden. Hiernach werden der Viskose radioaktive Substanzen, z. B. 0,001% Radiumsulfat, zugesetzt. Aus dieser Kunstfaser hergestellte Gewebe sollen zu Heilzwecken Verwendung finden.

C. Die praktische Herstellung von mit Zusätzen versehenen Viskosen.

Das Zusetzen der verschiedenen, im vorstehenden aufgeführten Stoffe zur Viskose muß unter dem Gesichtspunkte erfolgen, daß in der Viskose eine vollkommen gleichmäßige Verteilung der zugesetzten Stoffe erfolgt. Hieraus geht hervor, daß es das Zweckmäßigste ist, die Stoffe der Viskose im Löser zuzusetzen. Der dispergierte Stoff muß dann die Mischungsoperation mitmachen, wodurch eine gleichmäßige Verteilung auch der Zusatzstoffe erwartet werden kann. Sofern die zuzusetzenden Körper Flüssigkeiten darstellen, können sie ohne weiteres in den Mischer gegeben werden. Bei Pigmenten muß man jedoch anders vorgehen, um eine ausreichend gleichmäßige Verteilung zu erhalten. Pigmente werden vor dem Zusatz zur Viskose in einem geeigneten Dispersionsmittel verteilt und in dieser Form der Viskose einverleibt. Bei Titandioxyd verwendet man als Dispersionsmittel am besten Natronlauge, und zwar hat es sich als günstig erwiesen, Preßlauge zu verwenden. Die in der Preßlauge enthaltene Hemizellulose ist ein ausgezeichnetes Dispergierungsmittel für das Pigment. Es wird auf diese Weise ein Zusammenballen des Pigmentes zu größeren Agglomeraten und ein zu schnelles Absitzen verhindert. Hierdurch gelangt zwar Hemizellulose in die Viskose; die

---

[1] GARDNER: Amerk. Pat. 2038836.
[2] North American Rayon Corp.: Amer. Pat. 2072808.
[3] Amer. Pat. 1956948.

zum Dispergieren erforderliche Menge Lauge ist aber so gering, daß das Hineingelangen der Hemizellulose in die Viskose praktisch das erlaubte Maß nicht überschreitet. Die Möglichkeit, das Pigment auf diese Weise zu dispergieren, macht das Zusetzen auch betrieblich einfacher. Man kann so aus einer genau abgewogenen Menge Pigment und einem genau abgemessenen Volumen Lauge eine Stammlösung herstellen, von der man gleiche Volumina für mehrere Chargen entnehmen kann.

Abb. 164. Kreiselmischer der Firma J. S. Petzholdt, Freital bei Dresden.

Die Verteilung des Pigmentes in der Lauge erfolgt zweckmäßig auf mechanischem Wege. Man kann für die Herstellung der Dispersion einen kleinen Zerfaserer verwenden, in dem man die Aufschlämmung einige Zeit durcharbeitet. Zweckmäßiger ist die Anwendung von Spezialapparaten, von denen sich unter anderem der Petzholdt-Kreiselmischer (Abb. 164) gut bewährt hat. Die wirksamen Elemente dieses Mischers sind ein schnell laufender Kreisel mit Einzug- und Auswurfschaufeln sowie ein System von langsam in ihm rotierenden Armen und Abstreichern. Durch diese sinnreiche Konstruktion wird eine äußerst gleichmäßige Dispersion schon in kurzer Zeit herbeigeführt. Zu grobe Pigmentteilchen werden durch die Filtration der Viskose zurückgehalten. Seite 318 war schon ein Patent erwähnt worden, wonach man das Pigment vor dem Zerfasern zusetzt. Es kann hier noch nachgetragen werden, daß sich diese Arbeitsweise praktisch recht gut bewährt hat.

Farbstoffe oder gefärbte Pigmente gibt man der Viskose nicht gern schon im Löser zu, da man auf diese Weise die Rohrleitungen, Kessel und Filter mit Farbstoff verschmutzt. In diesem Falle geht man am besten so vor, daß man die Körper in Viskose in möglichst hoher Konzentration dispergiert und die Dispersion unmittelbar an den Spinnmaschinen in gleichmäßigem Strahl in die Viskoseleitung hineindrückt, wozu man zweckmäßig eine kleine Zahnradpumpe, die mit der Pumpenwelle der Spinnmaschine gekoppelt ist, verwendet.

14. Kapitel.

Kontinuierliche und abgekürzte Verfahren zur Herstellung von Viskose.

Aus der Beschreibung der Herstellungsweisen für die Alkalizellulose sowie die Viskose ging hervor, daß eine Unterteilung des Zellstoffes zum Zwecke der Überführung in Alkalizellulose in kleine Partien erforderlich ist, die nacheinander mit der Lauge behandelt werden müssen. Auf diese Weise entstehen in der Kunstseiden- und Zellwollfabrik die sog. Produktionsnummern oder -chargen, die als in sich geschlossene Einheiten bis zur Fertigstellung des Endproduktes den ganzen Fabrikationsgang durchlaufen. Im einzelnen müssen diese Nummern im allgemeinen vor der Vorreife noch einmal weiter unterteilt werden, und erst bei dem Eintreffen in den Viskosestationen können mehrere Nummern zusammengefaßt werden.

Es leuchtet ein, daß diese Aufteilung in Nummern äußerst unbequem ist sowie eine geschickte Organisation und peinliche Betriebskontrolle erfordert, um ein störungsfreies Nacheinanderfortarbeiten der einzelnen Nummern zu gewährleisten. Die starken Einflüsse, die äußere Faktoren, wie Temperatur und Zeit, auf den Ablauf der chemischen und physikalischen Vorgänge bei der Alkalizellulose und bei der Viskose haben und die eine vollkommen gleichartige Behandlung jeder Nummer notwendig machen, erschweren die Arbeit im Betriebe noch mehr.

Es ist daher verständlich, daß man sich schon lange bemüht hat, in die Fabrikation der Viskose einen grundlegenden Wandel zu bringen. Wie aber schon in der Einleitung erwähnt wurde, ist es den Kunstseidenfabriken trotz umfangreicher Versuche bisher nicht gelungen, eine vollkommen kontinuierliche Arbeitsweise soweit zu entwickeln, daß sie ohne Qualitätseinbuße für das Endprodukt angewandt werden kann. Lediglich in der Alkalizellulosereife beginnt sich auch in der Kunstseidenfabrik allmählich ein kontinuierliches Arbeiten durchzusetzen.

Zwei Umstände ließen in der jüngsten Zeit die Durchbildung der kontinuierlichen Verfahren als besonders reizvoll erscheinen, nämlich die bei der Zellwolle vorliegende Notwendigkeit, sehr große Viskosemengen bewältigen zu müssen, sowie die Tatsache, daß die Zellwolle nicht ganz so empfindlich hinsichtlich der Gleichmäßigkeit ihrer Eigenschaften ist wie die Kunstseide. Dieser letztere Umstand ließ Versuche mit kontinuierlichen Arbeitsweisen in der Zellwollfabrik eher zu als in der Kunstseidenfabrik. Bei einem etwaigen Fehlschlagen der Versuche braucht es in der Zellwollfabrik nicht wie bei der Kunstseide dazu zu kommen, daß ganze Chargen des Endproduktes verworfen werden müssen. Hierdurch ist in der Zellwollfabrik auch die Investierung größerer Geldmittel in die Versuche eher zu verantworten als in der

Kunstseidenfabrik. Wenn trotzdem die Fabriken nur zögernd an das Problem herangegangen sind, so ist dies mit ein Beweis für die außerordentliche Schwierigkeit der Materie.

A. Kontinuierliche Verfahren.

Auch bei der kontinuierlichen Herstellung der Viskose zerfällt der Arbeitsgang in mehrere Phasen, nämlich in die Alkalisierung und Vorreife, in die Sulfidierung sowie in die Viskosereife und -reinigung. Die bisher vorliegenden Arbeiten auf diesem Gebiete sollen daher auch in dieser Reihenfolge besprochen werden.

I. Alkalisierung.

Bei der kontinuierlichen Alkalisierung sind zwei Wege möglich, die sich durch die Form des angewandten Zellstoffes unterscheiden. Man kann entweder an der Blattform des Zellstoffes bei der Alkalisierung festhalten oder von Zellstoffbahnen ausgehen. Schließlich kann man auch Flockenzellstoff anwenden.

Es soll zuerst auf die Arbeitsweisen eingegangen werden, die von normalem Zellstoff ausgehen. Die Grundidee für die Lösung des Problems ist die, den Zellstoff in Form eines endlosen Bandes oder in Form einzelner auf einem Transportband ruhender Blätter durch die Natronlauge zu führen und ihn anschließend kontinuierlich abzupressen. Dieser Gedanke kam erstmalig im DRP. 335563 von SCHÜLKE zum Ausdruck. SCHÜLKE schlägt die Verwendung eines flachen Behälters für die Lauge vor. Der Zellstoff, von Rollen kommend, wird auf einem Transportband aus Eisendrahtgewebe gehalten. Bei der Anwendung von Zellstoffblättern empfiehlt SCHÜLKE den Einbau zweier Transportbänder, zwischen die die Zellstoffblätter gelegt werden. Nachdem der Zellstoff den Laugenbehälter passiert hat, wird die überschüssige Lauge durch geeignete Vorrichtungen von dem Zellstoff abgestreift oder durch Walzen mit geringem Druck abgepreßt. Die überschüssige Lauge fließt wieder in den Tauchbehälter zurück. Der von der überschüssigen Lauge befreite Zellstoff fällt in einen kontinuierlich arbeitenden Zerfaserer. Wie in der Patentschrift erwähnt wird, soll der Zellstoff mit Absicht nicht auf das richtige Preßgewicht abgepreßt werden, damit die Lauge noch während des Zerfaserns die Masse gleichmäßig durchdringen kann. Durch diese Bemerkung ist aber zugleich schon die Schwäche des Verfahrens aufgezeigt, die darin liegt, daß keine homogene Alkalizellulose erhalten wird. Es kann hier gleich vorweg genommen werden, daß die gleichmäßige Durchdringung des Zellstoffes mit der Lauge wohl der schwierigste Punkt bei der kontinuierlichen Alkalisierung des Zellstoffes in Band- oder Blattform ist und daß für die Beseitigung dieser Schwierigkeit außerordentlich viel Mühe aufgewandt worden ist. Diese

Schwierigkeit wächst in dem Maße, wie die Anzahl der übereinander gelegten Zellstoffbahnen steigt. Eine Tauchung mehrfach übereinander gelegter Bahnen ist aber erforderlich, um eine genügend große Leistung der Apparatur zu erhalten.

Im Gegensatz zu SCHÜLKE sieht das Brit. Pat. 247307 von BRANDWOOD das Abpressen des getauchten Zellstoffes auf das richtige Preßgewicht vor. BRANDWOOD geht von Zellstofftafeln aus, die auf einem Transportband durch die Lauge geführt werden. Das Transportband führt die alkalisierten Zellstoffblätter unter eine hydraulische Presse, die absatzweise die Pressung vornimmt. Entsprechend dieser Arbeitsweise wird der Zellstoff auch absatzweise durch den Laugentrog geleitet. Die schrittweise Betätigung der Apparatur erfolgt durch eine Nockenscheibe.

An Stelle der diskontinuierlich arbeitenden hydraulischen Presse ist im Franz. Pat. 643903 von LAMASSIAUDE eine Walzenpresse beschrieben, durch die der alkalisierte Zellstoff in gleichmäßigem Lauf geführt wird. Hierbei ist aber zu bedenken, daß ein gleichmäßiger Preßgrad durch eine Walzenpresse nur erreicht wird, wenn die Zellstoffbahnen vollkommen gleich dick sind, und diese Voraussetzung ist bei dem Zellstoff nicht immer gegeben. Dickere Zellstoffteile erhalten durch die Walzenpresse zwangsläufig einen höheren Preßgrad als dünnere. Die Folge davon ist eine ungleichmäßige Viskose.

Von dem Gedanken ausgehend, daß der Preßeffekt der Walzenpresse den Dickenverhältnissen der Zellstoffbahn angepaßt sein muß, wurde von der I. G. Farbenindustrie Aktiengesellschaft[1] eine sinnreiche Vorrichtung entwickelt. Hiernach wird der in ein- oder mehrfacher Lage durch den Laugentrog geführte Zellstoff nicht durch eine, sondern durch mehrere Walzen stufenweise abgepreßt. Durch eine feine Tastvorrichtung wird die Dicke der Zellstoffbahn nach dem Passieren des Laugenbehälters abgetastet. Die Regulierung des Preßeffektes der Walzen erfolgt dann automatisch über ein Zeitrelais, das die Zeit berücksichtigt, die zwischen dem Abtasten und dem Eintreffen der Zellstoffbahn an den Preßwalzen liegt. Bei ordnungsgemäßem Funktionieren dieser empfindlichen Einrichtung ist somit eine Sicherheit für einen gleichmäßigen Preßeffekt bei Dickenschwankungen des Zellstoffes gegeben. Die Apparatur ist aber nur wirksam, wenn die Dicke der Zellstoffbahn in ihrer ganzen Breite schwankt, unregelmäßig über die Breite der Zellstoffbahn verteilte Dickenschwankungen werden von der Apparatur nicht erfaßt, und somit kann auch diese Lösung nicht als restlos befriedigend angesprochen werden.

Während die beschriebenen Verfahren ausschließlich die Alkalisierung zum Gegenstand haben, geht das DRP. 604015 von STEIMMIG[2]

[1] I. G. Farbenindustrie Aktiengesellschaft: DRP. 513203.

[2] Vgl. hierzu auch das Brit. Pat. 385291 der Algemeene Kunstzijde Unie.

einen Schritt weiter, indem auch die Vorreife der Alkalizellulose in den kontinuierlichen Arbeitsgang einbezogen wird. Nach dem Vorschlag von STEIMMIG soll die Alkalizellulose auch in Form einer Bahn gereift werden. Die Alkalisierung und das Abpressen lehnen sich an die schon genannten Verfahren an, es wird also die Alkalisierung ebenfalls durch Hindurchführen der Zellstoffbahn in einer oder mehreren Lagen, durch ein Rollenpaar geführt, durch einen Laugentrog vorgenommen. Das Abpressen erfolgt zwischen drei Paaren von Quetschwalzen. Die Anlage

Abb. 165. Laugentrog für die kontinuierliche Alkalisierung von Zellstoffbahnen, gebaut von der Maschinenfabrik Emil Blaschke, Berlin-Tegel.

wird von der Firma Kunstseiden-Maschinen und Apparate, Emil Blaschke, Berlin-Tegel, gebaut. Bei einer Durchführungsgeschwindigkeit von 1 m in der Minute soll die Tauchwanne 10—12 m lang sein, um eine vollkommene Durchdringung des Zellstoffes mit der Lauge zu gewährleisten. Es ist aber auch möglich, die Zellstoffbahn im Laugentrog umkehren zu lassen und so mehrfach hin und her zu führen. Die Tauchzeit ist im Mittel auf 24 Minuten bemessen (Abb. 165 und 166). Nach dem in drei Stufen mit zunehmendem Preßdruck erfolgten Abpressen wird die Zellstoffbahn durch einen Schaber von der Preßwalze abgelöst, worauf sie auf ein zweites Transportband fällt, das sie durch einen Schlitz in eine Kammer führt. Diese Kammer ersetzt den Reiferaum bei der üblichen, diskontinuierlichen Alkalizellulosereife. Die Abb. 167 zeigt die Seitenansicht dieser Kammer. Es ist bei dieser Einrichtung nicht möglich, die Alkalizellulose mehrere Tage reifen zu lassen. Deshalb wird in der Kammer die Reife durch Temperaturerhöhung beschleunigt. Dadurch, daß die Alkalizellulose mit der warmen Luft in Form einer gleichmäßigen Schicht in Berührung kommt, soll die Reife besonders gleichmäßig vor sich gehen. Schließlich ist bei dieser Arbeitsweise die Möglichkeit gegeben, die Reifung durch Einbringen der Alkalizellulosebahn in eine Kühlzone plötzlich zu unterbrechen. Die Zeitdauer der Passage durch die Reifekammer und die zur Anwendung kommende Temperatur werden dem gewünschten Reifegrad angepaßt. Die Alkalizellulose verbleibt im allgemeinen während 6 Stunden in der Reifekammer, deren Temperatur im Mittel 43° C beträgt. Um ein Austrocknen der Alkalizellulosebahn während der Passage durch die Reifekammer zu verhindern, kann die Luft der Reifekammer auf einen bestimmten Feuchtigkeitsgehalt eingestellt werden. Nötigenfalls kann die Reifekammer auch mit kohlensäurefreier Luft beschickt werden, um eine zu große Karbonatbildung zu verhüten. Bei diesem Verfahren findet also die Vorreife vor dem Zerfasern statt.

Abb. 166. Quetschwalzenpaare an der kontinuierlichen Alkalisiervorrichtung der Maschinenfabrik Emil Blaschke, Berlin-Tegel.

Auf den gleichen Prinzipien fußend, hat die Maschinenfabrik Imperial, Meißen, in Gemeinschaft mit Schieber von der Thüringischen Zellwolle Aktiengesellschaft, Schwarza, eine Apparatur entwickelt, und zwar für die Bewältigung großer Zellstoffmengen. Die Apparatur verarbeitet gleichzeitig 26 Zellstoffrollen von je 1,50 m Breite. Die Zellstoffrollen befinden sich auf einem Gatter, und zwar zu je 13 Rollen übereinander und zu 2 Rollen nebeneinander (Abb. 168). Von dem Gatter rollen die Zellstoffbahnen ab und gelangen auf ein Transportband, das sie durch die Tauchwanne („Rinne“) führt (Abb. 169). Es laufen also 13 Lagen Zellstoff übereinander und 2 Lagen nebeneinander durch die Rinne, die eine Breite von 3,30 m und eine Länge von etwa 25 m hat. Mit diesem Kontinueverfahren hat Schieber eine Zellstoffveredlung kombiniert. Diese besteht darin, daß man die Zellstoffbahnen zuerst in eine Natronlauge von 10% einlaufen läßt. Diese Konzentration entspricht nahezu dem Löslichkeitsmaximum für abgebaute Zellulose sowie die Zellulosebegleitstoffe. Es werden demnach durch diese Natronlauge die im Zellstoff enthaltenen alkalilöslichen Anteile gelöst. Ein normaler Sulfitzellstoff mit 87—88% α-Zellulose soll in dieser Apparatur auf einen α-Zellulosegehalt von etwa 99% gebracht werden. Hierin liegt ein großer wirtschaftlicher und technischer Vorteil begründet. Von einem normalen Zellstoff ausgehend, erhält man so für die Kunstfaser ein außerordentlich hochwertiges Ausgangsmaterial, das sich durch einen hohen Polymerisationsgrad der Zellulose auszeichnet, was wieder den Beständigkeitseigenschaften der fertigen Faser zugute kommt. Es sind durch die Maschinenfabrik Imperial technische Einzelheiten entwickelt worden, die für eine schnelle und gleichmäßige Benetzung des Zellstoffes mit der Lauge Sorge tragen. Dies wird durch Entlüftung des Zellstoffes erreicht sowie dadurch, daß jede Zellstofflage einzeln mit der Lauge in Berührung gebracht wird. Bereits nach einem Ablauf von 1 Minute soll eine vollkommene Durchdringung des Zellstoffes mit der Lauge erfolgt und eine vollkommen gleichmäßige Quellung eingetreten sein.

Abb. 167. Seitenansicht der Reifekammer für kontinuierliche Vorreife der Alkalizellulosebahn, gebaut von der Maschinenfabrik Emil Blaschke, Berlin-Tegel.

Am anderen Ende der Rinne gelangen die Zellstoffbahnen in eine Walzenpresse. Die abgepreßte Lauge fließt in die Rinne zurück. Die Walzenpresse ist auch bei diesem Verfahren als Mehrstufenpresse ausgebildet, wobei der Preßdruck von Stufe zu Stufe gesteigert wird. Dies hat sich als notwendig zur Erzielung eines genügend gleichmäßigen Preßgrades erwiesen.

Die Lauge reichert sich in der Rinne mit Hemizellulosen an. Sie wird nach einer bestimmten Zeit nach dem Dialysierverfahren (s. S. 176) gereinigt, worauf sie, auf die richtige Konzentration eingestellt, in die Rinne zurückgeleitet wird. Infolge des hohen Hemigehaltes ist die Regenerierung dieser Veredlungslauge sehr wirtschaftlich.

Es darf allerdings nicht verschwiegen werden, daß auch diese Apparatur noch einige Schwächen aufweist: So ist die Diffusion der Lauge

Abb. 168. Teilansicht eines Gatters zur Aufnahme von Zellstoffrollen (Ansicht aus der Thüringischen Zellwolle Aktiengesellschaft, Schwarza-Saale).

Abb. 169. Blick auf die „Rinne". Im Vordergrund Preßwalzen (Ansicht aus der Thüringischen Zellwolle Aktiengesellschaft, Schwarza-Saale).

in der verhältnismäßig dicken und breiten Zellstoffbahn noch nicht ganz gleichmäßig, so daß nicht an allen Stellen des Zellstoffes gleich große Mengen Hemizellulose herausgelöst werden. Der theoretisch mögliche α-Zellulosewert dürfte daher nicht vollkommen erreicht werden und auch gewissen Schwankungen unterworfen bleiben. Auch die Pressen lassen noch Wünsche offen. Im allgemeinen wird beobachtet, daß der Preßdruck an den Seiten der Presse etwas höher ist als nach der Mitte zu.

Nach dem Abpressen gelangen die Zellstoffbahnen in eine zweite, der ersten gleich konstruierten Rinne, in der nun die eigentliche Alkalizellulosebildung vor sich geht. Da der Zellstoff mit Lauge durchfeuchtet in die Tauchlauge gelangt, ist die Konzentration der Tauchlauge entsprechend höher einzustellen. Auf Grund des Umstandes, daß ein vollkommen reiner Zellstoff in die Tauchlauge einfährt, ist eine Regenerierung nicht erforderlich. Die Tauchlauge bleibt vielmehr lange Zeit verwendbar. Der Ätznatronverlust durch die Alkalizellulosebildung wird laufend ergänzt.

Nach dem Passieren des zweiten Natronlaugebades gelangen die Zellstoffbahnen wieder in eine Walzenpresse, wo sie, wie im Anschluß an die Vorlaugierung, mit steigendem Druck stufenweise abgepreßt werden.

Auch bei diesem Verfahren schließt sich an die Alkalisierung unmittelbar die Vorreife der Alkalizellulose an. Die Zellstoffbahnen werden aber nicht, wie beim STEIMMIG-Verfahren, als solche durch die Reifekammer gefahren, sondern sie werden unmittelbar nach der Abnahme von der letzten Preßwalze zu Rechtecken zerschnitten. Die rechteckigen Zellstoffblätter fallen in taschenförmige Drahtkörbe, die an Transportketten hängend durch die Reifekammer geführt werden. Die Führung geschieht nach der Art des Imperial-Zickzack-Trockners. Beim senkrechten Herunterfallen der geschnittenen Zellstoffblätter in die Körbe teilen sich die von den 13 Bahnen stammenden Blätter von selbst auf und stellen sich lose nebeneinander in die Körbe. Hierdurch wird erreicht, daß an allen Zellstoffteilen schnell eine gleichmäßige Erwärmung in der Reifekammer erfolgt, so daß die Reife in allen Zellstoffteilen sehr gleichförmig verläuft. In der Reifekammer verbleibt der Zellstoff 4 Stunden und durchwandert dann während einer weiteren Stunde eine Kühlzone.

An die Vorreife schließt sich eine kontinuierliche Zerfaserung an. Die kontinuierlich arbeitenden Zerfaserer sind noch in der Entwicklung begriffen. Weitgehend und erfolgreich ausprobiert sind die kontinuierlichen Zerfaserer von Werner & Pfleiderer, von Karl Behnsen & Co. sowie von Gustav Eirich. Die mit „Scheibenzerfaserer“ bezeichnete Maschine von Werner & Pfleiderer ist in Abb. 170 wiedergegeben. Wie der Name sagt, findet die Zerkleinerung der Alkalizellulose zwischen Reibscheiben statt. Bei einer Leistung von 3000 kg Alkalizellulose in der Stunde erhält man bei dieser Konstruktion eine Alkalizellulose von einem Litergewicht von 120—150 g. Der Zerfaserungsgrad und somit das Litergewicht läßt sich durch Verstellen der Reibscheiben weitgehend verändern.

Auch die Wirkung der kontinuierlichen Zerfaserer („Unimax-Mühlen") der Firma Karl Behnsen & Co. beruht auf Reibscheiben. Die eigentlichen Zerkleinerungselemente sind Zähne mit doppelt-scherenartiger Wirkung, die auf den Innenflächen der Mahlscheiben in konzentrischen Ringen angeordnet sind. Die Größe der Zähne nimmt nach der Peripherie hin ab, ihre Anzahl dagegen zu. Eine Mahlscheibe ist feststehend, während die andere rotiert, wobei die Zähne ineinandergreifen. Der Zerkleinerungsgrad kann auch bei dieser Maschine reguliert werden. Zu hohe Erwärmung der Mahlscheibe wird durch Wasserkühlung verhindert (Abb. 171).

Abb. 170. Kontinuierlich arbeitender Zerfaserer für Alkalizellulose der Firma Werner & Pfleiderer, Stuttgart-Bad Cannstatt.

Abb. 171. Kontinuierlich arbeitender Zerfaserer für Alkalizellulose der Firma Zerkleinerungsmaschinen Ing. Karl Behnsen & Co., Groß-Auheim bei Hanau.

Bei dem Zerfaserer der Firma Gustav Eirich findet die Zerkleinerung des Materials in zwei Stufen statt. In der ersten Stufe nimmt ein Häcksler (Abb. 172) eine Vorzerkleinerung der Alkalizellulosebahnen vor. In diesem werden die Alkalizellulosebahnen in etwa 20 mm breite Streifen geschnitten, die automatisch an den eigentlichen Zerfaserer abgegeben werden, in dem diese Streifen wieder zwischen einer feststehenden und einer umlaufenden Platte zerfasert werden. In dieser Apparatur ist gleichfalls eine Zerkleinerung der Alkalizellulose bis zu einem Litergewicht von 140 bis 150 g möglich (Abb. 173).

Bei den bisher beschriebenen Verfahren wurde die Alkalisierung am Zellstoff in Form von Blättern oder Bahnen vorgenommen. Wir müssen uns nunmehr den Verfahren zuwenden, bei denen der Zellstoff in Form von Flocken alkalisiert wird. Es leuchtet ein, daß diese

Arbeitsweise manche Vorteile hat, zum mindesten ist die Durchtränkung des Zellstoffes mit der Alkalilauge bei Anwendung wirksamer Mischwerke leichter und schneller gleichmäßig herbeizuführen als beim Hindurchleiten von Zellstoffblättern oder -bahnen durch die Lauge. Bei dieser Arbeitsweise muß der Zellstoff, wenn nicht unmittelbar von Flockenzellstoff ausgegangen wird, in trockenem Zustand zerfasert werden. Wie schon an anderer Stelle erwähnt, wird der Zellstoff aber zweckmäßig vor der Zermahlung mit Wasser oder Lauge berieselt oder aufgeschlämmt.

Abb. 172. Häcksler für Alkalizellulose der Firma Gustav Eirich, Hardheim-Nordbaden.

Für die trockene Vermahlung von Zellstoff soll sich das schon beschriebene, von der Firma Gustav Eirich entwickelte Häcksler- und Zerfaserungsaggregat bewährt haben. Auch die Unimax-Mühlen sollen für diesen Zweck geeignet sein. Es ist zu erwarten, daß auf diesem Gebiete aber noch weitere Konstruktionen auf dem Markt erscheinen werden.

Bei der kontinuierlichen Alkalisierung von flockigem oder zerfasertem Zellstoff sind verschiedene Arbeitsweisen in Anwendung, über deren Bewährung bis jetzt allerdings noch keine Veröffentlichungen vorliegen.

Abb. 173. Kontinuierlich arbeitender Zerfaserer für im Häcksler vorzerkleinerte Alkalizellulose; Gustav Eirich, Hardheim-Nordbaden.

Von der Maschinenfabrik Imperial ist das Problem z. B. auf folgende Weise gelöst worden: Der zerfaserte Zellstoff wird zunächst mit Lauge angeteigt und gelangt dann in eine schwach geneigte Rinne, die sog. „Schubrinne“. In dieser wird der Zellstoff als Brei langsam vorwärts bewegt, während ihm die Lauge entgegenströmt. Am anderen Ende angekommen, ist die Zellulose vollständig in Alkalizellulose übergeführt.

Ein anderes, in Einzelheiten gleichfalls noch nicht in der Literatur beschriebenes Verfahren beruht darin, daß der kontinuierlich zerfaserte Zellstoff in einem kontinuierlichen Arbeitsgang Rühr- und Mischwerke durchläuft, in denen er mit der Lauge verarbeitet wird.

Das Entfernen der überschüssigen Lauge kann nach einem Vorschlag der Maschinenfabrik Imperial dadurch erreicht werden, daß die Alkalizellulose aus der Schubrinne herausgehoben und auf ein Saugzellenfilter gebracht wird, auf dem die Alkalizellulose abgesaugt wird. Es entsteht hierdurch ein Vlies, das dann wieder, wie oben beschrieben, durch eine Walzenpresse geführt wird. Die weitere Behandlung, also die Vorreife, ist darauf dieselbe wie bei der Bearbeitung der Alkalizellulosebahnen. Durch Hintereinanderschalten zweier Apparaturen ist es auch bei diesem Verfahren möglich, eine Vorveredlung des Zellstoffes vorzunehmen.

Die Saugzellenfilter kann man umgehen, wenn man sich nicht einer Walzenpresse, sondern einer Schneckenpresse bedient, wie sie beispielsweise von der Maschinenfabrik Müller in Eßlingen gebaut wird. Allerdings ist die Leistung einer Schneckenpresse geringer als die einer Walzenpresse, so daß das Abpressen durch eine Gruppe parallelgeschalteter Schneckenpressen erfolgen muß. Es hat sich als notwendig erwiesen, an die Schneckenpresse noch eine Maschine anzuschließen, die eine weitere Vermahlung der abgepreßten Alkalizellulose vornimmt, damit für die anschließende Sulfidierung eine genügend zerkleinerte Alkalizellulose erhalten wird. Für diesen Arbeitsvorgang ist die schon erwähnte Unimax-Mühle geeignet. Die Wirkungsweise einer Schneckenpresse ist die folgende: Sie besteht im Prinzip aus einem horizontal liegenden, sich allmählich verjüngenden Rohr, in dem eine Förderschnecke rotiert, deren Spirale entsprechend den Abmessungen des Rohres im Durchmesser immer kleiner wird. Ferner werden die Spiralen nach der sich verjüngenden Seite des Rohres zu immer steiler. Der Alkalizellulosebrei fällt an der weitesten Stelle des Rohres in die Presse hinein und gelangt zwischen den sich drehenden Spiralen allmählich weiter nach der verjüngten Seite hin, wobei er durch das Steilerwerden der Spiralen einem steigenden Preßdruck ausgesetzt wird. Am vorderen Ende der Presse wird der abgepreßte Alkalizellulosebrei durch Schlitze ausgeworfen. Die Lauge fließt durch feine Öffnungen des Preßrohres ab und wird unterhalb der Presse gesammelt.

Die abgepreßte und vermahlene Alkalizellulose kann nun kontinuierlich vorgereift werden. Für die kontinuierliche Vorreife zerfaserter Alkalizellulose hat sich eine Einrichtung der Firma A. Stotz A.G., Stuttgart-Kornwestheim, recht gut bewährt. Diese Einrichtung wird neuerdings auch von solchen Zellwoll- und Kunstseidenfabriken verwendet, die die Alkalizellulose durch diskontinuierliches Tauchen, Abpressen und Zerfasern herstellen. Die Anlage arbeitet wie folgt:

Die zerfaserte Alkalizellulose wird zunächst in einem Bunker gesammelt. Unterhalb dieses Bunkers liegt der Vorreiferaum, der aus einer langgestreckten Kammer von 5—6 m Höhe und 60—70 m Länge besteht (Abb. 174). Die Vorreife findet auf Transportbändern statt, die aus dicht aneinanderschließenden Eisenplatten bestehen. Die seitliche Begrenzung dieser Plattenbänder wird durch senkrecht stehende Eisenbleche bewirkt. Die Breite der Plattenbänder beträgt normalerweise

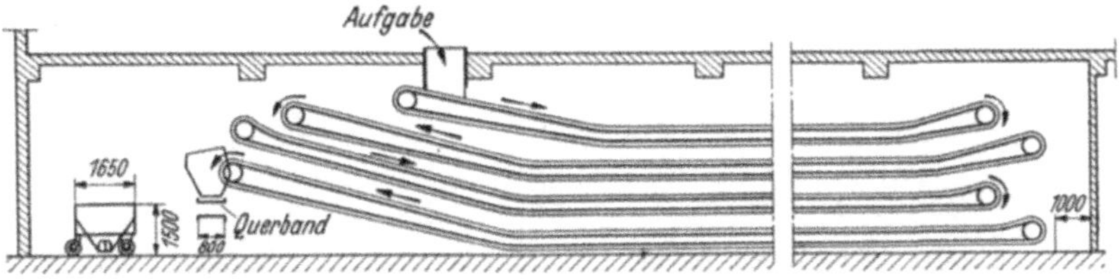

Abb. 174. Kontinuierlich arbeitende Anlage für die Vorreife zerfaserter Alkalizellulose gebaut von der Firma A. Stotz AG., Stuttgart-Kornwestheim.

3 m. Es sind aber auch Anlagen mit 5 m breiten Plattenbändern gebaut worden. Im allgemeinen werden 3—4 Plattenbandförderer untereinander angeordnet. Aus dem Bunker gelangt die Alkalizellulose auf das oberste Band, von dem sie am anderen Ende angelangt, auf das zweite, darunterliegende, fällt. Nachdem sie auf diesem ruhend bis zum anderen Ende gefördert ist, fällt sie auf das dritte Band usw. Nachdem die Alkalizellulose alle Bänder passiert hat, fällt sie entweder direkt in einen Bunker oder einen Bunkerwagen, von wo aus sie in die Sulfidierung gelangt. Sie kann von dem letzten Band auch auf ein Querband fallen (Abb. 175), das sie einem Bunkerwagen oder der Sulfidierung zuführt. Diese Anordnung ist besonders dann zweckmäßig, wenn die Vorreifeanlage aus mehreren parallelen Förderanlagen besteht. Die Abmessungen der Förderanlagen sowie ihre Laufgeschwindigkeit werden nach den vorliegenden Betriebsverhältnissen eingestellt. Die Schichthöhe der Alkalizellulose auf den Bändern kann bis zu 1 m betragen. Im allgemeinen hält man sie jedoch wesentlich geringer. Das Übertragen der Alkalizellulose auf die verschiedenen Bänder ist insofern günstig, als sie beim Fallen jedesmal durchmischt wird.

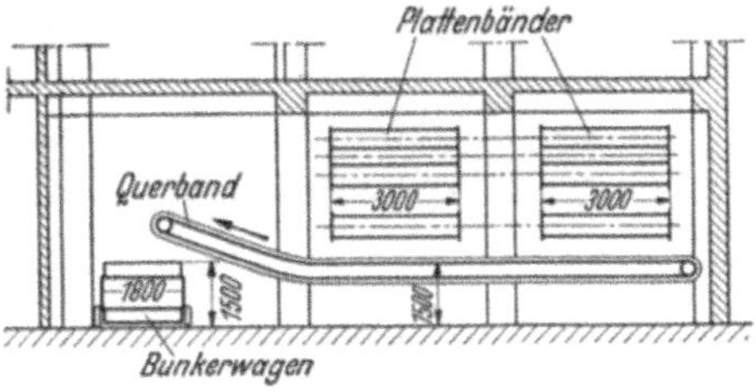

Abb. 175. Querband zur Förderung der gereiften Alkalizellulose in einen Bunkerwagen (A. Stotz A.G., Stuttgart-Kornwestheim).

Diese Anlage unterscheidet sich von der oben beschriebenen Kammerreife grundlegend durch ihre Abmessungen. Bei der Stotzschen Anlage ist es möglich, mit viel längeren Reifezeiten und somit mit niedrigeren

Temperaturen zu arbeiten. Die Vorreifebedingungen können so mehr den altgewohnten angepaßt werden.

Nach einem älteren Vorschlag[1] wird die zerfaserte Alkalizellulose in Büchsen gefüllt, die auf Wagen stehend durch einen Kanal gefahren werden. In dem Kanal wird die Luft auf die für die Vorreife erforderliche Temperatur eingestellt. Die Geschwindigkeit der Wagenbewegung sowie die Länge des Kanals wird der vorgesehenen Reifedauer angepaßt.

Von der I. G. Farbenindustrie Aktiengesellschaft ist das Problem der kontinuierlichen Alkalizellulosereife auf eine andere Weise gelöst

Abb. 176. Kontinuierliche Vorreife für Alkalizellulose der I.G. Farbenindustrie Aktiengesellschaft. Ansicht aus dem Vistra-Betrieb, Wolfen.

worden: Hiernach wird als Vorreifekammer ein schwach geneigt liegendes, weites Rohr verwendet, das um seine Längsachse langsam gedreht wird (Abb. 176). Die Anordnung entspricht dem sog. Drehrohrofen. Die Alkalizellulose wird an der erhöht liegenden Seite in das Rohr hineingegeben, wird im Innern des Rohres auf höhere Temperatur gebracht und verläßt das Rohr an seinem unteren Ende mit dem richtigen Vorreifegrad.

II. Sulfidierung.

Das Sulfidieren der Alkalizellulose wird zur Zeit noch diskontinuierlich in Sulfidiertrommeln bzw. dem Xanthatkneter vorgenommen. Eine kontinuierliche Sulfidierung ist bisher nicht gelungen. Die auf diesem Gebiete zahlreich durchgeführten Versuche haben nicht zu Bedingungen geführt, die für die Praxis ausreichen. Die bisher eingeschlagenen Wege bestanden darin, die Alkalizellulose entweder in

---

[1] Lamassiaude: Franz. Pat. 643902.

Form eines Bandes oder in zerkrümelter Form auf Transportbändern durch Kammern zu führen, in denen sie gasförmigem Schwefelkohlenstoff ausgesetzt wurde[1]. Auch hat man versucht, die gekrümelte Alkalizellulose mit Schwefelkohlenstoff vermischt geeignete Rühr- und Knetwerke durchlaufen zu lassen. Das Gebiet wird zur Zeit noch weiter bearbeitet, so daß zu erwarten ist, daß auch für die kontinuierliche Sulfidierung eine brauchbare konstruktive Lösung gefunden wird.

III. Kontinuierliche Behandlung der Viskose.

Soweit bisher bekannt geworden ist, konnte auch eine vollkommen kontinuierliche Behandlung der Viskose, also Filtration, Reife, Entlüftung, noch nicht in die Praxis eingeführt werden, obwohl es nicht an Vorschlägen gefehlt hat[2]. Die brauchbarste Lösung dieser schwierigen Frage stellt eine Apparatur von ETZKORN dar, die von der Maschinenfabrik Karl Fischer, Berlin, gebaut wird. Über praktische Erfahrungen mit dieser Apparatur liegen jedoch bisher keine Veröffentlichungen vor.

B. Abgekürzte Verfahren.

An dieser Stelle müssen Verfahren beschrieben werden, die die Fertigstellung der Viskose in einer einheitlichen Apparatur betreffen oder bei denen wenigstens mehrere Arbeitsgänge in einer einheitlichen Apparatur vorgenommen werden. Diese Verfahren sind nicht als kontinuierlich arbeitende anzusprechen, da auch nach ihnen einzelne Chargen fertiggestellt werden. In die Reihe dieser Verfahren gehört auch die Sulfidierung und das Lösen des Xanthates zur Viskose im gleichen Apparat, eine Arbeitsweise, die sich immer mehr einzuführen beginnt.

Nach einem Vorschlag von TILMANY[3] soll man in einem Arbeitsgang Viskose herstellen können, wenn man in einer Apparatur, die den normalen Zerfaserern ähnelt, Zellstoff mit Natronlauge bei Gegenwart von Sauerstoffträgern, z. B. Peroxyden, vermahlt. Die Sauerstoffträger sollen schon während der Alkalisierung den Vorreifeeffekt hervorrufen. Nach genügendem Zermahlen wird bei höherer Temperatur Schwefelkohlenstoff zugegeben, wodurch unmittelbar ein Xanthogenat eines richtigen Reifezustandes erhalten werden soll. Einen ähnlichen Weg beschreibt PLAUSON im Brit. Pat. 184533. Die Zermahlung erfolgt nach der Patentschrift in einer Kolloidmühle[4].

Das DRP. 408594 von VENTER beschreibt erstmalig ein Verfahren, das von Zellstoff ausgeht, der unmittelbar dem Bleichholländer in der Zellstoffabrik entnommen und in flockiger Form entwässert und

[1] Vgl. hierzu die DRP.-Anm. A 77354 der Algemeene Kunstzijde Unie-N.V.
[2] Vgl. hierzu u. a. JENTGEN: Kunstseide **19**, 240 (1937) sowie auch Veröffentlichungen in der Rusta Rayon **1931**, 625; **1933**, 829; **1938**, 517.
[3] DRP. 328035.
[4] Vgl. hierzu auch das Franz. Pat. 579048 der Dispersoid Syndicate Ltd.

getrocknet ist. Dieser Zellstoff wird dann in einen mit Rühr- und Knetwerken ausgerüsteten Behälter gefüllt und in diesem mit soviel Natronlauge durchgearbeitet, wie zur Alkalisierung erforderlich ist. Die Alkalizellulose wird mehrmals durch Schneid- und Mischmaschinen hindurchgeschickt. Diese Maschinen arbeiten nach der Art eines Fleischwolfes. Nunmehr wird die Alkalizellulose wie üblich gereift und sulfidiert.

Das Abpressen der Alkalizellulose wird auch im Franz. Pat. 641868 von JARDIN umgangen. Nach diesem Verfahren wird Zellstoff gleichfalls nur mit soviel Natronlauge getränkt, wie zur Alkalisierung erforderlich ist. Der so vorbehandelte Zellstoff wird dann in einem besonders wirksamen Zerfaserer zerkleinert und durchgeknetet.

Nach LECLAIRE[1] soll die Herstellung der Viskose in einer einheitlichen Apparatur nur möglich sein, wenn für ausreichende Durchmischung des Gutes Sorge getragen wird. Die Patente beschreiben die Einrichtung von Kesseln, die mit besonders wirksamen Knet- und Mischwerken ausgestattet sind, in denen der Zellstoff zermahlen und gleichzeitig durch Alkalilauge und Schwefelkohlenstoff in das Xanthogenat übergeführt werden kann.

LILIENFELD[2] hat gefunden, daß man in einer einheitlichen Apparatur eine technisch brauchbare Viskose erhält, wenn man die Behandlung der Zellulose bei sehr niedrigen Temperaturen vornimmt. Nach der Patentschrift wird Zellulose zunächst mit verdünnter Natronlauge und dann mit Schwefelkohlenstoff ($^2/_3$ Mol auf 1 $C_6H_{10}O_5$) bei Temperaturen zwischen 0 und $-25°$ C durchgeknetet. Schon nach etwa 30 Minuten soll ein lösliches Xanthogenat erhalten werden. Ein ähnliches Verfahren beschreibt KLEIN im Franz. Pat. 677442. Hiernach soll die Temperatur jedoch bis zu $+5°$ C betragen können[3].

Nach Untersuchungen der Vereinigte Glanzstoff-Fabriken A.G.[4] ist die Herstellung von Viskose in einem einheitlichen Arbeitsgang nur möglich, wenn man von stark abgebauter Zellulose ausgeht, wie sie beispielsweise durch sehr energisches Bleichen erhalten wird.

Die genannten Verfahren haben sich in der Praxis nicht durchsetzen können. Ihr Nachteil liegt unter anderem darin, daß die ganze Menge der im Zellstoff vorhandenen Hemibestandteile in die Viskose gelangt, was zu Fasern mit schlechten Eigenschaften führt.

Als praktisch brauchbar hat sich bisher lediglich das Sulfidieren und Lösen in einem einheitlichen Apparat erwiesen. Da sich diese Arbeitsweise mehr und mehr durchsetzt, soll im folgenden näher darauf eingegangen werden[5].

---

[1] LECLAIRE: Franz. Pat. 402804; Brit. Pat. 20593.

[2] LILIENFELD: DRP. 523271.

[3] Vgl. hierzu auch das Franz. Pat. 685911 der I. G. Farbenindustrie A.G.

[4] Brit. Pat. 351401.

[5] Vgl. hierzu WEHRUNG: Chem. Apparatur **23**, 157 (1936).

Als Apparat wird der schon S. 250 erwähnte Vakuum-Xanthat-Kneter[1] von Werner & Pfleiderer verwendet (Abb. 177), der bis zur Bewältigung von 15000 Liter Viskose gebaut wird. Die Maschine besteht aus einem viereckigen Trog, der in seiner unteren Hälfte als zwei Halbzylinder ausgebildet ist, in denen sich zwei horizontale Knetflügel drehen. Die Knetflügel ähneln den bei den üblichen Zerfaserern verwendeten, besitzen jedoch keine Zähne. Sie sind in ihrer Drehrichtung umkehrbar,

Abb. 177. Vakuum-Xanthat-Kneter der Firma Werner & Pfleiderer, Stuttgart-Bad Cannstatt.

was durch automatische Steuerung erreicht wird. Der vordere Knetflügel macht etwa 23, der hintere 16 Umdrehungen in der Minute. Der Trog ist durch einen Deckel abgeschlossen, von dem ein Teil zum Einfüllen der Charge hochgeklappt werden kann. Der Deckel trägt ein Druck- und Vakuummanometer sowie einen Entlüftungsstutzen, der an einen Exhaustor angeschlossen werden kann. Im Inneren befindet sich oberhalb des Sattels zwischen den beiden Halbzylindern der Schaft eines Fernregistrierthermometers. Oberhalb der Knetflügel ist ein vertikal arbeitendes Rührwerk angeordnet, das durch einen auf dem Deckel des Apparates sitzenden Motor angetrieben wird.

Das Rührwerk kann während des Betriebes gehoben und gesenkt werden, so daß in allen Schichten eine gute Homogenisierung und

[1] DRP. 443298.

Durchmischung gewährleistet ist. Die Tourenzahl des Rührwerkes beträgt etwa 100 in der Minute.

Die gemahlene und vorgereifte Alkalizellulose wird bei einer Temperatur von 21—23° C in die mit Sole gekühlte Maschine eingetragen und auf etwa 16—18° C heruntergekühlt. Hierbei wird der Apparat evakuiert. Nach etwa 10 Minuten läßt man bei nach innen laufenden Schaufeln aus einem Meßgefäß den Schwefelkohlenstoff zufließen. Hierfür wird eine Zeit von 10 Minuten benötigt. Nunmehr wird sulfidiert, wobei die Knetflügel jeweils 13 Minuten nach innen und 2 Minuten nach außen laufen. Die Kühlung durch die Sole wird hierbei abgestellt. Die Sulfidierungsdauer beträgt etwa 1 Stunde und 30 Minuten. Während dieser Zeit steigt die Temperatur auf 28° C an. Den Endpunkt der Sulfidierung stellt man durch Kontrolle der Zeit und Temperatur fest. Nach dem Sulfidieren wird die Kühlung wieder angestellt und die Apparatur zur Entfernung des überschüssigen Schwefelkohlenstoffes entlüftet. Dann läßt man Luft einströmen. Das Ent- und Belüften dauert etwa 10 Minuten. Nunmehr erfolgt die Auflösung des Xanthogenates. Bei einem Einsatz von 230 kg Zellulose (entsprechend 710 kg Alkalizellulose) benötigt man 350 Liter Natronlauge von 18,5% und 1550 Liter Wasser. Zur Vermeidung von Knollenbildung läßt man die Lauge und das Wasser während eines Zeitraumes von 3 Stunden portionsweise zufließen. Während des Lösens wird auf die Temperatur gekühlt, bei der die Viskose zur Reife kommen soll. Während des Lösens ist auch das vertikale Rührwerk in Betrieb. Nach beendeter Lösung und Homogenisierung wird ein am Boden des Apparates befindliches Ventil geöffnet, durch das die Viskose mit Hilfe einer Zahnradpumpe weggepumpt wird.

Der entleerte Apparat wird durch Abspachteln und Ausspritzen mit Wasser gereinigt, wobei ein Verlust an Viskose von etwa 0,65%, berechnet auf Zellulose, entsteht.

Nach WEHRUNG bietet das Arbeiten mit dem Xanthatkneter folgende Vorteile: Gesunderes Arbeiten für die Bedienungsmannschaft, da die Berührung des schwefelkohlenstoffhaltigen Materials fortfällt; Sulfidieren und Lösen sind in einem Raum vereinigt, wodurch ein erheblicher Platz gespart wird; geringe Stoffverluste und Erzielung einer gut filtrierbaren Viskose.

Unter dem Namen „Xantholver“ bringt die Maschinenfabrik Vollrath in Köln-Ehrenfeld neuerdings einen Apparat auf den Markt, der mit dem Vakuum-Xanthat-Kneter eine gewisse Ähnlichkeit hat. Der Apparat ist kesselähnlich und mit einem Rührwerk ausgestattet, das sowohl in der Horizontalen als auch in der Vertikalen rührt. Der Schwefelkohlenstoff wird durch Zerstäuberdüsen auf die Oberfläche des Rührgutes gesprüht. Nach erfolgter Sulfidierung und Zugabe von Löselauge dient das Rührwerk weiter zum Lösen der Viskose[1].

---

[1] Vgl. hierzu JENTGEN: Kunstseide **18**, 416 (1936).

15. Kapitel.

Die Spinnbäder und ihre Regenerierung.

I. Die Zusammensetzung der Spinnbäder.

Die Spinnbäder bezwecken die Ausfällung des Gels aus der Xanthogenatlösung und seine Zersetzung zur Hydratzellulose. Diese Wirkung wird durch Säuren ausgelöst. Die Praxis hat jedoch gezeigt, daß durch bloße Anwendung von Säure normalerweise keine brauchbaren Spinnbedingungen geschaffen und keine hochwertigen Fasern erhalten werden können. Säuren führen eine zu schnelle Koagulation und Zersetzung der Xanthogenates herbei. Die dabei aus der Viskose entstehenden gasförmigen Reaktionsprodukte bewirken bei der ausschließlichen Anwendung von Säure einen narbigen und matten Faden von wenig dichtem Gefüge. Man ist daher zunächst dazu übergegangen, den Faden aus der Spinnlösung durch Salze als Xanthogenat zu fällen und den Xanthogenatfaden nachträglich durch ein Säurebad zu zersetzen. Zu diesem Zwecke ließ man die den durch Salz gefällten Faden aufwickelnde Spule in einem Säurebad umlaufen, das man mit „Oberbad" bezeichnete. Als Salze können anorganische und organische[1] verwendet werden. Praktische Anwendung haben hauptsächlich das Ammoniumchlorid und Ammoniumsulfat gefunden. Ammonsulfat ist besser als Ammonchlorid, da es die Quellung des frischen Fadens stärker zurückdrängt. Auch als Säuren für das Oberbad sind anorganische und organische[2] verwendet worden. Das Arbeiten mit zwei Bädern hat sich aber auf die Dauer nicht als zweckmäßig erwiesen. Abgesehen davon, daß auch bei diesen Verfahren keine qualitativ hochwertigen Fasern erhalten wurden, ist diese Arbeitsweise bei Anwendung von Ammonsalzen infolge des Verdampfens des Ammoniaks durch die Natronlauge der Viskose unwirtschaftlich. In mühsamer Arbeit sind daher Spinnbäder entwickelt worden, in denen die Koagulation und Zersetzung in einem Säurebad soweit verzögert wird, daß die schädliche Einwirkung der Säure unterbleibt. Dies ist durch Zusatz von Salzen zur Säure möglich.

Bemerkenswerterweise wird in neuester Zeit in besonderen Fällen wieder mit zwei Bädern gearbeitet. Die Verfahren haben zur Erzielung bestimmter Effekte eine gewisse Bedeutung erlangt. So hat sich beispielsweise gezeigt, daß eine Kräuselung, die einem Xanthogenatfaden erteilt wird, durch nachträgliche Zersetzung im Faden bleibend fixiert werden kann. Dies ist für die Zellwolle von Interesse.

---

[1] Im Franz. Pat. 357056 von Pissarew werden Salze des Anilins, Naphthylamins und Pyridins genannt.

[2] Die Vereinigte Kunstseidenfabriken A. G., Frankfurt, hat sich durch das DRP. 254525 Ameisensäure schützen lassen.

Auch zur Erzielung besonders fester Kunstseidenfäden, wie sie z. B. für die Herstellung der Cordzwirne für die Autoreifenherstellung von Bedeutung sind und die durch Streckspinnen hergestellt werden, ist neuerdings wieder die Anwendung zweier Spinnbäder empfohlen worden. So gibt LILIENFELD im DRP. 665679 als Beispiele für das erste Bad folgende Zusammensetzung an: 25—30% Ammonsulfat oder 500 Gew.-Teile Natriumbisulfat, 76 Gew.-Teile Schwefelsäure 66° Bé, 587 Gew.-Teile Wasser von 50° C oder 180 Gew.-Teile Natriumsulfat, 60 Gew.-Teile Ammonsulfat, 15 Gew.-Teile Zinksulfat, 135 Gew.-Teile Glukose, 128 Gew.-Teile Schwefelsäure 66° Bé und 982 Gew.-Teile Wasser. Als Oberbad sollen folgende geeignet sein: Schwefelsäure von 45 bzw. 55° Bé oder eine Lösung von 13,3 Teilen Ammonsulfat in 120 Teilen Schwefelsäure von 50—55° Bé, der 9—10 Teile Schwefelsäure von 66° Bé zugegeben sind.

Als Koagulationsbad kann man auch Alkohol verwenden. So wird im Brit. Pat. 482280 der I. G. Farbenindustrie Aktiengesellschaft 90%iger Methylalkohol, im Franz. Pat. 826230 derselben Erfinderin 80%iger Methylalkohol angegeben. Als zweites Bad wird kalte, 2%ige Schwefelsäure empfohlen. Ähnliche Effekte erhält man nach den angegebenen Patenten, wenn man an Stelle von Schwefelsäure eine auf 103° C erhitzte Natriumsulfat- oder Ammoniumsulfatlösung nimmt. Die verhältnismäßig milde fällende Wirkung des Methylalkohols macht es allerdings erforderlich, daß man von einer sehr weitgehend gereiften Viskose (Salzpunkt 0,5) ausgeht.

Es war eben erwähnt worden, daß durch alleinige Anwendung von Säure ein narbiger Faden erhalten wird. Um bei der Zellwolle für die sog. Wolltypen die schuppige Oberfläche des Wollhaares möglichst weitgehend nachzuahmen, könnte man bei diesen Spezialtypen das Fällen also mit Säure allein vornehmen. Es hat sich aber auch hierbei gezeigt, daß man zu brauchbareren Spinnbedingungen und zu einer besseren Faser kommt, wenn man mit zwei Bädern arbeitet und in dem ersten Bad zunächst einen wasserlöslichen Xanthogenatfaden entstehen läßt, der dann durch ein zweites Bad mit Säure zersetzt wird. Hierbei wendet man zweckmäßig ein solches Bad an, das in der Faser Produkte entstehen läßt, die mit der Säure des zweiten Bades zusätzlich gasförmige Körper bilden. Als Spinnbad für die Koagulation im ersten Bad kann man für diesen Zweck z. B. Natriumbisulfit, evtl. auch gemischt mit Ammoniumsulfit, verwenden. Nach der Koagulation müssen die Fasern einer erheblichen Streckung unterworfen werden.

Bisulfit ist als Spinnbad oder als Spinnbadzusatz schon ganz im Anfang der Kunstseidenerzeugung verwendet worden, so z. B. von BRONNERT[1] sowie von WAITE[2].

---

[1] BRONNERT: Schweiz. Pat. 94836. [2] WAITE: Amer. Pat. 816404.

Das erste Salz und Säure enthaltende, einheitliche Spinnbad für normale Spinnzwecke war das von KOPPE ausgearbeitete sog. MÜLLER-Bad I[1], das aus Schwefelsäure und einem Sulfat bestand. Als Sulfat wurden Ammonium- oder Natriumsulfat verwandt. Die Säuremenge ist beim MÜLLER-Bad I so bemessen, daß ein Überschuß an Säure vorhanden ist, mithin das gesamte Salz als saures Salz vorliegt. Je nach dem Reifezustand der Viskose sowie ihrer Alkalität mußte man das Spinnbad in seiner Zusammensetzung variieren, ebenso die Temperatur des Bades. Das Spinnbad konnte jedoch im praktischen Betrieb noch nicht befriedigen, da unpassend gewählte Verhältnisse oft zu Fäden führten, die in bezug auf Weichheit und Glanz noch Wünsche offen ließen.

Man hat erkannt, daß das Spinnbad gegenüber Abweichungen in der Viskose unempfindlicher wird, wenn man die verzögernde Wirkung des Salzes weiter steigert. Dies kann dadurch geschehen, daß man die Salzmenge so bemißt, daß gegenüber der Säure ein Überschuß an Neutralsalz im Bade enthalten ist. Diese grundlegende Erkenntnis führte zu dem von HOTTENROTH aufgefundenen sog. MÜLLER-Bad II, das der Vereinigte Glanzstoff-Fabriken A.G. unter dem DRP. 287955 geschützt wurde. Dieses Spinnbad hat bis heute im Prinzip seine Bedeutung behalten. Die günstigste Badtemperatur wird in der Patentschrift mit 45—50° C angegeben.

Es ist beobachtet worden, daß mit steigendem Neutralsalzüberschuß die Fasern in zunehmendem Maße füllig und weich werden. Die Patentschrift gibt als Beispiel 160 g Schwefelsäure (Monohydrat) und mehr als 240, also z. B. 320 g neutrales Natriumsulfat im Liter an. Die Wirkung des Salzes im Spinnbad beruht darauf, daß durch das Salz eine Außenhaut aus koaguliertem Xanthogenat um die strömende Viskose gebildet wird. Die Zersetzung des ganzen Fadens durch die Säure kann erst allmählich durch Diffusion der Säure durch die Haut hindurch erfolgen. Die Haut ist aber nicht so fest, wie dies bei der Anwendung von Säure allein als Fällmittel der Fall ist. Infolgedessen ist es den sich durch die Diffusion nur langsam bildenden gasförmigen Zersetzungsprodukten noch möglich, durch die Haut zu entweichen, ohne dort Störungen in der Struktur zu hinterlassen. Näheres über die Theorie der Fadenbildung siehe im 17. Kapitel.

Das MÜLLER-Bad II erlaubt durch Variation seiner Zusammensetzung, insbesondere durch Änderung der Säurekonzentration, das Spinnen von Fäden mit verschiedener Einzeltitergröße. So hat man gefunden, daß man beim Spinnen feinerer Titer den Gehalt des Bades an Säure heraufsetzen muß[2]. Der für den jeweils zu spinnenden Titer richtige Säuregehalt wurde zunächst empirisch ermittelt.

---

[1] DRP. 187947.
[2] Vereinigte Glanzstoff-Fabriken: DRP. 308427.

EGGERT[1] gibt folgende Beispiele für den Säuregehalt bei verschiedenen Einzeltitern an:

Für einen Faden vom Einzeltiter 4 Denier 145 g Schwefelsäure,
für einen Faden vom Einzeltiter 2 Denier 180 g Schwefelsäure,
für einen Faden vom Einzeltiter 1 Denier 240 g Schwefelsäure

im Liter.

Um die mühsamen empirischen Versuche zur Auffindung des richtigen Säuregehaltes für das Spinnen verschiedener Fadenstärken zu umgehen, sind von BRONNERT eingehende Studien durchgeführt worden, die ihren Niederschlag in einer Reihe von Patenten fanden. Es ist BRONNERT gelungen, eine einfache Beziehung zwischen der Fadenfeinheit einerseits und der günstigsten Säuremenge andererseits aufzufinden. Diese Beziehung findet ihren Ausdruck in dem sog. „Quadratwurzelgesetz". Bei einem reinen Säurebad besagt dieses, daß die Konzentration der Säure, die bei einer bestimmten groben Fadenstärke ein einwandfreies Spinnen zuläßt, sich zu der gesuchten Säurekonzentration für eine gewählte feinere Fadenstärke umgekehrt verhält wie der angenäherte Wert der Quadratwurzeln aus den zwei Fadenstärken[2]. Bei einem aus Ammonsulfat und Schwefelsäure bestehenden Bad für Fäden unter 6 Denier soll die Summe aus dem Gewicht der freien Schwefelsäure und dem halben Gewicht des Ammonsulfates umgekehrt proportional sein dem angenäherten Wert der Quadratwurzeln aus den Fadenstärken.

Es muß erwähnt werden, daß man mit den angegebenen Spinnbädern nicht in allen Fällen ausreichend zersetzte Fasern erhielt. Besonders gröbere Titer machten eine Nachbehandlung in einem Oberbad mit Säure erforderlich.

Die Unempfindlichkeit des Spinnbades gegenüber Schwankungen im Reifegrad der Viskose soll nach BRONNERT[3] dadurch gesteigert werden können, daß man die Schwefelsäure teilweise durch eine Oxykarbonsäure, wie z. B. Milchsäure, ersetzt.

Wenn so auch durch das Quadratwurzelgesetz ein Anhalt für die Einstellung der Spinnbäder gegeben war, so hat doch die Folgezeit gelehrt, daß die auf diese Weise eingestellten Spinnbäder bei weitem nicht in allen Fällen ein günstiges Spinnen und die Erzielung einer einwandfreien Faser gewährleisten. Man hat gelernt, die Wirkung des Spinnbades auf die Fadenbildung noch feiner abzustufen, als dies lediglich durch Änderung des Verhältnisses von Salz zu Säure oder durch Änderung der Badtemperatur möglich war. Insbesondere erforderten Streckspinnseiden von feinem Einzeltiter noch andere Spinnbäder. Es zeigte sich besonders, daß mit fallender Fadenfeinheit härtere und mattere Gebilde erhalten wurden. Daher mußte nach anderen Mitteln

[1] EGGERT: Die Herstellung und Verarbeitung der Viskose, S. 116. Berlin 1931.
[2] BRONNERT: Brit. Pat. 166931. [3] BRONNERT: Brit. Pat. 170322.

zur Verlangsamung des Koagulationsverlaufs gesucht werden. BRONNERT[1] hat dann gefunden, daß bei Einhaltung der durch das Quadratwurzelgesetz annähernd festgelegten Konzentrationen Fäden mit guten Eigenschaften erhalten werden, wenn man dem Spinnbad mehrwertige Alkohole, wie beispielsweise Glukose, zusetzt. Es genügen Mengen von etwa 20 bis 100 g im Liter. Bemerkenswerterweise führte dieser Zusatz dazu, daß sich auch Schwankungen im Reifegrad der Viskose zwischen 6—12° nach HOTTENROTH beim Spinnen weniger stark auswirkten. Auch die Temperatur des Spinnbades führt bei dieser Spinnbadzusammensetzung kaum zu einem wesentlich anderen Verhalten des spinnenden Fadens. Dieses „Glukosebad" hat große Bedeutung erlangt und wird, hauptsächlich beim Spinnen nach dem Zentrifugenverfahren, heute noch vielfach angewandt. Nach Untersuchungen von SSOKOLOWA[2] beruht die die Koagulation verzögernde Wirkung der Glukose darauf, daß die Glukose aus dem Spinnbad verhältnismäßig schnell in die Viskose hineindiffundiert, wodurch die in umgekehrter Richtung verlaufende Diffusion aus der Viskose in das Spinnbad gehemmt wird. Die Anwendung von Glukose macht aber leicht das Spinnbad etwas trüb, was an sich nicht erwünscht ist, auch soll man durch Glukosebäder kompliziertere Querschnittsformen bei den fertigen Kunstfasern erhalten[3]. Demgegenüber besteht ein großer Vorteil der Glukose darin, daß sie das Auskristallisieren des Spinnbades verringert (s. 16. Kap.)[4], was besonders für das Spinnen in Zentrifugen von Bedeutung ist.

Eine Möglichkeit, die Glukose zu umgehen, ist dadurch gegeben, daß die Sulfate verschiedener Metalle eine verschieden stark verzögernde Wirkung auf die Koagulation der Viskose ausüben. Man kann daher das Natriumsulfat durch andere Sulfate ganz oder teilweise ersetzen. Die größte Bedeutung haben in der Praxis die Sulfate des Zinks sowie des Magnesiums erlangt, die oft gemeinsam angewandt werden. So gibt das Brit. Pat. 239254 von DREAPER als Beispiel für ein zink- und magnesiumhaltiges Bad das folgende an: 4—10% Zinksulfat, 18—32% Magnesiumsulfat, der Rest bis zu 32% Gesamtsalzgehalt Natriumsulfat; die Schwefelsäurekonzentration soll 9—14% betragen. Die verzögernde Wirkung von Zink- und Magnesiumsulfat ist ferner in den Brit. Pat. 211140 und 216125 sowie im Franz. Pat. 584869 von VAN BERGEN beschrieben. In dem letzteren Patent wird ausdrücklich betont, daß sich diese Salze hauptsächlich für das Spinnen feiner Titer eignen.

Über den Grad der verzögernden Wirkung der einzelnen Sulfate liegen Untersuchungen von MATTHAES sowie SHIN ICHIRO HASE[5] vor.

[1] BRONNERT: Schweiz. Pat. 94419; Vereinigte Glanzstoff-Fabriken A.G. DRP. 240846.

[2] SSOKOLOWA: Ref. Chem. Zbl. **1935 II**, 1991.

[3] SHIN ICHIRO HASE: Ref. Chem. Zbl. **1933 I**, 1543.

[4] Société Pinel Frères: Franz. Pat. 400577.

[5] SHIN ICHIRO HASE: Ref. Chem. Zbl. **1933 I**, 1543.

Hiernach nimmt die die Koagulation verzögernde Wirkung in folgender Reihenfolge zu:

$$Al < Mg < Na < (NH_4) < Fe < Zn < K.$$

Glukose nimmt ungefähr die Stelle des Ammoniums ein. Nach MATTHAES[1] fällt das Zink etwas aus dem Rahmen heraus, und zwar insofern, als es die Schrumpfungsverhältnisse des frischen Fadens sowie seine Querschnittsform stark beeinflußt. Die Wirkungsweise des Zinks beruht einerseits darauf, daß es mit dem entstehenden Schwefelwasserstoff unter Bildung von Zinksulfid reagiert, das den spinnenden Faden mit einer Haut umgibt, die das Vordringen des Spinnbades in das Fadeninnere erschwert. Das Zinksulfid löst sich aber allmählich im Spinnbad wieder auf, wobei es in Schwefelwasserstoff und Zinksulfat übergeht. Es übernimmt so im Spinnbad gleichsam die Rolle eines Schwefelwasserstoffüberträgers und verhindert auf diese Weise die Entstehung gasförmigen Schwefelwasserstoffs im Innern der Faser. Andererseits hat POZNANSKI[2] nachgewiesen, daß das Zink mit der Viskose unter Bildung eines Zink-Natrium-Xanthogenates chemisch reagiert, das den Fadenkern umgibt. Es findet bei der Koagulation in kurzer Zeit ein Austausch von Na-Ionen durch Zn-Ionen statt, bis sich ein für den vorliegenden Reifegrad und das angewandte Spinnbad charakteristisches Gleichgewicht zwischen den beiden Ionen in der Außenhaut des Fadens und im Spinnbad einstellt. Das Zinkxanthogenat wird durch die Säure des Spinnbades langsamer zersetzt als das Natriumxanthogenat. Der Austausch der Zink-Ionen des Fadens erfolgt um so langsamer, je höher der Zinkgehalt des Spinnbades ist.

Bemerkenswert ist die Beobachtung, daß die verzögernde Wirkung von Sulfatgemischen größer ist als der Summe der einzelnen Sulfate entspricht. Man wendet daher in der Praxis vielfach Gemische von Natrium-, Magnesium- und Zinksulfat an.

Aus dem bisher Gesagten geht hervor, daß die Spinnbäder dem Reifegrad der Viskose sowie besonders der zu spinnenden Fadenstärke angepaßt sein müssen. Was die letztere anbetrifft, so hat es sich gezeigt, daß es zweckmäßig ist, die Säurekonzentration auch der Düsenlochweite anzupassen. Nach im Schweiz. Pat. 94421 niedergelegten Versuchen von BRONNERT ist es zweckmäßig, Säurekonzentration und Düsenlochweite annähernd so einzustellen, wie dies aus Tabelle 92 hervorgeht.

Tabelle 92.
Düsenlochweite und Säurekonzentration. (Nach BRONNERT.)

Durchmesser des Düsenloches mm	Bei 7 den g H_2SO_4 im Liter	Bei 4 den g H_2SO_4 im Liter	Bei 2 den g H_2SO_4 im Liter
0,08	80	105	150
0,10	125	165	235
0,13	210	280	390
0,15	280	370	520

[1] MATTHAES: Kunstseide 18, 334 (1936).
[2] POZNANSKI: Przemysl chem. 22, 463 (1938).

Die Variierungsmöglichkeiten der Spinnbäder sind also recht mannigfaltig, und die geschickteste Zusammensetzung des Spinnbades erfordert große praktische Erfahrung.

Sieht man von den für besondere Zwecke ausgearbeiteten Spinnbädern ab, so kann man nach der Ansicht von PELLAT[1] zusammenfassend drei Typen erkennen, die sich durch wechselnde Gehalte von Säure und Salz unterscheiden. Sie sind in Tabelle 93 zusammengestellt.

Tabelle 93. Gebräuchliche Spinnbadtypen. (Nach PELLAT.)

Zusammensetzung %	Typ I	Typ II	Typ III
Schwefelsäure . . .	8	11	10
Natriumsulfat . . .	13	24	12
Zinksulfat	1	0,5	0,5
Magnesiumsulfat .	—	—	5
Glukose.	10	—	—
Wasser	68	74—75	72—73

Im folgenden sollen noch einige Spinnbäder aufgeführt werden, die zur Erreichung besonders fester Fäden dienen sollen: Nach DRP. 649082 der I. G. Farbenindustrie Aktiengesellschaft sollen beim Streckspinnverfahren hochfeste Fasern erhalten werden, wenn man mindestens 30° C warme Spinnbäder mit mehr als 30 Gew.-% und weniger als 40 Gew.-% freier Schwefelsäure verwendet, in denen mehr als 20 Gew.-% Ammoniumbisulfat allein oder in Mischung mit anderen wasserlöslichen anorganischen Sulfaten, wie z. B. Zinksulfat, Aluminiumsulfat usw. gelöst ist.

LILIENFELD gibt im DRP. 643543 ein Spinnbad an, das 45—55% Schwefelsäure, allein oder im Gemisch mit Salzsäure, Salpetersäure oder Phosphorsäure, sowie neutrale oder saure Salze enthält.

Weiter ist gefunden worden, daß man besonders feste Fäden erhält, wenn man mit wasserfreien Spinnbädern arbeitet. So beschreibt das DRP. 612635 von Wolff & Co., Walsrode, ein Spinnbad folgender Zusammensetzung: 15—30% Methylalkohol und 70—85% Schwefelsäure. Dieses Spinnbad setzt eine wenig vorgereifte Alkalizellulose voraus. Geht man von vorgereifter Alkalizellulose aus, so soll ein Bad günstig sein, das 200 g Schwefelsäure, 1 Liter Methylalkohol und 50 g Ammonsulfat enthält. Die Faserfestigkeit kann durch Streckspinnen noch weiter erhöht werden. Es ist u. a. auch vorgeschlagen worden, das Strecken in heißem Wasser vorzunehmen[2].

II. Die Herstellung und Behandlung der Spinnbäder.

Die Herstellung der Spinnbäder und ihre weitere Aufbereitung erfolgt in besonderen Räumen, die meistens seitlich an den Spinnsaal angebaut sind und zwei Stockwerke umfassen oder die entsprechende Anzahl

[1] Vgl. hierzu PINCASS: Melliand Textilber. 13, 202 (1932) sowie PELLAT: Viscose Rayon Production. London 1931.

[2] Siehe auch DRP. 529348, 553829, 649082, 653530,; Schweiz. Pat. 151925.

Bühnen enthalten. Sie sind aus säurefestem Material zu erstellen. Besonders etwa vorhandene Eisenkonstruktionen erfordern sorgsamste Pflege, um sie vor Korrosion zu schützen.

In unmittelbarer Nähe dieser Spinnbadanlage befinden sich auch die Lagerräume für die Salze sowie die Tanks für die Schwefelsäure.

An Spinnbad wird normalerweise etwa 1 Liter pro Spinnstelle und Minute benötigt; die Spinnbadmenge ist also recht beträchtlich.

Das Spinnbad durchläuft den Betrieb in einem Kreislauf: In der Spinnbadanlage frisch bereitetes Bad wird in die Spinnerei geführt. Es fließt dort durch die Wannen der Spinnmaschinen hindurch und gelangt dann wieder in die Spinnbadanlage zurück, wo es gereinigt und regeneriert wird, um dann erneut der Spinnerei zugeführt zu werden.

Im Erdgeschoß der Spinnbadanlage findet die Herstellung der erforderlichen Lösungen statt. Zum Auflösen der Salze dienen große, offene Bottiche. Kalzinierte Salze sind oftmals schwierig zu lösen, insbesondere Bittersalz, das deshalb früher allgemein in kristallisierter Form bezogen wurde. Durch Aufstellung geeigneter, geschlossener und mit Rührwerken versehener, heizbarer Kessel bereitet aber die Auflösung von kalziniertem Bittersalz heute keine Schwierigkeiten mehr. Die gelösten Salze werden, falls erforderlich, nach ausreichendem Absitzen in den im Kellergeschoß befindlichen Spinnbadrücklaufkanal gelassen, in den man auch die erforderliche Menge Schwefelsäure, die einem Meßgefäß entnommen wird, einfließen läßt. Die Salze werden auf einer Wage abgewogen. Die Zugabe frischer Lösungen erfolgt etwa stündlich.

Im Kellergeschoß sind die sog. Spinnbadgruben untergebracht. Eine große Sammelgrube nimmt das von der Spinnerei zurückfließende, gebrauchte Bad auf. Gröbere Verunreinigungen setzen sich hier allmählich zu Boden und können von Zeit zu Zeit abgelassen werden. Das geklärte Bad fließt durch Kanäle in die sog. Spinnbadgruben. In diese Kanäle werden auch die neu zuzusetzenden Salz- und Säuremengen geleitet. Vielfach wird auf das Aufstellen getrennter Sammel- und Spinnbadgruben verzichtet, und man legt nur die Spinnbadgruben an, in die man dann auch die Zusätze der betreffenden Chemikalien gibt. Damit unter Umständen noch nicht völlig gelöstes Salz zurückgehalten wird, muß das Spinnbad vor dem Einlaufen in die Badgruben ein grobes Sieb aus Blei passieren. Durch eine Ausbreitung des Endes des Kanals sorgt man für ruhigen Zufluß des Spinnbades in dünner Schicht.

Aus der Spinnbadgrube pumpt man das Spinnbad in das oberste Stockwerk, wo es gefiltert wird. Zur Förderung dienen Kreiselpumpen aus Blei, die im Kellergeschoß stehen und das Spinnbad zunächst durch eine Steigleitung in Sammelkästen im obersten Stockwerk fördern. In diesen Sammelkästen kann man das Spinnbad wieder auf die für die Spinnerei richtige Temperatur einstellen. Man legt dann auf den Boden des Sammelkastens eine Dampfschlange aus Bleirohr. Von diesen Sammelkästen aus fließt das Spinnbad in die Filter.

Die Spinnbadfiltration hat sehr sorgfältig zu erfolgen. Das Bad enthält als Verunreinigungen in der Hauptsache Schwefel, der sich beim Spinnen gebildet hat, sowie Zelluloseteilchen von unregelmäßig arbeitenden Spinnstellen her. Es sind mehrere Filtertypen in Gebrauch. Die älteste und einfachste Art der Filterung besteht in offenen Kiesfiltern (Abb. 71). Der zur Anwendung kommende Kies muß vor dem Einfüllen in die Filter durch Säure gewaschen werden, damit er keine

Abb. 178. Spinnbad-Filterbatterie der Firma Wabag-Wasserreinigungsbau, Inh. Max Reder, Breslau.

Fremdstoffe an das Spinnbad abgeben kann. Die Kiesfilter bestehen, wie auch schon S. 169 beschrieben, aus rechteckigen, mit Blei ausgeschlagenen Bottichen. Auch der Siebboden ist aus Blei. Die unterste Filterschicht besteht aus Kies von einer Korngröße von etwa 15—20 mm Durchmesser. Darauf befindet sich eine Sandschicht von einer Korngröße von etwa 3—5 mm. Die oberste Schicht stellt feinen Sand von etwa 1—2 mm Korngröße dar. Die Filter werden periodisch durch Rückspülung mit Wasser gereinigt. Hierdurch erleidet das zunächst zur Filtration kommende Bad eine Verdünnung. Der zuerst das gereinigte Filter passierende Spinnbadanteil muß daher abgestoßen werden.

Neuerdings hat sich eine Sonderkonstruktion der Firma Wabag-Wasserreinigungsbau, Breslau, für die Spinnbadfiltration gut eingeführt. Auch die Wabagfilter sind Kiesfilter. Sie stellen jedoch geschlossene Apparate dar (Abb. 178).

Die Filtration erfolgt hierbei in geschlossenem Kreislauf unter einem Druck von 3—4 m Wassersäule. Die Filtergeschwindigkeit beträgt, je nach der Art des zu filtrierenden Spinnbades, 5—12 m^3 pro Stunde. Die Filter werden in Abmessungen von 800—3000 mm Durchmesser gebaut.

Die Filterschicht besteht auch bei dieser Apparatur aus einem Kiesbett, das von oben nach unten durchströmt wird. Die Rückspülung des verschlammten Kiesbettes wird aber nicht mit Wasser, sondern mit Reinsäure, und zwar unter Anwendung von Druckluft bewirkt. Die Filtration in einem geschlossenen Apparat hat gegenüber der offenen Filtration eine Reihe von Vorteilen. Diese sind: völlig geschlossene Arbeitsweise, Wegfall von Abzugsanlagen, keine Geruchsbelästungen, geringer Temperaturabfall der warmen Spinnbäder, hohe Filtergeschwindigkeit, geringe Filterabmessungen und somit geringer Platzbedarf, dauernd gleichbleibende Filtration und bequeme Bedienungsmöglichkeit. Der Verbrauch an Spülsäure ist gering.

Das Kiesbett ist 800—1000 mm hoch geschüttet. Der gleichmäßig gekörnte, säurefeste Quarzkies besitzt eine Korngröße von 1—1,5 mm. Getragen wird das Kiesbett von einem durchgehenden Zwischenboden. Die Filterkessel sind aus Schmiedeeisen erstellt und innen durch Gummierung vor Korrosion geschützt.

Für die Abführung der Reinsäure aus dem Kiesbett sind in dem Filterzwischenboden pro Quadratmeter 80—90 Polsterrohrdüsen, aus Hartblei und Hartporzellan bestehend, eingeschraubt. Die Polsterrohrdüsen bestehen aus einem seitlich feingeschlitzten Düsenkopf und einer am unteren Ende geschlitzten Rohrverlängerung, die durch den Zwischenboden hindurchragt.

Bei Vornahme der Filterwäsche wird Druckluft unter den Filterboden eingeführt und gleichzeitig Spülsäure in die Reinsäurekammer geleitet. Die Druckluft bildet dann ein Luftpolster, das sich nach unten bis an die Schlitze gleichmäßig ausdehnt. Sobald die Druckluft die Schlitze erreicht, wird jeder Düse zwangsläufig die gleiche Luftmenge zugeführt. Gleichzeitig wird die Reinsäure durch die untere Rohröffnung hindurchgepreßt. Aus den seitlich geschlitzten Düsenköpfen tritt ein homogenes Druckluft-Säuregemisch in das Kiesbett ein. Die Düsen selbst sitzen so eng, daß sich das Druckluft-Säuregemisch gegenseitig überschneidet und tote Stellen sowie Kanalbildungen mit Sicherheit vermieden werden.

Die eigentliche Waschwirkung wird von der Druckluft ausgeübt. Die Spülsäure hat nur den Zweck, den von der Druckluft losgelösten Schlamm abzuführen. Die Abführung der Schlammsäure über dem Kiesbett erfolgt durch eine Abzugsglocke, die auf einem Zentralrohr angeordnet ist und jegliche Kiesverluste vermeidet. Durch das Zentralrohr erfolgt auch während der Filtration die Zuführung der Rohsäure.

Die Filterwäsche nimmt einen Zeitraum von etwa 5—7 Minuten in Anspruch und ist, je nach der Art der Verschlammung des Spinnbades, in 1—3 Tagen einmal erforderlich.

Nach einem gänzlich anderen Prinzip arbeiten die sog. Anschwemmfilter der Firma Seitzwerke G.m.b.H. in Kreuznach. Bei diesen Filtern wird als filtrierendes Medium ein feinfaseriges, auf bestimmte Weise präpariertes Asbestmaterial verwandt, das an eine für die zu filtrierende Flüssigkeit durchlässige Wand in dünner Schicht angeschwemmt wird.

Abb. 179. Anschwemm-Filterbatterie der Firma Seitzwerke G.m.b.H.. Bad Kreuznach.

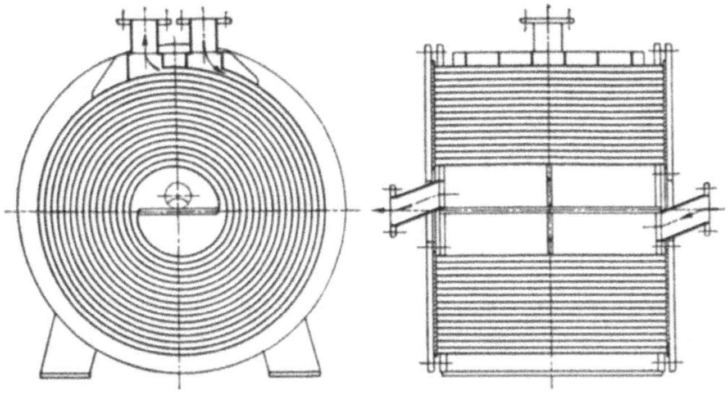

Abb. 180. Spiralwärmetauscher der Firma Maschinenfabrik Imperial, Meißen.

Als Filterwand haben sich in neuester Zeit Gewebe aus PeCe-Faser sehr bewährt. Das Filtermaterial wird zuvor in einem dem Inhalt des Filters entsprechenden Teil des Spinnbades durch Rühren oder Umpumpen suspendiert. Diese Aufschlämmung wird dann in das Filter gepumpt, wonach sofort ein klares Filtrat abfließt. Als Werkstoff ist Schmiedeeisen verwendet, das mit einer 3 mm dicken Hartgummiauflage versehen ist. Da das Filter als Niederdruckfilter wirkt, genügt schon ein Druck von 4—5 m Wassersäule zum Betreiben des Filters. Seine Leistung beträgt bei Spinnbad pro Quadratmeter Filterfläche 500—700 Liter je Stunde. Die Reinigung des Filters geht so vor sich, daß man nach Öffnung des Filterkastens die Filterelemente herausnimmt. Der erschöpfte Filterschichtbelag wird dann abgezogen oder durch einen scharfen Wasserstrahl abgespritzt. Eine Reinigung des Spinnbadfilters ist nach 24—36 Stunden erforderlich. Abb. 179 zeigt das Äußere einer Seitz-Filterbatterie.

Das durch das Filter gereinigte Spinnbad muß, wenn es in den Sammelkästen nicht aufgeheizt wurde, durch Vorwärmer fließen, in denen es auf die für die Spinnerei erforderliche Temperatur gebracht wird. Es sind Röhrenvorwärmer und Spiralwärmetauscher (Abb. 180) in Gebrauch. Das gefilterte Bad gelangt in einen Sammelbottich, von dem aus es den einzelnen Spinnmaschinen zugeleitet wird. Von den Spinnmaschinen fließt das Bad in die Sammelgrube des Kellers, womit der Kreislauf geschlossen ist.

III. Die Regenerierung der Spinnbäder.

Auf dem Wege durch die Spinnmaschinen erleidet das Spinnbad Veränderungen: Die Viskose bringt große Mengen Ätznatron und Wasser in das Bad. Es entsteht hierdurch in reichlicher Menge Natriumsulfat. Durch das eingeschleppte sowie das Reaktionswasser erfolgt eine starke Verdünnung des Bades, die allerdings zu einem Teil durch die natürliche Verdampfung des Bades aufgehoben wird. Ein weiterer Teil des Spinnbades wird dem Kreislauf dadurch entzogen, daß es von den spinnenden Fäden mitgenommen wird. Das gebrauchte Spinnbad enthält im ganzen zu viel Wasser und zu viel Natriumsulfat, dagegen zu wenig Schwefelsäure. Werden neben Natriumsulfat Zink- und Magnesiumsulfat mitverwendet, so ist im gebrauchten Spinnbad auch die Konzentration dieser Chemikalien zu gering.

Die Aufbereitung der gebrauchten Bäder kann in mehrfacher Weise vorgenommen werden. Man kann ein dem Zuviel an Natriumsulfat entsprechendes Spinnbadvolumen abstoßen. Hierdurch verliert man aber gleichzeitig Anteile von Säure sowie der wertvollen Zusätze an anderen Sulfaten. Zu dem nach dem Abstoßen verbleibenden Restbad fügt man soviel Wasser, bis die Ausgangskonzentration an Natriumsulfat wieder hergestellt ist. Alsdann gibt man die erforderliche Menge Säure sowie der anderen Sulfate zu.

Um die Verluste zu verringern, kann man bei der Spinnbadregeneration auch anders vorgehen. Die Möglichkeit, wirtschaftlicher zu arbeiten, ist dadurch gegeben, daß die Verdünnung des Bades stärker ansteigt als der Steigerung der Konzentration an Natriumsulfat entspricht.

Man kann daher einen großen Teil des Wassers durch Verdampfenlassen des Bades entfernen. Das Verdampfen des Spinnbades kann in einfachen, flachen Pfannen oder in wirtschaftlicher arbeitenden Apparaturen geschehen. Vielfach werden rechteckige, mit Blei ausgekleidete Holzbarken verwendet, in die am Boden Heizschlangen aus Bleirohr eingelegt sind. Die Barken sind mit einer verbleiten Haube versehen. Durch einen kräftigen Ventilator wird ein schwaches Vakuum über der Spinnbadoberfläche erzeugt, wodurch die Verdampfung beschleunigt wird. In die vom Ventilator abgesaugten Dämpfe spritzt man zur Kondensation Wasser ein.

Da die Leistung derartiger einfacher Verdampfer verhältnismäßig gering ist, muß eine größere Anzahl von Verdampfern nebeneinander aufgestellt werden. Diese Apparaturen erlauben nicht, die Verdampfung soweit zu treiben, bis man die Natriumsulfatkonzentration erreicht hat, die der Ausgangskonzentration entspricht. Bei dieser Arbeitsweise schafft man daher nur soviel Wasser weg als die Apparatur zuläßt und regeneriert das Bad im übrigen durch Abstoßen eines nunmehr entsprechend kleineren Badvolumens und durch Zusatz einer entsprechend geringeren Menge Säure und Sulfate.

Will man das Bad bis zur Erreichung der Ausgangskonzentration und Ausgangsmenge an Natriumsulfat eindampfen, so muß man sich besonderer Apparaturen bedienen. Hierbei geht man so weit, daß man nicht nur die erforderliche Wassermenge fortbringt, sondern auch den Überschuß an Natriumsulfat durch Auskristallisierenlassen aus dem System entfernt. Hierfür sind mehrere Apparaturen in Gebrauch.

Nach einem Verfahren von Dreyer und Holland-Merten der Deutschen Vakuumapparate G.m.b.H. in Sangerhausen zerfällt die Spinnbadregenerierungsanlage in eine Verdampfstation sowie in eine Kristallisierstation. In der Verdampfstation ist der Spinnbadverdampfer untergebracht, dem ein Zirkulationsheizkörper vorgeschaltet ist. In diesem wird das Spinnbad durch Dampfrohre erhitzt. Abb. 181 zeigt die Anordnung der Heizrohre im Inneren des Heizkörpers. Die Zuführung des Dampfes sowie die Ableitung des Kondenswassers erfolgt vom Boden des Heizkörpers aus. Zur schnellen Beseitigung evtl. aufgetretener Schäden sind die Rohre einzeln herausnehmbar.

Das aufgeheizte Spinnbad wird durch eine Speisepumpe in den eigentlichen Verdampfer übergeführt.

Die Evakuierung des Verdampfers besorgt eine Spezial-Vakuumpumpe.

Das durch Verdampfen im Vakuum konzentrierte Spinnbad gelangt nun in die Kristallisierstation. Hier läuft es zunächst in einen Vorkühler, in dem das Konzentrat im Gegenstromprinzip durch Kühlwasser vorgekühlt wird. Das Konzentrat bleibt hierbei jedoch noch oberhalb des Kristallisationspunktes. Man kann die Anlage dadurch noch wirtschaftlicher gestalten, daß man zum Vorkühlen nicht Wasser, sondern frisches

Spinnbad verwendet. Der Vorkühler wirkt dann als Spinnbadvorwärmer.

Nachdem die Lösung bis nahe an ihren Sättigungspunkt vorgekühlt ist, fließt sie in den eigentlichen Nachkühler und Kristallisationsapparat ein (Abb. 182). In diesem erfolgt die weitere Kühlung durch Sole. Der Vorkühler ist einem Dialysator ähnlich konstruiert, wird jedoch stehend gebaut. Der Kristallisationsapparat ist als Kaltrührer ausgebildet und mit einem doppelten Mantel versehen. Der Kühler ist ständig mit Lösung

Abb. 181. Anordnung der Heizröhren im Zirkulationsheizkörper der Verdampfstation (Deutsche Vakuumapparate G.m.b.H., Sangerhausen).

gefüllt. Das Spinnbadkonzentrat durchfließt den Kühler von oben nach unten. Das ausgekühlte Konzentrat tritt mit den ausgeschiedenen Kristallen unten entweder in ein Abscheidegefäß oder in eine Maische ein. Der Kaltrührer ist mit einem Schleifrührwerk ausgestattet, damit die Kühlflächen immer frei von Kristallkrusten gehalten werden. Das abfließende Spinnbad wird nun eingestellt und in den Kreislauf zurückgenommen. Wenn das abgeschiedene Glaubersalz weiter aufbereitet werden soll, so wird es zunächst durch Zentrifugieren von der Mutterlauge befreit und dann in einem besonderen Verdampfapparat entwässert und geschmolzen (Abb. 183).

Die beschriebene Anlage arbeitet vollkommen kontinuierlich.

In Anwendung ist auch ein Verdampfer von KESTNER[1]. Dieser arbeitet nach dem sog. Kletterprinzip. Die zu verdampfende Flüssig-

[1] Kunstseide **14**, Achema-Heft, 33 (1932).

keit wird hierbei in langen, stehenden Röhren in die Höhe geführt. Die Röhren sind durch einen Dampfmantel geheizt. Die Verdampfung wird durch Vakuum in diesen Röhren beschleunigt.

Das in den Röhren konzentrierte Bad gelangt in Walzenkristallisatoren. Diese bestehen im Prinzip aus einem Trog, in dem eine mit

Abb. 182. Kristallisator für Natriumsulfat der Deutschen Vakuumapparate G.m.b.H., Sangerhausen.

Sole gekühlte Walze rotiert. An den Walzen gelangt das auskristallisierte Sulfat zur Abscheidung. Es wird von den Walzen abgenommen und durch Zentrifugieren von der Mutterlauge getrennt.

Eine weitere Verdampfanlage stammt von der Lurgi Ges. f. Chemie und Hüttenwesen m. b. H., Frankfurt/M.[1]. Auch diese Apparatur arbeitet unter der Anwendung von Vakuum. Als Verdampfer dient ein Kessel aus Hartblei. Die Beheizung erfolgt indirekt durch Heizschlangen mittels Abdampf, durch den das Spinnbad im Verdampfer auf eine Temperatur von 60—70° C gebracht wird. Nach Passieren eines Neutralisations-

[1] Kunstseide **14**, Achema-Heft, 32 (1932).

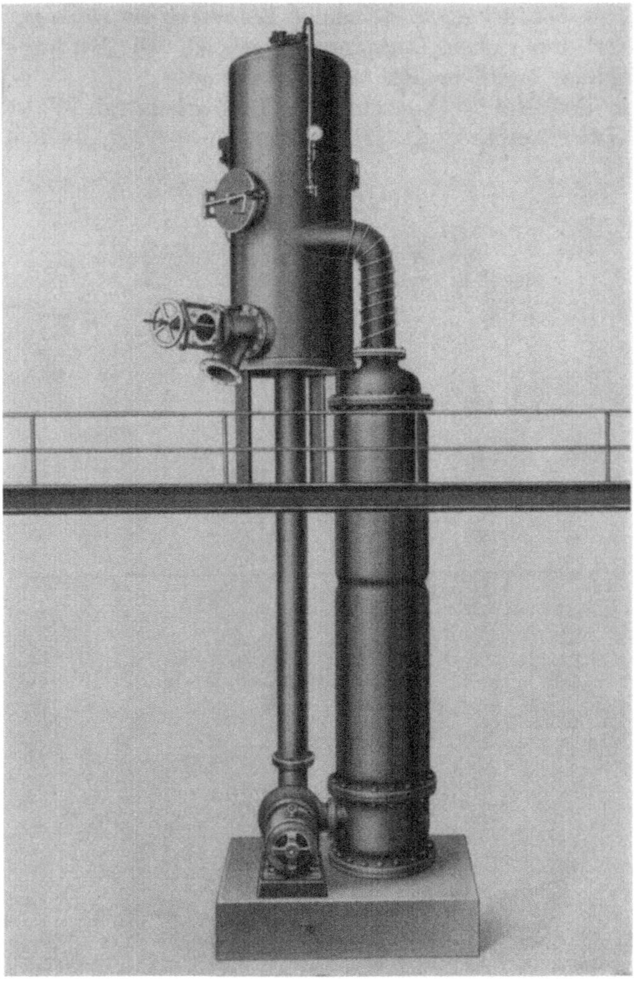

Abb. 183. Entwässerungsapparat für kristallisiertes Natriumsulfat der Deutsche Vakuumapparate G.m.b.H., Sangerhausen.

gefäßes für mitgerissene Säurenebel gelangen die Schwaden in hochgestellte Kondensatoren, in denen sie durch Kühlwasser niedergeschlagen werden.

IV. Analyse der Spinnbäder.

Bestimmung des spezifischen Gewichtes. Das spezifische Gewicht wird durch Eintauchen eines Aräometers bestimmt.

Bestimmung der freien Säure. Es werden etwa 10 ccm Fällbad der Dichte d abgewogen und in einem Erlenmeyerkolben mit 100 ccm Wasser verdünnt. Nach Zugabe von Methylrot (1%ige alkoholische Lösung) als Indikator wird mit n-Natronlauge bis zum Verschwinden der Rotfärbung titriert. Bezeichnet man die Anzahl der verbrauchten Kubikzentimeter mit s, so ist der Prozentgehalt des Bades an Schwefelsäure

$$\frac{s \cdot 0{,}49}{d}.$$

Bestimmung des Gesamtsalzes (nach BERL-LUNGE[1]). 1 ccm Fällbad wird vorsichtig in einem kleinen Porzellantiegel über kleiner Flamme eingedampft und so lange geglüht, bis der Rückstand weiß geworden ist. Bei Anwesenheit von Glukose werden die anwesenden Sulfate ganz oder teilweise zu Sulfiden reduziert. In diesem Falle gibt man nach dem Abkühlen des geglühten Tiegelinhaltes einige Tropfen konzentrierte Salpetersäure zu, raucht ab und glüht nochmals.

Bestimmung des Sulfatgehaltes (nach JENTGEN[2]). Das Fällbad wird filtriert und 10 g des Filtrates mit Wasser auf 200 ccm verdünnt. Die Lösung wird erhitzt und mit heißer Chlorbariumlösung gefällt. Der Niederschlag besteht aus dem Barium-Sulfat von der freien Schwefelsäure und den Sulfaten stammend. Der Gehalt an Sulfat ergibt sich aus der Differenz zwischen Gesamtsulfat und dem Sulfat der freien Säure.

Etwa vorhandenes **Ammonsulfat** muß für sich bestimmt werden. Zu diesem Zwecke verdünnt man 10 g Fällbad in einem KJELDAHL-Kolben mit 150 ccm Wasser, macht mit Natronlauge stark alkalisch und destilliert etwa 50 ccm ab. Das Destillat fängt man in einer Vorlage auf, die genau 20 ccm n-Schwefelsäure enthält. Die Vorlage wird mit n-Natronlauge unter Verwendung von Methylorange als Indikator titriert.

Bestimmung der Glukose. Die Glukose kann maßanalytisch bestimmt werden[3]. Zu diesem Zwecke versetzt man das Fällbad mit Ammoniak im Überschuß und filtriert. 25 ccm des Filtrates werden in einem Erlenmeyerkolben von 250 ccm Fassungsvermögen mit einer Mischung von gleichen Teilen Kupfersulfat- und Seignettesalzlösung 5 Minuten zum Sieden erhitzt. Das Erhitzen erfolgt auf einem Asbestdrahtnetz, dessen Asbestschicht eine der Bodenfläche des Kolbens entsprechende Aussparung besitzt. Das Reaktionsgemisch wird rasch auf 25° C abgekühlt, mit 3 g Kaliumjodid und 100 ccm 25%iger Schwefelsäure versetzt. Man titriert dann mit n/10-Natriumthiosulfatlösung, bis die Flüssigkeit hellbraun geworden ist. Dann gibt man Stärkelösung zu und titriert bis zur Entfärbung. Die verbrauchten Kubikzentimeter Thiosulfatlösung entsprechen den in Tabelle 94 angegebenen Mengen Glukose.

---

[1] BERL-LUNGE, 8. Aufl., S. 746.

[2] JENTGEN: Laboratoriumsbuch, S. 58.

[3] MERCK: Chemisch-technische Untersuchungsmethoden für die Textilindustrie, 1939, S. 106.

Tabelle 94. Umrechnung von Thiosulfat in Glukose. (Nach SCHOORL)[1].

n/10 Thiosulfatlösung ccm	Traubenzucker $C_6H_{12}O_6$ mg	n/10 Thiosulfatlösung ccm	Traubenzucker $C_6H_{12}O_6$ mg	n/10 Thiosulfatlösung ccm	Traubenzucker $C_6H_{12}O_6$ mg
1	3,2	10	32,3	19	63,3
2	6,3	11	35,7	20	66,9
3	9,4	12	39,0	21	70,7
4	12,6	13	42,4	22	74,5
5	15,9	14	45,8	23	78,5
6	19,2	15	49,3	24	82,6
7	22,4	16	52,8	25	86,6
8	25,6	17	56,3	26	90,7
9	28,9	18	59,8	27	94,8

Die Glukose kann auch mit dem Polarisationsapparat bestimmt werden.

Zur **Bestimmung des Zinksulfates** versetzt man die für die Untersuchung auf Säure verwendete Probe nach der Titration mit Phenolphthalein und tritriert mit n-Natronlauge weiter, bis Rotfärbung auftritt. Hierbei fällt das Zink als Hydroxyd aus. Aus der Anzahl der verbrauchten Kubikzentimeter n-Natronlauge (z ccm) berechnet sich der Prozentgehalt des Spinnbades an Zinksulfat nach der Formel

$$\frac{z \cdot 0{,}8072}{d}.$$

Zur **Bestimmung des Magnesiumsulfates** werden 10 ccm Spinnbad der Dichte d bei 40° C in einen Meßkolben gebracht, mit 60 ccm n-Natronlauge versetzt und auf 100 ccm aufgefüllt. Alsdann wird geschüttelt, absitzen gelassen und filtriert. Hierauf werden 50 ccm des Filtrates mit n-Säure unter Verwendung von Methylrot als Indikator zurücktitriert. Werden hierbei c ccm verbraucht, so berechnet sich der Prozentgehalt an Magnesiumsulfat nach der Formel

$$\frac{0{,}6 \cdot (60 - s - 2\,c)}{d}.$$

Ist im Spinnbad neben Magnesiumsulfat Zinksulfat anwesend, so wird der Prozentgehalt an Magnesiumsulfat nach der folgenden Formel berechnet:

$$\frac{0{,}6 \cdot (60 - s - z - 2\,c)}{d}.$$

[1] SCHOORL: Angew. Chem. **12**, 633 (1899).

16. Kapitel.

Die Spinnmaschinen.

Die Fadenbildung bei der Kunstseide bzw. die Faserbildung bei der Zellwolle geht auf den Spinnmaschinen vor sich. Ihre hauptsächlichsten Teile sind neben dem Antrieb

die Pumpenwelle mit den Pumpenbrücken und Spinnpumpen,
die Filterbrücken mit den Filtern,
die Spinnstutzen mit den Verschraubungen für die Spinndüsen,
die Spinnbadwanne,
die Fadenaufnahmeorgane sowie
die Fadenführer.

Als nicht unmittelbar zur Spinnmaschine gehörig sind noch die Spinndüsen zu nennen, die je nach der Einzelfaserzahl des zu spinnenden Fadens ausgewechselt werden müssen.

I. Die Spinnpumpen.

Die Spinnpumpen haben die Aufgabe, der Spinndüse in der Zeiteinheit eine stets gleichbleibende Menge Viskose zuzuführen. Zu jeder Spinndüse gehört eine Spinnpumpe. Je nach der geförderten Viskosemenge nimmt der gesponnene Faden eine andere Dicke an. Für die Konstanz der Fadendicke ist daher von ausschlaggebender Bedeutung, daß die geförderten Viskosemengen stets gleich sind, daher ist auf größte Präzision der Spinnpumpen Wert zu legen.

Die Spinnpumpen entnehmen die Viskose der Viskoseleitung, die vorn an der Spinnmaschine längs unterhalb der Filterbrücken angebracht ist. In diese Leitung gelangt die Viskose aus den Spinnkesseln entweder durch Druckluft oder durch eine Zahnradpumpe. Der Antrieb der Spinnpumpen erfolgt durch eine allen Pumpen einer Maschine gemeinsame Welle, die sog. Pumpenwelle. Sie wird vom Maschinenantrieb aus durch Zahnräder angetrieben. Da die Förderung der Spinnpumpen von ihrer Umdrehungsgeschwindigkeit abhängt, so muß die Pumpenwelle je nach der zu erzeugenden Fadenfeinheit mit verschiedener Drehzahl laufen. Die Drehzahl der Pumpenwelle wird durch Einbau von Wechselrädern an der Antriebseite der Spinnmaschine oder durch stufenlos regelbare Getriebe eingestellt.

Da die Spinnpumpe im wesentlichen die Dicke des Fadens bestimmt, und man die Fadendicke mit „Titer“ (s. S. 372) bezeichnet, so nennt man die Spinnpumpe auch „Titerpumpe“.

Es sind zwei Arten von Spinnpumpen in Gebrauch, nämlich Kolbenpumpen und Zahnradpumpen. Die Kolbenpumpen sind gegenüber den Zahnradpumpen immer mehr in den Hintergrund getreten. Die dauernde

Beanspruchung wirkt sich bei einer Kolbenpumpe hinsichtlich der Abnutzung schneller aus als bei einer Zahnradpumpe, weshalb Kolbenpumpen einer intensiveren Überwachung und Kontrolle bedürfen als Zahnradpumpen, um eine vollständige Gleichmäßigkeit des spinnenden Fadens zu gewährleisten.

Die Kolbenpumpen bestehen aus einem Zylinder, der in einem Gehäuse umläuft (Abb. 184). Der Zylinder enthält Bohrungen, in denen Kolben geführt werden. Diese Kolben kommen durch Federdruck gegen eine schräge Hubscheibe zur Anlage, die in ihrer Schrägstellung verstellbar ist. Bei einer Umdrehung des Zylinders gehen die Kolben, durch die Hubscheibe geführt, einmal in den Bohrungen des Zylinders hin und her. Die Hubgröße des Kolbens richtet sich nach der jeweils eingestellten Schräglage der Hubscheibe. Durch den Hin- und Hergang des Kolbens gelangen die Bohrungen des Zylinders mit dem Zuleitungsrohr und dem Ableitungsrohr für die Viskose in Verbindung. Während einer halben Zylinderumdrehung wird so Viskose angesaugt und während der anderen halben Umdrehung wird die angesaugte Viskosemenge in die Ableitung gedrückt. Die Kolbenpumpe wirkt also stoßweise. Um diese Stöße so weit als möglich auszugleichen, die zu unterschiedlichen Fadenstärken führen müssen, muß man in den Zylindern möglichst viele Bohrungen mit Kolben anbringen und durch diese entsprechend kleinere Viskosemengen fördern lassen. So hat man an Stelle von Vierkolbenpumpen auch solche mit fünf bis acht Kolben gebaut. Es leuchtet aber ein, daß die Kolbenpumpen, die nur einen kleinen Raum einnehmen können, hierdurch sehr kompliziert werden, was ihre Abnutzung beschleunigt und ihre Wartung erschwert.

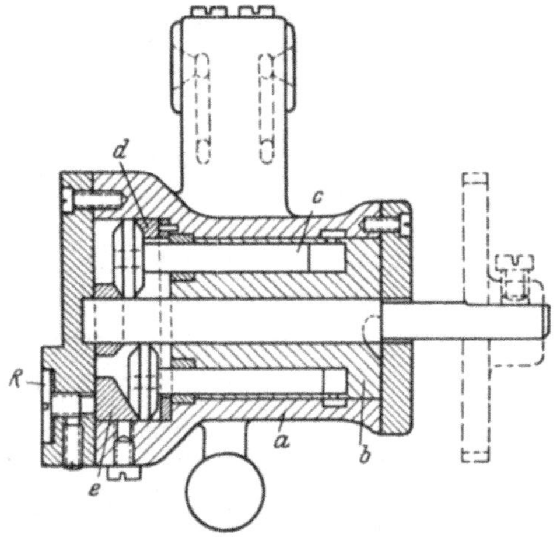

Abb. 184. Schnitt durch eine Kolbenspinnpumpe, System Arendt u. Weicher.
a Gehäuse; *b* Zylinder mit 5 im Kreis angeordneten Kolben *c*; *d* Stellung der Steuerung beim Ansaugen; *e* Stellung der Steuerung beim Drücken; *R* Stellschraube zur Regulierung des Hubes.

Ein anderer Weg, eine stoßfreie Förderung herbeizuführen, besteht im Anbau eines Umlaufgefäßes oder eines Druckausgleichgefäßes an die Spinnpumpen. Dieses Druckausgleichgefäß, das aus Glas besteht, kommt in seiner Wirkung einem Windkessel gleich. Auch kompliziertere Apparaturen sind für den Druckausgleich in der Viskoseleitung empfohlen worden. Nach DRP. 632450[1] wird z. B. als druckausgleichendes

[1] The Viscose Company, Penns.

Organ eine unter Federwirkung stehende Membran verwendet (Abb. 185), die in der Ruhelage sowohl die Viskosezuführungsleitung als auch die Ableitung abschließt. Durch die unter dem Pumpendruck stehende Viskose wird die Membran gehoben und gibt so der Viskose den Weg zur Ableitung frei. Bei ansteigendem Druck hebt sich die Membran höher. Der unter ihr befindliche Raum kann dann eine größere Menge Viskose aufnehmen.

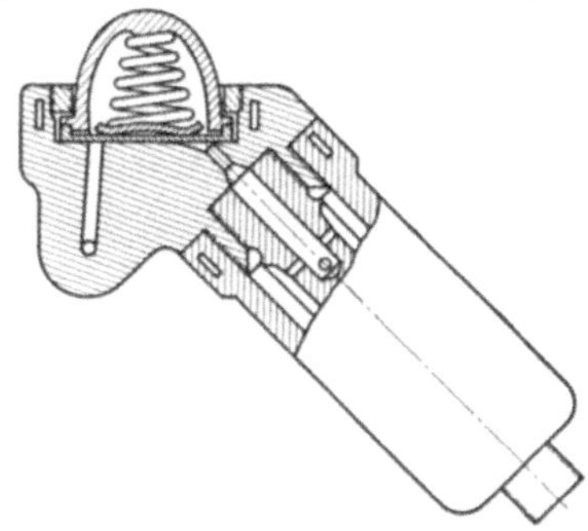

Abb. 185. Druckausgleichsorgan an einer Kolbenspinnpumpe nach DRP. 632450.

Die Zahnradpumpen (Abb. 186) sind in ihrem konstruktiven Aufbau einfacher als die Kolbenpumpen, erfordern in ihrer Ausführung aber gleichfalls höchste Präzision. Sie bestehen im wesentlichen aus zwei Zahnrädern, die im Eingriff miteinander stehen und die in zwei runden Kammern laufen. Die Kammerwände schließen sich genau dem Kopfkreis der Zahnräder an, so daß zwischen Kammerwand und Zahnende kein Zwischenraum verbleibt. Die runden Kammern gehen dort, wo sie zusammentreffen, in eine rechte und eine linke grössere Kammer über, von denen die eine mit der Zu- und die andere mit der Ableitung für die Viskose in Verbindung steht. Das obere Zahnrad wird durch eine Achse über ein Zahnrad an der Pumpenwelle angetrieben, während das untere Zahnrad der Pumpe von dem angetriebenen oberen Zahnrad mitgenommen wird. Wird nun das obere Zahnrad nach links gedreht, so entsteht in der rechten Kammer ein Vakuum, wodurch Viskose angesaugt wird. Diese wird durch die kleinen Räume, die zwischen den Zahnlücken und der Kammerwand vorhanden sind, mitgenommen und auf diese Weise in die linke Kammer und von dort in die Ableitung gedrückt. Bei der Zahnradpumpe findet somit eine gleichmäßige Viskoseförderung statt.

Abb. 186. Zahnradspinnpumpe der Firma Carl Hamel AG., Chemnitz. Links geöffnet, rechts in die Pumpenbrücke eingebaut.

Die Befestigung der Spinnpumpen an der Spinnmaschine erfolgt durch die sog. Pumpenbrücken, die die Spinnpumpen in Gelenken halten, so daß jede Spinnpumpe einzeln mit dem Zahnrad der Pumpenwelle in Eingriff gebracht oder stillgesetzt werden kann.

Da jede Spinnstelle einen Faden von vollkommen gleicher Dicke liefern muß, so muß jede Spinnpumpe bei einer bestimmten Umdrehungszahl eine genau gleiche Menge Viskose fördern. Hinsichtlich der Abmessungen der Einzelteile einer Spinnpumpe wird daher höchste Präzision verlangt. Die Spinnpumpen werden deshalb auch vor dem Einbau in die Maschinen einer genauen Kontrolle hinsichtlich ihrer Förderleistung unterworfen. Dies geschieht auf dem Pumpenprüfstand. Hier werden die Spinnpumpen ausprobiert, wobei man sie ein Zylinderöl von niedriger Viskosität fördern läßt. Die nach einer bestimmten Umdrehungszahl geförderte Ölmenge wird gemessen, und zwar wird das Öl einmal ohne und einmal mit einem Gegendruck gefördert, wodurch erkannt werden kann, ob alle Pumpenteile dicht miteinander schließen.

Trotz größter Präzision zeigen die Pumpen in ihrer Förderleistung gewisse Schwankungen. Sie werden daher in Gruppen von bestimmten, geringen Toleranzen sortiert, um später gruppenweise in die Spinnmaschinen eingebaut zu werden. Auf diese Weise kann man die einzelnen Spinnmaschinen durch Anpassung der Wechselräder der Pumpenwelle an die Förderleistung der Spinnpumpen auf gleiche Fadenstärke einstellen. Um dies organisatorisch zu ermöglichen, ist jede Spinnpumpe numeriert und in einem Verzeichnis erfaßt. Das für die Kontrolle verwendete Öl verbleibt zunächst in der Pumpe, um Korrosion zu verhüten, und wird erst nach dem Einbau in die Spinnmaschine durch Viskose verdrängt. Dies hat sehr sorgfältig zu erfolgen. Trotzdem kommt es hin und wieder vor, daß nach Pumpenwechsel noch etwas Öl in die Viskose gelangt. Dies führt zu einer matten Stelle oder zu einem hohlen, mit Öl angefüllten Einzelfaden und tritt auch noch in der fertig verarbeiteten Ware als Fehlerstelle in Erscheinung.

Nach dem Verdrängen des Öles aus der Spinnpumpe durch Viskose wird die Filterkerze (s. weiter unten) angeschraubt. Dann verbindet man den Spinnstutzen (s. weiter unten) mit der Filterkerze und läßt das System sich mit Viskose füllen. Vor dem Anspinnen der Maschine wird nun nochmals die richtige Förderleistung der Pumpe für die Erzeugung der gewünschten Fadenstärke kontrolliert („Pumpentarierung“). Die Fadenstärke wird mit „Titer“ bezeichnet. Sein Maß ist das „Denier“. Man sagt, ein Faden hat die Stärke von 1 Denier, wenn 9000 m Faden 1 g wiegen. Diese Berechnungsart liegt dem sog. „legalen Titer“ zugrunde. Neben dem legalen Titer kennt man noch den „metrischen Titer“. Hiernach stellt 1 Denier die Stärke eines Fadens dar, von dem 10000 m 1 g wiegen. In der Praxis rechnet man jedoch allgemein mit dem legalen Titer.

Die Pumpentarierung erfolgt auf die Weise, daß man an den Spinnstutzen ein tariertes Kölbchen anhängt und nach der Stoppuhr eine gewisse Zeit hindurch Viskose in das Kölbchen einfließen läßt. Die aufgefangene Viskose wird gewogen. Eventuell falsche Pumpen werden ausgewechselt.

Die richtige Drehzahl der Pumpenwelle wird durch eine Berechnung ermittelt[1], der folgende Voraussetzungen zugrunde liegen:

Die Dicke des Fadens ist abhängig vom Zellulosegehalt der Viskose, von der Viskosemenge, die die Spinnpumpe in der Zeiteinheit fördert und von der Geschwindigkeit, mit der der spinnende Faden von der Düse abgezogen wird („Abzugsgeschwindigkeit"). Zellulosegehalt der Viskose und Abzugsgeschwindigkeit sind bekannte Größen. Die erforderliche Pumpenförderung für einen Titer von beispielsweise 180 Denier berechnet sich dann unter Zugrundelegung einer Abzugsgeschwindigkeit von 50 m in der Minute und eines Zellulosegehaltes der Viskose von 7% wie folgt:

$$0{,}9 \cdot \frac{180}{9000} \cdot 50 .$$

Hierbei ist berücksichtigt, daß der Endtiter des Fadens richtig ist, wenn er einen Feuchtigkeitsgehalt von 10% hat.

Aus der obigen Gleichung ergibt sich eine gewünschte Förderleistung von

$$0{,}90 \text{ g Zellulose in der Minute.}$$

Die Zellulose wird nunmehr in Viskose umgerechnet, woraus sich folgendes ergibt:

$$\frac{100}{7} \cdot 0{,}90 = 12{,}86 \text{ g Viskose in der Minute.}$$

Unter Berücksichtigung des spezifischen Gewichtes der Viskose von 1,12 muß die Spinnpumpe demnach

$$\frac{12{,}86}{1{,}12} = 11{,}48 \text{ ccm Viskose}$$

in der Minute fördern. Beträgt die von der Pumpe geförderte Viskosemenge 2 ccm bei 1 Umdrehung, so muß für den Titer 180 Den. die Drehzahl in der Minute demnach

$$n = \frac{11{,}48}{2} = 5{,}74$$

sein.

Hierbei ist allerdings die Schrumpfung des spinnenden Fadens noch nicht berücksichtigt. Es wird hierauf im 17. Kapitel näher eingegangen.

In neuester Zeit wird von der Mode ein Faden verlangt, der unterschiedliche Dicke besitzt. Er soll eine Imitation des sog. Honan- oder Shantungfadens darstellen. Bei diesem Effektfaden kommt es also darauf an, den Titer möglichst unregelmäßig zu halten. Verdickungen am Kunstseidenfaden sind entweder dadurch zu erhalten, daß man die

---

[1] Vgl. hierzu Bartram: Kunstseide **15**, 136 (1933).

Spinnpumpe plötzlich für eine kurze Zeit eine größere Viskosemenge fördern läßt oder daß man den spinnenden Faden ungleichförmig ausstreckt. Will man die Verdickung dadurch erzeugen, daß man die Pumpe in verschiedenen Zeitabständen größere Mengen Viskose fördern läßt, so muß man also die Pumpenwelle verschieden schnell umlaufen lassen. Man kann aber auch so vorgehen, daß man unmittelbar hinter der Spinnpumpe in die Viskoseleitung eine kleine Kolbenpumpe zusätzlich einbaut. Durch das Eindrücken des Kolbens entsteht ein höherer Druck in der Viskose und hierdurch eine erhöhte Austrittsgeschwindigkeit, mithin also eine größere geförderte Viskosemenge. So einfach diese Forderung an sich klingt, so schwierig ist sie in der Praxis durchzuführen. Einerseits muß die Schwankung recht groß sein, damit sie in der fertigen Ware für das Auge genügend deutlich ist und andererseits müssen die Schwankungen vollkommen unregelmäßig vor sich gehen. Die Dickenänderungen dürfen mit anderen Worten nicht periodisch im Faden wiederkehren. Infolgedessen ist jeder Antrieb durch eine einfache Nockenscheibe oder ein Exzenter unmöglich, da hierdurch die Schwankungen stets periodisch werden. Durch das Nebeneinanderliegen der Verdickungen bilden sich stets

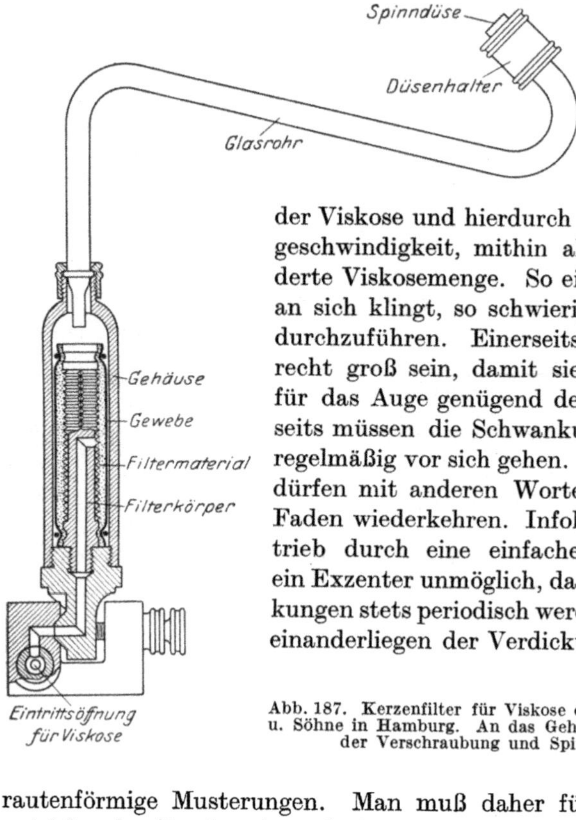

Abb. 187. Kerzenfilter für Viskose der Firma Dr. Heinrich Traun u. Söhne in Hamburg. An das Gehäuse ist der Spinnstutzen mit der Verschraubung und Spinndüse angeschlossen.

rautenförmige Musterungen. Man muß daher für den Pumpenwellenantrieb oder für den Antrieb der zusätzlichen Pumpenplunger kompliziert gebaute, sog. „Störungsgetriebe“ verwenden.

II. Die Filter.

Auf dem Wege zwischen Spinnpumpe und Düse läßt man die Viskose noch zweimal ein Filter passieren, wobei das letzte allerdings nur in einem feinen Batistläppchen besteht, das unmittelbar der Düse vorgeschaltet wird (s. S. 376). Die Filter sind mit sog. Filterbrücken befestigt. Es werden fast durchweg Kerzenfilter verwendet (Abb. 187). Die Filterkerzen sind mit zahlreichen Querrillen sowie mit Längsrillen versehen. Die Viskose tritt durch eine Bohrung von innen in die Kerze ein und verteilt sich in den Rillen. Die Kerze ist mit einem Filterbelag umwickelt. Dieser besteht aus drei Schichten: Zunächst kommt ein Batisttuch, dann eine dünne Watteschicht und zuletzt wieder ein Batisttuch. Dieser Filterbelag wird mit einer Schnur um die Kerze gewickelt. Die Viskose dringt, verteilt durch die Längs- und Querrillen der Kerze, unter dem Druck der Spinnpumpe durch den Filterbelag hindurch und gelangt in einen Hohlraum, der von der Filterkerze und dem Gehäuse des Filters gebildet wird. Von dort gelangt sie in den Spinnstutzen, der sie der Düse zuführt.

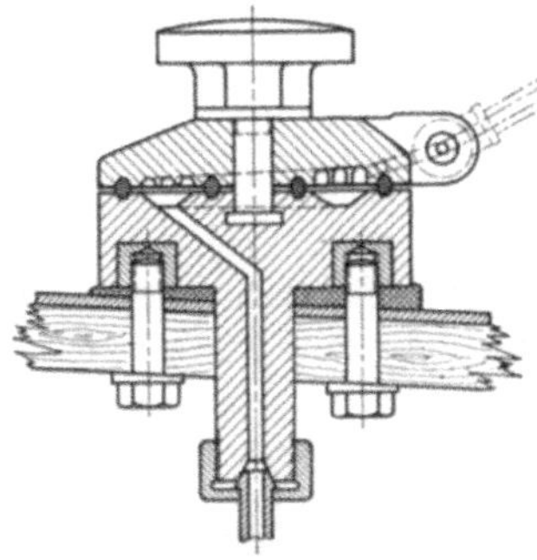
Abb. 188. Viskosefilter nach DRP. 650819.

Es gibt auch Kerzenfilter, die umgekehrt arbeiten. Bei diesen läßt man die Viskose aus der Leitung zunächst in das Filtergehäuse eintreten und sie das Filter durch die Kerze verlassen.

Die Kerzenfilter bestehen aus Hartgummi, werden aber vielfach auch aus Kunststoffen hergestellt, die gegenüber dem Alkali der Viskose beständig sind.

Die Algemeene Kunstzijde Unie N. V. Arnhem hat sich unter DRP. 606463 eine etwas andere Art eines Kerzenfilters schützen lassen. Nach der Patentschrift wirkt das Filter als Adhäsionsfilter. Hierbei wird der Viskose auf einem möglichst langen und verästelten Wege Gelegenheit gegeben, die von ihr mitgeführten Verunreinigungen durch Sedimentation an den Filterstoff abzugeben. Die Kerze ist als Nadel ausgebildet, die in einen mit Watteringen od. dgl. ausgefüllten Einsatz eingestochen ist.

Die Filterbeläge müssen periodisch ausgewechselt werden. Dies ist ziemlich lästig und zeitraubend, weshalb man verschiedentlich versucht hat, die mit Stoff umwickelten Filterkerzen durch andere Apparaturen zu ersetzen. So hat man z. B. versucht, an Stelle der mit Stoff bewickelten Kerzen solche aus porösem Ton zu verwenden, die zum Zwecke der Reinigung nur mit Wasser durchgespült und dann ausgeglüht zu werden brauchen. Es ist aber nichts darüber bekannt geworden, ob diese Einrichtung sich in der Praxis als zweckmäßig erwiesen hat. Dagegen hat sich ein von der Société Lyonnaise de Textiles, Lyon, gebautes Filter als brauchbar erwiesen (Abb. 188)[1]. Das Lyoner Filter besteht im wesentlichen aus zwei zylindrischen Scheiben, in der konzentrische, ringförmige Kanäle angebracht sind. Die Viskose gelangt von unten durch eine Bohrung in die untere zylindrische Scheibe und verteilt sich dort in den Ringkanälen durch radial angeordnete Kanäle, die von der mittleren Bohrung ausgehen. Die obere zylindrische Scheibe ist von der gleichen

[1] DRP. 650819.

Konstruktion. Zwischen die beiden Scheiben wird der Filterbelag gespannt, der bei dieser Bauart eine ebene Fläche darstellt. Es leuchtet ein, daß das Auswechseln der Filterbeläge bei dieser Apparatur wesentlich leichter und schneller vonstatten geht als bei dem eben beschriebenen Kerzenfilter, das zum Zwecke der Reinigung ausgebaut und in einem besonderen Raum vollkommen auseinandergenommen werden muß. Bei dem Lyoner Filter braucht lediglich die obere Scheibe abgenommen zu werden. Das Auswechseln des Belages findet hier an der Spinnmaschine statt. Vor dem Kerzenfilter hat diese Bauart den weiteren Vorzug, daß das Filter leichter zu entlüften ist.

III. Die Spinnstutzen.

Nach dem Verlassen des Filters gelangt die Viskose in die Spinnstutzen. Hierunter sind Glasrohre zu verstehen, die die Viskose in die Spinnbadwanne führen und die am anderen Ende die Verschraubung für die Spinndüsen tragen. Sie haben charakteristische Formen, die der Spinnbadwanne angepaßt sind (siehe Abb. 187).

IV. Die Düsenverschraubung.

Der Spinnstutzen endet in einem nach außen umgebörtelten Rand (Abb. 189). Über diesen wird ein Dichtungsring aus Gummi gelegt, der den Rand mit dem inneren Teil der Verschraubung abschließt. Der äußere Teil der Verschraubung besitzt eine Aussparung, in die die Düse genau hineinpaßt. Zwischen dem äußeren Teil der Verschraubung und dem umgebogenen Rand der Düse befindet sich wieder ein Gummiring. Über diesen und den Hohlraum über die Düse spannt man ein feines, rundes, ausgestanztes Batistläppchen, das als letztes Viskosefilter wirkt und durch einen dritten Gummiring gegen den Spinnstutzen gehalten wird. An Stelle des Batistläppchens wird neuerdings von der Firma Eilfeld in Gröbzig ein dünnes Blech empfohlen, das Bohrungen enthält, die kleiner als die Düsenlöcher sind.

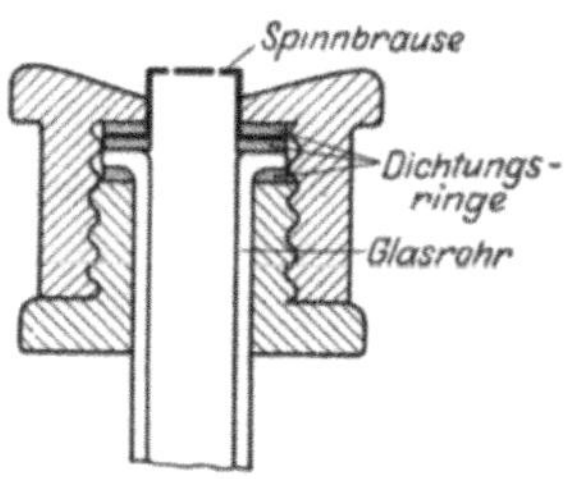

Abb. 189. Düsenverschraubung mit Spinndüse (Dr. Heinrich Traun & Söhne, Hamburg).

Es wird im Betrieb eine große Anzahl Düsenverschraubungen vorrätig gehalten. Die für den Betrieb benötigten Düsen werden stets mit der Verschraubung an den Spinner abgegeben.

V. Die Spinndüsen.

Die Spinndüse läßt die Viskose durch feine Kanäle in das Spinnbad austreten. Sie besteht aus einem hütchenförmigen Körper, in dessen Bodenfläche feinste Kanäle gebohrt sind (Abb. 190). Die Anzahl der

Bohrungen entspricht der Anzahl der Einzelfäden des Gesamtfadens. Bei Kunstseide sind die gebräuchlichsten Bohrungszahlen 15, 24, 30, 36, 40, 48, 50 und 72. Düsen für das Spinnen von Zellwolle sind größer dimensioniert, ihre Lochzahl kann von 800 bis zu 3000 betragen.

Bedenkt man, daß die Düse sowohl dem starken Alkali der Viskose als auch der Säure des Spinnbades standhalten muß, so wird es verständlich, daß die Werkstoff-Frage für die Düsenherstellung von ausschlaggebender Bedeutung für ihre Lebensdauer ist[1]. Man hat ursprünglich die Düsen aus Glas hergestellt. Die feinen Kanäle wurden so erhalten, daß man in das Glas Metalldrähte einschmolz, die nachher durch Säuren aus dem Glaskörper herausgelöst wurden. Diese Arbeitsweise ist aber

Abb. 190. Spinndüsen. Links Düse für Zellwolle, rechts Düse für Kunstseide[2].

bald verlassen worden, da die Glasdüsen zu leicht zerbrachen. Man wendet heute ausschließlich Metalldüsen an. Die Spinndüsen wurden zunächst aus Platin hergestellt. Der hohe Platinpreis machte es jedoch erforderlich, billigere Metalle für die Anfertigung der Düsen heranzuziehen. In einer aus Silber und Palladium bestehenden Legierung wurde zunächst ein Werkstoff gefunden, der eine einigermaßen ausreichende Lebensdauer aufwies[3]. Eine wesentliche Verlängerung der Lebensdauer der Silber-Palladiumdüsen wurde von der Firma W. C. Heraeus, Hanau, dadurch erzielt, daß die Düsen mit einem Überzug aus Rhodium versehen wurden, der auf galvanischem Wege aufgebracht wurde. Wurde hierdurch auch die Düse vor den starken chemischen Angriffen der Viskose und des Spinnbades geschützt, so erwies sich im Laufe der Zeit der Rhodiumüberzug doch nicht den mechanischen Beanspruchungen beim Spinnprozeß als gewachsen.

Es wurden dann Legierungen aus Gold mit ungefähr 10% Platin oder 10% Palladium entwickelt. Diese Legierungen sind aber verhältnismäßig weich, sie müssen daher auf chemisch-thermischem Wege gehärtet werden. Da das Bohren der feinen Kanäle ein weiches Material voraussetzt,

[1] Vgl. hierzu die Schrift: Eilfelds Feinbohrung. Gröbzig 1938.

[2] Aus der Hauszeitschrift „Wir vom Glanzstoff".

[3] Der Firma W. C. Heraeus, Hanau, verdanke ich wertvolle Angaben über die Düsenherstellung.

so muß die Härtung nach der Fertigstellung der Düse vorgenommen werden. Wie von der Firma Heraeus gefunden wurde, läßt sich eine Legierung aus 70% Gold und 30% Platin wesentlich besser härten als die oben angegebenen Legierungen. Durch einfache Wärmebehandlung kann die Härte dieser Legierung auf etwa 200° Brinell gesteigert werden.

Die Goldplatindüsen ließen jedoch noch Wünsche offen, so zeigten sich bei dieser Legierung in der Praxis allmählich Sprödigkeitserscheinungen, die eine weitere qualitative Verbesserung des Düsenmaterials als wünschenswert erscheinen ließen. Die Sprödigkeit konnte dadurch wesentlich verringert werden, daß man der Gold-Platin-Legierung kleine Mengen Rhodium zusetzte. So wurden von Heraeus zwei rhodiumhaltige Legierungen mit verschiedenen Gold-Platin-Mischungen entwickelt, die die Bezeichnung N 2 und N 4 tragen, und die höchsten Ansprüchen gewachsen sind. In beiden Legierungen überwiegt die Goldkomponente. Die Legierung N 2 läßt sich bis auf etwa 250° Brinell härten, die Legierung N 4 bis auf etwa 350°.

Auch von der Firma Siebert in Hanau werden Düsen hergestellt, die auf nahezu 400° Brinell härtbar sind.

Die große Härte dieser neuen Legierungen läßt diese Düsen besonders für das Verspinnen titanhaltiger Viskose als geeignet erscheinen, da sie sich gegenüber den schleifend wirkenden Titanteilchen als sehr widerstandsfähig erwiesen. Aber auch für das Spinnen normalglänzender Kunstfasern gibt man ihnen heute immer mehr den Vorzug.

An Stelle der Gold-Platin- oder Gold-Palladiumlegierungen sind auch Platin-Iridiumlegierungen in Gebrauch. Auch Düsen aus Halbedelsteinen, wie z. B. Rubin, sind empfohlen worden.

In neuester Zeit beginnen sich Düsen aus Tantal immer mehr durchzusetzen, die um 80—90% billiger sind als die genannten Edelmetalldüsen. Tantal besitzt zwar an sich nur eine geringe Korrosionsbeständigkeit gegenüber der Spinnbadsäure, es ist aber der Firma Friedrich Eilfeld in Gröbzig gelungen, Tantaldüsen herzustellen, die in gehärtetem Zustand z. B. einer Gold-Platin-Düse nahezu gleichwertig sind (Abb. 191). Mindestens drei Viertel aller in Deutschland verwendeten Zellwolldüsen bestehen heute aus Tantal, aber auch in die Kunstseidenfabriken führt sich Tantal immer mehr ein.

Stellt man die Eigenschaften der Edelmetalldüsen und der Tantaldüsen gegenüber, so muß man feststellen, daß die Tantaldüsen die Edelmetalldüsen an Lebensdauer übertreffen. Ein Nachteil der Tantaldüsen besteht demgegenüber darin, daß sie sich bei der Anwendung bestimmter Spinnbäder schneller verstopfen als Edelmetalldüsen. Die größere Lebensdauer der Tantaldüsen wird allerdings zum Teil dadurch erreicht, daß man die Wandstärke größer nimmt, was der Preis des Tantals aber ohne weiteres erlaubt. Eine von der Firma Eilfeld entwickelte Härtemethode konnte aber auch das schnelle Verstopfen der Düsenkanäle auf ein erträgliches Maß verringern.

Das Verstopfen der Düsenkanäle ist keineswegs nur auf eine Verlegung der Bohrungen durch Fremdkörper zurückzuführen. Es ist verschiedentlich bei der mikroskopischen Untersuchung verstopfter Düsenlöcher festgestellt worden, daß die Verlegung der Düsenlöcher nicht durch Fremdkörper verursacht sein konnte, die von der Viskose mitgeführt wurden, sondern daß die Verstopfung der Düsenlöcher durch unlösliche chemische Körper erfolgt war, die sich innen an der Kanalwand sowie außen auf der Düse niedergeschlagen hatten. Die erstgenannte Erscheinung tritt auf, wenn die Viskose metallische Verunreinigungen, wie z. B. Eisen oder Kupfer, enthält, die zweite wurde besonders oft bei zinkhaltigen Spinnbädern angetroffen. Verfolgt man eine auf diese Weise entstehende Düsenverstopfung genauer, so stellt man fest, daß sich zunächst rund um das einzelne Düsenloch ein weißer Krater bildet, der nach und nach immer steiler wird. Der Kraterkanal, durch den die Viskose austreten muß, wird hierdurch nach und nach länger und enger, bis schließlich ein vollkommenes Zusetzen eintritt. Über die Ursache dieser eigenartigen Erscheinung ist man lange Zeit im unklaren gewesen. Es wurde hierbei beobachtet, daß bei der gleichen Viskose und dem gleichen Spinnbad Düsen aus verschiedenen Werkstoffen sich ganz unterschiedlich verhalten. So konnte festgestellt werden, daß ein Zuwachsen besonders leicht bei Tantaldüsen eintritt, weniger leicht setzen sich Düsen aus Goldlegierungen zu. Bei Düsen aus Halbedelsteinen (wie z. B. Rubin) wurde allgemein noch seltener ein Zuwachsen beobachtet. Diese durchbohrten Halbedelsteine sind immer in Metall gefaßt und so wurde merkwürdigerweise wieder beobachtet, daß Edelsteindüsen, bei denen der Stein in Tantal gefaßt ist, schneller zuwachsen als Düsen, bei denen der Stein in einer Edelmetallegierung gefaßt ist. Diese eigenartigen Beobachtungen deuten darauf hin, daß es sich hierbei um elektrochemische Vorgänge handelt. Es liegt eine Wanderung von Ionen aus dem Spinnbad nach der Düse hin vor, die schließlich zu dem lästigen Verstopfen der Düsenlöcher führt. An dieser Ionenwanderung kann auch Blei beteiligt sein, das

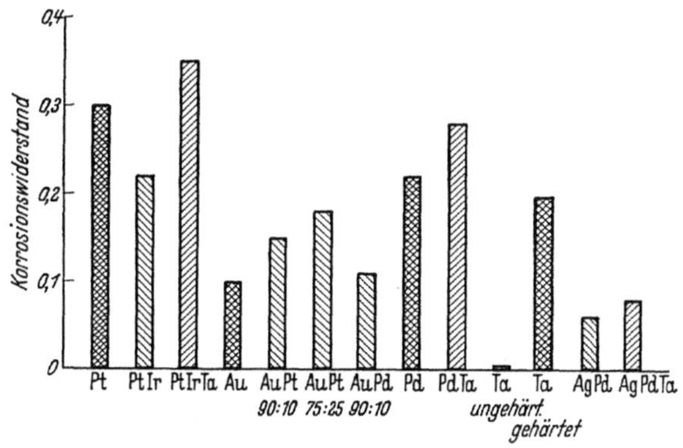

Abb. 191. Vergleich der Korrosionsbeständigkeit von Düsenmetallen und Legierungen (nach Friedrich Eilfeld, Gröbzig).

sich immer als Verunreinigung im Spinnbad befindet. Man hat gelernt, dieser Schwierigkeit weitgehend zu begegnen.

Eine gewisse Verbesserung wird dadurch erzielt, daß man die Düse mit einem hauchdünnen Film aus Paraffin überzieht[1]. Daß hierdurch allerdings nur eine teilweise Verbesserung erzielt werden kann, ist verständlich, da der Paraffinüberzug leicht mechanisch beschädigt wird. Als äußerst wirksam erwies sich aber eine von der Algemeene Kunstzijde Unie N. V. angewandte Maßnahme, die nach Angabe der Erfinderin darin besteht, daß man eine elektrische Umladung der Viskose vornimmt. Dies kann man auf einfache Weise dadurch erreichen, daß man der Viskose einen Stoff einverleibt, der seine wirksame Komponente im Kation enthält. Man nennt derartige chemische Körper kationaktiv (vgl. 19. Kap.). Als solche kationaktive Stoffe kommen z. B. in Frage Laurylpyridiniumsulfat[2] oder Dodecyltriäthylammoniumjodid[3]. Es soll bemerkt werden, daß man dieselbe günstige Wirkung erhält, wenn man diese Stoffe nicht der Viskose, sondern dem Spinnbad zusetzt.

Abb. 192. Zylindrischer, konischer und trichterförmiger Bohrkanal.

Es muß hierzu bemerkt werden, daß es noch nicht einwandfrei feststeht, ob das Ausbleiben der geschilderten Erscheinung tatsächlich auf eine elektrische Umladung des Systems zurückzuführen ist. Neuere Versuche lassen einen Zweifel an dieser Auffassung als berechtigt erscheinen. So wurde z. B. beobachtet, daß auch eine wesentliche Verbesserung eintritt, wenn man dem Spinnbad Nekal BX trocken zusetzt. Dieser Körper ist aber nicht als kationaktiv anzusprechen.

Die Bohrungen der Spinndüsen haben durchweg einen Durchmesser von 60, 70 oder 90 μ (0,060, 0,070 oder 0,090 mm). Es ist daher verständlich, daß für das Düsenbohren eine außerordentliche Spezialerfahrung erforderlich ist. Es kommt noch hinzu, daß manche Kunstseidenfabriken Düsen mit besonders geformten Bohrkanälen verlangen. So wird dem glatten zylindrischen Bohrkanal vielfach ein konischer oder ein trichterförmiger vorgezogen, da diese Formen ein besseres Spinnen gewährleisten (Abb. 192).

Den letzten Schliff verleiht der Düse eine Hochglanzpolitur, die nach bestimmten Geheimverfahren vorgenommen wird. Auch das Polieren ist äußerst schwierig, da durch die Politur nur der scharfe Grat an den Bohrkanälen weggenommen werden darf, wobei aber eine Verletzung der Kanalöffnung peinlichst vermieden werden muß. Diese Arbeitsweise kann man sich nach einem der Firma W. C. Heraeus geschützten Verfahren dadurch erleichtern, daß man in die Bohrkanäle Mineral-

[1] N. V. Onderzoekings Instituut Research: DRP. 661814.
[2] Amer. Pat. 2125031 der American Enka Corporation.
[3] DRP.-Anm. N 38040 der Onderzoekings Instituut Research.

salze einschmilzt, die nach dem Polieren durch Wasser wieder herausgelöst werden.

Die Spinndüsen werden von Spezialfirmen hergestellt. Von einzelnen Kunstseidenfabriken wird allerdings das Bohren selbst vorgenommen.

Die Düsen erfordern im Betrieb sorgsamste Pflege, die der sog. Düsenstation obliegt. Die Düsen werden an den Spinnmaschinen periodisch gewechselt. Darüber hinaus werden unregelmäßig spinnende Düsen ausgewechselt. Die Größe des unfreiwilligen Düsenwechsels gibt ein Bild vom Filtrationszustand der Viskose. Gebrauchte Düsen werden vom Spinner mit der Verschraubung in der Düsenstation abgeliefert. Hier wird Düse und Verschraubung zunächst durch Abbrausen mit Wasser oberflächlich gesäubert. Darauf wird mit Spezialwerkzeugen die Düse aus der Verschraubung herausgenommen und die Düse für sich allein noch einmal in fließendem Wasser gereinigt. Hierauf spritzt man jede Düse unter hohem Druck mit Wasser ab, bis alle Viskosereste aus den Bohrkanälen entfernt sind. Alsdann legt man die Düsen einige Zeit in warme Chromschwefelsäure oder kalte Schwefelsäure ein, wodurch die letzten Spuren organischer Substanz entfernt werden. Schließlich wird mit Wasser gespült. Dann werden die Düsen in Trockenschränken getrocknet. Vor der Ausgabe an die Spinnerei werden die Düsen einer sorgsamen Kontrolle unterzogen. Man hat hierfür Spezialapparate entwickelt. So kann man das Bild der Düsenöffnungen beispielsweise auf eine weiße Wand projizieren, wodurch man infolge der hohen Vergrößerung Unregelmäßigkeiten an den Bohrkanälen gut erkennen kann. Meistens betrachtet man die Düsen aber unter einem Mikroskop oder einer guten binokularen Lupe. Unregelmäßige Bohrkanäle müssen nachgearbeitet werden. Dies geschieht durch Nachstechen mit Spezialwerkzeugen und wird gleichfalls unter der Lupe vorgenommen. Es erfolgt dann noch eine Politur der Düsen. Sind die Düsen wieder gebrauchsfertig, so werden sie mit Preßluft ausgeblasen, um Staub- und Metallteilchen zu entfernen. Dann werden sie in die Verschraubung eingesetzt und mit Cellophan überzogen. In dieser Weise staubdicht verpackt gelangen sie wieder an den Spinner zur Ausgabe.

VI. Die Spinnbadwanne.

Die Spinnbadwanne stellt einen langen Trog dar, der in der Längsrichtung in die Spinnmaschine eingebaut ist. Sie dient zur Aufnahme des Spinnbades. Der Querschnitt des Troges ist meist ein Rechteck, die vordere Wand kann aber auch schräg sein. Man unterscheidet eine „tiefe Wanne“ und eine „flache Wanne“, je nachdem, ob die Höhe des Rechteckes größer als die Bodenbreite oder die Höhe des Rechteckes geringer als die Bodenbreite der Wanne ist. Die Abb. 193 erläutert diese verschiedenen Formen näher.

Die Spinnbadwanne ist meistens aus Brettern zusammengefügt und mit Bleiblech ausgekleidet. Sie wird vielfach aber auch aus Eisenblech hergestellt, das das Bleiblech trägt. Neuerdings sind auch Spinnbadwannen aus Kunststoff in Gebrauch. Bei etwaigem Bruch dürften sie aber schwer zu reparieren sein.

Die Anwendung einer tiefen oder einer flachen Wanne richtet sich danach, welche Länge des Fadens beim Spinnen im Bad verbleiben soll. Man bezeichnet diese Fadenlänge mit „Badstrecke", „Badtrajekt" oder „Schlepplänge". Die tiefe Wanne wendet man dann an, wenn die Badstrecke verhältnismäßig kurz sein soll. Der Faden wird dann nach dem Austritt aus der Düse senkrecht nach oben abgezogen und verbleibt so nur kurze Zeit im Spinnbad. Man wendet die tiefe Wanne jedoch auch an, wenn nach Streckspinnverfahren gearbeitet werden soll, bei denen der Faden, durch besondere Führungsröllchen geführt (s. 17. Kap.), längere Zeit im Spinnbad verbleiben soll. Die flache Wanne bietet die Möglichkeit, den spinnenden Faden etwas länger im Spinnbad zu belassen, als dies bei senkrechtem Abzug aus tiefer Wanne möglich ist. In diesem Falle wird der Faden nahezu waagerecht aus der Düse abgezogen. Es ist dann aber der Einbau von Fadenführern erforderlich, durch die er senkrecht nach oben aus der Wanne herausgeleitet wird. Diese Fadenführer können Röllchen oder gebogene Stäbe sein. Die ersteren bezeichnet man mit „Badröllchen", die letzteren mit „Badhaken". Eine weitere Vergrößerung der Badstrecke kann bei der flachen Wanne dadurch herbeigeführt werden, daß man den Faden schräg durch die Wanne führt. Bei diesem Spinnschema ist es empfehlenswert, schon beim Bau der Spinnmaschine dieses zu berücksichtigen, und zwar dadurch, daß man die Wanne und die Zuführungsorgane für die Viskose an der einen Seite der Spinnmaschine über ihr seitliches Profil herausragen läßt, da man sonst an der Seite der Maschine eine oder zwei Spinnstellen verliert. Die Abb. 194 soll die Fadenführungsmöglichkeiten im Spinnbad näher erläutern.

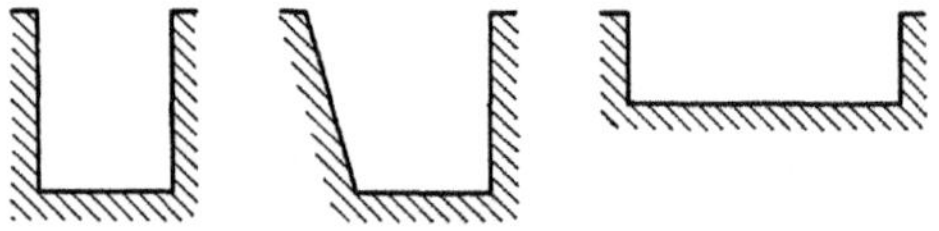

Abb. 193. Gebräuchliche Formen der Spinnbadwanne.

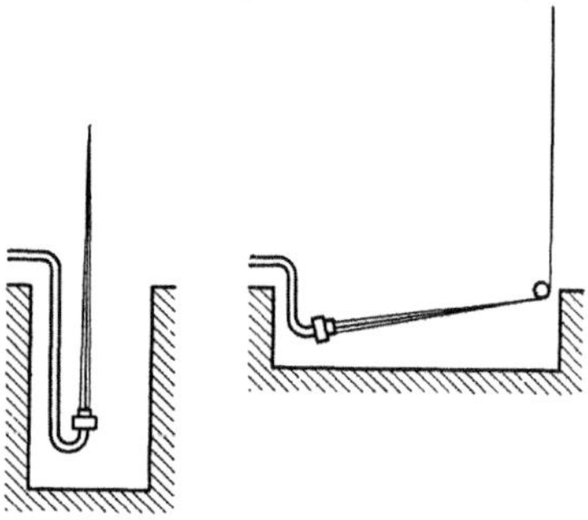

Abb. 194. Spinnen aus tiefer und aus flacher Wanne.

Da das Spinnbad durch die aus den Spinndüsen austretende Viskose ständig chemisch verändert wird, muß der Spinnbadwanne stetig frisches Spinnbad zugeführt werden, während das gebrauchte Bad ununterbrochen abfließt. Man läßt das frische Spinnbad meist an beiden Seiten der Wanne zufließen. Das Bad wird der Wanne durch ein von oben kommendes Rohr zugeführt. Um jeder Spinnstelle das Spinnbad unter genau gleichen Bedingungen zuzuführen, empfiehlt das DRP. 618960 von Wurtz, die Zuführungsleitung in die Spinnbadwanne einzulegen und sie an jeder Spinnstelle mit einer Bohrung zu versehen, aus der das Spinnbad austritt.

Der Abfluß des Bades aus der Wanne erfolgt durch in genau gleicher Höhe angebrachte flache Überläufe an der rückwärtigen Wand der Wanne. Über die Überläufe fließt das Bad in eine Rinne, durch die es einer Rohrleitung oder einem Kanal zugeführt wird.

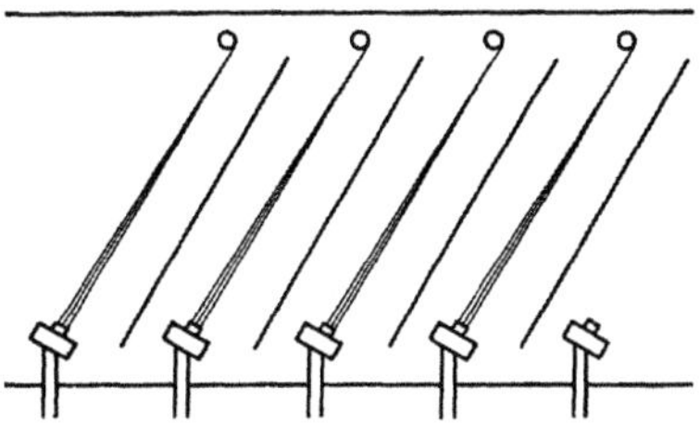

Abb. 195. Separatoren im Spinnbad bei schrägem Spinnen aus flacher Wanne.

Vorn an der Maschine zwischen Spinnbadwanne und Filterbrücken ist noch eine Längsrinne angebracht, durch die ständig frisches Wasser fließt. Dies dient zum sofortigen Abspülen der Hände der Spinner, wenn diese mit Spinnbad oder saurem Gespinst in Berührung gekommen sind. Ferner dient diese Rinne zum Auffangen und Abschwemmen von Viskose aus hochgezogenen Spinnstutzen, wenn diese infolge Abreißens eines Fadens aus der Spinnbadwanne herausgehoben werden müssen.

Zufluß und Abfluß des Spinnbades ist so zu regeln, daß in der Wanne keine Flüssigkeitswirbel entstehen können, sondern daß ein vollkommen ruhiges Fließen des Bades gewährleistet ist. Dies geschieht beim Spinnbadzulauf durch Anbringung von Prallflächen u. dgl. Wirbelnde Badströmung bringt eine Verzerrung des frischen, noch plastischen Fadens mit sich. Die hierdurch hervorgerufene ungleichmäßige Koagulation kann sich noch im fertigen Faden in ungünstigem Sinne auswirken. Auf wirbelfreie Strömung ist besonders bei der flachen Wanne zu achten, da das fließende Spinnbad hier seitlich auf eine verhältnismäßig große Fadenlänge auftrift. Man kann diese Einwirkung dadurch abschwächen, daß man schmale Streifen aus Blei oder Glas als Separatoren zwischen die einzelnen Spinnstellen legt (Abb. 195). Die Anbringung der Separatoren hat darüber hinaus den Vorteil, daß beim Reißen einzelner Fädchen diese nicht durch das fließende Bad an den spinnenden Faden der benachbarten Spinnstelle angeschwemmt und von diesem mitgenommen werden können, wodurch ein zu grober Titer entstehen würde.

VII. Die Fadenaufnahmeorgane.

Das älteste Fadenaufnahmeorgan ist die **Walze.** Sie besteht aus Glas und hat die in Abb. 196 wiedergegebene Form. Man hat sie fast allgemein später durch die Spule oder die Spinnzentrifuge ersetzt, und sie hat sich nur in wenigen Betrieben gehalten. Wenn auch mit einem ziemlichen Verlust durch Bruch zu rechnen ist, so hat die Walze doch auch ihre Vorzüge: Infolge des großen Durchmessers der Walze kann sie eine verhältnismäßig große Menge Gespinst aufnehmen, das von einer hohen Gleichmäßigkeit ist. Die nach dem Walzenverfahren gesponnene Kunstseide ist in erster Linie für die Weberei geeignet. Die Kunstseide ist verhältnismäßig kernig, was von der Weberei bevorzugt wird. In der Wirkerei hat die Walzenseide bisher versagt. Es spricht dies jedoch nicht gegen die Walze an sich. Durch Weiterbildung des Verfahrens ist es ohne weiteres möglich, die Walzenseide auch für die Wirkerei brauchbar zu machen.

Abb. 196. Form der Glaswalzen.

Der Antrieb der Walzen erfolgt durch Friktion durch vier kleine, sich drehende Zylinder, auf denen die Walze ruht (Abb. 197).

Anfänglich hat man auf jede Walze das Gespinst von drei nebeneinanderliegenden Spinnstellen aufgewickelt („Dreigespinst“), später ließ man sie nur noch zwei Gespinste nebeneinander aufnehmen („Zweigespinst“), wodurch man die Gespinste entsprechend breiter auf die Walze auflaufen lassen konnte. Dies hat zwei Vorteile: Einerseits wird hierdurch die Anzahl der Hin- und Hergänge der Fadenführer pro Meter Faden geringer und andererseits wird das auflaufende Gespinst nicht so dick. Es läßt sich dadurch schneller säurefrei waschen, ferner erfährt der spinnende Faden durch die Zunahme des Durchmessers der von dem Gespinst umgebenen Walze keine in so starkem Maße zunehmende Streckung, daß sie als Fehler im fertigen Faden in die Erscheinung tritt. Auf diese Zusammenhänge kommen wir bei der Spule noch näher zurück.

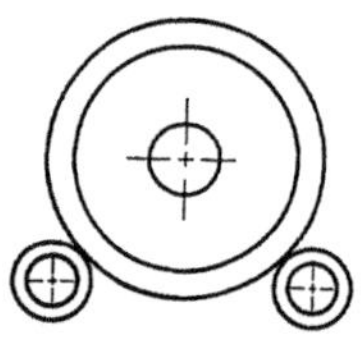
Abb. 197. Antrieb der Glaswalzen.

Das Auswaschen der Spinnbadreste aus dem auf der Walze aufliegenden Gespinst kann wesentlich dadurch beschleunigt werden, daß man die Oberfläche der Walze nicht glatt macht, wie dies früher allgemein der Fall war, sondern daß man ihr eine waffelartige Oberfläche verleiht, die durch rautenförmige Einkerbungen gebildet ist. Erfahrungsgemäß benötigt ein auf einer solchen Walze aufliegendes Gespinst eine erheblich kürzere Waschzeit. Ein weiterer Vorteil der gewaffelten Walze ist der, daß die Kunstseide fast bis zum Ende abgespult werden kann, während die letzten auf der glatten Walze aufliegenden Fadenlagen verworfen werden müssen, da sie sich schlecht anfärben.

Die Vereinigte Glanzstoff-Fabriken A.G. hat das alte Walzenverfahren zu einem äußerst zweckmäßigen, modernen Verfahren weiterentwickelt. Der Durchmesser der Walze wurde stark vergrößert, wodurch die sog. „große Walze“ entstand. Diese große Walze wird nicht mehr aus Glas, sondern aus bakelitisiertem Aluminiumblech hergestellt. Die große Walze ist in der Lage, beispielsweise beim Titer von 120 Denier zwei etwas über 700 g schwere Gespinste nebeneinander aufzunehmen, die von hochwertiger Beschaffenheit sind. Die Bedeutung dieses Verfahrens geht ohne weiteres daraus hervor, daß ein normales Spulengespinst kaum 100 g wiegt und daß es nur durch einen sehr geschickten und komplizierten Gespinstaufbau gelingt, an die 200 g heranzukommen. Aus 2 Gespinsten von der großen Walze läßt sich z. B. eine konische Kreuzspule von etwa 1400 g Gewicht herstellen, die nur einen einzigen Knoten zu enthalten braucht. Die große Walze ist unter den Gespinstlagen perforiert, so daß sie nach dem Druckwaschverfahren (s. 18. Kap.) gewaschen werden kann.

Beim Spulenspinnverfahren dient als Fadenaufnahmeorgan die sog. **Spinnspule,** auch Spinnhülse genannt. Der Wunsch nach größeren Fadenlängen hat auch bei der Spinnspule dazu geführt, daß man den Durchmesser allmählich größer gewählt hat. Ursprünglich betrug der Durchmesser 70 mm, man ist dann auf 90 mm gegangen. Vielfach werden heute Spulen von einem Durchmesser von 120 oder 125 mm angewandt. Auch die Länge der Spule und somit die Länge des Gespinstes ist von etwa 140 auf etwa 220 mm erhöht worden. Die Spinnspule kann nicht beliebig vergrößert werden, da ihren Abmessungen sowie ihrer durch das Gespinst erhaltenen Schwere durch die Zwirnmaschinen Schranken gesetzt sind. Eine zu schwere Spule ergibt eine zu starke Beanspruchung der Zwirnspindeln sowie einen zu hohen Kraftbedarf der Zwirnmaschinen. Außerdem ist es eine alte Erfahrungstatsache, daß man nicht länger als 6 Stunden ohne Spulenwechsel spinnen soll, da man sonst durch die lange Einwirkung der Spinnbadsäure auf das frische Gespinst eine Schädigung des Fadens erhält.

Während die Achse der Walzen mit der Längsrichtung der Spinnmaschinen zusammenfällt, werden die Spulen senkrecht zur Spinnmaschine auf fliegenden Achsen angebracht. Diese Achsen tragen an ihrem aus der Wand der Spinnmaschine herausragenden Ende den sog. Spulenhalter, durch den die Spule festgehalten wird. An den Spulenhalter werden hohe Ansprüche gestellt: Er soll einerseits die Spulen so festhalten, daß sie vollkommen gerade sitzen und nicht schlagen. Andererseits soll sich die Spule aber durch leichten Zug von dem Halter entfernen lassen, wenn sie voll gesponnen ist. Eine schlagende Spule führt zu einem unregelmäßigen Abzug und so zu einem unregelmäßigen Faden. Um diesen Bedingungen zu genügen, sind zahlreiche Konstruktionen von Spulenhaltern am Markt. Es würde zu weit führen, diese im einzelnen zu besprechen. Die große Zahl der auf Spulenhalter genommenen Patente deutet auf die Schwierigkeit dieser Materie hin.

Die Spulenhalter haben hinten einen Anschlag, bis an den die Spule über den Halter geschoben werden muß. Dies ist äußerst wichtig bei

Spulen, die perforiert sind und die im Druck- oder Saugverfahren gewaschen werden sollen. Sitzt die Spule nicht fest am Anschlag, so kann es vorkommen, daß die letzte Lochreihe nicht vollkommen übersponnen wird. Dies hat zur Folge, daß die Waschwässer, dem Weg des kleinsten Widerstandes folgend, ausschließlich durch diese offenen Löcher gehen und das Gespinst selbst ungewaschen lassen.

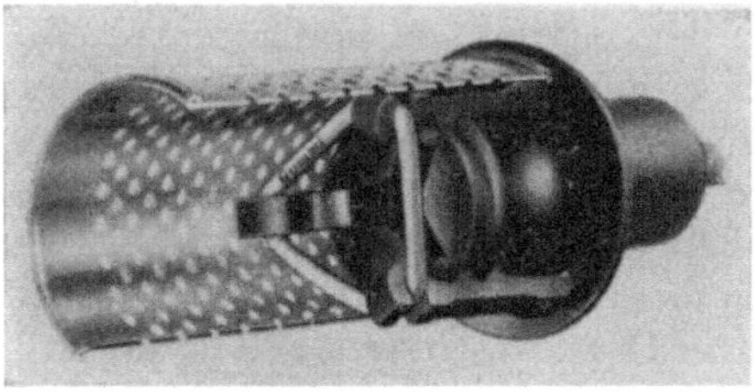

Abb. 198. Spulenhalter der Firma Carl Hamel AG., Chemnitz.

Abb. 198 zeigt eine Spulenhalterkonstruktion der Firma Carl Hamel A.G., Chemnitz.

Die besponnene Spule wird durch besonders gebaute Zangen, die das Spulenende von innen erfassen, von dem Spulenhalter abgezogen, damit das Gespinst nicht verletzt wird.

Abb. 199. Spinnspulen der Deutschen Waffen- und Munitionsfabriken AG., Karlsruhe.

Als Werkstoff wird auch für die Spulen bakelitisiertes Aluminiumblech verwendet. Sie besitzen einen nach außen umgebörtelten Rand, der sie vor Deformation schützt. Der umgebörtelte Rand hat beim Druckwaschverfahren Nachteile, auf die wir noch zu sprechen kommen. Abb. 199 zeigt Spinnspulen der Deutschen Waffen- und Munitionsfabriken A. G. Karlsruhe.

Wird die Spule durch Berieseln gewaschen (s. 18. Kap.) so wendet man zweckmäßig keine perforierten, sondern sog. „Riffelspulen" an, da diese sich schneller waschen lassen (Abb. 200). Man soll die Riffelspulen aber nach einer gewissen Waschzeit etwas drehen: Der durch die Riffelung entstandene Kanal, der sich gerade unten befindet, hält verhältnismäßig lange saure Flüssigkeit fest. Auf dem aufgespulten Faden können hierdurch periodisch wiederkehrende Stellen entstehen, die geringere Festigkeitswerte aufweisen sowie sich mit substantiven Farbstoffen schwächer anfärben.

Abb. 200. „Riffelspule" der Deutschen Waffen- und Munitionsfabriken A.G., Karlsruhe.

Spulenspinnmaschinen sind durchweg zweiseitig gebaut. Normalerweise sind für jede Spinnstelle zwei fliegende Achsen mit Spulenhaltern angebracht, von denen sich die eine nach rechts und die andere nach links dreht. Es ist jeweils entweder die rechtsdrehende oder die linksdrehende in Betrieb. Diese Anordnung ist getroffen, um beim Spulenwechsel kein Gespinst zu verlieren. Man besteckt zunächst die eine Gruppe der Spulenhalter mit Spulen und legt den zwischen den beiden Spulen hochgeführten Faden auf die sich drehende Spule. Während diese spinnt, besteckt man die Spulenhalter der anderen Gruppe mit leeren Spulen. Kurz

Abb. 201. Teilansicht einer Spulenspinnmaschine (Modell TT 17 B) der Firma Carl Hamel AG., Chemnitz.

vor dem erforderlichen Spulenwechsel setzt man die mit leeren Spulen besteckten Achsen in Bewegung. Dann schlägt man mit einem Glasstab den spinnenden Faden ab und legt ihn auf die leere Spule auf. Nunmehr werden die vollen Spulen stillgesetzt und abgezogen. Auf diese Weise wird ein vollkommen kontinuierliches Spinnen erreicht. Moderne Spinnmaschinen betätigen das Ingangsetzen der einen Gruppe und das Stillsetzen der anderen vollkommen automatisch nach genau an der Maschine einstellbaren Zeiten. Die Abb. 201 zeigt einen Teil der Spulenspinnmaschine Modell TT 17B der Firma Carl Hamel Aktiengesellschaft, Schönau bei Chemnitz.

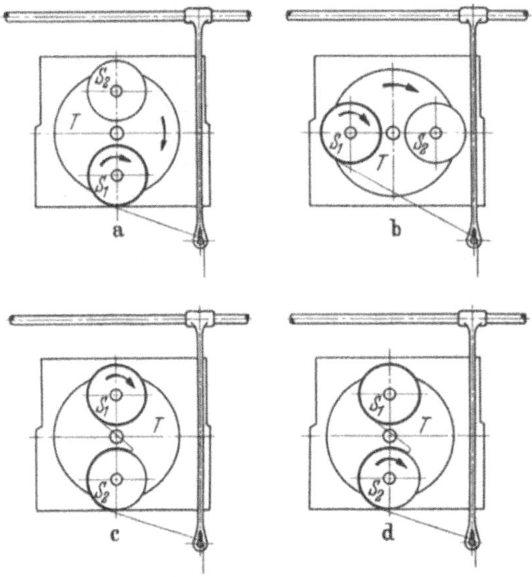

Abb. 202. Automatischer Spulenwechsel (nach der Konstruktion der Firma Carl Hamel A.G., Chemnitz.

Man hat auch Spulenspinnmaschinen gebaut, bei denen die Übertragung des spinnenden Fadens von der vollen auf die leere Spule vollständig automatisch erfolgt. Dies sind die sog. „Wendemaschinen". Die Spulenachsen sind hierbei an runden scheibenförmigen Spulenträgern angebracht. Die zu jeder Spinnstelle gehörigen zwei Spulen stehen während des Spinnens senkrecht übereinander. Die untere Spule befindet sich in Umdrehung, während die obere während des Spinnens der unteren Spule stillsteht. Soll nun nach einer an der Maschine eingestellten Zeit der automatische Wechsel erfolgen, so dreht sich die Scheibe mit den beiden Spulen um 180°. Hierbei wird gleichzeitig die leere Spule in Umdrehung versetzt und die volle stillgesetzt. Wie dies im einzelnen vor sich geht, soll die Abb. 202 näher erläutern:

In *a* ist ersichtlich, wie der Faden auf die Spule *S* 1 aufgewickelt wird. In *b* ist dargestellt, welche Stellung die Spulen haben, wenn die Drehung des runden Spulenträgers T 90° beträgt. Der vom Fadenführer kommende Faden ist stark gespannt. Bei *c* ist die leere und nunmehr sich drehende Spule *S* 2 unten angelangt. Sie hat den gespannten Faden abgeschlagen und wickelt ihn auf. *d* zeigt endlich, wie die volle Spule *S* 1 oben angekommen ist und wie nunmehr die Spule *S* 2 spinnt. Die volle Spule *S* 1 steht oben angekommen still und kann durch eine neue, leere ersetzt werden, worauf das Spiel von neuem beginnt[1].

[1] Eine etwas andere Konstruktion ist im DRP. 633379 der Snia-Viscosa beschrieben.

Es muß jedoch erwähnt werden, daß Wendemaschinen kaum noch verwendet werden. Der komplizierte Antrieb nimmt an der Maschine viel Platz weg, der bei modernen Spinnverfahren für den Einbau von Streckwerken u. dgl. benötigt wird.

Ein Nachteil der bisher beschriebenen Spulenspinnmaschinen ist der, daß die Spinnstellen verhältnismäßig weit auseinander angebracht sein müssen, da für jede Spinnstelle zwei Spulen angeordnet sind. Die Leistung einer Spinnerei kann auf das Doppelte gesteigert werden, wenn alle Spinnspulen der Maschine ausgenutzt werden. Es sind deshalb einige Kunstseidenfabriken dazu übergegangen, die Maschinen so umzubauen, daß alle Spinnspulen gleichzeitig in Betrieb sind. Dies macht natürlich auch den Einbau der doppelten Anzahl Spinnpumpen, Filter, Stutzen und Düsen erforderlich. Bei geschickter Organisation des Spulenwechsels ist auch bei dieser Anordnung ein kontinuierliches Spinnen ohne weiteres möglich. Neue Maschinen werden auch teilweise schon so gebaut. Hierbei hat es sich als zweckmäßig erwiesen, an einem Ende der Spinnmaschine eine Reservespule anzubringen. Beim Wechsel legt man den Faden der ersten Spule auf die Reservespule, ersetzt die erste Spule durch eine leere, legt dann den Faden der zweiten Spule auf die leere erste usw. Diese Anordnung ist aber nur möglich, wenn der Fadenführer so angeordnet ist, daß der Knick, den der Faden am Fadenführer erleidet, genau gleich groß bleibt, ob man den Faden nun von der einen oder von der anderen Spule aufnehmen läßt (s. 17. Kap.). Spinnt man ohne Knick senkrecht nach oben, so ist diese Maßnahme beim Wechsel nicht möglich. Man muß dann beim Wechsel den Faden abreißen und die schnell ersetzte Spule neu anspinnen. Bei einer eingeübten Wechselkolonne ist diese Arbeitsweise aber durchaus möglich.

Beim Spulenspinnverfahren muß noch auf eine Eigenart eingegangen werden: Der Durchmesser des abziehenden Spulkörpers wird mit zunehmender Spinndauer immer größer, da er mit der Dicke des Gespinstes gleichmäßig zunimmt. Dies bedeutet, daß auch die Abzugsgeschwindigkeit ständig größer wird. Die Folge davon ist, daß der Faden mit zunehmender Spinndauer zu einem immer feineren Titer ausgestreckt wird. Je stärker nun aber ein Faden gestreckt wird, um so heller färbt er sich an. Dies besagt also, daß mit zunehmender Spinndauer auch ein immer heller anfärbender Faden erhalten wird. Die Fertigware wird auf diese Weise streifig.

Um diesen Fehler zu beheben, ist es erforderlich, die sich drehende Spule mit zunehmender Spinndauer allmählich langsamer umlaufen zu lassen. Die die Spulenachse antreibende Welle wird daher von der Pumpenwelle aus über ein Kegelriemengetriebe (Konoid) angetrieben (Abb. 203). Durch eine Schneckenspindel wird der Riemen mit zunehmender Spinndauer allmählich auf den kegelförmigen Riementrommeln vorgeschoben. Hierdurch wird die Umlaufgeschwindigkeit der Spulenachsen allmählich gleichförmig verlangsamt.

Die Fortschaltungsgeschwindigkeit des Riemens kann durch Wechselräder leicht und beliebig verändert werden. Eine Gefahrenquelle bildet die Möglichkeit des Schlupfes des Riemens auf den Trommeln, wodurch Titerschwankungen im Kunstfaden entstehen. Es ist zur Vermeidung

Abb. 203. Konoidantrieb einer Spulenspinnmaschine der Firma Carl Hamel AG., Chemnitz. m und m[1] sind die Kegeltrommeln.

des Schlupfes zweckmäßig, die Durchmesser der konischen Trommeln möglichst klein zu wählen, damit eine hohe Riemengeschwindigkeit erzielt wird. Außerdem sind Riemenspannrollen anzubringen.

Beim Spulenwechsel wird der Riemen durch Betätigung eines Handrades, bei einigen Maschinenkonstruktionen auch automatisch, in seine Ausgangsstellung zurückgeschaltet.

Die immer weitergehende Forderung nach vollkommener Gleichmäßigkeit des Fadens hat dazu geführt, den Konoidantrieb durch solche Getriebe zu ersetzen, die vollständig zwangsläufig arbeiten, und bei denen infolgedessen ein Schlupf unmöglich ist. Die weiteste Verbreitung haben in der Kunstseidenindustrie die sog. P. I. V.-Regelgetriebe der

Firma Werner Reimers K. G. in Bad Homburg v.d.H. gefunden. Das P.I.V.-Regelgetriebe enthält zwei parallel gelagerte Wellen, die je ein Kegelpaar tragen (Abb. 204). Die beiden Kegelpaare werden von einer endlosen Kette umschlungen. Die Kette setzt sich dabei in die von den Kegelpaaren gebildeten Keilrillen und überträgt die Kraft von der mit gleichbleibender Drehzahl laufenden Antriebswelle auf die regelbare Abtriebswelle. Bei einer Drehzahländerung werden die beiden Kegelpaare durch Regelgestänge axial auf den Wellen verschoben, und zwar so, daß die Verkleinerung des Abstandes zwischen den Kegeln des einen Paares einer Abstandsvergrößerung zwischen den Kegeln des anderen Paares entspricht. Durch diese zwangsläufige Veränderung der Kegelabstände stellt sich die Kette auf die verschiedensten Laufkreisdurchmesser ein[1].

Abb. 204. Stufenlos regelbares Getriebe („PIV-Getriebe") der Firma Werner Reimers K.G., Bad Homburg v. d. Höhe.

Abb. 205 zeigt den Einbau eines P.I.V.-Getriebes an Stelle eines Konoides in eine Spulenspinnmaschine. Der Antrieb der Antriebswelle des Getriebes ist durch Zahnräder mit der Pumpenwelle gekoppelt, während die Abtriebswelle ihre Drehung durch eine Kette auf die Welle überträgt, die die Spulenachsen antreibt. Das Regelgestänge, das die Drehzahl der Abtriebswelle variiert, wird durch die Antriebswelle gesteuert. Hierbei besteht die Möglichkeit, die Drehzahländerung in weiten Grenzen schwanken zu lassen.

Will man den Antrieb über ein Konoid oder ein Regelgetriebe umgehen, so kann man die Spulenwelle auch durch einen Drehstrom-Nebenschluß-Motor antreiben, bei dem die Bürstenbrücke zwangsläufig in Abhängigkeit von der Spulenfüllung vorgeschoben und somit die Drehzahl verringert wird. Zu diesem Zwecke wird an den Motor ein sog. Spinnregler angebaut[2].

Die richtige Einstellung der Größe der Konoidierung bzw. der Drehzahländerung des Regelgetriebes für das Spinnen ist schwierig. Sie muß für jede Spulengröße und für jedes Gespinstgewicht empirisch

[1] Näheres siehe in der Schrift: „Die P.I.V.-Regelgetriebe", Werner Reimers K.G., Homburg v.d.H.

[2] OERTEL: Textilwirtschaft **1936**, **52**.

ermittelt werden. Die Schwierigkeit der richtigen Einstellung liegt darin, daß sich, wie schon erwähnt, mit zunehmender Spinndauer nicht nur der Titer verfeinert, sondern daß sich der gesponnene Faden infolge der erhöhten Streckung mit zunehmender Spinndauer auch heller anfärbt. Beide Abweichungen verlaufen aber nicht symbat. Stellt man den Antrieb auf Titerkonstanz ein, so sind die färberischen Unterschiede

Abb. 205. In eine Spulenspinnmaschine eingebautes P.I.V.-Getriebe (Carl Hamel A.G., Chemnitz).

zwischen dem Anfang und dem Ende des Gespinstes noch nicht vollkommen beseitigt. Stellt man den Antrieb auf gleichmäßige Färbung ein, so stimmt der Titer wieder nicht vollständig. Es hat sich als zweckmäßig erwiesen, etwas zu unterkonoidieren. In diesem Falle treten Farbabweichungen kaum in die Erscheinung und die Titerdifferenzen sind nicht mehr so groß, daß sie im Gewebe oder Gewirk für das Auge sichtbar werden.

Die Spulenspinnmaschinen werden in den verschiedensten Abmessungen gebaut. Die größten besitzen auf jeder Maschinenseite 55 Spinnstellen. Abb. 206 zeigt den Schnitt durch eine moderne Spulenspinnmaschine der Firma Carl Hamel A.G., Chemnitz.

Von den geschilderten Fadenaufnahmeorganen gänzlich abweichend ist die **Spinnzentrifuge**, auch **Spinntopf** genannt. Sie unterscheidet sich zunächst grundsätzlich von der Walze und Spule dadurch, daß

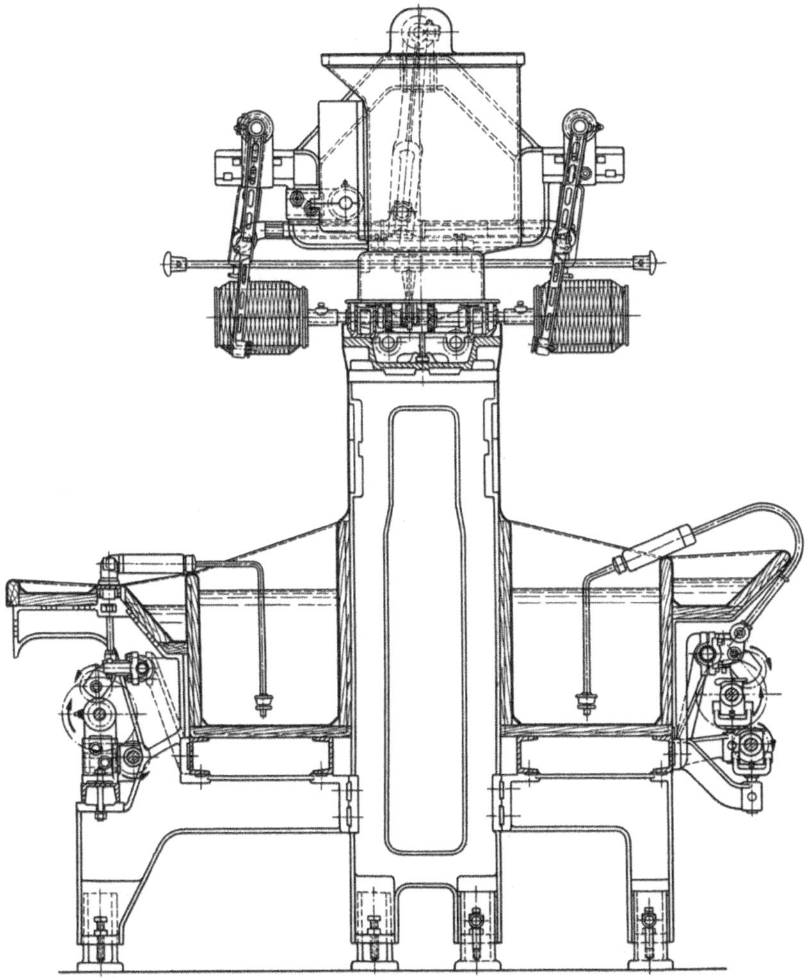

Abb. 206. Spulenspinnmaschine Modell TT 21 der Firma Carl Hamel A.G., Chemnitz.

Walze und Spule gleichzeitig Fadenabzugs- und Fadenaufnahmeorgane sein können, während die Zentrifuge nur als Fadenaufnahmeorgan fungiert. Beim Zentrifugenspinnverfahren bewirkt immer eine besondere Vorrichtung den Fadenabzug. Diese besteht in einer Rolle aus Glas, die mit Galette bezeichnet wird. Zur Verhütung des Schlupfes des nassen Fadens auf der Galette ist diese auf ihrer Oberfläche mit Querrillen versehen. Der

Faden muß, wenn er ohne Schlupf von der Galette ablaufen soll, mehrmals um die Galette geführt werden. Bei einigen Spinnanordnungen wird der Faden jedoch auch so über die Galette geführt, daß ein gewisser Schlupf bleibt. In diesen Fällen sind die Galetten durch den Faden einer gewissen Abnutzung unterworfen. Besonders beim Verspinnen von titanhaltiger Viskose werden dann die Galetten durch den Faden leicht etwas eingeschnitten. Die Galetten sind daher sorgfältig zu kontrollieren. Beschädigte Galetten sind auszuwechseln. Die Galetten können — wie die Spinnspulen — auf fliegenden Achsen angebracht werden, sie können aber auch auf einer durchgehenden Welle senkrecht zur Spinnmaschine stehend angeordnet sein. Im letzteren Falle erfordert das Anspinnen etwas mehr Geschick, da der Faden einmal vor und einmal hinter die Welle geführt werden muß. Man kann schließlich die Galetten auch senkrecht zur Spinnmaschine an einzelnen Trägern anbringen und die kurzen Galettenachsen einzeln durch Zahnräder von einer hinter den Galetten liegenden, durchgehenden Welle aus antreiben. Dies macht jedoch die Maschine komplizierter, wenn es auch das Anspinnen erleichtert. Diese Anordnung erfordert beim Anspinnen wegen der meist ungeschützten Zahnräder große Vorsicht.

Abb. 207. Spinntopf der Deutsche Waffen- und Munitionsfabriken AG., Karlsruhe.

Von der Galette aus wird der Faden senkrecht nach unten in die Spinnzentrifuge geleitet. Durch die rasche Umdrehung des Spinntopfes wird der Faden nach außen geschleudert. Die Fadenlagen nehmen im Spinntopf die Form eines kompakten, ringförmigen Gebildes an, das man mit Spinnkuchen bezeichnet.

Die Drehzahl des Topfes beträgt 6000 in der Minute, sie ist jedoch in einigen Betrieben auf 8000 und sogar auf 10000 gesteigert worden.

Die Spinnzentrifugen stellen runde Töpfe dar von ganz leicht konischer Form. Abb. 207 zeigt einen Spinntopf der Deutschen Waffen- und Munitionsfabriken A. G. Karlsruhe. Den kleineren Durchmesser hat der Boden des Topfes. Die schwach konische Form ist aus dem Grunde erforderlich, damit die Kuchen durch Umstülpen des Topfes leicht herausfallen. Oben ist der Topf normalerweise mit einem Deckel verschlossen.

Während Spulenspinnmaschinen allgemein doppelseitig gebaut werden, werden Zentrifugenspinnmaschinen sowohl doppelseitig als auch einseitig gebaut. Der einseitige Bau ist für das Auswechseln der Spinntöpfe von Vorteil. Es kann dann ein Arbeiter vor der Maschine und ein

Arbeiter hinter der Maschine entlang gehen. Während der erstere den Faden abschlägt, kann der letztere von hinten den Topf herausnehmen, den Kuchen herausstülpen und den leeren Topf nach Auswaschen wieder einsetzen, worauf der Arbeiter vor der Maschine den Faden wieder einspinnt (Näheres 17. Kap.).

Schwierig ist die Werkstoff-Frage beim Spinntopf. Das Topfmaterial muß nicht nur der Spinnbadsäure gegenüber unempfindlich sein, sondern es muß auch den enormen Beanspruchungen durch die schnelle Drehung gewachsen sein. Schließlich muß ein Material verwendet werden, das sich an seiner Oberfläche vollkommen glatt polieren läßt. Ist die Oberfläche nicht vollkommen glatt, so setzen sich beim Spinnen leicht Salzkristalle durch die Verdunstung des Spinnbades an, die die Luftreibung erhöhen und somit zu einem größeren Kraftbedarf führen. Um die Auskristallisation zu verhindern, läßt man vielfach aus einem feinen Röhrchen während des Laufes des Topfes Wasser gegen die Außenwand spritzen („Topfspülung"). Hierbei ist aber peinlichst darauf zu achten, daß kein Wasser in das Innere des Topfes hineingelangt, da hierdurch infolge des stellenweisen Verdünnens des vom Faden mitgenommenen Spinnbades eine ungleichmäßige Anfärbung des fertigen Gespinstes entstehen kann. Hat man mit Auskristallisation zu kämpfen, so ist es zweckmäßiger, in die Kammern, in denen sich der Topf dreht, etwas Dampf einzublasen und hierdurch den Feuchtigkeitsgehalt der den Topf umgebenden Luft zu erhöhen.

Es sind Spinntöpfe der verschiedenartigsten Konstruktion und aus den verschiedenartigsten Werkstoffen in Gebrauch, die einzeln zu besprechen hier zu weit führen würde. Am verbreitetsten sind Töpfe aus bakelitisiertem Aluminium, aus Kunststoffen, teilweise auch mit Metalleinlage, sowie aus nichtrostendem Stahl[1]. Das Bestreben, möglichst große Spinnlängen zu erzielen, hat dazu geführt, die Spinntöpfe im Laufe der Zeit immer größer im Durchmesser zu gestalten. Im Anfang des Zentrifugenspinnverfahrens hatten die Töpfe eine lichte Weite von 80 mm, man baut jedoch heute Töpfe von 160 oder 165 mm lichter Weite. Der Topfdurchmesser kann aber nicht beliebig vergrößert werden. Er findet seine Begrenzung durch eine Reihe von Faktoren: Zunächst spielt die Werkstoff-Frage eine Rolle. Die Beanspruchungen des Werkstoffs steigen naturgemäß bei der Umdrehung mit dem Topfdurchmesser. Desgleichen wird der frische Faden bei größerem Topfdurchmesser stärker in Mitleidenschaft gezogen. Die Beanspruchung des Fadens wächst im Quadrat mit dem Durchmesser sowie der Drehzahl, also mit der Umfangsgeschwindigkeit des Topfes[2]. Bei zu großem Topfdurchmesser kann der Betrieb unwirtschaftlich werden, da mit

[1] Vgl. hierzu das DRP. 494952 und 615760 der Algemeene Kunstzijde Unie N.V. Arnhem.

[2] Vgl. hierzu SCHNEIDER: Kunstseide **14**, 47, 219 (1932).

zunehmendem Durchmesser der Kraftbedarf für den Antrieb so stark ansteigt, daß jenseits eines bestimmten Durchmessers die Kraftmehrkosten die Ersparnisse, die durch die längeren Spinnzeiten erzielt werden, illusorisch werden. Die Höhe des Topfes ist hierbei nur von geringem Einfluß.

Für den Kraftbedarf ist auch die Form des Topfes maßgebend. Sie ist so zu wählen, daß ein möglichst geringer Luftwiderstand entsteht. Der Einfluß der Luftreibung macht sich besonders stark bei hohen Drehzahlen geltend. Wie groß der Einfluß der Topfform auf den Kraftbedarf ist, möge Tabelle 95 zeigen. Die Zahlen wurden von DIETZIUS[1] an zwei Töpfen ermittelt, die sich in der Form nur unwesentlich unterschieden.

Tabelle 95. Einfluß der Topfform auf den Kraftbedarf bei verschiedenen Drehzahlen in Watt. (Nach DIETZIUS.)

n/m	6000	9000	12000
Topf A . .	63	162	370
Topf B . .	58	125	280

Besondere Bedeutung hat hinsichtlich des Luftwiderstandes die Art der Befestigung des den Spinntopf abschließenden Dekkels. Wulstartige Ausladungen des Topfes zu diesem Zwecke sind unbedingt zu vermeiden, da sie nach Untersuchungen von DIETZIUS bei 9000 Touren bis zu 20% mehr Kraft beanspruchen können. Die beste Befestigung des Deckels ist daher ein glatter Gummiring, der in eine Aussparung gelegt werden kann.

Die Spinntöpfe laufen in den Spinnmaschinen in Kammern, die meist viereckig sind. Vom Standpunkte der Energiewirtschaft aus ist die viereckige Form aber unzweckmäßig. DIETZIUS empfiehlt daher runde, den Topf eng umschließende Kammern. Die Abb. 208 und 209 zeigen Anordnungen von Spinntöpfen in engen Kammern nach DRP. 639232 der Siemens-Schuckert-Werke, Berlin-Siemensstadt, und DRP. 647202 von Shuzo Odajima, Tobamichi-Japan. Bei beiden Konstruktionen ist die Spinnkammer unmittelbar mit dem Motorgehäuse verbunden. Zwischen beiden ist eine schwingungsdämpfende Schicht angebracht. Bemerkenswert ist bei diesen Konstruktionen, daß der Topf keinen Deckel besitzt, sondern daß die Spinnkammer durch einen Deckel verschlossen wird. Zur Verringerung des Luftwiderstandes kann man die Kammern auch durch einen durchgehenden Kanal ersetzen und diesen unter einem schwachen Vakuum halten. Der hierdurch begünstigten Kristallisation kann durch Topfspülung entgegengewirkt werden.

Das mit dem Faden in den Topf geführte Spinnbad tritt durch feine Durchbohrungen der Topfwand aus. Die unterste Lochreihe muß unmittelbar am Boden des Topfes angeordnet sein, damit sich am Boden kein Spinnbad ansammeln kann. Dies wirkt auf den frischen Faden insofern ein, als die untere Kuchenschicht eine abweichende Affinität

[1] DIETZIUS: Kunstseide **14**, 74 (1932).

zu Farbstoffen annimmt, was zu Fehlern in der Fertigware führt. An den Öffnungen der Austrittskanäle tritt bei Metalltöpfen leicht Korrosion ein, da hier geringe Reste von Spinnbad verbleiben. Nach einem Vorschlag der I. G. Farbenindustrie Aktiengesellschaft[1] kann dies vermieden werden, wenn man die Bohrungen in der Topfwand schräg anbringt und zwar so, daß sie entgegengesetzt zur Drehrichtung des Topfes verlaufen.

Der Antrieb der Spinntöpfe erfolgte früher mechanisch von einer durchgehenden Welle aus durch Riemenübertragung. Hierbei war Schlupf unvermeidlich, wodurch man fehlerhafte Kuchen erhielt. Dies soll nach DRP. 600878 der Barmer Maschinenfabrik A.G. Remscheid-Lennep, allerdings dadurch vermieden werden können, daß man einen endlosen, an den Spindeln der Spinntöpfe entlang laufenden Riemen anwendet, der über beweglich gelagerte Riemenleiter geführt wird.

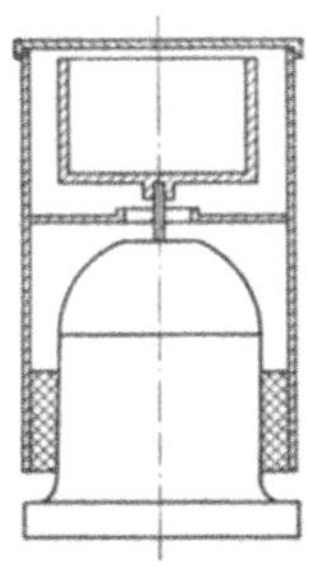

Abb. 208. Spinnzentrifuge nach DRP. 639232 der Siemens-Schuckertwerke.

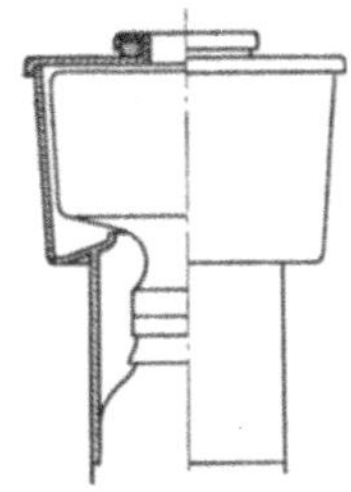

Abb. 209. Spinnzentrifuge nach DRP.647202 von Shuzo Odajima.

Mit der Vergrößerung der Drehzahl hat man den mechanischen Antrieb aber allgemein aufgegeben. Die modernen Zentrifugenspinnmaschinen sind mit elektrischem Einzelantrieb ausgestattet. Jede Spinnstelle ist einzeln abschaltbar. Die 60 Volt-Drehstrom-Kurzschlußläufer-Motore werden von einem gemeinsamen Periodenumformer aus gespeist, so daß alle Motore synchron laufen. Bei der Montage ist auf richtige Polung zu achten. Dreht sich der Topf falsch herum, so erhält auch die Kunstseide eine falsche Drehung. Die Motore sind in säuredicht abgeschlossenen Gehäusen untergebracht. Die senkrecht stehenden, elastisch gelagerten, mit Kugellager und Umlaufschmierung versehenen Achsen gehen oben außerhalb des Gehäuses in einen kegelförmigen Dorn über, auf den die Spinntöpfe mit einer entsprechenden Aussparung gesetzt werden. Nicht sorgfältig aufgesetzte Töpfe können beim Spinnen herausfliegen, womit eine große Gefahr für Material und Bedienungspersonal verbunden ist.

Der Vollständigkeit halber muß erwähnt werden, daß zur Aufnahme des frischen Fadens auch eine **haspelförmige Vorrichtung** Verwendung finden kann. Sie ist allgemein verlassen worden und nur noch in Sonderfällen in Gebrauch. Beim Spinnen nach dem Kupferoxydammoniakverfahren dient demgegenüber der Haspel fast allgemein als Fadenaufnahmeorgan.

Für dicke monofile Kunstfasergebilde, wie z. B. Kunstroßhaar, kann als Aufnahmeorgan beispielsweise auch ein runder Teller oder

[1] DRP.-Anm. J. 56004.

Topf verwendet werden, der sich um eine exzentrisch angeordnete Achse dreht. Man zieht das Kunstroßhaar zunächst durch eine Galette ab und läßt es von dieser herab auf den sich langsam drehenden Teller fallen, wo es sich als Kuchen ringförmig ablegt.

Die Fadenaufnahmeorgane der Zellwollspinnmaschinen sind wesentlich einfacher. Hier dienen für die Aufnahme entweder endlose **Transportbänder** aus Gummi, die die immer doppelseitig gebauten Maschinen in der Mitte in der Längsrichtung durchziehen, oder **Rinnen** mit strömender Flüssigkeit, die die von den einzelnen Düsen kommenden Faserbündel mitnehmen. Beide Vorrichtungen fördern die von den Düsen kommenden Bündel gemeinsam nach einem Ende der Spinnmaschine, von wo sie der weiteren Behandlung zugeführt werden. Bei einigen Zellwollspinnmaschinen werden die aus der Spinndüse kommenden Fadenbündel auch durch Galetten abgezogen und dann erst auf ein Transportband oder in eine Rinne übergeführt.

VIII. Die Fadenführer.

Der frische im Spinnbad entstehende Faden muß durch Fadenführer den Abzugs- und Aufnahmeorganen zugeleitet werden. Es sind feststehende und sich bewegende Fadenführer zu unterscheiden. Von den feststehenden waren die Badhaken bzw. Badröllchen schon genannt worden. Weiter wird von feststehenden Fadenführern bei den Zellwollmaschinen Gebrauch gemacht. Sie dienen hier dazu, die Fadenbündel in der richtigen Weise auf die Transportbänder oder in die Schwemmrinnen zu leiten. Bei den Streckspinnverfahren (s. 17. Kap.) werden wir noch weitere feststehende Fadenführer kennen lernen; sie haben hierbei aber nicht nur die Funktion der Fadenführung, vielmehr kommt ihnen bei den Streckspinnverfahren darüber hinaus die Aufgabe zu, den Faden in ihrem Lauf zu bremsen. Sie werden beim Streckspinnverfahren daher auch Bremsstäbe genannt.

Das Fadenführermaterial muß außerordentlich hart sein, damit es von dem darübergleitenden Faden nicht eingeschnitten wird. Dies gilt besonders für das Verspinnen titanhaltiger Viskose. Die Fadenführer können aus Glas bestehen, besser sind solche aus hartgebranntem Ton mit einer festen Glasur. Sie sind genau zu überwachen. Etwa eingeschnittene Fadenführer müssen ausgewechselt werden. Die Badhaken neigen dazu, durch auskristallisiertes Spinnbad zu versalzen, was die Fadenreibung erhöht und zu Fäden mit abweichenden Eigenschaften führt. Dasselbe gilt für die Achsen der Badröllchen. Beide Fadenführerformen werden daher zweckmäßig, wenigstens zum Teil, unter die Spinnbadoberfläche gelegt. Bei Badröllchen hat dies allerdings den Nachteil, daß man dann wieder nicht sehen kann, ob alle Röllchen sich durch den spinnenden Faden gleichmäßig und leicht drehen. Ein sich schwer drehendes Röllchen bremst den Faden, der dadurch abweichende physikalische Eigenschaften annimmt.

Von ganz besonderer Wichtigkeit sind die sich bewegenden Fadenführer. Diesen kommt die Aufgabe zu, den Aufbau des Gespinstes auf bzw. in den Fadenaufnahmeorganen zu bewerkstelligen. Sie werden bei der Walze und Spule hin und her, bei der Zentrifuge auf und ab bewegt. Diese Bewegung nennt man „Verlegung“ oder „Changierung“. Die Wegstrecke, die der Fadenführer zwischen seinen Umkehrpunkten zurücklegt, wird mit „Hub“ bezeichnet. Die Konstruktion einer für jedes Spinnschema richtigen Changierung ist äußerst schwierig. Sehen wir von der Changierung beim Zentrifugenspinnverfahren zunächst ab, so haben wir grundsätzlich zwei verschiedene Arten der Changierung zu unterscheiden, nämlich die „Schubchangierung“ und die „Pendelchangierung“. Beim Walzenspinnverfahren kommt nur die Schubchangierung in Betracht, während beim Spulenspinnverfahren beide in Anwendung sind. Die Schubchangierung ist die einfachere von beiden. Bei ihr sind beim Spulenverfahren meist die Fadenführer von 4—6 Spinnstellen an einem gemeinsamen Balken angebracht, der längs zur Spinnmaschine verläuft. Dieser Balken wird durch waagerecht liegende, durch geeignete Lager geführte Stangen vor- und zurückbewegt. Die hin- und hergehende Bewegung wird durch Exzenter herbeigeführt, die an einer über die ganze Spinnmaschine hingehenden Welle angebracht sind. Die Führungsstangen liegen durch Röllchen am Umfang des Exzenters an und werden durch Federkraft gegen diesen gedrückt. Bei den doppelseitig gebauten Spulenspinnmaschinen betätigt derselbe Exzenter die Führungsstangen der Chargierbalken der Vorder- und Rückseite der Maschine. Die Schubchangierung arbeitet ruhig und ist nur geringer Abnutzung unterworfen. Sie hat demgegenüber den Nachteil, daß sie bei modernen, mit Galetten als Streckwerken ausgerüsteten Spulenspinnmaschinen räumlich schwer unterzubringen ist, da der dem Changiermechanismus zukommende Raum von den Streckwerken beansprucht wird. Derartige Maschinen sind daher meist mit Pendelchangierung ausgerüstet. Neuerdings ist der eben beschriebene, einfache Mechanismus der Schubchangierung vielfach verlassen worden zugunsten einer Konstruktion, die eine exaktere Fadenverlegung gewährleistet. In diesen Fällen wird die Changierung jeder einzelnen Spinnstelle durch ein besonderes, in einem Ölkasten laufendes Getriebe bewirkt (Abb. 210).

Abb. 210. Changiermechanismus für Schubchangierung (Carl Hamel AG., Chemnitz).

Beim Walzenspinnverfahren besteht der Changiermechanismus aus einer langen Stange, die mehrfach durch Lager geführt wird, und die über die ganze Länge der Spinnmaschine verläuft. Diese Stange geht vor den Walzen hin und her. Sie trägt die für jedes Gespinst benötigten Fadenführer.

Die Pendelchangierung besteht, wie der Name sagt, aus Pendelarmen, die an ihrem unteren Ende die Fadenführer tragen. Die Pendelarme schwingen neben den Spinnspulen hin und her. Um eine möglichst stoßfreie Bewegung der Changierungsarme herbeizuführen, sollen diese so kurz wie möglich gehalten werden, mit anderen Worten, der Betätigungsmechanismus für die Pendelarme soll nur so weit in der Spinnmaschine nach oben verlegt werden, wie zum Einbau der Streckwerke unbedingt erforderlich ist. Der Antrieb der Pendel kann durch am Drehpunkt angesetzte Hebelarme erfolgen, die an einem Exzenter durch Federdruck anliegen. Bei hohen Changiergeschwindigkeiten ist es jedoch besser, die Hebelarme mit Röllchen zu versehen, die in einer geschlossenen Kurve des Exzenters geführt werden. Im anderen Falle ist ein festes Anliegen am Exzenterumfang, besonders an den Umkehrpunkten, nicht immer gewährleistet, was zu einem unregelmäßigen Aufbau des Gespinstes führt.

Kurze Pendelarme haben allerdings den Nachteil, daß der Faden nach den Seiten der Spule hin zu stark gestreckt wird. Dies kann man durch geeignete Konstruktionen auf verschiedene Weise umgehen, die mehrfach Gegenstand von Patenten geworden sind. Es wird S. 413 noch Gelegenheit sein, hierauf näher einzugehen.

Durch die hin- und hergehende Bewegung der Fadenführer wird der Faden in Kreuzwicklung auf die Fadenaufnahmeorgane gelegt, d. h. jeder Faden kreuzt die Fäden der darunterliegenden Fadenlage. Dieser Gespinstaufbau ist nötig, um das Auswaschen zu ermöglichen. Würde man den Faden nahezu parallel wickeln, so bildet das Gespinst einen für die Behandlungsflüssigkeiten undurchdringlichen Filz. Da man aus wirtschaftlichen und qualitativen Gründen bestrebt sein muß, die Waschzeiten so kurz wie möglich zu halten, so leuchtet ein, daß ein ganz bestimmtes, optimales Kreuzungsverhältnis gewählt werden muß. Es wäre aber falsch, infolgedessen eine möglichst starke Kreuzung zu wählen: Einerseits erhält das Gespinst hierdurch zu viel wabenförmig angeordnete, durchgehende Kanäle, die dem Wasser zu wenig Widerstand entgegensetzen und hierdurch das Eindringen des Wassers in die Gespinstteile selbst verhindern, und andererseits würde dies eine so schnelle Changierbewegung voraussetzen, daß der Faden an den Umkehrpunkten der Changierung einer zu großen Anzahl von Stößen ausgesetzt ist. Überdies führt eine zu schnelle Changierung zu einem vorzeitigen Verschleiß des Changierungsmechanismus. Es hat sich im allgemeinen als richtig

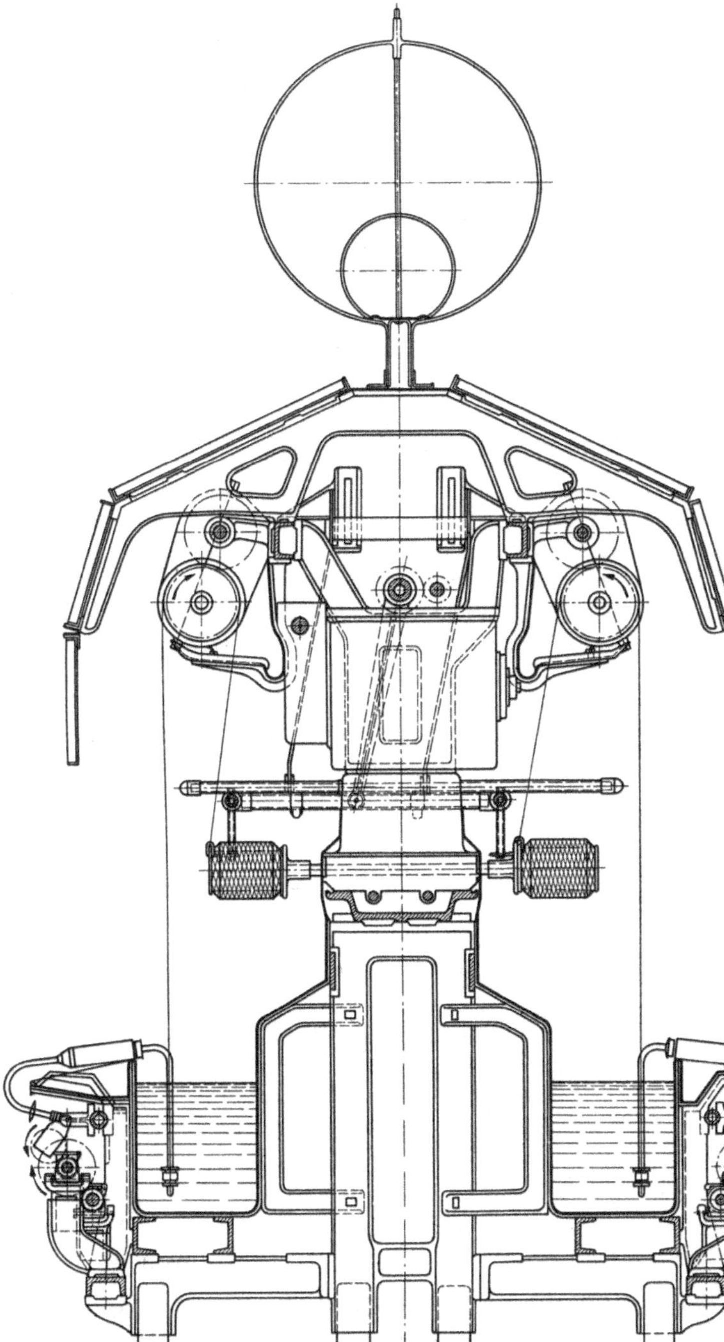

Abb. 211. Spulenspinnmaschine Modell TT 210 (DRP. 486024) der Firma Carl Hamel AG., Chemnitz.

erwiesen, auf 1 m Fadenabzug 1 Doppelhub einzustellen[1]. Bei einer Spinnspule von 90 mm Durchmesser sind dies etwa 3,4—2,8 Umdrehungen der Spule pro 1 Doppelhub. Hierdurch entsteht ein Kreuzungswinkel von etwa 27°. Bei hohen Abzugsgeschwindigkeiten ist dieses Verhältnis aber schwer zu erreichen. Abb. 212 zeigt schematisch die Fadenabwicklung bei einfacher, hin- und hergehender Changierung.

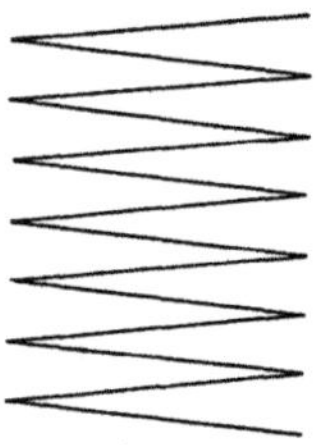

Abb. 212. Fadenabwicklung bei einfacher, hin- und hergehender Changierung.

Die geschilderte Changierbewegung reicht aber nicht zu einem vollkommen einwandfreien Gespinstaufbau aus. Sie ist daher nur als Hauptbewegung aufzufassen. Im allgemeinen sind für den Gespinstaufbau noch zwei Zusatzbewegungen erforderlich. Eine bloß hin- und hergehende Bewegung führt theoretisch zu einem zylindrischen Aufbau des Gespinstes mit senkrechten Stirnflächen. Es ist aber zu bedenken, daß zwischen dem Fadenführer und dem Auflaufpunkt des Fadens auf die Walze oder Spule eine freie Fadenstrecke liegt und daß der Faden der Changierbewegung etwas nachläuft. Hierdurch kommen die einzelnen Umkehrpunkte des Fadens nicht genau übereinander zu liegen. Es rutschen infolgedessen an der Stirnseite des Gespinstes Fadenlagen ab, wodurch eine konische Stirnfläche von großem Steigungswinkel entsteht. Das Übereinanderlegen von Fadenlagen nach der Mitte des Gespinstes zu bewirkt an der Stelle, an der der konische Teil in den zylindrischen übergeht, die Ausbildung eines Wulstes.

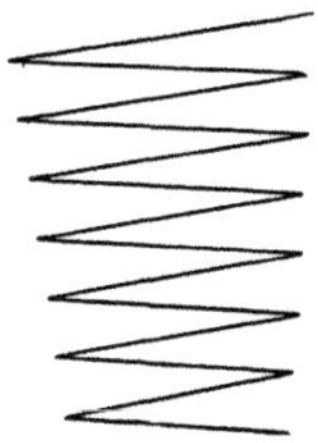

Abb. 213. Fadenabwicklung bei Hubminderung.

Derartige Fadenwickel sind einerseits schwer abzuzwirnen: Einzelne Fadenstellen bleiben beim Ablauf auf der Zwirnmaschine an den scharfen Kanten der Zylinderfläche hängen und reißen infolgedessen ab. Auch kann es dazu kommen, daß beim Senkrechtstellen der getrockneten Spulen Fadenlagen nach unten abschlagen und sich auf diese Weise gleichfalls unter der Kante der Spule verfangen. Die Wulstbildung wirkt sich insofern nachteilig aus, als die dickeren Gespinstteile eine längere Waschzeit benötigen als die übrigen. Nimmt man hierauf nicht genügend Rücksicht, so bleiben Spinnbadreste in den Wülsten zurück, die zu morschen Stellen sowie zu Stellen mit anderer Anfärbbarkeit im Faden führen. Man baut daher das Gespinst so auf, daß die Stirnflächen flach konisch werden. Dies wird erreicht durch allmähliche Verkürzung des Hubes („Hubminderung"). Wickelt man einen durch Hubminderung erhaltenen Fadenwinkel ab, so erhält man das in Abb. 213 dargestellte Schaubild. Es ist klar, daß bei dieser Art des Gespinstaufbaues etwa über den

[1] Vgl. hierzu Jäger: Kunstseide **13**, 372 (1932).

Umkehrpunkt hinaus verschobene Fadenteile beim Abziehen nicht hängen bleiben können, so daß die Zwirnerei störungslos vonstatten geht.

Aber auch die Hubminderung ist nicht in der Lage, die Wulstbildung zu vermeiden. Weiter ist es auch bei dieser Zusatzbewegung noch möglich, daß der Faden an den Seiten über die Umkehrpunkte hinausläuft. Das bedeutet, daß der Faden dann auf eine weniger dick bewickelte Schicht gelangt und hier mit vermindertem Abzug aufgewickelt wird, was zu Titer- und Farbabweichungen führt. Um diese Fehler zu vermeiden, ist bei der Changierung noch eine zweite Zusatzbewegung erforderlich. Diese besteht in der Hubverlagerung. Hierunter ist eine geringe Verschiebung der hin- und hergehenden Hauptbewegung der Changierung nach links und rechts längs der Spule zu verstehen. Die Wirkung der Hubverlagerung geht aus der Abb. 214 hervor, die die Abwicklung eines unter Hubverlagerung hergestellten Wickels zeigt. Die Hubverlagerung ist dadurch gekennzeichnet, daß die Hilfsbewegung im allgemeinen bis zu 20mal langsamer verläuft als die Hauptbewegung[1]. Eine andere Art einer brauchbaren Fadenverlegung ist die sog. „Pilgerschrittchangierung". Ihr Kennzeichen besteht darin, daß die gleichmäßig fortschreitende Hauptbewegung nach einem Stück Weg unterbrochen wird, worauf die Hilfsbewegung ein kleines Stück Weg in entgegengesetzter Richtung zurücklegt. Ihr Abwicklungsbild ist in Abb. 215 schematisch wiedergegeben. Die Hilfsbewegung bewirkt bei der Pilgerschrittchangierung etwa 4—20mal so viel Hübe wie die Hauptbewegung.

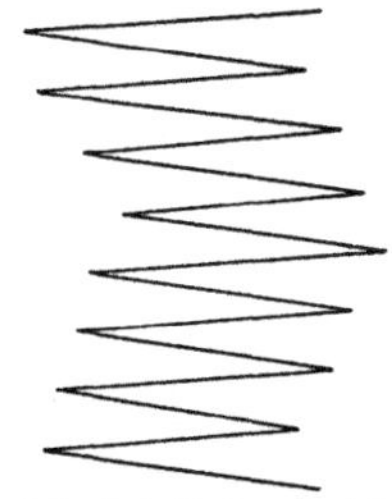

Abb. 214. Fadenabwicklung bei Hubminderung und Hubverlagerung (schematisch).

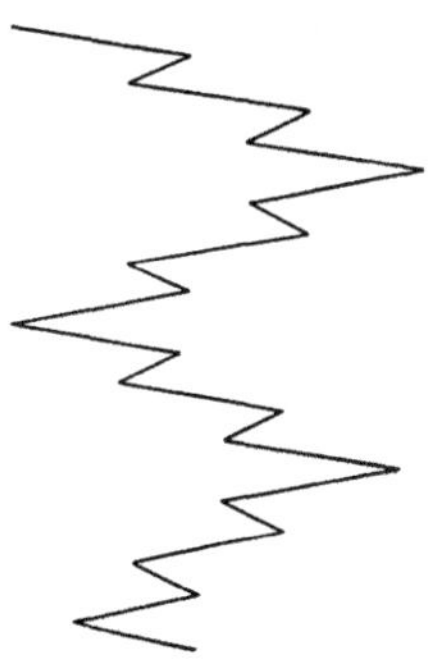

Abb. 215. Fadenabwicklung bei Pilgerschrittchangierung (schematisch).

Die geschilderten Haupt- und Hilfsbewegungen sind so aufeinander abzustimmen, daß eine Wickelform entsteht, wie sie beispielsweise in Abb. 216 wiedergegeben ist.

Bezüglich des Steigungswinkels der konischen Stirnfläche ist noch zu sagen, daß er weder zu flach noch zu steil sein darf. Ein zu flacher Steigungswinkel läßt das Gespinst an den Stirnflächen zu dünn. Beim Saug-oder Druckwaschverfahren (s. 18. Kap.) bietet die Stirnfläche dann den Behandlungsflüssigkeiten keinen ausreichenden Widerstand, wodurch die zylindrischen Teile des Wickels wieder zu wenig Waschwasser bekommen. Man kann sich in diesem Falle aber dadurch helfen, daß man Spinnspulen verwendet, deren Randlöcher einen etwas kleineren Durchmesser haben. Ein zu steiler Steigungswinkel kann demgegenüber zu

[1] Vgl. hierzu die DRP.-Anm. A 77769 der Algemeene Kunstzijde Unie N.V.

denselben Schwierigkeiten führen, die Gespinste mit senkrechten Stirnflächen verursachen.

Die für den einwandfreien Gespinstaufbau erforderliche Hubverkürzung setzt der Spinndauer eine Grenze: Die durch die Hubverkürzung nicht mehr übersponnenen Fadenlagen an den konischen Flächen der Spule werden durch den frischen Faden nicht mehr mit Spinnbad angefeuchtet, sie trocknen daher allmählich an. Hierdurch findet in diesen Teilen des Gespinstes eine Anreicherung von Säure und Salz statt, wodurch diese Gespinstteile eine abweichende Anfärbung annehmen. Man kann daher über eine bestimmte Zeitdauer nicht hinausgehen.

Abb. 216. Besponnene Spinnspule.

Für die Erzeugung dieser komplizierten Changierbewegungen werden Haupt- und Zusatzexzenter verwendet. Die Hubverkürzung kann auch durch kippbare Exzenter herbeigeführt werden[1]. Die durchgeführten Konstruktionen sind äußerst zahlreich, so daß auf konstruktive Einzelheiten hier nicht näher eingegangen werden kann.

Aus dem Vorhergesagten geht hinreichend hervor, wie schwierig die Einstellung der Changierbewegungen für die Erzeugung eines brauchbaren Gespinstaufbaues ist. Für die Einstellung dieses Mechanismus ist aber noch etwas anderes zu berücksichtigen: Der spinnende Faden erhält an den Umkehrpunkten der Changierung am Fadenführer einen Stoß und einen Knick. Hierdurch wird nicht nur der Titer an diesen Fadenstellen geändert, sondern auch die Anfärbung. Dies würde in Anbetracht der Kürze der betroffenen Fadenstellen nichts ausmachen. Die Gefahr liegt aber darin, daß diese Abweichungen gemäß den Changierbewegungen periodisch auftreten. Fällt nun bei der Weiterverarbeitung der Kunstseide diese Periode annähernd mit einer Periode der Verarbeitungsmaschinen zusammen, so findet eine Addition der Abweichungen statt und der Fehler tritt in der unangenehmsten Weise in die Erscheinung. In der Fertigware erscheinen auf diese Weise Ringel oder Rauten. Da die Changierperioden verhältnismäßig kleine Fadenlängen umfassen, so sind für das Auftreten von Fehlern insbesondere solche Waren prädestiniert, bei denen die Periode durch die Verarbeitungsmaschine ebenfalls klein ist. Dies gilt insbesondere für Strümpfe.

Der spinnende Faden erleidet aber nicht nur an den Fadenführern einen Stoß, sondern dieser durch die Umkehrung der Changierung erfolgte

[1] Wie z. B. nach DRP. 654671 der Barmer Maschinenfabrik A.G.

Stoß überträgt sich durch Schwingung des Fadens bis an die Düse. Auch unmittelbar hinter der Düse nimmt der Faden bei der Umkehrung der Changierung auf eine kurze Strecke eine abweichende Eigenschaft an. Es kann nun vorkommen, daß die Zahl der Changierhübe zufällig so eingestellt ist, daß dieselbe Fadenstelle, die an der Düsenöffnung den Stoß erhalten hat, einen zweiten Stoß am Fadenführer erleidet. In diesem Falle wirkt sich die periodisch wiederkehrende Farbabweichung besonders kraß aus.

Der Einfluß der Changierung auf Anfärbung und Titer ist daher von der Kunstseidenfabrik vor der Ausbildung eines neuen Spinnschemas genau zu studieren. Auf die Möglichkeiten hierzu wird im 25. Kap. näher eingegangen.

Bei der Zentrifugenspinnmaschine stellt der eigentliche Fadenführer einen schmalen Glastrichter mit einem etwa 30 cm langen Auslaufrohr dar, den man mit „Spinntrichter" bezeichnet[1]. Je 6 Spinntrichter von nebeneinanderliegenden Spinntöpfen sind durch kurze Halter mit dem sog. Trichterbalken verbunden. Der Trichterbalken wieder wird durch runde Eisenstangen an seinen beiden Enden auf- und abgeführt, wodurch der Spinntrichter, der in das Innere des Spinntopfes hineinragt, gehoben und gesenkt wird. Da der Spinnkuchen zylindrisch aufgebaut wird, so kommt für die Fadenverlegung beim Zentrifugenspinnverfahren im allgemeinen nur diese Hauptbewegung in Frage. Trotz dieser konstruktiven Einfachheit hat auch die Changierung beim Zentrifugenspinnverfahren einige schwache Punkte: Zunächst ist darauf zu achten, daß die Umkehrung der Changierung sowohl unten wie oben vollkommen stoßfrei erfolgt. Stöße verleihen dem Faden eine Zitterbewegung, die an den Stirnflächen der Kuchen krause Stellen entstehen läßt. Derartige Kuchen machen beim Abhaspeln oder Abspulen Schwierigkeiten. Die langen senkrecht geführten Stangen des Trichterbalkens sind ferner bei der geringsten Verkantung der Maschine bzw. der Führungslager der Gefahr des Brechens ausgesetzt. Zur Vermeidung dieser Gefahr sind daher zahlreiche konstruktive Lösungen vorgeschlagen worden. Bei einer Hamelschen Konstruktion[2] wird diese Schwierigkeit dadurch umgangen, daß man von einer Lagerung der Schubstangen absieht und sie nur durch eine Blattfeder führt, wie dies Abb. 217 zeigt. Eine andere Lösung ist in Abb. 218 gezeigt[3]. Bei dieser Konstruktion der Barmag ist die Bruchsicherung dadurch gegeben, daß die je eine Rolle tragenden Halter verschiebbar auf ihren Changierrahmen angeordnet sind und durch je eine Druckfeder gegen das Ende des zugehörigen Changierrahmens gedrückt werden. Hierbei werden sie seitlich durch Gleitbolzen geführt.

---

[1] Diese Einrichtung darf nicht verwechselt werden mit dem Spinntrichter, in dem beim Kupferoxydammoniakverfahren die Fadenbildung vor sich geht.

[2] DRP. 625277. [3] DRP. 659595.

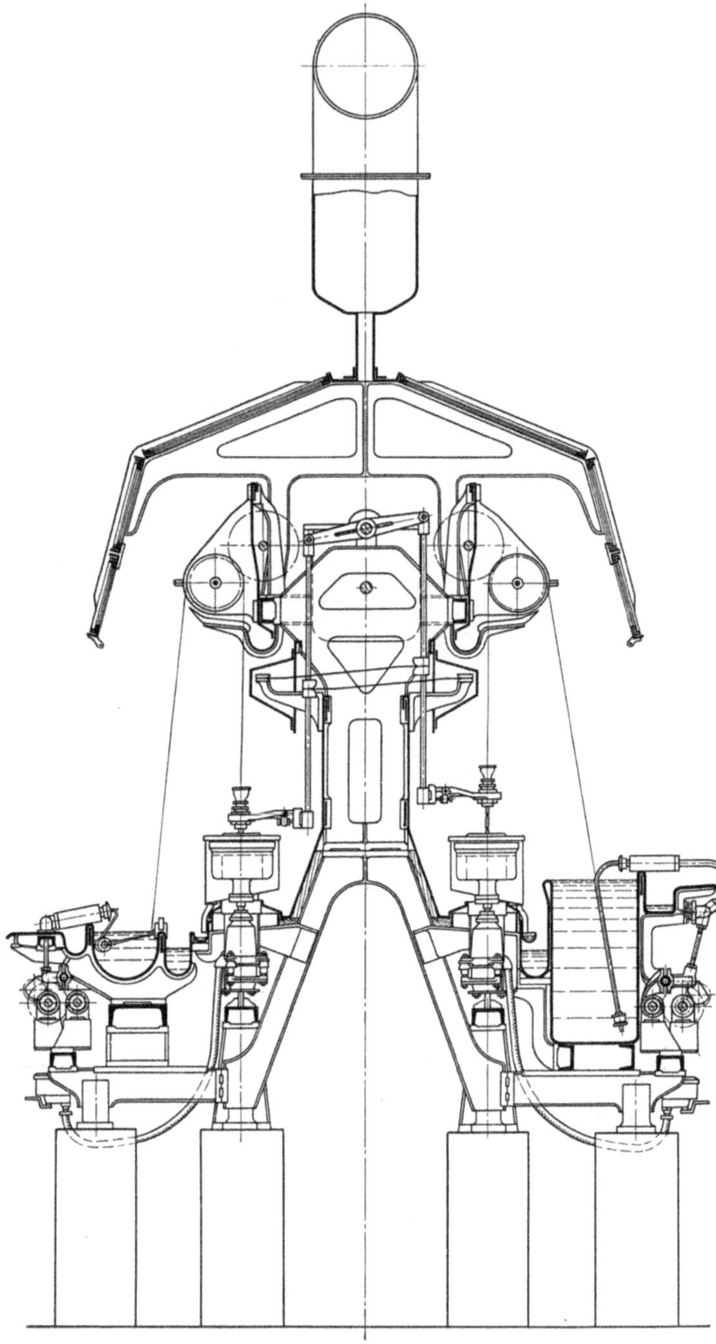

Abb. 217. Zentrifugen-Spinnmaschine Modell TTZ der Firma Carl Hamel AG., Chemnitz.

Der Spinntrichter muß so ausgebildet sein, daß der Faden in ihm keine zu große Reibung an der Wandung erfährt. Dies würde eine Bremsung des Fadens und somit ein Ausstrecken zwischen Trichter und Topfwand bewirken. Man versieht daher das Auslaufrohr des Trichters mit zwei oder drei Einschnürungen, so daß der Faden nur an diesen eingeschnürten Stellen am Glas anliegt.

Zur Vermeidung von Spiegelwicklung bei den Spinnkuchen kann man auch hier bei der Changierung eine Zusatzbewegung einschalten. Diese wird nach dem DRP. 627015 der Vereinigte Glanzstoff-Fabriken A.G. dadurch erreicht, daß man die Geschwindigkeit des Fadenführers gleichförmig beschleunigt oder verlangsamt. Zu diesem Zwecke wird der Exzenterwelle ein Konoidengetriebe vorgeschaltet.

Auf einfachere Weise wird die Spiegelwicklung nach DRP. 650767 der Algemeene Kunstzijde Unie N.V. vermieden. Hiernach wird das untere Trichterende nicht glatt, sondern bogenförmig ausgebildet („Warzentrichter“). Die Fadenlegung wird hierdurch wellenförmig.

Von HAMEL[1] ist vorgeschlagen worden, auch bei den Zentrifugenspinnmaschinen die Pilgerschrittchangierung anzuwenden.

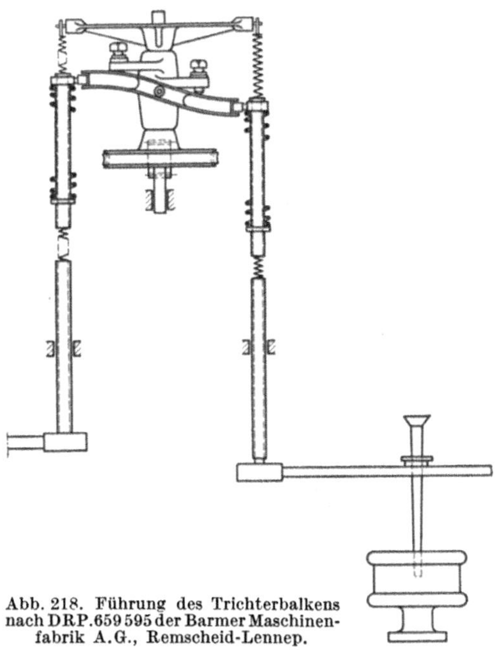

Abb. 218. Führung des Trichterbalkens nach DRP. 659595 der Barmer Maschinenfabrik A.G., Remscheid-Lennep.

Mit zunehmender Spinndauer verringert sich allmählich die Fadenstrecke zwischen Trichter und Auflaufpunkt. Hierdurch wird, da der Spinntopf seine Tourenzahl beibehält, der Abzug und somit die Fadenspannung mit zunehmender Spinndauer immer geringer. Der Faden nimmt daher im Innern des Kuchens einen gröberen Titer und eine dunklere Anfärbung an. Beim Zentrifugenspinnverfahren entsteht so genau das Entgegengesetzte wie beim Spulenspinnverfahren. Logischerweise wirken sich diese Unterschiede besonders deutlich bei großen Spinnlängen und somit bei dicken Kuchen aus. Die Spinnlänge ist daher auch beim Zentrifugenspinnverfahren begrenzt. 300 g schwere Gespinste dürften das äußerste Kuchengewicht darstellen, das sich bei dem heute üblichen Topfdurchmesser praktisch erzielen läßt. Im

[1] DRP. 604914 und 612052.

allgemeinen wirkt man dieser Erscheinung beim Zentrifugenspinnverfahren durch konstruktive Einrichtungen der Spinnmaschine nicht entgegen. Das DRP. 533837 der Vereinigte Glanzstoff-Fabriken A.G. beschreibt allerdings eine Vorrichtung, die den Streckungsunterschied ausgleichen soll. Hiernach wird der Faden vor dem Einlaufen in den Spinntrichter über eine konischeTrommel geführt und auf ihr allmählich verschoben. Diese Rolle bewirkt eine zunehmende Streckung des Fadens in dem Maße, in dem die Streckung im Spinntopf durch die Verringerung der Zentrifugalkraft abnimmt (Abb. 219).

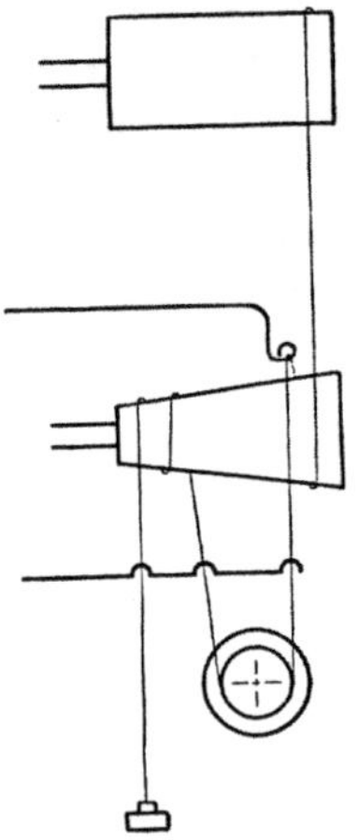

Abb. 219. Ausgleich der Streckungsunterschiede zwischen Spinnanfang und Spinnende durch eine konische Trommel. Das wiedergegebene Schema zeigt die Anordnung für das Spulenverfahren. Durch Ersatz der Spule durch eine Galette ist diese Anordnung ohne weiteres auch für das Zentrifugenverfahren geeignet (nach DRP. 533837).

Um den Anfärbungsunterschied zwischen dem Kucheninnen- und -außenteil zu verringern, kann man die Kucheninnenteile, so lange die Kuchen sich noch in saurem, ungewaschenen Zustand befinden, einer kurzen Dämpfung unterwerfen. Hierdurch werden die Fäden so verändert, daß die Anfärbung etwas heller wird. Die Kuchen werden zu diesem Zwecke zu mehreren in allseitig geschlossene Kästen gestellt, die im Boden Bohrungen haben, die dem Hohlraum des Kuchens entsprechen. Durch diese Bohrungen wird für wenige Sekunden — die Zeit muß empirisch ermittelt werden — mit Feuchtigkeit gesättigter Dampf eingeblasen. Der Deckel des Kastens, der ebenso wie der Boden mit Filz ausgelegt ist, muß auf den Kuchen fest anliegen, so daß der Dampf nur in den Hohlraum gelangen kann. Die Kästen werden zweckmäßig ohne Deckel gebaut. Der Deckel ist dann ortsfest an dem Dämpfstand so angebracht, daß durch sein Herunterklappen auf einen daruntergestellten Kuchenkasten gleichzeitig das Dampfventil geöffnet wird, das sich durch ein Zeitrelais selbsttätig wieder schließt. Auf diese Weise wird die gleichmäßige Behandlung aller Kuchenkästen gewährleistet.

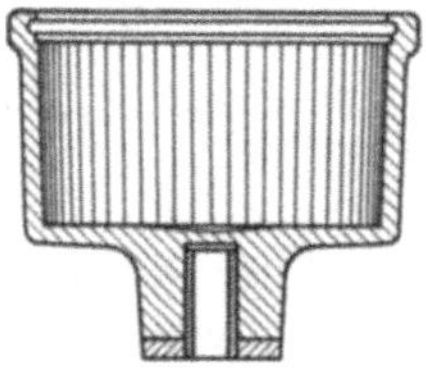

Abb. 220. Spinntopf mit senkrechten Riefen nach DRP. 627812.

Nach dem DRP. 627812 der Vereinigte Glanzstoff-Fabriken A.G. soll die Anfärbungsdifferenz dadurch beseitigt werden können, daß man die Innenwand des Spinntopfes mit kleinen, enggestellten Erhöhungen und Vertiefungen versieht, die schräg oder senkrecht angeordnet sind (Abb. 220). Die Außenlagen des Kuchens können so später etwas schrumpfen.

17. Kapitel.

Der Spinnvorgang.

Die aus den feinen Düsenöffnungen austretende Viskose nimmt im Spinnbad feste Form an. Die Abzugsvorrichtungen der Spinnmaschinen sorgen dafür, daß die Erstarrung der Viskose in Fadenform geschieht. Läßt man die Viskose, ohne den erstarrten Faden abzuziehen, in das Spinnbad eintreten, so entstehen krause, unregelmäßige Gebilde. Es war schon erwähnt worden, daß diese auch entstehen, wenn Fädchen vor den Abzugsvorrichtungen gerissen sind. Sie müssen aus der Spinnbadwanne entfernt werden, damit sie das Spinnen der benachbarten Spinnstellen nicht stören.

Das Anspinnen der Spinnmaschinen geht wie folgt vor sich: Nachdem die Spinnpumpen tariert sind, wird der Spinnstutzen mit der Düse durch das Gelenk der Filterbrücke in die Spinnbadwanne eingeschwenkt. Mit Hilfe eines Stückes dicken Bleidrahtes nimmt man dann unmittelbar an der Düse die austretende Viskose ab und führt den hierdurch entstehenden, in seiner Dicke zunächst noch unrichtigen Faden den Aufnahmeorganen zu. Bei normalen Walzen- und Spulenspinnmaschinen ist dieser Arbeitsvorgang sehr einfach: Der Faden wird auf die Walze oder Spule aufgelegt und nunmehr von dieser mitgenommen. Dann wird er mit Hilfe des Drahtstückes in den Schlitz des Fadenführers gelegt. Bei Streckspinnverfahren erfordert das Anspinnen je nach der Anordnung der Streckwerke oft große Übung und Geschicklichkeit, und es gelingt nicht immer beim ersten Mal, den Faden in der richtigen Weise um alle Abzugsorgane herumzuführen. Beim Zentrifugenspinnverfahren legt man den Faden um die abziehende Galette. Den dann von der Galette herunterlaufenden Faden ergreift man mit der linken Hand, wodurch er eine Schlinge bildet. Diese wird darauf mit der rechten Hand mit Wasser, das man aus einem kleinen Becher ausgießt, in den Spinntrichter gespült. An Stelle von Wasser kann auch Spinnbad genommen werden. Das letztere ist zweckmäßiger, da zuweilen beobachtet worden ist, daß die zunächst im Spinntopf verbleibenden Wasserreste den Faden in bezug auf seine färberischen Eigenschaften ungünstig beeinflussen können.

Die Abzugsgeschwindigkeit und entsprechend auch die Pumpenförderung wird so hoch wie möglich eingestellt, um eine möglichst hohe Leistung aus den Spinnmaschinen herauszuholen. Sie hat jedoch ihre Grenzen. Einerseits setzt der Changiermechanismus, wie schon erwähnt war, der Abzugsgeschwindigkeit Schranken. Andererseits hängt die Wahl der Abzugsgeschwindigkeit aber auch von der Beschaffenheit des frischen Fadens ab, der je nach den gewählten Betriebsbedingungen mehr oder weniger empfindlich sein kann. Feine Titer werden im allgemeinen besser mit niedrigerer Abzugsgeschwindigkeit gesponnen als grobe. Es ist verständlich, daß man im Laufe der Zeit mit dem zunehmenden Fortschritt der Technik die Abzugsgeschwindigkeit immer mehr erhöht hat. Während früher normalerweise mit 40 oder 45 m Abzug pro Minute gesponnen wurde, geht man heute auf 60, 70 oder 80 m. Es ist oft empfohlen worden, mit noch höheren Abzugsgeschwindigkeiten zu spinnen, jedoch tut man gut daran, sie nicht zu übersteigern. Eine in vernünftigen Grenzen gehaltene Abzugsgeschwindigkeit kommt der Lebensdauer der Spinnmaschinen sowie der Qualität des Gespinstes zustatten.

Die Festigkeitseigenschaften der fertigen Kunstfaser werden weitgehend durch die Art des Spinnens beeinflußt. Man unterscheidet normales Spinnen und Streckspinnen.

I. Normales Spinnen.

Die einfachste Art des Spinnens ist die, daß man den entstehenden Faden, ohne eine Streckung auf ihn auszuüben, von den Fadenaufnahmeorganen aufnehmen läßt. Der Titerberechnung muß also die direkte Beziehung zwischen dem geförderten Gewicht Viskose bzw. Zellulose und der Abzugsgeschwindigkeit zugrunde gelegt werden[1]. Beträgt beispielsweise die Förderleistung der Spinnpumpe 12 g pro Minute oder unter Berücksichtigung des Zellulosegehaltes der Viskose von 7% 0,84 g Zellulose pro Minute, so ist der entstehende Titer bei beispielsweise 40 m Abzugsgeschwindigkeit

$$T = \frac{0{,}84 \cdot 900 \cdot 10}{40} = 189\,.$$

Es war aber schon Gelegenheit, darauf hinzuweisen, daß der frische Faden bei seiner Entstehung schrumpft. Infolgedessen wird der effektive Titer des Fadens feiner. Die Größe dieser Schrumpfung muß bei der Titereinstellung berücksichtigt werden. Durch die Schrumpfung erleidet der Faden zwischen Düse- und Aufwickelvorrichtung einen „Verzug". Die Berechnung dieses Verzuges ist also für die Ermittlung des effektiven Titers wichtig. Man kann die Größe des Verzuges berechnen, wenn man die Austrittsgeschwindigkeit der Viskose aus der Düse kennt. Diese läßt sich aus der volumetrischen Förderung der Spinnpumpe und dem Querschnitt der Düsenkanäle berechnen.

Denkt man sich die Förderleistung F der Pumpe in Kubikzentimeter als einen langen Flüssigkeitszylinder, dessen Grundfläche der Düsenlochquerschnitt Q und dessen Höhe die Austrittsgeschwindigkeit der Viskose Vd in der Zeiteinheit ist, dann ergibt sich für die Förderleistung

$$F \text{ min} = Q \cdot Vd \text{ min}$$

[1] Vgl. hierzu KÄMPF: Kunstseide **9**, 361, 409 (1927).

und somit für die Austrittsgeschwindigkeit

$$Vd = \frac{Q}{F}.$$

Q und F sind bekannte Größen. Bei einer Förderleistung der Pumpe von beispielsweise 10 ccm und einer Düse mit 25 Löchern von je 0,20 mm Durchmesser beträgt die Austrittsgeschwindigkeit demnach

$$Vd = \frac{10000}{25 \cdot 0{,}01 \cdot \pi} = 12{,}74\ \text{m}.$$

Der Verzug, den ein Faden beim Verspinnen erleidet, ist das Verhältnis von Abzugsgeschwindigkeit zur Austrittsgeschwindigkeit. Für die angegebenen Zahlenbeispiele würde der Verzug demnach

$$\frac{40}{12{,}74} = 3{,}14\ \text{fach}$$

sein.

Aus diesem Beispiel geht schon hervor, daß der Verzug eine recht beachtliche Größe darstellt, die keineswegs vernachlässigt werden darf.

Die Größe dieses Verzuges ist nun von einer Reihe von Faktoren abhängig, nämlich

von der Förderleistung der Spinnpumpe,
von der Düsenlochweite,
von der Abzugsgeschwindigkeit,
von der Zellulosekonzentration der Viskose und
von der Zusammensetzung des Spinnbades.

Bei größerer Förderleistung der Spinnpumpe nimmt die Austrittsgeschwindigkeit zu, die von dem Abzugsorgan auf den Faden ausgeübte Zugkraft wird hierdurch geringer. In gleicher Weise nimmt die Größe des Verzuges mit steigender Austrittsgeschwindigkeit ab. Bei einer um 50% gesteigerten Förderleistung würde in Anlehnung an die obigen Zahlenbeispiele der Verzug

$$\frac{40 \cdot 2}{12{,}74 \cdot 3} = 2{,}10$$

sein.

Der entstehende Titer nimmt im Verhältnis der Steigerung der geförderten Zellulosemenge zu.

Bei einer Änderung der Düsenlochweite ändert sich die Austrittsgeschwindigkeit im umgekehrten Verhältnis. Der Verzug ist demnach der Querschnittsänderung der Düsenlöcher proportional.

Mit der Abzugsgeschwindigkeit ändert sich der Verzug gleichfalls proportional. Im umgekehrten Verhältnis ändert sich der Titer mit der Abzugsgeschwindigkeit.

Die Zellulosekonzentration der Viskose ändert den Titer des Fadens im direkten Verhältnis mit der Zu- oder Abnahme der Zellulosekonzentration.

Über den Einfluß der Spinnbadzusammensetzung auf die Größe des Verzuges liegen eingehende Untersuchungen von MATTHAES[1] vor. Aus diesen Untersuchungen geht hervor, daß der Verzug mit steigendem Salzgehalt des Spinnbades zunimmt. Bemerkenswert ist auch der unterschiedliche Einfluß verschiedener Salze auf die Größe des Verzuges. So wurde gefunden, daß das dreiwertige Aluminiumsulfat den Faden am stärksten zum Schrumpfen bringt und somit den Verzug am stärksten erhöht. Im einzelnen ergab sich hinsichtlich der Schrumpfung folgende Reihenfolge:

$$Al_2(SO_4)_3 > MgSO_4 > Na_2SO_4 > (NH_4)_2SO_4 > ZnSO_4 > K_2SO_4.$$

Das Zinksulfat nimmt also auch in dieser Beziehung eine Sonderstellung ein.

Recht eigenartig wirkt sich der Säuregehalt des Spinnbades auf die Schrumpfung aus. Es wurde gefunden, daß die Schrumpfung bzw. der Verzug zwischen einer Schwefelsäurekonzentration von 10—20% schwach abnimmt. Bei einer Konzentration von 20—40% ist ein Stillstand. Dann nimmt die Schrumpfung bei 55% steil ab und fällt bis 70%. Bei dieser Konzentration hört die Schrumpfung ganz auf und es beginnt eine Verlängerung des Fadens.

Abb. 221. Spinnen ohne Streckung beim Spulenspinnverfahren.

Die durch die Schrumpfung hervorgerufene Verstreckung tritt also immer auf, auch wenn man keine besonderen Streckvorrichtungen an den Spinnmaschinen anbringt.

Es ist aus dem obigen Zusammenhang verständlich, daß die Schrumpfung sich auch auf die Dichte des Fadens auswirkt. Eine weitere Folge hiervon ist, daß die Aufwickelorgane je nach der Beschaffenheit des Fadens ein anderes Fassungsvermögen bekommen. So kann z. B. eine Spinnspule bei gleicher Bewicklungshöhe von einem Faden, der aus einem magnesiumhaltigen Bad gesponnen wird, entsprechend der Schrumpfung etwa 30% mehr aufnehmen als von einem aus einem Natriumsulfatbad gesponnenen.

Bei den normalen Spinnverfahren wird der von der Düse kommende Faden in gerader Linie von der Walze bzw. der Spule aufgenommen, wie dies die Abb. 221 zeigt. Der Changierfadenführer ist bei dieser Spinnanordnung (auch „Spinnschema" genannt) so gebaut und angeordnet, daß der Faden am Fadenführer keinen Knick bildet. Beim Zentrifugenspinnverfahren wird der Faden beim normalen Spinnen mehrmals um die abziehende Galette gelegt, damit kein Schlupf entstehen kann, und gelangt von dort unmittelbar in den Spinntrichter.

Die nach diesen Spinnschemen erhältlichen physikalischen Eigenschaften der Kunstfaser liegen in bezug auf die Festigkeit zwischen

[1] MATTHAES: Kunstseide 18, 334 (1937).

130 und 150 g pro 100 Denier. Die Bruchdehnung (s. 24. Kap.) schwankt zwischen 22 und 35%. Die Festigkeitseigenschaften sind aber auch abhängig von der Beschaffenheit des Ausgangsmaterials, insbesondere vom Polymerisationsgrad der Zellulose im Zellstoff, sowie von der Zusammensetzung des Spinnbades, die sich weiter in besonders starkem Maße auch auf die Bruchdehnung auswirkt. Schnell wirkende Bäder, wie z. B. reine Natriumsulfat- und Säurebäder, ergeben eine höhere Festigkeit, dafür aber eine niedrigere Bruchdehnung. Umgekehrt ergeben Spinnbäder mit verzögernden Zusätzen beim normalen Spinnen niedrigere Festigkeitswerte, aber hohe Werte für die Bruchdehnung.

Bei der Herstellung von Zellwolle kommt ein normales Spinnen praktisch nicht in Betracht, da schon die Führung des Faserbündels auf das Transportband oder in die Schwemmrinne Knicke verursacht, die eine Fadenbremsung bewirken und so eine mehr oder weniger große Streckung hervorrufen.

Die normalen Spinnverfahren sind größtenteils verlassen worden, da man heute Wert auf möglichst hohe Festigkeit der Kunstfasern legt. Sie sind nur noch in Ausnahmefällen angebracht, so z. B. für die Herstellung einer Kunstseide für die Zwecke der Kreppgarnherstellung (s. 21. Kap.).

II. Streckspinnen.

Es war schon mehrfach zum Ausdruck gebracht worden, daß das Streckspinnen den Zweck verfolgt, der Kunstfaser eine höhere Festigkeit zu erteilen. Das Streckspinnen beruht im Prinzip darauf, den noch plastischen Faden zu einem solchen von feinerem Titer auszuziehen. Man kann aber nicht jeden Faden ausziehen, vielmehr sind hierfür nur solche Fäden geeignet, die beim normalen Spinnen eine hohe Bruchdehnung erhalten würden. Dies besagt, daß man beim Streckspinnen nur Spinnbäder mit verzögernden Zusätzen anwenden kann. Zink- und magnesiumhaltige Spinnbäder haben daher für die Streckspinnverfahren eine überragende Bedeutung.

Ein Maß für die Größe der Streckung ist auch hier das Verhältnis der Abzugsgeschwindigkeit zur Austrittsgeschwindigkeit der Viskose.

Die Streckung des frischen Fadens kann man nun auf die verschiedenartigste Weise vornehmen. Beim Walzen- und Spulenspinnverfahren, ebenso beim Spinnen von Zellwolle, ist der einfachste Streckungsvorgang ein Knick des Fadens am Fadenführer. Abb. 222 zeigt dieses Spinnschema für das Spulenspinnverfahren. Die hierdurch erreichbare Festigkeitserhöhung ist allerdings nicht groß, sie beträgt etwa 10 g pro 100 Denier. Das Spinnen mit einem Knick am Fadenführer erfordert zweckmäßigerweise wieder eine besondere Konstruktion des Changiermechanismus. Es entsteht ein periodisch fehlerhafter Faden, wenn der Fadenführer so angeordnet ist, daß der einen Kreisbogen beschreibende Fadenführer den Faden nach den Rändern der Wicklung hin hebt, wie dies bei der Pendelchangierung normalerweise der Fall ist. Hierdurch erleidet der Faden nach den Rändern zu eine Streckung[1]. Dieser Fehler kann dadurch vermieden werden[2], daß man den Fadenführer senkrecht an einer oberhalb der Spule in einem Kreisbogen schwingenden Schubstange anbringt. Durch diese Anordnung kann gegebenenfalls sogar eine Entspannung des Fadens nach den Rändern der Spule zu erreicht werden.

Ein weiteres, einfaches Streckspinnschema besteht darin, daß man zwischen der Düse und dem Aufnahmeorgan zwei oder mehrere feststehende Bremsstäbe anbringt. Arbeitet man mit zwei feststehenden Bremsstäben, so ordnet man sie gegeneinander etwas versetzt an, so

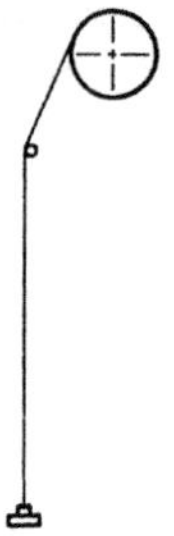

Abb. 222. Einfaches Streckspinnschema mit Knick am Fadenführer.

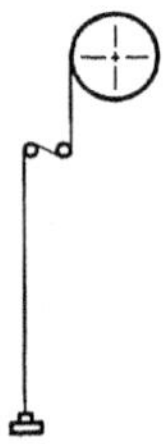

Abb. 223. Streckspinnschema mit 2 Bremsstäben.

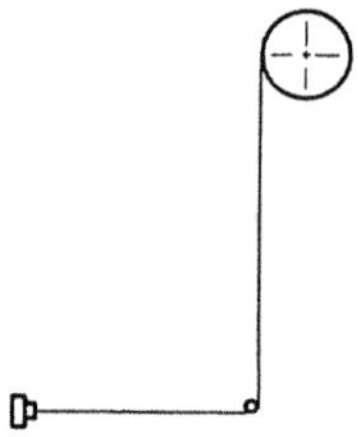

Abb. 224. Spinnen aus flacher Wanne über Badhaken.

Abb. 225. Einfaches Streckspinnschema für das Zentrifugenverfahren.

daß der Faden an ihnen zweimal eine Knickung erfährt (Abb. 223). Dieses Spinnschema ist für das Walzen-, Spulen- und Zentrifugenverfahren in gleicher Weise geeignet. Ein Nachteil dieses Spinnschemas besteht darin, daß es kaum möglich ist, die Reibungs- und somit die Bremsverhältnisse bei allen Spinnstellen des Spinnsaales genau gleich groß zu halten. Man bekommt auf diese Weise leicht Gespinste, die färberisch etwas voneinander abweichen.

Nach dem DRP. 517324 der Firma Herminghaus & Co. wird die Bremsung durch eine ganze Reihe senkrecht übereinander angeordneter Bremsstäbe bewirkt.

Beim Spinnen aus flacher Wanne wirkt auch der Badhaken bremsend (Abb. 224). Man kann bei diesem Spinnschema noch zusätzlich weitere Streckvorrichtungen anordnen.

Für das Zentrifugenspinnverfahren ist das einfachste Streckspinnschema die Anordnung eines Bremsstabes unter der Galette, wie dies Abb. 225 zeigt. Man schlingt den von der Düse kommenden Faden zunächst einmal um die Galette, führt ihn dann unter dem Bremsstab

[1] Lehner: Kunstseide **14**, 256 (1932).

[2] Nach einer Konstruktion der Firma Carl Hamel A.G., DRP. 614441 und 635062.

durch und schlingt ihn erneut um die Galette, von wo aus er dann in den Spinntrichter geführt wird. Dieselbe Spinnanordnung ist auch beim Spulenspinnverfahren möglich und wird hierbei zuweilen angewandt. In diesem Falle wird die Spule lediglich Fadenaufnahmeorgan, während die Galette den Faden abzieht. Dieses Spinnschema hat gegenüber dem normalen Spinnen den Vorzug, daß die Fadenspannung zwischen Düse und Galette stets gleichmäßig ist. Durch Anpassung der Spulenumdrehungsgeschwindigkeit zur Drehzahl der Galette ist es hierbei möglich, den Faden in entspanntem Zustand von der Spule aufnehmen zu lassen. Hierdurch werden die durch den Gespinstaufbau und die Changierung im Faden entstehenden Fehler verringert. Die Verhältnisse sind aber so zu wählen, daß ein für den Wasch- und Zwirnprozeß genügend fester Gespinstaufbau erhalten wird.

Wickelt man bei dieser Spinnanordnung den Faden nicht mehrmals um die Galette, sondern führt man ihn nur über die Galette zur Spule, so findet ein Schlupf des Fadens auf der Galette statt. Auch dieses Spinnschema ist in Gebrauch. Es ist dadurch gekennzeichnet, daß der Faden zwischen Spinnbadoberfläche und Spule einen langen Luftweg zurücklegt, was bei geschickter Anpassung der übrigen Spinnbedingungen für die Fadenqualität von Vorteil sein kann. Ein ähnliches Spinnschema ist im DRP. 627214 der Vereinigte Glanzstoff-Fabriken A.G. beschrieben. Hiernach läßt man den Faden zunächst über den Rand der Spinnspule laufen, dann ein Leiträllchen passieren und von dort von der Spule aufwickeln. Diese Spinnanordnung hat eine Vereinfachung der Spinnmaschine zur Folge, da eine besondere Abzugsgalette gespart wird.

Sehr gute Fäden erhält man durch Streckung des Fadens zwischen zwei Galetten, die mit verschiedener Drehzahl laufen. Die Galetten können in der verschiedensten Weise an der Maschine angebracht sein. Man baut Spinnmaschinen, bei denen beide Galetten oberhalb der aufzunehmenden Spule angeordnet sind, als auch solche, bei denen die erste Galette oberhalb und die zweite unterhalb der Spule angeordnet ist.

Die Galetten können senkrecht als auch parallel zur Spinnmaschine angebaut sein. Da bei dem letzteren Spinnschema der spinnende Faden eine sehr große Luftstrecke zurücklegt, bei der die Gefahr des Antrocknens des Fadens besteht, so kann man die untere Galette so tief einbauen, daß der Faden oder der etwas vorstehende Kranz der Galette eben in das Spinnbad eintaucht. Dies wirkt auch dem Versalzen der unteren Galette entgegen. Auf diese Weise wird der Faden auf seinem Wege vom Spinnbad noch einmal neu befeuchtet (Abb. 226).

Es ist aber bei dieser Spinnanordnung nicht unbedingt erforderlich, daß der Faden beide Galetten ohne Schlupf passiert. Man kann vielmehr auch so spinnen, daß man ihn unter die untere Galette mit Schlupf leitet und ihn von der Spule abziehen läßt.

Ein Spinnen über drei Galetten ist im DRP. 609802 der Steckborn Kunstseide A.G. beschrieben. Von den drei hintereinander geschalteten Galetten läuft die mittlere schneller als die erste und dritte. Hierdurch wird wieder bewirkt, daß der Faden spannungslos auf die Spule aufläuft. Da aber die Spinnmaschinen durch den Einbau dieser Galettenantriebe recht kompliziert werden, so ist bei einer im DRP. 628569 niedergelegten Weiterbildung des Verfahrens die dritte Galette durch eine solche von kleinerem Durchmesser ersetzt, die auf der Achse der ersten

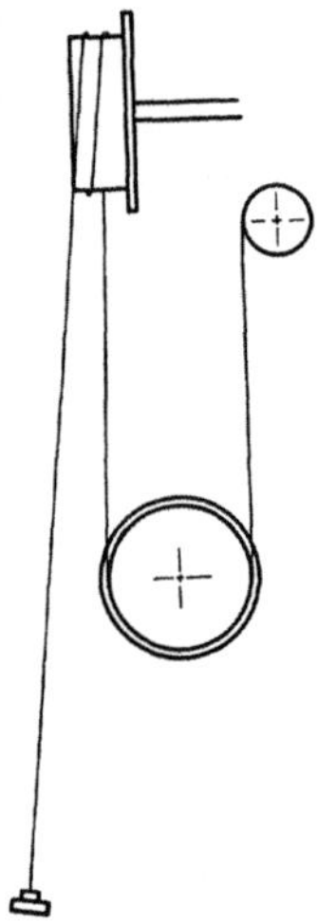

Abb. 226. Streckspinnen über 2 Galetten.

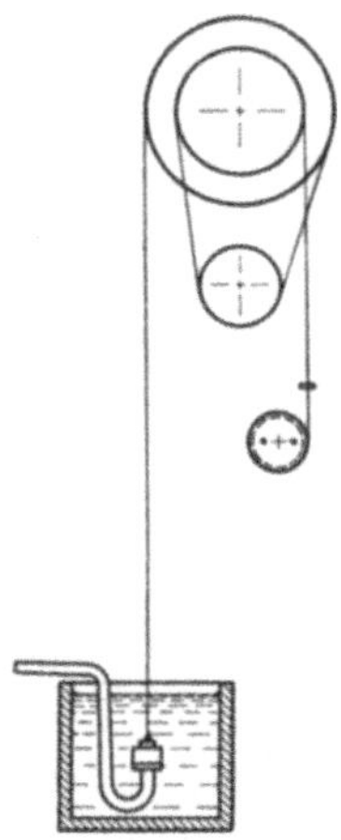

Abb. 227. Streckspinnschema nach DRP. 628569.

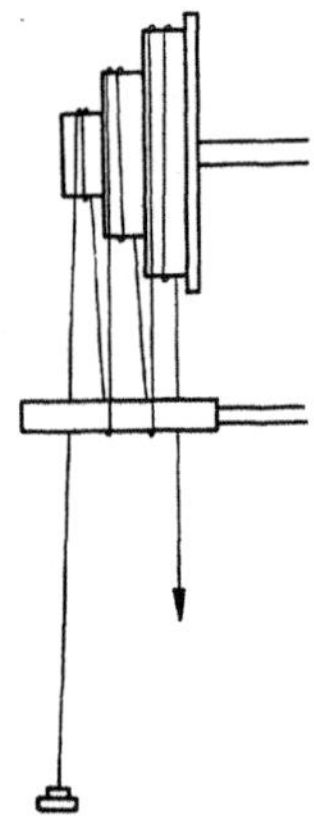

Abb. 228. Streckspinnen über eine 3stufige Galette.

Galette aufsitzt. Derartige Galetten bezeichnet man mit Stufengaletten. Dieses Spinnschema wird durch die Abb. 227 näher erläutert.

Die Spinnmaschine wird weiter vereinfacht, wenn man eine dreistufige Galette anbringt und den Faden unterhalb der Galette unter eine Umlenktrommel von kleinem Durchmesser führt. Diese Rolle besitzt keinen besonderen Antrieb, sondern wird vom Faden mitgenommen. Bei dieser Spinnordnung ist also nur ein Galettenantrieb erforderlich (Abb. 228).

Nach DRP. 661622 der N.V. Onderzoekingsinstituut Research, Arnhem, kann man den spinnenden Faden eine lange Luftstrecke durchlaufen lassen, wenn man ihn über eine Galette führt und ihn durch ein tiefliegendes Umlenkröllchen der aufnehmenden Spule zuführt. Das Umlenkröllchen ist ohne eigenen Antrieb frei drehbar und seitlich auf seiner Achse verschiebbar angebracht, damit es den Changierbewegungen des Fadenführers folgen kann (Abb. 229).

Unter normalen Betriebsbedingungen erhält man nach diesen zuletzt genannten Spinnschemen Fäden mit einer Reißfestigkeit von 200 bis

220 g pro 100 Denier, wobei durchschnittlich eine Dehnbarkeit von 18—22% erhalten wird.

Bei Galettenmaschinen läßt man während des Entleerens der Spinnzentrifugen oder während des Wechselns der Spinnspulen den Faden auf die Galette auflaufen. Nach erfolgtem Wiedereinsetzen des Spinntopfes oder der Spinnspule wird das auf die Galette aufgelaufene Gespinst abgeschnitten. Man bezeichnet es als „Ringgespinst". Es wird gesammelt, in besonderen Apparaten gewaschen und dient dann als Ausgangsmaterial für Stapelfaser.

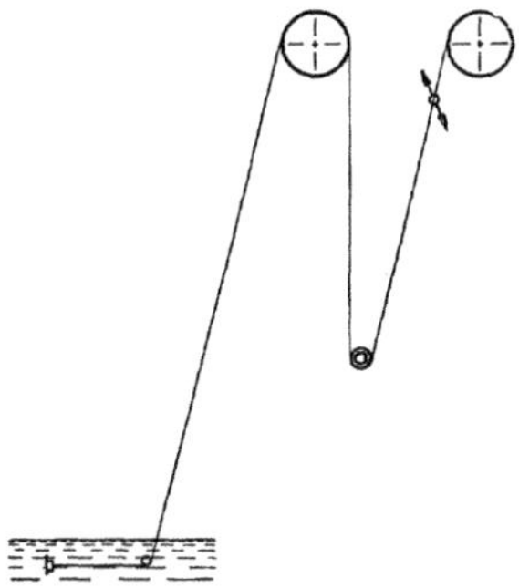

Abb. 229. Streckspinnschema nach DRP. 661 622.

Von den sich drehenden Galetten tropft und spritzt dauernd Spinnbad ab. Da dieses die Maschinen verunreinigt, fängt man dieses Spinnbad auf. Dies geschieht dadurch, daß man an den Kranz der Galette eine Gummifahne anlegt, die das Spinnbad von der Galette abstreift. Von der schräg nach oben angeordneten Fahne rinnt das Spinnbad zurück in die Wanne.

Die zuletzt beschriebenen Spinnschemen zeichneten sich durch eine große Luftstrecke des spinnenden Fadens aus. Es kann unter anderen, geeigneten Spinnbedingungen zur Erzielung einer guten Fadenqualität auch zweckmäßig sein, den Faden eine große Badstrecke passieren zu lassen. Dies erreicht man auf einfache Weise dadurch, daß man im Bad mehrere Umlenkröllchen anbringt. Am einfachsten geschieht dies auf die Weise, daß man neben der Düse ein dem Querschnitt der Spinnbadwanne entsprechendes Bleiblech mit zahlreichen Perforierungen anordnet. In einigen der Löcher werden kurze Stäbchen befestigt, die als Achsen für kleine Röllchen dienen. Der Faden wird über diese Röllchen dann im Spinnbad mehrfach hin und her geführt (Abb. 230). Der Nachteil dieses Spinnschemas liegt darin, daß die Röllchen an den Achsen eine verschieden starke Bremsung haben können. Hierdurch können Spannungen in den Faden gelangen, die zu ungleichmäßiger Anfärbung der Gespinste führen. Außerdem bereitet das Anspinnen der Fäden Schwierigkeiten.

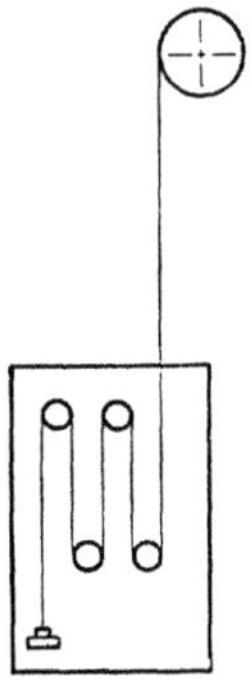

Abb. 230. Spinnen über Badröllchen.

Dieser Nachteil kann nach DRP. 625352 der Algemeene Kunstzijde Unie N.V. Arnhem dadurch beseitigt werden, daß man an Stelle mehrerer Röllchen nur zwei verwendet, die drei oder vier Führungsrillen für den Faden haben. Diese zwei Röllchen werden zweckmäßig an einem Steg angebracht, der an den Spinnstutzen angeklemmt oder leicht angeschraubt wird. Beim Anspinnen legt man den Spinnstutzen nur so weit in das Bad ein, daß die Badstrecke eben zur Fadenbildung ausreicht. Der Faden kann dann außerhalb des Bades in der vorgesehenen Weise um die Röllchen gelegt werden. Ist dies geschehen, taucht man den Spinnstutzen vollends in das Bad ein. Das obere Röllchen befindet sich bei diesem Spinnschema außerhalb des Bades. Da es sich wegen seines kleinen Durchmessers sehr schnell dreht, verspritzt es besonders viel Spinnbad. Man muß daher vor den Röllchen ein kleines Spritzblech anbringen. Ein solches ist z. B. im DRP. 642341 der Vereinigte Glanzstoff-Fabriken A.G. beschrieben (Abb. 231). Diese Röllchen können auch als Stufenröllchen ausgebildet sein, so daß hierdurch gleichzeitig eine Streckung erzielt werden kann (Abb. 232).

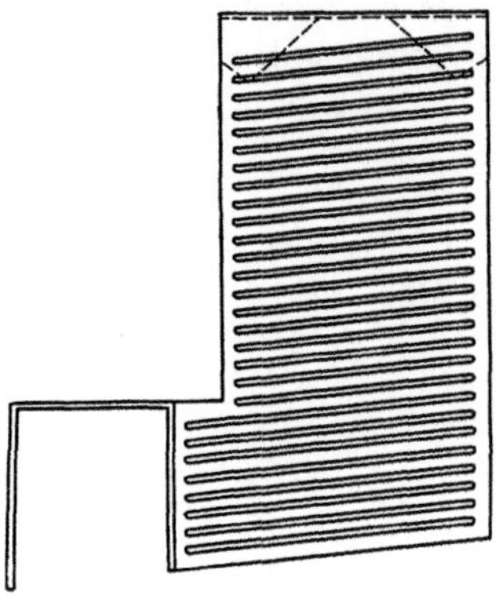

Abb. 231. Spritzblech nach DRP. 642341.

Die Gefahr des Entstehens ungleichmäßiger Fadenspannungen ist auch bei diesem Spinnschema vorhanden. Besonders das obere, außerhalb des Bades befindliches Röllchen kann infolge Versalzens der Achse bremsend wirken. Es gelingt aber durch geschicktes Anbringen des Spritzbleches, die Achse ständig genügend naß zu halten.

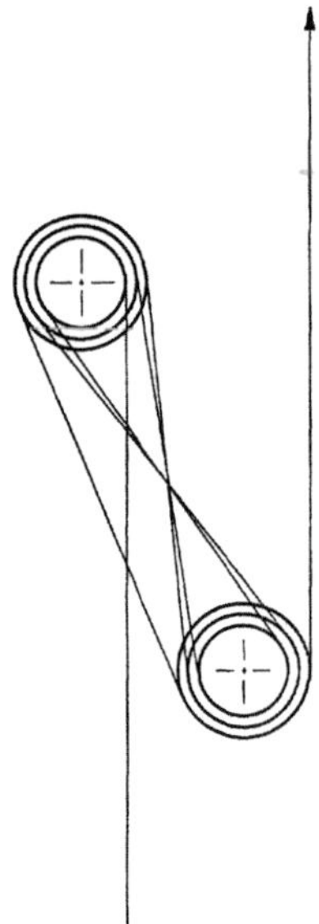

Abb. 232. Streckspinnen über Stufenröllchen nach DRP. 625352.

Wie schon erwähnt worden war, führen die genannten Streckspinnschemen bei Beibehaltung der sonstigen, üblichen Arbeitsweisen zu Fäden, deren Reißfestigkeit zwischen 180 und 220 g pro 100 Denier schwankt. Die Bruchdehnung geht beim Streckspinnen von über 30% auf 23 bis etwa 17% zurück. Auf die Ursache dieser Veränderung der physikalischen Eigenschaften der Kunstfasern wird später noch eingegangen.

Zu wesentlich höheren Festigkeitseigenschaften kann man jedoch kommen, wenn man neben den Streckspinnschemen noch andere Spinnbedingungen anwendet. Neben Änderungen der Eigenschaften und Zusammensetzung der Viskose sowie der Spinnbäder kann man z. B. das Strecken in heißem Wasser vornehmen. In dieser Beziehung sind in der letzten Zeit sehr bedeutsame Fortschritte gemacht worden. So entwickelte z. B. die Vereinigte Glanzstoff-Fabriken A.G. die RT-Faser, die eine Trockenfestigkeit von 300—310 g pro 100 Denier und eine Naßfestigkeit von 170—180 g aufweist. Diese Faser ist für technische Zwecke ausgearbeitet worden. Sie dient für die Herstellung solcher Güter, die hauptsächlich auf Zug beansprucht werden, wie z. B. Transportbänder und Treibriemen. Durch systematische Arbeiten konnten auch die Torsionseigenschaften dieser Faser soweit verbessert werden, daß sie ein Ausgangsmaterial für Kordfäden darstellen konnte, wie sie als Einlage in den Autoreifen verwendet werden. Derartige Spinnverfahren sind schon im 15. Kapitel näher beschrieben worden.

Großes Aufsehen hat vor einigen Jahren die sog. LILIENFELD-Kunstseide erregt. Auch diese ist eine Streckspinnseide. Sie wird von der Vereinigte Glanzstoff-Fabriken A.G. unter dem Namen „Sedura" auf den Markt gebracht. Die Sedura wird nach dem Zentrifugenspinnverfahren gesponnen, und zwar im Prinzip nach den in Abb. 223 oder 226 wiedergegebenen Spinnschemen. Ausgedehnte Versuche, sie auf Walzen zu spinnen („Nuera-Spinnverfahren") haben nicht zum Erfolg geführt. Die nach dem LILIENFELD-Verfahren erhaltene Kunstseide weist Festigkeitswerte von 400—450 g pro 100 Denier auf. Das grundsätzliche Kennzeichen des LILIENFELD-Verfahrens besteht in der Anwendung eines Spinnbades von hoher Schwefelsäurekonzentration. So sagt das Brit. Pat. 274521 von LILIENFELD aus, daß das Spinnbad nicht weniger als 55% Schwefelsäure enthalten soll, und als Beispiel wird in der Patentschrift ein Spinnbad mit 65—68% Schwefelsäure angegeben. Die spezifische Wirkung dieser hohen Säurekonzentration des Spinnbades auf den entstehenden Faden ist eindeutig noch nicht geklärt. Die allgemeine Ansicht geht dahin, daß es sich um einen Pergamentierungsvorgang handelt. Um einen schädlichen Einfluß der starken Säure auf den gebildeten Faden so weit wie möglich auszuschließen, wird bei niedriger Temperatur gesponnen. Die Säurekonzentration wird auf den Reifegrad der Alkalizellulose abgestimmt: Kurz vorgereifte Zellulose erfordert eine höhere Säurekonzentration als weiter vorgereifte. Um möglichst hohe Festigkeitswerte zu erzeugen, geht man von einer Zellulose mit hohem Polymerisationsgrad aus, wie sie z. B. in einem Linters-Zellstoff vorliegt. Die Vorreife wird zweckmäßig stark abgekürzt. Hierbei ist allerdings zu berücksichtigen, daß gemäß dem Brit. Pat. 212865 von LILIENFELD die Zellulose bei sehr niedriger Temperatur alkalisiert wird (die Patentschrift gibt als günstigste Temperaturen —3 bis —15° C an), und daß bei diesen niedrigen Temperaturen eine besonders große Quellung der Alkalizellulose eintritt[1]. Dies geht auch daraus hervor, daß die Sulfidierung, die nach der Patentschrift gleichfalls bei den angegebenen niedrigen Temperaturen vorgenommen werden soll, nur eine sehr kurze Zeit in Anspruch nimmt, wobei man für eine ausreichende Sulfidierung mit $^1/_6$—$^1/_{10}$ Mol CS_2 pro 1 Mol $C_6H_{10}O_5$ auskommt. Es ist beobachtet worden, daß anormal tiefe Temperaturen den Vorreifeeffekt ebenso verstärken wie hohe Temperaturen, und somit kann

[1] Vgl. hierzu Roos: Kunstseide **12**, 86 (1930).

daher beim LILIENFELD-Verfahren streng genommen nicht von einem vollkommenen Ausschalten der Vorreife gesprochen werden.

Die geringe zur Sulfidierung erforderliche Menge Schwefelkohlenstoff wirkt sich insofern günstig aus, als die Nachreifezeit sich kürzer gestaltet, da sich das Zerfallsgleichgewicht zugunsten der Zellulose in der Viskose verschiebt. Auf der anderen Seite ist man hierdurch in der Lage, den Zellulosegehalt der Viskose um einige Prozent heraufzusetzen. Diese Möglichkeit sowie die Abkürzung der für die Herstellung einer verspinnbaren Viskose normalerweise erforderlichen Zeit sind als wirtschaftliche Vorteile des LILIENFELD-Verfahrens anzusprechen. Dem steht allerdings der hohe Preis der Linters-Zellulose sowie das teure Spinnbad gegenüber, so daß die Gestehungskosten der LILIENFELD-Kunstseide im ganzen höher liegen als die der normalen Viskosekunstseiden. Sie hat sich daher in großem Maßstabe nicht durchsetzen können. Sie ist dagegen eine beliebte Spezialkunstseide für gewisse Gewebe, wie z. B. Ärmelfutterstoffe und Herrenhemden geworden. Neben dem hohen Preis haben aber auch qualitative Nachteile die Einführung erschwert: Die besondere Faserstruktur bedingt eine stark verzögerte Farbstoffaufnahme, so daß für die Erzeugung tiefer Färbungen Flotten angewandt werden müssen, deren Farbstoffkonzentration höher als normal ist. Daneben ist diese Faser äußerst empfindlich gegenüber geringen Spannungsschwankungen beim Spinnen, so daß leicht eine unegale Anfärbung erhalten wird. Weiter ist als Nachteil zu erwähnen, daß die Biegungsfestigkeit und die Scheuerfestigkeit geringer als bei normalen Viskosekunstseiden sind. Diese Beobachtung wird allgemein bei Streckspinnkunstseiden gemacht, und es scheint so, daß mit zunehmender Streckung und somit zunehmender Reißfestigkeit besonders die Scheuerfestigkeit in steigendem Maße zurückgeht. Dies wirkt sich vornehmlich in nassem Zustand aus und kann auch beim Färben in die Erscheinung treten, weshalb beim Färben von LILIENFELD-Kunstseide darauf zu achten ist, daß die Gewebelagen nicht aneinanderscheuern können. Zusätze von fetten, gleitend machenden Ölen zum Färbebad sind daher günstig.

Einer zu weitgehend verringerten Scheuerfestigkeit kann man dadurch begegnen, daß man die fertige Faser einer Behandlung mit Natronlauge unterwirft („Tatonosieren“[1]). Hierbei muß man allerdings einen Rückgang der Reißfestigkeit in Kauf nehmen. Das Tatonosieren bringt auch eine Verbesserung der Anfärbbarkeit mit sich, schließt aber eine neue Gefahrenquelle für die Entstehung färberischer Ungleichmäßigkeiten in sich.

Eine Kunstseide mit ähnlichen Eigenschaften wird von der I. G. Farbenindustrie Aktiengesellschaft unter dem Namen „Travyl“ erzeugt

[1] LILIENFELD: DRP. 542713.

Sie soll unter Verwendung eines Spinnbades hergestellt werden, das große Mengen einer organischen Säure enthält.

Bei der Besprechung der Streckspinnverfahren muß auch auf das normalerweise nur beim Kupferverfahren angewandte Streckspinnen nach THIELE eingegangen werden, da dieses in den letzten Jahren auch für das Viskoseverfahren Bedeutung erlangt hat. Das THIELEsche Streckspinnverfahren unterscheidet sich von den bisher geschilderten Arbeitsweisen grundsätzlich dadurch, daß das Strecken nicht durch mechanische Vorrichtungen, sondern durch ein strömendes Spinnbad erreicht wird. Die Apparatur ist der sog. THIELEsche Spinntrichter (Abb. 233). Er besteht im Prinzip aus einem zylindrischen Glasgefäß, in das nicht ganz bis zum oberen Abschluß des Zylinders ein konisches Gefäß

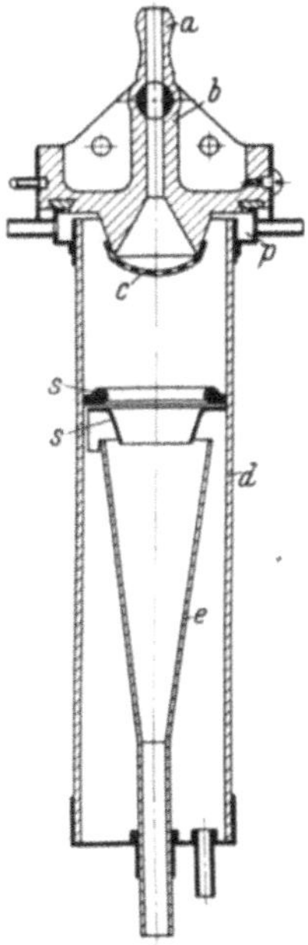

Abb. 233. Streckspinntrichter nach THIELE.

Abb. 234. Spinnbrause der Firma Friedrich Eilfeld, Gröbzig.

eingebaut ist, das sich nach unten zu einem Rohr verjüngt. Dieses Rohr ist durch den Boden des Zylinders hindurchgeführt. Oberhalb der Öffnung des Konus befindet sich die Spinndüse, die man in diesem Falle „Spinnbrause" nennt. Sie ist wesentlich größer als eine normale Spinndüse, und auch die Düsenlöcher sind viel weiter, beispielsweise 0,9—1 mm (Abb. 234). Das Spinnbad tritt unten in den Zylinder ein, steigt hoch und läuft oben in den Konus, den es durch das Rohr nach unten verläßt. Zur Vermeidung von Wirbelbildung kann man das untere Drittel des zylindrischen Gefäßes mit Glasperlen oder dgl. füllen. Infolge der zunehmenden Verringerung des Konusquerschnittes nimmt die Strömungsgeschwindigkeit des Spinnbades im Konus immer mehr zu. Der aus der Spinnbrause austretende Faden wird infolge der Badreibung vom Spinnbad mitgenommen und so zu einem immer feiner werdenden Faden ausgezogen. Er verläßt mit dem Spinnbad das Rohr und wird dann geeigneten Aufnahmeorganen (beim BEMBERG-Verfahren einem Haspel) zugeleitet.

Von GRUZ und ROGOWIN[1] ist darauf hingewiesen worden, daß eine Übertragung des THIELE-Verfahrens auf die Viskosefaser insofern Vorteile mit sich bringen müßte, als infolge der großen Düsenlochweite mit einer Zellulose von hohem Polymerisationsgrad gearbeitet werden könne und daß somit besonders gute Fasern erhalten werden müßten. Eingehende Untersuchungen haben diese Annahme bestätigt. So wurden von den genannten Forschern Fäden erhalten, die eine Reißfestigkeit von 200—260 g pro 100 Denier, bei einer allerdings nur geringen Bruchdehnung von 7—12%, aufwiesen. Hervorzuheben ist, daß man nach diesem Verfahren mühelos sehr feine Einzeltiter von beispielsweise 1,5—2,0 Denier spinnen kann, was bei den üblichen Spinnverfahren, besonders beim Zentrifugenverfahren, Schwierigkeiten macht.

Mit der Anwendung dieses Verfahrens für Zellwolle hat sich in den letzten Jahren die I. G. Farbenindustrie Aktiengesellschaft im Werk Oppau beschäftigt, was zur Ausbildung der „Lanusafaser" führte, die in großem Maßstabe unter Begehung eigener Wege auch von der Thüringischen Zellwolle Aktiengesellschaft, Schwarza, hergestellt wird. Die Besonderheit dieses neuen Verfahrens besteht neben der Anwendung des THIELE-Trichters darin, daß als Fällbad Wasser oder eine äußerst verdünnte Salz- und Säurelösung verwendet wird. Da sich aber gezeigt hat, daß normale Viskosen mit Wasser praktisch nicht spinnbar sind, obwohl schon ein Xanthogenat vom Reifezustand C_{24} in Wasser unlöslich ist, so muß die Viskose so beschaffen sein, daß sie unmittelbar vor der freiwilligen Entmischung steht. Der normalerweise gefundene niedrigste Salzpunkt von 0,1—0,2 muß noch unterschritten sein. Dieser Zustand des Xanthogenates kann durch eine lange Nachreife erreicht werden. Da dies aber betrieblich unbequem ist, wird die Nachreifetemperatur erhöht. Besonders bei der Anwendung von Linters als Ausgangsmaterial läßt sich bei diesem Xanthogenatzustand die Zersetzung des Xanthogenates im Spinntrichter ohne weiteres mit Wasser bewerkstelligen. Wenn nötig, kann der frische Faden in einem zweiten Bade mit etwas Salz und Säure zu Ende zersetzt werden. Die so erhaltene Faser weicht in ihren Eigenschaften wesentlich von den üblichen Viskosefasern ab. Sie ist weich und besonders füllig und kommt im Charakter der Wolle sehr nahe. Die Festigkeit kann durch geschickte Auswahl der Betriebsbedingungen auf über 200 g pro 100 Denier gebracht werden, bei einer Bruchdehnung von etwa 15%. Höhere Festigkeiten bringen einen übermäßigen Dehnungsabfall mit sich. Hinsichtlich der Anfärbbarkeit ähnelt die Lanusafaser in starkem Maße der Kupferfaser insofern, als die Aufziehgeschwindigkeit sehr hoch ist, wodurch die Faser sich schon bei geringen Farbstoffkonzentrationen im Bad tief anfärbt.

[1] GRUZ u. ROGOWIN: Kunstseide **16**, 263 (1934).

Die Ausübung des Lanusaverfahrens erfordert besonders peinliche Betriebskontrolle. Man muß bedenken, daß eine Viskose versponnen wird, die sich nahe vor der freiwilligen Gerinnung befindet. Wie aus der Abb. 141 hervorging, ist der Viskositätsanstieg der Viskose in diesem Gebiete besonders steil. Geringe Schwankungen in der Reifezeit und Temperatur können daher empfindliche Betriebsstörungen sowie stark ausgeprägte Abweichungen in den Eigenschaften der fertigen Faser mit sich bringen. Der hohe Reifezustand sowie das milde, fällende Agens läßt ferner die frischen Einzelfasern dazu neigen, miteinander zu verkleben, wodurch harte Fasern entstehen. Auch das Avivieren der Faser hat sich als besonders schwierig erwiesen (s. 19. Kap.). Bei richtiger Leitung des Spinnprozesses muß aber gesagt werden, daß eine besonders schöne und hochwertige Faser entsteht.

III. Chemische Vorgänge beim Spinnen.

Bei der Entstehung des Fadens im Spinnbad spielt sich eine Reihe chemischer Umsetzungen ab. Neben dem Zerfall des Xanthogenates in Zellulose und Schwefelkohlenstoff, was die Hauptreaktion darstellt, tritt eine Zersetzung der bei der Sulfidierung und Reife als Nebenprodukte entstehenden Thiokarbonate ein. Sie ergeben mit Säure Schwefelwasserstoff und Schwefelkohlenstoff, gemäß der Gleichung

$$Na_2CS_3 + H_2SO_4 = Na_2SO_4 + H_2S + CS_2\,,$$

so daß der Schwefelkohlenstoff demnach aus zwei Quellen stammt. Durch Wechselwirkung zwischen der Natronlauge und dem Schwefelkohlenstoff bildet sich auch Kohlensäure:

$$6\,NaOH + 3\,CS_2 = 2\,Na_2CS_3 + Na_2CO_3 + 3\,H_2O\,,$$

$$Na_2CO_3 + H_2SO_4 = Na_2SO_4 + H_2CO_3\,.$$

Die in der Viskose enthaltenen Thiokarbonate zerfallen aber nicht nur nach dem oben angegebenen Schema, sie sind vielmehr auch anderer Reaktionen fähig. Es entstehen so als Reaktionsprodukte Sulfide, Hydrosulfide, Sulfite und Thiosulfate, die bei der Zersetzung durch Säure in Schwefelwasserstoff, schweflige Säure und molekularen Schwefel übergeführt werden.

Die beim Spinnen entstehenden Reaktionsprodukte sind also überwiegend gasförmiger Natur. Man kann hierzu infolge seiner leichten Flüchtigkeit auch den Schwefelkohlenstoff selbst rechnen. Das Auftreten dieser gasförmigen Reaktionsprodukte ist dafür verantwortlich zu machen, daß im Fadenquerschnitt meist kleine Hohlräume anzutreffen sind. Die Bildung dieser Reaktionsprodukte ist in mehrfacher Hinsicht für die Betriebe unangenehm. Einerseits sind die gasförmigen, schwefelhaltigen Verbindungen nicht ungiftig und andererseits ergeben sie eine starke Geruchsbelästigung der Spinnerei und der Umgebung.

In dieser Beziehung sind gewisse Stoffe besonders störend, die durch Reduktion aus Schwefelkohlenstoff entstehen können und deren Existenz im Spinnsaal erst vor wenigen Jahren nachgewiesen wurde. Alle diese Körper sind von durchdringendem und unangenehmem Geruch. Als weitere Begleiterscheinung muß erwähnt werden, daß die mit diesen Stoffen angereicherte Luft zu Augenerkrankungen führt. Die Verhütung der „Spinnerkrankheit" ist eine wichtige Aufgabe der Gewerbehygiene. Diese Wirkung der Spinnsaalluft wird noch dadurch verstärkt, daß die bei der Zersetzung des Xanthogenates entstehenden Gasblasen Säureteilchen des Spinnbades mitreißen, die so als Nebel in der Spinnsaalluft verteilt werden. Die Spinnsaalluft führt so zu leichten, aber ziemlich schmerzhaften Verätzungen der Hornhaut des Auges.

IV. Luftbehandlung in der Spinnerei.

Diese Umstände zwingen die Kunstseiden- und Zellwollbetriebe zu einer ausreichenden Ent- und Belüftung der Spinnerei. Nach Untersuchungen von Wehrung[1] gehen von dem durch die Viskose in die Spinnerei eingebrachten Schwefel 27,38% als Schwefelkohlenstoff in die Spinnsaalluft, während als Schwefelwasserstoff 23,4% entweichen. Die anderen Mengen an schwefelhaltigen Körpern gehen teilweise ins Spinnbad, unter ihnen auch ein Teil des bei der Zersetzung des Xanthogenates entstehenden molekularen Schwefels, von dem der größte Teil allerdings im Gespinst verbleibt. In der Luft der Spinnbadrücklaufkanäle sowie der abgedeckten Badgruben konnte Wehrung einen Schwefelwasserstoffgehalt von 0,32 mg/l und einen Schwefelkohlenstoffgehalt von 0,17 mg/l ermitteln. Es ist einleuchtend, daß infolge dieser großen Menge schädlicher Reaktionsprodukte der Luftwechsel sehr groß sein muß. Man kann für den Spinnsaal einen 12—15fachen stündlichen Luftwechsel rechnen. Dies würde besagen, daß für eine tägliche Produktion von 1000 kg Faser 864000 cbm Luft arbeitstäglich abgesaugt werden müssen. Die Bewegung dieser großen Luftmenge stellt die Betriebe vor technische und wirtschaftliche Probleme.

Die Spinnsaalluft muß unmittelbar über den Spinnmaschinen abgesaugt werden, die zu diesem Zwecke mit einer Haube versehen sind. Im Durchmesser genügend groß dimensionierte Leitungen führen die Luft von den einzelnen Spinnmaschinen zu Sammelleitungen, die die Gase aus dem Spinnsaal abführen. Leitungen und Ventilatoren müssen dem stark korrodierend wirkenden Angriff der Abluft möglichst lange Widerstand bieten. Sie werden daher zweckmäßig aus feuerverbleiten Eisenblechen oder aus Aluminium hergestellt, das durch regelmäßigen Anstrich mit geeigneten Säureschutzfarben in seiner Lebensdauer verlängert werden kann.

[1] Wehrung: Chem. Apparatur **24**, 218 (1937).

Dem abgesaugten Luftquantum muß eine entsprechende Menge Frischluft in den Spinnsaal eingeblasen werden. Dies geschieht gleichfalls durch dicke Leitungen, die den Spinnsaal längs durchziehen und aus denen die Frischluft aus möglichst großen Öffnungen austritt. Da diese Leitungen innen nur mit Frischluft in Berührung kommen, können sie aus verzinktem Blech hergestellt werden. Außen ist ein Schutzanstrich zweckmäßig.

Die in den Spinnsaal einzuführende Luft muß eine bestimmte Temperatur und, was noch wichtiger ist, eine bestimmte Feuchtigkeit haben. Durch in die Leitung eingebaute Kalorifere kann die Luft in den Wintermonaten erwärmt werden. Die im Sommer notwendige Kühlung wird durch Zerstäubung von Brunnenwasser in der Frischluft bewirkt. Hierdurch erhält die Luft im Sommer auch die erforderliche Feuchtigkeit, die man im Winter durch Einblasen von Dampf in den Spinnsaal sowie, wenn diese Maßnahme nicht ausreicht, durch häufiges Bespritzen des Fußbodens mit Wasser erhält. Man stellt die Spinnsaalluft zweckmäßig auf eine Temperatur von 23° C und eine relative Luftfeuchtigkeit von 70% ein. Diese hohe Feuchtigkeit ist notwendig, um ein zu schnelles Austrocknen der sauren Gespinste sowie ein Versalzen der Fadenführer u. dgl. zu verhüten.

In modernen Betrieben werden auch automatische Klimaanlagen entsprechend großer Dimension im Spinnsaal angetroffen.

Die für die Entlüftung zu fördernde Luftmenge kann auf $^1/_3$ verringert werden, wenn dafür gesorgt wird, daß die beim Spinnen entstehenden Gase sich nicht erst in der Spinnsaalluft verteilen, sondern restlos unmittelbar an der Spinnmaschine abgesaugt werden. Dies kann man dadurch erreichen, daß man die Spinnmaschinen vollkommen abkapselt. Hierzu dienen durch Holz oder Metall, das entsprechend gegen Säureeinwirkung geschützt ist, gefaßte Fenster aus Glas oder einem anderen durchsichtigen Material. Die Fenster werden am besten als Schiebefenster mit Gegengewichten ausgeführt, hochklappbare Fenster sind unpraktischer zu bedienen. Abb. 235 zeigt eine vollkommen eingekapselte Spinnmaschine.

Die Abgase des Betriebes werden in einer großen Sammelleitung vereinigt und entweder einem Schornstein oder bei in der Nähe von Städten liegenden Fabriken einem Absorptionssturm zugeführt. Der Schornstein muß innen mit einem Säureschutzanstrich versehen sein. Die Absorptionsstürme besitzen meist einen quadratischen Querschnitt, sie müssen säurefest ausgemauert und präpariert sein. Sie sind mit Raschigringen oder anderen geeigneten Füllkörpern gefüllt. Man hat früher im allgemeinen zwei Türme hintereinandergeschaltet. In dem ersten ließ man Natronlauge herunterrieseln, um insbesondere den Schwefelwasserstoff zu neutralisieren, im zweiten wurden durch Wasser die Laugennebel sowie die Schwefelkohlenstoffreste herausgewaschen.

Heute benutzt man einen entsprechend größer dimensionierten Turm, in dem sich die verschiedenen Phasen übereinander abspielen. Durch Anbringen von Auffangflächen in verschiedener Höhe vermeidet man, daß die einzelnen Reaktionsflüssigkeiten ineinander laufen. Es hat sich als zweckmäßig erwiesen, die Waschung der Abluft nicht in zwei, sondern in drei Phasen durchzuführen. In der ersten Stufe behandelt man die Abluft mit Wasser, wodurch der weitaus größte Teil der Säurenebel gebunden wird. In der zweiten Stufe läßt man der Abluft Natronlauge entgegenfließen. Hierdurch bildet sich Natriumsulfid, das zum

Abb. 235. Eingekapselte Spinnmaschine der Firma Carl Hamel A.G., Chemnitz.

Entschwefeln der Faser verwendet werden kann (s. 18. Kap.). Die Natronlauge steht als Schwarzlauge aus der Laugenstation billig zur Verfügung. Es hat sich gezeigt, daß die in ihr enthaltene Hemizellulose beim Hindurchrieseln durch den Turm von den Füllkörpern in hohem Grade zurückgehalten wird, so daß eine ausreichend saubere Schwefelnatriumlösung abfließt. Etwa verbleibende Gasreste können nun in einer dritten Stufe noch durch Wasser entfernt werden. Das Auswaschen der Säure in der ersten Stufe ist aus dem Grunde anzuraten, damit die Lauge in der zweiten Stufe nicht durch die Säure zum Teil neutralisiert wird. Die Berieselungslauge muß auf eine Konzentration eingestellt sein, die in einem bestimmten Verhältnis zu der Zusammensetzung der Abluft steht. Im anderen Falle entweicht aus dem Turm keine geruchfreie Luft.

Hieraus geht hervor, daß die Anlage einige Überwachung erfordert; insbesondere muß die Abluft von Zeit zu Zeit analysiert werden.

V. Analyse der Spinnsaalluft[1].

Man beschränkt die Untersuchung der Spinnsaalluft im allgemeinen auf die Bestimmung ihres Gehaltes an Schwefelwasserstoff, schwefliger Säure und Schwefelkohlenstoff. Die Bestimmung des Schwefelwasserstoffes beruht auf seiner Reduktionswirkung auf Jod, gemäß der Gleichung

$$H_2S + J_2 = 2\,HJ + S.$$

Die schweflige Säure wird durch Jod zu Schwefelsäure oxydiert:

$$SO_2 + J_2 + 2\,H_2O = 2\,HJ + H_2SO_4.$$

Die Luft wird mit Hilfe eines Aspirators mit einer Geschwindigkeit von 10 Liter in der Stunde durch zwei Waschflaschen gesaugt, von denen die erste mit 50 ccm n/10 Jodlösung und die zweite mit 50 ccm n/10 Thiosulfatlösung beschickt ist. Danach werden beide Vorlagen zusammengespült und mit n/10 Jodlösung bei Gegenwart von Stärke titriert. Die verbrauchte Anzahl Kubikzentimeter n/10 Jodlösung (n), multipliziert mit 0,0016 ergeben den Gehalt der durchgesaugten Luft an Gesamtschwefel in Gramm. Die blaue Farbe der Lösung wird dann durch 1 Tropfen n/10 Thiosulfatlösung zum Verschwinden gebracht. Dann wird bei Gegenwart von Methylorange mit n/10 Alkalilauge bis zum Farbumschlag titriert. Bezeichnet man die hierbei verbrauchten Kubikzentimeter mit m, so ist der Gehalt der Luft an schwefliger Säure $(m—n) \cdot 0{,}0032$ g. $(2\,n—m) \cdot 0{,}0017$ stellen den Gehalt an Schwefelwasserstoff in Gramm dar.

Nach einer anderen Methode[2] saugt man etwa 200 Liter Luft durch zwei Waschflaschen, die eine 0,5%ige ammoniakalische Lösung von Kadmiumazetat enthalten. Alsdann filtriert man den entstandenen Niederschlag ab und wäscht ihn auf dem Filter mit destilliertem Wasser sorgfältig aus. Das Filter mit dem Niederschlag wird dann mit 25 ccm n/10 Jodlösung und 25 ccm 7%iger Schwefelsäure behandelt. Nach erfolgter Umsetzung titriert man die überschüssige Jodlösung mit n/10 Thiosulfatlösung zurück. 1 ccm n/10 verbrauchter Jodlösung entspricht 0,0017 g Schwefelwasserstoff.

Der Schwefelkohlenstoff kann nach folgenden Methoden ermittelt werden: 200 Liter Luft werden durch drei Waschflaschen gesaugt[3]. Die erste enthält 10%ige Natronlauge, die zweite 25%ige Schwefelsäure und die dritte 50 ccm alkoholische Alkalilauge. Während in den ersten beiden Waschflaschen phenolische Körper sowie Schwefelwasserstoff und Kohlendioxyd zurückgehalten werden, verbleibt der Schwefelkohlenstoff in der dritten Waschflasche. Ihr Inhalt wird mit Essigsäure neutralisiert, mit 0,5%iger alkoholischer Guajakharzlösung versetzt und

---

[1] Vgl. hierzu Wehrung: Chem Apparatur **24**, 218 (1937). — Berl-Lunge: Taschenbuch **1921**, 242.

[2] Silk and Rayon **1934**, 472.

[3] Sélivounof: Ann. Chim. analyt. appl. (2) **11**, 133 (1929).

mit n/100 Kupfersulfatlösung so lange titriert, bis die Flüssigkeit beginnt, sich grünlich-blau anzufärben. Hierbei fällt Kupferxanthogenat aus. 1 ccm n/100 Kupfersulfatlösung entspricht 0,00076 g Schwefelkohlenstoff.

An Stelle einer Titration mit Kupfersulfatlösung kann man auch mit Jod titrieren[1]. Man versetzt dann die Lösung mit Phenolphthalein und neutralisiert mit Essigsäure. Dann stumpft man die Lösung mit Kalziumkarbonatpulver ab und titriert in Gegenwart von Stärkelösung mit n/100 Jodlösung. Hierbei bildet sich ein Dixanthogenat. 1 ccm n/100 Jodlösung entspricht 0,00076 g Schwefelkohlenstoff.

VI. Physikalische Vorgänge beim Spinnen.

Zum Verständnis der sich bei der Fadenbildung abspielenden physikalischen Vorgänge müssen wir uns den Zustand ins Gedächtnis zurückrufen, in dem sich die Zellulose in einer Lösung befindet. Es ist im 2. Kapitel gezeigt worden, daß dieser Lösungszustand konzentrationsabhängig ist. Unterhalb der sog. Grenzkonzentration haben wir in der Lösung dispergierte, einzelne Moleküle anzunehmen, über deren Form (Stabform, Knäuelform) die Meinungen nach auseinandergehen. Die Viskose stellt demgegenüber einen weit oberhalb der Grenzkonzentration liegenden Zustand dar. In diesem erleiden die Moleküle gegenseitige Beeinflussungen mannigfacher Art[2]. Es treten Molekülschwärme, Assoziations- und Aggregationsvorgänge auf, die zu einer gewissen Orientierung und somit zu einer gewissen Struktur führen. Die Anwesenheit von Strukturen in der Lösung ist durch die Viskositätsanomalien bewiesen. Diese Strukturbildung kann, besonders bei hoch gereiften Viskosen, zu einer gewissen „Rekristallisation" führen, eine Ansicht, die besonders von SCHRAMEK vertreten wird. Der Vorgang wird im einzelnen so vor sich gehen, daß sich die Moleküle zunächst in BROWNscher Bewegung befinden. Mit dem allmählichen Übergang in den Gelzustand wird die Molekülbewegung beschränkt, wobei man annehmen kann, daß die innere Beweglichkeit, die auf der freien Drehbarkeit der Brückensauerstoffvalenzen beruht, wenigstens vorerst noch erhalten bleibt. Unter dem Einfluß der gegenseitigen Anziehungskräfte wird die Molekülform gestreckter. Es kommt so zu einer gegenseitigen Annäherung der Kettenmoleküle. Die Annäherung führt schließlich zur Ausbildung gittermäßig geordneter Teilchen. Die Ausbildung dieser Gitterstrukturen wird nach LÖBERING[3] noch durch die Strömung der

---

[1] FRAUENHOF: Kunstseide **1935**, 344.

[2] Vgl. hierzu LÖBERING: Papierfabr. **37**, 9 (1939).

[3] Nach der Ansicht anderer Forscher findet keine Ordnung beim Fließen von Viskose durch die Düsenkanäle statt (vgl. hierzu S. 63, Fußnote). Trotzdem sind aber Patente vorhanden (Franz. Pat. 843473; Brit. Pat. 509375; Belg. Pat. 430302 der Rheinischen Zellwolle Aktiengesellschaft, Siegburg), die das Spinnen aus langen und engen Düsenkanälen zum Gegenstand haben. Der erforderliche Spinndruck soll 40 Atm. betragen.

Viskose im Düsenkanal befördert. Man muß somit annehmen, daß bereits gittermäßig geordnete Teilchen in das Spinnbad gelangen. Im Augenblick der Fadenbildung wirkt nun die abziehende Spule oder Galette auf das Gebilde ein, was eine weitere gegenseitige Annäherung der geordneten — und auch der noch nicht geordneten — Bezirke hervorruft, womit eine Kontraktion des Volumens, also eine „dichtere Packung" der Kettenbündel, Hand in Hand geht. In dem Maße, wie die Moleküle und Molekülbündel zusammenrücken, findet ein Rückgang der plastischen Eigenschaften des Gebildes statt, sowie eine Zunahme der Größe der zwischenmolekularen Kräfte, wodurch das Gebilde fester wird. Auf diese Weise bildet sich allmählich die Netzstruktur für die Faser aus, deren Vorliegen, wenigstens bis zu einem Streckungsverhältnis von 80%, von KRATKY bewiesen wurde.

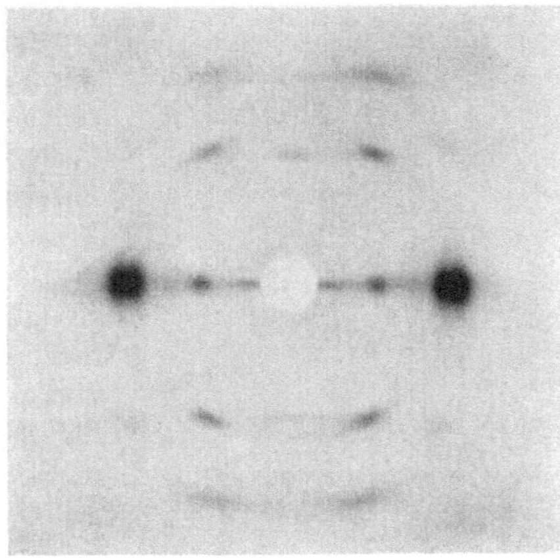

Abb. 236. Röntgendiagramm einer unter starker Streckung gesponnenen Viskosefaser [1].

Auf röntgenographischem Wege ist mehrfach der Beweis dafür erbracht worden, daß mit zunehmender Streckung beim Spinnen der Orientierungsgrad der Faser in der Richtung der Faserachse zunimmt, was als Folge des Zuziehens der Netzstruktur angesehen werden kann. Abb. 236 zeigt das Röntgendiagramm einer unter starker Streckung gesponnenen Viskosefaser, es läßt den hohen Grad der Orientierung deutlich erkennen.

Die Orientierung der Gitterbereiche ist nun aber keineswegs an allen Stellen des Faserquerschnittes der gleiche. Dies hängt mit den Strömungsverhältnissen der austretenden Viskose zusammen [2]. Vor dem Eintritt in den Düsenkanal wird die Viskose überall eine gleichförmige Beschleunigung aufweisen. Im Düsenkanal ist nun mit dem Auftreten von Reibungen zu rechnen, die die Austrittsgeschwindigkeit an den Rändern der Düsenöffnung vermindern. In der Mitte des Viskosestrahles wird somit die Fließgeschwindigkeit der Viskose am größten sein. Die Abzugsgeschwindigkeit, die dem frischen Gebilde durch die Spule oder Galette erteilt wird, ist als gleichförmig über den ganzen Querschnitt anzunehmen. Da aber die Fließgeschwindigkeit der Viskose in der Mittelachse ihres Strahles am größten ist, so tritt in einer gewissen

[1] Die Röntgenaufnahme wurde mir freundlicherweise von Herrn Prof. SCHRAMEK, Dresden, überlassen.

[2] Vgl. hierzu SCHRAMEK u. ZEHMISCH: Kolloid-Beih. 48, 118 (1939).

Entfernung von der Düsenöffnung eine vollkommene Umkehr des Beschleunigungsdiagrammes der strömenden Viskose ein. Die an der Faserperipherie liegenden Teile werden stärker ausgezogen als die mehr nach dem Innern zu liegenden. Auf die Faserperipherie wird somit ein stärkerer Zug ausgeübt als auf die übrigen Teile, die Faserperipherie erhält hierdurch einen höheren Orientierungsgrad als das Faserinnere. Abb. 237 zeigt das Strömungsbild der aus der Düsenöffnung austretenden Viskose nach der Ansicht von SCHRAMEK und ZEHMISCH.

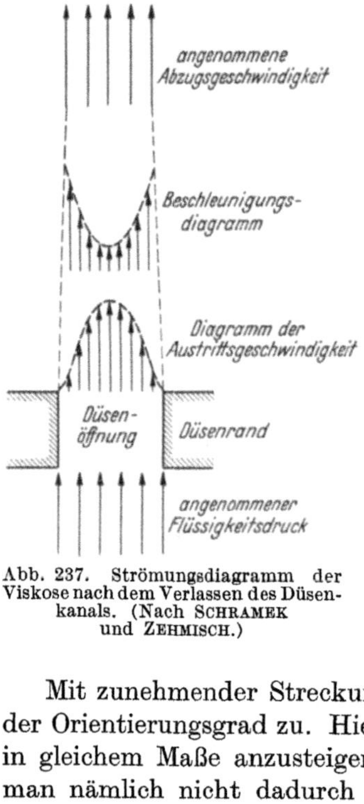

Abb. 237. Strömungsdiagramm der Viskose nach dem Verlassen des Düsenkanals. (Nach SCHRAMEK und ZEHMISCH.)

Die Inhomogenität wird noch dadurch verstärkt, daß Faserperipherie und Faserinneres nicht gleichzeitig koagulieren. Somit kann der Zustand, den die Zelluloseteilchen in der strömenden Viskose haben, auch nicht gleichzeitig über den ganzen Faserquerschnitt fixiert werden. Da die Viskose zunächst außen mit dem Spinnbad in Berührung kommt, beginnt auch die Koagulation zuerst in den äußeren Schichten. Es bildet sich hier eine mehr oder weniger feste Haut, die nunmehr der Streckung unterliegt. Durch diese Haut muß nun das Spinnbad erst hindurchdringen, um die Koagulation im Fadeninnern herbeizuführen, das sich zunächst noch in einem plastischen Zustand befindet. Diese Vorgänge wirken sich dann so aus, daß hinsichtlich der Orientierung eine koagulierte Faser den Zustand besitzt, wie ihn Abb. 238 schematisch wiedergibt.

Mit zunehmender Streckung beim Spinnen nimmt, wie schon gesagt, der Orientierungsgrad zu. Hiermit braucht aber nicht die Faserfestigkeit in gleichem Maße anzusteigen. Eine höhere Festigkeit der Faser kann man nämlich nicht dadurch erreichen, daß man lediglich die Abzugsgeschwindigkeit steigert und die Düsenaustrittsgeschwindigkeit gleich hält. Nach Überlegungen und Untersuchungen von SCHRAMEK und ZEHMISCH[1] steht der hierbei bewirkten größeren Fließgeschwindigkeit eine Verringerung der Masse der Außenhaut entgegen, die im festen Zustand der Zugbeanspruchung nicht genügend Widerstand entgegensetzt. Um zu einer festeren Faser zu kommen, muß vielmehr die beschleunigende Wirkung des Abzuges erst an einer bestimmten Stelle des noch plastischen Gebildes einsetzen, und zwar so weit von der Düse entfernt, daß sich durch das Fällbad vor dem Einsetzen der größeren Beschleunigung bereits eine kräftige Schicht Koagulat bilden konnte,

[1] SCHRAMEK u. ZEHMISCH: Kolloid-Beih. 48, 121 (1939).

die dann erst den richtenden Effekt der Abzugsbeschleunigung aufnehmen und fixieren kann. Es ist daher keineswegs gleichgültig, wie und wo man beim Streckspinnen die Bremsstäbe oder Galetten einbaut.

Da nun die Geschwindigkeit, mit der sich eine koagulierte Schicht bildet, abhängig ist von dem Reifezustand der Viskose sowie von der Zusammensetzung des Spinnbades, so wird es verständlich, daß diese beiden Faktoren gleichfalls von großer Bedeutung für die beim Streckspinnen zu erhaltenden Festigkeitswerte sind: Junge, ungereifte Viskose wird bei gleicher Spinnbadzusammensetzung in weit geringerem Maße auf den Streckvorgang reagieren als weiter gereifte Viskose, da sie langsamer koaguliert. Um aus ihr eine festere Faser zu erhalten, wird man stärker wirkende Spinnbäder oder weit längere Badstrecken wählen müssen.

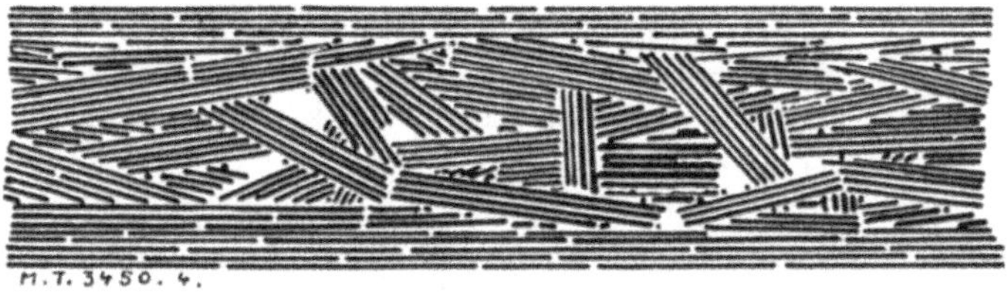

Abb. 238. Anordnung der Teilchen in einer Viskosefaser. (Nach STAUDINGER u. JURISCH [1].)

Für die zu erzielende Festigkeit der Faser spielt aber auch die Vorgeschichte der Viskose eine Rolle. Zunächst muß erwähnt werden, daß starke Vorreife der Alkalizellulose die Festigkeit herabsetzt. Dies kann man sich als Folge der kleineren Zellulosemoleküle erklären, die infolge ihrer geringen Länge nicht so leicht ausgeprägte Gitterstrukturen auszubilden in der Lage sind. In derselben Richtung wirkt die Anwendung zu großer Schwefelkohlenstoffmengen bei der Sulfidierung. Die hierdurch bewirkte starke Hydratation der Zellulose führt gleichfalls zur Ausbildung kleinerer geordneter Bereiche. Außerdem kann man hierbei eine mechanische Schädigung der Außenhaut durch die starke Gasentwicklung bei der Zersetzung annehmen.

Zu einer Schädigung der Außenhaut und somit zu einer Verringerung der Festigkeit kommt man aber auch, wenn man mit dem Strecken zu spät beginnt. Ist die Zellulose an der Stelle, an der die Streckung einsetzt, schon weitgehend regeneriert, so ist die Faser schon als starres Gebilde anzusprechen, das plastisch nicht mehr verformbar ist und somit bei starker Streckung zerreißt. Der Streckvorgang muß sich vielmehr in einem Bereich abspielen, in dem die Haut erst koaguliert, aber noch nicht zersetzt ist. Nur dieser Zustand kann infolge des weniger dichten Gefüges noch als plastisch angesprochen werden.

---

[1] STAUDINGER u. JURISCH: Melliaud Textilber. **1939**, Heft 10.

Diese theoretischen Überlegungen sind von SCHRAMEK und ZEHMISCH durch interessantes experimentelles Material gestützt worden. Durch Anfärbung mit verschiedenen Farbstoffen konnte die verschiedene Dichte des Gefüges der Faser im Querschnitt einwandfrei sichtbar gemacht werden.

Für die Kunstfasern sind die Querschnittsformen charakteristisch, und auch diese sind durch Vorgänge physikalischer Art, die sich beim Spinnen abspielen, bedingt. Auffallend ist die große Verschiedenartigkeit in der äußeren Form der Faserquerschnitte. A. HERZOG[1] hat in eingehenden Serienversuchen festgestellt, daß die Ausbildung der Querschnittsform von der Zusammensetzung der Spinnbäder weitgehend abhängig ist (Tabelle 96). So zeigte sich, daß die Querschnittsform um so unregelmäßiger wird, je höher der Gehalt des Spinnbades an Natriumsulfat ist. Die Ursache dieser Erscheinung konnte von LOTTERMOSER und SCHIEL[2] aufgeklärt werden. Die von diesen Forschern durchgeführten Versuche führten zu der Erkenntnis, daß die Querschnittsform durch den Ablauf osmotischer Vorgänge bestimmt wird: Die koagulierte Außenhaut des frischen Fadens wirkt wie eine semipermeable Membran. Wir haben so beim spinnenden Faden einen mit Viskose gefüllten Schlauch vor uns, der im Spinnbad hängt. Unter dem koagulierenden Einfluß des Fällungsmittels, das durch die Haut in das flüssige Innere diffundiert, sinkt der osmotische Druck im Innern der Membran. Der hohe osmotische Druck des Spinnbades verursacht eine Wanderung von Flüssigkeit aus dem Schlauchinnern nach außen, wodurch der Schlauch zusammengepreßt wird. Da mit steigendem Sulfatgehalt des Spinnbades sein osmotischer Druck steil ansteigt, so ist es verständlich, daß der Unterdruck im Viskoseschlauch und somit die Zusammenpressung der Haut sich um so stärker auswirkt, je mehr Sulfat das Spinnbad enthält. Dieser Vorgang wird noch dadurch begünstigt, daß die Durchlässigkeit des Schlauches mit höherem Sulfatgehalt des Spinnbades größer wird. Bei der Zusammenpressung muß der bereits feste Schlauch sich in Falten legen, wodurch die unregelmäßige Querschnittsform entsteht. Die durch die osmotischen Verhältnisse hervorgerufene Zusammenpressung des frischen Fadens wirkt sich auch in einer Schrumpfung in der Längsrichtung der Faser aus. Infolgedessen steht der spinnende Faden stets — also auch unter ganz einfachen Spinnbedingungen — unter einer gewissen Spannung, wie auch schon in einem anderen Zusammenhang erwähnt war.

Nach Untersuchungen von SCHRAMEK und ZEHMISCH[3] ist die Ausbildung der Querschnittsform auch von der bei der Sulfidierung angewandten Menge Schwefelkohlenstoff abhängig. Bei hohen Schwefelkohlenstoffmengen entstehen bändchen- oder hantelförmige

---

[1] HERZOG, A.: Text. Forsch. 8, 87 (1926).
[2] LOTTERMOSER u. SCHIEL: Z. angew. Chem. **43**, 80 (1930).
[3] SCHRAMEK u. ZEHMISCH: Kolloid-Beih. **48**, 118 (1930).

Tabelle 96. Einfluß der Spinnbadzusammensetzung auf die Querschnittsform. (Nach A. HERZOG.)

Versuch	Spinnbad	Konzentration in %	Spez. Gewicht $t = 50\,^{\circ}C$	Querschnittsform
1	Chlorammonium	19	1,057	
2	Schwefelsäure . Magnesiumsulfat	10,04 14,82	1,210	
3	Schwefelsäure . Magnesiumsulfat	10,02 28,80	1,364	
4	Schwefelsäure .	9,95	1,053	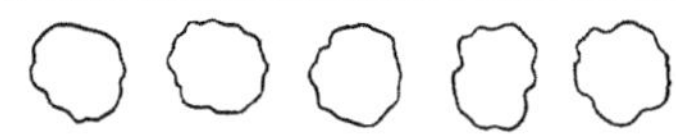
5	Schwefelsäure . Natriumsulfat .	10,13 5,35	1,098	
6	Schwefelsäure . Natriumsulfat .	9,97 8,87	1,130	
7	Schwefelsäure . Natriumsulfat .	10,05 14,21	1,173	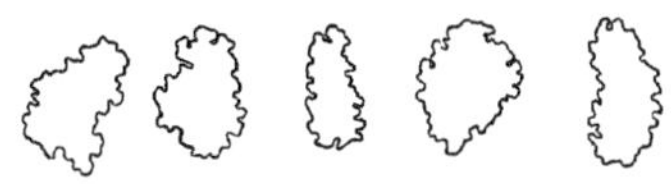
8	Schwefelsäure . Natriumsulfat .	10,09 24,47	1,299	
9	Schwefelsäure . Natriumsulfat .	9,82 29,38	1,364	
10	Schwefelsäure . Natriumsulfat .	12,05 1,21	1,082	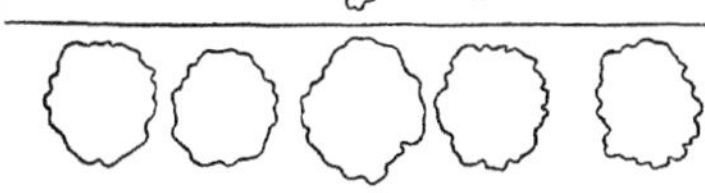
11	Schwefelsäure . Natriumsulfat .	12,00 5,69	1,119	
12	Schwefelsäure . Natriumsulfat .	12,03 11,70	1,170	
13	Schwefelsäure . Natriumsulfat .	11,94 16,13	1,220	
14	Schwefelsäure . Natriumsulfat .	11,93 24,89	1,316	
15	Schwefelsäure . Natriumsulfat .	11,83 31,09	1,416	

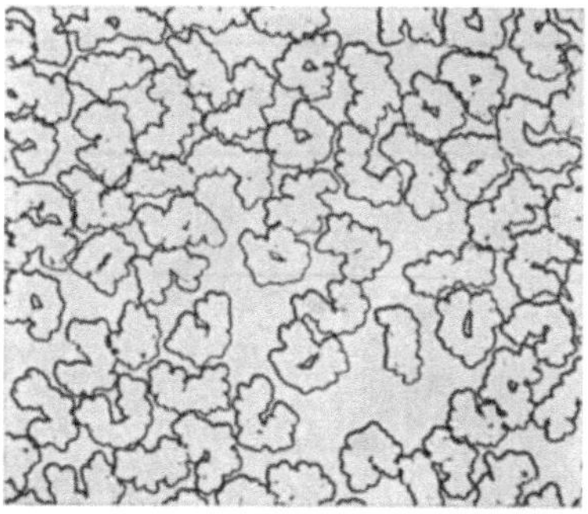

Abb. 239. Glanzstoff „VK“. Vergr. 250fach.

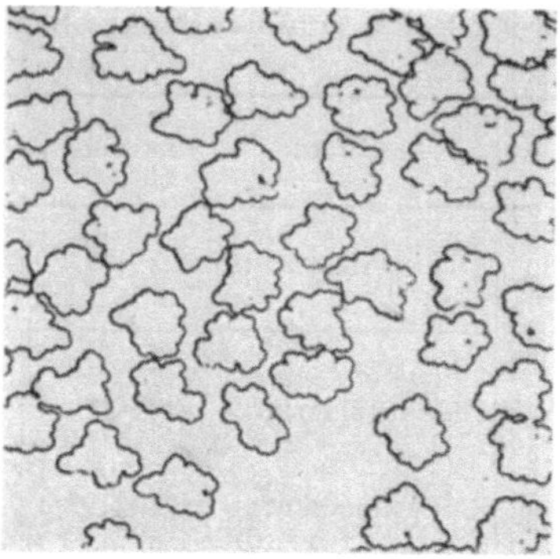

Abb. 240. Glanzstoff „Mira“. Vergr. 250fach

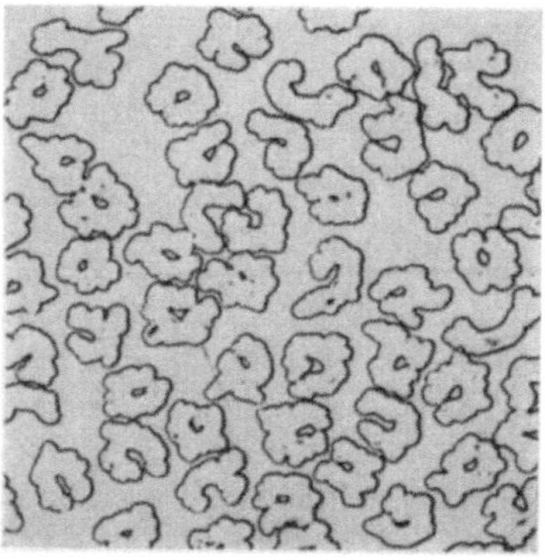

Abb. 241. Agfa (normalfädig). Vergr. 250fach.

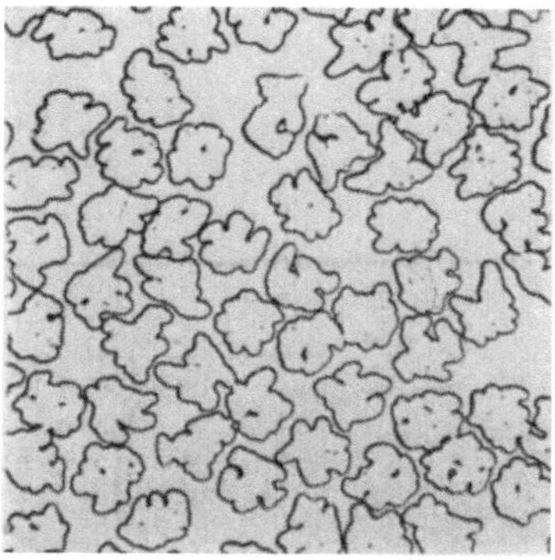

Abb. 242. Glanzstoff „V“. Vergr. 250fach.

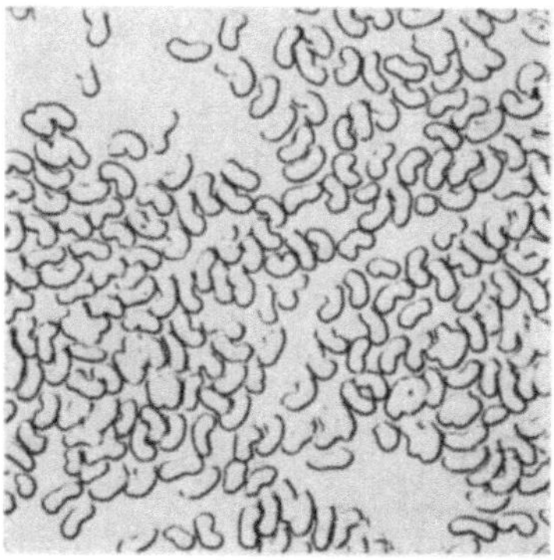

Abb. 243. Agfa „Travis“. Vergr. 250fach.

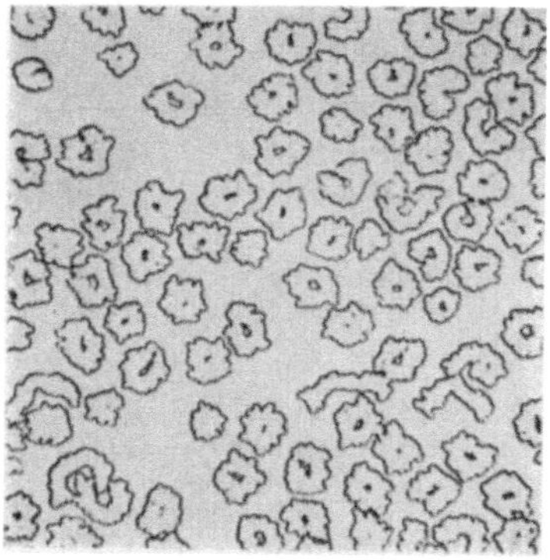

Abb. 244. Glanzstoff „VM ff“. Vergr. 250fach.

Querschnitte, die an Baumwolle erinnern. Dieser Befund steht allerdings im Gegensatz zu Untersuchungsergebnissen von JÄGER[1], der keinen

[1] JÄGER: Kunstseide **13** (1931); **15** (1933).

ausgeprägten Einfluß der Schwefelkohlenstoffmenge auf die Querschnittsform fand. Die Ausbildung der Bändchenform erklären SCHRAMEK und ZEHMISCH dadurch, daß sich unter der geschilderten Bedingung zunächst ein gasgefüllter Schlauch bildet, der dann unter der Einwirkung des Abzuges zusammenfällt. Da die Größe der Gasentwicklung von dem Reifegrad der Viskose abhängt, so übt auch dieser demnach einen Einfluß auf die Querschnittsform aus. Bändchenform wurde nur beim Verspinnen sehr junger oder sehr alter Viskose gefunden.

Weiter fanden SCHRAMEK und ZEHMISCH, daß die Querschnittsform auch von dem angewandten Spinnschema abhängig ist. Normales Spinnen führt nach dem oben gesagten zu mehr oder weniger unregelmäßigen Querschnittsformen. Beim Streckspinnen haben wir normalerweise eine bereits verhältnismäßig dicke Haut koagulierter Viskose vorliegen, bevor der Streckvorgang einsetzt. Die Haut ist demnach nicht mehr so nachgiebig, was zur Ausbildung einfacherer Querschnittsformen führt. Infolgedessen besitzen alle Streckspinnseiden eine völligere und weniger ausgeprägte Querschnittsform.

Die Abb. 239—244 sollen einige Beispiele für die große Mannigfaltigkeit der auftretenden Querschnittsformen geben.

Da alle Kunstseiden- und Zellwollfabriken unter etwas anderen Spinnbedingungen arbeiten, so ist es verständlich, daß die Erzeugnisse der verschiedenen Herstellungswerke sich durch ihre Querschnittsform unterscheiden. Für den Fachmann kann daher die Querschnittsform ein Anhalt für das Lieferwerk sein. Es muß jedoch betont werden, daß diese Identifizierung infolge der überaus großen Zahl von Handelsmarken immer schwieriger wird und nur möglich ist, wenn eine Sammlung der neuesten auf dem Markt befindlichen Erzeugnisse zum Vergleich herangezogen werden kann.

Da die Querschnittsform von einer großen Anzahl von Faktoren abhängig ist, so ist es verständlich, daß sich auch die Anfärbbarkeit der künstlichen Faser mit der Querschnittsform ändert.

18. Kapitel.

Die Nachbehandlung (Wäsche) der Gespinste sowie das Schneiden der Zellwolle.

Die von der Spinnerei kommenden Gespinste enthalten eine Reihe von Stoffen als Verunreinigungen. So schleppen sie Reste von Spinnbad, also Säure und Salze, mit, ferner kolloidalen Schwefel, der sich beim Zersetzen des Xanthogenates gebildet hat und der zum Teil der frischen Faser oberflächlich anhaftet, zum Teil innerhalb der Faser verteilt ist. Von diesen Verunreinigungen muß die Faser durch eine Nachbehandlung befreit werden. Zu der Nachbehandlung zählt man aber auch das

Bleichen der Faser, das erforderlichenfalls durchgeführt wird, sowie das Avivieren. Der letzteren Operation soll ein besonderes Kapitel gewidmet werden.

I. Das Wasser.

Die Nachbehandlung der Faser findet durch Anwendung von Bädern statt, infolgedessen spielt bei der Nachbehandlung das Wasser eine große Rolle, und zwar sowohl in wirtschaftlicher als auch in qualitativer Hinsicht. Der Wasserverbrauch in der Kunstseiden- und Zellwollnachbehandlung ist außerordentlich hoch. Der weitaus größte Anteil der Wassermenge einer Kunstseiden- und Zellwollfabrik, der normalerweise 0,8—1,0 cbm pro 1 kg erzeugte Faser ausmacht, wird bei der Nachbehandlung der Faser verbraucht. Es ist verständlich, daß man versucht hat, den Wasserverbrauch so weit als irgend angängig einzuschränken. Dies ist möglich durch weitgehende Anwendung des Gegenstromprinzipes in der Nachbehandlung, sowie durch besonderen Aufbau der Spulen- und Zentrifugengespinste, der ein Waschen mit einer möglichst geringen Wassermenge zum Ziele hat. Hierbei sind recht beachtliche Fortschritte erzielt worden.

Das für die Nachbehandlung der Gespinste verwendete Wasser muß klar und weich sein. Die Anwesenheit von Eisen und Mangan ist störend. Eisen kann zu braunschwarzen Verfärbungen führen, während Mangan bei der Bleiche durch Katalyse Schäden verursachen kann.

Hartes Wasser läßt auf den Fasern schmierige Abscheidungen entstehen. Bei der Veraschung von derartigen Fasern findet man neben Kalzium- und Magnesiumoxyd aber auch Aluminiumoxyd. So fand STEIN[1] 38% Al_2O_3 in der Asche. Das Aluminium gelangt aus Apparaturen und Rohrleitungen in das Wasser, da es besonders in der Hitze von kalkalkalischem Wasser stark angegriffen wird. Das Wasser muß daher enthärtet werden. Als Enthärtungsverfahren kommt für die Nachbehandlung nur das Permutitverfahren in Frage, da die beim Kalk-Sodaverfahren im Wasser verbleibende Resthärte noch zu Komplikationen führen kann: Man muß bedenken, daß beim Erhitzen eines nach dem Kalk-Sodaverfahren enthärteten Wassers noch eine Nachreaktion stattfindet. Wie nun beobachtet worden ist, vollzieht sich diese Nachreaktion fast ausschließlich an der Oberfläche der mit dem Wasser in Berührung gebrachten Gespinste, wobei sich das Kalziumkarbonat als hauchdünne, feine Schicht auf den Fasern ablagert. Zwar wird diese Haut zum Teil im Entschwefelungsbad wieder gelöst, was im Entschwefelungsbad eine Anreicherung an Kalzium und Magnesium verursacht, doch geht die Lösung nicht so weit, daß weitere Schwierigkeiten im Avivagebad vermieden werden. Je nach der Art des angewandten Avivagemittels erhält man dann Schichten auf der Faser, die

[1] STEIN: Kunstseide **14**, 408 (1932).

ihr nach dem Trocknen einen grauen Farbstich verleihen und die den Aschengehalt der Fasern wesentlich steigern können.

II. Das Entschwefelungsbad.

Der dem frischen Gespinst oberflächlich anhaftende Schwefel kann schon durch Behandlung mit heißem Wasser von der Faser entfernt werden. Diese Behandlung reicht aber bei unter normalen Bedingungen gesponnenen Fasern nicht aus, um auch den im Innern der Faser befindlichen Schwefel aufzulösen. Dies wird jedoch durch Lösungen vom Ätzalkalien bei Temperaturen von 60—65° C erreicht, wobei der Schwefel in lösliche Polysulfide und in Thiosulfat übergeführt wird[2]. Die Reaktion verläuft etwa nach der Gleichung:

$$6\,NaOH + 12\,S = 2\,Na_2S_5 + Na_2S_2O_3 + 3\,H_2O.$$

Erleichtert wird die Entschwefelung, wenn man eine ätzalkalische Lösung von Natriumsulfid verwendet, es genügt dann zur Auflösung des Schwefels eine Temperatur von 50—55° C.

In der Praxis arbeitet man auch mit einer Lösung von Natriumsulfid und Natriumsulfit in Natronlauge.

Die Konzentration des Entschwefelungsbades an Schwefelnatrium schwankt in den einzelnen Werken zwischen 1 und 3 g im Liter, der Sulfitgehalt zwischen 1,5 und 2,5 g im Liter und der Ätznatrongehalt zwischen 8 und 10 g im Liter. An Stelle von Natriumsulfid kann auch Ammoniumsulfid genommen werden. Das Schwefelnatrium kann, wie S. 426 ausgeführt wurde, aus der Reinigungsanlage für die Spinnereiabgase stammen.

Ätzalkalische Schwefelnatriumbäder greifen bei den direkten Spinnverfahren die Spinnspulen sowie ihre Tragkörper stark an, da diese im Gegensatz zu den alten Spinnverfahren gleichfalls der Einwirkung der Behandlungsflüssigkeit ausgesetzt sind. Diese Korrosion wird jedoch vermieden, wenn als Entschwefelungsbad ausschließlich Natriumsulfit verwendet wird. Hierbei kommt eine Konzentration von etwa 20 g im Liter in Frage. Sulfitbäder benötigen allerdings eine Temperatur von 60—70° C.

Ein besonderes Augenmerk ist auf das Auswaschen der entschwefelten Kunstfaser zu lenken. Die entstandenen Polysulfide werden durch kaltes Wasser hydrolytisch gespalten, wodurch wieder elementarer Schwefel entsteht, der sich auf der Faser niederschlagen kann. Deshalb muß das Auswaschen mit Wasser von mindestens 45° C vorgenommen werden.

Zur Ersparnis an Chemikalien ist es ratsam, zwei Entschwefelungsbäder hintereinander zu schalten und im Gegenstromprinzip zu arbeiten. Das zweite, mit Polysulfiden angereicherte Bad wird dann als erstes

[1] EGGERT: Herstellung und Verarbeitung der Viskose, S. 166. Berlin 1931.

Bad für die nächste Charge verwendet. Die vollkommene Entschwefelung erfolgt darauf im zweiten, sauberen Bad.

Mit wesentlich milderen Mitteln läßt sich die nach dem Lanusaverfahren gesponnene Faser entschwefeln. Hierbei hat sich gezeigt, daß man durch eine ausreichende Behandlung mit heißem Wasser eine auch im Innern genügend entschwefelte Faser erhält.

Auch für die Entschwefelung eines Fadens im laufenden Arbeitsgang (s. 23. Kap.) ist die Anwendung einer alkalischen Lösung von Schwefelverbindungen nicht erforderlich. Sofern man einen einzelnen Faden der Entschwefelung unterwirft, genügt zur ausreichenden Befreiung vom Schwefel eine Behandlung mit warmer, verdünnter Schwefelsäure.

Stein schlägt im DRP. 622403 vor, das Entschwefeln mit den Salzen der hochmolekularen Fettalkohole (Gardinol), den Fettsäureestern der niedrigen aliphatischen oxysulfosauren Salze (Igepon A), den Fettsäureestern der niedrigen aliphatischen amidosulfonsauren Salze (Igepon T) oder den Neutralsalzen der Fettsäureamide des unsymmetrischen Dialkyldiaminoäthans (Sapamin CH, A oder MS) vorzunehmen. Durch 1 bis 2stündige Einwirkung einer $1^1/_2$—2%igen Lösung dieser Körper soll eine vollkommene Entschwefelung herbeigeführt werden. Versuche haben jedoch gezeigt, daß bei normalen Kunstfasern eine vollständige Entschwefelung des Faserinnern nach diesem Verfahren kaum möglich ist.

III. Das Bleichbad.

Gebleicht wird durchweg mit Natriumhypochlorit, in neuerer Zeit beginnt sich auch Wasserstoffsuperoxyd durchzusetzen[1]. Die Natriumhypochloritlösung wird allgemein als „Natronbleichlauge“ fertig bezogen. Sie hat in dieser Form eine Dichte von 25° Bé, was einem Gehalt an wirksamem Chlor von 150—160 g im Liter entspricht. Beim Arbeiten mit Hypochloritlösung werden meist zwei Bleichbäder hintereinandergeschaltet, zwischen denen mit Wasser gespült wird. Je nach der Farbe der rohen Faser sowie je nach dem gewünschten Bleichgrad wird das Bad auf eine Konzentration von 0,7—1,5 g aktives Chlor im Liter eingestellt.

Von großer Bedeutung bei der Bleiche ist die Einstellung des Bades auf den richtigen p_H-Wert. Das Bleichen wird in einem schwach alkalischen Bereich vorgenommen. Die Bleichbäder werden meist auf einen Gehalt von 0,1—0,15 g im Liter Ätznatron eingestellt. Saureres Arbeiten führt leicht zu Schädigungen der Faser, alkalischeres Arbeiten läßt die Faser einen unschönen, grauen Farbstich annehmen, der sich mit zunehmender Trockentemperatur vertieft. Dieser Nachteil tritt bei

[1] Der Elektrochemische Werke München A.G., Höllriegelskreuth, bin ich für nähere Angaben zu Dank verpflichtet.

einer Wasserstoffsuperoxydbleiche nicht ein, weshalb einige Kunstseidenfabriken neuerdings dazu übergegangen sind, eine Behandlung der Faser mit Wasserstoffsuperoxyd vorzunehmen. Ein ausschließliches Bleichen der Kunstseide mit Wasserstoffsuperoxyd benötigt allerdings eine lange Behandlungszeit, die im Gange der Fließarbeit bei der Fasernachbehandlung nicht tragbar ist. Man wendet daher durchweg eine kombinierte Chlor-Wasserstoffsuperoxydbleiche an. Dies hat noch den Vorteil, daß auf der Faser zurückgebliebene schädliche Chlorreste durch das nachfolgende Superoxydbad unschädlich gemacht werden.

Bei der Anwendung der Wasserstoffsuperoxydnachbleiche ist der Werkstoff-Frage sowie der Wasserfrage erhöhte Aufmerksamkeit zu schenken. Kupfer, Messing, Eisen, Blei und Nickelin dürfen bei dem Bau der Apparaturen nicht verwendet werden. Dagegen eignen sich sehr gut Apparaturen aus nichtrostendem Stahl (V4A oder Remanit). Der Elektrochemische Werke München A. G. ist unter DRP. 515596 Aluminium als Werkstoff geschützt.

In der sog. Rieselwäsche (siehe weiter unten) kann Wasserstoffsuperoxyd nicht verwendet werden.

Die Superoxydbleichbäder müssen in geeigneter Weise stabilisiert werden. Hierfür kommen zwei Verfahren in Betracht, nämlich das Stabilisieren mit Wasserglas und das Stabilisieren mit Natriumpyrophosphat. Die Wahl des Stabilisierungsverfahrens hängt von der Wasserbeschaffenheit ab. Hartes Wasser wird mit Wasserglas stabilisiert, da die Stabilisierung durch Kalzium- oder Magnesiumsilikat bewirkt wird, die sich in einem Überschuß von Wasserglas lösen. Für die Stabilisierung ist eine Wasserhärte von etwa 5° DH am günstigsten. Permutitwasser kann durch Zumischen von hartem Wasser oder von Magnesiumsalzen brauchbar gemacht werden. Die Kunstseide kann nach dem Behandeln im Chlorbade abgesäuert werden, was aber nicht erforderlich ist, und wird dann mit einem Bade behandelt, das beispielsweise die folgende Zusammensetzung hat:

2 ccm Wasserstoffsuperoxyd 40%,
1,5—3 ccm Wasserglas,
0,3—0,6 g Soda calc. im Liter.

Bleichdauer sowie Bleichtemperatur sind durch den kontinuierlichen Arbeitsgang der Fasernachbehandlung gegeben. Je kürzer die Bleichdauer genommen werden muß, um so höher muß man mit der Temperatur gehen. Aber auch eine Erhöhung der Wasserstoffsuperoxydkonzentration ist zulässig.

Nach dem Wasserstoffsuperoxydbleichbade wird das Fasergut erst warm, dann kalt gespült. Es ist zu bedenken, daß durch das Bleichbad wieder Salze in das Gespinst gelangen. Zur Erniedrigung des Aschengehaltes wird daher zweckmäßig mit Essigsäure abgesäuert.

Im folgenden soll auch für eine Stabilisierung mit Pyrophosphat ein Beispiel gegeben werden[1]:

3—7 ccm Wasserstoffsuperoxyd 40%,
1 ccm Ammoniak,
2 g Natriumpyrophosphat krist. im Liter.

Die Bleichtemperatur beträgt etwa 50° C und darf bei diesem Verfahren 60° C nicht übersteigen, da das Pyrophosphat oberhalb dieser Temperatur keine Stabilisierwirkung mehr besitzt.

Für Sonderzwecke kann man auch mit einem nicht stabilisierten Bleichbad arbeiten, beispielsweise mit folgendem[1]:

1—2 ccm Wasserstoffsuperoxyd 40%,
1 g Netzmittel,
0,5 g Soda calc. im Liter.

Als Netzmittel empfiehlt die Elektrochemische Werke München A.G. Igepal oder Superkolloid.

In einigen Sonderfällen, beispielsweise für die Herstellung von Gummibändern, wird eine leicht blaustichige Kunstseide verlangt. Man kann in diesen Fällen nach der Chlor- oder Superoxydbleiche ein Bad mit einer Spur Alizarinirisol geben. Dieser Farbstoff kann auch dem Avivagebad zugegeben werden.

Das Bleichen der Zellwolle wird gleichfalls sowohl mit Chlorbleichlauge als auch mit Wasserstoffsuperoxyd vorgenommen. Die Wahl des Bleichverfahrens hängt von der Arbeitsweise und den verwendeten Werkstoffen ab. Während bei der Kunstseide aber stets der Wasserstoffsuperoxydbleiche ein Chlorbad vorgeschaltet wird, ist bei der Zellwolle auch ein ausschließliches Bleichen mit Wasserstoffsuperoxyd in Gebrauch. Die Wasserstoffsuperoxydbehandlung wird hier durchweg mit dem Avivagebad kombiniert. Von der Deutschen Gold- und Silberscheideanstalt, Frankfurt a. M., sowie von der Elektrochemische Werke München A. G., Höllriegelskreuth, sind hierfür Spezialverfahren ausgearbeitet worden, die zur Zeit noch als Geheimverfahren angesprochen werden müssen.

IV. Weitere Bäder.

Neben den Entschwefelungs- und Bleichbädern sind noch Säurebäder und in einigen Betrieben Ammoniakbäder in Gebrauch. Das Säurebad wird zunächst zum Neutralisieren der alkalischen Entschweflungsbäder verwandt. Es kommt dem Säurebad aber auch die Aufgabe zu, Metallsulfide zu lösen, die sich beim Entschwefeln gebildet haben. Weiter werden Säurebäder benötigt, um nach dem Bleichen Reste von Chlor auf der Faser zu zerstören. Hierfür sind Salzsäure sowie auch salpetrige Säure in Form von Natriumnitrit in Gebrauch. Das Vernichten restlicher Chlorspuren erfolgt in einigen Werken auch durch

[1] Nach Angabe der Elektrochemische Werke München A. G.

Lösungen von Natriumthiosulfat. Um ganz sicher zu gehen, kann man nach dem Absäuern nach der Chlorbleiche noch ein ammoniakhaltiges Bad geben, um eventuell im Überschuß vorhandene Säurereste wieder unschädlich zu machen. Diese Arbeitsw se ist besonders dann am Platze, wenn als letztes Bad ein Avivagebad angewandt wird, das nicht alkalisch reagiert und keinen Fettkörper von ungesättigtem Charakter enthält.

Die das letzte Bad verlassende Kunstfaser besitzt stets einen Aschengehalt von 0,1—0,25%, der aber normalerweise nicht stört. Es gibt allerdings ein Anwendungsgebiet für Kunstseide, das eine vollkommen aschefreie Faser verlangt. Dies ist die Herstellung von Gas-Glühlichtstrümpfen, bei denen die Faser mit den Salzen der seltenen Erden imprägniert wird. Anorganische Rückstände setzen hierbei die Leuchtkraft der glühenden Strümpfe erheblich herunter. Die für diesen besonderen Verwendungszweck in Frage kommende Kunstseide muß daher in der Wäscherei eine Spezialbehandlung erfahren. Sie besteht in einem Behandeln mit verdünnter Ameisensäure. Da Reste von Ameisensäure aber zu Faserschädigungen beim Trocknen führen können, so muß nach dem Ameisensäurebad wieder sorgfältig gespült werden, was zweckmäßigerweise, um nicht wieder neue Salze auf die Faser zu bringen, mit Kondenswasser geschieht („Entaschte Kunstseide").

V. Die Badanlage.

Unterhalb des Arbeitsraumes, in dem die Nachbehandlung der Gespinste vorgenommen wird, oder unmittelbar neben ihm, befindet sich die Badanlage, die man auch mit Bäderkeller bezeichnet. Er enthält große Bottiche, die zur Aufnahme der verschiedenen Behandlungsflüssigkeiten dienen. Sie sind mit Ausnahme der für die Entschwefelungsbäder bestimmten Bottiche aus Holz erstellt. Die Lauge- oder Schwefelnatriumbäder werden von eisernen Gefäßen aufgenommen; für Natriumsulfit kann man kein Eisen verwenden, da dieses, besonders an den Stellen, an denen Luft Zutritt hat, angegriffen wird. Hier sind Steinzeuggefäße oder ausgekachelte Bottiche zu empfehlen. Für die Aufnahme von Salzsäure sind gummierte Bottiche geeignet. Der Bäderkeller enthält außer den Vorratsbottichen die Lösegefäße für das Schwefelnatrium, Sulfit sowie erforderlichenfalls für das Thiosulfat und Nitrit. Weiter sind im Bäderkeller Löse- und Mischgefäße für die Avivage untergebracht. Die letzteren bestehen zweckmäßigerweise aus Steinzeug. Die erforderlichen Rohrleitungen werden am besten gleichfalls aus Steinzeug erstellt. In neuerer Zeit führen sich auch Leitungen aus Glas ein. Vielfach sind für Waschwasser und Avivage auch Aluminiumrohre in Gebrauch. Durch Kreiselpumpen, die gleichfalls im Bäderkeller stehen, werden die Behandlungsflüssigkeiten den einzelnen Waschstellen zugeführt. Bei der Druckwäsche genügt ein hydrostatischer

Druck von 3—4 m Wassersäule, um die Flüssigkeiten durch die Gespinste zu drücken. Die Flüssigkeiten brauchen daher nicht durch Druckpumpen den Behandlungsstellen zugeleitet werden. Man stellt vielmehr auf eine über den Waschstellen befindliche Bühne kleinere Bottiche auf, aus denen die Behandlungsflüssigkeiten durch das Gefälle in die Behandlungsapparaturen strömen. Diese Bottiche sind durch eine Steigleitung mit den betreffenden Vorratsbottichen des Bäderkellers verbunden und werden ständig gespeist. Ein weites Überlaufrohr läßt den Flüssigkeitsüberschuß laufend in den Vorratsbottich zurückfließen.

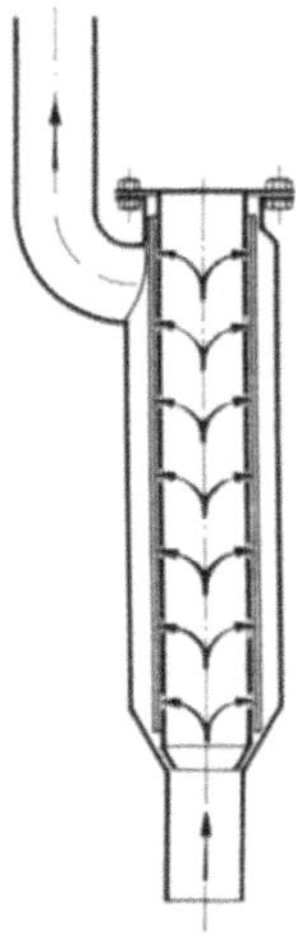

Abb. 245. In die Steigleitung eingebautes Filter für Waschflüssigkeiten.

Infolge des Einsatzes des gleichen Wassers an verschiedenen Behandlungsstellen können bei der Nachbehandlung große Wassermengen eingespart werden. So kann beispielsweise das Spülwasser nach den einzelnen Behandlungsstufen zum Entsäuern der frischen Gespinste verwendet werden. Das Wasser wird dann nach dem Passieren der betreffenden Waschstelle aufgefangen und weiterverwendet.

Die chemischen Behandlungsbäder werden laufend aufgefrischt. Man läßt zu diesem Zweck aus geeigneten Meßgefäßen konzentrierte Lösungen der verschiedenen Chemikalien kontinuierlich in dünnem Strahl in die Vorratsbottiche einfließen. Die Konzentration und Zusammensetzung der Bäder wird laufend überwacht. Nicht mehr verwendbare Bäder werden ganz oder teilweise abgestoßen.

Bevor die einzelnen Bäder an die Waschstellen gelangen, ist es zweckmäßig, sie zu filtrieren.

Als Filtermaterial genügt in den meisten Fällen ein einfaches Nesseltuch. Beim Rieselverfahren kann man es sackförmig an dem Rohrende befestigen, aus dem die Flüssigkeit in die Verteilerkästen fließt. Als zweckmäßig hat sich auch erwiesen, ein Filter in der Form eines großen Kerzenfilters in die Leitungen selbst einzubauen. Das Tuch wird hierbei über einen perforierten Tonkörper gewickelt. An Stelle des Tonkörpers kann man auch bakelitisiertes Aluminiumblech verwenden. Diese Filter sind besonders deshalb praktisch, weil sie keinen Raum beanspruchen. Sie werden so eingebaut, daß die Flüssigkeit von unten einströmt und oben seitlich abfließt. Wie Abb. 245 zeigt, kann das Filterelement zum Reinigen dann einfach nach oben aus dem Rohr herausgezogen werden.

Die Reihenfolge der Bäder ist schon in den auf S. 160 bzw. 161 gegebenen Schemen gezeigt worden. Die Gesamtwaschdauer beträgt je nach der Arbeitsweise 2—3 Stunden. Die einzelnen Behandlungsbäder kommen 20—40 Minuten zur Anwendung. Dazwischen liegen kurze Zeiten zum Abtropfen oder Spülen.

Da die Wäsche kontinuierlich vorgenommen wird, so müssen die Gespinste auf allen Waschstellen gleich lange Zeiten verbleiben. Kann die Behandlung auf einer Waschstelle in dieser durch den Rhythmus der Fließarbeit gegebenen Zeit nicht zu Ende geführt werden, so müssen zwei oder drei gleichartige Behandlungsbäder hintereinandergeschaltet werden. Dies ist meistens bei der Entschweflung sowie auch bei der Bleiche der Fall.

VI. Untersuchung der Bäder.

Wasser. Auf die ausführliche Beschreibung der Wasseruntersuchung kann hier verzichtet werden, es sei hier auf die einschlägige Literatur verwiesen. Wir wollen uns auf die Bestimmung der Härte sowie auf die Bestimmung des Eisen- und Mangangehaltes beschränken.

Bei der Härte unterscheidet man die Karbonathärte (vorübergehende Härte) und die Nichtkarbonathärte (bleibende Härte). Die qualitative Prüfung des Wassers auf die Anwesenheit von Härtebildnern geschieht in der Weise, daß man zu der Wasserprobe einige Tropfen einer alkoholischen Seifenlösung gibt. Bei Anwesenheit von Härtebildnern flockt Kalkseife aus.

Zur quantitativen Bestimmung der Gesamthärte gibt man in einen 50 ccm fassenden Schüttelzylinder mit eingeschliffenem Stopfen 40 ccm der Wasserprobe, setzt einige Tropfen Phenolphthaleinlösung zu und gibt tropfenweise n/10 Natronlauge bis zur schwachen Rosafärbung zu. Hierauf wird das Wasser mit alkoholischer Seifenlösung titriert, die zu diesem Spezialzweck von der Firma Merck-Darmstadt im Handel ist. Die Titration ist beendet, wenn der Seifenschaum beim Schütteln 5 Minuten unverändert stehen bleibt. Bei der Seifenlösung ist die 1 ccm entsprechende Härte angegeben.

Sollen die bleibende und vorübergehende Härte getrennt ermittelt werden, so bestimmt man außer der Gesamthärte noch die bleibende. Bei dieser Bestimmung wirken Eisen- und Manganverbindungen durch ihre Farbe störend. Die Lösung muß daher zuvor durch Schütteln mit Tierkohlepulver entfärbt werden, falls Eisen und Mangan anwesend ist. Eisen- und Manganverbindungen sind bei der Berechnung zu berücksichtigen.

Das eventuell gereinigte Wasser wird mit Phenolphthalein versetzt und mit n/10 Natronlauge schwach alkalisch gemacht. Alsdann wird es mit n/10 Salzsäure genau neutralisiert. 100 ccm des so vorbehandelten Wassers werden mit 2—3 Tropfen Methylorangelösung versetzt. Dann wird mit n/10 Salzsäure titriert, bis die gelbe Farbe der Flüssigkeit in die rötliche übergegangen ist. 1 ccm n/10 Salzsäure entspricht bei 100 ccm Wasser einem Gehalt von 28 mg Kalziumoxyd im Liter oder einer Karbonathärte von 2,8°. Durch Subtraktion dieser Karbonathärte von der Gesamthärte erhält man die Nichtkarbonathärte.

Die Prüfung auf Eisen wird so vorgenommen, daß man die Wasserprobe zunächst mit etwas Salpetersäure versetzt. Hierdurch wird das meist in der zweiwertigen Form vorliegende Eisen in die dreiwertige übergeführt. Alsdann säuert man die Probe mit etwas eisenfreier, reiner Salzsäure an. Nunmehr werden einige Tropfen einer 10%igen Ferrozyankaliumlösung zugegeben. Die Anwesenheit von Eisen gibt sich durch Entstehen von Berlinerblau zu erkennen. An Stelle von Ferrozyankalium kann man auch Rhodanammoniumlösung nehmen, und zwar 2 ccm einer 10%igen Lösung auf 100 ccm Wasser. Bei Anwesenheit von Eisen nimmt das Wasser eine Rotfärbung an.

Die quantitative Bestimmung des Eisengehaltes geschieht wie folgt: 200 ccm der Wasserprobe werden mit 3 ccm eisenfreier Salzsäure und 0,3 ccm 3%igem Wasserstoffsuperoxyd versetzt. Diese Lösung wird gekocht und auf weniger als 100 ccm eingedampft. Nach dem Abkühlen setzt man 3 ccm 10%ige Kaliumrhodanidlösung zu und füllt mit destilliertem Wasser auf 100 ccm auf. Die Färbung wird mit derjenigen einer Lösung mit bekanntem Eisengehalt verglichen. Diese Vergleichslösung erhält man durch Auflösen von 100 mg Ferrum metallicum pro analysi in 25 ccm Schwefelsäure 1:3 und Auffüllen mit destilliertem Wasser auf 1 Liter. Von dieser Vergleichslösung setzt man zu 100 ccm destilliertem Wasser, das 3 ccm Kaliumrhodanidlösung enthält, so viel zu, bis man dieselbe Farbe erhält, die die Probe besitzt. 1 ccm dieser Vergleichslösung entspricht einem Eisengehalt von 0,5 mg im Liter, wenn 200 ccm Wasser untersucht wurden.

Zum Nachweis von Mangan kocht man 50 ccm der Wasserprobe mit 5 ccm 25%iger Salpetersäure 5—10 Minuten. Nach dem Abkühlen setzt man etwas chemisch reines, manganfreies Bleisuperoxyd zu und kocht 2—3 Minuten auf. Bei Anwesenheit von Mangan tritt die violette Permanganatfärbung auf.

Für die quantitative Bestimmung des Mangangehaltes werden 50 ccm Wasser mit 10 Tropfen reiner 25%iger Salpetersäure angesäuert und darauf vorsichtig mit 5%iger Silbernitratlösung versetzt, wodurch die im Wasser enthaltenen Chloride ausfallen. Wenn ein geringer Überschuß an Silbernitrat vorhanden ist, fügt man eine Messerspitze Ammoniumpersulfat zu und erhitzt vorsichtig auf dem Sandbade. Das Wasser nimmt hierbei eine rosa bis rote Färbung an. Diese Lösung wird nach dem Erkalten in einen 100 ccm fassenden Hehner-Zylinder gefüllt und bis zur Marke aufgefüllt. Die Farbe wird gegen eine Vergleichslösung von bekanntem Mangangehalt, und zwar eine aus n/100 Kaliumpermanganatlösung bestehende, verglichen. 1 ccm Kaliumpermanganat entspricht 0,11 mg Mangan.

Entschweflungsbad. Nach Berl-Lunge läßt man zur Bestimmung des Schwefelnatriumgehaltes 10 ccm des Bades in 25 ccm mit Eisessig angesäuerte n-Jodlösung einfließen, indem man die Spitze der Pipette eintaucht und nachher mit destilliertem Wasser abspült. Die überschüssige Jodlösung wird mit n-Thiosulfatlösung zurücktitriert.

Die genaue Analyse eines gebrauchten Entschweflungsbades erfordert die Bestimmung des Sulfides, Sulfites und Thiosulfates. Hier sei auf KURTENACKER und WOLLAK[1] sowie BODNAR und GERVAY[2] verwiesen.

Bleichbad. Die Untersuchung der Chlorbleichbäder erstreckt sich auf die Bestimmung des Gehaltes an aktivem Chlor sowie der Alkalität bzw. Azidität.

Die Bestimmung des aktiven Chlores kann nach EBERT und NUSSBAUM wie folgt vorgenommen werden: Einige Körnchen Jodkalium werden in Wasser aufgelöst. Dann läßt man unter Umrühren 10 ccm Bleichlauge in die Jodkaliumlösung einfließen und gibt einige Kubikzentimeter verdünnter Salzsäure (1:2) zu. Die Lösung nimmt hierbei eine gelbe bis rotbraune Farbe an. Ist sie nicht völlig klar, so muß noch etwas Jodkalium zugegeben werden. Das ausgeschiedene Jod wird nun mit Thiosulfatlösung titriert, wobei man zum Schluß etwas Stärke als Indikator zusetzt. Die Thiosulfatlösung soll eine Konzentration von 70 g im Liter haben. Dann entspricht 1 ccm Thiosulfatlösung 0,01 g aktives Chlor. Für die Bestimmung der Azidität wird von FOERSTER und JORRE folgende Methode vorgeschlagen: Zu 50 ccm Bleichlauge gibt man 2—5 ccm n/5 Natronlauge und 10 ccm Wasserstoffsuperoxyd 10%ig. Alsdann gibt man etwas Phenophthalein zu. Darauf wird mit n/5 Salzsäure titriert. In gleicher Weise bestimmt man die Azidität des Wasserstoffsuperoxydes und bringt seinen Säuregehalt als Korrektur an. Aus dem Verbrauch an Säure oder Alkali ergibt sich die Alkalität oder Azidität des Bleichbades.

Wichtig ist ferner die Ermittlung des p_H-Wertes der Bleichlauge.

VII. Die Durchführung der Wäsche.

Zwischen dem Spinnsaal und der Wäsche befindet sich in den nach dem Spulen- und Zentrifugenverfahren arbeitenden Kunstseidenfabriken ein Abstellraum für die von den Spinnmaschinen kommenden Gespinste. Er dient als Puffer zum Auffangen der anfallenden Produktion. In diesem Raum verbleiben die sauren Gespinste so lange, bis sie zur Wäsche kommen. Die Abstellzeit ist so kurz wie möglich zu halten, damit das Spinnbad nicht in unerwünschter Weise auf das Material einwirken kann. Der Abstellraum ist so einzurichten, daß ein Antrocknen der Gespinste peinlichst vermieden wird. Zweckmäßig werden seine Wände gekachelt. Die Luft wird am besten durch eine Klimaanlage gleichmäßig kühl und sehr feucht gehalten, etwa auf 90% relative Luftfeuchtigkeit. Das Einblasen von Dampf, das in einigen Betrieben zur Erhöhung

[1] KURTENACKER u. WOLLAK: Z. anorg. allg. Chem. **161**, 201 (1927).
[2] BODNAR u. GERVAY: Z. anal. Chem. **71**, 446 (1927).

der Feuchtigkeit üblich ist, kann nur als Notbehelf angesprochen werden. Es führt leicht zu örtlichen Überhitzungen, wodurch die an diesen Stellen befindlichen Gespinste in färberischer Beziehung ungünstig beeinflußt werden können.

Die erste Behandlungsstufe bei der Nachbehandlung der frischen Gespinste ist sowohl bei der Kunstseide als auch bei der Zellwolle die Entsäuerung. Sie wird bewirkt durch ausreichende Behandlung mit Wasser. Wie schon erwähnt war, braucht es sich hierbei nicht um Frischwasser zu handeln, es kann vielmehr aus wirtschaftlichen Gründen auch Wasser verwendet werden, das auf einer anderen Waschstelle schon einmal benutzt worden war.

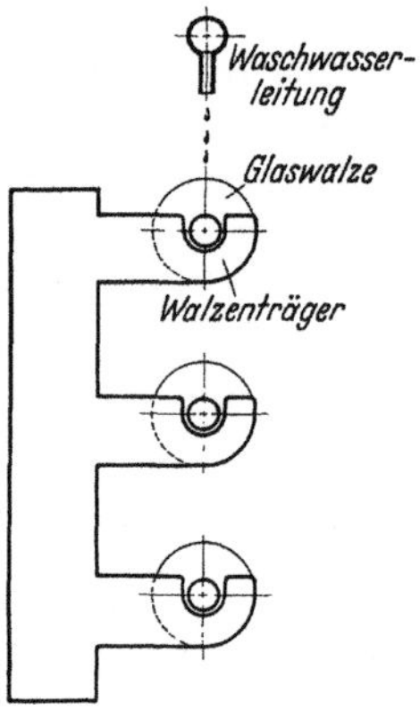

Abb. 246. Entsäuerung von Walzengespinsten durch Berieselung. (Nach DRP. 111409).

a) Die Wäsche der Kunstseide.

Wie aus dem 6. Kapitel hervorging, kommt die Kunstseide in der mannigfachsten Aufmachungsform in die Wäsche, je nachdem, ob es sich um das Walzen-, Spulen- oder Zentrifugenverfahren handelt und ob der betreffende Betrieb nach der alten Arbeitsweise arbeitet oder die direkten oder abgekürzten Spinnverfahren anwendet. Die Zellwolle kann als Kabel oder als Flocke in die Wäscherei kommen.

Mit Ausnahme des Zentrifugenverfahrens, wird die Entsäuerung der Kunstseide stets an Gespinsten vorgenommen, die auf den Fadenaufnahmeorganen aufliegen. Bei den alten Verfahren wird nach dem Entsäuern ein Trockenvorgang eingeschaltet. Es sollen die alten Verfahren hier zunächst beschrieben werden.

Die mit Kunstseide besponnenen **Walzen** werden durch Berieseln mit Wasser entsäuert. Sie werden zu diesem Zwecke in Holzgestelle, meist zu je 6 Walzen übereinander, eingesetzt, wie dies Abb. 246 zeigt[1]. Die Holzgestelle befinden sich an der Rückseite der Spinnmaschinen. Da die unteren Walzen in der ersten Zeit kein sauberes Wasser bekommen, sondern nur das schon mit den Säureresten und Salzen der oberen Walzen beladene, so werden die Walzen turnusmäßig umgesteckt, d. h. die unterste wird in das oberste Fach gelegt usw. Auf diese Weise kann die Waschzeit um einige Stunden verkürzt und eine entsprechende Wassermenge eingespart werden. Die Waschzeit beträgt je nach der Dicke und Wicklungsform der Gespinste 6—8 Stunden. Nach dem Waschen prüft man die Gespinste auf Säurefreiheit. Dies geschieht durch Bespritzen der Gespinste mit einer Methylorangelösung, die in großen Flaschen vorrätig gehalten wird und am besten mit Hilfe einer

[1] Fremery u. Urban: DRP. 111409.

durch Preßluft wirkenden Spritzpistole auf die Gespinste gestäubt wird. Da man hierbei nur sehen kann, ob die Gespinste außen säurefrei sind, schneidet man zur Kontrolle von Zeit zu Zeit einige Gespinste auf und bespritzt sie auch innen. Färben sich die Gespinste noch rötlich an, so muß die Waschzeit verlängert werden. Die mit Methylorange bespritzten säurefreien Gespinste nehmen eine gelbliche Farbe an, die sich aber bei den weiteren Nachbehandlungsgängen wieder verliert.

Nach dem Entsäuern werden die Walzen getrocknet.

Das älteste Entsäuerungsverfahren bei der **Spule** ist die sog. Diffusionswäsche. Sie besteht aus großen rechteckigen Bottichen, in die die besponnenen Spulen in mehreren Lagen übereinander eingelegt werden. Um eine Beschädigung der Außenlagen der Gespinste durch die gegenseitige Berührung der Spulen zu verhüten, legt man über jede Spulenlage eine Bahn aus Nesseltuch. Hiermit wird zweckmäßigerweise auch die oberste Spulenlage abgedeckt, damit sich im Wasser eventuell vorhandene Schwebestoffe nicht auf den Gespinsten ablagern können. Die Bottiche werden dann mit Wasser gefüllt. Hierbei diffundieren die Salze sowie die Säure langsam aus dem Gespinst in das Wasser, das von Zeit zu Zeit erneuert wird. Die Diffusionswäsche nimmt außerordentlich lange Zeit in Anspruch. 90 g schwere Spulengespinste, wie sie früher üblich waren, benötigen zur ausreichenden Entsäuerung 4—6 Tage. Die Anlagen müssen daher außerordentlich groß dimensioniert sein, um die Kapazität nahezu einer ganzen Spinnwoche aufnehmen zu können. Eine gewisse Verkürzung der Waschzeit konnte dadurch erzielt werden, daß man das Waschwasser durch die Bottiche hindurchströmen läßt. Nach dem Amer. Pat. 1654552 von NEIDICH z. B. soll das Wasser von unten in die Bottiche einfließen und oben durch einen Überlauf abströmen. Infolge seiner Unwirtschaftlichkeit trifft man das Diffusionswaschverfahren seit einigen Jahren in den Kunstseidenfabriken nicht mehr an.

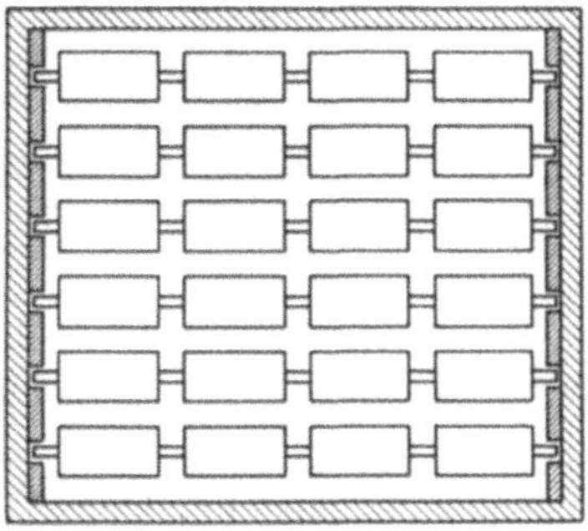

Abb. 247. Spulen-Waschrahmen.

Die Entsäuerung wird vielmehr heute bei den Werken, die noch nach den alten Spinnverfahren arbeiten, auch beim Spulenverfahren in einer Rieselwäsche, auch Tropfwäsche genannt, vorgenommen. Die besponnenen Spinnspulen werden auf vierkantige Holzstäbe zu je 4 oder 6, je nach der Spulenbreite, aufgereiht. Je 6 solcher Holzstäbe werden dann in die Aussparungen eines viereckigen Holzrahmens eingesetzt. (Abb. 247). Diese Manipulation erfolgt an der Spinnmaschine. Die mit Spulen beschickten Rahmen werden dann auf geeigneten Transportwagen zunächst in den Abstellraum und dann in die Wäsche gefahren.

Die Wäsche besteht aus aus Aluminiumstäben gebauten Regalen, in die die Rahmen zu 10 oder 12 übereinander eingeschoben werden (Abb. 248). Oberhalb jeder Einschiebestelle befindet sich ein profiliertes Blech, das zum Auffangen des von den Spulen abrieselnden Wassers dient. In den Boden der vertieften Rillen dieses Bleches sind Löcher eingebohrt, durch die das Wasser auf die nächst tieferen Spulen tropft. Ein gleiches Blech befindet sich oberhalb des obersten Spulenkastens. Das Waschwasser fließt aus der betreffenden Leitung zunächst auf das oberste Blech, rieselt von dort auf die oberste Spulenlage, wird dann durch das Blech zwischen der obersten und zweitobersten Spulenlage aufgefangen, verteilt sich dort erneut und rieselt auf die dritte Spulenlage usw. Unterhalb der untersten Spulenlage fließt das Wasser in einen flachen Sammelkasten und von dort in einen Abflußkanal.

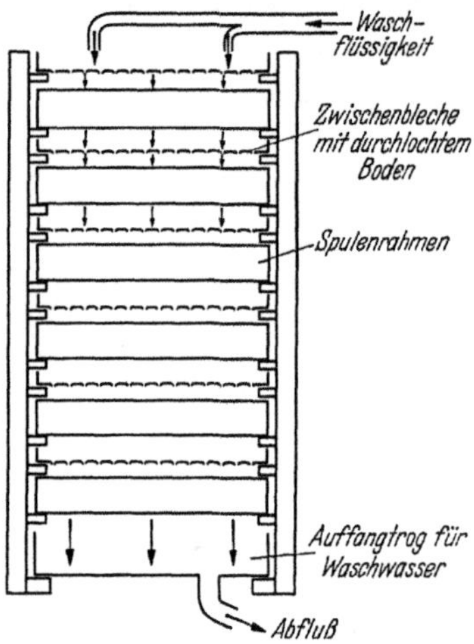

Abb. 248. Rieselwäsche für Spinnspulen.

Durch das Auftropfen der Flüssigkeit werden die obersten Fadenlagen der Spulen leicht nach der Seite der Spule hin abgeschwemmt, die Spule wird „verwaschen". Derartige Spulen ergeben Aufenthalt und Abfall in der Zwirnerei. Man verhütet diesen Übelstand dadurch, daß man auf jede Spulenlage ein entsprechend zugeschnittenes Stück Nesseltuch legt.

Die Apparatur der Rieselwäsche ist in starkem Maße der Korrosion ausgesetzt und bedarf daher großer Pflege. Insbesondere bilden die Tropflöcher ein dauerndes Ärgernis, da sie sich durch Korrosion ständig vergrößern. Es hat sich als sehr zweckmäßig erwiesen, die Löcher durch kleine gelochte Nieten aus säurebeständigem Stahl einzufassen. Auf diese Weise hat man die Gewähr dafür, daß keine Vergrößerung der Öffnung eintritt und eine stets gleich bleibende Wassermenge hindurchfließt.

Zur Beschleunigung des Auswaschens steckt man auch bei der Spulenwäsche, wie bei der Walzenwäsche, die Spulenkästen turnusmäßig um.

Daß geriffelte Spinnspulen bei diesem Waschverfahren schneller sauber werden als perforierte, wurde schon S. 386 erwähnt. Geriffelte Spulen haben aber wieder den Nachteil, daß in der Mitte der Einkerbung, die sich jeweils unten an der Spule befindet, leicht Säurereste zurückbleiben. Da die Riffelung spiralig verläuft, so geht der durch die Einkerbung gebildete Kanal nach den Seiten der Spule zu nach oben, wodurch ein Abfließen der in ihm befindlichen Flüssigkeit verhindert wird. Man darf daher die Waschzeit bei den Riffelspulen nicht allzu kurz nehmen. In dem untersten Kanal zurückbleibende Säurereste können zu periodisch im Faden wiederkehrenden schwachen und anders anfärbenden Stellen führen.

Nach Beendigung der Entsäuerung werden die Spulen stichprobenweise mit Methylorange geprüft und bei Gutbefund in Trockenkanälen (s. 20. Kap.) getrocknet.

Beim Zentrifugenverfahren werden die sauren **Spinnkuchen** gleichfalls zunächst in den Abstellraum gebracht, wo sie auf Gestellen, die fahrbar sein können, in geeigneter Weise gestapelt werden. Sie gelangen dann aber nicht, wie die Walzen- und Spulengespinste bei den alten Verfahren, in die Entsäuerung, sondern sie werden in saurem Zustand zu Strängen gehaspelt, was im 21. Kapitel beschrieben werden wird.

Die getrockneten Walzen- und Spulengespinste werden gezwirnt und dann durch Haspeln in Strangform gebracht (s. 21. Kap.).

Die **Stränge** gelangen dann in die Strangwäsche. Sie ist beim Walzen-, Spulen- und Zentrifugenverfahren grundsätzlich gleich, nur daß beim Zentrifugenverfahren die Stränge zuerst noch entsäuert werden müssen, was beim Walzen- und Spulenverfahren schon an den auf den Walzen und Spulen aufliegenden Gespinsten vor dem Trocknen geschehen war.

Bei der Strangwäsche ist gleichfalls ein Rieselverfahren in Anwendung, meist bedient man sich jedoch der sog. „Gerber-Maschinen"[1].

Die Wäsche der Stränge im Rieselverfahren geht wie folgt vor sich: Aus der Haspelei kommend werden die Stränge in einem Kastenwagen in die Wäscherei gefahren. Auf geeigneten Gestellen werden sie auf Stäbe gehängt. Das Stabmaterial muß eine vollkommen glatte Oberfläche haben, damit jede Beschädigung der feinen Fäden vermieden wird, es muß ferner aus einem Werkstoff hergestellt sein, der sich unter dem Einfluß der verschiedenen Behandlungsflüssigkeiten nicht verändert. Recht gut haben sich Aluminiumstäbe bewährt, die mit einer Schicht aus Hartgummi oder einem ähnlichen, gegen Säuren und Alkalien widerstandsfähigen Material überzogen sind. Die eigentliche Waschmaschine besteht im wesentlichen aus zwei langen parallel zueinander angeordneten Schienen, die von Betonpfeilern, die gegen die Einwirkung der Chemikalien entsprechend geschützt sind, getragen werden. Die Stäbe mit den daran hängenden Kunstseidensträngen werden nun auf diese Schienen gelegt. Unterhalb der Schienen laufen endlose Transportketten, an die in gleichen Abständen kurze Eisenstäbe senkrecht angebracht sind. Die auf den Schienen liegenden Stäbe werden von diesen Eisenstäben erfaßt und so langsam und gleichmäßig zum Ende der Maschine hingeschoben. Auf diesem Wege werden sie durch die herabrieselnden Behandlungsflüssigkeiten hindurchgeführt.

[1] Genannt nach der Herstellerin, der Maschinenfabrik Gerber-Wansleben in Krefeld.

Zu diesem Zwecke sind oberhalb der Stränge Kästen mit einem Siebboden angebracht. In diese Kästen hinein fließt die Behandlungsflüssigkeit, aus dem Bäderkeller kommend, in dickem Strahl. Unterhalb der Stränge sind Auffangkästen für die einzelnen Behandlungsflüssigkeiten in den Boden eingelassen, aus denen die von den Strängen abtropfenden Flüssigkeiten in den Bäderkeller zurückfließen.

Verwendet man zum Aufhängen der Stränge einfache runde Stäbe, so bleiben die Stränge auf ihrem Weg durch die Waschmaschine ruhig

Abb. 249. Automatische Rieselwaschmaschine für Kunstseidenstränge der Firma Viscosa-Gesellschaft m. b. H., Chemnitz.

hängen, was bedeutet, daß die Waschflüssigkeiten immer auf denselben Teil des Stranges auftropfen und auch am selben Teil des Stranges abtropfen. Dies bringt gewisse Nachteile mit sich. Da die Gesamtwaschzeit mehrere Stunden beträgt, so sind demnach die gleichen Fadenteile mehrere Stunden der mechanischen Einwirkung der Tropfflüssigkeiten ausgesetzt. Dies führt besonders bei Kunstseiden von feinen Titern leicht zu Verletzungen der Fädchen. Ferner entsteht an der untersten Stelle der Stränge durch das herabströmende Bad eine Stauchung, ein sog. „Wassersack", in dem leicht eine Verwirrung der Fäden vor sich geht, was das Abhaspeln in der Weiterverarbeitung erschwert. Man kann diese Fehler dadurch vermeiden, daß man dafür sorgt, daß die Stränge auf ihrem Wege durch die Waschmaschine ab und zu etwas gedreht werden. Dies ist verhältnismäßig einfach zu bewerkstelligen. Man gibt den Stäben, die zum Aufhängen der Stränge dienen, einen sternförmigen Querschnitt und bringt an einem Ende der Stäbe einen größeren, entsprechend gebauten Stern an. Unterhalb der Schienen werden kurze feststehende Nocken in größeren Abständen angebracht. Stößt die Ausladung des Sternes an diese Nocken, so wird der Stab jedesmal etwas gedreht. Entsprechend drehen sich auch die auf ihm hängenden Stränge.

Die Abb. 249 zeigt die Ansicht einer Strangberieselungsmaschine der Firma Viscosa-Gesellschaft m.b.H., Chemnitz, bei der gleichfalls ein Drehen der Stränge bewirkt wird. Sie wird je nach dem Verwendungszweck in einer Länge von 24 oder 30 m gebaut[1] und ist für das Waschen von Zentrifugenkunstseide mit 267 und für das Waschen von Spulenkunstseide mit 230 Stäben ausgestattet. Auf jede Nachbehandlungsprozedur entfällt eine bestimmte Anzahl Stäbe, nämlich für:

Zentrifugenkunstseide:			Spulenkunstseide:		
3	Stäbe	Einlauf	3	Stäbe	Einlauf
40	„	Wasser	5	„	Wasser
8	„	Abtropfen	3	„	Abtropfen
30	„	Schwefelnatrium	30	„	Schwefelnatrium
6	„	Abtropfen	6	„	Abtropfen
30	„	Wasser	30	„	Wasser
8	„	Abtropfen	8	„	Abtropfen
30	„	Bleichen	30	„	Bleichen
50	„	Wasser	15	„	Wasser
8	„	Abtropfen	8	„	Abtropfen
15	„	Absäuern	15	„	Absäuern
8	„	Abtropfen	8	„	Abtropfen
30	„	Wasser	30	„	Wasser
8	„	Abtropfen	8	„	Abtropfen
25	„	Avivieren	25	„	Avivieren
3	„	Auslauf	3	„	Auslauf.

Unmittelbar über den einzelnen Waschstellen sind auf einem an die Maschine angebauten Troggerüst die Berieselungströge aufgestellt, aus denen die betreffenden Flüssigkeiten auf die darunter wandernde Kunstseide tropft. Die Berieselungströge bestehen aus verschiedenen Materialien, nämlich für das Bleich- und Säurebad aus Holz oder Eisen mit Hartgummiauskleidung, für das Schwefelnatriumbad, das erste Wasser nach dem Entschweflungsbad und das Avivagebad aus Nickel. Alle anderen Tröge sind aus Holz. Unterhalb der einzelnen Sektionen sind Auffangtröge aufgestellt, die die von der Kunstseide abtropfenden Flüssigkeiten aufnehmen. Von dort werden sie durch Zentrifugalpumpen mit 12 Liter Förderleistung pro Sekunde in hochstehende Zirkulationstanks gedrückt, von wo aus sie durch Gefälle wieder in die Berieselungströge laufen. Die Verstärkung der Bäder kann entweder im Auffangtrog oder im Zirkulationstank erfolgen.

Die Stäbe tragen im Abstand von 1200 mm zwei Weichgummiteller, die ein seitliches Verschieben der Stränge verhüten. Zwischen den Tellern können bei einem mittleren Titer von 150 Denier 55—60 Stränge

[1] Vgl. hierzu SCHUPP: Kunstseide **14**, Achema-Heft, **13** (1932).

aufgehängt werden. An den Seiten sind die Stäbe mit säurefesten, geriffelten Bronzerollen versehen, die die Drehung des Stabes bewirken. Die Stäbe werden alle 43 Sekunden vorgeschoben. Während dieser Zeit machen sie eine Drehbewegung, und zwar je zwei Stäbe nach rechts und je zwei Stäbe nach links. Zwischen zwei Stäben befindet sich einer in Ruhe.

Die Drehbewegung der Stäbe erfolgt durch Paare von Friktionsrollen, auf die die Stäbe jeweils gehoben werden.

Abb. 250. Strangbehandlungsmaschine der Firma Maschinenfabrik Gerber-Wansleben, Krefeld.

Nach einem gänzlich anderen Prinzip arbeitet die Gerberwäsche (Abb. 250). Bei ihr werden die Stränge in den Behandlungsbädern umgezogen. Die Gerbermaschine besteht aus den Garnträgern und den Bottichen für die einzelnen Behandlungsbäder. Wie der Name sagt, dienen die Garnträger zur Aufnahme der Stränge. Die eigentlichen Garnträger bestehen aus runden Porzellanwalzen, die zur Unterstützung der Waschwirkung mit längs laufenden Vertiefungen versehen sind. Auf diese Walzen werden die Stränge gehängt. Die Porzellanwalzen sind auf eisernen Achsen befestigt, die durch Zahnräder langsam gedreht werden. Hierdurch drehen sich auch die Stränge. Die Walzen der Garnträger müssen genau horizontal liegen, da sonst die Stränge allmählich nach dem tiefer liegenden Teil der Walze wandern und sich hier mit mehreren dicht zusammenschieben würden. Um dies auf jeden Fall zu vermeiden, kann man die Porzellanwalze durch einen übergeschobenen kräftigen Gummiring in zwei gleiche Teile teilen. Die Maschinen sind stets doppelseitig gebaut, so daß sich also der Antrieb jeweils in der Mitte zwischen zwei Garnträgern befindet. Die Garnträger werden durch einen Flaschenzug von einer Behandlungsstelle zur anderen gefahren. Ein schnelleres

Waschen wird dadurch erzielt, daß man über den Walzen noch Spritzrohre anbringt, aus denen die Flüssigkeit senkrecht auf die sich drehenden Stränge spritzt. Gleiche Spritzrohre bringt man unter den Walzen an. Diese Spritzrohre haben die Bohrungen aber seitlich, so daß die Flüssigkeit von innen gegen die Stränge spritzt.

Die Gerber-Waschmaschine arbeitet im Prinzip wie die bekannten Gerberschen Strangfärbemaschinen. Bei diesen hat man festgestellt, daß die Lage der Stränge und somit die Windbarkeit viel besser erhalten bleibt, wenn man den Querschnitt der Walzen nicht rund, sondern vierkantig und wesentlich im Durchmesser kleiner macht. Diese günstige Arbeitsweise auf die Kunstseidenwäsche zu übertragen, hat sich aber nicht ermöglichen lassen, und zwar wegen der unter den Walzen anzubringenden Spritzrohre. Durch den kleineren Querschnitt der Vierkantwalzen läßt es sich nicht vermeiden, daß ein laufender Strang das Spritzrohr berührt. Der Strang wickelt sich hierdurch zusammen und reißt schließlich das Spritzrohr ab.

Entsprechend dem doppelseitigen Bau der Maschine sind für jede Behandlung zwei parallel zueinander stehende Waschbarken erforderlich, zwischen denen die Antriebsvorrichtung für die Garnträger liegt. Die Garnträger selbst können mitsamt dem oberen Teil des Antriebes durch einen Flaschenzug gehoben werden, der mit einer Laufkatze an einer Schiene hängt, die über den Barkenreihen angebracht ist. Die vollbeschickten Garnträger werden so von einem Bad zum anderen transportiert, was im einzelnen wie folgt vor sich geht:

Vor dem ersten Barkenpaar befinden sich zwei Stützen zur Aufnahme des leeren Garnträgers. Die Walzen des Garnträgers werden nun mit der Kunstseide behängt. Ein Garnträger nimmt etwa 100 kg Kunstseide auf. Nach dem Behängen des Garnträgers werden die Ketten des Flaschenzuges eingeklinkt, der Garnträger wird dann von den Stützen abgehoben und über zwei weitere Stützen gefahren, auf die er heruntergelassen wird. Hierbei greifen die Zuleitungen der Spritzrohre in Leitungen ein, durch die Wasser strömt. Die Stränge werden hierdurch benetzt. Das Benetzen der ruhenden Stränge vor ihrem Einsatz in das erste Bad ist deshalb erforderlich, weil trockene Stränge im Bad leicht zum Schwimmen neigen, wodurch, da die Stränge im Bad bewegt werden, eine Verwirrung der Stränge herbeigeführt wird. Das Netzen erfolgt bei der Spulen- und Walzenkunstseide mit heißem Wasser, bei der Zentrifugenkunstseide mit kaltem Wasser. Hier muß kaltes Wasser genommen werden, weil die Stränge noch nicht entsäuert sind. Die Säure würde bei heißem Wasser im ersten Augenblick zu einer Faserschädigung führen können.

Nach einer ausreichenden Benetzungszeit wird das Netzwasser abgestellt. Der Garnträger wird dann von den Stützen abgehoben und über das erste Barkenpaar gefahren. Dann wird er heruntergelassen.

Die Stränge tauchen so in das Bad ein. Die oberen Antriebsteile kommen mit den unteren, zwischen den Barken stationierten, zum Eingriff, und die Stränge drehen sich langsam in den Bädern. Damit kein Verziehen der Stränge stattfinden kann, wird die Drehungsrichtung automatisch nach bestimmten Zeiten geändert.

Ist die Behandlung im ersten Bad beendet, hebt man die Garnträger wieder ab und läßt die Stränge oberhalb der Barken eine bestimmte Zeit abtropfen. Dann führt man sie über das zweite Barkenpaar, senkt sie herunter, wonach die Behandlung im zweiten Bad vor sich geht. Auf diese Weise wird ein Garnträger nach dem andern durch alle Bäder hindurchgefahren.

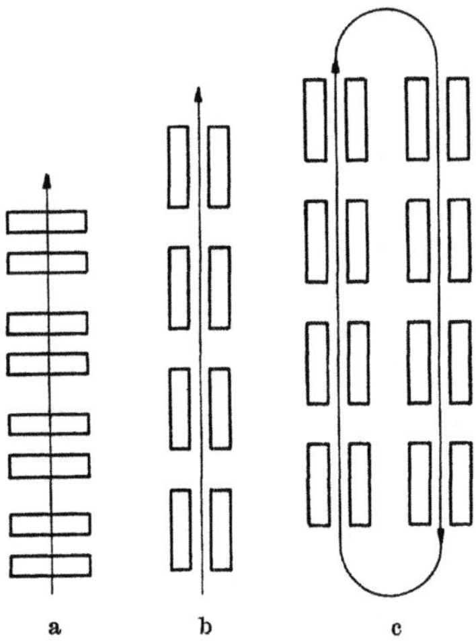

Abb. 251. Möglichkeiten für die Anordnung der Waschbarken bei der Gerbermaschine. a parallelgeschaltet, b hintereinandergeschaltet, c im Kreis geschaltet.

Das Durchsetzen der Garnträger durch die Bäder muß nach einem ganz genau festgelegten „Fahrplan" geschehen, damit alle Waschchargen eine auf die Minute gleich lange Zeit in den einzelnen Bädern behandelt werden. Geschieht dies nicht, so kann es zu Schwankungen im Anfärbevermögen der einzelnen Chargen kommen. Das Ende der Behandlungszeit in den verschiedenen Bädern wird durch ein automatisch ertönendes Glocken- oder Hupensignal angezeigt.

Die erste Waschstufe ist beim Zentrifugenverfahren eine ausreichende Behandlung mit Wasser, da die Kunstseide noch entsäuert werden muß. Bei Kunstseide, die nach dem Walzen- oder Spulenverfahren hergestellt wurde, geht man nach dem Netzen unmittelbar in das Entschweflungsbad (vgl. hierzu auch das Schema auf S. 160).

Die Barken sind aus Holz erstellt, mit Ausnahme der Bottiche für das Entschweflungsbad, die aus Eisen bestehen.

Die Anordnung der Barken kann auf mehrfache Weise geschehen. Man stellt die Barken entweder alle parallel zueinander auf (Abb. 251 a) oder schaltet sie hintereinander (Abb. 251 b). Die erstere Arbeitsweise hat den Nachteil, daß die von den Strängen abtropfenden Flüssigkeiten in den Antrieb zwischen den Barken gelangen und so Korrosion herbeiführen können. Dieser Nachteil fällt bei hintereinander geschalteten Barken fort. Sehr zweckmäßig ist es, wenn man die Barken hintereinander schaltet, aber so, daß jeweils die Hälften der Behandlungsstellen sich gegenüber stehen (Abb. 251 c). Man kommt auf diese Weise zu einem regelmäßigen Kreislauf der Garnträger.

Hiermit sind die bei den alten Spinnverfahren üblichen Waschmethoden beschrieben; wir müssen uns nunmehr den Arbeitsweisen zuwenden, die bei den direkten Spinnverfahren in Anwendung sind.

Bei den **direkten Spinnverfahren** haben wir grundsätzlich zwei Waschmethoden zu unterscheiden, nämlich die Druckwäsche und die Saugwäsche. Die letztere wird auch Vakuumwäsche genannt. Beim direkten Zentrifugenverfahren ist allerdings auch eine Rieselwäsche in Gebrauch.

Druck- und Saugwäsche unterscheiden sich dadurch voneinander, daß bei der Druckwäsche die Waschflüssigkeit von innen nach außen durch die Gespinste gedrückt wird, während bei der Saugwäsche die Waschflüssigkeit von außen nach innen durch die Gespinste gesaugt wird.

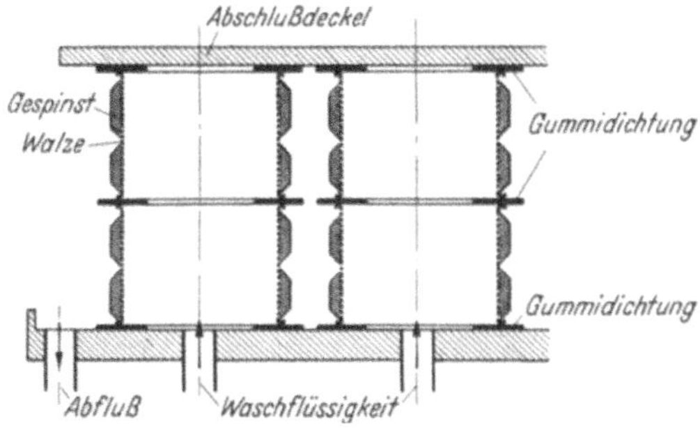

Abb. 252. Druckwasch-Vorrichtung für die „große Walze".

Bei den direkten Spinnverfahren müssen wir zunächst das Arbeiten mit der großen Walze beschreiben. Sie wird im Druckverfahren gewaschen. Die Abb. 252 zeigt die Anordnung für die Druckwäsche der großen Walze schematisch. Die Walzen werden auf einen mit einer Gummiplatte bedeckten Tisch gestellt, der Löcher enthält, in die die Rohre für den Zufluß der Waschflüssigkeiten dicht eingepaßt sind. Die Walzen werden so aufgestellt, daß sie ein solches Loch umschließen. Auf die Walzen werden dann Gummiringe gelegt und auf jeden Gummiring wird eine zweite Walze gestellt. Auf diese zweite Walze kommt dann eine Gummiplatte und hierauf ein Deckel. Der Deckel wird an Schraubspindeln, die an dem Tisch befestigt sind, festgeschraubt, so daß die beiden Walzen dicht miteinander sowie mit dem Tisch und dem Deckel abschließen. Dann wird das Ventil für die erste Waschflüssigkeit geöffnet, die nunmehr in den von den Walzen gebildeten Hohlraum einströmt. Sie drückt zunächst die Luft durch die Gespinste nach außen und fließt dann selbst hindurch. Die Waschflüssigkeiten stehen unter einem hydrostatischen Druck von 3—4 m Wassersäule. Sie fließen langsam an den Gespinsten herunter auf den Tisch, von wo aus sie durch die Badrücklaufleitung den Bottichen des Bäderkellers wieder zugeführt werden kann. So werden der Reihe nach die einzelnen Behandlungsflüssigkeiten angeschaltet und durch die Gespinste gedrückt.

Bei der Behandlung mit heißem Wasser werden zunächst die flüchtigen Schwefelverbindungen, nämlich Schwefelkohlenstoff und Schwefelwasserstoff, aus den Gespinsten ausgetrieben. Sie gelangen beim Druckverfahren hauptsächlich in die Luft und werden nur zum Teil vom Waschwasser aufgenommen. Beim Saugverfahren ist dieses Verhältnis umgekehrt. WEHRUNG[1] ermittelte in der Luft der Wäscherei unmittelbar oberhalb der Gespinste 0,105 mg Schwefelkohlenstoff und 0,01 mg Schwefelwasserstoff im Liter. Aus diesem Grund sind auch die Räume, in denen die Wäscherei untergebracht ist, sorgfältig zu belüften. Ein 10—15facher Luftwechsel ist anzuraten. Wie in der Spinnerei, so sorgt man auch in der Wäscherei für Absaugung der Luft unmittelbar an den Stellen, an denen die schädlichen Gase entstehen. Die Waschstellen werden daher mit einer Abzugshaube versehen.

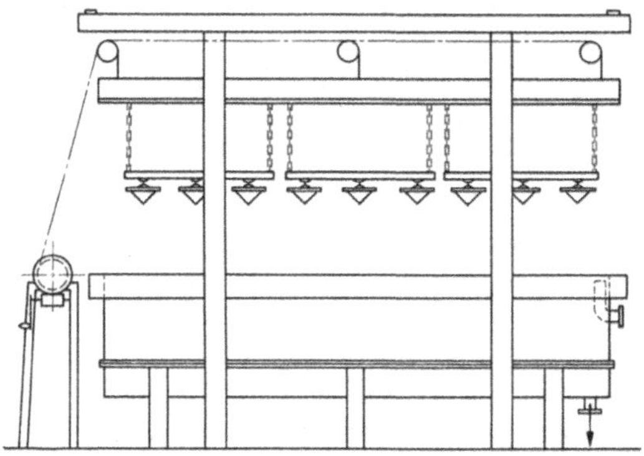

Abb. 253. Spulen-Saugwasch-Vorrichtung nach DRP. 637 626.

Beim direkten Spulenverfahren ist sowohl die Saugwäsche als auch die Druckwäsche in Gebrauch. Bei der Saugwäsche, die in Barken vor sich geht, kann man entweder die Spulen, durch Gummiringe gegenseitig abgedichtet, zu Säulen übereinanderstellen oder sie auf durchgehende, perforierte Rohre aufstecken. Die letztere Arbeitsweise ist zweckmäßiger. Einerseits ist es unbequem und nimmt auch längere Zeit in Anspruch, wenn man in den Barken die Spulensäulen aufbauen muß, und andererseits können bei ungeschicktem Aufbauen einer Spulensäule bereits fertig gebaute Säulen wieder zusammenfallen, wodurch nicht nur Aufenthalt entsteht, sondern auch Gespinste beschädigt werden können. Man arbeitet daher besser mit einem Rohr. Das Rohr besitzt an seinem unteren etwas konischen Ende einen Bajonettverschluß, mit dem es in die Saugleitung am Boden senkrecht in der Barke stehend befestigt wird. Unmittelbar über dem Bajonettverschluß befindet sich ein flacher, mit einer Gummiplatte bedeckter Teller. Es wird nun die erste Spule über das Rohr geschoben, die sich an die Gummiplatte anlegt. Nunmehr wird ein Gummiring über das Rohr geschoben, dann wieder eine Spule usw. bis das ganze Rohr mit Spulen beschickt ist. Meist nehmen die Rohre 6—8 Spulen auf. Die so mit Spulen besteckten Rohre werden in die Barken eingesetzt und durch den Bajonettverschluß mit den im Boden der Barken dichteingelassenen Enden der Saugleitung verbunden. Alsdann werden die obersten Spulen der Säulen mit einem Deckel fest verschlossen.

[1] WEHRUNG: Chem. Apparatur 24, 218 (1937).

Um die Arbeit des Aufsetzens der Deckel vor der Behandlung sowie deren Abnahme nach beendeter Wäsche einzuschränken, kann man die Deckel nach DRP. 637626 von BAZZOCCHI zu mehreren zusammengefaßt an Ketten hängend über dem Behandlungstrog anbringen. Die Deckel haben eine konische Form, damit sie sich von selbst richtig in die Spulenöffnung einfügen. Diese Deckel werden durch einen Flaschenzug auf die Barke heruntergelassen, wobei sich gleichzeitig ein Deckel senkt, der die ganze Barke verschließt (Abb. 253).

Abb. 254. Spulen-Saugwäsche[1].

Die Abb. 254 zeigt eine mit solchen Spulensäulen besetzte Waschbarke. Ist die Barke mit Spulen vollkommen gefüllt, so läßt man die erste Behandlungsflüssigkeit in die Barke einströmen. Um ein Verwaschen der Gespinste durch die einströmende Flüssigkeit zu verhüten, läßt man die Flüssigkeiten an einem Ende der Barke in einen von dem Hauptteil der Barke durch eine perforierte Wand abgetrennten Raum einfließen. Zur Absaugung der entstehenden Schwefelkohlenstoffdämpfe ist über den Barken eine Haube angebracht, die man vor dem Einfließenlassen des heißen Wassers bis auf den Rand der Barke herunterläßt. Ist die Barke mit der Behandlungsflüssigkeit gefüllt, so läßt man die Saugpumpe anlaufen, worauf die Waschflüssigkeit langsam durch die Gespinste dringt. Im gleichen Tempo läßt man Flüssigkeit zufließen. Nach beendeter Behandlungszeit läßt man nach Abstellen des Vakuums die Flüssigkeit abfließen. Alsdann läßt man die zweite Behandlungsflüssigkeit einströmen und saugt auch diese durch die Gespinste usw. Die Spulen verbleiben also während der Behandlung mit sämtlichen Waschflüssigkeiten in derselben Barke. Nach der letzten Behandlung werden die

[1] Aus der Hauszeitschrift „Wir vom Glanzstoff".

Spulensäulen nach Abnahme der Deckel wieder aus der Barke herausgehoben. Die Spulen werden dann getrocknet (s. 20. Kap.).

Die Saugwäsche hat einen Nachteil insofern, als man während des Waschens nicht sehen kann, ob alle Spulen gleichmäßig von der Flüssigkeit durchdrungen werden. Schlecht besponnene Spulen lassen entweder durch unvollkommen übersponnene Lochreihen oder durch sonstige Unregelmäßigkeiten stellenweise zu viel Flüssigkeit hindurchtreten, wodurch die anderen Teile in der gleichen Zeit zu wenig Flüssigkeit bekommen und an diesen Stellen ungenügend ausgewaschen bleiben. Dieser Nachteil entfällt bei der Druckwäsche: Bei einer schlecht besponnenen Spule spritzt sofort Flüssigkeit heraus. Man kann dann die schlechte Spule ausbauen oder die spritzende Stelle mit einem Streifen Stoff fest umbinden. Umgekehrt hat die Saugwäsche den Vorteil, daß im Wasser unter Umständen enthaltene Verunreinigungen auf den obersten Fadenlagen des Gespinstes abfiltriert werden. Sie geben so einerseits ein Bild von der Beschaffenheit des Wassers und können vor dem Zwirnen entfernt und verworfen werden. Bei der Druckwäsche sammeln sich die Verunreinigungen in den innersten Lagen des Gespinstes an, und zwar genau in der Form der Spulenlöcher. Arbeitet die Zwirnerei unachtsam, so können diese verschmutzten Fadenlagen mit verzwirnt werden. Man kann aber sagen, daß die Vorteile der Druckwäsche die Nachteile überwiegen.

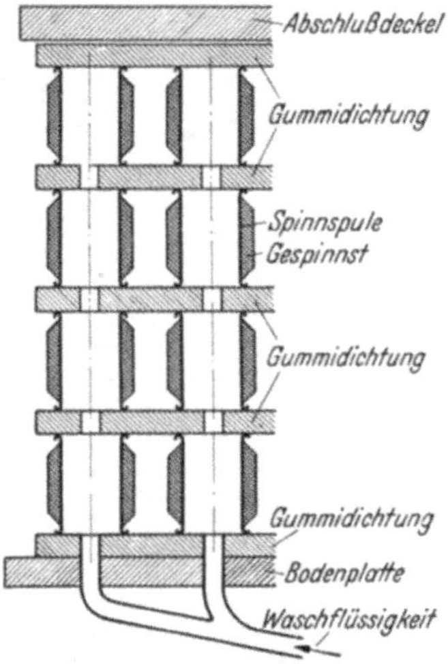

Abb. 255. Spulen-Druckwäsche.

Die Druckwäsche der Spulen kann auf zweifache Weise durchgeführt werden, nämlich an ortsfesten Gestellen oder auf Wagen, die von einer zur anderen Waschstelle gefahren werden können. Der Aufbau der Spulen ist in beiden Fällen grundsätzlich der gleiche und ähnelt dem Aufbau bei der Saugwäsche sehr. Der Unterschied besteht darin, daß man bei der Druckwäsche die Spulen nicht in eine Barke einsetzt, sondern sie auf einem Tisch aufbaut. An Stelle von Gummiringen zwischen den einzelnen Spulen kann man auch viereckige Gummiplatten mit abgerundeten Ecken verwenden, die jeweils über 4 oder 6 Spulen benachbarter Säulen gelegt werden. Da das Hineinbeugen in die Barke beim Bauen der Säulen bei der Druckwäsche fortfällt, so arbeitet man bei der Druckwäsche ohne Aufsteckrohr und stellt die Spulen freistehend auf. Ist der Tisch vollständig auf diese Weise mit Spulen gefüllt, so legt man auf die oberste Spulenreihe einen dicht schließenden Deckel, der, wie bei der Druckwäsche der großen Walze, mit dem Tisch verbunden ist und durch eine Spindel die eingebauten Spulen fest abdichtet. Nunmehr läßt man von unten in die Säulen die Behandlungsflüssigkeiten nacheinander einfließen. Der Grad der Entsäuerung wird durch Bespritzen der äußeren Spulenreihen mit Methylorange geprüft. Auch dies ist bei der Saugwäsche unbequem. Die Waschflüssigkeiten fließen an den Gespinsten herunter, sammeln sich auf dem Tisch und werden von dort abgeleitet. Die Abb. 255 zeigt die Anordnung der Spulen bei der Druckwäsche schematisch.

Als sehr zweckmäßig hat es sich erwiesen, den Tisch als fahrbaren Wagen auszubilden, der auf zwei Schienen über die einzelnen Waschflüssigkeitsanschlüsse gefahren werden kann. Unterhalb des Tisches werden dann die zu den einzelnen Spulensäulen führenden Leitungen in einem Stutzen vereinigt, der in der Mitte unter dem Wagen senkrecht nach unten herausragt. An den einzelnen Waschstellen stehen aus dem Fußboden herausragende, gleich große Stutzen, die mit den Vorratsbottichen für die Behandlungsflüssigkeiten durch eine weite Rohrleitung verbunden sind. Der Abstand zwischen beiden Stutzen beträgt etwa 1 cm. Zur gegenseitigen Abdichtung der beiden Stutzen trägt der untere einen ringförmigen Gummischlauch, der mit einer Preßluftleitung in Verbindung steht. Sobald die Stutzen übereinander stehen, setzt man durch Öffnen eines Ventiles den Gummiring unter Druck, wodurch er sich aufbläht und auf diese Weise die beiden Stutzen miteinander dicht verbindet. Dann wird das Ventil für die Behandlungsflüssigkeit geöffnet. So werden die mit Spulen beschickten Wagen nach einem genau festgelegten Plan von einer Waschstelle zur anderen gefahren. Am anderen Ende der Schiene angelangt, werden die Wagen entleert. Die leeren Wagen werden über eine Bühne an ein zweites Gleis gefahren, das parallel zu dem ersten geführt ist und gelangen auf diesem an den Ausgangspunkt zurück, wo sie wieder neu mit Spulen beschickt werden.

Auch die Druckwäsche hat eine kleine Schwäche: Da die Spulen jeweils oben mit einer Gummiplatte bzw. einem Gummiring abgedichtet sind, so gelangt unmittelbar unter dem Gummiring bzw. der Gummiplatte keine Flüssigkeit auf die Spulen. An dem oben ungebörtelten Rand bleiben die Spulen daher sauer. Nun kann es vorkommen, daß während des Stehens auf dem Tisch bzw. Wagen ein Säuretropfen vom Rand herunterfließt und in das Gespinst dringt. Es können hierdurch Stellen mit abweichenden färberischen Eigenschaften entstehen. Man kann sich hiergegen aber dadurch helfen, daß man während der Entsäuerung mit einem in geeigneter Weise gebauten Spritzrohr Wasser unter die Ränder der Spulen spritzt.

Auch über den Druckwaschgestellen sind Abzugshauben für die freiwerdenden Schwefelkohlenstoffdämpfe angebracht.

Beim direkten Zentrifugenverfahren bedient man sich der Rieselwäsche oder der Druckwäsche. Eine Saugwäsche ist beim Zentrifugenverfahren nicht möglich, da die Spinnkuchen innen nicht durch einen festen Tragkörper abgestützt sind.

Der Spinnkuchen muß vor der Wäsche in geeigneter Weise geschützt werden, damit bei der Wäsche keine Fäden abschwimmen und der Kuchen verwirrt wird. Dies kann auf mehrfache Weise geschehen: In einigen Betrieben werden die Spinnkuchen spiralig mit einem Fitzfaden umbunden. Es werden Fäden von verschiedener Farbe genommen, um so gleich den Titer des Spinnkuchens zu kennzeichnen und Verwechslungen auszuschließen. Das Umbinden darf nicht zu fest geschehen. Durch die Aufnahme der Waschflüssigkeiten findet eine Quellung des Kuchens statt, durch die bei zu fester Umbindung Kuchenteile eine Pressung erfahren. Die Folge davon ist eine geringere Durchlässigkeit für die Waschflüssigkeit an diesen Stellen. Zur Erleichterung der Kuchenumbindung kann man den Kuchen auf ein rundes Blech stellen, nach dessen Mitte hin radial angeordnete Schlitze verlaufen. Das Fitzgarn wird auf große Kannetten aufgespult und mit diesen durch die Schlitze um den Kuchen geführt.

Eine weitere Stütze kann dem Kuchen dadurch verliehen werden, daß man innen eine perforierte Manschette aus Gummi, Stahl oder Celluloid einlegt, die unter einer gewissen Spannung steht.

Andere Betriebe packen die Kuchen vor der Wäsche in Schlauchnetze ein, die rund um den Kuchen gestülpt werden. Auch auf diesen Netzen kann man eine Titerkennzeichnung anbringen. Dies geschieht am besten in der Weise, daß man in die Netze einen bunten Kennfaden einkettelt.

Es ist eine ungeklärte Frage, ob es zweckmäßiger ist, die Kuchen spiralig zu umbinden oder sie mit einem Netz zu umhüllen. Bei der Druckwäsche hat die Umbindung ohne Zweifel den Vorzug, daß keine undichten Stellen bei der Abdichtung der Kuchen möglich sind, die durch ein faltiges Netz leicht entstehen können. Andererseits hat das Netz den Vorzug, Verunreinigungen aus den Behandlungsflüssigkeiten aufzunehmen und dadurch zu verhindern, daß sie auf die Gespinste gelangen. Man ist daher bei der Druckwäsche auch dazu übergegangen, die Kuchen zu umbinden und eine Manschette aus Molton, einem biberartigen Gewebe, innen in die Kuchen mit einzubinden. Hierdurch wird den Kuchen gleichzeitig ein besserer Halt verliehen. Die Moltonmanschetten müssen, um ein Ausriffeln des Gewebes zu vermeiden, an den Rändern durch einen Häkelstich mit kunstseidenem Garn eingefaßt werden. Nimmt man hierzu farbiges Garn, so kann dieses für die Titerkennzeichnung dienen. In diesem Falle können die Kuchen selbst mit ungefärbtem Garn umbunden werden.

Für die Rieselwäsche der Kuchen kann dieselbe Maschine verwendet werden wie für die Rieselwäsche der Stränge, allerdings ohne die zwangsläufige Drehvorrichtung für die Stränge. Die Kuchen werden zunächst seitlich plattgedrückt. Dann werden sie auf runde Stäbe gehängt, die wie bei der Strangwäsche über die Waschmaschine transportiert werden.

Das DRP. 615096 der Vereinigte Glanzstoff-Fabriken A. G. beschreibt für das Aufhängen der Kuchen einen gerieften Stab, dessen eines Ende einen feststehenden Flansch trägt, der für den ersten, über den Stab geschobenen Kuchen als Anschlag dient. Zwischen die einzelnen

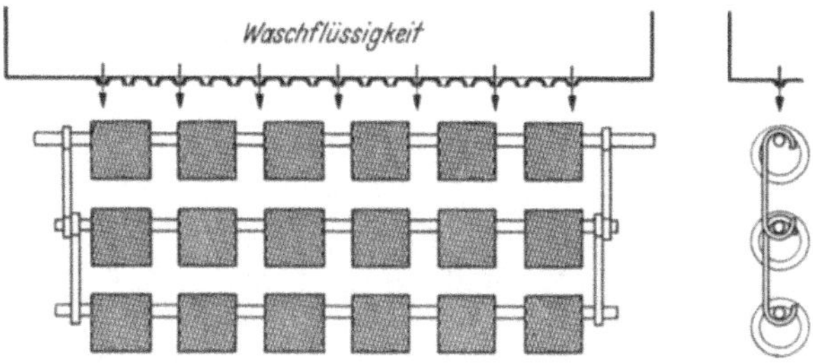

Abb. 256. Berieselungsvorrichtung zum Waschen von Spinnkuchen.

Kuchen werden Trennscheiben eingeschoben. Am anderen Ende des Stabes kann dann ein Flansch befestigt werden, wodurch alle Kuchen gleich fest auf dem Aufhängestab sitzen.

Man kann 2—4 Reihen Kuchen untereinanderhängen und so gleichzeitig über die Maschine nehmen. Die unteren Kuchenreihen werden auf kürzere Stäbe gehängt, damit deren Enden nicht an die Waschmaschinen seitlich anstoßen können. Diese Stäbe werden durch geeignete Haken an den obersten, längeren Stab rechts und links seitlich angehängt. Die Waschanordnung ist in Abb. 256 schematisch dargestellt.

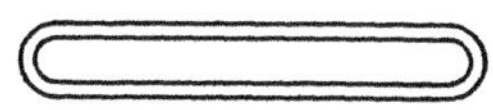

Abb. 257. Doppelstab zum Aufhängen von Spinnkuchen.

Es sind auch ganz einfache Rieselgestelle für die Kuchenwäsche in Gebrauch, bei denen die auf Stäben hängenden Kuchen von Hand weiter befördert werden.

Es ist zweckmäßig, die Kuchen von Zeit zu Zeit zu drehen. Dies ist bei der oben beschriebenen Rieselmaschine allerdings nicht möglich. Werden die Waschstellen jedoch von Hand bedient, so verwendet man zweckmäßig zum Aufhängen der Kuchen Stäbe, die die in Abb. 257 wiedergegebene Form haben. Durch diesen Doppelstab kann man die Kuchen leicht während der Behandlung drehen.

Für die Kuchen-Rieselwäsche sind auch große Maschinen gebaut worden, in denen die Kuchen in mehreren Lagen an Stäben hängend mit Transportketten durch die Maschine geführt wurden. Die Maschine besorgte automatisch das Plattdrücken der Kuchen sowie das Umwenden. Da es sich gezeigt hat, daß bei dicken Kuchen die Avivageflüssigkeit durch Rieseln nicht gleichmäßig durchdringt, so wurden die

Kuchen am Ende dieser Maschine mit den Transportketten durch ein Avivagebad hindurchgeführt. Diese Maschine hat sich nicht bewährt, sie hatte zu viele Stellen, die nicht immer einwandfrei funktionierten. Auch wurde das Avivagebad durch die Transportketten stark verunreinigt, und die Verunreinigungen teilten sich wieder dem Gespinst mit.

Eine ähnliche Art der Kuchenwäsche ist eine kombinierte Tauch- und Rieselwäsche. Bei ihr werden die Kuchen in flache Bottiche eingestellt, die nur wenig höher sind als die Kuchen selbst. In diese Bottiche läßt man dann die Behandlungsflüssigkeiten hineinrieseln, wobei die Kuchen in dem Bade schwimmen.

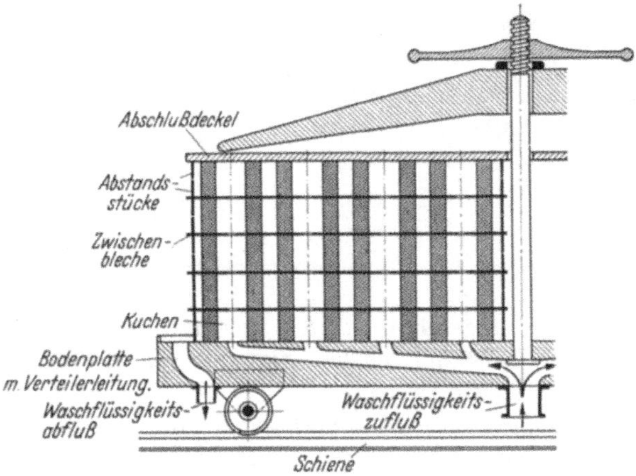

Abb. 258. Teilansicht eines Kuchen-Druckwasch-Wagens (schematisch).

Es sind auch Maschinen gebaut worden, bei denen die Kuchen zu großen Paketen in würfelförmige Käfige gelegt wurden, die an einem Hebelarm hingen und von diesem in Bottiche getaucht und wieder herausgehoben wurden. Durch mehrmaliges Tauchen und Heben sollte eine gleich mäßige Durchdringung der Kuchen mit der Waschflüssigkeit herbeigeführt werden.

Die zweckmäßigste Art der Kuchenwäsche ist die Druckwäsche. Sie wird daher heute auch meistens angewandt. Wie bei den Spinnspulen, so kann auch die Druckwäsche der Spinnkuchen an ortsfesten Tischen oder auf fahrbaren Wagen erfolgen. Der Tisch besteht aus nichtrostendem Stahl und enthält eine Anzahl kreisrunder Löcher, durch die die Behandlungsflüssigkeit in das Kucheninnere eintritt. Es hat sich als zweckmäßig erwiesen, auf diesen Tisch zunächst ein Nesseltuch zu legen, in das entsprechende Löcher eingestanzt sind. Nunmehr werden die Kuchen, spiralig umbunden oder eingenetzt, so auf den Tisch gestellt, daß die Löcher sich in der Mitte der Kuchen befinden. Dann legt man auf diese erste Kuchenschicht eine der Tischgröße entsprechende Stahlplatte, die gleichfalls Löcher enthält. Auf diese Zwischenplatte kommt wieder ein Nesseltuch und eine Kuchenschicht. Diese wird wieder mit einer Zwischenplatte bedeckt. Auf diese Weise baut man 6—8 Kuchenschichten übereinander. Damit die unteren Kuchen nicht durch das Gewicht der oberen Schichten zu stark zusammengedrückt werden und damit der auf allen Kuchen lastende Druck gleich groß ist, sind an den vier Ecken der Zwischenplatten sowie der oberen Deckplatte Stützen angebracht, die einige Millimeter kürzer sind als der Kuchenhöhe entspricht. Beim Einspannen der Kuchensäulen durch Herunterschrauben der oberen Deckplatte stützen sich so die einzelnen Platten gegenseitig ab (Abb. 258).

In die durch die Kuchen gebildeten Hohlräume läßt man nun die Behandlungsflüssigkeiten der Reihe nach von unten einströmen. Sie durchdringen die Kuchen und fließen außen an den Kuchen herunter. Die Zwischenplatten tragen an ihrem Umfang schmale senkrecht stehende Leisten, die ein Herunterlaufen der sich auf ihnen sammelnden Waschflüssigkeiten verhüten und es seitlich über einen kleinen Ausguß abfließen lassen.

Die Waschanlage wird von hochstehenden Vorratsbottichen aus gespeist. Da hierdurch der Flüssigkeitsdruck in den oberen Kuchenschichten geringer ist als in den unteren, so baut man die Kuchensäulen zweckmäßig so zusammen, daß man oben die gröberen Titer hinsetzt, da diese sich leichter durchdringen lassen.

Der Verlauf der Kuchendruckwäsche ist ein guter Maßstab für den Zustand der Spinnerei. Kuchen mit abweichender Form, wie solche mit schiefen Stirnflächen oder sog. Kragen[1], geben sich sofort dadurch zu erkennen, daß aus ihnen bzw. zwischen ihnen und der Zwischenplatte Flüssigkeit herausspritzt. Eine Druckwäsche ist daher überhaupt nur bei einer einwandfreien Spinnerei möglich.

In dieser Beziehung ist die Rieselwäsche anspruchsloser. Manche Werke verzichten daher auch bewußt auf die Kuchendruckwäsche, um in der Spinnerei nicht so sorgsam sein zu müssen.

Bei den fahrbaren Kuchenwagen geschieht der Aufbau der Kuchensäulen genau in der gleichen Weise. Die Kuchenwagen werden, wie dies bei den Druckwaschwagen für das direkte Spulenverfahren schon beschrieben war, über die einzelnen Waschstellen gefahren und dort auf die ebenfalls schon beschriebene Weise mit den einzelnen Anschlußleitungen in Kontakt gebracht.

Die Druckwäsche der Kuchen kann aber auch noch in einer anderen Weise erfolgen, nämlich durch Behandlung hängender Kuchensäulen. Zu dieser Anordnung ist es erforderlich, daß jeder Kuchen auf einer Tragvorrichtung steht. Eine solche ist als Beispiel in der Abb. 259 dargestellt[2]. Die Teller der Tragvorrichtung werden zweckmäßig mit Nessel belegt. Die Kuchen werden mit diesen Tragvorrichtungen über ein weites Rohr geschoben, das perforiert ist und unten eine feste Platte besitzt, gegen die die Tragvorrichtung des unteren Kuchens anschlägt. Der Teller der Tragvorrichtung des nächsten Kuchens legt sich fest auf die Stirnfläche des untersten Kuchens. Auf diese Weise wird das Rohr über

[1] Kuchen mit „Kragen“ entstehen, wenn sich der Spinnkuchen während des Spinnens in der Zentrifuge etwas hebt.

[2] Vgl. hierzu auch das DRP. 631789 von KRÄMER.

seine ganze Länge mit Kuchen besteckt. Diese Kuchensäule wird nun mit Hilfe eines Bajonettverschlusses in den Boden eines Kastens eingeklinkt, wobei die obere Stirnfläche des obersten Kuchens mit einer ringförmigen Dichtung des Kastenbodens in Verbindung kommt. So werden alle Anschlußstellen des Kastenbodens mit Kuchensäulen behängt. Die Kästen laufen auf Schienen und werden unter die Rohrenden der Leitungen für die Behandlungsflüssigkeiten gefahren. Die Flüssigkeiten, die die Kuchen passiert haben, tropfen vom untersten Kuchen ab und werden in Kästen aufgefangen, die unter den Waschstellen in den Fußboden eingelassen sind, von wo aus sie in die Sammelbottiche geleitet werden (Abb. 260).

Abb. 259. Kuchen-Tragvorrichtung der Firma Deutsche Waffen- und Munitionsfabriken A.G., Karlsruhe.

Es wurde schon erwähnt, daß in der Druckwäsche nur ganz einwandfreie Kuchen gewaschen werden können. Es läßt sich nun aber nicht vermeiden, daß in der Spinnerei auch Kuchen anfallen, die nicht als vollkommen einwandfrei bezeichnet werden können. Hierzu gehören auch solche Kuchen, die infolge Abreißen des Fadens während des Spinnens oder infolge Bruches des Spinntrichters nicht die vorgesehene Dicke erreicht haben. Diese Kuchen müssen vor dem Einsetzen in die Druckwäsche aussortiert werden. Sie werden in einer kleinen Rieselwäsche, die zu diesem Zweck neben der Druckwäsche unterhalten wird, gewaschen. Es ist zweckmäßig, solche Kuchen schon in der Spinnerei beim Wechsel zu kennzeichnen, was durch Aufspritzen einer wasserlöslichen Farbstofflösung geschehen kann.

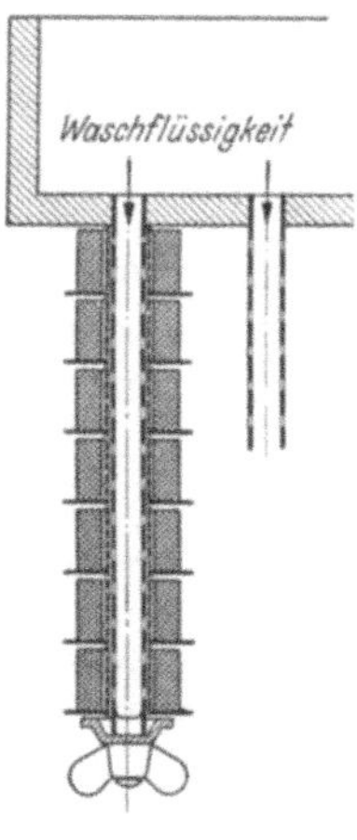

Abb. 260. Kuchen-Waschvorrichtung für hängende Kuchensäulen (schematisch).

Hiermit sind die hauptsächlichsten, für die Kunstseide in Frage kommenden Waschvorrichtungen besprochen worden. Ähnliche Apparaturen sind noch in den DRP. 626195 von Minck sowie DRP. 669569 der I. G. Farbenindustrie Aktiengesellschaft beschrieben.

b) Die Wäsche der Zellwolle.

Bei der Zellwolle haben wir, wie schon im 6. Kapitel ausgeführt war, grundsätzlich zwei Nachbehandlungsverfahren zu unterscheiden, nämlich die Nachbehandlung der geschnittenen Flocke sowie die Nachbehandlung des Faserkabels. Beide Verfahren sind in Anwendung. Zu Beginn der Zellwollerzeugung hat man, wohl in Anlehnung an die in Italien schon seit langer Zeit gebräuchliche Arbeitsweise, allgemein die Zellwolle in saurem Zustand geschnitten und dann die Faserflocke nachbehandelt. Da es technisch jedoch einfacher ist, ein Faserkabel den einzelnen Behandlungsflüssigkeiten in einem kontinuierlichen Arbeitsgang auszusetzen als eine aufgeschwemmte Faserflocke, so hat man eine Reihe von Apparaturen entwickelt, um die Nachbehandlung der Zellwolle in Form des Kabels vorzunehmen. Im praktischen Betrieb stellten sich jedoch bei der Kabelnachbehandlung einige Schwierigkeiten heraus, die apparativ schwer zu überbrücken sind: Es muß bei der Nachbehandlung vermieden werden, daß von dem die einzelnen Bäder durchlaufenden Kabel Badreste von einem Bad ins andere geschleppt werden. Dies kann nach Lage der Dinge nur durch scharfes Abstreifen durch Ösen oder Abquetschen des laufenden Kabels zwischen Walzen vermieden werden. Auch durch Anwendung von Mehrstufenpressen gelingt es aber nicht, das Kabel vollkommen gleichmäßig abzuquetschen. Es kommt mit einem nahezu runden Querschnitt zwischen die Walzen, und so erhalten die mittleren Teile stets einen größeren Preßdruck als die äußeren Teile. Man muß daher bei diesem Verfahren bestrebt sein, die flache Bandform des Kabels durch alle Nachbehandlungsbäder soweit wie möglich zu erhalten, was in Anbetracht der intensiven Behandlung nicht leicht ist, sich aber durch Anwendung viereckiger Führungsösen erreichen läßt. Führt man das Kabel senkrecht durch die Behandlungsbäder, so tritt ein weiterer Fehler auf. Von dem wieder nach oben geführten Kabel wird eine verhältnismäßig große Flüssigkeitsmenge mit hochgerissen. Diese übt auf das Kabel einen Zug aus, was dazu führen kann, daß Einzelfädchen im Kabel überdehnt werden und sich kräuselig legen. Eine genaue Schnittlänge ist aber nur zu erzielen, wenn die Fädchen des Kabels vollkommen parallel in die Schneidmaschine gelangen. Gekräuselt liegende Fädchen erhalten demgegenüber eine zu lange Schnittlänge, was zu einem nicht ganz einwandfreien Stapeldiagramm für die Zellwolle führt. Schließlich ist noch ein Nachteil der Behandlungsweise der Zellwolle in Kabelform, daß die Faser sehr wenig geöffnet die Apparatur verläßt. Endlich gelingt es kaum, die Avivage gleichmäßig auf alle Teile des Kabels aufzutragen. Man behilft sich daher meist so, daß man bei der Kabelbehandlung den Schneidprozeß vor das Avivagebad legt und das Avivieren dann in Form der geschnittenen Flocke vornimmt. Hierdurch wird sowohl ein gleichmäßiger Auftrag der Avivage als auch eine Öffnung der Faser erreicht.

Diese Schwierigkeiten haben dazu geführt, daß man heute wieder der Nachbehandlung der Zellwolle in Flockenform den Vorzug gibt.

Für die Nachbehandlung der Zellwolle sowohl in Flockenform als auch in Kabelform ist eine Reihe von Maschinen konstruiert worden, die teils diskontinuierlich, teils kontinuierlich arbeiten. Im folgenden sollen einige hiervon näher beschrieben werden:

Bei der Flockenbehandlung sind sowohl solche Verfahren in Gebrauch, bei denen die Flocke, in geeigneter Weise gepackt, in die Behandlungsflüssigkeiten getaucht wird, als auch solche, bei denen die Flocke von den Behandlungsflüssigkeiten berieselt wird.

Eine recht einfache Methode besteht darin, daß man die Flocke in rechteckige, aus einem Stahldrahtgeflecht bestehende Käfige packt, und diese Käfige durch einen Flaschenzug der Reihe nach in die Behandlungsflüssigkeiten eintaucht. Während ihres Verweilens in der Flüssigkeit wird das Gut durch regelmäßiges Heben und Senken der Käfige bewegt. Für diese Behandlungsweise kann man z. B. die Badanlage der Gerber-Wäsche verwenden. Störend ist bei diesem Verfahren das diskontinuierliche Arbeiten sowie das beschränkte Fassungsvermögen der Käfige. Die Apparatur ist daher für die Großproduktion nicht geeignet, kommt aber für die Nachbehandlung geschnittener Kunstseidenabfälle in Frage.

Abb. 261. Nachbehandlung geschnittener Zellwollflocke im Holländer [1].

Als sehr zweckmäßig hat es sich erwiesen, die Behandlung der Flocke in Wasch-Holländern vorzunehmen (Abb. 261). Die von der Schneidvorrichtung kommende saure Flocke wird durch ein Transportband zunächst in einen hochstehenden, mit Säure gefüllten großen Behälter eingetragen. Dieser dient als Vorratsgefäß. Durch die Säure findet gleichzeitig noch eine Nachzersetzung des Xanthogenates statt, die bei den großen Spinnmengen durch das Spinnbad unvollständig gewesen sein kann. Durch ein weites Rohr fließt die Flocke dann schräg nach unten in den ersten Wasch-Holländer, in dem sie entsäuert wird. Als Bewegungsorgan besitzt der Holländer ein großes Schaufelrad aus nichtrostendem Stahl. Nach erfolgter Entsäuerung muß die Flocke nun in einen zweiten Holländer transportiert werden. Dies macht gewisse Schwierigkeiten. Technisch ist dies so gelöst worden, daß man am Ende der Behandlungszeit ein Transportband, das aus einem Drahtgeflecht besteht, schräg in den Holländer hineinsenkt, und zwar so, daß die Faserflocke durch

[1] Aus der Hauszeitschrift „Wir vom Glanzstoff“.

das Schaufelrad auf das Transportband gespült wird. Da dieses Band aus einem Geflecht besteht, so findet durch Abtropfen hierbei schon eine weitgehende Entwässerung statt. Das Transportband führt die Flocke zunächst zwischen eine Walzenpresse, von wo aus die abgepreßte Flocke in den zweiten Holländer gebracht wird. Man muß bei dieser Art der Faseraushebung allerdings meist mit einem Rechen etwas nachhelfen, um die Flocke gleichmäßig auf das Transportband zu bringen. Hierbei kann es leicht vorkommen, daß das Transportband durch Einstoßen des Rechens beschädigt wird.

Im zweiten Holländer wird die Entschweflung vorgenommen. Eine gleiche Transport- und Abquetschvorrichtung führt die Flocke dann in einen dritten Holländer über, in dem gebleicht und aviviert wird.

Abb. 262. Nachbehandlungsmaschine für Zellwollflocke der Firma C. G. Haubold A.G., Chemnitz.

Bei der Nachbehandlungsmaschine der Firma Emil Blaschke, Berlin-Tegel, wird die Entsäuerung und die übrige chemische Nachbehandlung der geschnittenen Flocke in zwei verschiedenen Apparaturen vorgenommen. Die sauren Kabelabschnitte fallen zunächst in den Trog einer Wasch- und Öffnungsmaschine. Sie besteht im wesentlichen aus einem Holztrog, in welchem ein Rechensystem mit säurebeständigen Rechenzinken eingreift. Die Rechenrahmen werden durch vier Schraubenradgetriebe angetrieben und besorgen einerseits den Vorwärtstransport der Fasern, andererseits ihre gleichmäßige Zerteilung[1]. Am Trogausgang ist ein schräg aufsteigendes Siebband angeordnet, auf welches mit Hilfe des Rechenrahmens die Zellwollfasern gleichmäßig angeschwemmt werden und so ein zusammenhängendes Faservlies bilden. Dieses Faservlies durchwandelt dann ein Quetschwalzenpaar und wird dann auf dem horizontalen Teil des Transportbandes mit Frischwasser abgespritzt. Hierauf läuft es durch ein zweites Quetschwalzenpaar.

[1] DRP. 649488.

Das nunmehr entsäuerte Fasermaterial gelangt jetzt in die eigentliche Nachbehandlungsmaschine.

Die Nachbehandlungsmaschine besteht aus einer Reihe hintereinandergeschalteter, profilierter Rollen, die das Zellwollvlies tragen. Durch den Vorwärtstransport ändert sich fortwährend die Auflage des Vlieses, was die gleichmäßige und rasche Durchdringung mit den aufgespritzten Behandlungsflüssigkeiten befördert. Die Flüssigkeiten kommen aus Spritzrohren, die einzeln abschaltbar sind. Zwischen den einzelnen Badsektionen sind jeweils Walzenpressen angebracht. Zum Schluß wird die Flocke durch Preßwalzen auf 170 bis 180% entwässert.

Abb. 263. Zellwollnachbehandlung in Kabelform („Bandstraße"; Ansicht aus dem Vistra-Betrieb, Wolfen).

Die Rieselwäsche wird bei der Zellwolle im allgemeinen so durchgeführt, daß man die in saurem Zustand geschnittene Flocke auf ein Transportsieb aus Drahtgeflecht schwemmt. Das Sieb besitzt an der Seite senkrechte Leisten, die ein seitliches Herunterfallen der Flocke von dem Sieb verhüten. Über dem Transportsieb befindet sich die Rieselvorrichtung. Sie besteht aus Kästen mit Siebböden, aus denen die Behandlungsflüssigkeit auf die auf dem Transportsieb ausgebreitete Flocke fließt. Man stellt die Flüssigkeitszufuhr so ein, daß die Flocke auf dem Transportsieb in der Behandlungsflüssigkeit schwimmt. Das Sieb ist durch darunter befindliche Rollen gestützt. Für jede Behandlungsflüssigkeit ist ein solches Transportsieb vorhanden. Am Ende der Behandlung fällt die Flocke in eine Walzenquetsche, in der die Behandlungsflüssigkeit abgequetscht wird. Die Flocke gelangt dann auf ein zweites Transportsieb und kommt dort mit der nächsten Behandlungsflüssigkeit in Berührung. In der gleichen Weise wird die Flocke so mit allen erforderlichen Bädern behandelt.

Nach dem gleichen Prinzip arbeitet die Zellwolle-Nachbehandlungsmaschine der Firma C. G. Haubold A.G., Chemnitz (Abb. 262). Das Transportsieb ist hierbei durch einen Schienenrost ersetzt, auf den die Fasern zu einem Vlies aufgeschwämmt werden. Die beweglichen Schienen führen in der Richtung des Warenlaufes eine exzentrische Bewegung aus und tragen dabei die Flocke in kleinen Wegstrecken vorwärts. Zwischen den einzelnen Behandlungsflüssigkeiten, die auch bei dieser Maschine aus Siebkästen auf die Flocke auftropft, befinden sich Walzenpressen.

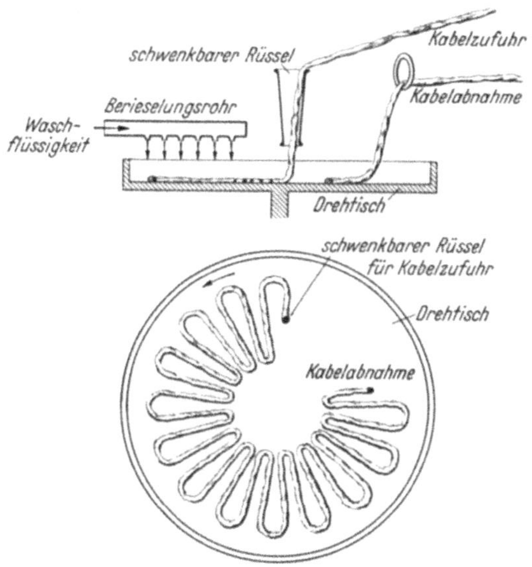

Abb. 264. Zellwollnachbehandlung in Kabelform auf dem „Drehtisch".

Auch für die Nachbehandlung der Zellwolle in Kabelform ist eine ganze Reihe von Maschinen konstruiert worden. Es sind grundsätzlich drei Maschinentypen in Gebrauch:

Bei den beiden ersten Konstruktionen wird das Zellwollkabel horizontal durch die Bäder geführt, bei der dritten senkrecht.

Abb. 263 zeigt ein Beispiel für die horizontale Führung des Kabels. Die Waschstellen bestehen aus hintereinandergeschalteten schmalen Kästen, deren Boden wie bei dem oben beschriebenen Verfahren endlose Transportbänder sind. Diese Transportbänder dichten die Kästen unten ab. Die Behandlungsflüssigkeit kann entweder durch eine Leitung in den Kasten geführt werden, als auch durch Rieselrohre von oben hineingespritzt werden. Bei der letzteren Arbeitsweise ist die Behandlung intensiver. Zwischen je zwei benachbarten Kästen befindet sich ein Walzenquetschwerk zum Abpressen der Flüssigkeit.

Wie die Abbildung erkennen läßt, benötigen diese Nachbehandlungsmaschinen einen äußerst langen Raum. Von der I. G. Farbenindustrie Aktiengesellschaft ist daher eine sinnreiche Apparatur entwickelt worden, die bei gleicher Arbeitsweise erheblich weniger Raum beansprucht. Dies ist die Behandlung auf dem sog. Drehtisch (Abb. 264). Als Waschstelle dient ein runder, an seinem Umfang mit einer senkrechten Leiste versehener Tisch, der um seinen Mittelpunkt langsam gedreht wird. Das Kabel wird durch einen hin- und hergehenden Rüssel zickzackförmig auf den Drehtisch abgelegt, wobei es durch einen Flüssigkeitsstrahl durch den Rüssel gespült wird. Über dem Drehtisch kann man Spritzrohre anbringen, durch die gleichfalls Behandlungsflüssigkeit auf das abgelegte Kabel gespült wird. Nach einer Umdrehung von annähernd 360° wird das Kabel durch zwei Quetschwalzen senkrecht nach oben von dem Tisch abgehoben und durch Porzellanringe zu einem zweiten Rüssel geführt, der das Kabel auf einen zweiten Drehtisch legt. Wird der Boden des Drehtisches als Sieb ausgebildet, so kann man durch Spritzrohre auf einen Drehtisch mehrere Behandlungsflüssigkeiten spritzen. Man kommt für die ganze Nachbehandlung des Kabels so mit drei Drehtischen aus.

Abb. 265. Nachbehandlungsmaschine für Zellwollkabel der Firma Viscosa-Gesellschaft m. b. H., Chemnitz.

Für die senkrechte Führung des Kabels gibt Abb. 265 ein Beispiel. Die Behandlungsflüssigkeiten befinden sich in rechteckigen Trögen. In diesen Trögen sind Rollen angebracht, die durch seitliche, senkrechte Führungsschlitze gehalten werden. Entsprechende Rollen befinden sich oberhalb der Waschtröge. Das Kabel wird von der ersten oberen Rolle nach unten unter die erste Badrolle geführt, geht dann hoch über die zweite obere Rolle, läuft dann wieder nach unten unter die zweite Badrolle usw. Über den oberen Rollen befinden sich noch Siebkästen, aus denen die Flüssigkeit auf das laufende Kabel tropft. Die oberen Rollen werden durch Zahnräder angetrieben, während die unteren von dem laufenden Kabel mitgenommen werden. Die Führungsschlitze ermöglichen ein Schrumpfen der Kabel. Die Flüssigkeiten sammeln sich in den Trögen an, so daß auch hierbei die Kabel berieselt und getaucht werden. Die sich ansammelnden Bäder werden durch eine Pumpe aus den Trögen abgesaugt und in Hochbehälter gepumpt, von wo aus sie erneut den Sprühtrögen zufließen. Am Ende der Nachbehandlungsmaschine befindet sich eine Walzenquetsche.

In anderer Form wird die Nachbehandlung nach DRP. 666744 bei einer Konstruktion der Firma Carl Hamel A.G. vorgenommen. Bei dieser Konstruktion erfolgt die Nachbehandlung in mehreren, nebeneinander befindlichen Badzellen (Abb. 266). Über den trogartig ausgebildeten Badzellen ist ein ovaler Haspel angebracht, über dessen Umfang das Kunstfaserkabel hinweg nach unten in das Bad geführt wird. Im Bad befindet sich eine Führungsrolle, unter die das Kabel geleitet wird. Durch eine weitere, ortsfeste Leitrolle gelangt das Kabel wieder nach oben auf den Haspel. So wird das Kabel mehrmals in einer Schraubenwindung in axialer Richtung auf dem Haspelumfang entlang durch das Bad geführt. Zwischen den einzelnen Kabelgängen sind Teilstäbe angebracht, die eine gegenseitige Berührung des auf- und abwärts gehenden

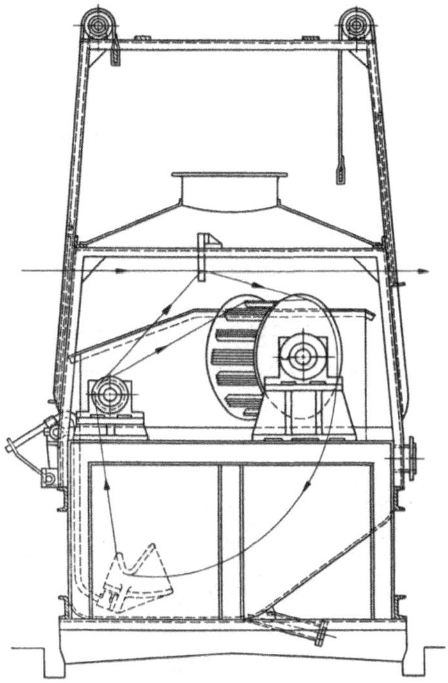

Abb. 266. Nachbehandlungstrog für Zellwollkabel nach DRP. 666744.

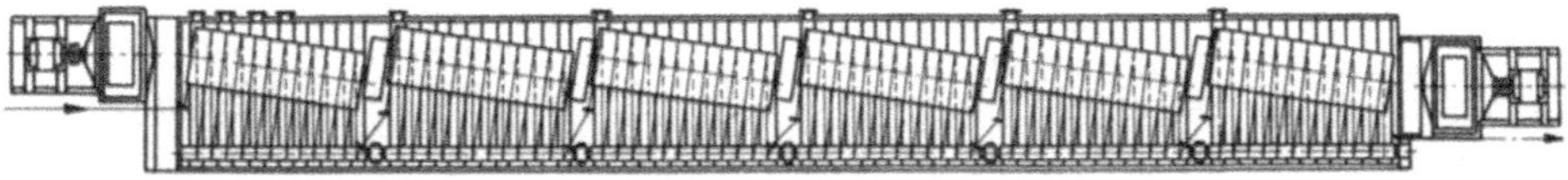

Abb. 267. 6 hintereinander geschaltete Badzellen für die Nachbehandlung von Zellwollkabel. (Carl Hamel A.G., Chemnitz.)

Kabels verhindern. Die ovale Form des Haspels führt ein abwechselndes Spannen und Stauchen des Kabels herbei, wodurch die Waschwirkung wirksam unterstützt wird. Am Ende der Zelle angelangt, wird das Kabel, durch einen Porzellanring geführt, aus dem Bad herausgehoben und durch eine Walzenquetsche abgepreßt. Von hier aus gelangt es in eine zweite, der ersten gleich gebaute Badzelle. Je nach der Behandlungsart schaltet man 3—6 solcher Badzellen hintereinander (Abb. 267). Die Häspel werden durch stufenlos regelbare Getriebe angetrieben.

Wie schon erwähnt war, ist es bei dieser Nachbehandlung in Kabelform schwierig, das Avivagebad gleichmäßig auf das Kabel zu bekommen. Auch findet nur eine unwesentliche Öffnung und Auflockerung der Einzelfädchen im Kabel statt. Man legt daher den Schneidprozeß zweckmäßig vor die Behandlung mit der Avivage und aviviert die Faser in Form der geschnittenen Flocke. Die einfachste Art der Avivage besteht darin, daß man die Kabelabschnitte durch das Avivagebad in eine Schwemmrinne spült. Dieser Schwemmrinne kann man eine Zickzackform geben, wodurch das durch die strömende Flüssigkeit bewirkte Öffnen der Fasern sehr befördert wird, da die Abschnitte an den Umkehrpunkten der Rinne an die Wandung anschlagen und hierbei eine Stauchung erleiden.

VIII. Das Schneiden der Zellwollkabel.

Da das Schneiden der Zellwollkabel entweder unmittelbar vor der ersten Waschstufe, der Entsäuerung, vorgenommen wird, oder zwischen Entschweflung und Avivage eingeschaltet wird, so ist es zweckmäßig, die für das Schneiden gebauten Vorrichtungen an dieser Stelle zu besprechen.

Abb. 268. Schneidmaschine für Zellwollkabel nach DRP. 468315; „Snia-Schneidkopf“[1].

An eine betrieblich sicher wirkende Schneidvorrichtung müssen folgende Anforderungen gestellt werden: Größte Gleichmäßigkeit in der Stapellänge des geschnittenen Kabels und möglichst lange Lebensdauer der Messer, die bei einer Abzugsgeschwindigkeit des Kabels von etwa 80 m in der Minute außerordentlich viele exakte Schnitte auszuführen haben. Sehr zahlreich sind die Versuche und Vorschläge, die in konstruktiver Beziehung auf diesem Gebiete gemacht worden sind. Von den vielen Konstruktionen haben sich vier in die Praxis eingeführt, die daher hier kurz beschrieben werden sollen.

Zurückgehend auf das DRP. 468315 von Beria ist von der Snia-Viskosa der sog. Snia-Schneidkopf entwickelt worden, den Abb. 268 zeigt. Diese Schneidmaschine besteht aus einer runden, umlaufenden Scheibe, in die von oben nach unten, zunächst axial, ein Kanal eingebohrt

[1] Für die Überlassung dieser Abbildung bin ich der Direktion der Snia-Viskosa, Mailand, zu Dank verpflichtet.

ist. In der Mitte der Scheibe biegt dieser Kanal um und verläuft nunmehr radial nach außen weiter. Am Umfang der Scheibe liegen senkrecht feststehende Messer an. Der Kanal besitzt an seinem oberen Ende eine trichterförmige Erweiterung. Das Faserkabel wird nun, je nach der Arbeitsweise von der Spinnmaschine oder von der Nachbehandlung kommend, in die trichterförmige Erweiterung eingeführt und zunächst durch einen Flüssigkeitsstrahl soweit in die Scheibe gebracht, daß es in den radialen Teil des Kanals gelangt. Durch die jetzt auf das Kabel wirkende Fliehkraft wird es ständig gleichmäßig abgezogen und an die Mündung des radialen Kanals gebracht. Die an der Scheibe anliegenden Messer schneiden jedesmal ein Stück Kabel ab, wenn es durch den radialen Kanal an das Messer geführt wird. Es handelt sich um eine Art Scherenschnitt, da die eine Seite der Kanalmündung das Kabel gegen das Messer drückt. Meist sind zwei Messer im Abstand von 180° im Schneidkopf angebracht. Die abgefallenen Kabelabschnitte fallen auf ein Transportband und werden so der weiteren Behandlung zugeführt.

Bei einer Konstruktion der Firma Blaschke wird das Kabel in einen Trichter geführt, der mit einer Ringdüse ausgestattet ist, aus der ständig Flüssigkeit in den Trichter strömt. Diese Flüssigkeit nimmt das Kabel mit in den Trichter hinein und bewirkt gleichzeitig eine ständige, sanfte Spannung des Kabels. Der Trichter geht unten in einen kurzen, senkrechten Kanal über. Wenige Millimeter unterhalb der Kanalmündung befindet sich ein flacher feststehender Ring, der ein genau unterhalb der Kanalmündung befindliches Loch besitzt. Auf dem Ring gleiten, durch Gewichtsdruck am Ring anliegend, Messer, die jedesmal über dem Schneidloch ein Stück Kabel abschneiden. Die Maschine kann wahlweise mit einem oder mehreren Messern ausgerüstet werden. Ein Vorteil dieser Konstruktion soll darin liegen, daß die Messer durch das Aufliegen auf dem Ring während des Betriebes ständig nachgeschliffen werden, so daß ein Ausbauen der Messer nur selten erforderlich ist. Auch bei dieser Arbeitsweise wird also eine Art Scherenschnitt ausgeführt. Die Stapellänge kann durch stufenlose Regelung der Messergeschwindigkeit leicht und willkürlich verändert werden.

Während bei der letzteren Konstruktion das Faserkabel durch einen Flüssigkeitsstrom geführt wird, bedient sich die Schneidmaschine gemäß DRP. 665939 von GRUNERT („Schneidmaschine Gru-Gru") zur Führung zweier, senkrecht stehender, umlaufender Ringe, die Radkränze runder Scheiben darstellen. Die Radkränze besitzen eine starke Gummiauflage. Sie erfassen das Kabel und ziehen es gleichmäßig senkrecht zwischen sich nach unten. Die Radkränze sind mit Schlitzen versehen. Beide Radkränze sind so justiert, daß die Schlitze der beiden Radkränze bei ihrer Berührung genau zusammenfallen. Befinden sich die beiden Schlitze in dieser Stellung, so wird ein Messer, das an einer horizontalen, umlaufenden Scheibe angebracht ist, quer durch die beiden

Schlitze geführt, wodurch das Kabel zerschnitten wird. Da das Kabel von den beiden Radkränzen gehalten wird, ist auch diese Schneidtechnik als Scherenschnitt anzusprechen. Die Maschine ist in Abb. 269 und 270 dargestellt.

Abb. 269. Schneidmaschine „Gru-Gru“ der Firma Gruschwitz Maschinenfabrik A.G., Olbersdorf-Zittau.

Der Scherenschnitt hat einen Nachteil, der darin liegt, daß die Einzelfasern des Kabels beim Schnitt stark zusammengepreßt werden. Auf diese Weise geschnittene Kabelenden bedürfen daher einer besonders wirksamen Nachbehandlung, um wieder eine offene Flocke zu erhalten. Diese Schwierigkeit wird von der Firma Carl Hamel im DRP. 653977 dadurch umgangen, daß das Kabel nicht von festen

Abb. 270. Vorderansicht der in Betrieb befindlichen Schneidmaschine „Gru-Gru“. (Aus dem Vistra-Betrieb, Wolfen.)

Maschinenteilen geführt wird, sondern von einem starken Wasserstrahl. Wie Abb. 271 zeigt, wird das Kabel durch einen Wasserstrahl in einen Injektor geführt. Unter dem Injektor rotiert eine Scheibe, die an ihrem Umfang radial angeordnete Messer besitzt, die den Wasserstrahl und das von ihm eingehüllte Faserkabel durchschneiden. Im Gegensatz zu der Konstruktion von BLASCHKE wirkt dieser Wasserstrahl aber nicht abziehend auf das Kabel, da die Strömungsgeschwindigkeit des Strahles viel größer ist als die Fortbewegungsgeschwindigkeit des Kabels. Der

Abb. 271. Schneidmaschine für Zellwollkabel der Firma Carl Hamel A.G., Chemnitz. (Der Injektor ist noch nicht angebaut.)

Wasserstrahl dient nur zum Straffen des Kabels. Der Abzug wird vielmehr durch Quetschwalzen bewirkt, die sich oberhalb des Injektors befinden.

Da bei allen Schneidmaschinen von Zeit zu Zeit ein Auswechseln oder Nachschärfen der Messer erforderlich ist, die kontinuierliche Arbeitsweise aber nicht unterbrochen werden kann, so werden stets zwei Schneidmaschinen nebeneinander aufgestellt. Bei Stillsetzen der einen Schneidmaschine tritt sofort die andere in Aktion. Um das Kabel von der einen Maschine schnell in die andere überführen zu können, wird zweckmäßig über den Schneidmaschinen ein schwenkbarer Einführungstrichter angebracht. Einige Schneidmaschinen sind auch unmittelbar als Zwillingsmaschinen ausgebildet.

Man hat sich auch mit Versuchen beschäftigt, die darauf hinzielen, den Schneidprozeß überflüssig zu machen. Dies kann dadurch geschehen, daß man den Spinnprozeß in kurzen Intervallen unterbricht, so daß also gleich kurze Kabelstücke die Spinnmaschine verlassen. Ein solches Verfahren hat beispielsweise seinen Niederschlag in den DRP. 319079 und DRP. 319280 von Fessmann gefunden. Zur praktischen Einführung sind die Arbeitsweisen jedoch bis jetzt nicht gekommen.

Schließlich soll nicht vergessen werden, darauf hinzuweisen, daß auch Versuche im Gange sind, das Faserkabel trocken zu schneiden. Auf diese Weise wird eine besonders gute Öffnung der Fasern herbeigeführt. Näheres kann über diese Arbeitsweise jedoch aus patentrechtlichen Gründen noch nicht ausgesagt werden.

In diesem Zusammenhange muß auch das „Spinnband" kurz erwähnt werden. Hierunter ist ein Zellwollkabel zu verstehen, das in trockenem Zustand in Stapel gerissen wird, wobei es jedoch seinen Zusammenhalt behält. Dadurch, daß man dieses Spinnband den mechanischen Spinnmaschinen unmittelbar vorlegen kann, erspart man das erneute Gleichrichten der Faserflocken zum Kardenband oder Kammzug. Das Reißen muß so erfolgen, daß ein ausreichend gleichmäßiger Stapel entsteht. Es ist verständlich, daß diese Operation technisch schwierig ist. Dieses Problem ist jedoch von der I. G. Farbenindustrie Aktiengesellschaft zufriedenstellend gelöst worden. Für die Erzielung eines annähernd gleichmäßigen Stapels ist das Aufbringen der richtigen Avivage von höchster Bedeutung.

19. Kapitel.

Das Avivieren und Präparieren der Kunstfasern.

Kunstseide und Zellwolle bedürfen nach der Wäsche noch einer besonderen Behandlung, die man mit Avivage bezeichnet. In manchen Betrieben ist auch die Bezeichnung Präparation in Gebrauch. Es ist aber zweckmäßig, zwischen Avivage und Präparation einen Unterschied zu machen. So sollte man mit Avivage lediglich eine allgemeine, leichte Behandlung der Kunstfaser mit einem chemischen Produkt bezeichnen, während man unter Präparation die Zurichtung der Kunstfaser mit einem chemischen Produkt für einen ganz bestimmten Verwendungszweck verstehen sollte. Im allgemeinen ist für die Erzielung dieses zuletzt genannten Effektes auch ein höherer Auftrag des betreffenden Produktes auf die Kunstfaser erforderlich, so daß sich auch hierdurch schon ein Unterschied zwischen Avivage und Präparation ergibt. Macht man sich diese Definition zu eigen, so kann man zuweilen mit dem gleichen chemischen Produkt eine Faser entweder avivieren oder sie präparieren.

Das Aufbringen der Avivage erfolgt durchweg im Rahmen der Wäsche der Kunstfaser, während die Präparation im allgemeinen bei einem späteren Arbeitsgang erfolgt. Die Kunstseidenfabriken streben zwar aus wirtschaftlichen und organisatorischen Gründen an, auch die Präparation unmittelbar an die Wäsche anzuschließen, jedoch läßt sich dies nicht immer durchführen.

Avivieren und Präparieren der Kunstfasern stellen sehr wichtige Arbeitsgänge dar. Die Auswahl der angewendeten Mittel kann die qualitative Beschaffenheit sowie die Verarbeitungsfähigkeit einer Kunstfaser maßgebend nach der günstigen sowie nach der ungünstigen Seite hin beeinflussen.

Besondere Bedeutung kommt der Avivage bei der Zellwolle zu: Die natürlichen Spinnfasern besitzen bestimmte Eigenschaften, die die Fasern spinnfähig machen. Hierhin gehört bei der Baumwolle z. B. die spiralige Drehung der Faser, ihre Bändchenform sowie ihre aus Wachskörpern bestehende Kutikula. Die Bändchenform sowie die Drehung bewirken ein gutes Zusammenhaften der Faservliese und Kardenbänder auf den Spinnmaschinen, die Kutikula erleichtert das Verziehen und Gleiten der Fasern im Spinnvorgang. Bei der Wolle wirkt sich die natürliche Kräuselung sowie die Schuppenstruktur der Oberfläche günstig auf den Spinnvorgang aus. Sehen wir von der beim Zusammenfallen der Außenhaut bei der Kunstfaser entstehenden Längsriefung ab, so stellt die Kunstfaser im Gegensatz zur Naturfaser ein in bezug auf die Ausbildung der Faseroberfläche nahezu strukturloses Gebilde dar. Daß diesem die guten spinntechnischen Eigenschaften der Naturfasern abgehen, ist verständlich. Dies ist auch der Grund dafür, weshalb die Zellwollindustrie im letzten Jahr für die Verwendung in der Wollspinnerei besondere Typen mit narbiger Oberfläche entwickelt hat (Floxalan, Vistralan). Den normalen Zellwolltypen kann man die spinntechnischen Eigenschaften durch eine besondere Avivage verleihen. Wie weiter unten noch ausgeführt werden wird, ist der Erfolg dieser Manipulation ausschließlich von der geschickten Auswahl des Avivagemittels abhängig.

Aber auch bei der Avivage und Präparation der Kunstseide kann nicht wahllos irgend ein Avivagemittel genommen werden. Durch die Hochzüchtung der vielen Spezialfasern gewinnt das Gebiet der Avivage und Präparation der Kunstseide noch erhöhte Bedeutung.

Zunächst ist es unbedingt empfehlenswert, die produzierte Kunstseide schon im Betrieb aufzuteilen in solche, die später in der Weberei und solche, die in der Wirkerei Verwendung finden soll. Wenn dies auch eine getrennte Lagerhaltung erforderlich macht, so ergeben sich hieraus doch nicht zu unterschätzende Vorteile in bezug auf die Weiterverarbeitung der Kunstseide. Web- und Wirkkunstseide werden zweckmäßig mit verschiedenen Produkten behandelt.

In großen Zügen kann gesagt werden, daß der Weberei eine möglichst sparsame Anwendung eines Avivagemittels zustatten kommt. Man muß hierbei bedenken, daß ein großer Teil der Kunstseide in rohem Zustand geschlichtet oder in Strangform gefärbt wird. Bei beiden Prozessen kann die Avivage störend wirken. Beim Schlichten löst sie sich ganz oder teilweise ab und gelangt in das Schlichtbad, das sie infolgedessen in seiner Zusammensetzung verändert, wodurch der Schlichteffekt nachlassen kann. Diese Möglichkeit wirkt sich besonders unangenehm bei Leinölschlichten aus, die aus einem organischen Lösungsmittel auf die Kunstseide aufgebracht werden. Die Avivage kann sich im Schlichtbade, und zwar besonders bei der Kettbaumschlichtung, aber auch so verhalten, daß sie eine gleichmäßige Benetzung der Faser mit dem Schlichtmittel verhindert, wodurch es im Faden zu ungenügend geschlossenen Stellen kommt. Auch in der Strangfärberei kann die Avivage dadurch Schwierigkeiten verursachen, daß sie die Farbbäder verschmutzt oder sich nur teilweise von der Faser ablöst und so zu unegalen Ausfärbungen führt. Es sollte deshalb für die Färberei oberstes Gesetz sein, die Kunstseide vor dem Färben stets sorgfältig zu waschen, eine Forderung, die leider oftmals außer acht gelassen wird.

Im Gegensatz zur Weberei benötigt die Wirkerei im allgemeinen eine recht kräftige Präparation. Aufträge von 1,5—3 und mehr Prozent Präparationsmittel auf die Kunstseide sind je nach der qualitativen Beschaffenheit der Faser am Platze. Die Ansprüche, die die feinen Wirkereimaschinen an die Kunstseide stellen, sind ganz wesentlich größer als die der Webereimaschinen. Eine einwandfreie Verarbeitung der Kunstseide in der Wirkerei ist nur durch Aufbringen verhältnismäßig großer Mengen Präparationsmittel herbeizuführen, wenn nicht auf andere Weise (s. 21. Kap.) dafür gesorgt wird, daß die Kunstseide ausreichend weich und geschmeidig wird.

Die Auswahl des Präparationsmittels hat sich aber nicht nur nach den Verwendungsgebieten der Kunstseide zu richten, vielmehr muß man bei der Auswahl der Mittel auch auf die Arbeitsweisen in der Kunstseidenfabrik selbst sowie auf die Aufmachungsform der Kunstseide Rücksicht nehmen.

Die direkten Waschverfahren erfordern z. B. Avivage- oder Präparationsmittel, die sich zu einer möglichst feinen Dispersion lösen, da gröbere Teilchen durch die Außenlagen der Gespinste bei der Saugwäsche oder durch die Innenlagen bei der Druckwäsche abfiltriert werden. Diese Lagen bekommen so zu viel Avivagemittel, während die übrigen zu wenig bekommen. Auch beim Rieselverfahren kann man mit einer nur grob disperpergierten Avivagemittellösung keine gleichmäßige Verteilung des Mittels im Gespinst erhalten.

Werden in der Kunstseidenfabrik konische Kreuzspulen hergestellt, so darf das Avivagemittel die Kunstseide nicht zu glatt machen. Ist dies der Fall, so können beim Abziehen der Kreuzspulen ganze Fadenlagen von der Spule abschlagen, was die Weiterverarbeitung ungemein erschwert.

Aus diesen wenigen Beispielen dürfte zur Genüge hervorgehen, daß die Auswahl des Avivagemittels mit viel Sachkenntnis sowie großer Umsicht und Sorgfalt zu erfolgen hat.

Die Avivage- und Präparationsmittel, die in der Kunstseiden- und Zellwollfabrik zur Anwendung kommen, gehören zu einer Klasse chemischer Körper, die man mit „Textilhilfsmittel“ bezeichnet. Da die Anzahl der am Markt befindlichen Produkte außerordentlich groß ist, so soll im folgenden zunächst ein Überblick über diese Körperklasse gegeben werden.

A. Die Avivage- und Präparationsmittel.

Ausgangsmaterialien für die Herstellung der Avivage- und Präparationsmittel können sein:

pflanzliche und tierische Fette, Öle und Wachse,
mineralische Fette und Öle,
Eiweißprodukte und
synthetische Körper.

Den weitaus größten Raum auf dem Gebiete der Avivage- und Präparationsmittel nehmen allerdings die aus pflanzlichen und tierischen Fetten und Ölen hergestellten Produkte ein.

Für die Herstellung von Avivage- und Präparationsmitteln sind fast alle in der Natur vorkommenden pflanzlichen und tierischen Fettkörper herangezogen worden. Die in der Natur vorkommenden Fette, fetten Öle und Wachse sind Ester zwischen Fettsäuren und Alkoholen in verschiedenen Mischungsverhältnissen. Die meisten tierischen und pflanzlichen Fette sind Glyzerinester (Glyzeride), denen das folgende Formelbild zukommt:

$$\begin{array}{l} R\cdot COO\cdot CH_2 \\ \qquad\qquad\ \ | \\ R\cdot COO\cdot CH \\ \qquad\qquad\ \ | \\ R\cdot COO\cdot CH_2 \end{array}$$

Hierin bedeutet R einen Fettsäurerest.

Diese Fette und fetten Öle sind nie einheitlich zusammengesetzt, sie bilden stets Ester mit verschiedenen Fettsäuren. Die an den Glyzerinrest gebundenen Fettsäuren können gesättigte und ungesättigte Säuren sein. Die wichtigsten in den Fetten und fetten Ölen vorkommenden gesättigten Fettsäuren sind die

Palmitinsäure $C_{15}H_{31}.COOH$

und die

Stearinsäure $C_{17}H_{35}.COOH$.

Daneben kommt die

Laurinsäure $C_{11}H_{23}.COOH$

und die

Myristinsäure $C_{13}H_{27}.COOH$

vor.

Von den ungesättigten Fettsäuren ist die wichtigste die einfach ungesättigte

Ölsäure $C_{17}H_{33}.COOH$.

Als zweifach ungesättigte Säure ist die

Linolsäure $C_{17}H_{31}.COOH$

zu nennen. Auch eine dreifach ungesättigte Säure, die

Linolensäure $C_{17}H_{29}.COOH$

kommt vor.

Im Rizinusöl ist eine ungesättigte Oxysäure, nämlich die Rizinolsäure

$$CH_3\cdot(CH_2)_5\cdot\underset{\displaystyle OH}{\underset{|}{CH}}\cdot CH_2\cdot CH=CH\cdot(CH_2)_7\cdot COOH$$

enthalten.

In den festen Fetten ist die Stearinsäure und die Palmitinsäure im Überschuß vorhanden (Hammeltalg, Rindertalg u. a.), während bei den flüssigen die Ölsäure überwiegt (Olivenöl, Erdnußöl u. a.). Durchweg sind die Fette und Öle Neutralfette, Mono- und Diglyzeride sind bisher nicht nachgewiesen worden.

Neben den bisher genannten Körpern werden für die Textilhilfsmittelfabrikation aber auch die Wachsarten herangezogen, die Fettsäureester hochmolekularer einwertiger Alkohole darstellen. Sie haben die Formel

$$R\cdot COO\cdot R_1.$$

Hierin bedeutet R einen Fettsäurerest und R_1 den Rest eines hochmolekularen Alkoholes. Der Hauptbestandteil des Bienenwachses ist der

Myricylalkohol $C_{30}H_{61}.OH$,

der Hauptbestandteil des Walrats der

Cetylalkohol (Äthal) $C_{16}H_{33}.OH$.

Allen natürlichen Fetten sind ganz geringe Mengen von Sterinen beigemengt, und zwar enthalten die tierischen Fette Ester des Cholesterins $C_{27}H_{45}\cdot OH$, die pflanzlichen Ester des Phytosterins, eines Isomeren des Cholesterins.

Schließlich kann als Ausgangsmaterial für Avivagemittel das Phosphatid Lezithin verwendet werden. Hierunter ist ein gemischter Ester des Glyzerins mit Fettsäuren, wie z. B. Stearinsäure, Palmitinsäure, Ölsäure u. a. und einer Phosphorsäurekomponente zu verstehen, die ihrerseits an Cholin

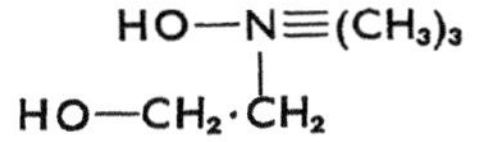

gebunden ist. Dem Lezithin wird die folgende Formel zugeschrieben:

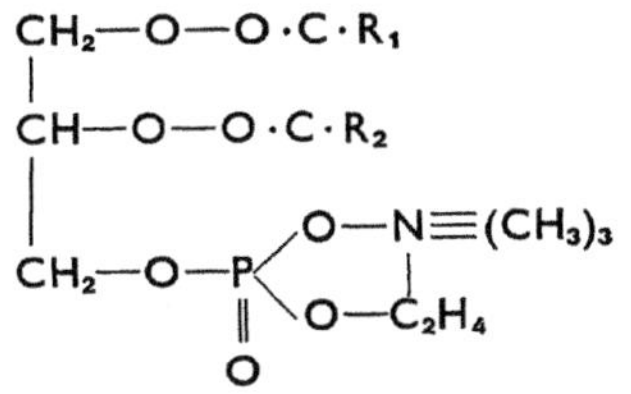

R_1 und R_2 bedeuten Fettsäurereste.

Die Phosphatide finden sich in der Natur sowohl in gewissen Pflanzensamen als auch in den Zellen des Tierorganismus. So enthalten größere Mengen Lezithin die Gehirn- und Nervensubstanz, die Blutkörperchen sowie das Eigelb. Meist ist das Lezithin an Fett- oder Eiweißkörper gebunden. Je nach dem Ursprung sind die Lezithine verschieden zusammengesetzt.

Technische Bedeutung für die Textilhilfsmittel haben besonders das Lezithin des Eigelbs und der Sojabohne.

I. Fettumwandlungsprodukte.

In der von der Natur vorliegenden Form können die Fette, fetten Öle und Wachse nicht als Textilhilfsmittel verwendet werden, höchstens als Zusätze zu chemisch umgewandelten Fettkörpern, soweit diese in der Lage sind, die unveränderten Fettanteile zu emulgieren. Ihrer Anwendung in der gegebenen Form steht in erster Linie ihre Unlöslichkeit in wässerigen Medien entgegen. Aus diesem Grunde müssen sie erst zu Textilhilfsmitteln umgewandelt werden. Aus der großen Gruppe der Fettumwandlungsprodukte schälen sich folgende Klassen heraus:

a) Seifen und Softenings,
b) Sulfonierte Fette und Öle,
c) Sulfitierte Fette und Öle,
d) Fettalkoholsulfonate,
e) Fettsäurekondensationsprodukte.

a) Seifen und Softenings.

Seifen. Das einfachste und älteste Hilfsmittel für die Kunstseidenavivage ist die Seife. Hierunter ist das Alkali- oder Ammoniumsalz — in neuerer Zeit auch das Triäthanolaminsalz — der Fettsäuren zu verstehen. Die Seife wird gewonnen durch Verseifung der Fettsäureester mit Natronlauge, Kalilauge, Ammoniak oder Triäthanolamin, wobei das Glyzerin abgespalten wird und sich das betreffende Salz der Fettsäure bildet. Die Verseifung verläuft also nach folgendem Schema:

$$\begin{array}{lcl} R\cdot COO\cdot CH_2 & & CH_2\cdot OH \\ \quad\quad\quad\quad | & & | \\ R\cdot COO\cdot CH & + 3\,NaOH = 3\,R\cdot COONa + & CH\cdot OH \\ \quad\quad\quad\quad | & & | \\ R\cdot COO\cdot CH_2 & & CH_2\cdot OH \end{array}$$

In den technischen Seifen des Handels sind die einbasischen gesättigten Säuren von der Kohlenstoffatomzahl 12 (Laurinsäure) ab enthalten, bei Fettsäuren von einem höheren Molekulargewicht als einer Kohlenstoffatomzahl von 20 entspricht wird die Wasserlöslichkeit der Alkalisalze zu gering, so daß diese Körper als Seife keine Bedeutung haben. Die Natriumsalze der Fettsäuren sind harte Seifen, die Kalium-, Ammonium- und Triäthanolaminsalze sind weiche, pastenförmige Seifen. Für die Kunstseidenavivage kommen hauptsächlich neutrale Olivenöl- sowie Olein- und Talgseifen in Betracht. Sie können als Avivagemittel jedoch nur dort angewandt werden, wo keine besonders hohen Ansprüche an die Kunstseide gestellt werden, also z. B. bei Strangware, die roh geschlichtet oder im Strang gefärbt wird. Es wird durch Seifenavivage eben der holzige Griff der Kunstseide etwas gebrochen, ein besonderer Avivageeffekt wird durch Seife nicht erzielt. Ferner tritt leicht bei längerem Lagern sowie beim Trocknen ein leichtes Vergilben der Kunstseide ein, was jedoch bei einigen Seifen (z. B. Diamantseife) nicht der Fall ist. Der Hauptnachteil der Seifen ist die leichte Bildungsmöglichkeit unlöslicher Metallseifen mit den Härtebildnern des Wassers sowie mit Metallsalzen, die auf andere Weise in das Bad gelangt sind, wodurch matte Stellen und andere unansehnliche Flecken auf der Kunstseide entstehen können. Die Seife stellt in Lösung stets ein Gemisch von molekular, dissoziiert, hydrolysiert und kolloidal gelösten Anteilen dar, von denen ein Teil immer unwirksam bleibt. Durch Härtebildner im Wasser entstehen ferner Verluste an wirksamer Substanz. Die folgende Zusammenstellung zeigt, welche Verluste bei einer auf Olivenölbasis aufgebauten Natronseife mit 60% Fett in 1 cbm Wasser durch die verschiedenen Härtegrade bedingt sind:

0° DH	5° DH	10° DH	20° DH
—	0,92	1,83	3,7 kg

Wie im 18. Kapitel gesagt war, wird nicht in allen Fällen in der Kunstseidenfabrik das Wasser durch Permutieren auf 0° DH enthärtet, so daß in der Wäsche bzw. Avivage u. U. mit Wasser gearbeitet werden muß, das noch Härtebildner enthält. Außerdem darf nicht übersehen werden, daß durch die aus der Wäsche kommende Kunstseide Metallsalze in die Avivagebäder geschleppt werden können, so vor allen Dingen bei magnesium- und zinkhaltigen Spinnbädern Magnesium- und Zinksalze aus zuweilen nicht restlos ausgewaschenen Spinnbädern sowie Blei-, Aluminium- und Eisensalze aus den Apparaturen und Rohrleitungen.

Wenn man also die Bildung von Metallseifen unter diesen Umständen nicht verhüten kann, so gibt es doch einen Weg, diese Metallsalze auf der Faser nicht zur Wirkung kommen zu lassen. Dieser Weg besteht darin, daß man die entstehende Metallseife in feiner Dispersion hält, so daß sie sich nicht zu größeren Gebilden zusammenballen und in Form von Flocken auf der Faser niederschlagen kann. Dieses Ziel wird durch Zugabe von Dispergatoren zum Avivagebad bewirkt. Als solche kommen z. B. Igepon T sowie Neopol TB in Frage, ferner Ultravon B und Lamepon A. Die erforderliche Menge ist vom Seifengehalt sowie vom Härtegrad des Wassers abhängig. So werden bei Igepon T z. B. im allgemeinen bei Wasser von

10° DH . . . . . 10%, bei
15° DH . . . . . 15% und bei
20° DH . . . . . 20% vom Seifengehalt

benötigt. Eine leichte Trübung der Seifenbäder verhütet Igepon T nicht.

Es soll an dieser Stelle erwähnt werden, daß man auch in der Lage ist, Metallseifen, die sich auf der Kunstseide niedergeschlagen haben, wieder abzuziehen. Hierzu eignet sich eine Behandlung mit einer Lösung von Calgon[1] oder Trilon[2]. Diese Körper bilden mit den Metallen wasserlösliche Komplexverbindungen. Das Calgon ist ein Natrium-hexa-meta-phosphat, das mit Kalkseife z. B. nach folgendem Schema reagiert:

$$(NaPO_3)_6 + \text{Kalkseife} \rightarrow Na_4[Ca(PO_3)_6] + 2\ \text{Na-Seife}.$$

Die bei Trilon verlaufende Reaktion ist in ihrem Chemismus noch nicht hinreichend aufgeklärt, es spielt sich aber etwa folgendes ab:

$$[\text{Trilon-Natrium}] + Ca^{\cdot\cdot} \rightarrow [\text{Trilon-Kalzium-Natrium}] + 2\ Na^{\cdot}$$

Beide Produkte führen eine vollkommene Lösung der gebildeten Metallseife herbei. Im einzelnen sei noch erwähnt, daß sich Trilon A besonders bei Anwesenheit zweiwertiger Metalle wie Kupfer, Zinn und Zink, bewährt hat. Dreiwertige Metalle werden zweckmäßig mit etwas Hydrosulfit reduziert. Beim Arbeiten mit Calgon ist zu beachten, daß es in alkalischer Lösung etwas an Wirksamkeit einbüßt, da es in bezug auf seine Wirkung entgegen dem Trilon vom p_H-Wert abhängig ist.

Zusätze von Calgon oder Trilon werden auch zuweilen zum Avivagebad gemacht, um Niederschlagsbildung zu verhüten. Besonders das

[1] Chem. Fabrik Benckiser, Ludwigshafen.
[2] I. G. Farbenindustrie Aktiengesellschaft.

Trilon B hat in dieser Beziehung Bedeutung erlangt. Es wird dem Avivagebad gern zugegeben, um die letzten Reste metallischer Verunreinigungen von der Faser abzulösen.

Nicht allzustarke Metallseifenauflagerungen auf der Kunstseide sind auch durch ein Bad von Igepon T oder Neopol TB zu entfernen, das die Metallseife langsam zu emulgieren in der Lage ist.

Softenings. Durch partielle Verseifung von Neutralfetten entstehen die Softenings, die also Seife, Neutralfett sowie Glyzerin enthalten. Man bezeichnet als Softenings allerdings auch Fettsäuren, die nur zum Teil neutralisiert sind (z. B. Oleinsoftening). Bei diesen Stoffen vermag der verseifte Anteil den unverseiften Rest des Fettkörpers in Wasser in Emulsion zu halten. Die Emulsion ist jedoch nie so fein dispers wie bei den später zu besprechenden sulfonierten Produkten. Je nach dem zur Verwendung kommenden Fett und je nach dem beabsichtigten Verwendungszweck kann man den Grad der Verseifung variieren.

Viel verwendet wird zur Avivage von Kunstseide die Emulsion eines Oleinsoftenings, mit einem Verseifungsgrad von etwa 75%. Die hiermit behandelte Kunstseide erhält einen weichen Griff, der für anspruchslose Zwecke ausreicht. Die Oleinavivage wird auch aus dem Grund gern verwendet, weil der ungesättigte Charakter des Oleins eine Unschädlichmachung eventuell vom Bleichen her noch auf der Kunstseide befindlicher Chlorreste bewirkt. Oleinavivage verträgt sich ferner besonders gut mit Leinölschlichte. Neben diesen Vorzügen hat die Oleinavivage aber einige Nachteile, die zum Teil gleichfalls auf die Doppelbindung der Ölsäure zurückzuführen sind. So neigt unter ungünstigen Bedingungen die auf der Kunstseide befindliche Oleinavivage zur Autoxydation, wodurch schwer abziehbare Produkte entstehen können, die in der Färberei Schwierigkeiten machen. Diese zum Teil sauren Oxydationsprodukte können ferner auf die Faser selbst einwirken. Wenn diese Einwirkung auch in den seltensten Fällen so weit geht, daß es zu direkten Faserschädigungen kommt, die sich durch Rückgang der Festigkeits- und Dehnbarkeitswerte zu erkennen geben, so kann doch die Faser so weit verändert werden, daß sie ein abweichendes Verhalten gegenüber Farbstoffen aufweisen kann, was zu Beanstandungen wegen unegaler Anfärbung führt. Schließlich ist es bei Anwendung von Oleinavivage nicht möglich, einen vollkommen rein weißen Bleichton der Kunstseide zu erhalten. Schon bei Trockentemperaturen von etwa 60° C neigt mit Olein avivierte Kunstseide zum Vergilben.

Die mit Oleinsoftening angesetzten Bäder besitzen keine große Beständigkeit, sie müssen daher häufig abgestoßen werden. Abgesehen davon, daß die Emulsion immer gröber wird, wodurch sich im Laufe der Zeit höhere Fettauflagen auf der Kunstseide ergeben als berechnet ist, bilden sich Metallseifen, die zu weißen, matten und milchigen Stellen auf der Kunstseide führen. Solche Stellen können auch dann entstehen, wenn mit Olein avivierte Kunstseidenstränge zum Trocknen auf Aluminiumstäbe gehängt werden (Stabflecken).

Daß trotz dieser Nachteile die Oleinavivage verhältnismäßig groß angewandt wird, verdankt sie neben der einfachen Herstellung ihrer Billigkeit. Es kommt hinzu, daß das Olein mit Leichtigkeit aus den für die Avivage unbrauchbar gewordenen Bädern regeneriert werden kann. Zu diesem Zwecke sammelt man die aus den Avivagebarken abgestoßenen Bäder sowie die beim Zentrifugieren der Fasern abfließenden Schleuderbäder in großen Bottichen. Durch Zusatz von Säure (z. B. Schwefelsäure oder — was noch billiger ist — durch Zusatz von gebrauchtem Spinnbad) wird die Ölsäure in Freiheit gesetzt, die sich an der Oberfläche der Flüssigkeit ansammelt und durch Hochdrücken der Flüssigkeit mit Wasser durch ein nach oben zu einem flachen Trichter erweitertes Überlaufrohr abgelassen werden kann. Die so erhaltene Regenerat-Ölsäure wird entweder verkauft oder nach Wäsche mit Wasser im eigenen Betrieb wieder verwendet[1].

Abb. 272. Olein-Separator der Firma Ramesohl & Schmidt, Oelde, Westf.

Die Abscheidung der mit Säure oder Spinnbad in Freiheit gesetzten Ölsäure geht besonders leicht vor sich, wenn man sich eines sog. Separators bedient, wie ihn z. B. die Firma Ramesohl & Schmidt, Oelde, entwikkelt hat (Abb. 272).

Die Verwendung eines Zellstoffes mit hohem Gehalt an Hemizellulosen kann bei der Regenerierung der Ölsäure insofern zu Schwierigkeiten führen, als diese Stoffe sich allmählich in den Avivagebädern anreichern. Die Hemizellulosen bilden ausgezeichnete Emulgatoren für die Ölsäure, die dann nach dem Ansäuern nicht mehr zur Abscheidung kommt, sondern sich in der Flüssigkeit in feiner Dispersion erhält. Man kann dem Übelstand dadurch begegnen, daß man neben der Säure reichliche Mengen Salz zugibt, wodurch aber die Regeneration nicht unwesentlich verteuert wird.

Eine wesentlich gröbere und fettigere Emulsion als Oleinsoftenings ergeben Kokosfett- und Talgsoftenings. Sie können deshalb überall dort angewandt werden, wo es nicht nur darauf ankommt, der

[1] Näheres bei STEINACKER: Zellwolle 5, 114 (1939).

Kunstseide einen weichen Griff zu verleihen. Ein zu 75% verseifter Hammeltalg z. B. ergibt eine Emulsion, die sich sehr gut zum Präparieren von solcher Kunstseide eignet, die auf Cottonmaschinen verarbeitet werden soll. Wenn für diesen Verwendungszweck die Kunstseide nicht durch andere Verfahren geschmeidig gemacht ist, so sind Fettauflagen von 1—2% erforderlich. Noch höher muß der Fettgehalt bei der Kreppschlichte (s. 21. Kap.) sein, weshalb sich Talgsoftenings auch für diese als Grundlage gut eignen. In gleicher Weise lassen sich für diesen Zweck auch Kokosfettsoftenings verwenden, die darüber hinaus eine recht gute Grundlage für Zellwollavivagen darstellen.

Auch Stearinsoftenings können als Kunstseidenavivage entweder allein, oder im Gemisch mit anderen, verwendet werden. Sie verleihen der Kunstseide eine besonders große Glätte, haben aber den Nachteil, daß sie sich nur schlecht emulgieren lassen und schon in verhältnismäßig geringer Konzentration ziemlich viskose Emulsionen bilden. Sie bewähren sich aber gut als Zusatzmittel zu anderen Avivagen, wenn es darauf ankommt, neben anderen Effekten der Kunstseide eine besonders hohe Glätte zu geben.

Sofern in der Kunstseidenfabrik selbst die Herstellung des Softenings vorgenommen werden soll, bedient man sich eines offenen, eisernen, besser emaillierten Gefäßes, das durch indirekten Dampf geheizt werden kann. In diesem wird zunächst das Fett mit so viel Wasser vermischt, wie zur Erhaltung einer zügigen Masse erforderlich ist. Das Gemisch wird bis über den Schmelzpunkt des Fettes erwärmt. Bei dem flüssigen Olein fällt dieser Prozeß natürlich fort. Dann gibt man unter Rühren portionsweise die berechnete Menge konzentrierter Alkalilauge zu, wobei man den Dampf abstellt. Man rührt bis zur Beendigung der Reaktion, setzt dann erforderlichenfalls noch heißes Wasser zu und arbeitet unter erneutem Erhitzen die Masse noch eine Zeitlang durch, bis vollkommene Homogenität eingetreten ist. Alsdann läßt man erkalten. Nach dem Erkalten kann man den fest gewordenen Softening durch Abstechen herausnehmen und in Vorratsfässer füllen. Bei der Herstellung des Softenings vom Olein ist nur mäßiges Erwärmen erforderlich.

b) Sulfonierte Fette und Öle.

Die Löslichmachung des Fettkörpers, die bei den eben beschriebenen Körpern auf Überführung der Fettsäure in das Alkalisalz beruht, kann auch durch Einführung der Sulfogruppe $-SO_3H$ erreicht werden. Aufbauend auf dem einfachsten, schon lange bekannten Türkischrotöl. einem sulfonierten Rizinusöl, ist eine große Zahl sulfonierter Körper hergestellt worden, und zwar hat man sowohl Öle als auch feste Fette sulfoniert. Durch Abwandlungen des Sulfonierungsprozesses erhält man eine große Anzahl von Sulfonierungsprodukten, die sich sowohl hinsichtlich des Sulfonierungsgrades als auch hinsichtlich der sich bei dem gleichzeitigen Ablauf von Nebenreaktionen bildenden Substanzen unterscheiden. Ferner entstehen je nach dem Ausgangsmaterial, das zur Sulfonierung kommt, Körper mit ganz unterschiedlichen Eigenschaften.

Je nach dem Widerstand, den die Ausgangsmaterialien der Sulfonierung entgegensetzen, sowie je nach dem gewünschten Sulfonierungsgrad, wird die Umwandlung mit Schwefelsäure, Oleum oder Chlorsulfonsäure vorgenommen. Der Verlauf der Sulfonierung ist ferner durch die Temperatur weitgehend zu beeinflussen.

Sulfonierte Öle und Fette sind niemals chemisch einheitliche Individuen, das Endprodukt der Sulfonierung ist vielmehr stets ein Gemisch der verschiedenartigsten chemischen Körper. Am Beispiel der Sulfonierung des Rizinusöles soll gezeigt werden, welche Reaktionen sich nebeneinander abspielen können.

Die Schwefelsäure wirkt auf das Öl, also auf den Glyzerinester der Rizinolsäure, zunächst so ein, daß das H-Atom der Oxygruppe durch den — SO_3H-Rest substituiert wird, wobei das Glyzerid zunächst intakt bleibt (R = Glyzerinrest):

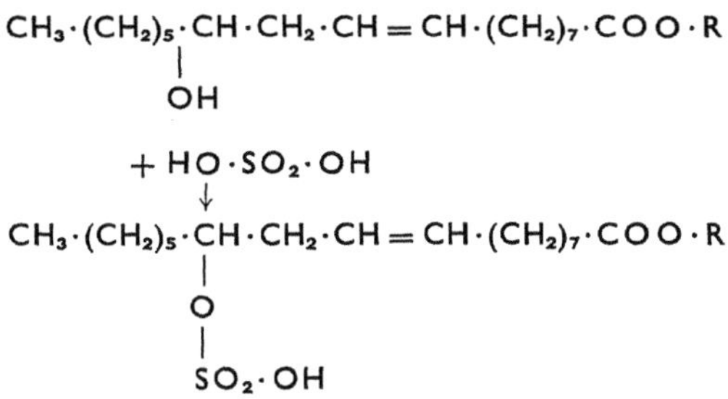

Das Reaktionsprodukt wird nunmehr zur Entfernung überschüssiger Schwefelsäure mit Kochsalz- oder Glaubersalzlösung gewaschen. Hierbei tritt teilweise Zerlegung des Glyzerids ein, und das freiwerdende Glyzerin geht ins Waschwasser. Auf der anderen Seite bildet sich die freie, sulfonierte Fettsäure. Gleichzeitig nehmen die Natriumatome des Salzes teilweise die Stelle des H-Atomes der Sulfogruppe ein, wodurch das Natriumsalz der betreffenden Fettsäure bzw. des Fettsäureglyzerides entsteht. Ist alle freie Schwefelsäure ausgewaschen, wird das Reaktionsprodukt mit Natronlauge neutralisiert. Sofern noch H-Atome an den Sulfogruppen vorhanden sind, werden diese jetzt restlos durch Natriumatome ersetzt. Darüber hinaus zugeführte Natronlauge führt zur Salzbildung am Karboxyl. Man hat es nun in der Hand, durch vollständige oder unvollständige Neutralisation das Produkt neutral oder schwach sauer einzustellen.

Neben diesen Hauptreaktionen spielt sich aber noch eine Reihe noch nicht restlos aufgeklärter Nebenreaktionen bei der Sulfonierung ab. So tritt z. B. teilweise eine Spaltung des Fettsäurerestes ein, ferner bilden sich durch Kondensation Polymerisate der Fettsäure, was man sich wie folgt vorstellen kann:

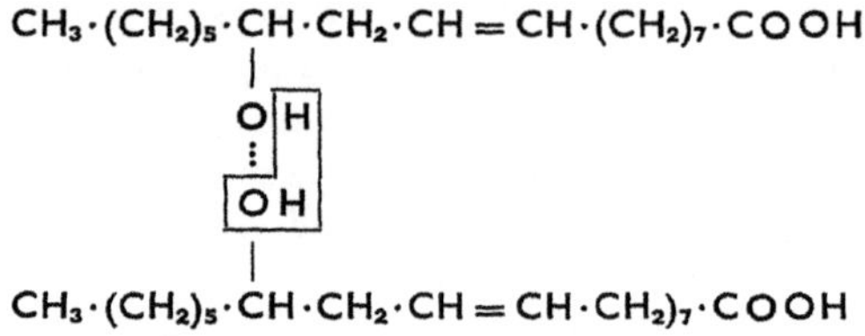

Weiter tritt eine Esterbildung zwischen Karboxyl und Hydroxyl ein:

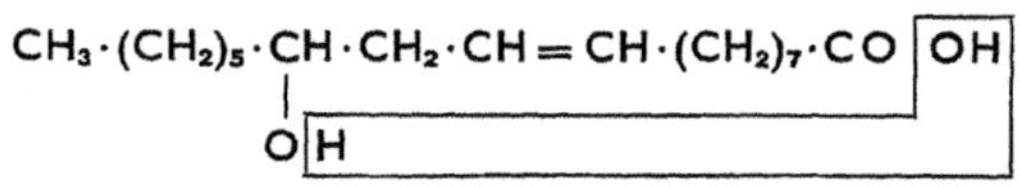

Diese Esterbildung erfolgt nun aber nicht nur am gleichen Fettsäuremolekül, sondern sie tritt auch zwischen benachbarten Molekülen auf (Estolidbildung). Ein hoher Gehalt an Estolidbindungen bewirkt eine besonders große Fülligkeit der avivierten Kunstseide.

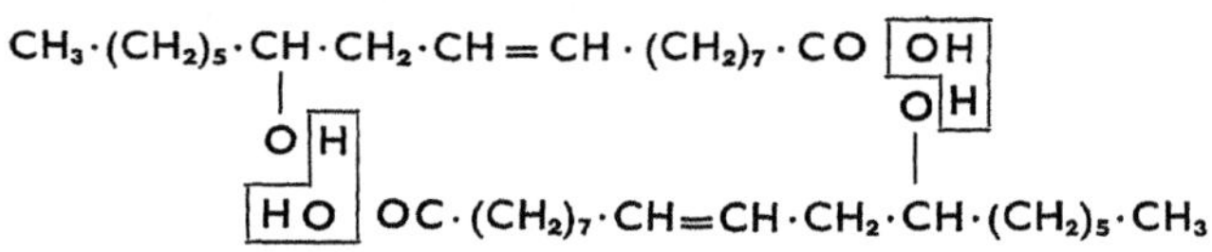

Wie hieraus hervorgeht, haben wir es bei dem Endprodukt also mit einem chemisch sehr unhomogenen Körper zu tun.

Bei der Ölsäure, dem Hauptbestandteil des Olivenöles, tritt der Schwefelsäurerest an die Doppelbindung:

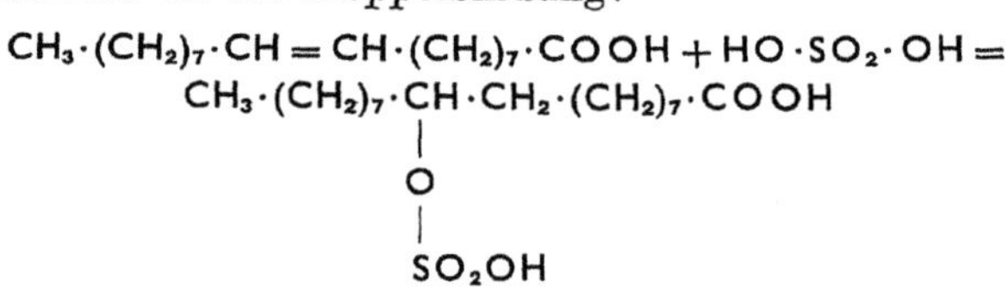

Bei vollständiger Veresterung wäre es möglich, etwa 32% Schwefelsäure anzulagern. Die normalen, niedrig sulfonierten Fettkörper enthalten aber durchweg nur 3—7% organisch gebundene Schwefelsäure. Die Kalkbeständigkeit nimmt mit steigender Sulfonierung zu. Die sulfonierten Produkte sind alle alkalibeständig, da die organisch gebundene Schwefelsäure durch Alkali nicht abgespalten wird. Durch Alkali kann lediglich eine Verseifung der noch an Glyzerin gebundenen Fettsäure erfolgen, wodurch es bei hohen Alkalikonzentrationen zu Trübungen kommen kann, die aber durch Verdünnung der Alkalilauge wieder in Lösung gehen. Mit steigendem Sulfonierungsgrad nimmt ferner die Salzbeständigkeit zu, jedoch ist zu beachten, daß hohe

Beständigkeit gegenüber einem Salz nicht für alle Salze zu gelten braucht. Alle sulfonierten Körper haben eine gewisse Emulgierwirkung, die manchmal besser sein kann als die besonderer Emulgatoren.

Je nach dem Sulfonierungsgrad lassen sich die sulfonierten Öle in Körper niedriger Sulfonierungsstufe, Körper mittlerer Sulfonierungsstufe und Körper hoher Sulfonierungsstufe einteilen, die je nach dem Ausgangsmaterial in Wasser löslich oder in Wasser emulgierbar sein können. Es soll zunächst auf die wasserlöslichen Produkte etwas näher eingegangen werden. Zu den Körpern mit niedrigerer Sulfonierung gehören die normalen, auf Rizinusölbasis aufgebauten Türkischrotöle, deren Eigenschaften jedoch noch nicht so hervorragend sind, als daß sie sich für die Kunstseidenavivage eigneten.

Von den Körpern mittleren Sulfonierungsgrades (25—40) sind die bekanntesten:

Monopolbrillantöl und Monopolbrillantöl F, von denen das letztere bei saurer Einstellung eine größere Kalkbeständigkeit besitzt. Die Produkte machen die Kunstseide weich, verleihen ihr jedoch keine ausgesprochene Glätte. Die gleichen Eigenschaften in verstärktem Maße weist die Monopolseife auf, ein fester, transparenter Körper, der der Kunstseide neben großer Weichheit aber ein leichtes Kleben verleiht. In dieser Gruppe muß noch das Monopolbrillantöl NFE erwähnt werden, das zwar kein Avivagemittel ist, sondern einen ausgesprochenen Emulgator für Mineralöle darstellt und infolgedessen bei der Bereitung von mineralölhaltigen Avivagebädern Anwendung finden kann.

Zu den hochsulfonierten Körpern mit einem Sulfonierungsgrad von etwa 65 gehören die Appretavirole, verschiedene Flerhenole, sowie die Praestabitöle, die verschiedene Öle als Grundkörper haben. Im Praestabitöl V liegt der höchst sulfonierte Körper vor. Diese Produkte besitzen eine außerordentliche Beständigkeit, sind aber nicht mehr als ausgesprochene Avivagemittel anzusprechen, da die Fettgrundlage zu weitgehend verändert ist. Es soll in diesem Zusammenhange erwähnt werden, daß man auch zu echten Sulfonsäuren kommen kann, Körpern, in denen also die Atomgruppe

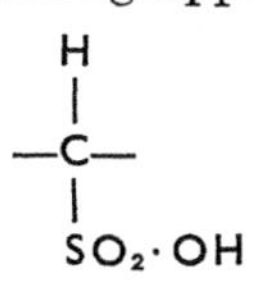

enthalten ist. Ein derartiger Körper ist das Intrasol, dem zwar keine Avivagewirkung zukommt, das jedoch infolge seiner schutzkolloiden Eigenschaften zur Stabilisierung von Avivagebädern verwendet werden kann, zu deren Bereitung man Körper von geringer Härtebeständigkeit benutzt hat.

Unter den in *Wasser emulgierbaren Körpern* sind einige Produkte zu nennen, denen als Aviviermittel wieder große Bedeutung zukommt. Es ist dies zunächst das *Monopolbrillantöl* SO 100%ig *handelsüblich*, ein schwach sulfoniertes Olivenöl, das der Kunstseide einen weichen, etwas schweren und nicht allzuglatten Griff verleiht. Geht man bei der Sulfonierung von Talgarten aus, so erhält man die *Tallosane*, durch die die Kunstseide eine große Fülle bei ausgezeichneter Weichheit erhält.

Abwandlungen eines tallosanartigen Griffes erhält man durch Avivieren mit den *Tallofinen*, die wachsartige Eigenschaften haben und die sich in vielen Fällen zur Erzielung bestimmter Effekte auch als Zusatz zu Avivierflotten eignen.

Während bei den bisher genannten Körpern die Carboxylgruppe des Fettsäureesters teils frei, teils an Natrium gebunden vorlag, sind auch Körper hergestellt worden, bei denen die Karboxylgruppe blockiert ist. Dies kann z. B. durch Veresterung erfolgen, wodurch man gleichfalls brauchbare Avivagemittel erhält. Diese Körper haben also das Formelbild

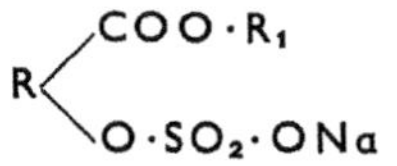

worin R den Fettsäurerest und R_1 einen Alkoholrest bedeutet. Im *Avirol* AH ist R_1 z. B. durch den Butylalkoholrest ersetzt.

Da durch die Blockierung der Karboxylgruppe dieser die Möglichkeit zur Bildung von Kalksalzen genommen ist, zeichnen sich diese Körper, wie die hochsulfonierten, durch besonders hohe Beständigkeit aus.

c) Sulfitierte Fette und Öle.

An Stelle der Sulfonierung der Fette und Öle ist auch die Sulfitierung möglich, durch die, wie man annimmt, eine SO_2H-Gruppe in das Molekül eingeführt wird. Der wichtigste Vertreter dieser Klasse ist das *Praestabitöl* CH. Dieses Produkt verleiht der Kunstseide einen weichen, etwas schweren Griff, gibt der Faser jedoch keine Glätte. Das Praestabitöl CH kann überall da mit Erfolg angewandt werden, wo starke elektrische Aufladung die Manipulation mit der Kunstseide stört sowie wo die Avivage in besonders hohem Grade salzbeständig sein muß. Zweckmäßigerweise wird das *Praestabitöl* CH jedoch in Kombination mit anderen Weichmachern, z. B. den Tallosanen angewandt.

Sulfitiert man Leinöl, so kommt man zu einem in Wasser emulgierbaren Leinölpräparat, das unter dem Namen *Linopol* C im Handel ist. Es findet Verwendung zum Schlichten von Kunstseide in Form des Stranges, Kuchens oder Zwirnwickels.

d) Fettalkoholsulfonate.

Während bei den Körpern der Klasse des Avirol AH die störende Wirkung der Karboxylgruppe durch Blockierung aufgehoben wurde, fehlt bei den Fettalkoholsulfonaten die Karboxylgruppe gänzlich. Man erhält diese Körper durch Sulfonieren der reinen Fettalkohole. In der Natur stehen uns diese nur in geringem Maße zur Verfügung, so z. B., wie schon erwähnt, als Myricylalkohol im Bienenwachs und als Cetylalkohol im Walrat. Man gewinnt sie heute großtechnisch durch Reduktion der betreffenden Fettsäure auf dem Wege der Hochdruckhydrierung, gemäß der Gleichung

$$R\cdot COOH + 2H_2 = R\cdot CH_2\cdot OH + H_2O$$

So erhält man beispielsweise aus

Laurinsäure → Laurylalkohol $C_{12}H_{25}.OH$,
Myristinsäure → Myristylalkohol $C_{14}H_{29}.OH$,
Palmitinsäure → Palmityl- oder Cetylalkohol $C_{16}H_{33}.OH$,
Stearinsäure → Stearylalkohol $C_{18}H_{37}.OH$.

Aus der ungesättigten Ölsäure entsteht der ungesättigte Oleylalkohol $C_{18}H_{35}\cdot OH$.

Durch Sulfonierung werden diese Alkohole in die betreffenden Schwefelsäureester übergeführt, gemäß der Gleichung

$$R\cdot CH_2\cdot OH + HO\cdot SO_2\cdot OH = R\cdot CH_2\cdot O\cdot SO_2\cdot OH + H_2O$$

Die Handelsprodukte sind Natriumsalze der sauren Alkylschwefelsäureester.

Als Avivagemittel geben die Fettalkoholsulfonate der Kunstseide einen außerordentlich weichen und glatten Griff. Eine füllende Wirkung kommt ihnen dagegen nicht zu. Bemerkenswert ist die reinweiße Farbe der damit avivierten Kunstfaser, die auch durch schärferes Trocknen nicht gelber wird.

Hauptvertreter dieser Klasse sind die Cyclanone, die Gardinolmarken R, WA, CA, J, KD, OTS und die Brillantavirolmarken L142, L144, L168, ferner die Jokaline sowie das Produkt CFD 1931.

Eine absolute Beständigkeit kommt den Fettalkoholsulfonaten nicht zu, da sie am Sauerstoffatom, an dem die Sulfogruppe sitzt, spaltbar sind, wodurch der wasserunlösliche Fettalkohol frei wird. Die Beständigkeitseigenschaften sind aber für die Bedürfnisse der Industrie ausreichend.

Auch die Fettalkoholsulfonate sind chemisch keine einwandfrei zu definierenden Körper, sondern Gemische verschiedener Sulfonierungsstufen, ihre Avivagewirkung dürfte zu einem guten Teil auf das Vorhandensein unsulfonierter Anteile beruhen.

e) Fettsäurekondensationsprodukte.

Bei dieser Körperklasse wird die Karboxylgruppe der Fettsäure durch solche Körper ersetzt, die selbst eine endständige Sulfogruppe enthalten bzw. einen zur Aufnahme einer Sulfogruppe befähigten Rest. So kann man z. B. eine Fettsäure mit Äthionsäure kondensieren:

$$R \cdot COOH + OH \cdot CH_2 \cdot CH_2 \cdot SO_3H \rightarrow R \cdot COO \cdot CH_2 \cdot CH_2 \cdot SO_3H + H_2O$$

Kondensiert man mit einer Aminosulfosäure, wie beispielsweise dem Methyltaurin, so entsteht:

$$R \cdot COOH + \underset{\displaystyle CH_3}{\overset{|}{N}}H \cdot CH_2 \cdot CH_2 \cdot SO_3H \rightarrow R \cdot CO \cdot \underset{\displaystyle CH_3}{\overset{|}{N}} \cdot CH_2 \cdot CH_2 \cdot SO_3H + H_2O$$

Derartige Körper sind z. B. das Igepon A, das Igepon T, die Neopole und einige Sapaminmarken.

Durch Kondensation mit Sarkosin wird eine Sorominmarke hergestellt[1].

Die Produkte stellen weiße Pulver oder Pasten dar. Sie sind weniger härteempfindlich als die Fettalkoholsulfonate, die bisher genannten stehen jedoch mit Ausnahme der Sapamine und des betreffenden Soromins im Avivageeffekt hinter den Fettalkoholsulfonaten zurück.

Die Klasse der Kondensationsprodukte hat in den letzten Jahren einen großen Umfang angenommen, so daß im folgenden nur einige typische Vertreter genannt werden können, die sich durch einen besonders guten Avivageeffekt auszeichnen.

Kondensiert man Fettalkohole mit aliphatischen Polysulfosäuren, so erhält man die Adulcinolmarken LL, 7 und 7 S.

Auch Eiweißkörper lassen sich mit Fettsäuren kondensieren, auf diese Weise ist z. B. das Lamepon A entstanden (s. S. 494).

Während die bisher erwähnten Körper noch ein verhältnismäßig kleines Molekül aufweisen, ist es auch möglich, langkettige Gebilde, die man synthetisch aus Äthylenoxyd aufgebaut hat, mit Fettsäuren zu kondensieren[2]. Unter den Sorominen und Sebosanen sind z. B. solche Produkte enthalten, darunter eines, daß sich besonders dadurch auszeichnet, daß es der Kunstfaser einen knirschenden an Naturseide erinnernden Griff verleiht.

Zu den Kondensationsprodukten gehört dann noch eine Gruppe von Körpern, die sich von den Alkylolaminen ableiten, also vom

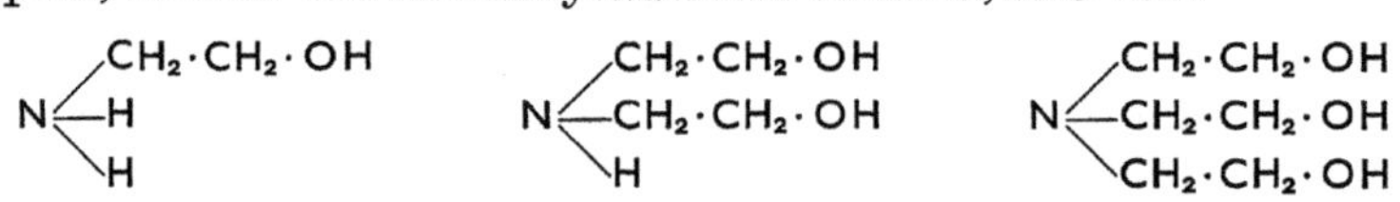

Monoäthanolamin Diäthanolamin und Triäthanolamin.

Kondensiert man diese Körper mit Fettsäuren, so entstehen Produkte von folgendem Typ:

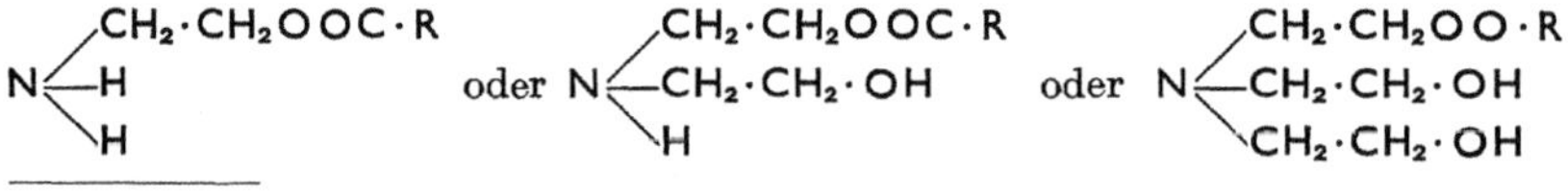

[1] DRP. 550905. [2] DRP. 605973.

Die Variationsmöglichkeit ist hiermit aber nicht erschöpft, da man im Di- und Triäthanolamin auch die übrigen Alkoholreste mit Fettsäure kondensieren kann. Auch kann man sie mit verschiedenen Fettresten oder synthetisch aufgebauten Körpern in Reaktion bringen. Die auf diese Weise entstehenden Produkte zeichnen sich durch außerordentlich hohe avivierende Wirkung aus. Unter der Klasse der Soromine und Sebosane sind beispielsweise Kondensationsprodukte aus Triäthanolamin mit Stearinsäure und Äthylenoxyd in verschiedenen Varianten im Handel[1].

Geht man nicht von den Alkylolaminen, sondern von dem unsymmetrisch bisubstituierten Diäthyläthylendiamin aus, so erhält man durch Kondensation mit Fettsäure das Diäthylaminoäthyl-Fettsäureamid:

$$NH_2 \cdot CH_2 \cdot CH_2 \cdot N \cdot (C_2H_5)_2 + R \cdot COOH = R \cdot CO \cdot NH \cdot CH_2 \cdot CH_2 \cdot N \cdot (C_2H_5)_2 + H_2O$$

Besondere Bedeutung hat das auf diese Weise hergestellte Kondensationsprodukt mit Ölsäure gewonnen, das in Form des Azetates, Chlorhydrates und Laktates unter dem Namen Sapamin A, CH und L im Handel ist.

Kurz erwähnt werden soll dann noch ein Körper, der sich vom Pyridin ableitet, nämlich das

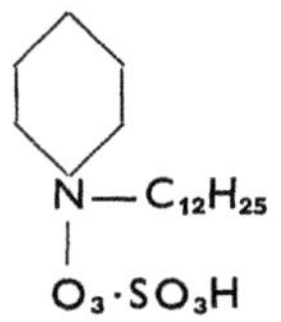

Laurylpyridiniumsulfat,

das zwar als Avivagemittel ohne Bedeutung ist, jedoch bei der Besprechung der Maßnahmen zur Verhütung der Düsenverstopfungen schon erwähnt werden mußte.

Die zuletzt genannten Soromine, Sebosane, Sapamine und Pyridiniumverbindungen unterscheiden sich von den übrigen Avivagemitteln dadurch, daß sie die Eigenschaft haben, ähnlich wie ein Farbstoff mehr oder weniger substantiv auf die Faser aufzuziehen, d. h. also, das von der Faser mitgenommene Wasser enthält mehr von dem gelösten Stoff, als der Konzentration der Außenlösung entspricht. Von Bertsch wird diese Eigenschaft damit erklärt, daß diese Stoffe die oberflächenaktive Gruppe im Kation tragen, weshalb sie auch kationaktive Fettstoffe genannt werden. Neuere, noch unveröffentlichte Beobachtungen deuten aber darauf hin, daß diese Konstituierung für das substantive Aufziehen nicht erforderlich ist, da substantives Aufziehen auch bei einigen nicht kationaktiven Körpern festgestellt wurde.

Einige dieser Körper sind insbesondere für die Avivage der Zellwolle interessant, da ihnen die Eigenschaft zukommt, die Faserbäusche oder Spinnkabel weitgehend zu öffnen und voluminös zu machen. Worauf dies zurückzuführen ist, ist vorläufig ungeklärt.

[1] Vgl. hierzu DRP. 546406; DRP. 550905 und DRP. 605973.

II. Eiweißabkömmlinge.

Unter diesen ist nur ein Körper zu nennen, dem eine avivierende Eigenschaft zukommt; die meisten im Handel befindlichen Eiweißspaltprodukte sind ausgesprochene Färbereihilfsmittel. Als Avivagemittel hat in der Kunstseidenindustrie lediglich das Lamepon A[1] eine gewisse Bedeutung erlangt. Es wird erhalten durch Kondensation von Eiweißabbauprodukten, die durch Laugebehandlung von Lederabfällen gewonnen werden[2], mit Fettsäurechloriden.

III. Mineralölhaltige Kompositionen.

Zum Präparieren von Kunstseide und Zellwolle finden auch Produkte Verwendung, die als wirksamen Bestandteil hochwertige Mineralöle enthalten. Diese Körper stellen Gemische dar, die neben dem Mineralöl Emulgatoren und Weichmacher enthalten. Als Emulgatoren dienen in der Hauptsache sulfonierte Öle und Fette. Körper ähnlicher Zusammensetzung stellen die Weichmacher dar, jedoch enthalten die Produkte vielfach auch Glyzerin als weichmachendes und hygroskopisches Agens. Sie sind unter Namen wie Stoko-Präparation R[3], Kuspifan[3], Raylubric[4] und Avirol SW 20[5] im Handel.

IV. Synthetische Körper.

Die in der Gruppe der Avivage- und Präparationsmittel mit synthetischen Körpern bezeichneten Produkte stellen im streng wissenschaftlichen Sinne keine auf vollkommen synthetischer Grundlage aufgebauten Stoffe dar, sie enthalten vielmehr nur synthetische Bausteine. Es handelt sich hierbei zum größten Teil um Körper, die Äthylenoxyd enthalten. Sie wurden unter der Klasse der Fettsäurekondensationsprodukte schon erwähnt.

B. Das Avivieren und Präparieren der Kunstseide.

Wie im vorigen Kapitel ausgeführt, wird die Avivage der Kunstseide im Gange der chemischen Nachbehandlung der Gespinste vorgenommen. In einigen Werken erfolgt hier auch schon die Präparation, sofern eine solche erforderlich ist. Das Avivagemittel wird auf dieselbe Weise auf die Gespinste aufgebracht, wie die anderen Bäder zur Anwendung kommen, so daß also alle im vorigen Kapitel beschriebenen Methoden in Anwendung sind. Man behandelt so Spulengespinste, Walzengespinste, Spinnkuchen und Stränge nach allen genannten Verfahren,

[1] Chemische Fabrik Grünau, Grünau.
[2] Chwala: Textilhilfsmittel, S. 369. Wien 1939.
[3] Chemische Fabrik Stockhausen & Cie., Krefeld.
[4] Deutsche Houghton-Gesellschaft, Magdeburg.
[5] Böhme-Fettchemie m. b. H., Chemnitz.

also durch Tauchen, Berieseln, Saug- oder Druckverfahren. Das Avivagebad ist immer das letzte Bad, das zur Anwendung kommt.

Wie aus der Einleitung zu diesem Kapitel schon hervorging, ist die Auswahl des für jeden Fall günstigsten Avivagemittels nicht immer leicht, da sie in ihren Eigenschaften auf den Verwendungszweck der betreffenden Kunstseide abgestimmt sein müssen sowie sich auch dem anzuwendenden Verfahren anpassen müssen.

Am einfachsten ist das Avivieren der Strangware für Webereizwecke. Hier sind grundsätzlich alle Produkte geeignet, die der Kunstseide den holzigen Griff nehmen. Die hierfür in Frage kommenden Avivagemittel müssen die Faser also weich machen. Darüber hinaus ist es aber günstig, wenn sie die Faser auch glätten. Eine an ihrer Oberfläche rauhe Faser kann beim Ablaufen von Windekronen hängen bleiben. Hierdurch können überstreckte Stellen im Faden entstehen, was zu Glanzfäden in der Fertigware führen kann. Bei feinen Titern kann in der Winderei ferner beim Hängenbleiben der Faden reißen, was Aufenthalt verursacht. Daß das Avivagemittel den Schlichtprozeß nicht stören darf, wurde schon erwähnt.

Es sollen nun einige Mittel aufgezählt werden, die für das Avivieren von Strangkunstseide geeignet sind. Infolge der überaus großen Zahl von Produkten, die im Handel sind, können nur Beispiele angegeben werden. Sie sollen lediglich die Richtung aufzeigen, die bei der Auswahl der Mittel eingeschlagen werden muß.

Viel verwendet wird für die Strangavivage eine einfache Lösung einer guten Marseiller Seife. Daß dies das Vorhandensein von enthärtetem Wasser voraussetzt, ist selbstverständlich. Man wendet Konzentrationen von 3—5 g im Liter an. Es muß jedoch betont werden, daß diese billige Art des Avivierens nicht zu einer im Griff besonders schönen Kunstseide führt. Außerdem sind die eingangs angeführten Nachteile der Seife in Kauf zu nehmen. Mit dem Auftreten von Metallseifenflecken auf der Ware muß man rechnen.

Im Griff wesentlich besser ist die Lösung eines Oleinsoftenings, die gleichfalls für die Strangavivage viel verwendet wird. Aber auch hierbei können leicht Flecken auf der Kunstseide entstehen. Der Oleinsoftening wird mit 2—3 g im Liter angewandt. Auf die Vor- und Nachteile der Oleinavivage war schon S. 484 eingegangen worden.

Sollen höhere Ansprüche in bezug auf Griff und Weichheit befriedigt werden, so werden zweckmäßig besondere Avivagemittel angewandt.

Große Bedeutung haben hier zunächst das Monopolbrillantöl sowie das Monopolbrillantöl SO 100%ig handelsüblich, von denen das letztere das Monopolbrillantöl in bezug auf Weichheit und Glätte überragt. Die Produkte werden mit etwa 2 g im Liter angewandt. Will man der Kunstseide mehr Fülle geben, so ist es zweckmäßig, mit Tallosan S zu avivieren. Als besonders günstig haben sich Mischungen von

Monopolbrillantöl SO 100%ig handelsüblich mit Tallosan S im Verhältnis 2:1 erwiesen.

Größere Weichheit liefern die Fettalkoholsulfonate, z. B. die Cyclanone und Brillantavirole. Ihr etwas leerer Griff kann gebessert werden, wenn man sie gleichfalls in Kombination mit Tallosan S anwendet.

An der Spitze in bezug auf Weichheit stehen Fettsäurekondensationsprodukte, z. B. die Soromine, die Sebosane, die Sapamine sowie das Stokotal VK. Sie werden im allgemeinen aber nur für Sonderzwecke angewandt, da einerseits die anderen genannten Produkte als ausreichend im Effekt zu bezeichnen und andererseits diese Spezialmittel für den großen Bedarf einer Kunstseidenfabrik etwas teuer sind.

Bei der Behandlung der Walzen-, Spulen- und Zentrifugengespinste im Saug- und Druckverfahren müssen die Seifen und Softenings ausscheiden, da ihre Lösungen nicht so fein und gleichmäßig dispers sind, als daß sich eine vollkommen gleichmäßige Verteilung des Avivagemittels im Gespinst mit ihnen erzielen ließe. Auf diesem Gebiete nehmen aber das Monopolbrillantöl sowie das Monopolbrillantöl SO 100%ig handelsüblich einen breiten Raum ein. Da in den weitaus meisten Fällen die in Form der Gespinste behandelte Kunstseide unter Umgehung des Stranges gespult wird, so darf das für diesen Zweck eingesetzte Avivagemittel den Faden nicht besonders glatt machen, damit ein guter Zusammenhalt der Kreuzspulen herbeigeführt wird. Diese Forderung wird von den genannten Ölen gleichfalls erfüllt.

Einige Werke arbeiten auch so, daß die für Webereizwecke hergestellte Kunstseide nicht besonders aviviert wird. Die Kunstseide wird vielmehr erst beim Herstellen der Kreuzspulen aviviert. Dies geschieht dadurch, daß man den Faden beim Spulen über besondere Ölauftragsvorrichtungen laufen läßt. Als solche haben sich besonders drei Systeme eingeführt. Bei dem einen („Schemag-Öler") wird von dem laufenden Faden ein Röllchen mitgenommen, das hierdurch eine Spindel in Bewegung setzt. Die Spindel führt dem laufenden Faden durch spiralige Rillen eine stets gleichbleibende Menge Flüssigkeit aus einem kleinen Vorratsgefäß zu. Die aufgetragene Ölmenge ist hierdurch unabhängig von der Fadengeschwindigkeit, wodurch eine gleichmäßige Avivage des Fadens auch bei verschiedenen Abzugsgeschwindigkeiten gewährleistet ist.

Bei einer anderen Konstruktion wird die Avivageflüssigkeit dem Faden durch einen Docht zugeleitet, auf den der laufende Faden durch eine kleine Stahlkugel gedrückt wird. Diese Stahlkugel wirkt gleichzeitig als Fadenbremse. Die Einrichtung kann jedoch nur dort benutzt werden, wo der Faden mit konstanter Geschwindigkeit läuft.

Die dritte und meist verwendete Ölauftragsvorrichtung besteht in einer kleinen Walze, die in einem Ölbehälter rotiert. Der Faden wird durch zwei Fadenführer (Abb. 273) über die Walze geleitet. Die Drehungsrichtung der Walze ist der Laufrichtung des Fadens entgegengesetzt. Die Walze nimmt kleine Ölmengen aus dem Behälter heraus und überträgt das Öl auf den Faden. Falls die Spulmaschine den Faden nicht mit konstanter Geschwindigkeit abzieht, so kuppelt man einen Fadenführer mit dem Maschinenantrieb so, daß bei höherer Abzugsgeschwindigkeit der Faden die Walze eine größere Strecke berührt. Auf diese Weise wird dann eine größere Menge Öl dem schneller laufenden Faden erteilt.

Schließlich ist noch eine recht primitive Weise zu erwähnen, nach der ein Präparationsmittel auf Gespinste aufgebracht werden kann. Diese Methode besteht darin, daß man das Öl mit einem weichen Pinsel auf die Stirnflächen der Kuchen oder Zwirnwickel aufträgt. Eine ungleichmäßige Verteilung des Avivagemittels auf dem Faden ist nicht zu befürchten, da das Öl sich teilweise an den Fadenführern sowie Fadenbremsen abstreift und von diesen von schwächer geölten Stellen wieder mitgenommen wird.

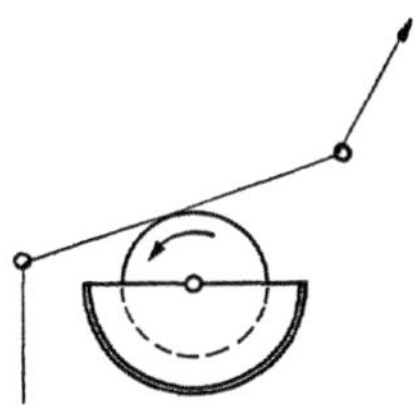

Abb. 273. Einfache Ölauftrags-Vorrichtung.

Da bei den zuletzt genannten Methoden keine Trocknung der Kunstseide mehr vorgenommen wird, so können die hierfür in Frage kommenden Avivagemittel nur blanke, wasserfreie Öle sein Die praktisch angewandten Produkte besitzen als wirksame Komponente ein helles Mineralöl und außerdem Mittel, die die Auswaschbarkeit des Mineralöles gewährleisten. Ferner sind in ihnen meist organische Lösungsmittel enthalten, um die Viskosität des Öles bzw. der Mischung herunterzusetzen. Die Produkte sind unter Namen wie Stoko-Präparation RD, Zikol oder Raylubric im Handel.

Einige Werke verwenden auch ein Mineralöl, dem ein Zusatz von Emulphor A öllöslich zur Erleichterung der Auswaschbarkeit gegeben wurde.

Es muß besonders darauf hingewiesen werden, daß für Webzwecke der Auftrag mineralölhaltiger Produkte so sparsam wie möglich zu erfolgen hat, da sonst in Kombination mit den Kettschlichten Schwierigkeiten entstehen können.

Ganz anders liegen die Verhältnisse, wenn es sich darum handelt, die Kunstseide für Wirkereizwecke zu präparieren. Hier muß man ihr eine recht kräftige Präparation erteilen, da die hier in Frage kommenden Verarbeitungsmaschinen hohe Ansprüche an die Geschmeidigkeit der Kunstseidengarne stellen.

Fast allgemein verwendet man für die Präparation der Wirkereikunstseide mineralölhaltige Produkte. Sie können entweder als wässerige Emulsion als letztes Bad angewandt werden oder als unverdünnte Produkte in einer der eben beschriebenen Arbeitsweisen. Behandelt man die Gespinste mit wässerigen Emulsionen, so müssen Konzentrationen von 30 g und mehr im Liter angewandt werden, um einen für Wirkereizwecke ausreichenden Ölauftrag zu erhalten. Je nach der Qualität der Kunstseide und der Beschaffenheit der in der Kunstseidenfabrik zur Verfügung stehenden Spulmaschinen kann der Ölauftrag 1,5—3% betragen. Geeignet sind für diesen Zweck Stokopräparation R, Stokopräparation A, Avirol SW 20 und Raylubric 30.

Als unverdünnte Produkte für das Durchspulen verwendet man die oben für die Avivage der Webkunstseiden genannten Produkte, nur sind die Ölauftragsvorrichtungen so einzustellen, daß wesentlich mehr Öl auf den Faden gelangt. Das Auftragen des Öles mit einem Pinsel ist hierbei allerdings nicht möglich, da hierdurch zu wenig Öl auf den Faden gebracht wird. Man geht daher hier entweder so vor, daß man eine bestimmte Ölmenge aus kleinen Ölnäpfchen auf die Gespinste gießt oder die Spulen oder Kuchen mit den Stirnflächen einige Zeit auf einen dicken Filz stellt, den man jedesmal kurz vorher in das Öl taucht. Man kann sich hierfür geeignete einfache Vorrichtungen bauen.

Die auf eine der beschriebenen Methoden geölte Kunstseide reicht für die Verarbeitung auf Kettstühlen und ähnlichen Maschinen aus, nicht jedoch für die Verarbeitung auf Cottonmaschinen. Kunstseide, die auf Cottonmaschinen verarbeitet werden soll, muß daher im Betriebe des Strumpffabrikanten noch einer besonderen Behandlung unterworfen werden, um ihr die Geschmeidigkeit zu verleihen, die für die Erzielung einer feinen und gleichmäßigen Maschenbildung erforderlich ist. Diese Behandlung besteht allgemein in einem nochmaligen Durchspulen der Kunstseide. Der Strumpfwirker bringt die Kunstseide, die entweder in Form des Stranges oder, wie dies heute meist üblich ist, in Form einer konischen Kreuzspule geliefert wird, auf. sog. Flaschenspulen, die der Cottonmaschine vorgelegt werden. Bei diesem Umspulprozeß wird dann der Faden mit Hilfe der eben beschriebenen kleinen Walze zusätzlich präpariert. In der Strumpffabrik spult man jedoch nicht durch blanke Öle, sondern stets durch wässerige Emulsionen. Es hat sich nämlich gezeigt, daß die Geschmeidigkeit der Kunstseide und somit die Gleichmäßigkeit der Masche in hohem Grade ansteigt, wenn die Kunstseide einen großen Wassergehalt hat. Man stellt daher die fertigen Spulen auch vor der Verarbeitung in sog. Feuchtkästen oder Feuchtschränke und verarbeitet sie auch unmittelbar aus sog. Feuchtgläsern heraus. Feuchtkästen, Feuchtschränke und Feuchtgläser sind unten mit Wasser gefüllt, so daß sich in ihnen stets eine mit Wasserdampf gesättigte Luft befindet.

Als Durchspulmittel kann z. B. Stoko-Präparation R oder Raylubric verwendet werden, viel wird auch Soietine[1] angewandt, unter welchem Namen ein Fettsoftening im Handel ist.

[1] Hergestellt von der Firma Louis Blumer, Zwickau.

Das nasse Durchspulen und Feuchtstellen der Kunstseide schließt eine Reihe von Gefahrenquellen ein. Man muß bedenken, daß die Dehnbarkeit der Kunstseide mit steigendem Wassergehalt wächst. Infolgedessen kann eine feuchte Kunstseide mit einem viel geringeren Kraftaufwand gedehnt werden als eine lufttrockene Kunstseide. Irgendwelche Hemmungen des ablaufenden Fadens an der Spulmaschine führen so zu einer überdehnten Fadenstelle, die im fertigen Strumpf zu Maschenringeln Anlaß gibt. Ferner kann es vorkommen, daß das in der Kunstseidenfabrik verwendete Avivage- bzw. Präparationsmittel mit dem vom Strumpfwirker angewandten in irgend einer Weise reagiert, wodurch schwer lösliche Verbindungen entstehen können, die im fertigen Strumpf Farbringel ergeben.

Um diese Fehler auszuschließen, ist von der Hollandschen Kunstzijde Industrie Breda sowie der Vereinigte Glanzstoff-Fabriken A. G. ein Verfahren entwickelt worden, das ein zusätzliches Durchspulen der Kunstseide im Betriebe des Verarbeiters überflüssig macht. Dieses Verfahren besteht darin, daß die Kunstseide schon in der Kunstseidenfabrik ausreichend präpariert und gefeuchtet wird und mit einem hohen, gleichmäßigen Feuchtigkeitsgehalt in die Hände des Verarbeiters gelangt. Die auf diese Weise hergestellten konischen Kreuzspulen nennt man Feuchtcones oder F-Cones.

Ihre Herstellung geschieht im einzelnen wie folgt: Die Zentrifugen- oder Spulengespinste werden auf eine der üblichen Weisen präpariert. Dann läßt man sie mindestens 48 Stunden in einem Raum abstehen, dessen relative Luftfeuchtigkeit 90% beträgt. Diesen Feuchtigkeitsgehalt kann man entweder durch ausreichende Heizung bei gleichzeitigem Zerstäuben von Wasser einstellen oder durch Einbau einer Klimaanlage. Zum Zerstäuben des Wassers haben sich zwei Düsentypen besonders bewährt, die mit Preßluft betätigt werden. Sie werden hergestellt von den Firmen Nubilosa in Meißen und Schlick in Dresden. Die auf diese Weise befeuchtete Kunstseide wird in Räumen, die gleichfalls auf einen Feuchtigkeitsgehalt von 90% relativ eingestellt sind, auf konische Kreuzspulen von 600 g Gewicht gespult. Die in diesem Raum befindlichen Spulmaschinen bedürfen besonderer Pflege, um sie vor Korrosion zu schützen. Die fertigen Spulen müssen nun feuchtigkeitsdicht verpackt werden. Als Packmaterial haben sich nur mit Papier kaschierte Aluminiumfolien bewährt. Jedes imprägnierte Papier läßt nämlich Luft und Wasserdampf noch durchtreten und führt somit äußerlich ein Antrocknen der Spulen herbei. Die F-Cones werden beim Kunden unmittelbar vor der Verarbeitung ausgepackt und aus Feuchtgläsern heraus verarbeitet. Sie weisen einen Feuchtigkeitsgehalt von etwa 20% auf.

Die F-Cones erfreuen sich bei den Strumpffabrikanten großer Beliebtheit, da einerseits der Umspulprozeß fortfällt und andererseits die Ausbeute an Fertigware I. Wahl außerordentlich gesteigert wird.

C. Die Avivage der Zellwolle.

Es war schon einleitend erwähnt worden, daß die Avivage bei der Zellwolle den Zweck verfolgt, die Faser spinnfähig zu machen. Das Ziel, das angestrebt wird, ist, die Zellwolle in der Zellwollfabrik so zu avivieren, daß sie in der Baumwoll-Dreizylinderspinnerei ohne zusätzliche Präparation (Schmälze) einwandfrei versponnen werden kann. Dieses Ziel ist leider noch nicht in allen Fällen erreicht worden, so daß eine Reihe von Baumwollspinnern die Faser vor dem Verspinnen noch schmälzen. Bei der Verarbeitung der sog. Wolltypen in der Kämmerei, Kammgarn- und Streichgarnspinnerei liegen die Verhältnisse insofern etwas anders, als dort die Spinnverfahren eine verhältnismäßig hohe Schmälzauflage erfordern (Kämmerei und Kammgarnspinnerei etwa 1,5—2%, Streichgarnspinnerei 6—12%). Es ist daher bei den Wolltypen zweckmäßiger, sie erst bei der Verarbeitung selbst durch Schmälzen ausreichend zu präparieren und ihnen in der Zellwollfabrik nur eine leichte Avivage zu geben. Von den Erzeugern der Wolltypen wird angestrebt, die Zellwolle so zu präparieren, daß sie wenigstens in der Kämmerei nicht mehr zusätzlich geschmälzt zu werden braucht.

Über die Avivage der Baumwolltypen ist folgendes zu sagen: Hier sind die Ansichten darüber noch sehr geteilt, ob die Zellwolle einen knirschenden Griff aufweisen muß, oder ob ein solcher für ein glattes Verspinnen nicht erforderlich ist. Die Forderung nach einem knirschenden Griff ist von den Baumwollspinnern erhoben worden, die die im Anfang der Zellwollherstellung noch bessere Verspinnbarkeit der Baumwolle auf das leichte Knirschen der Baumwollfaser zurückführen zu müssen glaubten. Eingehende Untersuchungen haben aber zu der Feststellung geführt, daß diese Ansicht irrig ist. Trotzdem legen einige Zellwollfabriken jedoch nach wie vor Wert darauf, daß die Faser beim Zusammendrücken leicht knirscht.

Ausschlaggebend für eine einwandfreie Verspinnung der Zellwolle in der Baumwollspinnerei ist, daß die Flocke offen und elastisch ist und daß sie keine zu kleine, aber auch keine zu große Haftfähigkeit besitzt, mit anderen Worten, daß sie weder zu glatt noch zu stumpf ist. Außerdem darf sie sich nicht fettig oder schmierig anfühlen.

Diese Forderungen sind alle durch richtige Auswahl der angewandten Avivagemittel zu erfüllen. Es ist aber nicht möglich, für alle Zellwollen die gleichen Avivagemittel anzuwenden, da die Zellwollen selbst in ihren Eigenschaften voneinander abweichen. So gibt es z. B. Zellwollen, die auf öffnende Avivagemittel verhältnismäßig schlecht reagieren. Eine gewisse Elastizität sollte daher auch der unavivierten Faser schon innewohnen. Auch hinsichtlich der Haftfähigkeit der Flocke sind die Fasern verschieden. In dieser Beziehung ist es aber verhältnismäßig leicht, durch die Avivage die richtige Haftfähigkeit zu erzeugen.

Die Forderung nach dem knirschenden Griff schränkt die Auswahl der zur Verfügung stehenden Avivagemittel stark ein. Ein solcher kann nur erzeugt werden durch Anwendung eines Oleinsoftenings mit anschließendem Absäuern oder durch Verwendung von Soromin SG oder Sebosan GM. Dem Oleinsoftening geht aber die Eigenschaft ab, die Faserbäusche stark elastisch zu machen, eine mit Oleinsoftening behandelte Zellwolle ist daher im Griff etwas tot. Soromin SG und Sebosan GM haben den Nachteil, daß sie die Faseroberfläche außerordentlich glatt machen, so daß die Haftfähigkeit zu gering ist. Bei den weitaus meisten Zellwollen muß man daher Mischungen verschiedener Avivagemittel anwenden. Die Grundlage der Avivage bildet dann das Soromin SG bzw. Sebosan GM. Die Haftfähigkeit wird erhöht durch Zusatz von sulfonierten Ölen, also beispielsweise Monopolbrillantöl oder Monopolbrillantöl SO 100%ig handelsüblich. Monopolbrillantöl setzt als Rizinusölprodukt die Glätte stärker herunter als Monopolbrillantöl SO 100%ig handelsüblich. Durch den Zusatz dieser Öle läßt aber das durch Soromin SG oder Sebosan GM erzielte Knirschen etwas nach. Es ist empfehlenswert, diesen Mischungen noch eine kleine Menge eines Hygroskopikums zuzusetzen, was sich sehr günstig auf die Verspinnung auswirkt. Als solches kann Glyzerin oder ein guter Glyzerinersatz, wie beispielsweise Weichmacher 102 (I. G.) oder Glyzerinersatz Stoko T verwendet werden.

In den Zellwollfabriken setzt man den Avivagebädern meist noch Trilon B zur Entfernung von Metallspuren zu, sowie Wasserstoffsuperoxyd zum Aufhellen des Bleichtones.

Entschließt man sich, auf den knirschenden Griff zu verzichten, so ist die Auswahl der zur Verfügung stehenden Avivagemittel etwas größer. Es kommen hier in erster Linie Avivagemittel aus der Reihe der Fettsäurekondensationsprodukte in Frage, zum Teil gemischt mit geringen Mengen sulfonierter Öle, sowie mineralölhaltige Produkte, wie z. B. Kuspifan A. Die faseröffnende Wirkung ist eine konstitutive Eigenschaft einiger Körper dieser Klasse. Näheres kann hierüber noch nicht ausgesagt werden, da die hierüber laufenden Arbeiten noch im Fluß sind.

Besondere Bedeutung hat die faseröffnende Wirkung der Avivagemittel für solche Fälle, in denen die Behandlung im Spinnkabel vorgenommen wird. Daß man mit den normalen, sulfonierten Produkten hierbei keine ausreichende faseröffnende Wirkung erhält, wurde schon an anderer Stelle erwähnt.

Nach gänzlich anderen Gesichtspunkten muß die Avivage für die Wolltypen ausgewählt werden. Hierbei kommt es nicht in erster Linie auf die faseröffnende Wirkung an, da die Wolltypen schon infolge ihres etwas gröberen Titers etwas elastischer und kerniger sind. Eine Ausnahme bildet die nach dem THIELE-Verfahren gesponnene Zellwolle (Schwarza), die infolge ihrer besonderen Beschaffenheit die Anwendung eines faseröffnenden Avivagemittels in hohem Maße verlangt. Die Wolltypen besitzen durchweg eine recht starke Kräuselung, teilweise auch eine sehr rauhe Oberfläche (Floxalan, Vistralan). Infolgedessen muß das Avivagemittel hierbei die Faser glatt machen. Für diesen Zweck haben sich Produkte bewährt, die in der Richtung der Tallofine liegen.

20. Kapitel.

Die Entwässerung und Trocknung der Kunstfasern.

I. Das Entwässern der Kunstseide.

Um nicht allzu große Wassermengen in den Trocknern verdampfen zu müssen, werden die Gespinste zuvor soweit als möglich von dem ihnen aus der Nachbehandlung anhaftenden Wasser befreit. Dies geht jedoch nicht bei lediglich entsäuerten Walzen- und Spulengespinsten. Sie verbleiben, wie im 18. Kapitel beschrieben war, auf den Aufnahmeorganen und werden nach dem Entsäuern unmittelbar getrocknet.

Eine Entfernung der überschüssigen Flüssigkeit, die meist aus dem Avivage- bzw. Präparationsbad besteht, wird bei direkt gewaschenen Spinnkuchen sowie bei Zwirnwickeln vorgenommen, die zum Zwecke des Schrumpfungsausgleichs (s. 22. Kap.) in ein Avivagebad getaucht worden waren. Ferner findet eine Entwässerung der Stränge statt, die nach den alten Spinnverfahren hergestellt wurden, sowie bei solchen Strängen, die im direkten Spinnverfahren hergestellt und zum Zwecke des Schrumpfungsausgleiches erneut genetzt wurden.

Der Wasserentzug erfolgt bei Kunstseide ausschließlich durch Schleudern in Zentrifugen. Handelt es sich um das Ausschleudern von Spinnkuchen oder Zwirnwickeln, so kann man sowohl die Kuchen oder Zwirnwickel einzeln in Spinnzentrifugen ausschleudern als auch in großen, für Kunstseidenstränge verwendete Zentrifugen. Das Ausschleudern in Spinnzentrifugen ist in solchen Fällen besonders empfehlenswert, wenn die Kuchen oder Zwirnwickel unter einer bestimmten Deformation oder stehend zu Säulen zusammengesetzt von innen nach außen (s. 22. Kap.) getrocknet werden sollen. Die Deformation ist leichter und regelmäßiger auszuführen, wenn man von einem runden Kuchen oder Zwirnwickel ausgeht.

Um laufend große Mengen Spinnkuchen oder Zwirnwickel in einzelnen Spinnzentrifugen ausschleudern zu können, ist es empfehlenswert, die Spinnzentrifugen zu drei größeren Gruppen zu je 6 oder 8 Töpfen zusammenzubauen. Dies kann beispielsweise geschehen wie in Abb. 274 schematisch dargestellt. Diese Gruppen sind jeweils gemeinsam ein- und ausschaltbar. Auf diese Weise kann eine Fließarbeit eingerichtet werden, die etwa wie folgt vor sich geht:

8 Spinnkuchen oder Zwirnwickel werden in eine Gruppe leerer Zentrifugen eingesetzt, worauf diese Zentrifugengruppe in Betrieb gesetzt wird. Während des Laufes dieser Gruppe wird die nächste, die vorher mit Kuchen bzw. Zwirnwickeln beschickt war, ausgeschaltet und gebremst. Gleichzeitig wird die dritte Gruppe entleert. Während diese neu beschickt wird, wird die erste Gruppe abgebremst und die zweite entleert usw. Diese Apparatur wird von zwei Mann bedient. Der eine steht zwischen der Avivagestelle und den Zentrifugen und besorgt das Füllen der Töpfe, der andere steht zwischen den Zentrifugen und dem Transportwagen, der die Kuchen oder Zwirnwickel an die Trockner bringt. Von diesem Mann werden die Töpfe entleert.

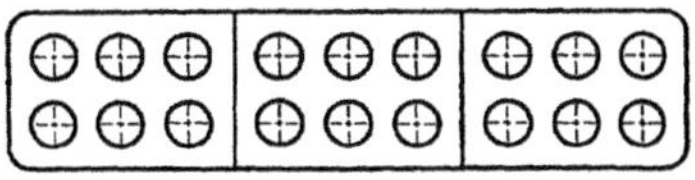

Abb. 274. In drei Gruppen angeordnete Spinnzentrifugen zum Ausschleudern von Spinnkuchen oder Zwirnwickeln.

Man kann die Zentrifugen auch in ein langsam drehbares Karussell einbauen, wie dies Abb. 275 zeigt. Während des langsamen Drehens des Karussells werden die Töpfe der Reihe nach von einer Stelle aus gefüllt. Durch Anschlag des Schalters des Zentrifugenmotors an eine feststehende Nocke wird die Zentrifuge in Tätigkeit gesetzt. Ist sie durch das Karussell eine bestimmte Strecke weiter bewegt worden, so stößt der Schalter an eine zweite Nocke, die den Motor auf Bremsung schaltet. Nach einer weiteren Strecke wird auf die gleiche Weise die Bremsung ausgeschaltet, und der Topf kommt zum Stehen. Mittlerweile ist er wieder an seine Ausgangsstellung angelangt und wird entleert, worauf das Spiel von neuem beginnt. So wird jeweils eine Zentrifuge entleert und eine beschickt. Diese Anordnung hat den Vorteil, daß ein Mann für die Bedienung ausreicht.

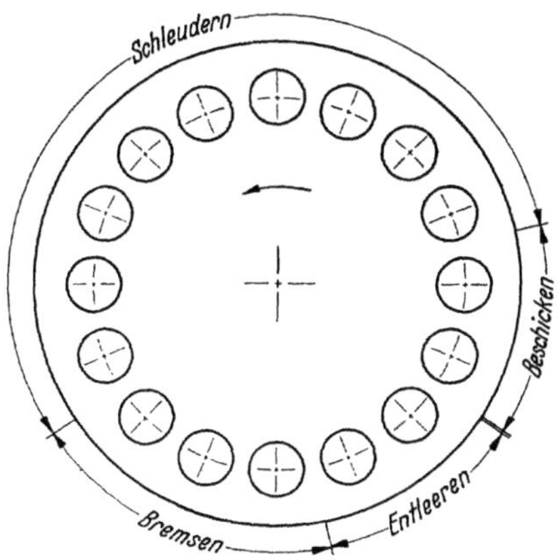

Abb. 275. Anordnung der Spinnzentrifugen zum Ausschleudern der Spinnkuchen oder Zwirnwickel in Form eines Karussells.

Für das Ausschleudern in normalen Zentrifugen müssen die Kuchen bzw. Zwirnwickel zu Paketen von beispielsweise acht zusammengefaßt werden. Dies geschieht auf einem neben der Zentrifuge stehenden Tisch oder auf einem Wagen, der an die Zentrifugen gefahren werden kann. Auf diesen Tisch bzw. Wagen legt man zunächst ein quadratisches Nesseltuch. Die Kuchen bzw. Zwirnwickel werden platt gedrückt und in vier Schichten von je vier Kuchen auf das Tuch gelegt. Dann werden die überstehenden Ränder des Tuches um das Wickelpaket geschlagen. Diese Pakete werden in die Zentrifuge eingelegt und zwar so, daß die unterste Schicht der plattgedrückten Kuchen bzw. Wickel mit den Seitenflächen an der Zentrifugenwand zur Anlage kommt, d. h. also, die Tuchzipfel sind der Achse der Zentrifugentrommel zugewandt.

Als Zentrifugen werden durchweg solche mit einem Trommeldurchmesser von 1200 oder 1500 mm Durchmesser verwendet, wie sie beispielsweise von der Firma H. Krantz, Maschinenfabrik, Aachen, gebaut werden. Die Trommel wird aus Kupfer hergestellt, als sehr zweckmäßig hat es sich auch erwiesen, sie aus Stahl herzustellen und mit einem Hartgummiüberzug zu versehen. Der aus S.M.-Stahl bestehende Außenmantel liegt vollkommen frei. Der Antrieb der Trommel erfolgt durch einen unterhalb der Zentrifuge befindlichen Hochleistungs - Kurzschluß-motor („Siekra - Antrieb"). Die Zentrifuge ist, um ruhigen Lauf zu gewährleisten, an drei Ständern pendelnd aufgehängt. Die beschickte Zentrifuge wird durch einen Klappdeckel aus Aluminium verschlossen. Zwei selbsttätig und unabhängig voneinander wirkende Sicherungen verhüten, daß der Deckel während des Laufes der Zentrifuge geöffnet oder daß die Zentrifuge bei geöffnetem Deckel eingeschaltet werden kann. Die Stillsetzung der Zentrifuge erfolgt in äußerst kurzer Zeit durch eine Bandbremse, die auf einen am Korbboden angegossenen großbemessenen Bremsring wirkt (Abb. 276).

Abb. 276. Pendelzentrifuge der Firma H. Krantz, Maschinenfabrik, Aachen.

Um für alle Partien eine genau gleich lange Schleuderzeit einhalten zu können, werden die Zentrifugen zweckmäßig mit einem Automaten ausgerüstet, der die Auslösung der Bremse nach einer eingestellten Schleuderzeit bewirkt. Durch Drehen eines Handhebels wird eine Spiralfeder gespannt, der durch eine Klinke festgehalten wird, wodurch gleichzeitig der Motor eingeschaltet wird. Der Handhebel kehrt beim Loslassen in seine Ausgangsstellung zurück. Nach Ablauf der eingestellten Schleuderzeit gibt die Schaltuhr einem im Automatengehäuse eingebauten Magneten Spannung, worauf dieser die Klinke auslöst und die Feder frei gibt. Hierdurch wird zuerst der Motor ausgeschaltet und dann die Bremse angezogen, wodurch die Zentrifuge in wenigen Sekunden zum Stillstand kommt. Die Stillsetzung der Zentrifuge wird durch Erlöschen eines Lichtsignals angezeigt, das so lange aufleuchtet, wie die Maschine läuft. Durch Ziehen eines Handgriffs kann die Zentrifuge jedoch auch zu jeder beliebigen Zeit stillgesetzt werden.

Sollen Kunstseidenstränge durch Zentrifugieren von der überschüssigen Flüssigkeit befreit werden, so werden diese gleichfalls zuvor in Tücher eingepackt. Es wird hierdurch einerseits verhütet, daß sie sich verwirren. Andererseits können nicht eingepackte Stränge an den Löchern der Zentrifugentrommel, in die sie durch die Fliehkraft hineingepreßt werden, Beschädigungen erleiden. Das Einpacken der Stränge geschieht zweckmäßig so, daß man die Stränge zu 5 oder 8, je nach ihrem Gewicht, in die Diagonalrichtung der Tücher legt und einen Zipfel des Tuches durch den Innenraum der Stränge hindurchzieht. Auf diese Weise wird verhütet, daß Vorder- und Hinterteil des Stranges ineinandergeraten. Die Schleudertücher kann man durch Bedrucken mit echten Kennfarben versehen, um auch hierdurch schon die einzelnen Titer oder Drehungen auseinander halten zu können.

Die Zentrifuge mit 1200 mm Trommeldurchmesser hat normalerweise eine Tourenzahl von etwa 730, in Ausnahmefällen läßt man sie auch mit etwa 950 Umdrehungen umlaufen. Bei 730 Touren genügt eine Schleuderzeit von 8 Minuten, um die Kunstseide auf 150—200% (bezogen auf das Trockengewicht) zu entwässern. Der Entwässerungsgrad hängt von der Beschaffenheit bzw. dem Quellungsvermögen der Gespinste ab. Die Zentrifuge faßt etwas über 30 kg Trockengewicht.

II. Das Entwässern der Zellwolle.

Je nach der Arbeitsweise wird die Zellwolle als Spinnkabel oder als Faserflocke entwässert. Spinnkabel werden stets durch Abquetschen von der überschüssigen Flüssigkeit befreit, während die Entwässerung der Flocke sowohl durch Abquetschen als auch durch Schleudern vorgenommen werden kann.

Auf das Abquetschen der Spinnkabel sowie der Flocke braucht hier nicht mehr eingegangen werden, da bereits bei der Beschreibung der chemischen Nachbehandlung hierzu Gelegenheit war. Es soll nochmals erwähnt werden, daß man im allgemeinen mit Walzenpressen arbeitet, wobei man zweckmäßig in drei Stufen mit steigendem Preßdruck abquetscht, um eine möglichst gleichmäßige und weitgehende Entwässerung zu erhalten. Daß die Entwässerung durch derartige Pressen leicht ungleichmäßig ist, wurde gleichfalls schon erwähnt.

In bezug auf Gleichmäßigkeit der Entwässerung ist das Ausschleudern der Flocke besser. Zum Ausschleudern von Zellwollflocke eignet sich gut die von der Firma H. Krantz gebaute Netzzentrifuge (Abb. 277). Hierbei handelt es sich im wesentlichen um eine Zentrifuge normaler Bauart. Jedoch fällt die Außenmantelzarge weg, so daß die Trommel oben vollständig frei liegt. Der Zentrifugendeckel ist entsprechend vergrößert und deckt die Zentrifuge ganz ab. Die Trommel ist mit einer abnehmbaren Zarge mit drei Verriegelungen versehen, an der ein Beutel aus einem widerstandsfähigen Gewebe befestigt ist. Dieser Beutel ist unten durch eine Schlaufe zusammengehalten und kann durch Lösen dieser Schlaufe geöffnet werden.

Zu der Zentrifuge gehört ein Beschickungswagen, der die Form und Größe der Zentrifugentrommel hat. In diesen Wagen wird die Zarge mit dem Beutel eingelegt. Der Beutel wird dann mit der nassen Flocke gefüllt. Nach der Füllung wird der Beutel mit dem Schleudergut mit Hilfe eines Flaschenzuges über die Zentrifuge gebracht und in ihre Trommel eingelassen. Nach Beendigung der Schleuderzeit wird die Zarge mit dem Beutel aus der Zentrifugentrommel herausgehoben und zur Entladestelle gefahren. Hier wird die Schlaufe des Beutels geöffnet, wodurch das ausgeschleuderte Gut herausfällt. Der Beutel wird dann durch Knüpfen der Schlaufe wieder geschlossen und zum Beschickungswagen zurückgefahren. Zur kontinuierlichen Arbeitsweise sind also zwei Zargen und Beutel erforderlich, so daß ein Beutel gefüllt werden kann, während sich der andere in der Zentrifuge befindet.

Abb. 277. Netzzentrifuge zum Ausschleudern von Zellwollflocke. (H. Krantz, Maschinenfabrik, Aachen.)

Auch die Netzzentrifuge wird zweckmäßig mit einem Elektroautomaten ausgestattet.

III. Die Einwirkung von Wärme auf Zellulosefasern.

Da nach VAJDA[1] die Trocknung von Fasern im Heißluftstrom am wirtschaftlichsten bei hohen Wärmegraden vorgenommen wird, ist es erforderlich, auf die Einwirkung hoher Temperaturen auf Zellulosefasern näher einzugehen. Über die Einwirkung von Wärme auf Fasern

[1] VAJDA: Chem. Fabrik 3, 26 (1930).

aus Hydratzellulose liegen leider bisher keine weitgehenden Veröffentlichungen vor, dagegen hat HAAS[1] das Verhalten von Baumwollfasern und -garnen bei der Einwirkung von Wärme eingehend studiert. Die hierbei gewonnenen Erkenntnisse können zwar nicht ohne weiteres auf Kunstseide und Zellwolle übertragen werden, sie geben aber für das Verhalten dieser Fasern bei der Trocknung einen Anhalt. Allgemein muß man sagen, daß Hydratzellulosefasern schneller und intensiver auf Wärmeeinflüsse reagieren, so daß durch hohe Temperaturen verursachte Schädigungen der Kunstseide und Zellwolle bei kürzeren Behandlungszeiten und etwas niedrigeren Wärmegraden eintreten als bei Fasern aus nativer Zellulose.

Die Einwirkung von Hitze gibt sich äußerlich schon durch eine Änderung der Farbe der Fasern zu erkennen. Baumwolle nimmt nach HAAS bei einer Temperatur von 120° C eine deutliche Gelbfärbung an. Eine Verfärbung ist demgegenüber bei der Kunstseide und Zellwolle schon bei wesentlich niedrigeren Temperaturen zu beobachten. Hierbei muß aber bemerkt werden, daß die leichte Verfärbung, die bei normalen Trockentemperaturen von 60—70° C auftreten kann, mehr auf die auf die Faser aufgebrachten Avivage- und Präparationsmittel zurückzuführen sein kann, als auf die Faser selbst. Die zur Anwendung kommenden Avivagemittel müssen daher auf dieses Verhalten geprüft werden. Verschiedentlich haben Betriebsversuche ergeben, daß schon bei milden Trockenbedingungen bei einigen Avivagemitteln Verfärbungen auftreten. Diese Farbänderungen sind jedoch nicht so weitgehend, als daß sie die Qualität des Endproduktes ungünstig beeinflussen würden. Die Fasern nehmen vielmehr einen ganz leichten Graustich an, der normalerweise in Kauf genommen wird.

Tabelle 97. Einfluß von Wärme auf den Polymerisationsgrad. (Nach HAAS.)

Erhitzungstemperatur in °C	Polymerisationsgrad
40	512
60	500
80	512
100	463
120	383
140	315
160	241
180	222
200	191

Bemerkenswert ist die Feststellung von HAAS, wonach an der Faser schon unterhalb der Vergilbungstemperatur Schäden festgestellt werden. Zunächst tritt bei der Erhitzung ein Abbau der Kettenmoleküle ein. So wurden von HAAS nach 5stündiger Einwirkung die in Tabelle 97 wiedergegebenen Polymerisationsgrade gefunden.

Man erkennt aus der Tabelle, daß schon durch mäßige Hitzeeinwirkung bei 5stündiger Erhitzungsdauer eine beträchtliche Schädigung des Zellulosemoleküls zu verzeichnen ist. Nach 1—1½stündiger Erhitzung wurde demgegenüber noch kein Abbau festgestellt. Wenn man bedenkt, daß in der Praxis mit wesentlichen längeren Trockenzeiten gearbeitet

[1] HAAS: Beitrag zur Kenntnis der Einwirkung der Wärme auf die Baumwolle. Würzburg 1936.

werden muß, so wird aus dem oben gesagten verständlich, daß man den Trocknungsvorgang so vorsichtig wie möglich zu leiten hat.

Die Schädigung des Zellulosemoleküls durch die Erhitzung gibt sich auch durch ein Absinken des α-Zellulosegehaltes und entsprechendes Ansteigen des β- und γ-Zellulosegehaltes zu erkennen. Hierüber gibt Tabelle 98 Auskunft.

Tbelle 98. Einfluß der Wärme auf den α-, β- und γ-Zellulosegehalt. (Nach HAAS.)

Erhitzungs-temperatur in °C	Gesamtgehalt an α-, β- und γ-Zellulose in g	Menge der α-Zellulose unter Berücksichtigung des Aschegehaltes in g	β-Zellulose in g	β-Zellulose ohne Holzgummi in g
40	2,7750	2,7728	0,0026	—
60		2,7733	0,0019	—
80		2,7722	0,0027	—
100		2,7686	0,0055	0,0017
120		2,7656	0,0119	0,0081
140		2,7584	0,0154	0,0116
160		2,7462	0,0237	0,0199
180		2,7363	0,0270	0,0232
200	2,7600	2,4508	0,3180	0,3142

Die durch die Hitzeeinwirkung eingetretene Schädigung der Zellulose gibt sich auch durch ein Ansteigen der Kupferzahl[1] sowie der Jodzahl[2] zu erkennen, wie aus Tabelle 99 ersichtlich ist.

Tabelle 99. Einfluß der Wärme auf Kupferzahl und Jodzahl. (Nach HAAS.)

Erhitzungs-temperatur in °C	Kupferzahl	Jodzahl	Erhitzungs-temperatur in °C	Kupferzahl	Jodzahl
40	0,023	1,55	140	0,154	1,79
60	0,042	—	160	0,254	1,93
80	0,036	1,59	180	0,273	1,95
100	0,071	1,62	200	2,180	—
120	0,107	1,70			

Für den Verarbeiter ist die Kenntnis der Veränderungen wichtiger, die eine Faser hinsichtlich der mechanischen Eigenschaften erleidet. Von HAAS wurde daher an dem auf verschiedene Temperaturen erhitzten Baumwollgarn die Reißfestigkeit sowie die Bruchdehnung ermittelt[3]. Die erhaltenen Zahlen sind in Tabelle 100 zusammengestellt.

[1] Nach HEERMANN: Färberei- und textilchemische Untersuchungen, S. 44. Berlin 1929.

[2] BERGMANN u. MACHEMER: B. **63**, 316, 2304 (1930).

[3] Nach DVM-Normblatt 3801.

Tabelle 100. Einfluß der Wärme auf die mechanischen Eigenschaften. (Nach HAAS.)

Erhitzungstemperatur in °C	40	60	80	100	120	140	160	180
Zereißdauer Mittelwert in Sekunden	19,6	20,1	20,1	20,1	19,7	19,7	20,0	20,1
Reißfestigkeit in g	459,4	461,4	460,0	461,2	456,5	453,6	403,7	268,6
Bruchdehnung in %	4,62	4,44	4,62	4,62	4,38	3,92	3,38	2,24

Die Tabelle zeigt, daß bei Baumwollgarn erst ein Festigkeits- und Dehnbarkeitsrückgang bei Temperaturen von über 120° C erfolgt. Es geht hieraus hervor, daß durch chemische Untersuchung, wie beispielsweise Bestimmung der Kupferzahl, Schäden eher nachgewiesen werden können als durch Untersuchung der mechanischen Eigenschaften. Man kann sich dies so erklären, daß die durch die Hitzeeinwirkung entstandenen Umwandlungsprodukte der Zellulose zunächst noch als „Kittsubstanz" im Faden verbleiben. Wie die Erfahrung gelehrt hat, zeigt sich aber die Festigkeitsabnahme nach alkalischen Behandlungen, wobei diese Substanzen aus der Faser herausgelöst werden.

Wärmebehandlung einer Faser wirkt sich ferner auch in einer Änderung der färberischen Eigenschaften aus, und zwar sinkt die Farbstoffaufnahme mit steigender Behandlungstemperatur. Bei Ausfärbungen

Tabelle 101. Einfluß von Wärme auf das Farbstoffaufnahmevermögen. (Nach HAAS.)

Erhitzungstemperatur in °C	Gehalt der Lösung an Farbstoff in % der Ausgangslösung
40	42,5
80	42,5
100	45,0
120	47,5
140	55,0
160	65,0
180	95,0

Tabelle 102. Einfluß der Wärme auf das Feuchtigkeitsaufnahmevermögen. (Nach HAAS.)

Erhitzungstemperatur in °C	Gewichtszunahme in % des Ausgangsgewichtes
40	5,27
80	5,27
100	5,20
120	5,13
160	5,01
180	4,86

mit Diaminreinblau FF wurde von HAAS gefunden, daß die Affinität von einer Behandlungstemperatur von 100° C an stark sinkt. Eine Baumwolle, die einer Temperatur von 180° C ausgesetzt war, entzog der Flotte unter den bei der Durchführung des Versuches gewählten Bedingungen überhaupt kaum noch Farbstoff. Die Farbstoffaufnahme ist in der Tabelle 101 ausgedrückt durch den Farbstoffgehalt der Restflotte.

Von wissenschaftlichem Interesse ist der Einfluß der Wärmebehandlung auf die Hygroskopizität der Faser. Es war schon im 2. Kapitel erwähnt worden, daß die Zellulose durch scharfe Trocknung einen Teil ihres Quellungsvermögens einbüßt. Wenn man die verschiedenen Wärmegraden ausgesetzte Faser 36 Stunden einer relativen Luftfeuchtigkeit von 97% aussetzt, so findet man die in Tabelle 102 wiedergegebenen Werte für die Wasserdampfaufnahme.

Die Zahlen der Tabelle 102 sind insofern bemerkenswert, als aus ihnen hervorgeht, daß schon bei verhältnismäßig milder Wärmeeinwirkung ein deutliches Nachlassen der Fähigkeit, Wasser aufzunehmen, festgestellt wird.

IV. Die Trocknung der Kunstfasern.

Aus dem oben gesagten geht hervor, daß die Trocknung der Fasern keineswegs ein ungefährlicher Vorgang ist. Die Erbauer von Trockeneinrichtungen dürfen sich daher nicht nur von dem Gedanken leiten lassen, Einrichtungen zu schaffen, die in ihrer Leistung wirtschaftlich sind, sie müssen vielmehr auch darauf bedacht sein, daß die Trocknung so schonend wie möglich erfolgt. Weiter lehren die Untersuchungen, daß auch auf gleichmäßige Trocknung des Trockengutes zu achten ist, damit kein färberisch ungleichmäßiges Material entsteht.

Die Notwendigkeit, große Mengen Kunstseide oder Zellwolle durchsetzen zu müssen, läßt Kammertrockner von vorn herein ausscheiden. Es kommen daher nur sog. Trockenkanäle in Frage, worunter Einrichtungen zu verstehen sind, durch die das zu trocknende Gut kontinuierlich hindurchgeführt wird.

In den Trockenkanälen haben wir zwei Gebiete vorliegen, die sich durch den Zustand der Luft unterscheiden. In dem einen ist das Verhältnis des Dampfdruckes des feuchten Gutes zum Sättigungsdruck des Dampfes bei der jeweiligen Temperatur gleich 1, in dem anderen ist dieses Verhältnis kleiner als 1. Man bezeichnet das erste Gebiet als „nassen Bereich“ und das zweite als „hygroskopischen Bereich“[1]. Im ersten Gebiet gibt das Trockengut große Mengen Wasser an die umgebende Luft ab, im zweiten Gebiet erfolgt die Wasserabgabe nur langsam, und das Gut kann bei unrichtig geleitetem Trockenprozeß wieder Feuchtigkeit aus der Luft aufnehmen. Für das erste Gebiet ist kennzeichnend, daß das Trockengut nicht die Temperatur der Luft annimmt. Dies gilt allerdings mit der Einschränkung, daß hierbei die Luftgeschwindigkeit größer als 2 m/Sek. ist. Das Trockengut nimmt infolge der auftretenden Verdunstungskälte eine niedrigere Temperatur an als die Außenluft besitzt. Ein am Trockner angebrachtes Thermometer gibt daher keine Auskunft über die Temperatur des Trockengutes. Der Temperaturunterschied ist umso größer, je trockener und je wärmer die Trocknungsluft ist. Bei gesättigter Luft, bei der also keine Verdunstung mehr möglich ist, wird die Differenz gleich Null, das Trockengut stellt sich dann auf die Lufttemperatur ein.

---

[1] Vgl. hierzu Rossié: Kunstseide **42**, 423 (1937).

Durch die für die Wasserverdunstung geleistete Arbeit wird bei fortlaufender Luftführung die Temperatur der Trockenluft allmählich niedriger, sofern keine Frischluft und keine neue Wärme zugeführt wird. Trotzdem bleibt die Temperatur des Trockengutes konstant. Dies hat seinen Grund darin, daß das Kälterwerden der Luft mit der Wasseraufnahme aus dem Trockengut verbunden ist und daß hierdurch die Verdunstungskraft sich in demselben Maße, in dem die Luft kälter und feuchter wird, verringert. Abb. 278 veranschaulicht die Einstellung der Temperatur des Trockengutes in Abhängigkeit von der Lufttemperatur und der relativen Feuchtigkeit der Trocknungsluft.

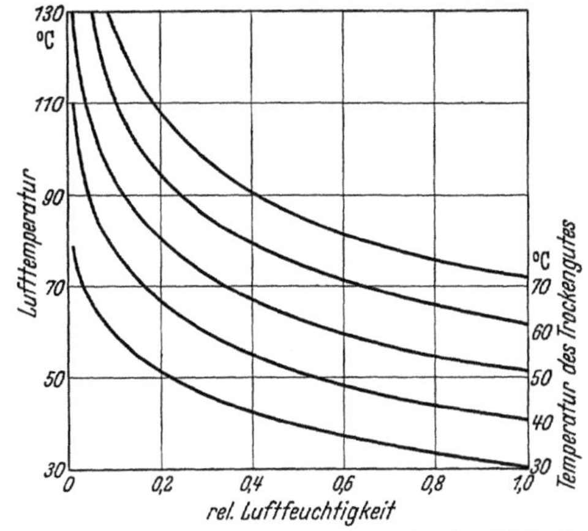

Abb. 278. Temperatur des Trockengutes in Abhängigkeit von der Lufttemperatur und relativen Feuchtigkeit der Trocknungsluft. (Nach ROSSIÉ.)

Im hygroskopischen Bereich steigt die Temperatur des Trockengutes an, da die Verdunstung verlangsamt wird. Der Anstieg der Temperatur des Trockengutes bedeutet eine Annäherung an die Temperatur der Trocknungsluft und damit eine Verringerung des Wärmeüberganges zwischen Luft und Trockengut. Dampfdruckerniedrigung und Temperaturerhöhung wirken in steigendem Maße erschwerend auf den weiteren Verlauf der Trocknung ein. Die endgültige Annäherung des Zustandes des Trockengutes an den Luftzustand erfolgt unendlich langsam (Abb. 279).

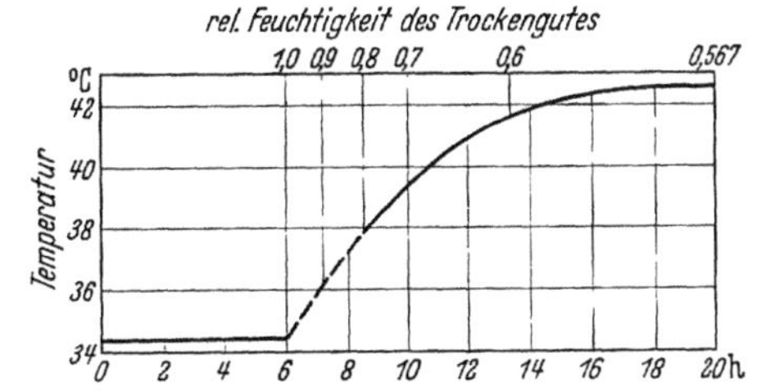

Abb. 279. Temperatur des Trockengutes im hygroskopischen Bereich. (Nach ROSSIÉ.)

Für Viskosekunstseide und -zellwolle ist charakteristisch, daß sich diese Fasern nach Untersuchungen von ROSSIÉ noch während einer langen Zeit der Trocknung im hygroskopischen Bereich fast wie nasses Gut verhalten. Ihre Temperatur steigt also nur wenig an. Erst wenn der Feuchtigkeitsgehalt des Gutes, bezogen auf 1 kg Trockensubstanz, gleich 0,22 ist, beginnt die Temperatur anzusteigen. Viskosefasern können daher nur schwer übertrocknet werden, was als Vorteil anzusprechen ist. Es sei bemerkt, daß sich Acetatfasern in dieser Beziehung viel ungünstiger verhalten.

In der Praxis ist der Trocknungsverlauf von einer Reihe von Faktoren abhängig, die eine mehr oder weniger große Abweichung von dem oben Dargestellten ergeben. Zunächst ist zu bedenken, daß sowohl beim Trocknen von Fadenwickeln als auch beim Trocknen von Zellwollflocke nicht alle Teile in gleicher Weise der Trockenluft ausgesetzt sind. Der Trockenluft stärker ausgesetzte Teile, also vornehmlich die Oberfläche des Trockengutes, trocknet dem Gesamtgut voraus und kann hierdurch andere physikalische Eigenschaften annehmen. Im hygroskopischen Bereich ist das Verhalten des Trockengutes davon abhängig, wie sich die hygroskopisch gebundene Feuchtigkeit in der Masse des Trockengutes verteilt. Hier muß man durch geeignete Luftführung einen Ausgleich schaffen.

Aus dem oben Gesagten geht hervor, daß die Leitung des Trockenprozesses nicht ganz einfach ist. Die Konstrukteure der Trockenanlagen müssen sich aber nicht nur von technischen Gesichtspunkten, sondern auch von wirtschaftlichen Gesichtspunkten leiten lassen. In dieser Beziehung werden bei den Trocknungsanlagen also Kompromisse geschlossen. ROSSIÉ weist darauf hin, daß nach seinen Beobachtungen im allgemeinen aus Gründen der Vorsicht das Trockengut schon in Luftzonen niedrigerer Trocknungskraft gebracht wird, wenn es noch in heißerer Luft getrocknet werden könnte. Hier ließe sich also noch etwas Energie einsparen. Auch am Ende des Trocknungsvorganges sind nach ROSSIÉ höhere Temperaturen möglich.

Leider fehlt es zur Zeit noch an genauen Überwachungsmöglichkeiten für den Trockenvorgang, so daß aus Vorsichtsgründen nicht auf die wirtschaftlichste Weise gearbeitet werden kann.

Entsprechend den verschiedenen Arbeitsweisen in der Kunstseidenfabrik kommt die Kunstseide in der unterschiedlichsten Aufmachungsform zur Trocknung. Es ist zu unterscheiden

die Trocknung der Glaswalzen oder großen Aluminiumwalzen mit den entsäuerten, unentschwefelten Gespinsten,

die Trocknung der Spinnspulen mit den entsäuerten, unentschwefelten Gespinsten,

die Trocknung der Spinnspulen mit im direkten Verfahren fertiggewaschener Kunstseide,

die Trocknung von Zwirnwickeln,

die Trocknung von im direkten Verfahren fertiggewaschenen Spinnkuchen,

die Trocknung von Kunstseidensträngen.

Glaswalzen und große Aluminiumwalzen werden zweckmäßig so getrocknet, daß man sie auf geeignete Gestelle auflegt bzw. aufsteckt, die an einer Hängebahn hängend durch einen langen Trockenkanal gefahren werden.

Wie S. 447 beschrieben war, werden die Spinnspulen für die Entsäuerung in kastenförmige Rahmen gesteckt, in denen liegend sie mit dem Waschwasser berieselt werden. Um ein Umstecken zu vermeiden, das mit Gefahren für die Qualität der Faser sowie mit Lohnkosten verbunden ist, werden die entsäuerten Spinnspulen zweckmäßig in diesem Rahmen ruhend auch getrocknet. Zu diesem Zweck werden die Rahmen in Transportwagen eingeschoben, die auf Gleisen in den Trockner eingefahren werden. Die Wagen werden im Trokkenkanal durch die Greifer einer in den Boden des Trockners eingebauten endlosen Transportkette erfaßt und so langsam durch den Kanal hindurchgefahren. (Abb. 280).

Abb. 280. Trocknung von Spinnspulen in Spulenrahmen liegend [1].

Bei der Trocknung von Spinnspulen, die im Saug- oder Druckverfahren fertig gewaschen wurden, bedient man sich für den Transport durch den Trockenkanal gleichfalls besonders konstruierter Wagen. In neuerer Zeit verwendet man auch sog. „Igel", worunter Wagen zu verstehen sind, die im wesentlichen aus einem Stabgerüst bestehen (Abb. 281). Die Beschickung dieser Igel geht schneller vonstatten als die besonderer Spulenwagen. Man kann hierbei so vorgehen, daß man die Spulen nach dem Ausbauen aus den Druck- oder Saugwaschanlagen einzeln über die Stäbe schiebt. Bei den Saugwaschanlagen, die ein perforiertes Innenrohr besitzen, kann man die Überführung der auf dem Rohr aufsitzenden Spulen auf die Stäbe des Igels so vornehmen, daß man das Rohr mit den Spulen an das Stabende hält und die Spulen durch Heben des Rohres auf den Stab rutschen läßt.

Man kann sich aber das Umstecken der Spulen auch ganz ersparen und die ganze Spulensäule mit dem Rohr auf den Igelstab aufstecken.

[1] Aus der Hauszeitschrift „Wir vom Glanzstoff".

In diesem Falle muß allerdings der zwischen den Spulen sitzende Dichtungsring aus Gummi mit durch den Trockner gehen, was eine vorzeitige Alterung des Gummis bewirkt. Dies kann man verhüten, wenn man schräg geschlitzte Gummiringe verwendet, die man vor dem Aufstecken des Rohres mit den Spulen zwischen diesen seitlich herausziehen kann.

Abb. 281. „Igelwagen" zur Aufnahme von Spinnspulen (Friedr. Haas, K.G., Remscheid-Lennep).

Die Trocknung von im direkten Verfahren gewaschenen Spinnkuchen geht auf die gleiche Weise vor sich wie diejenige der Zwirnwickel. Man kann hierfür dieselben Trockenkanäle verwenden, die für das Trocknen von Strangware gebaut sind. Wie weiter unten noch ausgeführt wird, eignen sich hierzu am besten Trockenkanäle mit umlaufenden Kettengängen. Die Kuchen bzw. Zwirnwickel werden über einen Stab geschoben und dieser an die Transportketten gehängt. Seitlich an diesen Stab hängt man dann mit Aluminiumhaken noch drei weitere, etwas kürzere Stäbe an, die gleichfalls mit Kuchen behängt sind. Durch diese einfache Vorrichtung kann man den Umbau von Strangtrocknern umgehen.

Abb. 282. Trocknung von Spinnkuchen oder Zwirnwickeln. (Friedr. Haas, K.G., Remscheid-Lennep.)

Wie Abb. 282 zeigt, kann man für die normale Trocknung von Spinnkuchen und Zwirnwickeln jedoch auch eine andere Vorrichtung benutzen. Sie besteht aus einem Wagen, der ein Gestell trägt, das mit

Kuchen bzw. Zwirnwickeln behangene Stäbe aufnehmen kann. Diese Wagen werden dann wieder durch Transportketten durch den Kanal gefahren.

Für das Trocknen von Kunstseidensträngen eignen sich am besten die schon erwähnten Trockenkanäle mit zwei Paaren von umlaufenden Transportketten. Die Stränge werden, nachdem sie aus den Schleudertüchern ausgepackt sind, auf Stäbe gehängt und, wie aus Abb. 283 hervorgeht, auf die Transportketten des Trockenkanales gehängt. Zur Verbesserung der Stranglage hat man früher die nassen Stränge vor dem Einfahren in den Trockner durch besondere Schlagmaschinen

Abb. 283. Strangtrockner der Firma Friedr. Haas K.G., Remscheid-Lennep.

angestreckt. Diese Arbeitsweise mußte jedoch verlassen werden, da zu leicht Fäden rissen oder überdehnt wurden. Zur Öffnung der zusammengepackten Stränge kann man sie jedoch auf eine drehbare Walze mit längs verlaufenden Erhöhungen hängen und dann der Walze mit der Hand einige Umdrehungen erteilen. Hierdurch öffnen sich die Strangbündel von selbst und die Stränge verteilen sich einzeln auf der Walze. Sie werden, wo dies nötig ist, vorsichtig mit der Hand etwas gestreckt. Dann führt man von der Seite einen Trockenstab unterhalb der Walze ein und hebt hiermit die Stränge von der Walze ab. Um durch die Luftführung des Trockenkanals ein Verwirren der Stränge zu verhüten sowie ihnen überhaupt ein glatteres Aussehen zu verleihen, legt man unten in die Stränge einen zweiten, etwas kürzeren Stab ein.

Als Stabmaterial verwendet man Aluminiumrohre. Da durch die auf die Gespinste aufgebrachte Avivage unter Umständen Flecke durch Bildung von Aluminiumseife (Stabflecken) entstehen können, so läßt man die Aluminiumrohre zweckmäßig bakelitisieren.

Alle Trockenkanäle sind in drei Zonen unterteilt. Um eine vollkommen gleichmäßige Trocknung zu gewährleisten, wird das Gut in der ersten Zone bis auf einen Wassergehalt von 3—4% heruntergetrocknet. Die zweite Zone dient als Kühlzone. In der dritten Zone endlich wird das getrocknete Material bis auf den richtigen Feuchtigkeitsgehalt wieder befeuchtet.

Die Trocknung der Zellwolle gestaltet sich schwieriger. Den Trockenapparaturen kommt hierbei nicht nur die Aufgabe der eigentlichen Trocknung zu, vielmehr muß der Trockner gleichzeitig die Faserflocke öffnen und auflockern. Daß diese Wirkung durch Anwendung bestimmter Avivagemittel unterstützt werden kann, wurde schon erwähnt.

Die Zellwolle wird z. B. nach einer Konstruktion der Firma Gg. Kiefer, Stuttgart-Feuerbach, auf einem Transportband aus Drahtgewebe ruhend durch den Trockner geführt. Man nennt diese Trockner daher auch Bandtrockner. Die Konstruktion des Bandes muß so gewählt werden, daß während des Trocknens keine Faserbüschel zwischen den einzelnen Drähten hindurchfallen oder sich zwischen ihnen festklemmen. Um ein Verziehen des Drahtgewebes zu vermeiden, wird dieses Band nicht direkt gezogen, sondern der Transport wird durch zwei seitlich angeordnete Ketten vorgenommen, zwischen denen das Band gehalten wird. An beiden Rändern des Bandes sind Blechschürzen angebracht, die ein Herunterblasen der Flocke vom Band verhüten. Über die Transportketten ist ein Abdeckblech gelegt, damit keine Flocke in die Ketten geraten kann.

Der Apparat wird als Einbandtrockner sowie als Dreibandtrockner gebaut. Die Wahl hängt von den vorhandenen Raumverhältnissen ab, sowie aber auch vom Wassergehalt des zur Trocknung kommenden Gutes. Ist die Zellwolle durch Quetschwalzen entwässert worden, so gelangt sie mit einem Wassergehalt von etwa 260% in den Trockner. Geschleuderte Zellwolle hat demgegenüber nur einen Wassergehalt von annähernd 125%. Im letzteren Falle kommt man mit einem Einbandtrockner aus.

Der Feuchtigkeitsentzug wird durch die etwas klumpige Beschaffenheit der Zellwolle sehr erschwert. Der Trockner arbeitet daher in zwei Stufen. Nach der halben Trockenzeit wird der Trocknungsprozeß unterbrochen. Das mit einem Wassergehalt von 260% in den Trockner eingefahrene Material hat dann noch einen Wassergehalt von etwa 30%, das mit 125% Wasser behaftet gewesene Material ist dann auf einen Wassergehalt von 15% gebracht worden. Nunmehr wird das so vorgetrocknete Material durch eine besondere mechanische Vorrichtung weitgehend aufgelockert. Das so vorbereitete Material wird nun in der zweiten Zone des Trockners fertig getrocknet, gekühlt und befeuchtet.

Die Luftführung im Kiefertrockner ist so, daß die heiße Luft im ersten Teil des Trockners von unten nach oben und im zweiten Teil umgekehrt strömt. Durch den Unterwind im ersten Teil wird der Trocknungsvorgang insofern beschleunigt, als die Luftrichtung der Wasserflußrichtung entgegengesetzt ist. Im zweiten Teil muß die Luft von oben zugeführt werden, da bei der bereits weitgehend getrockneten Faser sonst zu viel Faserflug entstehen würde.

Die Trennung der Trockeneinrichtung in zwei Teile gestattet außerdem, das Band des zweiten Trocknerteils schneller laufen zu lassen und dadurch die Schichthöhe des aufgelockerten Materials zu verringern.

Die Feuchtung des Materials erfolgt in einem an das Ende des Trockners angebauten Einbandfeuchter, gleichfalls mit Luftführung von oben nach unten. Die Befeuchtung wird nicht mit Wasser, sondern mit Luft vorgenommen, die mit Feuchtigkeit gesättigt ist. Hierdurch wird die Gefahr der Wassertropfenbildung wirksam verhütet.

Der über den Transportbändern befindliche Raum ist als Windkessel ausgebildet. Die durch einseitig arbeitende Reihengebläse aus ihm angesaugte Luft streicht über seitlich angeordnete Heizrohre und wird durch quer zur Bandrichtung angeordnete schlitzförmige Ausblasedüsen auf das Material geblasen.

Der Kanal wird mit Naturkork oder Strohstoffisolierplatten verschalt.

Abb. 284. Einwurfbunker vor einem Zellwoll-Trockner der Firma Maschinenfabrik Gg. Kiefer, Stuttgart-Feuerbach.

Das zu trocknende Fasermaterial wird entweder von Hand in einen kastenförmigen Vorbau des Trockners gegeben (Abb. 284) oder durch einen sog. Vorlegeöffner mechanisch in den Kanal eingeführt. In diesem wird die Fasermasse soweit aufgelockert, daß sie als gleichmäßiges Vlies in den Trockner gelangt. Die in den Bunker eingeworfene Zellwolle fällt auf ein Nadelband, das sich in einem ständigen Kreislauf befindet. Die auf Leisten angeordneten Nadeln ziehen auf der ganzen Breite Zellwollflocken aus dem Bunker heraus. Da die entnommene Menge größer ist als für die Trocknung wünschenswert, sind über dem Nadelband hintereinander zwei Abkämmrechen angeordnet, die das Nadelband fortwährend abkämmen. Auf diese Weise bleibt an den einzelnen Nadeln nur eine kleine, aber gleichmäßige Zellwollmenge hängen. Der Überschuß wird abgestreift und durch nachfolgende Nadeln mitgenommen bzw. in den Bunker zurückgeworfen. Auf dem Wege der mitgenommenen

Flocke vom Bunker bis zum Einlauf in den Trockner ist durch die Auskämmung eine vollkommen gleichmäßige Verteilung der Flocken über die ganze Bandbreite erreicht. Nach Überschneiden des Wendepunktes des Nadelbandes stellen sich die Nadeln schräg nach unten, wodurch die Flocken abfallen. Sie werden von einem Lenkblech aufgefangen und so lange gestapelt, bis das Förderband des Trockners die Flocken

Abb. 285. Vorlageöffner der Maschinenfabrik Gg. Kiefer, Stuttgart-Feuerbach.

übernimmt. In diesem Augenblick tritt eine Wendung der Flocken ein, so daß sie in senkrechter Schichtung auf das Förderband zu liegen kommen. Abb. 285 zeigt den Vorlageöffner vor einem Kiefer-Trockner, Abb. 286 den Austritt der getrockneten Zellwolle aus dem Trockner.

Trockner und Vorlageöffner werden auch von den Firmen Friedr. Haas, Lennep und Benno Schilde, Hersfeld, gebaut. Sie unterscheiden sich hinsichtlich konstruktiver Einzelheiten von den beschriebenen Apparaten.

In neuerer Zeit findet ein Trockenapparat in die Kunstseiden- und Zellwollfabriken Eingang, der von der Firma Büttnerwerke Aktiengesellschaft, Krefeld-Uerdingen, gebaut und mit Spiralbandtrockner

Abb. 286. Austritt der getrockneten Zellwollflocke aus einem Trockner der Maschinenfabrik Gg. Kiefer, Stuttgart-Feuerbach.

Abb. 287. Trocknen von Spinnkuchen im Spiralbandtrockner der Firma Büttnerwerke Aktiengesellschaft, Krefeld-Uerdingen.

bezeichnet wird. Er eignet sich in gleicher Weise für das Trocknen von Kunstseide auf Spulen, in Form von Spinnkuchen sowie von Zellwolle.

Abb. 288. Komplette Anlage für das Trocknen, Öffnen und Befeuchten von Zellwolle, gebaut von der Firma Büttnerwerke Aktiengesellschaft, Krefeld-Uerdingen.

Der Trockner besteht im wesentlichen aus einem vertikalen Führungsgerüst, das den Querschnitt eines Vielecks hat. In jeder Ecke ist eine Führungsstange angebracht, um die sich die einseitig angeordnete Kette der Tragflächen legt, deren Gliedteilung der Seitenlänge des Vielecks entspricht. Die Kette wird in schraubenförmigen Windungen um das Führungsgerüst geschichtet und bildet mit den einseitig daran befestigten Tragflächen des Bandes eine freistehende Ringsäule im Innern des Trockners.

Die Ringsäule ruht auf einer im unteren Teil des Trockners angeordneten, schraubenförmigen Absenkbahn. Bei einer Umdrehung des zentralen Führungsgerüstes sinkt die Ringsäule um eine Steigung nach unten. Die unten freiwerdenden Tragflächen werden nach entsprechender Umleitung wieder oben dem Trockner zugeführt.

Innerhalb des Führungsgerüstes läuft in einer zentralen Lagerung die Turbinenwelle mit mehreren übereinander angeordneten Turbinen, von denen jede einen zweifachen radial vor- und zurückfließenden Luftstrom erzeugt. Der über den ganzen Umfang und die Höhe der Turbinen gleichmäßig austretende Luftstrom zirkuliert bei fast gleichbleibender Geschwindigkeit. Spinnkuchen oder Spinnspulen werden auf Stäbe gehängt, die wieder in ein kastenförmiges Gestell gehängt werden (Abb. 287). Auf Transportschienen werden diese Gestelle oben in den Trockner eingefahren. Sie durchwandern in vertikaler Richtung die Vor- und Rückstromzone jeder Turbine und werden dementsprechend in wechselnder Richtung durchströmt und gleichmäßig getrocknet. Der Luftweg über dem Trockengut ist kurz. Die Luft wird im oberen Teil des Trockners in der Vor- und Rückstromzone aufgeheizt. Die Heizflächen sind in charakteristischer Weise über den ganzen Umfang der Apparatur verteilt.

Im Anschluß an die Trocknung wird das Trockengut gekühlt und wieder befeuchtet. Dies geschieht in einem unter Flur angeordneten Teil des Trockners. Aus der Feuchtzone verlassen die Gestelle mit den Kuchen oder Spulen den Trockner und werden auf Schienen der Abnahmestelle zugeführt.

In Abb. 288 ist eine komplette Anlage der Büttner-Werke für das Trocknen von Zellwolle dargestellt. Die in einer Zentrifuge, oder wie aus der Abbildung ersichtlich, zwischen Walzen entwässerte Zellwollflocke wird ohne mechanische Auflockerung auf ein schräg nach oben geführtes Einlaufband des Trockners kontinuierlich als Vlies abgelegt und auf ihm dem Transportband im Innern des Trockners zugeführt. Wie vorhin beschrieben, senkt sich das Band spiralig nach unten ab, ohne dabei eine Eigenbewegung durchzuführen.

Das getrocknete Vlies wird unten an ein Transportband abgegeben, das es aus dem Trockner herausführt. Dieses Transportband führt die Flocke einem Öffner zu, in dem das Gut aufgelockert wird. In dieser Form gelangt es darauf in einen Feuchter, der gleichfalls nach dem Turbinenprinzip arbeitet. Die Befeuchtung erfolgt durch feuchte Luft, die durch eine zentral eingebaute Umluftturbine dauernd im Kreislauf durch die ringförmig weiterbewegte Schicht gedrückt wird. Nach ihrem Durchgang durch die Faserschicht durchströmt die Luft seitlich angeordnete Feuchtkränze. Diese bestehen aus Stramingewebe. Sie benetzen sich bei ihrer Drehung dauernd in einem Wasserbad.

21. Kapitel.

Die textile Fertigstellung der Kunstfasern.

Die auf den Walzen und Spulen sowie in den Spinnzentrifugen anfallende Kunstseide muß nach der chemischen Nachbehandlung und Trocknung in einen verarbeitungs- und verkaufsfähigen Zustand übergeführt werden. Zu diesem Zweck wird sie in die Form von Strängen gebracht oder auf versandfähige Spulkörper aufgespult. Nach dem Walzen- und Spulenspinnverfahren gesponnene Kunstseide muß zuvor noch gezwirnt werden. Bei der Zellwolle ist die Überführung in den verkaufsfähigen Zustand verhältnismäßig einfach. Sie wird nach Verlassen des Trockners lediglich in einem mechanischen Öffner etwas geöffnet und dann in Ballen gepreßt.

A. Das Zwirnen.

Wie schon im 6. Kapitel erwähnt, bewirkt die Drehung des Spinntopfes gleichzeitig eine Zwirnung des Fadens, so daß Zentrifugengespinste nicht mehr in einem besonderen Textilbetrieb gezwirnt zu werden brauchen. Sie werden nach der chemischen Fertigstellung je nach Wunsch entweder zu Strängen gehaspelt oder auf Spulen gebracht. Auch der direkte Kuchenversand führt sich immer mehr ein. Wir kommen hierauf S. 558 zurück.

Die Anzahl der Drehungen, die einem Kunstseidenfaden erteilt wird, richtet sich nach dem Verwendungszweck. Schußgarnen wird normalerweise eine Drehung von 110—120 Touren auf 1 m Faden erteilt, Kettgarnen etwa 220 Touren. Es war schon an anderer Stelle erwähnt worden, daß vielfach aber auch Garne mit Schußdrehung als Kette in der Weberei verwendet werden. Neben diesen beiden Hauptdrehungen kennt man noch „Hochkette" mit etwa 300 Touren sowie Viole-Drehung mit etwa 600 Touren. Viole-Drehung wird zweckmäßig auf Kreppzwirnmaschinen hergestellt (s. S. 535).

Man unterscheidet rechtsgedrehte Garne und linksgedrehte Garne. Da diese Bezeichnungen jedoch zu Mißverständnissen führen, ist 1937 vom Reichsausschuß für Lieferbedingungen für die Garndrehung die Bezeichung s- und z-Draht eingeführt worden. Unter s-Draht wird die frühere Rechtsdrehung, unter z-Draht die frühere Linksdrehung verstanden. Die Buchstabenbezeichnung stammt daher, daß bei s-gedrehten Garnen die durch die Drehung dem Faden erteilte Riefung bei seitlicher Betrachtung des Fadens in der Richtung des schrägen Striches des Buchstaben *S* verläuft, während sie beim z-gedrehten Faden mit der schrägen Linie des Buchstabens *Z* zusammenfällt. Diese Bezeichnungsweise ist für sämtliche Textilfasern verbindlich, während man früher z. B. in der Wollspinnerei unter Linksdraht dieselbe Drehungsrichtung verstand wie in der Kunstseidenindustrie unter Rechtsdraht.

I. Die Zwirnung im Spinntopf.

Die Zwirnung, die einem Faden in der Spinnzentrifuge erteilt wird, ist bestimmt durch die Tourenzahl des Spinntopfes n, die Abzugsgeschwindigkeit v und den Innendurchmesser des Topfes d.

Es besteht für die Zwirnung Z folgende Beziehung:

$$Z = \frac{n - \frac{v}{d}}{v}.$$

Da mit zunehmender Spinndauer entsprechend der ansteigenden Dicke des Spinnkuchens der Topfdurchmesser abnimmt, ist die Größe d in dem Faktor v/d veränderlich. Das besagt, daß die Zwirnung beim Spinnanfang anders ist als beim Spinnende. Diese Differenz ist aber so gering, daß sie sich praktisch nicht als Fehler auswirkt.

Bei nach dem Zentrifugenverfahren gesponnenen Fäden treten leicht Zwirnschwankungen auf, die in der Konstruktion der Zentrifugenspinnmaschinen begründet liegen[1]. Diese Fehler werden hervorgerufen durch den Hub des Trichterbalkens sowie durch die Bremsung des Fadens im Spinntrichter. Die durch diese beiden Faktoren bewirkten Zwirnschwankungen treten entsprechend der Bewegung dieser Maschinenteile periodisch auf.

Was zunächst die Bewegung des Trichterbalkens anbetrifft, so verlängert sich beim Abwärtsgehen die freie Fadenlänge um die Größe des Hubes, also normalerweise um 10 cm. Da die Abzugsgeschwindigkeit konstant ist, so werden während der Zeit des Abwärtsgehens des Trichterbalkens 10 cm Faden weniger aufgewickelt. Dieser Vorgang kommt einer Verminderung der Abzugsgeschwindigkeit gleich. Beim Aufwärtsgehen des Trichterbalkens tritt das umgekehrte ein, die freie Fadenlänge verkürzt sich um 10 cm, d. h. also, die Abzugsgeschwindigkeit wird erhöht. Es soll an einem Zahlenbeispiel gezeigt werden, wie groß die hierdurch entstehenden Zwirndifferenzen sind:

Bezeichnet man den Hub des Trichterbalkens mit h und die Anzahl Hübe in der Zeiteinheit mit c, so besteht für die Abzugsgeschwindigkeit v_1 bei hochgehendem Trichterbalken die Beziehung

$$v_1 = v - c \cdot h.$$

Entsprechend ist die Abzugsgeschwindigkeit v_2 bei heruntergehendem Trichterbalken

$$v_2 = v + c \cdot h.$$

Hieraus ergibt sich für die Zwirndifferenz

$$Z_1 - Z_2 = n\left(\frac{1}{v_1} - \frac{1}{v_2}\right).$$

Bei beispielsweise 50 Hüben, einer Abzugsgeschwindigkeit von 60 m in der Minute, einer Topfdrehzahl von 7200, einem Topfdurchmesser von 107 mm und einem Hub von 100 mm ist die Zwirndifferenz

$$Z_1 - Z_2 = 20,$$

[1] Vgl. hierzu Boeglin: Kunstseide **18**, 209 (1936).

d. h. also, zwischen den Fadenteilen, die beim Heraufgehen des Trichterbalkens aufgewickelt werden und solchen, die beim Herabgehen aufgewickelt werden, besteht eine Zwirndifferenz von 20 Touren pro Meter.

Die Anzahl der Schwankungen im Faden ist abhängig von der Hubgeschwindigkeit, die Länge eines Fadenstückes mit abweichender Zwirnung von der Hubhöhe. Hieraus ergibt sich, daß man bei der Konstruktion der Spinnmaschinen den Changiermechanismus nicht willkürlich gestalten kann. Der Konstrukteur muß vielmehr den Mittelweg suchen zwischen einem einwandfreien Kuchenaufbau und den durch die Changierung bedingten Zwirnschwankungen.

Während die geschilderten Zwirnschwankungen restlos nicht behoben werden können, ist es bei den durch Bremsung im Spinntrichter entstehenden Zwirnschwankungen möglich, sie auf ein unbedeutendes Maß zurückzuschrauben. Die periodische Bremsung des Fadens im Spinntrichter beruht auf Resonanzwirkungen des schwingenden Fadens. Eine Resonanz tritt ein, wenn der frei schwingende Faden eine zu seiner Drehzahl und Geschwindigkeit gehörende Länge erreicht. Die Schwingungen pressen den Faden periodisch fest an die Trichterwand an, wodurch eine Bremsung entsteht, die eine Zwirnung nur noch unterhalb des Bremspunktes zuläßt. Diese Auswirkung der Resonanzschwingungen kann man leicht dadurch beseitigen, daß man in das Rohr des Trichters Einkerbungen anbringt, die eine Berührung des schwingenden Fadens mit der Trichterwand verhüten, wie dies auch schon S. 407 beschrieben war[1].

Zwirnschwankungen können beim Spinnen nach dem Zentrifugenverfahren ferner noch durch abfallende Tourenzahl des Spinntopfes entstehen, die, abgesehen von Störungen ernsterer Art, durch Versalzen des Topfes sowie durch Unbalanzen hervorgerufen sein kann.

Zentrifugenkunstseide wird durchschnittlich auf eine Drehung von 110—120 Touren pro Meter eingestellt. Eine Aufteilung der Produktion in Kettdrehung und Schußdrehung wird bei Zentrifugenkunstseide nicht vorgenommen.

Die Notwendigkeit, die Spulengespinste nachträglich zwirnen zu müssen, hat zu Versuchen angeregt, auch auf Spulenspinnmaschinen unmittelbar eine gedrehte Kunstseide zu erzeugen. Bevor auf die praktisch durchgeführte Art des Zwirnens eingegangen wird, sollen diese Versuche, soweit sie neueren Datums sind, kurz besprochen werden. Für eine Drallgebung beim Spinnen bestehen theoretisch zwei Möglichkeiten: Man kann entweder den Faden über Kopf auf die aufwickelnde Spinnspule auflaufen lassen, oder der Spinndüse eine Drehung geben.

---

[1] Über die rechnerische Erfassung der Zwirnschwankungen siehe Boeglin: Kunstseide **18**, 209 (1936).

II. Zwirnen durch Flügelspindeln.

Ein Verfahren der ersten Art ist im DRP. 614408 und Zusatzpatent 630101 der Vereinigte Glanzstoff-Fabriken A. G. beschrieben. Die Vorrichtung ist gekennzeichnet durch einen mit der Fadenführerwelle bzw. -stange verbundenen, frei drehbaren Ring, der die Spinnspule umgibt. Der Ring ist mit einem Röllchen oder einer Öse zur Führung des Fadens versehen. Da diese Öse bzw. das Röllchen beim Spinnen aber zum Versalzen neigt, wird, wie das Zusatzpatent angibt, an Stelle des umlaufenden Ringes ein doppelarmiger Flügel („Flyer") verwendet, der auf der Spulenachse in Kugel- oder Rollenlagern läuft und dessen Lagerung

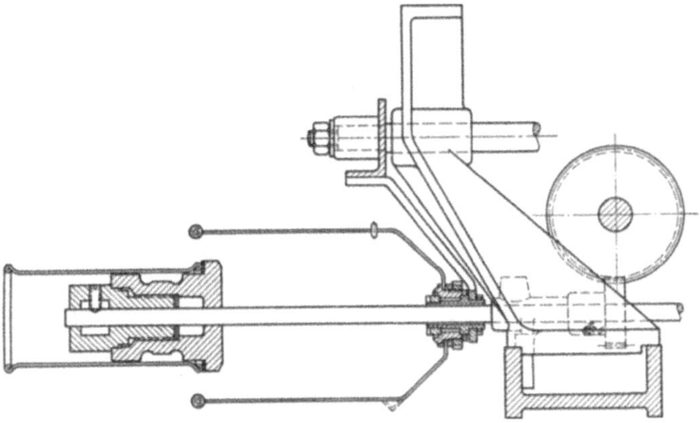

Abb. 289. Flügelspindel nach DRP. 630101

so weit von der Spinnspule entfernt ist, daß sie nicht mit Spinnbad in Berührung kommen kann (Abb. 289). Der Faden wird hierbei nach Art der Flügelspinnmaschine auf die Spule gewickelt, wodurch er beim Aufwickeln gleichzeitig Drall erhält. Die Drehung, die auf diese Weise einem Faden praktisch erteilt werden kann, macht allerdings nur wenige Touren pro Meter aus, sie genügt jedoch für viele Verwendungszwecke.

III. Zwirnen durch Drehdüsen.

Der Gedanke, einen gedrehten Faden durch Anwendung einer Drehdüse herzustellen, ist schon sehr alt und hat eine lebhafte Erfindertätigkeit ausgelöst. Wenn die Drehdüse dennoch nicht zur praktischen Einführung gelangt ist, so hat dies seinen Grund weniger in der Unzulänglichkeit der bisher vorgeschlagenen konstruktiven Lösungen, als vielmehr in dem Verlauf der Fadenbildung beim Spinnprozeß[1].

Wenn man davon absieht, daß für eine leistungsfähige Drehdüse ein störungsfreier Betrieb auch bei höchsten Fadengeschwindigkeiten verlangt wird, so hat der Konstrukteur in der Hauptsache folgende beiden

[1] Vgl. hierzu KUHN: Kunstseide **14**, 184 (1932).

Probleme zu lösen: Die Antriebsteile müssen vollständig gegen das Eindringen von Spinnbad geschützt sein und die sich drehende Düse darf im Spinnbad keine Wirbel verursachen. Bei den zahlreichen bisher durchgeführten Konstruktionen darf man wohl annehmen, daß sich die erstgenannte Forderung praktisch erfüllen läßt. Wie aus vor kurzem erschienenen Patentanmeldungen hervorgeht, ist die Erfüllung der zweiten Forderung einwandfrei bisher nicht gelungen. Wenn man bedenkt, daß man dem Faden mindestens eine Drehung von 110 bis 120 Touren auf 1 m erteilen muß und heute Abzugsgeschwindigkeiten von 60 und 80 m in Anwendung sind, so wird es klar, daß die Drehdüse mit Tourenzahlen von 6—8000 laufen muß. Wie die Weiterentwicklung der elektrischen Spinnzentrifugen gezeigt hat, ist ohne weiteres anzunehmen, daß diese auch bei einer Drehdüse zu erreichen sind, ob es dagegen gelingt, die für die Fadenbildung schädlichen Badwirbel zu verhüten, muß die Zukunft erweisen. Im DRP. 669034 von Berndt wird vorgeschlagen, an die Drehdüse ein zylindrisches Gefäß anzubauen, in dem das Spinnbad mit der Düse umläuft (Abb. 290). Der Deckel des zylindrischen Gefäßes ist in der Drehachse durchbohrt. In die Bohrung ist ein Trichter eingesetzt, in den das Spinnbad hineingeleitet wird und durch den der spinnende Faden nach oben abgezogen wird. Das Spinnbad besteht demgemäß aus einem umlaufenden Teil innerhalb des zylindrischen Gefäßes und einem stehenden Teil innerhalb des Trichterrohres. Der Faden wird unmittelbar vor seinem Eintritt in das Trichterrohr durch einen mitumlaufenden Fadenführer im Raum der Drehachse gehalten. Durch eine leichte Bremsung an diesem Fadenführer wird verhindert, daß der Drall des Fadens sich in das Trichterrohr hinein fortsetzt.

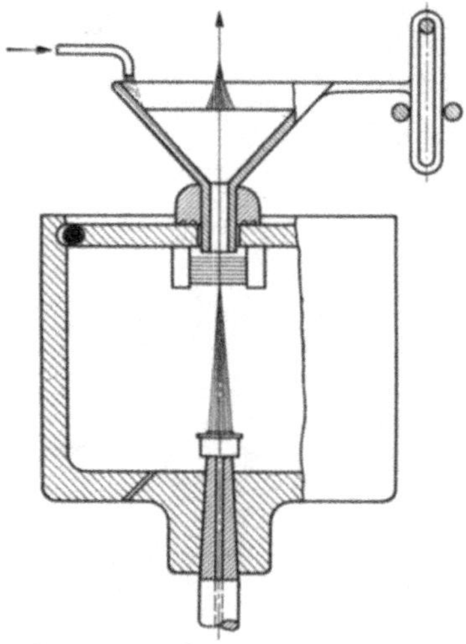
Abb. 290. Drehdüse nach DRP. 669034.

Diese Einrichtung würde zur Folge haben, daß der frische, aus den einzelnen Düsenöffnungen austretende Faden keine seitliche Belastung durch das Spinnbad erfährt, wodurch eine störungslose Fadenbildung gewährleistet ist.

Die Hauptschwierigkeit dürfte aber nach Faust[1] darin liegen, daß die Einzelfäden durch die Drallgebung schon beeinflußt werden, wenn sie sich noch unmittelbar an der Spinndüse befinden und noch nicht so weit verfestigt sind, daß sie diese Beanspruchung aushalten können, mit

[1] Faust: Die Kunstseide, 2. u. 3. Aufl., S. 91, 105. Berlin 1928.

anderen Worten, die Fällstrecke ist viel zu kurz. Es wird damit gerechnet werden müssen, daß Verklebungen der Einzelfäden miteinander auftreten.

Um diese Schwierigkeit auszuschließen, ist von KUHN[1] ein bemerkenswerter Vorschlag gemacht worden. Hiernach wird dafür gesorgt, daß im ersten Teil der Fällstrecke die Einzelfäden tatsächlich einzeln gefällt werden, während die Drallgebung erst in einem zweiten Teil der Fällstrecke erfolgt. Der erste Teil der Fällstrecke ist ähnlich wie bei dem THIELE-Streckspinntrichter ausgebildet, es wird also von oben nach unten gesponnen. Zunächst ist der aus den Düsenöffnungen austretenden Viskose Gelegenheit gegeben, in einem zylindrischen Teil des Spinntrichters zu koagulieren. Der zylindrische Teil geht dann in einen konischen über, der durch den Boden der Spinnbadwanne hindurchgeführt ist und in ihm dicht eingelassen ist. Aus dem unteren Ende des konischen Teils treten die Fäden aus und gelangen nun durch eine trichterförmige Erweiterung in ein Rohr, das die Achse des Rotors eines Elektromotors darstellt. Unterhalb des Motors hat das Rohr eine kurze seitliche Ausladung mit einer Öse, durch die der Faden geführt wird. Diese Vorrichtung stellt also den eigentlichen Zwirnkörper dar. Die Drallgebung findet nach diesem Vorschlag nur zwischen der Öse dieses Zwirnkörpers und dem unteren Ende des konischen Spinntrichters statt. Das aus dem Rohr austretende Spinnbad wird in einer unter dem Zwirnkörper befindlichen Wanne aufgefangen (Abb. 291).

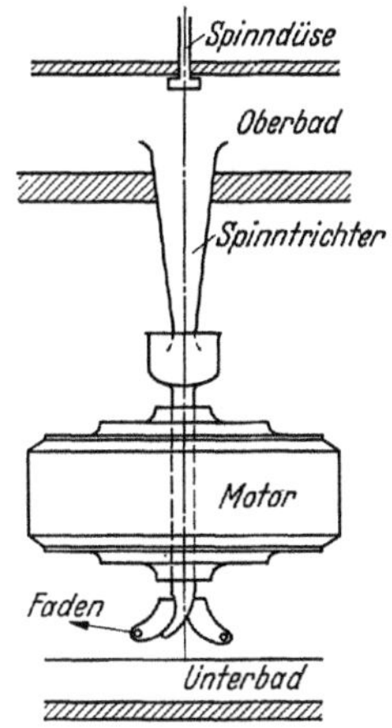

Abb. 291. Drehspinnvorrichtung nach KUHN.

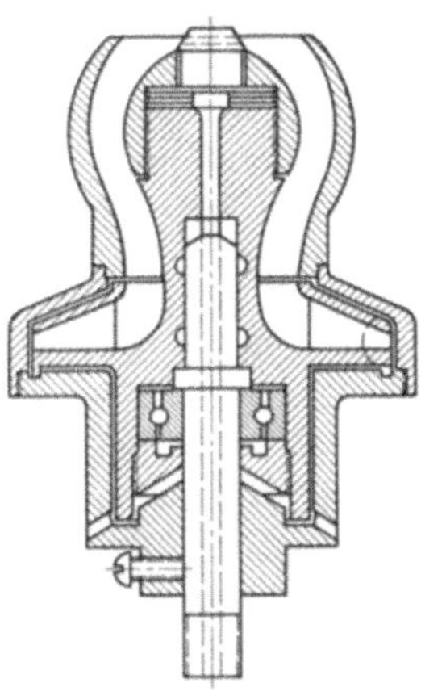
Abb. 292. Drehdüse nach DRP. 637212.

Schließlich soll noch eine Drehspinneinrichtung der I. G. Farbenindustrie Aktiengesellschaft erwähnt werden. Wie aus DRP. 637212 hervorgeht, dient zum Antrieb der Drehdüse eine kleine Turbine, die durch den Druck des zugeführten Spinnbades in Bewegung gesetzt wird (Abb. 292). Das Spinnbad tritt seitlich in das Turbinengehäuse ein und verläßt dieses derart, daß das in den Spinnbadbehälter einströmende frische Bad die Spinndüse umspült.

Mit diesen Ausführungsbeispielen sind die Drehdüsenkonstruktionen sowie die Vorrichtungen ähnlicher Art keineswegs erschöpft. In Anbetracht

[1] KUHN: Kunstseide **15**, 241 (1933).

dessen aber, daß diese Spinnmethoden bisher in der Praxis nicht Fuß fassen konnten, soll auf die Aufzählung weiterer Einzelheiten verzichtet werden.

IV. Das Zwirnen auf Ringzwirnmaschinen.

In der Praxis nimmt man das Zwirnen der Kunstseide entweder auf Ringzwirnmaschinen oder auf Etagenzwirnmaschinen vor, und zwar werden in den weitaus meisten Betrieben die letzteren verwendet. Da aber Beobachtungen darauf hindeuten, daß man auf Ringzwirnmaschinen besonders bei feinen Titern weniger flusige Kunstseide erhält als auf Etagenzwirnmaschinen, so haben einzelne Spinnwerke an der Verwendung von Ringzwirnmaschinen festgehalten, bzw. haben beide Maschinentypen in Gebrauch.

Sieht man von dem eben angeführten Moment ab, so hat die Ringzwirnmaschine vor der Etagenzwirnmaschine den Vorzug, daß man ihr praktisch unbeschränkt große Spulkörper oder Fadenwickel vorlegen kann. Dem steht der Nachteil gegenüber, daß die auf ihr anfallenden Copse nur eine beschränkte Fadenmenge aufnehmen können. Wo die Notwendigkeit des Abzwirnens von großen Spulkörpern vorliegt, hat man sich in neuerer Zeit auch der Doppeldrahtzwirnmaschine zugewandt, deren einwandfreie Konstruktion für Kunstseide allerdings schwierig ist.

Der grundlegende Unterschied zwischen einer Ringzwirnmaschine und einer Etagenzwirnmaschine besteht darin, daß bei der ersteren die Spindel, die den gezwirnten Faden aufnimmt, angetrieben wird, während bei der letzteren die Spindel angetrieben wird, von der der Faden abläuft.

Man kann auf der Ringzwirnmaschine die Kunstseide von Spinnspulen oder besonderen Bobinen (Scheibenspulen) herunterzwirnen. Hierbei kann man den Faden von diesen Spulen entweder über Kopf abziehen oder ihn tangential von der Spule abrollen lassen. Bei schweren Gespinsten zieht man den Faden zweckmäßig über Kopf ab, weil durch tangentialen Abzug leicht Verzerrungen in den Faden kommen können.

Der Faden gelangt von der Spule zunächst in ein Lieferwerk. Dies besteht aus einem Zylinder mit Längsrifflung (Lieferzylinder) und einem glatten Druckzylinder, der auf dem angetriebenen Lieferzylinder aufliegt und von ihm durch Friktion mitgenommen wird. Der Faden wird zwischen beide Zylinder geführt und so vom Lieferwerk mit einer konstanten Geschwindigkeit abgezogen.

Die durch eine Schnur angetriebene Spindel der Ringzwirnmaschine ist in einer feststehenden Spindelbank montiert. Auf diese Spindel wird eine Papphülse (Copshülse) gesteckt, die den gezwirnten Faden aufnimmt. Der von dem Lieferwerk kommende Faden wird zunächst durch eine feststehende Öse und dann durch einen kleinen ringförmig gebogenen Reiter (Ringläufer) auf die Copshülse geführt. Der Reiter läuft in einer ringförmigen Schiene, die in die sog. Ringbank eingebaut ist. Zwischen der feststehenden Fadenführeröse und dem Reiter bildet der Faden beim Lauf der Maschinen einen Ballon.

Der Ringläufer verfolgt den Zweck, die zwischen dem Fadenabzug durch das Lieferwerk und der Aufwickelgeschwindigkeit der Spindel

Abb. 293. Ringzwirnmaschine der Firma Carl Hamel A.G., Chemnitz. Die abgebildete Maschine trägt das Ablaufzeug für Stränge. Dieses entfällt in der Kunstseidenfabrik und wird durch ein solches für Walzen oder Spinnspulen ersetzt.

entstehende Differenz auszugleichen, die durch die ständige Änderung der Tangente des Fadenlaufes vom Ringläufer zu dem sich auf der Hülse bildenden Garnkörper hervorgerufen wird. Die Geschwindigkeit des vom Faden mitgenommenen Ringläufers bleibt hinter der Spindelgeschwindigkeit zurück.

Der Copsaufbau wird durch Auf- und Abwärtsgehen der Ringbank erzielt. Im allgemeinen geht die Aufwärtsbewegung langsamer vonstatten als die Abwärtsbewegung. Außerdem besteht noch eine Zusatzbewegung in der Art, daß die Ringbank allmählich immer höher hinaufsteigt. Hierdurch wird das konische Ende des Cops erzielt.

Da sich die freie Fadenstrecke zwischen der feststehenden Öse und dem Ringläufer durch die Changierung beim Auf- und Abwärtshub ständig ändert, so treten bei der Ringzwirnmaschine im Prinzip die gleichen Drehungsschwankungen im Faden auf wie bei der Zentrifugenspinnmaschine. Trotzdem wird aber vielfach ein auf Ringzwirnmaschinen erhaltenes Garn als gleichmäßiger angesprochen als ein solches, das auf einer Etagenzwirnmaschine gezwirnt wurde.

Den Zwirnfehler kann man vermeiden, wenn man nicht die Ringbank changieren läßt, sondern die Spindelbank mit den Spindeln. Neuartige Ringzwirnmaschinen sind daher vielfach so gebaut („Perfektspindeln").

Die Abb. 293 zeigt eine Ringzwirnmaschine der Firma Carl Hamel A. G., Chemnitz.

V. Das Zwirnen auf Etagenzwirnmaschinen.

Bei der Etagenzwirnmaschine wird die Spinnspule auf die Spindel gesteckt. Zu diesem Zwecke trägt die Spindel einen Teller mit schwach konischem Rand, der einen sicheren Sitz der Spinnspule gewährleistet. Damit der ablaufende Faden am oberen Rand der Spinnspule keine Beschädigungen erleiden kann, setzt man auf die Spinnspule einen sog. Zwirndeckel mit einem glatten, wulstförmigen Rand. Der von der Spinnspule ablaufende Faden wird senkrecht nach oben zu einem Sauschwanzfadenführer geführt und gelangt von dort zu einem horizontal hin- und herschwingenden Changierfadenführer, der ihn an die Zwirnspule abgibt.

Abb. 294 zeigt eine Etagenzwirnmaschine der Firma Carl Hamel A.G., Chemnitz.

Der Antrieb der in einer Spindelbank sitzenden Spindeln erfolgt durch einen endlosen Riemen, der an der Innenseite der Maschine an den Spindelwirteln vorbeigleitet und durch Rollen an den Seiten der Maschine geführt und gespannt wird. Der Riemen wird entweder von einer dieser Rollen angetrieben oder von in der Mitte der Maschinen befindlichen Rollen. Um stets ein festes Anliegen des Riemens an den Spindelwirteln herbeizuführen, läuft der Riemen noch an mehreren Spannrollen vorbei. Schlupf des Riemens an den Spindelwirteln führt zu Drehungsschwankungen im Faden.

Die den Faden aufnehmende Zwirnspule besteht normalerweise aus einer bakelitisierten Blechhülse, die einer Spinnspule ähnlich ist, jedoch keinen umgebörtelten Rand und keine Perforierungen besitzt. Sie wird auf einen Holzzylinder aufgesteckt, in den längs einige Blattfedern eingelassen sind, die die Hülse festhalten. Die Holzzylinder sitzen auf einer eisernen Achse, die seitlich in Schlitzen geführt ist. Der Antrieb der Zwirnspule erfolgt durch Friktion von Abzugswalzen aus, auf denen die Zwirnspule ruht.

Für diese Abzugswalzen ist die Frage des Werkstoffes wichtig, da sie einerseits eine genügend große Friktion aufweisen müssen, um die

Zwirnspule stets gleichmäßig mitzunehmen, und andererseits nicht so rauh sein dürfen, daß sie den Faden beschädigen. Für normale Zwirnzwecke eignen sich am besten glatt polierte Holzwalzen.

Bei Fadenbruch hebt man die Spule von der Abzugswalze ab und legt sie in Halter, sog. Kapsarme, damit die äußere Fadenschicht durch das Umlaufen auf der Abzugswalze nicht beschädigt wird.

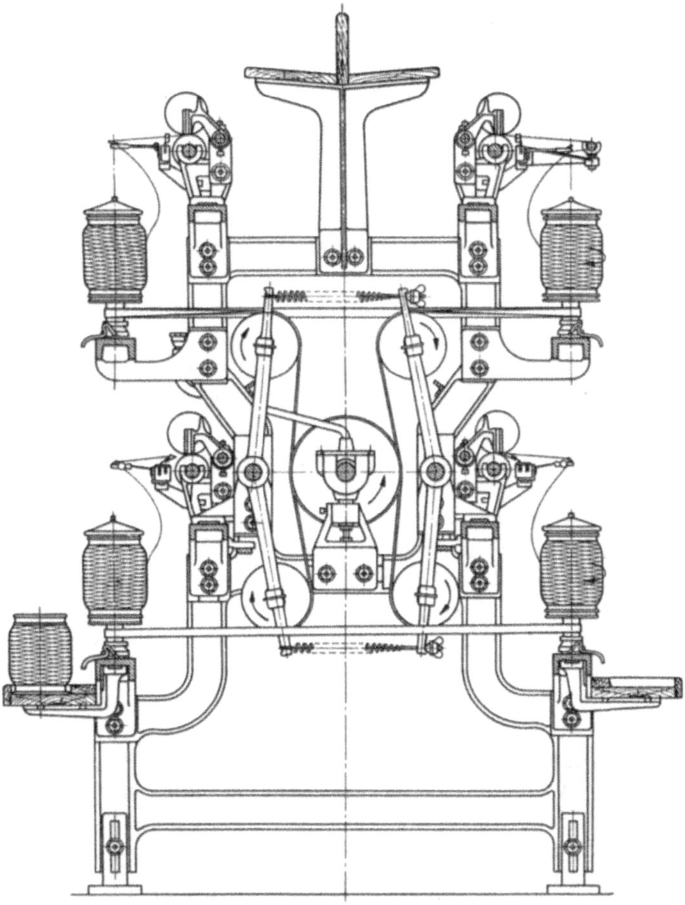

Abb. 294. Etagenzwirnmaschine Modell LL 40 der Firma Carl Hamel A.G., Chemnitz.

Durch die heute üblichen großen und verhältnismäßig schweren Spinnspulen haben die Etagenzwirnmaschinen in den letzten Jahren eine gründliche Durchkonstruktion erfahren müssen. Insbesondere mußten Spindeln geschaffen werden, die den Beanspruchungen durch das große Spulengewicht und die bis auf 6000—8000 Touren gesteigerte Geschwindigkeit gewachsen sind. Es ist eine ganze Reihe von Spindelkonstruktionen auf dem Markt, die sich für diesen Zweck eignen. Alle Spindeln sind mit Kugel- oder Rollenlagern und besonderen Schmiervorrichtungen versehen.

Damit bei einem Fadenbruch ein von der Spule abfliegendes Fadenende sich nicht in einem Fadenballon einer benachbarten Spindel verfangen kann und auch diesen Faden zum Reißen bringt oder sich an ihn anzwirnt, werden zweckmäßig zwischen die einzelnen Spindel sog. Separatoren angebracht, worunter senkrecht stehende, glattpolierte Bleche zu verstehen sind.

Die Etagenzwirnmaschinen werden stets doppelseitig gebaut. Man hat früher allgemein drei Etagen übereinander angeordnet. Nach der Einführung der direkten Spinnverfahren und der hierdurch vielerorts entstandenen Notwendigkeit, auf den Zwirnmaschinen keine normalen Zwirnspulen, sondern Zwirnwickel von größerem Durchmesser herzustellen, ist man vielfach dazu übergegangen, nur zwei Etagen übereinander anzuordnen. Man gewinnt auf diese Weise über den Spindeln mehr Platz und kann die leeren Zwirnwickelvorrichtungen bequemer in die Maschine einlegen bzw. die fertigen Zwirnwickel leichter aus der Maschine herausnehmen. Bei Dreietagenmaschinen kommt es hierbei leicht vor, daß man mit dem Zwirnwickel irgendwo anstößt und das Gespinst beschädigt.

Der Zwirnprozeß bildet eine Gefahrenquelle für die Fadenqualität, deshalb ist nicht nur auf sorgsamste Pflege der Zwirnmaschinen, sondern auch auf einwandfreies Zwirnen selbst zu achten. Während des Zwirnprozesses können die Einzelfädchen leicht beschädigt werden, wodurch ein flusiger Faden entsteht. Besonders gefürchtet ist in dieser Beziehung das Auftreten der sog. Zwirnringe. Man beobachtet zuweilen, daß sich auf der umlaufenden Spinnspule ein horizontaler, fester Ring aus Fasermaterial bildet. Der ablaufende Faden verfängt sich unter diesem Ring und wird hierdurch an der freien Ballonbildung verhindert, wobei gleichzeitig immer weitere Einzelfasern von dem Faden durch den Zwirnring abgestreift werden. Nach einiger Zeit kann es zum Bruch des Fadens kommen. Das Auftreten dieser Erscheinung hängt mit der relativen Luftfeuchtigkeit im Zwirnsaal sowie mit der Avivage des zu zwirnenden Materials zusammen. Merkwürdigerweise erhält man Zwirnringe besonders oft, wenn die Kunstseide durch ein Avivagemittel sehr weich, geschmeidig und glatt gemacht ist, dagegen kaum, wenn eine überhaupt nicht avivierte Kunstseide gezwirnt wird. Drückt man mit den Fingern auf das Gespinst einer nicht avivierten Spinnspule, so bemerkt man ein leichtes Knirschen, da diese Gespinste eine gewisse Starre (Trockenstarre) haben. Spinnspulen, die man auf diese Weise berührt hat, führen meistens beim Zwirnen zur Zwirnringbildung. Es geht hieraus hervor, daß man die Gespinste beim Aufsetzen der Spulen auf die Spindeln möglichst nicht berühren soll. Die Möglichkeit des unavivierten Zwirnens ist in solchen Fällen gegeben, in denen Zwirnwickel hergestellt werden sollen. Da diese später zum Schrumpfungsausgleich noch einmal genetzt werden müssen, so kann man die Avivage gleichzeitig mit diesem Netzbad auftragen. Recht gut verzwirnen sich auch Gespinste, die kurz vor dem Verzwirnen mit einem ölförmigen Präparationsmittel beträufelt worden waren. Was die relative Luftfeuchtigkeit des Zwirnsaales anbelangt, so hält man diese zweckmäßig bei 55—60%. Bei trockenerer Luft kommt es leichter zu Faserbeschädigungen sowie auch zur Bildung von Zwirnringen, bei feuchterer Luft können Überdehnungen im Faden auftreten.

Bei den alten Spinnverfahren kommt die Kunstseide in unentschwefeltem Zustand in die Zwirnerei. Derartige Kunstseide zwirnt sich im allgemeinen gut, da der an der Oberfläche fein verteilte Schwefel eine Schutzschicht um den Faden bildet.

Es muß noch erwähnt werden, daß man beim Walzenspinnverfahren die Glaswalzen wegen ihrer Größe und ihres Gewichtes nicht auf die Spindeln aufsetzen kann. Walzengespinste müssen vor dem Zwirnen umgespult werden. Hierzu dienen besondere Spulmaschinen, bei denen der Faden von den senkrecht gestellten Glaswalzen aus über Kopf abgezogen wird. Der Faden wird durch eine Fingerbremse geführt und auf eine Bobine (Scheibenspule) aufgewickelt. Diese Scheibenspule wird dann auf die Spindel der Zwirnmaschine gesteckt. Da beim Walzenverfahren also ein Umspulprozeß zwischengeschaltet wird, liegt der Faden vom Spinnanfang wieder innen auf der Zwirnspule, während er beim Spulenspinnverfahren außen auf der Zwirnspule liegt.

VI. Das Zwirnen auf Doppeldrahtzwirnmaschinen.

Eine Sonderkonstruktion unter den Zwirnmaschinen stellen die sog. Doppeldrahtzwirnmaschinen dar. Es war schon erwähnt worden, daß sie recht schwierig zu bauen sind, es sind daher auch nur einzelne, brauchbare Typen am Markt. Ihre Überlegenheit gegenüber den anderen Zwirnmaschinen besteht darin, daß man den Faden von großen und schweren Spulkörpern abzwirnen und ihn auch wieder zu großen Wickeln auflaufen lassen kann. Sie sind daher besonders für im direkten Verfahren gewaschene Gespinste von der großen Walze geeignet.

Die Doppeldrahtzwirnmaschine arbeitet im Prinzip so, daß der Spulkörper, von dem der Faden abgezwirnt werden soll, auf die Spindel gesteckt wird. Die Spindel treibt jedoch den Spulkörper nicht an, sondern dreht sich nur in ihm. Der vom Spulkörper ablaufende Faden wird dem oberen Spindelende zugeleitet und dann in einen in die Spindel axial eingebohrten Kanal geführt, den er unterhalb des Spulkörpers durch ein seitlich in den Kanal einmündendes Röhrchen wieder verläßt. Von dort aus wird der Faden auf die übliche Weise einem oberhalb der Spindel angeordneten feststehenden Fadenführer und von dort der aufwickelnden Spule zugeleitet. Auf seinem Wege zwischen ablaufendem und auflaufendem Spulkörper erhält der Faden zweimal eine Drehung, nämlich das erste Mal vor dem Spindelkanal und das zweite Mal im Spindelkanal, dem Zwirnröhrchen und dem feststehenden Fadenführer.

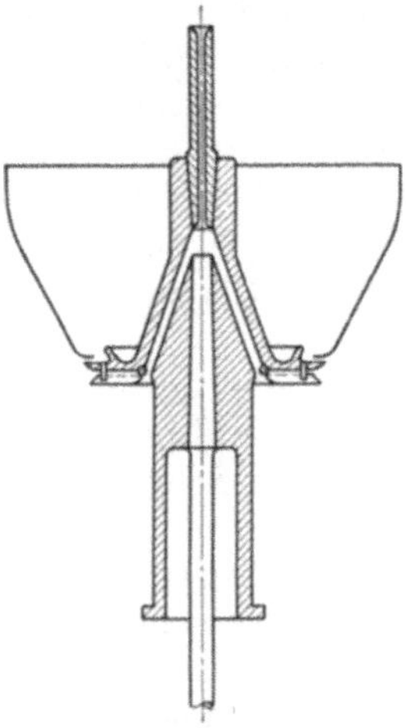
Abb. 295. Doppeldraht-Zwirnspindel nach DRP. 657647.

Es ist einleuchtend, daß diese Zwirnart in konstruktiver Beziehung viele Schwierigkeiten verursacht. Zunächst muß dafür gesorgt werden, daß die Lieferspule tatsächlich stillsteht und von der sich drehenden Spindel nicht mitgenommen wird. Alsdann muß verhindert werden, daß die dem Faden vor dem Spindelkanal erteilte Zwirnung sich nicht auf die im Spindelkanal befindlichen Fadenteile fortsetzt. Zu diesem Zwecke müssen im Spindelkanal sicher wirkende Fadenbremsen angebracht sein. Schließlich sind geeignete Fadenleitkörper anzubringen, die ein Aufschiefern des ablaufenden Fadens verhüten.

Da in die Kunstseidenindustrie bisher nur eine Maschine der Barmer Maschinenfabrik A. G., Remscheid-Lennep[1], Eingang gefunden hat, soll nur diese hier etwas näher besprochen werden.

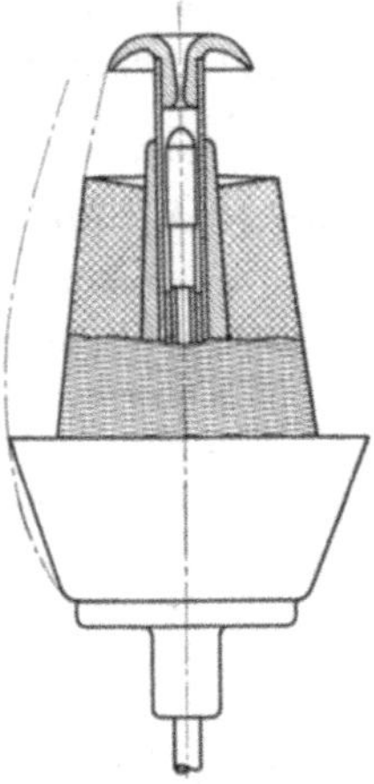
Abb. 296. Doppeldrahtzwirnspindel nach DRP. 674945.

Das auf der großen Walze gewaschene und getrocknete Gespinst, das ein Gewicht von 700 g hat, wird auf eine konische Fachspule umgespult. Die Fachspule wird dann auf die Spindel der Doppeldrahtzwirnmaschine gesetzt. Unterhalb der Fachspule ist auf der Spindel eine aufrechtstehende Glocke angebracht, die als Leitkörper für den aus dem Zwirnröhrchen austretenden Faden dient. Zur störungslosen Einführung des von der Fachspule ablaufenden Fadens in den Spindelkanal wird auf die Spindel ein Leitkörper gesetzt, der vom Ende der Einlauföffnung aus zur Fadenabgabestelle hin eine allmähliche und gleichmäßige Wölbung aufweist. Diese ergibt für den überlaufenden und gleichzeitig umlaufenden Faden an allen Stellen gleiche Reibungsverhältnisse. Eine bestimmte und der Fadenbeschaffenheit angepaßte Strecke unterhalb dieses Leitkörpers ist im Spindelkanal eine Fadenbremse angebracht, welche ein Überlaufen des

[1] DRP. 611633, 629240, 657647, 674945.

Drahtes verhütet. Diese Bremse läuft mit der Spindel um. Abb. 295 zeigt die Fadenführung zwischen Spindelkanal und Glocke, Abb. 296 gibt die Zwirnanordnung im Ganzen wieder.

Das Feststehen der Lieferspule, für das bei anderen Konstruktionen beispielsweise besondere und komplizierte Differentialgetriebe vorgesehen sind, wird bei dieser Erfindung lediglich dadurch erreicht, daß man die Spindeln geneigt an der Zwirnmaschine anbringt. Das verhältnismäßig hohe Gewicht der Spule verhindert in dieser Lage das Umlaufen von selbst.

Zur Einführung des Fadens in den Spindelkanal dient ein dünner Eisendraht mit einer Öse.

Als Aufnahmespule für den gezwirnten Faden verwendet man einen Holzkern, der von einer Abzugswalze durch Friktion mitgenommen wird und auf den man den Faden in Form eines Zwirnwickels auflaufen läßt.

VII. Das Kreppzwirnen.

Eine besondere Art des Zwirnens stellt das Kreppzwirnen dar. In Anbetracht des Umstandes, daß die Kunstseidenfabriken seit einigen Jahren die Herstellung von Kreppgarnen zum Teil selbst vornehmen, soll hierüber näheres ausgesagt werden.

Unter einem Kreppgarn versteht man einen Faden von sehr hoher Drehungszahl. Bei einem Titer von 100 Denier, wie er normalerweise für die Herstellung von Kreppgarn verwendet wird, gibt man 2200 Drehungen auf 1 m.

Das Verzwirnen von Kunstseide zu Kreppgarn erfordert große praktische Erfahrung, da von der Art des Zwirnens das Gewebebild maßgebend beeinflußt wird. Eine ganze Reihe von Faktoren spielt beim Kreppzwirnen eine bedeutende Rolle. Bevor aber auf diese näher eingegangen wird, soll eine Beschreibung der für das Kreppzwirnen verwendeten Maschinen vorgenommen werden.

Wie bei der normalen Drallgebung der Kunstseide können auch für das Kreppzwirnen Ringzwirn- und Etagenzwirnmaschinen verwendet werden. Die Ringzwirnmaschinen unterscheiden sich in ihrer Bauart nicht von dem schon beschriebenen Maschinentyp; die für das Kreppzwirnen benutzten Etagenzwirnmaschinen weichen jedoch in ihrer Bauart erheblich von normalen Etagenzwirnmaschinen ab. Auf eine nähere Beschreibung der Ringzwirnmaschinen kann daher hier verzichtet werden, zumal sie nur selten für die Herstellung von Kreppgarn herangezogen werden. Etagenzwirnmaschinen sind in der Anschaffung billiger und haben einen geringeren Kraftbedarf. Es soll nur festgestellt werden, daß man auf Ringzwirnmaschinen besonders leicht ein gutes und schönes Kreppgarn erhält.

Von den normalen Etagenzwirnmaschinen unterscheiden sich die Kreppzwirnmaschinen grundsätzlich durch eine leichtere Bauart. Spindeln und Spindellager sind wesentlich einfacher, da die der Maschine vorgelegten Spulen erheblich niedrigere Gewichte haben als die Spinnspulen. Man verwendet meistens eine einfache Lagerung der Spindeln in Hartholz, ohne jede Kugel- oder Rollenlagerung. Die Maschinen werden mit 3, 6 und 8 Etagen gebaut. In den beiden letzten Fällen werden sie dann auf dem Boden und an der Decke des Saales befestigt. Auf halber Höhe angebrachte Laufstege erlauben die Bedienung der oberen Maschinenhälfte. Derartige, hochgebaute Maschinen trifft man vielfach in Italien und Südfrankreich an, während man in Deutschland durchweg Drei-Etagen-Zwirnmaschinen benutzt. Eine weitere Abweichung der Kreppzwirnmaschinen von den normalen Etagenzwirnmaschinen besteht darin, daß der von der Lieferspule ablaufende Faden durch einen Flyer (Zwirnläufer, Campanello) geführt werden muß, der auf der Spindel oberhalb der Spule angebracht wird und zur Erzielung der notwendigen Fadenspannung beim Kreppzwirnen erforderlich ist.

Die Spindeln werden, wie bei der normalen Etagenzwirnmaschine, durch einen an den Spindelwirteln vorbeigleitenden, endlosen Riemen angetrieben. Um stets ein festes Anliegen des Riemens am Spindelwirtel zu gewährleisten, kann man entweder im Innern der Maschine Druckrollen anbringen oder der Spindelbank eine nach innen gehende leichte Krümmung geben. Bei einer Sonderkonstruktion der Firma Carl Hamel A. G. wird das feste Anliegen dadurch erreicht, daß jede Spindel ausschwenkbar angebracht ist und durch Federdruck von außen am Riemen anliegt, wie dies aus Abb. 298 (S. 539) zu erkennen ist.

Eine weitere Besonderheit besteht beim Kreppzwirnen noch darin, daß die zur Verzwirnung kommende Kunstseide geschlichtet sein muß. Ungeschlichtete Kunstseide würde einerseits der beim Kreppzwirnen auftretenden enormen Beanspruchung nicht gewachsen sein und andererseits kein einwandfreies Gewebebild ergeben.

Die Auswahl der Schlichte ist für das Kreppzwirnen von besonderer Bedeutung. Man unterscheidet in der Praxis zwei Arten von Kreppschlichte, nämlich solche mit einem bestimmten Gehalt an Leinöl und solche ohne Leinöl. Im allgemeinen wird einer leinölhaltigen Schlichte der Vorzug gegeben. Man kann aber auch aus leinölfrei geschlichteten Kreppgarnen gute Gewebe erhalten. Dies hängt von der Beschaffenheit des ganzen Kreppgarnes ab sowie auch von der Art der Schlichte, die der Weber auf die Kette des betreffenden Gewebes aufgetragen hat.

Die Schlichte muß den Faden weich und geschmeidig machen, damit in der Zwirnerei nicht zuviel Fadenbruch entsteht. Sie muß ferner bewirken, daß bei der Färbereibehandlung der fertigen Gewebe die dem hochgedrehten Faden innewohnenden Schrumpfungskräfte nur langsam und allmählich frei werden, was das Entstehen eines gleichmäßigen Gewebebildes sehr befördert. Dies erklärt die bevorzugte Anwendung einer leinölhaltigen Schlichte. Da nach dem oben Gesagten eine Kreppschlichte ganz andere Aufgaben zu erfüllen hat als eine Kettschlichte, so ist es verständlich, daß normale Kettschlichten für das Kreppzwirnen nicht geeignet sind. Die hauptsächlich zur Verwendung kommenden Kreppschlichten sind Softenings aus Talg oder Pflanzenfetten mit einem Verseifungsgrad von 18—20% und einem Leinölgehalt von 15 bis 25%. Es werden aber auch ausgesprochene Leinölschlichten mit weichmachenden Zusätzen verwendet.

Für die Herstellung von Kreppgeweben benötigt man Kreppgarn mit zwei Drehungsrichtungen. Die Kreppzwirnerei muß daher eine gleichgroße Menge rechts- und linksgedrehtes Garn herstellen. Hierbei ist Vorsorge zu treffen, daß die Garne mit verschiedener Drehungsrichtung nicht verwechselt werden können. Sie werden daher zur Kennzeichnung angefärbt. Es ist selbstverständlich, daß hierfür nur Farbstoffe verwendet werden dürfen, die in den Abkochbädern der Färberei wieder von der Faser heruntergehen. Das Anfärben der Fäden wird im Schlichtebad vorgenommen. Die Farbstoffe müssen bei leinölhaltigen Schlichten gegen die oxydierenden Einflüsse, die sich bei der Trocknung des Leinöles abspielen, beständig sein. Geeignete Farbstoffe sind die folgenden:

Sudangelb GRN	Vulkanechtgelb GR
Sudanviolett BR	Vulkanosinviolett BB
Sudanrot GG	Vulkanbremerblau N
Sudangrün BB	Vulkanosinrot 5 B
Nigrosinbase SRN	Vulkanbremerblau N + Vulkanechtgelb GR (für Grün).

Die genannten Farbstoffe sind also teils fettlösliche Farbstoffe, teils Pigmente. Dies ist nicht ganz bedeutungslos, da die Zumischung eines Pigmentfarbstoffes zur Schlichte den Faden etwas rauher macht. Hierdurch können bis zu 10% mehr Brüche in der Zwirnerei durch höhere Fadenspannung auftreten. Es ist zweckmäßig, für Rechts- und Linksdraht nicht zwei Farbstoffe aus den verschiedenen Klassen zu verwenden.

Die Schlichte wird normalerweise durch Behandeln von Kunstseidensträngen auf die Faser aufgetragen. Man benötigt einen ziemlich kräftigen Schlichteauftrag. Für Kreppzwirne geschlichtete Kunstseiden weisen einen Schlichtegehalt von 2,5—4% auf. Das geschlichtete Material wird in Trockenkammern oder Trockenkanälen auf die übliche Weise getrocknet.

Die Stränge werden dann auf Scheibenspulen umgespult. Hierzu dienen normale Windemaschinen (Abb. 297). Zur Erzielung einer auf der Kreppzwirnmaschine einwandfrei ablaufenden Vorspule ist das Kreuzungsverhältnis, mit dem der Faden auf die Spule gewickelt wird, nicht gleichgültig. Windemaschinen sind für die üblichen Zwecke meist auf annähernd parallele Wicklung eingerichtet, und zwar kommt auf 200 Spulenumdrehungen ein Doppelhub. Es hat sich nun herausgestellt, daß man zu einer Verringerung der Fadenbrüche in der Zwirnerei kommt, wenn man die Kreuzung stärker nimmt und den Changiermechanismus beispielsweise auf 70 Spulenumdrehungen pro Doppelhub einstellt. Außerdem ist es für die Verringerung der Fadenbruchzahl günstig,

Abb. 297. Windemaschine Modell PO der Firma Carl Hamel A.G., Chemnitz.

als Zusatzbewegung eine Hubminderung vorzunehmen. Man vermeidet auf diese Weise ein Festklemmen von Fäden zwischen Wicklung und Spulenflansch.

Als Vorspule verwendet man Spulen mit einer Hublänge von 70 bis 105 mm. Der Kern der Spule soll möglichst dick sein, damit zwischen der vollen und der leeren Spule keine zu großen Differenzen im Gespinstdurchmesser entstehen. Dies ist deshalb wichtig, weil zwischen Außen- und Innenteil des Wickels Spannungsdifferenzen beim Zwirnen auftreten, und zwar nimmt die Fadenspannung mit der Verringerung des Wickeldurchmessers zu. Der obere Spulenflansch soll nicht viel größer sein als der Durchmesser der vollgewickelten Spule. Ein größerer Durchmesser erhöht die Ungleichmäßigkeiten in der Fadenspannung.

Im Gegensatz zu der normalen Drallgebung bestimmt beim Kreppzwirnen die Spindeltourenzahl nicht nur die Leistung der Zwirnmaschine, sondern auch den Ausfall des Kreppgarnes, da die Fadenspannung mit der Spindeldrehzahl zunimmt. Die Kreppzwirnmaschinen laufen mit 8, 10 und 12000 Spindeltouren. Die Fadenspannung wird außer durch die Tourenzahl auch durch das Gewicht und die Art des Flyers beeinflußt. Der Flyer besteht normalerweise aus einem kleinem Holznüßchen mit einem Stückchen Draht, das an beiden Enden eine kleine

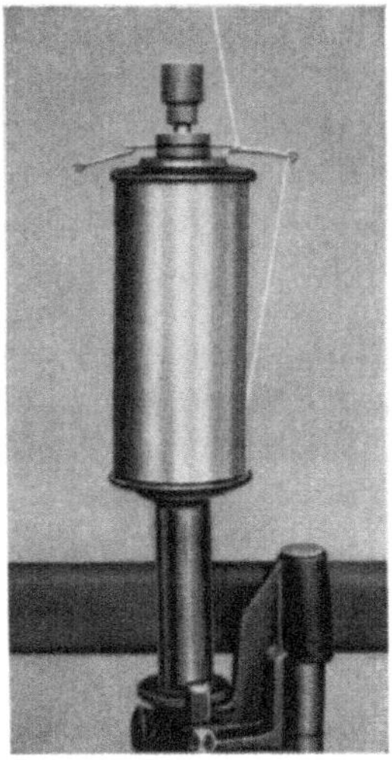

Abb. 298. Fadenführung beim Kreppzwirnen (Hamelsche Kreppspindel).

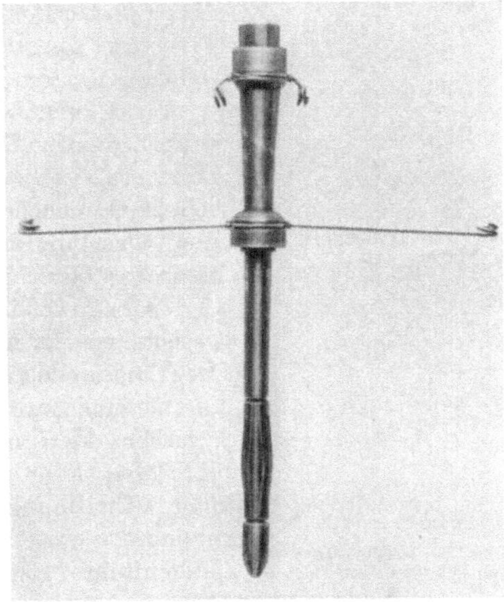

Abb. 299. Flyer nach DRP. 639752.

Sauschwanzöse besitzt, durch die der Faden geleitet wird. In einer Entfernung von etwa 1 cm vom Ende besitzt der Draht eine Schlinge, um die der Faden geführt wird, wie dies Abb. 298 zeigt. Der Draht kann aus Eisen oder Edelstahl bestehen. Flyer aus Eisen neigen zum Rosten, demgegenüber haben Flyer aus Edelstahl den Nachteil, daß sie vom Faden leichter eingeschnitten werden als eiserne Flyer. Zum Flyer gehört dann noch ein sog. Flyerdeckel. Hierunter ist ein flachgewölbter Teller zu verstehen, der in der Mitte eine kurze Büchse trägt. Diese Büchse wird oberhalb der Spule über die Spindel gesteckt, so daß der Teller auf dem oberen Spulenflansch anliegt. Das Holznüßchen des Flyers wird über diese Büchse gesteckt. Seine Bohrung muß so beschaffen sein, daß es sich um die Büchse leicht und ohne jede Hemmung dreht und daß der Flyer sich nicht verkanten kann. Nach oben wird das Nüßchen auf der Büchse des Flyerdeckels durch einen durchbohrten Gummipfropfen oder eine mit Gummi ausgelegte Büchse festgehalten.

Der durch die Ösen des Flyers geführte Faden versetzt beim Ablaufen den Flyer in Drehung, und zwar eilt die Flyerdrehung der Spindeldrehung voraus. Da sich sowohl der Flyerdeckel als auch der Flyer selbst drehen können, so wird der Flyerlauf unkontrollierbar. Es hat sich daher als günstig erwiesen, den Flyerdeckel auf dem Spulenflansch festzulegen. Dies kann sehr einfach dadurch geschehen, daß man an dem Teller des Flyerdeckels einen Stift anbringt, der in eine entsprechende Bohrung des Spulenflansches hineinragt.

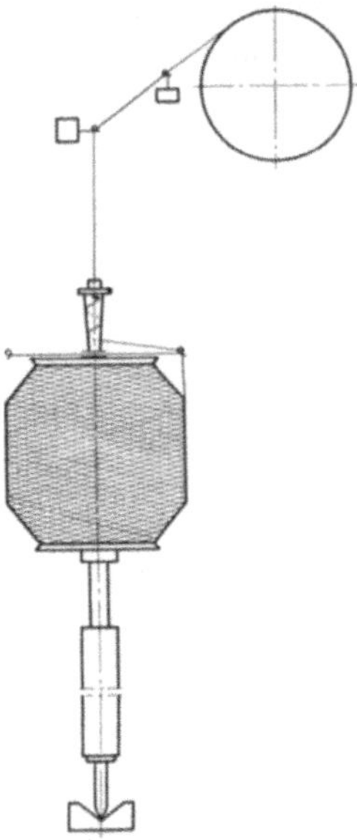

Abb. 300. Kreppzwirnen mit dem Campanello CASTELLI.

Die Fadenspannung beim Zwirnen nimmt mit zunehmender Drahtstärke des Flyers zu. Es sind Flyer mit folgenden Drahtstärken in Gebrauch: 0,6 mm, 0,8 mm, 1,0 mm und 1,2 mm.

Von CASTELLI in Como[1] ist ein Flyertyp entwickelt worden, der es gestattet, die Fadenspannung zu variieren. Seine Form ist aus der Abb. 299 ersichtlich. Er wird so angebracht, daß die Zwirnspindel in der Höhe des oberen Spulenflansches abgeschnitten und eingebohrt wird. In den so entstandenen Kanal wird der Flyer eingeschoben. Er wird durch Blattfedern gehalten. Der Campanello Castelli besitzt zwei Fadenführer, die an einer drehbaren Büchse angebracht sind. Zwischen der unteren und der oberen Fadenführeröse kann der Faden durch verschiedenfaches Umschlingen der Büchse mehr oder weniger gebremst werden. Außerdem kann der obere Fadenführer gegen den unteren verstellt werden, wodurch weitere Umschlingungswinkel gebildet werden können. Auf diese Weise kann man die Fadenspannung beliebig einstellen und vor allen Dingen die zwischen Rechts- und Linksdraht normalerweise auftretenden Spannungsdifferenzen ausgleichen. Abb. 300 zeigt die ganze Zwirnanordnung mit dem Campanello CASTELLI.

Der Faden wird vom Flyer aus zunächst zu einem senkrecht über der Spindel angebrachten Sauschwanzfadenführer geführt. Von dort aus gelangt er durch den Changierfadenführer auf die aufwickelnde Spule. Der Changierfadenführer ist als Schleiffadenführer ausgebildet, d. h. er liegt auf der aufwickelnden Spule an. Die Aufwickelspule wird durch Friktion von einem Zylinder aus angetrieben. Damit kein Schlupf entsteht, was zu Zwirnschwankungen führen würde, ist der Zylinder mit einem kräftigen Kordgewebe überzogen, dessen Rippen parallel zur Zylinderachse verlaufen.

Zwischen Flyer und festem Sauschwanzfadenführer bildet der Faden einen Ballon. Zur Vergleichsmäßigung des Zwirnes ist es vorteilhaft,

[1] DRP. 639752.

die Ballonlänge möglichst groß zu wählen, sie soll mindestens 20 cm betragen. Die Fadenspannung wird durch die Ballonlänge nicht beeinflußt.

Es wird vielfach behauptet, daß man ein besseres Kreppgarn erhält, wenn die Drallgebung in zwei Arbeitsgängen vorgenommen wird, d. h. also, wenn dem Faden beispielsweise durch Zwirnen zunächst eine Drehung von etwa 1000 Touren erteilt wird und die Fertigdrehung in einem zweiten Arbeitsgang erfolgt. Man kann bei diesem Verfahren

Abb. 301. Rissiges Kreppgewebe.

Abb. 302. Gleichmäßiges Kreppgewebe.

ohne Flyer zwirnen. Praktische Vergleichsversuche haben jedoch ergeben, daß man bei richtiger Einstellung der ganzen Arbeitsbedingungen auch bei einmaliger Drallgebung einen Faden erhält, der ein vollkommen einwandfreies Verhalten zeigt.

Für ein Kreppgewebe sind zwei Faktoren charakteristisch: Das Gewebe muß zunächst in der Färberei in der Breite stark einspringen, und zwar um 25—30%. Hiernach wird es in der Appretur wieder gespannt, wodurch sich der Einsprung auf 12—15% verringert. Der Kreppeinsprung muß ferner gleichmäßig sein und es darf kein „rissiges" Gewebe entstehen. Unter einem rissigen Kreppgewebe ist ein solches zu verstehen, bei dem sich die Kettfäden unregelmäßig gelagert haben. Abb. 301 zeigt ein rissiges Kreppgewebe, Abb. 302 zum Vergleich hierzu ein einwandfreies.

Die Größe des Kreppeinsprunges ist durch die Spannung bestimmt, die dem Faden während des Kreppzwirnens erteilt wurde. Je höher die Spannung, um so größer wird der Kreppeinsprung. Die Rissigkeit hängt mit der Beschaffenheit des Kreppfadens zusammen. Der Kreppfaden darf nicht spiralig („sandig") sein, sondern er muß vollkommen glatt und rund sein. Abb. 303 zeigt einen sandigen Kreppfaden, Abb. 304 einen guten Faden. Bei starker Sandigkeit können sog. „Läuse" auftreten, worunter kleine Schlingen im Kreppfaden zu verstehen sind. Die Schlingen werden unter dem Druck des Gauffrierkalanders in der

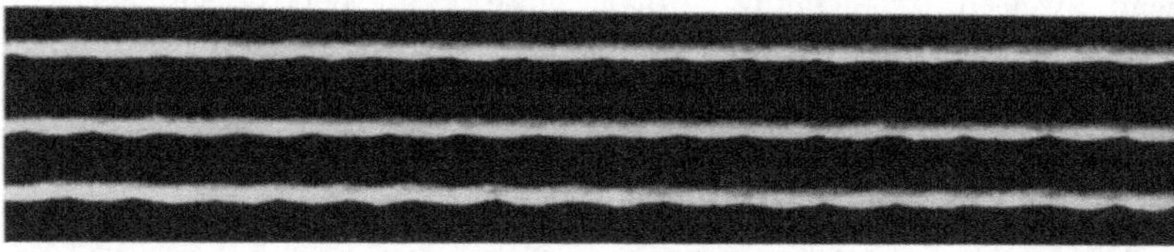

Abb. 303. Sandiger Kreppfaden.

Ausrüstung abgequetscht, wodurch Löcher im Gewebe entstehen. Auch die Beschaffenheit des Kreppfadens ist von der Fadenspannung abhängig, und zwar liefert höhere Fadenspannung einen glatteren Faden.

Aus dem Vorhergesagten geht hervor, daß die Fadenspannung beim Zwirnen möglichst groß sein muß. Man kann sie nun aber keineswegs willkürlich auf eine beliebige Größe einstellen, vielmehr muß sie

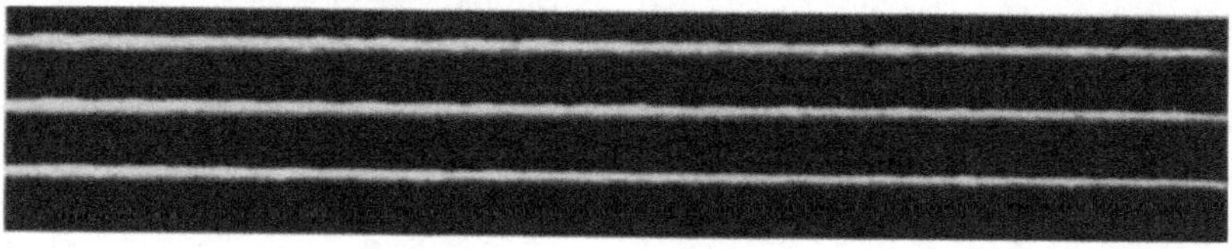

Abb. 304. Runder Kreppfaden.

der Art der Kunstseide, der verwendeten Schlichte sowie der relativen Luftfeuchtigkeit im Zwirnsaal angepaßt werden. Mit anderen Worten, alle diese drei Faktoren müssen aufeinander abgestimmt werden.

Zunächst muß betont werden, daß man nicht aus jeder Kunstseide Krepp zwirnen kann. Nach dem Streckspinnverfahren gesponnene Kunstseiden mit höherer Festigkeit und geringer Dehnbarkeit sind für das Kreppzwirnen ungeeignet. Man stellt daher zweckmäßig für das Kreppzwirnen eine Kunstseide her, deren Dehnbarkeit bei über 22% in trockenem und über 30% in nassem Zustand liegt. Die Art der Schlichte gibt sich insofern zu erkennen, als von einer gewissen Fadenspannung ab weichere Schlichten einen größeren Kreppeinsprung ergeben als härtere Schlichten. Weiche Schlichten sind auch für das Zustandekommen eines glatten Kreppfadens günstig. Dieser Einfluß der Schlichte wirkt sich aber bei der Verzwirnung einer Kunstseide von hoher Dehnbarkeit kaum aus, während er bei einer Kunstseide von niedriger Dehnbarkeit deutlich in die Erscheinung tritt.

Der Einfluß der relativen Luftfeuchtigkeit im Zwirnsaal wirkt sich insofern aus, als unter gleicher Spannung gezwirnte Fäden bei hoher Luftfeuchtigkeit ein stärker einspringendes Kreppgarn ergeben. Dieser Befund ist verständlich, da bei hohem Feuchtigkeitsgehalt die Fäden mit geringerer Kraft gedehnt werden können.

Die Fadenspannung darf ein gewisses, hohes Maß aber auch nicht übersteigen: Wird der Faden in der Zwirnerei zu stark gestreckt, so erfolgt in der Ausrüstung sog. „wildes Kreppen". Man bezeichnet das Warenbild dann als „tränig". Als Richtlinien für die Einstellung der Fadenspannung beim Zwirnen können die folgenden dienen:

Kunstseide mit niedrigerer Dehnbarkeit erfordert eine weiche Schlichte und hohe Fadenspannung beim Zwirnen. Das Zwirnen wird bei einer relativen Luftfeuchtigkeit von etwa 70% vorgenommen. Kunstseide mit hoher Dehnbarkeit kann mit einer härteren Schlichte geschlichtet werden. Sie erfordert eine niedrigere Fadenspannung und benötigt keine so hohe Luftfeuchtigkeit in der Zwirnerei. Allgemein kann noch gesagt werden, daß härtere Schlichten höhere Fadenspannungen erfordern als weiche Schlichten.

Infolge der Vielseitigkeit der Faktoren, die das Warenbild beeinflussen, müssen die günstigsten Betriebsbedingungen für jede Kunstseide empirisch ermittelt werden.

Der auf die Zwirnspule aufgelaufene Faden kringelt sich beim Abspulen stark zusammen. Der Zwirn muß daher durch eine Behandlung mit Feuchtigkeit und Wärme beruhigt werden. Hierüber wird S. 545 näheres ausgeführt.

Da bei der Beruhigung des Kreppzwirnes die Außenlagen der Zwirnspule locker werden, kann die auf der Kreppzwirnmaschine erhaltene Spule nicht unmittelbar versandt werden. Die Kreppspule muß daher noch umgespult werden.

Für das Umspulen eignen sich entweder solche Maschinen, bei denen der Faden durch Friktion auf neue Hülsen umgespult wird, oder solche, bei denen die Hülse auf eine sich drehende Spindel aufgesteckt wird, sog. Präzisions-Kreuzspulmaschinen. Die letzteren haben eine höhere Leistung, sind aber entsprechend teurer in der Anschaffung.

Einwandfreies Ablaufen dieser Spulen beim Verarbeiter wird sehr begünstigt, wenn die Spulen mit konischen Stirnflächen versehen werden, d. h. also, wenn die Changierbewegung mit Hubminderung ausgestattet ist. Normalerweise sind die Spulmaschinen der ersten Art nicht mit Hubminderung ausgerüstet. Von der Barmer Maschinenfabrik A. G. wurde daher eine Vorrichtung ausgearbeitet, die auch bei diesen Spulmaschinen Spulen mit konischen Enden herzustellen gestattet. Nach DRP. 655504 ist der Fadenführer schwenkbar an der mit gleichbleibendem Hub bewegten Fadenführerschiene gelagert und in einer mit zunehmendem Spulendurchmesser vom Spulenhalter verschwenkten

Leitschiene geführt. Der Spulenhalter ist mit einer Verlängerung versehen, die zum Verschwenken der Leitschiene mit ihren Enden auf einer an der Leitschiene angeordneten Stange gleitet. Dabei schwingt die Leitschiene quer zur Spulenbewegung aus. Der Fadenführer ist an einem an der Fadenführerschiene angeordneten Bolzen vorgesehen, der mit dem Ende einer kurbelförmigen Abbiegung in der Leitschiene geführt ist. Die Spulenhalterverlängerung ist an ihrem Ende mit einem drehbaren Gleitstück versehen und die Stange zur Aufnahme des Gleitstückes und dadurch zum Festhalten des Spulenhalters in der Ausrückstellung am oberen Ende abgebogen. Diese Fadenführungseinrichtung ist durch Abb. 305 veranschaulicht.

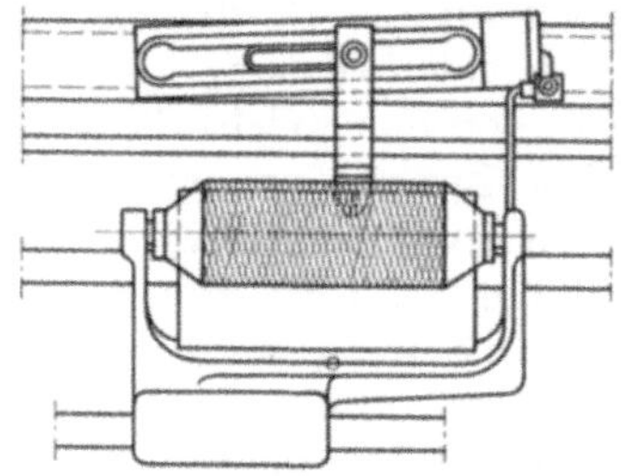

Abb. 305. Spulvorrichtung nach DRP. 655504.

Beim Verarbeiter beliebt ist eine Spule, die mit „Alexander-Bobine" bezeichnet wird. Sie hat folgende Abmessungen:

Länge	138 mm
Innerer Durchmesser	17 mm
Äußerer Durchmesser	20 mm

Den Umspulprozeß kann man sich unter Umständen ersparen. Dies ist auf jeden Fall möglich, wenn das Kreppgarn auf Schußspulen (Cannetten) zur Ablieferung kommen soll. Man kann dann gleich den Faden von der Kreppspule auf die Cannette bringen. Aber auch durch exakte Spulung und Fadenverlegung auf der Kreppzwirnmaschine ist es möglich, unmittelbar eine Versandspule herzustellen. Damit beim Fixieren des Krepps keine allzu lockeren Wickel entstehen, verwendet man dann zweckmäßig perforierte Hülsen von großem Durchmesser.

VIII. Das direkte Zwirnen von Kreppgarn.

Bei dem eben beschriebenen Verfahren muß man von Kunstseide in Strangform ausgehen, die auch in Strangform geschlichtet wird. Da dies sehr umständlich ist, so ist eine Reihe von Lohnzwirnereien auch dazu übergegangen, die Kunstseide in Form von Spinnkuchen zu beziehen. Das Schlichten von Spinnkuchen für Kreppzwecke macht heute keine Schwierigkeiten mehr. Für eine Kunstseidenspinnerei nach dem Spulenverfahren, die Kreppgarne herstellt, wäre es ein großer wirtschaftlicher Vorteil, wenn es gelänge, auf normalen Etagenzwirnmaschinen in einem Arbeitsgang Kreppgarn herzustellen. Durch Anwendung entsprechend großer Flyer ist dies theoretisch und auch praktisch möglich, jedoch ist der Kraftbedarf dieser Maschinen für das Kreppzwirnen zu hoch. Die leichten Kreppzwirnmaschinen erlauben wieder das Aufstecken der schweren Spinnspulen nicht. Ein gangbarer Weg ist aber der folgende:

Die auf den Spinnspulen befindliche Kunstseide wird im Anschluß an die Wäsche im Druckverfahren geschlichtet. Dies setzt allerdings eine

Schlichte von einem genügend feinen Dispersitätsgrad voraus. Um eine gleichmäßige Schlichtung des ganzen Gespinstes zu erzielen, muß man die Spulensäulen erst entlüften. Man bringt auf den Spulensäulen zu diesem Zwecke ein Rohr mit einem Hahn an. Bei geöffnetem Hahn läßt man die Schlichte zunächst in den Spulensäulen einfließen und schließt den Hahn erst in dem Augenblick, in dem Schlichte aus dem Rohr auszutreten beginnt.

Nach erfolgter Schlichtung werden die Spinnspulen auf die übliche Weise getrocknet.

Die Spinnspulen werden dann auf normalen Etagenzwirnmaschinen mit 220 Touren Rechts- und Linksvordraht gezwirnt. Dann läßt man

Abb. 306. Dämpfkanal für Zwirnspulen. (Friedr. Haas K.G., Remscheid-Lennep.)

sie über Kopf auf die Scheibenspulen umlaufen, die der Kreppzwirnmaschine vorgelegt werden. Hierzu kann man die normalen Windemaschinen verwenden, von denen man die Halter für die Windekronen abmontiert hat. Die Spulen werden auf einen Teller gestellt, auf den man ein Schaffell legt, damit sich abgefallene Fäden nicht unter der Spule verfangen können, und über Kopf abgezogen. Die Fadenbremsung erfolgt am besten durch eine Fingerbremse.

Da man bei diesem Verfahren keine Möglichkeit hat, die Kunstseide auf Fehler durchzusehen, so bringt man an diesen Umspulmaschinen Knoten- und Flusenfänger an. Als solche sind Einrichtungen besonders geeignet, bei denen der Faden zwischen einem Dorn und einem Stahlmesser hindurchgeführt wird.

IX. Das Fixieren des Zwirnes.

Kreppgarne, aber auch normale Kunstseide mit höherer Drehung, also Kettdrehung mit 220 Touren oder die sog. Hochkette mit etwa 300 Touren pro Meter, müssen im Zwirn fixiert werden, damit sie sich beim Ablaufenlassen der Spulen nicht kringeln. Diese Fixierung oder Beruhigung des Zwirns geschieht durch Dämpfen oder Feuchten der Spulen nach erfolgter Zwirnung. Für die Großproduktion sind besondere Dämpfkanäle gebaut worden. Abb. 306 zeigt beispielsweise einen solchen Kanal von der Maschinenfabrik Haas in Remscheid-Lennep. Man kann das Fixieren durch Dampf oder durch feuchte Luft bewerkstelligen. Im allgemeinen genügen 3—4 Stunden bei 50° C und eine relative Luftfeuchtigkeit von 95%. Bei Kreppgarnen beobachtet man manchmal, daß die eine Drehungsrichtung eine längere oder kürzere Fixierungszeit benötigt als die andere.

Damit die Feuchtigkeit oder der Dampf schneller und gleichmäßiger in die Spulkörper eindringen kann, verwendet man zweckmäßig perforierte Hülsen. Diese müssen so beschaffen sein, daß durch den Dampf oder die Feuchtigkeit keine Stoffe aus dem Spulenmaterial an den Fadenwickel abgegeben werden können.

Hart aufgelaufene Spulen benötigen im allgemeinen eine kürzere Feuchtzeit als weich aufgelaufene.

B. Das Haspeln.

Bei den alten Spinnverfahren wird das Garn in unentschwefeltem Zustand von den Zwirnspulen aus zu Strängen gehaspelt. Bei den direkten Spinnverfahren ist das Haspeln immer mehr zurückgegangen, da der größte Teil der Kunstseide unmittelbar vom Zwirnwickel oder Spinnkuchen aus gespult wird. Ein kleiner Teil der anfallenden Produktion muß jedoch nach wie vor zu Strängen gehaspelt werden. Die Stränge sind für solche Verarbeitungszwecke bestimmt, bei denen das Material in Strangform geschlichtet oder gefärbt werden muß. Eine besondere Art des Haspelns wird bei dem alten Zentrifugenspinnverfahren vorgenommen, hierbei wird die Kunstseide naß und sauer gehaspelt.

Der Haspel besteht aus einer Trommel von sechs Holmen. Für das Haspeln saurer Spinnkuchen wendet man schmale Häspel an, die zwei Stränge nebeneinander aufnehmen können, für alle anderen Verfahren kommen breite Häspel zur Anwendung, die je nach der vorgesehenen Strangbreite 6 oder 8 Stränge nebeneinander aufnehmen.

Um einen einwandfrei ablaufenden Strang auf dem Haspel aufzubauen, werden die Fäden in Kreuzwindungen um den Haspel geführt[1]. Die Lage der Fäden auf dem Haspel ist durch die Drehung des Haspels sowie durch den Hub des vor dem Haspel hin- und herschwingenden Fadenführers gegeben. Wenn man die Drehzahl des Haspels in der Minute mit n bezeichnet und die Zahl der Doppelhübe mit z, so gibt das Verhältnis

$$i = \frac{n}{z}$$

[1] Vgl. hierzu Bartram: Kunstseide **15**, 369 (1933).

die Lage der Fäden im Strang an. Dieses Verhältnis nennt man das Kreuzungsverhältnis. Da von der Wahl des richtigen Kreuzungsverhältnisses die beim Abhaspeln der Stränge zu erzielende Leistung in hohem Maße abhängt, so soll auf den Strangaufbau etwas näher eingegangen werden.

Das Kreuzungsverhältnis kann man zeichnerisch darstellen, indem man als Ordinate den halben Strangumfang $u/_2$ und als Abszisse die Breite B des Stranges auf dem Haspel nimmt.

Für die Größe dieses Verhältnisses i bestehen theoretisch drei Möglichkeiten: Es kann sein

$$i = 1,$$
$$i < 1,$$
$$i > 1.$$

Bei $i = 1$ kommt auf 1 Umdrehung des Haspels 1 Doppelhub bzw. auf eine halbe Umdrehung 1 Hub. Wenn der Haspel, wie in Abb. 307

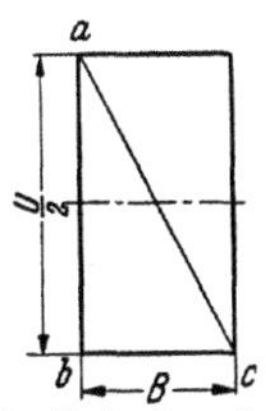

Abb. 307. Fadenlage bei einem Kreuzungsverhältnis $i = 1$. (Nach BARTRAM.)

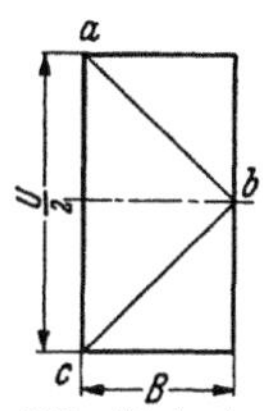

Abb. 308. Fadenlage bei einem Kreuzungsverhältnis $i = 1 : 2$. (Nach BARTRAM.)

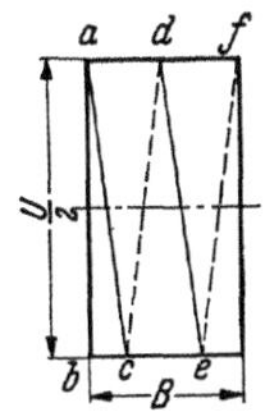

Abb. 309. Fadenlage bei einem Kreuzungsverhältnis $i = 4 : 1$. (Nach BARTRAM.)

dargestellt ist, die Strecke a—b zurückgelegt hat, ist der Fadenführer in der gleichen Zeit von b nach c gewandert. Der Faden legt sich hierdurch in die Richtung a—c. Bei der nächsten halben Umdrehung kehrt der Faden von c nach a zurück, worauf sich das Spiel wiederholt. Es ist einleuchtend, daß man auf diese Weise auf dem Haspel keinen Strang, sondern eine einfache schräge Schleife erhält. Das Verhältnis $i = 1$ ist daher unbrauchbar.

Abb. 308 bringt für den Fall $i < 1$ ein Beispiel. Hier ist die Fadenlage dargestellt, wenn auf zwei Doppelhübe des Fadenführers eine Umdrehung des Haspels kommt, d. h. jedem Fadenführerhub entspricht $^1/_4$ Haspelumdrehung, das Kreuzungsverhältnis ist also

$$i = \frac{n}{z} = \frac{1}{2}.$$

Bei diesem Verhältnis legt sich der Faden bei der ersten halben Umdrehung des Haspels auf die Linie a—b—c, bei der nächsten halben Umdrehung auf die Linie c—b—a. Der Faden würde bei diesem Verhältnis eine Zickzacklinie bilden, zu einem Strang kommt man also auch bei diesem Verhältnis nicht.

Für die Erzielung eines einwandfreien Stranges ist nur ein Verhältnis

$$i > 1$$

von Bedeutung, wie es z. B. für $i = \frac{4}{1}$ in Abb. 309 dargestellt ist. Hierbei kommt auf $^1/_2$ Strangumfang (Strecke *a—b*) $^1/_4$ Hub (Strecke *b—c*). Der Faden legt sich bei der ersten halben Umdrehung in die Strecke *a—c*, bei der nächsten halben Umdrehung in die Strecke *c—d*, bei der dritten halben Umdrehung in die Strecke *d—e*, bei der vierten halben Umdrehung in die Strecke *e—f* usw. Das als Beispiel angegebene Verhältnis ist für die Praxis noch nicht ausreichend, es kommen hier Kreuzungsverhältnisse etwa von der Größenordnung

$$i = \frac{13}{7}$$

in Frage.

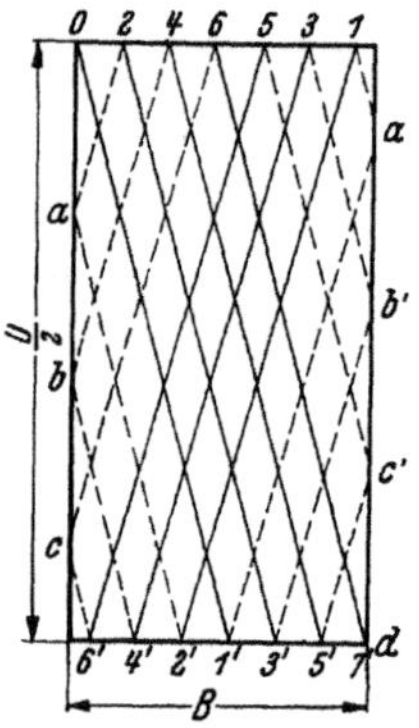

Abb. 310. Fadenlage bei einem Kreuzungsverhältnis $i = 13:7$. (Nach BARTRAM.)

Der Strangaufbau bei diesem Verhältnis ist in Abb. 310 dargestellt. Auf diese Weise entstehen regelrechte Rauten im Strang.

Man wählt am besten eine möglichst flache Kreuzung, wie beispielsweise 18/7 oder noch besser 24/7 und läßt den Strang möglichst breit auf den Haspel auflaufen. Dies hat zur Folge, daß die einzelnen Bänder nicht zu dick werden. Bei dicken Bändern würden die Fäden beim Abnehmen des Stranges vom Haspel zusammenfallen, wodurch ein Strang mit lockeren und festeren Teilen entsteht. Breite Stränge mit flacher Kreuzung sind bei unentschwefelter Kunstseide besonders wichtig, weil sie sich am schnellsten gleichmäßig waschen lassen und weil sie in der Sortierung breit und offen auf die Pfähle gelegt werden können, was den Überblick über den Strang erleichtert.

Damit der fertige Strang Halt bekommt, muß er gefitzt werden, d. h. es werden aus einem dicken Zwirn bestehende Unterbänder quer durch den Strang gezogen. Dies wird von den einzelnen Fabriken auf die verschiedenste Weise vorgenommen: Während einige Werke die Stränge streng durch die Rauten fitzen, ziehen andere den Fitzfaden ohne Rücksicht auf die Rautenbildung durch den Strang („wilde Fitzung"). Ob die eine oder andere Art der Fitzung die vorteilhaftere ist, hängt von der gewählten Strangkreuzung ab. Bei einem Kreuzungsverhältnis, bei dem kurze, breite Rauten entstehen, wie beispielsweise bei dem Verhältnis 13/10, kann man die Fitzfäden durch die Rauten ziehen. Wählt man dagegen ein flacheres Kreuz, bei dem längere und schmale Rauten gebildet werden (beispielsweise 24/7), so hat die korrekte Fitzung Nachteile. In diesem Falle kann man nämlich das Fitzband eine lange Strecke durch den Strang ziehen. Beim Färben der Stränge auf Stranggarnfärbemaschinen schieben sich die Fitzbänder von selbst zusammen und bilden Nester im Strang, die die gleichmäßige Durchfärbung und einwandfreie Abwindung des Stranges erschweren. Bei wilder Fitzung eines unter flacher Kreuzung hergestellten Stranges hingegen werden die Fitzfäden durch den Strang selbst in ihrer ursprünglichen Lage festgehalten, ohne daß es dabei zu einer Verwirrung des Stranges kommt.

Auch die Zahl der angewandten Fitzbänder ist verschieden. Es wird mit 6, 4 und 3 Bändern gefitzt. Es kann gesagt werden, daß bei geschickter Auswahl des Kreuzungsverhältnisses drei Fitzbänder zur Erhaltung einer einwandfreien Stranglage aber vollkommen genügen.

Die Fitzung selbst wird gleichfalls auf verschiedene Weise vorgenommen. Man unterscheidet einfache Fitzung und Durchholfitzung. Der Unterschied zwischen beiden geht aus den Abb. 311 und 312 herrvor. In ihrer Wirkung besteht praktisch kein Unterschied.

Abb. 311. Einfache Fitzung.

Abb. 312. Durchholfitzung.

Die Stranglänge bzw. das Stranggewicht wird am besten nicht zu groß genommen. Die Kunstseidenfabrik sowie die Verarbeiter streben aus wirtschaftlichen Gründen möglichst große Stranggewichte an, während der Färber kleine Stränge bevorzugt, da diese sich in der Färberei und auch in der Schlichterei besser hantieren lassen. Da bei den direkten Spinnverfahren nicht mehr die Notwendigkeit besteht, die gesamte Produktion haspeln zu müssen, so tut man gut daran, sich an ein bescheidenes Stranggewicht von annähernd 80—90 g zu halten.

Als Fitzgarn kommt nur ein kräftiges Kunstseidengarn in Frage. Man hat früher vielfach Baumwollzwirne als Fitzgarn verwendet. Die rauhe Baumwollfaser beschädigt aber die Kunstseidenfädchen, wenn eine baumwollene Unterbindung auch fester im Strang liegt. Kunstseidenzwirne haben aber gegenüber dem Baumwollzwirn den Nachteil, daß die Knoten schlecht halten. Man muß eine aus Kunstseidenzwirn bestehende Fitzbandschlaufe daher mit einem Doppelknoten versehen.

Abb. 313 zeigt die Ansicht einer Haspelmaschine für saure Spinnkuchen. Wie aus der Abbildung ersichtlich ist, werden die Kuchen auf ein unten an der Maschine befindliches und mit Holzpfropfen versehenes Brett gestellt und über Kopf abgezogen. Infolge der ihnen noch anhaftenden Spinnstarre lassen sie sich auf diese Weise gut abarbeiten. Es ist zweckmäßig, sie von Zeit zu Zeit durch Übergießen mit Wasser während des Haspelns neu zu befeuchten. Der Changierfadenführer wirkt gleichzeitig als Fadenbremse. Für sauer gehaspelte Stränge wählt man besser ein nicht allzu flaches Kreuz, 13/7 hat sich im allgemeinen als zweckmäßig erwiesen. Dies ist aus dem Grunde besser, weil die Stränge in nassem Zustand gefitzt werden müssen. Dies kann nur durch die Rauten geschehen, da bei wilder Fitzung und flachem Kreuz zu leicht Fädchen beschädigt werden können. Man hat deshalb auch versucht, die Stränge mit besonderen Fitznadeln zu fitzen, um die Berührung der Gespinste mit den Fingern zu vermeiden. Dieses Verfahren hat sich jedoch nicht allgemein eingeführt.

Der Umfang der Haspelkrone beträgt normalerweise 1105 mm, ihre Umdrehungsgeschwindigkeit kann auf 140, 180 und 225 in der Minute

Abb. 313. Haspelmaschine für saure Spinnkuchen. (Carl Hamel A.G., Chemnitz.)

eingestellt werden. Im allgemeinen läßt man diese Maschinen mit 180 Touren laufen.

Der Anfang des vom Kuchen ablaufenden Fadens wird nicht mit gehaspelt, sondern verworfen, da er vom Anspinnen her im Titer nicht richtig ist.

Bei kleinen, leichten Kuchen, wie sie früher hergestellt wurden, kann man ganze Gespinste zum Strang haspeln. Bei schweren Kuchen ist dies nicht möglich, da die Stränge zu groß werden würden. In diesem Falle verwendet man zweckmäßig Haspelmaschinen mit selbsttätiger Abstellung, wodurch die Gewähr gegeben ist, daß man gleich lange Stränge erhält. Es ist gut, das Stranggewicht auf ein bestimmtes Teilgewicht vom Kuchen abzustellen, also beispielsweise den Kuchen in zwei oder drei gleiche Teile aufzuteilen. Ist das Kuchengewicht nicht durch ein mögliches Stranggewicht zu einer glatten Zahl teilbar, so muß man „wild haspeln", d. h. man muß an nur teilweise fertige Stränge den Anfang neuer Kuchen anknoten. Diese Arbeitsweise ist aber unzweckmäßig.

Nach erfolgter Fitzung werden die Haspelkronen mit den Strängen aus der Maschine herausgenommen. Durch seitliches Zusammenschieben des Haspelholme kann man die Stränge dann von der Krone abnehmen (Abb. 314). Sie werden zu mehreren lose zusammengedreht und in die Strangwäsche gefahren.

Abb. 315 zeigt eine Haspelmaschine für das Abhaspeln von Spinnspulen oder Zwirnwickeln. Diese werden, wie die Spinnkuchen, auf ein

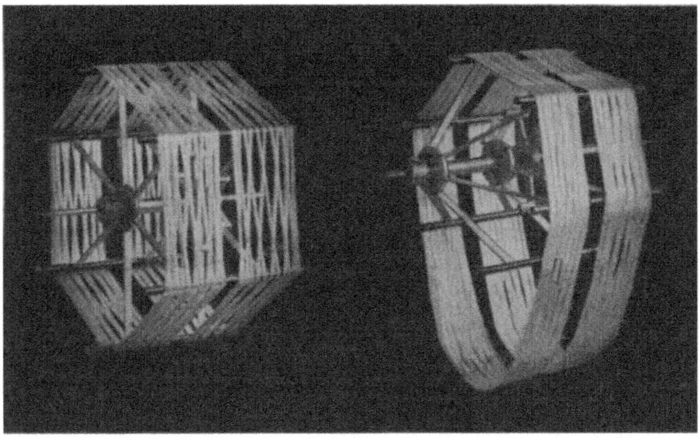

Abb. 314. Sauer gehaspelte Stränge auf Hamelschen Kronen.

unten an der Maschine angebrachtes Ablaufbrett aufgestellt und gleichfalls über Kopf abgezogen. Bei Zwirnwickeln ist — ebenso wie bei im direkten Verfahren gewaschenen Spinnkuchen — eine Stütze erforderlich, die man in die meist mit einem Schlauchnetz versehenen Gebilde einlegt. Hierfür kann man eine Manschette aus Blech, Gummi, Zelluloid oder Vulkanfiber verwenden, die dem Wickel eine gewisse Spannung gibt. Man kann auch gespaltene und durch Federkraft auseinandergedrängte Holzdorne anwenden. Das Schlauchnetz muß sorgfältig zurückgeschlagen werden, damit keine Fäden beim Ablaufen daran hängen bleiben können. Beim Abarbeiten von Zwirnwickeln oder eingenetzten Kuchen ist es darüber hinaus zweckmäßig, über die Wickel einen runden, mit einem polierten Rand versehenen Ablaufteller aus Vulkanfiber anzubringen, wodurch ein strörungsloses Ablaufen sehr erleichtert wird.

Die für das Haspeln notwendige Spannung der ablaufenden Fäden wird durch Bremsstäbe erreicht, die vor der Changierung angebracht sind. Sie können in ihrer Stellung zueinander verstellt werden, so daß man dem Faden jede beliebige Bremsung erteilen kann.

Die Haspelkronen (Abb. 316) sind so konstruiert, daß zwei der sechs Holme in der Richtung der Achse niedergelegt werden können, damit

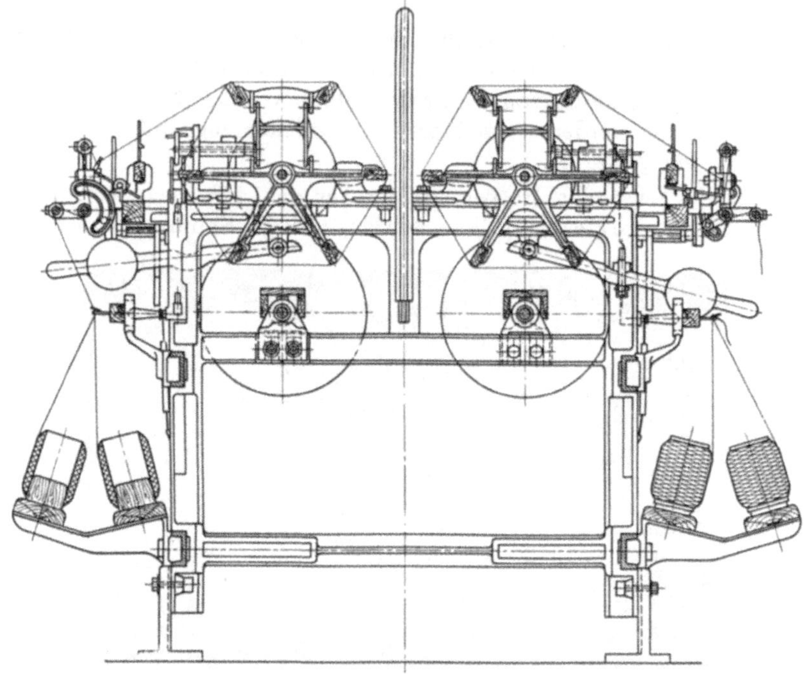

Abb. 315. Haspelmaschine für Spinnspulen oder Zwirnwickel. (Carl Hamel A.G., Chemnitz.)

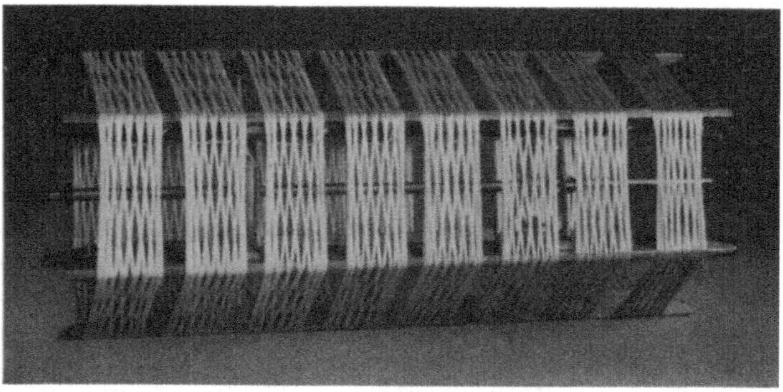

Abb. 316. Haspelkrone der Firma Carl Hamel A. G., Chemnitz.

die fertigen Stränge leicht seitlich von der Krone heruntergeschoben werden können. Der Umfang der Kronen beträgt normalerweise 1200 mm. Auch diese Maschinen werden mit und ohne automatische Abstellung nach einer bestimmten Umdrehungszahl gebaut. Wie beim Abhaspeln der sauren Kuchen beschrieben, so kann man auch hier wild haspeln oder die Spinnspule bzw. den Zwirnwickel in bestimmte, gleiche Stranggewichte aufteilen.

In Anbetracht der geringeren Empfindlichkeit der trockenen Fäden kann man die Haspelkronen mit 300 und mehr Touren in der Minute laufen lassen.

Das Abfitzen der Stränge kann entweder bei stillgesetztem Antrieb an der Haspelmaschine selbst erfolgen oder auf besonderen Fitzböcken, in die man die aus der Haspelmaschine herausgenommenen Haspelkronen zum Zwecke des Fitzens einlegt. Die fertigen Stränge werden je nach dem, ob es sich um unentschwefeltes oder entschwefeltes Material handelt, entweder der Strangwäsche oder der Sortierung und Packerei zugeleitet.

C. Das Kreuzspulen.

Die für den Verarbeiter günstigste Aufmachungsform bei der Kunstseide stellt die konische und zylindrische Kreuzspule dar. Diese haben gegenüber dem Strang und von ihm abgehaspelten Scheibenspulen eine Reihe von Vorteilen[1]. Zunächst haben sie ein großes Fassungsvermögen, das normalerweise 1—1,2 kg beträgt. Es werden aber bereits schon Spulen von 2 kg Gewicht hergestellt. Beim Abarbeiten kann demnach nur wenig Aufenthalt durch Spulenwechsel entstehen. Ihre Wicklung läßt ferner hohe Abzugsgeschwindigkeiten zu, Zettelgeschwindigkeiten von 300, 500 und 800 m in der Minute sind heute keine Seltenheit mehr. Weiter läßt sich, da die Spulenhülse auf beiden Seiten aus dem Wickel herausragt, leicht erkennen, welche Menge an Fadenresten noch auf der Spule vorhanden ist. Dies ist bei der Scheibenspule nicht möglich, da der Spulenflansch die Wicklungshöhe verdeckt. Die Schätzung wird bei der Scheibenspule noch dadurch erschwert, daß man von der Seite her die Dicke des Spulenkerns nicht erkennen kann. Die Gewichtskontrolle ist schließlich bei der Kreuzspule einfacher, da nicht eine große Menge leeren Hülsenmaterials gewogen zu werden braucht.

Zylindrische und konische Kreuzspulen — bevorzugt angewandt werden die konischen — können auf zwei Maschinentypen hergestellt werden, die sich grundsätzlich durch die Art des Antriebs der Kreuzspule unterscheiden. Man kann die Spule durch Auflage auf einem Rotationskörper durch Friktion antreiben oder sie durch direkten Spindelantrieb wickeln. Im ersteren Falle ist ohne weiteres eine gleichförmige Spulgeschwindigkeit und damit Fadenspannung beim Spulen gegeben. Ein Nachteil dieser Herstellungsart liegt darin, daß durch den allmählich immer dicker werdenden Spulkörper ein zunehmender Druck auf den auflaufenden Faden erzeugt wird. Besonders an den Umkehrpunkten der Changierung kann es hierdurch leicht zu Fadenbeschädigungen

[1] Vgl. hierzu WEIGEL: Kunstseide **42**, 350, 393 (1937).

kommen. Man kann dieser zwar durch kräftige Ölung des Fadens entgegenwirken, jedoch bringt dies für die Verarbeitung wieder Nachteile mit sich. Die Beseitigung dieser Gefahr durch Fadenführung über Schlitztrommeln, Nutzylinder und Flügel ist für Kunstseide bisher konstruktiv nicht gelungen, da die für die Herstellung dieser Führungselemente verwendbaren Werkstoffe infolge ihrer Oberflächenbeschaffenheit wieder Gefahrenquellen für die Kunstseide in sich schließen.

Die durch den verschiedenartigen Antrieb erhaltenen Kreuzspulen unterscheiden sich, sofern es sich um konische Kreuzspulen handelt, durch ihre Form. Bei den durch Friktion angetriebenen Spulen stehen die Stirnflächen senkrecht auf der Spulenhülse, wodurch die Wicklung nach außen zu schräg nach oben wächst (Abb. 317). Bei durch Spindelantrieb hergestellten Kreuzspulen stehen die Stirnflächen der Wicklung parallel zum Durchmesser der Spulenhülse (Abb. 318). Die erste Art der Wicklung hat einen kleinen Vorteil insofern, als beim Abarbeiten der Spule über Kopf sich der ablaufende Faden nicht so leicht unter der Stirnfläche verhängen kann. Es soll bemerkt werden, daß diese Sonderart der Wicklung durch Hubverlagerung auch beim Spindelantrieb zu erzielen ist, jedoch macht dies den Changiermechanismus recht kompliziert. Bei sachgemäßer Spulung kann aber ohne weiteres auf diesen besonderen Spulenaufbau verzichtet werden.

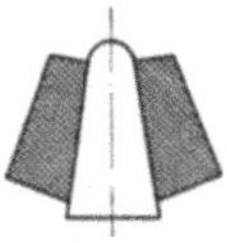

Abb. 317. Durch Friktion angetriebene Kreuzspule (schematisch).

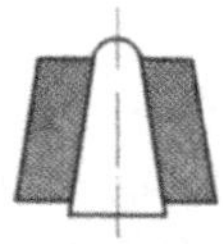

Abb. 318. Durch Spindelantrieb hergestellte Kreuzspule (schematisch).

Beim Spindelantrieb nimmt die Abzugsgeschwindigkeit bei gleichbleibender Spindeldrehzahl mit dem Durchmesser der Wicklung zu. Hiermit ändert sich gleichlaufend auch die Fadenspannung und man erhält innen eine weichere Spulung als außen. Diese Differenz ist für den Spulenaufbau schädlich und muß infolgedessen beseitigt werden. Es kann dies auf zweifache Weise geschehen: Man kann entweder die Spindeldrehzahl mit steigender Bewicklungsdicke verringern und somit den Abzug konstant halten oder bei konstanter Spindeldrehzahl die Fadenbremsung mit zunehmender Bewicklungsdicke verringern. Auf beide Arten lassen sich einwandfreie Kreuzspulen erhalten.

Bei den Maschinen mit Spindelantrieb ist besonderer Wert auf die Konstruktion der Fadenführungselemente zu legen. Alle mit der hin- und hergehenden Bewegung zusammenhängenden Teile sind möglichst leicht zu halten, damit Schwung- und Beharrungsmomente, besonders an den Umkehrstellen, vermieden werden. Die Fadenführung wird durch einen geschlossenen Nutexzenter, der in einem Getriebekasten in Öl läuft, eingeleitet. Der Exzenter wird durch Stirnräder angetrieben. Der Hub beträgt normalerweise 130 oder 150 mm, die Steigung der Spule 3° 30'. Die in der Vorder- und Rückwand des Getriebekastens gelagerte Spindel wird bei Maschinen mit veränderlicher Drehzahl über ein Reibradgetriebe von einer durchgehenden Welle aus angetrieben. Die Drehzahlverminderung der Spindel wird durch Verschieben des auf der durchgehenden Welle sitzenden Reibrades auf der Tellerscheibe der Spindel stufenlos herbeigeführt. Die Verschiebung kann durch ein kleines Fühlerrädchen veranlaßt werden, das unterhalb der wickelnden Spule angebracht ist und die Spulendicke abtastet. Damit hierbei Fadenbeschädigungen vermieden werden, kommt das Fühlerrädchen nur zeitweise auf dem Spulkörper zur Anlage.

Um eine korrekte Wicklung zu erhalten, ist der aus einem Porzellannüßchen bestehende Fadenführer als Schleiffadenführer ausgebildet.

Der Antrieb über ein Reibradgetriebe fällt bei Maschinen mit konstanter Drehzahl natürlich fort. Die Fadenbremse wird hierbei vom Fadenführerhalter aus gesteuert, der sich mit zunehmender Bewicklungsdicke mehr und mehr von der Spulenachse entfernt. An Stelle des Reibradgetriebes wird bei diesem Maschinentyp ein durchgehender Riemen verwendet, der an Rollen vorbeigeleitet, die auf den einzelnen Spindelachsen aufsitzen. Zur Vermeidung von Spiegelwicklung ist der Ersatz des Riemens durch Zahnräder zu empfehlen.

Es ist eine schwer zu entscheidende Frage, ob die Spulen mit annähernd gleichen Gewichten oder mit etwas abweichenden Gewichten hergestellt werden sollen. Im allgemeinen strebt man möglichst gleiche Gewichte an. Da die Maschinen nicht mit Zählwerken und automatischer Abstellung eingerichtet sind, so läßt sich die Einstellung auf genau gleiche Spulengewichte schwer durchführen. Man hilft sich durch Anlegung einer Lehre an die Stirnflächen. Es ist einleuchtend, daß man hierdurch nur annähernd das Gewicht der Spule richtig einstellen kann. Die Forderung nach unterschiedlichen Gewichten entsteht dadurch, daß es bei gleichzeitigem Leerlaufen vieler Spulen auf den Hochleistungsschärgattern nicht gelingt, in einer sehr kurzen Zeit eine große Anzahl von Spulen auszuwechseln.

Dieser Schwierigkeit wird man jedoch enthoben, wenn man die sog. Magazinschärgatter verwendet. Diese sind so gebaut, daß neben jeder ablaufenden Spule eine Reservespule aufgesteckt wird, deren Anfangsfaden man mit dem Endfaden der ablaufenden Spule verknüpft. Ist die eine Spule leergelaufen, so beginnt von selbst die andere abzulaufen. Während dieser Zeit kann man wieder eine neue Spule auf das Gatter aufstecken und die Anfangs- und Endfäden entsprechend verknüpfen.

Diese Arbeitsweise setzt voraus, daß die Spulen mit einer sog. Fadenreserve (Rattail) gespult werden, und daß die Spulung im übrigen so beschaffen ist, daß die Wicklung ohne jede Störung bis zum letzten Rest abläuft. Es ist daher in diesem Falle auf besonders sorgfältige Spulung zu achten. Das Ablaufen der letzten Garnreste von der Hülse hängt aber nicht nur von der Spulung, sondern auch vom Hülsenmaterial ab. Am besten geeignet sind starke, präparierte Papphülsen, deren Oberfläche unterhalb des Wickels mit Schmirgel etwas rauh geschliffen ist. Nach einem amerikanischen Patent kann man auf die Spulenhülsen auch Kunstseidenstaub aufkleben.

Die Fadenreserve wird so angelegt, daß man in die Spulenhülse eine ringförmige Rille einprägt, und zwar kurz unterhalb der unteren Stirnfläche. Mehrere Meter Faden werden zunächst mit der Hand in diese Rille gewickelt, bevor man die Spulmaschine anlaufen läßt. Das Fadenende wird durch ein kleines Papierstückchen im Innern der Hülse festgeklebt.

Die Anlage der Fadenreserve erfordert, daß die untere Stirnfläche der Spule in einem bestimmten, stets einzuhaltenden Abstand von dem Ende der Hülse beginnt. Man muß die Hülsen daher stets genau gleich weit über den Spindeldorn schieben, der zu diesem Zwecke mit einem tellerförmigen Anschlag versehen sein muß. Da die Hülsen in ihren Abmessungen aber stets innerhalb gewisser Toleranzen schwanken, so ist diese Art des Aufsteckens bei normalen Spuldornen nicht möglich. Diese Schwierigkeit ist nach DRP. 633972 von der Barmer Maschinenfabrik so gelöst worden, daß der Spuldorn als Spannhülse ausgebildet ist. Die aus einem Stück bestehende Spannhülse ist von beiden Enden aus mit sich in der Hülsenmitte übergreifenden Längseinschnitten und im Innern an den Enden mit konischen Flächen versehen, gegen die ein ebenfalls konischer Bund anliegt; von diesen ist der eine gegen den anderen, der auf der Spindelachse fest angeordnet und mit einem Anschlag für die Spulenhülse versehen ist, durch einen Gewindebolzen verstellbar. Durch eine eingeführte kleine Kurbel wird zunächst der Durchmesser der Spannhülse verkleinert. Dann wird die Spulenhülse soweit über den Dorn geschoben, bis sie am Anschlag anliegt. Nunmehr wird die Kurbel eingeführt und die Spannhülse bis zum vollkommenen Festsitzen der Spulenhülse in ihrem Durchmesser vergrößert. Diese Arbeitsweise hat noch den weiteren Vorteil, daß volle Spulen nach Entspannen der Hülse ohne jede Schwierigkeit von dem Dorn abgezogen werden können.

Um ein einwandfreies Ablaufen der Spulen zu gewährleisten, müssen sie mit einer bestimmten Härte gespult werden. Daß hierbei auch die Avivage der Kunstseide von Bedeutung ist, wurde schon an anderer Stelle erwähnt. Ferner ist es für einen einwandfreien Ablauf bei konischen Spulen erforderlich, alle Knoten auf die obere Stirnfläche der Spulen zu legen. Eingewickelte Knoten ergeben beim Abziehen Fadenbrüche, da sich der ablaufende Faden am Knoten verfängt. Wichtig für ein restloses Ablaufen der Fadenwickel ist ferner noch die Beschaffenheit der Hülsenköpfe. Sie müssen stets glatt poliert sein. Hierauf ist besonders bei der Wiederverwendung gebrauchter Hülsen zu achten, die auf dem Transport beschädigt werden können. Vor der Wiederverwendung sind die Hülsenköpfe daher genau durchzusehen. Zweckmäßig werden die Hülsenköpfe neu poliert, wozu sich eine dünne Schellacklösung eignet.

In der Abb. 319 ist ein Beispiel für eine Präzisionskreuzspulmaschine mit veränderlicher Spindeldrehzahl gegeben.

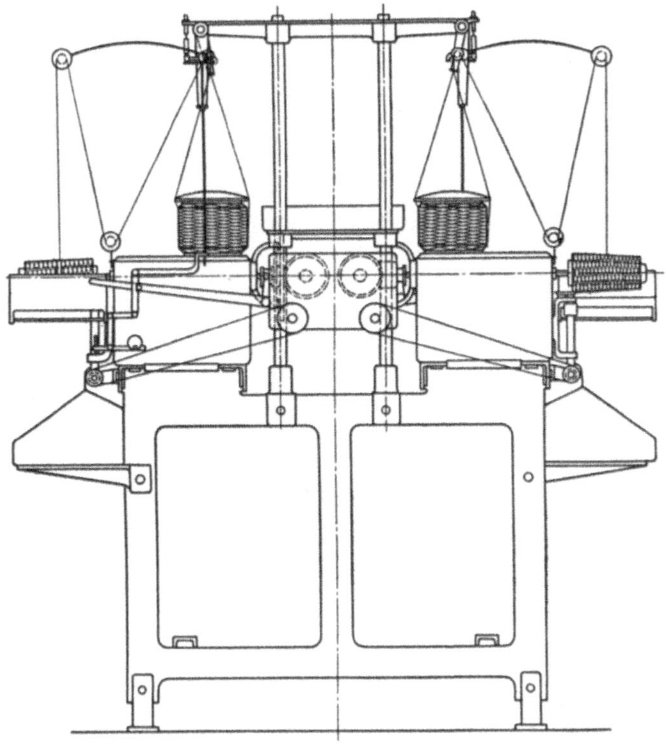

Abb. 319. Präzisionskreuzspulmaschine mit Ablaufzeug für Spinnkuchen oder Zwirnwickel. (Carl Hamel A.G., Chemnitz.)

Zwirnspulmaschinen. Man hat auch versucht, die Arbeitsgänge des Zwirnens und Kreuzspulens miteinander zu vereinigen und zu diesem Zwecke die sog. Zwirnspulmaschinen gebaut. Der Zwirnvorgang erfolgt hierbei in der bei Etagenzwirnmaschinen üblichen Art. Der Faden wird dann in exakter Kreuzwicklung auf eine zylindrische oder konische Kreuzspulhülse gewickelt, die durch Friktion angetrieben wird. Da bei den direkten Spinnverfahren ein nachträgliches Ausschrumpfen der Wickel erforderlich ist, so dürfte diesen Maschinen in der Kunstseidenfabrik kaum große Bedeutung zukommen. Man kann sie dagegen verwenden für die Herstellung kleiner zylindrischer Kreuzspulen, die in die Tuchindustrie geliefert werden. Da die Tuche in der Ausrüstung stark eingehen, so tritt die Schrumpfung eines kunstseidenen Effektfadens praktisch nicht in die Erscheinung. Abb. 320 zeigt eine Zwirnspulmaschine der Firma Carl Hamel A. G., Chemnitz.

Abb. 320. Zwirnspulmaschine der Firma Carl Hamel A.G., Chemnitz.

D. Die Herstellung versandfähiger Spinnkuchen.

Es war zu Beginn dieses Kapitels schon erwähnt worden, daß sich auch der direkte Kuchenversand immer mehr einführt. Er bringt dem Verarbeiter den Vorteil einer gegenüber dem Strang größeren Lauflänge sowie geringerer Lohnkosten in der Winderei. Dies gilt in gleichem Maße auch für den Zwirnwickel. Es ist einzelnen Firmen auch gelungen, die Kunstseide in Form des Spinnkuchens oder Zwirnwickels zu färben und zu schlichten. Je nach dem im Kunstseidenwerk üblichen Verfahren kommt der Spinnkuchen oder Zwirnwickel mit spiraliger Umbindung oder eingeschlagen in ein Netz zum Versand. Das Netz wird dann nach dem Abspulen vom Verarbeiter an die Kunstseidenfabrik zurückgeschickt. Das gleiche gilt auch für die Molton-Manschette, falls eine solche in den Kuchen eingebunden war.

Der Kuchen bzw. Zwirnwickel kann vom Verarbeiter auf zweifache Weise verarbeitet werden, man kann ihn entweder über Kopf abziehen oder ihn tangential abrollen lassen. Im ersteren Falle muß man ihn über eine Spannvorrichtung stülpen, damit er seine Form behält. Es genügen hierfür Manschetten aus Blech oder Vulkanfiber. Besondere Spannvorrichtungen, wie sie von einzelnen Firmen propagiert worden sind, sind nicht erforderlich. Das einwandfreie Ablaufen wird begünstigt, wenn man oberhalb des Kuchens oder Zwirnwickels einen flachen runden Teller anbringt. Es wird hierdurch bewirkt, daß der Faden stets etwas seitlich vom Kuchen oder Zwirnwickel abgezogen wird. Er kann dann nicht in seinem Ablauf durch Berühren des Wickels gehemmt werden. Bevor der Faden auf der Aufwickelspule aufläuft, muß er in geeigneter Weise gebremst werden. Als Fadenbremsen haben sich besonders gut die sog. Fingerbremsen bewährt.

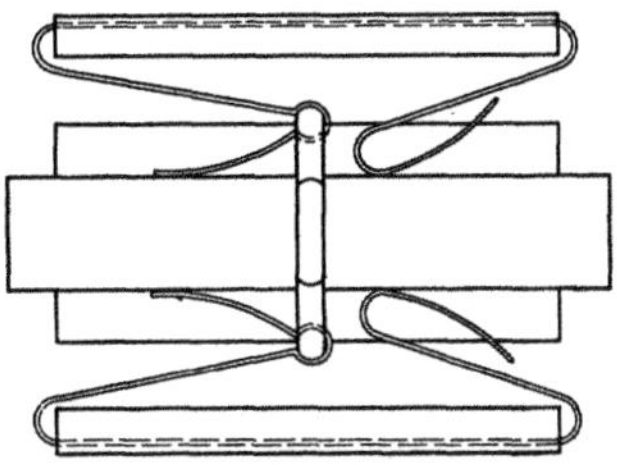

Abb. 321. Kuchenhäspelchen nach DRP. 659177.

Für das tangentiale Abrollen der Kuchen oder Zwirnwickel benötigt man besondere kleine Häspelchen, auf die man den Kuchen oder Zwirnwickel auflegt. Es ist eine ganze Reihe solcher Häspelchen konstruiert worden. Als Beispiel sei eine Vorrichtung nach DRP. 659177der I. G. Farbenindustrie Aktiengesellschaft angeführt (Abb. 321). Die Fadenbremsung wird hierbei wie bei normalen Windekronen durch auf die Achse des Häspelchens aufgehängte Gewichte bewirkt. Es soll erwähnt werden, daß man sich dieser Arbeitsweise auch in der Kunstseidenfabrik bedienen kann, um auf normalen Kreuzspulmaschinen die Reste von nicht einwandfrei abgelaufenen Spinnkuchen zu spulen. Falls ohnehin Stränge hergestellt werden sollen, so ist es unter Umständen lohnender, die Kuchenreste auf diese Weise zu haspeln anstatt an den Kreuzspulmaschinen zu viele Stillstände durch Fadenbruch und Spulen mit vielen Knoten in Kauf nehmen zu müssen.

Bei nicht eingenetzten Spinnkuchen ist in der Kunstseidenfabrik vor dem Versand eine Nacharbeit erforderlich. Durch die Schrumpfung des Kuchens bei der Nachbehandlung und Trocknung wird der umbundene Faden locker, so daß die Kuchen neu umbunden werden müssen. Meistens haben die nicht eingenetzten Kuchen auch an ihren Außenlagen Schmutzstellen, zum Teil von Verunreinigungen der Waschbäder herstammend. Man muß daher die Außenlagen der Kuchen vor der neuen Umbindung notfalls entfernen.

E. Die Sortierung.

Bevor die Kunstseide die Fabrik verläßt, muß sie auf Fehler durchgesehen werden. Dies geschieht in der Sortierung oder Säuberei. Bei noch nach den alten Spinnverfahren arbeitenden Fabriken, die die

Kunstseide in Strangform nachbehandeln, nimmt die Sortierung im Kunstseidenwerk einen breiten Raum ein. Mit dem Übergang auf die direkten Spinnverfahren sowie den direkten Kuchenversand hat die Sortierung immer mehr an Bedeutung verloren. Einerseits sind bei der direkten Behandlung kaum noch Möglichkeiten für eine Schädigung der Gespinste vorhanden und andererseits kann man in die Wickel oder Spulen nicht hineinsehen. Dies hat zur Folge, daß bei den direkten Spinnverfahren bei allen Arbeitsgängen sorgfältig darauf geachtet werden muß, daß keine Beschädigungen und Beschmutzungen der Gespinste möglich sind. Werden im Laufe des Herstellungsganges der Kunstseide irgendwelche Unregelmäßigkeiten festgestellt, so sind die betreffenden Gespinste sofort zu kennzeichnen, damit sie nicht zur 1. Qualität gelegt werden.

Bei der Strangsortierung erstreckt sich die Beurteilung auf folgende Punkte:

Stranglage (straffe Fäden, Regelmäßigkeit der Fitzbänder, annähernd richtiges Gewicht der Stränge usw.),
Flecken, Streifchen oder Pünktchen,
Flusen,
Anzahl der losen Enden,
Anzahl der Knoten,
Abweichungen im Zwirn (zu loser, zu fester oder verschobener Zwirn),
Abweichungen im Titer,
Richtige Fitzung und richtige Fitzgarnfarben.

Von den Kunstseidenherstellern sind bestimmte Normen aufgestellt worden. Je nach der Anzahl der oben angeführten Fehler werden die Stränge zur Prima-, Sekunda-, Tertiaqualität gelegt oder sie als Ausschuß oder Partieware bezeichnet. Darüber hinaus sind bei einzelnen Werken noch Mischqualitäten geschaffen worden, so beispielsweise eine „Webqualität", die aus Prima und guter Sekunda besteht. Für anspruchslose Verwendungszwecke ist eine „t.v.-Sortierung" (tout venant) oder auch eine „o.G.s."-Sortierung (ohne Gewähr sortiert) in Gebrauch.

In früheren Zeiten hat man bei der Sortierung in starkem Maß gesäubert, d. h. es wurden fehlerhafte Fadenteile aus den Strängen herausgeschnitten oder lose Enden zusammengeknotet. Auf diese Weise konnte oft ein Strang zu einer höheren Qualitätsklasse gelegt werden. Man ist von dieser Handhabung aber immer mehr abgekommen. Einerseits steigen hierdurch leicht die Lohnkosten in der Sortierung stärker an als dem höheren Erlös durch den größeren Primaanfall entspricht und andererseits werden beim Säubern vielfach dadurch neue Fehler gemacht, daß unrichtige Fadenenden zusammengeknotet werden. Wenn ein Fadenstück herausgeschnitten wurde, das so groß war, daß man die Fadenenden nicht unmittelbar miteinander verknoten konnte, so zog man den Faden einmal um den Strang herum und verknotete ihn dann. Diese Arbeitsweise hat sich als vollkommen falsch erwiesen, da ein solcher Strang nicht mehr einwandfrei in der Winderei abläuft.

Die Sortierung der Kunstseide auf Spulen muß sich auf eine oberflächliche Betrachtung der Spulkörper beschränken. Die Spulkörper werden auf Fleckchen sowie Flusen durchgesehen. Bei konischen Kreuzspulen werden außerdem die Knoten gezählt, die auf die Stirnfläche gelegt sind. Schmutzstellen außen auf den Spulen werden durch einen Wattebausch, der mit einem geeigneten organischen Lösungsmittel getränkt ist, soweit dies möglich ist, entfernt.

F. Das Öffnen der Zellwolle.

Die aus den Trockenkanälen kommende Zellwolle wird zweckmäßig vor dem Verpacken etwas aufgelockert. Je nach der Beschaffenheit der Flocke ist dies aber nicht unbedingt erforderlich. Zum Öffnen dienen milde wirkende Öffner, wie sie bereits bei der Beschreibung des Öffnens der Linters (S. 128) erwähnt waren. Man kann den Öffner unmittelbar an den Trockenkanal anbauen, so daß die Zellwolle aus dem Trockner von selbst in den Öffner fällt.

G. Das Verpacken der Kunstfasern.

Infolge der Vielseitigkeit der Aufmachungsformen muß das Verpacken auf die verschiedenartigste Weise vorgenommen werden. Stränge werden bei der Sortierung, nach Qualitäten getrennt, zunächst auf Pfähle gehängt. Von diesen Pfählen werden die Stränge abgenommen und je nach ihrem Gewicht zu vier oder sechs zu Docken zusammengedreht. Die Docken legt man in ein Kästchen aus Vulkanfiber, in das man vorher ein Stück zugeschnittenes, glattes und festes Papier gelegt hat. Das Kästchen gelangt nun an die Waage. Hierfür kann man Rollbahnen oder Transportbänder benutzen. Die Docken werden mit dem Papier auf die Waagschale gelegt. Das Gewicht wird auf 4,5 kg (= 10 lbs) eingestellt, wobei eine bestimmte Fehlergrenze nach oben und unten zugelassen ist. Die erlaubte Toleranz ist zur Erleichterung des Einwiegens auf der Skala der Waage bezeichnet. Je größer die Stranglänge ist, um so schwieriger ist die genaue Einwaage. Bei großen Stranggewichten haspelt man zweckmäßig eine Anzahl kleiner Stränge, die beim Einwiegen als Ausgleichsstränge verwendet werden können.

Die abgewogenen Stränge gelangen nun auf einem Transportband in die Packerei. Hier wird zunächst das Papier, auf dem die Stränge bereits liegen, um die Pakete herumgelegt. Dann werden sie in einer am besten mit Preßluft arbeitenden Packpresse zusammengepreßt und mit Kordel verschnürt. An Stelle der Kordel verwendet man neuerdings vielfach Klebestreifen aus Papier. Die so vorbereiteten Pakete werden mit kräftigem Packpapier umhüllt und nochmals verschnürt.

Man kann den Paketen in der Packpresse einen rechteckigen Querschnitt geben, kann aber auch die untere und obere Fläche leicht wölben. Bei einigen Fabriken ist es auch üblich, die Pakete anstatt ein zweites Mal mit Papier zu umhüllen, in einem Pappkarton zu verpacken.

Die fertigen Pakete werden mit einem Etikett versehen, aus dem Marke, Gewicht, Qualität und Lieferwerk ersichtlich ist. Die Pakete werden meist in Kisten von je etwa 100 kg gepackt.

Die Sortiererin gibt den Paketen einen Kontrollzettel mit, aus dem die Nummer der Produktionscharge sowie die Nummer der Sortiererin hervorgeht. Beim Abwägen und Verpacken wird dieser Kontrollzettel noch durch die Nummer der Wägerin ergänzt. Die Zettel verbleiben in den Paketen und können bei etwaigen Beanstandungen der Kunstseidenfabrik vorgewiesen werden.

Spulen von kleinem Fassungsvermögen, wie z. B. Scheibenspulen, Kreppspulen oder auf der Zwirnmaschine unmittelbar hergestellte Versandspulen werden einzeln in starkes Seidenpapier eingeschlagen und in Kartons gewogen und verpackt. Große zylindrische oder konische Kreuzspulen müssen einzeln gewogen werden. Sie werden gleichfalls einzeln in Papier eingeschlagen und in großen Kartons oder Kisten verpackt. Hierbei ist Vorsorge zu treffen, daß sie sich durch gegenseitiges Scheuern nicht beschädigen können, was durch Zwischenlagen von kräftiger Pappe erreicht wird. Will man die Spulen noch sorgfältiger verpacken, so kann man sie in einzelne Pappkäfige stellen, die oben und unten ein Loch zur Aufnahme der Enden der Spulenhülse besitzen. In diesen Käfigen sitzen die Spulen dann vollkommen fest.

Zellwolle wird in Ballen gepreßt, die nachträglich gewogen werden. Ihr Gewicht beträgt 50 oder 100 kg. Als Umhüllungsmaterial dient Pappkarton oder Jutegewebe.

Kunstseide und Zellwolle müssen die Fabrik mit einem bestimmten Feuchtigkeitsgehalt verlassen. Infolgedessen muß das Sortieren, Wiegen und Packen in einem Raum von gleicher Feuchtigkeit vorgenommen werden. Es ist nicht unbedingt erforderlich, daß die vorgeschriebene Feuchtigkeitsmenge in der Faser auch tatsächlich vorhanden ist, sie muß vielmehr nur der Berechnung des Gewichtes zugrunde gelegt sein, damit der Verarbeiter das richtige Fasergewicht erhält.

22. Kapitel.

Die direkte Herstellung von ausgeschrumpfter Kunstseide.

Wie schon aus dem 6. Kapitel hervorging, bereitet die Herstellung von Kunstseide nach dem sog. direkten oder abgekürzten Spinnverfahren gewisse Schwierigkeiten, die auf den Schrumpfungsverhältnissen der frischen Fäden beruhen. Die Gesamtschrumpfung, die ein Kunstseidenfaden im Laufe seiner Fertigstellung erleidet, und die nach Messungen von HENSEL[1] einen Betrag von 7% ausmachen kann, setzt sich aus einer Reihe von Einzelbeträgen zusammen. So beginnt das Schrumpfen des Fadens bereits auf der Spinnspule bzw. im Spinnkuchen im Verlaufe der vollkommenen Zersetzung des Xanthogenates durch das saure Spinnbad. Erneute Schrumpfung setzt beim Entsäuern sowie beim Entschwefeln ein. Schließlich erfolgt eine weitere, restliche Schrumpfung beim Trocknungsvorgang.

Bei den direkten Spinnverfahren besteht nun keine Möglichkeit für ein freies Schrumpfen der Fäden, da die Gespinste auf den Spulen, also auf einer unnachgiebigen Unterlage aufliegen. Der Spinnkuchen stellt infolge seiner aus wirtschaftlichen und qualitativen Gründen heute geforderten Dicke sowie seines starren Aufbaues gleichfalls ein Gebilde dar, das nicht frei schrumpfen kann.

Wickelt man ein im direkten Verfahren fertiggestelltes Spulen- oder Zentrifugengespinst ab und teilt es in viele gleiche Teile, von denen man der Reihe nach die Schrumpfung bestimmt, so ergibt sich, wenn man die erhaltenen Werte graphisch aufträgt, ein charakteristisches Bild von den Schrumpfungsverhältnissen des betreffenden Gespinstes. Zur Vornahme dieser Messungen baut man zweckmäßig einen Apparat, der im wesentlichen aus einem Rahmen besteht, der 10 nebeneinanderstehende weite Glasrohre trägt. Dieser Rahmen ist in seiner Höhe verschiebbar. Gegengewichte ermöglichen seine Einstellung in beliebiger Höhe. Die oben offenen Rohre sind mit destilliertem Wasser gefüllt. An einem feststehenden Gestell, das den Rahmen trägt, ist oben eine waagerechte Schiene angebracht, die 10 Klemmen besitzt. In diesen Klemmen wird je 1 m Faden bifilar befestigt. In die vom Faden gebildete Schlinge hängt man ein leichtes Glashäkchen als Gewicht, um den Faden gerade zu strecken. Die Glashäkchen bilden nun eine gerade Linie, die sog. Nullinie. Nunmehr wird der Rahmen mit den Rohren gehoben, bis die gesamte Fadenlänge in das Wasser eintaucht. Die Fadenlängen stellen sich dann in wenigen Minuten auf eine bestimmte Kurve ein, und zwar erleiden die Fadenteile vom Spinnanfang

[1] HENSEL: Kunstseide **19**, 336 (1937).

bei der Spinnspule (Innenteile) ein Verkürzung, während die Fadenteile vom Spinnende (Außenteile) eine Verlängerung erfahren. Ein ähnliches Bild zeigen von einem Spinnkuchen abgenommene Fäden. Auch hierbei zeigt der Spinnanfang (beim Spinnkuchen Außenteile) eine Verkürzung, das Spinnende eine Verlängerung. Abb. 322 gibt ein Beispiel für die Schrumpfungskurve eines Kuchengespinstes.

Sobald sich die Fäden in ihrer Länge nicht mehr weiter ändern, senkt man den Rahmen mit den Röhren und läßt die Fäden an der Luft trocknen. Die Klemmen werden mit etwas Fließpapier abgetrocknet. Es beginnt eine Kontraktion der Fäden, jedoch bleibt das charakteristische Schrumpfungsbild des nassen Zustandes erhalten, d. h. also, auch im lufttrockenen Zustand weisen die Fäden Verlängerungen und Verkürzungen auf.

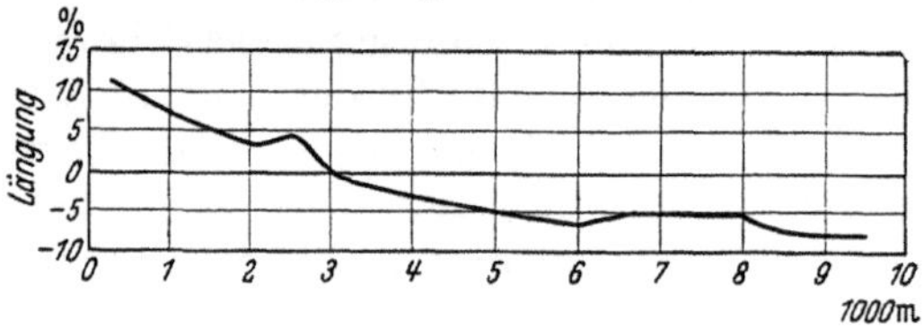

Abb. 322. Schrumpfungskurve eines Kuchengespinstes; über der Null-Linie Schrumpfung, unter der Null-Linie Längung (nach ZART).

Die Schrumpfungskurve ist die Folge davon, daß die Gespinste bei der vollkommenen Zersetzung beim Waschen und Entschwefeln sowie beim Trocknen ungleichmäßig schrumpfen. Die ungleichmäßige Schrumpfung ist darauf zurückzuführen, daß die Fäden im Gespinst teilweise schrumpfen können und teilweise nicht. Sie schrumpfen an den Stellen nicht, wo ihre Unterlage nicht nachgeben kann.

Will man aus im direkten Verfahren hergestellten Gespinsten eine einwandfreie Kunstseide schaffen, so ist es erforderlich, darauf hinzuarbeiten, daß die Schrumpfungskurve eine waagerechte Gerade wird. Es genügt nicht, nur die Schrumpfung zu beseitigen, die oberhalb der Nullinie liegt, vielmehr darf die Schrumpfungsdifferenz zwischen zwei Punkten des Diagramms, also vornehmlich zwischen den Gespinstaußen- und Innenteilen, eine geringe Toleranz von etwa 0,5% nicht übersteigen. Die Auswirkungen einer Kunstseide mit nicht ausgeglichener Schrumpfung auf das Aussehen von Webwaren waren schon S. 163 geschildert worden. Hier soll noch nachgetragen werden, daß auch bei Kettstuhlware die Folgen der Schrumpfung in die Erscheinung treten können. Ob bei einer Kettstuhlware Fehler durch unausgeglichene Schrumpfung entstehen oder nicht, hängt aber von der Art des Spulenwechsels auf dem Schärgatter ab. Im allgemeinen haben die Kettstuhlwirker die Angewohnheit, beim Leerlaufen der ersten, auf das Gatter gesteckten Spulen senkrechte Reihen durch volle Spulen zu ersetzen. Da meistens die Spulen ganzen Gespinsten entsprechen, so laufen hierdurch mehrere nebeneinanderliegende Fäden von Gespinstanfängen (Außenteile der Wirkspulen = Innenteile der Spinnspulen) in den Kettstuhl ein. Sie kommen hier zwischen Fadenreihen noch nicht ganz abgelaufener Wirkspulen zu liegen. Diese entsprechen den Gespinstenden (Innenteile der Wirkspulen = Außenteile der Spinnspulen). Zwischen den beiden Gruppen sind Schrumpfungsdifferenzen von 4 und mehr Prozent enthalten. Wird die Kettstuhlware nun gefärbt, so schrumpfen die unter Spannung gewaschenen und getrockneten Gespinstteile nach. Die schrumpfenden Fäden ziehen die Maschen dichter zusammen, außerdem wird der Titer der betreffenden Fäden gröber. Die Folge ist das Auftreten einer Streifenbildung. Sie macht den Eindruck von Farbstreifen, ist aber lediglich durch engere Maschen verursacht. Man nennt diese Erscheinung „Notenlinien".

Es war gleichfalls im 6. Kapitel schon erwähnt worden, daß bei den alten Spinnverfahren der Schrumpfungsausgleich durch die Strangwäsche herbeigeführt wird. Hieraus geht hervor, daß sich in den Strängen bestimmte Fadenteile bei der Wäsche verkürzen. Der Strang erhält hierdurch sog. straffe Innenteile. Dies ist meist nur ein Schönheitsfehler der Kunstseidenstränge. Sind die Schrumpfungsdifferenzen allerdings groß gewesen, so können die straffen Innenteile in so starkem Maße in die Erscheinung treten, daß der Strang sich schwer abwindet. Man muß bedenken, daß dann auf der Windekrone nur die straffen Innenteile stramm aufliegen, während die übrigen Strangteile lose auf den Kronen hängen, so daß sich der ablaufende Faden an ihnen verhängen kann. Bei starkem Auftreten der straffen Innenteile ist in der Sortierung darauf zu achten, daß solche Stränge nicht zur Primaqualität gelegt werden. Diese Erscheinung hat also, wie vielfach von den Verarbeitern angenommen wird, mit einer schlechten Haspelung der Stränge nichts zu tun.

Man hat im Anfange der Kunstseidenherstellung die Bedeutung dieser Schrumpfungserscheinungen nicht erkannt und glaubte die ungleichmäßige Stranglage dadurch beseitigen zu können, daß man die Stränge unter starker Spannung trocknete. Zu diesem Zwecke sind sogar besondere Spannwagen gebaut worden, die mit den Strängen in die Trockenkanäle eingefahren wurden. Es wurde hierdurch wohl eine gute, glatte und gleichmäßige Stranglage erzielt, jedoch trat die Unausgeglichenheit der Schrumpfung später durch Spannfäden und Boldern in der Fertigware in die Erscheinung. Die Trocknung der Stränge unter Spannung mußte daher verlassen werden.

Die Möglichkeiten zur Beseitigung der Schrumpfungsdifferenzen bei direkt gewaschenen Gespinsten waren schon im 6. Kapitel aufgezeigt worden. Hier soll nun näher auf die Vorschläge zu ihrer Beseitigung sowie auf die betrieblich angewandten Verfahren eingegangen werden.

Beseitigung der Schrumpfungsdifferenzen durch Trennung der Gespinste. Der einfachste Weg, eine gleichmäßig schrumpfende Kunstseide herzustellen, besteht darin, daß man die Innen- und Außenteile der Gespinste getrennt auf Kreuzspulen aufbringt bzw. zum Strang haspelt. Beim Spinnkuchen können beispielsweise die Innenteile sowie die mittleren Fadenlagen frei schrumpfen, während die Außenteile unter Spannung bleiben. Man kann somit die Innen- und Mittelteile für sich spulen und als einwandfreie Ware dem Verarbeiter zuleiten. Die Gespinstaußenteile kann man dann dadurch in eine einwandfreie Form überführen, daß man sie zu Strängen haspelt und diese durch erneutes Netzen und spannungsfreies Trocknen frei schrumpfen läßt. Diese Arbeitsweise ist z. B. der Glanzstoff-Courtaulds G.m.b.H. durch das DRP. 607111 geschützt.

Dieser Weg ist aber als Notbehelf anzusprechen. Er erfordert sorgfältige Betriebskontrolle, damit Außen- und Innenteile nicht durcheinander geraten. Da ferner die Schrumpfungskurve beim Übergang vom Mittel- zum Außenteil keinen scharfen Knick bildet, sondern einen allmählichen Übergang zeigt, so können die auf diese Weise erhaltenen Spulkörper nicht als vollkommen einwandfrei angesprochen werden. Trotzdem aber sind derartige Verfahren in der Praxis in Anwendung.

Beseitigung der Schrumpfungsdifferenzen durch spannungsloses Auffangen der Fäden. Die Algemeene Kunstzijde Unie N.V. beschreibt im DRP. 625483 ein Verfahren zum spannungslosen Auffangen der frischen Fäden, das darin besteht, daß man den Faden durch eine Leitrolle, beispielsweise eine Galette, von der Düse abzieht und dann frei in ein Bad fallen läßt. In diesem Bad läßt man eine konstante Fadenmenge sich ansammeln. Diese Fadenmenge kann durch beliebige Fadenführer eine Strecke durch das Bad geführt werden. Darauf läßt man den Faden unter Benutzung einer geeigneten Leitvorrichtung auf eine Spule auflaufen. Durch passende Bemessung der Geschwindigkeit der Fadenabzugsvorrichtung und Spule trägt man der jeweiligen Schrumpfung des Fadens Rechnung.

Als Bad kann die Spinnbadflüssigkeit verwendet werden, man kann auch gleich die Spinnbadwanne für die Fadenaufnahme benutzen.

Läßt man den Faden durch geeignete Leitrollen in mehrere Bäder hintereinander einlaufen, so kann man ihn auf diese Weise kontinuierlich waschen und entschwefeln.

Ein ähnliches Verfahren ist im DRP. 653218 sowie DRP. 663026 der I. G. Farbenindustrie Aktiengesellschaft beschrieben. Hiernach wird der frische Faden gleichfalls zunächst von einer Leitrolle abgezogen und dann frei hängend auf eine sich drehende Scheibe abgelegt. Die Drehbewegung der Scheibe wird in kurzen Zwischenräumen einem periodischen Wechsel unterworfen, wodurch breite und hohe Fadenwickel entstehen. Durch geschickte Bewegung der Scheibe können so Fadenwickel erhalten werden, die durch Berieseln gewaschen, nachbehandelt und getrocknet werden können, ohne daß sie in ihrer Ablauffähigkeit Einbuße erleiden.

Im Gegensatz zu dem beschriebenen Patent der AKU wird also der Faden überhaupt nicht mehr auf eine Spule gebracht. Dies hat den Vorteil, daß er im ganzen Behandlungsgang nicht mehr auf eine unnachgiebige Unterlage gelangt. Bei dem AKU-Verfahren muß die Trocknung wieder auf der Spule erfolgen, auf die der Faden spannungslos aufgelegt wurde. Die Schrumpfung, die bei der Zersetzung und Nachbehandlung des Fadens auftritt, wird bei diesem Verfahren nicht mehr zur Auswirkung kommen. Wohl besteht beim Trocknen auf der Spule noch die Gefahr des Auftretens unterschiedlicher Schrumpfung, wenn diese auch nur kleinere Beträge ausmacht.

Es ist nichts darüber bekannt geworden, ob die beschriebenen Verfahren praktisch angewandt werden.

Ein Auffangen der Kunstseide in entspanntem Zustand beschreibt auch die Steckborn-Kunstseide A. G. im DRP. 650349. Nach der Erfindung wird der Faden zunächst durch eine Galette abgezogen (Abb. 323). Von dort gelangt er auf eine Walze mit geringerer Umfangsgeschwindigkeit und von dort auf die aufwickelnde Spule, die wieder mit kleinerer Umfangsgeschwindigkeit läuft als die zweite Walze. Der Faden kann so zwischen der Galette und der aufwickelnden Spule frei schrumpfen. Die zweite Walze dient als Führungswalze und fängt den Schlupf des Fadens auf der Abzugsgalette auf.

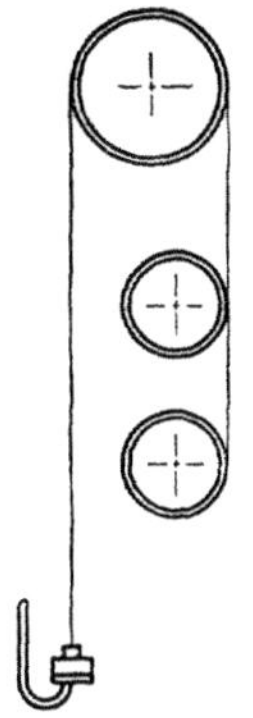

Abb. 323. Spannungsloses Aufwickeln von Kunstseide nach DRP. 650349.

Auch dieses Verfahren beseitigt nur die Spannung, die durch die Schrumpfung beim Spinnen entsteht.

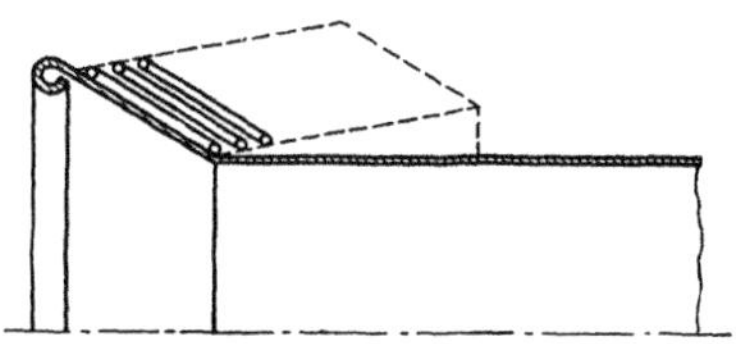

Abb. 324. Gespinstaufbau nach DRP. 661701.

Beseitigung der Schrumpfungsdifferenzen durch besonderen Spulenaufbau. Nach DRP. 661701 von Beria wird der spinnende Faden, wie Abb. 324 zeigt, in kegelförmigen Schichten auf zylindrische Spulen aufgewickelt, die zu diesem Zwecke an einem Ende mit einem kegelförmigen Ansatz versehen sind. Der Fadenführer wird auf seinem Wege parallel zur Spulenachse jeweils um einen Betrag fortgeschaltet, der ein wenig kleiner ist, als die Dicke einer Fadenschicht beträgt. Dadurch legen sich die aufeinander folgenden kegelförmigen Schichten so aufeinander, daß die innersten Windungen der Wicklung nach den ersten Schichten nicht mehr dazu kommen, den zylindrischen Körper der Spule zu berühren und die Wicklung sich von dem Spulenkörper zu entfernen strebt. Das Maß dieser Entfernung des Fadens vom Spulenkörper wird so gewählt, daß sie praktisch durch die von der nachträglichen Zersetzung verursachte Zusammenziehung des Fadens aufgehoben wird. Die Fadenwicklungen gelangen so spannungslos auf dem Spulenkörper zur Abstützung.

In einer etwas anderen Weise wurde das Problem von BRENZINGER im DRP. 607610 gelöst. Hiernach wird der Faden in gewellten Schraubenlinien auf die Spule gewickelt. Beim Schrumpfen während der Zersetzung und Nachbehandlung werden die Wellen durch die Kontraktion des Fadens flacher, so daß schließlich ein Gespinst von normalem Aufbau entsteht.

Auch diese beiden Verfahren dürften praktisch nicht angewandt werden.

Beseitigung der Schrumpfungsdifferenzen durch Spinnen auf nachgiebige Spulen. Durch nachgiebige Spulen wird bezweckt, daß der Kunstseidenwickel frei schrumpfen kann, nämlich dadurch, daß der Spulenkörper der durch das Schrumpfen freiwerdenden Kraft ausweichen kann. Hierfür ist eine ganze Reihe konstruktiver Lösungen gefunden worden.

Abb. 325. Nachgiebige Spinnspule nach DRP. 636839.

Nach dem DRP. 623609 von BAZZOCCHI besteht der Mantel der Spule aus mehreren, durch Scharniere miteinander verbundenen Teilen, von denen ein Teil als nach innen klappbarer Streifen ausgebildet ist. Dieser Streifen kann an das freie Ende des Spulenmantels durch einen Stift oder eine Klinke befestigt werden. Vor dem Trocknen wird dieser Streifen nach innen geklappt. Die elastische Spule zieht sich beim Schrumpfen des Wickels zusammen, wobei der Wickel ständig mit dem Spulenmantel in Berührung bleibt. Auf diese Weise wird eine Verwirrung der Fadenlagen vermieden.

Die Spulenkonstruktion wurde nach DRP. 636839 noch verbessert. Wie aus Abb. 325 hervorgeht, ist der nach innen klappbare Teil am freien Rande des Spulenmantels in einem Zapfen gelagert, um den der klappbare Streifen mit einem Handhebel drehbar ist. Am anderen Rande des Spulenmantels sind Ausbuchtungen angebracht, in die ein Hebel, der den abklappbaren Spulenteil trägt, in der Verschlußlage eingeklinkt wird. Das Öffnen der Spule wird dadurch erleichtert, daß der an dem Verriegelungszapfen sitzende Hebel einen daumenartigen Vorsprung besitzt, der sich beim Öffnen des Verschlusses von innen gegen den Spulenkörper abstützt.

Die Breite des abklappbaren Streifens ist so bemessen, daß sie genau der Verkürzung der Fäden entspricht.

Die Algemeene Kunstzijde Unie N.V. beschreibt im DRP. 606464 eine aus gewelltem, elastischem Blech bestehende Spule. Diese wird an der Spinnmaschine durch den Spulenhalter auf dem richtigen Durchmesser gehalten. Wird sie von dem Spulenhalter abgezogen, so geben die Wellungen den auftretenden Schrumpfungskräften nach, wodurch sich die Spule in ihrem Durchmesser verkleinert. Nach dem Abzwirnen des Gespinstes kehrt die Spule automatisch in ihre Ausgangsstellung zurück. Die Wellungen der Spule sowie ihre Blechstärke sind so aufeinander abgestimmt, daß die Spule unter der Einwirkung der Schrumpfungskräfte einwandfrei nachgibt.

Nach dem DRP. 661567 der N.V. Kunstzijdespinnerij Nyma besteht die nachgiebige Spule aus einem schraubenförmig gewickelten Falzstreifen, dessen Durchmesser durch Drehen veränderlich ist. Unter der Wirkung der Schrumpfungskräfte tritt ein Verdrehen der Windungen ein, was von einer Verkleinerung des Spulendurchmessers und einer Vergrößerung der Spulenbreite begleitet ist.

Schließlich sind von der Feldmühle A. G., Rorschach, noch einige nachgiebige Spulen entwickelt worden. So ist im DRP. 627140 eine Spule beschrieben, die aus radial bewegbaren Längsteilen besteht. Der Spulenmantel enthält eine Reihe parallel zur Spulenachse verlaufender Schlitze, durch die die radial bewegbaren Längsteile herausragen. Die bewegbaren Längsteile sind im Innern des geschlitzten Spulenmantels durch einen drehbaren Ring abgestützt, der entsprechend der Anzahl Längsteile nach außen gerichtete Anstiegflächen aufweist. Der Ring kann durch ein Spannschloß in der den größten Durchmesser aufweisenden Stellung festgestellt werden. Im Zusatzpatent 627859 ist die beschriebene Vorrichtung so weiter gebildet worden, daß der geschlitzte Spulenmantel nach außen erweiterte Ränder aufweist, die das Gespinst an seinen Stirnflächen abdichten. Die Vorrichtung kann in dieser Form im Saug- oder Druckwaschverfahren angewandt werden. In dem weiteren Zusatzpatent 628962 sind die drehbaren Ringe durch ringförmige federnde Bänder ersetzt.

Beseitigung der Schrumpfungsdifferenzen durch besondere Art der Trocknung. Um durch die Trocknung die Schrumpfung ganz zu beseitigen, muß man den Trocknungsvorgang so leiten, daß zunächst die Innenlagen der Gespinste trocknen und somit schrumpfen können und daß dann die Trocknung allmählich von innen nach außen langsam fortschreitet, so daß jede Lage auf einer bereits geschrumpften frei schrumpfen kann. Da hierbei eine Spule stören würde, so ist ein solches Verfahren nur bei Spinnkuchen möglich.

Diese Art der Trocknung von Spinnkuchen ist auf mehreren Wegen durchführbar. S. 463 war eine Vorrichtung beschrieben worden, nach der die Kuchen auf geeigneten Haltevorrichtungen zu Säulen übereinander gesteckt wurden, wonach man durch das Innere der Säulen die Waschflüssigkeiten in die Kuchen eintreten läßt. Steckt man die gewaschenen Kuchensäulen auf geeignete Wagen auf und fährt diese in Trockenkanäle ein, bei denen die Zuführung der Heißluft von unten nach oben erfolgt, so tritt die Heißluft vornehmlich von unten in die Kuchensäulen ein und bewirkt zunächst eine Trocknung der inneren

Gespinstlagen. Es hat sich gezeigt, daß die auf diese Weise getrockneten Spinnkuchen eine viel flachere Schrumpfungskurve aufweisen als dies bei der normalen Kuchentrocknung der Fall ist. Restlos beseitigen lassen sich die Schrumpfungsdifferenzen auf diese Weise jedoch nicht. Die Glanzstoff-Courtaulds G.m.b.H.[1] hat nun gefunden, daß man bei diesen Kuchen die restlichen Schrumpfungsdifferenzen ausgleichen kann, wenn man die getrockneten Kuchensäulen an ihren Innenseiten mit Wasserdampf behandelt und sie danach erneut trocknet. Nach der Patentschrift werden die Kuchensäulen mit einer sackförmigen Hülle aus Nesseltuch umgeben. In das Innere der Kuchensäulen läßt man dann kurze Zeit Wasserdampf von 35—60° C einströmen. Die hierdurch bedingte erneute Feuchtung führt eine weitere Kontraktion der Gespinstlagen herbei. Gleichzeitig wird die Anfärbbarkeit der Innenlagen den Außenlagen angeglichen. Nach dieser Behandlung werden die Kuchen erneut getrocknet. Die Apparatur ist in Abb. 326 wiedergegeben.

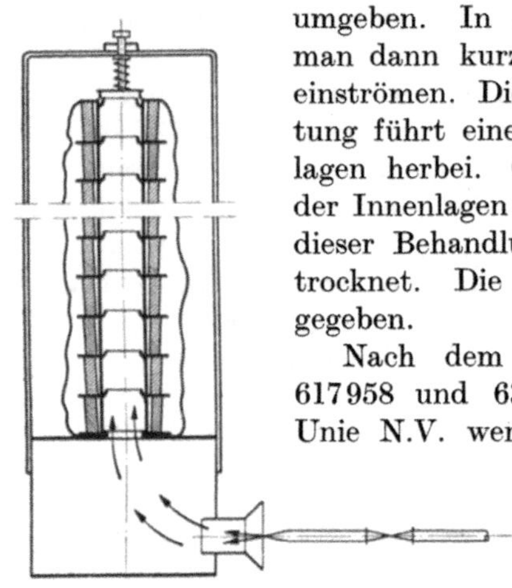
Abb. 326. Dämpfen von Innenteilen von Spinnkuchen nach DRP. 663072.

Nach dem DRP. 562001 (und Zusatzpatente 617958 und 633608) der Algemeene Kunstzijde Unie N.V. werden die Spinnkuchen polygonartig deformiert und in Kästen so verpackt, daß die Kuchen wabenförmige Gebilde ergeben. Der Sinn dieser Packung besteht darin, daß sich die Außenflächen der Kuchen gegenseitig möglichst fest berühren. Auf die Kuchenlage wird dann eine Zwischenplatte gelegt, die mit Löchern versehen ist, die genau den von den deformierten Kuchen gebildeten Hohlräumen entsprechen. Auf diese Zwischenplatte wird eine weitere Kuchenschicht gelegt, hierauf wieder eine Zwischenplatte usw. Auf diese Weise baut man 4—6 Kuchenlagen übereinander. Die oberste Kuchenlage wird mit einem Deckel abgeschlossen, der den Kuchenkasten fest verschließt. Damit die unteren Kuchenlagen durch das Gewicht der oberen nicht zu sehr zusammengedrückt werden können, sind an den Zwischenplatten an den vier Ecken Abstandsstücke angebracht, deren Länge etwas geringer ist als der Höhe der nassen Kuchen entspricht. Bei der durch die Trocknung verursachten seitlichen Schrumpfung der Kuchen gelangen dann diese Abstandsstücke auf den Zwischenplatten zur Auflage. Der Boden des Kastens enthält wie der Deckel und die Zwischenplatten Löcher. Die auf die beschriebene Weise mit Kuchen beschickten Kästen werden in Trockenkanäle eingefahren. Die Heißluft kann nur durch die Löcher des Kastenbodens und Kastendeckels

[1] DRP. 663072.

in das Innere der Kuchen gelangen, so daß auch bei dieser Anordnung der Trockenvorgang innen beginnt und nach außen langsam fortschreitet.

Ein gegenseitiges Abdichten der Kuchen, wie es im Vorhergesagten beschrieben war, ist jedoch für die Leitung des Trockenprozesses von innen nach außen nicht unbedingt erforderlich. So erhält man auch eine ausreichend gleichmäßige Schrumpfungskurve, wenn man die Kuchen ohne gegenseitige Abdichtung in geeigneter Form zusammenbaut. Die Einrichtung besteht im wesentlichen aus einem Schrank mit zwei Regalen. Der Boden des Schrankes enthält eine Anzahl runder Löcher, die den Hohlräumen der in den Schrank zu stellenden Kuchen entsprechen. Gleiche Löcher enthalten die Regale, während der Schrank oben von einer Platte abgeschlossen wird, die nur ein Loch in der Mitte enthält. Man setzt nun zunächst eine Kuchenreihe auf den Boden des Schrankes, und zwar so, daß die Kuchen die Löcher umschließen. Auf die erste Kuchenlage legt man eine gelochte Zwischenplatte, auf diese wird wieder eine Kuchenlage gestellt. Nun folgt wieder eine Zwischenplatte. Auf diese Weise baut man 6 Kuchenlagen übereinander. Auf die oberste Kuchenlage kommt ein schwerer, gleichfalls gelochter Deckel. In der gleichen Weise werden die zwei Regale des Schrankes mit Kuchen beschickt. Die Zwischenplatten sind an ihren vier Ecken wieder mit Abstandsstücken versehen, damit die unteren Kuchenlagen nicht zu stark zusammengedrückt werden können. Nachdem der Schrank mit Kuchen gefüllt ist, wird er durch eine Tür verschlossen. Die Schränke stehen auf Rädern und werden langsam durch einen Trockenkanal hindurchgefahren. Hierbei strömt die heiße Luft durch die Löcher im Boden des Schrankes in das Innere der Kuchensäulen ein, wodurch der von innen nach außen fortschreitende Trocknungsprozeß beginnt.

Der Nachteil dieser Trocknungsart besteht darin, daß die Trocknung mehrere Tage in Anspruch nimmt. Es ist nun gefunden worden, daß man die Trocknungszeit verkürzen kann, wenn man die Trocknung im Vakuum vornimmt. Diese Trocknungsart wird zweckmäßig so vorgenommen, daß man die Kuchen auf waagerechte Heizrohre steckt, die in ihrem Durchmesser so bemessen sind, daß die Kucheninnenlagen die Rohre nach dem Schrumpfen nahezu allseitig berühren. Die mit Kuchen behangenen Rohre werden in einen liegenden, zylindrischen Kessel eingesteckt und durch einen Bajonettverschluß mit den Enden von Dampfleitungen an der rückwärtigen Wand des Kessels dicht verbunden. Dann wird der Kessel geschlossen und unter Vakuum gesetzt, während gleichzeitig Dampf in die Heizrohre gelassen wird. Die geeignetste Dampftemperatur und die Höhe des Vakuums müssen empirisch ermittelt werden.

Zu einem einigermaßen in bezug auf Schrumpfung ausgeglichenen Faden kommt man auch, wenn man die Kuchen mehrmals abwechselnd antrocknet und durch Wasserdampf wieder befeuchtet. Die günstigsten Verhältnisse müssen gleichfalls durch empirische Versuche festgelegt werden. Diese Arbeitsweise ist deshalb unpraktisch, weil sie eine genaue Überwachung erfordert, damit stets ein gleicher Effekt erzielt wird.

Daß man auch zu einem einwandfreien Kuchen kommen kann, wenn man die Trocknung ganz allmählich bei Temperaturen bis zu 30° C vornimmt, wurde schon im 6. Kapitel erwähnt.

Wir haben uns bisher vornehmlich mit der Trocknung von Spinnkuchen beschäftigt und müssen uns nunmehr der Behandlung von Spinnspulen zuwenden, da man auch bei diesen versucht, durch besonders geleitete Trocknung zu gleichmäßig geschrumpften Gespinsten zu gelangen.

An dieser Stelle muß ein Verfahren der I. G. Farbenindustrie Aktiengesellschaft angeführt werden, nach dem zwar die Schrumpfung nicht beseitigt wird, jedoch wohl die Schrumpfungsdifferenzen zwischen Spinnanfang und Spinnende aufgehoben werden. Das im DRP. 651129 beschriebene Verfahren besteht darin, daß man auf normale, durchlochte Spinnspulen aufspinnt und die Gespinste auf die übliche Weise im Saug- oder Druckverfahren wäscht. Alsdann wird vor dem Trocknen die Durchlochung der Spulen unwirksam gemacht. Dies kann entweder dadurch geschehen, daß man die Spulen an den beiden offenen Enden verschließt oder sie zu Säulen zusammenbaut und die Säulen an beiden Enden verschließt. Ferner kann man die Spulen auf ein Rohr aufstecken, das die einzelnen Löcher im Innern der Spule abdichtet. Schließlich ist es möglich, die Löcher der Spule dadurch zu verschließen, daß man eine Blechmanschette in die Spulen einschiebt. Werden die so vorbereiteten Spulen in eine Trockenkammer gebracht, so kann die Trocknung nur von den Außenteilen der Gespinste aus langsam nach innen fortschreiten. Hierdurch wird erreicht, daß alle Fadenteile auf einer noch nicht kontrahierten, unnachgiebigen Unterlage trocknen müssen. Sie werden daher eine Spannung behalten. Beim Netzen eines auf diese Weise getrockneten Gespinstes tritt dann eine gleichmäßige Kontraktion aller Gespinstteile ein.

Beseitigung der Schrumpfungsdifferenzen durch Nachbehandeln des von der Spule befreiten Gespinstes. Die Erzielung vollkommen ausgeschrumpfter Kunstseide bei Spulengespinsten setzt voraus, daß man die unnachgiebige Spule vor der Trocknung aus dem Gespinst entfernt und den Wickel für sich trocknet. Man kann, um den Wickel von der Spule entfernen zu können, die Spinnspule mit einem aus Baumwolle gestrickten Schlauchnetz umgeben und auf dieses den Faden aufspinnen. Der Wickel kann dann mit dem Netz seitlich von der Spule, die zu diesem Zweck keinen umgebörtelten Rand haben darf, abziehen. Das Abziehen kann durch Verwendung zusammenklappbarer Spulen noch erleichtert werden. Bei dicken Spulengespinsten muß man, wie bei schweren Spinnkuchen, die Trocknung von innen nach außen vornehmen. Auf diesen Prinzipien fußen Verfahren, die in den

DRP. 610130 der Feldmühle A. G., DRP. 621395 der Vereinigte Glanzstoff-Fabriken A. G. und DRP. 556018 von Sondermann u. Cie. näher beschrieben sind. Die Verfahren werden in der Praxis mit Erfolg angewandt.

Bei dicken Spulengespinsten wird nach DRP. 600236, 616555 und 619778 der Vereinigte Glanzstoff-Fabriken A. G. der Effekt noch verbessert, wenn man die Spulenwickel außen mit einer wasser- und luftundurchlässigen Hülle umgibt und sie in geeigneten Vorrichtungen vom fadenfreien Innenraum aus trocknet.

Beseitigung der Schrumpfungsdifferenzen durch Nachbehandlung umgespulter Gespinste. Der sicherste Weg zur Beseitigung der Schrumpfungsdifferenzen von Spulengespinsten, der deshalb auch in den weitaus meisten Fällen eingeschlagen wird, besteht darin, daß man die gezwirnten Fäden in einer geeigneten Wickelform ausschrumpft. Dieser Weg ist allgemein im DRP. 641028 der Algemeene Kunstzijde Unie N.V. beschrieben. Das Verfahren besteht darin, daß man die Spulengespinste auf der Spinnspule auf die übliche Weise der ganzen chemischen Nachbehandlung unterwirft und sie dann trocknet. Nach dem Trocknen werden die Gespinste gezwirnt. Man läßt nun beim Zwirnen den gedrehten Faden nicht auf die üblichen Zwirnspulen auflaufen, sondern auf Vorrichtungen, die man nach Beendigung des Zwirnprozesses aus dem Wickel seitlich herausziehen kann. Eine solche Vorrichtung besteht zweckmäßig aus einer elastischen Blechmanschette, die in der Ausgangsstellung seitlich durch ringförmige Nuten, die in zwei runde Teller eingefräst sind, gehalten wird. Die beiden Teller stecken auf einer durchgehenden Achse und werden auf der einen Seite durch einen an der Achse befestigten Ring, auf der anderen Seite durch eine Flügelschraube gehalten. Über diese Vorrichtung wird zunächst ein aus Baumwolle gestricktes Schlauchnetz geschoben. Dann läßt man an der Zwirnmaschine den Faden auflaufen. Das hierdurch entstehende Fadengebilde nennt man Zwirnwickel. Der Durchmesser dieser Vorrichtung wird zweckmäßig möglichst groß gewählt.

Nach Lösen der Flügelschraube kann man den Zwirnwickel mit dem Schlauchnetz von der Blechmanschette abziehen. Er erinnert in seinem Aussehen stark an einen Spinnkuchen. Der Zwirnwickel wird nun mitsamt dem Schlauchnetz platt gedrückt und in ein Bad eingelegt, in dem sich nun die Schrumpfung vollzieht. Hierbei ist zu bedenken, daß die Innenlagen der Spinnspulen durch das Zwirnen die Außenlagen des Zwirnwickels geworden sind, was die Ausschrumpfung begünstigt. Als Bad wird ein solches verwendet, das ein Avivagemittel oder ein Präparationsmittel enthält, so daß also das Avivieren bzw. Präparieren mit dem Ausschrumpfen des Zwirnwickels kombiniert wird. Der so behandelte Wickel wird nunmehr durch Ausschleudern entwässert. Hierfür kann man sich einzelner Spinnzentrifugen bedienen. Man kann die

Wickel jedoch auch zu größeren Paketen zusammenpacken und in großen Zentrifugen ausschleudern. Es wird zweckmäßig empirisch ermittelt, auf welche Schleuderart man die gleichmäßigste Schrumpfungskurve erhält. Um die Ausschrumpfung zu befördern, kann man die ausgeschleuderten Wickel vor dem Trocknen in geeigneter Form deformieren. Dies kann dadurch geschehen, daß man drei oder vier Leisten hineindrückt, wodurch die Wickel eine kleeblattähnliche Form annehmen. Hierfür kann man sich mechanische Vorrichtungen bauen, die die Deformation in einem Zug herbeiführen. Schleudert man die Wickel einzeln in Spinnzentrifugen, so kann man sie auch schon beim Schleudern dadurch deformieren, daß man an die Topfwand drei oder vier senkrechte Leisten anbringt. Zum Zwecke des Trocknens werden die Wickel auf Stäbe gehängt und wie Spinnkuchen in Trockenkanälen getrocknet.

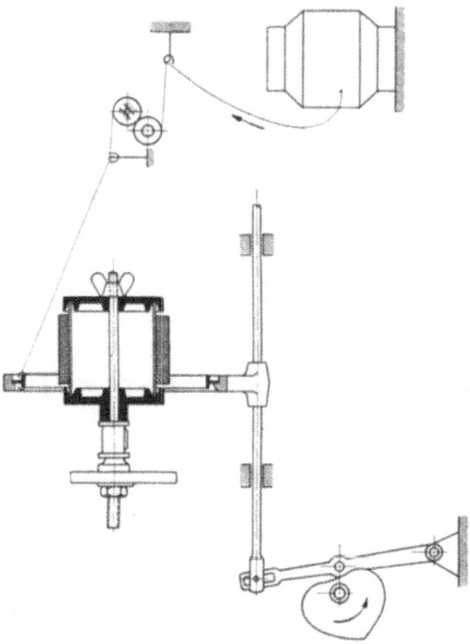

Abb. 327. Herstellung von Zwirnwickeln auf Ringzwirnmaschinen nach DRP. 669912.

Die Herstellung der Zwirnwickel kann auf allen Zwirnmaschinentypen vorgenommen werden, also auf Etagen-, Ringzwirn- und auch Doppeldrahtzwirnmaschinen. Im DRP. 669912 der Steckborn Kunstseide A. G. ist beispielsweise die Herstellung von Zwirnwickeln auf Ringzwirnmaschinen beschrieben. Aus der Abb. 327 ist deutlich ersichtlich, wie an Stelle einer gewöhnlichen Ringspindel eine Vorrichtung zur Zwirnwickelbildung in die Maschine eingebaut ist. Selbstverständlich müssen für diese Vorrichtungen die Ringe, die den Faden auf und ab führen, entsprechend große Durchmesser haben.

Während bei den bisher beschriebenen Verfahren die gesamte Wäsche der Gespinste auf den Spinnspulen vorgenommen wurde, sind in der Patentliteratur auch einige Verfahren beschrieben, bei denen nur die Entsäuerung auf den Spinnspulen vorgenommen wird, während das Entschwefeln, Bleichen und Avivieren im Zwirnwickel erfolgt. Diese Verfahren bieten aber gegenüber den ersteren keine Vorteile, sie erfordern im Gegenteil für die Aufnahme der Zwirnwickel kompliziertere Vorrichtungen, da die Wickel für das Saug- oder Druckverfahren entsprechend abgestützt und seitlich abgedichtet werden müssen. Ein solches Verfahren ist beispielsweise der Vereinigte Glanzstoff-Fabriken A.G. unter DRP. 671713 geschützt.

Der Vollständigkeit halber sollen noch einige Verfahren erwähnt werden, die darin bestehen, daß man die Gespinste auf der Spinnspule nachbehandelt und dann noch feucht auf eine andere Spule umspult. Der Faden muß zu diesem Zwecke durch Abzugswalzen von der Spinnspule abgezogen werden, damit er unter Entspannung von der zweiten Spule aufgenommen werden kann[1]. Nach dem DRP. 624461 der Vereinigte Glanzstoff-Fabriken A.G. wird das Gespinst auf der Spinnspule teilweise getrocknet, dann in feuchtem Zustande umgespult und feucht gezwirnt. Bei diesen Umspulvorgängen tritt eine Wasserentziehung bis auf 60—20% ein. Nach dem Zwirnen wird getrocknet. Auf der gleichen Wirkung basiert das DRP. 660614 der Steckborn Kunstseide A.G. Nach dieser Patentschaft wird das auf der Spule nachbehandelte Gespinst jedoch zunächst vollständig getrocknet, dann an der Zwirnmaschine, beispielsweise einer Ringzwirnmaschine, durch Hindurchleiten des Fadens durch eine Flüssigkeit erneut befeuchtet. Nach einer längeren Luftstrecke wird der Faden durch eine besondere Trockenvorrichtung getrocknet. Die Anordnung ist durch Abb. 328 näher erläutert.

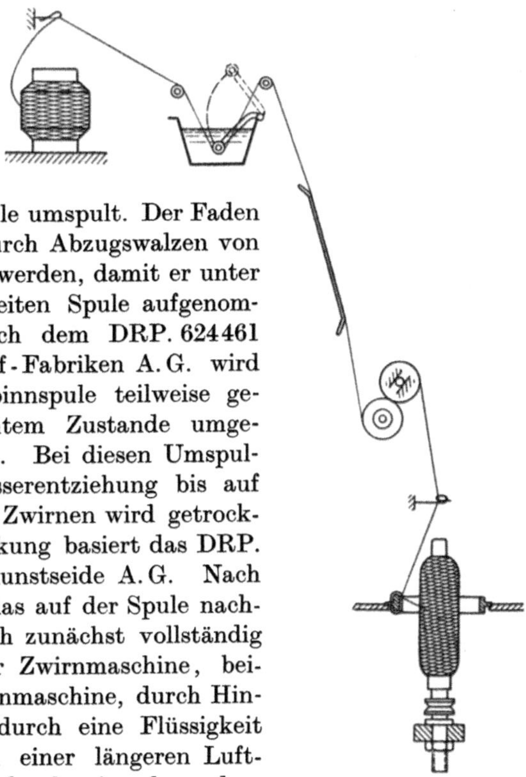

Abb. 328. Zwirnen gefeuchteter und erneut getrockneter Kunstseide nach DRP. 660614.

23. Kapitel.

Spinnen und Nachbehandeln von Kunstseide im fortlaufenden Arbeitsgang.

Wie bei der Besprechung der Nachbehandlung von Zellwollkabeln im 18. Kapitel gezeigt wurde, ist hierbei ein kontinuierliches Durchlaufen der Kabel von der Spinnmaschine bis zur Schneidvorrichtung, teilweise sogar bis nach dem Trocknen möglich. Die technische Lösung dieses Problems ist bei der Kunstseide erheblich schwieriger. Man muß bedenken, daß der einzelne Kunstseidenfaden ein äußerst empfindliches

[1] Steckborn Kunstseide A.G., DRP. 613394.

Gebilde ist, bei dem sich Verstreckungen und andere Abweichungen durch Änderung der physikalischen Eigenschaften deutlich zu erkennen geben. Die beim Spinnen sowie bei der Nachbehandlung und Trocknung auftretenden Schrumpfungserscheinungen und die hierdurch bedingten Spannungen im Faden machen die Ausbildung einer Apparatur, die eine kontinuierliche Behandlung der Fäden gestattet, außerordentlich schwierig. Wohl ist bei den Zellwollkabeln grundsätzlich mit dem Auftreten der gleichen Erscheinungen zu rechnen; wie aber schon mehrmals ausgeführt, treten die Auswirkungen dieser Erscheinungen bei der Zellwolle

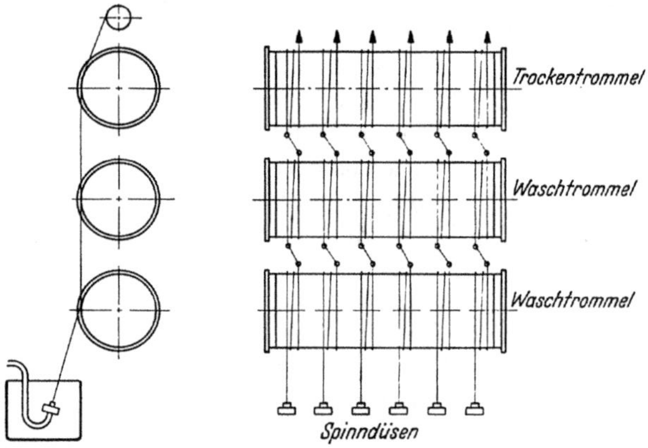

Abb. 329. Spinnen und Nachbehandeln auf Fördertrommeln (schematisch). (Nach Boos.)

praktisch nicht zutage, da die geschnittenen Faserabschnitte eine gründliche Mischung erfahren, bevor sie als fertige Garne zur Verarbeitung gelangen.

Die Versuche, Kunstseide in einem fortlaufenden Arbeitsgang fertigzustellen, reichen bis auf das Jahr 1910 zurück, in dem Boos in der Vereinigte Glanzstoff-Fabriken A. G. unter DRP. 236584, 236589 und 239822 das Spinnen von Kunstseide unter Anwendung sog. Fördertrommeln geschützt wurde[1].

Das Verfahren beruht im Prinzip darauf, den gesponnenen Faden nacheinander über mehrere Fördertrommeln zu leiten. Wie aus Abb. 329 hervorgeht, wird der von der Düse kommende Faden mehrfach um eine Trommel gewickelt, dann an eine zweite Trommel abgegeben, die er wieder mehrfach umschlingt, um schließlich über eine dritte Trommel der aufwickelnden Spule zugeleitet zu werden.

Auf den beiden ersten Trommeln wird der Faden durch Berieseln entsäuert, entschwefelt und gewaschen, während er auf der dritten Trommel durch Behandlung mit heißer Luft getrocknet wird.

[1] Vgl. hierzu Zart: Kunstseide **15**, 206 (1933).

Auf sinnreiche Weise geht der seitliche Transport der Fäden auf den Spulen vor sich: Die Trommeln sind als sog. Käfigtrommeln ausgebildet, d. h. ihre Oberfläche besteht aus einzelnen Stäben. Diese Stäbe sind in zwei Gruppen eingeteilt, die radial zur Trommel und parallel zur Trommelachse bewegt werden können. Sie machen eine kreisförmige Bewegung in der Längsrichtung, und zwar so, daß die eine Gruppe sich hebt, während die andere Gruppe sich senkt. Die sich hebenden Stäbe nehmen den Faden von den sich senkenden ab und verschieben ihn etwas seitlich, um ihn dann absinkend wieder an die sich hebenden der anderen Gruppe abzugeben.

Um der Schrumpfung des Fadens entgegenzukommen, kann man die zweite und dritte Spule im Durchmesser entsprechend kleiner machen oder ihre Umfangsgeschwindigkeit erniedrigen. Die richtige Einstellung dieser Faktoren war aber seiner Zeit schwierig, da stufenlos regelbare Getriebe noch nicht zur Verfügung standen. Trotzdem ist auf diesen Maschinen einige Zeit Kunstseide gesponnen worden. Die qualitativen Eigenschaften dieser Faser konnten jedoch nicht so seit verbessert werden, daß die Kunstseide mit solcher, die auf übliche Weise hergestellt war, in Wettbewerb treten konnte. Für die Herstellung von Kunstroßhaar hat sich die Maschine jedoch ganz gut bewährt.

Im Jahre 1913 wurde Eck durch das DRP. 300254 ein ähnliches Verfahren geschützt.

Anstelle der Fördertrommeln für die Fortbewegung des laufenden Fadens ist auch ein endloses Metallgewebeband vorgeschlagen worden, auf das der Faden abgelegt wird. Er wird auf diesem Band ruhend mit den Behandlungsflüssigkeiten berieselt und schließlich im Heißluftstrom getrocknet. Diese Arbeitsweise ist im DRP. 342092 von Denis (1920) beschrieben.

Zu einer industriellen Auswertung sind auch diese Verfahren nicht gekommen.

Im Jahre 1932 wurde dann von Furness in den Amerik. Patenten 1770750 und 1800828 ein neues Verfahren zur Herstellung von Kunstseide im fortlaufenden Arbeitsgang beschrieben. Auch bei diesem Verfahren wird zur Aufnahme des Fadens eine Trommel benutzt. Die von Furness eingeschlagene Arbeitsweise ist dadurch gekennzeichnet, daß die gesamte Nachbehandlung und Trocknung auf einer einzigen Trommel vorgenommen wird[1]. Die Furness-Trommel besteht aus 28 Stahlstäben, die gleichfalls einen zylindrischen Käfig bilden. Die Länge der Trommel beträgt 96,5 cm, der Trommelumfang 55,9 cm. Die Stäbe bewegen sich während der Umdrehung der Trommel in ähnlicher Weise wie bei den Boosschen Trommeln. Bei jeder Umdrehung werden die Fäden um 3,18 mm vorgerückt. Nach der Seite der Trocknung hin

[1] Vgl. hierzu Pincass: Kunstseide **14**, 290 (1932).

verjüngt sich die Trommel etwas, wodurch dem Faden Gelegenheit gegeben wird zu schrumpfen.

Die Trommel ist in der Maschine unter einem Winkel von 13° geneigt angeordnet, und zwar nach dem Ende zu ansteigend. In bestimmtem Abstand voneinander sind über der Trommel Spritzrohre angebracht, aus denen die Behandlungsflüssigkeit auf den Faden läuft. Durch die Neigung der Spule ist die Flüssigkeit gezwungen, den Fäden entgegenzulaufen, wodurch ein besonders guter Wascheffekt erzielt wird. Man hat die Beobachtung gemacht, daß ein einzelner Faden im Gegensatz zu einem mehr oder weniger dicken Gespinst in überraschend kurzer Zeit ausreichend gewaschen wird.

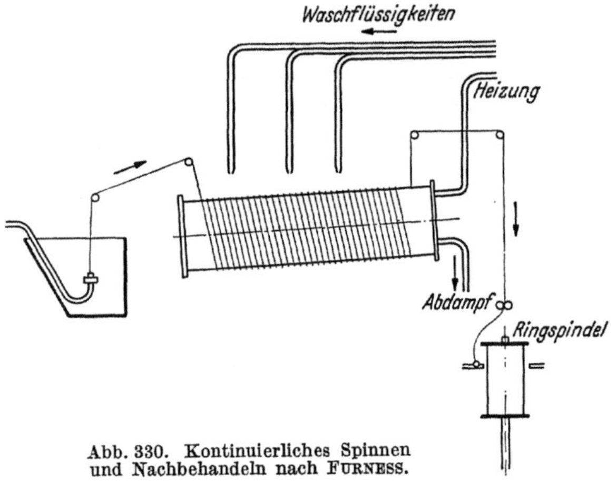

Abb. 330. Kontinuierliches Spinnen und Nachbehandeln nach FURNESS.

Die Trocknung im letzten Abschnitt der Trommel wird durch eine in das Innere der Trommel eingebaute Heizspirale bewirkt, durch die heißer Dampf geleitet wird.

Wie aus der Abb. 330 hervorgeht, soll der trokkene Faden, wenn er die Fördertrommel verläßt, sofort anschließend auf einer Ringspindel gezwirnt werden. Diese Möglichkeit ist auch schon bei dem Verfahren nach Boos vorgesehen gewesen. Praktisch dürfte die unmittelbar anschließende Zwirnung jedoch nur schwer durchführbar sein, da die Abzugsgeschwindigkeit der Zwirnspindel gegenüber den normalen Spinngeschwindigkeiten zu gering ist.

Es soll bemerkt werden, daß das FURNESS-Verfahren zunächst für die Herstellung von Kupferkunstseide ausgearbeitet wurde, daß es sich aber auch für die Herstellung von Viskose als geeignet erwiesen hat. Ob laufend Kunstseide nach dem Verfahren hergestellt wird, ist nicht bekannt geworden.

Ähnliche Vorrichtungen mit seitlichem Fadenvorschub sind im DRP. 609637 der I. G. Farbenindustrie Aktiengesellschaft beschrieben.

Auf andere Weise hat in neuerer Zeit die Vereinigte Glanzstoff-Fabriken A. G. das Problem der Förderung des laufenden Fadens gelöst. Nach DRP. 625353 und 670893 wird der Faden um zwei Zylinder herumgeführt. Die Zylinder sind glatte nichtrostende Stahlzylinder, es sind jedoch auch Versuche mit Zylindern aus gesintertem Quarz gemacht worden. Die beiden Zylinder sitzen auf fliegenden Achsen. Wie beim FURNESS-Verfahren besitzen die Zylinder eine Neigung.

Während der Neigungswinkel des oberen Zylinders eine bestimmte Größe hat, kann der untere in seiner Stellung zum oberen verstellt werden. Die Neigung des unteren Zylinders ist größer als die des oberen. Hierdurch verringert sich der Abstand zwischen den beiden Zylindern nach ihrem Ende zu allmählich. Es wird hierdurch einerseits bewirkt, daß der spiralig um die beiden Zylinder herumgelegte Faden von selbst nach vorn wandert, andererseits kann der Faden durch die Verkürzung des Zylinderabstandes etwas schrumpfen. Abb. 331 zeigt die Spinnvorrichtung schematisch.

Der Faden wird hierbei von der Düse kommend über eine Glaswalze den beiden Zylindern zugeleitet. Zwischen Düse und Glaswalze können noch Streckwerke zur Erhöhung der Fadenfestigkeit eingebaut werden. Auf der unteren Walze wird der Faden mit verdünnter Schwefelsäure berieselt, wodurch er entschwefelt wird. Dann wird die Schwefelsäure durch Waschen des Fadens mit heißem Wasser entfernt und der Faden getrocknet. Die Trocknung wird nach DRP. 645940 dadurch bewirkt, daß der letzte Teil des oberen Zylinders durch einen Gasbrenner erhitzt wird.

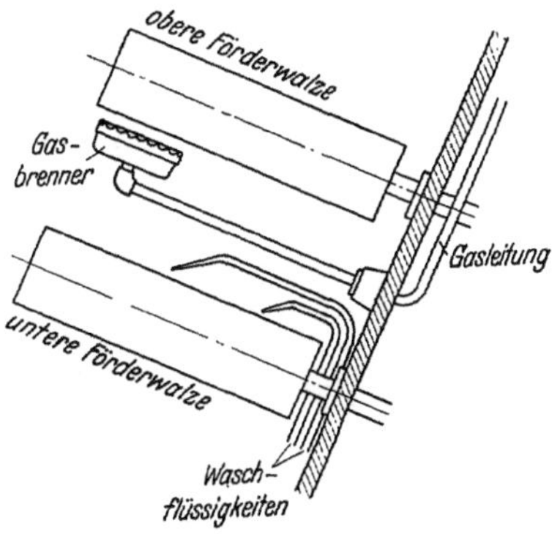

Abb. 331. Kontinuierliche Nachbehandlungsvorrichtung der Vereinigte Glanzstoff-Fabriken A. G.

Die Avivage wird dem Faden dadurch erteilt, daß man ihn nach der Abnahme von den Zylindern an einem ölgetränkten Filz vorbeistreichen läßt. Dann wird er auf eine zylindrische, durch Friktion angetriebene Kreuzspule aufgespult. Eine Zwirnung findet demnach bei dieser Arbeitsweise nicht statt. Da aber der Faden während der ganzen Behandlung an keiner Stelle einer Stauchung ausgesetzt wird, so haften die Einzelfädchen ganz gut zusammen. Man kann dies noch dadurch unterstützen, daß man als Präparationsmittel ein Öl verwendet, dem eine leichte Klebwirkung zukommt. Es hat sich gezeigt, daß die so hergestellte Kunstseide als Kette auf Hochleistungsschergattern sowohl für Webereizwecke als auch für Wirkereizwecke anstandslos verarbeitet werden kann. Nicht restlos beseitigt konnte die Nachschrumpfung des Fadens werden. Durch die geschränkte Anordnung der Zylinders wird sie wohl auf einen kleinen Betrag verringert. Sie wirkt jedoch in der Verarbeitung nicht störend, da sie gleichmäßig ist und keine Schrumpfungsdifferenzen vorhanden sind.

Nach dem zuletzt beschriebenen Verfahren wird in Deutschland und auch in Amerika laufend eine bescheidene Menge Kunstseide hergestellt, wobei die Möglichkeiten studiert werden, das Verfahren noch weiterzubilden.

Wie aus der Patentliteratur ersichtlich ist, laufen zur Zeit Versuche zur Herstellung von Kunstseide im fortlaufenden Arbeitsgang, die sich an das S. 566 angeführte DRP. 625483 anlehnen. Hierbei wird der Faden von einer Galette abgezogen und spannungslos in die einzelnen Behandlungsbäder eingelegt, zwischen denen er durch Leitröllchen

Abb. 332. Spinnvorrichtung der kontinuierlichen Maschine der Industrial Rayon Corporation.

geführt wird. Zum Schluß wird er auf einer geheizten Trommel getrocknet und gegebenenfalls unter Zwirnen aufgespult.

Von der Industrial Rayon Corporation, Cleveland, ist nach einem anderen Prinzip eine kontinuierlich arbeitende Spinn- und Nachbehandlungsmaschine entwickelt worden, die sich seit einiger Zeit im Großbetriebe gut bewährt hat [1]. Die Maschine ist mehrstöckig gebaut. Im obersten Stockwerk geht der eigentliche Spinnprozeß vonstatten (Abb. 332) [2]. Es wird aus tiefer Wanne ohne Fadenführer senkrecht

[1] Vgl. hierzu JENTGEN: Kunstseide **21**, 333, 374 (1939).

[2] Die Abb. 332—335 wurden mir liebenswürdigerweise von Herrn H. JENTGEN, Berlin-Lichterfelde, zur Wiedergabe überlassen.

nach oben gesponnen. Als Fadenleitvorrichtung dient ein kompliziert gebauter Spulenhaspel, der in Abb. 333 im Schnitt wiedergegeben ist. Um diesen Spulenhaspel läuft der Faden etwa 70mal herum, wobei er von einem Ende zum anderen transportiert wird. Der Spulenhaspel, der aus Kunststoff besteht, hat einen Durchmesser von 5—6 Zoll und eine Lauffläche von 7—8 Zoll Länge. Die Lauffläche ist aus Kunstharzstäben gebildet, die im Kopf der Spule befestigt sind. Während des Haspelns werden die Stäbe abwechselnd in horizontaler Richtung

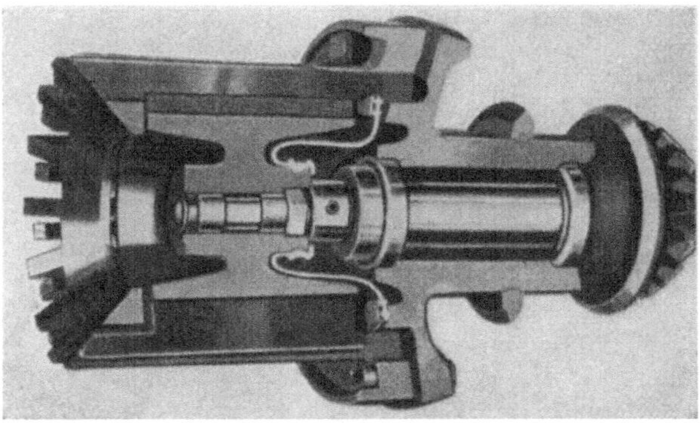

Abb. 333. Spulenhaspel der kontinuierlichen Spinnmaschine der Industrial Rayon Corporation.

vorwärts und nach Einsenken rückwärts bewegt, wodurch der Faden in einem Zeitraum von 30 Sekunden vom inneren zum äußeren Ende der Spule geleitet wird.

Der von dem Ende des Spulenhaspels ablaufende Faden gelangt in die nächstuntere Etage der Maschine, in der die Nachbehandlung vor sich geht. Wie Abb. 334 zeigt, besteht die Nachbehandlungszone aus einer Reihe treppenförmig angeordneter Spulenhäspel. Der Faden wird auf die eben beschriebene Weise von oben nach unten über eine senkrechte Reihe derartiger Häspel geführt. Über den Häspeln sind Sprührohre angebracht, durch die die Behandlungsflüssigkeit auf die darunter liegende Spule gesprüht wird. Die oberste Spule dieser Zone, auf der die Entsäuerung vor sich geht, ist eingekapselt.

Der nachbehandelte Faden gelangt nun in die unterste Etage der Maschine. Hier wird er zunächst auf einem Spulenhaspel getrocknet. Als Werkstoff für diese Spule ist Aluminium verwendet. Die Trocknung erfolgt durch Heißwasserzirkulation. Diese gleichfalls eingekapselte Trockenvorrichtung ist auf Abb. 335 oben zu sehen. Die gleiche Abbildung läßt die Zwirnung des nunmehr fertiggestellten Fadens erkennen. Die Zwirnvorrichtung weicht erheblich von den sonst bei Kunstseide üblichen Zwirnverfahren ab. Die Zwirnvorrichtung besteht aus einer Spindel, auf die die Zwirnspule gesteckt wird. Die Spindel ist röhrenförmig ausgebildet und läuft um einen feststehenden Stab. Dieser Stab ragt oben aus der Spindel heraus und dient zur Aufnahme einer Zwirnglocke, die den Fadenführer für die Spindel darstellt. Der Zwirnvorgang geht auf die Weise vor sich, daß der aus der Trockenkammer kommende Faden durch einen feststehenden Fadenführer hindurch an der Glocke vorbei auf die umlaufende Zwirnspule geleitet wird. Damit der Faden

Abb. 334. Nachbehandlungszone der kontinuierlichen Spinnmaschine der Industrial Rayon Corporation.

Abb. 335. Zwirnzone der kontinuierlichen Spinnmaschine der Industrial Rayon Corporation.

an der Glocke keine Beschädigung erleiden kann, ist der untere Teil der Glocke hochglänzend poliert. Die Glocke hat die Aufgabe des Ringläufers bei der normalen Ringzwirnmaschine zu erfüllen. Es leuchtet ein, daß infolge der geringeren Reibung des Fadens am Glockenrand die Fadenspannung während des Zwirnens geringer ist. Dies hat sich besonders günstig beim Spinnen feiner Titer ausgewirkt.

Die Spindel läuft mit 7500 Touren pro Minute und die großausgebildeten Spulen nehmen etwas über 1 kg Kunstseide auf. Die Maschine besitzt etwa 100 Spinnstellen. Die Fertigstellung des Fadens vom

Verlassen der Spinndüse bis zur fertigen Zwirnung dauert bei dieser Arbeitsweise 4—5 Minuten.

Zusammenfassend muß zu diesem Gegenstand gesagt werden, daß nur recht wenige Verfahren soweit ausgebildet werden konnten, daß nach ihnen tatsächlich eine brauchbare Faser erhalten wird. Die Schwierigkeiten liegen einerseits darin, daß die Maschinen nicht allzu kompliziert werden dürfen, und andererseits in den unübersichtlichen Schrumpfungsverhältnissen des frischen Fadens, die eine richtige Einstellung der einzelnen Maschinenteile zueinander ungemein erschwert. Es kommt hinzu, daß es bei derartigen Maschinen nicht leicht ist, an allen Spinnstellen vollkommen gleiche Verhältnisse zu schaffen. Von vielen Seiten wird aber an diesem Problem gearbeitet, so daß erwartet werden kann, daß auch auf dem Gebiete der kontinuierlichen Herstellung von Kunstseide noch erhebliche Fortschritte gemacht werden.

24. Kapitel.

Eigenschaften der Kunstfasern.

A. Chemische Eigenschaften.

Konstitution. Wie aus dem 2. Kapitel hervorging, bestehen die nach dem Viskoseverfahren hergestellten Kunstfasern aus Hydratzellulose, die sich hinsichtlich der chemischen Zusammensetzung nicht von der nativen Zellulose unterscheidet. Die im Gange der Herstellung des Zellstoffs sowie der fertigen Faser an der Zellulose vorgenommenen Reaktionen sind jedoch am Zellulosemolekül nicht spurlos vorübergegangen: Abgesehen von einer Veränderung der Stellung der Zelluloseketten im Gitter, wodurch die Hydratzellulose gekennzeichnet ist, ist ein mehr oder weniger großer Abbau der Moleküle erfolgt und es resultiert eine Faser, die aus einem Gemisch von Molekülen unterschiedlichster Länge besteht, die durchweg geringer ist als dem mittleren Polymerisationsgrad des Ausgangsmaterials entspricht. Auf die Polymolekularität der Faser und ihre Bedeutung haben zuerst RATH und DOLMETSCH[1] hingewiesen, da vermutet werden kann, daß die unterschiedliche Kettenlänge die wichtigen mechanischen Eigenschaften der Kunstfasern beeinflußt. Aus diesem Grunde wurde von RATH und DOLMETSCH sowie von DOLMETSCH und REINECKE[2] eine Methode ausgearbeitet, die eine Aufteilung der Faser in einzelne Anteile von Molekülen mit verschiedenem Polymerisationsgrad gestattet.

Man kann diese Fraktionierung der Kunstfasern durch eine Behandlung mit Natronlauge von 10 Gew.-% und Anwendung verschiedener

[1] RATH u. DOLMETSCH: Klepzigs Textil-Z. **41**, 475 (1938).
[2] DOLMETSCH u. REINECKE: Zellwolle **5**, 219 (1939).

Temperaturen durchführen und den durchschnittlichen Polymerisationsgrad der einzelnen aus der Lösung ausgefällten Anteile bestimmen. Hierbei wurde die Beobachtung gemacht, daß die verwandte Natronlauge nicht alle niedrigen Glieder bis zu einem ganz bestimmten Polymerisationsgrad aus der Faser herauslöst, sondern daß die Menge der in Lösung gegangenen Substanz sowie auch die Größe des Polymerisationsgrades der gelösten Substanz von der Art der Faser abhängen. So wurde beispielsweise gefunden, daß eine Zellwolle vom durchschnittlichen Polymerisationsgrad von 450 vollkommen löslich war, obwohl sie 20% Anteile von einem Polymerisationsgrad von über 800 enthielt. Auf der anderen Seite erwies sich eine Zellwolle aus der gleichen Viskose, aber unter Streckung gesponnen, nur zu 15% als löslich und eine andere von einem Durchschnittspolymerisationsgrad von 260 zu etwa 30%. Diese Unterschiede liegen in der Lagerung der Moleküle, in der „Packungsdichte" begründet, die wieder auf die Leitung des Spinnprozesses, und zwar vornehmlich auf den Streckungsgrad sowie auf den Reifegrad der Viskose zurückzuführen ist. Sie sind mit anderen Worten zurückzuführen auf das Verhältnis der zu kristallinen Bezirken geordneten Substanz zur Gesamtmenge des Zellulosepräparates. Die Methode erlaubt daher nicht nur eine Aussage über die anteilmäßige Verteilung der Polymerisationsgrade selbst, sondern auch über den „Kristallisationsgrad" der Faser.

Da der Bestimmungsmethode mit Hilfe von Natronlauge gewisse Schwächen anhaften[1], so wurde in weiteren Versuchen die Fraktionierung auf dem Umweg über die Nitrozellulose vorgenommen[2]. Das Fasermaterial wird aufgelockert und bei 18° C einer Behandlung mit einer Mischung von Phosphorsäure, Phosphorpentoxyd und rauchender Salpetersäure behandelt. Hierauf wird unter Ausschluß von Luftfeuchtigkeit die überschüssige Nitriersäure abgeschleudert und die Nitrozellulose rasch mit Soda neutralisiert. Alsdann wird stufenweise mit Mischungen aus Alkohol und Essigester von steigendem Essigestergehalt gelöst. Die Filtration wird durch ein feines Nickeldrahtsieb vorgenommen. Der Rückstand wird mit Lösungsmittel und Alkohol gewaschen und in einem starkem Luftstrom bei 50° C getrocknet. In den einzelnen Fraktionen wird der Polymerisationsgrad nach STAUDINGER bestimmt.

Trägt man als Ordinate die gelöste Nitrozellulose in Gewichtsprozenten und als Abszisse die zugehörigen Polymerisationsgrade auf, so kommt man zu charakteristischen „Stapeldiagrammen" für den Polymerisationsgrad der Faser. Abb. 336 zeigt als Beispiel ein solches Stapeldiagramm für drei Zellwollen aus verschiedenen Ausgangsmaterialien, und zwar aus Linters, aus veredeltem Sulfitzellstoff und aus einem normalen Sulfitzellstoff. Die Abbildung läßt erkennen, daß die Zellwolle aus normalem Sulfitzellstoff allgemein niedrigere Polymerisations-

[1] DOLMETSCH u. REINECKE: Zellwolle **5**, 219 (1939).
[2] Vgl. hierzu auch SCHIEBER: Papierfabr. **37**, 245 (1939).

grade besitzt, die zwischen 150 und 500 verteilt sind. Die Zellwollen aus den beiden anderen Ausgangsstoffen haben wesentlich höhere Polymerisationsgrade, wobei bemerkenswert ist, daß die Kurven für Linters und veredelten Sulfitzellstoff recht nahe beieinander liegen.

Die Methodik gestattet, wie schon an anderer Stelle erwähnt war, ein Bild über den Ablauf des Zellstoffaufschlusses sowie der Arbeitsgänge bei der Herstellung von Kunstfasern zu gewinnen und die hierbei stattfindenden Reaktionen zu kontrollieren, so daß sie für Versuche zur zur Erzielung schonender Herstellungsbedingungen für Zellstoff und Kunstfasern von Bedeutung ist.

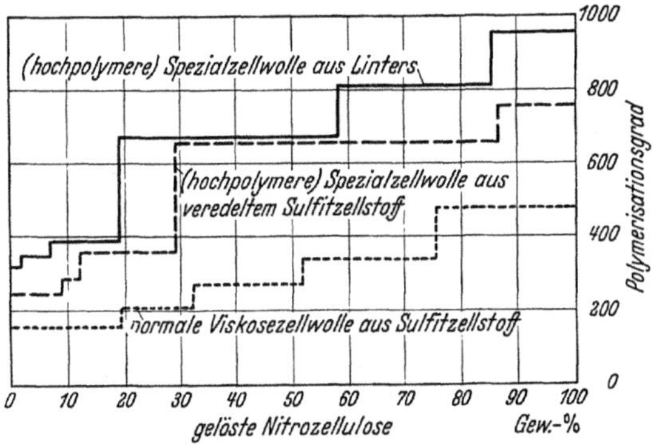

Abb. 336. Anteilmäßige Verteilung der Polymerisationsgrade dreier Zellwollen aus verschiedenen Ausgangsmaterialien. (Nach SCHIEBER.)

Beim allgemeinen Vergleich der chemischen Eigenschaften von Kunstfasern mit denjenigen von Baumwolle fanden auch RIDGE, PARSONS und CORNER[1], daß Kunstfasern gegenüber der nativen Faser merklich abgebaut sind. Sie gleichen in ihren Eigenschaften, gemessen an der Viskosität ihrer Lösungen, der Kupferzahl, der Methylenblauzahl sowie am Abkochverlust in 1%iger Natronlauge einer Baumwolle, die durch übermäßiges Bleichen geschädigt wurde. Es ist daher verständlich, daß mit der Zellulose reagierende Stoffe auf Hydratzellulose intensiver einwirken als auf native Zellulose.

Eine Ausnahme macht die Azetylierung, die auffallenderweise bei Hydratzellulose langsamer verläuft als bei nativer Zellulose[2].

In diesem Zusammenhange müssen noch sehr bemerkenswerte Beobachtungen von STAUDINGER erwähnt werden: Wenn Naturfasern hydrolytisch so weit abgebaut werden, daß sie auf den Polymerisationsgrad der Kunstfasern kommen, so weisen sie keine Faserbeschaffenheit mehr auf, sie haben vielmehr vollkommen ihren Zusammenhalt verloren. Eine Erklärung dieser eigenartigen Erscheinung sieht STAUDINGER in der gegenüber den Naturfasern gänzlich anders gearteten Packung der Kunstfasern. Infolge der unregelmäßigeren Orientierung der letzteren können Spaltungen der Kettenbündel nicht so tief durchgehende Lücken entstehen lassen, wie dies bei den natürlichen Fasern möglich ist.

Abbaureaktionen. Unter dem Einfluß oxydierender sowie hydrolysierender Mittel findet ein Abbau der Kettenmoleküle statt. Was den

[1] RIDGE, PARSONS u. CORNER: J. Text. Inst., Manchr. **22**, 117 (1930).
[2] WELTZIEN: Technologie, S. 92.

Abbau durch Luftsauerstoff und die hierbei gleichzeitig am Zellulosemolekül vor sich gehenden Änderungen anbetrifft, so war hierüber schon eingehend bei der Beschreibung der Vorreife der Alkalizellulose berichtet worden. In der Praxis bezeichnet man die beim oxydativen Abbau der Zellulose entstehenden Substanzen als „Oxyzellulose". Das Substanzgemisch ist nach RADEMACHER[1] durch folgende Eigenschaften gekennzeichnet:

Höherer Sauerstoffgehalt als Zellulose[2],
starkes Reduktionsvermögen gegen Kupfer- und andere Metallsalze[3],
Reduktionsvermögen gegenüber Phenylhydrazin[4],
veränderte Anfärbbarkeit mit Beizenfarbstoffen[5], sauren Farbstoffen[6] und basischen Farbstoffen[7],
gesteigertes Neutralisationsvermögen gegenüber Basen[8],
durch Behandeln mit Salzsäure tritt Kohlensäureentwicklung auf[9],
beim Destillieren mit verdünnter Salzsäure erfolgt Furfurolbildung in einer gegenüber dem Ausgangsmaterial erhöhten Ausbeute[10].

Dieses Verhalten der Zellulose gegenüber oxydativ wirkenden Einflüssen ist praktisch hauptsächlich für das Bleichen wichtig, insofern als die beim Bleichen gewählten Arbeitsbedingungen von ausschlaggebender Bedeutung für die Beschaffenheit des Bleichgutes sind. Nach CLIBBENS und RIDGE[11] weist der Verbrauch an aktivem Chlor beim Bleichen mit Hypochloritlösungen ein ausgeprägtes Geschwindigkeitsmaximum beim Neutralpunkt der Bleichflotte auf. Hiermit geht eine Abnahme der Viskosität sowie eine Zunahme der Kupfer- und Methylenblauzahl[12] parallel. In schwach alkalischer sowie in schwach saurer Lösung findet daher langsamer eine Schädigung des Zellulosemoleküls statt als bei p_H 7. Was den Einfluß von peroxydischem Sauerstoff anbetrifft, so hat SCHELLER[13] gefunden, daß mit zunehmender Alkalität die faserschädigende Wirkung des Peroxydes abnimmt, dagegen die des elementaren Sauerstoffs zunimmt.

---

[1] RADEMACHER: Diss. T. H. Stuttgart 1939.
[2] WITZ: Bull. Rouen **11**, 225 (1883). — DITZ: Chemiker-Ztg. **31**, 833, 844, 857 (1907).
[3] FABER u. TOLLENS: B. **32**, 2592 (1899). — DITZ: Journ. prakt. Chem. **78**, 348 (1908). — GÖTZE: Seide **31**, 470 (1926).
[4] NASTUKOFF: B. **33**, 2237 (1900).
[5] WITZ: Bull. Rouen **10**, 449 (1882).
[6] SAGET: F.Z. **4**, 41 (1892).
[7] WITZ: Bull. Rouen **10**, 441, 454 (1882). — PHILIP: Z. öff. Chem. **6**, 524 (1901).
[8] NASTUKOFF: B. **34**, 3589 (1907). — SCHWALBE u. BECKER: B. **54**, 545 (1921).
[9] VIGNON: Bl. (3) **19**, 811 (1898). — HEUSER u. STÖCKIGT: Cellulose-Chem. **3**, 61 (1922).
[10] HEUSER u. STÖCKIGT: Cellulose-Chem. **3**, 61 (1922).
[11] CLIBBENS u. RIDGE: J. Text. Inst., Manchr. **18**, 135 (1927); **19**, 389 (1928).
[12] KAUFMANN: Z. angew. Chem. **43**, 841 (1930).
[13] SCHELLER: Melliand Textilber. **16**, 787 (1925).

Auch durch die Einwirkung von Säuren auf Zellulose und Hydratzellulose findet ein Abbau statt. Er führt zu einem Substanzgemisch, das man unter dem Namen „Hydrozellulose" zusammenfaßt. Zunächst tritt unter der Einwirkung von Säuren wie bei der Oxydation eine Aufspaltung der Sauerstoffbrücken zwischen den Glukopyranoseresten auf, was zu einer Verringerung des Polymerisationsgrades und somit zu einer niedrigeren Viskosität führt. In gleichem Maße steigt die Alkalilöslichkeit.

Aus dem vorher Gesagten geht hervor, daß beim oxydativen sowie hydrolytischen Abbau Körper entstehen, die in ihren Eigenschaften sehr nahestehen. Eine Unterscheidung zwischen durch Oxydation erhaltenen und durch Hydrolyse erhaltenen Spaltstücken ist aber durch die Art der bei diesen Reaktionen auftretenden Endgruppen der Spaltstücke gegeben[1]. So bilden sich bei der Hydrolyse hauptsächlich bei der Sprengung der glukosidischen Bindungen Aldehydgruppen, die sich durch ein erhöhtes Reduktionsvermögen zu erkennen geben, während der oxydative Abbau durch eine Vermehrung von Karboxylgruppen gekennzeichnet ist.

Die Verhältnisse werden aber dadurch unübersichtlicher, daß auch beim oxydativen Abbau je nach den gewählten Reaktionsbedingungen die Hydrolyse gleichzeitig in die Erscheinung tritt. So findet beim oxydativen Abbau im sauren Gebiet sogar ein Überwiegen der Hydrolyse statt. RADEMACHER kommt auf Grund eingehender Versuche zu dem Schluß, daß die Hydrolyse sogar in der Lage ist, eine Dekarboxylierung von durch Oxydation gebildeten Karboxylgruppen herbeizuführen.

Infolge der gegenüber der nativen Faser gesteigerten Reaktionsfähigkeit ist daher auch bei der Behandlung von Kunstfasern mit Säure größte Vorsicht geboten.

Ein Abbau der Zellulose wird auch durch intensive Einwirkung von Licht herbeigeführt. Hierbei tritt gleichfalls sowohl eine Verkleinerung des Moleküls als auch eine Veränderung des Glukopyranoserestes auf. Bemerkenswert ist der Befund von OGURI und YAMAGUCHI[2], wonach die Faserschädigung durch Licht nicht an die Gegenwart von Sauerstoff gebunden ist. Auch in einer Atmosphäre aus Wasserstoff, Stickstoff und Kohlendioxyd erfolgt die photochemische Zersetzung, wodurch aldehydische Spaltstücke entstehen.

Umsetzungsreaktionen. Auf Grund der Anwesenheit von Hydroxylgruppen im Molekül ist die Zellulose bzw. die Hydratzellulose der Veresterung und Verätherung zugänglich. Daß man hiervon in der chemischen Industrie zur Herstellung aller möglichen Zellulosederivate Gebrauch macht, ist allgemein bekannt. Die Möglichkeit der Umsetzung interessiert

[1] Vgl. hierzu RADEMACHER: Diss T. H. Stuttgart 1939.

[2] OGURI u. YAMAGUCHI: Journ. Soc. chem. Ind. (Japan) **40**, 356 (1937).

hier nur soweit Reaktionen an der Faser und zwar unter Erhaltung der Faserstruktur durchgeführt werden können. Der Wunsch nach einer Verbesserung der physikalischen Eigenschaften der Hydratzellulosefasern hat in den letzten Jahren zu einer intensiven Beschäftigung mit den Umwandlungsreaktionen geführt, da man zu der Erkenntnis kommen mußte, daß bleibende Effekte nur durch eine chemische Veränderung des Zellulosemoleküls erzielt werden können. Insbesondere hat man versucht, durch Veresterung oder Verätherung eine Herabsetzung des Quellungsvermögens der Kunstfasern herbeizuführen. Es kann sich hierbei naturgemäß aber nicht darum handeln, die gesamte zur Verfügung stehende Anzahl an Hydroxylgruppen umzusetzen, vielmehr nur eine Umsetzung an der Oberfläche der geordneten Gitterbereiche der Faser befindlicher Hydroxylgruppen oder solchen aus ungeordneten Bereichen vorzunehmen.

Es soll mit einer kurzen Beschreibung der vorgeschlagenen Veresterungsmittel begonnen werden[1]. Nach DRP. 572613 von NATHANSOHN wirken höhermolekulare Fettsäurechloride, wie z. B. Stearinsäurechlorid, oder Anhydride in Gegenwart von Pyridin auf Zellulose veresternd. Die Reaktion verläuft nach dem Schema:

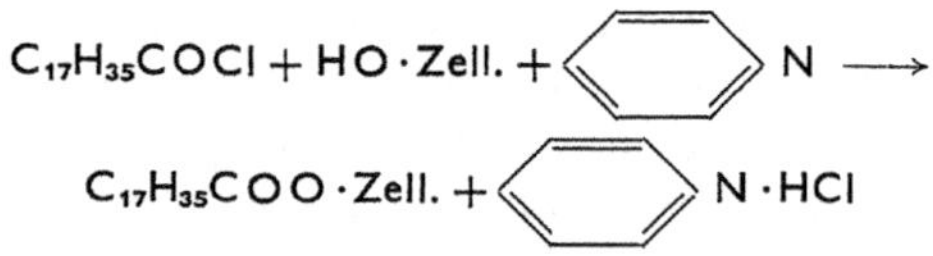

Im Brit. Pat. 460602 der I. G. Farbenindustrie Aktiengesellschaft wird empfohlen, die Zellulose mit Octadecylchlorkohlensäureester umzusetzen. Die Reaktion wird gleichfalls in Gegenwart von Pyridin vorgenommen:

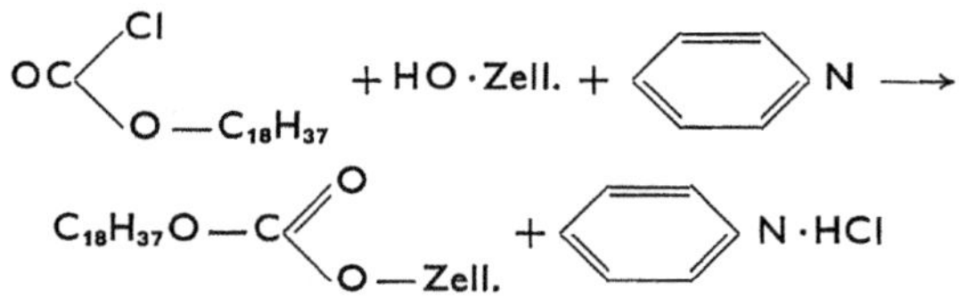

Die Umsetzung mit Fettsäurechloriden oder Anhydriden kann nach DRP. 572613 auch in der Weise vorgenommen werden, daß man die Produkte in wässerigen Seifenlösungen emulgiert bzw. suspendiert bei einer Temperatur von etwa 80° C auf die Faser zur Einwirkung bringt.

Der Du Pont de Nemours ist unter dem Brit. Pat. 461436 die Umsetzung der Zellulose mit p-Toluolsulfochlorid geschützt.

Von einem großen Ausrüstungsbetrieb (Flores u. Co. A. G., Krefeld) wird nach dem Brit. Pat. 474403 die Zellulose mit Isozyanaten behandelt.

---

[1] Vgl. hierzu die zusammenfassende Darstellung von CHWALA: Textilhilfsmittel, S. 402f. Wien 1939.

Wird Zellulose mit Lösungen von höhermolekularen Isozyanaten von der allgemeinen Formel

$$R—N=C=O \quad (R = \text{höhermolekularer Alkylrest})$$

in Benzin oder Benzol behandelt, so bildet sich nach dem Verdunsten des Lösungsmittels bei etwa 150° C ein Karbamidsäureester der Zellulose, gemäß folgender Gleichung:

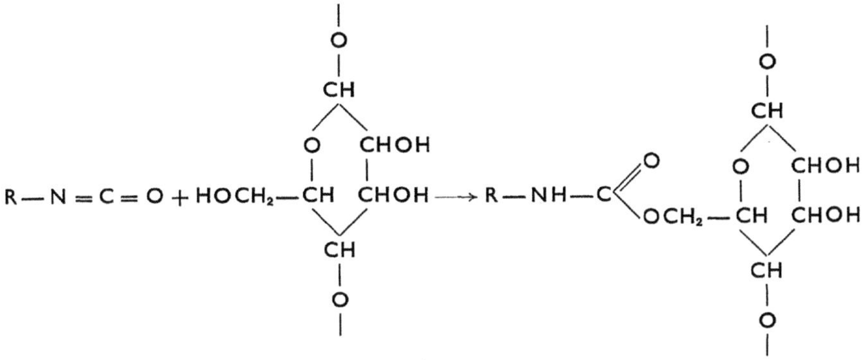

Der Verlauf der Reaktion kann nach dem Brit. Pat. 467992 der I. G. Farbenindustrie Aktiengesellschaft dadurch beschleunigt werden, daß man die sekundären Alkoholgruppen der Zellulose durch Behandlung mit Alkylenoxyd in die reaktionsfähigeren primären umwandelt. Diese Reaktion verläuft nach dem Schema:

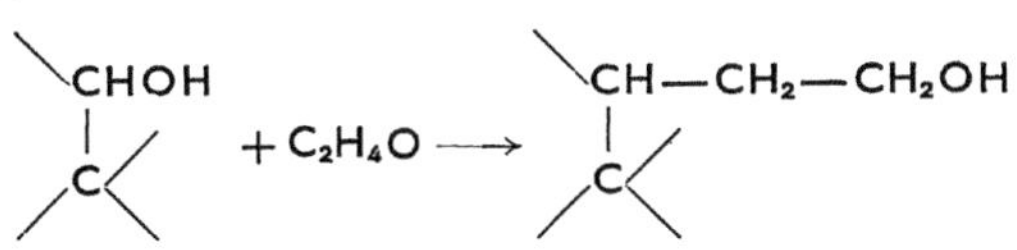

An Stelle der Isozyanate können auch höhermolekulare Isothiozyanate von der allgemeinen Formel $R—X—N=C=S$ angewandt werden.

Als weitere Veresterungsreaktion ist noch die von Karrer im Brit. Pat. 249842 und 263169 beschriebene zu nennen. Hiernach werden die Fasern mit Arylsulfosäuren verestert und dann mit Ammoniak, primären, sekundären oder tertiären Aminen oder mit Hydrazin erhitzt. Man erhält hierdurch eine in bezug auf das Anfärbevermögen animalisierte Faser.

Von den Verfahren, die eine Umwandlung der Zellulose durch Verätherung zum Gegenstand haben, müssen die folgenden genannt werden:

Die Deutsche Hydrierwerke A.G. beschreibt im DRP. 613735 die Behandlung der Zellulose mit Lösungen von Chlormethyläthern höherer Alkyle in Pyridin. So entsteht durch den Octadecylchlormethyläther der Octadecyloxymethyläther der Zellulose, gemäß der Gleichung:

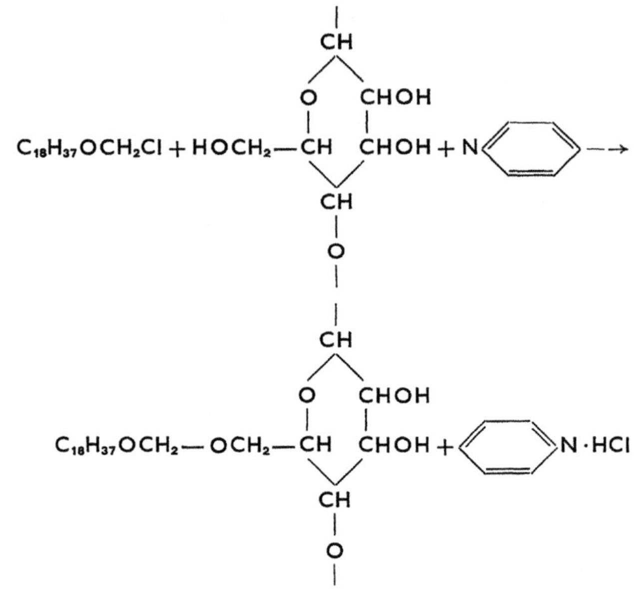

Zu besseren Ergebnissen kommt man, wenn man den Octadecylchlormethyläther mit Pyridin in das quaternäre Octadecyloxymethylpyridiniumchlorid überführt[1]. Dieser Körper kann nach dem Brit. Pat. 466817 der Imperial Chemical Industries in Form einer wässerigen Dispersion auf die Faser zur Einwirkung gebracht werden und ist unter dem Namen Velan PF im Handel. Die Umsetzung mit der Zellulose geht bei kurzer Erhitzung des getrockneten, mit Velan PF imprägnierten Gewebes auf 90—130° C gemäß folgenden Gleichungen vor sich:

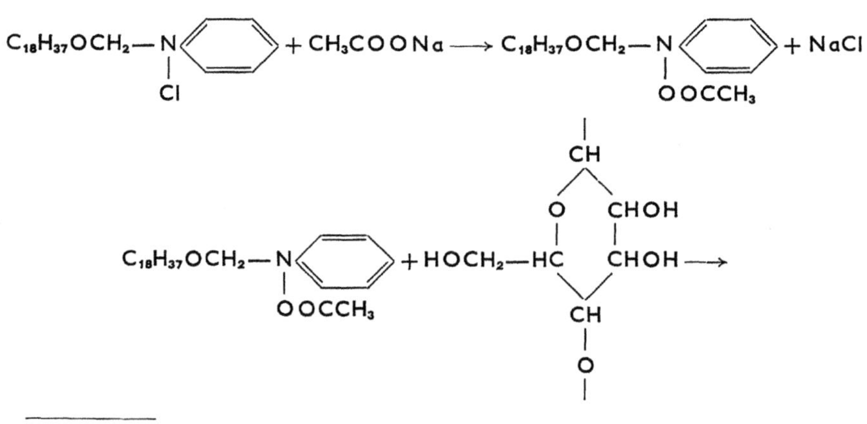

[1] Ges. f. chem. Ind. Basel: Brit. Pat. 390533.

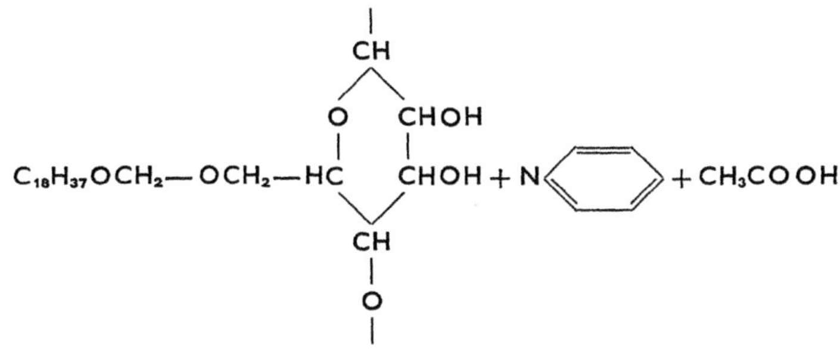

Zu ähnlichen Umsetzungen ist Persistolsalz A in Gemeinschaft mit Persistolgrund A (I. G. Farbenindustrie Aktiengesellschaft) sowie Persistol LA und LB fähig.

Die geschilderten Verfahren führen eine verminderte Wasseraufnahme bzw. eine verminderte Quellfähigkeit der Faser herbei.

Seit einiger Zeit sind Mittel auf dem Markt, die auf Zellulose angewandt, eine Verminderung des Knitterns der Faser herbeiführen sollen. Diese Verfahren laufen darauf hinaus, in die Faser Kunstharze einzulagern. Infolge des großen Moleküles dieser Stoffe müssen die Kunstharze in der Faser selbst durch Kondensation erzeugt werden. Man kann annehmen, daß diese Stoffe sich in den amorphen Anteil der Faser einlagern. Wenn diese Verfahren an dieser Stelle angeführt werden sollen, so hat dies seinen Grund darin, daß bei der Kondensation auch eine chemische Bindung — sei es vielleicht auch nur eine nebenvalenzmäßige (ELÖD) — mit der Zellulose von einigen Forschern angenommen wird. Der Reaktionsverlauf konnte noch nicht restlos geklärt werden. Diese Bemühungen reichen schon sehr lange zurück. So ist hier zunächst das klassische Patent von ESCHALIER[1] zu nennen, wonach Zellulose mit Formaldehyd bei Gegenwart eines sauren Katalysators behandelt wird. Es bilden sich hierbei in der Faser Polyoxymethylene. Daneben wird die Entstehung von Zellulosemethylenäthern angenommen[2]. Nach dem DRP. 382026 von KARPLUS soll es zweckmäßiger sein, ein Alkali als Katalysator zu verwenden. Diese Verfahren haben keinen Eingang in die Praxis gefunden, da bei ihrer Anwendung in unerwünschtem Maße Faserschädigungen auftreten. Es sind jedoch in neuester Zeit Reaktionsbedingungen gefunden worden, bei denen die Faserschädigung in erträglichem Rahmen bleibt. Näheres kann hierüber aus patentrechtlichen Gründen noch nicht ausgesagt werden.

Bedeutung haben ferner Verfahren der Tootal Broadhurst Lee Comp.[3] und der I. G. Farbenindustrie Aktiengesellschaft[4] erlangt. Hiernach

[1] „Sthenosage-Patent" DRP. 197965 (1906). Der Erfinder hebt eine gesteigerte Naßfestigkeit der behandelten Faser hervor.

[2] SCHENCK: Helv. chim. Acta **14**, 520 (1931); **15**, 1088 (1932). — WOOD: Journ. Soc. chem. Ind. **50**, 411 (1931).

[3] DRP. 499818. [4] DRP. 535234.

werden in der Faser Phenoplaste und Aminoplaste erzeugt, wobei man von Vorkondensaten ausgeht. Da die Vorkondensate der Phenoplaste unter normalen Bedingungen keine haltbaren Körper darstellen[1], verwendet man vorzugsweise die Aminoplaste, also Kondensationsprodukte aus Harnstoff oder Thioharnstoff mit Formaldehyd. Die Vorkondensation geht in schwach alkalischer, wässeriger Lösung vor sich und führt zum Dimethylolharnstoff:

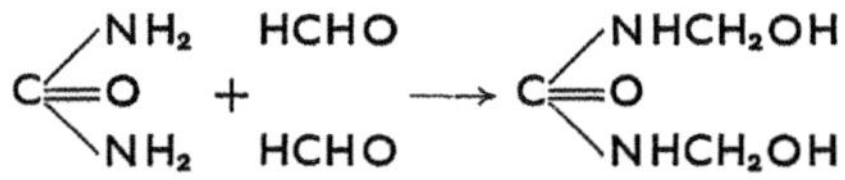

Die Endkondensation, die auf der Faser in Gegenwart von Säure oder säureabspaltenden Stoffen vorgenommen wird, führt dann zu großen, durch dreidimensionale Vernetzung entstandenen Carbamidharzen, z. B.

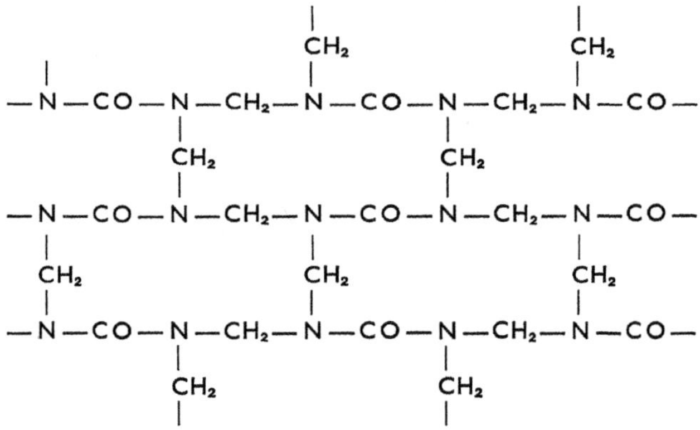

Das Vorkondensat ist unter dem Namen Kaurit KF im Handel. Auch bei dieser Reaktion wird eine Teilnahme der Zellulose an der Reaktion angenommen.

Die aufgeführten Kondensationsverfahren sollen, wie schon erwähnt war, den Zweck verfolgen, die Knitterfestigkeit der Fasern zu erhöhen. Die Verhältnisse liegen aber so, daß auch andere Eigenschaften der Faser bei der Einlagerung dieser Stoffe verändert werden. So wird allgemein beobachtet, daß durch diese Mittel auch eine Hydrophobierung in mehr oder weniger starkem Maße herbeigeführt wird. Wie Versuche gezeigt haben, tritt im allgemeinen die hydrophobierende Wirkung der Agenzien schon unter milderen Bedingungen ein als die Knitterfestwirkung.

[1] Chwala: Textilhilfsmittel, S. 402. Wien 1939.

B. Physikalische Eigenschaften[1].

Titer. Die Kunstseiden bestehen je nach der Lochzahl der verwendeten Düsen aus mehreren Einzelfädchen, die normalerweise durch die Zwirnung umeinander gedreht sind. Für die Dicke des Fadens ist somit ein Maß die Dicke des Gesamtfadens sowie die Dicke und Anzahl der Einzelfädchen. Man bezeichnet zur Unterscheidung vom Gesamttiter die Stärke eines Einzelfadens mit Einzeltiter. Zur Kennzeichnung einer Garnstärke gibt man normalerweise die Stärke des Gesamtfadens und die Anzahl der Einzelfädchen an: 120/24 bedeutet z. B. eine Kunstseide von der Stärke des Gesamtfadens von 120 Denier, die 24 Einzelfädchen enthält. Bei dieser Kunstseide ist somit die Größe des Einzeltiters 120/24 = 5 Denier.

Bei den Handelsmarken unterscheidet man normalfädige, mittelfädige, feinfädige und feinstfädige Ware. Die Einzeltiterstärken sind für

normalfädige Kunstseide	etwa 5 Denier
mittelfädige Kunstseide	,, 3—3,5 Denier
feinfädige Kunstseide	,, 2,5 Denier
feinstfädige Kunstseide	,, 1,2—1,5 Denier.

Die angegebenen Zahlen sind ungefähre Größen, eine Normung dieser Begriffe ist nicht vorgenommen worden.

Auch die Zellwolle wird mit verschiedenen Titerstärken gesponnen. Diese richten sich nach dem Spinnereigebiet, in dem die Zellwolle zu Garn verarbeitet werden soll. Sie sind im folgenden zusammengestellt:

für die Baumwollspinnerei	1,5 Denier
,, ,, Streichgarnspinnerei	3 und 3,75 Denier
,, ,, Kammgarnspinnerei	3 und 3,75 Denier
,, ,, Teppichgarnspinnerei	10, 20 und 30 Denier.

Darüber hinaus sind noch einige Spezialqualitäten im Handel, so beispielsweise für das Ausspinnen von Garnen zu sehr feinen Nummern 1 und 1,2 Denier (z. B. „Feinflox") und für die Moquettespinnerei 6 und 8 Denier.

Stapellänge. Während die Kunstseide durch die Angabe der Gesamtfadenstärke sowie die Anzahl der Einzelfädchen gekennzeichnet ist, ist für die Zellwolle außer dem Titer die Angabe der Faserlänge („Stapellänge") erforderlich. Wie verschiedene Titer, so werden auch die verschiedensten Stapellängen hergestellt, die den einzelnen Spinnereisparten angepaßt sind. Es werden folgende Stapellängen hergestellt:

für die Baumwollspinnerei	30, 34 und 38 mm
,, ,, Streichgarnspinnerei	66 und 90 mm,
,, ,, Kammgarnspinnerei	100 und 120 mm,
,, ,, Teppichgarnspinnerei	120 und 150 mm.

[1] Über die physikalischen Eigenschaften der Kunstfasern liegt eine überaus umfangreiche Literatur vor. Dieser Gegenstand hat auch schon mehrmals eine ausgezeichnete zusammenfassende Darstellung erfahren, so vor allen Dingen durch Weltzien (Physikalische und Chemische Technologie der Kunstseide) und Mark (Physik und Chemie der Zellulose). Die Beschreibung kann daher hier auf die wesentlichsten Punkte beschränkt bleiben.

Stapellänge und Titer werden entweder durch Zahlen ausgedrückt, so bedeutet z. B. 66/30 eine Zellwolle von der Stapellänge 66 mm und vom Titer 3,0 Denier oder durch Markennamen und Buchstaben.

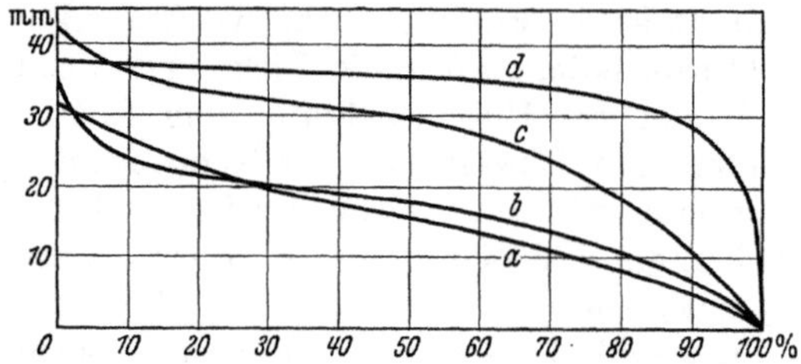

Abb. 337. Stapeldiagramme; a Brasil-Baumwolle, b Texas-Baumwolle, c Sakellaridis-Baumwolle, d Flox 38/15 [1].

Bei der Beschreibung der Zellwollenachbehandlung war schon erwähnt worden, daß Abweichungen in der Schnittlänge vorkommen können. Infolgedessen fällt der Stapel der fertigen Zellwolle etwas ungleichmäßig aus, und zwar enthält die Flocke Fasern, die nach oben und nach unten vom Nominalstapel abweichen. Ein genaues Bild über die Stapellänge gibt das Stapeldiagramm, das unter Verwendung von Spezialapparaten (s. S. 616) aufgenommen werden kann. Aus ihm geht die gewichtsmäßige Verteilung der Fasern von unterschiedlichem Stapel in der Gesamtflocke hervor. Interessant ist die Gegenüberstellung eines Zellwolldiagrammes mit einem Baumwolldiagramm. Gegenüber dem Baumwolldiagramm ist das Zellwolldiagramm viel gleichmäßiger (Abb. 337), insbesondere fehlt bei der Zellwolle der große Anteil an Kurzfasern, die beim Verspinnen von Baumwolle Abfall ergeben.

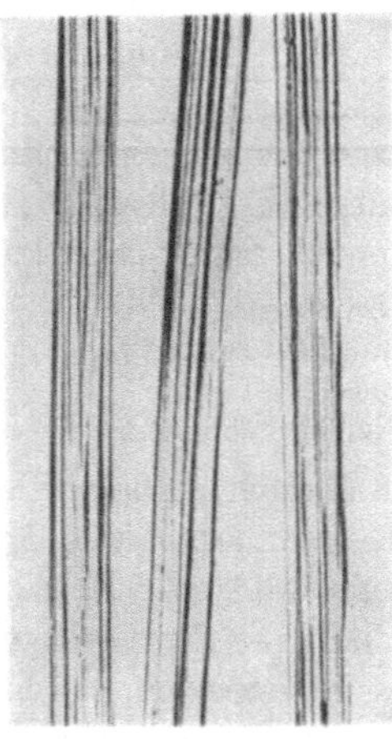

Abb. 338. Normale Kunstfaser unter dem Mikroskop.

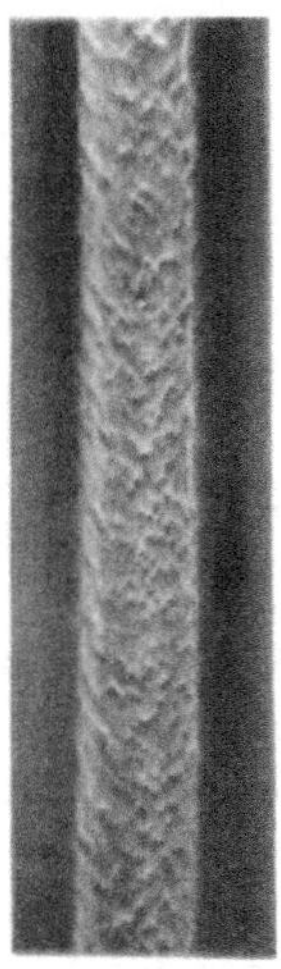

Abb. 339. Floxalanfaser unter dem Mikroskop.

Oberfläche. Bei mikroskopischer Betrachtung in der Aufsicht erkennt man bei den normalen Kunstseiden- und Zellwolltypen eine mehr oder weniger ausgeprägte Längsriefung, die auf die Faltung der Faser im Entstehungszustand zurückzuführen ist (Abb. 338). Unter starker Streckung gesponnene Fasern, wie z. B. Lilienfeld-Kunstseide („Sedura“) sowie „Lanusa“ und Schwarza-Faser sind demgegenüber nahezu strukturlos. Sie ähneln in dieser Beziehung den nach dem Kupferverfahren gesponnenen Fasern. Eine auffallende Oberflächenstruktur weisen

[1] Aus der Hauszeitschrift „Wir vom Glanzstoff“.

demgegenüber die speziellen Wolltypen bei der Zellwolle, die „Floxalan“ sowie die „Vistralan“ auf. Ihre Oberfläche zeigt eine ausgesprochene Narbung (Abb. 339), die die schuppige Oberfläche des Wollhaares nachahmen soll.

Querschnitt. Charakteristisch für die Viskosekunstfasern sind die Querschnittsformen, wofür schon S. 434 Beispiele gegeben waren. Es ist unter Umständen von Wert, die Völligkeit eines Querschnittes anzugeben, worunter nach A. HERZOG[1] das Verhältnis vom Flächeninhalt zur Querschnittsform zu verstehen ist. Der Völligkeitsgrad ist der Quotient aus dem Flächeninhalt des Faserquerschnittes und dem dem Querschnitt unbeschriebenen Kreis, dessen Durchmesser gleich der größten Faserbreite ist, ausgedrückt in Prozenten des Inhaltes des umbeschriebenen Kreises, also:

$$\frac{(^1/_2\ \text{Faserbreite})^2 \cdot \pi}{\text{Flächeninhalt}} = \frac{100}{\text{Völligkeitsgrad}}$$

oder

$$\text{Völligkeitsgrad} = \frac{400 \cdot \text{Flächeninhalt}}{\pi \cdot (\text{Faserbreite})^2} = 127{,}32 \cdot \frac{\text{Flächeninhalt}}{(\text{Faserbreite})^2}\,.$$

Da bei Kunstfasern vom spezifischen Gewicht 1,52 der Flächeninhalt gleich $\frac{\text{Titer}}{0{,}01368}$ ist, so kann man den Völligkeitsgrad auch wie folgt ausdrücken:

$$\text{Völligkeitsgrad} = \frac{127{,}32 \cdot \text{Titer}}{0{,}01368 \cdot (\text{Faserbreite})^2} = 9307 \cdot \frac{\text{Titer}}{(\text{Faserbreite})^2}\,.$$

Aus diesen Beziehungen geht hervor, daß bei gleichem Titer mit abnehmender Faserbreite der Völligkeitsgrad zunimmt, der Querschnitt nimmt mehr eine runde Form an.

Kräuselung. Die Zellwolle ist noch durch eine andere Eigenschaft charakterisiert, nämlich die Kräuselung. Während eine Kräuselung bei der Kunstseide unerwünscht ist, wird die Erzielung einer Kräuselung bei der Zellwolle angestrebt. Auch die in der Spinnerei verwendeten Naturfasern weisen eine mehr oder weniger große Kräuselung auf. Dieser Eigenschaft kommt beim Verspinnen eine nicht zu unterschätzende Bedeutung zu. Einerseits kann die Kräuselung als Dehnungs- bzw. Elastizitätsreserve angesprochen werden. Das heißt also, wird eine Spinnfaser beim Verspinnen, z. B. in den Streckwerken, übermäßig auf Dehnung beansprucht, so kann die Faser durch Geraderichten nachgeben. Der Zug kann dann nicht zu einer schädlichen Überdehnung führen. Andererseits befördert die Kräuselung das gegenseitige Verhaken der Faser, sie erhöht in erwünschter Weise somit die Haftfähigkeit der Faservliese und Bänder. Da bei den natürlich gewachsenen

[1] HERZOG: Text.Forschg. **4**, 99 (1922). — WELTZIEN: Technologie der Kunstseiden, S. 93.

Fasern die Kräuselung elastisch ist und somit noch im fertigen Garn erscheint, so bewirkt sie ferner ein größeres Volumen der gesponnenen Garne.

Die Kräuselung der Zellwolle verhält sich in mancher Beziehung anders als die der gewachsenen Faser. Zunächst muß noch darauf hingewiesen werden, daß sie, wenn man auch bei der Herstellung der Zellwolle bewußt auf das Entstehen einer kräuseligen Faser hinarbeitet, im Herstellungsgang oder bei der Nachbehandlung normalerweise nur mehr oder weniger zufällig entsteht. Sie steht normalerweise insbesondere nicht mit dem strukturellen Aufbau in Verbindung, wie dies beispielsweise bei der Wolle der Fall ist. Infolgedessen fehlt ihr auch die der Wollkräuselung innewohnende Elastizität, d. h. also, durch Streckung, besonders in feuchtem Zustand, geht die Kräuselung der Zellwolle mehr oder weniger verloren[1].

Ansätze zur Erzielung einer bleibenden Kräuselung sind bei dem S. 303 beschriebenen Artilanaverfahren gemacht. Weitere Verfahren befinden sich noch in der Ausbildung[2]. Nach BODENBENDER[3] sind die folgenden Wege zur Erzielung einer bleibenden Kräuselung vorgeschlagen worden:

Einlagerung von Natur- und Kunstharzen und nachfolgende Prägung (Artilana),

Behandlung der koagulierten Faser mit flüssigen oder dampfförmigen Mitteln, die eine Verformung der Faser herbeiführen,

intermittierende Zuführung der Viskose, Bewegung der Spinndüse, Erschüttern des Spinnbades, Anbringung von Prallflächen im Spinnbad, Fällen in schlangenförmig gewundenen Rohren usw.

Glanz. Unter den äußeren Eigenschaften muß noch der Glanz der Kunstfasern erwähnt werden. Je nach der Oberflächenbeschaffenheit zeigen sie einen mehr oder weniger ausgeprägten Glanz, der nach A. HERZOG durch die Längsriefen der Faser verstärkt wird. Nach Untersuchungen von KLUGHARDT tritt bei Lichteinfall parallel zur Faserachse fast reine Spieglung auf. Daß der Glanz durch Einlagerungen von Stoffen in die Faser mehr oder weniger stark zurückgeht, wurde schon im 13. Kapitel erwähnt.

Spezifisches Gewicht. Nach Messungen von A. HERZOG[4] liegt das spezifische Gewicht der Viskose- und Kupferfasern im Mittel bei 1,52. Je nach dem, ob man Wasser, Toluol oder ein Gas, beispielsweise Helium,

---

[1] Über die Kräuselung hat WELTZIEN: Seide **43**, 505 (1938) eingehende Studien veröffentlicht.

[2] Zellstoff-Fabrik Waldhof: DRP. 654800, 664601, 666343; Erste Österr. Glanzstoff-Fabrik St. Pölten: Österr. Pat. 153179; I. G. Farbenindustrie Aktiengesellschaft: Brit. Pat. 482280.

[3] BODENBENDER: Chemiker-Ztg. **62**, 503 (1938).

[4] HERZOG, A.: Kunstseide **8**, 397 (1926).

als Imbibitionsmittel verwendet, erhält man für das spezifische Gewicht verschiedene Werte. So fand z. B. DAVIDSON[1] für Viskosekunstseide bei Helium 1,548, bei Toluol 1,534 und bei Wasser 1,608[2]. Helium ergibt also einen höheren Wert als Toluol, da das Gas in die Faser tiefer eindringen kann. Der abweichende Wert für Wasser kann entweder durch die Adsorption an der inneren Faseroberfläche erklärt werden oder durch die Annahme, daß Wasser, unterstützt durch die dem Wasser gegenüber betätigten Anziehungskräfte, bis in das Innere der Kristallite hinein vordringt. Nach WELTZIEN hat die letztere Ansicht viel Wahrscheinlichkeit für sich, da bei Messungen des spezifischen Gewichtes verschiedener Zellulosefasern in Wasser viel geringere Differenzen gefunden werden als beispielsweise in Toluol.

Die bei verschiedenen Kunstfasern gefundenen spezifischen Gewichte sind etwas unterschiedlich. Es hängt dies mit der durch den Herstellungsgang bedingten unterschiedlichen Dichte der Faser zusammen. Obwohl hierüber in den Kunstfaserwerken wiederholt Untersuchungen durchgeführt wurden, ist das über diesen Gegenstand veröffentlichte Material recht spärlich. Lediglich ZART[3] gibt einige Werte an, die in Tabelle 103 zusammengestellt sind.

Tabelle 103. Einfluß der Spinnbedingungen auf das spezifische Gewicht. (Nach ZART.)

Faser	Spezifisches Gewicht
Viskosekunstseide, normal gesponnen . .	1,53
„ stark gestreckt . . .	1,56
Kupferkunstseide, normal gesponnen . .	1,531
„ stark gestreckt . . .	1,548

Die Tabelle zeigt, daß Streckung beim Spinnen das spezifische Gewicht, also die Dichte der Faser, erhöht.

Reißfestigkeit und Bruchdehnung. Für die Verarbeitung der Kunstfasern sowie die Gebrauchstüchtigkeit der aus ihnen hergestellten Waren sind die mechanischen Eigenschaften einer Kunstfaser von Bedeutung. Es muß hier jedoch gleich erwähnt werden, daß uns noch keine Meßmethoden zur Verfügung stehen, um die Gebrauchstüchtigkeit einer Faser eindeutig zu definieren. Man beschränkt sich im allgemeinen auf die Ermittlung der Reißfestigkeit, der Bruchdehnung sowie der Knotfestigkeit in trockenem und nassem Zustand. Vervollständigt können diese Untersuchungen durch die Aufnahme der Kraftdehnungsdiagramme werden. Durch Entlastung der Faser nach Belastung mit verschiedenen Gewichten kann man weiter zu einem Urteil über die elastischen Eigenschaften einer Faser kommen.

---

[1] DAVIDSON: Journ. Text. Inst., Manchr. 18, T 175 (1927).

[2] Diese Werte wurden von WELTZIEN aus dem spezifischen Volumen umgerechnet.

[3] ZART: In Ergebnisse der angewandten physikalischen Chemie, Bd. II, S. 316. Leipzig 1935.

Durch das Vordringen der Zellwolle hat die Durchforschung der Meßmethoden einen neuen Anstoß erhalten. Vor allen Dingen hat sich eine genauere Kenntnis der Biegungsvorgänge sowie der Elastizität quer zur Faserachse als wünschenswert erwiesen. Soweit es die bis jetzt für die Messung entwickelten Apparaturen gestatten, prüft man neben den oben angegebenen Eigenschaften auch die Biegungselastizität, die Knickbruchfestigkeit sowie die Bauschelastizität. Die letztere kommt naturgemäß nur für die Zellwolle in Betracht, ergibt aber noch unsichere Werte.

Die mechanischen Eigenschaften einer Kunstfaser werden in starkem Maße von ihrem jeweiligen Feuchtigkeitsgehalt beeinflußt. Infolge des hygroskopischen Verhaltens der Fasern bedeutet dies, daß die mechanischen Eigenschaften auch von dem Feuchtigkeitsgehalt der die Fasern umgebenden Luft abhängen. Vergleichende Messungen sind daher nur in einem Raum von konstanter relativer Luftfeuchtigkeit möglich. In welch starkem Maße die relative Luftfeuchtigkeit z. B. Festigkeit und Bruchdehnung einer Faser beeinflussen, lehrt Abb. 340. Aus ihr ist ersichtlich, daß die Reißfestigkeit mit steigender Feuchtigkeit abfällt, während die Dehnbarkeit mit steigender Feuchtigkeit zunimmt.

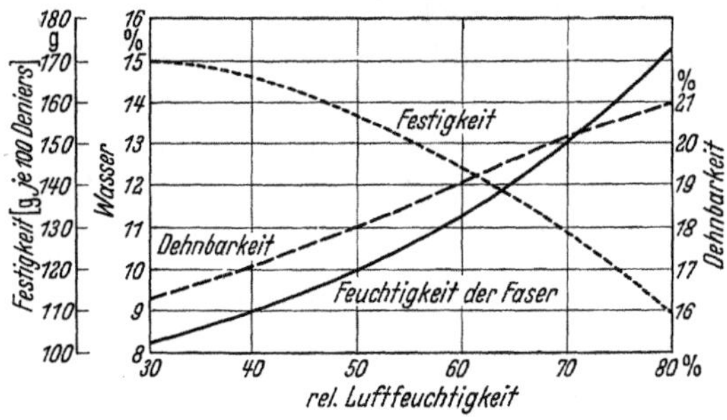

Abb. 340. Festigkeit und Dehnbarkeit einer Kunstfaser in Abhängigkeit von ihrem Feuchtigkeits- gehalt, bzw. von der relativen Luftfeuchtigkeit.

Unter der Reißfestigkeit versteht man die Belastung in Gramm, bei der eine Faser reißt. Die Verlängerung, die die Faser im Augenblick des Reißens gegenüber der Ausgangslänge angenommen hat, bezeichnet man mit Bruchdehnung. Die Reißfestigkeit wird, um vergleichbare Werte zu erhalten, auf die Querschnittsfläche bezogen, man bezieht sie bei der Kunstseide meist auf 100 Denier. Bei der Zellwolle hat es sich eingebürgert, die Reißfestigkeit als Reißlänge in Reißkilometern auszudrücken. Hierunter wird die Fadenlänge in km verstanden, deren Gewicht gleich der Zerreißbelastung ist. Zwischen Reißlänge und Reißfestigkeit besteht folgende Beziehung:

$$\text{Reißlänge in km} = \frac{\text{Reißfestigkeit in kg}}{\text{Titer}} \cdot 9000 .$$

Nach Untersuchungen von Breuer[1] weisen die Viskose-Zellwollen Reißlängen von 15,7—23,2 auf.

[1] Breuer: Kunstseide **21**, 244 (1939).

Wie weiter unten noch näher ausgeführt wird, mißt man die Reißfestigkeit einer Faser dadurch, daß man den zu messenden Faden mit steigenden Gewichten belastet. Es hat sich nun herausgestellt, daß für die Festigkeit auch die Geschwindigkeit eine Rolle spielt, unter der die Gewichtszunahme erfolgt, und zwar ist der Zusammenhang so, daß mit steigender Reißgeschwindigkeit die erhaltenen Festigkeitswerte zunehmen[1].

Reißfestigkeit und Bruchdehnung einer Kunstfaser sind von ihrer Vorgeschichte abhängig und schwanken bei den einzelnen Marken in weiten Grenzen. Für diese Eigenschaften spielen das Ausgangsmaterial und das Herstellungsverfahren eine große Rolle, das letztere insofern, als die Orientierung der Faser und ihre Packungsdichte für die erhaltenen physikalischen Eigenschaften von großer Bedeutung sind.

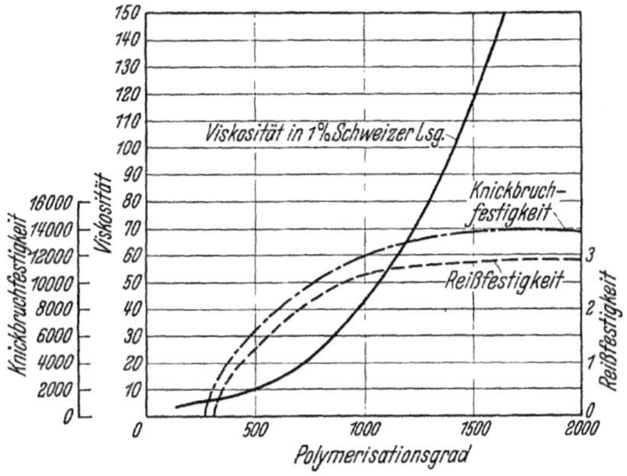

Abb. 341. Einfluß des Polymerisationsgrades auf die Reißfestigkeit und Knickbruchfestigkeit einer Kunstfaser. (Nach STAUDINGER und REINECKE.)

Den Einfluß des Polymerisationsgrades auf die Festigkeit haben STAUDINGER und REINECKE[2] studiert. Die Versuche führten zu der Erkenntnis, daß sich die Festigkeit der Faser nicht proportional mit dem Polymerisationsgrad der in ihr erhaltenen Zellulose ändert. Dies hängt damit zusammen, daß die Makromoleküle in der Kunstfaser eine verschiedenartige Lagerung besitzen. Die bei verschiedenen Polymerisationsgraden erhaltenen Festigkeitswerte sind in Abb. 341 dargestellt. Es geht daraus hervor, daß die Festigkeit bei Fasern mit einem Polymerisationsgrad von etwa 300 bis etwa 700 mit dem Polymerisationsgrad ansteigt. Die Kurve verläuft dann bei höheren Polymerisationsgraden zusehends flacher, um sich von einem Polymerisationsgrad von etwa 1200 ab nicht mehr weiter zu ändern. Für die Technik geht hieraus hervor, daß man eine Zellulose verspinnen soll, deren Polymerisationsgrad möglichst nahe an 700 liegt. Die Schwierigkeiten, die sich beim Verspinnen einer Viskose, deren Zellulose noch höhere Polymerisationsgrade aufweist, ergeben würden, braucht die Kunstfaserspinnerei demnach nicht auf sich nehmen, dies würde doch nicht zu festeren Fasern führen.

Die Erkenntnis, daß im Gebiet eines Polymerisationsgrades von etwa 200—800 die Festigkeit der Faser ansteigt, hat sich die Praxis

[1] Näheres hierüber bei BÖHRINGER: Kunstseide 14, 381 (1932).
[2] STAUDINGER u. REINECKE: Kunstseide 21, 280 (1939).

bereits zunutze gemacht: Während Kunstfasern älteren Datums einen Polymerisationsgrad von 200—250 aufwiesen, findet man heute bei den normalen Zellwollen einen Polymerisationsgrad von rund 300. An neueren Vistraproben fand STAUDINGER Polymerisationsgrade von 370, 520 und 580. Hieraus geht hervor, daß die Tendenz besteht, den Polymerisationsgrad weiter zu steigern. Bei einer Lanusa-Faser neuesten Datums wurde ein Polymerisationsgrad von 800 gemessen.

Inwieweit die Streckung beim Spinnen in der Lage ist, die Reißfestigkeit zu erhöhen, geht aus Tabelle 104 hervor. Es handelt sich um die gleiche Viskose, die einmal normal und einmal unter Streckung versponnen wurde.

Tabelle 104. Einfluß der Streckung auf die Festigkeit. (Nach GÖTZE.)

Viskose	Reißfestigkeit g/100 Den.
60/18 normal gesponnen	143
60/18 unter Streckung gesponnen	202
100/48 normal gesponnen	162
100/48 unter Streckung gesponnen	194

Da durch das Streckspinnen der Orientierungsgrad der Faser ansteigt, so ergibt sich hieraus, daß auch eine direkte Beziehung zwischen der Reißfestigkeit und dem Orientierungsgrad bestehen muß. Diese Verhältnisse wurden von SAKURADA[1] eingehend studiert.

Über den Einfluß des Einzeltiters auf die Größe der Reißfestigkeit liegen kaum für die Beurteilung ausreichende Werte vor. Nach KÄMPF[2] soll bei gleichem Herstellungsverfahren und gleichem Gesamttiter die Reißfestigkeit mit der Einzelfadenzahl ansteigen. Diese Beobachtung konnte von WELTZIEN[3] nicht bestätigt werden.

Die Bruchdehnung der Kunstfasern schwankt, wie bereits an anderer Stelle dargelegt wurde, etwa zwischen 15 und 30%.

Charakteristisch für die Kunstfasern ist der Verlauf der Kraft-Dehnungskurven, die man erhält, wenn man als Ordinate die Belastung und als Abszisse die Dehnung in Prozent der Ausgangslänge aufträgt. Die so erhaltene Kurve spiegelt am deutlichsten das plastische Verhalten der Faser wieder. Je mehr sich mit steigender Belastung die Kurve zur Abszissenachse hinkrümmt, um so größer ist die plastische Verformung der Faser. Abb. 342 zeigt einen Vergleich zwischen Ramie und Nitrozellulosefasern.

Knotfestigkeit. Unter Knotfestigkeit haben wir die Reißfestigkeit einer mit einem Knoten versehenen Kunstfaser zu verstehen. Sie liegt immer unter der normalen Reißfestigkeit und gibt ein angenähertes Bild für das Verhalten der Faser bei Biegungs- und Scheuerbeanspruchungen. Nach Messungen von SCHIEBER ist sie von dem Orientierungs-

[1] SAKURADA: Papierfabr. **1938**, S. 252. [2] KÄMPF: Kunstseide **9**, 414 (1927).
[3] WELTZIEN: Technologie, S. 117.

grad der Faser abhängig: Mit zunehmendem Orientierungsgrad nimmt die Knotfestigkeit ab.

Elastizität. Bei den elastischen Eigenschaften der Fasern haben wir die Elastizität in der Richtung der Faserachse sowie die Elastizität senkrecht zu ihr zu unterscheiden. Beide sind für die Praxis wichtig. Die Elastizität in der Richtung der Faserachse spielt vornehmlich eine Rolle bei der Verarbeitung der Kunstfasern, bei der die Faser in überwiegendem Maße in der Längsrichtung beansprucht wird. Beim Haspeln, Spulen sowie beim Verarbeiten auf dem Webstuhl ist die Faser ständig Zerrungen in der Längsrichtung ausgesetzt, und es ist für die einwandfreie Verarbeitung keineswegs gleichgültig, ob die durch die Zerrung verursachte Dehnung der Faser nach der Entlastung wieder zurückgeht oder nicht. Die Kunstfasern verhalten sich bei der Längsbeanspruchung so, daß bei kleinen Belastungen und dementsprechend kleiner Verlängerung der Faser die Dehnung praktisch reversibel ist. Diesen Bereich der Gesamtdehnung eines Fadens nennt man den „elastischen Dehnungsanteil". Bei höherer Belastung wird die Verlängerung irreversibel. Diesen Bereich nennt man „bleibende Dehnung". Den Übergang zwischen beiden Bereichen stellt die „Fließgrenze" dar.

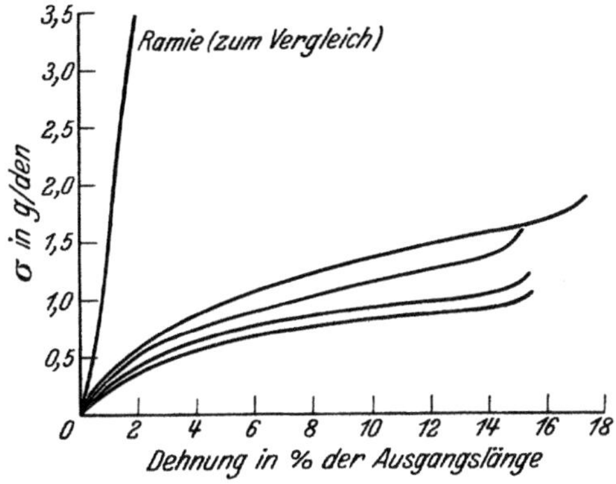

Abb. 342. Kraft-Dehnungsdiagramme von Kunstfasern und von Ramie. (Nach MARK.)

Das Gebiet des elastischen Dehnungsanteiles gehorcht dem HOOKEschen Gesetz, wonach die elastische Verlängerung den Normalspannungen proportional ist. Ebenfalls proportional mit dieser Verlängerung ist in diesem Bereich die Querschnittsverminderung, die der Faden durch die Streckung erleidet. Im Gebiete der Fließgrenze beginnt eine plastische Verformung der Faser, die nach der älteren Ansicht durch den Beginn des Gleitens der Kristallite, nach der neueren durch das allmähliche Zuziehen der Netzstruktur verursacht ist (KRATKY, HERMANS). Die Fließgrenze ist unscharf, man versteht in der Praxis darunter diejenige Spannung, bei der die bleibende Verformung Beträge zwischen 0,2 und 0,5% ausmacht[1].

Im Gegensatz zu den natürlich gewachsenen Fasern, und vornehmlich zur echten Seide und Wolle, findet man bei den Kunstfasern bei normaler

---

[1] Für exakte wissenschaftliche Messungen bedient man sich der „Elastizitätsgrenze" oder „Proportionalitätsgrenze". Sie beginnt genau in dem Moment des Aufhörens des HOOKEschen Gesetzes.

Temperatur im streng wissenschaftlichen Sinne keine wahren elastischen Eigenschaften. Auch schon im Gebiete kleinster Belastungen tritt schon bleibende Verformung ein.

Das jenseits der Fließgrenze liegende Gebiet ist dadurch gekennzeichnet, daß die Längenänderung rascher wächst als die angelegte Spannung.

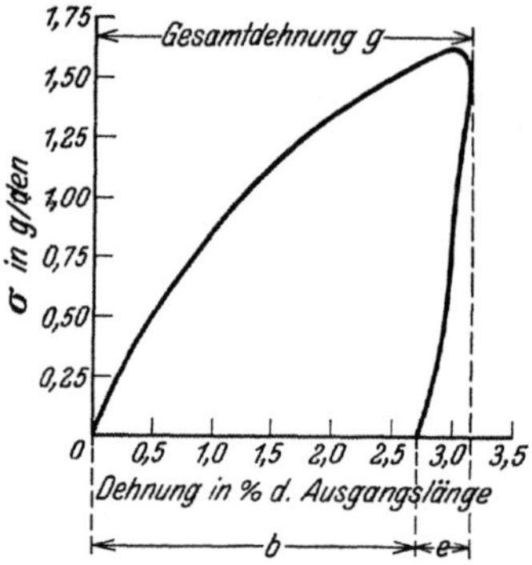

Abb. 343. Gesamtdehnung und elastischer Dehnungsanteil einer Kunstfaser; *g* Gesamtdehnung, *b* bleibende Dehnung, *e* elastischer Dehnungsanteil. (Nach MARK.)

Für die Beurteilung der technischen Eigenschaften der Faser ist die Kenntnis der Gesamtdehnung und des elastischen Dehnungsanteiles wichtig. Man kann diese Werte bestimmen, indem man an einem Reißapparat die Kraftdehnungskurve bis zu bestimmten Belastungen aufnimmt, dann die Faser entlastet und beobachtet, um welchen Betrag die Verlängerung wieder zurückgeht. Die Differenz zwischen der Gesamtdehnung und der nach Entlastung noch verbleibenden Dehnung stellt die elastische Dehnung dar. Eine solche Kurve ist z. B. in Abb. 343 für eine Belastung von annähernd 1,75 g pro 1 Denier wiedergegeben. Der Faden ist also nahezu bis zum Bruch beansprucht worden. Die Abbildung zeigt, daß der elastische Anteil der Gesamtdehnung recht klein ist.

Dieses Verhalten der Kunstfasern ist für die Verarbeitung von Nachteil und lehrt, daß schon verhältnismäßig kleine Spannungen zu bleibenden Verstreckungen führen können. Diese sind dann die latente Ursache für das Auftreten von Glanzfäden im Gewebe. Sie können nur durch sorgsamste Verarbeitung verhütet werden.

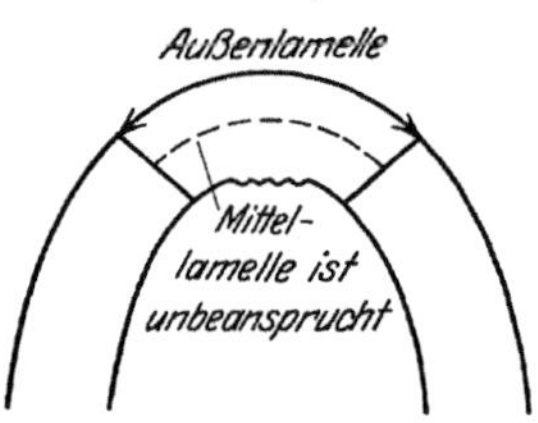

Abb. 344. Auf Biegung beanspruchte Faser. (Nach MARK.)

Das elastische Verhalten einer Faser senkrecht zu ihrer Achse ist weniger für die Verarbeitung, als für die Gebrauchstüchtigkeit der aus den Kunstfasern hergestellten Fertigwaren wichtig, die in erster Linie auf Biegung beansprucht werden. Wie aber MARK[1] bemerkt, ist die Biegebeanspruchung eigentlich auch eine Beanspruchung in der Längsrichtung der Faser. Wie Abb. 344 schematisch zeigt, erleiden bei der Biegung die äußeren Fadenschichten eine Verlängerung, während die inneren eine Stauchung erfahren. Somit ist die Biegungselastizität eng mit der Zugelastizität verknüpft. Bei Überschreiten der Elastizitätsgrenze der äußeren Schichten wird die Faser sich nach der Biegungsbeanspruchung nicht wieder gerade richten.

[1] MARK: Physik und Chemie der Cellulose, S. 86. Berlin 1932.

Die Biegungselastizität dürfte in unmittelbarem Zusammenhang mit der Bauschelastizität der Zellwolle stehen. Man versteht hierunter das Verhalten eines Zellwollbausches beim Zusammendrücken. Springt der Bausch nach Aufhören des Druckes wieder auseinander, so spricht man von hoher Bauschelastizität. Hohe Bauschelastizität ist die Vorbedingung für eine offene, voluminöse Flocke, und diese wieder für ein einwandfreies Verspinnen. Beobachtungen von GÖTZE deuten darauf hin, daß die Bauschelastizität durch die Art der Avivage beeinflußt werden kann. Versuche, diese Zusammenhänge aufzuklären, sind noch im Fluß.

Quellung. Von OBERMILLER[1] sind genaue Messungen über die Wasserdampfsorption von Kunstfasern im Vergleich zu natürlichen Fasern gemacht worden. Die Ergebnisse sind in Abb. 345 dargestellt. Es geht daraus hervor, daß die Wasserdampfaufnahme der Kunstfasern wesentlich höher liegt als die der Baumwolle. Dies ist auf Grund des Faserfeinbaues nicht verwunderlich. Die direkte Abhängigkeit der Dampfabsorption von der Größe der inneren Oberfläche der Faser zeigt sich nach VALKÓ deutlich, wenn man den Wassergehalt der Faser als Bruchteil ihres maximalen Wassergehaltes bei relativer Luftfeuchtigkeit = 1 ausdrückt. Dann fallen die berechneten Isothermen der Fasern nahezu zusammen. Die Fasern verhalten sich also so, als wenn sie voneinander nur in bezug auf die innere Oberfläche, nicht jedoch in bezug auf die Sorptionskräfte verschieden wären. Entsprechend dem etwas unterschiedlichen Feinbau der verschiedenen Viskoseerzeugnisse weichen auch die Absorptionsisothermen der verschiedenen Kunstseiden- und Zellwollmarken etwas voneinander ab. Fasern mit größerer Packungsdichte — sei sie durch Streckung beim Spinnen, sei sie durch Verspinnen einer hochgereiften Viskose erhalten — liegen in bezug auf die Dampfabsorption etwas niedriger als Fasern mit geringerer Packungsdichte. In einer Atmosphäre von 65% relativer Luftfeuchtigkeit nehmen die Viskosefasern je nach ihrer Herstellung 12—14% Wasser auf.

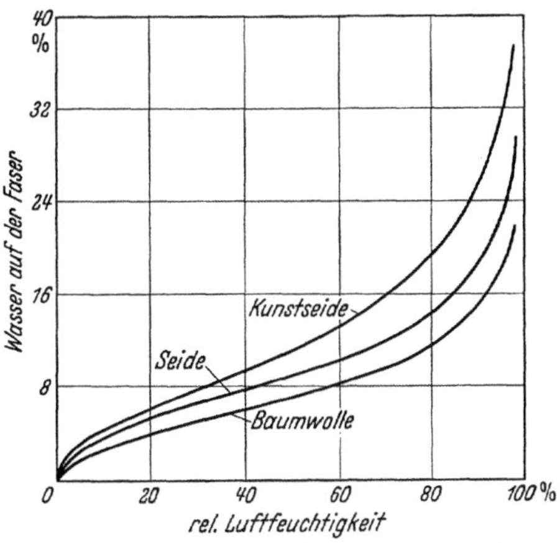

Abb. 345. Feuchtigkeitsaufnahme von Seide, Baumwolle und Kunstseide in Abhängigkeit von der relativen Luftfeuchtigkeit. (Nach OBERMILLER.)

Entsprechend ändert sich auch die Querschnittszunahme der Fasern beim Netzen. LAWRIE[2] fand die in Tabelle 105 zusammengestellten Werte.

[1] OBERMILLER: Z. angew. Chem. **39**, 46 (1926).
[2] LAWRIE: Journ. Soc. Dyers Col. **44**, 73 (1928).

Tabelle 105. Querschnittszunahme der Kunstfasern beim Netzen. (Nach LAWRIE.)

Kunstfaser	Querschnitts-zunahme in %	Kunstfaser	Querschnitts-zunahme in %
Viskosekunstseide . .	35	Bemberg (Kupfer) .	41
Vistra	52	Celanese (Azetat) . .	9
Celta	25	Rhodiaseta (Azetat) .	14
Tubize (Nitro)	30	Courtaulds (Azetat) .	11
Brysilka (Kupfer) . .	53	Triazetatfaser	2

Aus der Tabelle geht zunächst hervor, daß die Zelluloseazetatfasern entsprechend ihres geringen Wasseraufnahmevermögens nur eine untergeordnete Querschnittszunahme zeigen. Dagegen ist die Querschnittszunahme bei den Viskosefasern ganz beträchtlich. Auch die Unterschiede zwischen den einzelnen Viskosemarken sind sehr beachtlich.

Charakteristisch sind auch die Längenzunahmen der Kunstfasern beim Netzen. Derartige Messungen wurden zuerst von OPPÉ und GÖTZE[1] durchgeführt. Weitere Ergebnisse wurden von A. HERZOG[2] gebracht. Auch die Längenänderung schwankt stark je nach der Herstellung. Diesbezügliche Zahlen waren schon in Tabelle 51 enthalten. WELTZIEN[3] fand, daß die Längenänderung vom Einzeltiter unabhängig ist. Bei Viskosekunstseiden aus der gleichen Viskose mit gleichem Gesamttiter, aber verschiedenen Einzeltiterstärken, wurden die in Tabelle 106 wiedergegebenen Werte gefunden.

Tabelle 106. Längenänderung bei verschiedenem Einzeltiter. (Nach WELTZIEN.)

	Gesamttiter	Zahl der Einzelfädchen	Einzeltiter Denier	Längung in %
Viskosekunstseide	150	14	10,7	5,42
	150	24	6,25	5,14
	150	50	3,00	5,42

Für die Verarbeitung der Kunstseide ist wichtig, daß diese Längenänderung vollkommen umkehrbar ist, sofern die Faser vor dem Netzen keiner mechanischen Beanspruchung unterworfen war. Wird die Kunstseide nämlich durch Spannung vorgedehnt, so wird die Längung beim Netzen mit zunehmender Vordehnung immer geringer, bei großer Vordehnung tritt sogar eine Verkürzung der Faser ein[4]. Wie WELTZIEN fand, ist die Umkehrbarkeit bei den vorgedehnten Fäden nicht mehr gegeben, vielmehr ziehen sich die Fäden über den Ausgangspunkt zusammen, sie verkürzen sich also. Dieses Verhalten der Fäden wird durch Abb. 346 veranschaulicht. Weiter ist noch bemerkenswert, daß

[1] OPPÉ u. GÖTZE: Melliand Textilber. 6, 850 (1925).

[2] HERZOG, A.: Die mikroskopische Untersuchung der Seide und Kunstseide. Berlin 1924.

[3] WELTZIEN: Technologie, S. 135. [4] WELTZIEN: Technologie, S. 136.

die vorgedehnten, genetzten und getrockneten Fäden bei erneuter Quellung und Trocknung wieder auf den Punkt zurückgehen, den sie vor der zweiten Netzung eingenommen haben. Auch dies geht aus der Abb. 346 hervor. Durch die Vordehnung haben die Fasern demnach einen vollkommen anderen Zustand angenommen.

Für die Praxis besagen diese Befunde, daß ein beim Winden oder Spulen bleibend vorgedehnter Faden durch die Ausrüstung in der fertigen Ware Spannfäden ergibt.

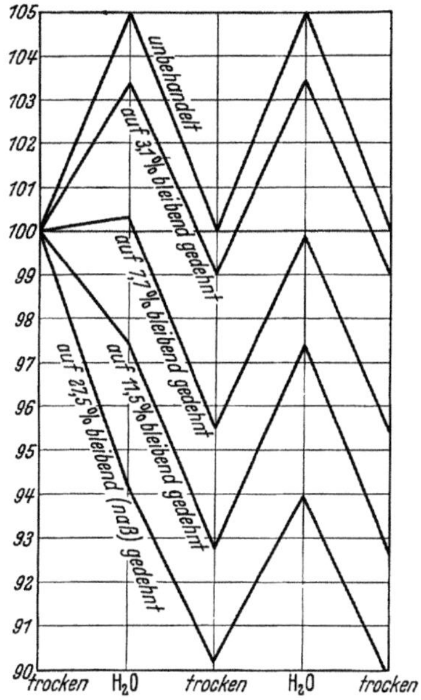

Abb. 346. Längenänderung von Viskosekunstseide als solche und nach Vordehnung. (Nach WELTZIEN.)

Die durch die Vordehnung erhaltene Strukturveränderung kann nach Untersuchungen von FAUST und LITTMANN[1] durch Behandeln der Faser mit 4%iger Natronlauge wieder vollkommen beseitigt werden. Abb. 347 zeigt die Längenänderungen von drei Fasern, die zwischen dem Übergang naß → trocken in Natronlauge und Wasser getaucht worden waren. Die Fäden waren mit 50 und 100 g Belastung vorgedehnt worden. Sie zeigen bei erneuter Behandlung mit Wasser und Natronlauge wieder das Verhalten des nicht vorgedehnt gewesenen Fadens. Dieser Befund besagt nach WELTZIEN[2], daß es sich bei den Längenänderungen, die bei den

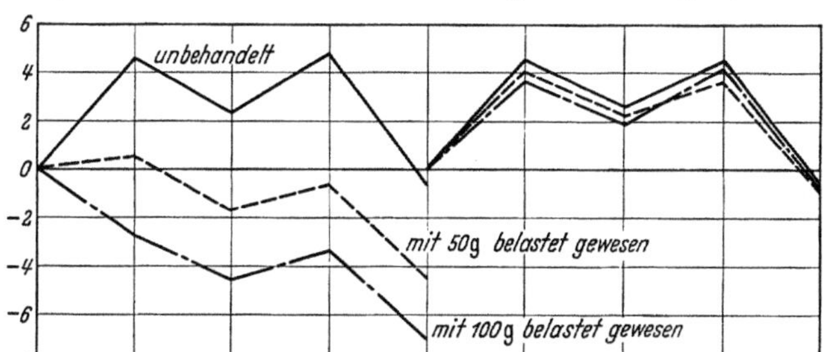

Abb. 347. Längenänderung von Viskosekunstseide als solche und nach Vordehnung nach Behandlung mit Natronlauge. (Nach FAUST und LITTMANN.)

verschiedenen Viskosekunstfasern erhalten werden, um den Ausgleich innerer, dem Faden beim Herstellungsgang erteilter Spannungen handelt.

[1] FAUST u. LITTMANN: Cellulose-Chem. 7, 166 (1926).
[2] WELTZIEN: Technologie, S. 150.

Löslichkeit. Entsprechend dem verschieden hohen Gehalt an Kettenmolekülen niedrigen Polymerisationsgrades sowie anderer innerer Eigenschaften zeigen die Kunstfasern in Alkalilaugen eine mehr oder weniger große Löslichkeit. WELTZIEN[1] fand, daß durch Laugen bis zu einer Konzentration von 20 Vol.-% die Faser durch die Laugeneinwirkung nicht verändert wird, d. h. die durch Laugen unterhalb dieser Konzentration aus der Faser herausgelösten Anteile waren tatsächlich vorher in ihr enthalten, und es findet durch die Einwirkuug der Löselauge kein weiterer Abbau statt. Infolge der in bezug auf den Polymerisationsgrad der Zellulose bei den Kunstfasern vorliegenden Heterogenität zeigt die Löslichkeit bei den einzelnen Fasern starke Schwankungen, wie aus Tabelle 107 hervorgeht.

Tabelle 107. Löslichkeit von Viskosekunstseiden in Natronlauge. (Nach WELTZIEN.)

	Lösliche Anteile (% des trockenen Ausgangsmaterials) in Natronlauge von						
	4%	6%	8%	9%	10%	11%	12%
Viskosekunstseide W .	1,7	4,1	16,7	22,7	39,7	25,5	20,3
„ C .	1,7	6,3	24,6	36,5	40,9	31,9	24,6
„ E .	1,8	3,7	17,2	43,3	50,1	29,5	26,4
„ G .	3,1	4,0	15,1	35,0	43,1	29,7	25,9

Zwischen den einzelnen Fasern bestehen also hinsichtlich der Alkalilöslichkeit erhebliche Unterschiede. Daß ein ausgeprägtes Löslichkeitsmaximum bei einer Natronlaugenkonzentration von 10% vorliegt, wurde schon früher erwähnt.

Färberische Eigenschaften. Kunstfasern aus Hydratzellulose färben sich mit substantiven, Entwicklungsfarbstoffen, Naphthol-AS-Farbstoffen, basischen Farbstoffen, Schwefelfarbstoffen und Küpenfarbstoffen an, und zwar ist das Farbstoffaufnahmevermögen wesentlich größer als das der natürlichen Zellulosefasern.

Vom wissenschaftlichen Standpunkt aus ist besonders das Anfärben mit substantiven Farbstoffen von Interesse. Dieses Gebiet ist daher auch am eingehendsten durchforscht worden[2]. Beim Einbringen einer Faser in eine Farbstofflösung findet eine Anreicherung des Farbstoffes an bzw. in der Faser statt, wobei sich hinsichtlich der Verteilung des Farbstoffes ein Gleichgewicht einstellt. Die An- bzw. Einlagerung des Farbstoffes an bzw. in der Faser ist auf die Betätigung molekularer Anziehungskräfte zwischen Faser und Farbstoff zurückzuführen.

Die Größe der Farbstoffaufnahme ist von einer Reihe von Faktoren abhängig. Zunächst ist die Farbstoffkonzentration in der Flotte von

[1] WELTZIEN: Technologie, S. 141.

[2] Vgl. die ausgezeichnete Zusammenfassung in VALKÓ: Kolloidchemische Grundlagen der Textilveredelung, S. 389.

Bedeutung. Bei sehr großer Verdünnung erfolgt die Farbstoffaufnahme praktisch quantitativ. Mit wachsender Konzentration nimmt die absolute Menge des aufgenommenen Farbstoffes zu. Der absorbierte Bruchteil der anwesenden Farbstoffmoleküle nimmt mit steigender Konzentration dagegen ab.

Die Farbstoffaufnahme ist weiter vom Elektrolytgehalt der Farbflotte abhängig. Mit steigendem Salzgehalt der Lösung nimmt die Farbstoffaufnahme zu, und zwar erst stärker, bei höheren Salzkonzentrationen schwächer. Mit höherer Wertigkeit der Kationen nimmt die Wirkung der Salze zu. Beim Färben bei niedrigeren Temperaturen kann es vorkommen, daß hinsichtlich der Farbstoffaufnahme ein Maximum mit steigender Salzkonzentration auftritt. Hier dürfte es sich nach VALKÓ um Flockungserscheinungen handeln.

Auch die Temperatur ist auf die Farbstoffaufnahme von Einfluß. Die im Gleichgewicht absorbierte Farbstoffmenge nimmt mit steigender Temperatur ab. Die Unterschiede sind bei hohen Salzgehalten der Flotte größer als bei kleinen Salzgehalten.

Nach WELTZIEN sind die Färbevorgänge reversibel. Durch ausreichende Behandlung substantiv gefärbter Fasern mit Leitfähigkeitswasser ist der Farbstoff wieder vollkommen von der Faser abzuziehen.

Ein einheitlicher Einfluß des Einzeltiters auf das Anfärbevermögen konnte nicht nachgewiesen werden. Kunstseiden aus der gleichen Viskose mit verschiedenen Einzeltitern zeigten mit zunehmender Faserfeinheit manchmal größere, manchmal geringere Farbstoffaufnahme.

Vom spinntechnischen Standpunkt aus ist von Bedeutung, daß die Farbstoffaufnahme mit steigender Streckung abnimmt. Da insbesondere Spinnkuchen am Spinnanfang einer stärkeren Streckung unterworfen sind als am Spinnende, so färben sich Zentrifugengespinste am Spinnanfang heller an als am Spinnende. Beim Walzenverfahren ist dieses Verhalten umgekehrt. Beim Spulenspinnverfahren werden diese Differenzen, wie schon erwähnt war, durch Konoidieren so gut es geht kompensiert.

Da beim Herstellungsgang der Kunstseide viele Möglichkeiten einer ungleichmäßigen Streckung bestehen, so färbt sich die Kunstseide leicht etwas ungleichmäßig an. In dieser Beziehung verhalten sich aber die einzelnen Farbstoffe ganz verschieden, es gibt Farbstoffe, die leicht unegal aufziehen und solche, die leicht egal aufziehen. Trotz sehr eingehender Untersuchungen konnte diese Erscheinung restlos noch nicht aufgeklärt werden.

Durch Behandlung mit Natronlauge von beispielsweise 4% wird das Farbstoffaufnahmevermögen der Faser erheblich gesteigert, bemerkenswerterweise gleichen sich hierdurch färberische Unterschiede nahezu aus.

Die durch die angewandten Spinnbedingungen entstehenden unterschiedlichen Querschnittsformen lassen auch einen Einfluß der Querschnittsform auf das Anfärbevermögen erwarten. Im allgemeinen kann bei Viskosefasern gesagt werden, daß glattere und rundere Querschnittsformen mit einem geringeren Aufziehvermögen für substantive Farbstoffe verbunden sind. Dies ist verständlich, da die glatteren Querschnittsformen durch die Streckung beim Spinnen entstehen. Eine Ausnahme macht die Lanusa- und Schwarzafaser. Trotz der bei dieser vorliegenden glatten Querschnittsformen ist das Farbstoffaufnahmevermögen wesentlich größer als bei normalen Viskosefasern.

25. Kapitel.

Untersuchung der Kunstfasern.

Die die Spinnwerke verlassenden Kunstfasern werden einer genauen Prüfung unterzogen. Man kann die Art der auszuführenden Prüfungen in zwei Gruppen unterteilen, nämlich in solche, die nur oder in erster Linie für die Betriebskontrolle des Werkes von Wichtigkeit sind, und solche, die auch für den Verarbeiter Bedeutung haben. Eine scharfe Trennung zwischen beiden kann jedoch nicht eingehalten werden, da alle für das Werk selbst wichtigen Untersuchungen auch mittelbar den Verarbeiter interessieren.

Aus der Beschreibung des Herstellungsganges ging hervor, daß im Betriebe eine Unzahl von Möglichkeiten für die Entstehung eines ungleichmäßigen Materials besteht. Die das Werk verlassende Kunstseide muß daher insbesondere auf ihre Gleichmäßigkeit geprüft werden. Daß daneben eine Nachprüfung des Titers, der Drehung sowie der Einzelfadenzahl oder bei der Zellwolle eine Nachprüfung des Titers und der Stapellänge erforderlich ist, ist ebenso selbstverständlich wie die Prüfung auf Reißfestigkeit und Dehnbarkeit.

Auf alle Prüfungsmöglichkeiten kann hier nicht eingegangen werden, ebenso nicht auf die Auswertung der bei den vielseitigen Prüfungsmöglichkeiten erhaltbaren Ergebnisse. In dieser Hinsicht sei auf die einschlägige Literatur verwiesen. An dieser Stelle sollen nur kurz die Methoden beschrieben werden, die normalerweise im Textillaboratorium eines Kunstseiden- und Zellwollwerkes angewandt werden.

Es sei noch vorausgeschickt, daß alle Messungen physikalisch-technischer Natur an Fasern ausgeführt werden, die ausreichend lange (48 Stunden) bei einer relativen Luftfeuchtigkeit von 65% ausgelegen haben. Auch die Prüfungen selbst müssen in einer Atmosphäre von 65% relativer Luftfeuchtigkeit ausgeführt werden.

Prüfung auf Gleichmäßigkeit der Anfärbung. Von besonderer Bedeutung ist bei der Kunstseide die Prüfung auf färberische Gleichmäßigkeit.

Man entnimmt daher der Produktion in einem regelmäßigen Turnus ganze Walzen-, Spulen- oder Zentrifugengespinste und stellt hieraus ein Warenstück her, das man dann ausfärbt. Am einfachsten und daher zweckmäßigsten ist die Herstellung eines Stückes sog. Rundstuhlware. Einerseits fallen hierzu Umspulprozesse fort, da man dem Rundstuhl die Spinnkuchen oder Zwirnspulen unmittelbar vorlegen kann und andererseits ist diese Maschine einfach zu bedienen. Das Stück wird dann auf einer Haspelkufe gefärbt. Man kann die Ausfärbung nach zwei Gesichtspunkten hin vornehmen, nämlich entweder mit einem besonders leicht unegal aufziehenden Farbstoff oder mit einem Farbstoff oder Farbstoffgemisch, das die Praxis als ausreichend gleichmäßig aufziehend erkannt hat. Für die Betriebskontrolle genügt im allgemeinen das Färben mit einem Farbstoff der letzteren Kategorie. Will man die Ausfärbung zur Aufklärung von Betriebsfehlern vornehmen, so wendet man zweckmäßig einen unegal ziehenden Farbstoff an.

Die Färbung muß nach sorgfältigem Vorwaschen des Stückes vorgenommen werden, damit keine Trugschlüsse möglich sind.

Die Beurteilung des Farbausfalles erstreckt sich auf die Bewertung der Farbtonunterschiede zwischen Spinnanfang und Spinnende sowie auf das allgemeine Bild, d. h. ob beim Färben etwa Streifen oder Ringel in der Ware entstehen.

Vielfach treten färberische Ungleichmäßigkeiten periodisch auf. Diese Schwankungen hängen stets mit dem Umfang des Fadenaufnahmeorgans oder der Bewegung des Changierfadenführers an der Spinnmaschine zusammen. Da diese Schwankungen an einem Rundstuhlstück aber meist nicht zu erkennen sind, so muß man sie auf andere Weise kenntlich machen. Dies kann entweder durch die sog. Stabwickelmethode oder durch Verstricken der Kunstseide geschehen.

Bei der Stabwickelmethode geht man von gefärbten Strängen aus. Der Faden wird durch eine besondere Wickelvorrichtung parallel auf einen runden Stab von bekanntem Umfang gewickelt. Färberische Ungleichmäßigkeiten geben sich dann leicht durch dunklere oder hellere Ringe auf dem bewickelten Stab zu erkennen. Durch Abmessen des Abstandes dieser Ringe kann man, da der Stabumfang bekannt ist, die Periode berechnen, woraus Rückschlüsse auf den in Frage kommenden Fehler beim Herstellungsgang der Kunstseide gezogen werden können.

Die Strickmethode[1], die vielseitige Feststellungen ermöglicht, beruht darauf, daß man den Faden, der wieder dem Spulen- oder Zentrifugengespinst unmittelbar entnommen werden kann, auf einem sog. Standardautomaten zu einem Schlauch verstrickt und die erforderlichen Prüfungen an diesem Schlauch vornimmt. Für den Standardautomaten hält man drei Nadelkränze verschiedener Teilung vorrätig,

[1] Vgl. hierzu ULRICH: Kunstseide **15**, 210 (1933).

die je nach dem zu prüfenden Titer ausgewechselt werden müssen. Unter Teilung versteht man die Anzahl Nadeln pro englisch Zoll (25,4 mm).

Für die verschiedenen Titer sind folgende Teilungen erforderlich:

für Titer unter 150 Denier	30er Teilung
für Titer von 150—180 Denier	26er Teilung
für Titer von 300 Denier und darüber	18er Teilung.

Bei der 18er Teilung muß allerdings auch das Schloß der Maschine ausgewechselt werden.

Die Prüfung der Farbabweichungen zwischen Gespinstaußen- und Innenteil nimmt man so vor, daß man Teile vom Spinnanfang und -ende gegeneinanderstrickt. Zweckmäßig spult man Anfangs- und Endteile der zu prüfenden Gespinste vorher auf je eine Bobine und läßt abwechselnd von der einen und von der anderen Bobine bestimmte Fadenlängen, die man durch Einknüpfen eines echt gefärbten Stückchens Kunstseidenfaden voneinander abtrennt, auf eine Flaschenspule umlaufen. Diese legt man dann der Strickmaschine vor. Die Strickschläuche werden dann mit Brillantbenzoblau 6B oder einem entsprechenden Farbstoff[1] unter genauer Einhaltung folgender Bedingungen ausgefärbt:

1% Farbstoff vom Gewicht der Ware,
Färbedauer $^1/_2$ Stunde,
Färbetemperatur 60° C,
Flottenverhältnis 1:30,
20% Glaubersalz vom Gewicht der Ware.

Das Salz wird in drei gleichen Portionen zugegeben, und zwar $^1/_3$ am Anfang, $^1/_3$ nach 10 Minuten und das letzte Drittel nach 20 Minuten.

Nach der Färbung wird in warmem, destilliertem Wasser gespült und getrocknet.

Alsdann werden die Anfärbungsdifferenzen beurteilt. Durch Vergleich mit Standardmustern kann man die Größe der Differenzen wertmäßig ausdrücken.

Eine recht brauchbare Methode zur wertmäßigen Festlegung der Anfärbungsdifferenzen besteht in ihrer photometrischen Ermittlung. Zu diesem Zwecke legt man die Schläuche ausgebreitet auf ein schwarzes, mattes Papier und setzt auf die zu messenden Stellen eine ringförmige Photozelle, in deren Mitte eine kleine elektrische Glühbirne eingebaut ist. Die durch die Rückstrahlung in der Photozelle entstehende Spannung wird auf einem Galvanometer abgelesen und dient als Wertmesser für den Grad der Anfärbung. Da die Leuchtkraft der kleinen Schwachstrombirnen außerordentlich schnell nachläßt, und man somit bei zeitlich auseinander liegenden Messungen nicht mehr zu vergleichbaren Werten kommt, darf man an die Birne nicht die vorgeschriebene Nominal-

[1] Diaminreinblau FF, Chikagoblau 6B, Siriusblau BRR, Brillantkongoblau BFL.

spannung anlegen, sondern muß erheblich darunter bleiben. Bei dieser Arbeitsweise behalten die Birnen lange Zeit die gleiche Leuchtstärke bei.

Außer mit dem unegal ziehenden Brillantbenzoblau 6B kann man die Strickschläuche auch mit einem ausreichend egalisierenden Farbstoff, beispielsweise Diaminbraun, anfärben, und zwar unter folgenden Bedingungen:

1—1,5% Farbstoff vom Gewicht der Ware,
Färbedauer 20—25 Minuten,
Färbetemperatur bei 35—40° C beginnend, allmählich steigern auf 80° C,
10% Glaubersalz vom Gewicht der Ware.

Unter Umständen kann man auch mit einem Schwefelfarbstoff ausfärben, z. B. mit Schwefelbraun A konz.

Will man nach der Strickmethode periodische Anfärbungsunterschiede ermitteln, so muß man die Strickmaschine auf annähernd die Periode einstellen, bei der die Farbabweichungen, die dann als Farbringel in die Erscheinung treten, zu erwarten sind. Man bezeichnet die Fadenlänge zwischen der periodischen Wiederkehr bestimmter Abweichungen in der Praxis mit „Stricktour". Die Stricktour ist die Länge eines bei einmaligem Nadelumgang der Maschine eingestrickten Fadens. Die Stricktour wird auf Hub und Abzug der Spinnmaschine, auf der der zu untersuchende Faden hergestellt war, eingestellt. Hat z. B. eine Zentrifugenspinnmaschine 40 Einfachhübe bei 60 m Abzug, so wird die Stricktour auf $\frac{60}{40 \cdot 2} = 0{,}75$ m eingestellt. Da $\pm 10\%$ Toleranz zulässig sind, so stellt man die Stricktour praktisch auf 66—83 cm ein.

Etwas anders muß man bei Spulenspinnmaschinen einstellen, die, wie dies normalerweise der Fall ist, mit Hubminderung arbeiten. Ist bei einer Abzugsgeschwindigkeit von 60 m die Hubzahl anfangs 45 m und am Spinnende 40, so wäre die Stricktour am Anfang auf

$$\frac{60}{45 \cdot 2} = 0{,}67\,\text{m}$$

und am Ende auf

$$\frac{60}{40 \cdot 2} = 0{,}75\,\text{m}$$

einzustellen. Man nimmt hieraus dann das Mittel und stellt die Stricktour auf 71 cm ein.

Die Einstellung der richtigen Stricktour erfolgt empirisch: Bei einer beliebigen Einstellung stellt man etwa 10 cm Schlauch her. Alsdann macht man auf das Gewirk einen senkrechten Strich, riffelt das Gewirk aus und mißt den Abstand zwischen zwei benachbarten Strichstellen. Dann wird die Maschenweite an einer an der Maschine befindlichen Stellschraube je nach Erfordernis weiter oder enger gestellt.

Nach richtiger Einstellung der Strickmaschine wird der zu prüfende Faden verstrickt und wie oben angegeben mit Brillantbenzoblau 6 B angefärbt. Diese Methode hat sich als außerordentlich geeignet zur Feststellung periodischer Farbabweichungen erwiesen.

Daß man bei dieser Methode Farbabweichungen besonders leicht erkennen kann, beruht darauf, daß sich die kurzen Farbabweichungen addieren, da sie durch die Strickmaschine immer wieder an annähernd die gleiche Stelle gelegt werden. Es entstehen im Schlauch auf diese Weise spiralige Ringel.

Die Prüfung braucht keineswegs auf den Changiermechanismus beschränkt bleiben. Auch auf andere Perioden, die im Herstellungsgang der Kunstseide vorkommen, wie beispielsweise Spulenumfang u. dgl. kann die Stricktour eingestellt werden. Dies ist besonders für die folgenden Prüfungen von Wichtigkeit.

Prüfung auf metallische Verunreinigungen. Die Strickmethode eignet sich auch hervorragend zur Kenntlichmachung periodisch wiederkehrender Verunreinigungen, die durch Salzauflagerungen oder -anreicherungen auf der Faser entstanden sind. Man stellt die Maschine auf die gewünschte Stricktour ein und färbt den Schlauch mit Alizarin an. In einem Soxhletapparat stellt man eine gesättigte, alkoholische Alizarinlösung her. Man erhitzt in einem 2 Liter fassenden Färbebecher destilliertes Wasser zum Kochen und gibt so viel Alizarinlösung zu, bis eine trübe, gelbe Lösung entsteht. Dann geht man mit dem nassen Strickschlauch ein, zieht $^1/_4$ Stunde um und spült in kochendem destilliertem Wasser so lange, bis das Waschwasser farblos ist. Die Verunreinigungen geben sich dabei durch die charakteristischen Färbungen der Alizarinfarblacke zu erkennen.

Prüfung auf Fettrückstände. Auch diese Prüfung wird an Strickschläuchen vorgenommen. Als Reagens dient eine gesättigte methylalkoholische Lösung von Sudanrot 7 B. 30 ccm dieser Lösung gibt man in 1 Liter destilliertes Wasser, dann fügt man 30 ccm Salzsäure vom spezifischen Gewicht 1,19 zu. In dieser Lösung wird der Schlauch umgezogen. Fetthaltige Körper ergeben hierbei Rotfärbung.

Prüfung auf Oxy- und Hydrozellulose. Der Strickschlauch wird bei einem Flottenverhältnis von 1:20 10 Minuten bei 80° C in GÖTZEschem Silberreagens (s. S. 150) umgezogen und mit kaltem destilliertem Wasser gespült. Alsdann behandelt man den Schlauch mit einer Lösung von 124 g Natriumthiosulfat (kristallisiert) im Liter während 15 Minuten. Hierauf wird 3mal mit destilliertem Wasser kalt gespült und bei 50° C getrocknet. Bei Anwesenheit von oxydierter oder hydrolysierter Zellulose zeigen sich braune Stellen.

Die Reaktion ist hier insofern nicht eindeutig, als die Braunfärbung auch auf Silbersulfid beruhen kann. Daher ist eine Prüfung auf Schwefel zusätzlich erforderlich.

Prüfung auf Schwefel. Ein Teil des mit Silberreagens behandelten Schlauches wird mit kalter 2 n-Salpetersäure behandelt. Dann wird mit destilliertem Wasser ausgewaschen. Hierauf legt man den Schlauch in alkalische Bleilösung, die wie folgt bereitet wird: In 2 n-Natronlauge gibt man so viel Bleiazetatlösung, bis sich der entstehende weiße Niederschlag wieder löst. Die erhaltene Lösung wird auf das Vierfache mit destilliertem Wasser verdünnt.

Diese Bleisalzlösung wird mit dem Strickschlauch zum Sieden gebracht. Anwesenheit von Schwefel gibt sich durch grau-schwarze Färbung zu erkennen.

Da sich hierbei auch andere Sulfide bilden können, so ist ein Vergleich dieses Schlauches mit einem Alizarinschlauch nötig.

Prüfung des Titers. Mit einer besonders gebauten Apparatur werden 9 cm Faden abgeschnitten und auf einer Torsionswage gewogen.

Bei Zellwolle[1] wird aus einem parallel geordneten Faserbündel, das unter leichter Geradestreckung an beiden Enden eingespannt ist, eine bestimmte Länge herausgeschnitten. Alsdann wird die Anzahl der Fasern gezählt. Der Faserbausch wird dann auf einer Torsionswage gewogen. Ist die Anzahl der Fasern z, die Schnittlänge l und das Gewicht g, so berechnet sich die metrische Nummer nach der Formel

$$N_m = \frac{z \cdot l}{g}.$$

Will man die Dicke des Fadens als Titer angeben, so rechnet man nach folgender Formel:

$$\text{Titer} = \frac{g}{z \cdot l} \cdot 9000.$$

Von großem Wert für die Prüfung des Changiermechanismus der Spinnmaschinen für Kunstseide ist die Untersuchung der Gleichmäßigkeit des Titers bzw. der periodischen Abweichungen des Titers. Man kann diese auf einfache Weise durch Auswägen oder unter Verwendung eines Spezialapparates prüfen.

Die erste Methode besteht darin, daß man den zu untersuchenden Faden durch eine geeignete Wickelvorrichtung parallel auf eine Walze wickelt, deren Umfang genau 9 cm beträgt. Die Walze besitzt an beiden Enden auf ihrem Umfang aufgesetzt zwei Schrauben, mit denen man ein flaches Stahllineal über der Wicklung befestigen kann. Das Lineal klemmt den Faden auf der Walze fest. Mit einer scharfen Rasierklinge schneidet man nun den Wickel am Lineal entlang auf, wodurch der ganze Faden durch einen einzigen Schnitt in 9 cm lange Abschnitte aufgeteilt wird. Die Fadenabschnitte werden nun mit einer Pinzette der Reihe nach unter dem Lineal herausgezogen und auf einer Torsionswage gewogen. Die erhaltenen Titerwerte werden notiert und können graphisch aufgezeichnet werden. Perioden geben sich hierbei deutlich zu erkennen.

---

[1] Nach DIN, DVM 3801; die Normblätter sind durch den Beuth-Verlag, Berlin SW 19, erhältlich.

Für die Bestimmung der Titergleichmäßigkeit wurde von VIVIANI ein äußerst sinnreicher Apparat konstruiert, der eine Titermessung am laufenden Faden gestattet. Die Wirkungsweise des Apparates ist die folgende: Der zu prüfende Faden wird auf eine Spule gewickelt, die auf eine sich leicht drehende Spindel gesteckt wird. Der Faden wird von der Spule durch ein Glasrohr gezogen, das unten in eine feine Kapillare übergeht. Dieses Rohr steht in einem Glaszylinder. Unter der Kapillare befindet sich in dem Zylinder ein kleines Röllchen, um das der Faden gelenkt wird. Er wird dann in dem Zylinder nach oben geführt und über ein weiteres Lenkröllchen einer Trommel zugeführt, auf die er aufgewickelt wird. Die Kapillare und der Zylinder sind mit Quecksilber gefüllt. In die Quecksilberfüllung tauchen zwei Elektroden ein und zwar so, daß die eine Elektrode in das Glasrohr und die andere in das zylindrische Gefäß taucht. Diese Apparatur wird nun in einen Stromkreis eingeschaltet. Der Strom muß also die Kapillare durchfließen. Wird der Titer des durch die Kapillare laufenden Fadens gröber, so wird Quecksilber aus der Kapillare verdrängt, die Leitfähigkeit des Quecksilbers in der Kapillare nimmt ab. Umgekehrt tritt aus dem Glasrohr wieder mehr Quecksilber in die Kapillare ein, wenn der Faden dünner wird. Die Leitfähigkeit wird dann größer. Die hierdurch entstehenden Stromschwankungen werden auf ein Spiegelgalvanometer übertragen. Der Spiegel des Galvanometers wirft das Licht einer kleinen Glühbirne, das durch einen senkrechten Spalt auf den Spiegel gelangt, auf den horizontalen Spalt einer Kassette, in der auf einer Walze photographisches Papier aufgespannt ist. Die Walze steht über Zahnräder mit der den Faden aufwickelnden Trommel in Verbindung, wobei ein bestimmtes Übersetzungsverhältnis gewahrt ist. Durch die Stromschwankungen schwingt das Bild des senkrechten Lichtspaltes vor dem Kassettenspalt hin und her, wodurch nach Entwicklung des Papiers ein charakteristisches Diagramm des Titers entsteht. Die Apparatur kann durch Messen von Fäden bestimmten Titers geeicht werden, so daß man auf dem Papier auch die absoluten Beträge der Titerschwankungen ablesen kann. Da die Walze mit der aufwickelnden Trommel in einem bestimmten Übersetzungsverhältnis gekoppelt ist, so erlaubt das Diagramm die Ablesung der Titerperioden. Abb. 348 stellt das Diagramm eines titergleichmäßigen Fadens dar; Abb. 349 zeigt das Diagramm eines Fadens mit periodisch wiederkehrenden Titerschwankungen, die von der Changierung einer Spulenspinnmaschine herrühren. Es handelt sich um den Titer 120/48. Die Changierperiode ist durch die senkrechten Striche oben in der Abbildung angezeigt. 3 Quadrate bedeuten in horizontaler Richtung 1 m Faden. In vertikaler Richtung bedeutet 1 Quadrat 5% Titerabweichung.

Bestimmung der Reißfestigkeit und Bruchdehnung. Die Bestimmung dieser Größen erfolgt normalerweise auf einem elektrisch angetriebenen

Schopper-Apparat. Der Meßbereich ist so zu wählen, daß die mittlere Bruchlast nicht in das erste Fünftel des Lastbereiches fällt. Es werden bei Kunstseide 50 cm Faden eingespannt. Um alle Fäden unter gleichen Bedingungen einspannen zu können, gibt man dem Faden vor dem

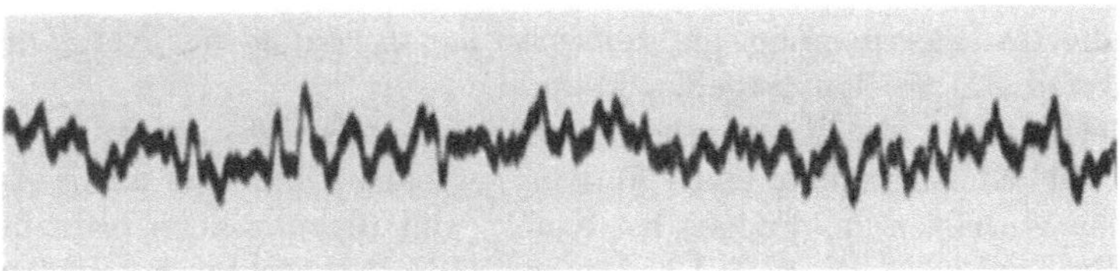

Abb. 348. Titerdiagramm nach VIVIANI bei einem ausreichend gleichmäßigen Faden.

Einspannen eine leichte Vorspannung. Die Abzugsgeschwindigkeit der unteren Klemme beträgt normalerweise 800 mm in der Minute. Nach dem DVM-Normblatt soll die Abzugsgeschwindigkeit so eingestellt werden, daß die mittlere Zerreißdauer beim Einzelversuch 20 Sekunden

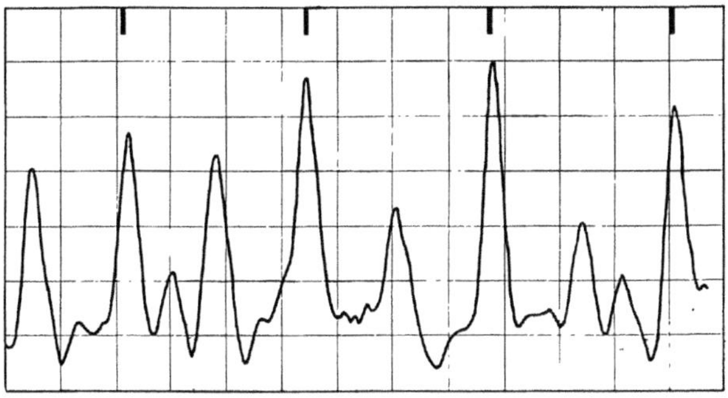

Abb. 349. Titerdiagramm nach VIVIANI bei einem Faden, der durch ungeschickte Changierung beim Spinnen periodische Titerschwankungen besitzt. Erläuterungen im Text[1].

beträgt. Die Zerreißdauer ist insofern von Wichtigkeit, als durch den Reißvorgang eine Streckung der Faser und somit eine weitergehende Orientierung der geordneten Gitterbereiche in der Faser verursacht wird, wodurch die Festigkeit erhöht wird[2]. In der Kunstseidenfabrik wird der Reißversuch normalerweise 10mal wiederholt und der Mittelwert gebildet. Reißwerte, bei denen der Faden an den Klemmen gerissen ist, werden verworfen.

Für die Bestimmung der Reißfestigkeit und Bruchdehnung von Zellwolle sind besonders feine Schopper-Reißfestigkeitsprüfer entwickelt worden, die hydraulisch angetrieben werden. Vielfach wird auch ein von KRAIS entwickelter Apparat verwendet („Deforden"). Die Einspannlänge beträgt bei Zellwolle 10 mm.

[1] Für die Anfertigung dieses Diagrammes bin ich der Afd. C. C. c. der Algemeene Kunstzijde Unie NV., Arnhem, zu Dank verpflichtet.

[2] Vgl. hierzu ROBERTS: Rayon **12**, **63** (1937).

Neben der Reißfestigkeit und Bruchdehnung der Fäden bzw. Fasern in trockenem Zustand bestimmt man auch die Reißfestigkeit und Bruchdehnung in nassem Zustand. Die Versuchsbedingungen sind hierbei die gleichen wie bei der Messung der trockenen Fäden. Die zu messenden Fäden werden vor der Ausführung des Versuches 15 Minuten lang in destilliertes Wasser eingelegt, dem man zur Erhöhung der Netzfähigkeit 1 g Nekal BX trocken zugeben kann.

Bestimmung der Knotfestigkeit. In einigen Kunstseidenwerken wird auch die Knotfestigkeit eines Fadens gemessen. Sie gibt einen Anhalt für das Verhalten des Fadens bei Knick- und Biegungsbeanspruchungen. Die Prüfung wird wie oben beschrieben in Reißapparaten vorgenommen. Es wird ein Faden eingespannt, in den man einen Knoten gemacht hat. Die Knotfestigkeit liegt, wie schon erwähnt, immer niedriger als die normale Reißfestigkeit. Es werden nur solche Werte notiert, bei denen der Faden auch tatsächlich im Knoten gerissen ist.

Bestimmung der Drehung. In einen Drehungsmesser werden 50 cm Faden eingespannt, dann wird der Faden aufgedreht. Dieses ist beendet, wenn man mit einer Nadel durch den Faden von der einen bis zur anderen Klemme vollkommen frei hindurchfahren kann. Die Drehung wird dann auf dem Zählwerk des Drehungszählers abgelesen. Die abgelesene Drehung wird auf 1 m umgerechnet.

Bestimmung der Stapellänge. Die Bestimmung der Stapellänge von Zellwollfasern erfolgt auf dem Stapelsortierapparat nach JOHANNSEN-ZWEIGLE[1]. Die Prüfungsmethode beruht darauf, daß eine bestimmte Gewichtsmenge Zellwollfasern parallelisiert und in Gruppen von steigender Stapellänge sortiert wird, was durch Nadelfelder geschieht. Die Auswertung erfolgt durch Aufzeichnen der Fasergewichtsschaulinie. Diese entsteht durch Auftragen der Faserlänge in Abhängigkeit vom Fasergewicht jeder Längengruppe in Prozent des Gesamtfasergewichtes.

Bestimmung der Kräuselung. Der Grad der Kräuselung einer Zellwollfaser wird als Kräuselungszahl angegeben. Hierunter versteht man die Anzahl Kräuselungsbögen auf 1 cm Faserlänge. Sie wird an der ungestreckten Faser unter einer Lupe bestimmt. Man kann die Kräuselung auch als Kräuselungsgrad angeben. Hierunter ist das Verhältnis der gestreckten Länge der Faser zum Abstand ihrer Enden in nicht gekräuseltem Zustand zu verstehen.

Bestimmung des Feuchtigkeitsgehaltes. Der Feuchtigkeitsgehalt der Fasern wird dadurch ermittelt, daß man ein abgewogenes Quantum Fasern mit wasserfreiem Xylol übergießt und das Xylol abdestilliert. Hierbei geht das Wasser mit in die Vorlage. Es sind besonders konstruierte und genormte Apparate in Gebrauch, die eine unmittelbare Ablesung der sich in der Vorlage unter dem Xylol ansammelnden Wassermenge gestatten.

---

[1] JOHANNSEN-ZWEIGLE: Leipzig. Monatsschr. Textilind. **43**, 453 (1928).

In den Betrieben wendet man neuerdings vielfach eine Schnellmethode an, die auf elektrischen Prinzipien beruht. Die Apparate werden von der Firma Paul Lippke, Gößnitz-Thür., gebaut. Es sind Apparate für die Messung der Feuchtigkeit von Kunstseidensträngen sowie für Zellwollflocke am Markt. Die Feuchtigkeitsmessung beruht auf der Messung des Verlustes von hochfrequenten Schwingungskreisen. Mit Hilfe eines kleinen Meßsenders werden hochfrequente Schwingungen erzeugt, die einem Meßkreis zugeführt werden. Das Meßgut wird in die Einflußzone des Meßkreises gebracht, so daß in ihm hochfrequente Ströme entstehen. Das Maß der hochfrequenten Ströme, die dann im Meßgut fließen, hängt von dem Wassergehalt des Meßgutes ab. Die Stärke der im Meßgut erzeugten Ströme wird durch die Apparatur festgestellt und unmittelbar als Wassergehalt des Gutes angezeigt.

Untersuchung der Querschnitte. Die Betriebskontrolle schließt auch eine Untersuchung der Querschnitte ein. Die zu untersuchenden Fäden oder Fasern werden zu einem Bündel zusammengefaßt und in ein kleines, aus Aluminiumblech hergestelltes Näpfchen durch zwei Schlitze in den Seitenwänden eingespannt. Das Näpfchen ist etwa 3 cm lang und hat einen quadratischen Querschnitt von 1 cm Seitenlänge. Nach dem Einspannen des Fadenbündels wird das Näpfchen mit Paraffin ausgegossen. Nach gründlichem Erkaltenlassen nimmt man den Paraffinblock heraus, indem man das Näpfchen kurze Zeit in heißes Wasser eintaucht. Die in die seitlichen Schlitze hineinragenden Faserenden werden mit einem kleinen Seziermesser abgeschnitten. Dann wird das Paraffinblöckchen durch Einlegen in Eis abgekühlt. Nunmehr wird das Blöckchen in ein Mikrotom eingespannt (am meisten wird in den Kunstseiden- und Zellwollfabriken das Minot-Mikrotom von Leitz verwendet) und je nach Titer mit einer Schnittdicke von 5—8 μ geschnitten. Auf den Objektträger bringt man eine Spur Eiweiß-Glyzerin und wischt dies mit einem sauberen Nesselläppchen wieder ab. Der Schnitt wird dann mit Hilfe einer Pinzette, notfalls unter Mitverwendung eines weichen, spitzen Pinselchens, auf den so vorbereiteten Objektträger glatt aufgelegt. Dann verdampft man das Paraffin vorsichtig über der Sparflamme eines Bunsenbrenners. Nach dem Erkalten gibt man auf den nunmehr auf dem Objektträger vollkommen festgeklebten Schnitt einen Tropfen Dammarlack, bedeckt ihn mit einem Deckglas und betrachtet ihn unter dem Mikroskop. Gegegebenenfalls wird das mikroskopische Bild photographiert.

Da die Herstellung der Querschnitte auf die eben beschriebene Weise etwas zeitraubend ist, sind von mehreren Seiten sog. Schnellmethoden ausgearbeitet worden. Diese haben sich für die Betriebskontrolle jedoch nicht eingeführt. Die nach der alten Methode erhaltenen Schnitte sind meistens besser und erlauben daher ein einwandfreieres Erkennen von Fehlern und Abweichungen.

Verzeichnis der Patente.

Namen- und Firmenverzeichnis.

Sachverzeichnis.

GPSR Compliance

The European Union's (EU) General Product Safety Regulation (GPSR) is a set of rules that requires consumer products to be safe and our obligations to ensure this.

If you have any concerns about our products, you can contact us on ProductSafety@springernature.com

In case Publisher is established outside the EU, the EU authorized representative is:

Springer Nature Customer Service Center GmbH
Europaplatz 3
69115 Heidelberg, Germany

Batch number: 10682269

Printed by Printforce, the Netherlands